鲨鱼大图鉴

世界现生536种鲨鱼完全解读

SHARKS OF THE WORLD: A COMPLETE GUIDE

[美] 戴维·A. 埃伯特（David A. Ebert）[美] 马克·丹多（Marc Dando）[美] 萨拉·福勒（Sarah Fowler） 著

张洁 路昊明 陈江源 毛宇帆 译

中国青年出版社

图书在版编目（CIP）数据

鲨鱼大图鉴：世界现生536种鲨鱼完全解读/（美）戴维·A. 埃伯特，（美）马克·丹多，（美）萨拉·福勒著；
张洁等译. — 北京：中国青年出版社，2025.5. — ISBN 978-7-5153-7545-8
I. Q959.41-49
中国国家版本馆CIP数据核字第2024P8C584号

版权登记号：01-2022-0534

审图号：GS京（2024）1858号

侵权举报电话

全国"扫黄打非"工作小组办公室   中国青年出版社
010-65212870   010-59231565
http://www.shdf.gov.cn   E-mail: editor@cypmedia.com

鲨鱼大图鉴——世界现生536种鲨鱼完全解读

著　　者：[美]戴维·A.埃伯特（David A. Ebert）
　　　　　[美]马克·丹多（Marc Dando）
　　　　　[美]萨拉·福勒（Sarah Fowler）
译　　者：张洁　路昊明　陈江源　毛宇帆

出版发行：中国青年出版社
地　　址：北京市东城区东四十二条21号
网　　址：www.cyp.com.cn
电　　话：010-59231565
传　　真：010-59231381
编辑制作：北京中青雄狮数码传媒科技有限公司
责任编辑：张军
策划编辑：张沣
执行编辑：张沣
文字编辑：陈百合　田影
封面设计：乌兰
封面主图绘制：肖尚宏

印　　刷：天津融正印刷有限公司
开　　本：880mm x 1230mm　1/20
印　　张：30.2
字　　数：1641千字
版　　次：2025年5月北京第1版
印　　次：2025年5月第1次印刷
书　　号：ISBN 978-7-5153-7545-8
定　　价：398.00元

本书如有印装质量等问题，请与本社联系
电话：010-59231565
读者来信：reader@cypmedia.com
投稿邮箱：author@cypmedia.com

作者序

亲爱的中国读者：

　　我们很高兴*Sharks of the World: A Complete Guide*的简体中文版即将与你们见面。中国海域是重要的鲨鱼栖息地，西北太平洋地区生活着 130 多种鲨鱼，约占世界鲨鱼数量的1/4。这些鲨鱼分布范围包括从近海浅水区到深海、海沟和远洋，从寒冷的北部海域到热带海洋区域。这里是世界上最大的沿海和远洋捕鱼船队的所在地，也是古老传统美食文化的发源地。自古以来鲨鱼是中国沿海百姓的重要渔获物之一，部分沿海地区有用鲨鱼肉做菜肴的传统（比如现在中国市场可以合法售卖条纹斑竹鲨肉作食用）。因此，我们非常高兴与您分享我们的书。感谢您阅读它。

[美] 戴维·A. 埃伯特（David A. Ebert）
[美] 马克·丹多（Marc Dando）
[美] 萨拉·福勒（Sarah Fowler）

译者序

从年少时代起，我就憧憬着做一名医生，为此一直痴迷于生物学……阴错阳差，抑或机缘巧合，高考前不经意地一笔"服从分配"，我成为一名农业大学水产系的学生。从此，我的人生轨迹，以及所有的学习和工作就再也没有离开过"鱼"。屈指算来，已经快四十年了。

四十年的求学和科研之路并不一直都是顺风满帆，但是带给了我无比充实的人生和较为丰硕的成果。我们曾数度沿着从鸭绿江口到北仑河口绵长的海岸线进行调查，也曾在秀丽的武陵山下溯溪而行，也曾在雪域高原追踪特有鱼类和外来物种，更是难忘在祖国的最南疆——南沙群岛科考时遇到的狂飙和雨后绚烂的彩虹，还有南极的冰山雪地和那时火一样的工作热情……每到一处无不感慨大自然的神奇，在醉心研究鱼类的同时，我作为地球公民，也作为教育者和科学家，更感受到了一份沉甸甸的责任：我们没有理由，让在同一个星球上早于人类几亿年出现的生物遭到日益严重的资源衰退甚至灭绝的打击，而软骨鱼类正是生物界亟待保护的典型代表。

如本书中所述，软骨鱼类是起源于4亿多年前最古老的脊椎动物，自远古而来的它们始终陪伴着人类走到今天。现生软骨鱼类包括全头亚纲的银鲛以及板鳃亚纲侧孔总目的鲨鱼和下孔总目的鳐鱼，目前全球共有1200多种，在我国海域分布了254个物种，占世界总数的20%以上，因此我国是世界上软骨鱼类物种多样性最为丰富的国家之一。而根据世界自然保护联盟IUCN红色名录的最新评估，我国近65%的软骨鱼类物种处于濒危状态。因此，如何更加充满智慧地去了解鲨鱼和有效地保护鲨鱼，如何做到资源可持续利用，是摆在我们几代人面前的艰巨任务，也是义不容辞的大国责任。这也正是我在比较繁重的科研和教学工作中仍积极承担本书翻译工作的初衷。本项工作还邀请了三位年轻的学子全程参与，因为物种和环境的保护是世代相传的重任，相信他们在这次工作中得到了充分锻炼并切实感受到了责任，今后也将一如既往地投入并带动他人一起投入自然保护事业之中。

感谢中国青年出版社对鲨鱼保护的选题的支持和对我们的信任；感谢中国科学院动物多样性保护与有害动物防控重点实验室对本工作的大力支持；感谢在鲨鱼保护和研究中一路同行的中外同事、朋友和学生们；感谢IUCN鲨鱼专家组主席里马·贾巴多博士以及本书作者戴维·A. 埃伯特和萨拉·福勒的热情鼓励。期待本书能够为渔业从业者和相关机构的管理人员、保护生物学家、学者和学生、海关执法人员以及广大的鱼类爱好者提供有价值的科学信息，期待更多的人关注鲨鱼保护鲨鱼。

本书在翻译期间得到了科技部科技基础资源调查专项（2023FY100403）和农业农村部渔业渔政管理局项目（2024-200-09240264）的支持。

谨以本书致敬我国板鳃鱼类研究先驱——朱元鼎先生和孟庆闻教授！

张 洁
2024年10月26日于北京

译者介绍

张洁

博士，中国科学院动物研究所副研究员，留日博士，日本学术振兴学会JSPS特别研究员。多年来一直坚持科研一线工作，主要通过宏观与微观分子生物学相结合的技术手段，对特定水域鱼类多样性保护和适应演化进行系统的调查和研究；研究类群涵盖软骨鱼类和硬骨鱼类，并多次赴青藏高原、南极水域和南沙群岛等重要区域进行科学考察。参与联合国粮农组织FAO和世界自然保护联盟IUCN等国际组织对西北太平洋海域软骨鱼类资源和物种濒危状况的评估，2021年起出任IUCN 物种存活委员会鲨鱼专家组亚洲区域副主席。已发表50多篇论文，参编和主编《东江鱼类生态及原色图谱》《金沙江流域鱼类》《国家重点保护水生野生动物》等多部鱼类物种多样性保护的书籍，编研中国动物志硬骨鱼纲。在长达30多年的研究过程中，张洁博士始终将科普作为科研工作者的己任，在国内外学校、海关、渔业机构、基层以及雪龙2号和向阳红14号科考船上进行科普讲座活动；在中央电视台焦点访谈及早朝新闻节目多次宣讲鱼类保护的重要性；带领学生一起参加主流媒体如中央电视台正大综艺《动物来了》节目，并任讲解嘉宾；利用科研之余进行了大量科普书籍的翻译（包括日文和英文）、撰写和审定推荐。包括《DK动物大百科全书》《动物王国》《海错图》以及珊瑚礁鱼类繁殖专著《海面下的性与爱：从求爱到离别的自然观察手记》等，其中多部获奖或在广大读者中取得良好的科普效果。张洁博士负责完成大部分初稿翻译和最终审定。期待本书能使广大读者对软骨鱼的保护有更加深刻的理解，也希望我国的鲨鱼研究和保护活动更加蓬勃。

路昊明

男，汉族，生于2001年1月18日，现年24岁。河北廊坊人，出生于内陆，但自幼对鱼类及其他水生动物具有浓厚兴趣，并持续关注软骨鱼类。本科就读于文科专业，硕士阶段依从自身兴趣与知识结构，跨专业考入安徽大学生命科学学院生态学专业，目前在中国科学院动物研究所联合培养，研究方向为软骨鱼类多样性和保护生物学。在本次翻译工作中主要负责初稿翻译和校对。

陈江源

中国海洋大学水产学院学生，热衷于软骨鱼类分类。曾自发或协助老师在山东、浙江、福建、广西等地开展软骨鱼调查活动，锻炼出辨识和鉴定常见软骨鱼物种的能力，并学习了软骨鱼类生物学研究方法。业余科普作家，积极参与公众科普事业，曾为《博物》《大自然》《百科知识》等科普杂志撰稿，并参与过科普书籍中软骨鱼类部分的审校工作。在本次翻译工作中主要负责物种名录的确认和部分校译工作。

毛宇帆

2001年10月26日出生。毕业于江南大学设计学院。受家庭熏陶和影响，从中学起就积极参加生物多样性保护相关的学习、调查活动。注重将艺术设计和生物保护及地域振兴融为一体。大学期间为专业书籍、科技文章和报告设计封面和插图。参与过多次实地生态考察活动。曾向报纸专栏投稿并宣传鱼类多样性保护。曾作为学生代表参加全国性学会。在本次翻译工作中主要负责部分章节和专业词汇的翻译和校对。

目录

致谢

感谢所有在回答我们的众多问题时慷慨地花费时间并给予极大帮助的人，他们提供了自己研究的数据、信息（其中一些是未发表的），以及非常必要的文献。本书所涉及的物种数量的大幅度增加得益于同事和朋友们的贡献。我们特别感谢以下人士，感谢他们在本书编研期间给予的各种广泛讨论、贡献和信息。如有疏漏，敬请原谅。

马克·哈里斯（F.F.C，美国佛罗里达州软骨鱼类研究），特别感谢他在鲨鱼牙齿数量统计方面提供的帮助

约翰·理查森，感谢他完美的校对工作

查理·安德伍德，感谢他为进化部分的编写所做的贡献。

丹·阿贝尔（美国海岸卡罗来纳大学）

K.V. 阿克希莱什和K.K. 比尼什（印度中央海洋渔业研究所）

艾薇·巴摩尔、雷切尔·格雷厄姆和泽迪·西摩（MarAlliance组织，伯利兹）

雷特·贝内特和戴夫·范·贝宁根（南非野生动植物保护协会）

迪恩·格拉布斯（美国佛罗里达州立大学）

大卫·卡塔尼亚和乔恩·方（美国旧金山加州科学院）

德米安·查普曼和迭戈·卡德诺萨（美国迈阿密佛罗里达国际大学）

帕特里夏·沙维（巴西）

古斯塔沃·基亚拉蒙泰（阿根廷布宜诺斯艾利斯阿根廷自然科学博物馆）

弗朗西斯科·孔查（智利瓦尔帕莱索大学）

贾斯汀·科尔多瓦、凯利·范·希斯（美国加利福尼亚州太平洋鲨鱼研究中心/莫斯兰丁海洋实验室）

保罗·考利、安格斯·帕特森、伊莱恩·希姆斯特拉、罗杰·比尔斯、姆兹万迪尔·德瓦尼、恩科西纳提·马宗古拉和武亚尼·哈尼西（南非水生生物多样性研究所）

克林顿·达菲（新西兰保护部）

尼克·杜尔维和世界自然保护联盟鲨鱼专家组成员（加拿大西蒙弗雷泽大学）

爱德华多·莫斯塔尔达（联合国粮食及农业组织，意大利罗马）

尼古拉斯·R. 埃赫曼（墨西哥下加利福尼亚州跨学科海洋科学中心）

马尔科姆·弗朗西斯（新西兰国家水资源和大气研究所）

奥托·加迪格（巴西圣保罗州立大学生物科学研究所）

何宣庆（Hans）（中国台湾海洋生物博物馆和水族馆）

徐华逊（沙特阿拉伯法赫德国王石油矿产大学）

石原肇（日本W&I Associates有限公司）

里玛·贾巴多（阿联酋迪拜海湾鳐鱼项目）

萨尔瓦多·约根森（美国加利福尼亚州蒙特雷湾水族馆）

周守正和于琪菊（Debbie）（中国台湾海洋大学）

罗伯特·柯克及英国和美国普林斯顿大学出版社的同事

彼得·凯恩（澳大利亚查尔斯·达尔文大学）

彼得·拉斯特（澳大利亚塔斯马尼亚霍巴特海洋与大气研究组织海洋实验室）

罗宾·莱斯利（南非罗德斯大学）

玛贝尔·曼贾吉·松本（马来西亚沙巴大学）

三泽辽（日本东北国立水产研究所）

埃娃·迈耶斯（德国亚历山大·科尼希研究博物馆天使鲨项目）

仲谷一宏（日本北海道大学）

加文·内勒（美国佛罗里达大学佛罗里达鲨鱼研究项目）

卡罗琳·波拉克（世界自然保护联盟红色名录项目）

佐藤圭一（日本冲绳美之海水族馆）

迈克尔·绍尔，瑞士克莱伦斯

法布里齐奥·塞雷纳（意大利国家研究委员会海洋生物学资源与生物技术研究所）

贝尔纳·塞雷特（法国巴黎Ichthyo-Consult公司）

马哈茂德·希夫吉（美国佛罗里达州诺瓦东南大学）

杰里米·斯塔福德-戴奇（英国Minions公司）

马蒂亚斯·施特曼（德国汉堡ICHTHYS公司）

安德鲁·斯图尔特（新西兰蒂帕帕博物馆）

田中彰（日本东海大学）

西蒙·魏格曼（德国汉堡大学Elasmo-Lab实验室）

威廉·怀特（澳大利亚塔斯马尼亚霍巴特海洋与大气研究组织澳大利亚国家鱼类收藏中心）

萨比娜·温特纳（南非夸祖鲁-纳塔尔大学）

山口敦子（日本长崎大学）

本书的完成，也得益于以下摄影师和组织慷慨捐赠的珍贵照片：西拉采·辛·阿伦鲁格斯蒂凯，塔马项目基金会，夏威夷海底研究实验室档案馆，安德里亚·马歇尔，马克·莫尔曼，蒙特利湾水族馆研究所，奈蒂·莫拉莱斯，海洋探索信托基金，冲绳美丽海水族馆，阿尔·里夫，鲨鱼观察者组织，彼得·费尔胡格。

本书作者之一戴维·埃伯特要特别感谢雷格·卡耶特（美国加利福尼亚州莫斯兰丁海洋实验室太平洋鲨鱼研究中心）在其职业生涯中给予的鼓励和支持。感谢玛莎·恩格尔布雷希特、厄尔和玛格丽特（佩吉）艾伯特、奥斯汀·艾伯特、拉娜·博约维奇的支持和鼓励。

本书作者之一萨拉·福勒感谢马特和贝基·斯宾塞，他们对她醉心于研究鲨鱼表示出了极大宽容；感谢桑尼·格鲁伯和杰克·穆西克在鲨鱼研究方面的启蒙和几十年的指导，这一切充满了美好的回忆；当然还有伦纳德·康帕尼奥，感谢他的友谊，并由衷地向他在软骨鱼分类学方面作出的杰出贡献致敬。

本书作者之一马克·丹多特要感谢朱莉的鼓励、支持、宽容和建议，没有这些，他在这本书中的写作部分就无法顺利完成。还要特别感谢瑞恩、梅根和达伦及家人对他在这个项目上花费大量时间所给予的理解。

所有作者感谢幕后策划者朱莉·丹多，感谢她的支持、耐心和勤奋，感谢她使这本书得以顺利出版。

图片来源及版权所有

前言

我从小就对鲨鱼着迷。那时候，我还不知道世界上有多少种鲨鱼，不知道有些鲨鱼可以冒险进入淡水，还有一些鲨鱼甚至可以在广阔的海洋中迁徙；不知道它们的身体尺寸可以短至14厘米，长可超过18米；不知道有些鲨鱼的皮肤上有特殊的细胞使它们能够发出生物光；甚至不知道有些鲨鱼的寿命可以超过300年！随着对它们了解得越多，我对它们愈发着迷，愈想知道更多关于鲨鱼的故事。类似本书的众多书籍，是我了解鲨鱼世界的窗口，我开始利用这样的资源来自学如何识别它们。

后来我还了解到，鲨鱼在产业化生产和小规模个体渔业中的商业重要性日益增加。鲨鱼被作为目标物种或作为兼捕渔获物捕捞，其肉、鳍、软骨、牙齿、下颚、肝脏和其他内脏被加工成各种产品。随着世界各地渔业捕捞压力的持续增加，多种群的资源量已经急剧下降，使得很多物种面临较高的灭绝风险。鉴于鲨鱼在生物多样性、生计和经济方面的重要性，我们本应有更多关于鲨鱼方面的信息，但在这方面仍然存在很多未知因素，世界上许多区域的相关数据依然匮乏。事实上，尽管物种识别是有效渔业管理的基石，但在识别鲨鱼时会遇到很大的挑战，这意味着在世界各地的渔业中，有关渔获量和捕捞努力量、上岸量和贸易数据方面的报告信息仍然有限。然而，这些数据是准确提供种群估算和提高我们管理能力的关键，而只有通过提高物种识别能力和报告水平才能实现有效数据的获取。

暂且抛开物种识别对鲨鱼保护的重要性和作用不谈，谁不想去更多地了解鲨鱼呢？纵观历史，这些动物让古今人类着迷，它们激励着人类，在神话和传说中备受尊崇和赞美，人类塑造了以这些"危险的大型肉食动物"为特色的各种故事。我们正逐渐从只敢远远地对鲨鱼投去好奇和敬畏的一瞥，转变为想要和鲨鱼进行面对面的交流。

本书为我们提供了一个很好的机会。作为迄今为止唯一一部涵盖所有已知现存鲨鱼物种的书，它让任何对鲨鱼感兴趣的人（无论是出于着迷还是恐惧的情感）都可以获得所有鲨鱼物种的分类学和生物学方面新鲜、全面的综合资料。本书的首版于2005年出版，此后的每一次再版都整合了全球科学家和研究人员的科研成果和信息。基于更加广泛的研究调查以及利用分子生物学对物种发现的优势，在过去的几年中，我们对鲨鱼物种多样性的理解已经有了进一步改变和更新。本书可以说是对全球鲨鱼知识普及的重大贡献，这种全面的信息将有助于提高研究人员、渔业管理人员、观察员、渔业、执法机构和政策制定者监测鲨鱼渔获量和上岸量的能力，从而提供有效管理所需要的准确信息。

本书收录了世界上500多种现生鲨鱼，并配有精美、科学且准确的彩色插图，突出了物种的多样性，描述了用于物种识别的关键形态特征，提供了对其已知生物学、栖息地和分布范围的见解，并及时更新了每个物种目前的濒危程度和保护状态。鲨鱼永远令我痴迷，我也毫不怀疑任何拿起这本书的人都会被这些神秘、美丽又脆弱的鱼类所吸引。希望广大读者能从学习中受到启发，了解它们并意识到保护它们的必要性。

里马·贾巴多
（Rima Jabado）

众目睽睽之下的藏匿，一对叶须鲨隐秘地栖息在一个大的圆形盘状珊瑚上，拉贾安帕特群岛，西巴布亚，印度尼西亚

介绍

大青鲨（*Prionace glauca*）通常在捕食猎物时垂直移动：白天跟随乌贼潜入深水层，晚上再返回水面

由伦纳德·康帕尼奥（Leonard Compagno）、莎拉·福勒（Sarah Fowler）和马克·丹多（Marc Dando）合著的《世界鲨鱼图鉴》（*Field Guide to the Sharks of the World*）（2005年出版），涵盖了大约400种由科学家描述和命名的有效鲨鱼物种，以及大约50种尚未得到正式描述和科学命名的鲨鱼物种。8年后的2013年，本书的第一版《世界鲨鱼全图鉴识别指南》（*Sharks of the World: a fully illustrated guide*）展示了501种鲨鱼，其中90种的名字未曾出现在2005年的指南中；与之配套的《世界鲨鱼识别指南（口袋本）》（*Pocket Guide to Sharks of the World*）增加了牙齿鉴别的关键特征，并展示了国际贸易中最常见的鲨鱼鳍（鱼翅）。

包括伦纳德·康帕尼奥的学生戴维·埃伯特（David Ebert）在内的作者们，非常高兴在现在的第二版中又增加了51个物种，使得鲨鱼的总物种数至2021年达到了536种。自2013年版本以来，有43个物种已被正式命名，其他8种最初被认为是"次定同物异名"，但现在已被认定是有效的物种名（当发现两个或两个以上物种被认为是同一物种时，最早发表的名称具有优先权，而较晚发表的名称则称为次定同物异名）。在之前的版本中，有16个物种，包括一些以前"众所周知"的鲨鱼物种，现在已经被移出有效物种的名录。因为它们与其他被描述为不同名称的物种为同一个物种，或者因为它们的名称实际上更早地应用于另一个分类单元——在这两种情况下，较早的科学描述具有命名优先权。

如此众多新物种的加入凸显了软骨鱼类惊人的发现率：在过去的50年里，科学家们已经命名了近40%的鲨鱼及其近缘物种（包括鳐鱼、魟鱼和银鲛）新物种。仅在过去的20年里，就有超过325种鲨鱼被命名和描述出来。除了全新的发现之外，我们现在还知道，早些时候在不同地区或海域中被命名为同一名称的一些物种，实际上是几个完全不同的、孤立的、具有相似外观的物种（被称为姐妹种），或者是基因上相互隔离的区域性亚种。本书新收录了自2005年以来命名的120多种鲨鱼。DNA（脱氧核糖核酸）分析在确定物种亲缘关系方面的应用越来越多，尽管如何解释这些结果仍存在争议，但是这些结果对我们关于鲨鱼分类和生物多样性的理解产生了重大影响（第51页）。我们的认知在不断提升，但为了按时出版本书，我们不得不停止往书里增加新发现的物种。本书概述了截至成稿前的鲨鱼分类的最新情况。

这些更新给作者和插画家带来了一项更为艰巨的任务：翻阅大量的文献（包括最近出版的和仍在准备中的），批量核查来自活体标本、死体标本和博物馆馆藏标本的鲨鱼照片和插图。将如此多迄今尚未公布的关于鲨鱼牙齿的信息纳入本书的决定是一个巨大的挑战。在这一过程中，马克·哈里斯（Mark Harris）的慷慨相助使我们受益匪浅。我们希望这本指南将鼓励更多的人研究鲨鱼——无论是通过观察和拍摄在海里、鱼市场还是博物馆收藏的鲨鱼，都能发现新的信息，从而帮助修订或完善本书中的描述和插图。事实上，我们一直积极鼓励读者这样去做。至今在世界上很多地方，人们对鲨鱼这种神奇动物的了解仍然十分匮乏，还有很多关于鲨鱼的生物多样性和生物学知识需要我们去研究和学习。

如何使用本书

这本书的结构对使用过其他物种鉴定指南的人来说应该是熟悉的。在第3—5页的插图中，首先标注了书中提到的鲨鱼外部特征及相关专有名词，第7页解释了物种页的顺序（首先按目的顺序，而后是科）。然后，简要介绍了一些关于鲨鱼的背景资料，概述了它们的进化、身体结构、生物学、生活史和行为，并涉及它们与人类息息相关的各个方面（例如鲨鱼在科学、传奇故事、渔业、体育、旅游、食物以及鲨鱼保护和管理方面的信息）。

我们建议在开始识别特定鲨鱼物种时，始终使用图示二分法（分支）中的关键识别特征（即使您认为您已经知道它是什么）。从第79页开始，用编号框开始查找，直到找到鲨鱼所在的目或科。然后翻到所示的页面，读解详细的图示，确认您的鉴定，并阅读更多关于该物种的信息。第576页和第579页有识别鱼鳍和牙齿的关键识别特征。

物种描述占据了这本书的大部分篇幅，从最原始的鲨鱼——皱鳃鲨（第86页）开始，到进化时间最晚的双髻鲨（第559页）结束。每个主要的分类阶元都以对每个目和科的特征简要介绍开始，包括最重要的外部形态鉴定特征（例如鳍的数量和形状、鳍棘、鳃、口的位置等）。我们建议先阅读这些基本的描述，以确保它与您看到的动物相匹配，然后再从彩色图版上确定具体的种类。这些图版展示了这些鲨鱼在生活中的原貌，而旁边的文字则提供了有关这些物种的少量信息，并进一步引导读者阅读更详细的资料。在每个类群的介绍部分也简要地回顾了该类群的生物学特征和分类状况。

编写这本书时面临的挑战之一，是从一两个保存的标本中厘定出罕见的鲨鱼。它们的标本经常被忽略或丢失，在某些情况下，甚至连可利用的插图都没有（当然也没有死后新鲜状态或活体的彩图和照片）。实际上，对于这些珍稀物种，插图是基于非常零星的信息而完成的。

在介绍完每一个科的概况之后，对该科内每一个已知物种进行描述，并以一个广泛采纳的俗名（如果有的话）及其学名加以识别。在每个科中，物种大多按其学名的字母顺序排列，首先是属名，然后是种名（见命名物种，第6页）。每个物种的描述都附有动物侧面观的线条图，牙齿的侧面图，以及头部的腹面图。在这本书中使用的牙齿计数数字是沿上下颌（左和右）的牙齿数目的总和。这个数字并不是该物种的所有牙齿总数，因为牙齿总数必须包括颌骨中的第一排牙齿的数目（见16页），事实上最外一排功能性牙齿才是应该被计数的。鲨鱼牙齿大小和数量的信息并不容易被获取或记录，作者将非常感激有人能提供任何关于鲨鱼牙齿的进一步信息；若有，请通过出版商寄给我们。

身体长度的测量是以厘米为单位表示的全长。长度测量是"点对点"距离（即不是沿着身体的曲线测量）。全长为从吻端到尾鳍（尾巴）的末端之间的长度。若有可能，出生时的全长、性成熟时全长和最大体长也应包括在内。对于产卵的鲨鱼，我们也尽量标注

其产下的卵鞘的大小以及胎仔孵出时的体长。"性成熟体长"表示该物种首次达到性成熟时的全长（雄性和雌性往往不同，后者一般较大）。如果没有这个信息，取而代之的是"未成年体""亚成体"或"成体"的相应长度。最大体长通常是已记录的最大长度，而不是一个物种可能达到的最大长度（后者可能要大得多）。相比渔获物的长度，垂钓者更想知道他们所捕获的鲨鱼的重量，但我们往往无法准确地提供这一信息。科学文献中并不经常记录重量，因为这一参数是非常多变的，取决于捕获物处于一年中的哪个时间段、怀孕状态、最近的摄食等。另一方面，长度是衡量动物大小和年龄的一个更恒定、可信和有用的标准。有些物种有长度与重量的换算表，可以让垂钓者在不将鲨鱼从水中取出的情况下估算其重量，但本书未包含这类换算表。

物种**鉴定**的描述中包括每个物种的特征性颜色、体形和其他独特的、可以区别于其他物种的特征，其中一些配有插图。它必须与前面归纳总结的该目和该科的总体识别特征的部分结合起来阅读。第3—5页的插图确定了描述特征的文本中所提到的身体部位。如果仍有疑问（有些物种很难区分），读者可以查询和参考欧洲、地中海和北美海域等更详细的区域性鲨鱼野外识别指南（也由普林斯顿大学出版社出版）。其他地区可参考联合国粮农组织最新的区域识别指南和物种目录（可从www.fao.org/fishery/en/fishfinder下载）。

鲨鱼**分布**展示了该物种在各大洋出现的范围，对于地理分布范围有限的鲨鱼，也记录了该物种出现的国家。所提供的鲨鱼分布**地图**自2013年以来一直在更新，但可能仍然不完整，因为世界上许多地方对鲨鱼的研究太少了。许多物种的分布区域有可能比图中所示的更广，但太平洋的鲨鱼不太可能出现在地中海或加勒比海等地。另一方面，也有可能在相距甚远的地方记录到的同一鲨鱼物种（特别是如果它个体很小，不善游泳，生活在海床上或靠近海床），它们以后可能会被定名为几个相似的独立物种。地图中的深蓝色区域是指已知的分布区域，淡蓝色区域是可能的分布区域。**栖息地**描述了该物种最常见的生活的地方（如海床或水层、潮间带或深海），包括该物种已被报告的可达海平面以下的深度（米）。**行为**可包括运动和迁徙，以及已知的特有捕食行为。**生物学**概述了该物种的繁殖情况（如果有信息的话）和食性。**保护状态**包括2020年12月世界自然保护联盟红色名录濒危物种评估的结果（请查看www.iucnredlist.org以了解最新情况），以及关于该物种的保护、管理和渔业状况的简要信息，还包含是否已知对人类造成过伤害。书后提供了中文名/拉丁文学名索引。参考资料来源、扩展阅读清单、其他鉴定手册书名清单、相关科学协会和研究以及保护机构列表、线上资源网站清单、词汇表，均会以电子资源形式提供给读者。

形态图解

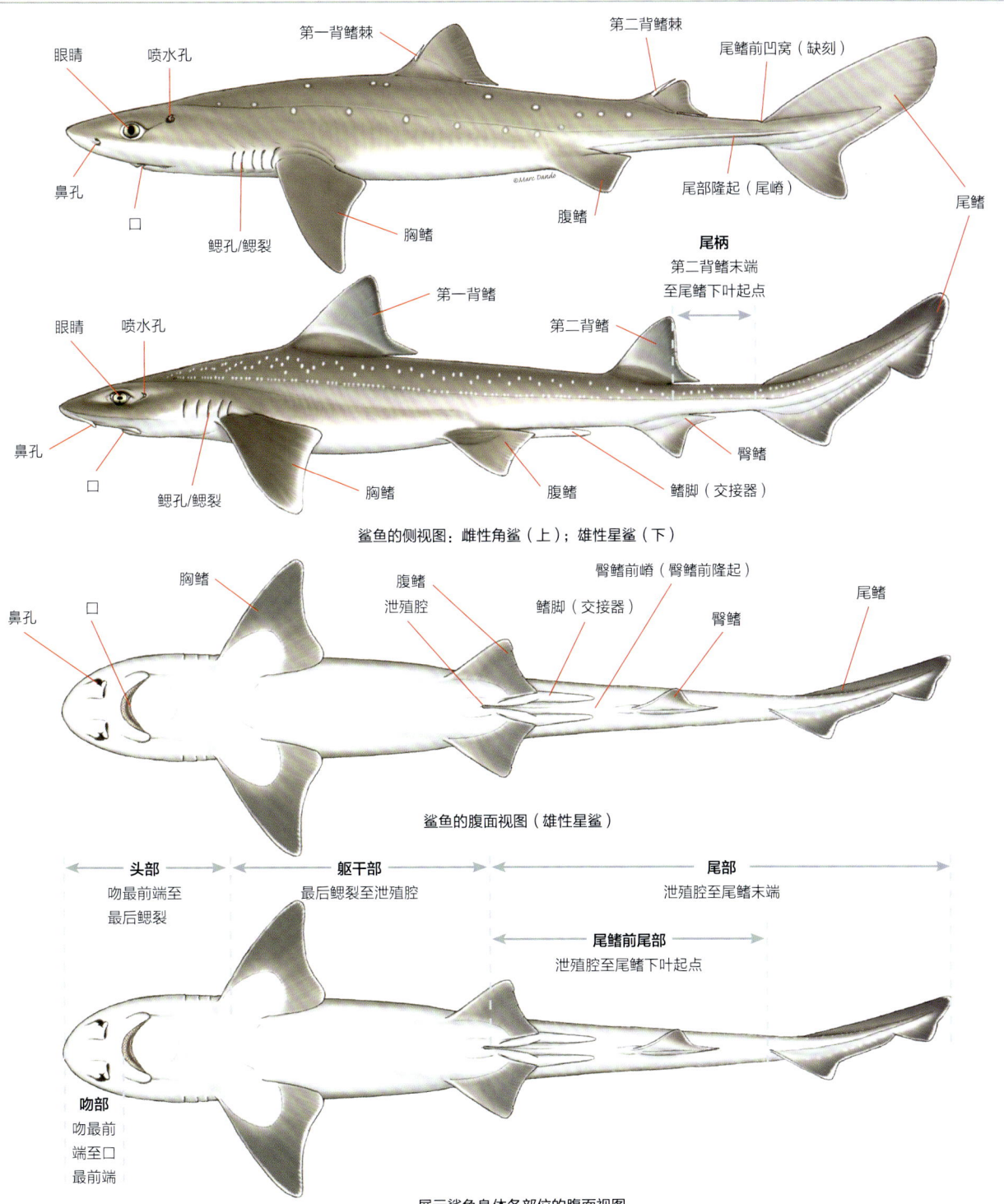

眼睛
喷水孔
第一背鳍棘
第二背鳍棘
尾鳍前凹窝（缺刻）

鼻孔

□

鳃孔/鳃裂

胸鳍

腹鳍

尾部隆起（尾嵴）

尾鳍

尾柄
第二背鳍末端
至尾鳍下叶起点

第一背鳍

第二背鳍

眼睛
喷水孔

鼻孔

□

鳃孔/鳃裂

胸鳍

腹鳍

臀鳍

鳍脚（交接器）

鲨鱼的侧视图：雌性角鲨（上）；雄性星鲨（下）

胸鳍

腹鳍
泄殖腔

臀鳍前嵴（臀鳍前隆起）

鳍脚（交接器）

臀鳍

尾鳍

鼻孔

□

鲨鱼的腹面视图（雄性星鲨）

头部	躯干部	尾部
吻最前端至最后鳃裂	最后鳃裂至泄殖腔	泄殖腔至尾鳍末端

尾鳍前尾部
泄殖腔至尾鳍下叶起点

吻部
吻最前端至口最前端

展示鲨鱼身体各部位的腹面视图

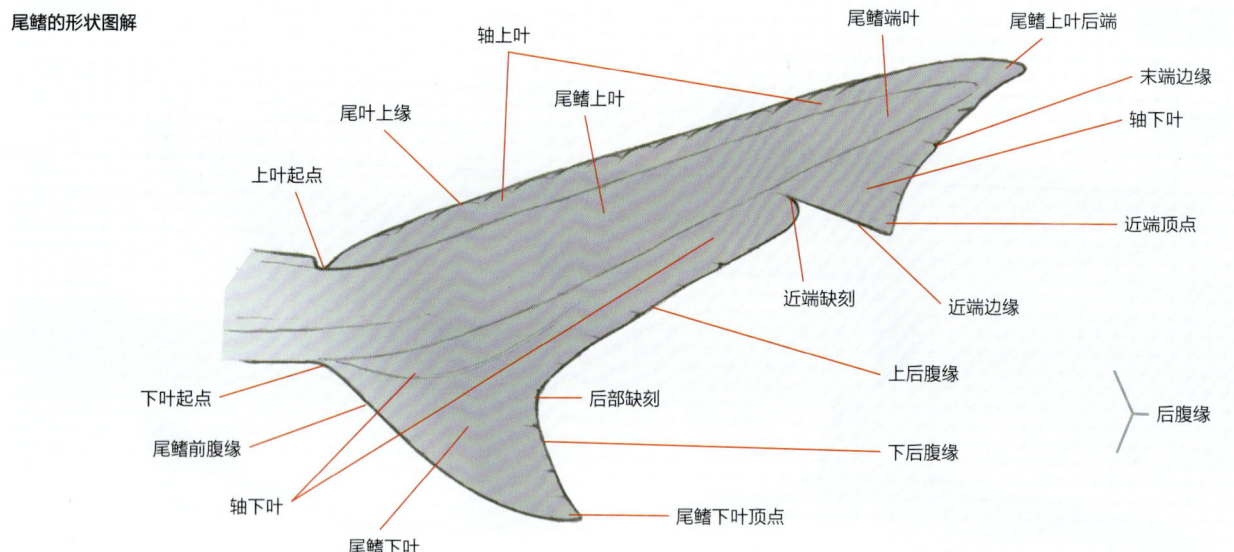

尾鳍的形状图解

轴上叶

尾鳍端叶

尾鳍上叶后端

尾叶上缘

尾鳍上叶

末端边缘

上叶起点

轴下叶

近端顶点

近端缺刻

近端边缘

上后腹缘

下叶起点

后部缺刻

尾鳍前腹缘

下后腹缘

轴下叶

尾鳍下叶顶点

尾鳍下叶

后腹缘

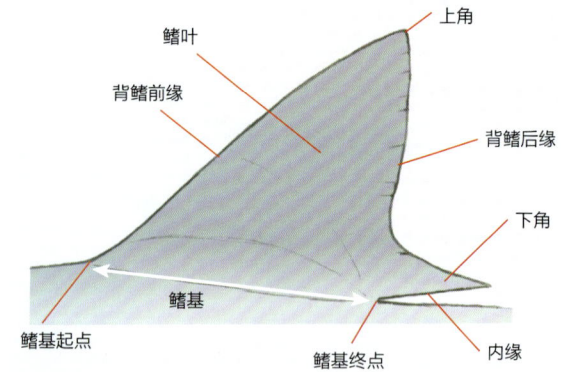

背鳍的形状图解

鳍叶

上角

背鳍前缘

背鳍后缘

下角

鳍基

鳍基起点

鳍基终点

内缘

无棘背鳍

鳍基起点

鳍基终点

内缘

内角

前缘

后缘

鳍叶

外角

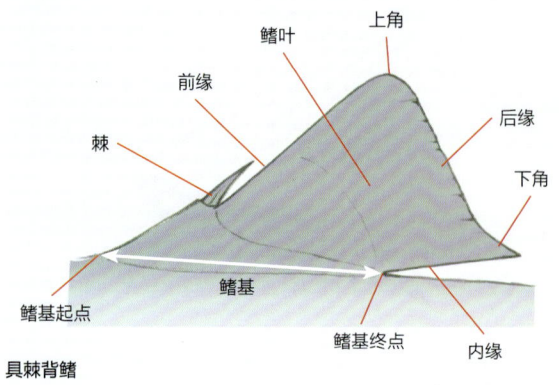

上角

鳍叶

前缘

后缘

棘

下角

鳍基

鳍基起点

鳍基终点

内缘

具棘背鳍

胸鳍的形状图解

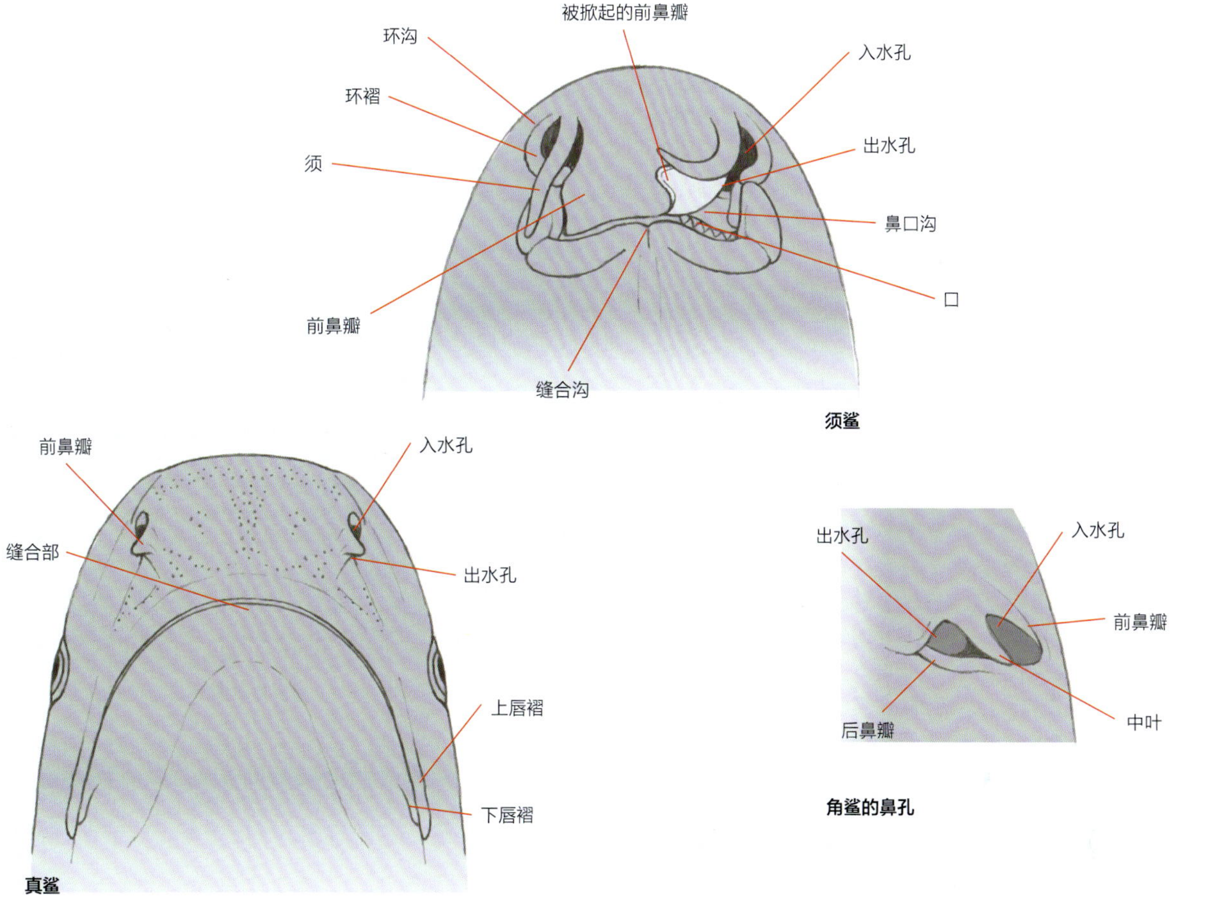

须鲨头部图：

环沟
环褶
须
前鼻瓣
缝合沟
被掀起的前鼻瓣
入水孔
出水孔
鼻口沟
口

须鲨

真鲨头部图：

前鼻瓣
缝合部
入水孔
出水孔
上唇褶
下唇褶

真鲨

角鲨鼻孔图：

出水孔
入水孔
前鼻瓣
后鼻瓣
中叶

角鲨的鼻孔

鲨鱼头部（腹侧）的形状图解

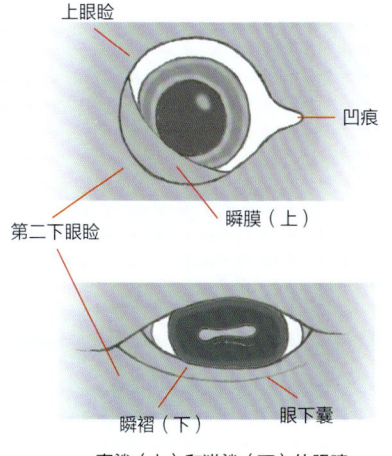

上眼睑
凹痕
瞬膜（上）
第二下眼睑
瞬褶（下）
眼下囊

真鲨（上）和猫鲨（下）的眼睛

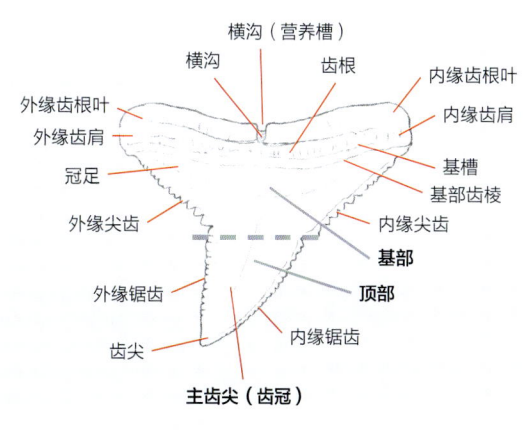

横沟（营养槽）
横沟
齿根
内缘齿根叶
外缘齿根叶
内缘齿肩
外缘齿肩
基槽
冠足
基部齿棱
外缘尖齿
内缘尖齿
外缘锯齿
基部
顶部
齿尖
内缘锯齿

主齿尖（齿冠）

鲨鱼牙齿的唇面视图

什么是鲨鱼

鲨鱼在分类上属于软骨鱼纲，或称软骨鱼类。顾名思义，这些鱼有一个简单的、由坚韧且灵活的软骨构成的内部骨架，在骨骼、鳍或鳞片上没有硬骨组织。与原始无颌的软骨七鳃鳗不同，鲨鱼的头部下方具下颌和鼻孔。达到性成熟的雄性鲨鱼大多有被称为"鳍脚"的交接器。软骨鱼的其他特征还包括盾鳞和不断更替的一排排牙齿。

软骨鱼主要有两类。最大的是板鳃亚纲（Elasmobranchii，其中"elasmo"意为板块，"branchii"意为鳃），包括所有鲨鱼和鳐鱼，这一亚纲鱼类的特点是头部具有多对（通常是5对）鳃孔。全头亚纲（Holocephali，其中"holo"意为整个，"cephali"意为头）特指银鲛，这是现存动物中物种数较板鳃类少得多的类群（尽管化石记录非常多样化）。在全头亚纲鱼类中，头部两侧各有一个开口的软鳃盖保护着4对鳃孔。

已知的鲨鱼种类已超过536种（而且物种数还在增加，在本书出版之前还会有更多的鲨鱼被描述）。板鳃亚纲鲨鱼类通常体形呈圆柱形（有时呈扁平状），其特征可通过头部侧面的5到7对鳃孔，以及位于鳃孔上方未与头部相融合的胸鳍轻易辨认。脊柱延伸到通常不对称的尾鳍（尾巴）较大的上尾叶的顶叶，通常具有一个或两个背鳍（有时背鳍前带有棘刺）。少数物种像鳐鱼一样是扁平的，但它们鳃孔的位置和胸鳍的形状仍然是鲨鱼物种的典型特征。

鳐类，或称下孔总目的软骨鱼类（不包括在本书中），有时被亲切地称为"扁平鲨鱼"或"薄饼鲨鱼"。已知的鳐类约有670种，其特征是身体短而平，扩展、扁平、像翅膀一样的胸鳍在头部两侧的鳃孔上方，与头部完全融合。然而，比起我们更熟悉的圆盘形虹鱼和鳐鱼，有些物种，例如锯鳐和犁头鳐，看起来更像扁平的鲨鱼，与锯鲨（第211页）和扁鲨（第217页）更为相似。

物种命名

每一个经科学描述的物种都有一个独一无二的学名，这个学名由两部分组成（即"双名法"），通常以拉丁文语法规则为基础，且用斜体书写。学名可以在世界上任何地方指代同一个生物学物种。而"俗名"或"俗称"的指代界限往往模糊不清且易混淆：一个物种可以有多个俗名，同一个俗名亦可用于泛指多个物种。因此使用统一学名的必要性和重要性显而易见。学名的命名可以直截了当地来源于物种的形态特征及模式产地，有时也会有近乎荒谬的理由。在很多场合还可以用于纪念人物、组织或机构——目前约有157种鲨鱼是以人名来命名的，其中包括一些著名的鱼类学家及自然保护主义者。

为了尽可能地避免某一物种被重复命名，科研人员必须反复确认自己即将发表的物种确实是未曾被描述过的新种，且已发表在经由同行评审的科学期刊上。新物种的描述应包括其被采集的时间、地点、采集人姓名，以及模式标本的相关信息及保存单位。除非该物种因极为罕见而未能被采集，或因极度濒危不宜采集标本，模式标本通常要保存在博物馆或其他科研院所标本存放机构，以便其他分类学家在必要时对其进行检视。

学名的第一部分用于指代这一物种所在的属名，而第二部分则是这一物种的种名。例如，鼠鲨目（第291页）包括8个科，而其中的鼠鲨科（第309页）又包括3个属：噬人鲨属、鲭鲨属和鼠鲨属。鼠鲨属包括两个物种：分布于北太平洋的太平洋鼠鲨和分布于北大西洋及南半球海域的鼠鲨。在本书中，同科内的物种会按学名的字母顺序排列，首先是属名，其次是种名。因此，在鼠鲨科中，噬人鲨（第310页）被排在首位，而鼠鲨（第313页）则位列末尾。对于一些物种众多的属往往会以形态特征及遗传差异而被进一步细分为不同的支系，即亚属（如乌鲨属）。

*Ocarcharias stromeri*是一种小型（最长1米）底栖鲨鱼，生活在大约1.65亿年前的中侏罗世时期。它看起来像现代的须鲨，但研究人员通过研究它的牙齿结构，已经确定这种小型鲨鱼是鼠鲨，因此它是巨口鲨、尖吻鲭鲨和噬人鲨已知的最古老的祖先。

1758年，卡尔·林奈（Carl Linnaeus）将白斑角鲨命名为*Squalus acanthias*。这个学名沿用至今

软骨鱼纲Chondrichthyes

全头亚纲Holocephali

板鳃亚纲Elasmobranchii

鲨鳐恐目Euselachii

新鳐类Neoselachii

鳐总目Batoidea

鲨总目Selachii

瓮齿鲛*Doliodus*及其他原始类群（灭绝，志留纪—泥盆纪）

银鲛目Chimaeriformes（石炭纪—现代）

其他多个已灭绝的全头亚纲下属目

西莫利鲛目Symmoriiformes（已灭绝，泥盆纪—二叠纪，部分物种可能一直存活至白垩纪才灭绝）

裂口鲛目Cladoselachiformes（已灭绝，泥盆纪）

异棘鲨目Xenacanthiformes（已灭绝，泥盆纪—三叠纪）

栉棘鲨目Ctenacanthiformes（已灭绝，泥盆纪—三叠纪）

弓鲨目Hybodontiformes（已灭绝，泥盆纪—白垩纪）

鲼形目Myliobatiformes（白垩纪—现代）

犁头鳐目Rhinopristioformes（侏罗纪—现代）

电鳐目Torpediniformes（白垩纪—现代）

鳐形目Rajiformes（白垩纪—现代）

鼠鲨目Lamniformes（白垩纪—现代）
8科、10属　第291—313页
鳃裂5对；具臀鳍；背鳍2个；口裂伸达眼下；
无瞬膜或瞬褶

真鲨目Carcharhiniformes（侏罗纪—现代）
10科、52属　第314—569页
鳃裂5对；具臀鳍；背鳍2个；口裂伸达眼下；
具瞬膜或瞬褶

须鲨目Orectolobiformes（侏罗纪—现代）
7科、13属　第248—290页
鳃裂5对；具臀鳍；背鳍2个；口裂不及眼下

异齿鲨目Heterodontiformes（侏罗纪—现代）
1科、1属　第237—247页
鳃裂5对；具臀鳍；背鳍2个，背鳍前具硬棘

六鳃鲨目Hexanchiformes（侏罗纪—现代）
2科、4属　第86—91页
鳃裂6—7对；具臀鳍；背鳍1个

角鲨目Squaliformes（白垩纪—现代）
6科、22属　第95—205页
鳃裂5对；无臀鳍；背鳍2个，背鳍前具硬棘或
无；吻部相对较短

扁鲨目Squatiniformes（侏罗纪—现代）
1科、1属　第217—236页
鳃裂5对；无臀鳍；背鳍2个；体平扁；口端位

棘鲨目Echinorhiniformes（侏罗纪—现代）
1科、1属　第92—94页
鳃裂5对；无臀鳍；背鳍2个，背鳍前无硬棘；
吻部短钝

锯鲨目Pristiophoriformes（侏罗纪—现代）
1科、2属　第210—216页
鳃裂5—6对；无臀鳍；背鳍2个；吻部延长呈
锯状，腹面具皮须1对

锯古鳍棘鲨目Synechodontiformes（已灭绝，二叠纪—早第三纪）

现存的软骨鱼类共有14个目，其中9个目是鲨鱼，4个目是
鳐鱼，还有1个目是银鲛

鱼类的进化史

脊椎动物亚门的所有类群（哺乳类、鸟类、爬行类、两栖类和鱼类）都起源于一些不大于3厘米长的微小海洋动物，它们的外形有些像鱼，在约5亿年前就已经出现在了全世界的海洋里。地质学家将这段时期称为"寒武纪生命大爆发"，因为化石记录显示：在这期间（大约1000万年间），"突然"出现了超过12个拥有内骨骼或外骨骼的主要动物门类，并迅速辐射演化。而在这些光怪陆离的类群中，所谓的"原鱼类"，作为所有脊椎动物的祖先，在当时只是一群不起眼的细长侧扁的柳叶状小动物。它们拥有贯穿身体的杆状脊索、附着在脊索上的肌节以及简单的消化道，但没有眼睛、鳍和真正的骨骼，而且这些小家伙大概不太会游泳。栖息在浅海沙地中的文昌鱼（*Branchiostoma lanceolatum*，脊索动物门头索亚门），是与这些脊椎动物远祖在形态上最为接近的现生动物。

数千万年后，这些原始动物的后代不断进化，逐渐偏离了它们

祖先在化石记录中的形态。脊索逐渐被软骨质的脊椎取代，眼睛和不成对的鳍（奇鳍）开始出现，原本脆弱的头部和前半段躯体也开始覆盖坚硬的骨板。由于缺乏真正的上下颌，它们只能从海床上吸取食物微粒。其中的一些原始无颌鱼类，可能是现代七鳃鳗和盲鳗的共同祖先。随后，原始无颌鱼类的第一对鳃弓进化为可咬合的上下颌，而成对的鳍（偶鳍）也出现了，这大大提高了它们在水中的机动性。自然选择下产生的这些身体构造的创新，使这些原始鱼类的后代可以扩散到更多新的栖息地，取食范围也大大扩展了。接下来，它们进化成了更多样化的形态，其中有一部分开始呼吸空气，爬上了陆地，成为今日陆生脊椎动物的共同祖先。

科学家们认为，现代鲨鱼是最早的有颌脊椎动物之一——棘鱼纲（acanthodians）的后代。棘鱼纲出现在约4.4亿年前的志留纪时期，化石记录留下的多是它们的鳞片和鳍棘。另一类原始有颌

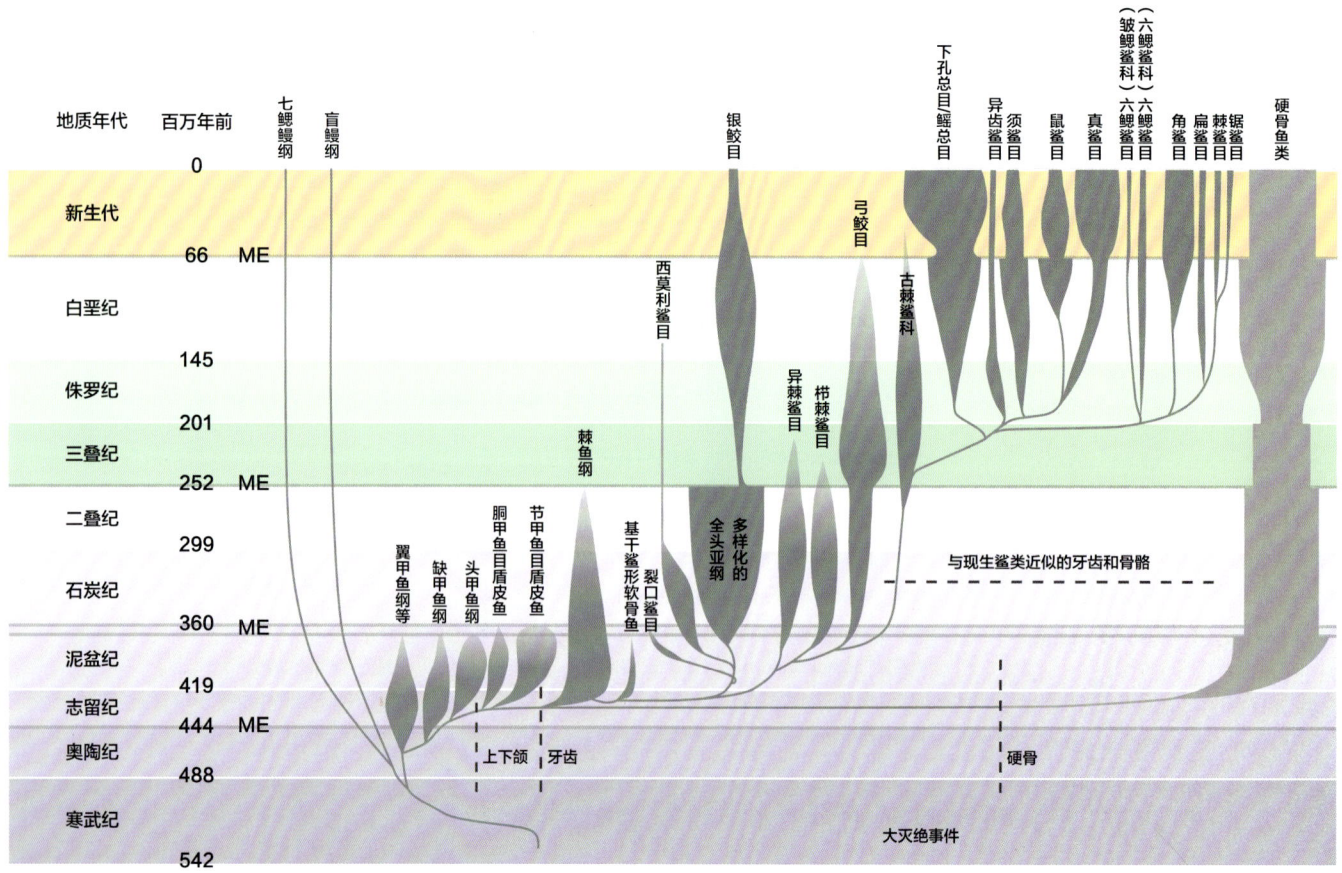

推测软骨鱼纲与其他脊椎动物类群的进化关系

鱼——盾皮鱼纲（placoderms）也出现在大约同一时期。由于泥盆纪时期这些原始有颌鱼多样性很高且数量巨大，同时原始无颌鱼类也在海洋和淡水中达到鼎盛，所以泥盆纪又被称为"鱼类时代"。所有这些原始类群和它们的绝大部分后代都已灭绝，只留冰冷的化石存世；然而就在泥盆纪约5000万年的历史中，各类现代鱼类的祖先才全部出现了。而最早的鲨鱼化石则出土自早泥盆纪地层，距今约4.09亿年（此时还要再等2亿年，最早的恐龙才会在大地上漫步）。

软骨鱼纲（chondrichthyans，其中"chondros"意为软骨，"ichthos"意为鱼）保留了原始的软骨骨架，没有真正的内骨骼与覆盖皮肤的骨质鳞片，在"鱼类时代"泥盆纪时期广泛分布，多样性很高。这些原始软骨鱼可能是现代鲨类、鳐类和银鲛的祖先，在形成于石炭纪的浅海石灰岩沉积中占据了所有鱼类物种化石的60%。原始软骨鱼类的化石物种数量超过3000种，而且大量的远洋和深海物种没有留下化石记录就走向了灭绝。有一些化石物种十分奇特，如旋齿鲨属（Helicoprion）和胸脊鲨属（Stethacanthus）；另一些则与现代鲨鱼非常相似，如裂口鲨属（Cladoselache）。

原始软骨鱼类的盛世终结于约2.52亿年前的二叠纪末大灭绝。这场毁天灭地的大灾难由规模巨大的火山活动引发，酸雨、毁灭性的沉积物洪流、全球变暖和海洋缺氧等次生灾害便接踵而至，它们夺走了90%以上的海洋生物的生命。到2亿年前一1.45亿年前的侏罗纪时期，地球生态系统逐渐恢复了元气，现代鲨类、鳐类和银鲛的祖先在浅海生态系统中悄然出现，并逐步走向了多样化之路。

"鱼类时代"泥盆纪时期的多个鱼类类群中，只有两个还在现代地球繁荣昌盛：软骨鱼纲和硬骨鱼总纲（Osteichthyes，其中"osteo"意为骨，"ichthos"意为鱼）。硬骨鱼类拥有真正的钙质骨骼，而不是软骨。它们也是现生脊椎动物中最丰富和多样化的类群。硬骨鱼总纲下面的一个亚纲为肉鳍鱼纲（Sarcopterygii，其中"sarco"意为肉质的，"pteryx"意为鳍、翅），所有陆生脊椎动物的共同祖先就属于这个类群。它们曾经繁盛，但如今只有2种腔棘鱼和6种肺鱼存世。世界上约有34000种或更多种硬骨鱼，但只有约1265种软骨鱼，而这其中还有约292种是在最近的15年才被科学界所知晓的。

探索进化之谜

学者们最近对一件来自蒙古国的盾皮鱼类新种化石的研究有了一些重要突破，可能使我们对鲨鱼进化史的认识产生新的转折。这件化石之所以惊人，是因为它同硬骨鱼一样，脑颅骨骼由硬骨组成！盾皮鱼纲与软骨鱼和硬骨鱼拥有共同祖先，科学界在此发现之前一直认为，有颌脊椎动物的共同祖先拥有软骨骨架，软骨鱼类保留了这一祖先特征，而硬骨鱼类（后代包括了现生硬骨鱼和四足动物）最早进化出了硬骨骨架。盾皮鱼纲中硬骨脑颅的存在，显示硬骨的产生时间可能远比我们此前推测的要早。这意味着另一种软骨鱼类的演化可能性：软骨鱼类的远祖拥有硬骨骨架，而鲨鱼及其亲缘类群次生性地回到了以软骨为骨架的状态。这可能是因为软骨比硬骨更加轻便和灵活，更有利于它们捕食性的生活方式。

另一方面，生物的进化过程并不总是线性的。平行进化，指相关的进化支在类似的自然选择压力下各自独立进化出功能相近的结构，如尖吻鲭鲨和蓝鳍金枪鱼的尾鳍。它们都是高速游泳的远洋捕食性鱼类，为了追求游泳速度，尾鳍特化成了新月形，这是平行进化的很好例证。而趋同进化，则指基本没有亲缘关系，相距遥远的进化支独立进化出了相似结构，而这一结构在它们的共同祖先中并不存在。它们与彼此的相似程度和它们与各自祖先的相似程度更高。如章鱼的眼睛和脊椎动物的复杂眼睛，就是趋同进化的很好例证。也许，硬骨脑颅就是古代盾皮鱼和硬骨鱼之间趋同进化的例证。

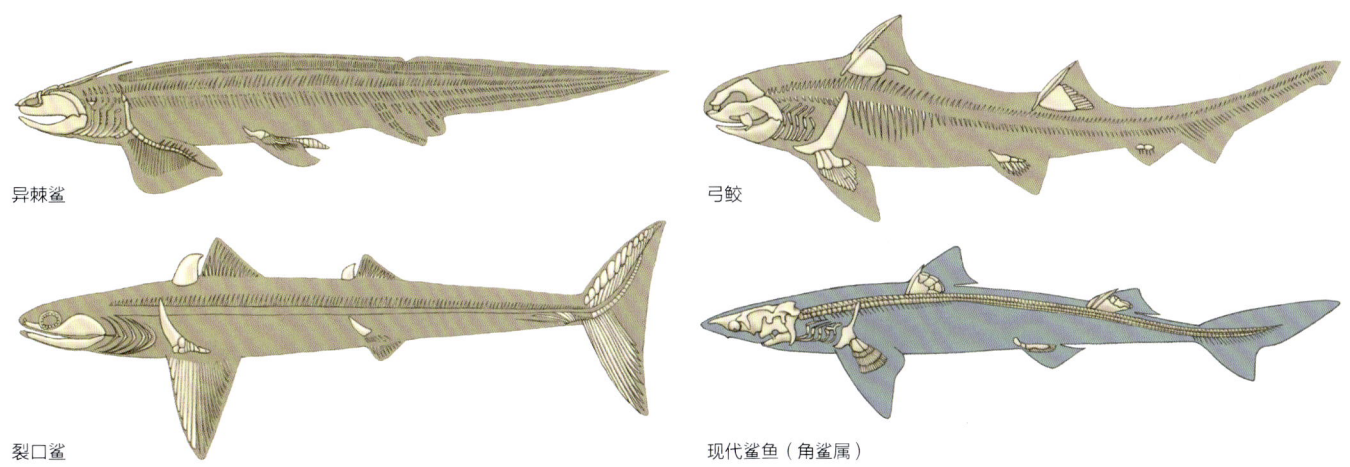

异棘鲨

弓鲛

裂口鲨

现代鲨鱼（角鲨属）

左：两种古生代原始软骨鱼的骨架及复原：异棘鲨（Xenacanth）（上），属于正鲨类（Euselachii），裂口鲨（Cladoselache）（下）；右：弓鲛（Hybodont）（上）与现代鲨鱼［角鲨属（Squalus）］（下）的骨架和复原

鲨鱼的进化史

许多鲨鱼爱好者喜欢提醒恐龙爱好者，后者喜欢的巨型蜥形纲动物只不过是万花筒般的脊椎动物进化史中姗姗来迟的后辈。这条时间线体现出：在4.4亿年的有颌脊椎动物进化史中，与关系错综复杂的软骨鱼类相比，恐龙和哺乳动物的出现在地质年代尺度上只是一件"很近"的事情。

研究鲨鱼进化史有两条主要途径：一是传统的化石研究方法；二是用如CT扫描等现代技术来探索深藏在化石内的秘密。而当化石缺失或保存条件很差时，分子方法——对现代物种进行遗传物质测序来倒推它们与共同祖先的分化时间，就显得非常重要。我们的知识储备增长的速度比鲨鱼本身的进化速度要快得多。本节简要梳理了我们对鲨鱼演化史的最新认知，但随着新发现的广泛出现、新样本的广泛研究和新研究方法的应用，这一领域也处在不断地变化之中。

鲨鱼的进化之路由棘鱼开启。棘鱼的鳞片结构接近硬骨鱼，但鳍棘结构与牙齿相似，这点更像软骨鱼类。棘鱼现在被认为是最早的软骨鱼类，它们的繁荣一直延续到泥盆纪末，这时接连两次灾难性的大灭绝使得75%以上的棘鱼物种就此消失。随后，软骨鱼类的黄金时期——石炭纪到来了，这一时期软骨鱼类的多样性极度扩展，在海洋和淡水中的数量也超过了所有其他类型的鱼类。然而到二叠纪末，另一场大灭绝杀死了约90%的海洋物种，只有几条鲨鱼支系存活到了三叠纪时期。此时，最早的"现代类型"鲨类已经出现，它们更加坚固的脊椎骨可以让游泳更加迅速和灵活，伸缩性的颌部可以使它们捕食更多样化的猎物。最早的现代软骨鱼类群——六鳃鲨目（Hexanchiformes）出现在侏罗纪早期，即所谓"爬行动物时代"。随后大部分现代软骨鱼类群在侏罗纪晚期出现。

鲨鱼在白垩纪时期种类多样，分布广泛，但白垩纪末的一颗小行星撞击地球，终结了这个时代。这次灾难消灭了所有非鸟恐龙和大量浅水生态系统的物种，而一些栖息在深海中的小型鲨鱼最有可能幸存。现代鲨鱼就是这些幸存者的后代，包括有史以来最大的鲨鱼——巨齿鲨。而巨齿鲨在最早的人科动物化石记录出现之前就已经灭绝了。

软骨鱼类进化的时间线（蓝），与生物进化史上其他重要事件相对照（绿）

* "棘鱼纲"被一些古生物学者当作分类垃圾桶使用，包含了大量亲缘关系并不明确的鱼形动物。其中有一些可能和硬骨鱼关系更近。但真正的棘鱼类位于软骨鱼家系中

** 尽管它们最初的化石记录更早，但原棘鲨属（*Protospinax*）、古锥齿鲨属（*Palaeocarcharias*）和侏罗纪鳐类都来自这一时期

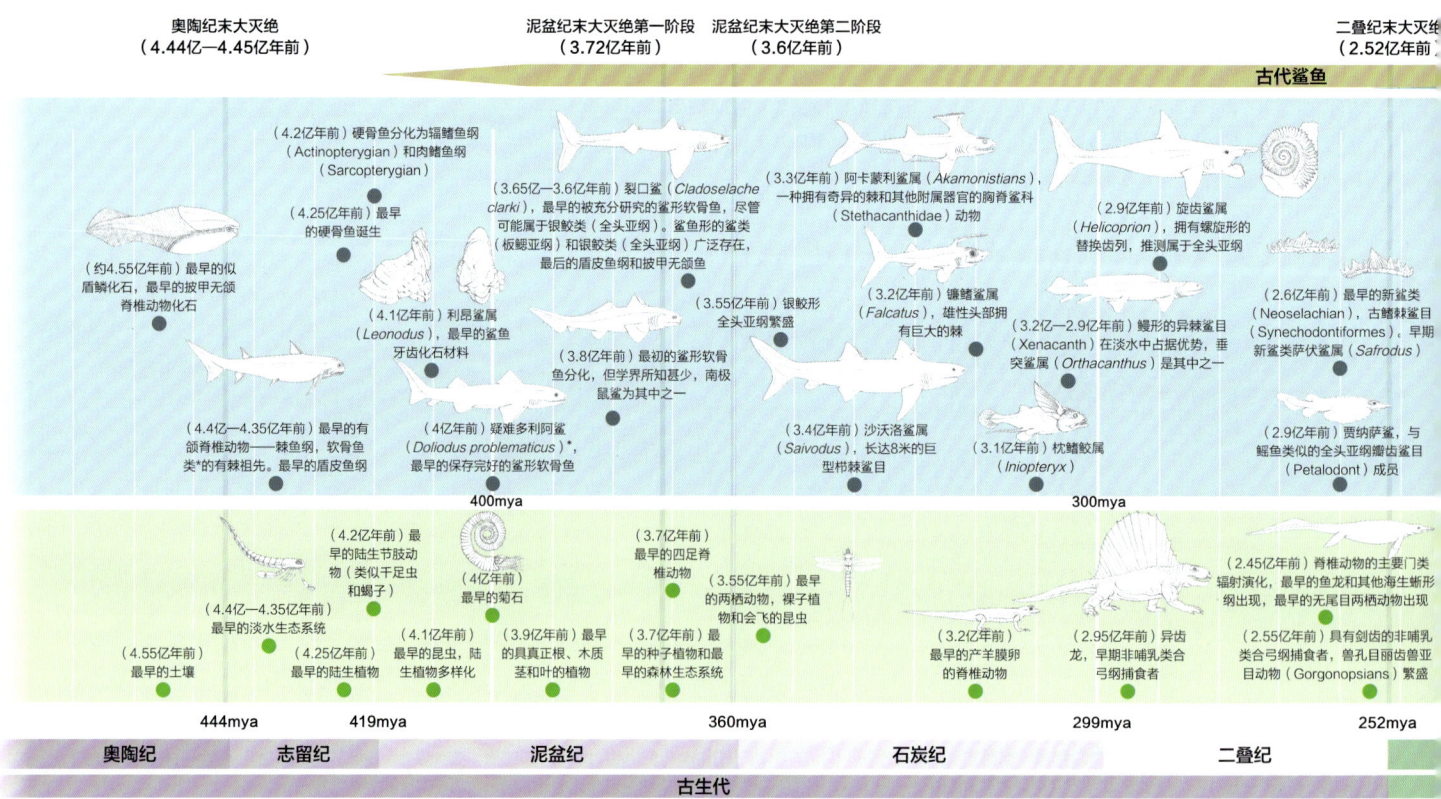

银鲛

现生银鲛是一个很小的类群，绝大多数为形态奇异的深海鱼类。然而，它们所在的全头亚纲（Holocephali）却繁盛于泥盆纪至二叠纪的海洋和淡水中，并拥有繁复多样的形态。现在学术界认为，一些最为古怪神奇的古生代"鲨鱼"其实进化自银鲛的世系——全头亚纲。其中包含了体型较小的阿卡蒙利鲨属（*Akmonistion*），它们头上有棘刺，雄性个体的背鳍呈独特的砧状；大型软骨鱼旋齿鲨属（*Helicoprion*）因其独特的下颌螺旋形替换齿列而为人所知；还有娇小的镰鳍鲨属（*Falcatus*），雄性从头部后方的身体上长出一根斜的长棘。

鳐类的进化史

高度适应海床底栖生活的鳐总目（虹、鳐等）鱼类最早的化石记录可以追溯到1.8亿年前，但分子生物学研究显示其起源远早于此。侏罗纪的鳐总类外观与现生的犁头鳐相似，但保留了更多原始特征，如鳍棘。原始鳐总目鱼类在白垩纪时期逐渐分化为了最早的虹、鳐和锯鳐形物种，其中锯鳐形物种在海洋和淡水中都能发现。白垩纪末大灭绝后，鳐总目物种迅速多样化，到距今约5500万年前的始新世早期，真正的锯鳐、电鳐、淡水虹和滤食性蝠鲼都出现了。

主要的大灭绝事件：

奥陶纪末大灭绝（约4.45亿—4.44亿年前）：整体温暖的地球上突然出现了短暂的冰河期，导致了两次灭绝高峰。一次是由于海水变冷；另一次由于海水变暖并缺氧。但冰河期出现原因尚不明确。

泥盆纪末大灭绝（3.72亿年前和3.59亿年前）：这场灾难也分为两个阶段。灾难导致的海洋缺氧影响了至少70%的海洋生物。无颌甲胄鱼在第一阶段全部灭绝，盾皮鱼纲在第二阶段步其后尘，为软骨鱼类创造了新的、可供占领的栖息地和生态位。

二叠纪末大灭绝（2.52亿年前）：剧烈的火山活动造成了全球升温和致命的地球化学变化，其灾难性空前绝后，被称为"大灭绝之母"。这次大灭绝抹除了90%—96%的物种（96%的海洋生物中包括三叶虫纲，一些珊瑚和许多其他类群，以及70%的陆地生物）。一些鲨形软骨鱼幸存下来，但在随后的三叠纪时期被更加高级的类群取代。

三叠纪末大灭绝（2.28亿—2.01亿年前）：这场灭绝也分为两个阶段，70%—75%的物种消失，包括一些巨大的蜥形纲和两栖类动物，使恐龙成为陆地生态系统的主导者。

白垩纪末大灭绝（6600万年前）：可能源于小行星撞击地球导致的"核冬天"。75%的物种消失，包括所有非鸟恐龙和25kg以上的大型陆生动物、海洋中的蛇颈龙和沧龙。灭绝的鲨类和鳐类主要是大型捕食者、淡水种类和沿岸种类。

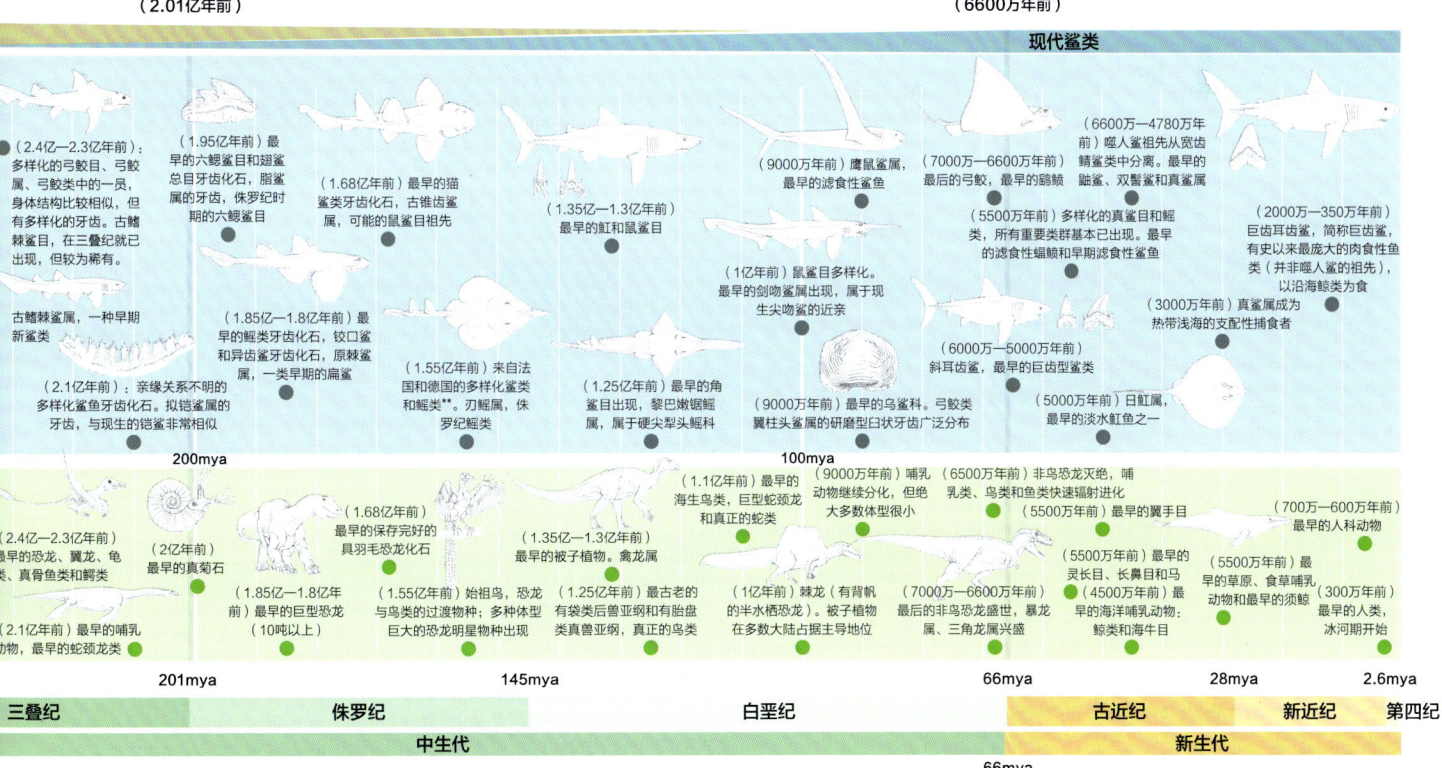

三叠纪末大灭绝
（2.01亿年前）

白垩纪末大灭绝
（6600万年前）

鲨鱼生物学

身体结构

　　鲨鱼的基本身体结构主要分为三大部分：头部、躯干和尾部，这在上亿年的时间长河中几乎没有发生过大的变化。头部又分为三大部分：吻区，在锯鲨目中称为长吻；眶区，眼睛和口在此区域；鳃区，至少5对鳃裂着生在此区，有时还有喷水孔。躯干主要是胸鳍到腹鳍和泄殖腔间的身体区域，在雄性个体中包含交配器官——鳍脚。躯干区域通常包含了第一背鳍，但六鳃鲨目中的鲨鱼第一背鳍后置。尾部分为两部分：尾鳍前尾，包含第二背鳍和臀鳍；尾鳍。这两部分有时被尾鳍前凹分隔，有利于增加尾部的灵活度。这些特征在总体上一致，但由于栖息地与摄食方式的差异，不同的鲨鱼物种在体形和大小方面差异很大。世界上最大的几种鲨鱼都是滤食性的（第298页），其中最大的鲸鲨据推测可以长到20米长；鼠鲨科的物种主要为捕食者（第309页），体型虽然也很大，但不及那些滤食性鲨鱼。绝大多数鲨鱼物种一般只有约1米长，但也有一些格外娇小，例如一些乌鲨科物种（第150页），性成熟时只有30厘米。大多数鲨鱼身体呈流线型，但由于栖息环境的差异，部分鲨鱼的身体形状也会有所不同。许多底栖鲨鱼在海床上度过它们生命中的大部分时间，它们的体形就与那些在水层中快速游泳的纺锤形远亲完全不同。事实上，扁鲨目（第217页）和须鲨科（第257页）的物种身体极度平扁。将它们与鳐类相区别的特征是：扁平的胸鳍并不与头部融合，而鳃裂位于身体的侧面。但扁鲨的鳃裂很难看到，它们藏在胸鳍内侧。相对而言，鳐类的鳃裂位于身体的腹面，而且胸鳍与头部融合。这些标志性的特征（鳃裂位置和胸鳍与头部是否融合），也可以帮助我们辨识那些长得像鲨鱼的鳐类，如犁头鳐和圆犁头鳐。

　　我们观察那些更为"典型"的鲨鱼时，也可以找到许多身体形状的微小变异。如原始的皱鳃鲨（第87页），它们的身体呈长长的鳗鱼形，吻部很短，口几乎端位。它们和其他大多数鲨鱼一样，尾鳍为歪型尾，尾鳍上叶远长于下叶。而游泳能力强的种类，其尾鳍下叶更大更坚挺，能提供更强的推进力。游速最快的鲨鱼，如尖吻鲭鲨，其尾鳍上下叶几乎呈对称的新月形。除此之外，它们的尾鳍前尾呈平扁状，尾柄侧突发达，有利于在高速游泳时提高稳定性。这种尾部结构和一些远洋速游硬骨鱼非常相似，如金枪鱼和旗鱼。这又是趋同进化的绝佳例证。这些鱼类在远洋环境中相同的自然选择压力下，进化出了类似的身体结构。但是它们之间还是有着显著的区别——金枪鱼和旗鱼作为硬骨鱼，拥有充满气体的鱼鳔，可以提供中性浮力，还有很窄的镰刀状胸鳍；而鲨鱼是软骨鱼，缺乏鱼鳔，所以需要靠宽大的胸鳍提供一部分升力。鲨鱼利用胸鳍和腹鳍控制它们游泳时颠簸的角度，同时防止侧向的翻滚。

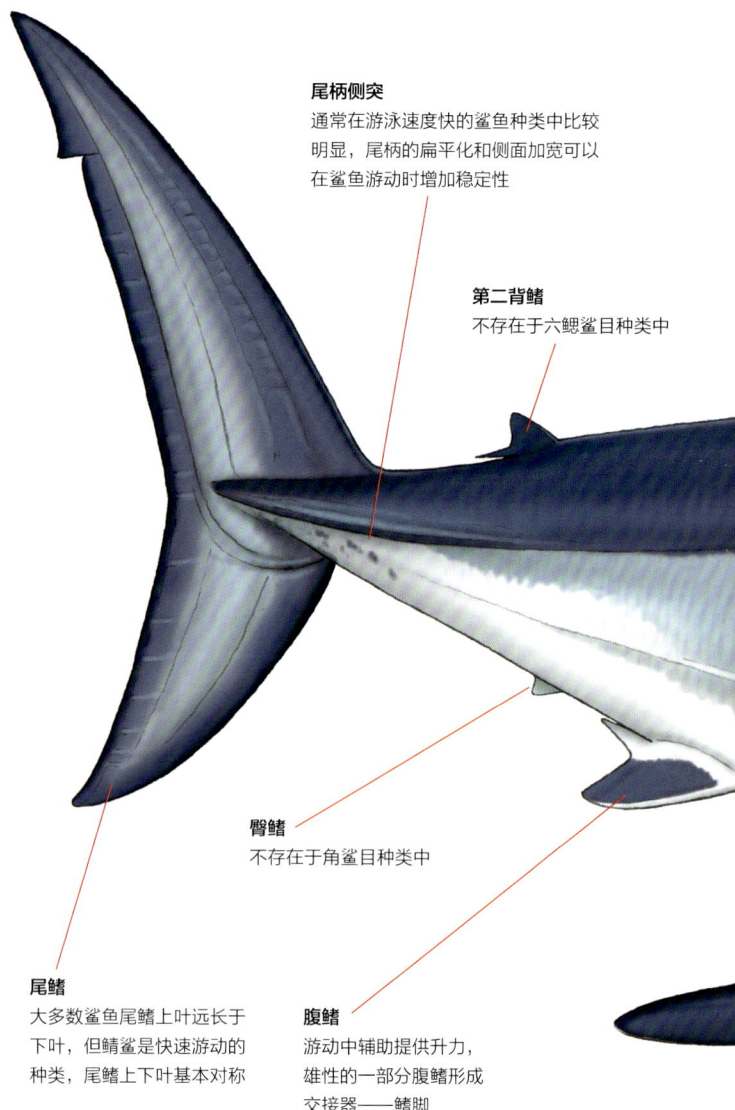

尾柄侧突
通常在游泳速度快的鲨鱼种类中比较明显，尾柄的扁平化和侧面加宽可以在鲨鱼游动时增加稳定性

第二背鳍
不存在于六鳃鲨目种类中

尾鳍
大多数鲨鱼尾鳍上叶远长于下叶，但鲭鲨是快速游动的种类，尾鳍上下叶基本对称

臀鳍
不存在于角鲨目种类中

腹鳍
游动中辅助提供升力，雄性的一部分腹鳍形成交接器——鳍脚

尖吻鲭鲨的外形特征

尽管这条叶须鲨拥有伏击型捕食者的扁平身体和迷彩花纹，但它的身体结构与尖吻鲭鲨没有本质上的差别，除了它并不具备适合高速游泳生活的正型尾和尾柄侧突

背鳍
第一背鳍通常大于第二背鳍，有些种类的第一背鳍前有棘，有些种类的两个背鳍前都有棘

喷水孔
大部分种类的喷水孔位于眼睛后部，底栖种类的更大

眼睛
大多数种类没有能动的眼睑，但有些种类具有可动的瞬膜或瞬褶，可保护眼睛

洛伦兹壶腹
敏锐的电感受器官，外形为黑色小孔，吻部尤其多

胸鳍
与腹鳍一起提供升力，控制颠簸（第22页）

鳃裂
一般有5对，但六鳃鲨目有6至7对。有些种类鳃裂很小，如乌鲨；有些种类的很大，如滤食性鲨鱼

鼻孔
被一片鼻瓣分为前后两部分，鼻瓣的形状可以是简单的三角形，也可以非常复杂，如一些异齿鲨等底栖种类

骨骼

　　鲨鱼的骨骼系统结构简单，基本由软骨构成（我们的耳廓和鼻子也一样）。和真正的骨不同，软骨不含神经和血管。由于基本不含矿物质，软骨在强度很大的同时，质量更小，也更灵活。软骨主要由蛋白质构成，但年龄和体型较大的鲨鱼，其软骨内会发生部分钙化，变得更加坚硬，更像真正的骨。拥有软骨的优势是在游泳时身体更轻，获得更好的机动性，便于更好地捕捉猎物和逃避敌害，也有利于适应不同的栖息地和寻找更隐蔽的藏身之处。硬骨鱼类依靠鱼鳔提供中性浮力，以平衡大质量的硬骨产生的下沉性。而如前文所述，软骨鱼类没有鱼鳔。

　　鲨鱼的骨骼极其精简，独立的部分很少，头部骨骼包括一个无接缝的箱状脑颅（即软骨脑颅）、软骨质的鳃部支撑结构与颌骨（推测由无颌远祖的第一对鳃弓发育而来，与脑颅不直接连接）。长长的脊椎骨由脑颅后方延伸至尾鳍上叶，贯穿整个身体，由一长串沙漏形的椎体组成，其强度不亚于硬骨脊椎。每个椎体上都有髓弓，保护着脊髓。最后，鲨鱼的鳍和雄性的鳍脚也由软骨质结构支撑。这些软骨结构之间基本没有直接连接，赋予了鲨鱼无与伦比的灵活性。相应地，许多种类的鲨鱼可以以非常惊人的角度急速转向。

　　下图简单描绘了鲨鱼头部骨骼的进化。保存在石炭系石灰岩中的裂口鲨，头部骨骼仅由3个部分组成。后世的物种的头部独立部分逐渐增加，现生种类的头骨结构则更加复杂。随着时间推移，包含着复杂感觉器官的吻部前移，脑容量增大，下垂颌骨上附着的肌肉更加强大。然而，即使是现代鲨鱼的头骨，也仅包含了10个独立结构，与硬骨鱼类的约130个和人类的23个相比，属于小巫见大巫了。

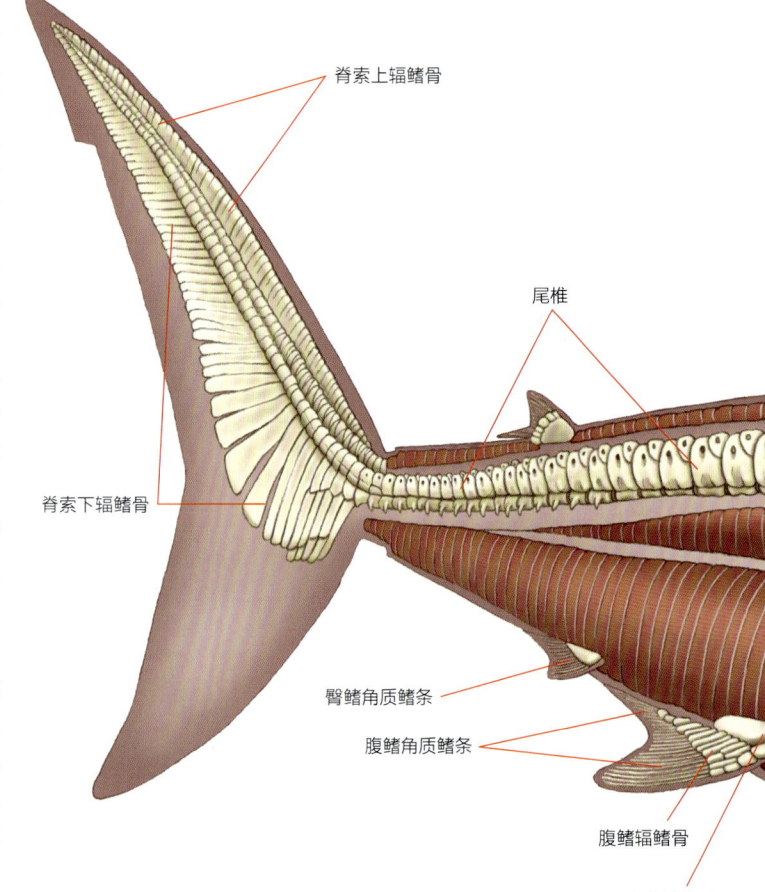

脊索上辐鳍骨

尾椎

脊索下辐鳍骨

臀鳍角质鳍条

腹鳍角质鳍条

腹鳍辐鳍骨

腹鳍基鳍骨

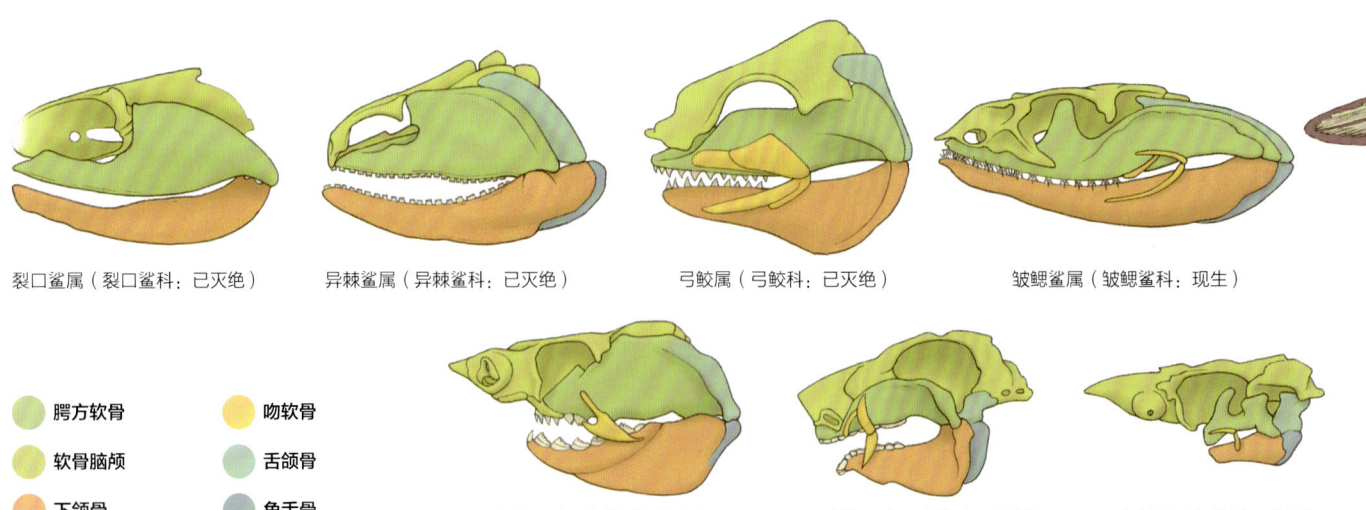

裂口鲨属（裂口鲨科：已灭绝）　　异棘鲨属（异棘鲨科：已灭绝）　　弓鲛属（弓鲛科：已灭绝）　　皱鳃鲨属（皱鳃鲨科：现生）

- 🟩 腭方软骨
- 🟨 吻软骨
- 🟢 软骨脑颅
- 🟩 舌颌骨
- 🟧 下颌骨
- ⬛ 角舌骨

七鳃鲨属（六鳃鲨科：现生）　　异齿鲨属（异齿鲨科：现生）　　角鲨属（角鲨科：现生）

板鳃鱼类头部骨骼的进化：从左上到右下为从原始物种到现代物种

尖吻鲭鲨的骨骼、肌肉剖面图。鲨鱼并没有像硬骨鱼一样具一系列椎棘和肋骨。一束束长长的"之"字形肌节与皮肤相连，贯穿头尾，提供向前的推动力。坚挺的辐鳍骨在鱼鳍基部提供支撑，柔软而不分节的角质鳍条（鱼翅汤的主要原料）整齐排列在鱼鳍远端。通过研究支撑着充满血液的娇嫩鳃丝的软骨质鳃弓，我们可以想象鲨鱼的无颌远祖如何将第一对鳃弓进化成上下颌，又将第二对鳃弓进化成现代鲨鱼中支撑上下颌的舌弓。通常情况下，剩余的5对鳃弓和支撑鳃丝的鳃间隔形似一摞板子，这也是现代鲨类和鳐类所属的分类单元——板鳃亚纲（Elasmobranchii）名称的由来

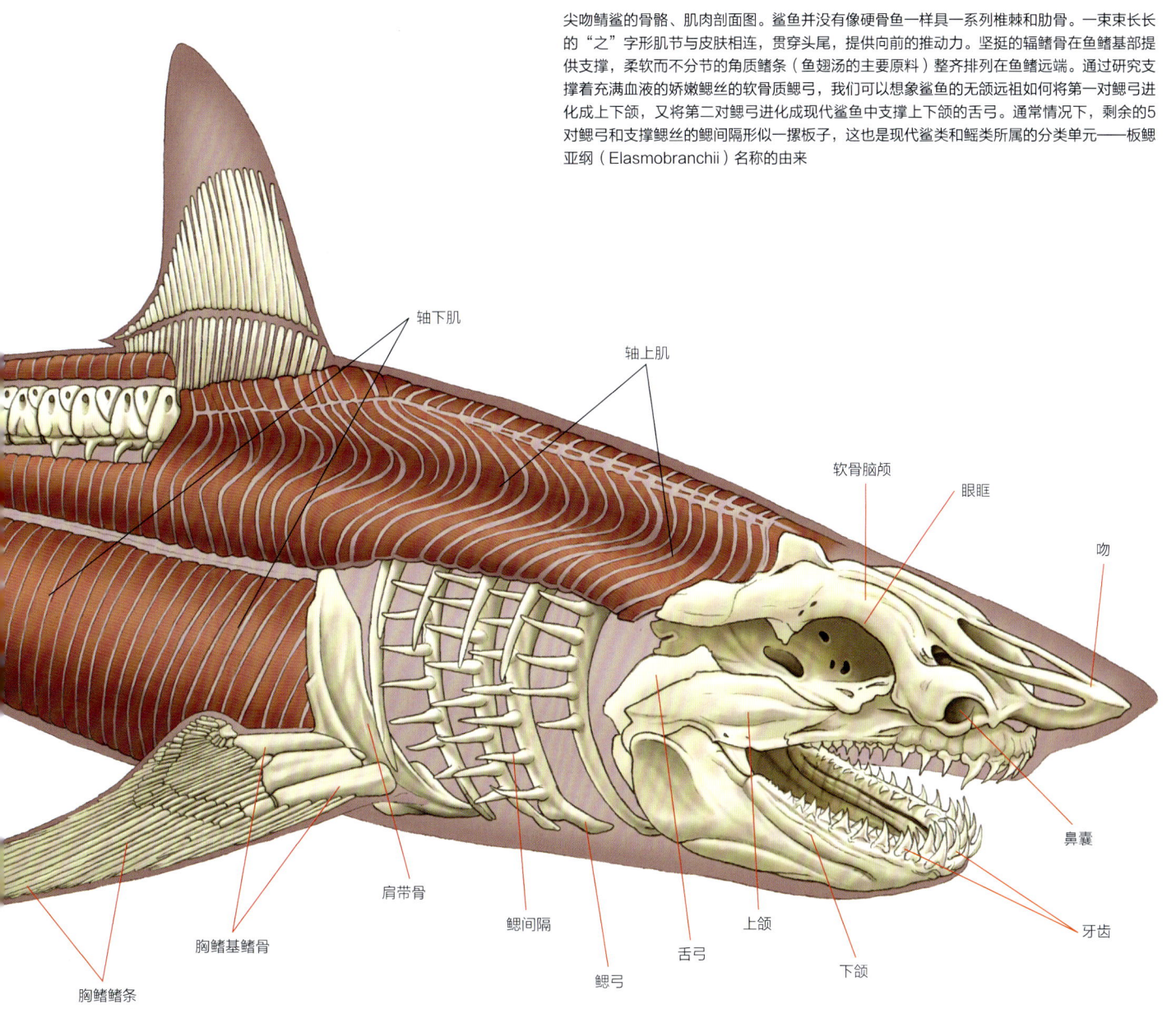

轴下肌

轴上肌

软骨脑颅

眼眶

吻

鼻囊

牙齿

上颌

下颌

舌弓

鳃弓

鳃间隔

肩带骨

胸鳍基鳍骨

胸鳍鳍条

何为软骨

　　软骨是一种光滑、坚韧而灵活的材料，它支撑着我们人类的耳廓和鼻子，还分布在身体骨骼的端部，帮助关节运动。软骨由一种特殊的细胞——软骨细胞形成，周围包裹着弹性的胶原纤维基质。软骨不包含血管和神经，营养物质渗透很慢，所以一旦损伤，要较长时间才能愈合。硬骨由于含有大量矿物质，所以更硬、更重。与软骨的独特外观相比，具使血管和神经通入骨骼中的管道，所以硬骨的横截面呈海绵状。受伤的硬骨比软骨愈合更快，如果你的膝盖半月板受过伤，那应该更能体会这一点。

颌与齿

大部分人没有见过完整的鲨鱼，但见过鲨鱼的牙齿。这其实很正常，因为在过去4亿年里，成千上万种板鳃鱼类长出又脱落了难以计数的牙齿，而这些牙齿又极耐保存。海床上和海相沉积岩中到处都是鲨鱼牙，许多的化石种类也都是依据牙齿确定的。鲨鱼牙齿化石如此丰富，主要有两方面原因：一是牙齿表面的釉质层让它们难以腐烂，长久留存；二是鲨鱼在一生中生长出又脱落掉大量牙齿，牙齿基数极大。直到今天，我们仍然能够在海床、河床和沉积岩中发现许多有数百万年历史的古老鲨鱼牙齿，而且它们仍然如刀刃般锋利。巨齿鲨硕大无朋的牙齿，仍然能以相对新鲜的样子出土，尽管这个物种已经灭绝了约400万年。

所有鲨鱼在上下颌的边缘都有许多纵列牙齿。新的牙齿在颌骨的深沟中萌芽，在最前列的功能性牙齿之后排成列。这些替换齿列附着在颌骨的皮肤上，像传送带一样向前生长移动，一般的鲨鱼种类一列有20—30颗牙齿，而鲸鲨能达到300颗。这样一来，最前方的功能性牙齿磨损脱落后，后方的牙齿能立刻前进补上。不同物种的鲨鱼，其牙齿的替换率差异很大，即使是同一个个体也会因为年龄、摄食和水温及季节性因素发生变化，甚至上颌与下颌的牙齿

这颗深埋岩层数百万年的巨齿鲨牙齿已经被染上了周遭沉积物的颜色

替换率也不同。在柠檬鲨（第550页）中，一列牙齿每8—10天脱落一枚，异齿鲨（第237页）的一列牙齿一个月脱落一枚，或者几个月才脱落一枚。铰口鲨（第287页）在夏天每9—28天脱落一列牙齿中的一枚，但在冬天需要51—70天完成同样的过程。在水族馆人工饲养条件下，活体鲨鱼水箱的底部很容易积累许多脱落的牙齿。大部分鲨鱼种类一次只替换几颗牙齿，但达摩鲨每次替换一整列巨大的下颌牙齿。无论时间或频率如何，一条寿命长达40余年，从还未出生起就开始替换牙齿的鲨鱼，其脱落的牙齿总数是难以统计的。

鲨鱼牙齿有各种形状和大小。有些种类的牙齿尖锐细长，用来捕捉并整吞鱼类和头足类猎物；有些种类的牙齿平扁，呈铺石状，用来嚼碎有硬壳保护的猎物；还有些种类有带锯齿边缘的牙齿，用来撕咬大型猎物。

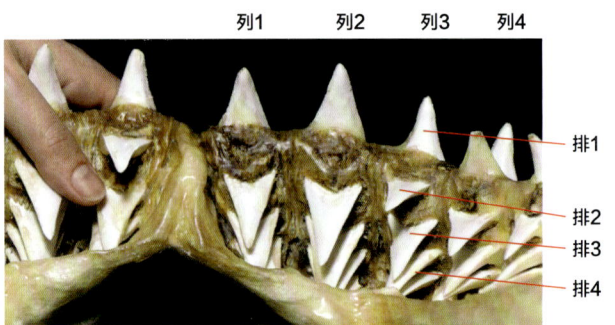

列1　列2　列3　列4

排1
排2
排3
排4

鲸鲨颌骨上"同型齿"的微距图像，本图中右侧是已磨损的旧牙齿，左侧是刚刚长出的新牙齿

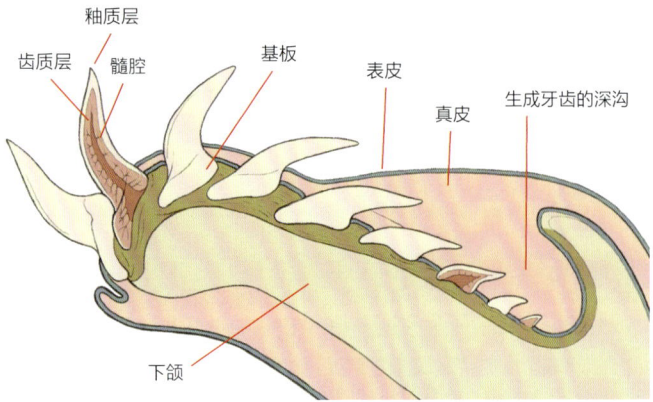

釉质层
齿质层
髓腔
基板
表皮
真皮
生成牙齿的深沟
下颌

观察一下这副巨大的噬人鲨颌骨，我们可以清晰地看到鲨鱼牙齿的列和排。上图展示了鲨鱼颌骨和一列牙齿的横剖面，最左侧的牙齿年龄最大，很快就会脱落并被后方牙齿替代，而最右侧的牙齿最新，才刚刚在颌部深处的组织中萌芽

我们一般很容易通过观察鲨鱼牙齿和颌骨的形态来判断它的食性，但一些种类的牙齿很小，只有用显微镜才能仔细观察。只有极少数鲨鱼才拥有真正的同型齿，即所有牙齿都是一样的形状和大小。不需要用牙齿来控制猎物的鲸鲨（第290页）、姥鲨（第301页）等滤食性鲨鱼就属于此列（见对页图）。

对一小部分鲨鱼种类来说，同一个体的牙齿形状变化很大，通常与牙齿在颌骨上的着生位置以及鲨鱼的年龄有关。同一个体随着年龄产生的变化称为"个体发育"，这种变化随着动物体年龄的增长、摄食习惯和栖息地的改变而逐渐发生。鲨鱼的盾鳞和由盾鳞进化来的牙齿，形状都十分多变，只因为牙齿形状不同就把一条鲨鱼描述为一个独立的新物种是错误的，它可能只是比原先那个物种所基于的样本个体更老或更年轻。

异齿鲨（第237页）的学名"Heterodont"意思为不同的牙齿，十分形象。异齿鲨上下颌前部的牙齿非常尖锐，用来固定住猎物；而后部的牙齿则十分扁平，用来压碎无脊椎动物。鼠鲨目种类（第291页）的胎仔在母体子宫内以未受精卵或其他胚胎为食，它

们首先萌发出钝牙，防止咬伤母亲，而在娩出后才会长出锋利的齿尖和适于切割的边缘。许多种类的鲨鱼在年幼时都长有长而锋利的穿刺型牙齿，用来捕食身体小而柔软的猎物。异齿鲨的牙齿随着年龄增大逐渐变得扁平，用来碾碎有硬壳的水生生物。噬人鲨（第310页）在幼年（小于1.5米）时牙齿细长尖锐，主要以鱼类为食；而成年后上颌牙齿形态转变为扁平而锋利的三角形，用来从海洋哺乳动物身上咬下大块的肉。达摩鲨（第202页）和铠鲨的牙齿形态布局与噬人鲨正好相反：上颌牙齿尖锐，用来紧紧控制猎物；较大而锋利、扁平的下颌牙齿排列为紧密的一排。六鳃鲨（第88页）的上颌牙齿短而尖，下颌牙齿长而有锯齿状边缘；再加上唯一的背鳍明显后置，靠近尾鳍，十分便于在它们咬住食物后旋转身体时减小水的阻力，咬下大口的食物。居氏鼬鲨（第558页）的牙齿在一侧看起来像有凹刻的裁纸刀或剪刀，另一侧像锯子。在咬住猎物后，居氏鼬鲨会用力摆动它的头部，这样一颗牙齿的两个切面能交替发挥切割作用。这有助于居氏鼬鲨捕食体型庞大、甲壳坚硬的海龟。

六鳃鲨类

灰六鳃鲨 第90页

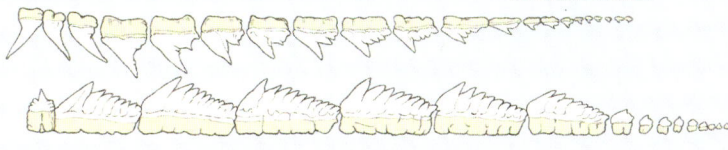

上颌牙齿小、尖、窄，用来抓住猎物；下颌牙齿更大、更宽，有成排的齿尖用来咬下肉块

棘鲨和铠鲨

铠鲨 第200页

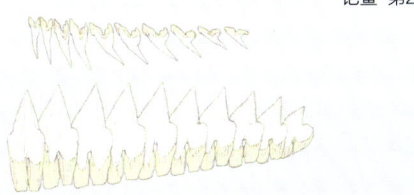

上颌牙齿小而尖，呈披针形，用来咬紧猎物；下颌牙齿更加宽大，呈刀刃状，重叠排列形成切割面，有利于咬下肉块

异齿鲨类

狭纹异齿鲨 第247页

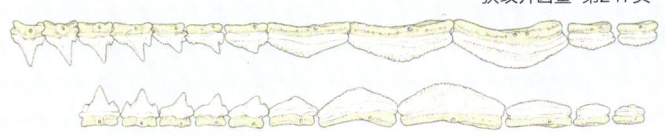

独一无二。上颌与下颌的牙齿都是前部尖细，用来抓住猎物；后部扁平，用来磨碎猎物。异齿鲨的学名"heterodontiformes"中的"heterodont"即意为"不同的牙齿"

乌鲨类

小乌鲨 第168页

上颌与下颌牙齿形状分化（霞鲨属物种除外），上颌牙齿小而窄；下颌牙齿更宽，钩状齿冠排列成连续的锯状切面

扁鲨类

扁鲨 第235页

上下颌牙齿形状相似，端部细长尖锐，用来咬住猎物然后整个吞下；基部迅速加宽，颌骨前侧和后侧的牙齿形状变化也不大

尖吻鲨和锥齿鲨

锥齿鲨 第295页

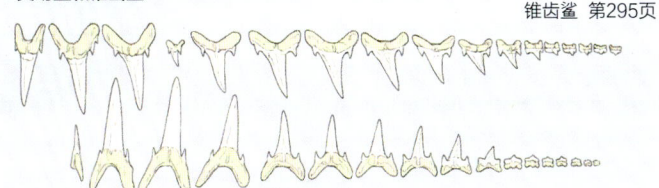

上下颌牙齿形状相似，都呈长的锥形，外缘或内缘尖齿存在或缺失，颌前部牙齿最大，两侧过渡的牙齿显著减小

各主要类群鲨鱼的牙齿特征（续图见第18页）

长尾鲨类　　　　　　　　　　　　　　　　大眼长尾鲨　第308页

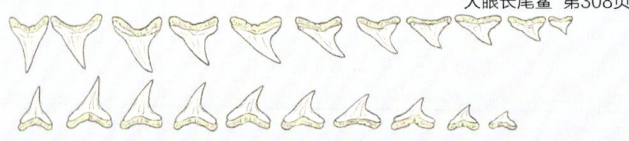

上下颌牙齿形状相似，尺寸从相对较大至非常大，从宽扁带锯齿的三角形逐渐过渡至细长且平滑的尖状

猫鲨类　　　　　　　　　　　　　　　　　　小点猫鲨　第429页

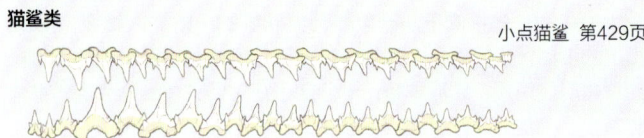

上下颌牙齿形状相似，牙齿小，具有尖而窄的齿尖和侧齿尖，不呈刀片状，后部牙齿有时呈梳状

真鲨类　　　　　　　　　　　　　　　　　　铅灰真鲨　第532页

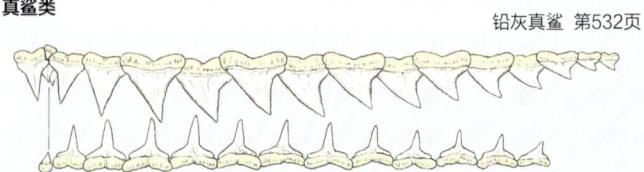

上下颌牙齿差异较大，上颌牙齿更宽，齿尖略倾斜，边缘有锯齿；下颌牙齿从倾斜至竖直，较窄，齿尖边缘有锯齿

鼠鲨类　　　　　　　　　　　　　　　　　　噬人鲨　第310页

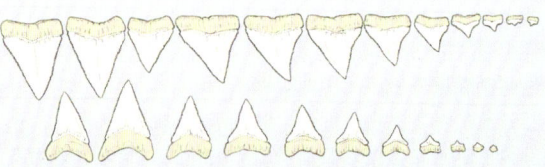

上下颌牙齿形状相似，尺寸从相对较大到非常大；噬人鲨的牙齿为宽扁带锯齿的三角形，鼠鲨的牙齿为细长而尖利具有平滑边缘的尖齿；具有个体发育偏差性（大小和形状可能随年龄而改变）。

星鲨类　　　　　　　　　　　　　　　　　　星鲨　第475页

上下颌牙齿形状相似，呈互相连锁的扁平铺石状，有时有齿尖

鼬鲨　　　　　　　　　　　　　　　　　　　居氏鼬鲨　第558页

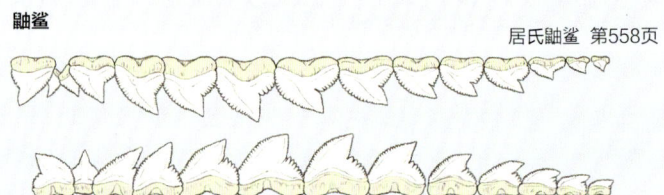

上下颌牙齿形状相似，标志性的梳状，具粗厚、弯曲、倾斜的齿尖，具强大的齿尖和明显的锯齿边缘，无刃状边缘

　　鲨鱼的颌骨与哺乳类和硬骨鱼类的颌骨很不一样，因为鲨鱼颌骨并不与颅骨紧密连接，它能够独立于颅骨运动。所以在鲨鱼进食时，上下颌都可以向前伸出。这有利于牙齿独立地向外旋转，从而更好地咬住与控制猎物。此外，这种特别的构造还可以让鲨鱼撕咬非常大的猎物，如啃食鲸类的尸体。颌骨前伸同样可以使通过口部吸取食物的滤食性的鲸鲨，以及伏击型的扁鲨和须鲨更好地进食。

　　延时摄影画面显示，欧氏尖吻鲨在捕食时展现出在鲨鱼中非常极端的颌骨前伸，伸出的颌骨长度能惊人地达到身长的8.6%—9.5%。

　　由于鲨鱼的上下颌都没有与头骨直接相连，所以有时很难单独判断哪部分是上颌，哪部分是下颌。结果就是，被取下来展览的鲨鱼颌骨标本经常被放置得上下颠倒。

真鲨的颌骨运动
鲨鱼啃咬猎物所需的完整颌骨运动程序需要约一秒钟。鲨鱼微微抬起吻部，下颌向下张开，可移动的上颌前伸，暴露出上排牙齿，与此同时舌弓向前旋转，支撑张开的双颌。咬下去之前，瞬膜升起，保护眼球——使鲨鱼在攻击的一瞬间处于盲目状态。下颌收起并咬合时，啃咬发生；吻部降到原来位置时，啃咬结束

- 🟢 腭方软骨
- 🟡 吻软骨
- 🟢 软骨脑颅
- 🟢 舌颌骨
- 🟠 下颌骨
- 🔵 角舌骨

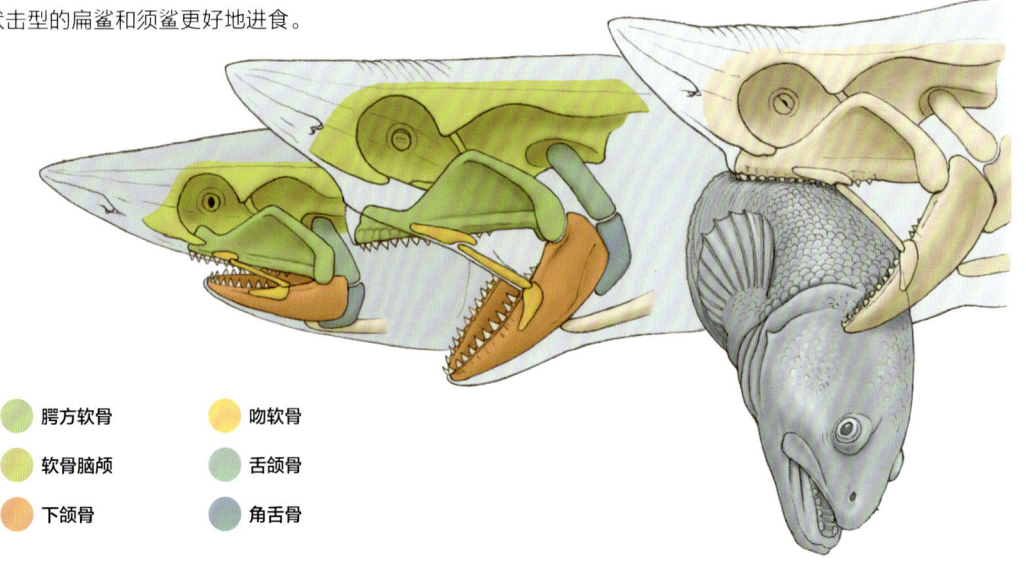

齿型与齿式

从鲨鱼分类学研究刚刚开始时，牙齿的形态和数量（齿形和齿式）就是辨识鲨鱼物种的重要因素之一。所以，如下图所示，有大量的科学术语用来描述牙齿的形状与它们在颌骨上的位置。

通常来说，鲨鱼牙齿的形状和数量因物种不同而变化，反映了它们的生活习性和猎物种类。但新替换上来的牙齿可能因为鲨鱼逐渐长大，捕食的猎物体型和种类变化而发生形状上的改变。性别也是影响牙齿形状的因素，因为在鲨鱼交配时，雄鲨通常会撕咬雌鲨来刺激对方以及固定自己。除此之外，不同性别的个体食性可能也会变化。然而，我们可以在单独一副颌骨中发现牙齿最显著的区别，尽管不是在所有种类中都能体现。这种变化（异型齿）通常表现为：在一个颌骨中长有更宽更大的牙齿，在另一个颌骨中长有更窄、更尖锐的牙齿。在几乎所有种类的鲨鱼中，最大、最具功能性的牙齿朝向颌骨前方生长，较小的、低齿冠的牙齿着生在后部。在牙齿高而尖（齿冠发育高且齿尖较长）的物种中，下颌后部的牙齿呈不同程度的凹陷或倾斜（朝向上下颌衔接处的颚节）和向舌面略微凸起。

每一侧颌骨（上下颌整体的1/4）都可以被分解为多个部分，每个部分中包含许多列牙齿，这些部分包括：缝合部、前部、中间部、前侧部（仅当前部和侧部牙齿形状无差别时）、侧部、前后部（当前部和后部牙齿没有分化时的缝合部牙齿）和后部。

齿式通常用来记录上颌或下颌和上颌或下颌每个象限的牙齿总数。但也可根据牙齿类型和位置进一步细分。应用最广泛的计数方法是全齿式，即：上颌左侧颌骨齿数、中间部齿数和右侧颌齿数的总和，下颌计数方法也类似。每个颌骨被中间的牙齿分成左右两部分，这些牙齿称为缝合部齿，有些种类的这些牙齿更小，称为替补齿或中间齿。与大拇指相似，缝合部齿一般只有两侧牙齿的一半大，在数字表示的齿式中可写为"缝合部齿式"。例如，下图的颌骨中，齿式可表示为24-2-24/16-3-16；或上颌50，下颌35。本书中采用后一种。但应该注意的是，一些鲨鱼类群如星鲨属（*Mustelus*），不同物种的牙齿数量差异很大，所以牙齿数量不能作为定种依据。尽管如此，在以科研为目的记录一条鲨鱼个体，而颌骨无法保存时，还是应该仔细地把齿式记录下来。

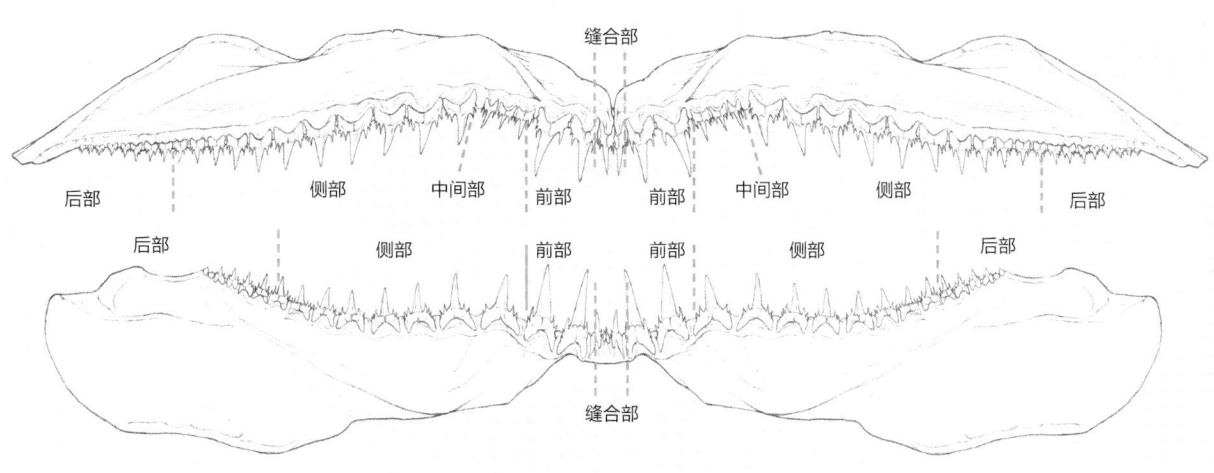

凶猛砂锥齿鲨（*Odpntaspis ferox*）的颌骨

鱼鳍

鲨鱼的鳍主要分为3类：偶鳍、奇鳍和尾鳍。

偶鳍包括胸鳍和腹鳍，主要分布在身体两侧，与陆地脊椎动物的四肢（后肢、前肢或翼）同源。它们主要控制上下的颠簸和两侧的翻滚角度，为游泳提供必要的升力（第22页）。一些底栖鲨鱼如须鲨等，也用偶鳍在海底爬行。最不活跃的底栖鲨鱼和游泳最快的远洋性鲨鱼拥有面积最大的胸鳍。前者需要用宽大的胸鳍在海床上休息，后者同样需要它们在水层中高速游泳时提供足够的升力。一切有颌脊椎动物都拥有或曾经拥有成对的肢体，但有些特化的类群肢体萎缩或消失，如鲸类和蛇类。

奇鳍包括背鳍和臀鳍，分布在身体的中线。大部分类群，包括原始的弓鲛属（Hybodus），都有两个背鳍和一个臀鳍，一些类群背鳍的前方还有棘。棘在防御敌害方面起着重要作用，例如异齿鲨科（Heterodontidae）物种遇到捕食者攻击时，背鳍棘可以防止它们被整个吞下。然而，棘也会在游泳时产生阻力。所以在快速游泳的类群中，鳍棘一般退化或消失。有些鲨鱼的部分奇鳍退化，如角鲨目、棘鲨目、扁鲨目和锯鲨目物种的臀鳍消失；而在其他一些尤其是快速游动的类群中，为了减少阻力，臀鳍已大为缩小。学者们并不清楚臀鳍与背鳍相比有什么额外的作用，所以其是否退化似乎不会对个体造成什么影响。背鳍的作用早已为人所熟知：提供转向时的机动性，防止侧向翻滚——就像帆船的龙骨能防止其倾覆一样。在尖吻鲭鲨等快速游动的种类中，背鳍通常很大，但要发挥背鳍的作用，只要一个就够了，所以这些种类的第二背鳍通常大为缩小，用来减少阻力。六鳃鲨目的六鳃鲨和皱鳃鲨缺失第二背鳍，第一背鳍极为后置。这种适应性改变可能有利于它们在用锯状牙齿啃食大块食物时转动身体。

尾鳍在鲨鱼游动时为其提供最主要的推进力。不同种类的鲨鱼生活习性不同，尾鳍的形状也千变万化。游动缓慢的鲨鱼在其脊椎的末端长有相对长而柔软的尾鳍，下叶一般较小；更加活跃的种类一般有更加坚挺的尾鳍，下叶更明显；在游泳速度最快的鲭鲨中，尾鳍上下两叶基本一样大小。扁鲨的尾鳍下叶大于上叶，在各种鲨鱼中独一无二。这是因为更大的下叶可以使它埋伏在海床上时，碰到猎物以后以更快的速度出击并将其擒获。

讽刺的是，精巧的骨骼结构在数亿年的时间里使鲨鱼成为海洋中最进步与高效的掠食者，却也在最近成为影响其未来种族存续的巨大威胁。鲨鱼的鳍由其基部的基鳍骨、辐鳍骨等大量软骨成分支撑，其尾鳍由弯入上叶的脊椎支撑。硬骨鱼的鱼鳍由骨质棘和鳍条支持，而鲨鱼不同，它们鱼鳍的周缘遍布富含胶原纤维的角质鳍条，这些角质鳍条细密、柔软、修长，起到加固和支撑鲨鱼鳍的作用。这些长而不分节的鳍条，其主要成分是角蛋白，与我们的指甲和头发类似。它们存在于所有鲨鱼的鳍中，而在高速游泳种类的尾鳍下叶中辐鳍软骨较少，角质鳍条就排列得尤为紧密。尽管角质鳍条本身没有风味，但其质地独特，人类将其作为鱼翅汤的主料，这让其拥有了很高的价值。鲨鱼鳍（即鱼翅）成为价格最高的海产品之一，单位重量的鱼翅远贵于同等重量的鲨鱼肉，这催生了许多以鲨鱼为捕捞目标的不可持续的渔业（第55—63页）。

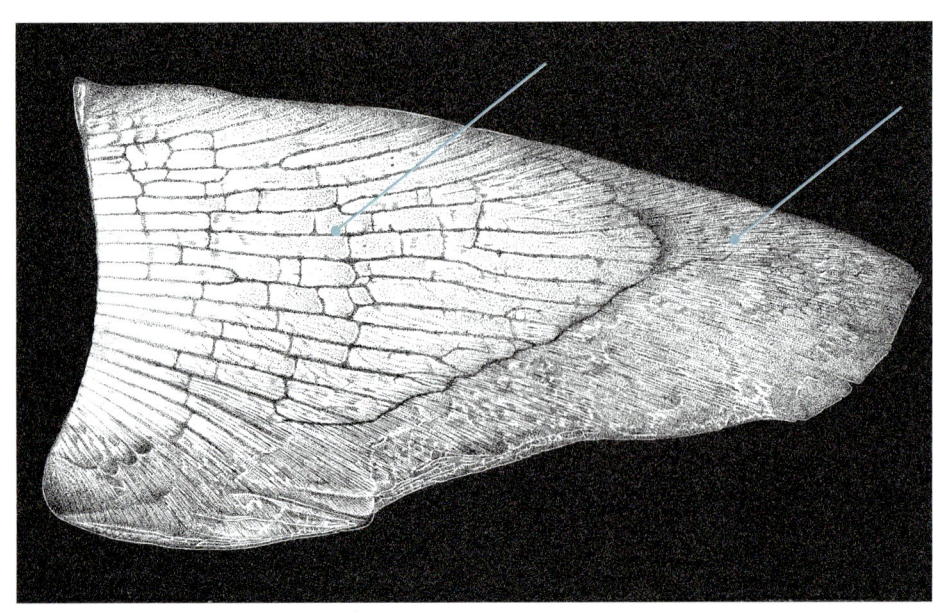

鲨鱼鳍基部的辐鳍软骨和周缘的角质鳍条

运动

观察一下鱼贩摊位上剥好皮的角鲨，你可以很明显地看到鲨鱼标志性的"之"字形分节肌纤维。剖开鲨鱼排，也可以看到长长的一束束肌纤维贯穿头尾。这些锚定附着在皮肤上的肌纤维在身体两侧交替收缩，就为鲨鱼提供了向前游泳的动力。这使它们的脊椎骨向身体两侧产生波动，尾鳍的拍打又形成正弦波游泳轨迹。非同寻常的是，扁鲨在游泳时会通过拍打宽大的胸鳍来产生推进力，这与鳐鱼和魟鱼十分相似。

肌肉的收缩为鲨鱼提供了冲力和加速度，但它们的身体弯曲程度越大，其能量的使用效率就越低。高效的游泳者会先通过身体波动来加速，随后身体绷直，波动不明显，减少巡航时的能量消耗。最低效的游泳方式被称为"鳗式泳姿"，使用此种泳姿的多是些身体延长的鱼类，它们通过整个身体和尾部的侧向波动游泳。观察整个身体，可以看到至少一个正弦波（下页左下图）。使用鳗式泳姿的鲨鱼包括皱鳃鲨（第86页）、猫鲨（第397页）和须鲨（第257页）等。更高效的游泳者，例如在水层中游动的真鲨目物种，只波动身体的后1/2。观察整个身体，正弦波少于一个。这种泳姿被称为"鲹式泳姿"（得名于使用此种泳姿的典型硬骨鱼类群——鲹类）。真正的高速游泳者，例如鲭鲨，只摆动它们的尾柄和尾鳍。

前文已述及鲭鲨和金枪鱼在身体结构上的相似之处，如水滴形的身体轮廓、新月形尾鳍和提供稳定性的尾柄侧突，这种泳姿因金枪鱼而得名为"鲔式泳姿"（金枪鱼又名鲔鱼）。

尾鳍的形状，以及有无尾鳍前凹也是判断鲨鱼游泳模式和速度的重要线索。上叶较长，下叶很小，且尾鳍整体柔软的话，大概率使用鳗式泳姿；长尾鲨（第304页）是个例外，它们超长的尾鳍上叶主要用来以21.8米每秒或8万米每小时的速度驱赶和击晕猎物，而不是用来推动身体；并且长尾鲨的尾鳍下叶也较为坚挺。

鲨鱼鳍帮助鲨鱼在水中保持稳定；和硬骨鱼不同，鲨鱼的鳍比较僵硬，难以收拢到体侧。鲨鱼宽大的胸鳍功能类似潜艇的水平舵和飞机的升降舵，在鲨鱼游泳时防止翻滚，增大升力。这种升力和由鲨鱼头部下方的角度提供的升力，一定程度上抵消了鲨鱼身体产生的负性浮力，使其能在水层中向水平方向运动。在水平方向直线前进的鲨鱼可以通过调整胸鳍与腹鳍的角度（后者可调范围较小），来避免颠簸（上下运动）和偏航（左右水平的运动）。避免偏航的控制难度更大，往往需要鳍和尾部的紧密配合。即便如此，一些底栖鲨鱼游泳时，我们仍然可以看到其头部上下晃动。

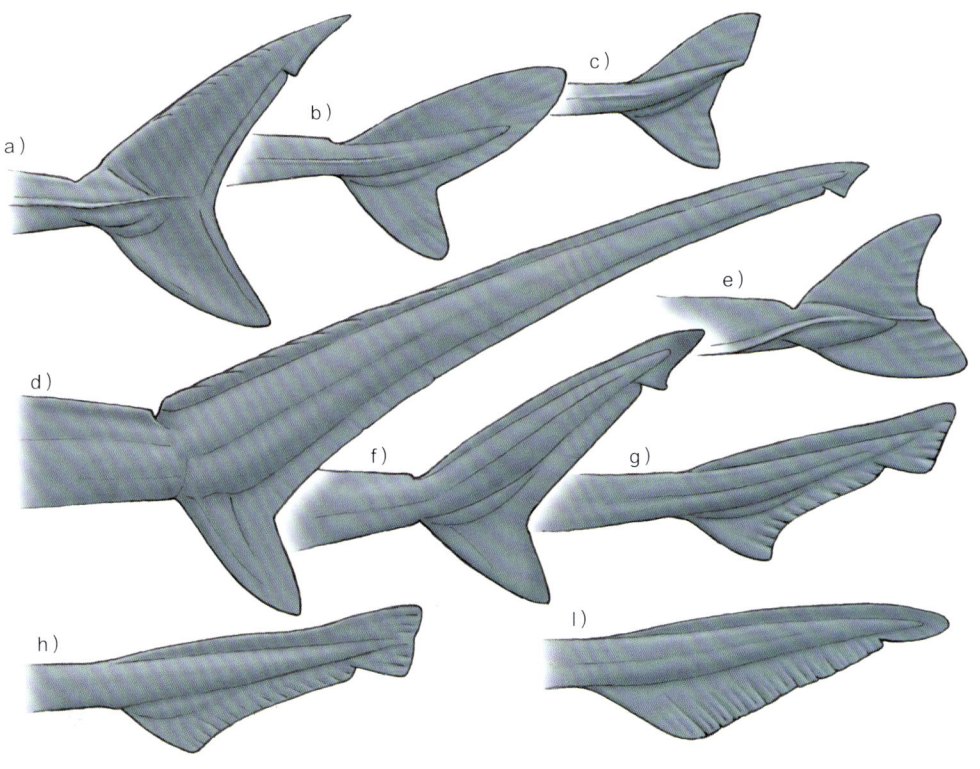

9个不同鲨鱼科的尾鳍形状
a）鼠鲨科Lamnidae（高速游泳者）
b）角鲨科Squalidae（中等活跃的游泳者）
c）铠鲨科Dalatidae（中等活跃的游泳者）
d）长尾鲨科Alopiidae（高速游泳者，特化的尾鳍上叶用来击晕猎物）
e）扁鲨科Squatinidae（底栖伏击捕食者，不擅游泳）
f）真鲨科Carcharhinidae（快速游泳者）
g）皱唇鲨科Triakidae（慢速游泳者）
h）猫鲨科Scyliorhynidae（底栖，不善游泳）
l）皱鳃鲨科Chlamydoselachidae（原始，慢速游泳者）

对不生活在海床上的鲨鱼来说，保持它们在水层中的位置是个问题，因为它们不像硬骨鱼类那样拥有提供中性浮力的鱼鳔。它们较轻的软骨骨架可以起到一定作用，但大部分浮力还是由鲨鱼充满低密度油脂的肝脏提供的。肝脏重量在一些深海鲨鱼中可占体重的25%，而在哺乳动物中一般只占5%。但是，只有软骨和肝脏仍然无法使鲨鱼产生中性浮力。人工饲养于海洋馆中的锥齿鲨，经常在水层中间一动不动地漂浮，这是因为它们有一种保持浮力的小技巧——游到水面吞一口空气，然后把空气储存在胃里。然而，其他种类的鲨鱼一旦停止游泳，失去胸鳍提供的升力，就会立刻下沉。

对大部分生活在海床上的鲨鱼种类来说，负性浮力根本不是问题。相反，对相当一部分鲨鱼来说，它反而是一种优势，例如异齿鲨（第237页），它们在海床上爬行的时间和游泳的时间一样多。它们的偶鳍肌肉发达，运动灵活，可以让它们方便地在水底爬行。一些类似的种类生活在潮间带，而一些须鲨目物种甚至能通过这种方法在陆地上活动，从一个潮池迁移到另一个潮池。这些鲨鱼爬行时的姿态，与两栖动物中的蝾螈很像。

最后，昼夜节律对鲨鱼的运动也有较大影响，例如加州异齿鲨（第242页）、绒毛鲨（第405页）、柠檬鲨（第550页）和小点猫鲨（第429页）等种类，都是夜行性的，在夜晚最为活跃。

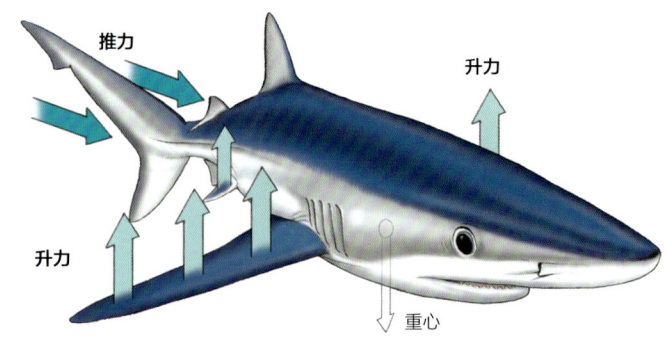

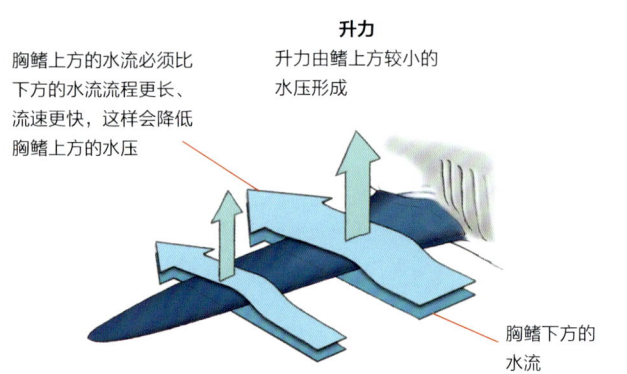

鲨鱼游泳时的受力情况示意图。鲨鱼通常比周围的水环境更重，需要通过不断游泳来使自己处于水层中不下沉。不对称的尾鳍提供向前的推力，头部、胸鳍和腹鳍提供一定的升力

鳗式泳姿　　鲹式泳姿　　鲔式泳姿

3种主要的鲨鱼游泳方式（从左到右）：鳗式泳姿、鲹式泳姿、鲔式泳姿。肌肉收缩引起的身体波动越来越受到限制，游泳效率越来越高

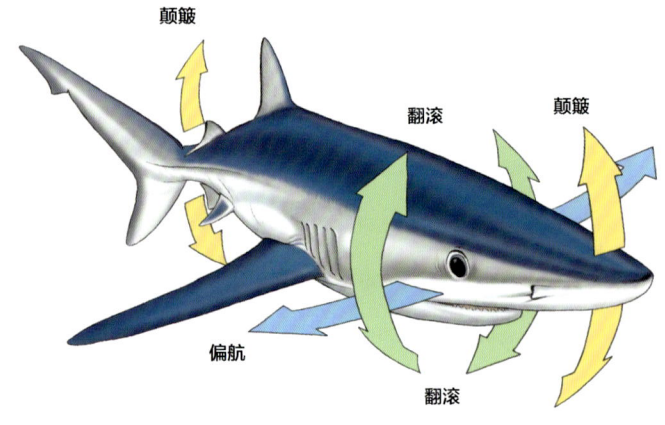

鲨鱼游动中的翻滚、颠簸和偏航

呼吸与循环

许多种类的鲨鱼花大量时间在海床休息，通过口腔泵入海水，使海水流过鳃，从而吸收氧气，排出二氧化碳。这种呼吸方式称为"颊泵式呼吸"，或"鳃呼吸"。尽管这一过程需要一定的能量，但许多用此类方式呼吸的底栖鲨鱼代谢率也比较低。活跃游泳的种类，可以通过张开大嘴，通过使海水被动地高速流过鳃部来进行呼吸，但它们鳃呼吸能力在它们停止游泳时就会下降或消失。最活跃的快速游泳种类，如真鲨和双髻鲨，完全依赖这种被称为"冲压式通气"的方法来进行呼吸，它们难以主动地使水流通过口腔，想要保持呼吸并生存下来，只能不停游泳。这些更加活跃的种类比底栖类群拥有更高的代谢率和更大的心脏，它们必须把更多的能量用于保持身体的不断运动。事实上，对体型相近的鲨鱼来说，游泳速度和代谢率间的关系很紧密。代谢率指能量的使用效率，与氧气消耗率密切相关。

我们人类在静止不动时的心率约为每分钟60—100次，比运动时的心率要低。当我们费力地运动时，心率会达到每分钟150—200次，以便输送更多血液到肺部进行气体交换，然后富含氧气的肺静脉血流回心脏，再被输送到身体各处组织中，包括紧张运动着的肌肉；最后含氧量较低的体静脉血被输送回心脏继续这个过程。这种双循环模式出现在除了鱼类之外的各类脊椎动物中，而鱼类则是单循环模式，即心脏将血液泵入鳃部进行气体交换，血液流经身体各组织后，再由主静脉输送回心脏。在几乎所有脊椎动物中，高强度的运动都与更快的心率相关。例如，蓝鳍金枪鱼的稚鱼在平静状态下心率一般为每分钟20—50次，但在摄食时可达每分钟130次。而软骨鱼类却是例外，它们通过增加心脏在一定时间内向身体供血的量，来满足运动中身体组织的血液需求，而不是提高心率。换句话说，当鲨鱼剧烈运动时，心率并不提高，而是每次心跳时泵出更多的血液。这是因为，鲨鱼心脏的4个腔室不仅泵入泵出血液，还会储存一定的血液以备不时之需。所以在快速游泳的鲨鱼种类中，其心脏明显更大（但仍然小于同体型的哺乳动物的）。除此之外，鲨鱼肌肉的收缩运动也能帮助把低氧血液泵回心脏。不同生活习性的鲨鱼之间，心率差异较小，如缓慢的底栖种类约为每分钟40次，缓慢的游泳种类约为每分钟50次，快速游泳的种类约为每分钟60—70次。但是这些生活习性不同的类别，每次心跳泵出的血液量有着较大不同。

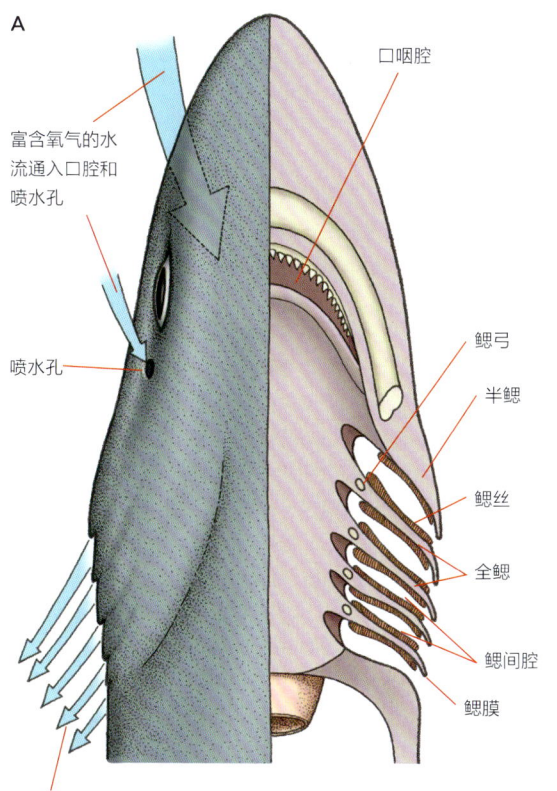

A

富含氧气的水流通入口腔和喷水孔

喷水孔

口咽腔

鳃弓

半鳃

鳃丝

全鳃

鳃间腔

鳃膜

氧气含量低，二氧化碳含量高的水流从鳃裂中流出

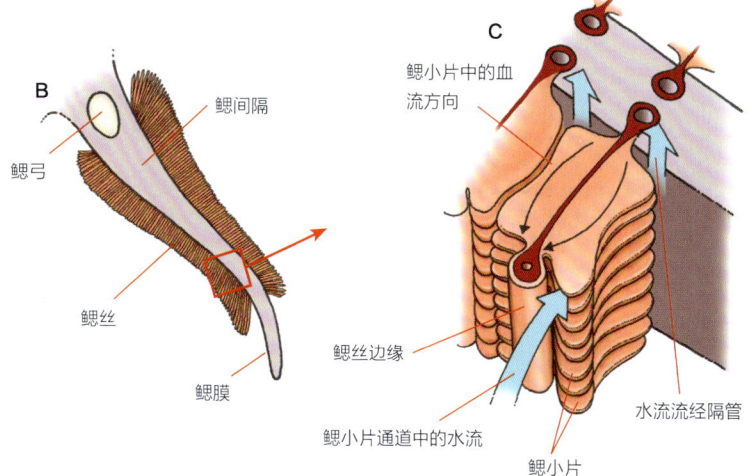

B

鳃弓

鳃丝

鳃膜

鳃间隔

C

鳃小片中的血流方向

鳃丝边缘

鳃小片通道中的水流

鳃小片

水流流经隔管

典型的鲨鱼呼吸过程。A.水流入口腔，流出鳃裂时的外部和剖面示意图。B.一侧鳃的放大剖面图。C.进一步放大的鳃间隔和附着其上的鳃小片示意图（血液流过鳃小片内时，与鳃小片外海水的流向相反）

鳃从海水中吸取氧气的过程，是一个简单而有效的逆流交换系统。血液从心脏流入鳃小片中的毛细血管（极细极薄的血管），与口腔吸入的富氧海水流动方向相反。同时，血液和海水中溶解的不同气体，开始沿着从高到低的浓度梯度，通过全部鳃小片极大的表面积向不同方向扩散。从心脏泵入鳃部的血液氧气含量低，二氧化碳含量高，与即将流出鳃裂的海水相遇。海水中氧气含量高，二氧化碳含量低，所以这时鳃部的气体交换网络中，氧气由海水扩散进血液，二氧化碳由血液排入海水。当血液通过鳃小片中的毛细血管网到达鳃小片的另一端时，其中的氧气含量升高，二氧化碳含量降低，但此时与血液相遇的海水刚刚被吸入口腔，氧气含量比血液中更高，二氧化碳含量比血液中更低，所以仍然有氧气的输入和二氧化碳的排出。直到毛细血管网合并进入鳃血管，血液流入其中，准备输往各组织并泵回心脏，氧气交换停止。这种逆流交换系统和鳃丝极大的总面积，能使鲨鱼即使在相对氧含量较低的海水中，也可以有效地呼吸。比较而言，陆地动物和海洋哺乳动物呼吸起来更加容易，因为即使是充分通气且富氧的海水，其溶解氧含量也只有空气中氧含量的1/7。

在有氧呼吸中，氧气用来分解葡萄糖产生能量，这一反应的终极产物是水和二氧化碳。而红肌所能做的功受限于其可使用的氧。尽管鲨鱼在运动时心脏可以泵出更多血液，但对那些需要短时间高速爆发游泳，以及使用能量的速率高于肌肉获得氧气速率的种类来说，无氧呼吸也很重要。一些种类的鲨鱼在生活中需要做出大量这样的爆发冲刺，例如大青鲨（第552页）在捕捉猎物时可以每秒2米的速度冲刺，黑边鳍真鲨（第526页）和短鳍真鲨（第518页）在跃出水面时也需要大量无氧呼吸。这些无氧呼吸的运动主要由白肌驱动。白肌在不同鲨鱼种类中所占的比重不同，在具备一定内温性的鼠鲨科种类中占肌肉量的大多数。

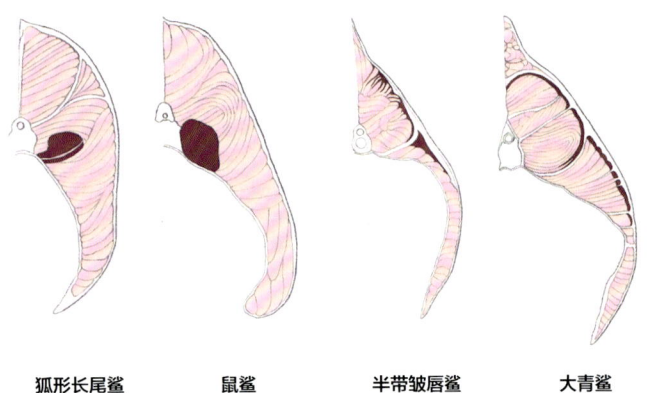

| 狐形长尾鲨 | 鼠鲨 | 半带皱唇鲨 | 大青鲨 |

温血、快速游动的鲨鱼种类（左方的两种）为了更好地保存热量，其红肌一般都位于保温性能良好的体核内部；而外温性的种类（右方的两种）的红肌一般位于皮下

"温血"鲨鱼

水温是影响鲨鱼分布范围的重要的环境因子之一。大多数鲨鱼和硬骨鱼，以及所有无脊椎动物，都是"冷血"的或"外温性"的，即它们的体温与环境温度基本一致，受环境温度决定。因为在鲨鱼呼吸时，20%—40%由肌肉运动产生的热量迅速丧失在了鳃巨大的表面积中。热量散失的原理与气体通过极薄的血管壁进行交换的原理类似。热量从温度更高的血液中扩散入温度较低的海水中，而从鳃部流入身体组织的富氧血液进一步将肌肉冷却。许多外温性鲨鱼种类，需要较为温暖的环境来维持正常的生理活动。因此它们的活动范围被限制在热带和暖温带海洋中，有时需要通过迁徙来寻找温度最适宜的栖息地。尽管大型的外温性鲨鱼经常潜入冰冷的深水区域，但它们会在回到温暖的浅水层时使身体升温。另一些外温性鲨鱼，例如占全部种类一半以上的各种深海鲨鱼，只适应较冷的水温，在暖水中会被热死。冷水外温性鲨鱼通常生长非常缓慢，因为低温减缓了消化食物等各种生物化学反应的速度。

相反，长尾鲨科和鼠鲨科的种类，可以将体核温度维持在高于环境温度的水平。例如鲭鲨的体核温度可高于环境温度8℃，噬人鲨14℃，太平洋鼠鲨（第312页）可达20℃。这些"内温性"种类是更高效的捕食者，因为肌肉温度提升10℃，其运动效率可提升3倍；脑部温度适当升高，有助于提高感官的敏锐程度。内温性还提高了它们的生长速度，并使它们可以适应更广泛的温度范围和更多样的栖息地。从另一方面来说，内温性鲨鱼的代谢率和消化效率更高，所以与同体型的外温性种类相比，它们需要进食更多的食物。尽管热带海域拥有更高的生物多样性，但生物量却较低。所以内温性鲨鱼通常生活在寒温带海域中，它们在这里可以猎捕到更多它们钟爱的高热量猎物，如富含油脂的大鱼和海洋哺乳动物。

对海洋哺乳动物来说，在冰冷的大海中保持体温已然是一个挑战。它们厚厚的鲸脂层与深埋于温暖身体中的肺部，有利于为它们保存热量。对鲨鱼来说，最大的困难之处在于如何防止热量从鳃部（表面积巨大，全部血液流经此处与低温海水进行热量交换）、眼部、消化道和皮肤等处散失。内温性的鲨鱼通过一种在外温性种类中并不存在的特化血管系统来完成这一点。这种结构由成对的动脉和静脉，以及与它们相连的大团毛细血管网组成。动脉和静脉中的血流方向相反，这些结构紧紧相连在一起，构成了精巧的逆流热交换系统。科学家们把这种系统称为"细脉网"。细脉网同样出现在肌肉中、眼睛和大脑周围，以及肠道附近。鼠鲨和太平洋鼠鲨在肾脏附近也有细脉网，所以它们拥有所有已知鲨鱼种类中最高的体温。

在细脉网中，富氧低温血液从身体表层向深层组织流动，但从身体内部肌肉方向流出的高温血液，就在低温血液旁边与其相向流动，二者流动方向相反但紧贴彼此。这两套血管系统的热量传递效率很高，以至于身体内部的热量最后又回到体内，而不是散失入海水中。

另一方面，内温性鲨鱼的红肌通常位于保温性能良好的身体深处，紧贴着脊椎的位置；而外温性鲨鱼的红肌一般位于体表，皮肤下方，这进一步增强了它们的保温能力。较大的体型也是保持内温性的重要因素，因为体型较大的动物体内可以产生更多的热量，而它们身体表面积与体积的比值较小体型动物更小，所以皮肤散失的热量较少。

当内温性鲨鱼进入较温暖的水域时，它不需要在体内保存那么多的热量。所以此时血液会从细脉网以外的其他通路流动，将多余的热量排出体外。

和鼠鲨科物种一样，旗鱼、剑鱼和金枪鱼等硬骨鱼类也采用了高速游泳、内温性的生活方式，这也是趋同进化的绝佳例证。

渗透压调节

因为鱼类的鳃部和皮肤有很强的渗透能力，所以鱼类无时无刻不面临着调节体内水盐浓度平衡的挑战。在淡水中，水通过鱼鳃渗透入鱼体；而盐分则相反，通过鱼鳃渗透到体外。而海水的盐分比淡水的浓度高得多，离子浓度大于生物体组织中的，所以鱼体内的水分会流失，盐分会增多。这是因为水和盐总会按从高到低的浓度梯度透过半透膜，最终达到膜两侧的浓度平衡。渗透压调节就是生物体对抗这一自然现象，保持体液与环境间的离子与水的浓度平衡的过程。根据环境的盐度不同，渗透压调节可以通过排出多余的水或盐分，也可以通过主动摄取某种物质来减少/补偿水或盐分的损失等手段来达到。

海水硬骨鱼通过大量饮用海水（因此有"像鱼一样喝"这样的说法），并通过鳃部和肠道中特化的细胞来排出多余的钠离子和氯离子来保持体内的水盐平衡。鲨鱼采取了不同的策略：它们并不饮用海水，而是在体内储存大量代谢产物，即"盐类"。虽然这些"盐类"之间的相对含量与海水中的不同，但使体液的渗透浓度总体上与海水持平。这就改变了水渗透的方向：在鲨鱼体内，水由海水渗透进它们盐分浓度更高的体液。鲨鱼保存在体内的最重要的化学物质之一是尿素，这种物质具有毒性，在大部分其他动物体内会被随时排出。鲨鱼除了和硬骨鱼一样通过鳃膜排出盐类，还通过"直肠腺"来收集多余的盐分，从肠道排出。

这种适应方式使绝大部分鲨鱼只能生活在纯海水中，因为它们难以改变体液调节模式来适应低盐度水体。但有少数物种可以经常进入河口水域，甚至偶尔进入盐度更低的半咸水中。目前仅已知公牛真鲨（第525页）可以自由地、有规律地在纯海水和纯淡水之间移动。这些鲨鱼需要在进入淡水后应对渗透入身体的大量水。它们的解决办法是，在进入淡水后完全逆转自身的肾功能，通过排出大量尿来减少体液中的尿素和其他代谢废物，并逆转鳃部细胞的功能，在淡水中吸收盐分而不是排出它们。

化石记录显示，上亿年前有很多种鲨鱼生活在淡水中。而在现代，热带河鲨——露齿鲨属（*Glyphis*，第538页）物种是最接近纯淡水鱼的鲨鱼类群。它们偶尔会出现在半咸水中，并会在雨季大量淡水灌入沿海水域时在河流和海洋之间移动。尽管这些极度稀有的动物的渗透压调节系统还没有被研究过，但它们偶尔会在河口水域出现，这表明它们的渗透压调节系统应该与公牛真鲨的类似。相反的是，鲨鱼的远亲鳐类中，南美洲的淡水魟鱼——江魟科（Potamotrygonidae）鱼类在淡水中生存过久，已经完全丧失了储存尿素的能力，如果进入咸水会迅速死亡。

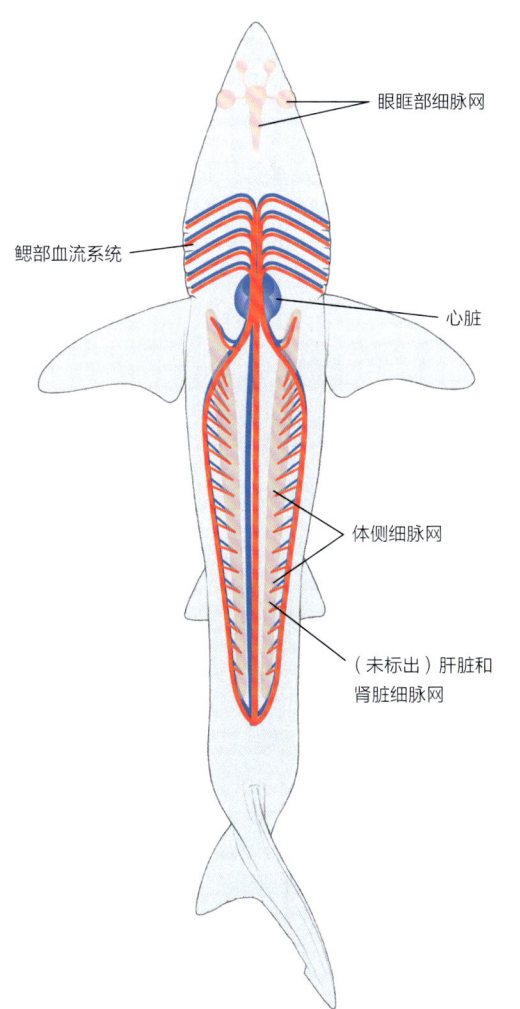

眼眶部细脉网

鳃部血流系统

心脏

体侧细脉网

（未标出）肝脏和肾脏细脉网

细脉网是内温性鲨鱼体内防止热量散失、保持高体温的热量交换血管系统

皮肤和鳞片

鲨鱼的身体被充满胶原纤维、极度粗糙坚韧的皮肤保护着。它们的肌节与皮肤（而不是骨骼）紧密连接。因为雄性鲨鱼在交配时需要咬住雌性固定自己（第39页），从而在雌性身上留下伤口和疤痕，所以雌性鲨鱼的皮肤一般要比雄性的更厚。这一点在大青鲨（第552页）中尤其明显。

鲨鱼有许多种颜色，体色主要取决于它们皮肤中分布的色素细胞。大多数鲨鱼都呈现出单调的灰色或棕色，但一些种类，尤其是底栖类群，具有令人眼花缭乱的靓丽花纹。鲨鱼体表的色彩可以帮助它们隐藏自己的身形，更好地逃避敌害与伏击猎物。长尾须鲨属（*Hemiscyllium*，第278—282页）物种作为海床上的小型底栖鲨鱼，在体侧长有很大的黑斑，这些黑斑可以起到模拟眼睛的作用，使捕食者感到困惑或远离它们。花纹非常鲜艳的鲨鱼，如须鲨，在它们一动不动趴伏在海床上时，花纹也提供了绝佳的伪装，让它们可以静候粗心大意的小鱼游过。对于在水层中游动的种类来说，花纹伪装呈现出"反荫蔽"模式。从下方向上看时，由于尖吻鲭鲨的腹面为白色，所以它们的轮廓隐没在从海面射下的白色阳光里。而从上方向下看时，它们黑色的背部又与同样是黑色的海洋深渊融为一体。即使体表一般没有花纹的真鲨属也呈现出反荫蔽的体色模式。然而，生活在完全漆黑的环境中的深海鲨鱼，其颜色不呈现出这种模式，例如棕黑色的睡鲨（图版15—17），以及奇异的灰粉色的欧氏尖吻鲨（第294页）。

鲨鱼的皮肤被一层小而尖利的、类似牙齿的盾鳞保护着，盾鳞表面也有一层釉质。一些种类的腹部没有盾鳞。这些鳞片也被称为"皮齿"，在结构上和牙齿非常相近。事实上，鲨鱼牙齿就起源于远古祖先移入口中的盾鳞。不同种类的鲨鱼，乃至同一种鲨鱼身体上的不同部位的盾鳞的形状都有很大差异。盾鳞形状包括扁平的板状、具复杂嵴和凸起的冠状，以及长钩状结构。而且，当鲨鱼长至

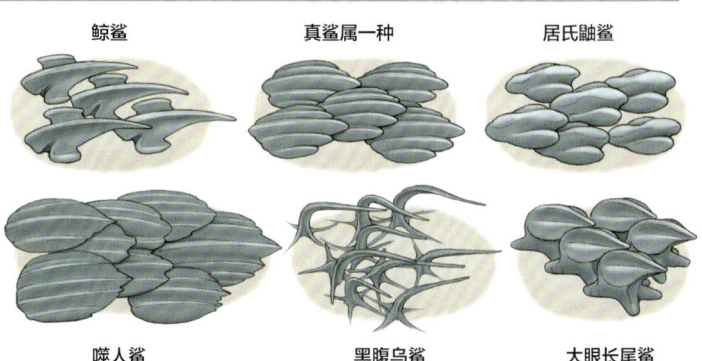

盾鳞形状不仅在不同物种之间差异很大，甚至在同一个体的不同身体部位也不一样。甚至盾鳞的形态和盾鳞之间的空间，在一条鲨鱼年幼时和成年后也不一样

性成熟时，盾鳞的形状也会发生改变。因为鲨鱼的盾鳞会不断地脱落和更替，旧的盾鳞被皮肤内长出的新盾鳞取代。在本书第一版中，有些物种命名是基于其盾鳞形状，在本书中已被移除，这是因为，那个所谓的"新物种"，实际上是同一物种不同年龄和体型的个体。尽管有这些复杂情况出现，但通过盾鳞的形态还是可以用来区分一些非常相似的物种。这种方法还可以用来确定未加工的鱼翅属于何种鲨鱼，以及它们是否受到保护。

盾鳞经常变大特化为软骨鱼体表的一些特殊结构，如异齿鲨和角鲨的鳍棘、锯鲨和锯鳐长吻边缘的尖齿及棘鲨体表的硬质凸起。这些特化的结构不会脱落，而是会不断生长，并在剖面形成生长环。尖端没有磨损的鳍棘，可以用来计算鲨鱼的年龄。

除了保护皮肤之外，盾鳞最重要的作用是减少皮肤表面的摩擦阻力，提高游泳效率。鲨鱼盾鳞的排列模式之所以能产生这种效果，是因为它们在皮肤表面形成的微沟和微嵴能产生层流，并在盾鳞的末端制造微小的漩涡，从而阻止具有较大阻力的横向涡流产生。在鲭鲨等高速游泳种类中，盾鳞极轻极薄，呈纵向排列在皮肤上，并具有较好的灵活性，加强了它们爆发冲刺的能力。与之形成对比的是缓慢游动的鲨鱼种类，其盾鳞并不紧密纵向排列。实验室研究显示，真正的鲨鱼皮所能产生的游泳速度要比结构上模拟鲨鱼皮的人造纤维快12.3%，但最近一件以尖吻鲭鲨皮肤为蓝本的3D打印出的人造皮肤，比普通的光滑表面产生的泳速快6.6%。这项研究非常重要，各种"仿生学人造鲨鱼皮"已经广泛用于泳衣、水下设备甚至航空器的生产中。

近距离特写下，这条豹纹鲨体表起保护作用的盾鳞一清二楚

除了提高运动效率，仿鲨鱼皮结构的材料还可以用来减少生物污损，即船体等水下人造设备上的藻类、藤壶等生物的附着和生长。这是因为，鲨鱼盾鳞结构可以大大增加浮游动物幼体和藻类孢子的附着难度。实验材料证明，这种结构可以减少67%的藤壶附着，以及85%的藻类生长。生物污损的第一阶段一般是在洁净表面上出现一层细菌膜。研究表明，表面有微嵴和微沟的塑料膜可以减少其上的细菌生长，目前已在医院设备中应用。

颜色、生物发光与生物荧光

鲨鱼有各种各样的颜色和花纹模式，可以用来隐藏身形，欺骗捕食者，甚至向海底世界昭告自己的存在。这些色彩由被称为"色素细胞"的特殊细胞产生，这些细胞一般位于皮肤表面之下。每种色素细胞都包含一种或一种以上的颜色，例如黑色素由黑色素细胞产生，红色素和黄色素由黄色素细胞产生等。一些鱼类和无脊椎动物可以通过改变色素细胞的形状等方式，来快速改变体色，以便伪装自己或传递沟通信号。但鲨鱼体表色彩的变化过程极其缓慢，或根本不变化。所以鱼鳍与体侧特定的色彩与花纹模式可以在许多年中用来辨识鲨鱼个体。猫鲨可以改变它们身体的色调，从一个暗色水箱被移入一个浅色水箱时，它们的身体颜色也会变得更明亮、苍白，但基本的花纹形状不会改变。

研究者通过观察夏威夷一个水池中饲养的路氏双髻鲨幼体时发现，它们的体色会逐渐变深。研究者推测，会不会是夏威夷强烈的阳光把它们"晒黑"了？于是，他们着手用简单的方法验证这个假说：从浑浊的深水中捕捞刚刚出生的活体路氏双髻鲨幼体，在它们的胸鳍上安装滤光器，并将其放入阳光下的水池中饲养。几周后，原本苍白的幼体开始变黑。阳光促进了它们皮下黑色素的合成。然而，被滤光器遮盖的胸鳍却没有变黑。这证明了鲨鱼就像海滩上的度假者一样，是会被太阳晒黑的。然而，与人类及一些其他的鱼类物种不同，目前还没有发现鲨鱼被紫外线晒伤的案例。白变症和白化病分别为黑色素的部分和全部缺失，在几个鲨鱼物种中被观测到过，例如翅鲨、斑竹鲨、黑边鳍真鲨和豹纹鲨。这在成年鲨鱼中尤其罕见，因为白色的幼鲨没有保护色，在自然界中极易被捕食，很难活到成年。

伪装对鲨鱼幼体来说非常重要，很多鲨鱼种类的幼体与成体完全不同，可以帮助它们更好地在海床上伪装，这在豹纹鲨（第283页）中尤其明显。但这种鲨鱼的幼体并不想避开其他生物的注意。当小型而呈细长鳗状的幼鲨从卵鞘中孵化时，它们并不急于躲藏在海床上，而是在海水表层大胆游动，招摇过市。在大约1年的时间里，幼鲨体表都会呈斑纹状。在幼鲨长到1个月大时，斑纹会开始解体，越来越向斑点状靠拢。而在成年鲨鱼身上，只剩下小而驳杂的斑点。幼年豹纹鲨的奇怪行为可以被解释为是一种"贝氏拟态"：它们在生命中最脆弱的时段，从形态和行为上模拟剧毒的海蛇，从而逃避大部分海洋捕食者的攻击。

除了皮肤颜色之外，鲨鱼想要避开或得到其他生物的关注，还有其他的方法，尤其是那些生活在深海中的鲨鱼，对它们来说，颜色的用处不大。乌鲨（第155页）使用生物发光：特化的发光器能够发生产生可见光的化学反应。发光器由成团的发光细胞组成，发光细胞的上方有一层色素膜，而顶部则有色素与透镜细胞。发光器可以根据需要被打开或关掉。关掉时，色素膜将发光细胞团覆盖；打开时，色素细胞收缩，光就从透镜体中发射出去了。发光器的"开关"是激素，当乌鲨需要给同伴传递光信号时，发光器被迅速打开。而长时间的发光行为主要是为了制造出反荫蔽效果，来让自己和海水上方的光芒融为一体，以逃避捕食者的目光。

最后，近期有学者发现一些猫鲨种类可以发出生物荧光。生物荧光是指生物体内某些特殊色素可以吸收波长较短的弱光，并发出波长较长的、更明亮的光。微弱的蓝光是深海中唯一的自然光，但许多小型猫鲨可以通过生物荧光作用将它转化成明亮的绿光。目前的研究显示，这种荧光来自一种特殊的蛋白质，但最近在网纹猫鲨（第434页）和绒毛鲨（第417页）体内发现了一种会在黑暗中发光的、完全不同的小分子。荧光还有一个作用，就是杀死病菌。

刚刚孵化的豹纹鲨（上）不仅在形态上与剧毒的海蛇（下）相似，而且还会模仿海蛇的游泳方式

感觉器官

鲁鱼是高度进化的捕食者，拥有复杂的中枢神经系统和相对较大的脑部，其大脑的相对尺寸与复杂性可与鸟类和哺乳类媲美。尽管鲁鱼脑中与肌肉控制、学习、记忆和感官（即视觉、压力感觉与听觉、电感觉、嗅觉和味觉）相关的部分已被确认，但仍有一些部分功能不明。

对页右上图展示了不同的鲁鱼种类之间脑容量和结构的巨大差异。脑区域的分隔，是为了处理来自不同源头的各种信息，或控制各类行为（如觅食、逃避敌害及同类社交）。扁鲨（第224页，天敌很少的伏击型捕食者）与角鲨的脑在各种鲁鱼中显得比较简单；而真鲨科（未画出）的脑则明显大得多；双髻鲨科物种则拥有所有鲁鱼中最大、最复杂的脑（蝠鲼的大脑则是所有软骨鱼中最大、最复杂的）。在鼠鲨目物种中，以滤食浮游生物为生的姥鲨（第301页）的脑部相对身体而言最小，可能因为滤食习性不需要处理过多信息；而锥齿鲨（第295页）的脑相对身体最大；噬人鲨（第310页）介于二者之间。

化学感觉（嗅觉和味觉） 对鲁鱼来说极为重要，尤其是那些需要在迁徙途中长距离定位的远洋种类。嗅觉与味觉都是化学感受，可以侦测到环境中的各种化学物质。在鲁鱼头部下方、嘴巴前方的成对鼻孔与呼吸无关。在一些种类中，鼻孔与长有味蕾的嘴巴相连，但在其他种类中，鼻孔是完全独立的。复杂的鼻孔瓣膜系统引导水流经过极端敏锐的黏膜，可以识别出非常微量的氨基酸（蛋白质分子的结构单元）。这些化学信息首先会被脑部的延伸——嗅球处理，随后，前脑中的嗅叶会进一步处理这些信息并使鲁鱼校正自己的位置，游向气味传来的方向。在追踪过程中，鲁鱼可能会沿正弦波轨迹游动，随时改变自己的位置，使自己两个鼻孔接收到同样强度的气味分子。如果一侧鼻孔被堵塞，那搜寻隐藏猎物的鲁鱼就永远不会转向被堵塞的鼻孔那一侧方向。一些学者认为噬人鲨（第310页，被称为"游动的鼻子"，嗅囊占脑部质量的18%）和长鳍真鲨（第527页）会将吻部伸出水面来搜寻那些在空气中传播更快的气味。

这条斑竹鲨口部和鼻孔周边的皮瓣、皮褶、孔道和须引导海水流入高度敏感的化学感受器中，这些感受器可以感受到极其微量的有机化合物

4种鲨鱼的脑部背视图，注意前脑和小脑的相对大小 [基于Hamlett（ed.）1999]。从左至右：前脑包含嗅器、大脑（大脑半球控制决定、记忆和学习）、下丘脑和松果腺；中脑包含较大的视叶；后脑中的小脑控制肌肉协调，与活动（"逃跑"或"战斗"等反射活动）相关的感官；脑干接受来自内耳、侧线和电感受器传来的信息。窄头双髻鲨的前脑最大，因为它要处理这种鲨鱼复杂感官接收到的大量信息

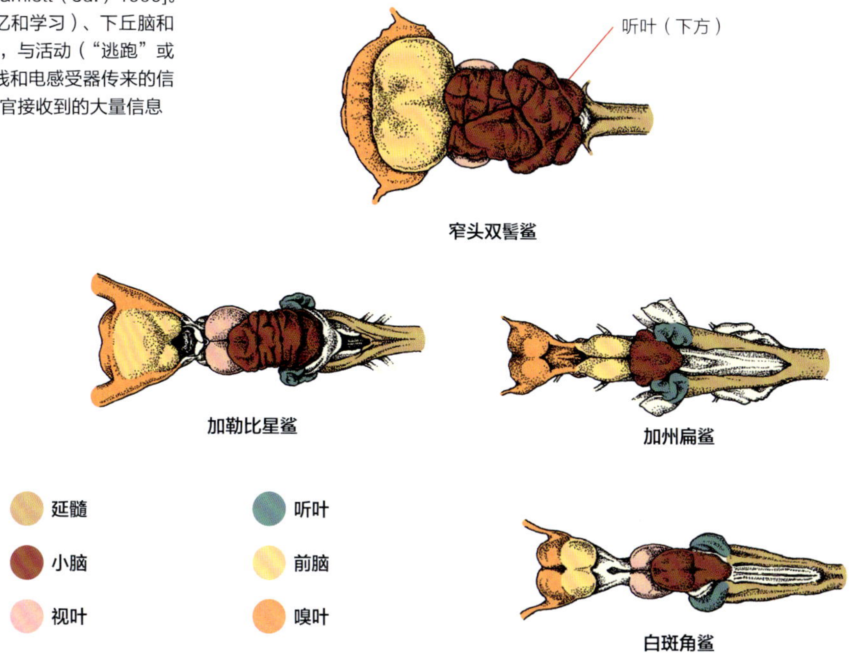

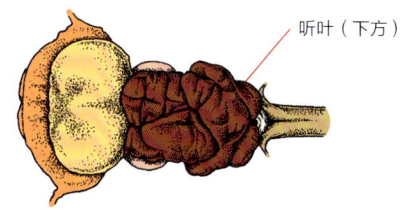

听叶（下方）

窄头双髻鲨

加勒比星鲨

加州扁鲨

白斑角鲨

延髓

小脑

视叶

听叶

前脑

嗅叶

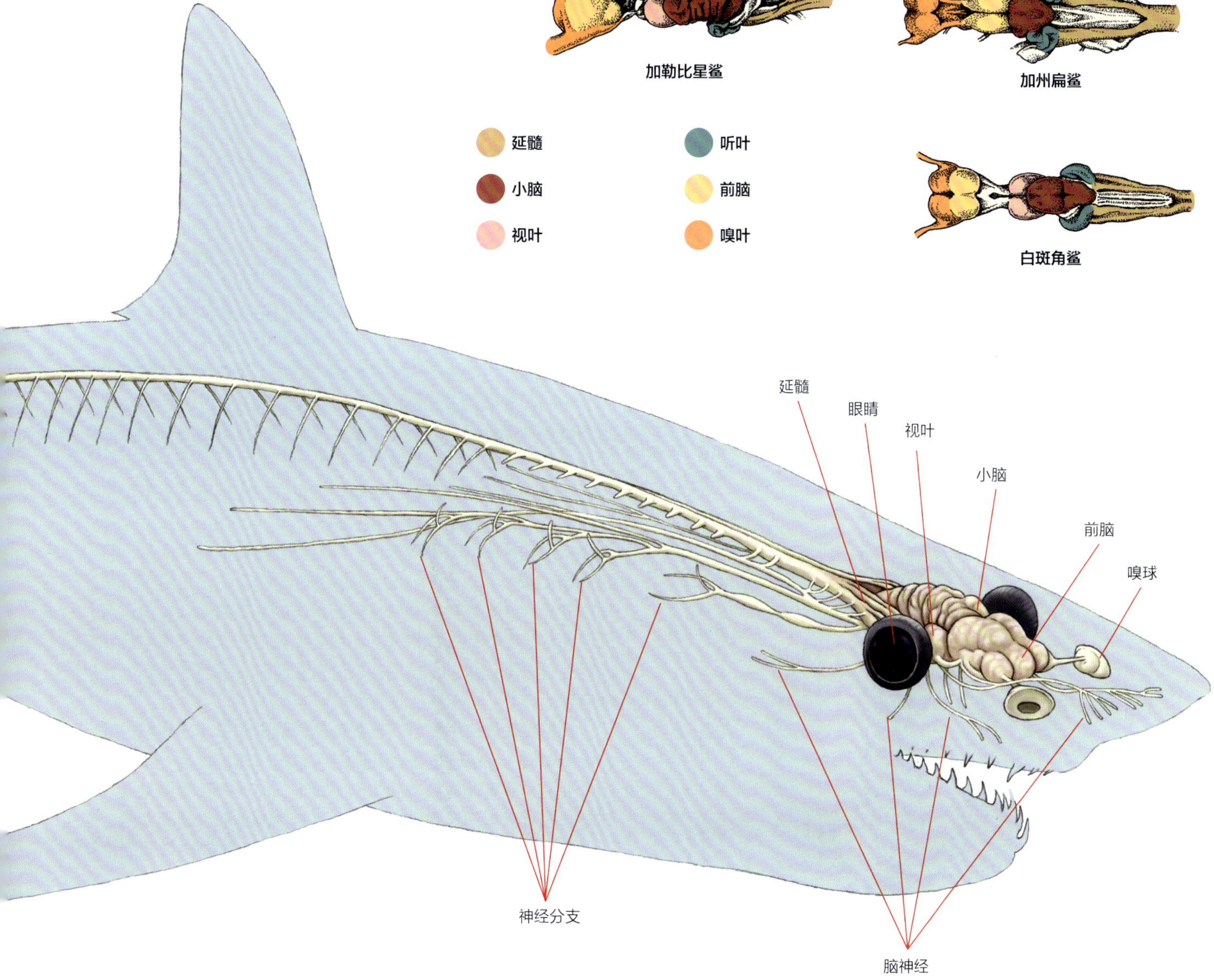

延髓

眼睛

视叶

小脑

前脑

嗅球

神经分支

脑神经

鲨鱼的中枢神经系统

嗅觉不仅可以用于寻找潜在的猎物，还可以感知环境中的性外激素，从而寻找配偶。除此之外，鲨鱼在觅食场、求偶场和育幼场之间跨越大海的长途迁徙，也需要嗅觉来辅助。

视觉对生活在清澈海水中的鲨鱼来说很重要，在捕食时不可或缺。当目标的距离近于15厘米时，视觉替代嗅觉和味觉起主导作用。生活在浑浊水域中的种类，如露齿鲨属，通常具有极小的眼睛，因为在这类栖息地中视觉基本没有作用。具有良好视觉的捕食者，如噬人鲨，其眼睛大而复杂，在结构上与哺乳动物相近，而且具备双目视觉（双眼视野部分重合）。双髻鲨长在翼状头部两端的眼睛让它们拥有360°视角，而底栖的扁鲨只有向上、向前的视野。鲨鱼的眼球中，瞳孔为圆形、半月形，或为狭长的裂缝状，并被虹膜所包围。在弱光状态下，瞳孔放大吸收更多光线，而在强光状态下，瞳孔可以缩成针孔状，减少光线射入。瞳孔后方，晶状体将光线聚焦到视网膜上。视网膜上有视锥细胞和视杆细胞；视锥细胞负责在光线良好时视物，并有感知色彩的作用；而视杆细胞则在弱光条件下具有较高敏锐度。和许多其他动物一样，鲨鱼视网膜后的反光层被称为脉络膜，可以将光线反射回视网膜，以提高黑暗环境中的视力。同理，猫和其他活跃的夜行动物在被手电筒照射时，眼睛会发光。一些生活在浅海中的鲨鱼种类，眼中有一层暗色膜，在白天舒张，盖住脉络膜；在晚上收缩，露出脉络膜辅助视物。这种适应性改变使鲨鱼的眼睛可以在广泛的光线条件下具有良好功能。深海和夜行性种类鲨鱼通常有绿色的大眼睛，而且它们的瞳孔不能缩放，这主要是为了在黑暗环境中接收尽可能多的光线。大部分鲨鱼不能闭合眼睑来保护眼睛，但一些类群具备可活动的第三眼睑来做到这一点。噬人鲨和鲸鲨没有第三眼睑，它们可以将眼球旋转180°，把坚硬的巩膜暴露出来，以保护眼球。而六鳃鲨类则具有特殊的肌肉，可以在需要时把眼球向颅骨眼窝内拉回几厘米。

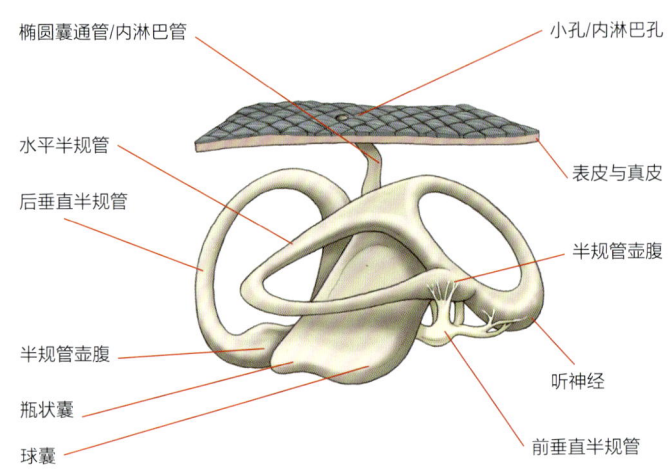

鲨鱼的内耳包括一椭圆形的软骨质囊状结构（球囊，sacculus），与3个彼此按一定角度排列的D形半规管相连。半规管中包含有毛细胞，可以感知到上下、前后、左右各个平面上的波动。球囊包含有耳石和毛细胞，对重力和振动较为敏感

所有脊椎动物的前脑中都具有松果体，而鲨鱼的颅骨结构可以使光线传入此器官，从而感知昼夜长短甚至太阳的位置。这一构造的形成可能与鲨鱼在长距离迁徙中的导航行为有关。

压力感觉对哺乳动物来说局限于听觉（耳部接受空气或水的压力变化引起的波动）和触觉（皮肤感到的直接压力）。除此之外，鲨鱼有一种额外的压力感知模式，在我们的日常语言中很难找到词汇去描述它。我们先从简单的开始考察。

听觉是内耳感知声波的过程。鲨鱼的内耳构造（它们没有外耳廓，只在眼睛后部的皮肤有很小的开口）与哺乳类相近，都具有3个以特定角度排列的半规管，内部具有胶质覆盖的毛细胞，可以感知声波和重力（上图）。它们对声波造成的震动，尤其是低频震动非常敏感，许多鲨鱼甚至可以判断声音的准确来源。鲨鱼还可以后天学习到与食物有关的声音，它们会在有名的观鲨潜点附近聚集，因为在这些潜点附近，当船的马达声轰鸣时，就意味着有人会来投喂它们。

机械感受包括触觉以及一些与侧线及附属微小感官相关的水动力感受过程，后者在哺乳动物中并不存在。侧线包括一系列在体表有开孔的、垂直于皮肤表面的微小管道，这些微小管道又通入一条与身体长轴平行的、充满水的管道，其中排列着大量毛细胞，这些毛细胞又被称为"神经丘"。外界水环境中的波动由体表的小孔传入侧线系统，导致毛细胞运动并向脑部传递神经冲动。

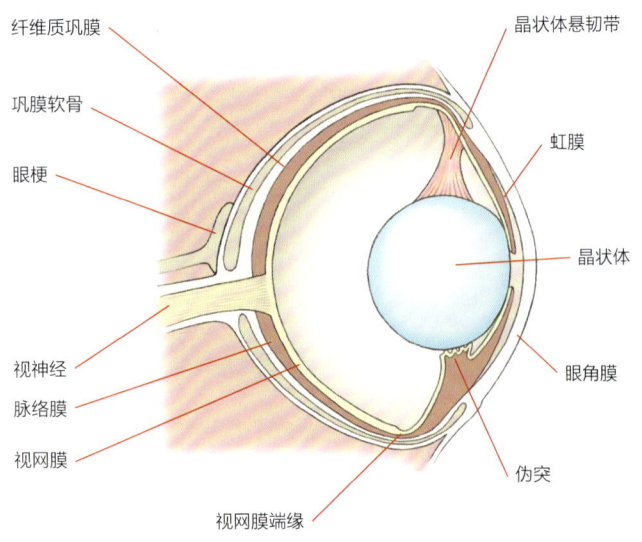

鲨鱼眼部的纵剖面图

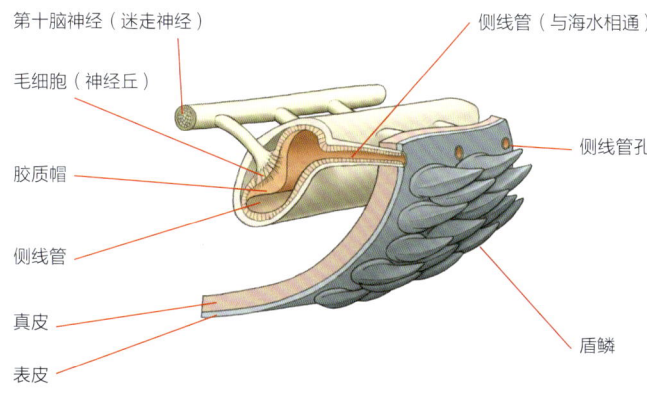

第十脑神经（迷走神经）
毛细胞（神经丘）
胶质帽
侧线管
真皮
表皮
侧线管（与海水相通）
侧线管孔
盾鳞

鲨鱼侧线系统的局部剖面图

　　除了从尾部到头部贯穿身体两侧的后部侧线，鲨鱼的头部和口部周边也有大量的侧线系统，有时散布于身体各处，与水环境隔绝。更复杂的情况是，这样的感觉器官中包含着不同种类的感觉细胞。外界水环境的波动被鲨鱼体内这种感觉器官接收，转化为神经冲动传向脑部，脑部会将这些信息判断为来自邻近的猎物、捕食者或同类。通常侧线收到的信息会与视觉和嗅觉等感官收到的信息一起被分析，但有时除了水的波动之外，别无其他信息可用。对于生活在浑浊水域中的眼睛极小的鲨鱼种类来说，侧线系统很明显比视觉更重要，因为它们需要随时感知自己吻部下方那些看不见的猎物的运动。

　　电感觉是鲨鱼中另外一类难以在哺乳动物中找到的感觉。电感觉系统是鲨鱼最不可思议的神奇感官，它能让鲨鱼感受到水中的猎物发出的微小电场，甚至由水的波动导致的地球磁场的微弱变化。鲨鱼的电感觉系统依赖一些特殊的感觉器官，它们充满胶质，排列在感觉上皮中，底部具有特化的感受细胞。这些感官被称为洛伦兹壶腹。成簇的椭球形壶腹埋在皮下肌肉中，尤其集中于鲨鱼的头部和嘴部周边。每个壶腹的一端为1毫米宽的小管，开口于皮肤表面，与水环境接触。另一端则与神经纤维相连，神经纤维连接着一簇壶腹，并连入侧线神经中。这些壶腹会收集周围环境中动物和不动的物体发出的电信号，鲨鱼可以通过这些信号定位50厘米范围内的猎物，即使猎物隐藏得很好无法被看到。双髻鲨科物种（第559页）尤其精于此道，也许是因为它们宽大的翼状头部上生长的洛伦兹壶腹数量多于其他任何鲨鱼。通过数量奇多的壶腹，双髻鲨可以迅速察觉并精准定位完全埋在沙中的猎物。由于拥有察觉百万分之一伏特电场的能力，一些鲨鱼会啃咬海底电缆或其他释放电场的金属物体。一般认为铠鲨（第200页）就是破坏跨大西洋深海电缆的元凶。然而，电感应的作用不只在于觅食，尚在卵鞘中发育的鲨鱼胚胎会使用洛伦兹壶腹探查到周围环境中的捕食者，并停止扭动、保持静止。除此之外，电感应能力还可以帮助鲨鱼通过地球磁场定位自己，这在长距离远洋迁徙时非常重要。例如研究表明，路氏双髻鲨可以探知海床上的"磁场高速路"，并且通过它穿行于夜晚的摄食场和白天的聚集地。一些学者担心海上风能电厂铺设的海底电缆会干扰鲨鱼的磁场导航，而这些风能电厂对生产清洁能源、缓解全球变暖非常重要。如果海底电缆铺设在鲨鱼或鳐鱼的产卵场，那卵鞘中的胚胎可能无法感知捕食者到来（第39页）。而横跨迁徙路线的电缆也会影响鲨鱼的导航能力。另一些人指出不断升高的海洋温度对鲨鱼及其猎物来说才是更严重的威胁。

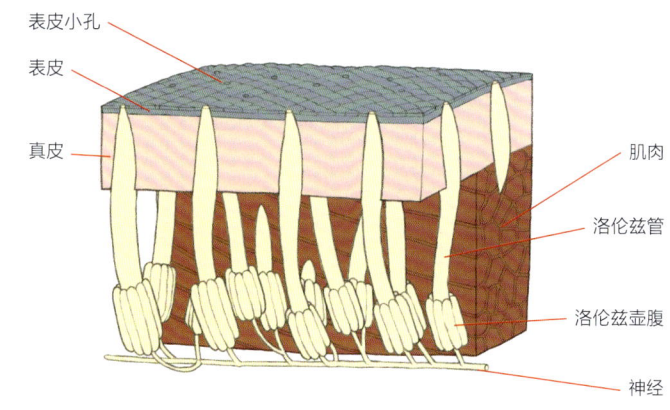

表皮小孔
表皮
真皮
肌肉
洛伦兹管
洛伦兹壶腹
神经

这条锥齿鲨（左）的吻部被许多行曲折的小孔覆盖；与洛伦兹壶腹相连的小孔（右侧剖面图）

食物与消化

　　尽管鲨鱼有个"吞噬一切能塞进嘴里的东西"的坏名声，但这主要是基于居氏鼬鲨（第558页）的习性产生的刻板印象。除了正常的食物外，人们曾在这些凶猛的"海洋垃圾桶"的胃里发现过很多种不可食用的杂物。事实上，虽然确实有一些鲨鱼在进食方面来者不拒，但大部分鲨鱼的食谱相对狭窄得多，尽管它们的摄食习惯可能随着身体成长而改变。窄头双髻鲨（第568页）在海草场捕食远海梭子蟹时会吞下一部分海草，并能消化其中的一半，但这是偶发性的。已知没有鲨鱼是主动的杂食性动物，更没有鲨鱼是素食动物。

　　牙齿通常为研究鲨鱼的食性和捕食习惯提供重要线索（第16页）。尖长的牙齿用来咬住猎物；扁平的牙齿用来磨碎无脊椎动物；具扁平锯齿状边缘的牙齿配合头部的猛烈摆动，可以用来肢解大型猎物并撕下大块的肉。鲨鱼的觅食方法主要有两种：主动捕猎（包含不同的方法和技巧）与守株待兔。

　　许多铠鲨科（Dalatiidae）物种的食性高度特化。这些小到中型的鲨鱼肌肉不发达，鱼鳍较小，然而，它们窄窄的头部和圆圆的吻部装备有强悍的颌骨和强大的齿列：上颌齿窄而尖；下颌齿宽扁，互相覆盖，呈刃状。这种特征在达摩鲨（第202页）中最为明显。它们拥有厚厚的嘴唇，较短的吻部和前视的双眼。这些奇异的小鲨鱼采取了外寄生的生活方式：它们从更大的活体动物身上咬下肉块吞食。受害者包括鲸类、金枪鱼和旗鱼等。尽管它们的摄食场景从未被直接观察到过，但学者认为它们通常会用锋利的上下颌牙齿紧咬住猎物，嘴唇把咬住的一小块区域密封起来，借助吸力，旋转身体用下颌牙齿切下一块规整的圆柱形肉块。更神奇的是它们潜行至猎物身边的能力，因为它们啃咬的对象中有很多都是体型巨大的高速游泳动物，而达摩鲨的身体结构并不适于高速游泳。这些小鲨鱼具备发光器，在夜晚会从深水中浮上海面。科学家们推测，它们发出的光是一种诱饵。毕竟，它们的小身体实在不适合主动追击高速游泳的大型动物。

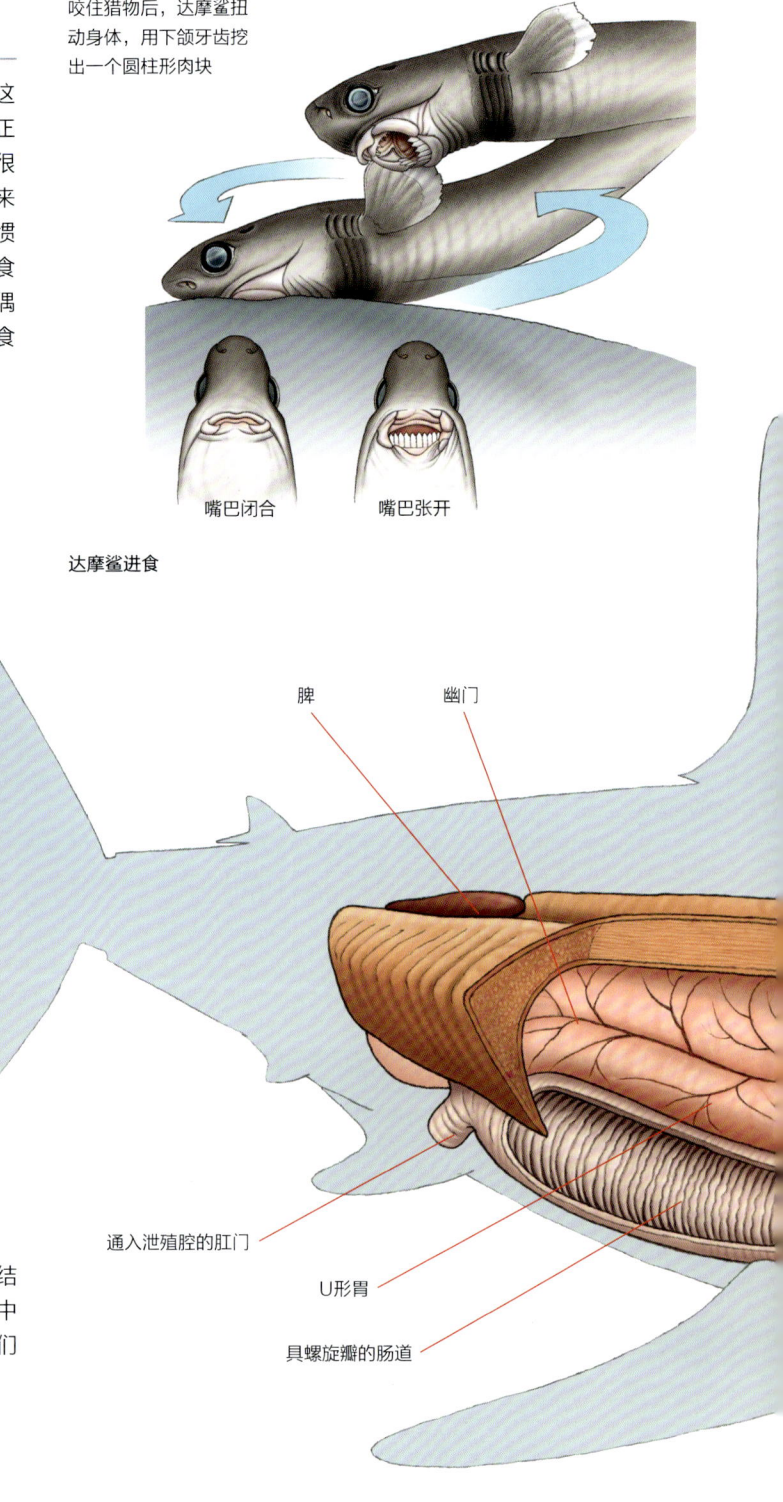

咬住猎物后，达摩鲨扭动身体，用下颌牙齿挖出一个圆柱形肉块

嘴巴闭合　　　嘴巴张开

达摩鲨进食

脾　　　幽门

通入泄殖腔的肛门

U形胃

具螺旋瓣的肠道

渔网中那些被捕获的大鱼，一定是在毫无防备时被达摩鲨出其不意地袭击的：远洋渔船打捞上来的大型金枪鱼和旗鱼，经常浑身带有被这些"小寄生"虫啃出的新鲜圆形伤口。不管它们使用什么手段吸引猎物，从理论上讲，应该不会对无生命物体起作用。但非常著名的事实是，在核潜艇水下听音器的橡胶表皮上也发现过达摩鲨那标志性的咬痕。

巨大的姥鲨也拥有极度单一的食谱，它们具有独特的"冲压摄食"模式：张开巨口，缓慢地游过高生产力的冷水海域，其中聚集着大量微型浮游甲壳动物。这种摄食模式的关键在于鳃耙：鳃弓内侧细长的纤维，与大型须鲸的鲸须类似，可以有效地过滤流过鳃裂的海水。姥鲨体型巨大，但牙齿极其微小，不适合用于摄食活动，但仍具功能：雄性姥鲨的牙齿会磨损，可能是由于在交配时需要用齿来咬住雌性粗糙的皮肤。

透过姥鲨巨大的滤食性的张开的大嘴，可以看到颜色苍白的鳃弓。当海水被黑色的鳃耙滤过一遍，并由头部两侧的五道巨大鳃裂流出时，无数浮游动物已被截在了巨鲨的口中

有趣的是，三种最大的滤食性鲨鱼（鲸鲨、姥鲨和巨口鲨，第298页）并没有紧密的进化关系，其滤食性的进食方式完全是各自独立进化出来的。在生产力不高的热带海域中，姥鲨的冲压摄食模式显然不够方便。相应地，鲸鲨（第290页）使用它们强大的咽喉和鳃部肌肉吸入热带地区典型的、分散的小群浮游生物及附近的鱼群和小型头足类，有时可见它们悬停在水中，口部靠近水面，将富含浮游生物的海水泵入鳃中。鲸鲨甚至会长途跋涉去寻找即将短暂出现的"食物丰饶地"，如珊瑚虫、甲壳动物和鱼类的集群产卵地。

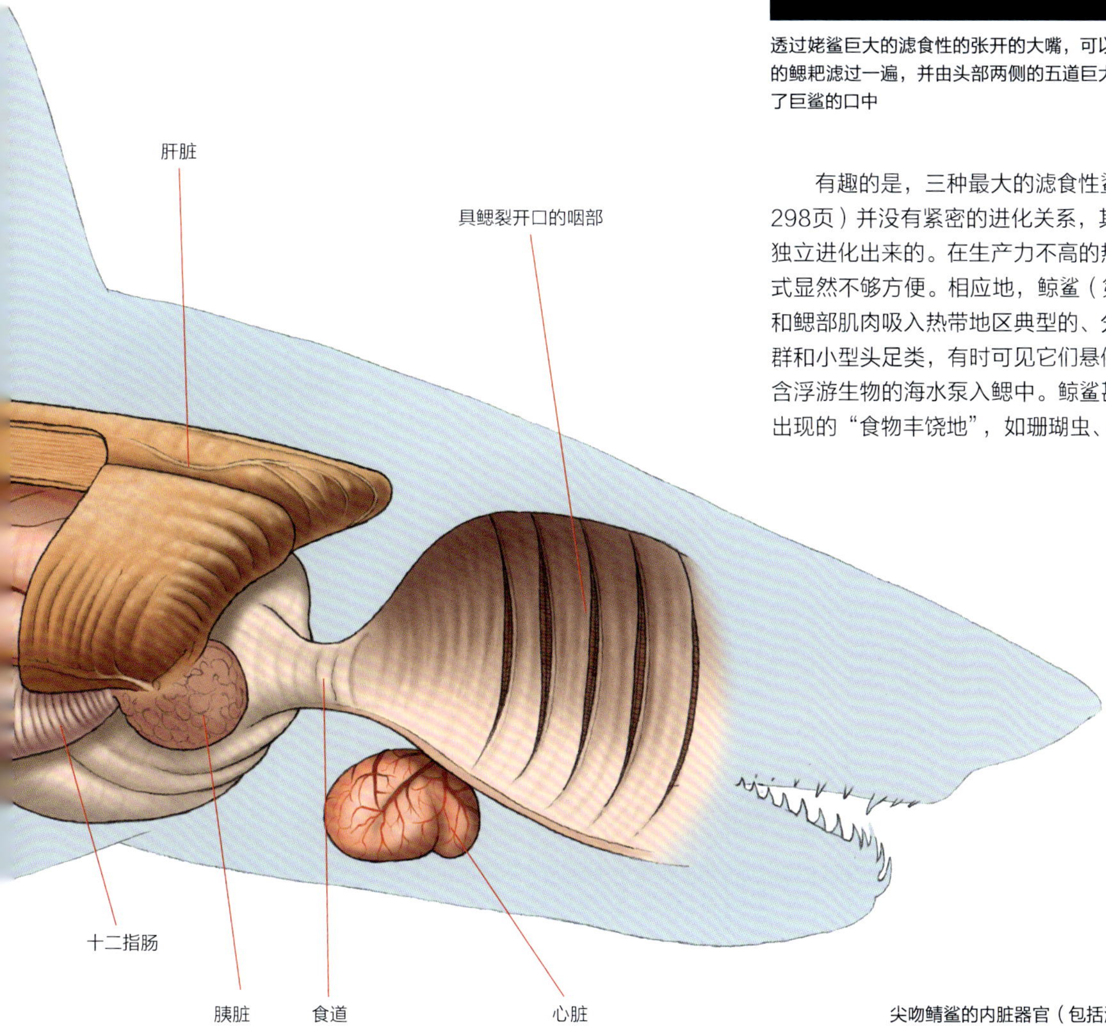

肝脏

具鳃裂开口的咽部

十二指肠

胰脏

食道

心脏

尖吻鲭鲨的内脏器官（包括泌尿生殖系统，第38页）

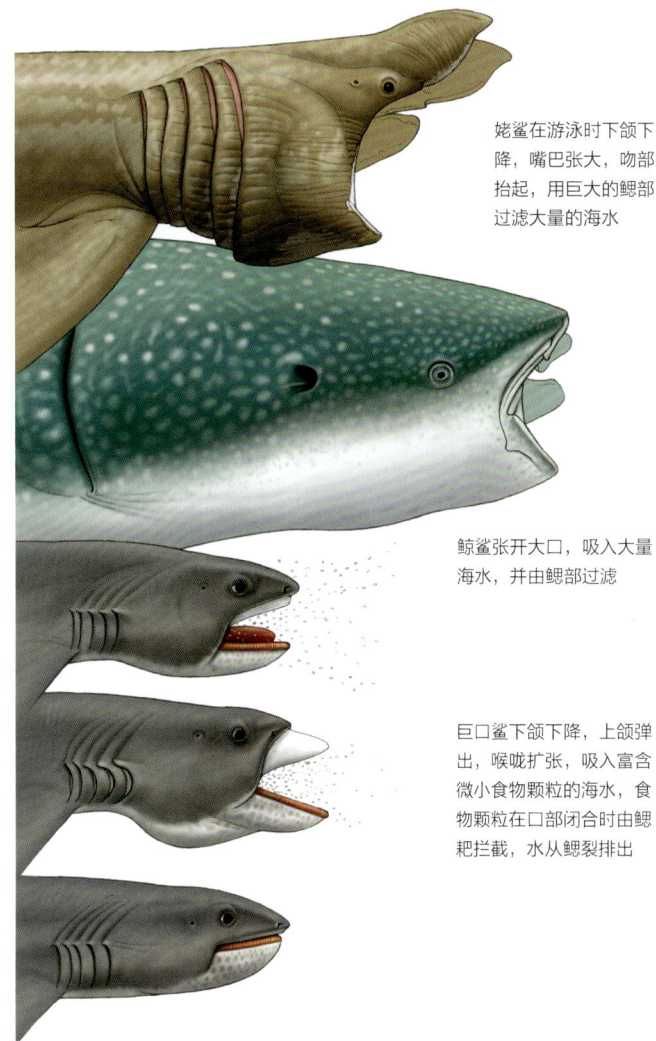

姥鲨在游泳时下颌下降，嘴巴张大，吻部抬起，用巨大的鳃部过滤大量的海水

鲸鲨张开大口，吸入大量海水，并由鳃部过滤

巨口鲨下颌下降，上颌弹出，喉咙扩张，吸入富含微小食物颗粒的海水，食物颗粒在口部闭合时由鳃耙拦截，水从鳃裂排出

摄食中的姥鲨（上）、鲸鲨（中）和巨口鲨（下）的口部位置。图片背景中也画出了姥鲨和鲸鲨嘴部闭合的样子

小群的舟鰤常常包围着长鳍真鲨

　　神秘的巨口鲨（第300页）栖息在深海，是三种滤食性鲨鱼里体型最小的一种。它的摄食行为还没有被观察到过，但一条被安装了电子标签的个体的移动轨迹显示，它会在富含浮游动物的较深水层中进行垂直迁移。和鲸鲨一样，巨口鲨也会用巨大的嘴来吸取食物。有一个理论认为，巨口鲨会利用嘴部边缘的发光器在黑暗的深海中吸引浮游生物。

　　长鳍真鲨（第527页）鱼鳍末端非常显眼的白斑使它们在照片和鱼翅贸易中非常容易被辨认。但在海洋中相隔距离较远时，这些白斑容易被中型捕食者误以为是游动的小鱼，当它们被吸引靠近时，自己也就成了长鳍真鲨的猎物。潜水者们经常看到一群小鱼围绕着缓慢游动的捕食性鲨鱼，包括锥齿鲨和其他真鲨科物种。这种行为对小鱼的好处是：它们的体型过小所以鲨鱼对它们没有兴趣，但鲨鱼的存在可以保护它们免受中等体型的天敌攻击。这种好处是双向的，鲨鱼可以借助小鱼隐藏自己的轮廓，以便去攻击别的动物。

　　守株待兔式的伏击是栖息在海床上的种类的常见捕食伎俩，尤其是那些一动不动趴在海床上，等待猎物到来的物种。扁平的扁鲨（第224页）是高效的伏击型捕食者，它们利用绝佳的伪装隐没在海床上，随时向前猛冲，将猎物吸入其血盆大口之中。它们会规律地返回那些"收成"比较好的、可以让它们饱餐的伏击地点。完美伪装的叶须鲨（第264页）会使用一种原理类似但细节更复杂的伏击方式：它们不是简简单单地披着伪装在海底躺平，而是慢慢地摆动自己的尾巴尖，模拟一条游动的小鱼，用来引诱那些想寻找群体获得保护的其他小鱼，或者吸引体型稍大的捕食者前来查看。须鲨不介意猎物的体形大小，一旦有好奇的受害者送上门，它们一律照单全收。

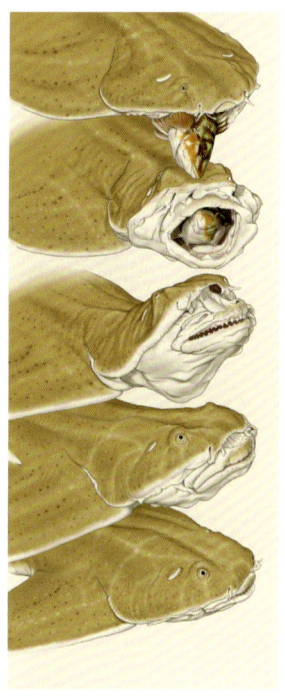

扁鲨的伏击捕食

其他底栖鲨鱼种类会更积极地主动觅食。锯鲨（第211页）会用它的长吻将猎物从海床上惊起，或将水层中的猎物扫晕。异齿鲨（第237页）以硬壳无脊椎动物为食，例如海胆和软体动物。它们用前部尖利的牙齿拾取猎物，并用颌部后方扁平的臼状牙齿磨碎猎物。许多须鲨类（第248页）物种的身体延长似鳗鱼，它们用宽大的胸鳍在海床爬行，利用较大的口咽腔和较小的口裂产生的负压吸力将无脊椎动物吸出缝隙。有影像记录，成群的灰三齿鲨（第557页）在夜晚的珊瑚礁中扫荡式觅食，挤进各种狭小的缝隙，连藏在很小的洞穴中的猎物也不放过。

海床之上，许多生活在水层中的鲨鱼是专业的小型鱼类和头足类狩猎者。它们用长而尖锐，向喉咙方向弯曲的牙齿咬住猎物，然后整个吞下（它们并不具备能肢解大型猎物的牙齿）。对这种捕食方式的运用达到登峰造极地步的是壁谷氏蝰乌鲨（第176页），它们的颌骨可以迅速向前伸出，用前突的獠牙咬住猎物。它们在形态上非常类似同样栖息在深海中的硬骨鱼——蝰鱼，后者同样有极长的獠牙，它们甚至无法闭合双颌。

合作捕猎行为在许多鲨鱼种类中都有发现（包括上文中的灰三齿鲨），这可以帮助它们更好地驱赶和捕捉猎物。这种技巧不仅可以把难以捕捉的猎物困在死角，而且可以使体型较小的鲨鱼捕食比

它们大得多的猎物。南非的扁头哈那鲨在白天只会缓慢地在巨藻森林中游动，是潜水爱好者热门的观赏目标，但它们的行为会在黄昏及夜晚完全转变：它们聚集成小群体，捕食远大于自身的猎物，例如鳍脚类动物。凶猛的鲨鱼群会用扁平的锯齿状牙齿将这些鳍脚类动物撕碎。也许这个物种的浮窥行为就是为了侦察在附近礁石上休息的鳍脚类动物的活动和位置。长尾鲨（第305页）用极长的尾鳍上叶击晕目标鱼群，曾有观察者记录到它们成群捕食。成群的乌翅真鲨会将小群鱼类赶到很浅的水中，在那里，它们可以更方便地捕食这些小鱼。有些乌翅真鲨甚至会将小鱼赶到沙滩上，而它们也会跃到沙地上将其捕获，然后再扭动着爬回海水中。一些深海角鲨目物种表现出了社会性与很强的迁徙能力，常常结成大群游过遥远的距离和整个海洋盆地，这种持续性的迁徙行为可能对在低生产力的海洋中寻找新的食物资源很有帮助。

相信大多数人在讨论鲨鱼捕食行为时，最先进入脑海的明星物种就是噬人鲨（第310页），而它也被许多学者较为深入地研究过。这种鲨鱼和一些大型的真鲨科物种一样，可以整个吞下较小的猎物，也可以用锯齿边缘的牙齿撕咬大型猎物；而它们攻击具有潜在危险性的大型猎物时，会先埋伏在暗处，出其不意地咬猎物一大口然后将其放开，等猎物因失血过多而死后再安全地返回进食。

灰三齿鲨将锯鳞鱼（*Myripristis sp.*）堵截在珊瑚礁缝隙后分而食之

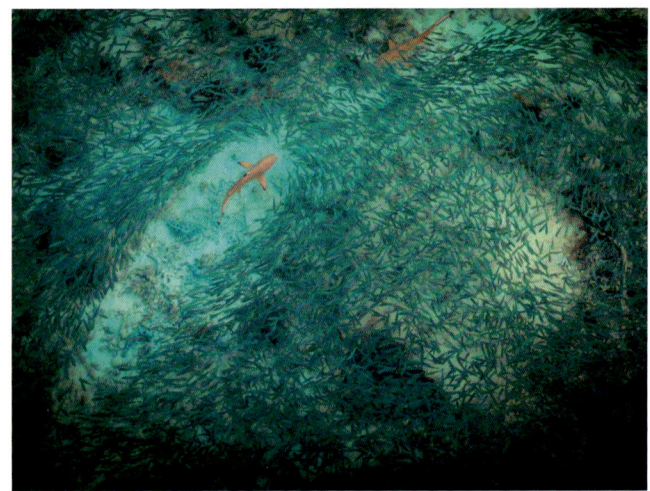

大群小鱼在乌翅真鲨穿过它们时展现出惊人的群体协调性，它们都与鲨鱼保持着一定距离

本书的篇幅并不足以将学者们已观察到的噬人鲨所有的捕食行为全部详细描述一遍，例如从深水中的埋伏处向海面下的游动物体进攻，或是当太阳位于自己身后时发动攻击等。可以肯定的是，噬人鲨可以调整自己的进攻行为以提高捕食成功率，而它们尚不是脑容量相对身体比例最大的鲨鱼。

一旦猎物被鲨鱼捕获并被吃掉，漫长的消化过程就开始了。一些外温性的冷水鲨鱼的消化食物时间尤其长。从鲨鱼头部开始：如有必要，会在口中咀嚼食物，食物被咽下后进入食道，食道壁肌肉蠕动，将食物送入胃中，胃布满褶皱的壁会扩张来容纳更多食物。

大部分鲨鱼的胃呈"U"形，可以储存食物并进行初步的消化。胃壁的蠕动促进食物搅拌，胃分泌胃酸和酶来分解食物。当不可食用的部分无法继续向后输送时，会被鲨鱼吐出来。

许多鲨鱼可以把消化道从嘴里翻出，从而吐出它们无法消化的东西。在被延绳钓渔业捕获的鲨鱼中，消化道外翻也是一种常见的反应。看上去触目惊心，鲨鱼像是受到了致命伤；但其实它们经常自己做出这种行为。所以如果被活着放生的话，外翻的消化道不会危及鲨鱼的生命。

半消化的食糜从胃进入肠道，这是主要的消化过程发生的地方。具备足够大的肠道内壁面积是分泌消化酶和吸收食物中营养的必要前提。哺乳动物具有极长的肠道来保证营养吸收，但鲨鱼的肠道相对来说却极其短小。鲨鱼肠道如此之短还能有效消化食物，是因为有螺旋瓣结构的存在，螺旋瓣是鲨鱼肠道内壁的延伸和多次弯折，可以在极短的肠道内有效增加内壁表面积。螺旋瓣分为三种主要类型：第一种是尖锥形螺旋瓣，着生在肠道前部，形状像个螺旋钻头；第二种是环形螺旋瓣，有许多道弯，看上去像一堆垫圈；第三种是卷轴形螺旋瓣，部分没有卷曲，形状就像卷起的卷轴，一侧边缘附着在肠壁上，真鲨科和双髻鲨科物种的为此种类型。螺旋瓣的长度和弯的数量取决于鲨鱼的食性和食物被完全消化的时间。有些螺旋瓣只有几道弯，另一些则有数十道。食糜在肠道中绕过这九曲十八弯，并被充分消化后，就进入了消化道的最后一节，粪便在进入泄殖腔之前，在这里逐渐累积，水分被重新吸收，最后经泄殖腔排出。鲨鱼也会把肠道螺旋瓣从泄殖腔中翻出，主要是为了排出食物中难以消化的部分。

几乎所有动物都有肠道寄生虫，但鲨鱼肠道中寄生虫的多样性程度尤其令学者们惊叹。螺旋瓣中，几乎每隔几道弯就会出现新的寄生虫物种，专精于摄食特定消化阶段的食糜。

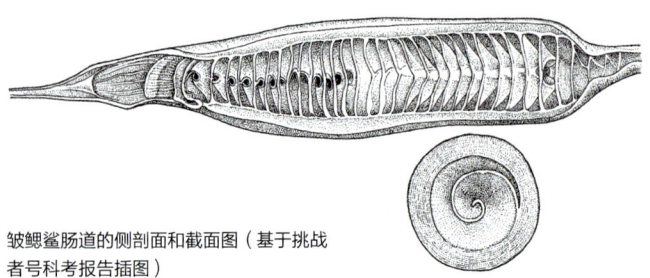

皱鳃鲨肠道的侧剖面和截面图（基于挑战者号科考报告插图）

一条扁头哈那鲨将肠道螺旋瓣翻出清洁

营养生态学——鲨鱼是吃什么的？鲨鱼又在何处进食？

除了牙齿带来的一点线索（第16页），曾经研究鲨鱼食性的唯一方式就是检视它们的胃容物。按照传统，这种方法要求研究者解剖鲨鱼，取出胃中半消化的食糜。后来研究者们发现，可以在鲨鱼活着时使它们把胃吐出来，虽然对人来说很恶心，而且对操作的研究者来说危险更大，但是可以保住鲨鱼的命。但无论哪种方法，研究者只能得到鲨鱼最近进食之物的信息。幸运的话，还可以辨认鲨鱼刚刚吞入腹的鱼和无脊椎动物的种类；但更多时候，难以分辨黏糊糊而充满鱼刺和碎片的食糜属于哪个物种。而采用这种方法得到的一个发现是，很多鲨鱼在海中游动时都处于空腹状态，所以它们才会乐于去咬延绳钓鱼线上的钩。被拖网或刺网捕获的鲨鱼很多也是这种状态。学者们因此需要一些更有效的办法来探究海洋食物网的结构，以及鲨鱼在其中的位置。这就意味着我们不仅仅要知道鲨鱼被捕获前最后一餐吃了什么，还要知道它们的日常食谱以及它们觅食的地点。这些基础知识对管理渔业、海洋保护区、迁徙物种、海洋生态系统以及物种保护都十分重要。

研究营养生态学的现代技术手段是"稳定同位素分析"。应用这种方法，只需要采集一点点鲨鱼的组织样本，例如很小的一块肌肉或鱼鳍的一角。采集完成后，鲨鱼可以被马上放回大海。从组织样本中提取的同位素是日常生活中常见元素的略微不同的版本，例如碳、氮和硫的同位素。原子核中决定某种元素原子质量的中子，其数量随同位素种类的不同而变化，且可以在实验室中测量。一些同位素是稳定的，它们不会丢失中子；而另一些则不稳定，具有放射性，不适合于这项研究。同一元素的不同稳定同位素的比率变化可以提供一些关于鲨鱼食性的重要信息，涵盖了鲨鱼过去几个月内的食谱。碳元素的稳定同位素比率差异可以指示鲨鱼所在的食物网中，何种生产者位于基部（海藻、海草、浮游植物或是三者混合）；硫元素的稳定同位素比率在远洋（开阔海域）和海床（沿岸）食物网中具有差异；氮元素的稳定同位素比率可以揭示鲨鱼在食物网中的位置，因为这个比率在食物网中的每一营养级都会发生变化，从位于食物网底部的初级生产者（第一级），到第二级的植食性初级消费者，到位于第三级至第五级的低级、中级乃至顶级捕食者。因此，如果物种A以物种B为食，那物种A的营养级就比物种B更高。如果物种A和物种B摄食同一类型的食物，那A和B就处于同一营养级。如果物种A摄食B和其他在食物网上位置更低的物种，那二者也处于相似的营养级。

大多数鲨鱼，即使是体型很小的鲨鱼物种，都是中层捕食者，或者说位于食物网中间3—4层的次级消费者。那些长满利齿的、以海洋哺乳动物为食的庞大鲨鱼，看上去很像顶级捕食者；但如果它们主要捕食植食性兽类，如儒艮，那从营养级上来说它们不是顶级捕食者。它的营养级会和以浮游生物为主食的姥鲨（第301页）以及以无脊椎动物为主食的豹纹鲨和异齿鲨（第283页和第242页）相似，甚至更低。后两者的营养级大约为3.1—3.2。这是因为这条食物链中只有两级，即植物→儒艮，随后就是凶猛的大鲨鱼，这条食物链比下面这条还要短：浮游植物→植食性或滤食性无脊椎动物→捕食性和食腐蟹类→宽鼻星鲨（第468页）。宽鼻星鲨这种小型鲨鱼的营养级大约为4.3。同理，小型的达摩鲨营养级高得吓人，因为它们的食谱非常广泛，包含许多种顶级捕食者，如抹香鲸和噬人鲨（第310页）。只有极少数鲨鱼是真正的顶级捕食者，如噬人鲨营养级可达4.5，扁头哈那鲨更是高达4.7。但这些物种在年幼时的营养级并不高。

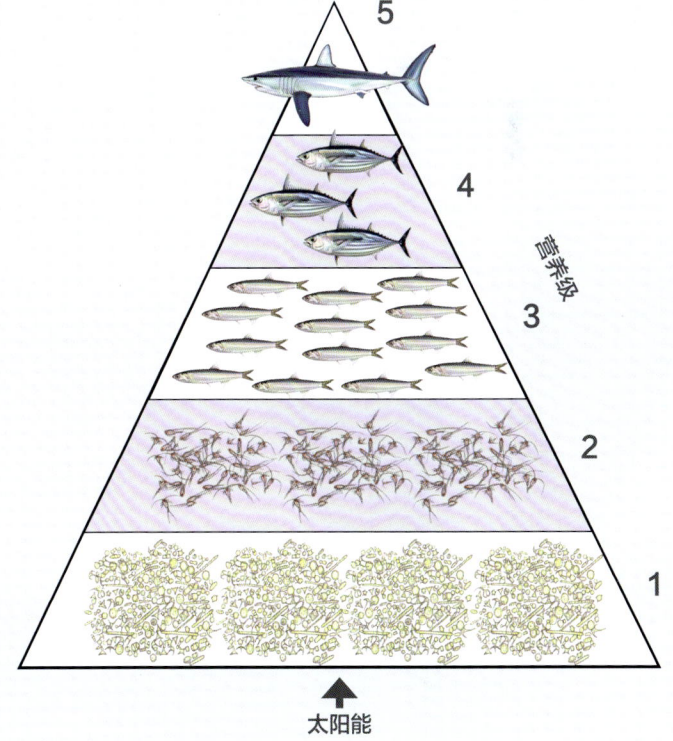

这个营养金字塔描绘了一个5级的海洋食物网，从最底部吸收太阳能的初级生产者到顶级捕食者尖吻鲭鲨

生活史

鲨鱼的生活史与大多数硬骨鱼的生活史有明显的不同。大多数硬骨鱼通过产卵进行繁殖：成群的成鱼聚集在一起，将大量微小的卵子和精子释放到海中或海床上，卵子随即在那里进行体外受精。这些卵和从中孵化出来的幼苗的死亡率非常高——在数以千计甚至数以百万计的受精卵中，只有少数可以存活。然而，这仍然意味着，在一个好的年份，大量的后代可以由相对较少的成鱼产出，而且幼鱼也可能在相当早的年龄达到性成熟并开始繁殖。(少数硬骨鱼类例外，它们会生下活的幼鱼并进行护幼，甚至用它们的嘴或卵袋来保护它们的下一代……迷人的动物，但这本书是关于鲨鱼的。)

相比之下，鲨鱼的生活史和繁殖策略与鸟类和哺乳动物有更多的共同点，却与大多数硬骨鱼类不同：鲨鱼只产少量的相对个体较大的幼鱼，这些幼鱼有更好的机会存活到成年（第42页）。然而，与鸟类和哺乳动物不同的是，刚出生的鲨鱼发育完全，出生后不需要任何母体照顾。此外，鲨鱼的生活史策略远比其他脊椎动物更加多样化，在许多情况下甚至可以说更先进。鲨鱼和它们的近缘物种毕竟花费了数亿年的时间，演化出体内受精和胎生的繁殖模式，其中包括了各种各样的滋养胚胎的方法。早在哺乳动物出现之前，鲨鱼就已经有了胎盘繁殖。

交配和受精

鲨鱼的繁殖方式有多种，但都需要体内受精，通常雄鱼要经过一段时间的求爱行为来获得雌鱼的繁殖合作。大多数鲨鱼的交配行为还未被观察到，但在体型较大的鲨鱼中，雄鱼咬住雌鱼，并将其抱在身边，同时用一对交接器（这些是腹鳍的凹槽状延伸）中最近的那一只把精子包送入雌鱼生殖管道内。体型较小的物种在交配时则相互缠绕。

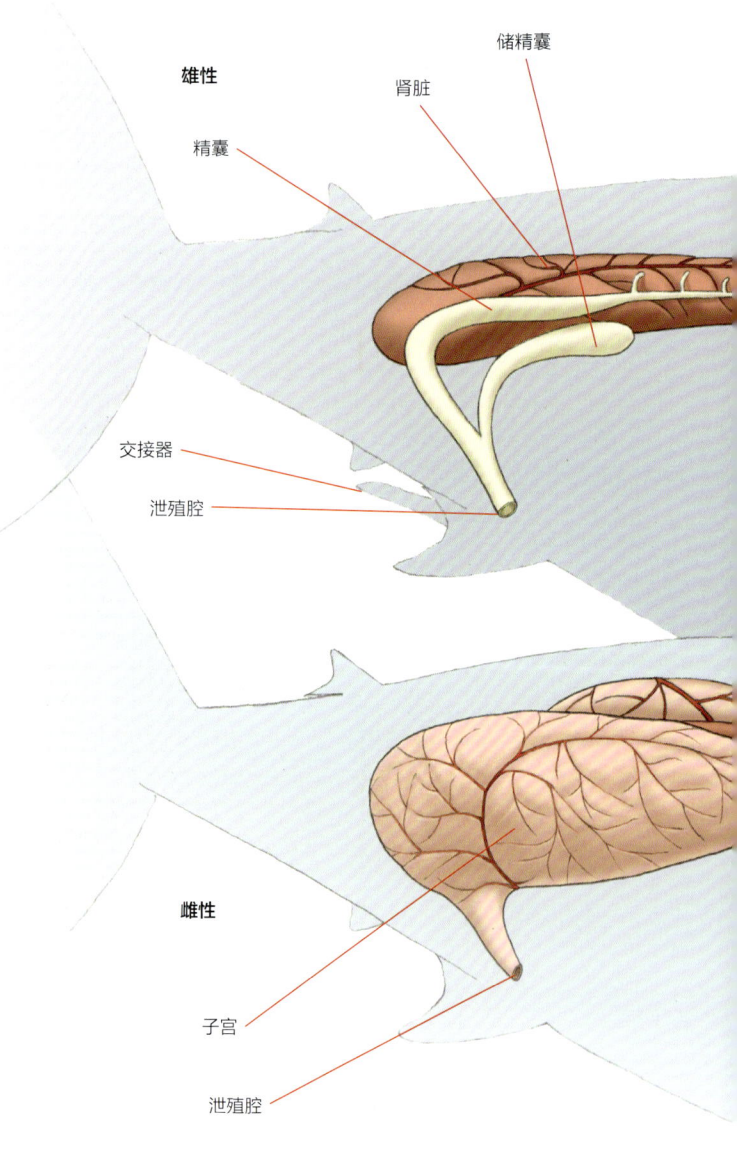

雄性鲨鱼的腹鳍和交接器的软骨骨架

腰带
辐状软骨
腹鳍基软骨
中轴软骨
交接器槽
腹端软骨
下孔沟
背端软骨

储精囊
肾脏
精囊
雄性
交接器
泄殖腔
子宫
雌性
泄殖腔

雄性和雌性尖吻鲭鲨的生殖器官

雌性鲨鱼的生殖器官也是成对的：有两个卵巢分别供应两个子宫，但它们与同一个泄殖腔相连。在大型卵黄体内受精后（通常由一个以上的雄性参与繁殖，见第43页），卵的外周会包上一层坚硬的保护层。不同种鲨鱼的繁殖策略有很大的不同：从卵生，即产卵和在母体外孵化，到各种形式的胎生，即雌性产下发育完全的活体幼体。最近的研究显示胎生是软骨鱼类的原始繁殖形式，随后一些分类组群采用了卵生模式繁殖，其中一些后来又回归到胎生模式。最成功的繁殖策略是那些在未来世代产生最佳数量成体的策略，但这可以通过几种不同的方式实现。

产卵（卵生）

大约40%的鲨鱼物种是卵生的，这其中包括物种繁多的单鳍猫鲨科（Pentanchidae）和猫鲨科（Scyliorhinidae）鲨鱼，通常在受精和保护性卵鞘沉积积完毕后几乎立即产卵。卵通常是以每天或每周的间隔成对地产生（每个卵巢和子宫各有一个）。卵鞘四角的尖角或卷曲的卷须用来将卵鞘小心地固定在海床上，或将其缠绕在坚韧的海草或无脊椎动物（如一种被称为海扇的珊瑚）群落上。

异齿鲨的卵鞘（第237页）可以准确无误地被辨识，因为它们具有一个独特的螺旋形设计，有时还带有卷须或角。人们还观察到在一些物种中，卵一经产下，在外壳变硬之前母亲便会小心翼翼地用嘴把它们叼起来，塞进岩石缝里，尖头向下，这样卵就不会被冲走。这确保了受精卵在母鲨选择的育幼场中保持相对安全。这种"单一"或"即时"卵生的好处是，母体可以在年轻时就维持较小体型并达到性成熟，因为每个卵在子宫内只占很小的空间，而且它不会在那里停留过长时间。因此，母鲨可以在漫长的繁殖季节里继续产卵，并可能产生比胎生鲨鱼更多数量的幼鲨。然而，缺点是每只幼崽在卵鞘中所需的发育时间很长，整个孵化过程需要慢慢地吸收卵黄，直到发育成成体的迷你版并准备好从卵鞘中孵出。这个过程可能需要一年多的时间，在此期间，卵无论伪装得多么好，它们仍是暴露在海底捕食者面前的。这在发育后期变得尤其危险，因为这时卵鞘上出现了裂缝，海水可以进入，胚胎开始用尾巴冲洗卵鞘，并将水泵过鳃。这种气味的释放，以及胚胎的这些运动，很可能会吸引捕食者。如果胚胎察觉到有潜在威胁的动物正在靠近，它唯一的防御手段就是静止不动。

输精管

精巢

肾脏

输卵管

卵管腺

卵巢

输卵管漏斗

居氏鼬鲨雌性左胸鳍上端的交配咬痕

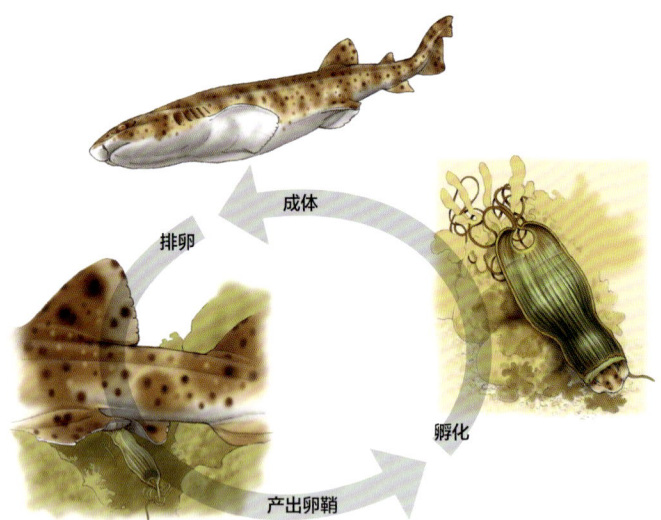

东太平洋绒毛鲨的卵生模式

成体

排卵

孵化

产出卵鞘

许多卵生鲨鱼将受精卵保留在体内几个月，有时在孵化前几周才产出，从而降低了被捕食的风险并且提高存活率。这种策略被称为"保留"或"延迟"卵生，因为每个子宫中最多可以保留8个卵子（数目取决于物种）。这些受精卵的卵鞘常具有更细、更短的卷须，它们在孵出前在海底栖息的时间更少。存留数个卵（多重孕生）的雌性鲨鱼比只保留一个卵（单一卵生）的鲨鱼需要更大的身体来容纳卵；前者通常比后者需要更长的时间才能达到性成熟，后者可以在较为年轻的时候开始繁殖。沙捞越绒毛鲨（第413页）在每个子宫中只产生一个卵，但母体保留它们直到这两个胚胎都非常大（可能达到孵出时大小的80%）。母鲨会变得很肥胖；同时保有两个胚胎在体内，每个大约是她自己体长的1/4，占据了她腹腔的大部分空间，但她仍然能够在年龄较小的时候繁殖。这个物种的卵鞘的独特之处在于它是完全透明的，可以清楚地看到里面的胚胎。然而，当它被产下时，胚胎已经发育出一个引人注目的斑点图案，这可能是一种有效的伪装，即使幼崽在玻璃状的胶囊里完全可见。不管受精卵在母体内或体外待多久，新孵出的卵生幼崽都非常小。除非它们很快成熟，否则只有少数能逃脱天敌捕食并成长至成年。

加州异齿鲨（左）和猫鲨（右）的卵鞘

胎生

大多数（60%）鲨鱼物种是胎生（包括卵胎生和胎盘胎生）的。这似乎是鲨鱼和鳐鱼的原始繁殖策略（尽管不是所有科学家都同意此观点）。卵生模式随即发展起来，因为它能使个体小型的物种更迅速地生产更多的幼体。尔后，一些物种又恢复了胎生，包括一些以卵生为主的猫鲨科物种。例如，大多数锯尾鲨属物种是卵生的，但与之关系非常密切的波氏锯尾鲨（第373页）却将受精卵保留在子宫内发育直至幼体被产出。一些研究人员将所有卵在发育过程中的某个阶段具有一个厚厚的保护壳的物种归类为卵生动物，包括那些在出生前就在母亲体内孵化的物种。这是一个连续的过程，但在这里，我们使用最简单的胎生物种的定义：那些母体产下发育完全的幼体的物种即为胎生物种。

大约40%的鲨鱼种类，包括圆头鲨（第361页）、白斑角鲨（第107页）和鲸鲨（第290页），都具"卵黄囊胎生（卵胎生）"繁殖模式。在这些物种中，单一的蛋黄是胚胎的唯一营养食物来源。圆头鲨每个子宫只能孕育一尾胎仔——对于个体很小的鲨鱼来说，怀有超过一对的胎仔数量在生理上是不可能的。略大的波氏锯尾鲨可产5—13尾胎仔；白斑角鲨，体型较前者几倍大，可以产30多尾（体型更大的母亲会孕育更多的幼崽）；唯一有记录的怀孕鲸鲨大约怀有300只处于不同发育阶段的胎仔和卵。其他卵黄囊胎生的物种包括皱鳃鲨科和六鳃鲨科鲨鱼，大部分深海角鲨目——角鲨、刺鲨、乌鲨、睡鲨、锯鲨和扁鲨。

铰口鲨的求偶：雄鲨（左）用嘴咬住雌鲨的左胸鳍

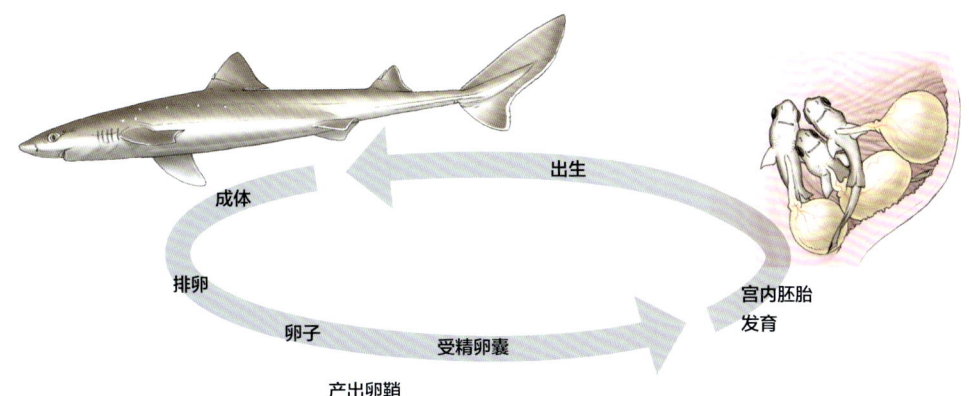

角鲨的卵黄囊胎生（卵胎生）

成体

出生

排卵

卵子   受精卵囊

产出卵鞘

宫内胚胎
发育

一些角鲨目鲨鱼的妊娠期是脊椎动物中最长的（超过两年），但经过这么长时间的孕育，它们可能只产一到两尾幼鲨。

只从卵黄囊中获得营养的幼崽出生时不可避免地会比受精卵的原始重量轻20%—25%。这是因为从食物营养来源到动物体重增加的100%完美转换从来都不存在——一部分营养必须转化为幼体生长所需的能量，此外还有各种代谢废物。因此，可以预见的是，一尾颗粒刺鲨胎仔（第130页）出生时的体重约为受精卵原始重量的80%。对于两年的妊娠期来说，这是一个不错的转化率。然而，一尾新生的棘鳞乌鲨幼崽（第173页）只减掉了原来卵重的8%左右。这一定是许多类群中的一个代表事例：它们已经找到了一种方法来增加雌性体内的幼崽所能获得的食物量，这样，幼崽在出生时的体形会更大，发育得更好，更有可能在海洋中危险的最初几周生存下来。有几种策略可以实现这一目标，棘鳞乌鲨很可能是许多使用"组织营养"的物种之一：它们通过子宫壁分泌营养丰富的黏液（组织营养）。尽管乌鲨分泌的量较少，但其他类群可以通过子宫壁的分泌产生大量的组织营养物，以至于幼崽出生时可以比原始卵重350%。

鼠鲨科（第309页）及一些真鲨和须鲨则产生大量不能繁育的卵，这些卵从卵巢中不断稳定地释放出来，以喂养子宫内正在生长的幼鲨，这个过程被称为"食卵"。有些种类（如浅海长尾鲨，第308页）每个卵巢只产生一个可育卵；所有其他的卵子都是不可育的，注定要喂养在每个子宫中发育的单个幼崽，直到雌性产下巨大的双胞胎。其他一些物种会产生几个受精卵以及不可育卵，并产下相当大的胎儿。

锥齿鲨（第295页）因"子宫内同类相食"或"噬胚"而声名狼藉。它的胎仔不仅吃子宫内的不可育卵，还会摄食其他正在发育的幼崽（它们的兄弟姐妹），直到每个子宫内只有一个胎仔存活。研究人员发现，尽管雌性锥齿鲨与几个不同的雄性个体交配，但最后两个幸存的幼崽往往有着同一个父亲。据推测，第一次交配时受精的卵子最先孵化，因此比它们年轻的同胞们更年长、更大、更危险。这也解释了为什么雄性锥齿鲨在交配后要保护雌性鲨鱼不受

其他雄性的伤害。这些准爸爸在这样不知不觉的行为中，让自己的胎仔比后来交配的胎仔领先一步，从而增加自己后代生存的机会。

最先进的繁殖方式是胎盘胎生，约有18%的现生鲨鱼采用这种繁殖方式，比如低鳍真鲨（公牛真鲨，第525页）、大青鲨（第552页）和双髻鲨（第559页）。据信这在鲨鱼和鳐鱼中已经独立进化了20次，而且形式上相当多变。在胎盘胎生物种中，卵黄囊提供最初的营养来源直至耗尽。随后卵黄囊与子宫壁相连，形成胎盘，而卵黄柄（卵黄囊和胚胎之间的连接）则变成了胎盘脐带。

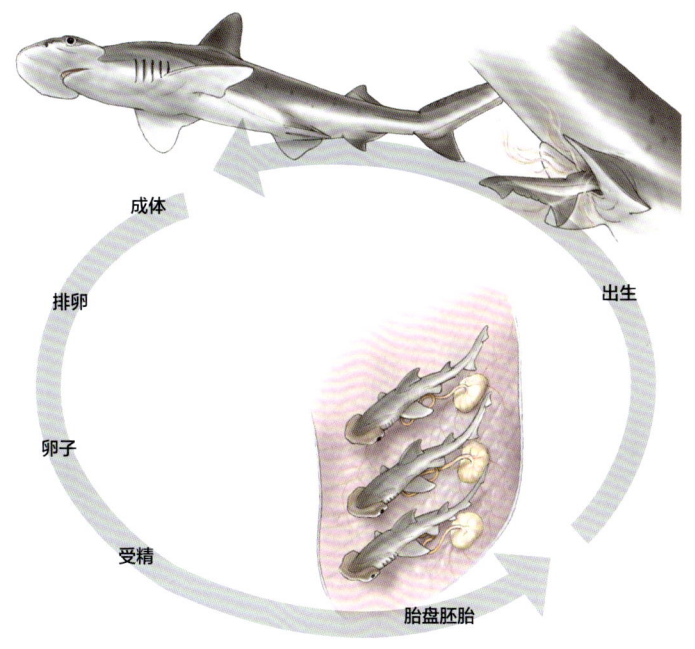

成体

出生

排卵

卵子

受精

胎盘胚胎

窄头双髻鲨的胎生

与哺乳动物不同的是，脐带并不直接通过血流将营养物质从母体传送到幼体。反而是母体通过子宫分泌物来喂养她的胚胎。数量庞大的胎仔可以通过这种方式得到哺育（大青鲨有多达135尾幼崽的记录）。这种策略与哺乳动物的繁殖非常相似，但在哺乳动物之前的久远年代，在鲨鱼中就已经演化而成。

居氏鼬鲨（第558页）最近从真鲨科中被移出，划归独立的鼬鲨科，部分原因是居氏鼬鲨不是胎盘胎生；居氏鼬鲨是唯一已知的具有"胚胎营养物"的鲨鱼。未出生的居氏鼬鲨幼崽被包裹在充满液体（即胚胎营养物）的囊中。这种方式为胚胎提供大量的营养，使它们在整个妊娠期内体重可以增加1000%以上；此外，居氏鼬鲨可以在一胎中产下45—60尾幼崽，这也是已知的鲨鱼中最大的一胎规模之一。

一些胎生繁殖策略需要雌性的巨大能量投资，以至于一些物种无法每年繁殖。母体需要花费一到两年的"休息年"来恢复和重建它们肝脏的能量储存。

这只居氏鼬鲨幼崽和它的几十个兄弟姐妹在出生前就被一种叫作"胚胎营养物"的富有营养的液体滋养。它皮肤上斑驳的伪装图案会随着它的成长而变成条纹

孤雌生殖

鲨鱼还有一个最后的繁殖策略：孤雌生殖，也叫"处女生育"。人们提出了各种理论来解释这种不可思议的繁殖方式，观察到在水族馆中饲养多年而没有遇到雄性的雌性鲨鱼产下可育卵。对基因的研究现在已经证实，在众多鲨鱼中，豹纹鲨（第283页）、黑边鳍真鲨（第526页）、窄头双髻鲨（第568页）和条纹斑竹鲨（第277页）等这些物种中确实存在孤雌繁殖，它们的子代中没有父系DNA的贡献。然而，这些幼崽（基本上都是雌性）与它们的母亲并不完全相同，它们是"半克隆鱼"。未受精的卵细胞的细胞核只包含母亲一半的遗传物质，其形式是一组未复制的染色体链，或染色单体。卵子并不能开始发育，直到一组匹配的染色体与该核DNA融合，产生重复的染色体。第二套染色体通常来自精子细胞（父系DNA）。然而，在孤雌生殖过程中，来自"极性细胞"（卵子的细胞分裂过程中一种通常不活跃的副产品）的一组相同的染色体与细胞核中的染色体融合。由于幼崽的核DNA是由两套相同的染色体形成的，因此它只携带其母体遗传物质中一半的遗传变异。任何继承了一个染色体有害突变的幼崽将不能存活，因为该突变不会被第二染色单体中缺陷基因的"良好"拷贝所掩盖。然而，活下来的孤雌生殖后代实际上被清除了可能潜伏在其母系基因组（一组遗传物质）中任何致命的隐性等位基因（基因的替代形式），因此可能比其有性繁殖的后代更为健康，因为后者很可能携带这些等位基因。在人工饲养的鲨鱼中已经观察到孤雌生殖，这种繁殖类型已在野生蛇中被观察到，因此在野生鲨鱼中发现它可能只是一个时间问题。

低成本 vs 高成本繁殖

大多数硬骨鱼都具一种"r-选择"的繁殖策略，其特点是产下大量"低成本"的幼体，生存率很低，但出生和成年的时间间隔相当短。这导致了很高的恢复潜力，意味着种群可以迅速从枯竭中恢复。较短的生命周期也使它们相对适应不断变化的环境条件（例如，捕捞压力可能导致种群主要由较早繁殖的较小个体组成）。相比之下，鲨鱼是"k-选择"：它们只生产少量相对个体较大的"高成本"幼体，这些幼崽存活到成年的概率更高。"k-选择"的繁殖策略包括产生个体较大的后代，母体需要相对较大的体型；即使是最小的鲨鱼也比最小的硬骨鱼大得多。此外，大多数鲨鱼生长缓慢，它们可能需要很多年才能长到可以繁殖的大小（尤其是那些来自寒冷、低能深海及食物稀缺环境的物种）。繁育体型较大的幼崽也需要时间；某些鲨鱼物种的妊娠期（怀孕的时间）需要几年，比任何哺乳动物都长。总而言之，鲨鱼是一种寿命长、生长缓慢的动物，一生中只产相对数量较少的幼崽。对于大型的顶端掠食者来说，这是一个很好的策略，因为它们的天敌很少，甚至没有天敌，只需要繁殖少量的幼崽就能维持稳定的种群。可叹的是，近期大规模渔业的发展正在威胁着许多这样的物种。寿命长、生长缓慢的鲨鱼不可能突然（在一到两个世代时间内）加速生长，或者产生数量更多个体更小的后代。这就是为什么一些最大的鲨鱼种群数量急剧下降。相比之下，那些成长和达性成熟相对较快的小鲨鱼更能抵御渔业开发带来的不良影响。耐人寻味的是，每一个主要分类组都包含了位于"r-选择"到"k-选择"生活史策略不同位置的物种。

一尾短吻柠檬鲨幼崽在浅水潟湖出生后，游着离开母亲。脐带和拖在后面的卵黄囊胎盘即将脱落，在幼鲨的胸鳍之间留下的微小脐带疤痕也将愈合并消失

多父源性

"没有爸爸"（上述的孤雌生殖）的反义词可能是"很多爸爸"。借助基因分析的优势，第一次记录了一窝胎仔来自多个父系，这在当时学术界引起了相当大的兴奋。时至今日，已经有诸多此类论文。尖吻鲭鲨、铅灰真鲨、暗体真鲨（灰真鲨）、铰口鲨、半带皱唇鲨、柠檬鲨、两种双髻鲨、几种角鲨和星鲨、一种猫鲨，可能还有许多其他物种都有多父源性的记录。一妻多夫制（与一个以上的雄性交配）已经在几种鲨鱼中被观察到。雌性也有可能将精子储存在卵腺中，并在此后的数年中利用这些精子生产出可存活的幼崽，因此一窝幼崽中出现多父源关系（同母异父的兄弟姐妹）的普遍现象并不令人惊讶。事实上，关于这一主题，最不寻常的科学论文描述了在4只一夫一妻制的怀孕居氏鼬鲨中，总计112只幼崽中均没有发现多父源的证据。

雌雄同体

使情况更加复杂的是，有记录显示鲨鱼中有数例雌雄同体的现象。其中包括褐乌鲨的不育雌雄同体（第174页），以及一些深海光尾鲨的可育雌雄同体。前者归因于污染，但后者……好吧，这些稀有物种显然种群规模较小。如果光尾鲨在深海中不经常遇到异性，那么雌雄同体可以使它们成功繁殖的机会翻倍。

年龄和寿命

尽管我们已经给出了一些已知鲨鱼繁殖策略的例子，但本指南的分类学部分说明了我们对大多数物种的繁殖知之甚少。我们也不知道大多数鲨鱼性成熟的年龄、它们的生长速度，或者它们能活多久。硬骨鱼类具有耳石，每一年会沉积一层，可以相对容易地对其进行切片并利用显微镜进行计数（就像数树干的年轮一样）。然而，鲨鱼没有耳石。尽管它们的脊椎骨和鳍棘可能会有不同的生长环，但很难判断这些生长环是按每年、每个季度还是以其他的频率进行沉积的。鳍棘也可能磨损，特别是对于高龄个体很难进行准确地分析。水族馆里的鲨鱼是室内自由喂养的，不会受到季节变化的影响，所以生长速度与野生鲨鱼不同。标记和放流程序以及研究人员对上岸鲨鱼的检测可以提供关于鲨鱼自然生长和成熟率的重要信息。对生长最快、迅速成熟和繁殖能力较强的沿海鲨鱼，以及其他具有重要商业价值的鲨鱼物种有着较为广泛的了解。研究稀有物种或那些随着年龄增长而生长缓慢的物种，尤其是生活在深海中的鲨鱼，要困难得多。研究人员现在正在寻找方法来克服这些挑战，他们使用放射性碳定年法对鲨鱼脊椎骨和眼睛晶状体进行测定，证实一些生长缓慢的鲨鱼可能要到40岁以上才能达到性成熟，而且寿命可达100多年。

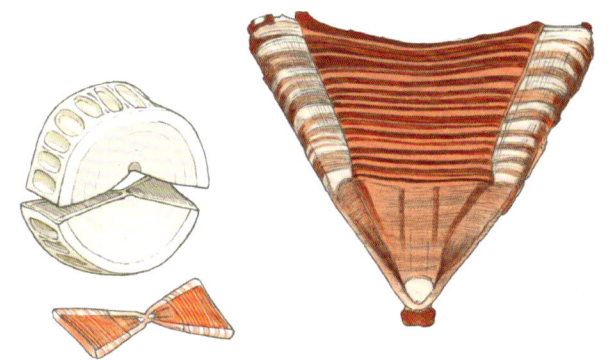

如果从鲨鱼脊椎骨中心切下一块非常薄的切片，在显微镜下可以数出生长环。很遗憾这些轮纹并不是每年都沉积；科学家们需要在计算鲨鱼的年龄之前弄明白每年出现多少个生长环。可以使用无害的化学标记，如四环素（第48页和第52页）

行为

鲁鱼的许多行为是天性使然——由基因设定好的，可以在不需要学习的情况下对外界刺激做出反应动作。例如，新生的鲁鱼幼崽（以及未出生的锥齿鲨胎仔，第295页）能够感知和捕捉猎物。那些在出生当天（甚至在孵出前）没有被吃掉的幼崽，具有某些天生的行为以避免被捕食。初次进行长途迁徙的鲨鱼也表现出了天生的行为。然而，更值得注意的是，鲨鱼有能力磨炼这些天生的技能，并且学习新的行为。认知是通过思考、经验和感官获得知识和理解的过程以及记住所学到的东西，并利用这些信息进行判断和解决问题。许多鲨鱼的高认知能力在它们各种各样的行为上有所反映，并已成为近年来许多研究的主题。

当人们被要求找出鲨鱼行为的一个例子时，许多人会把注意力集中在众所周知甚至臭名昭著的捕食行为上，例如大白鲨（噬人鲨别称）的攻击（第310页），从深水冲向在水面游动的猎物发起攻击，以及鲨鱼远距离追踪微弱气味的能力，也许还包括扁鲨（第217页）和须鲨（第257页）狡猾的伏击。然而，至少在它们生命的最初阶段，所有鲨鱼都迫切需要做出一些行为来帮助它们避免被更大的捕食者（可能包括它们的父母）吃掉，而且大多数鲨鱼的一生都在这样做。虽然捕食是任何鲨鱼的首要任务，但它们的终极生活目标是繁殖。鲨鱼的许多有趣的行为，比如迁徙和复杂的社会活动，都是为了能够保证自己活得足够久，从而实现"繁殖"这一目标。

在不同种类鲨鱼的所有生命阶段都可以观察到聚集行为。新生和幼年鲨鱼倾向于聚集在某些特定的隐蔽栖息地，如红树林和浅水潟湖，因为这些地方是躲避大型捕食者（特别是其他鲨鱼）的避难所并可以提供可靠的食物来源。幼年和亚成年鲨鱼经常聚集在一起，有时按性别分开，成年雄性通常一起被发现，而成年的雌性可能分为有孕和未孕的群。大青鲨（第552页）、白斑角鲨和萨氏角鲨（第107页和108页）成年后的大部分时间都生活在按年龄划分的单性别群体中。一旦成年，它们可能利用一年遇见一次异性的机会来进行交配。大型鲨鱼可能会季节性聚集，以利用特别丰富的食物来源，或者是在迁徙时聚集。例如，短尾真鲨（第517页）聚集在一起，追随并捕食沿着南非海岸游弋的沙丁鱼。姥鲨和鲸鲨在滤食数量庞大的食物时聚集在一起——前者的食物是聚集在温带海洋锋系的桡足类浮游动物，后者的食物是大量中上层鱼类聚集在一起产卵后产生的鱼卵。许多受深潜者和浮潜者喜爱的、可预测的鲸鲨季节性聚集几乎全部由未成年的雄性鲸鲨组成（第290页）。生物学家立即会想到很多后续问题：这些个体在它们成年之后会发生什么？未成年的雌性在哪里？成年的雄性和雌性是如何相遇的？……

居氏鼬鲨长途迁徙来到夏威夷西北部的偏远岛屿，正好赶上黑背信天翁幼鸟的第一次飞行和迫降训练——这是居氏鼬鲨种群宝贵的季节性食物来源

研究人员使用鲨鱼围栏研究在巴哈马比米尼岛一个隐蔽的潟湖中出生的小柠檬鲨的行为和个性特征

数以百计的双髻鲨，主要以雌性为主，白天聚集在海山附近，晚上分散觅食。大白鲨和居氏鼬鲨在一年中的特定时间聚集在特定的位置，猎食季节性丰富的食物：当海豹幼崽学习游泳时，大白鲨便出现在海豹聚集地，而居氏鼬鲨则在信天翁筑巢的岛屿周边，窥视并捕食正在学习飞行的幼鸟。在这些聚集中，有一些明显的等级结构，在一个物种中，体型最大的个体比体型较小的个体有优势。集群包含一个以上的物种时，也有一个物种优势的等级。

一个比较新的行为研究主题是鲨鱼的社会群体。社会群体不同于聚集或集群。集群是由外部影响和条件引起的。社会群体是通过个体层面的相互作用形成的，它们很难在大型且分布范围广泛的鲨鱼中进行研究，因此大多数研究都集中在个体较小的、移动性较差的物种上，如幼年柠檬鲨和小点猫鲨。结果表明，这两个物种的个体更有可能与其他特定的鲨鱼为伴，它们"喜欢"彼此的陪伴，或者至少更有可能与熟悉的动物为伴，而不是不熟悉的动物。社会关系通常发生在体型相似的鲨鱼身上，也发生在基因相关的鲨鱼身上。在任何社会群体中，最大的个体更有可能领导这个群体。

与上述工作相关的是一个新的研究领域：鲨鱼的个性，特别是它们的社交性、活跃度和攻击性，以及害羞或大胆和探索或回避的特征。例如，在最近的一项研究中发现，一些斑点猫鲨相对孤僻，它们花了很多时间独自隐藏，伪装静卧在海底，而在同一研究中的对比物种则是合群的，成群地聚集在一起。在巴哈马比米尼潟湖出生的柠檬鲨中，只有一半能活过生命中的第一年。它们大多数都非常谨慎，花很多时间躲在红树林里，只有在潮水退去和大鲨鱼遇不到它们的时候才会冒险出去觅食。这些幼崽共享相对有限的食物资源，生长缓慢。其他的幼崽则更喜欢冒险，它们会远足到新的栖息地和更深的水域中，在那里，它们可能会找到更多的猎物，生长得也更快，但代价是更大的被直接捕食的风险。权衡利弊总是存在的。然而，由于并非所有鲨鱼幼崽的行为都是一样的，因此作为一个整体，鲨鱼种群更有可能在环境变化和栖息地改变（影响食物来源和被捕食的风险）中生存下来。

鲨鱼社会行为的另一个重要方面是它们相互学习的能力。就个体而言，鲨鱼非常擅长学习如何执行能够获得报偿的任务，例如区分目标物的形状或运动，以获得相应的食物犒赏，或在迷宫中导航。个体可以记住这些任务，并在随后的好几个月后重复它们的表现。不足为奇的是，经常在特定地点进食的野生鲨鱼很快就学会了将船只引擎的噪声与它们随后的进餐联系起来，鲨鱼出现在觅食地并为游客带来好处。几个月后，如果一艘满载垂钓者的船停泊在同一个地方或许是令人不安的事情。然而，更有趣的是，一只天真幼稚的（未经训练的）鲨鱼在有经验的鲨鱼的陪伴下，会比它独自学习时更快开始执行任务。同样的道理也适用于幼鲨群体，它们解决谜题的速度比有经验的鲨鱼和幼稚鲨鱼混合群体要慢。例外情况也有，当幼稚的鲨鱼被关在邻近的等待区域，它们可以观看到有经验的鲨鱼如何完成任务并赢得奖赏。在这种情况下，幼鲨比以前没有见识过这些的鲨鱼学习得更快。鲨鱼通过观察别的鲨鱼来学习。

迁徙

鲨鱼的洄游行为是另一个令人着迷的研究领域，这不仅得益于高精密度的电子标识技术的发展和大范围卫星和海洋监测站网络的应用，以追踪被标记鲨鱼的信号（第48页），还得益于分子遗传学（第50页）。这些强大崭新的科学工具彻底改变了这一研究领域。研究显示，一些鲨鱼的迁徙模式甚至比鸟类的迁徙模式更为复杂，成年和未成年个体（或雄性和雌性）进行的长途旅行不尽相同。迁徙可能定期跨越大洋盆地，更有趣的是，并不总是每年一次。标识研究证实，许多具有两年繁殖周期的鲨鱼也表现出两年的迁移模式，只每隔一年访问它们的育幼地来进行分娩，而怀孕与不怀孕的雌性可能会分别占据不同的区域，但在产仔间隔或前往交配地点时分布区域恢复重叠。

作为科学知识进步的一个例子，20年前对大白鲨的最初的遗传学研究发现，成年雌性大白鲨的归家意识是非常强烈的：它们倾向于在出生地附近生育后代。利用基因分析（第50页），研究人员甚至可以确定雌性鲨鱼从何方而来。与此相反，父代对后代的贡献没有明显的地区差异。一个显而易见的解释是，成年雄性是高度迁移的，迁徙很长的距离来与相对静止的雌性配对繁殖。但是卫星标识很快驳斥了这一假设，一只名叫妮可的著名成年雌性大白鲨在南非海岸被装载了卫星追踪器，在过去的4年里它在那里被记录了几次。4个月后，她的卫星追踪器按计划从鱼体脱落并突然出现在西澳大利亚海岸！追踪器收集的地理位置数据显示，它在99天内游了11000千米，沿着一条相对平直的路线穿越了印度洋。这是第一次被证实的大白鲨的越洋活动。然而，这种穿越并不是一次性的。6个月后，妮可独特的背鳍再次在南非海岸被识别出来，这表明有不止一种方式可以将雄性遗传物质转移到世界各地。来自新西兰标识的大白鲨的最新数据（见下图）显示，类似的超远距离越洋迁徙在西太平洋被观察到，并且这些成年雌性大白鲨具有非常明显的恋家习性。

我们对这些聪明动物行为复杂性的认识每年都在增加。人们发现越来越多的鲨鱼是群居的，成群地生活、成群地捕猎。即使是以过独居生活为主的鲨鱼（个体之间偶尔相遇繁殖、幼仔聚集或聚集在食物来源丰富的猎场上）也表现出复杂的信号和行为系统，将个体之间潜在的危险冲突最小化，并构建它们之间的社会互动。基因分析与电子跟踪的结果相结合，可以帮助科学家评估不同种群相互融合或相互隔离的程度，以及种群之间的远距离移动和基因交换是由雄性还是雌性、成年还是未成年的鲨鱼来完成的。科学家发现得越多，待回答的问题也会越多。

在新西兰水域的两个重要聚集地对大白鲨进行电子标识，使科学家能够发现以前无法想象的季节性迁徙。其中包括长途跋涉到3300千米外的热带水域过冬。新西兰大白鲨被追踪至斐济、澳大利亚大堡礁、新喀里多尼亚和汤加附近海域。一只被跟踪了两年的雌性个体每年冬天都会回到珊瑚海的同一区域，并且至今发现有4个夏天都在斯图尔特岛（新西兰南岛南部）附近巡航。有趣的是，查塔姆群岛的大白鲨从未被追踪到斯图尔特岛，反之亦然。

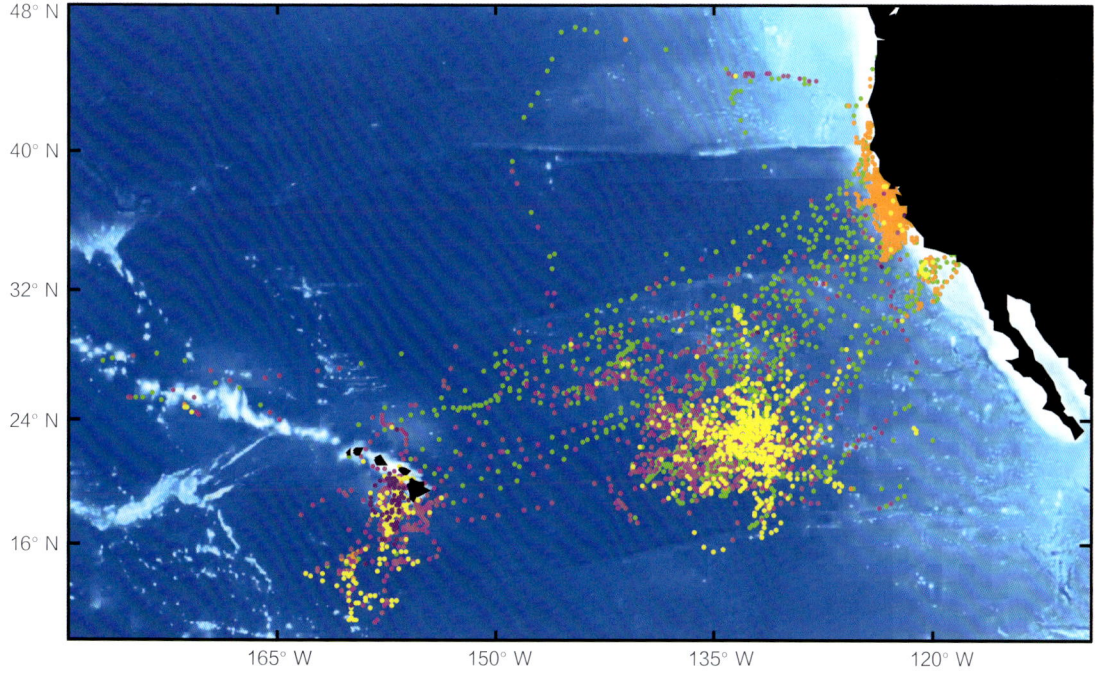

大白鲨咖啡馆是一个偏远的中太平洋地区，是大白鲨的冬季和春季栖息地。这些圆点代表了53尾大白鲨在北美、大白鲨咖啡馆和夏威夷之间游泳轨迹。摘自Jorgensen et al. 2012

本书的第一版介绍了一个仍在研究的项目：中太平洋"大白鲨咖啡馆"——大白鲨的冬季和春季栖息地的研究。将档案式可弹出卫星标记（PAT）标识贴在北美海岸分布的大白鲨背鳍上，使研究人员能够通过追踪，发现并描述大白鲨到访一些区域的行为。大约10年前，我们不知道为什么这个地区如此受大白鲨的欢迎，以及它们在那里究竟做了什么。上图依照53尾大白鲨轨迹（引自2012年的一篇论文）绘制了每日中位数位置和行为（颜色编码），对上述疑问进行了说明。

大白鲨咖啡馆大约位于秋冬时节的北美沿海觅食地（橙色）和夏威夷岛附近的温暖水域（不为大多数人类居民和游客所知，许多大白鲨夏季5—7月在此觅食）之间。有趣的是，最初研究人员很难解释为什么这片开阔海域对大白鲨如此有吸引力。大白鲨咖啡馆的菜单上似乎没有太多内容，卫星图像也显示，至少从表面上看，这几乎是一片深水沙漠。因此，它似乎对摄食不太重要。

尽管如此，大白鲨还是选择在大约100天内巡游2000千米到达那里［大部分时间是在水面下，偶尔潜水（绿点）］，然后在那里停留几个月。鲨鱼的离岸觅食通常包括白天在350—500米的深度狩猎，晚上栖息在200米左右深度的水域（这被称为昼夜垂直迁移，如粉红色所示）。然而，一旦大量的鲨鱼聚集在大白鲨咖啡馆，它们的行为就完全改变了。雄性先到，雌性紧随其后。雄性开始进行大量、重复和快速的垂直潜水（黄色），从水面到水下约500米再回来，有时24小时内可往返150次。这种非同寻常的行为

发生在大白鲨咖啡馆中心相对较小的区域，在上图中由一个非常密集的黄色斑块标记。

研究人员最初认为，这可能是已知的第一个鲨鱼"炫耀求偶"的例子。炫耀求偶（雄性参加竞争展示以吸引雌性交配）通常与繁殖期的鸟类有关，但哺乳动物、昆虫和一些爬行动物也会有此类行为。我们完全有理由相信，像大白鲨这样脑容量大的群居动物会通过炫耀来吸引配偶，而大白鲨咖啡馆可能是迄今为止未知的大白鲨交配场所。然而，最近的研究利用高科技的遥控水下机器人（ROVs）跟踪被标记的鲨鱼并调查它们的栖息地，发现大白鲨咖啡馆是一个非常重要的觅食地。卫星看不见是因为觅食区域在水面以下很深的地方。

大白鲨来到这个区域，在高度多产的中水层觅食，这里有大量的深海鱼类和鱿鱼，这些饵料生物生活在阳光照射到的深度以下（白天约水下400米，晚上约水下200米）。然而，尚不清楚为什么雄性和雌性会有如此不同的潜水模式——当然，也没有理由说这里不是大白鲨的交配区。一些聚集在一起以丰富猎物为食的其他鲨鱼肯定也会抓住机会在同一区域交配。至于另一半的雌性大白鲨，它们的妊娠期可能长达18个月；在前一个夏天交配的雌性鲨鱼在一年后仍然会怀孕，没有必要这么快再次交配。雌性大白鲨也可能更喜欢避免这种剧烈的潜水活动，而在其他温暖的浅水区护佑它们的幼崽成长。

标记和追踪鲨鱼

　　传统的鲨鱼标记计划利用大量廉价的编好数的可视标签，通常在很大程度上依赖于游钓者和商业捕鱼渔民的自愿帮助。今天，电子标记提供了关于鲨鱼个体运动和活动的更为详细的信息。这些精密仪器彻底改变了我们对鲨鱼生活史、行为和迁徙的认知。

　　标记标签（具编号的塑料圆盘、飘带或"意大利面"标）取决于标记的数量和其他细节（如鲨鱼的种类、性别和体长）。多年来，相关机构已经部署了大量的无人机，为鲨鱼年龄和生长研究以及记录从被标记位置到回收位置的移动信息作出了重大贡献。它们也可能表明鲨鱼何时被注射了用来研究生长情况的化学标记（第43页）；或包含一个内部档案标记，记录鲨鱼的位置、移动和随时间变化的行为。

　　无源集成应答器（PIT）标记包含一个连接到编码芯片的微小天线，应答器被完全封装在一个玻璃胶囊中。用皮下注射针或手动插入枪将它们置于皮肤下。当天线检测到从几英寸外的便携式阅读器发出的无线电信号时，芯片会返回其识别代码。本装置不需要电池。它们应该可以使用75年或更长时间。

　　卫星标记可以实时报告或收集和归档数据以供稍后传输。当鲨鱼浮出水面时，**智能位置传输（SPOT）标记**通过向卫星报告来跟踪鲨鱼的水平迁移。**档案式可弹出卫星标记（PAT）**用于不需要在海面停留很长时间的鲨鱼。卫星标识可以以每分钟几次的频率存储水深、温度和光线数据，最长可存储两年的数据。在预定的时间间隔后接通电流，腐蚀金属连接件，释放浮力标签。随后下载的光线和海面温度数据确定了鲨鱼随时间变化的分布点位置，而深度和水温数据则提供了鲨鱼深潜行为和海洋栖息地的信息。

　　声学标记也可以追踪动物的运动轨迹。它们发出带编码的声音信号（以识别动物个体），这些信号被接收器接收。在主动跟踪过程中，使用定向水听器跟踪被标记的鲨鱼，以便研究人员可以实时收集环境信息（例如深度、水温）。接收器也可以装载在海底网络（可以通过多个接收器接收到的三角测量信号来提供精确位置）、海洋浮标上，甚至能够安在穿越主要大洋和跟踪标记动物的无人驾驶船只上。它们要么将信号传回研究人员，要么将其先存储起来供以后下载和分析。

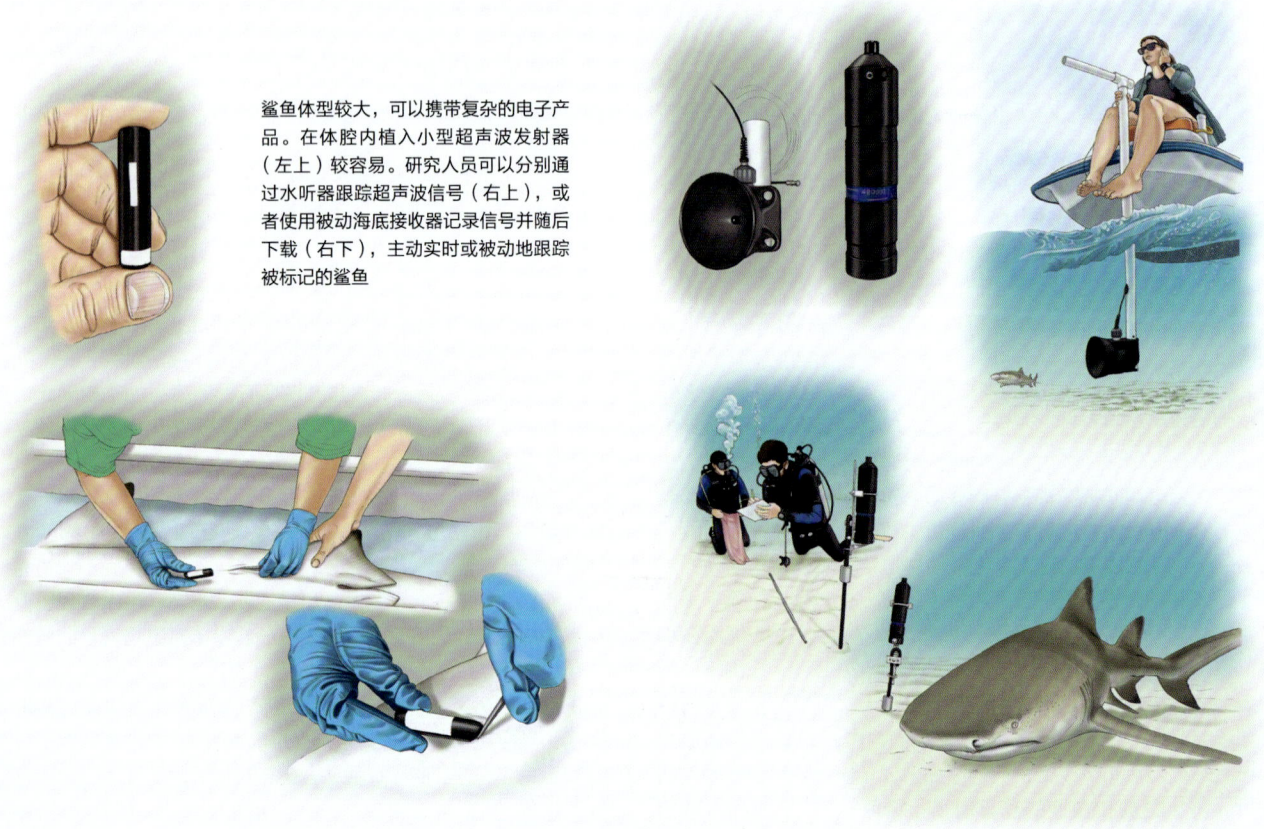

鲨鱼体型较大，可以携带复杂的电子产品。在体腔内植入小型超声波发射器（左上）较容易。研究人员可以分别通过水听器跟踪超声波信号（右上），或者使用被动海底接收器记录信号并随后下载（右下），主动实时或被动地跟踪被标记的鲨鱼

远程水下视频系统

近年来，使用携带诱饵的远程水下视频系统（BRUVS）来调查和监测鲨鱼数量的手段已得到广泛应用。这是一种相对便宜和简单的调查技术，需要一个简单的承重框架和一个朝着附着诱饵容器的水下摄像机。这些框架被放置在海床上或悬挂在水中，以便相机记录被诱饵吸引而来的物种。BRUVS与渔业无关，不具有破坏性，不受水肺潜水深度的限制（水肺潜水深度限制了传统水下视觉普查手段的使用），并对难以进入的调查区域内的捕食者进行标准化、可重复的调查。除了识别、计数鲨鱼和其他鱼类，它们还可以在潜水员缺席的情况下来研究鱼类的行为和它们之间的相互作用，由潜水员介入的调查可能会改变动物的自然行为。然而，在这些调查能够为分析提供足够可靠的数据之前，科学家们确实需要用这种方法从许多远程水下视频系统收集大量的连续镜头。

2015年，由120多名研究人员合作推出了最大的鲨鱼数量标准化BRUVS调查"Global FinPrint"。该方案的调查重点是西大西洋、印度洋以及西太平洋和中太平洋的珊瑚礁栖息地。在2016—2017年期间，在这4个区域的58个国家和地区对400多个珊瑚礁进行了调查。每个调查地点设置了大约30—100个BRUVS，每个BRUVS记录一个60分钟的连续镜头。合计录制了超过21000小时的视频！

BRUVS不一定固定在海床上。由"拯救我们的海洋"基金会支持的一个BRUVS项目，该项目调查了智利（东南太平洋）复活节岛水域的直翅真鲨

所有的影像序列都由训练有素的志愿者观看和审核，志愿者们记录鲨鱼出现的时间，并标记这些记录，供分析数据的科学家确认。调查结果将通过全球开放数据库向公众公开，并可在网上观看连续10个小时的视频片段（globalfinprint.org）。

一个放置在马尔代夫珊瑚礁上的BRUVS，参与Global FinPrint研究计划

遗传

遗传学是研究遗传的学科，遗传是父母将基因传给后代的生物过程。基因是由DNA（脱氧核糖核酸）组成的，DNA是一种复杂的分子，含有使每个物种保持独特性并使细胞发挥功能的生物指令。DNA存在于细胞的细胞核和线粒体中。在有性生殖中，生物的细胞核DNA各有一半来自父母双方，但线粒体DNA只来源于母亲。随着时间的推移，DNA分子复制时发生的微小突变不仅使区分物种、种群和个体成为可能，而且还能发现物种或种群之间的近缘关系。

这一研究领域被称为分子遗传学，自20世纪80年代以来一直被应用于鲨鱼研究。近年来，分子遗传学在鲨鱼的学术研究、保护和管理方面的应用正以惊人的速度增长。事实证明，这是对用传统方法（基于视觉描述）进行物种识别和分类的一个非常有价值的补充。快速和相对廉价的现代技术使得科学家能够对生物的全部遗传密码（基因组）进行测序，例如大白鲨，它有着24520个基因（相比之下，人类大约有30000个基因）。基因只占整个基因组很小一部分（人类约占1%），而且突变非常缓慢。目前还不清楚其余99%的非编码DNA行使了什么功能，但非编码DNA片段的突变速度比基因快得多。因此，研究人员可以使用细胞核或线粒体中的一小段DNA来识别和区分不同物种或同一物种的个体之间的差异。这些分子水平的研究结果可以显示不同物种之间的亲缘关系有多密切（类缘关系如何），甚至可以确定同一物种个体之间的近缘关系。

条形码是描述和比较来自同一高度保守（稳定）基因的相同位置、非常短的DNA片段的过程，这种基因出现在所有动物或物种之中。它的依据是"条形码差距"，即物种之间的遗传变异大于物种内部的变异这一原则。这项技术现在已经通过世界各地的各种"生命条形码"计划，被用于识别数十万种物种；这些"条形码"序列现在被上传并存储在网上，任何研究人员都可以访问并下载序列。然而，这些在线数据库的价值完全取决于最初获得的组织样本是否被准确识别。快速浏览一下这本书就会发现，区分某些鲨鱼种类并不是那么容易。如果样本的最初识别是不正确的，那么识别该物种的条形码序列也将被错误地标记。条形码对于法医学分析至关重要，例如识别被非法狩猎的动物种类。

宏条形码是从一个样本中同时识别多个分类单元的过程。例如，它可以用于筛查从批量装运的鱼翅中抽取的大量随机样本，以确定其中是否存在受保护的物种（积极的结果可以促进更详细的调查），并用于环境DNA的研究（见下页的方框）。

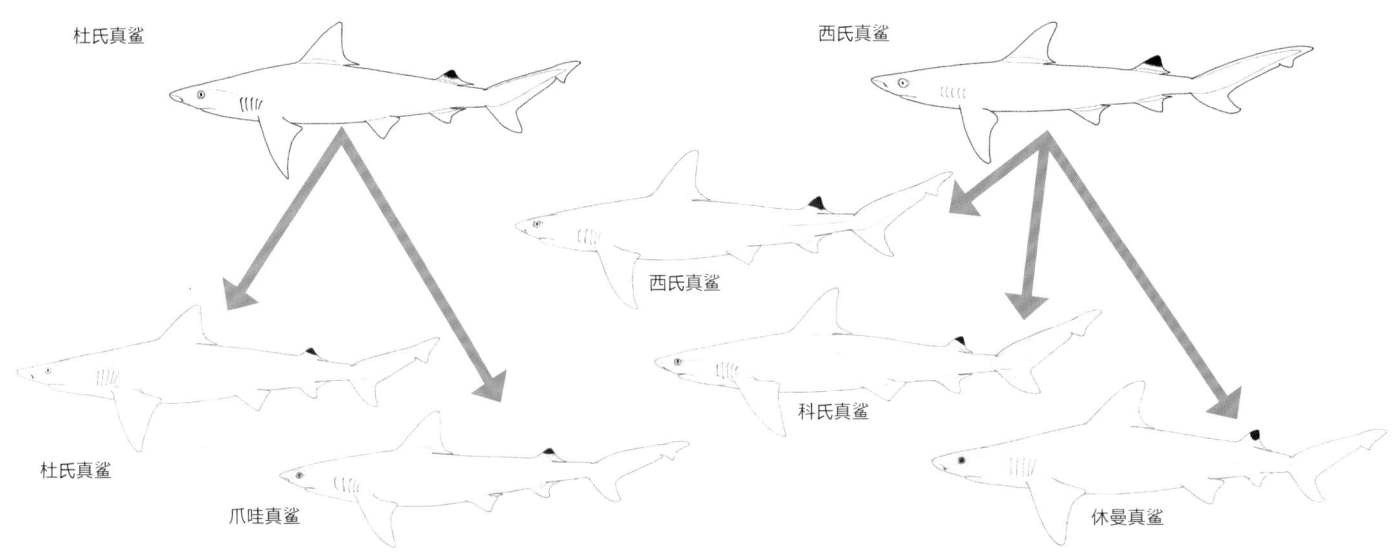

许多亲缘关系密切的鲨鱼种类在外观上极其相似，很难分辨，特别是一些用于识别的形态特征随着鲨鱼的生长而产生显著的变化（这些变化被称为个体发生变化）。因为每个物种都有稳定且不同的核DNA和线粒体DNA，对于仅基于形态学的传统鉴定方法，遗传分析是一个非常重要的补充工具。最近对一些分布广泛的小型近岸真鲨的分类修订，就提供了一个很好的例子。对真鲨属30年前利用形态特征和鳍的颜色来识别的两个非常相似的物种——杜氏真鲨（第520页）和西氏真鲨（第534页）进行了分类修订。与这对"组合"在一起的还有其他一些物种（都是第二背鳍具黑色上角），它们被更早的分类学家们描述为不同的物种。近年来根据从这"两个物种"的地理分布范围内收集的许多组织样本，并基于遗传分析对整个西氏-杜氏组群进行了重新评估。结果将杜氏真鲨划分为杜氏真鲨、爪哇真鲨（第535页）；将西氏真鲨划分为西氏真鲨、科氏真鲨（第519页），以及可能还未被正式描述的休曼真鲨（本书中并未收录此种）。

微卫星序列提供了关于同一物种中个体之间遗传差异的信息，从而揭示了个体的独特性。微卫星是基因组中重复的、非编码的片段，由于这些序列突变迅速，它们可以被用作确定基因遗传的分子标记。而且由于DNA可以从单个细胞中提取，分子分析只需要少量的实验材料。例如，科学家可以很容易地从活着的动物身上采取血液样本或鳍片，这些方法也可以用于鲨鱼分娩时的新生幼崽，采集后仍然能将它们放回野外。

如果可以去除含有血液的寄生虫，或者在鲨鱼游过时擦去其皮肤上的黏液，那么收集的DNA样本将更加纯化。博物馆里的古代样本的干燥组织也可以用来确定物种，研究现已灭绝或在野外极其稀有且难以找到的物种，甚至可能估计出几百年前现代渔业还没有耗尽鲨鱼资源时，鲨鱼种群的大小和多样性程度。在这些分子遗传技术长足发展之前，在巴哈马群岛的比米尼岛启动了一项针对柠檬鲨的长期研究计划并致力于组织标本的收集。现在，研究人员利用这些样本证明，成年的雌性鲨鱼每两年就会回到它们出生地的育幼场所，在与大多数不在那里出生的雄性鲨鱼交配后生育。

在这个项目中，只有不到100只繁殖的雌性被发现回到比米尼岛，但它们的幼崽却拥有400多个不同的父亲。通过微卫星确定的

鲨鱼常见的多父源性在第43页中已举例描述。分子遗传学对法医学鉴定也至关重要，例如，在种级水平确认被捕鱼类的鱼翅或鱼排的归属，有时甚至可以确认它们被捕获的地点——以查明出售的产品是否被正确标记，或者受保护的物种是否被非法交易。这些方法都是非常强大的工具。在某些情况下，物种的视觉识别是如此困难，以至于基因分析会产生巨大的惊喜：分布于大西洋西部水域的"路氏双髻鲨"事实上是另一种遗传上截然不同的双髻鲨物种，即吉氏双髻鲨（第565页），二者在视觉上是难以区分的。同样令人困惑的是，研究人员发现，最初被描述分布在世界不同海域（北大西洋和南澳大利亚近海）的几种刺鲨在基因上是相同的；它们之所以分别被描述为独立的物种，是因为它们的外观随着生长而变化很大。这引发了新的问题：这些体型小、行动缓慢的深海鲨鱼真的能进行长距离迁徙，以维持这些孤立的种群之间常规的基因交流吗？也许，几乎未发生基因变异的原因是寒冷、低能量、"人烟稀少"的深海环境不仅减缓了生活在那里的物种的生活史周期，使得刺鲨的生长速度非常缓慢、寿命很长，而且还将它们的进化速度抑制到一种实际上难以分辨的速度？

环境 DNA

"犯罪现场调查"经常在电视上播出（偶尔在新闻节目中，更多的是在电视剧中）。调查人员穿着白衣，戴着浴帽和塑料脚套以避免污染，寻找犯罪者留下的DNA痕迹。无论走到哪里，我们都会脱落含DNA的组织，尤其是构成大多数家庭灰尘的微小皮屑。鲨鱼（和其他水生物种）也是如此。如果收集、过滤水样，并将过滤后的样品送回实验室进行分析（小心避免交叉污染，就像犯罪现场侦查一样），就有可能提取环境DNA（eDNA），并使用宏条形码来识别鲨鱼物种。如右图所示，最近在法属新喀里多尼亚进行的一项研究中，比较了使用BRUVS和传统水下视觉普查（由潜水员进行的UVC）与eDNA分析的调查结果。通过BRUVS和UVC分别确定了9种鲨鱼（总共进行了3000多次的观测调查），但85%的UVC和46%的BRUVS调查没有发现任何鲨鱼。从22个eDNA样本中记录了13个物种，只有9%的eDNA样本未能收集到有关鲨鱼的任何证据。这些技术中，哪一种以最少的采样工作量提供最大的回报是毫无疑问的。eDNA分析与BRUVS和UVC调查相比具有明显的优势，因为它们收集的数据来自更大的区域，由于水的混合和分散，这一过程比其他视觉技术的观测时间更长。然而，所有的采样方法都至少遗漏了1个物种，只有6种鲨鱼同时出现在了3种调查方法的检测结果中。

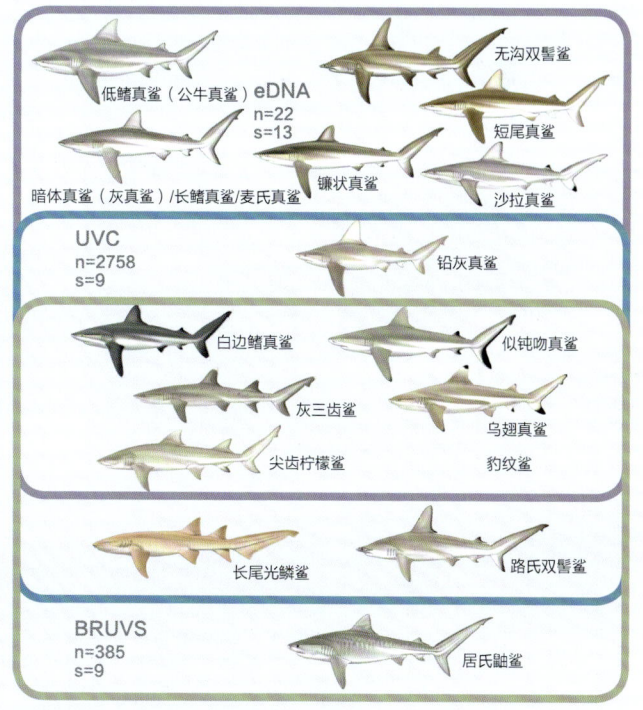

通过环境DNA（eDNA）、远程水下视频系统BRUVS和水下视觉普查UVC调查所确定的鲨鱼种类的比较

研究重点——如何提供帮助

许多关于鲨鱼的早期研究是由公众对鲨鱼袭击的恐惧和需要更多地了解这种动物的需求所推动的。后来，鲨鱼研究经常被视为渔业调查中的"灰姑娘"，这主要是因为重要的商业捕捞物种有更高的资助优先等级（鲨鱼在渔业中通常价值低、数量少）。对鲨鱼研究的兴趣现在急剧上升，因为人们认识到鲨鱼的非凡魅力，以及其日益受到威胁的状态，需要能够确定并实现恰当的生物多样性保护和渔业管理目标。新的基金来源（包括私人基金会和非政府组织）和更多的区域科学组织已逐步建立。上文强大的新型研究技术和工具也变得越来越便宜，越来越普遍。令人兴奋的发现定期发表在科学文献、非学术性杂志和网络媒体上，并在年度和两年一次的鲨鱼研究学会上越来越多地被传播。尽管如此，许多国家的研究人员和渔业管理人员仍然缺乏鲨鱼研究方面的专业知识，迫切需要进行相关的能力建设。

稀有、易危和濒危物种需要特别关注（事实上它们很少得到关注）。在许多地区，渔业监测和调查工作不足，因此对鲨鱼的生物多样性和分布知之甚少。鲨鱼研究的最高优先事项仍然是提高对特定物种的识别能力，这将有助于更好地了解它们的生物学和生态学、关键栖息地、种群结构、年龄和生长、繁殖和生活史等信息，以及收集特定物种的捕捞数据（特别是单位捕捞努力量渔获量CPUE）。有了这些资料才能进行种群评估，监测种群状况，并提供保护和管理的咨询意见，比如关于可持续渔获量和种群恢复的建议等等。作者希望这本书可以对亟需关注的问题提供帮助。

除了记录商业捕捞和游钓渔业的鲨鱼上岸之外（此类记录可以提供关于物种鉴定、种群大小和结构、出生和成年时的个体大小以及产仔数量的数据），鲨鱼的标志和放流也是关于其分布、生命周期、迁徙、年龄和生长的重要数据来源（第46和第48页）。休闲垂钓者、商业渔民和潜水员越来越多地参与到这类研究项目中，如果他们认真观察，所得信息和数据对研究人员来说可能是一笔宝贵的财富。即使没有参与鲨鱼标志计划，观察者仍应注意鲨鱼身上的任何标签，并记录其详细信息（如果可能，请按照标签上的说明），然后谨慎地放掉动物。至少，描述标签、记录数量和被标记的鲨鱼的全长，以及捕获的日期和地点是十分重要的。如果这些信息被发送到任何区域或国家的渔业实验室，它将被自动转发到相应的研究小组。

当被标记的鲨鱼在一段时间后被重新捕获时，研究人员需要能够对它的整体或局部进行研究。如果是这样，相关说明通常都标注在标签上。被标记的鲨鱼的皮肤下或体腔内可能有植入标签（第48页）；或者被注射了一种化学物质（四环素），后期会在鲨鱼脊椎骨上留下明显的标记。这些标识特别重要。如果动物后来被重新捕获，标签和椎骨被归还给研究小组，注射后添加的轮纹数量就可以被计算出来（第43页）。这提供了关于年龄和生长速度的信息，这个信息对于制定有效的管理策略可能是至关重要的。

永远不要从活鱼身上取下电子标签！这些标签昂贵且难以装置，并且被设计成在附着时传输信息，或者被编程为在一段时间后自动脱落。它们绝不能被过早取出（除非是在动物尸体上发现的），因为这可能会导致有价值的信息就此丢失。另一方面，在放流被标记的动物之前，在记录上述必要信息后，添加一个额外的视觉标签是有帮助的。

潜水员也可以参加使用照片识别来监测迁徙模式和估计种群规模的研究项目。具高度洄游性的大白鲨、鲸鲨和姥鲨是最常被此类观察方法研究的。任何人都可以将自己的照片上传到在线协作数据库。不同种类的真鲨个体也可能带有特征性伤疤，使其能够从照片中被重新识别出来。

研究甲基汞污染的MarAlliance研究小组正在对一条佩氏真鲨进行测量、活检和标记

鲨鱼和人类

鲨鱼传说

鲨鱼在东地中海、波利尼西亚、加勒比海和南美等许多沿海地区的口述历史和传说中占有重要地位。已知的最古老的鲨鱼故事可能源于3000—4000年前地中海青铜时代迈锡尼文明的一个神话集合，故事描述了人们对海神波塞冬和噬人鲨（第310页）的早期崇拜，而沿海渔民却很惧怕他们。波塞冬的一个女儿拉弥亚与宙斯有染，结果很糟糕，宙斯的妻子发现了，杀死了拉弥亚的孩子，拉弥亚也因此疯了。宙斯深思熟虑后，把拉弥亚变成了一条巨大的鲨鱼，这样她就可以通过吃掉别人的孩子来进行报复。他们的私生子阿珂海罗斯因为吹嘘自己比美丽的爱神、海神和航海女神（偶尔也是波塞冬的爱人）——阿弗洛狄忒更有魅力，也被变成了一条（更小的）鲨鱼。波塞冬拥有自己的攻击型鲨鱼，或鲸鱼，名叫塞特斯。当埃塞俄比亚的国王和王后夸口说他们的女儿安德罗墨达比波塞冬的后代更美丽时，塞特斯便被派遣去破坏埃塞俄比亚的海岸。安德罗墨达的父母决定把她绑在岸边作为祭品来安抚塞特斯，但珀尔修斯插手干预，他杀死了塞特斯，并娶了安德罗墨达为妻。顺便说一句，许多物种的科学名称都来自希腊语，这些神话深深影响了18世纪鼠鲨目（Lamniformes）和一些鼠鲨科物种的科学命名法，包括姥鲨（第301页）和鼠鲨（第313页）。噬人鲨的学名（*Carcharodon carcharias*，第310页）也来源于希腊语，但并不来源于神或怪物的名字。前缀carchar-来源于"Karcharos"，意思是锋利，后缀odon来源于"odous"，意思是牙齿。

随后来自地中海的故事，就像今天大多数报纸上的报道一样，主要集中在鲨鱼袭击事件上（虽然并不总是致命的）。《圣经》中哪种动物吞下了约拿，鲨鱼还是鲸鱼？有记录显示，大白鲨的胃里曾被发现有完整的动物——海豚、一只50公斤重的海狮，还有一名完整的、穿着衣服的水手（后者由法国博物学家吉约梅·龙德莱在16世纪报道），当然，鲨鱼也可以吐出胃里的东西。因此，比起《圣经》的现代译本中所描述的约拿的鲸鱼，也许噬人鲨更有可能是罪魁祸首（尽管无论涉及哪个物种，这都是一个难以置信的故事）。希腊作家希罗多德曾在公元前5世纪描述过鲨鱼袭击遇难的波斯水手的故事。亚里士多德在公元前4世纪的研究报告，精准地描述了鲨鱼生物学的几个方面，但误解了它们的捕食策略（他认为它们必须颠倒过来捕食——这是大自然为了给猎物逃跑的机会而强加给捕食者的一种约束）。罗马作家老普林尼在他的《自然历史》百科全书中记载，2000多年前，地中海的海绵采集潜水员曾与鲨鱼有过令人不适的近距离接触。他警告说，除非有人执意把小鲨鱼赶跑（他认识到这些动物胆小的本性），它们可能会咬潜水员身体裸露的白色部分。现代记录显示，游泳者和冲浪者暴露在外面呈白

鲨鱼在帕劳人民的口头传说和文化中非常重要，在传统的男人聚会场所Abai正面装饰符号中，鲨鱼和鳐鱼占有如此突出的地位。帕劳是第一个宣布其整个专属经济区为鲨鱼保护区的岛国

色的手脚，可能被鲨鱼误认为是小鱼，从而遭到攻击和撕咬。

在世界另一端的迈锡尼文明崩溃的时候，波里尼西亚人正在太平洋上拓疆，他们的口头民间传说讲述了各种各样的鲨鱼故事。在某些方面，非常和谐地描绘了海中游泳的人们与鲨鱼相遇时可能会发生的故事。在这些传说中，鲨鱼可能是仁慈的神、守护者或拥有超自然力量的朋友，它们保护而不是威胁渔民。然而，他们也讲述了一些与鲨鱼交锋后被咬伤甚至死亡的警示故事。后者通常被描述为在遇到自然灾害时没有充分注意的后果，或作为一种对故意或意外挑衅的报复，但不包括对女士美貌的侮辱。

与古希腊人的复仇之神相比，夏威夷人高度崇敬的鲨鱼神是仁慈的，他们帮助保护人民和岛屿。在一些传说中，夏威夷是由火山女神佩勒（音译，原名为Pele）创造的，她在她的哥哥卡莫霍利伊（音译，原名为Kamohoali'i）的关怀和指导下，乘独木舟从波利尼西亚的塔希提岛来到夏威夷。而卡莫霍利伊正是鲨鱼神国王，也是夏威夷群岛最重要的精神守护者奥马库阿（音译，原名为Aumakua）之一。他是一个熟练的领航员，为了帮助人们，可以

从鲨鱼变成人或其他海洋动物，带领迷航者回家。他还会教另一个妹妹希亚克（音译，原名为Hi'iaka）冲浪！夏威夷卡莫霍利伊的信徒们永远都不会食用、伤害或骚扰任何鲨鱼。

　　卡胡帕豪（音译，原名为Ka'ahupahau）出生时是人类，但后来成了鲨鱼女神，尤其是在她位于珍珠港的水下洞穴周围，致力于保护人们免受鲨鱼袭击。鲨鱼神卡伊科卡拉（音译，原名为Kane'i'-kokala）专门从沉船中救人，而身形巨大的库海莫阿纳（音译，原名为Kuhaimoana）则确保渔民们有良好的渔获。鲨鱼神凯利·伊考奥·卡乌（音译，原名为Keali'ikau'o Ka'u）爱上了一个人类女子，这个女人随后生下了一条同样能帮助人类的绿鲨。魔术师鲨鱼神卡内阿普阿（音译，原名为Kane'apua），佩勒和卡莫霍利伊的兄弟，则是一个会表演魔术的表演者。

　　达库瓦加（音译，原名为Dakuwaqa，是半人半鲨的神）是位于夏威夷西南5000千米的斐济群岛的主神。他会帮助渔民避免海上危险，为他们提供大量的渔获物，并通过守卫潟湖的入口来保护人们免受凶猛海怪的伤害。作为回报，当地渔民会隆重地将一碗卡瓦酒倒入海中，以祈愿他们从捕鱼之旅中安全归来。在汤加，达库瓦加被称为战神，保护人们不受其他恶神的伤害。在库克群岛，主神则是阿瓦泰亚（音译，原名为Avatea），见下图。

拉罗汤加的玄武岩雕刻展示了在库克群岛被称为"阿瓦泰亚"（Avatea）的半人半鲨神像

　　有几个版本的太平洋传说中描述了一个笨女孩Ina的命运，她曾伤害了一条鲨鱼，这条鲨鱼好心地提出要把她载到岛屿之间去见她的男朋友——鱼王。当她口渴的时候，鲨鱼让她用它的背鳍打开一个椰子。作为纪念，这个故事被印在了库克群岛的纸币上。后来，她没有征得同意就在鲨鱼的头上敲开了第二个椰子。她立刻被鲨鱼甩了下来，鲨鱼锤子状的头也因为受伤而变得畸形。在一些岛屿上，传说以鲨鱼吃掉她或她溺水而亡而故事结束，但在库克群岛的版本中，故事的结尾是她得到了鲨鱼之王Tekea大帝的怜悯，他从深海中浮起，救起了她并把她安全地带到了她男朋友所在的浮岛上。

Ina和帮助她的鲨鱼的故事在波利尼西亚家喻户晓，甚至出现在库克群岛的钞票上

　　对鲨鱼的崇拜曾经在整个印太地区相当普遍，有时可能还包括人祭。巴布亚新几内亚的渔民仍然在那里进行呼唤鲨鱼的活动，他们对着独木舟船身的水下部分唱歌并摇动椰子拨浪鼓，以吸引鲨鱼。一些部落声称鲨鱼是他们的祖先。鲨鱼在美拉尼西亚、西非、澳大拉西亚、加勒比和亚马孙流域的某些民族的文化和民俗中十分重要。一个毛利神话讲述了公主Kawariki爱上农家男孩Tutira的故事。她的巫师父亲不同意他们在一起，并把Tutira变成了一条鲨鱼。但这对恋人仍继续秘密见面，并一起游泳。当海啸呼啸着摧毁了这个村庄，把村民们卷入大海里时，鲨鱼人Tutira救出了村里所有的人。作为奖励，国王将Tutira变回了人类，并允许他与Kawariki结婚。

　　鲨鱼也出现在关于星座的故事中。托雷斯海峡岛民用斗转星移来追踪季节的变化，以此提醒人们何时该种植庄稼或捕猎特定的猎物。鲨鱼星座Baidam由北斗七星中的星星组成，是大熊座（the Great Bear）的一部分。当这些星星出现在海峡北部的巴布亚新几内亚上空时，岛民就知道鲨鱼的交配季节开始了。这也意味着这是一年中种植红薯、香蕉和甘蔗的最佳时机。在西大西洋、巴西和圭亚那的部落人群把猎户座的腰带称为"Nohi Abassi之腿"。Nohi完全受够了他的岳母，便训练了一条鲨鱼来吃掉她。然而，他的岳母发现了他的计划，并把自己的另一个女儿伪装成鲨鱼。Nohi Abassi的妻妹伪装成鲨鱼后，没有去找她的母亲，而是直接袭击了Nohi并锯掉了他的腿。这条腿也随之变成了星座（估计这也是一个重要的提醒：要永远对你的岳母好）。

　　在墨西哥城市中心的阿兹特克大神庙遗址下，人们发现了一些大型鲨鱼的遗骸，还有人类和鳄鱼的骨头。也许它们代表了阿兹特克神话中巨大的海怪，它的身体被众神撕裂，最初形成了大地，伴随着祭祀来安抚文明中嗜血的众神。

　　令人遗憾的是，如今电影和其他媒体中描绘的鲨鱼和鲨鱼袭击人类的"传说"，几乎传播到了世界的角角落落。即便是在电力供应不足的地方，人们也对有关鲨鱼的恐怖电影无比熟悉，就算当地还没有鲨鱼袭击人类的报告，人们对鲨鱼也有种莫名的恐惧。然而，普通民众对鲨鱼的恐惧与数个世纪以来拥有丰富海上经验的人们对鲨鱼的认知并不相符。

渔业

毫无疑问，未经管理或管理不当的渔业是对世界鲨鱼最严重的威胁。相比之下，栖息地的丧失和气候变化的影响，目前来看是次要的。鲨鱼几乎在它们出没的任何地方都会被捕捞，这几乎遍及世界各大洋（除了极地和最深的海域），甚至在一些大型河流和湖泊中也是如此。这些渔获量可分为产业型（商业、大规模）、个体型（小规模）和自给自足型（非常小规模，以养活渔民家庭和社区）。这些不同规模的渔业所产生的渔获量可细分为专捕渔获物和兼捕渔获物。

在沿海多鱼种或"全面捕捞"渔业中，会使用各种类型的渔具，从手钓、延绳钓、定置网到拖网渔船，捕获的鲨鱼生物量和物种数都处于最高水平。这些渔业捕捞收获并利用这些非常广泛的海洋鱼类，但有些渔场可能丢弃渔获中最没有价值的部分。被丢弃的兼捕渔获物通常包括大型鲨鱼尸体，尽管它们的鳍通常被保留下来。在那些已经通过并有效执行割翅禁令的地方，这种丢弃行为应该不会再发生了，尤其因为近年来鲨鱼肉市场扩大，价值显著上升。而在其他一些地方，许多沿海地区的渔业基本不受监控和管理，上岸点为寻找新物种的鲨鱼爱好者或希望研究鲜为人知物种的研究人员提供了广阔的天地。对于那些有幸访问这些地区的人来说，非常值得清晨早起去观看渔船卸载渔获物的场景。

鲨鱼专捕渔业是指那些以捕获和上岸鲨鱼为目的的捕捞，无论是作为主要的还是次要的渔获物。主要渔获物是（至少在理论上）渔业的主要目标。鲨鱼专捕渔业的例子包括以北大西洋鼠鲨（第313页），以及世界各地的一些深海鲨鱼、白斑角鲨（第107页）和星鲨属（第467页）为主的渔业；上述这些物种是专捕渔业的主要渔获物。其中一些专捕渔业只是昙花一现，然后由于过度开发而崩溃，也就是说鲨鱼被捕获的速度超过了它们繁殖和自我更新的速度。其他一些受到精心管理且捕捞压力较低的渔业是可持续的可行的专捕渔业。

相比之下，捕捞海洋剑鱼的工业延绳钓渔业所捕获的鲨鱼数量通常比剑鱼多得多，而这些鲨鱼（特别是有价值的尖吻鲭鲨，第311页）经常被保留下来，与剑鱼一起上岸。因为现在对剑鱼有限制性的配额（捕捞限额），而剑鱼在这种渔业中名义上是主要渔获物，所以更大的、不受管制的鲨鱼捕捞量可能是该渔业维持经济效益的唯一途径；因此，鲨鱼是重要的次要目标。事实上，一些中上层渔业也可以更准确地描述为鲨鱼渔业，因为剑鱼或金枪鱼成为次要渔获物。价值稍低的物种，如大青鲨（第552页），可能会从剑鱼渔业中被丢弃，这取决于船舱内的空间大小和岸上的市场需求。尽管中上层鲨鱼在海洋渔业总捕获量中占据很大比例，而且由于其分布非常广泛，可能是世界上捕捞量最大的鲨鱼，但它们受到的威胁不尽相同。例如，尽管大青鲨占世界软骨鱼渔获量的15%，比任何其他单一鲨鱼物种都要多，但它们似乎有足够的繁殖力和恢复能力，能够在超高的、大多不受监管的捕捞压力下生存。而其他一

据报道，几乎80%的鲨鱼物种都是大规模工业化渔业的兼捕渔获物。许多鲨鱼像这条角鲨，被拖网捕获，随后被嫌弃和丢弃，又回到了海里

些以前是不受监管的次要目标，（或以兼捕渔获物被利用的远洋鲨鱼，现已受到灭绝的严重威胁，一些国家和渔业机构已经采取措施保护它们。长鳍真鲨（第527页）、三种最大的双髻鲨（第564页）和长尾鲨（第305页）等现在已受一些区域渔业管理组织（RFMOs）监管，成为在公海渔业中被严格禁止的物种，然而在撰写本文时，濒危的尖吻鲭鲨大部分仍未得到管控。

兼捕渔获物是指在以其他物种为目标的渔业中意外捕获的渔获物，它是全球鲨鱼死亡的最大原因。鲨鱼作为兼捕渔获物的可持续性甚至低于其目标渔业，因为渔民瞄准的是生长更快的物种，这些物种能够承受更高的捕捞力度，而渔业的生存能力也不会因为捕获的鲨鱼数量的减少而受到不利影响。事实上，鲨鱼在兼捕渔业中也可能会被逼到灭绝的地步，而这在鲨鱼专捕渔业中不太可能发生，因为在所有鲨鱼被捕获之前，捕捞就已经变得没有经济附加值了。鲨鱼兼捕渔获物对渔民来说可能是有价值的，在这种情况下，它被保留下来用于食用或出售。例如，在一些无差别捕捞的小规模手工渔业和自给自足的渔业中，几乎所有捕获的东西都上岸了。另外，如果兼捕渔获物是不被需要的，除非在该渔场或国家禁止丢弃，它可能会被丢弃在海里，不管存活与否。

对热带国家鱼类上岸地点和市场的长期研究报告显示，鲨鱼兼捕物种的构成随时间推移而变化。最初，上岸的鲨鱼以大型物种为主，如双髻鲨（第566页）。经过几十年的密集捕获，这种大型鲨鱼已经看不到了。取而代之的是各种各样的小猫鲨和斑竹鲨。后者一直是当地渔业的渔获物，但早些年间仍有更大、更有价值的物种被捕获，于是它便在当时被丢弃在海里。

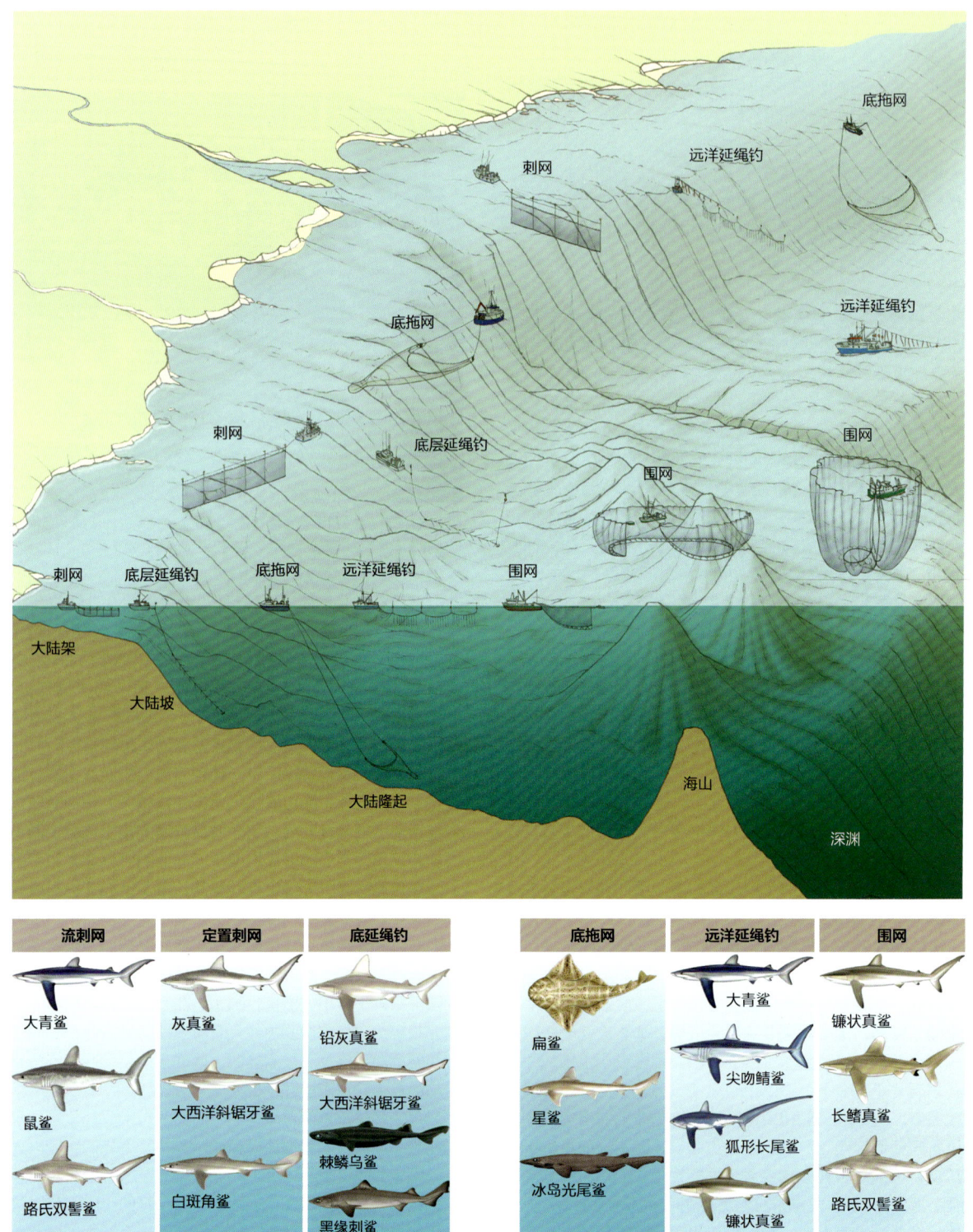

底拖网

刺网

远洋延绳钓

底拖网

远洋延绳钓

围网

底层延绳钓

刺网

围网

刺网 底层延绳钓 底拖网 远洋延绳钓 围网

大陆架

大陆坡

大陆隆起

海山

深渊

流刺网	定置刺网	底延绳钓		底拖网	远洋延绳钓	围网
大青鲨	灰真鲨	铅灰真鲨		扁鲨	大青鲨	镰状真鲨
鼠鲨	大西洋斜锯牙鲨	大西洋斜锯牙鲨		星鲨	尖吻鲭鲨	长鳍真鲨
路氏双髻鲨	白斑角鲨	棘鳞乌鲨		冰岛光尾鲨	狐形长尾鲨	路氏双髻鲨
		黑缘刺鲨			镰状真鲨	

捕获鲨鱼的产业化渔业。本图显示沿岸和近海鲨鱼兼捕或专捕的主要方法（还有一些网具词汇）

虽然在沿海和深海渔业中，作为兼捕被捕杀的鲨鱼数量和种类比在公海中多得多，但后者的渔获量往往没有被记录，即使被带回岸上也是如此。渔业人员会对其进行记录，但记录也往往不可能足够详细，因此也无法按物种识别渔获物。大多数国家仍有迫切地需要去识别、量化和报告鲨鱼的兼捕渔获物，我们希望这本书会对此有所帮助。

刺网是一种廉价且随处可得的渔具，广泛用于产业、手工和自给型渔业，网的长度和网眼大小通常与渔业规模成比例。现代刺网由透明的人造纤维制成，与传统的棉或亚麻网相比，在水下几乎看不到。它们之所以被称为"刺网"（"鳃网"），是因为这种网最初被设计用来卡住鱼的鳃盖后捕捉它们，鳃盖被卡住后这些鱼因为太大而无法游过去，自然也无法逃生。解开刺网缠绕的兼捕个体并将其活着释放是非常困难的。网眼较宽的渔网用于缠住大型个体的物种，如海洋哺乳动物、海龟、鲨鱼和其他大型鱼类，是恶名昭著的滥杀滥伤的渔具。流刺网（流网）对野生动物和鱼类资源的破坏性极大，因此1991年联合国决议禁止在国际水域使用长度为2.5千米以上的中上层流刺网。但它们仍然可以在其他地方合法使用，同时，在特定水域，流刺网的非法使用也仍然存在。

底层刺网会缠住在海底游动的动物，并伤害附着在海底的无脊椎动物。有些是专为捕捉特定鲨鱼种类而设计的，包括escatera（西班牙）、squaenera（意大利）、sklatara（克罗地亚）和martramaou（法国），尽管在不同的国家叫法不同，所有这些都是为捕捉扁鲨而设计的网具。大网目网具在一些合法或非法的鲨鱼专捕渔业中被使用，也在许多其他渔业中大量兼捕鲨鱼。当在有更多濒危物种的浅水沿海地区使用时，这些网可能比中上层流刺网对野生动物和鱼类资源的伤害更大。

渔民在海上丢弃的刺网被称为"幽灵网"。任何被幽灵网缠住的鱼体重量都会导致网具沉到海底腐烂或被其他物种吃掉，然后网

大网目的鲨鱼网可能会在海床上缠成一团，无法收回。除了破坏脆弱的海底地貌外，它们还可能继续无限期的"幽灵捕鱼"

又会浮回水中，重新开始捕捞。由于刺网造成的破坏，许多渔业管理者、自然资源保护者、科学家和一些渔民都尤其不喜欢它，但刺网被禁止使用的情况仍然很少。渔民们往往需要财政和技术上的帮助来放弃使用刺网，这样他们就可以购买破坏性较小的渔具，并重新学习如何有效地使用它们。

延绳钓是一种破坏性小得多的捕鱼技术。远洋延绳钓渔业通常以金枪鱼和旗鱼剑鱼为目标，如前面所述，比起硬骨鱼，这种方法可以捕获更多的鲨鱼；而有时是在硬骨鱼资源枯竭，需要捕获鲨鱼才能有利可图时故意而为之的。为了尽量减少不必要的兼捕渔获物，人们需要仔细选择鱼饵、鱼钩的大小和形状、引导线的可见度以及放置钓线的时间和深度，这也使兼捕渔获物的活体放生更加容易。研究人员还试图通过使用化学物质、稀有金属或电场来最大限度地减少鲨鱼兼捕渔获量。这些措施只会驱赶鲨鱼，而不会驱赶硬骨鱼，但这些措施往往过于昂贵，无法在延绳钓中大规模部署。底层延绳钓现在或曾经被用于一些鲨鱼专捕渔业，包括大型沿岸鲨鱼，如铅灰真鲨（第532页），以及深水中的刺鲨（第130页）。对鲨鱼研究项目来说，延绳钓是最好的捕鱼技术，它可以监测随着时间的推移种群的变化趋势，并应用于鲨鱼的标识和放流。

围网可以包围住密集的鱼群，包括鲲鱼、鲭鱼和金枪鱼，然后把这些鱼"舀进"或泵入围网渔船的船舱。如果管理得当，这些渔业将会非常"纯净"；这意味着它们主要捕获专捕物种，很少混有兼捕渔获物。而金枪鱼围网渔业的情况并非如此，它使用人工鱼群聚集装置（FADs）来更便捷地定位和捕获金枪鱼群。最初的鱼群聚集装置是天然的：漂浮的原木、缠结的植物、鲸鲨（这是一个很好的指标，表明有金枪鱼的丰富饵料区出现）以及海豚群。海豚被认为是其中最好的一种，因为它们和最有价值的、移动迅速的大型成年金枪鱼一起游泳；此外，只有少数其他兼捕渔获物种能够跟上并与它们一起被捕获。尽管使用围网捕鱼的渔民可以熟练地在捞起金枪鱼之前将海豚从网中放出来，但公众认识到这种做法后，任何不标注"海豚友好"的金枪鱼很快就变得几乎没有销路了。现在，向海豚布围网的行为已被广泛禁止，任何购买和加工金枪鱼的大型企业都不允许这样做。我们还需要其他形式的人工鱼群聚集装置。鲸鲨的资源不足以支撑产业化围网捕获，因此不鼓励故意在鲸鲨周遭布置围网，随后在大多数金枪鱼渔业中也禁止了这种捕鱼方式。（也许广告为"鲸鲨安全渔业"的金枪鱼罐头将很快加入超市货架上的"海豚安全渔业"罐头行列）。因此，使用围网捕鱼的渔民创造出了属于他们自己的、越来越复杂的人工的鱼群聚集装置，这便是通常配备有无线电发射器的木筏，这样鱼群就可以很容易地被重新定位。渔民们发现，其结构越复杂，吸引金枪鱼的效果就越好；在鱼群聚集装置下面挂网能形成一个全新的漂浮生态系统，从而吸引更多的金枪鱼。不幸的是，这些交缠在一起的装置同时也吸引了许多其他物种，其中包括海龟和鲨鱼，而鲨鱼则成了围网的主要兼捕渔获物。从围网中安全地放生不需要的表层鲨鱼要比释放海豚和鲸鲨困难得多。

割翅

　　割翅是指人们割下鲨鱼鱼鳍并保留，然后在海上丢弃鲨鱼身体的行为。在陆地上为利用鲨鱼肉、鲨鱼鳍和其他部位而对鲨鱼整体加工时，除去鲨鱼鱼鳍的做法并不是割鳍。割鳍行为受到广泛谴责的原因有很多：

　　·在一些国家，鲨鱼肉是蛋白质的重要来源，割翅是一种浪费，并威胁着这些地区的粮食安全。

　　·增加了非法、未报告和无管制（IUU）捕鱼的风险，因为捕鱼量不会因为需要在船上储存和处理庞大的鱼体而受到限制（鱼鳍很小，容易保存和隐藏、干燥或冷冻）。割翅也使得监测和记录捕获鲨鱼的种类和数量变得非常困难（这些数据对于种群评估和基于科学的渔业管理至关重要）。

　　·迅速耗尽鲨鱼资源，威胁到海洋生态系统的稳定性、可持续渔业和非消费性使用，如鲨鱼生态旅游业务。

　　·当鲨鱼被割下鳍并活着丢弃时，会引起严重的动物福祉问题。

　　目前有40多个国家禁止割翅，其中包括世界上一半以上的最大鲨鱼捕捞国，以及至少8个管理远洋渔业的区域渔业管理组织。然而，为实施和监督这些割翅禁令的遵守情况，各个地区和组织都制定了不同的规则（还有几个没有具体制定任何此类措施）。大多数早期的割鳍禁令允许人们在船上从鲨鱼上取下鱼鳍，但规定了鱼鳍与体重的最大比例，以防止在海上非法丢弃鲨鱼鱼体。监测遵守情况需要在陆地上对鱼鳍和鱼体一起称重，这是一项密集型劳动，当船队之间的鱼鳍和鱼体比例不同时会变得复杂，而如果鱼鳍和鱼体在不同的港口登陆，这项工作就不可能进行。渔获物的物种识别也更加困难。仔细地切割鱼鳍使得鱼鳍重量最小化的做法，仍可使一定数量的鱼鳍不被发现，特别是在设定高鱼鳍/鱼体比率时。要求鱼鳍和鱼体一起上岸，同时鱼鳍仍然自然附着，就可以避免这些问题，而"鱼鳍自然附着"是现在实施割鳍禁令的首选方案。

　　围网渔业中使用鱼群聚集装置对镰状真鲨（第521页）的影响最为严重。这是因为许多幼年的镰状真鲨在其生命的最初几年里都生活在漂浮物周围。这些年幼的鲨鱼（100—120厘米长）白天待在它们的"家"——鱼群聚集装置附近，晚上移动到更深的地方觅食，然后在第二天又回到它们选择的装置旁。因此，当围网被布在漂浮的鱼群聚集装置上时，大量的幼鱼会被误捕。然而，这并不是对镰状真鲨最大的威胁。研究人员发现，挂在鱼群聚集装置下的渔网捕获并杀死的幼鲨是观察到的围网兼捕渔获物的5至10倍，仅在印度洋每年就有约48万至96万条。因为被捕获的鲨鱼从网中逃脱后会在两天内死亡，所以人们是基本看不到这种捕获的。据估计，人们在约10年前使用了过多的鱼群聚集装置，以至于镰状真鲨一年存活率为29%，两年为9%，而三年存活率只有3%。看起来只有极少的幼鱼能活到成年（印度洋种群雌性鱼15岁成年）。

　　鱼群聚集装置的破坏性一旦变得显而易见，金枪鱼区域渔业管理组织就会开始限制它们的使用，例如，授权鱼群聚集装置管理计划、限制使用的总数量、禁止缠绕鱼群聚集装置、收集和销毁丢失的"幽灵"装置，并要求新装置应由生物可降解的材料制成。然而，由于镰状真鲨的寿命可能超过30年，所以成年鲨鱼缺乏而导致出生率下降后，这些缺失的年龄层的影响可能还需要10年才能变得明显，而评估这些最新管理措施的益处则需要更长的时间。

　　拖网捕鱼具有几种形式。中水层拖网可以像围网一样，捕获相对物种单一的群居鱼类，这些鱼群是用声呐定位的，兼捕渔获物很少，通常鲨鱼也会更少。然而，即使这样捕捞方式，对于鱼类也不总是可持续利用的，例如捕捞对象是硬骨鱼类的产卵聚集种群，因为此时的聚集将整个种群的很大一部分集中在一个相对狭小的区域。姥鲨（第301页）曾意外地在中层拖网中被捕获，可能是因为它们正在滤食鱼群产卵时产生的密集的、营养丰富的"鱼卵汤"。

　　然而，底层拖网是已知的破坏性最大的捕鱼作业之一，特别是在使用非常重的渔具时。深海拖网渔业的作业深度可超过3000米，超过了鲨鱼出没的最大深度，目前世界上超过40%的拖网渔场位于大陆架边缘。使用的重型渔具破坏了脆弱的海底栖息地，完全无差别地将沿途底层一切都铲起，具有极大的破坏性。拖网兼捕渔获物可能比专捕渔获物大许多倍。在生产力低下、物种寿命特别长的深水海域中，深海拖网与其说是一种渔业，不如说更像是一种采矿作业。世界上有很多深海鲨鱼渔业的例子，它们最初生产出了大量宝贵的鲨鱼肉和鱼肝油，但仅仅几年之后就崩溃且无法恢复了。举例而言，在深海拖网和延绳钓渔业中，刺鲨特别容易被过度捕捞。

渔业趋势

小规模的渔业总是捕获少量的鲨鱼，虽然有时包括个体最大的滤食性鲨鱼，但大多数大规模捕鲨活动是相对近期的现象。在20世纪50年代，当廉价的人造纤维单丝网开始广泛使用时，沿海的捕捞压力急剧增加；大约在那个时候，包括逝绝真鲨（第529页）在内的一些沿海鲨鱼资源开始大范围衰竭，或者未被记录就消失了。20世纪80年代中期，随着对鱼翅、鱼肉和软骨需求的增加，大规模专捕鲨鱼渔业真正开始扩张，之后随着鱼翅市场的飙升而进一步加剧（第70页）。尽管鲨鱼渔获量在20世纪50年代至90年代间被报道增加了两倍多，但它们在世界海洋渔业天然捕捞量中所占的比例一直不到1%。在全球海洋渔业总量高峰的几年后，鲨鱼的总渔获量在2000年也达到了顶峰，随后因鲨鱼种群数量锐减导致捕捞量缓慢下降。在某些情况下，为了让种群数量得以恢复，或进一步防止过度捕捞，出台了捕捞限制（包括零配额或禁令）。

自20世纪50年代起，联合国粮食及农业组织（FAO）统计记录全球野外捕获海洋鱼类的上岸量，到80年代显示出同步增长的趋势，并于1996年达到高峰，然后逐渐稳定下来（波动是由小型聚群鱼类渔获量的变化驱动的）。值得注意的是，鲨鱼的上岸量比全球所有其他鱼类的上岸量稍晚达到高峰，然后更加急剧地下降。这一模式之所以特别令人担忧，是因为近几十年来提交给粮农组织

的鲨鱼渔业数据的质量和数量都有了显著改善（下左图）。由于先前数据的不完整（几个主要捕鲨国家从未报告过它们的鲨鱼渔获量）和没有记录海上弃鱼，早期鲨鱼渔获记录被认为大大低估了鲨鱼的死亡率。此外，也很难把鲨鱼和鳐鱼分开，以确定精确的趋势，因为在官方数据中，它们经常被记录为"鲨鱼和鳐鳐类"。在20世纪50年代，超过70%的鲨鱼渔获量被归入未确定的组别，如"未包括在其他地方的鲨鱼、鳐类、鳐类等"，但近年来，世界鲨鱼渔获量中未确定的部分已下降到约30%，而按鲨鱼物种统计的渔获量比例则上升了（见下左图）。今天，大约40%的鲨鱼渔获量是按物种归类记载的，另有15%按属或科记载。假设鲨鱼种群大体上是稳定的，我们可以预期这种较好的报告会带来鲨鱼渔获量的稳定增长趋势，而中度的渔获量下降则会被掩盖。遗憾的是，尽管渔获量数据质量有所改善，但被报告的渔获总量却没有改善。

此外，报告中的鲨鱼上岸量的相对简单的全球趋势掩盖了一个复杂严重得多的情况：鲨鱼渔业在一个又一个地区的连续枯竭。换句话说，对于每一个完成了"繁荣与萧条"循环的鲨鱼渔业（最初的高上岸量，随后是快速的种群崩溃和瓦解），捕捞工作便会在其他地方扩大，然后导致更多短期的本地鲨鱼上岸量增加。因此，尽管巨大的东北大西洋鲨鱼上岸量自70年代的高峰期以来减少了一半，但80年代欧洲鲨鱼渔获量呈急剧下降趋势（特别是白斑角鲨，

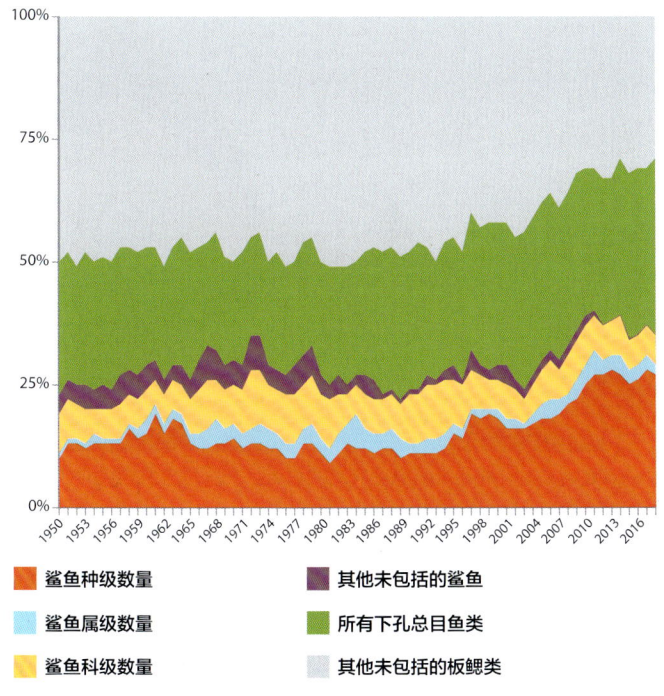

图例：
- 鲨鱼种级数量
- 鲨鱼属级数量
- 鲨鱼科级数量
- 其他未包括的鲨鱼
- 所有下孔总目鱼类
- 其他未包括的板鳃类

1950—2018年联合国粮农组织软骨鱼类渔获量统计报告。说明自20世纪90年代中期以来鲨鱼物种识别得到改善

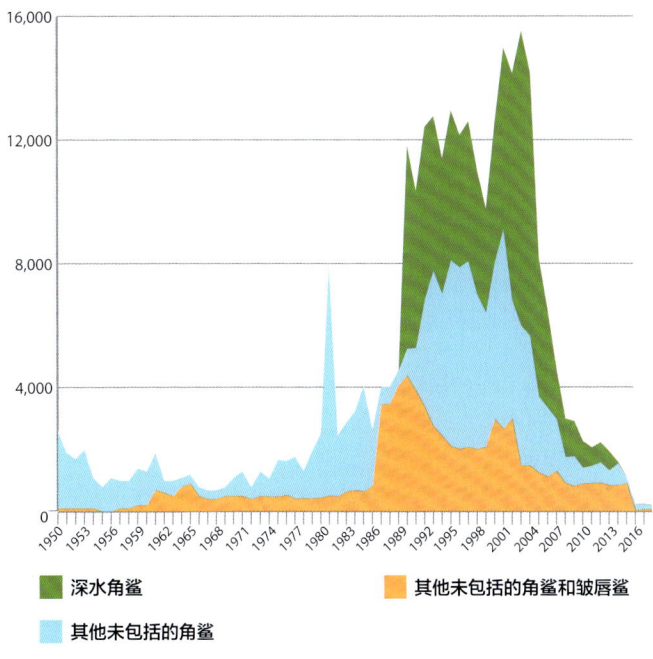

图例：
- 深水角鲨
- 其他未包括的角鲨
- 其他未包括的角鲨和皱唇鲨

1950—2018年大西洋东北部角鲨渔获量（吨）（摘自粮农组织FishStatJ）。渔获量上升以供应欧盟对鲨鱼肉类的需求，导致相关种群崩溃、渔业停止

大青鲨是世界上最常见的远洋鲨鱼种类，也是海洋延绳钓渔业中充沛的（但目前正在减少）兼捕渔获物

比起"全面捕捞"和大洋性兼捕渔业，鲨鱼的专捕渔业并不常见。这在一定程度上是因为鲨鱼的数量相当少，专捕渔业往往难以长时间持续。历史上已经崩溃的鲨鱼专捕渔业包括北大西洋鼠鲨（第313页），西南大西洋的翅鲨（第461页），以及东北太平洋和欧洲水域的白斑角鲨（第107页）。不幸的是，相关管理的引入为时已晚，这些渔业已无可避免地停止了；如果持续有效监管，这些种群在未来几十年内仍有恢复的希望。最近的鲨鱼专捕渔业包括在红海、印度洋及太平洋水域捕捞各种珊瑚礁鲨鱼并利用其鱼鳍，这些渔业大多是无人监管且相当部分是非法的。这种渔业已经毁灭了许多礁鲨种群（见Global FinPrint，第49页），可能要过几十年才能看到恢复的迹象，即使在一些小的岛屿国家辽阔的海洋专属经济区（EEZ）里新建立的鲨鱼保护区中也是如此。

管理良好的可持续鲨鱼渔业当属西北大西洋白斑角鲨渔业，该渔业在20世纪90年代末期崩溃，但在管理下恢复良好，2012年被海洋管理委员会（MSC）认证为可持续渔业；澳大利亚南部南澳星鲨渔业（第467页）、新西兰的翅鲨和白斑角鲨渔业，以及澳大利亚和美国的一些捕捞各种大型鲨鱼的沿海渔业都属可持续渔业。混合物种渔业的问题是，适合可持续开发较小和更具恢复力物种的管理措施往往不足以保护出现在相同的栖息地，并被相同的渔具捕

见第62页图），这种下降在全球统计中被美洲和亚洲巨大且不断扩大的鲨鱼渔业所掩盖。这种循环最初使全球鲨鱼上岸量的明显增长得以继续，直到大部分区域渔业都出现衰退，长期下降的趋势再也无法隐藏。

不幸的是，如上所述，即使专捕鲨鱼渔业停止，在捕获资源量更丰富和更有恢复力的硬骨鱼类时，鲨鱼种群的残余部分往往继续充当兼捕渔获物，这种"附带的捕捞压力"可能会将鲨鱼逼到灭绝。但是，必须指出的是，渔获趋势并不一定代表种群大小的趋势。渔获量的下降可能是由种群数量下降造成的，但也可能是捕捞量下降、配额引入，甚至是渔业禁令所引起的。通过科学的种群评估可以更好地了解种群现状，但由于缺乏良好的渔业和独立于渔业的监测数据，以及对鲨鱼生活史和种群结构的不完全了解，对鲨鱼种群评估往往没有定论。当渔业只针对特定年龄层的长寿物种时，这种挑战尤为突出。（见下文的白斑角鲨和尖吻鲭鲨趋势）

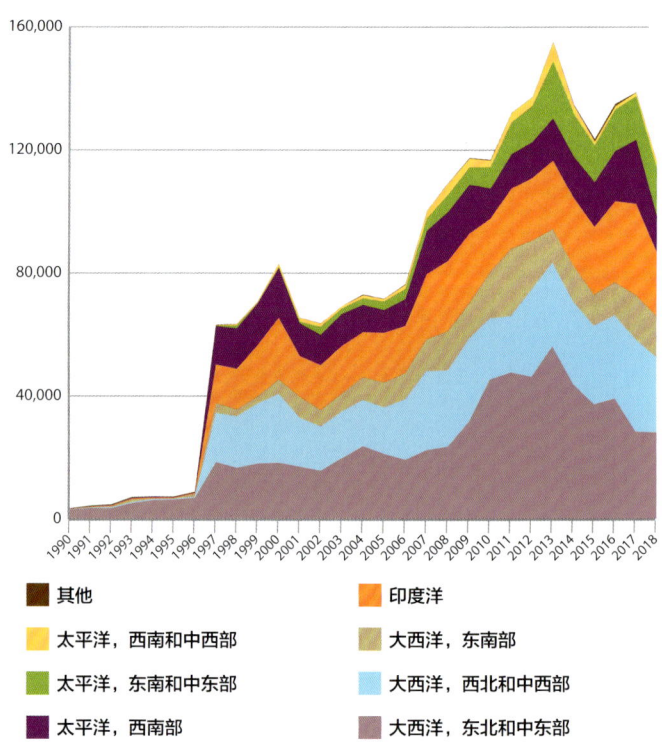

■ 其他	■ 印度洋
■ 太平洋，西南和中西部	■ 大西洋，东南部
■ 太平洋，东南和中东部	■ 大西洋，西北和中西部
■ 太平洋，西南部	■ 大西洋，东北和中东部

1990—2018年向粮农组织报告的各海洋区域累积大青鲨上岸量（吨）。1997年以前的渔获量可能鱼体已被丢弃

幼体尖吻鲭鲨在意大利米兰出售（鲨鱼肉）。这是被利用的高值的东北大西洋远洋剑鱼和金枪鱼延绳钓渔业的兼捕渔获物

大青鲨是世界上捕捞量最大的鲨鱼，是远洋延绳钓渔业的目标或兼捕渔获物。它是最容易受到这些渔业威胁的中上层鲨鱼，因为全球中上层延绳钓区域和被标记的大青鲨海洋栖息地之间有非常高的重叠率（重叠率全球范围内为49%，在北大西洋为76%，高于研究过的任何其他物种的鲨鱼）。大青鲨也是自粮农组织有捕捞记录以来，每年都进行报告的为数不多的鲨鱼种类之一。尽管它们大部分在海上就被丢弃，且至少在20世纪90年代末之前，记录严重不足。如今，大青鲨占全球报告鲨鱼上岸量的近20%，但占某些地区市场鱼翅总量的34%。这种差异有两个可能的原因：许多大青鲨仍然被列入非特定物种的渔获量记录中，或者有多达1/3的大青鲨仍然被割鳍并丢弃在海上——尽管各区域和国家广泛禁止割鳍，但与其巨大的鱼鳍价格相比，鲨鱼肉是价值相对低廉的。在生物学上，与其他大型大洋性鲨鱼相比，大青鲨对捕捞压力的适应能力肯定是更强的——它们在更小的年龄达到性成熟，并育有大量的幼鱼。还有一种可能是，摄食大青鲨幼鱼或与大青鲨竞争食物的大型掠食性鲨鱼和硬骨鱼不断减少至资源枯竭，大青鲨从中获益并通过竞争释放获得更高的存活率。然而，粮农组织的记录也显示，全球大青鲨渔获量在2013年稳步上升超过16万吨的峰值后，在随后短短5年内下降至10万吨，也就是说到2018年下降了近30%（上页右下图）。令科学家们担忧的是，对南大西洋的初步评估表明，这一种群可能状况不佳，大西洋中部的渔获量（曾经非常高）在5年内减少了一半，西太平洋的渔获量也是如此。另一方面，东太平洋和西南大西洋的渔获量似乎在上升（尽管后者的种群数量令人担忧），印度洋的渔获量也保持着稳定。

渔业的恢复力：鲨鱼与硬骨鱼的对比

与捕捞硬骨鱼相比，无论是在专捕渔业中还是由意外兼捕引起的渔业死亡率，都更有可能导致鲨鱼种群的枯竭。这是因为相比硬骨鱼类，鲨鱼的生物学特性使得它们对过度捕捞的适应能力更弱，因为鲨鱼只生产数量较小、个体较大的幼崽（第42页）。大多数硬骨鱼会产出大量快速生长的幼鱼，特别是当鱼群中个体和年龄较大的成员在渔业中被捕捞清除。

虽然清除大量成年硬骨鱼通常会增加幼鱼的存活率，从而提高渔业产量，但减少成年鲨鱼的数量意味着幼鲨出生数量更少。渔业管理人员的目标通常是将商业开发的硬骨鱼的数量减少到未开发前数量的30%—70%（取决于物种），因为这样可以最大限度地增加渔民的渔获物产量。这被称为最大可持续产量，但有意将鱼类种群减少到这种程度是有风险的，因为这不会给误判、管理失误或决策者无法控制的事件留出余地。不幸的是，因为渔获量许可范围定得过高，将同样的逻辑和传统渔业管理工具应用于鲨鱼的努力往往以失败告终。目前对鲨鱼渔业的精心管理会在世界一些地方取得了成功，也使严重枯竭的鲨鱼种群得以恢复，但是截至撰写本书时，非常遗憾，优秀的鲨鱼管理例子还很少；尽管鲨鱼比其他渔业需要更审慎的管理，但世界上大多数鲨鱼渔业仍未得到相应的管理。

获的更大、更重的"k-选择"对策的鲨鱼（第42页）。另一方面，充分减少捕捞压力以保护和重建最受威胁物种的种群，可能会实效性地关闭其他物种的渔业。这些重大管理挑战可以通过收集和分析准确的科学数据以及与渔业机构的密切合作来解决。

例如，渔具的选择性往往可以通过一些措施得到改善，如在受威胁物种不太可能遇到的时间和深度设置鱼钩，以及避免在延绳上使用铁丝追踪，使鲨鱼更容易逃脱。通过确保网目尺寸小到足以让最大的鲨鱼从网具中回旋而出，可以避免捕捞到最大、最脆弱的物种或最大的繁殖雌性个体，同时仍然可以捕获体型较小、资源量更丰富和繁衍能力强的物种。澳大利亚的南方鲨鱼渔业采用了这种方法，该渔业过去以大型翅鲨和小型南澳星鲨的兼捕渔获物为目标，但现在以南澳星鲨为主要渔获物，并努力将过度捕捞、极度濒危的翅鲨的渔获量降至最低。

建立在不充分的数据上的评估，意味着对该物种特定地理分布种群的评估是不可靠的。在撰写本书时，监管南大西洋和北大西洋海洋渔业的金枪鱼区域渔业管理组织——养护大西洋金枪鱼国际委员会（ICCAT）刚刚通过了世界上第一个区域性大青鲨的捕捞限制配额。

尖吻鲭鲨和镰状真鲨（第311和第521页）是另外两种现存的全球分布具有重要商业捕捞价值的中上层鲨鱼。在世界自然保护联盟（IUCN）濒危物种红色名录中，它们分别被列为濒危和易危物种。尖吻鲭鲨的肉具有很高的商业价值，这意味着它更有可能被保留而不是在海上被丢弃。就全球远洋渔业中的上报捕捞量而言，它仅次于大青鲨居于第二位。在卫星标记的尖吻鲭鲨的踪迹和延绳钓船捕捞范围之间有37%的重叠，在大西洋重叠率甚至上升到62%。自从20世纪80年代延绳钓渔业在全球各大洋扩张以来，尖吻鲭鲨的单位捕捞努力量渔获量（CPUE）却一直相当稳定，这一现象起初令人震惊，直到考虑到该物种的生活史特征。海洋延绳钓渔业主要捕捞3—10岁的幼鱼，年龄超过10岁的尖吻鲭鲨体型过大，无法使用延绳钓渔业中的鱼钩和鱼线钓取，所以它们在生命剩余的最后20年左右的时间里，几乎从渔获物中消失。50%的尖吻鲭鲨在21龄时性成熟（稍大于其余的50%）；雌性每胎大约产12尾胎仔，每胎间隔2—3年，一直繁殖到最大年龄30岁左右。事实上终生只能产几胎。幼鲨出生时的数量与种群中成年雌性的数量有着内在的联系。如果极少数幼体在长达8年的密集延绳钓捕捞活动中幸存下

来（这似乎是可能的），那么这些少量幸存者所产下的幼鲨大大少于将被它们替代的未被捕的成年鲨鱼。

2019年大西洋鱼类种群评估模型表明，如果立即禁捕尖吻鲭鲨，意味着该种群将在继续下降至少15年后才有可能重建，到2045年重建该种群的可能性为53%（这种情况没有考虑到一些持续的、不可避免的作为兼捕渔获物的死亡）。截至2020年，只有一个国家（加拿大）采取了紧急科学建议，禁止了尖吻鲭鲨的捕捞。

正如第57页所提到的，印度洋（也许还有其他地方）的镰状真鲨也可能存在类似的问题。在印度洋，罪魁祸首并不是延绳钓渔业，而是围网使用的缠结的鱼群聚集装置导致的超高幼鱼死亡率。由于很少有幼鱼能活到性成熟期，对于这种曾经十分常见的中上层鲨鱼来说，动态数量统计的警报可能随时响起。尽管这种鲨鱼的上岸量和死亡率数据非常稀少，但某些地区的鱼翅市场对其丰度进行了监测，这也许能为人们提供最好的种群崩溃早期预警。

人们对这些鲨鱼和其他大型远洋鲨鱼的困境有了更多地认识，这使得大多数濒临灭绝的物种得到了保护。然而，在编写本书时，区域渔业管理组织及其大多数成员仍然抵制对尖吻鲭鲨和大青鲨（目前仅存的两种具有重要商业捕捞价值的海洋鲨鱼物种）实行捕捞限制，这是令人失望的；一旦鱼群数量下降到无可挽回的地步，更可取的做法一定是尽早进行可持续管理，而不是随后才寄托于捕捞禁令。

联合渔业捕获的白斑角鲨总量位居世界第二，这也是一个分布十分广泛的物种。最大规模的白斑角鲨的渔业是在东北大西洋（见左图），该物种具有100多年的专捕历史，因其鱼肉在欧洲市场具有较高价值。其渔获量在1972年达到高峰，每年约5万吨，随后急剧下降。欧盟的白斑角鲨专捕渔业在2006年关闭，因为资源评估显示其种群数量下降了90%以上，资源量不到原来的10%，并且有崩溃的危险。在接下来的10年里，这种下降趋势趋于稳定，现在该种群正在非常缓慢地恢复（但仍然低于安全限度）。

在20世纪60年代和70年代，外国船只也在美国和加拿大海域捕捞白斑角鲨，直到不被允许在这些国家的专属经济区捕捞。近20年后，一个新的西北大西洋渔业开始作业并向欧洲市场出口渔获物，随后在20世纪90年代，其数量下降了80%以上（见左图）。白斑角鲨渔业的管理尤其具有挑战性，因为这是一种生长缓慢、成年较晚、寿命较长的鲨鱼物种，种群的固有增长率较低，而且是所有脊椎动物中妊娠期最长（两年）的物种之一。此外，其种群通常有明显的年龄和性别分群习性。体型最大的雌性产下的幼鲨数量最多，而渔民们会优先瞄准体型最大的、通常是怀孕的母鲨以获取它们的肉。长时间选择性移除成年雌性会导致种群繁殖失败。由于幼鱼需要15年才能发育成熟，因此需要10年以上的时间才会观察到上一个世代的幼鲨成长为数量不足的成体，即使渔业停止，种群数量也将继续下降。

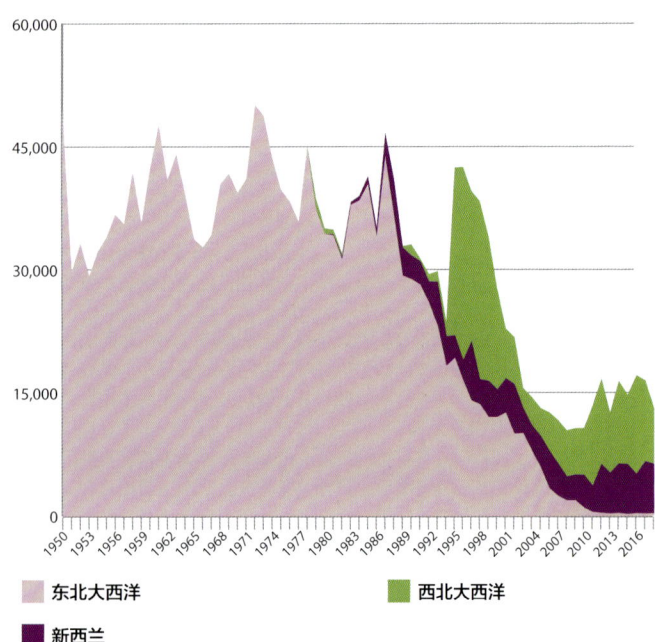

东北大西洋　　　西北大西洋

新西兰

1950—2018年的主要白斑角鲨渔业捕获量（吨）

鉴于预测种群重建需要15—30年，一些观察家惊讶于美国大西洋的白斑角鲨种群在大幅削减捕捞配额后恢复得比预期更快；这种渔业早在2012年就被MSC认证为是可持续的（尽管单位捕捞努力量渔获量非常低，配额也很低）。与种群崩溃的戏剧性例子相反，新西兰在21世纪初加大了白斑角鲨出口量后，为该群引入了配额管理制度，渔获率和估算生物量保持稳定或增加。

翅鲨是另一个全球分布的长寿物种，已经有近百年的捕捞历史，但经常呈现不可持续状态。伴随其渔业的"繁荣和萧条"，翅鲨的恢复极其缓慢，甚至没有恢复，因为即使少量兼捕这个物种，也会阻碍其种群的重建。虽然向粮农组织低报或漏报意味着没有包含自1950年以来的所有翅鲨上岸量，但下图已清楚地显示了西南大西洋翅鲨渔业已崩溃这一事实。2020年世界自然保护联盟（IUCN）濒危物种红色名录的评估也确定了20世纪40年代在东北大西洋、地中海、南非和澳大利亚都出现了类似的种群下降（降至初始种群规模的20%以下）。例外的是新西兰和美国加利福尼亚种群，前者种群量下跌了不到50%，而且实施了配额管理。约80年前，最后一个翅鲨专捕渔业在美国加利福尼亚崩溃，随后并没有显示出任何重建迹象，直到1994年近海网捕被禁止，才开始出现恢复的迹象（大概是由于幼鱼存活率的提高）。美国加利福尼亚的例子表明，尽管非常缓慢，鲨鱼种群恢复也是可能的。

世界渔业的现状

自1974年以来，粮农组织一直在监测评估的海洋硬骨鱼类种群（其中仅包括极少数鲨鱼种群），并记录了其资源下降情况。处于生物可持续水平的鱼类种群比例从1974年的90%下降到2017年的66%（其余34%的种群被评估为过度捕捞）。其中处于最大可持续产量的种群在1989之前一直在下降，但此后增加到60%，部分原因是渔业管理的改善。目前只剩下6%的种群没有被捕捞。粮农组织估计，2017年79%的海洋鱼类上岸量来自生物性可持续种群。地中海和黑海的不可持续捕捞种群比例最高（63%），接着是东南大西洋（55%）和西南大西洋（53%）。中东部、西南、东北和中西部太平洋的鱼类资源状况最好，仅有13%—22%被过度捕捞。从粮农组织的分析中可以看出，在密集管理的渔业中，捕捞压力已经减少，种群生物量已经增加到生物可持续水平。不足为奇的是，在渔业管理不充分或不存在的地方，种群状况不佳。

最近的渔业作业前线是在深海、大陆架边缘和海岛周边。在这些深海栖息地中，鲨鱼物种表现出了显著的多样性以适应相对狭窄的深度带和非常稳定的低能量环境。深海鲨鱼的生长和繁殖速度往往比沿岸或大洋水域的鲨鱼更慢（有些物种每两年才产一尾幼鲨）。这使得它们在所有鲨鱼（乃至所有脊椎动物）中对捕捞压力的抵抗力最差，并且比它们的浅水近亲更容易被捕尽。相比传统渔业，深海渔业（尤其是那些获取鲨鱼肉和鱼肝油的捕鲨渔业）确实与采矿作业的共同点更多，因为鱼类资源的回收率非常低。这些不可持续的渔业可能捕捞了科学家从未见过的、不知名的鲨鱼物种，甚至可能导致这些物种在被描述之前就灭绝了。第59页右图显示了东北大西洋深海角鲨科的上岸量，包括腔鳞荆鲨（第183页）和刺鲨（第130页）；以及其他非特定的角鲨，可能包括一些深海物种（在20世纪90年代和21世纪初这些物种被统称为"Siki"）。

这种渔业似乎稳定了近20年，但这只是因为它包含了大量运作周期短且有秩序的渔业，由不同船队在不同地点使用不同类型的渔具进行捕捞。Siki随后在短短几年内出现令人震惊的资源量的下降。目前东北大西洋和其他地区已经禁止了对它的深海专捕。作者自叹，在有生之年似乎看不到它们的恢复了。也有人提议关闭更大面积的深海捕捞区域，禁止一切捕捞活动。然而，在浅水区渔获量下降的情况下渔民仍然希望能够捕捞其他有价值的深水物种，而这些物种是在深海鲨鱼活动范围内出现的。最大的问题是，如果这种渔业被允许，如何限制兼捕死亡率？过高的死亡率很容易使这些易危级别的鲨鱼走向灭绝。

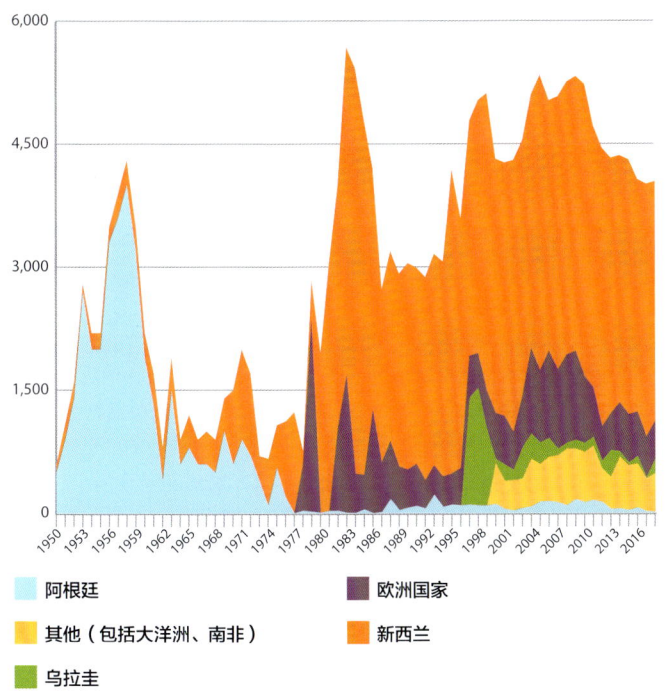

阿根廷
其他（包括大洋洲、南非）
乌拉圭
欧洲国家
新西兰

1950—2018年主要捕鱼国家的翅鲨渔获量（吨）

休闲垂钓

与产业渔业相比，休闲鲨鱼渔业的规模本来很小，但其规模、经济重要性和环境影响力正在世界各地迅速增加。在20世纪50年代，鲨鱼和鳐鱼的数量比现在多得多的时候，它们在休闲渔业总捕捞量中的比例不到1%；今天，这一比例接近6%，并迅速上升，尤其是在大洋洲和南美洲。垂钓者非常重视鲨鱼，特别是大型鲨鱼，将它们作为垂钓的对象。如果有机会捕获鲨鱼，许多垂钓者经常会长途跋涉，花更多的钱在钓鱼旅行上。随着鱼类资源的减少，以及租船、购买渔具、当地住宿和食物的花费很高，加之海上垂钓者数量众多，休闲渔业给一些当地的沿海社区带来了比商业渔业更大的经济效益。全球有2.2亿海钓者，数量比商业渔船还要多！在欧洲，垂钓者现在捕获的海鲈鱼占该物种总捕获量的27%，这是相当可观的。幸运的是，与传统的商业渔业相比，捕捞后放生对鱼类种群健康的影响较小，许多国家的海钓者现在都会将他们捕获的鲨鱼放生。

几十年前，大多数游钓者将鱼带回岸上，称重并拍照。只有在提供实物作为证据的情况下，才有可能声称创造了最新纪录。据报道，一些休闲渔业，特别是大型游钓竞技比赛，捕获的鲨鱼数量比在同一水域工作的商业渔民的收成还要高。随着时间的推移，垂钓者意识到他们正在对鲨鱼种群造成有害的影响。一些国家引入了每人限钓量来管理渔获量。珍稀物种有时从游钓记录簿中被删除，以减少人们捕捉它们的动机（如爱尔兰的扁鲨）。科学家们发明了长度-重量换算表，让垂钓者不需要杀死或甚至不从水中捞出鲨鱼，就能够测量他们的渔获物并记录。人们已经制定了行为准则，以避免对鱼类的损害，并最大限度地提高鲨鱼的生存机会。如今，在许多国家捕获鲨鱼后放生已经成为常态，在这些国家和地区，海钓者是最活跃的鲨鱼保护主义者之一，数以千计的人通过公民科学项目和使用海钓智能手机应用程序，定期为科学研究做着贡献。

英国最近与1500多名垂钓者合作进行了一项研究，评估了海钓的经济贡献。研究发现，大约有80万成年人每年至少出海钓鱼一次，钓鱼时间总长达700万天。在此期间，约有5000万条鱼被捕获（包括角鲨和大青鲨），其中80%被放生。海钓者每年平均花费约1000英镑，直接或间接支持了约15000个工作岗位。相比之下，英国商业捕鱼和鱼类加工业雇用了24000人。在整个欧洲，870万海钓者（占人口的1.6%）每年垂钓7760万天，花费59亿欧元。在全球范围内，欧洲处于中等水平；在澳大利亚、新西兰和美国，海钓者占人口的比例较大，但在南美和非洲则较小（尽管在南美洲和非洲上升得非常快）。只有在美国，海钓者在运动上的花费才比欧洲人多。在拥有美国最大的休闲鲨鱼渔业的佛罗里达州，2011年仅鲨鱼休闲渔业就创造了80亿美元的销售额。

世界上规模最大、持续时间最长的海上垂钓公民科学项目是合作鲨鱼标记项目（CSTP），它通过标记、放生和重捕来研究大西洋中鲨鱼的生活史。这种海钓者、商业渔民和生物学家之间的自愿合作始于20世纪60年代初的美国。50多年后，CSTP已经扩展到覆盖整个北美、欧洲的大西洋及墨西哥湾沿岸。来自近60个国家的数千名参与者通过标记35种鲨鱼或返还这些标签，为项目做出了贡献。

自项目开始以来，近11.8万条大青鲨被标识（占已发放的约23万个标签的51%），其中超过8200条被重新捕获。一条创下长距离纪录的大青鲨（第552页）在纽约长岛附近被标识，8年多后在非洲附近的南大西洋被重新捕获，迁徙距离近4000海里，而且它很可能在定期迁移过程中多次往返这一旅程。这条大青鲨是CSTP项目中创造了迁徙距离新纪录的20种鲨鱼之一，居氏鼬鲨和尖吻鲭鲨的迁徙距离已经超过3000海里，而大眼长尾鲨、暗体真鲨和铅灰真鲨都有迁徙距离超过2000海里的纪录。一尾铅灰真鲨（第532页）在第一次被标记后近28年才被重新捕获。CSTP和其他鲨鱼标记项目不仅产生了大量的科学信息，还通过鼓励谨慎的现场放生和奖励标志返还，大大改变了海钓的性质和影响。

对于游钓者来说，在捕获鲨鱼并将它们放回水中时，遵循良好的习惯和做法是非常重要的，因为鲨鱼往往比许多垂钓者想象中得更加脆弱。某些物种，特别是大型双髻鲨，比其他物种更有可能在被捕获后死亡（尽管这可能在它们被放回海中后才发生）。一旦鲨鱼被移出水面，鳃和其他内脏器官就非常容易受损，因为这些器官没有内部骨架的保护。如果通过头或尾抬起动物，或将其压在坚硬、干燥的表面，则特别可能发生脊柱和内脏器官损伤。鱼叉也导致了许多鲨鱼和鳐鱼的死亡。在鳃部或腹部的深钩会对内部器官造成永久性的损害。长时间把玩鱼也会对其产生足够的压力和肌肉损伤，导致放生后死亡。

最后，当有可能再次放生被标识的鲨鱼前，取下它的标签并不总是正确的做法。请检查标签上的说明，记录其编号并拍照。请记住，一个大的电子标签可能仍在记录并向研究人员传输数据。购买、编程和出海安装这些标签是非常昂贵的，过早地移除标签会破坏一个帮助鲨鱼保护工作的重要研究项目。请参阅附录2，了解处置游钓鲨鱼的正确做法以及如何报告被标记的鲨鱼。

鲨鱼观赏（观鲨）

那些有幸看到一条大鲨鱼在自然环境中畅游的人永远不会忘记他们的第一次相遇。这是世界上最棒的观赏野生动物体验之一。更重要的是，有很多方法可以看到鲨鱼。正如这些照片所显示的那样：人们并不需要下水，因为从船上就可以很好地观看到大鲨鱼。只要稍加练习，非潜水员也可以在水面上或笼子里使用呼吸管，或者只是抓住绳子来进行观察。在世界各地的数百个地方，浮潜者和水肺潜水者可以接触到更多的物种。在著名的热门潜水海域，有财力的潜水者可以很容易地观赏到超过30种鲨鱼的美景。这些鲨鱼包括北极寒冷水域的小头睡鲨、温带水域的姥鲨、六鳃鲨、大青鲨和噬人鲨；以及温暖海域的各种珊瑚礁真鲨、双髻鲨、长尾鲨和其他大型鲨鱼。这还不包括生活在世界各地沿海浅水区海底周围许多种体色图案炫丽的小鲨鱼。例如，扁鲨吸引越来越多的潜水者来到北非西海岸的加那利群岛进行观赏。

尽管如此，在温暖清澈的水域中，只有少数鲨鱼物种主导着鲨鱼旅游业。一项关于观鲨地点的全球调查发现，与鲸鲨相遇的地点约占30%（许多是季节性聚集），而礁鲨出现在33%的地点。少数物种只能在少数国家、地点或季节被明确地观看到。例如，噬人鲨笼潜水在南非、墨西哥西北部、南澳大利亚、美国和新西兰是最为重要的观赏方式。

鲨鱼旅游业的效益

与垂钓一样，观鲨可以为向提供游客所需的船只、导游、住宿和其他设施的沿海社区带来巨大的社会经济效益。2010年，约有59万名休闲潜水者在全世界45个国家的许多地方参加了观鲨潜水活动（其中29个国家有专门的鲨鱼旅游业务），直接为当地提供了共约1万个就业机会。一些研究人员认为这些数字被低估了。预计到2021年，观鲨游客人数将增长至近250万。

观鲨给太平洋小的岛国带来的经济利益的事例经常被提到，特别是那些没有什么其他收入来源的国家。2010年，即帕劳被宣布成为鲨鱼保护区的第二年，鲨鱼潜水活动产生的经济价值估计为1800万美元，占其国内生产总值（GDP）的8%，是帕劳总税收的第三大贡献者，也是当地额度为120万美元工资的来源。大约有100尾礁鲨栖息在主要的潜水点，估计每尾的终生价值为190万美元（如果为了吃肉和鱼翅而将其捕杀，其价值仅为108美元）。在斐济，78%的外来潜水者参加了观鲨潜水活动，对当地经济的贡献超过4200万美元，其中至少有400万美元用于当地社区，1750万美元用于税收。旅游业对经济的贡献一直在增长。

1990年，印度洋马尔代夫礁鲨潜水产生的经济价值为230万美元，远远超过商业捕鲨产生的经济价值。随后，当地所有的鲨鱼都受到了法律保护：保护珊瑚礁鲨鱼是为了保护旅游业，保护中上层鲨鱼则是为了支持金枪鱼延绳钓捕捞业（渔民们认为，镰状真鲨

会引来金枪鱼聚集，使它们更容易被捕捞）。鲸鲨对旅游业变得非常重要，仅观鲨潜水一项，就使国家收入翻了一番，在2016年超过4300万美元。潜水游客的额外支出使这一收入增加到近1.55亿美元。2010年，7.8万名观鲸鲨的游客仅参观一个环礁活动就花费了940万美元。到2014年，马尔代夫的旅游业收入占GDP的27%，大多数游客都会进行潜水。那些专门来看礁鲨、鲸鲨、居氏鼬鲨和长尾鲨的人表示，如果鲨鱼数量减少，或是看到非法捕鲨活动以及鲨鱼产品出售，他们就不太可能再来了，这可能会使潜水旅游业收入减半。相反，鲨鱼数量的增加使得游客更有可能成为回头客，并有可能带来旅游收入的大幅增加。这些潜水者中的许多人也去了其他国家，他们的支出可能与鲨鱼丰度和管理的未来趋势有正向联系。

在菲律宾，已经有鲸鲨习惯被喂养。在那里，未成年的雄性鲨鱼已经开始从小船上操作的渔线上偷窃鱼饵。渔民的解决方案是向鲨鱼投掷虾子以吸引它们离开鱼线。这里后来发展成为一个非常成功的、由当地管理的旅游景点。但关于投喂是否对鲨鱼有害、是否过度捕捞虾类资源、对环境是否有害一直存在争议

高度好奇的长鳍真鲨（第527页），现在在全球范围内处于极度濒危状态，在鲨鱼保护区之外很难找到。在巴哈马可以从船上看到它们

　　巴哈马是世界上最大的观鲨潜水目的地。在1993年禁止延绳钓捕鲨后的20多年里，该国举办了100多万次鲨鱼和潜水员的互动活动，估计创收8亿美元（总收入）。这占了大加勒比地区所有生态旅游业务收入的70%以上。在受欢迎的潜水点，每条礁鲨每年都创造价值数万美元的旅游收入。因此，该地在2011年宣布成立

墨西哥西海岸，瓜达卢佩岛的噬人鲨（第310页）。笼潜观鲨是该地区的一个著名的热门旅游项目

鲨鱼保护区。到2015年，潜水每年为巴哈马经济作出的贡献超过1.1亿美元，其中99%来自观鲨活动，这也给地理环境不佳的外岛带来了巨大利益。佩氏真鲨（第531页）现在在许多其他加勒比国家是稀缺的或没有的，因为观赏它而产生的潜水活动贡献了近94%的收入，其余的主要来自观赏无沟双髻鲨、长鳍真鲨和居氏鼬鲨的潜水活动。这些数字不包括来访的船宿潜水。船宿潜水主要来自美国佛罗里达州，据估计，那里的潜水员每年共花费约1.26亿美元用于观鲨潜水。

平衡渔业和旅游业

　　上述这些例子说明了观鲨旅游业对拥有历史悠久的鲨鱼保护区、强有力的管理和健康鲨鱼种群的国家具有很高的价值。其他国家面临的挑战是，如何将鲨鱼旅游业引入那些目前只受益于或依赖渔业的社区。

　　亚洲的研究已经认识到旅游业和捕鲨业之间的潜在冲突，强调需要确保捕鲨业的收入以支持当地社区的生计，并鼓励他们从捕鲨业转向其他行业。然而，要确保渔民从可能引入的观鲨旅游业中获得直接利益可能是非常困难的。2012年，马来西亚仙本那的观鲨潜水为该地区带来了近1000万美元的收入，产生了超过200万美元的政府税收和140万美元的当地工资。

在东北大西洋，从法国西北部穿过爱尔兰和不列颠群岛，再到最北边冰岛这样的遥远地方（拍摄这张照片的地方），观赏姥鲨的旅游项目的人气正在上升

观鲨的注意事项

参加安全、有保障和尊重自然的观鲨旅游，无论是观鲨、笼潜还是乘船，都有许多指导建议（鲨鱼信托基金的网站非常有用）。以下是一些重要的考虑事项。

1. 选择一个把顾客的安全放在首位（在水里和出水后），强调教育性而不是"刺激"，支持鲨鱼研究和保护活动的旅游经营者。确保他们的营业执照以及环境和旅游认证是最新的。查看他们的评价，以评估他们的声誉和工作人员是否训练有素。尽可能支持当地企业和社区。

2. 千万不要试图触摸鲨鱼，即使潜水向导这样做。鲨鱼是大型掠食者，其行为难以预测。你可能注意不到被咬之前的危险信号。骑在野生动物身上，拉扯它的尾巴，甚至触摸它都是骚扰，这通常是违法的，也是危险和不尊重生命的，请不要这样做！

3. 请注意，许多潜水经营者使用诱饵来吸引鲨鱼，以最大限度地为他们的客户提供良好的视觉效果。这种活动必须是事先获得许可的，并且使用可持续的诱饵来源。在一些地方，给鲨鱼喂食是非法的（气味足以吸引它们）；在其他允许喂食的地方，请留给专职人员来做吧！一些非常有经验的潜水员在喂食鲨鱼时也会被咬伤。无差别地在船只周围投饵也是不好的做法，尤其是当人们与鲨鱼共享水域时；现在在一些地方，喂鲨鱼或给它们投饵属于非法行为。

4. 鲨鱼观赏不一定都需要诱饵，尤其是在鲨鱼经常出没或它们自然聚集的地方。例如，你可以在他们的育幼场所看到滤食性姥鲨和鲸鲨、锥齿鲨和路氏双髻鲨以及各种鼬鲨——但请注意不要打扰或骚扰这些动物。

5. 在水族馆潜水肯定能看到近距离的景象，但是第一点和第二点注意事项仍然适用。

研究人员还发现，大多数来访的潜水者愿意支付额外的费用来支持海洋保护区的管理和执法。相比之下，仙本那商业性和自给性鲨鱼渔业的经济价值不到观鲨潜水价值的5%，但对无法从旅游收入中受益的社区来说，渔业仍然很重要。

据报道，印度尼西亚拥有世界上最大的国家鲨鱼渔获量，过度捕捞是鲨鱼数量的首要威胁。然而，该国每年吸引近19万名游客前往24个热门观鲨地区。2017年，观鲨旅游业创造了2200万美元的收入，比鲨鱼产品的出口价值高1.45倍。这些热门地区鲨鱼数量的减少可能会使潜水旅游业收入减少约25%；到2027年，对观赏鲨鱼和鳐鱼的旅游业造成的经济损失将超过1.21亿美元。为了避免这种情况出现，以及避免对海洋物种、生态系统、渔业和沿海社区造成附带损害，为当地渔民提供保护鲨鱼的强有力的激励措施是至关重要的。

可接受的还是危险的？

不幸的是，鲨鱼观赏可能会带来意想不到的后果，而且这项活动的某些方面非常具有争议性。其中包括"投喂"，意思是用鱼饵来吸引鲨鱼，或者用鱼饵来喂养鲨鱼，从而使它们能够容忍甚至接近观察者。这可能与鲨鱼数量、运动、压力水平和行为的变化相关。也可能引起人类参与者、鲨鱼自身，甚至栖息环境中其他物种

的安全问题。因此，政府可能会对观鲨活动进行严格监管，为鲨鱼生态旅游运营发放许可证，以确保不会破坏鲨鱼赖以生存的资源。其他问题包括观鲨旅游业在当地社区的成本和收益分配不均，以及与鲨鱼观赏有关的不可持续的做法；后者包括对珊瑚礁的破坏、噪声和污染，对投喂活动中饵料物种的过度捕捞，以及一些热门的鲨鱼观赏中心的人满为患。上面的方框中提出了一些道德观鲨的建议，有助于减少这些问题。

另一方面，鲨鱼观赏者可以通过公民科学项目，如照片识别或计数观察到的鲨鱼，为科学研究作出贡献。观鲨旅游业提高了人们对健康的海洋生境、生态系统和鲨鱼资源数量重要性的认识，并鼓励当地人们对鲨鱼进行保护和管理。理想的状况是，它提供了一个有利可图的不可持续鲨鱼捕捞的替代方案，并给包括曾经的捕鲨者在内的整个社区带来了经济利益。支持鲨鱼保护的舆论浪潮有助于消除一些阻碍鲨鱼保护的观念和成见，从而影响到主要鲨鱼捕捞国和世界各地的决策者。因此，观鲨是保护海洋生物多样性活动的一个非常有力的例证。

遭遇鲨鱼

鲨鱼生活在一个对人类来说很陌生的环境中。许多人认为大海是深邃的、黑暗的、神秘的、危险的、海底充满沉船的，而且（直到最近）很大程度上是不为人知的。自从人类第一次冒险离开陆地以来，被溺死的人不计其数。即使在今天，每年也有数十万人意外溺亡；只有机动车比水更危险。然而奇怪的是，让公众感到恐惧的不是海洋（或去海滩的旅程），而是与海洋中一些最难以捉摸、最罕见的动物相遇这样的难以置信的小概率事件。数以千万计的人在海上工作或娱乐，但全球每年只有约100起鲨鱼咬人事件的报告。并且，这些咬伤事件中约有40%是被人类挑起的，即人类主动与鲨鱼互动。无论什么起因，这些事件每年平均导致4或5人死亡。尽管被鲨鱼严重伤害的风险小得令人难以置信，但产生的恐惧似乎与这种风险完全不相称。由严重伤害或死亡的罕见事件引起的震惊和恐惧是可以理解的，这些都是悲剧，尽管它们发生的可能性是如此之小。

最有可能与人接触的沿海物种中，很少有能构成严重危害的（低鳍真鲨、噬人鲨和鼬鲨是例外）。大多数场合，与鲨鱼相遇的机会都是零星的、不稳定的，几乎是偶然的，其中许多是可以避免的。绝大多数无缘无故的鲨鱼咬伤人类事件都是源于鲨鱼的误判——鲨鱼把一连串的噪声、振动或运动当成了源于潜在的猎物的信号，或误以为游泳者或冲浪者苍白闪光的手或脚是鱼，然后开始攻击；当意识到自己的错误时，它便立即撤退，这被称为"肇事逃逸"。大多数情况下，伤害很小，不需要医疗护理——事实上，攻击者通常比受害者小得多。在不太常见但更危险的攻击中，大鲨鱼"撞上并咬住"受害者；"不知从哪里冒出来"进行"偷袭"咬一口是使大型海洋哺乳动物猎物致残的常见招数。即使鲨鱼没有回来再度袭击，咬一口也可能足以让猎物动弹不得。如果不立即将伤者扶上岸并给予医疗护理，则可能导致其死亡。幸运的是，人类比海豹更有可能得到救助。鲨鱼多次咬伤和真正捕食人类的例子是极其罕见的，变成"连环食人者"的狂暴鲨鱼似乎是由虚构电影《大白鲨》所产生的荒诞说法。

鲨鱼和人在水中相遇的任何地方都可能发生鲨鱼咬人事件（尽管在英国寒冷的、被过度捕捞的水域还没有记录），而且几乎在任何足以让鲨鱼游泳的水深处都可能发生。当有更多的人与鲨鱼在同一水域时，咬人事件更有可能发生，因为这增加了人鲨之间相遇的数学概率。然而，鲨鱼袭击事件的发生率并没有随着以娱乐为目的的涉水人数的增加而急剧上升——这可能是因为人们更加注意避免做出危险的行为。1990—2008年，海滩旅游业蓬勃发展，国际专业潜水教练协会注册的潜水者增加了400%，但自20世纪90年代以来，鲨鱼袭击事件每10年仅增加约25%，而且数量仍维持较低水平。发生咬伤事件最多的美国的佛罗里达州，自20世纪90年代初以来，每50万海滩游客中约有1人被咬，死于鳄鱼袭击的人数是这一数字的两倍，死于家狗袭击的人数是30倍。在全球范围

内，每350万名海滩游客中就有1名溺水死亡，而每1150万名游客中仅有1名被鲨鱼咬伤（非致命）。

研究已经确定，导致人鲨冲突的原因除了沿海人口的增加，鲨鱼栖息地的破坏、水质和气候变化以及一般鲨鱼猎物丰度的变化也是无端被鲨鱼咬伤的潜在原因和促成因素。但最近几十年澳大利亚和美国沿海鲨鱼数量的恢复似乎不太可能影响那里的咬伤率。

鲨鱼袭击数据库中记录的大多数鲨鱼咬人事件都符合以下典型模式：许多咬人事件发生在接近黎明或黄昏时，此时鲨鱼正在积极捕食。许多发生在浑浊的水中，例如大雨过后，在刮向岸风的时候，或河口附近。这些能见度不良的条件似乎更有可能导致误认从而被咬伤，尽管大型食肉鲨鱼（例如低鳍真鲨）也可以在这些条件下更接近猎物而不被观察到。许多咬伤似乎是因为受伤者不规则地游泳（四处溅水）或与海豚一起嬉戏，而海豚往往与鲨鱼为伴。独自游泳也会增加被鲨鱼伤害的风险。给鲨鱼喂食、用鱼叉捕鱼、尾随正在捕鱼的船只，从船上丢弃鱼饵、泥浆或动物尸体；穿着对比强烈的彩色衣服或珠宝；或者在已知存在大型危险鲨鱼的情况下，根本无视向游泳者发出的警告：直接游到鲨鱼身边，紧紧跟随它们，抱起它们或者拉着它们的尾巴。这些几乎都是"万无一失"被鲨鱼咬到的方法（如果他们对一只不认识的狗这么做，很可能会被咬到）。避免上述行为并尊重鲨鱼，将会大大降低本来已经很小的遭受鲨鱼伤害的概率。

除了改变人类在水中的行为，其他降低被鲨鱼咬伤风险的方法包括：捕杀危险鲨鱼；用物理屏障把鲨鱼和人分开；当危险的大型鲨鱼出现时，监视系统警告游泳者；个人行动威慑鲨鱼不要靠近。

历史上，捕杀鲨鱼是减轻鲨鱼咬伤风险的首选方式：通过减少鲨鱼的数量，鲨鱼和涉水者相遇的机会也随之减少。由于大多数大型、危险的鲨鱼都是高度洄游性的，短期的、局部的捕杀一般不会减少鲨鱼咬人的风险。在20世纪的澳大利亚和南非，覆盖大面积海岸的长期海滩鲨鱼网计划确实减少了鲨鱼数量和鲨鱼咬伤的发生率（商业鲨鱼渔业对此也有贡献）。然而不幸的是，鲨鱼伤害了更多的无害和受保护的物种，如其他鲨鱼、海龟和鲸类动物。鲨鱼网并没有完全形成一个连续的物理屏障来隔离鲨鱼和游泳者，它可以被带有大鱼饵钩的渔网所代替，以瞄准最大的和最危险的鲨鱼。然而，任何对顶级肉食动物的捕杀都可能产生破坏性的生态和经济后果——当大型鲨鱼也支持重要的生态旅游业务时，就会产生消极的经济后果。可以说，从这些项目中得到的最深刻的教训是，由于担心在重要的海滩上被鲨鱼咬伤会造成公共关系危机，一旦开始用渔网和鼓线拦截鲨鱼，就几乎不可能放弃这一操作。

在西澳大利亚发生一系列大白鲨袭击事件后，一项关于减轻鲨鱼危害的主要研究方案建议人们不要使用沙滩网和鼓线，取而代之的是从海岸到海岸，从海底延伸到海面的网状屏障。这些网已经在世界各地的一些地方被用来封闭相对较小的水域，但在恶劣天气下

容易受到破坏。自2013年以来，南非菲什胡克海滩的一个350米长的防鲨网已经在夏季、春季和秋季的周末和节假日通过人工成功部署，确保鲸鱼和海豚不被缠住。这是开普敦鲨鱼观察员项目覆盖的几个海滩之一，该项目中训练有素的观察员在大型鲨鱼到达涉水者之前寻找它们，并在鲨鱼靠近时发出信号提醒海滩上的人们，或者当天气条件使观察员无法观察鲨鱼时发出信号告知。

根据西澳大利亚州的"鲨鱼智能"和"海洋感知"计划所倡议的防鲨措施包括：提供近乎实时反映鲨鱼活动信息的智能手机应用程序；海滩和空中监视；海滩围栏；警告灯和警报器，以提醒海滩上的人注意正在接近的鲨鱼；向经批准个人购买电子鲨鱼威慑装置的居民提供200美元的优惠。

开发有效的供个人使用的鲨鱼威慑器的工作可以追溯到20世纪40年代的美国，近年来在澳大利亚和南非加速发展。据报道，数百年前，渔民们曾在船上悬挂一条腐烂的鲨鱼，以防止鲨鱼靠近他们的捕获物。考虑到这一点，鲨鱼科学家最初将注意力集中在鲨鱼肉分解过程中产生的化学物质上（被称为坏死性信息素）。这些物质当然对鲨鱼有驱赶作用，即使在鲨鱼主动进食时也有效果。一种小型的红海比目鱼——石纹豹鳎，从位于背鳍和臀鳍的基底部的腺体中分泌出一种毒素，可以抵御鲨鱼；这种化学物质也被成功地测试出含有威慑鲨鱼的物质。然而，由于这些化学物质在海水中会迅速扩散，因此只有直接喷向鲨鱼时才会有效。由于许多危险的鲨鱼会进行伏击，当鲨鱼靠近时，潜水者可能没有时机对鲨鱼进行"偷袭"。然而，坏死性信息素已经被加入缓慢释放的驱鲨鱼饵中，供厌烦渔获物被鲨鱼吃掉的钓鱼者使用。

听觉或视觉威慑的实验并不特别成功。如果鲨鱼能够清楚地听到这种声音频率，模仿虎鲸（大型鲨鱼的主要捕食者）发出的噪声可能会奏效。在接近的鲨鱼面前展示一个巨大的黑白虎鲸图案会给它们一个惊吓——至少在第一次出现的时候是这样，但是图像必须很大。使用海蛇带状警告模式的缺点是，海蛇本来就是一些鲨鱼的猎物。作为旁观者，一些鲨鱼研究者将一些浮力辅助装置的"安全黄色"称为"美味黄色"——据报道，一些鲨鱼认为这种颜色特别有吸引力。

发射电流的装置可以刺激鲨鱼的电感觉系统（第31页），这种装置现在已经商业化生产，被冲浪者、潜水者和皮划艇渔民用作个人使用的鲨鱼威慑物。尽管鲨鱼被模仿猎物产生的生物电场的电流所吸引，但它们会被更强的信号所排斥。虽然这个过程变得很复杂，因为最有效的电流强度在不同的物种之间是不同的。鲨鱼在反复接触这些电场时可能会变得习惯（导致鲨鱼有更高的耐受性），而且有效范围为半径不到2米的区域，所以正确使用这类装置很重要。此外，研究人员还在开发更小的设备，可能用于商业延绳钓，以防止鲨鱼捕食上钩的金枪鱼或旗鱼。目前的挑战是要找到一种可以部署在数千个鱼钩上且性价比较高的设备，这样的研究仍在继续中。

许多游泳者选择在菲什胡克海滩（南非开普敦附近）的这个拐角游泳，这里有一道网障，将鲨鱼和其他海洋生物隔离在外。为了尽量减少对生物的影响和防止渔网损坏，在夏季和其他主要节假日里，每天早上和晚上都要对网障进行设置和移除

食用鲨鱼

在历史上，鲨鱼肉一直是沿海地区居民的重要食物。几千年来，鲨鱼肉被晒干然后通过大陆贸易路线运输，至今仍然以这种传统形式被广泛交易。其他鲨鱼产品如牙齿、鳍、软骨、皮肤和油被运输得更远，当它们到达最终目的地时，就不再与提供它们的鲨鱼有联系了。鲨鱼鳍在汉语中被称为"鱼翅"；鲨鱼的牙齿曾被认为是龙的牙齿。鲨鱼产品仍然以各种各样的商品名称被出售，这是出于营销的考虑，也是为了掩盖其来源。这使得负责任的消费者很难识别鲨鱼产品的种类，或者确认是否来自可持续管理渔业的商品。

鲨鱼肉在传统理念里是不受欢迎的，因为在鲨鱼死亡后，肌肉中调节渗透压所需的大量尿素（第25页）会被细菌酶迅速转化为氨。极少量的尿素（1.8%）和氨（0.03%）就足以"污染"鲨鱼肉，使其变得不好吃。这些问题可以通过小心处理和储存来解决：超过80%的鲨鱼肉现在以冷冻鱼排和鱼片的形式在全球交易。1985年—2001年，鲨鱼肉的交易量翻了一番，达到约10万吨的峰值，然后随着过去10年捕捞量的下降而减少。其中大部分被运往欧洲（特别是西班牙、意大利、葡萄牙和法国）和南美（巴西、乌拉圭和秘鲁）。由于鲨鱼肉含有毒素，政府会定期发布公众健康警告，禁止食用过量的鲨鱼肉（见下页方块中内容）。

鱼翅的加工包括漂白、去除皮肤和基底软骨，然后小心地从辐鳍软骨的两侧分离两层有价值的鳍条（第15页）。图中显示的是剔除的辐鳍软骨及一些脊椎骨

新生鲨鱼的肉被出售

2000多年来，鲨鱼鳍一直是世界上最具价值的海产品之一。它曾经是如此稀少、珍贵和难以烹制，以至于它最初只出现在皇帝的餐桌上。如今，这道菜仍然只在最重要的场合才上桌；但随着20世纪80年代亚洲主要经济体的自由化和增长，鱼翅的消费量也随之大幅上升。与此相关的是可支配收入的增加和消费者对包括鱼翅汤在内的奢侈产品需求的巨大增长。

鲨鱼鳍主要由软骨、皮肤和角质鳍条（第20页）组成，因此，它们重量轻，易于风干或冷冻，并可在船上或陆地上长期储存，直至出售。有趣的是，不同物种的鱼鳍中的角质鳍条的数量、大小和密度都不一样，这意味着一些物种的鱼鳍比其他物种的鱼鳍更有价值。正因为如此，商人已经学会仅凭眼睛就能准确识别许多物种的干鱼翅。鱼鳍的价值也是由其位置和大小决定的：腹鳍和臀鳍因较小而价值低廉，鲨鱼的胸鳍、背鳍和尾鳍质地坚硬、厚实，含有密度较大的高价值的角质鳍条。

一些保护组织开展消费者教育活动，旨在减少世界范围内对鱼翅的消费。这些活动强调了过度捕捞对鲨鱼种群构成的威胁，与割鳍弃鲨有关的道德问题，以及食用某些鲨鱼产品对人类健康的危害（见本页方块中内容）。

鲨鱼软骨出现在各种医药产品中，主要是作为人类和宠物的保健品，用于治疗关节问题。不含鲨鱼软骨的类似产品也有出售。

众所周知，鲨鱼软骨还被作为一种癌症治疗剂售卖，这主要基于鲨鱼不会得癌症的观点（但这种观点是不正确的，事实上鲨鱼也会患癌）。对鲨鱼软骨的科学和医学试验得出的结论是，它在治疗癌症或改善癌症患者的生活质量方面是无效的。那些将软骨作为癌症治疗方法进行宣传的公司也因此被要求对其客户进行赔偿。与此同时，许多与食用鲨鱼软骨相关的潜在有害副作用已被确定。令人惊讶的是，消费者每年仍在鲨鱼软骨补充剂上花费数百万美元。

人们可以很容易地从鲨鱼肝脏中提取油（传统做法是将其切碎，放在容器中使其在阳光下腐烂），数百年来一直用于船只防水、照明以及各种医疗和工业目的。鲨鱼肝油中高水平的维生素A促使20世纪初一些重要的鲨鱼渔业出现，直到人工合成维生素A成为可能，生产相关保健品的渔业随即崩溃。今天，作为化妆品（面霜、口红和唇蜜）、药物和机油的原材料，对鲨鱼肝油的需求再次上升，这是因为它含有高水平的角鲨烯——一种非常轻的不油腻的油，可以非常有效地滋润皮肤和润滑机器，角鲨烯当然是一种有价值的化合物，但它不必一定从鲨鱼肝中提取。它也可以人工合成或从植物中提取——对于受到威胁的深海鲨鱼来说，这是一个好消息。现在，反对在化妆品中使用鲨鱼油的消费意识已得到宣传。

鲨鱼皮经过正确处理后，可以制成非常耐用、厚实的皮革（强度远远高于牛皮），通常被制作成皮带和钱包。干燥的、未经处理的鲨鱼皮，其上的盾鳞仍镶嵌在鲨鱼皮肤中，被称为"鲨革"，是一种非常有效的"砂纸"；魟鱼皮在过去还可以作为剑柄的防滑材料。带有齿纹的抛光鲨鱼皮被称为"boroso"皮革，用于制作各种非常昂贵的产品（尽管魟鱼皮革更常见）。

生物积累和生物放大作用

海水中存在各种环境毒素和污染物，包括汞（一种剧毒的重金属）和多氯联苯（PCBs）。这些持久性毒素一旦被吸收或摄入体内，就无法排出体外，因为它们不溶于水；因此，它们在海洋动物的组织中进行生物积累。动物体内的毒素量取决于其年龄、饮食和环境的污染程度。海洋藻类吸收非常低水平的毒素，然后毒素进入植食性动物的饮食中。植食性动物只从藻类中积累少量毒素，尽管在同一种群中，高龄或体型大的动物体内会比较年轻的动物含有更多的毒素，因为它们积蓄毒素的时间更长。食物链中级别稍高、体型较大的鱼类摄食植食性动物，然后又被更大的肉食性动物捕食。生物放大是一个过程，通过这一过程，食肉动物在其饮食中获得了食物链中较低层次的所有植物和动物一生中所积累毒素。捕食者体型越大、年龄越高，其身体组织中的毒素浓度就越大。因此，小而短命的浮游鱼类体内的汞含量不到鲨鱼的1%。人类处于食物链的最顶端，也会对汞和其他环境毒素进行生物积累，这种生物积累对健康有潜在的严重影响。这就是为什么当局公共卫生部门会发出警示，警告过于频繁地食用鲨鱼和马林鱼等大型食肉鱼类的人群，尤其是孕妇和儿童。

过度食用鲨鱼软骨制成的药品或保健品，可能对健康的危害多于益处（见本页方块中内容）

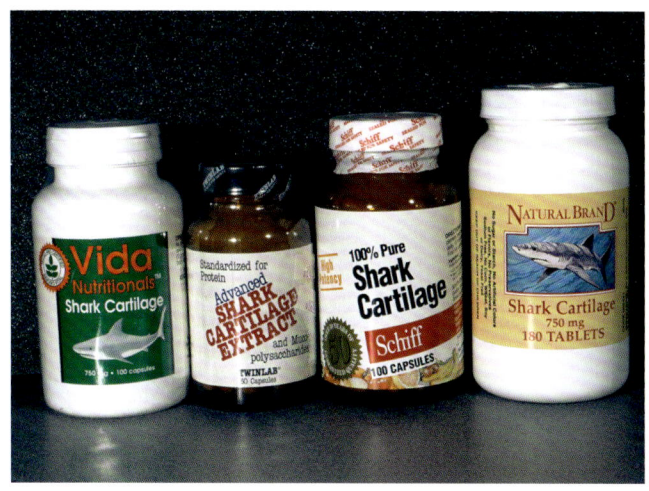

保护和管理

物种保育

在20世纪80年代之前，"鲨鱼保护"的理念还未被大众接受，鲨鱼渔业管理几乎是缺位的。1984年，澳大利亚的新南威尔士州通过了世界上第一部关于保护鲨鱼的法律。锥齿鲨（第295页，当地人称其为"灰护士鲨"）可能是世界上最受威胁的鲨鱼物种。这种在澳大利亚海域有分布且温顺的物种为观鲨游客提供了最棒的潜水观赏体验，但由于渔业兼捕的偶然捕获以及游钓者和潜水人员的目的性索取，这个物种的资源已近耗尽，被列为该地区的极度濒危物种。锥齿鲨当然不是世界上唯一受到威胁的鲨鱼，但它曾是世界上唯一受保护的鲨鱼，直到1991年南非通过了对噬人鲨的国家级保护法规；同年，澳大利亚召开了世界上第一届国际鲨鱼会议。媒体对这一新奇的概念反应不一（一家地方广播电台呼吁改进消灭鲨鱼计划），但这一事件标志着国际鲨鱼保护和管理的正式开始。其他国家也开始制定保护濒危鲨鱼的法规，并最终将其列入了一些联合国区域海洋公约和行动计划（RSCAPs）以及全球生物多样性公约中。在一些国家，用于鲨鱼保护的资源甚至开始超过以前用于驱除和消灭鲨鱼的耗资。

锥齿鲨于1984年成为世界上第一个受保护的鲨鱼物种，但仅限于澳大利亚，在那里它被称为"灰护士鲨"

第75页图说明了过去20年来国际鲨鱼保护的进程。最初，保护优先级最高的受威胁鲨鱼为备受瞩目的"三巨头"：鲸鲨、姥鲨和噬人鲨（大白鲨）。它们是第一批被列入两个主要国际生物多样性公约的《保护野生动物迁徙物种公约》（CMS）和《濒危野生动植物种国际贸易公约》（CITES）的鲨鱼物种。将鲨鱼列入CTTES附录（第75页）是一个极其缓慢的过程，因为很难从2/3的签署国

获得共识，签署具有约束力的国际贸易法规。虽然CITES从1994年开始讨论鲨鱼产品的不可持续贸易，并通过了第一个CITES关于鲨鱼的决议，但直到2002年才将第一个鲨鱼物种列入名录，2013年才将具有商业价值的物种列入名录（见下页表格）。在CMS中列入鲨鱼物种的进展稍微快一些：1999年，鲸鲨第一次被列入；到2020年，附录中包括了19种鲨鱼。一份类似（但不完全相同）的物种名录附在CMS自愿签署的《关于洄游鲨鱼的谅解备忘录》中，该备忘录于2010年通过。这是世界上唯一一个专门针对保护鲨鱼及其近缘物种的国际协议。CMS委员会鼓励其缔约方（第75页）和非缔约国签署并合作执行一项国际洄游鲨鱼的行动计划。《保护东北大西洋海洋环境公约》（OSPAR公约）、《保护地中海免受污染公约》（《巴塞罗那公约》）、《保护和开发大加勒比地区海洋环境公约》（《卡塔赫纳公约》）等区域生物多样性协议也列出了几种鲨鱼，其中一些是区域而不是全球受到威胁的物种，还有一些可能根本没有受到威胁，但仍需要管理。

下页表格说明了这些环境协议的物种列表之间的重叠部分，其中包括近140种濒危鲨鱼中的30种。尽管在鱼翅贸易中发现了70多种鲨鱼，但只有14种被列入CITES；而CMS只包括70种被认为是迁徙物种中的19种。（这两组70种贸易/迁徙物种有部分重叠，而且都包括一些没有灭绝危险的物种）。在如此多物种受到威胁的情况下，受保护的鲨鱼名单却如此之短，部分原因是大型的、关注度高的物种最被广泛认可，更有可能被提议列入保护名录。大多数受威胁的鲨鱼体型很小，不进行迁徙，是兼捕而不是专捕渔获物。此外，虽然它们的一些产品可能最终进入国际贸易，但这些产品的价值不高，而且很难用肉眼判断来自哪个物种。2/3的CITES缔约国不会同意将鲨鱼列入附录，除非该物种明显受到威胁，并且其产品足够容易被海关官员识别，从而使贸易法规的实施和通过供应链追溯货物的来源是可行的。最终，无论是通过本国水域的渔业或环境法规，还是通过RSCAPs或区域渔业机构（RFBs），管理鲨鱼物种（无论是否列入名录）的责任都在于各个国家。

渔业管理

幸运的是，在过去的30年里，鲨鱼渔业的管理也逐渐得到了改善，其中一部分原因是对鲨鱼生物多样性保护的重视程度不断提高，另一部分原因是鲨鱼在经济上的重要性不断提高。渔业管理在国家和区域层面进行，前者在沿海国家控制的海域（靠近海岸的领海和较大的近海专属经济区）内进行，后者在区域渔业管理局职权范围内的公海上进行。然而，即使在公海上，也需要渔船所属国家强制执行相关管理措施和监管捕捞者对渔业管理措施的遵守情况。

鲨鱼物种保护及渔业管理措施

				生物多样性公约		金枪鱼区域渔业管理组织					其他区域性渔业管理组织			区域性海洋公约与行动计划			
中文名	英文名	学名	IUCN	CITES	CMS	CCBST	IATTC	ICCAT	IOTC	WCPEC	GFCM	NEAFC	NAFO	BarCon	CCAMLR	OSPAR	WCR
尖吻七鳃鲨	Sharpnose Sevengill Shark	*Heptranchias perlo*	NT		II, MOU							o		III		λ	
白斑角鲨	Piked Dogfish	*Squalus acanthias*	VU											III		λ	
颗粒刺鲨	Gulper Shark	*Centrophorus granulosus*	EN											III		λ	
叶鳞刺鲨	Leafscale Gulper Shark	*Centrophorus squamosus*	EN													λ	
腔鳞荆鲨	Portuguese Dogfish	*Centroscymnus coelolepis*	NT														
小头睡鲨	Greenland Shark	*Somniosus microcephalus*	VU										o				
南极睡鲨/长身睡鲨	Southern Sleeper Shark/Frog Shark	*S. antarcticus/S. longus*	LC/DD												o		
尖背角鲨	Angular Roughshark	*Oxynotus centrina*	EN								×			II			
疣突扁鲨	Sawback Angelshark	*Squatina aculeata*	CR								×			II			
眼斑扁鲨	Smoothback Angelshark	*Squatina oculata*	CR								×			II			
扁鲨	Angelshark	*Squatina squatina*	CR		I, II, MOU						×			II		λ	
鲸鲨	Whale Shark	*Rhincodon typus*	EN	II	I, II, MOU	×	×		×		×						III
凶猛砂锥齿鲨	Smalltooth Sandtiger	*Odontaspis ferox*	EN								×						
大眼长尾鲨	Bigeye Thresher	*Alopias superciliosus*	VU		II, MOU	×			×	×							
狐形长尾鲨	Thresher Shark	*Alopias vulpinus*	VU		II, MOU	×		× **						II			
浅海长尾鲨	Pelagic Thresher	*Alopias pelagicus*	EN		II, MOU	×											
姥鲨	Basking Shark	*Cetorhinus maximus*	EN		I, II, MOU						×	o		II			
噬人鲨	White Shark	*Carcharodon carcharias*	VU		I, II, MOU						×			II		λ	
尖吻鲭鲨	Shortfin Mako	*Isurus oxyrinchus*	EN		II, MOU			× **			×			II			
长臂鲭鲨	Longfin Mako	*Isurus paucus*	EN		II, MOU									II			
鼠鲨	Porbeagle Shark	*Lamna nasus*	VU		II, MOU	×		×			×	o		II			
翅鲨	Tope	*Galeorhinus galeus*	CR		II						×			II		λ	
宽鼻星鲨	Starry Smoothhound	*Mustelus asterias*	NT											III			
星鲨	Smoothhound	*Mustelus mustelus*	EN											III			
黑斑星鲨	Blackspotted Smoothhound	*Mustelus punctulatus*	VU											III			
镰状真鲨	Silky Shark	*Carcharhinus falciformis*	VU		II, MOU	×	o ×**	×	o, ×	×							III
长鳍真鲨	Oceanic Whitetip Shark	*Carcharhinus longimanus*	CR	II	I, MOU	×	×	×	×	×							III
暗体真鲨（灰真鲨）	Dusky Shark	*Carcharhinus obscurus*	EN														
铅灰真鲨	Sandbar Shark	*Carcharhinus plumbeus*	EN											III			
大青鲨	Blue Shark	*Prionace glauca*	NT		II	o		o						III			
路氏双髻鲨	Scalloped Hammerhead	*Sphyrna lewini*	CR	II	II, MOU	×		×			×			II			III
无沟双髻鲨	Great Hammerhead	*Sphyrna mokarran*	CR	II	II, MOU	×		×			×			II			III
锤头双髻鲨	Smooth Hammerhead	*Sphyrna zygaena*	VU	II	II, MOU	×		×			×			II			III
深海鲨鱼	Deepsea sharks											o				o	
所有物种	All species															o	

生物多样性公约（第75页）
CITES:《濒危野生动植物种国际贸易公约》
附录Ⅰ: 禁止国际商业贸易的物种
附录Ⅱ: 国际贸易受许可证管制的物种
CMS:《保护野生动物迁徙物种公约》
附录Ⅰ: 受到严格保护的物种
附录Ⅱ:《保护野生动物迁徙物种公约》缔约方就这些物种的保护开展合作
MOU:《保护洄游鲨鱼谅解备忘录》

金枪鱼区域渔业管理组织（tRFMOs）
CCBST: 南方蓝鳍金枪鱼养护委员会
要求各成员遵循国际渔业委员会、世界野生动物保护委员会和美洲热带金枪鱼委员会等通过的措施。
IATTC: 美洲间热带金枪鱼委员会
o 管理措施适用; **豁免适用; ×该物种被禁止割鳍, 通过鳍与鱼体比进行管制。特别注意FAD的管理
ICCAT: 养护大西洋金枪鱼国际委员会
o 管理措施适用; **豁免适用; ×物种被禁止。通过鳍与鱼体比例对鲨鱼割鳍进行管制。
IOTC: 印度洋金枪鱼委员会
o 管理措施适用; **豁免适用; ×该物种被禁止; 通过"自然附鳍"（新鲜鲨鱼）或鳍与鱼体比例(冷冻鲨鱼)进行管制; 特别注意FAD的管理。
WCPFC: 中西太平洋渔业委员会
o 管理措施适用; **豁免适用; ×该物种被禁止; 通过"自然附鳍","或袋装的","捆在一起的"、"标有鲨鱼标记"等标准来管制鲨鱼割鳍。

其他区域渔业管理组织（RFMOs）
GFCM: 地中海渔业总委员会
*禁止保留、转运、登陆、储存、展示和销售列入BarCon SPA/BD的物种。
附件Ⅱ: 通过"自然附鳍"对鲨鱼割鳍进行管制。
NAFO: 西北大西洋渔业组织
o 禁止专捕渔业; 通过"自然附鳍"对鲨鱼割鳍进行管制。
NEAFC: 东北大西洋渔业委员会
o 禁止专捕渔业; 通过"自然附鳍"对鲨鱼割鳍进行管制。

海洋区域性保护和行动计划
BarCon:《保护地中海免受污染公约》(《巴塞罗那公约》)
SPA/BD:《巴塞罗那公约关于特别保护区和生物多样性的议定书》
附件Ⅱ: 濒危和受威胁物种。附件Ⅲ: 开发受管制的物种
CCAMLR: 南极海洋生物资源养护委员会
o 禁止专捕和深海刺网; 限制兼捕南极睡鲨。
OSPAR:《保护东北大西洋海洋环境公约》
λ列入OSPAR受威胁或种群衰退的物种。
WCR:《保护和开发大加勒比地区海洋环境公约》(《卡塔赫纳公约》)
SPAW:《关于特别保护区和野生动物的议定书》
附件Ⅲ: 开发受管制的物种。

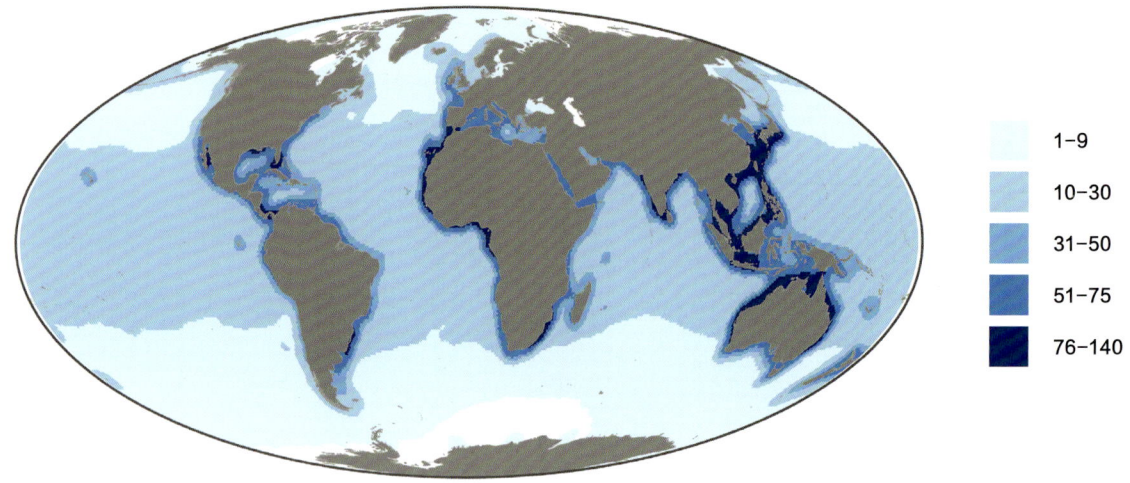

软骨鱼类多样性的全球分布（深浅不一的蓝色表示出现的物种数目）

	1–9
	10–30
	31–50
	51–75
	76–140

　　澳大利亚、美国和加拿大是最早在20世纪80年代末和90年代初，第一批制定并实施鲨鱼渔业管理计划的国家。联合国粮农组织于1999年正式通过了《鲨鱼养护和管理国际行动计划》（以下简称"《国际行动计划》"）（IPOA-Sharks，该计划还包括鳐、魟、蝠鲼和银鲛）。这份报告敦促所有捕捞鲨鱼的国家在2001年之前发布鲨鱼评估报告，并通过《捕捞能力管理国际行动计划》（NPOA）。但这项自愿参加的报告计划进展令人失望。截至2012年，在过去10年向粮农组织报告鲨鱼和鳐鱼捕捞量的143个国家中，只有1/3的国家通过了《国际行动计划》。然而，这些国家涵盖了26个捕捞鲨鱼国家中的近2/3，每个国家报告的鲨鱼渔获量至少占全球总渔获量的1%，包括一些在欧盟共同体鲨鱼行动计划下运作的欧盟成员国。这些国家合计鲨鱼渔获量占世界鲨鱼渔获量的84%。

　　时至2020年，鲨鱼捕获量的国家排名略有变化。捕捞量最大的前7名国家没有变，但他们现在报告的鲨鱼和鳐鱼捕获量几乎占世界总量的60%，比10年前约增长了48%。其他国家现在报告的鲨鱼上岸量明显减少了，原因是种群减少、限制性管理或两者兼而有之。令人担忧的是，其他一些主要的捕捞鲨鱼的国家仍然没有报告任何鲨鱼捕获量。世界上最大的鲨鱼捕获量报告国家中，大约有1/4显然仍然没有采用正式的鲨鱼管理计划。同时，一些最大的鲨鱼渔场仍然没有任何有效的管理措施——其中一些是在鲨鱼、鳐鱼和银鲛等软骨鱼类生物多样性最高的地区（上图）。现有的鲨鱼计划是一个混合体。一些被很好地整合到有效的渔业管理框架中；其他的显然是纸上谈兵，对渔业的影响很小，甚至对公布计划的国家渔获量报告也没有任何影响。显然，缺乏管理能力（如训练有素的工作人员）和渔业数据（通常由于物种识别问题）是许多正在努力实施《国际行动计划》的国家面临的共同挑战。可持续的鲨鱼渔业管理是难以实现的，即使在发达国家。然而，《国际行动计划》确实重点强调了鲨鱼割鳍的问题，这是一个相对容易解决的管理问题，有助于促进国家和区域通过禁止割翅来阻止不可持续的开发方式（第58页）。

　　《捕捞能力管理国际行动计划》主要管理大陆架上在国家的专属经济区内的渔业，尽管岛屿国家的专属经济区(没有大陆架)包括大片的开放海域。一些国家（大多数是小的岛屿国家）没有在其专属经济区内管理鲨鱼捕捞，而是直接禁止在其水域内进行所有商业鲨鱼捕捞。其他国家则更进一步，禁止保留兼捕鲨鱼渔获物，禁止出售、持有和交易任何鲨鱼或鲨鱼制品。2009—2017年，至少有13个国家和地区建立了鲨鱼保护区（区域内其他鱼类不受保护），其中一些面积巨大。不同保护区连接在一起，覆盖了数百万平方千米的开阔海洋。保护大型捕食者的好处包括更健康的海洋生态系统，在某些情况下还包括极具价值的鲨鱼生态旅游业务（第65页）。由于这些地区仍包括外国船队在内的其他远洋物种的渔业开放，对渔业管理资源有限的小岛屿国家来说，执行这些鲨鱼捕捞禁令可能是一项挑战。然而，一些公海金枪鱼船队认识到对鲨鱼友好的渔业的市场价值，独立地采取了一项自愿政策，不允许任何附带捕获的鲨鱼（整个或部分）留在船上。另一种相对简单的减少鲨鱼死亡率的方法是限制使用捕捞最多鲨鱼（或最受威胁的鲨鱼物种）的渔具。如第57页所述，刺网是最具破坏性的渔具之一。令人惊讶的是，伯利兹在2020年通过的禁止在国家渔业中持有和使用刺网的禁令并没有得到广泛的推广（第76页）。此外，禁止海底拖网捕捞作业，比如2017年斯里兰卡颁布的禁令，将使许多鲨鱼和其他物种以及鲨鱼栖息地受益。公海渔业不属于沿海国的管辖范围。目前，超过50个区域渔业管理机构已经通过国际协议支持若干国家的捕捞鱼类种群的管理，其中大部分是通过提供无约束力的

生物多样性公约

《濒危野生动植物种国际贸易公约》(CITES)

该公约通过促进世界184个缔约国(约95%的国家签署了该公约)之间的合作,为保护野生生物在国际贸易中免受过度开发的公约。附录 I 所列有灭绝风险的物种禁止进行商业贸易;附录 II 所列的物种可能受到威胁,要对其贸易进行管理,保证其产品贸易合法、可持续和可溯源。若在这两个附录中增加物种,则必须在每两到三年举行1次的缔约国大会上得到至少2/3的投票同意。不希望受名约束的缔约方可以提出保留(但如果他们与未提出保留的缔约方进行贸易,则仍然必须遵守CITES的规定)。附录 III 名录是各缔约方要求国际援助以支持其国家立法的请求(例如执行受保护物种的贸易禁令)。大会通过的决议和决定也有助于鲨鱼的保护和管理活动。

截至2020年,已有14种鲨鱼被列入CITES附录 II(附录 I 中暂无列入)。如果出口方确认这些物种是合法获得的,并且证明贸易不会损害其野生种群(即可持续),则可以交易这些鲨鱼的产品。出口、进口及再出口许可证必须确保有关贸易的可追踪。活体动物必须按照动物福利准则进行运输。出口和进口缔约方需要能够识别正在交易的产品,对于鲨鱼来说,这些产品通常是鲨鱼的鳍(肉也被交易)。本书第576页提供了对CITES所列物种鱼鳍进行视觉识别的快速指南。当怀疑有非法贸易时,CITES缔约国可以使用基因分析来确认鲨鱼产品的来源。

《保护野生动物迁徙物种公约》(CMS)

旨在保护迁徙的陆生、水生和鸟类物种。截至2021年1月该公约有132个缔约方,但非缔约方也可以参加CMS倡议。濒临灭绝的迁徙物种被列入附录 I,缔约方有义务严格保护这些物种及其栖息地和迁徙路线;附录 II 列出了需要或将受益于国际合作的物种。与CITES不同的是,一个物种可以同时列入CMS的两个附录等级。2020年,共有19种鲨鱼被列入名录:4种同时被列入附录 I 和附录 II,14种仅被列入附录 II,1种仅被列入附录 I。2010年,CMS还通过了世界上第一个保护鲨鱼及其近缘种的国际文书——《保护洄游鲨鱼谅解备忘录》。这份自愿签署的谅解备忘录旨在实现并维持其附件中洄游鲨鱼的有利保护地位,到2020年。该附件将包括CMS附录中列出的除2种外的其他物种。

区域海洋公约和行动计划(RSCAPs)

联合国区域海洋方案包括18个区域公约和行动计划,有140多个国家参与。2020年,在区域保护和管理方案中,只有3个列出了需要采取区域保护和管理行动的鲨鱼物种:《保护东北大西洋海洋环境公约》、《保护地中海免受污染公约》(《巴塞罗那公约》)以及《保护和开发大加勒比地区海洋环境公约》(《卡塔赫纳公约》)。在南太平洋、东非、红海和亚丁湾等其他海域捕捞区也有鲨鱼保护方案。地中海渔业总理事会通过了《巴塞罗那公约关于特别保护区和生物多样性议定书》,附件 II 中列有濒危和受威胁鲨鱼物种名录,并禁止捕捞这些鲨鱼物种。

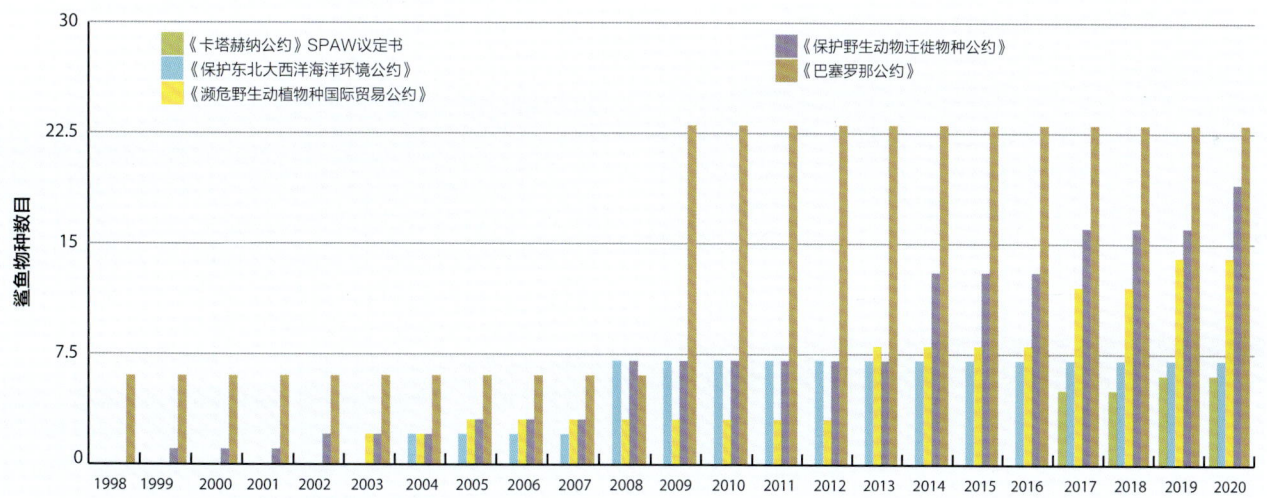

列入区域海洋公约和行动计划的鲨鱼种数

伯利兹渔具渔法的改变

自从20世纪引入非选择性单丝刺网后，传统渔业的渔民首先看到了伯利兹鱼类种群和沿海野生动物的减少。丹·卡斯特利亚诺斯说："自20世纪90年代以来，我就没见过锯鳐了，它们都被渔网缠死了。"卡斯特利亚诺斯以前是渔民，后来成为伯利兹的向导。鲨鱼的数量和多样性（对生态旅游非常重要）显著减少，海龟和海牛等受保护的物种继续受到威胁，以及对休闲渔业海上垂钓者重要的非消费性经济鱼类的损失，都是这些渔网造成的。20年来，伯利兹2500名注册渔民中有2300多人不支持在当地禁止使用刺网。在所有关键部门联合起来呼吁政府采取行动之后，首个禁止使用刺网的国家禁令最终于2020年11月6日颁布。现在伯利兹的整个水域的渔民不再允许持有和使用刺网。禁止刺网捕鱼有诸多好处，包括如下方面：

- 恢复枯竭的渔业资源
- 促进公平和公正的捕捞
- 支持替代性生计
- 通过保证具有巨大旅游价值的物种（如鲨鱼）的生存来促进旅游业的发展。
- 提高保护区的有效性
- 改善安全措施，保护被网捕获的受保护物种
- 保护脆弱的栖息地
- 减少因丢弃废网造成的塑料污染和"幽灵"捕鱼渔网（鱼会反复被刺网缠住）
- 简化执法工作，并能让公众积极参与进来
- 改善渔业管理
- 增加食品安全

伯利兹成功推行渔网禁令的经验可高度复制到其他国家。它依赖于一个跨部门可持续渔业联盟的形成，该联盟包括渔民代表（伯利兹渔民联合会和伯利兹猎鱼协会）、科学和保育部门（海洋联盟）、旅游部门（伯利兹旅游业协会、特纳夫环礁信托基金、黄狗游钓和保护机构，以及倡导性非政府组织海洋伯利兹），并与渔民和旅游导游进行了广泛磋商。该联盟还进行了重大筹款活动，以支持渔民向经济替代方案过渡和回购渔网。得力于这些努力，禁令在政府层面获得了部长级别的支持。在发起一场包括放弃不可持续的渔业的运动中，开创先例往往是最艰难的，伯利兹的渔网禁令提供了一个渔业保护的先例，以帮助其他国家在渔业生产中使用替代破坏性渔具的其他渔具，从而使得当地的鱼类种群得以恢复，渔业生产和粮食安全得以保障。

技术建议。然而，这些区域渔业管理组织可以对特定海洋区域内的某些鱼类种群采取强制性的养护和渔业管理措施，甚至包括在公海上。5个区域渔业管理组织管理金枪鱼和类金枪鱼物种（如剑鱼和旗鱼）的海洋渔业，同时也捕捞大量受威胁的大型中上层鲨鱼，这些鲨鱼正越来越多地被列入生物多样性保护协议中。其他区域渔业管理组织负责管理更广泛的高度洄游和跨界（共享）鱼类资源。直到最近，很少有区域渔业管理组织监测鲨鱼渔获量，更不用说管理鲨鱼渔业。尽管不同的区域渔业管理组织采取的措施和保护的物种有所不同，现在许多区域渔业管理组织已经采取了禁止割取鲨鱼鳍的措施，一些金枪鱼区域渔业管理组织已经禁止在渔船上存留几种最受威胁的大洋性鲨鱼（如长鳍真鲨、镰状真鲨和一些长尾鲨及双髻鲨）。2019年，金枪鱼区域渔业管理组织首次制定了在北大西洋和南大西洋的大青鲨的国际大洋性鲨鱼捕捞限额。

鲨鱼的保护现状

在过去的几十年里，保护和管理鲨鱼的提案得到了越来越多的支持。这是评估和定期更新所有鲨鱼和其他软骨鱼类（超过1100种）保护状况这一艰巨任务所取得的稳步发展的成果。这项工作是由世界自然保护联盟（IUCN）鲨鱼专家组的志愿者网络在IUCN濒危物种红色名录的支持下进行的。这个庞大的项目耗时将近20年，根据世界自然保护联盟濒危物种红色名录的分类和标准，对所有软骨鱼类的相对灭绝风险进行了首次系统性评估。另一个是全球鲨鱼趋势项目，监测全球鲨鱼种群变化趋势和灭绝风险，截至本书成稿前，它的第一次全面更新即将结束。随着时间的推移，鲨鱼的保护状况会随着渔业开发、保护工作的推进和渔业管理措施的实施以及科学知识的提高而发生变化。本书为每个鲨鱼物种提供了2024年的红色名录类别，但定期的更新计划意味着每年都会有几次变化，所以请经常查阅IUCN濒危物种红色名录网站以获得最新的信息。

表2　全球现生鲨鱼红色名录评估结果概要

红色名录濒危等级	鲨鱼数目	鲨鱼物种占比	
		包括数据缺乏和未评估	数据充足
灭绝（EX）	0	0%	0%
野外灭绝（EW）	0	0%	0%
极危（CR）	30	5.6%	6.8%
濒危（EN）	48	8.9%	11%
易危（VU）	66	12.3%	15%
近危（NT）	52	9.7%	11.9%
无危（LC）	242	45.1%	55.3%
数据缺乏（DD）	89	16.6%	—
未评估（NE）	9	1.7%	—
总计	536	—	—

左边的表格和下图总结了本书中描述的536个鲨鱼物种的红色名录状况（2024年公布的），其中9个物种（1.7%）尚未在IUCN濒危物种红色名录中得到评估（未评估，NE）；144种（26.9%）被列为受威胁物种，其中30种（5.6%）为极度濒危（极危，CR）（其中一种可能已经灭绝），48种（8.9%）为濒危（EN），66种（12.3%）为易危（VU）。另有52种鲨鱼（9.7%）接近受威胁（近危，NT），这意味着它们接近符合或可能在不久的将来符合受威胁的类别。89个物种（16.6%）为数据缺乏（DD），这意味着没有足够的信息来准确评估它们的状态；与2012年45%的鲨鱼物种被归入这一类别相比，这是一个很大的进步。大量鲜为人知的深海鲨鱼（特别是乌鲨、猫鲨和铠鲨）目前被评估为无危（LC），而不是数据不足，因为它们的深海栖息地不易接近，渔业价值低。总体而言，45.1%的鲨鱼物种（242种）现在被评估为无危（LC）。

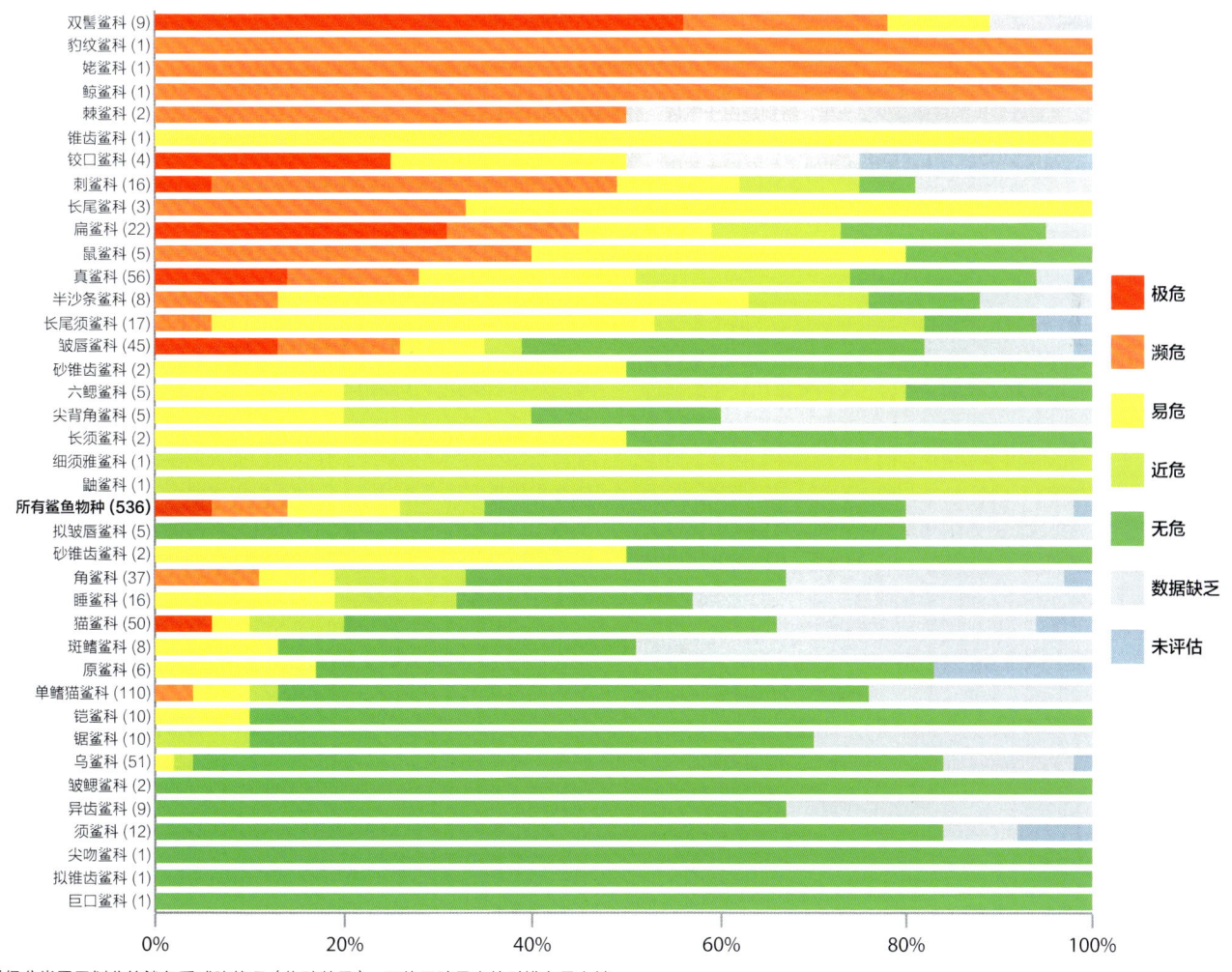

以科级分类界元划分的鲨鱼受威胁状况（物种数目）。灭绝风险最高的科排在最上端

生物多样性丧失的驱动因素：海洋和渔业

许多读者都听说过政府间气候变化专门委员会（IPCC），它为世界各国政府提供定期的科学评估，阐述人类引起的气候变化的现状，其对自然、政治和经济的影响和风险，以及可能的应对措施。然而，你可能没有听说过生物多样性和生态系统服务政府间科学政策平台（IPBES），有时也被称为"野生动物的IPCC"。经过三年的调查，第7次IPBES报告评估了生物多样性丧失的驱动因素，并于2019年发表。这些报告涵盖了世界上的4个区域——地球上除南北两极和开阔的海洋之外的区域。他们对"海洋与渔业"的研究结果令人担忧：

- 66%的海洋环境受到人类活动的严重影响
- 产业化捕捞覆盖了55%的海洋面积
- 全球33%的鱼类捕捞是非法的或不受管制的
- 33%的鱼类正在以不可持续的方式被捕捞
- 60%的鱼类资源处于最高可持续捕捞量
- 因为沿海居住地和保护缓冲区的丧失，1亿—3亿人面临洪水和飓风的风险增加
- 海草床作为不同生物群落的家园和鱼类的育幼场所，每10年丧失10%
- 在过去的150年里珊瑚礁的数量减少了一半，特别是由于气候变化的影响，在最近几十年里急剧衰退
- 有超过400个海洋死区是由化肥污染造成的（总面积比英国还大）

根据世界自然保护联盟濒危物种红色名录的指数，两个最受威胁的鲨鱼目是扁鲨目和鼠鲨目；在科级层面上，风险最大的是双髻鲨科、巨口鲨科和长尾鲨科，扁鲨、真鲨、半沙条鲨科和鼠鲨紧随其后。这些主要是沿海和海洋远洋物种，它们暴露于密集的专捕和兼捕渔业之下（对鱼翅的需求是鲨鱼死亡的一个重要驱动因素，但也包括某些物种的鲨鱼肉），而较大的鲨鱼也往往是"K-选择"生活史对策，其种群对高强度的开发没有恢复的弹性。其他威胁包括沿海、河口和河流栖息地的破坏和扰乱。目前只有18种鲨鱼被认为受到气候变化的威胁，其中大部分是栖息在印度-太平洋浅水和珊瑚礁的物种，但这一数字可能会随着未来数据的更新而上升。相比之下，大多数深海鲨鱼家族，甚至是体型庞大的睡鲨，通常都没有受到严重威胁。颗粒刺鲨显然是个例外，它被评估为濒危鲨鱼，因为它的肉和肝油都是被猎取的对象；而且它们生长得非常缓慢，性成熟很晚，只产很少的幼崽（典型的"K-选择"生活史对策）。

1975年的经典恐怖电影《大白鲨》及其续集和仿拍电影中对鲨鱼的刻画，影响了人们对人鲨关系的看法。它影射着鲨鱼对任何冒险进入它领域的人会有无时不在的严重威胁。与此同时，越来越多的人在海岸和海中度过了更多的休闲时光。虽然少数鲨鱼对人确实存在潜在危险，而且每年会有少数人被鲨鱼撕咬，但更多场合是另一番景象，那就是由于人类的影响，鲨鱼在全世界范围内普遍受到威胁。

虽然已经灭绝的鲨鱼种类比现生的多得多，但这些灭绝事件发生在非常遥远的过去，是由历史上世界海洋的重大环境变化或全球范围的自然灾难造成的。工业化渔业正在改变现状。我们正走向新的海洋灭绝事件，这一次缘于我们人类对"海洋资源"不可持续的开发以及对海洋生态系统的破坏。随着人类几千年来向世界各地的扩散，大多数大型陆生动物的灭绝发生得相对缓慢，而我们对大型海洋动物的影响是最近才发生的。这场灭绝危机在不到一个世纪前开始，但对海洋动物的重大影响只发生在近30年。从鲨鱼的角度来看，30年的时间不仅比许多鲨鱼物种的寿命短，而且一些大约30年前出生的鲨鱼如果幸存下来，可能只是刚刚达到性成熟并开始繁殖。

幸运的是，我们仍有时间扭转这一趋势。今天，我们正在进入鲨鱼与人类关系的一个新阶段——一个增进相互理解和认识的阶段，一个努力保护而不是消灭鲨鱼的阶段。对鲨鱼保护最有力的支持来自那些与鲨鱼有过面对面接触的人，他们可能是潜水员、垂钓者、冲浪者和科学家这些最了解鲨鱼的人，还有来自年轻一代的支持，他们对鲨鱼的认知不是来自《大白鲨》，而是来自在公共水族馆里与鲨鱼的接触，以及纪录片等教育信息。

我们现在明白，确保鲨鱼留在世界海洋中是很重要的，不仅因为它们是令人惊叹的、美丽的生物，还因为我们人类需要它们。管理良好的鲨鱼种群资源对贫穷的沿海地区具有重要的经济价值，还涉及粮食安全、收入以及生态旅游。鲨鱼在维持海洋生态系统的生物多样性、结构、功能和稳定性方面也发挥着至关重要的作用。移除大型捕食者可能会产生反直觉和不可预测的结果，不一定会引起鲨鱼所捕食的鱼类数量增加并为我们提供更多食物。鲨鱼的消失可能会导致其他捕食者增加，从而导致食物链下游重要商业物种的数量减少。作者希望这本书能使读者意识到，尽管媒体夸大其词，但真实的故事不是"吃人的鲨鱼"，而是"吃鲨鱼的人"。处于危险中的物种是鲨鱼而不是人类，因为一些鲨鱼物种正迅速走向灭绝。

我们需要鲨鱼生存于我们的海洋里，我们需要它们作为人类的食物，特别是在那些缺乏蛋白质来源的国家；我们需要它们，是因为它们带来的经济效益，是因为它们维护整个海洋生态系统的平衡，是因为我们知道世界上的某处仍存在着这种最美丽、进化程度最高、身形线条最优美、最酷的动物，这对我们来说是一种精神上的纯粹的愉悦。无论你是否有幸看到鲨鱼，请与我们一起帮助它们：支持鲨鱼保护组织和活动，并肩负起应有的责任，为减少人类对鲨鱼数量和栖息地的不良影响做一份贡献。

现生鲨鱼目及科级检索

1a 臀鳍缺失 图1 → **2**

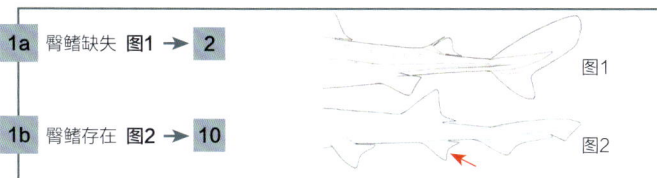
图1

1b 臀鳍存在 图2 → **10**

图2

2a [1a] 口端位，身体扁平如鳐鱼；大而延展的胸鳍，胸鳍前叶呈三角形或斜方形且与鳃裂重叠；尾鳍下叶大于上叶，反歪尾型。见**图3**。

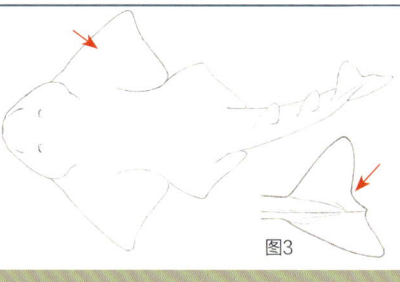
图3

▷ 扁鲨目，扁鲨科家族：第217—236页。

2b [1a] 口下位；体呈圆柱形不似鳐鱼，头部稍平扁；胸鳍较小，不具前叶；尾鳍呈歪尾形或圆尾形。见**图4**。 → **3**

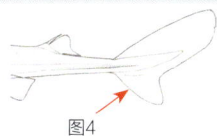
图4

3a [2b] 吻部很长，呈扁平锯状，吻两侧边缘和腹面上具多列大小不一的尖锐的齿状突起。吻下端鼻孔前具一对较长的带状须。

▷ 锯鲨目，锯鲨科家族：第211—216页。

3b [2b] 吻正常，不呈锯状。角鲨目。 → **4**

4a [3b] 喷水孔较小，位于眼后；第五鳃裂比前四个鳃裂长很多；身体覆盖着中等大小紧密排列的棘刺状盾鳞或大而稀疏的板状盾鳞；腹鳍远大于第二背鳍。第一背鳍起点在腹鳍起点正上方或稍后。

▷ 棘鲨目：第92—94页。

4b [3b] 喷水孔较大且在眼后闭合；第五鳃裂不显著大于第一至第四鳃裂；盾鳞小至中等大，形状不一；腹鳍与第二背鳍大小相等或稍小；第一背鳍起点远在腹鳍起点前方。 → **5**

5a [4b] 体高且侧扁，横截面呈三角形，胸鳍和臀鳍基部之间有侧嵴；背鳍极高。

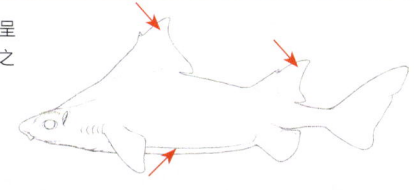

▷ 尖背角鲨科：第194—196页。

5b [4b] 身体较低，横截面更近似圆柱形，胸鳍和臀鳍基部之间的侧嵴较低，或者没有背鳍低。 → **6**

6a [5b] 上下颌的牙齿相似且呈刀片状，有一个偏斜的水平齿尖，牙冠较低矮，光滑不具锯齿，见**图5**；尾柄通常有一个上部的尾前凹（在卷盔鲨属中较浅或无）；尾柄上有明显的侧嵴，见**图6**；两背鳍棘均没有沟槽；尾鳍上叶无近端缺刻。

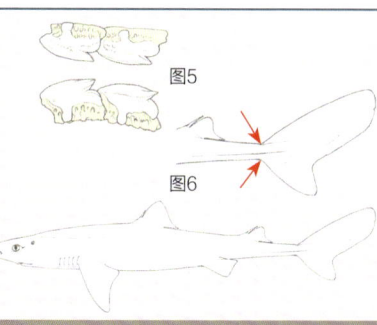
图5
图6

▷ 角鲨科：第104—124页。

6b [5b] 上下颌的牙齿相异，见**图7**；尾柄无尾前凹；尾柄通常不具侧嵴，见**图8**（铠鲨科的一些物种存在微弱的侧嵴）；如果存在背鳍棘，则具沟槽；尾鳍上通常有十分明显的近端缺刻。 → **7**

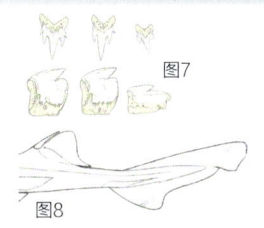
图7
图8

7a [6b] 上下颌牙齿呈钩状，有齿尖或锯齿；或上齿有齿尖和锯齿，下齿侧扁呈刀状且重叠排列；身体底部、侧腹部和尾部通常有一些明显、密集的黑色斑纹（光斑），有发光器。

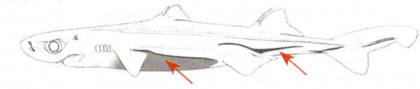

▷ 乌鲨科家族：第150—170页。

7b [6b] 上齿有尖锐的齿尖但无锯齿；下齿侧面延展侧扁，呈刀状且重叠排列，比上齿大很多，见**图9**；身体底部、侧面和尾部没有明显的、密集的、具有光器的黑色斑纹，但其他部位可能有发光器。 → **8**

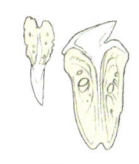
图9

8a [7b] 上齿相对较宽，呈刀片状；下齿较低且宽，亦呈刀片状，见下图10。

图10

▶ 刺鲨科家族：第125—137页

8b [7b] 上齿相对狭窄，不呈刀片状；下齿高且宽，呈刀片状（**图11**）。➜ **9**

图11

9a [8b] 头部中等宽大，稍扁平或圆锥形；背腹视图显示吻部平坦，身体呈狭长圆柱形；腹部通常有侧嵴；两个背鳍具或不具（睡鲨属和拟铠鲨属）背鳍棘。

▶ 睡鲨科家族：第182—191页

9b [8b] 头部狭窄，呈圆锥形；体延长，背腹视图显示吻部呈圆锥形，身体呈狭长圆形至细长圆形；腹部无侧嵴；大多数属缺乏背鳍棘（小角鲨属仅具有一个短小的第一背鳍棘）。

▶ 铠鲨科家族：第197—205页

10a [1b] 头部具6或7对鳃裂；单背鳍，后位。➜ **11**

10b [1b] 头部具5对鳃裂；双背鳍（单鳍猫鲨科除外）。➜ **12**

11a [10a] 口端位；鳃裂6对，其中第一对在喉部下方连接；上下颌齿相似，齿为细长三叉形，见**图12**，体延长，似鳗形。

图12

▶ 皱鳃鲨科家族：第86—87页

11b [10a] 口下位；鳃裂6-7对，其中第一对不在喉部下方连接；上颌前齿为单齿，下颌前齿为梳状，见**图13**；身体相当粗壮，不似鳗型。

图13

▶ 六鳃鲨科家族：第88—91页

12a [10b] 每个背鳍都具一根强壮的棘刺。

▶ 异齿鲨目，异齿鲨科家族：第237—247页

12b [10b] 背鳍无棘刺。➜ **13**

13a [12b] 眼睛在口的后方；口鼻之间有较深的鼻口沟相连；鼻孔入水口内侧具一对鼻须，见**图14**（鲸鲨科中鼻须不发达）。须鲨目。➜ **14**

图14

13b [12b] 眼睛部分或完全在口上方；通常不具鼻口沟，若存在（猫鲨科少数物种），则宽而浅；须若存在，则从鼻孔的前鼻瓣发育而来，不与之分离，见**图15**。➜ **20**

图15

14a [13a] 口巨大，几近端位；外部鳃裂非常大；尾柄有明显突出的侧嵴；尾鳍有明显的下叶，但无近端缺刻。

▶ 鲸鲨科家族：第290页

14b [13a] 口较小，亚端位；外部鳃裂较小；尾柄无明显侧嵴；尾鳍有一不明显下叶或无，但有一明显的尾鳍顶叶和近端缺刻，见**图16**。➜ **15**

图16

15a [14b] 尾鳍长度约占总体长的一半。

▶ 豹纹鲨科家族：第283页

15b [14b] 尾鳍比鱼体其他部分短很多。➜ **16**

16a [15b] 头部和身体相当宽扁，头部两侧具皮瓣；上颌具2排较大犬齿，下颌齿有3排。

▶ 须鲨科家族：第257—269页

16b [15b] 头和身体呈圆柱形或适度扁平，头部没有皮瓣；齿较小。➜ **17**

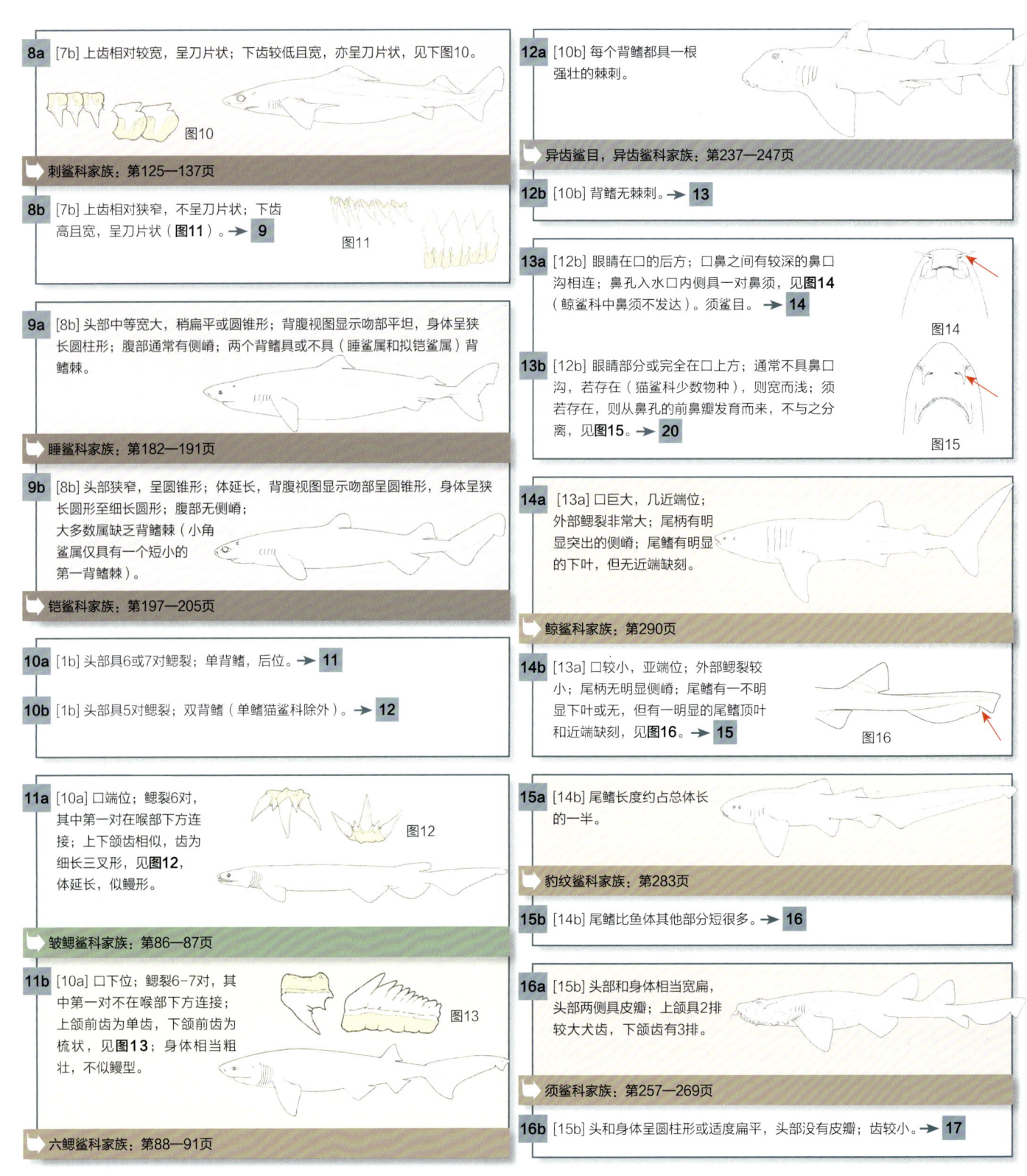

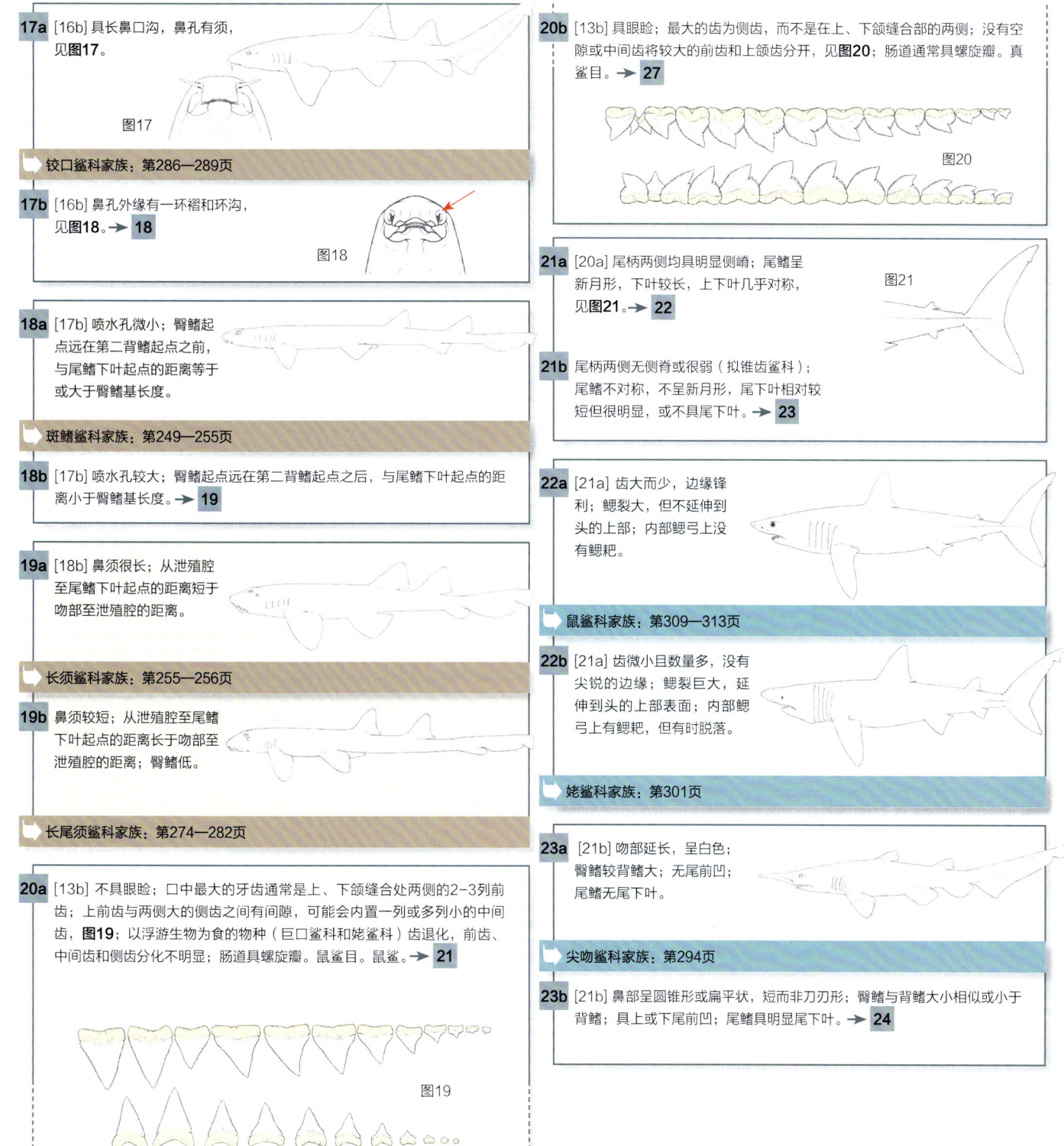

17a [16b] 具长鼻口沟，鼻孔有须，见**图17**。

图17

> 铰口鲨科家族：第286—289页

17b [16b] 鼻孔外缘有一环褶和环沟，见**图18**。 **18**

图18

18a [17b] 喷水孔微小；臀鳍起点远在第二背鳍起点之前，与尾鳍下叶起点的距离等于或大于臀鳍基长度。

> 斑鳍鲨科家族：第249—255页

18b [17b] 喷水孔较大；臀鳍起点远在第二背鳍起点之后，与尾鳍下叶起点的距离小于臀鳍基长度。 **19**

19a [18b] 鼻须很长；从泄殖腔至尾鳍下叶起点的距离短于吻部至泄殖腔的距离。

> 长须鲨科家族：第255—256页

19b 鼻须较短；从泄殖腔至尾鳍下叶起点的距离长于吻部至泄殖腔的距离；臀鳍低。

> 长尾须鲨科家族：第274—282页

20a [13b] 不具眼睑；口中最大的牙齿通常是上、下颌缝合处两侧的2-3列前齿；上前齿与两侧大的侧齿之间有间隙，可能会内置一列或多列小的中间齿，**图19**；以浮游生物为食的物种（巨口鲨和姥鲨科）齿退化，前齿、中间齿和侧齿分化不明显；肠道具螺旋瓣。鼠鲨目。鼠鲨。 **21**

图19

20b [13b] 具眼睑；最大的齿为侧齿，而不是在上、下颌缝合部的两侧；没有空隙或中间齿将较大的前齿和上颌齿分开，见**图20**；肠道通常具螺旋瓣。真鲨目。 **27**

图20

21a [20a] 尾柄两侧均具明显侧嵴；尾鳍呈新月形，下叶较长，上下叶几乎对称，见**图21**。 **22**

图21

21b 尾柄两侧无侧嵴或很弱（拟锥齿鲨科）；尾鳍不对称，不呈新月形，尾下叶相对较短但很明显，或不具尾下叶。 **23**

22a [21a] 齿大而少，边缘锋利；鳃裂大，但不延伸到头的上部；内部鳃弓上没有鳃耙。

> 鼠鲨科家族：第309—313页

22b [21a] 齿微小且数量多，没有尖锐的边缘；鳃裂巨大，延伸到头的上部表面；内部鳃弓上有鳃耙，但有时脱落。

> 姥鲨科家族：第301页

23a [21b] 吻部延长，呈白色；臀鳍较背鳍大，无尾前凹；尾鳍无尾下叶。

> 尖吻鲨科家族：第294页

23b [21b] 鼻部呈圆锥形或扁平状，短而非刀刃形；臀鳍与背鳍大小相似或小于背鳍；具上或下尾前凹；尾鳍具明显尾下叶。 **24**

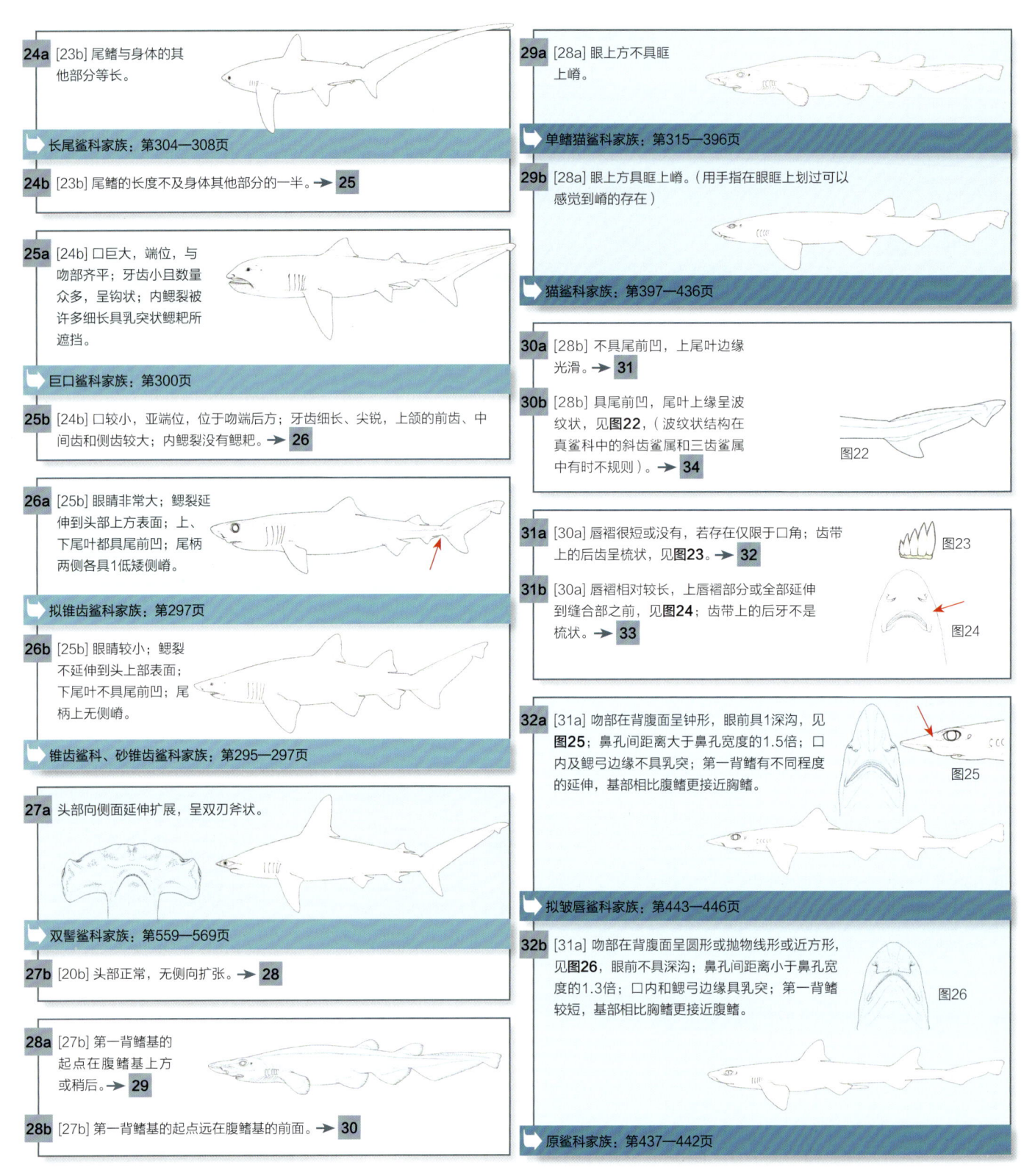

24a [23b] 尾鳍与身体的其他部分等长。

▶ 长尾鲨科家族：第304—308页

24b [23b] 尾鳍的长度不及身体其他部分的一半。 → **25**

25a [24b] 口巨大，端位，与吻部齐平；牙齿小且数量众多，呈钩状；内鳃裂被许多细长具乳突状鳃耙所遮挡。

▶ 巨口鲨科家族：第300页

25b [24b] 口较小，亚端位，位于吻端后方；牙齿细长、尖锐，上颌的前齿、中间齿和侧齿较大；内鳃裂没有鳃耙。 → **26**

26a [25b] 眼睛非常大；鳃裂延伸到头部上方表面；上、下尾叶都具尾前凹；尾柄两侧各具1低矮侧嵴。

▶ 拟锥齿鲨科家族：第297页

26b [25b] 眼睛较小；鳃裂不延伸到头上部表面；下尾叶不具尾前凹；尾柄上无侧嵴。

▶ 锥齿鲨科、砂锥齿鲨科家族：第295—297页

27a 头部向侧面延伸扩展，呈双刃斧状。

▶ 双髻鲨科家族：第559—569页

27b [20b] 头部正常，无侧向扩张。 → **28**

28a [27b] 第一背鳍基的起点在腹鳍基上方或稍后。 → **29**

28b [27b] 第一背鳍基的起点远在腹鳍基的前面。 → **30**

29a [28a] 眼上方不具眶上嵴。

▶ 单鳍猫鲨科家族：第315—396页

29b [28a] 眼上方具眶上嵴。（用手指在眼眶上划过可以感觉到嵴的存在）

▶ 猫鲨科家族：第397—436页

30a [28b] 不具尾前凹，上尾叶边缘光滑。 → **31**

30b [28b] 具尾前凹，尾叶上缘呈波纹状，见**图22**。（波纹状结构在真鲨科中的斜齿鲨属和三齿鲨属中有时不规则）。 → **34**

图22

31a [30a] 唇褶很短或没有，若存在仅限于口角；齿带上的后齿呈梳状，见**图23**。 → **32**

图23

31b [30a] 唇褶相对较长，上唇褶部分或全部延伸到缝合部之前，见**图24**，齿带上的后牙不是梳状。 → **33**

图24

32a [31a] 吻部在背腹面呈钟形，眼前具1深沟，见**图25**；鼻孔间距离大于鼻孔宽度的1.5倍；口内及鳃弓边缘不具乳突；第一背鳍有不同程度的延伸，基部相比腹鳍更接近胸鳍。

图25

▶ 拟皱唇鲨科家族：第443—446页

32b [31a] 吻部在背腹面呈圆形或抛物线形或近方形，见**图26**，眼前不具深沟；鼻孔间距离小于鼻孔宽度的1.3倍；口内和鳃弓边缘具乳突；第一背鳍较短，基部相比胸鳍更接近腹鳍。

图26

▶ 原鲨科家族：第437—442页

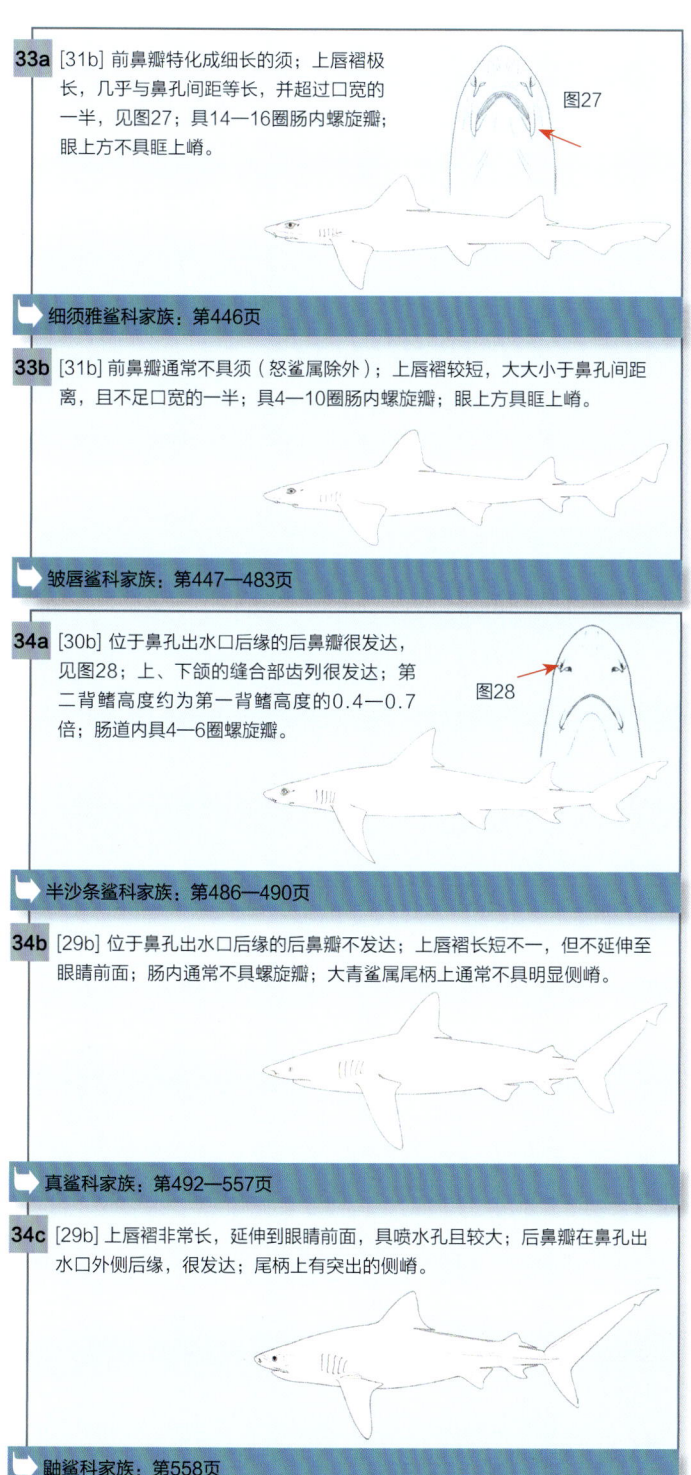

33a [31b] 前鼻瓣特化成细长的须；上唇褶极长，几乎与鼻孔间距等长，并超过口宽的一半，见图27；具14—16圈肠内螺旋瓣；眼上方不具眶上嵴。

图27

➡ 细须雅鲨科家族：第446页

33b [31b] 前鼻瓣通常不具须（怒鲨属除外）；上唇褶较短，大大小于鼻孔间距离，且不足口宽的一半；具4—10圈肠内螺旋瓣；眼上方具眶上嵴。

➡ 皱唇鲨科家族：第447—483页

34a [30b] 位于鼻孔出水口后缘的后鼻瓣很发达，见图28；上、下颌的缝合部齿列很发达；第二背鳍高度约为第一背鳍高度的0.4—0.7倍；肠道内具4—6圈螺旋瓣。

图28

➡ 半沙条鲨科家族：第486—490页

34b [29b] 位于鼻孔出水口后缘的后鼻瓣不发达；上唇褶长短不一，但不延伸至眼睛前面；肠内通常不具螺旋瓣；大青鲨属尾柄上通常不具明显侧嵴。

➡ 真鲨科家族：第492—557页

34c [29b] 上唇褶非常长，延伸到眼睛前面，具喷水孔且较大；后鼻瓣在鼻孔出水口外侧后缘，很发达；尾柄上有突出的侧嵴。

➡ 鼬鲨科家族：第558页

图版 1　六鳃鲨目

具1无棘背鳍，具臀鳍；6或7对鳃裂；口大；喷水孔较小。

非洲皱鳃鲨 *Chlamydoselachus africana*　第87页

分布于大西洋东南部，印度洋西南部为其可能出现区域；栖息水深300—1400米。近、外海底栖，也可出现在中上层水域。它在形态上难以和皱鳃鲨区分，但通常有一个较长的头部和较短的躯干部。

皱鳃鲨 *Chlamydoselachus anguineus*　第87页

零星分布于世界范围内海域；栖息水深17—1520米。近、外海底栖，也常出现在中上层水域。口大端位，具细长三叉形尖牙，齿间间距较大；6对鳃；背鳍低矮且小于臀鳍，胸鳍小于腹鳍。

尖吻七鳃鲨 *Heptranchias perlo*　第88页

分布于除东北太平洋外的世界各地海域，尤其是在热带和温带水域；栖息水深0—1000米，主要栖息于深海。身体延长；头部尖锐，口窄眼大；幼体背鳍上角呈黑色，后随着生长而褪色。

灰六鳃鲨 *Hexanchus griseus*　第90页

除极地海域外，其他大洋均有散在分布；栖息水深0—2500米。幼体通常出现在近岸寒冷水域，成体大多在深海栖息，偶尔在海底峡谷头部附近的浅水区也有记录。体大而重；头部扁宽，口大眼小，眼周呈一白环；鳍柔软；侧线和鳍后缘呈浅色。

中村氏六鳃鲨 *Hexanchus nakamurai*　第89页

在印度洋和西太平洋温带和热带水域散在分布；栖息水深0—700米。在海床或附近出现，偶尔也靠近水面或近岸。身体纤细；头部狭窄，口裂小，眼大；鳍上角和后缘呈白色，尾鳍下叶有较深近端缺刻。

小六鳃鲨 *Hexanchus vitulus*　第89页

分布于北大西洋，地中海较少见，在暖温带和热带水域有零星分布；栖息水深鲜为人知，大约0—700米。身体纤细；头部相当狭长，具钝圆的吻，口裂宽弧度大；鳍具白色上角和后缘。

扁头哈那鲨 *Notorynchus cepedianus*　第91页

除北大西洋外全世界海域均有分布，通常在寒冷至温带水域散在分布；栖息水深可至570米以上，但通常栖息于近岸水深小于100米处。头宽扁，口裂宽大，眼小；体侧密布许多小黑点（有些为普通的或白色的斑点），新生个体背鳍上角为黑色，但会随着生长而褪去。

注：本书中所有图版的顺序与原版书的保持一致。　　　　　　　　　　　　　　　　　　○ 皱鳃鲨

○ 非洲皱鳃鲨

○ 皱鳃鲨

○ 尖吻七鳃鲨

○ 灰六鳃鲨

○ 中村氏六鳃鲨

○ 小六鳃鲨

○ 扁头哈那鲨

50厘米

六鳃鲨目（Hexanchiformes）

本目包含现生鲨鱼中最古老的支序，有两个极为独特的科：皱鳃鲨科（Chlamydoselachidae）和六鳃鲨科（Hexanchidae），前者现在已知至少包含两个非常相似的物种，后者有5个物种。

鉴定 胸鳍前具6或7对鳃裂；单背鳍，无刺，位于腹鳍正上方或稍后；具臀鳍。脊椎骨延伸到尾鳍的较长的上叶；尾鳍下叶短或缺失。口裂较大，眼睛位于头部侧面；喷水孔很小，位于眼睛后或眼上方。体型中等至偏大。

生物学特征 大多数物种广泛分布于世界各地，从热带到温带和寒带水域。多见于热带海域的深海较冷水层，但是在温带海域的近岸也有发现；有些物种营昼夜（垂直）迁移。

保护状态 有时会成为拖网、延绳钓的兼捕渔获物，或被当作游钓渔业对象捕获，其中一些物种受到潜水员的喜好。在世界自然保护联盟濒危物种红色名录中，大多数物种被评估为无危或近危。

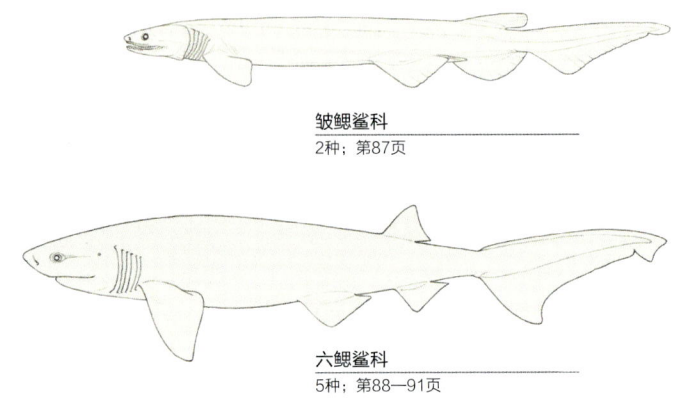

皱鳃鲨科
2种；第87页

六鳃鲨科
5种；第88—91页

皱鳃鲨科（Chlamydoselachidae）

包含1属：皱鳃鲨属（*Chlamydoselachus*）。皱鳃鲨属包含2个物种，它们在外形上非常相似（某些部位存在一些地域性差异），以至于直到最近还会被认为是同一种广域分布的物种。而分布在莫桑比克沿海、马达加斯加以南的海山以及马尔代夫海域的皱鳃鲨需要进行物种再确认。

鉴定 体棕色，延长呈鳗形；头似蛇，吻扁平较短，口端位，口裂较大呈深弧形；颌齿呈细长三叉型，齿间距较大；眼较大，虹膜绿色；鳃间隔延长而具褶皱，第1对鳃裂在喉部左右互相连接，后5对鳃孔亦延伸至腹面；背鳍低矮且大大小于臀鳍，胸鳍小于腹鳍。软骨颅和椎骨的内部结构、椎骨数量和钙化模式、胸鳍的骨骼形态和辐状软骨数量以及肠内螺旋瓣数量等特征将南非皱鳃鲨与日本、中国台湾沿海的皱鳃鲨区分开来。

生物学特征 卵胎生；通常胎仔较小，妊娠期可能很长（长达3.5年）。

保护状态 偶尔在深海渔业中兼捕到。两个物种在世界自然保护联盟红色名录中都被认定是无危（LC）。

皱鳃鲨（*Chlamydoselachus anguineus*），由海洋探索信托基金的E/V Nautilus探索计划在葡萄牙外海的Gorringe Bank拍摄（第87页）

非洲皱鳃鲨 *Chlamydoselachus africana*

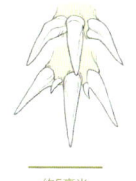

约5毫米

齿
上：24—30颗
下：23—27颗

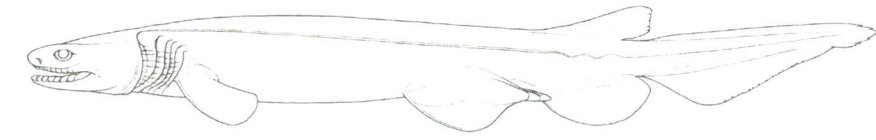

体长测量　出生体长：约50厘米。性成熟体长：雄性约92厘米，雌性至少117厘米。
最大体长：已知的最大标本为一性成熟雌性个体，体长117厘米。

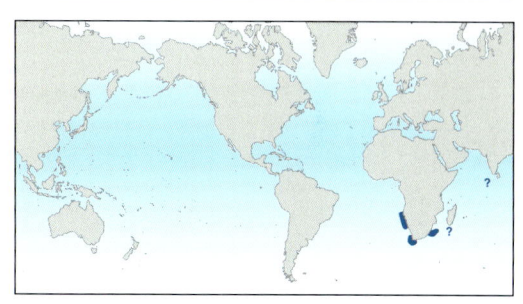

　　鉴定　头部长度超过总长度的17%，除此之外，依照外部特征很难与皱鳃鲨（Chlamydoselachus anguineus）区分。
　　分布　大西洋东南部，非洲南部海域（安哥拉南部、纳米比亚与南非）；西南印度洋的记录需要再确认。
　　栖息地　近、外海底栖，也可出现在中上层水域，通常出现在300—1400米的大陆坡上部。
　　行为　摄食活跃于中下层海域的原鲨、角鲨、光尾鲨和锯尾鲨以及硬骨鱼类。
　　生物学　卵胎生，每次至少产3尾胎仔，其他情况不明。
　　保护状态　无危（LC）。偶尔被作为鳕鱼渔业中未被利用的兼捕渔获物。

皱鳃鲨 *Chlamydoselachus anguineus*

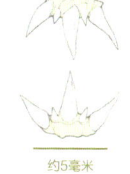

约5毫米

齿
上：19—28颗
下：21—29颗

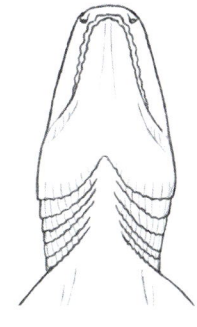

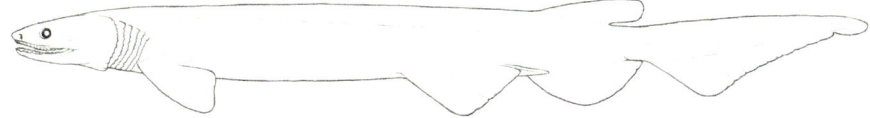

体长测量　出生体长：约39—60厘米。性成熟体长：雄性约118厘米，雌性126—150厘米。
最大体长：165厘米，雄性；196厘米，雌性。

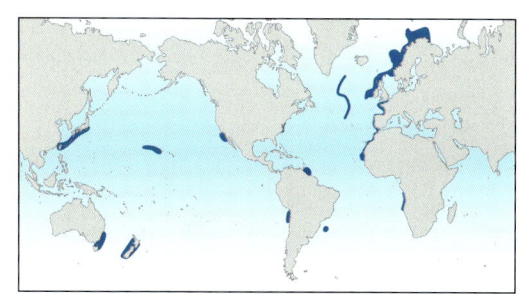

　　鉴定　头部长度不及总长度的17%。
　　分布　广泛但零星分布于世界各地；不常见或罕见，但在某些地区较常见。
　　栖息地　近、外海底栖，也可出现在中上层水域。近海大陆架和大陆上部以及岛屿斜坡，通常在水深17—1520米处栖息。经常在夜间迁移到水面。
　　行为　以活跃于中下层水域的鱿鱼和鱼类为食，也包括较小的鲨鱼。在圈养条件下，习惯在游泳时张嘴露出白色牙齿以引诱猎物。这些鲨鱼在水体中垂直活动范围很广，有个体曾在深度1500米海域上方深度不足20米的地方被捕获。
　　生物学　卵胎生，每胎2—15尾胎仔，以直径11—12厘米的卵黄囊为发育营养来源。怀孕的雌鱼腹部膨大。在日本沿海，繁殖期处于春季，但可能全年都可进行繁殖。妊娠期可能会很长（1—3年）。目前捕获的最小个体体长约54厘米。以小型角鲨、猫鲨、硬骨鱼类及中层甲壳类为食。
　　保护状态　无危（LC）。偶尔会成为深海拖网和刺网的兼捕渔获物，可用于食用或制鱼粉。偶尔在水族馆中被短暂展示。对人类不构成威胁。

六鳃鲨科（Hexanchidae）

本科共3属5种：六鳃鲨属（*Hexanchus*）（3种），七鳃鲨属（*Heptranchias*）（1种）和哈那鲨属（*Notorynchus*）（1种）。六鳃鲨多见于寒冷海域：暖温带和热带海域的深水区，但在寒温带海域可以进入浅水区。仅扁头哈那鲨长期栖息在沿海浅水区。

鉴定 体呈中等纤细至粗壮的圆柱形，胸鳍前有6或7对鳃裂（第1对鳃裂不在喉部相连）。口下位。下颌具大而侧扁的梳状齿，上颌齿相对小而尖锐。单背鳍，无背鳍棘，鳍稍高而基部较短，上角明显；胸鳍外角突出，较腹鳍大；臀鳍比背鳍小。尾鳍上叶有明显的近终端缺刻。

生物学 卵胎生。有些种具洄游性，季节性地游到近岸来觅食或产仔。

现状 偶尔被渔业兼捕或在一些商业垂钓或目标性游钓中被捕获。在一些浅水区对潜水旅游很重要。在世界自然保护联盟濒危物种红色名录中，大多数物种被评估为接近濒危（NT）或易危（VU）。

扁头哈那鲨（第91页）

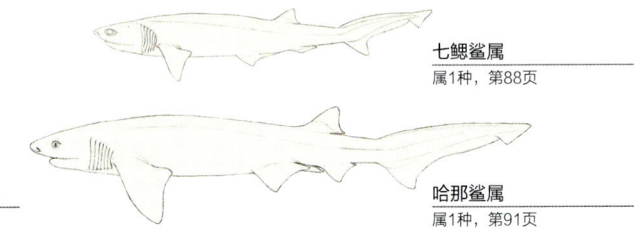

七鳃鲨属
属1种，第88页

哈那鲨属
属1种，第91页

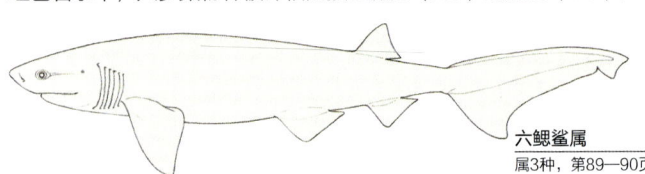

六鳃鲨属
属3种，第89—90页

尖吻七鳃鲨 *Heptranchias perlo*　　　　FAO代码：**HXT**　　　图版 第84页

10毫米

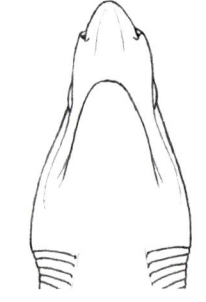

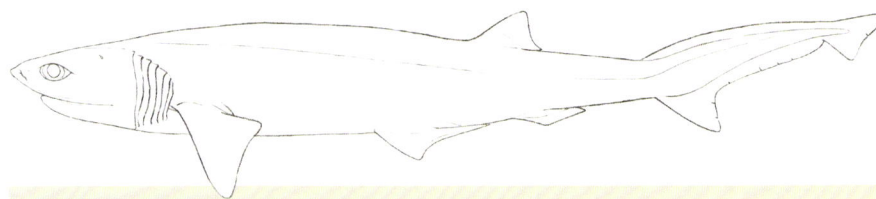

齿
上：23—24颗
下：20—33颗

体长测量 出生体长：26—27厘米。性成熟体长：雄性约75—85厘米，雌性约90—105厘米。最大体长：雄性107厘米，雌性139厘米（214厘米的记录是误记）。

鉴定 头部尖锐。有7对鳃裂。口裂深狭窄，下颚具5列梳状齿。眼大。背鳍顶端和上尾叶的黑色斑点在幼鱼中很明显，但在成年鱼阶段会褪色或消失。

分布 分布广泛，但片段化。除东北太平洋以外的热带及温带海域都有分布。

栖息地 主要分布在大陆架、岛架及大陆坡上部水深1000米以内水域，偶有近岸浅水的分布记录。底栖或底上底栖，可在海底巡游。

行为 信息较少。可能是强壮且活跃的掠食者。主要以中小型底栖和中上层鱼类以及头足类动物为食，偶尔也摄食甲壳动物。凶猛性肉食性鲨鱼，捕食时猛烈出击。

生物学 卵胎生，每胎产6—20尾胎仔。全年繁殖。

保护状态 近危（NT）。相对不常见。有时是底拖网和延绳钓渔业中被利用的兼捕渔获物。偶尔在水族馆饲养展示。

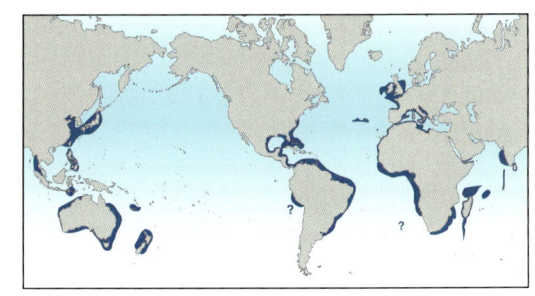

中村氏六鳃鲨 *Hexanchus nakamurai*　　　　FAO代码：**HXN**　　图版 第94页

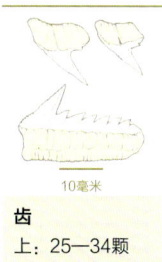
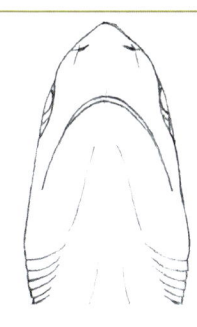
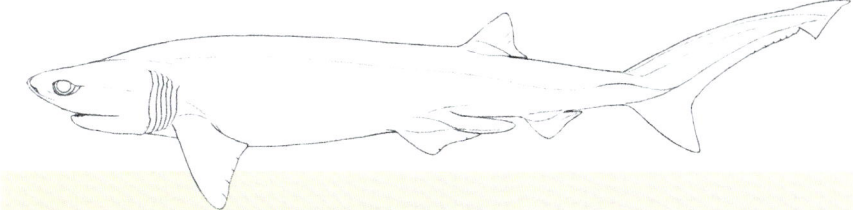

齿
上：25—34颗
下：9—12颗

10毫米

体长测量　出生体长：40—43厘米。性成熟体长：雄性约123—157厘米，雌性约142厘米。最大体长：约180厘米。

　　鉴定　体延长；身体和鳍相当结实。头部和口均较狭窄，口为弧形，其宽度约为长度的1.5倍；下颌每侧有5排较大的梳状牙齿。眼大。尾鳍上叶有较深凹刻；尾鳍下叶很短(成体明显，幼体不发达)。在背部深色和腹部浅色之间有明显的颜色分界。鳍后缘及尖端通常呈白色，有时这些部位也呈暗色。

　　分布　分布广泛，在印度洋和西太平洋的大多数温带和热带海域呈不均匀（不连续）分布。广泛但零星分布于大多数暖温带和热带海域，但分布区域不包括大西洋和东太平洋。常与灰六鳃鲨混淆。

　　栖息地　在大陆架和岛架以及大陆坡和岛坡的底层或近底层栖息，栖息水深0—700米，偶有靠近水面或沿岸。

　　行为　多数信息鲜为人知，主要栖息在深海海域，偶尔会谨慎地接近潜水器。

　　生物学　卵胎生，每胎产13—26尾胎仔。主要以中小型硬骨鱼类为食，偶尔也摄食甲壳类动物。

　　保护状态　近危（NT）。不常见或罕见，可能会被误认为其他六鳃科鲨鱼。

小六鳃鲨 *Hexanchus vitulus*　　　　FAO代码：**HXW**　　图版 第94页

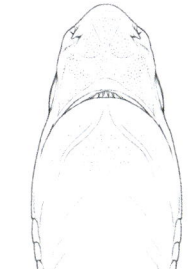
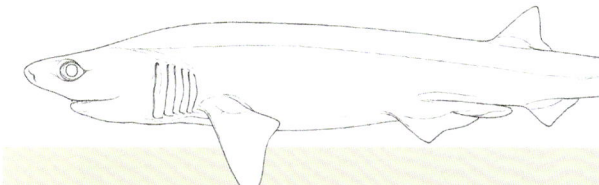

齿
上：28—32颗
下：25—32颗

10毫米

体长测量　出生体长：40—45厘米。性成熟体长：雄性大于123厘米，雌性大于142厘米。最大体长：雄性157厘米，雌性178厘米。

　　鉴定　体纤细，体型中等大小。头部相当狭窄；吻部钝圆；口较宽且口裂为深弧形。具6对鳃裂。具单一背鳍，小且后位，背鳍起点位于腹鳍基后半部至腹鳍基终点稍后这一区间之上。臀鳍比背鳍小。身体背部是均匀的深到浅的棕灰色，腹面变浅到白色。

　　分布　北大西洋东部，从比斯开湾到地中海（较为罕见）；北大西洋西部，从巴哈马、墨西哥湾和加勒比海到委内瑞拉和圭亚纳群岛。

　　栖息地　信息甚少，主要沿着大陆斜坡和岛屿斜坡水深约0—700米处栖息。

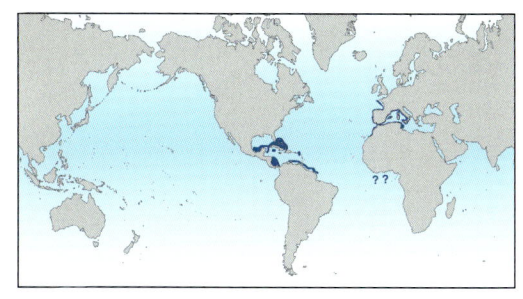

　　行为　该物种曾被观察到主动靠近潜水员设置的水下食台，但较个体较大的灰六鳃鲨的行为更为谨慎。

　　生物学　卵胎生，每胎产13—26尾胎仔，但繁殖周期不明。主要以硬骨鱼类和头足类为食，有时也摄食甲壳类动物。

　　保护状态　无危（LC）。偶尔作为兼捕渔获物被捕获，但是该物种分布和栖息范围内很少有深水渔业活动。

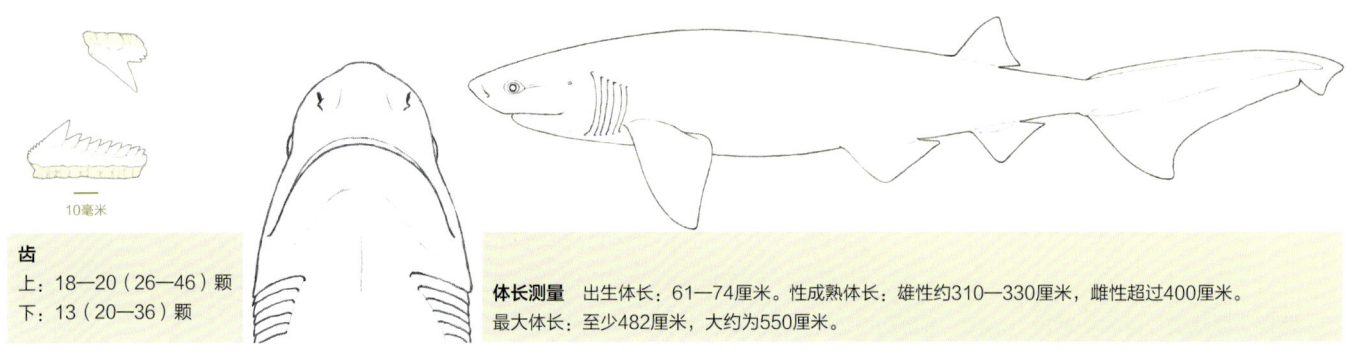

齿
上：18—20（26—46）颗
下：13（20—36）颗

10毫米

体长测量 出生体长：61—74厘米。性成熟体长：雄性约310—330厘米，雌性超过400厘米。
最大体长：至少482厘米，大约为550厘米。

鉴定 粗大而有力的身体；柔软坚韧的鳍；头部宽大；口裂为弧形（宽度超过长度的2倍）；下颌每侧具6个大而宽扁的梳状下齿（上面括号内的齿数包括较小的后齿）。眼小；深色的瞳孔外具白色环纹，活体时则为荧光蓝绿色。皮肤呈灰色或棕褐色至黑色，有时在身体两侧有深色斑点。侧线和尾鳍边缘呈较浅颜色。初生的胎仔身体下侧色泽比上侧浅。

分布 世界范围内呈斑片状分布；可能不在北极和南极分布。

栖息地 大陆、岛屿、海山和大洋中脊的棚架和斜坡，一般栖息水深为200—1100米，最深可达2500米。这些鲨鱼的出现通常与上升流和高生物生产力地区相关。水文数据显示，灰六鳃鲨出现在水底温度为6—10℃的高营养水平的水域中。幼鱼可能出现在靠近近岸的冷水区域，而成鱼更可能出现在靠近海底峡谷的较浅水体中。成年雌性季节性洄游到近岸分娩，新生胎仔出现在北美西海岸的蒙特利湾、普吉特湾和不列颠哥伦比亚省的邻近水域的非常浅的育幼区。在纳米比亚南部海岸也有一个育幼区。

行为 在浅水区被潜水员观察到，潜水器对其拍摄并进行了短距离追踪。该物种通常独自或成群出现。行动缓慢却是强壮的游泳者。成体比幼体对光线更为敏

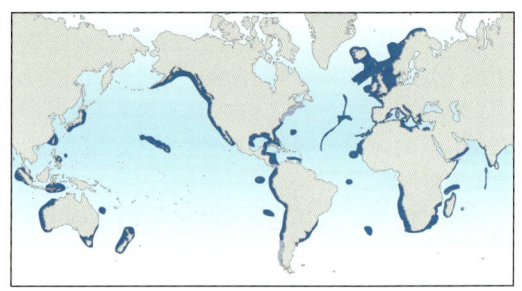

感，通常不会出现在清澈的浅水区域，但在夜间或在大量浮游生物繁殖期间可能接近水面。在美国华盛顿州的普吉特海湾，至少有一次该物种对采集蛤蜊的潜水员进行非致命攻击的确凿记录。在旧金山附近的法拉隆群岛，可能发生了第二起被所谓的大型"牛鲨"攻击的非致命事件，实际可能是该物种或大型的、具有潜在攻击性的扁头哈那鲨（*Notorynchus cepedianus*）（从受害者身上取出的牙齿碎片，显然来自于六鳃鲨，但遗憾的是，这一证据被丢弃了）。

生物学 卵胎生，每胎产仔数高达47—108尾。幼体和成体的栖息地可能是分开的，幼体利用近岸作为育幼场所。该物种可能寿命较长。以鱿鱼、底栖和中上层鱼类、小型鲨鱼和鳐鱼为食。较大个体（体长至少2米）捕食鲸类和海豹。

保护状态 近危（NT）。在当地兼捕渔获物和作为食物、鱼粉和鱼油的专捕渔业以及游钓渔业中常见，但受过度捕捞威胁，需要谨慎管理。马尔代夫的一个相关的深海渔业已经倒闭。美国西雅图附近和邻近的加拿大英属哥伦比亚的灰六鳃鲨呈数量下降趋势，潜水经营者和潜水俱乐部正为保护它们而积极开展活动，因此，在上述地区法律上禁止专捕和拥有该物种。灰六鳃鲨现在是加拿大不列颠哥伦比亚省和美国华盛顿州重要的季节性潜水生态旅游产业的重点支柱。

一尾灰六鳃鲨（*Hexanchus griseus*）的幼体

扁头哈那鲨 *Notorynchus cepedianus*　　　　　FAO代码：**NTC**　　　图版 第84页

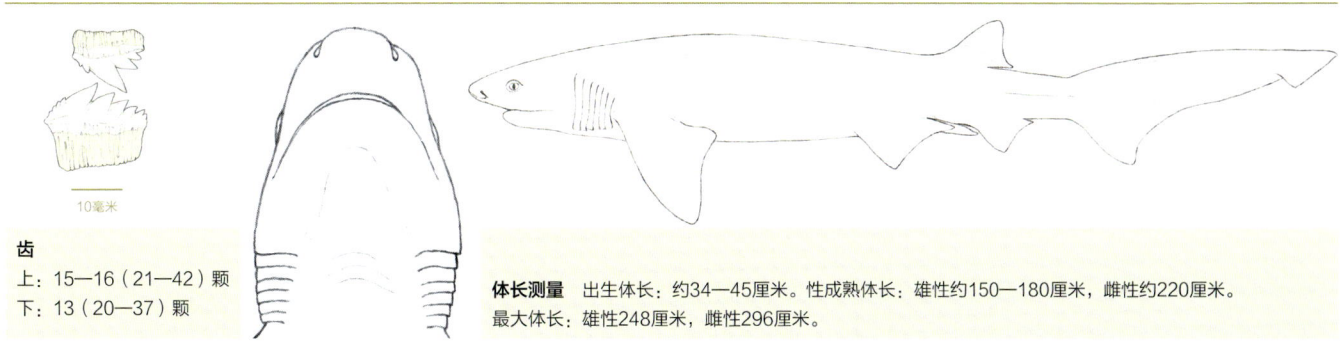

齿

上：15—16（21—42）颗

下：13（20—37）颗

体长测量　出生体长：约34—45厘米。性成熟体长：雄性约150—180厘米，雌性约220厘米。最大体长：雄性248厘米，雌性296厘米。

鉴定　头部宽大，钝尖；口宽；下颌每侧具6排大的梳状齿（上面括号内的齿数包括较小的后齿）。眼小。体色呈灰色至棕色，体表通常有许多小黑点，偶尔也有淡色或白色斑点。新生胎仔的背鳍和尾鳍上叶尖端呈黑色，但随年龄增长而褪色。

分布　分布广泛，主要分布在温带的近岸大陆水域，目前尚未在北大西洋发现该物种。有些种群可能是孤立存在的。

栖息地　栖息于沿海，常见于浅水海湾和靠近海岸的地方。从冲浪线（小于1米）到至少水深570米，但大多数情况下栖息深度小于100米。栖息在海湾和河口的大型个体会季节性地出现在较深的河道中，涨潮时会在被水淹没的滩涂觅食。

行为　游泳能力强，经常在接近水底的地方稳定而缓慢地游弋，有时也在表层水域巡航。捕猎时会高速攻击猎物。在夜间、阴天和浑浊的水中最为活跃。经常随着潮水的涨落而进出海湾，并可适应低盐度的环境，在一些温带地区是洄游性的。例如，在澳大利亚，雄性鲨鱼在秋末从霍巴特（塔斯马尼亚）向北移动到较温暖的新南威尔士南部水域，而后在初夏返回霍巴特。交配和分娩的场所通常在温带地区的一些海湾和河口。地理位置相邻的种群可能利用不同的繁殖地，并因此产生生殖隔离。扁头哈那鲨显然是具有社会性的：它们经常被发现群居在一起，可能会合作

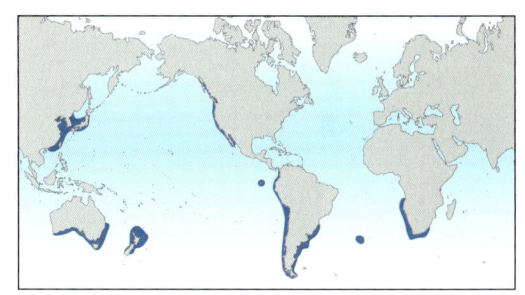

猎杀大型猎物，包括鳍足类动物。有些个体被观察到"浮窥"行为。

生物学　卵胎生。交配可能发生在春夏季。可能有为期1年的妊娠期，然后有1年的恢复期。每年春天，半数的成年雌性鲨鱼在浅水区的育幼场里产下67—104只幼崽。雄性在4—5岁成年，雌性在11—21岁成年；寿命为30—50年。新生胎仔的体长在6个月内增加1倍，而成年的成鱼每年仅增长0—9厘米。扁头哈那鲨是强大的海洋脊椎动物的顶级捕食者（摄食软骨鱼类、硬骨鱼类和海洋哺乳动物，如海豹和小型鲸类），但也会吃腐肉。在南非的福尔斯湾，已经观察到逆戟鲸杀死扁头哈那鲨并吃掉其肝脏的行为，于是幸存的个体放弃了它们白天位于海藻森林的休息区。

保护状态　易危（VU）。在专捕和兼捕的商业渔业中都非常重要，在其分布的大部分水域都面临较强的捕捞压力，在南加州和南非则是运动潜水和潜水旅游的观赏目标。其肉、皮、肝油均被利用；活体则在水族馆中展示。很少对人造成伤害（圈养的个体偶尔会咬伤潜水员和垂钓者），但有经核实的报告显示，它们在野外会无端攻击人，会袭击在浅水区涉水和游泳的家犬。

扁头哈那鲨（*Notorynchuscepedianus*）

棘鲨目（Echinorhiniformes）

棘鲨科（Echinorhinidae）

包含1属：棘鲨（*Echinorhinus*）。棘鲨属包含2种大型且动作迟缓的深海鲨鱼。出现在北印度洋的棘鲨可能是第三个尚未描述的物种。

鉴定 皮肤上的盾鳞非常大，呈棘状突起。身体粗壮，呈圆柱形。五对鳃孔开口于胸鳍之前且第五对最大。头部和吻部宽而平，眼后远处有非常小的喷水孔。具两个大小相近、无刺的小背鳍，它们紧密相邻并靠近尾鳍；第一背鳍的起点稍后于腹鳍起点。无臀鳍。成体的尾鳍下叶不发达，幼体则不具尾鳍下叶，尾部近端缺刻缺失或不明显。

生物学 广泛分布于温带和热带海域，栖息于大陆架和岛架及大陆上坡的软质底栖息地，有时进入较浅冷水区域。当猎物进入捕食范围时，它可以利用宽大的口和咽部吸食猎物（硬骨鱼类、小型软骨鱼类和无脊椎动物）。

保护状态 不常见或罕见，信息基本鲜为人知。其鱼肝可用于提取鱼肝油（据说比其他深水鲨鱼的肝油更有价值），容易因受到过度捕捞和开发的影响而造成种群枯竭。

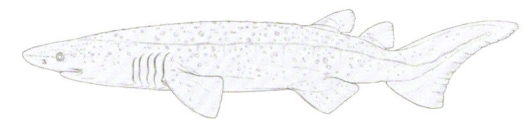

棘鲨科
2种，第94页

库氏棘鲨（*Echinorhinus cookei*）（第94页）

图版 2 棘鲨目

头部宽扁且喷水孔细小；具两个大小相近紧密相邻并后置的背鳍；无臀鳍。皮肤上的盾鳞呈棘状突起。

○ **棘鲨** *Echinorhinus brucus* 第94页

分布于大西洋、地中海、印度洋、西太平洋；栖息水深10—1200米。通常出没于海底或靠近海床，偶尔出现在近海。体表不规则地散布着明显的白色棘状盾鳞，可融合成板状；背部和体侧均匀地呈灰色或褐色至黑色，鳍的边缘为黑色，下方通常为浅色。

○ **库氏棘鲨** *Echinorhinus cookei* 第94页

分布于太平洋；栖息水深4—1100米。接近海底。体表浅色不甚明显的齿状物较多，规律性排列，但在鼻下很少；口和鼻周边呈白色，身体为均匀的棕色到盐灰色或黑色，口周围和身体腹面的颜色较浅，后鳍边缘呈黑色。

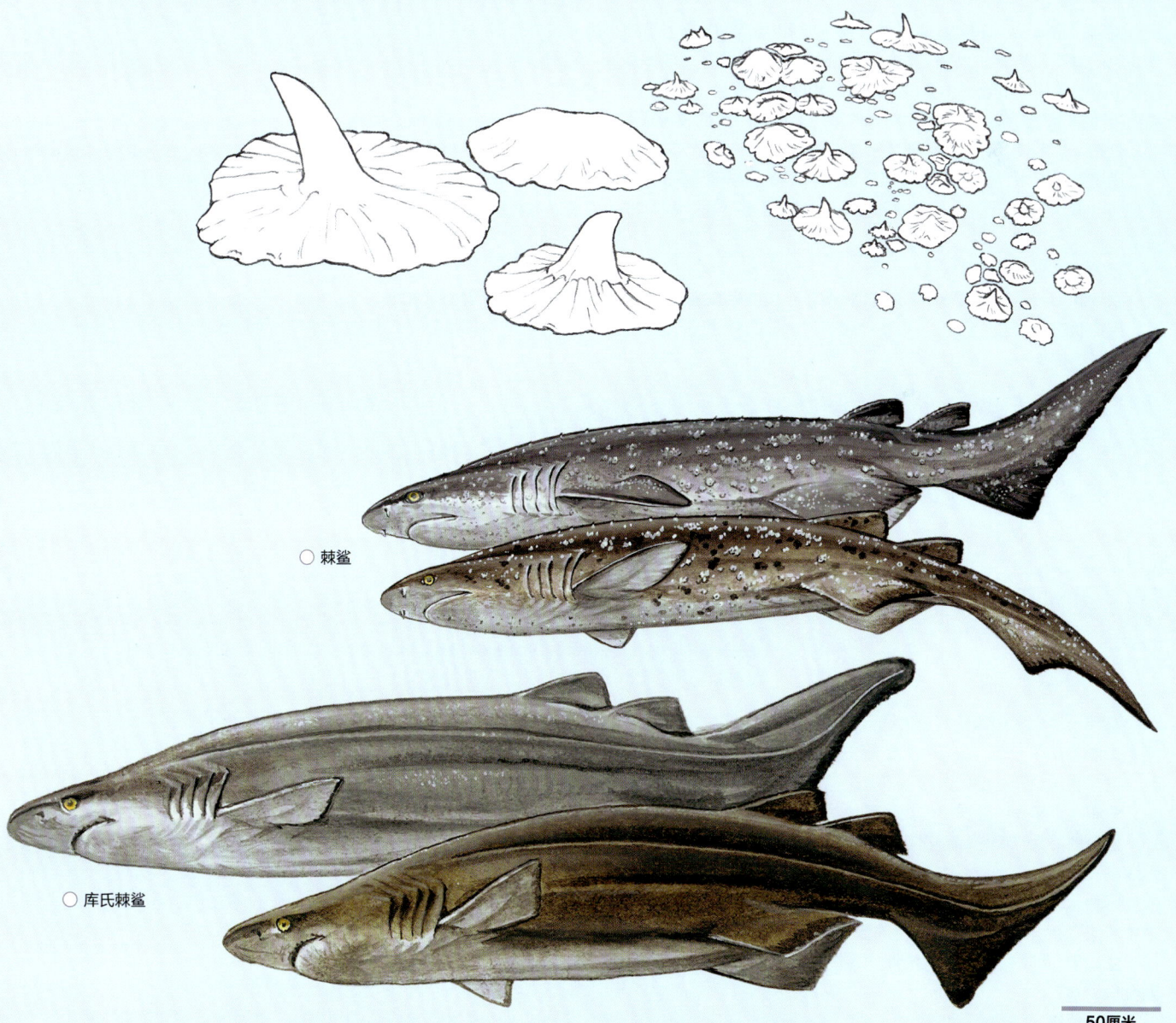

○ 棘鲨

○ 库氏棘鲨

50厘米

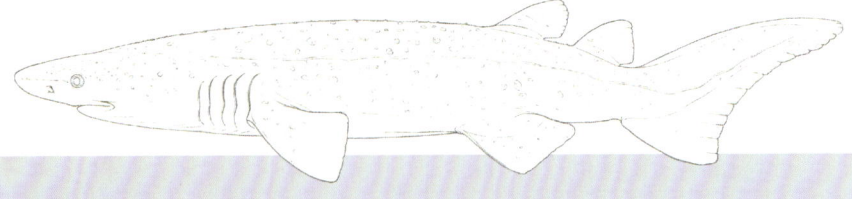

齿
上：20—28颗
下：18—26颗

体长测量 出生体长：40—55厘米。性成熟体长：雄性约150—190厘米，雌性190—230厘米。
最大体长：394厘米。

    鉴别 幼体（小于90厘米）在吻部下方和嘴部周围有密集的小齿，成体体表有白色的棘刺状盾鳞（大于1厘米），边缘光滑，有些融合成多棘板，呈稀疏且不规则散布，在较大的合体中变得大而分散和明显。体色：灰色、褐色或黑色，腹面通常较浅；体背部和侧面可能有红色或黑色的斑点。鳍的边缘呈黑色。

    分布 大西洋、地中海、西太平洋和印度洋。

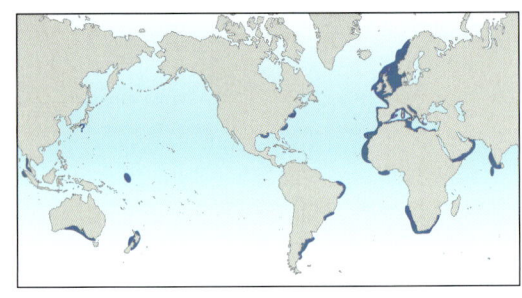

    栖息地 深水，大陆架和岛架及其斜坡，海底或接近底部（10—1214米）。在较浅冷水区域的上涌区，本物种会季节性地靠近近岸，甚至抵达超过冲浪线的区域。

    行为 不明。行动缓慢。

    生物学 卵胎生，每胎产10—52尾胎仔。主要摄食硬骨鱼类和甲壳动物，也兼食小型鲨鱼。

    保护状态 濒危（EN）。该物种因其有价值的肝油而一直是许多深海渔业的专捕目标，在其栖息地内，种群数目已经减少，甚至可能到了灭绝的边缘。

库氏棘鲨 *Echinorhinus cookei*   FAO代码：**ECK**   图版 第93页

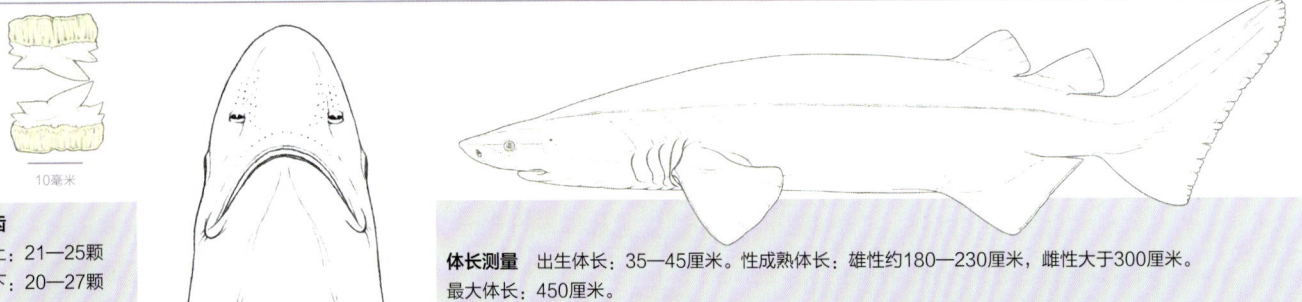

齿
上：21—25颗
下：20—27颗

体长测量 出生体长：35—45厘米。性成熟体长：雄性约180—230厘米，雌性大于300厘米。
最大体长：450厘米。

    鉴别 具众多规律排列（不融合）、色浅且不明显的棘状盾鳞，盾鳞具单齿头和扇形的基部（小于5毫米）；鼻下和口周很少。体色浅至中灰或灰褐色，或带黑色，腹部通常更浅。口周边和鼻下呈白色；尾鳍的边缘为黑色。

    分布 太平洋；分布不连续，斑块状分布。

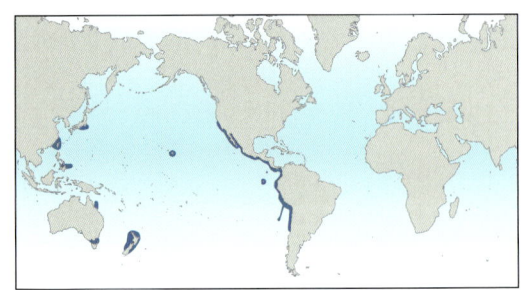

    栖息地 大陆架和岛架及其上层斜坡水域，海山。接近底部，喜欢较软底质，水深4—1100米。

    行为 迟钝而温顺；独自或成群（30尾个体以上）缓慢游动。在昼夜垂直迁徙中可进入远洋带；表现出高度的眷家性。可能会追踪潜水员和潜航器。

    生物学 卵胎生，有一胎产114尾胎仔的记录。以硬骨鱼类、软骨鱼类、章鱼和鱿鱼为食。

    保护状态 数据不足（DD）。偶尔在深海渔业中成为兼捕渔获物。罕见，但可能经常被误认为是棘鲨，故而种群变化趋势不明。

角鲨目（Squaliformes）

一个庞大而多样的目，包括6科约135种：角鲨科（Squalidae）37种，刺鲨科（Centrophoridae）16种，乌鲨科（Etmopteridae）51种及未描述种，睡鲨科（Somniosidae）16种，尖背角鲨科（Oxynotidae）5种，和铠鲨科（Dalatiidae）10种。

鉴定 具两个背鳍（背鳍前有或没有棘刺）；无臀鳍。尾部脊椎骨上翘形成一个适度长度的尾鳍上叶；尾鳍下叶发育程度不同，有的缺失，有的发达。具5对鳃裂，均位于胸鳍基起点前。鼻孔与口没有凹槽连接。喷水孔后置，大约与眼睛相对或高于眼睛的水平。眼位于头部侧面；下眼睑不具瞬膜。体型大小差异较大。

生物学 本目已知的生殖模式均为卵胎生（具卵黄囊）；胎仔个数从1或2到超过50尾。角鲨科的一些物种具有已知的最大的性成熟年龄，而一些具有最低的繁殖力（少数刺鲨属每胎仅1尾胎仔）和最长的妊娠期（白斑角鲨和萨氏角鲨为18—24个月）。一些物种是独居的，一些物种或可形成巨大的游牧群体，每年迁徙很远的距离。一些物种具合作捕猎和觅食的社会性。少数种类（达摩鲨属）是营寄生性的。

保护状态 广泛分布在海洋和河口栖息地以及全球各大洋的深海处，是在靠近两极的高纬度水域发现的唯一鲨鱼物种。它们在深水中具有最高的物种多样性（很多物种仅在深海分布）。人们对角鲨进行商业捕捞以获取其肉或鱼肝油。该类群生长缓慢且繁殖力低，极易因过度捕捞而资源枯竭。世界自然保护联盟将该目中17%的物种列为红色名录中受威胁物种，51%的物种列为无危，22%的物种数据缺乏。

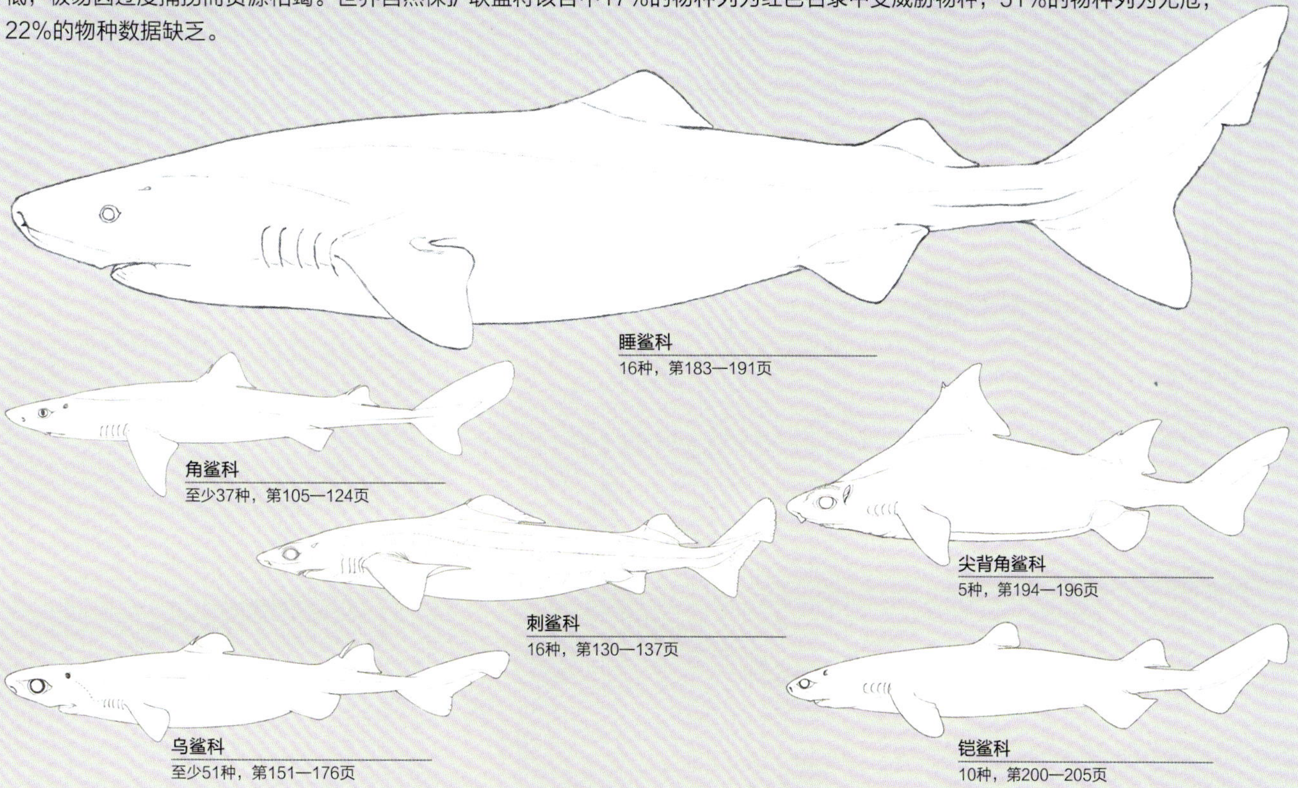

睡鲨科
16种，第183—191页

角鲨科
至少37种，第105—124页

刺鲨科
16种，第130—137页

尖背角鲨科
5种，第194—196页

乌鲨科
至少51种，第151—176页

铠鲨科
10种，第200—205页

头部具有中等长度的吻，眼后有较大的喷水孔；体呈圆柱形；具两个背鳍，每个背鳍前都有一个粗壮的表面无沟槽的硬棘；无臀鳍；很多种类的角鲨仅靠外形难以区分。

○ **卷盔鲨** *Cirrhigaleus asper*　　　　　　　　　　　　　　　　　　　　　　　　　　　　　　　　　

分布于西印度洋、西大西洋和中太平洋（中太平洋的卷盔鲨可能是一个独立的物种）暖温带至热带水域；栖息水深73—600米。底栖或近底栖，有时出现在海湾和河口附近。身体粗壮粗糙，头部宽平，吻部短圆，触须短粗，长度不及口；具有两个高而粗壮的背棘；鳍具明显的白色边缘。

○ **澳洲卷盔鲨** *Cirrhigaleus australis*　　　　　　　　　　　　　　　　　　　　　　　　　　　　　

分布于西南太平洋：从新南威尔士到塔斯马尼亚和新西兰的澳大利亚东海岸（也可能在澳大利亚西部、瓦努阿图和斐济有分布）；栖息水深90—1100米。底栖或近底栖。类似于卷盔鲨（C. asper），但是前鼻瓣上的须小于鼻前吻长的2.5倍，并延伸至口部。

○ **长须卷盔鲨** *Cirrhigaleus barbifer*　　　　　　　　　　　　　　　　　　　　　　　　　　　　　

分布于西太平洋：日本南部，可能延伸到新西兰；分布不连续；水深146—640米。底栖或近底栖。类似于澳洲卷盔鲨（C. australis），但须的长度大于鼻前吻长的2.5倍并达口部；鳍上有更为明显的白色边缘。

○ **白缘角鲨** *Squalus albifrons*　　　　　　　　　　　　　　　　　　　　　　　　　　　　　　　　

分布于西太平洋：澳大利亚东部海域；栖息水深131—450米。吻短且鼻孔小，第一背鳍直立，起点位于胸鳍内角的前方，背鳍棘突出且粗壮，第二背鳍棘基较宽，尾鳍短；背鳍顶端和边缘色暗，尾鳍有浅色的后缘和下叶，尾鳍上没有深色痕迹。

○ **高翅角鲨** *Squalus altipinnis*　　　　　　　　　　　　　　　　　　　　　　　　　　　　　　　

分布于印度洋–太平洋中部：澳大利亚西北部海域；栖息水域深130—305米。类似于白缘角鲨（S.albifrons），但在特征上有以下区别：稍长的吻部；纤细的第二背鳍棘略低于鱼鳍顶端；两个背鳍呈灰色且顶端苍白，尾鳍有白色狭窄的后缘。

○ **粗棘角鲨** *Squalus crassispinus*　　　　　　　　　　　　　　　　　　　　　　　　　　　　　　

分布于印度洋–太平洋中部：澳大利亚西北部海域；栖息水域187—262米。身体纤细；头部宽大，吻部宽而短，鼻瓣中叶较小；第一背鳍中等高度，背刺粗壮，第一背棘低于鱼鳍顶端，第二背棘与鳍顶端等高；鳍色浅，背鳍尖端暗色，尾鳍有深色背缘，尾鳍下叶、后缘和后端几乎均呈白色。

○ **格雷厄姆角鲨** *Squalus grahami*　　　　　　　　　　　　　　　　　　　　　　　　　　　　　

分布于印度洋–太平洋中部：澳大利亚东部水域；栖息水深148—504米。身体纤细，吻延长；背鳍棘尖锐而纤细，第一背鳍棘低于鳍高，第二背鳍棘约与鳍等高；尾鳍相对较短，不到全长的1/5。背部和体侧均匀地呈浅灰色，腹部和沿胸鳍边缘呈浅色，背鳍顶端呈深色，尾鳍沿后腹缘有深色条纹。

○ **长鼻角鲨** *Squalus nasutus*　　　　　　　　　　　　　　　　　　　　　　　　　　　　　　　　

分布于印度洋–太平洋中部：澳大利亚西部至菲律宾海域，中国南海；栖息水深300—850米。身体纤细，头部和吻部均较为狭长，鼻瓣中叶短小；第一背鳍低，背鳍棘细长，第一背鳍棘大大短于第二背鳍棘；背鳍上角为暗色，后缘和下角呈白色，尾鳍具深色背缘，尾叶上缘和腹缘有黑斑点（随着年龄增长逐渐消失）。

○ **条尾角鲨** *Squalus notocaudatus*　　　　　　　　　　　　　　　　　　　　　　　　　　　　　

分布于印度洋–太平洋中部：澳大利亚东北部海域；近海，栖息水深225—454米。身体相当纤细；头部和吻部宽阔，鼻瓣中叶较大；第一背鳍高，背鳍棘低于背鳍顶端；第二背鳍矮小，背鳍棘高出第二背鳍顶端；胸鳍的后缘深凹，有狭窄的顶端；背鳍的顶端部色暗，尾鳍有深色的背缘和白色的后缘，沿尾鳍基部有明显的黑色条纹。

○ 澳洲卷盔鲨

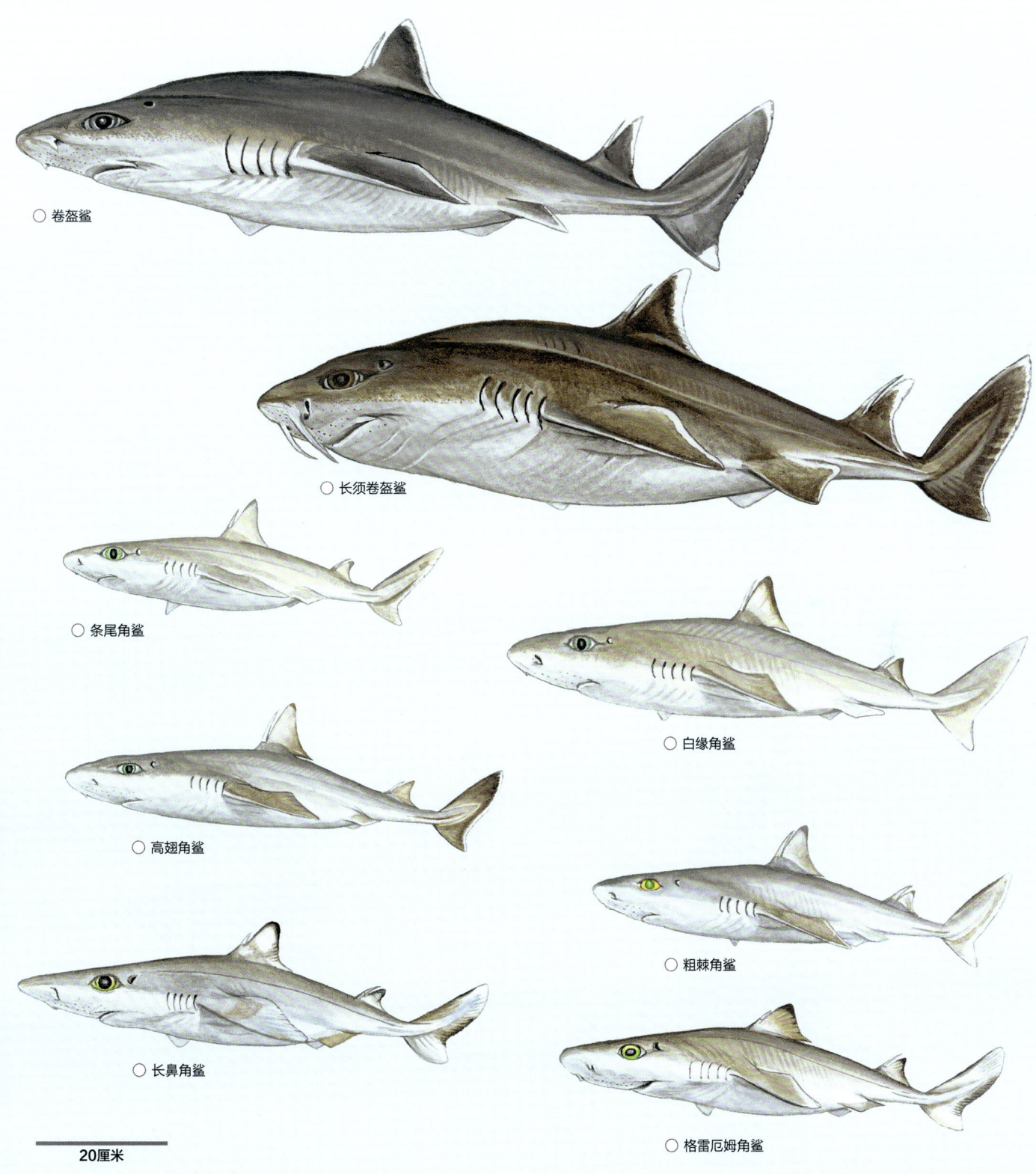

○ 卷盔鲨

○ 长须卷盔鲨

○ 条尾角鲨

○ 白缘角鲨

○ 高翅角鲨

○ 粗棘角鲨

○ 长鼻角鲨

○ 格雷厄姆角鲨

20厘米

○ **白斑角鲨** *Squalus acanthias*   第107页

分布于除北太平洋、西印度洋、热带及两极附近水域之外的全球海域；栖息水深0—1978米，甚至可能更深，0—200米的大洋表层冷水中也有分布。身体纤细；头部狭窄，吻部延长；第一背鳍低矮，第一背鳍棘细且短；鱼体背部和侧面常有白色斑点，幼体背鳍末端黑色，尾鳍没有黑色的斑点。

○ **高鳍角鲨** *Squalus blainville*   第115页

分布于东大西洋，温带至热带水域；栖息水深15—1500米或更深。在泥质底部或附近活动。身体沉重；头部宽阔，吻部相对较短宽；第一背鳍直立高大，背鳍棘也很粗壮；两背鳍均具白色边缘。

○ **古巴角鲨** *Squalus cubensis*   第111页

分布于西大西洋；暖温带至热带水域；栖息水深10—731米。栖息环境为底部或近底部。身体纤细；头部宽阔，吻部短圆，鼻瓣中叶较小；第一背鳍中等高度，背鳍的棘高而细长，胸鳍深凹；胸鳍有白色的末端和后缘，背鳍顶端有黑色的斑块，胸鳍和尾鳍有白色的后缘。

○ **日本角鲨** *Squalus japonicus*   第121页

分布于西北太平洋；栖息水深52—400米。水底部或近底部。身体相当纤细；吻部呈狭长锥形，鼻瓣中叶较小；第一背鳍中等高度，背鳍棘细长；背鳍顶部呈暗色，尾鳍背缘色暗，但胸鳍和尾鳍均具白色的后缘。

○ **大眼角鲨** *Squalus megalops*   第112页

分布于印度洋-太平洋中部；澳大利亚（在东北大西洋和地中海的分布记录有效性仍待进一步确认）；栖息水深0—732米。底部或近底部。体型小，身体延长；头部宽大，吻部短阔，鼻瓣中叶较小；第一背鳍中等高度，背鳍棘短而纤细；背鳍顶端和尾鳍背缘色深。胸鳍和尾鳍后缘呈白色。

○ **黑尾角鲨** *Squalus melanurus*   第121页

分布于西南太平洋；法属新喀里多尼亚周边海域；栖息水深34—790米。身体纤细；头部宽阔，吻宽且长，鼻瓣中叶较小；第一背鳍较高，背鳍棘细长；背鳍顶端呈黑色，尾鳍背缘部分黑色，尾鳍下叶具黑色斑块。

○ **长吻角鲨** *Squalus mitsukurii*   第122页

分布于西北太平洋海域；栖息水深4—954米。栖息在水底部或附近水域。身体相当纤细；头部宽阔，吻部宽且相对较长，鼻瓣中叶较大；第一背鳍棘粗壮且短；背鳍顶端呈灰白色，胸鳍、腹鳍和尾鳍的后缘均呈白色，尾鳍后部缺刻呈灰白色。

○ **窄吻角鲨** *Squalus rancureli*   第124页

分布于印度洋-太平洋中部水域；瓦努阿图群岛；栖息水深210—500米。身体纤细；头部宽阔，吻部非常长，鼻瓣中叶较小；第一背鳍较高，背鳍棘细长；背鳍鳍叶色暗，顶部稍黑，胸鳍和腹鳍白色后缘，尾鳍上下叶色暗，上后腹缘和下叶顶端呈白色。

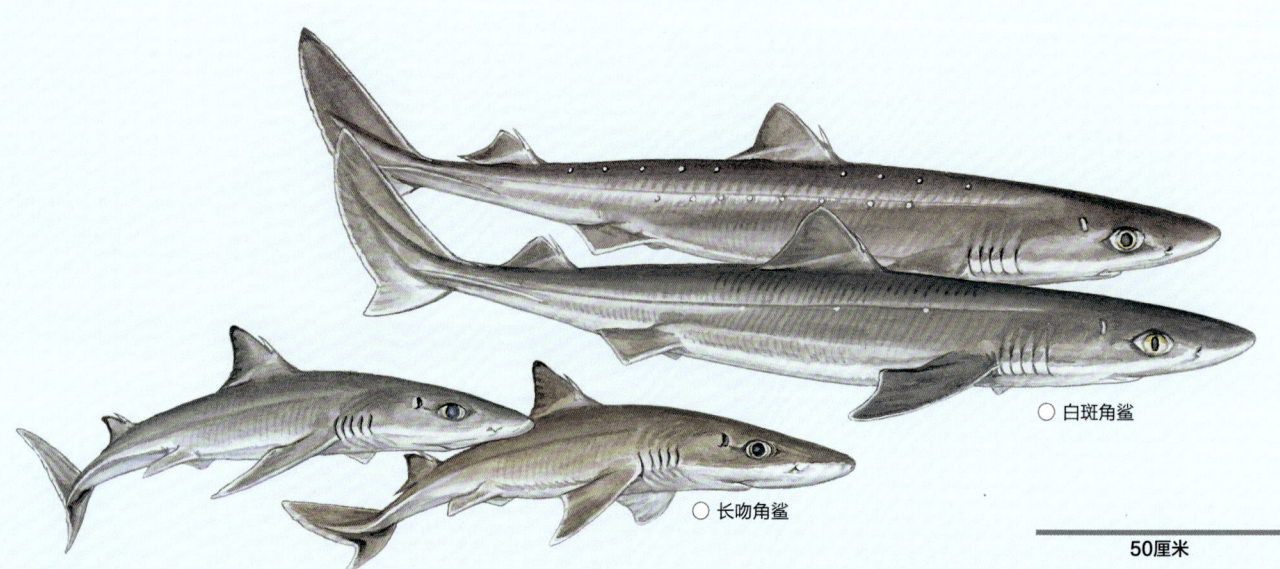

○ 白斑角鲨

○ 长吻角鲨

50厘米

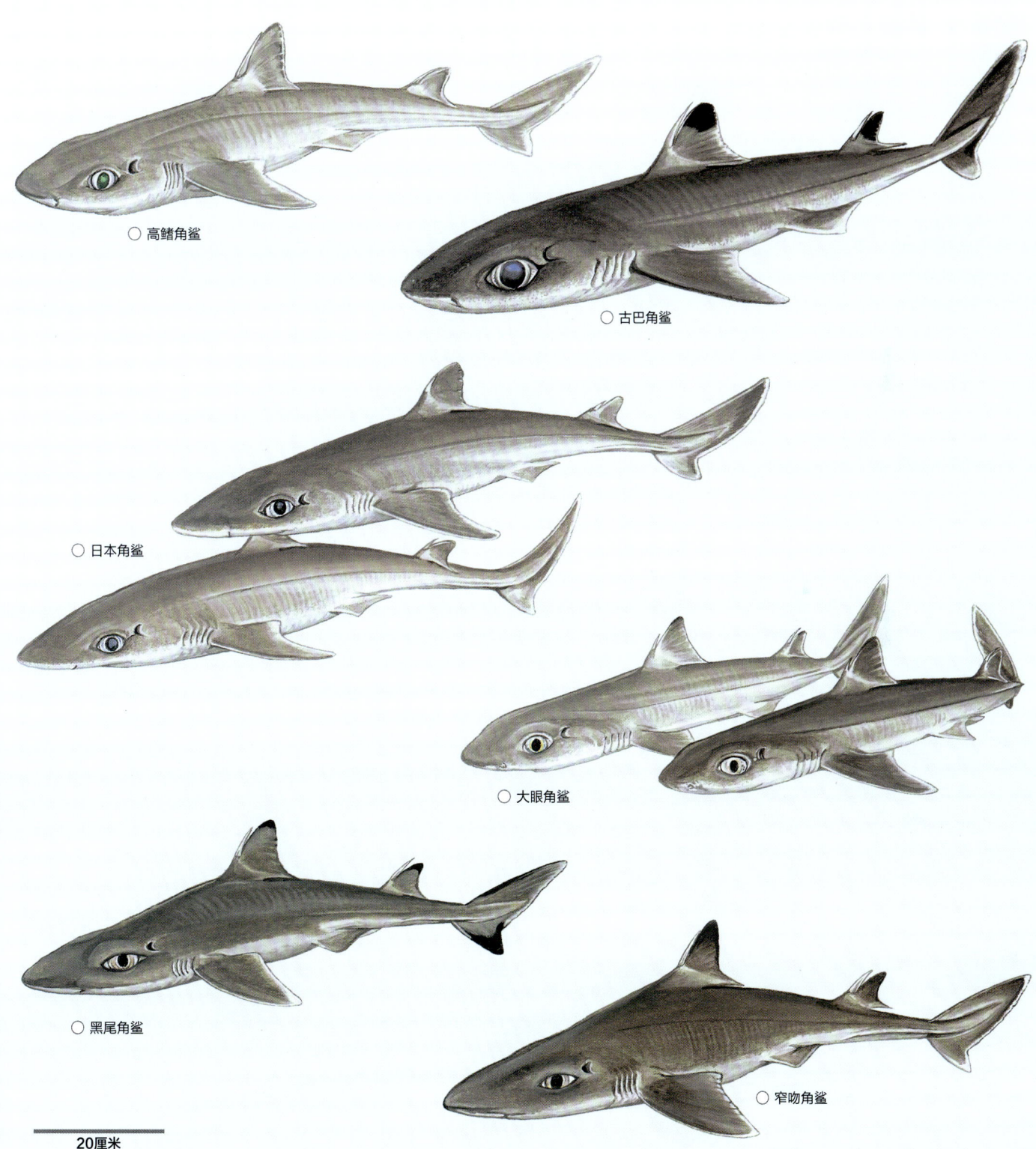

○ 高鳍角鲨

○ 古巴角鲨

○ 日本角鲨

○ 大眼角鲨

○ 黑尾角鲨

○ 窄吻角鲨

20厘米

○ **短吻角鲨** *Squalus brevirostris*

分布于西北太平洋水域，可能会有更广泛分布范围，但需要确认；栖息水深40—163米或更深。身体小而粗壮；头部较短；背鳍大小不等；背鳍棘细长，向顶端渐渐缩小；没有白点或其他明显的暗色标记。

○ **牛首角鲨** *Squalus bucephalus*

分布于西南太平洋：塔斯曼海北部海域；栖息水深405—880米。身体大而粗壮；头部宽阔，吻部短小；背鳍棘细长，向顶端渐渐缩小；第一背鳍顶部沿边缘颜色较深，在鳍顶端尤为突出；第二背鳍颜色较浅，下角带灰色，有一个狭窄的白色边缘。

○ **碧目角鲨** *Squalus chloroculus*

分布于印度洋东南部至太平洋西南部：澳大利亚南部海域；栖息水深216—1360米。吻部适度延长，吻端钝圆；背鳍棘突出，细长渐尖；背鳍大部分呈灰色，从背鳍棘上方开始沿外缘延伸到后缘缺刻处的背鳍边、尾鳍后缘缺刻处和尾叶中央部分通常是黑色的。

○ **埃氏角鲨** *Squalus edmundsi*

分布于印度洋–太平洋中部：澳大利亚西部和印度尼西亚东部海域；栖息水深204—850米。吻部狭长；第一背鳍棘明显；第二背鳍棘比第一背鳍棘稍高。体背部呈灰色至灰褐色，腹部为较浅的灰色；第一背鳍色暗，在鳍顶部具黑色外缘外。

○ **台湾角鲨** *Squalus formosus*

分布于西北太平洋：中国台湾和日本南部海域；栖息水深小于300米。中等大小，身体延长，有一个短而窄的吻部；背鳍棘突出、粗壮、直立；头部在鳃裂处有强烈的颜色分界线，背鳍后缘偏黑，尾鳍后缘白色。

○ **格里芬角鲨** *Squalus griffini*

分布于西南太平洋：新西兰周围；栖息水深15—700米。身体纤细，体型较大；吻部狭长吻端圆形；第一背鳍近似三角形，背鳍棘约为背鳍高度的一半，第二背鳍棘的高度约等于第二背鳍高度；背鳍和尾鳍为灰色，第一背鳍后缘基部和下角比的其他部位浅，第二背鳍除了狭窄的黑色后缘外，鳍基部颜色一致。

○ **半鳍角鲨** *Squalus hemipinnis*

分布于印度洋–太平洋中部：印度尼西亚东部海域的特有物种；栖息水深超过100米。体型适中，身体延长；吻部狭窄，吻端短而钝尖；背鳍大小不等，第一背鳍比第二背鳍大得多；鱼体背部呈石板灰色，头部及鳃裂顶端有明显的色泽分界线；第一背鳍除了深色的顶端外都是灰色；尾鳍除了宽大的白色后缘外，也大部分是灰色的。

○ **塞舌尔角鲨** *Squalus lalannei*

分布于西印度洋：塞舌尔周边水域；栖息水深1000米。体型适中，身体延长；头部短小，吻部圆润；背鳍顶部圆弧形，背鳍棘向尖部渐细，第一根背鳍棘的高度小于鳍的高度，第二根背鳍棘的高度约等于鳍的高度；身体为均匀的灰色，背鳍呈黑色。

○ **蒙氏角鲨** *Squalus montalbani*

分布于西太平洋，中国台湾至澳大利亚海域和东印度洋；栖息水深154—1370米。身体适度延长；吻部狭窄且吻端尖；背鳍棘突出，细长，第一背鳍棘高度为背鳍的3/4，第二根背鳍棘约与背鳍等高；尾鳍缺刻处和上尾叶通常颜色较深。

○ **新西兰角鲨** *Squalus raoulensis*

分布于西南太平洋；栖息水深250—500米。体型小；头部短而狭窄，吻端钝尖；背鳍棘细长，在基部中等粗壮，向顶部逐渐缩小，第一背鳍棘高度短于鳍高，第二背鳍棘高度略低于鳍高；吻端至鳃裂处有明显的色泽分界线，第一背鳍顶部有狭窄的黑色边缘，第二背鳍在鳍顶部有深色边缘，鳍后缘则为白色，尾鳍后缘有明显的白色边缘。

○ **萨氏角鲨** *Squalus suckleyi*

分布于北太平洋；栖息水深0—1236米。类似于白斑角鲨（*Squalus acanthias*，第107页），仅有的区别在于萨氏角鲨从腹鳍中点到第一个背鳍终点的距离通常超过鱼体全长的13%，而白斑角鲨这一数值则是10%或更少。体侧通常有明显的白斑，但在较大的个体中可能会消失。

○ 萨氏角鲨

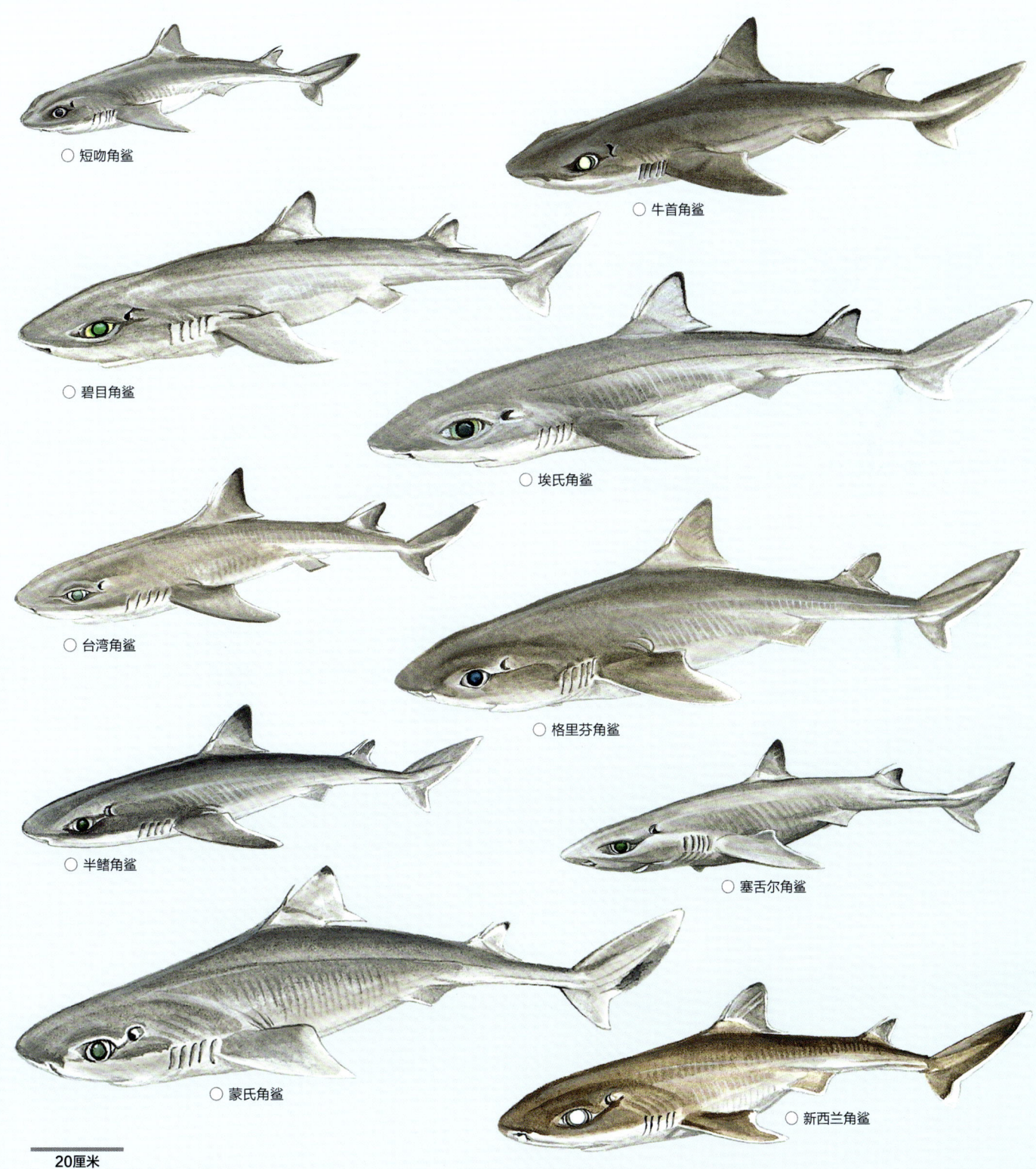

○ 短吻角鲨

○ 牛首角鲨

○ 碧目角鲨

○ 埃氏角鲨

○ 台湾角鲨

○ 格里芬角鲨

○ 半鳍角鲨

○ 塞舌尔角鲨

○ 蒙氏角鲨

○ 新西兰角鲨

20厘米

○ **尖鳍角鲨** *Squalus acutipinnis*　　　　　　　　

分布于西南大西洋至印度洋东南部：安哥拉南部和南非周边水域；大型鱼群聚集于大陆架上层内陆水域至450米深处。新生胎仔出现在上层水域，成体栖息在海底。个体较小；背部灰褐色，腹部较浅；背鳍有黑色顶端和白色边缘，随着年龄增长而褪色。

○ **白尾角鲨** *Squalus albicaudus*　　　　　　　　

分布于西南大西洋；鲜为人知的特有物种，经常被误认；栖息于水深195—421米处的大陆坡底部或附近。身体小而粗壮；吻部较短，吻端突出；第一背鳍较大，顶部为深褐色，背鳍棘的高度约为背鳍的一半，第二背鳍棘等于或小于鳍高；体背部是棕灰色，腹部为白色，体表不具斑点；鳍后缘为白色，尾鳍后缘尤为明显。

○ **巴西角鲨** *Squalus bahiensis*　　　　　　　　

分布于西南大西洋；鲜为人知的特有物种，出现在萨尔瓦多巴伊亚的海岸，栖息地未知。较为纤细的角鲨，吻细长，吻端圆钝；第一背鳍较大，鳍棘约为鳍高的一半，第二背鳍较小，鳍棘高度小于鳍高；体背部是灰色，腹部为白色，体表不具斑点；鳍后缘为白色，尾鳍中部和边缘发白。

○ **巴氏角鲨** *Squalus bassi*　　　　　　　　

分布于东南大西洋至西南印度洋：非洲南部海域；纳米比亚至南非东部，可能延伸到莫桑比克南部；大型鱼群聚集在大陆架和上坡，栖息水深159—591米。身体大而粗壮；吻部长且具有棱角；第一根背鳍棘起始于胸鳍内缘之上，其长度短于背鳍基长，高度低于鱼鳍顶端；鱼体背部呈珍珠灰至褐色，腹部为白色，体侧不具光斑；鱼鳍边缘为白色。

○ **博氏角鲨** *Squalus boretzi*　　　　　　　　

分布于北太平洋中部；栖息在水深100—525米的帝王海山的斜坡上。身体小巧纤细，吻部短圆；鱼体背部呈棕灰色，体侧面和腹部颜色较浅；体色在眼睛和鳃中部处有明显的分界，并与胸鳍和腹鳍基部持平；背鳍有深色边缘；尾鳍和胸鳍后部具白色边缘。

○ **克氏角鲨** *Squalus clarkae*　　　　　　　　

分布于西大西洋大陆坡：北卡罗来纳州到委内瑞拉，以及加勒比海；栖息水深137—750米。身体大而粗壮；吻部较短；体背部是灰色，腹部渐渐变成白色；胸鳍边缘为白色或浅色，尤其在幼体中更为明显；第一背鳍鳍顶部为黑色，超过第二背鳍高度的1.5倍；尾鳍边缘色浅，鳍叉处有一深色条带，尾鳍下叶大部分是白色的。

○ **夏威夷角鲨** *Squalus hawaiiensis*　　　　　　　　

分布于北太平洋：夏威夷群岛岛坡及周边海山；栖息水深100—500米。身体大而粗壮；吻部较短，在头颈部有轻微隆起；第一背鳍高度超过第二背鳍高的1.5倍，背鳍棘短而粗壮；体色呈深灰色至棕色，腹部是浅灰色到白色；胸鳍和腹鳍均为灰色且具有白色的边缘；尾鳍暗，具有简短的白色边缘，尾叉处有暗色的三角形条带。

○ **叶鳍角鲨** *Squalus lobularis*　　　　　　　　

分布于南大西洋；巴西南部至巴塔哥尼亚。身体纤细，吻延长，吻端圆形；第一背鳍比第二背鳍高，背鳍棘约到鳍高一半处，第二背鳍棘低于鳍高；体色为深灰色，腹部苍白，不具斑点；大多数鳍呈灰色，且有白色的后缘。

○ **驼背角鲨** *Squalus quasimodo*　　　　　　　　

分布于西南大西洋；一个鲜为人知的巴西南部水域的特有物种。身体粗壮，背部隆起，向尾鳍处较细；吻部突出且延长；第一背鳍有短刺，高于第二背鳍，两背鳍棘约等长；身体和鳍均为深褐色，腹部较苍白；背鳍顶部偏黑，尾鳍边缘偏白，前面可能有细微的黑色条纹。

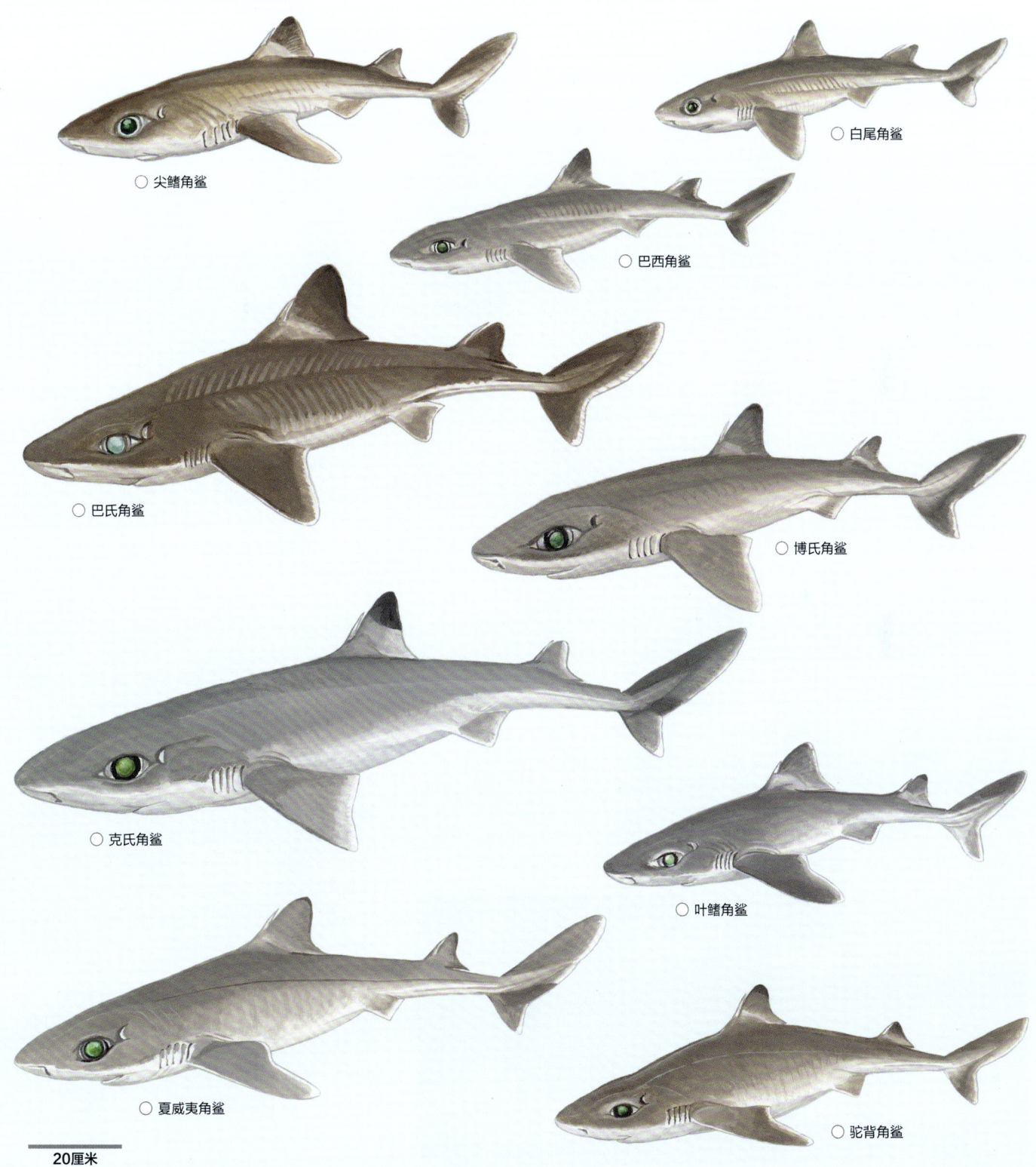

○ 尖鳍角鲨

○ 白尾角鲨

○ 巴西角鲨

○ 巴氏角鲨

○ 博氏角鲨

○ 克氏角鲨

○ 叶鳍角鲨

○ 夏威夷角鲨

○ 驼背角鲨

20厘米

角鲨科（Squalidae）

　　角鲨科包括两个属，卷盔鲨属（*Cirrhigaleus*）（3种）和角鲨属（*Squalus*）（34种或更多）。角鲨属又被细分为3个主要亚群，也称为支系：白斑角鲨亚群（2种），大眼角鲨亚群（9种）和长吻角鲨亚群（至少23种，含若干个最近发现但尚未描述的种）。白斑角鲨（*S. acanthias*）支系中的角鲨有一个相当长的吻部，体表通常有白色的斑点，或由斑点和短线组成的图案。其他两个支系可以通过检查从吻端到鼻孔内缘的大致距离，以及从鼻孔内缘到唇褶前的距离来区分。大眼角鲨（*S. megalops*）支系的物种有一个短而宽的吻部，从吻端到鼻孔内缘的距离短于从鼻孔内缘到上唇褶前端的距离。长吻角鲨（*S. mitsukurii*）支系中鲨鱼的吻部短而宽，或大大延长而狭窄，从吻端到鼻孔内缘的距离等于或长于到上唇褶前的距离，并且在其身体两侧没有白色斑点或短线状纹路。除了东太平洋热带海域外，几乎在全世界的寒带、温带和热带海域都有角鲨的分布记录。热带海域的记录可能是不完整的，因为对较冷的近海和深海栖息地的调查很少。

　　鉴别　两个背鳍均有粗壮无凹槽的棘刺。不具臀鳍。吻部短至中等长度，口短横，两颌具低矮的刀状切割齿。喷水孔大且靠近眼睛。身体横截面呈圆柱形。第一背鳍起点与胸鳍相对或稍后置，第二背鳍呈明显镰刀状。腹鳍比胸鳍小。尾柄具有突出的侧嵴，尾鳍没有近端缺刻。体色为灰色至中褐色，而不是黑色，没有发光器官。卷盔鲨较为粗壮，皮肤粗糙，鼻须发达，尾前凹退化或消失，尾柄短，背鳍大小基本相等，尾下叶不发达。角鲨通常体型比较纤细，皮肤光滑，没有鼻须，但在前鼻瓣上有中叶，有很明显的尾前凹洼和细长的尾柄，第二背鳍通常比第一背鳍小很多，有很明显的尾下叶。如果没有对特征的精准测量和脊椎骨的计数和比较，许多种类的角鲨是很难区分的。因此，它们出现的地点可以成为识别角鲨物种的最好依据。

　　生物学　所有物种都是卵胎生的（有卵黄囊），每胎有1—32尾胎仔。有些角鲨物种是高度社会化的，并可能按年龄和性别进行分群。一些角鲨在进行一年一度的局部或远距离迁移或觅食时，形成巨大的游弋鲨鱼群，有时会清理或赶走当地的被捕食者种群。其他角鲨物种似乎是独居的，或者只在小群中出现。角鲨的猎物主要包括硬骨鱼类、头足类和甲壳类，还有其他软骨鱼类和无脊椎动物。所有角鲨物种都有强大的颌，可以肢解比自己大的猎物。一些角鲨在北半球和南半球都有广泛的分布，但在南北半球之间的热带海域或赤道海域却没有分布（如白斑角鲨）。其他的是地方性的特有物种。大多数角鲨是底栖的（尽管有些角鲨幼体在表层海域活动）。它们分布于从潮间带（主要是在寒温带水域）一直到深度为600米，甚至超过1000米的区域，但700—1000米以下的海域中，角鲨的生态位通常被其他深海鲨鱼群所取代。

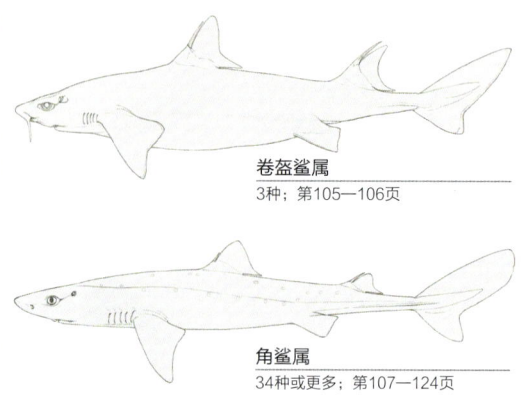

卷盔鲨属
3种；第105—106页

角鲨属
34种或更多；第107—124页

　　保护现状　尽管一些物种有相当大的种群基数和广泛的分布范围，但由于它们性成熟晚，寿命长，繁殖力低，产仔间隔长等因素，所以极易受到过度捕捞的影响；白斑角鲨（*S. acanthias*）和萨氏角鲨（*S. suckleyi*）的妊娠期为18—24个月，是已知的孕期最长的脊椎动物。一些角鲨的种群资源量已经开始下降，枯竭种群的恢复可能非常缓慢。在捕捞更常见和资源量更丰富的物种时，商业价值不高或没有商业价值的稀有物种通常是兼捕渔获物。如果一些角鲨的分布区域狭窄（如仅分布在海山一带），并且成了渔业捕捞的目标，那么它们可能会受到威胁。种群基数大和易捕性使一些角鲨物种，特别是白斑角鲨，成为商业鲨鱼捕捞的最重要目标之一。世界上多达50个国家具有角鲨捕捞渔业，主要是通过底层拖网，但也有延绳钓、刺网、围网、中上层拖网和张网。角鲨的肉、肝油、鳍和皮革都具有很高的价值。游钓者以几种角鲨为目标，但它们不是重要的游钓物种。有几个物种经常在水族馆展出。一些角鲨会利用它们的轻微毒性的鳍棘和牙齿进行防御，对接近的人类可造成一定危险。有些被认为是"垃圾鱼"，因为它们会对渔具造成损害，也会捕食或驱赶更有价值的渔业物种。世界自然保护联盟（IUCN）红色名录将35%的角鲨物种评估为无危，30%为数据不足，其余为濒危、易危或近危。

白斑角鲨（*Squalus acanthias*），加拿大不列颠哥伦比亚省（第107页）

卷盔鲨 *Cirrhigaleus asper*

FAO代码：**CHZ**　　图版 第96页

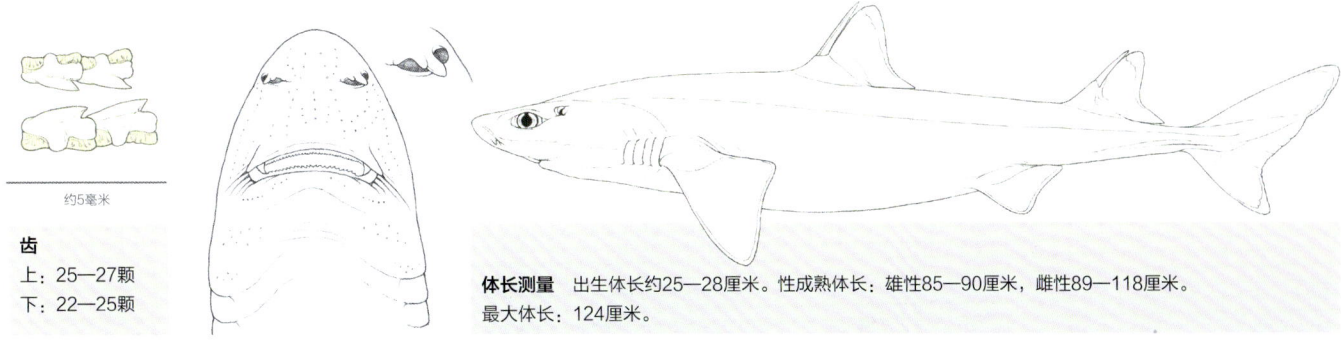

约5毫米

齿
上：25—27颗
下：22—25颗

体长测量　出生体长约25—28厘米。性成熟体长：雄性85—90厘米，雌性89—118厘米。
最大体长：124厘米。

鉴定　身体粗壮，皮肤粗糙。头部宽而平。吻部短而宽，吻端较圆。前鼻瓣具一短而粗壮的中叶。背鳍大小相同，具高而粗壮的棘刺；第一背鳍起点位于胸鳍基之后。上尾前凹退化或无。身体两侧没有白色斑点。鳍具明显的白色边缘，但无黑斑。

分布　分布于西印度洋，西大西洋和中太平洋的温带到热带水域（分布于西大西洋的卷盔鲨和分布于太平洋的卷盔鲨可能不是同一物种）。

栖息地　底层或近底层海域；大陆架和岛架的上部和外部以及陆坡（73—600米），有时在海湾和河口附近出现。

行为　情况不明。沉重的身体表明卷盔鲨可能具有中等不活跃的底栖生活。

生物学　卵胎生，每胎产18—22尾胎仔。以硬骨鱼和鱿鱼为食。

保护状态　数据不足（DD）。非商业捕捞目标，可能作为兼捕渔获物。

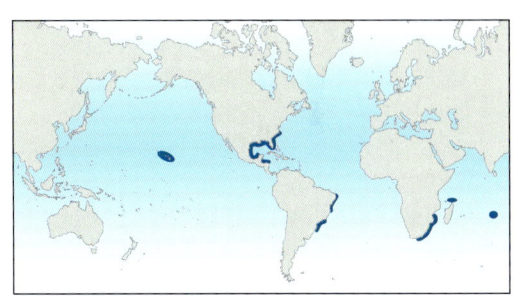

澳洲卷盔鲨 *Cirrhigaleus australis*

FAO代码：**SHX**　　图版 第96页

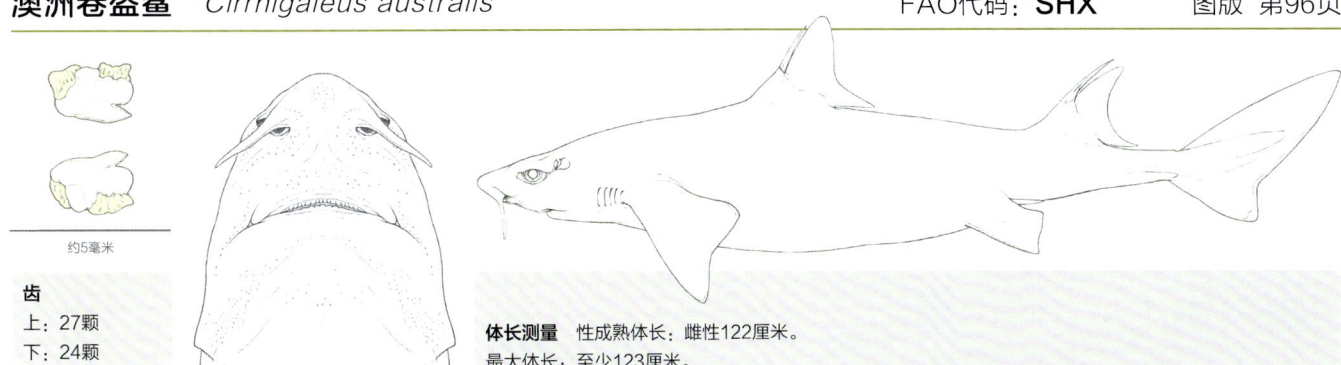

约5毫米

齿
上：27颗
下：24颗

体长测量　性成熟体长：雌性122厘米。
最大体长：至少123厘米。

鉴定　和长须卷盔鲨一样，鼻瓣前触须状鼻须延伸至口部，但是鼻前吻长较短，鼻须小于鼻前吻长的2.5倍。背部是统一的灰褐色，腹部是较浅的灰色。

分布　太平洋西南部水域：东澳大利亚，从新南威尔士到塔斯马尼亚和新西兰。西澳大利亚、瓦努阿图和斐济也有这个物种的可能分布记录。

栖息地大陆坡上坡；澳大利亚外海360—640米水深处，新西兰外海90—1100米水深处，有一个特别浅的记录来自水下18米。通常是在底部或接近底部栖息。

行为　情况不明。长鼻须上可能有用于猎物定位的化学感受器。

生物学　卵胎生，每胎至少产10尾胎仔。以头足类动物和硬骨鱼类为食。

保护状态　数据不足（DD）。不常见或罕见，通常作为兼捕渔获物捕获。

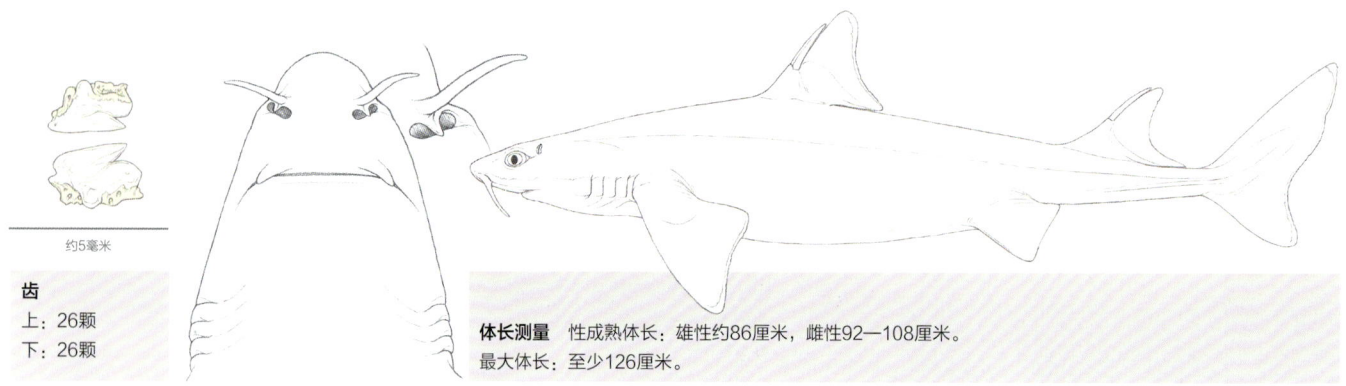

约5毫米

齿
上：26颗
下：26颗

体长测量　性成熟体长：雄性约86厘米，雌性92—108厘米。
最大体长：至少126厘米。

鉴定　与卷盔鲨相似，但前鼻瓣上的须延长直至口部，呈触须状；与澳洲卷盔鲨的区别在于鼻须长度超过鼻前吻长的2.5倍。

分布　西太平洋：日本南部、中国台湾和印度尼西亚周边海域；除此之外分布记录需要进一步确认。

栖息地　大陆架和岛屿架以及上坡，水深146—640米，水底层或近底层。

行为　不明。长鼻须上可能具有化学感受器用来定位猎物。

生物学　胎生，曾有一胎产10尾胎仔（每个子宫5尾）的记录。捕食情况不明。

保护状态　无危（LC）。不常见至罕见，兼捕渔获物。

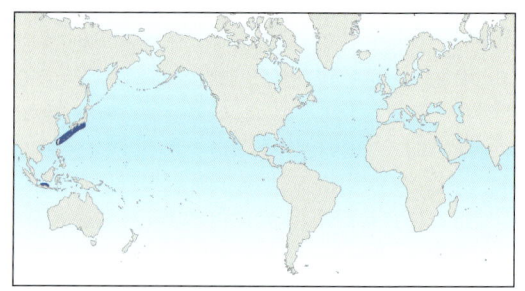

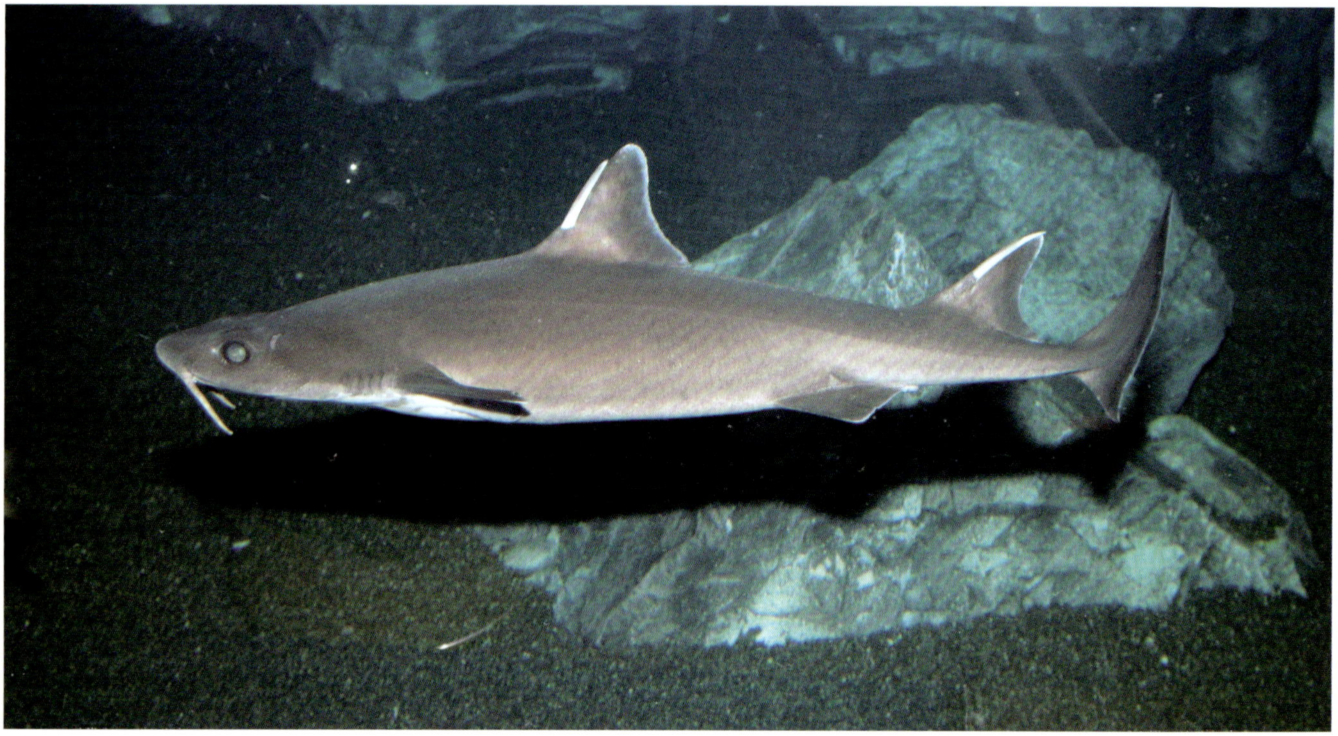

长须卷盔鲨（*Cirrhigaleus barbifer*），冲绳美丽海水族馆

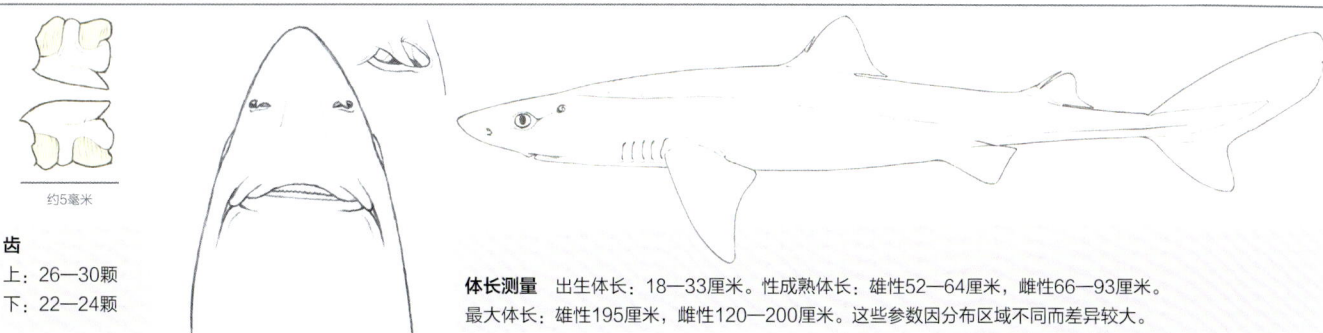

约5毫米

齿
上：26—30颗
下：22—24颗

体长测量 出生体长：18—33厘米。性成熟体长：雄性52—64厘米，雌性66—93厘米。
最大体长：雄性195厘米，雌性120—200厘米。这些参数因分布区域不同而差异较大。

鉴定 隶属于白斑角鲨亚群（见角鲨科）。身体纤细；头部狭窄；吻部延长突出；前鼻瓣上不具中间鼻须。第一背鳍低矮，背鳍起点通常后置或有时超过胸鳍下角；第一背鳍棘纤细短小，其起点远在胸鳍下角后面。胸鳍有浅凹的后缘和狭长圆形的内角。身体背部呈灰色至蓝灰色，体背部和身体两侧常有白色斑点；腹部色浅至白色。成体的背鳍顶端和边缘呈暗色或素色，幼体的背鳍顶部黑色，后缘和下角为白色；成体的胸鳍后缘具浅色边缘；鳍上没有明显的黑色斑点。

分布 除北太平洋、西印度洋、热带水域和近极海域，全世界范围内海域都有分布。北半球和南半球种群之间很少或没有基因交流，有限的基因交流只发生在一些分布范围和摄食区域重叠但具有不同迁移模式的种群之间。

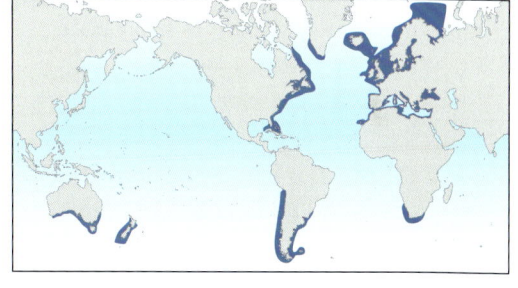

栖息地 北方到暖温带大陆架和岛屿架表层到底层水体，偶尔会延伸到大陆坡（水深0—600米，可能会到水深1978米处或更深）。在冷水中为上层（0—200米）。通常在大陆架上靠近底部，在大洋水域靠近水面。通常栖息在封闭和开放的海湾和河口的软质沉积物上，大多数白斑角鲨的育幼场都位于那里。

行为 多数是底栖动物，也会在上层水域活动。有时单独行动，或与其他小型鲨鱼结伴活动，经常在饵料丰富的觅食地形成密集的觅食群体。按体型大小和性别分为幼小稚鱼（混合性别）、成年雄鱼、亚成雌鱼或大型成年雌鱼（通常妊娠状态）的鱼群。偶尔会有混合龄鱼群。怀孕的雌性通常在浅水的近岸的育幼场产仔，而另一些种群在外架和上坡的深水中产仔。白斑角鲨游动缓慢，但随着水温的变化，可进行从北到南长距离季节性迁移，或从深海到浅层海域进行垂直迁移（7—8℃、12—15℃为适温条件）。也有一些种群是全年定居型。追踪器发回的信号显示，白斑角鲨在西北大西洋的长距离迁移距离可达1600千米。

白斑角鲨（*Squalus acanthias*），新生胎仔的身体上附着着卵黄囊

生物学 寿命较长，生长缓慢，性成熟晚。卵胎生（具卵黄囊）。每胎产仔数（1—32）因地区种群而异，体型大的雌鱼繁育幼崽数目较多。妊娠期也因地区种群而异，从12—24个月不等，在黑海海域的种群妊娠期只有12个月（这一种群的雌性、幼体及胚胎的体型也是相对最大的）。交配可能发生在冬季，胎仔在冬季、春季或夏季出生，低龄鱼的年龄可以从鳍棘上的年度生长轮纹（高龄个体的鳍棘会磨损）或脊椎骨上的季节性钙峰值来测量。两条东北大西洋的雄鱼在性成熟时被标记和测量，30多年后重新捕获，它们每年只增长0.27—0.34厘米。性成熟年龄为10—20年；不同种群的寿命不尽相同，最大年龄超过40年。主要以硬骨鱼类和无脊椎动物为食，偶尔也摄食其他软骨鱼类。可以捕获和撕碎比自己体型大的猎物。

保护状态 在全球范围内易危（VU）。在东北大西洋和地中海地区濒危（EN）、在西北大西洋和南美洲易危（VU），在澳大拉西亚和非洲南部无危（LC）。人类对白斑角鲨研究得非常透彻，它曾经是世界上资源最为丰富和最重要的商业鲨鱼物种，利用形式有鲨鱼肉、肝油和鱼鳍，并支撑大型专捕拖网和延绳钓渔业（与硬骨鱼类的渔业规模相当）。具有商业渔业的意义，但成群的白斑角鲨可能会损坏渔具，并影响其他物种的捕获量。白斑角鲨为游钓渔业的目标，可在公共水族馆展示，对科学研究和教学也很重要。被其具轻度毒性的鳍棘刺伤可引起伤口疼痛。白斑角鲨的繁殖能力很弱，大个体的怀孕雌鱼容易聚群并成为捕捞对象，使其非常容易被过度捕捞；北大西洋的商业渔业已经崩溃。西北大西洋的捕捞和开发活动在管控下进行，但东北大西洋的角鲨商业捕捞活动已经停止。

萨氏角鲨 *Squalus suckleyi*

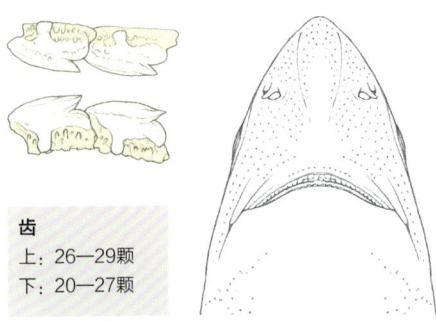

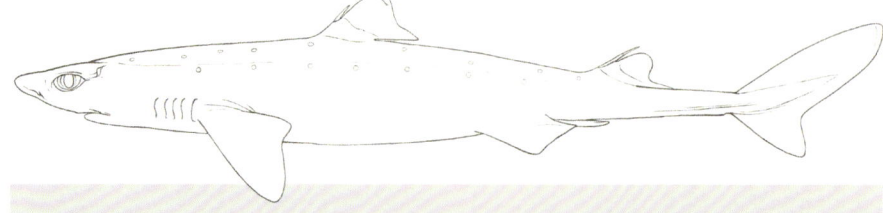

齿
上：26—29颗
下：20—27颗

体长测量　出生体长：22—33厘米。性成熟体长：雄性70—80厘米，雌性80—100厘米。最大体长：130厘米，可能达到150厘米。

鉴定　隶属于白斑角鲨亚群，在形态上与白斑角鲨相似，但萨氏角鲨从腹鳍中点到第一个背鳍终点的距离通常为全长的13%—15%，而白斑角鲨为8.8%—9.8%。白点通常在体侧，体侧呈灰色，腹部较浅。

分布　北太平洋特有物种：从下加利福尼亚半岛到白令海，再到中国沿海，包括中国台湾地区。

栖息地　北方到暖温带大陆架和岛架的表面至底层，偶尔会出现在岛坡（0—1236米）。在冷水中栖息于中上层（0—200米）。通常在大陆架上靠近底部，在大洋水域则靠近表面。封闭和开放的海湾和河口的软性沉积物上，大多数的育幼场所都在那里。

行为　主要是底栖性，也有上层的；通常群居，经常在饵料丰富的觅食地形成巨大而密集的觅食群体。按体型和性别分为幼鱼（混合性别）、成年雄鱼、亚成雌鱼或成年雌鱼（通常妊娠状态）的鱼群。怀孕的雌性通常在大陆架外缘和大陆坡的深水区产仔。游泳速度缓慢，但随着水温的变化，可从北到南进行长距离季节性迁移，或从深海到浅层海域进行垂直迁移（7—8℃、12—15℃为适温条件）。其他种群是全年定居型。追踪器发回的信号显示，萨氏角鲨的迁移距离可长达6500千米，横贯太平洋。

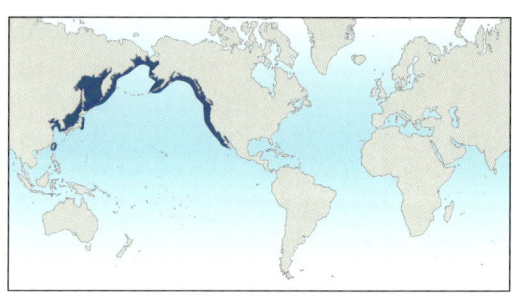

生物学　寿命长，生长缓慢，性成熟晚。卵胎生，每胎产2—12尾胎仔，胎仔数目随着雌性体型的增加而增加。妊娠期为18—24个月。交配可能发生在冬季，胎仔在冬季、春季或夏季出生。可以从鳍棘上的年度生长轮纹（低龄鱼）或脊椎骨上的季节性钙峰值来测量。性成熟年龄为14—35岁，寿命至少为70岁，不同种群之间有差异。主要以硬骨鱼类和无脊椎动物为食，偶尔也摄食其他软骨鱼类。可以捕获和撕碎比自己大的猎物。天敌包括大型鲨鱼、硬骨鱼类和海洋哺乳动物。

保护状态　无危（LC）。2010年以前与白斑角鲨被认为是同一物种，并被列入《保护野生动物迁徙物种公约》（CMS）附录2和《保护迁徙物种公约鲨鱼备忘录》附录1。萨氏角鲨从19世纪开始被日本列为专捕渔业的目标，20世纪在东北太平洋（加拿大和美国）也是如此。它的繁殖能力非常低，以怀孕雌鱼群为目标的捕捞活动导致一些种群严重枯竭，但在东北太平洋区域的种群资源正在恢复。

萨氏角鲨（*Squalus suckleyi*），日本海，俄罗斯

尖鳍角鲨 *Squalus acutipinnis* FAO代码：**DGZ** 图版 第102页

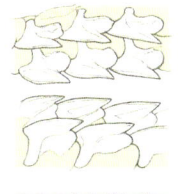

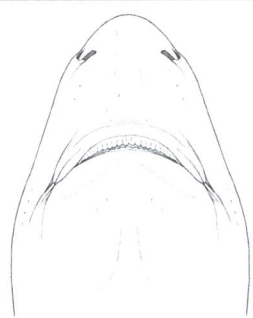
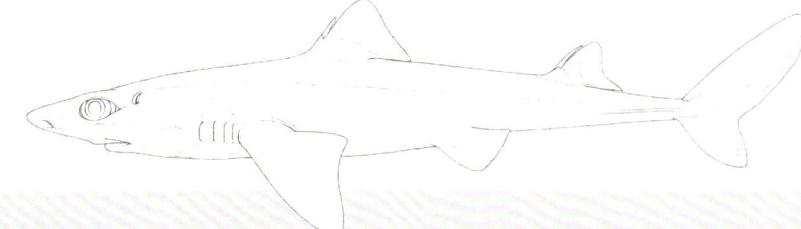

齿
上：24—28颗
下：20—25颗

体长测量 出生体长：23—25厘米。性成熟体长：雄性约46厘米，雌性约54厘米。
最大体长：77厘米。

鉴定 隶属于大眼角鲨亚群。体型较小。吻部短而有棱角；从吻端到内鼻缘的距离小于从鼻孔内缘到上唇褶前的距离。口相对较宽，口宽与吻长基本相等。第一背鳍的高度为长度的2/3或更少，起点约在胸鳍之上；鳍棘较短，不到鳍基长度的一半且高度低于鳍尖。无斑点，背部和体侧呈古铜灰色，腹部较浅。幼体背鳍上角呈黑色，后缘呈白色，随年龄增长逐渐消失。

分布 从大西洋西南部到印度洋东南部；从安哥拉南部到南非的东海岸海域。本种在莫桑比克南部、马达加斯加和毛里求斯的记录需要确认。

栖息地 沿岸至大陆坡上部450米内水域。新生的幼鱼大多是浮游性的，出现在约150米以内水域，而较大的个体大多是成鱼，生活在底层海域。

行为 群居，经常形成密集的大型鲨鱼群。严格按体型和性别划分成不同的群：成年雄性主要生活在西海岸，雌性主要生活在南海岸。

生物学 卵胎生，每胎产2—4尾胎仔。成年雌性繁殖周期连续（怀孕期之间没有间隔）。主要以小型硬骨鱼类、头足类和甲壳类动物为食。

保护状态 近危（NT）。在南非近海非常常见，是常见的兼捕渔获物，但通常被丢弃。

白尾角鲨 *Squalus albicaudus* FAO代码：**DGZ** 图版 第102页

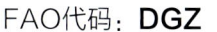
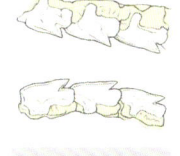
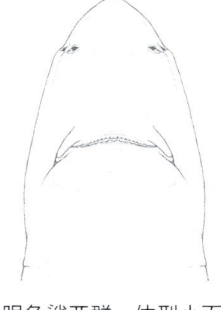
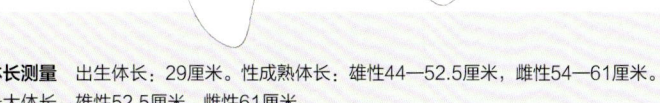

齿
上：24—28颗
下：20—26颗

体长测量 出生体长：29厘米。性成熟体长：雄性44—52.5厘米，雌性54—61厘米。
最大体长：雄性52.5厘米，雌性61厘米。

鉴定 隶属于大眼角鲨亚群，体型小而粗壮。吻端短而尖；从吻端到内鼻缘的距离很短，远小于从鼻孔内缘到上唇褶前面的距离。口裂平直，其宽度超过吻长的一半。第一背鳍的高度大大高于第二背鳍；第一背鳍棘刺高约为第一背鳍高度的1/2；第二背鳍棘约等于或略低于鳍高。身体背部的颜色为棕灰色。第一背鳍的顶端呈深褐色，此外无其他明显的标记；尾鳍后缘为白色。

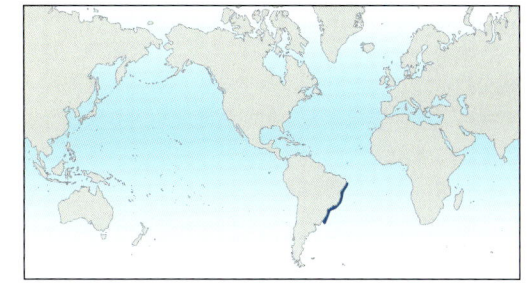

分布 大西洋西南部：仅在巴西东北部和东南部海域发现该物种。

栖息地 大陆坡，水深195—421米。

行为 情况不明

生物学 卵胎生，其他情况不明。以硬骨鱼类、头足类和甲壳类动物为食。

保护状态 数据不足（DD）。在底拖网和延绳钓中偶被捕获。目前尚无种群变化趋势的数据。

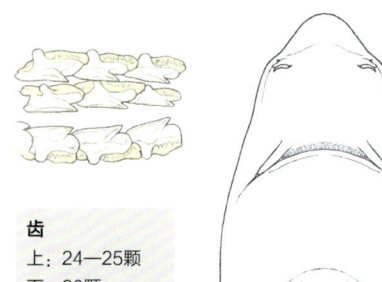

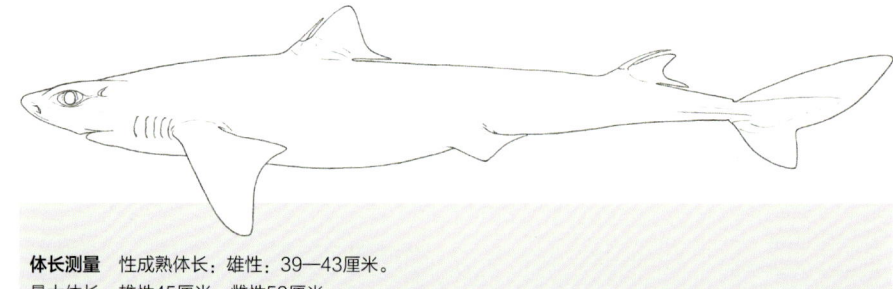

齿

上：24—25颗

下：20颗

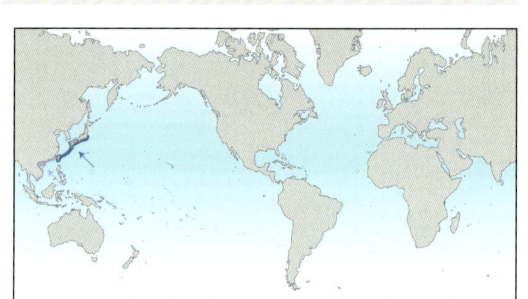

体长测量 性成熟体长：雄性：39—43厘米。

最大体长：雄性45厘米，雌性59厘米。

    鉴定 隶属于大眼角鲨亚群。一种小型的、身体粗壮的角鲨，头部较短。有两个不等大的背鳍；第一个背鳍相对较低，起始于胸鳍的内缘。背鳍上表面呈红色。没有白点或明显的深色背鳍或尾鳍标记。腹部颜色较浅。

    分布 太平洋西北部：从日本南部到中国台湾，分布范围可能更广泛，需要进一步确认。

    栖息地 外大陆架和上坡，从40—163米和更深的海域。

    行为 情况不明。

    生物学 卵胎生，但其他情况不明。以硬骨鱼类、甲壳类动物和章鱼为食。

    保护状态 濒危（EN）。该物种经常被误认为是角鲨属的其他物种，基本没有可以用来评估该物种种群的相关信息，因此只能评为"数据不足"。

牛首角鲨 *Squalus bucephalus*   FAO代码：**DGZ**   图版 第100页

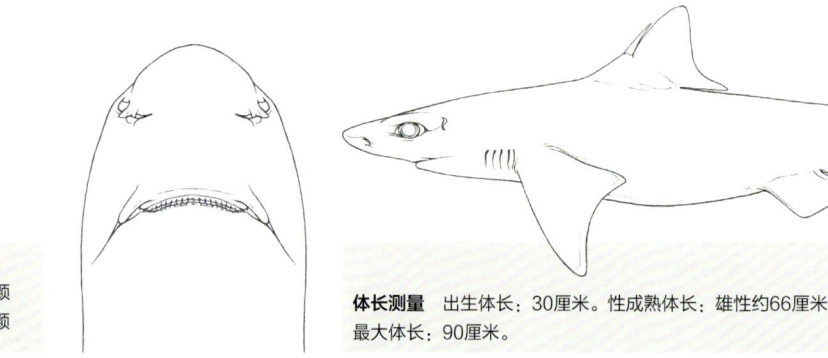

齿

上：26—27颗

下：22—24颗

体长测量 出生体长：30厘米。性成熟体长：雄性约66厘米。

最大体长：90厘米。

    鉴定 隶属于大眼角鲨亚群。一种大型的、身体粗壮的角鲨，在其颈部有一个突出的驼峰。头部宽大，鼻子较短。第一背鳍起始于胸鳍内缘上方。背部是统一的黑褐色，腹部变得更浅。第一背鳍前端沿外缘颜色较深，鳍端最突出；第二背鳍颜色较浅，下角呈灰色，后缘有一个狭窄的白色边。

    分布 太平洋西南部

    栖息地 上大陆坡，从405—880米海域。

    行为 情况不明。

    生物学 卵胎生，但其他情况不明。以小鱼和无脊椎动物为食。

    保护状态 数据不足（DD）。标本数目极少导致数据不足。

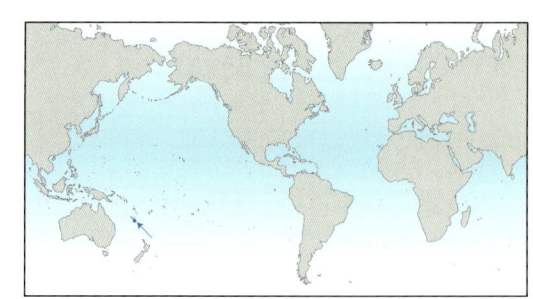

古巴角鲨 *Squalus cubensis*　　　　　FAO代码：**QUC**　　　图版　第99页

齿
上：28颗
下：22颗

5毫米

体长测量　性成熟体长：雄性：38—44厘米，雌性：47—50厘米。
最大体长：75厘米，可能110厘米。

　　鉴定　隶属于大眼角鲨亚群。身材纤细。头部宽大；吻部短而圆；前鼻瓣内侧有小的内侧裂片。第一背鳍较高，鳍棘细长且高；背鳍和鳍棘起始于胸鳍内缘之上。胸鳍后缘深凹，内角尖锐。体色为灰色，无斑点。背鳍尖端有大的黑色或暗色斑块；胸鳍和尾鳍上有明显的白色后缘。

　　分布　西大西洋：暖温带和热带水域。

　　生境：近海，外大陆架和上坡，或接近底部，10—731米深度海域。幼体的栖息深度比成体更浅。

　　行为　生活在大型而密集的群体当中。

　　生物学　卵胎生，每胎大约产10尾胎仔。

　　保护状态　无危（LC）。极常见。其大部分栖息地与商业捕捞作业区不重叠。被当作兼捕渔获物时通常会被丢弃。加勒比海南部水域以外有关本种的分布记录可能是其他物种的误鉴。

塞舌尔角鲨 *Squalus lalannei*　　　　　FAO代码：**DGZ**　　　图版　第100页

约5毫米

齿
上：24—26颗
下：22—24颗

体长测量　最大体长：雄性62厘米，雌性79厘米。

　　鉴定　隶属于大眼角鲨亚群。一种鲜为人知的、中等大小、身体延长的角鲨。吻部短小，顶端较圆。第一背鳍起始于胸鳍内缘上方。体色呈均匀灰色，背鳍呈黑色。

　　分布　西印度洋：仅在塞舌尔发现。

　　栖息地　情况不明，仅有的两个标本来自1000米的海洋深处。

　　行为　情况不明。

　　生物学　情况不明。

　　保护状态　无危（LC）。需获得更多该物种的标本做进一步了解。

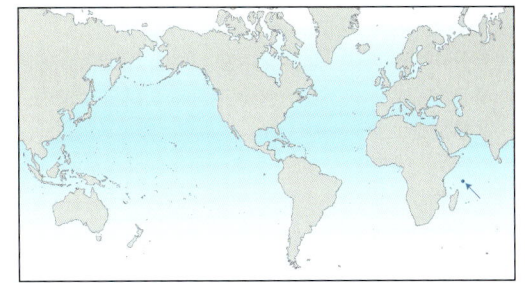

叶鳍角鲨 *Squalus lobularis*

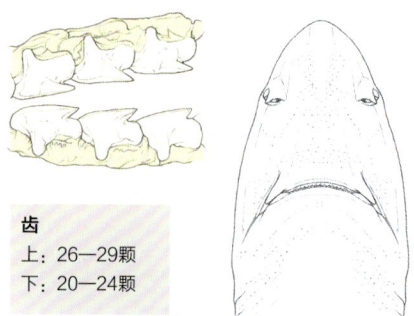

齿
上：26—29颗
下：20—24颗

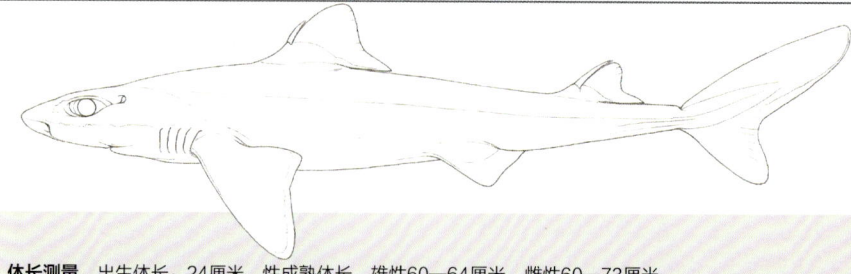

体长测量　出生体长：24厘米。性成熟体长：雄性60—64厘米，雌性60—73厘米。最大体长：雄性64厘米，雌性73厘米。

　　鉴定　隶属于大眼角鲨亚群。身体延长。吻部延长，吻尖钝圆；鼻尖到内鼻缘的距离大于从鼻孔内缘到上唇褶的距离。口部略呈拱形且宽大，其宽度约为鼻长的3/4。第一背鳍高度大于第二背鳍，背鳍棘约为第一背鳍高度的1/2；第二背鳍棘高小于鳍高。体表深灰色，腹部更浅。鳍多灰色，带白色后缘；尾鳍亦灰色，部分边缘呈灰色，胸鳍为白色；没有斑点或其他明显的标记。

　　分布　大西洋西南部：从巴西南部到阿根廷的巴塔哥尼亚。

　　栖息地　不明。

　　行为　不明。

　　生物学　卵胎生，其他情况不明。

　　保护状态　数据不足（DD）。在巴西水域会被底拖网和延绳钓捕获。近年来才被描述并命名，由于掌握数据有限，无法对种群状况和趋势进行评估。

大眼角鲨 *Squalus megalops*

约5毫米

齿
上：25—27颗
下：22—24颗

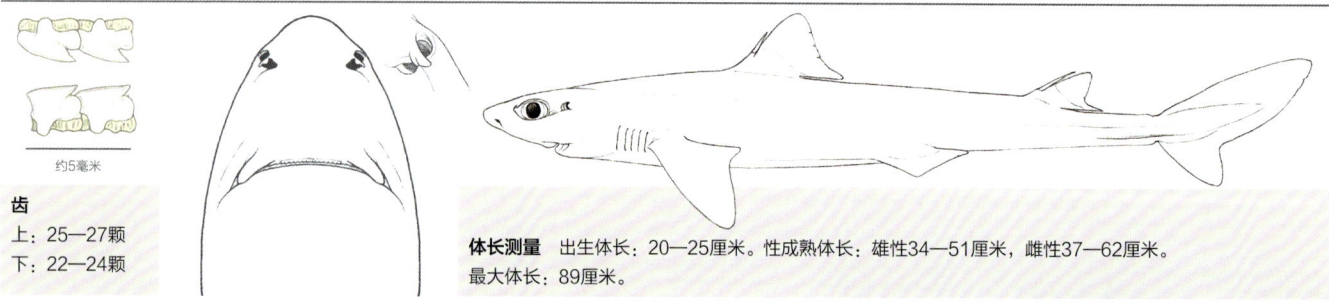

体长测量　出生体长：20—25厘米。性成熟体长：雄性34—51厘米，雌性37—62厘米。最大体长：89厘米。

　　鉴定　隶属于大眼角鲨亚群。一种小而纤细的角鲨。头部宽大；吻部短而宽，前鼻瓣具小裂片。第一背鳍稍高，带有短而纤细的背鳍棘，起于胸鳍内缘之上。后胸鳍边缘稍凹，内角尖锐，颜色呈灰褐色至深褐色，无白色斑点。背鳍很尖，尾鳍背侧边缘和尾鳍后部缺刻的区域呈暗色或黑色；胸鳍和尾鳍裂片的后部边缘为白色；鳍上没有明显的黑色斑点。

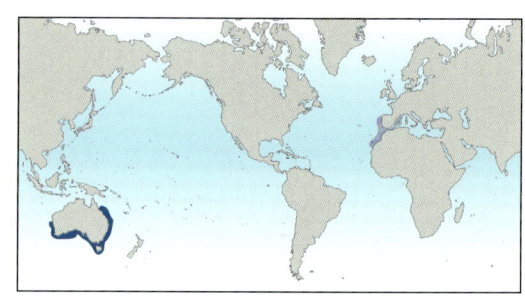

　　分布　印度洋－太平洋中部：为澳大利亚特有。在大西洋东北部和地中海分布的"大眼角鲨"仍需进一步研究来确认其分类是否正确。

　　栖息地　大陆架和上坡，在海床上或接近海床，0—732米。育苗地在外大陆架上。

　　行为　有集群现象，通常会聚集成大型的群体，部分的种群之间会有隔离。

　　生物学　卵胎生，每胎产1—6尾（一般2—3尾）胎仔。以各种硬骨鱼类、无脊椎动物为食，有时还以鲼类为食。

　　保护状态　无危（LC）。常见种类，对将其作为捕捞目标和保留的兼捕渔获物的部分渔业生产很重要。监测数据显示，对其的渔业捕捞量不断提高，但种群数量没有明显下降。

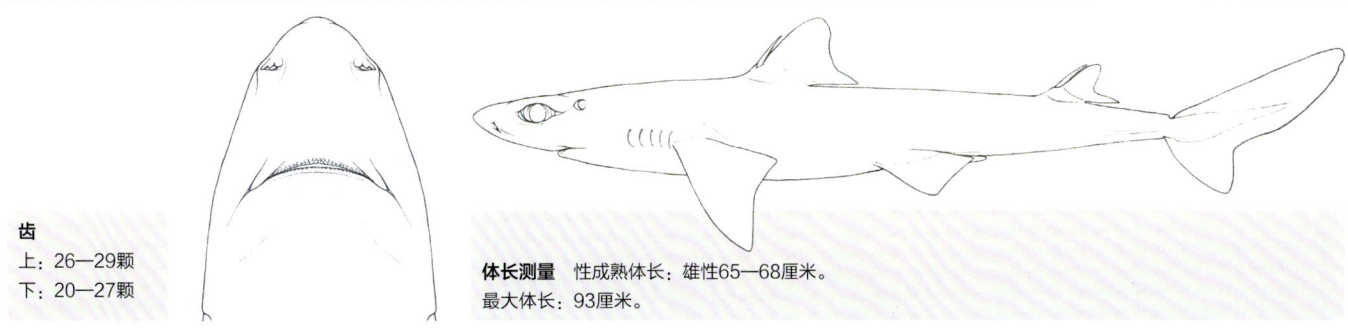

齿
上：26—29颗
下：20—27颗

体长测量　性成熟体长：雄性65—68厘米。
最大体长：93厘米。

鉴定　隶属于大眼角鲨亚群。一种小型、窄头的角鲨。吻部较短。背鳍大小不等，背鳍棘细长。第一背鳍起始于胸鳍的内缘。背部呈统一的红褐色，腹部较苍白，有不同的浅色和深色区域。背鳍的上角有黑色边缘。

分布　太平洋西南部：目前已知只有在新西兰北部，克马德克海岭的纳皮尔岛和拉乌尔岛附近的海域有分布。

栖息地　深水，250—500米，在300米的水域最常见。

行为　不明。

生物学　卵胎生，其他情况不明。

保护状态　无危（LC）。栖息海域禁止商业捕捞；似乎种群数量相当丰富。

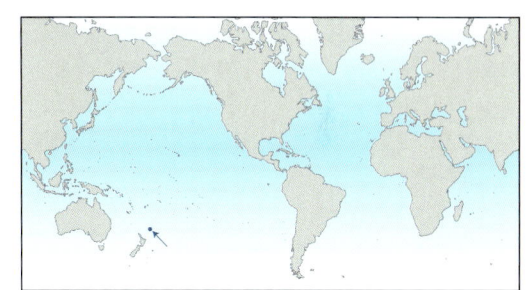

齿
上：27颗
下：22—23颗

体长测量　性成熟体长：雄性61厘米，雌性74厘米。
最大体长：86厘米，雌性。

鉴定　隶属于长吻角鲨亚群。形态类似于高翅角鲨，但本种前鼻瓣内侧具小裂片，第一背鳍和尾鳍较短，第二背鳍棘更为粗壮。胸鳍略微凹陷，呈宽大的三角形。尾鳍背缘大于总体长的21%。背鳍的尖端和边缘呈暗色；尾鳍无深色痕迹；尾鳍后腹缘和下叶颜色较浅。

分布　西太平洋：东澳大利亚，从昆士兰深海高原（凯恩斯附近）到蒙塔古岛（新南威尔士州）一带。

栖息地　外大陆架和上大陆坡，131—450米的水域。

行为　不明。

生物学　卵胎生，其他情况不明。

保护状态　无危（LC）。不常见种，分布区域狭窄。

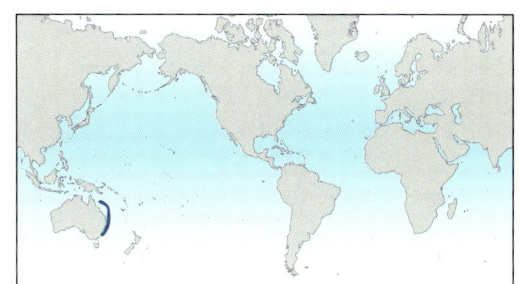

高翅角鲨 *Squalus altipinnis*　　　　　FAO代码：**DGZ**　　图版 第96页

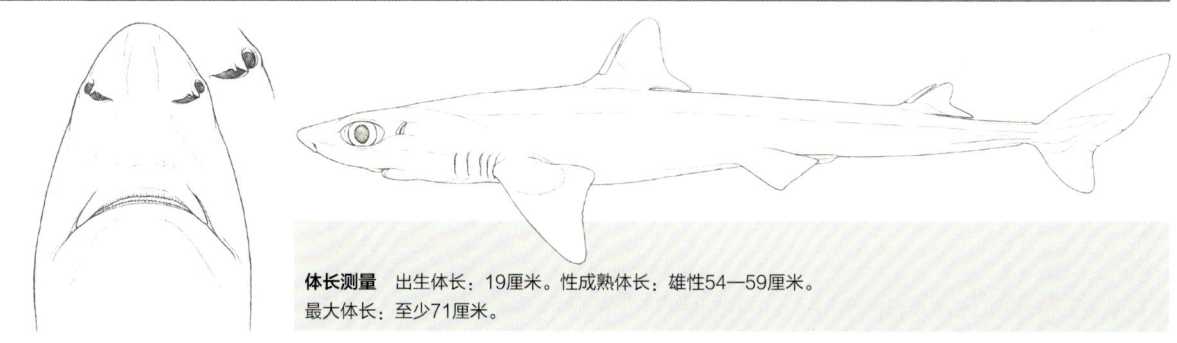

齿
上：27颗
下：22颗

体长测量　出生体长：19厘米。性成熟体长：雄性54—59厘米。
最大体长：至少71厘米。

　　鉴定　隶属于长吻角鲨亚群。形态与白缘角鲨类似，但其吻部稍长，第二背鳍棘细长，略低于第二背鳍；上角灰白，鳍尖苍白，尾鳍有狭窄的白色边界（有时基部有不明显的黑条）。

　　分布　印度洋-太平洋中部：澳大利亚西北部的罗利浅滩。

　　栖息地　上层大陆坡，298—305米。

　　行为　情况不明。

　　生物学　卵胎生，其他情况不明。

　　保护状态　数据不足（DD）。见于深海渔业的兼捕渔获物中，捕获后常被丢弃。

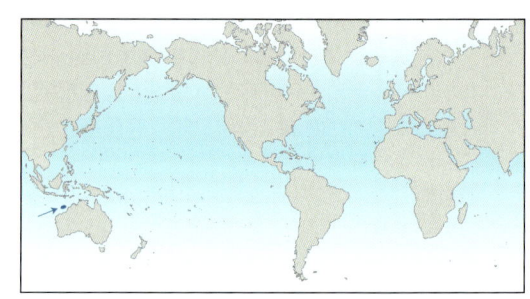

巴西角鲨 *Squalus bahiensis*　　　　　FAO代码：**DGZ**　　图版 第102页

齿
上：26—29颗
下：21—23颗

体长测量　性成熟体长：雄性59—69厘米。
最大体长：雄性69厘米。

　　鉴定　隶属于长吻角鲨亚群。身体延长。吻修长，顶端钝圆；从鼻尖到内鼻缘的距离大于从鼻孔内缘到上唇褶前部的距离。口部略呈拱形且宽大，其宽度超过吻长的2/3。第一背鳍的高度大于第二背鳍；第一背鳍棘的高度小于第一背鳍高度的1/2；第二背鳍的鳍棘高度小于鳍的高度。背部呈灰色。尾鳍后缘及胸鳍后缘呈白色；没有斑点或其他明显的标记。腹部呈白色。

　　分布　大西洋西南部：为巴西萨尔瓦多巴伊亚海岸特有种。

　　栖息地　情况不明。

　　行为　情况不明。

　　生物学　目前仅采集到3只雄性标本，其他情况不明。

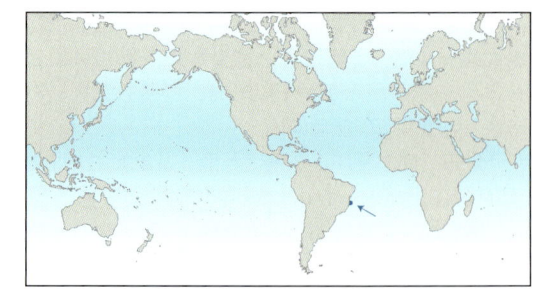

　　保护状态　数据不足（DD）。见于巴西水域密集的底层拖网和延绳钓渔获物中，但近年来才被描述出来，种群趋势等数据较少。

巴氏角鲨 *Squalus bassi*

FAO代码：**DGZ**　　图版 第102页

齿
上：26颗
下：20—23颗

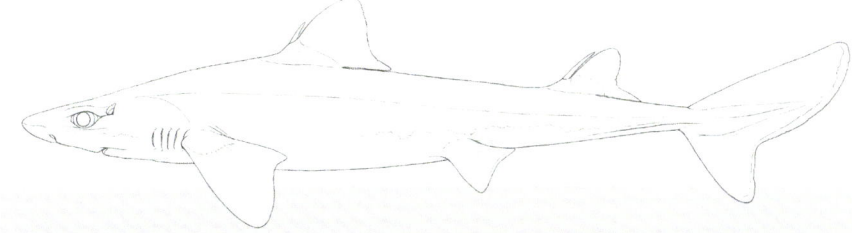

体长测量　出生体长：21—30厘米。性成熟体长：雄性65厘米，雌性73厘米。
最大体长：雄性96厘米，雌性110厘米。

鉴定　隶属于长吻角鲨亚群。一种大型的、身体粗壮的角鲨。吻部延长，有棱；吻端到内鼻缘的距离长于从鼻孔内缘到上唇褶前端的距离。口部相对较小，宽度略大于吻部长度的一半。第一背鳍高度约为鳍长的2/3或更少；第一背鳍棘高度短于第一背鳍基底长，未达背鳍上角，起始于胸腔内缘之上。背部呈珍珠灰至褐色，腹部呈白色，没有浅色的斑点。鳍有白边。

分布　大西洋东南部到印度洋西南部：非洲南部，从纳米比亚奥兰治河西北部到南非的东海岸，也可能到莫桑比克南部。

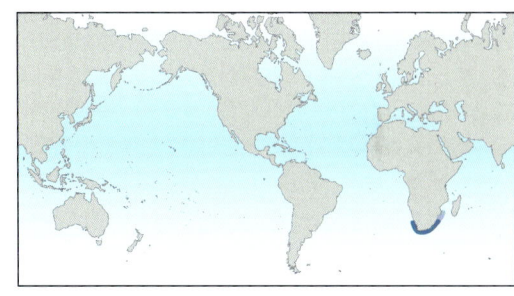

栖息地　外大陆架及上斜坡，159—591米水深处，平均栖息深度约300米。

行为　通常聚集成大群活动，根据体型和性别的不同结成不同的群体。

生物学　卵胎生，每胎产4—9尾胎仔，目前对该物种生殖周期情况不明。主要以硬骨鱼类、头足类动物和甲壳类动物为食。

保护状态　无危（LC）。常见于底层拖网和延绳钓的兼捕渔获物。尽管莫桑比克南部的种群面临很大的捕捞压力，但南非的种群在捕捞量减少后正在逐步恢复。

高鳍角鲨 *Squalus blainville*

FAO代码：**QUB**　　图版 第98页

齿
上：27—30颗
下：24—28颗

约5毫米

体长测量　出生体长：23厘米。性成熟体长：雄性56厘米，雌性60厘米。
最大体长：雄性74厘米，雌性92厘米。

鉴定　隶属于长吻角鲨亚群。身体肥大。头部短而宽大，吻部宽大。第一背鳍高而直立，起始于胸鳍基部上方或正后方；第一背鳍棘长而粗壮，起始于胸鳍内缘上方。胸鳍后缘几近笔直，至内角处微凹。色泽呈灰褐色，无白点。背鳍有白色边缘；背鳍及尾鳍处无明显的深色印记。

分布　东大西洋：温带到热带水域，包括地中海（分布于西印度和太平洋的并不是一个物种）。

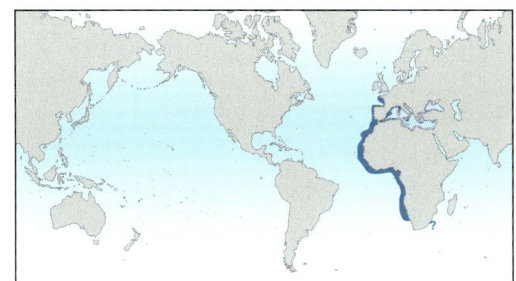

栖息地　外大陆架及上斜坡，15—1500米水深处，平均栖息深度约300米。

行为　集群活动。

生物学　胎生，每胎产3—4尾胎仔。以硬骨鱼类、甲壳类动物和头足类动物为食。

保护状态　数据不足（DD）。往往与其他种类的鲨鱼一起被捕捞。

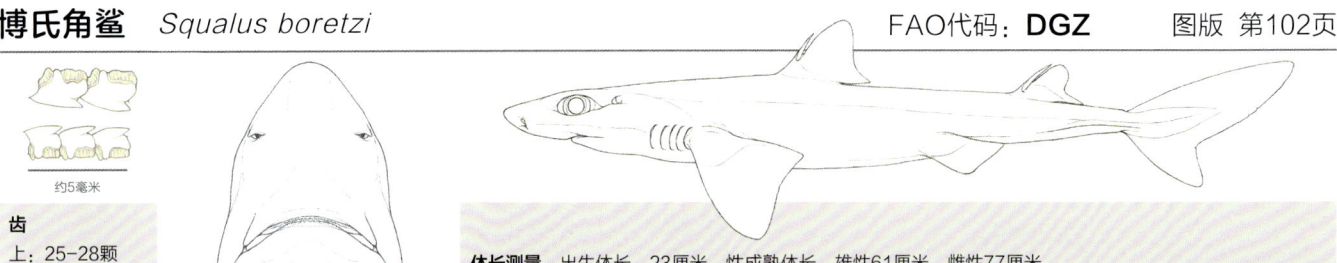

博氏角鲨 *Squalus boretzi*　　　　FAO代码：**DGZ**　　图版 第102页

齿
上：25-28颗
下：22-25颗

约5毫米

体长测量　出生体长：23厘米。性成熟体长：雄性61厘米，雌性77厘米。
最大体长：雄性71厘米，雌性95厘米。

　　鉴定　隶属于长吻角鲨亚群。一种体形细长的小型角鲨。吻尖小而钝；鼻尖到内鼻缘的距离短于从鼻孔内缘到上唇褶前面的距离。嘴较宽，几乎与吻部等长。第一背鳍的高度约等于鳍的长度；第一背鳍棘起始于胸鳍之上，较低矮，未达第一背鳍上角，长度小于第一背鳍基长度的1/2。第二背鳍的高度不到第一背鳍的1/2。背部呈棕灰色，沿着侧边和腹部变得更浅，头侧及鳃裂下方具明显的色泽分界线，约与胸鳍和腹鳍基部持平。背鳍沿前后边缘、上角有深色至黑色的边缘；胸鳍后缘为白色；尾鳍下叶及上叶呈白色；无斑点或其他明显的标记。

　　分布　北太平洋中部：皇帝海山。

　　栖息地　100—525米水深范围内的岛坡。

　　行为　情况不明，生活在9—16℃的水温范围内。

　　生物学　卵胎生，其他情况不明。该物种的食性不详，但可能以骨质鱼类、头足类和甲壳类动物为食。

　　保护状态　近危（NT）。

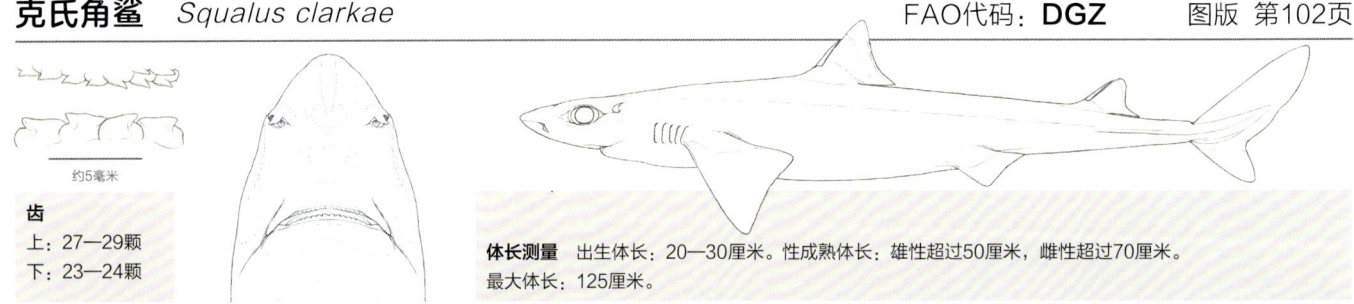

克氏角鲨 *Squalus clarkae*　　　　FAO代码：**DGZ**　　图版 第102页

齿
上：27—29颗
下：23—24颗

约5毫米

体长测量　出生体长：20—30厘米。性成熟体长：雄性超过50厘米，雌性超过70厘米。
最大体长：125厘米。

　　鉴定　隶属于长吻角鲨亚群。身体粗壮的大型角鲨。吻短；从鼻尖到内鼻缘的距离短于从鼻孔内缘到上唇褶前面的距离。嘴近乎横平，宽度略多于吻部宽度的一半。背鳍长度约齐，第一背鳍的高度超过第二背鳍高度的1.5倍；第一背鳍棘的高度未达鳍尖，约等或略低于第二背鳍棘的高度。背部呈灰色，腹部呈苍白至白色。胸鳍后缘较浅，边缘为白色（在幼鱼中更明显）。第一背鳍尖端为黑色，下部为灰色；第二背鳍无黑色尖端。尾鳍有浅色边缘，被延伸到鳍叉处的深色条带分隔为上、下两部分，尾鳍下叶大部分为白色。

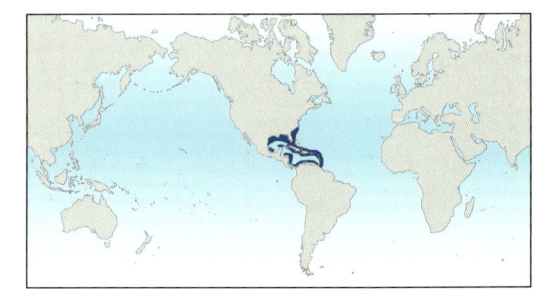

　　分布　西大西洋：从北卡罗来纳州到墨西哥湾北部，尤卡坦半岛（墨西哥），中美洲到委内瑞拉和整个加勒比海。

　　栖息地　大陆坡，137—750米水深处。

　　行为　情况不明。

　　生物学　卵胎生，每胎有2—15尾胎仔。主要以硬骨鱼类、头足类动物和甲壳类动物为食。

　　保护状态　无危（LC）。

碧目角鲨 *Squalus chloroculus*　　　　　　　　FAO代码：**DGZ**　　图版 第100页

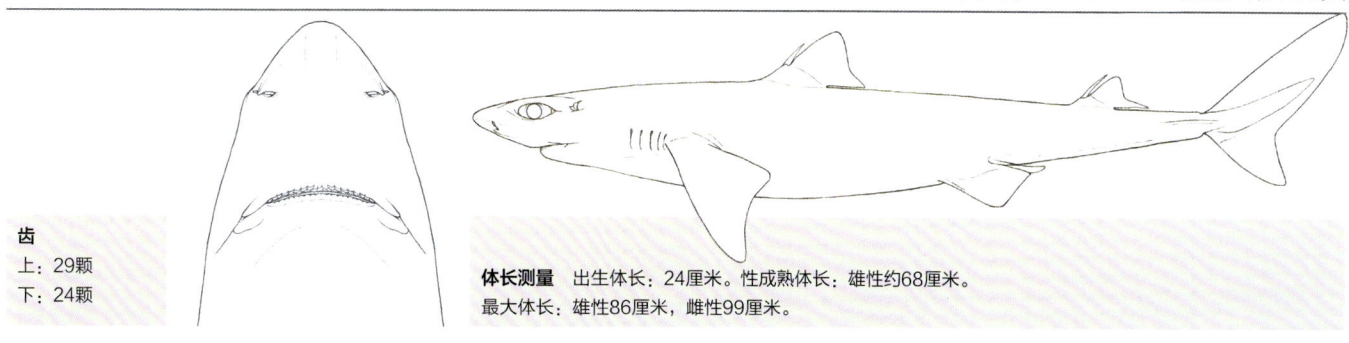

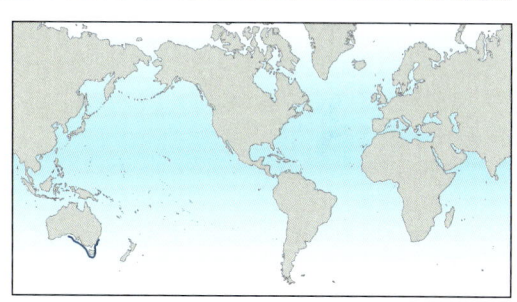

齿
上：29颗
下：24颗

体长测量　出生体长：24厘米。性成熟体长：雄性约68厘米。
最大体长：雄性86厘米，雌性99厘米。

　　鉴定　隶属于长吻角鲨亚群。长度中等，吻部短小。第一背鳍起始于胸鳍内缘上方。背鳍棘突出。背部呈均匀灰色，除背鳍的上半部和沿着尾鳍缺刻的部分比较深。腹部较浅。

　　分布　印度洋东南部到太平洋西南部：南澳大利亚，从杰维斯湾，新南威尔士州到尤西亚，西澳大利亚和塔斯马尼亚。

　　栖息地　水深216—1360米的大陆架上坡。

　　行为　情况不明。

　　生物学　卵胎生，每胎有4—15尾胎仔。雄性的性成熟年龄为9—12岁，雌性性成熟年龄为16岁，雄性和雌性的最大年龄分别为24岁和26岁，其他情况不明。

　　保护状态　濒危（EN）。该物种在其分布区内一直受到高强度捕捞，估计种群数量下降了30%—50%。

粗棘角鲨 *Squalus crassispinus*　　　　　　　　FAO代码：**DGZ**　　图版 第96页

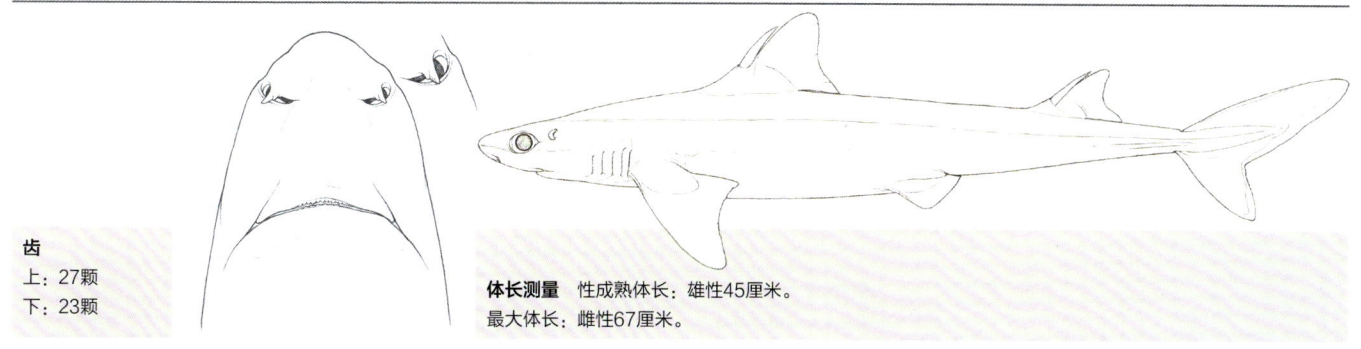

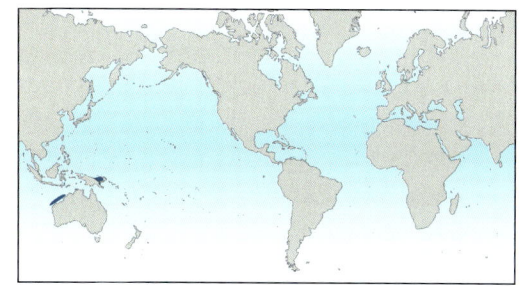

齿
上：27颗
下：23颗

体长测量　性成熟体长：雄性45厘米。
最大体长：雌性67厘米。

　　鉴定　隶属于长吻角鲨亚群。小而纤细的角鲨。头部宽大；吻部短而宽；前鼻瓣上有小的内侧裂片。第一背鳍高度中等，其起点和背鳍棘起点位于胸鳍内缘上方；背鳍棘非常粗壮（第一背鳍棘长度小于第一背鳍基底长）。胸鳍后缘浅凹，后端窄圆。背部体色为浅灰色，腹部颜色较浅。鱼鳍多苍白，背鳍上角和尾鳍前缘呈昏暗色；尾鳍下叶、尾鳍上叶尖端和尾鳍后缘呈苍白色。

　　分布　印度洋-太平洋中部：澳大利亚西北部，在西北角和罗利浅滩北部之间，以及巴布亚新几内亚。

　　栖息地　深外大陆架和最上层斜坡，187—262米水深处。

　　行为　情况不明。

　　生物学　卵胎生，其他情况不明。

　　保护状态　无危（LC）。分布海域捕捞强度不大。

埃氏角鲨 *Squalus edmundsi*

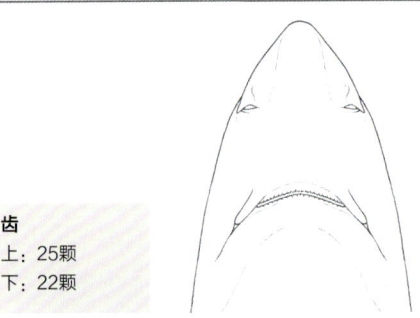
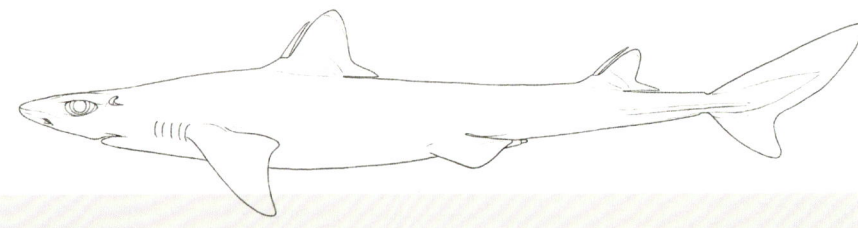

齿
上：25颗
下：22颗

体长测量　出生体长：21—30厘米。性成熟体长：雄性53—54厘米（澳大利亚），49—64厘米（印度尼西亚），雌性73厘米。最大体长：115厘米。

　　鉴定　隶属于长吻角鲨亚群。中等大小的角鲨。前口吻长而狭窄。第一背鳍棘突出，起始于胸腔内缘之上。第二背鳍棘比第一背鳍棘稍高。背部呈灰色至灰褐色，腹部呈渐变的浅灰色。除鳍顶边缘有黑色尖端，第一背鳍呈暗色；尾鳍除上部有狭窄的黑色流苏，大部为暗色。

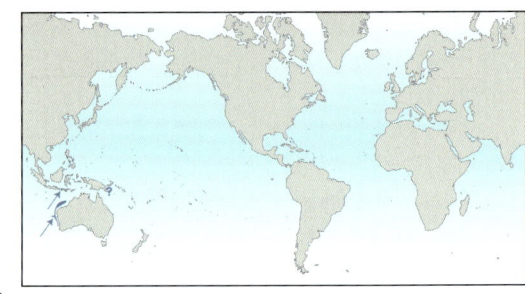

　　分布　印度洋–太平洋中部：印度尼西亚东部和西澳大利亚州，也可能分布于巴布亚新几内亚。

　　栖息地　深度204—850米的大陆上坡，多数为300—500米。

　　行为　情况不明。

　　生物学　卵胎生，每胎3—6尾胎仔。以小型硬骨鱼类、头足类和甲壳类动物为食。

　　保护状态　近危（NT）。虽然关于这个物种的资料很少，但它出现在商业捕捞严重的地区，面临捕捞过度的风险。由于数量疑似锐减，它被评估为近危物种。

台湾角鲨 *Squalus formosus*

齿
上：不明
下：不明

体长测量　性成熟体长：雄性69—73厘米。最大体长：81厘米。

　　鉴定　隶属于长吻角鲨亚群。一种中等大小，身体延长的角鲨。吻短而窄。第一背鳍直立且高大，上后缘几近笔直；第一背鳍棘基部位于胸鳍基部后方之上。背鳍棘尖突出。背部呈均匀灰褐色，腹部为白色；头侧至胸鳍基部具明显的色泽分界线，靠近腹部变得不那么明显。背鳍后缘偏黑；尾鳍后缘偏白。

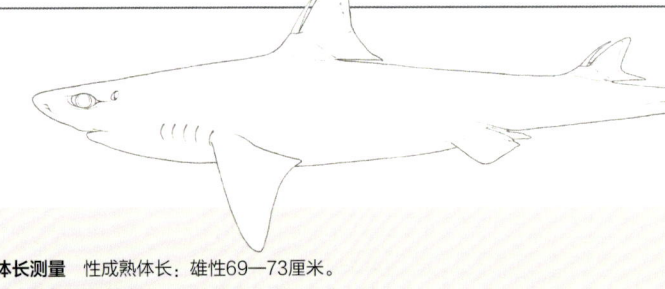

　　分布　太平洋西北部：仅分布于中国台湾和日本海域。

　　栖息地　大陆架和上坡，低于300米水深处。

　　行为　情况不明。

　　生物学　卵胎生，但其他情况不明。

　　保护状态　濒危（EN）。是拖网和延绳钓渔业常见的兼捕渔获物（捕捞后会被留存下来），过度捕捞导致区域内的鱼类种群数量严重下降。尽管日本周围的捕捞压力正在下降，但在该物种分布的大部分地区，除了中国台湾周围禁止拖网捕捞的地区外，它们面临的捕捞压力仍然很高。

格雷厄姆角鲨 *Squalus grahami*

FAO代码：**DGZ**　　图版 第96页

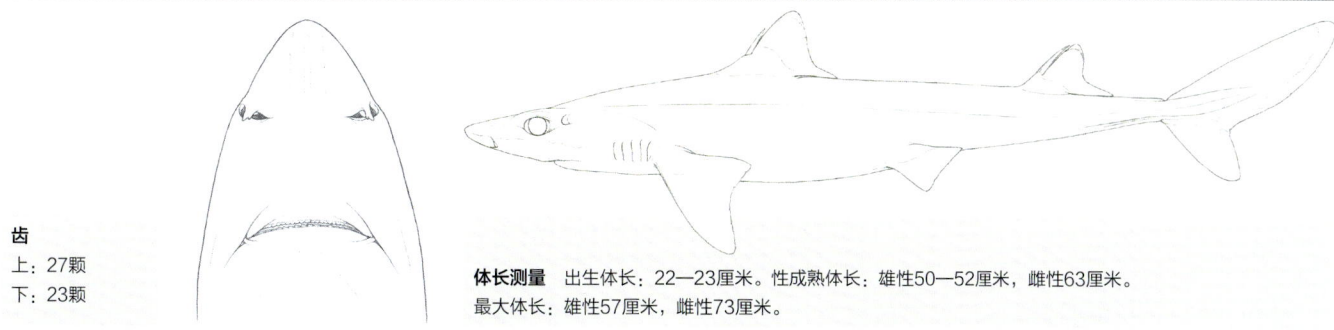

齿

上：27颗
下：23颗

体长测量　出生体长：22—23厘米。性成熟体长：雄性50—52厘米，雌性63厘米。最大体长：雄性57厘米，雌性73厘米。

　　鉴定　隶属于长吻角鲨亚群。体型较小，身体延长。吻部延长而尖。背鳍棘细长；第一背鳍棘高度小于第一背鳍高度；第二背鳍棘高度约等于第二背鳍高度。尾鳍相对较短，不到总体长的1/5。背部和腹部呈均匀灰色，腹部和沿胸鳍边缘较浅。背鳍上角呈深色；尾鳍沿后腹边缘有深色条状色域。

　　分布　印度洋–太平洋中部。澳大利亚东海岸特有，从昆士兰州约克角到新南威尔士州贝马吉。

　　栖息地　上层大陆坡，148—504米水深处，多数栖息于220—450米水深处。

　　行为　情况不明。

　　生物学　卵胎生，一胎1—5尾胎仔，其他情况不明。

　　保护状态　近危（NT）。在部分地区因深海拖网渔业而受到严重威胁，但在大部分地区未受到高强度捕捞。

格里芬角鲨 *Squalus griffini*

FAO代码：**DGZ**　　图版 第100页

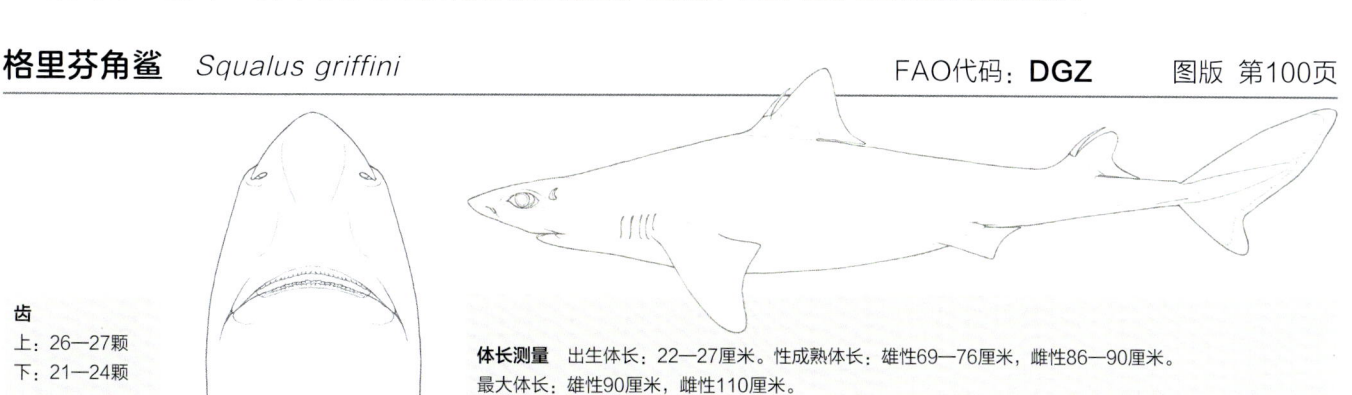

齿

上：26—27颗
下：21—24颗

体长测量　出生体长：22—27厘米。性成熟体长：雄性69—76厘米，雌性86—90厘米。最大体长：雄性90厘米，雌性110厘米。

　　鉴定　隶属于长吻角鲨亚群。身体延长的大型角鲨。吻部呈圆形，长而钝。第一背鳍棘高度约为第一背鳍高度的1/2。第二背鳍棘高度约与第二背鳍相等。背部呈均匀的灰褐色，腹部为白色；头侧及鳃裂处具明显的色泽分界线。尾鳍有宽阔、苍白的后缘和下叶。

　　分布　太平洋西南部：从新西兰周围和北部的地区旺格内拉河岸、诺福克和路易斯维尔海岭、查塔姆海隆和南克尔马德克海沟，到拉乌尔岛。

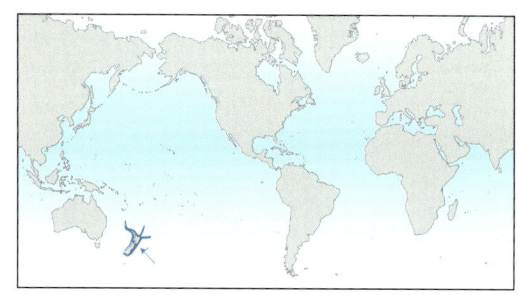

　　栖息地　大陆架外到大陆坡上部，深度15—700米，在50—300米之间水域最常见；700米以下的分布记录需要确认，可能是其他较大的、未描述的物种被误认为是本种。

　　行为　情况不明。

　　生物学　卵胎生，每窝6—11尾胎仔，平均7—8尾。

　　保护状态　无危（LC）。最近对该物种的分类重新评估表明，其分布区内并无严重的捕捞压力存在。

夏威夷角鲨 *Squalus hawaiiensis*　　　　FAO代码：**DGZ**　　图版 第102页

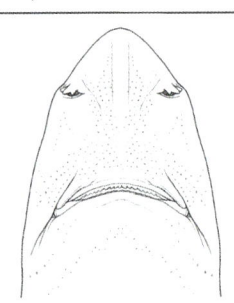

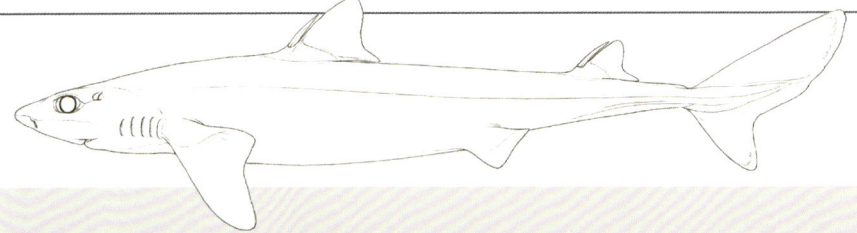

齿
上：26—28颗
下：23颗

体长测量　出生体长：20—30厘米。性成熟体长：雄性47厘米，雌性64厘米。
最大体长：雄性78厘米，雌性101厘米。

　　鉴定　隶属于长吻角鲨亚群。一种大而粗壮的角鲨，在颈部有一个小小的隆起。吻部短小；鼻尖到内鼻缘的距离短于从鼻孔内缘到上唇褶前面的距离。口部几近横平，宽度略大于吻部宽度的一半。两个背鳍长度几乎相等；第一背鳍高度超过第二背鳍高度的1.5倍。鳍棘粗壮；第一背鳍棘不及第一背鳍上角，高度约为第二背鳍棘的1/2。背部是统一的深灰色至棕色，腹部变成浅灰色至白色。胸鳍及腹鳍背部为灰色，中间略深，后缘呈亮白色，胸鳍内角亦呈白色。尾鳍深色，上叶、中上叶和下叶尖端有不连续的白色边缘；一个深色的三角形条带穿过尾叉延伸到下叶的边缘。

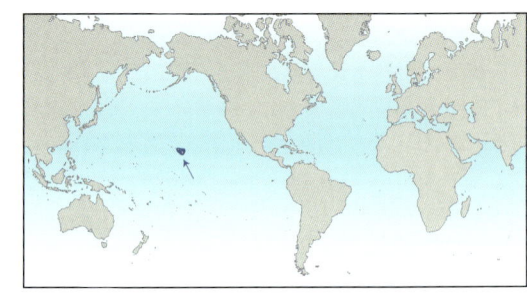

　　分布　北太平洋：夏威夷群岛。

　　栖息地　内陆坡和海山，100—500米水深处。

　　行为　情况不明。

　　生物学　卵胎生，每胎3—10尾胎仔。雄性的性成熟年龄为15岁，雌性为8.5岁，雄性和雌性最大年龄分别为23岁和26岁。主要以骨质鱼类、头足类及虾类为食。

　　保护状态　无危（LC）。在夏威夷群岛周围很常见，常见于底层延绳钓渔业中的兼捕渔获物中，常被丢弃，在大型海洋保护区内未被捕捞。

半鳍角鲨 *Squalus hemipinnis*　　　　FAO代码：**DGZ**　　图版 第100页

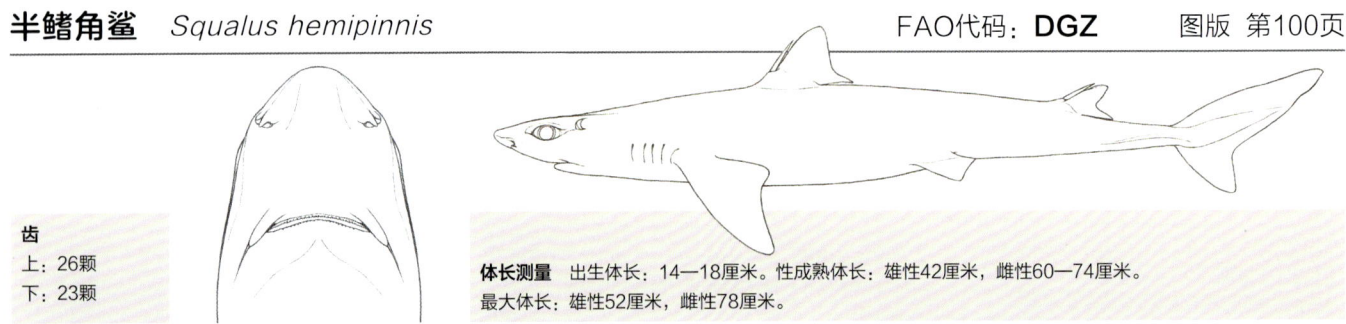

齿
上：26颗
下：23颗

体长测量　出生体长：14—18厘米。性成熟体长：雄性42厘米，雌性60—74厘米。
最大体长：雄性52厘米，雌性78厘米。

　　鉴定　隶属于长吻角鲨亚群。中等大小，身体延长的角鲨。吻部短而宽。第一背鳍的起始点位于胸鳍基底终点的后上方。第一背鳍棘基部粗壮，向棘尖渐渐缩小。背部为石板灰色，头侧及鳃裂处具明显的色泽分界线，在腹部逐渐模糊。背鳍上稍暗；尾鳍除了宽大的后缘为白色外，大部为灰色；没有其他明显的黑斑或标记。腹部是白色。

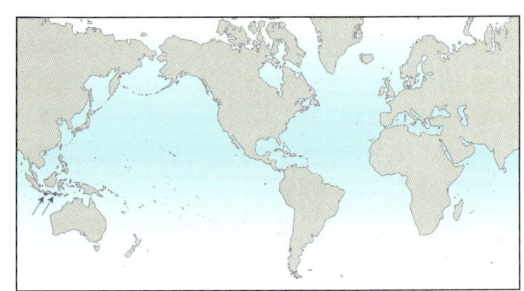

　　分布　印度洋-太平洋中部：为印度尼西亚东部特有，仅分布于爪哇中部、西拉卡普和东龙目岛。

　　栖息地　栖息水深超过100米。

　　行为　情况不明。

　　生物学　卵胎生，每胎3—10尾胎仔，平均6—7尾。饮食情况不明，推测主要以底栖鱼类、头足类动物和甲壳类动物为食。

　　保护状态　易危（VU）。据报道，该物种栖息地范围有所减少，并且被大量捕捞。

日本角鲨 *Squalus japonicus* FAO代码：**QUJ** 图版 第98页

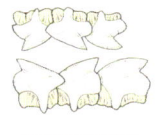

约5毫米

齿
上：25—27颗
下：20—24颗

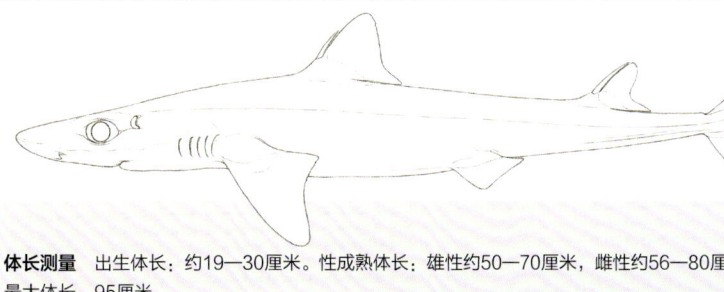

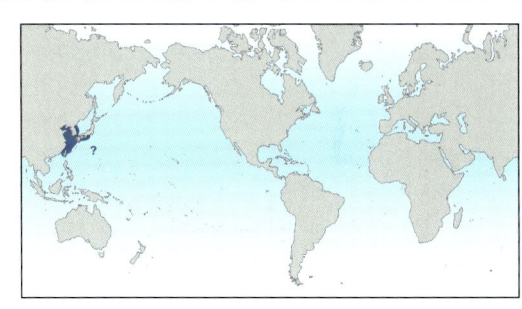

体长测量 出生体长：约19—30厘米。性成熟体长：雄性约50—70厘米，雌性约56—80厘米。
最大体长：95厘米。

鉴定 隶属于长吻角鲨亚群。身体较纤细。头部狭窄；吻部尖锐；前鼻瓣内侧具小裂片。第一背鳍高度中等；第一背鳍棘细长，始于胸鳍内缘上方。胸鳍边缘浅凹内角窄圆。身体呈灰色、红灰色或蓝棕色，没有白点。背鳍上角、尾鳍背侧边缘和尾鳍下叶下缘呈暗色，无明显黑斑；胸鳍后缘和尾鳍下叶后缘呈白色。

分布 太平洋西北部：日本、韩国和中国台湾。

栖息地 在温带至热带外陆架和上斜坡的底部或近底，深度52—400米。

行为 情况不明。

生物学 卵胎生，每年每胎2—8尾胎仔（数目随着雌性体型的增加而增加）。

保护状态 濒危（EN）。在该物种分布区，在历史上和当前都面临很大的捕捞压力，该物种作为兼捕渔获物，留存下来以获取肉类和鱼粉，从而导致数量急剧下降。日本近海捕捞压力的降低以及中国大陆和中国台湾地区对近海刺网和拖网的禁止可能会使其数量稳定下来。也常被水族馆饲养。

黑尾角鲨 *Squalus melanurus* FAO代码：**QUN** 图版 第98页

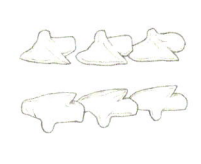

齿
上：28颗
下：28颗

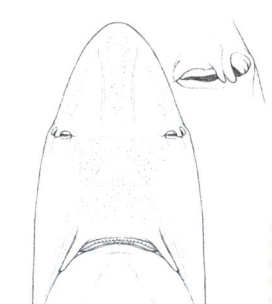

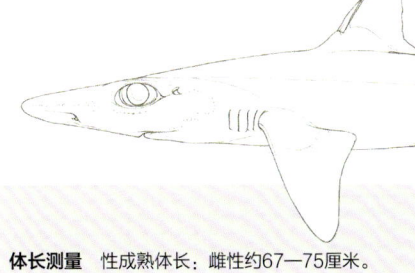

体长测量 性成熟体长：雌性约67—75厘米。

鉴定 隶属于长吻角鲨亚群。身体延长。头部宽大；吻部极长极宽；前鼻瓣内侧具小裂片。第一背鳍高，始于胸鳍基底末端上方；第一背鳍棘细长，起始于胸鳍的内缘。胸鳍后缘笔直，内角狭圆。身体呈深褐色，无白点。背鳍上角呈黑色；背鳍下角末端附近有部分黑色；尾鳍下叶有黑色斑块；胸鳍、腹鳍和尾鳍上叶有白色边缘。

分布 太平洋西南部，新喀里多尼亚。

栖息地 水深34—790米的岛坡上部，200—650米处最常见。

行为 在被捕获后会奋力扭动躯干，用第二背鳍棘进行防御。

生物学 卵胎生，每胎1尾胎仔。以硬骨鱼为食。

保护状态 数据不足（DD）。在其分布区内很少有大规模的渔业捕捞活动。

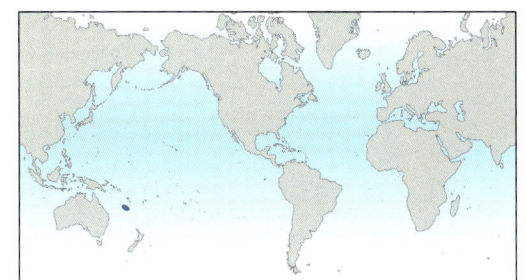

长吻角鲨 *Squalus mitsukurii*

FAO代码：**QUK**　　图版 第98页

 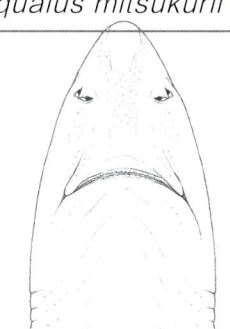 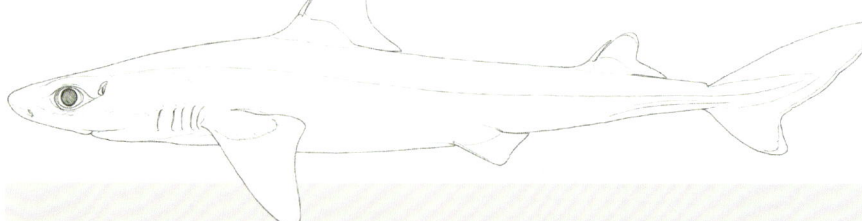

5毫米

齿
上：25—29颗
下：22—25颗

体长测量　出生体长：约21—30厘米。性成熟体长：雄性约47—85厘米，雌性约50—100厘米。最大体长：125厘米。

　　鉴定　隶属于长吻角鲨亚群。相当纤细的角鲨。头部宽大；吻部相对长和宽；前鼻瓣内侧具大裂片。第一背鳍稍高；起始于胸腔基部上方或正后方。第一背鳍棘相当粗壮而短（长度远小于第一背鳍基）；起始于胸鳍内缘。胸鳍有浅凹的后缘和狭圆的内角。身体呈灰色或灰褐色，没有白点，腹部苍白。背鳍上角为灰白色，尾鳍缺刻后部亦为灰白色；上述区域在年轻个体上呈黑色。胸鳍、腹鳍和尾鳍有白色后缘。

　　分布　太平洋西北部：日本沿海地区特有种。

　　栖息地　在大陆架和岛屿架以及上斜坡、海底海脊和海山的底部或近底，4—954米水深处，多栖息于100—500米的底层或近底层海域。

　　行为　有集群性，生活在不同深度以及不同纬度的个体间存在生殖隔离。

　　生物学　卵胎生，妊娠两年后每胎2—15尾胎仔（数量随雌性体型增大而增加）。性成熟年龄雄性为4—11岁，雌性为15—20岁，因种群而异。捕食硬骨鱼类和无脊椎动物。

　　保护状态　濒危（EN）。非常容易受过度捕捞的影响，捕捞量大，资源可能已经被过度开发，且在其大部分分布区内未受到系统的配额管理。其种群仍可在捕捞强度减少的前提下逐步恢复。

蒙氏角鲨 *Squalus montalbani*

FAO代码：**DGZ**　　图版 第100页

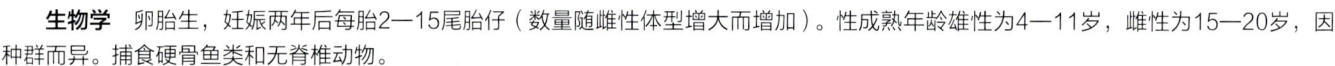

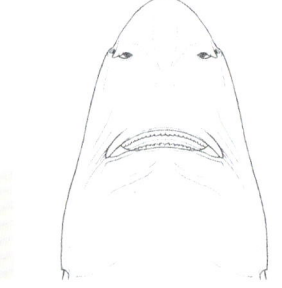 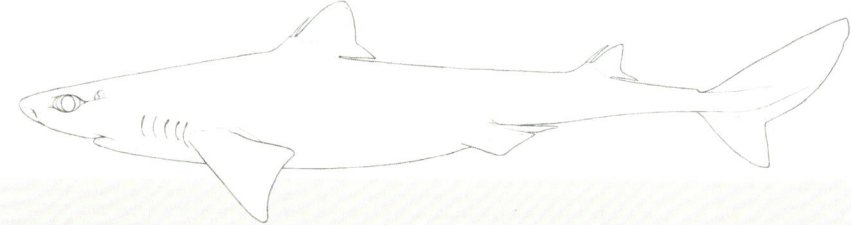

齿
上：不明
下：不明

体长测量　出生体长：约20—24厘米。性成熟体长：雄性约60—70厘米，雌性约80—85厘米。最大体长：雄性93厘米，雌性116厘米。

　　鉴定　隶属于长吻角鲨亚群。中等大小的角鲨。身体适度延长，吻部尖锐而长。第一背鳍比第二背鳍大得多；第一背鳍起始于胸鳍内缘上方。鳍棘突出。背部呈灰色，腹部苍白。上半部的背鳍颜色较深；尾鳍后缘中心和后部颜色通常较深。

　　分布　西太平洋和东印度洋：中国台湾到澳大利亚（东海岸和西海岸），包括菲律宾和印度尼西亚。

　　栖息地　深度154—1370米的外大陆架和上大陆坡。

　　行为　情况不明。

　　生物学　卵胎生，每胎有4—16尾胎仔。性成熟年龄雄性约22岁，雌性约25岁，最大年龄28岁。以底栖鱼类、头足类和甲壳类动物为食。

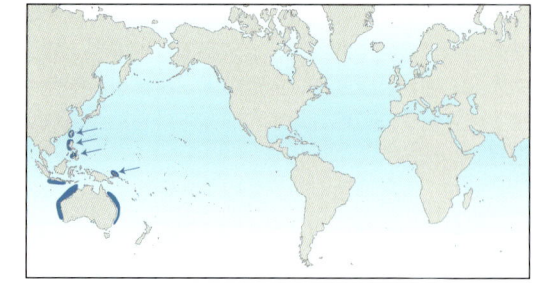

　　保护状态　易危（VU）。该物种在某些地区的数量可能减少了30%或更多。随着深海渔业的扩张，其种群状况令人担忧。

长鼻角鲨 *Squalus nasutus*

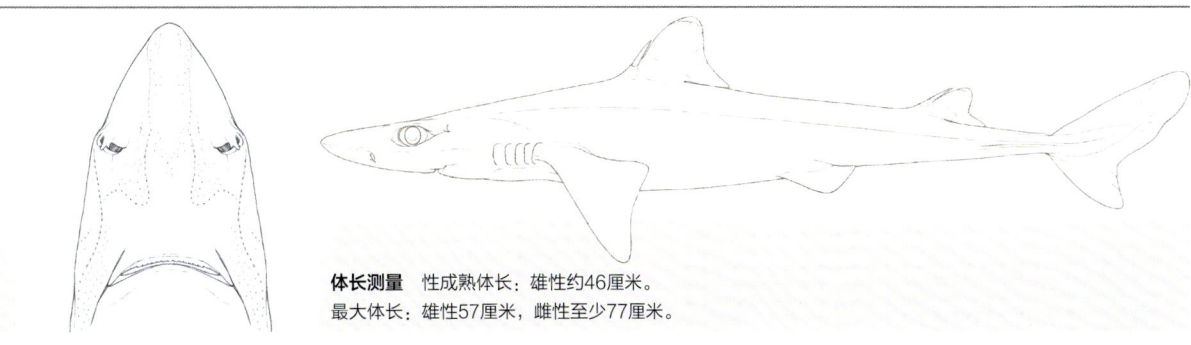

齿
上：26颗
下：22颗

体长测量 性成熟体长：雄性约46厘米。
最大体长：雄性57厘米，雌性至少77厘米。

鉴定 隶属于长吻角鲨亚群。身体延长。头部狭窄，吻部非常长和狭窄，前鼻瓣内侧具小裂片。胸鳍有浅凹的后缘和圆形的内角。第一背鳍低，起点与胸鳍内缘相对；第一背鳍棘细长且极短，起始于胸鳍内缘上方。背部是浅灰色，腹部是白色，无白点。背鳍有深色上角和后缘，短尾鳍上有深色斑点和后缘（在成体中不太明显），胸鳍上的后缘颜色较浅。

分布 印度洋–太平洋中部。从中国南海和菲律宾到西澳大利亚。

栖息地 大陆坡上部，深度300—850米水深处。

行为 情况不明。几乎不为人知。明显独居。

生物学 卵胎生，其他情况不明。以小型鱼类、头足类动物和甲壳类动物为食。

保护状态 近危（NT）。偶尔成为深海拖网捕捞的兼捕渔获物，捕获后常被丢弃。

条尾角鲨 *Squalus notocaudatus*

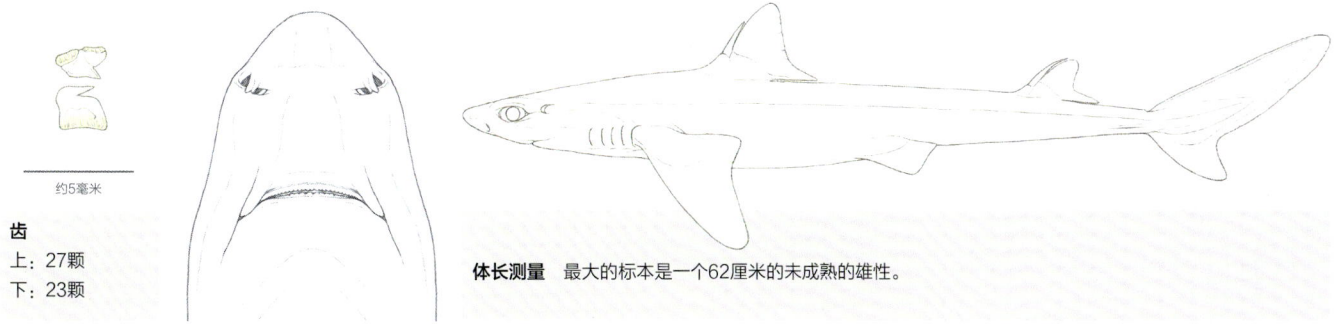

约5毫米

齿
上：27颗
下：23颗

体长测量 最大的标本是一个62厘米的未成熟的雄性。

鉴定 隶属于长吻角鲨亚群。相当纤细的角鲨。头部宽大；吻部相对短而宽；前鼻瓣内侧具大裂片。第一背鳍高而短；鳍和鳍棘的起点在胸腔内缘上方；第一背鳍棘相当粗壮和高（相同长度或仅比鳍基小）。胸鳍有深凹的后缘和狭长的圆形内角。背部为灰褐色，无白点。背鳍有灰暗上角；背侧尾鳍边缘呈深色；后侧尾鳍边缘为白色；沿尾鳍基部有明显黑条，有时在尾鳍基部尖端以上有黑点。腹部是白色。

分布 印度洋–太平洋中部。澳大利亚昆士兰州。

栖息地 近海，大陆坡上部，深度225—454米。

行为 情况不明。

生物学 卵胎生，其他情况不明。只有已知的标本尚未成年。

保护状态 无危（LC）。罕见或不常见的特有种（目前仅采集得4件亚成体标本）。

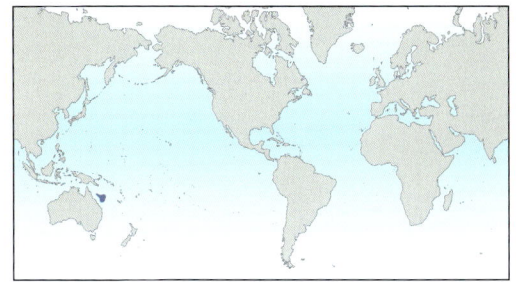

驼背角鲨 *Squalus quasimodo*

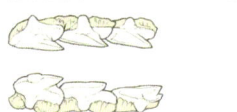

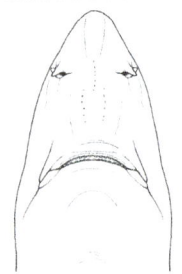

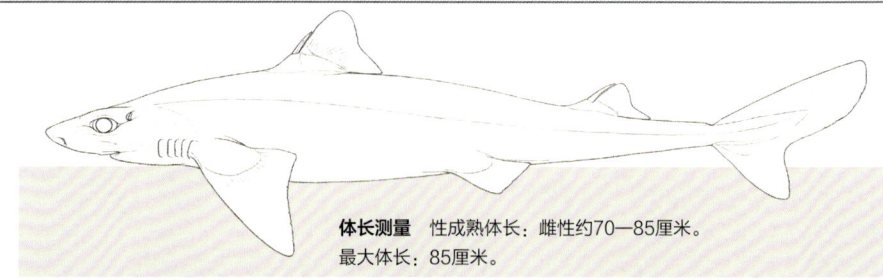

齿
上：28颗
下：22颗

体长测量　性成熟体长：雌性约70—85厘米。
最大体长：85厘米。

　　鉴定　隶属于长吻角鲨亚群。身体粗壮，背部隆起，自腹鳍上方至尾鳍前逐渐平缓。吻部延长，顶端窄尖；从吻部顶端到内鼻缘的距离大于从鼻孔内缘到上唇褶前面的距离。口部略呈弧形至近乎平横，宽度约为吻长的3/4。第一背鳍高度大于第二背鳍；鳍棘约为第一背鳍高度的一半；第二背鳍棘高约等于鳍高。背部是深褐色，腹部是浅色。鳍基本为深褐色，背鳍上角是黑色的，尾鳍有白色后缘，前部有淡淡的黑色条纹。

　　分布　大西洋西南部。仅产于巴西南部，也可能产于委内瑞拉玛格丽塔岛附近。

　　栖息地　情况不明。

　　行为　情况不明。

　　生物学　卵胎生，其他情况不明。食性不明，但可能包括甲壳类、头足类和多骨鱼类。

　　保护状态　数据不足（DD）。仅有4个标本，且均为雌性，其中3个已性成熟。疑似在底拖网和延绳钓中捕获，但最近才被描述，种群状况尚不清楚。

窄吻角鲨 *Squalus rancureli*

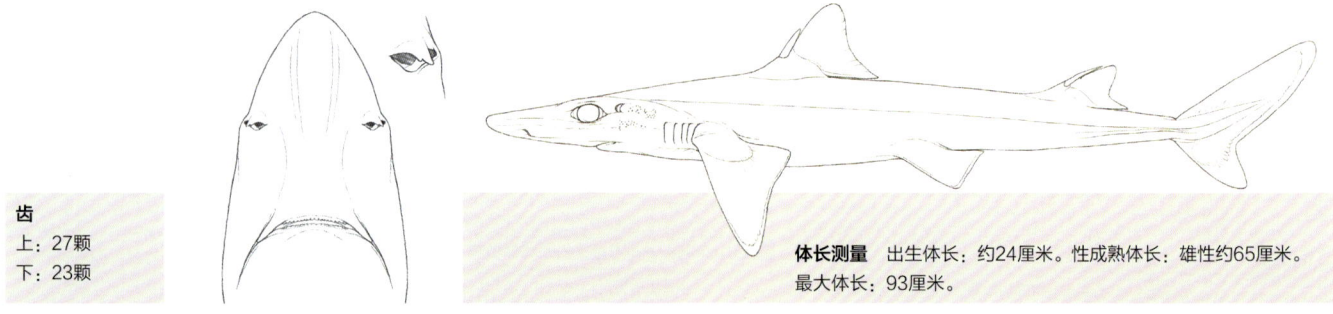

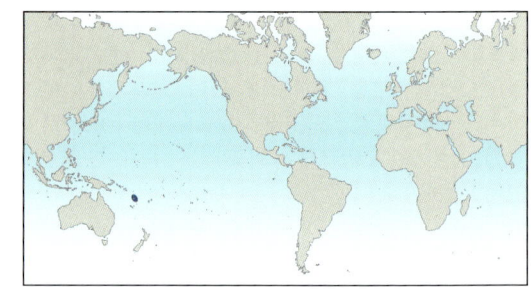

齿
上：27颗
下：23颗

体长测量　出生体长：约24厘米。性成熟体长：雄性约65厘米。
最大体长：93厘米。

　　鉴定　隶属于长吻角鲨亚群。身体纤细，头部宽大；吻部极长且宽大，前鼻瓣内侧具小裂片。第一背鳍高；第一背鳍棘长；两者的起点都在胸鳍内缘。胸鳍有宽凹的后缘和非常狭窄的圆形内角。背部是深灰褐色，腹部为浅灰色，无白点。背鳍呈暗色，上角呈黑色；尾鳍呈暗色；胸鳍、腹鳍和尾鳍上叶有白色后缘，尾鳍下叶有白色尖端。

　　分布　印度洋–太平洋中部；只在瓦努阿图群岛的岛屿斜坡上有所发现。

　　栖息地　水深210—500米，但在300米以上的岛坡上最为常见。

　　行为　情况不明。

　　生物学　卵胎生，每胎3尾胎仔。

　　保护状态　近危（NT）。分布范围极小。

刺鲨科（Centrophoridae）

约16种，主要为深水底栖鱼类，分两个属，分别为刺鲨属（*Centrophorus*）和田氏鲨属（*Deania*），除东北太平洋和极高纬度地区外，几乎在世界各地的寒温带到热带海洋都有记录。在温暖的水域和印度－西太平洋最多样化，在那里有一些局部的特有物种（尽管许多物种可能被证明比目前记录的分布更广）。主要水深范围约200—1500米，但也有一些浅至50米的记录，在4000米以下拍摄到一个刺鲨属。

鉴别　短至长吻的圆柱形鲨鱼，有巨大的绿色或淡黄色眼睛；颌齿呈刀状，上颌齿不具副齿，下颌齿大而向后倾斜。两个背鳍上有沟纹棘；第一背鳍略小于或大于第二背鳍，通常远位于腹鳍起点之前。第二背鳍后缘平直或微凹。没有臀鳍。新鲜个体身体非常黏稠。刺鲨属物种吻部中长；胸鳍内角延长而尖突，皮肤光滑，有叶状或块状的盾鳞。田氏鲨属种，吻部很长，皮肤粗糙，背部高大，盾鳞为三尖三峭型，具尖锐的棘突。

生物学　鲜为人知。几种鲨鱼都是社会性的，结成小群或大群活动（群居的刺鲨可能是最常见的深海鲨鱼）。繁殖方式为卵胎生，有卵黄囊（每胎1—17尾胎仔）。它们主要以硬骨鱼类和头足类为食，也捕食甲壳类动物、小型鲨鱼和鳐鱼以及鳞鳃纲动物。

现状　尽管它们在商业捕捞活动中是很重要的目标和兼捕渔获物，但对其取样和鉴定较少，了解不全。它们的肉有较高的利用价值（刺鲨是被俗称为"siki shark"的物种之一，在欧洲地区市场上价值很高），它们大而多脂、富含角鲨烯的肝脏也很有价值，可用于化妆品，保健品和机油。刺鲨是受威胁最严重的鲨鱼家族之一：其中63%的鲨鱼被评估为濒危物种，只有一个种在世界自然保护联盟红色名录中被列为无危物种。由于深海捕捞缺乏管理和监测，鲨鱼种群数量正在急速减少，尤其是刺鲨属物种，2—3年的高强度捕捞即可造成刺鲨种群崩溃。刺鲨的繁殖能力非常有限，产仔少，妊娠期长，生长缓慢，性成熟晚；因此过度捕捞后恢复速度非常缓慢。

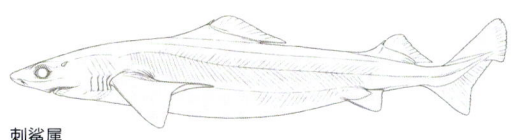

刺鲨属
12种；第130—135页

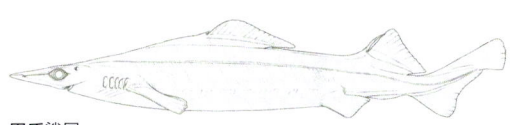

田氏鲨属
12种；第136—137页

对于分类学家来说，刺鲨属物种的分类是一个比较棘手的问题，因为无法确定其中究竟包括多少个有效种。缺乏保存完好的模式标本（原始描述所依据的标本个体）及原始文献描述的质量不高是造成刺鲨属物种鉴定困难的两大原因。鲨鱼盾鳞曾被认为是区别刺鲨的关键分类特征。然而，最近对该类群进行的一系列分子生物学研究，揭示了至少4种以前被命名的大型刺鲨，尖鳍棘鲨、颗粒刺鲨、低鳍棘鲨和台湾刺鲨，实际上是同一个物种。这4个"物种"的原始描述采集自不同区域且大小不同的标本，其盾鳞形态存在差异，早期分类学家便以此将其划分为不同的物种。然而，现在人们已经知道这些特征是与发育变化有关，不能作为区分不同物种的依据。目前这4个"物种"都被归类为颗粒刺鲨，因为这是其中最早命名的学名。

喙吻田氏鲨（*Deania calcea*）（第136页），由E/V鹦鹉螺探索项目拍摄

○ **颗粒刺鲨** *Centrophorus granulosus* 第130页

分布于大西洋、印度洋、西太平洋和西南太平洋；深度50—1500米。栖息于海底或近底。体型大。皮肤光滑；吻短而厚；第二背鳍较短，但几乎与第一背鳍一样高，胸鳍内角长且尖锐；鳍呈暗色，只有幼体的背鳍上角呈深色。

○ **哈氏刺鲨** *Centrophorus harrissoni* 第131页

分布于西南太平洋；澳大利亚东部和新西兰；深度220—1050米。皮肤光滑；吻部长而扁平狭窄；第二背鳍比第一背鳍短且低，胸鳍内角极长且狭，尾鳍具近端缺刻；背鳍有深色斜杠。

○ **莱氏刺鲨** *Centrophorus lesliei* 第132页

分布于东大西洋到西南印度洋；340—610米。身体中等延长，头长吻短；两个背鳍都很高，第一背鳍基部延长，第二背鳍基部相对较短，大型成年个体胸鳍内角极长且向后延伸；鳍上无明显斑纹。

○ **长鳍棘鲨** *Centrophorus longipinnis* 第132页

分布于西太平洋；深度330—460米。身体较纤细，头部较长，吻部相对较短；两个背鳍高度相近，第一鳍基部极长，第二鳍基部较短；胸鳍较大，大型成体的胸鳍内角极长；成体鳍上无明显斑纹；待产胚胎的背鳍、尾鳍和前鳍边缘呈黑色，背鳍和成对鳍的后缘呈白色。

○ **皱皮刺鲨** *Centrophorus moluccensis* 第133页

分布于印度洋到西太平洋；深度125—823米。皮肤光滑；吻部短粗；第二背鳍高度不到第一背鳍的一半，胸鳍内角狭窄，尾鳍下叶发达；幼鱼第一背鳍上角有深色斑点，尾鳍、胸鳍、腹鳍后缘呈白色。

○ **叶鳞刺鲨** *Centrophorus squamosus* 第134页

分布于大西洋、印度洋、西太平洋和东南太平洋；深度0—3366米。皮肤粗糙；吻部粗短稍扁平；第一背鳍长而低，第二背鳍短而高，胸鳍内角短，尾鳍后缘稍凹；鳍呈暗色。

○ **锯齿刺鲨** *Centrophorus tessellatus* 第134页

分布于太平洋西部和中部，可能在大西洋和印度洋；深度260—732米。栖息于海底或近海底。皮肤光滑；吻相当长而厚；第二背鳍与第一背鳍差不多，胸鳍内角长而狭；鳍边缘色浅。

○ **同齿刺鲨** *Centrophorus uyato* 第135页

分布于东大西洋至印度洋；深度115—745米，可能达1400米。身体延长，头部中等长度，吻部相对较短；第一背鳍起始于胸鳍基底后方，比第二背鳍稍大（更高更长）；幼鱼背鳍和尾鳍上有深色斑纹。

○ 莱氏刺鲨

○ 长鳍棘鲨

○ 锯齿刺鲨

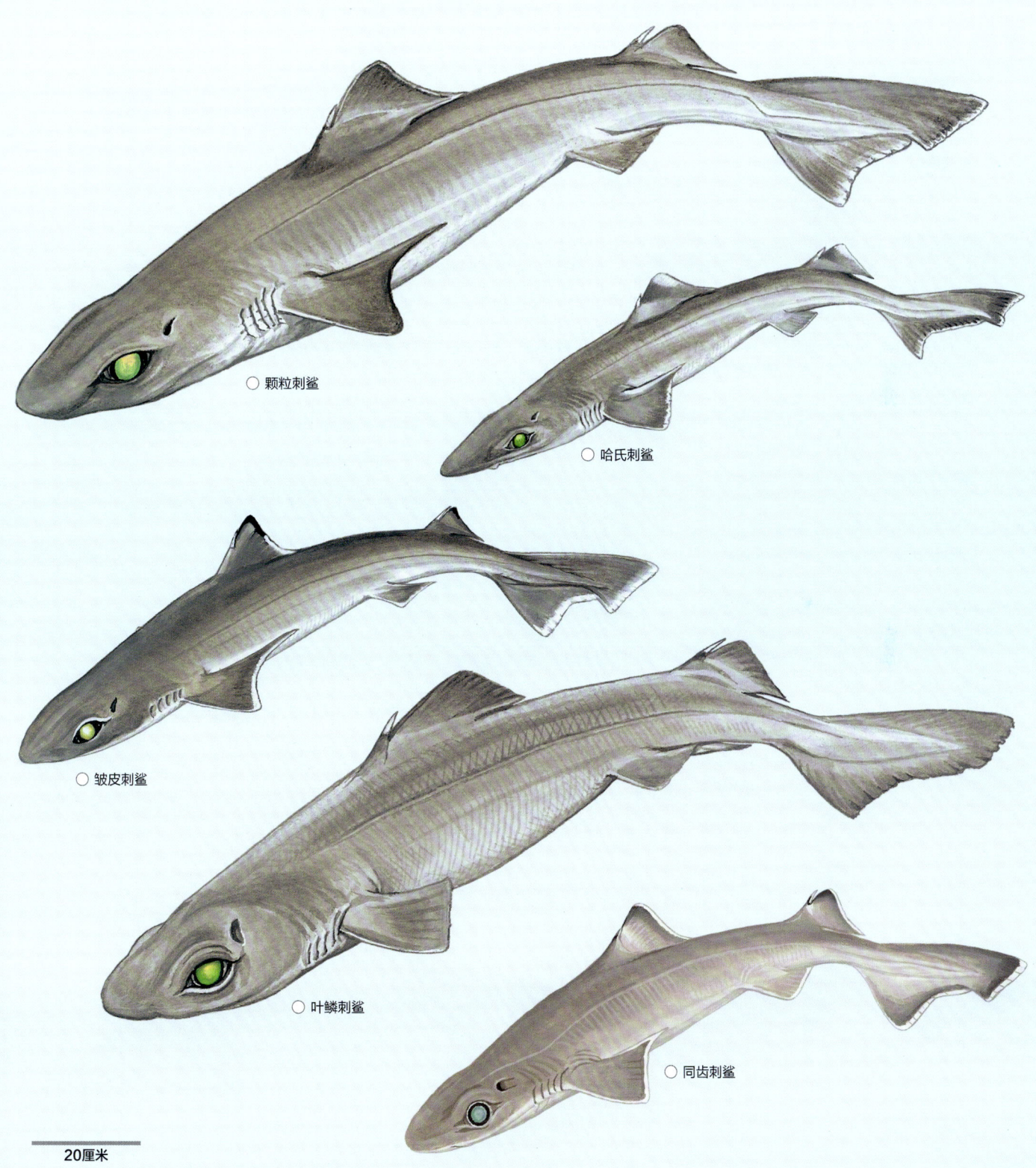

○ 颗粒刺鲨

○ 哈氏刺鲨

○ 皱皮刺鲨

○ 叶鳞刺鲨

○ 同齿刺鲨

20厘米

○ **黑缘刺鲨** *Centrophorus atromarginatus*   第130页

分布于北印度洋和西太平洋。深度150—450米。灰色或灰褐色皮肤光滑；吻部较长且粗；第一背鳍短且高于第二背鳍，胸鳍内角长且狭；鳍呈暗色，仅幼体的鳍端为深色。

○ **等齿刺鲨** *Centrophorus isodon*   第131页

分布于西太平洋和印度洋；深度435—770米。皮肤光滑；吻长且平；第一背鳍短，第二背鳍较低但几乎与第一背鳍等长，胸鳍内角长且狭；鳍呈暗色，尤其以第二背鳍和尾鳍为甚。

○ **塞舌尔刺鲨** *Centrophorus seychellorum*   第133页

分布于印度洋；塞舌尔群岛；深度490—1000米。吻部较长；第一背鳍较高，第二背鳍基部较长，胸鳍外角钝圆，内角达到第一背鳍的中基部；体色为统一灰色，背鳍顶端有微黑的边缘。

○ **西澳刺鲨** *Centrophorus westraliensis*   第135页

分布于东南印度洋；澳大利亚西部；深度600—750米。皮肤光滑；吻端延长，顶端钝尖；胸鳍内角长且狭；第一背鳍位于胸鳍终点后方，第二背鳍比第一背鳍小；背部呈灰色，背鳍前缘上部有一狭窄斑点。

○ **喙吻田氏鲨** *Deania calcea*   第136页

分布于东大西洋、印度洋、西太平洋和东南太平洋；深度60—1504米。皮肤粗糙；吻极长而扁平；无尾下嵴；第一背鳍低而长，第二背鳍短而高，有较长棘刺；幼鱼鳍上有淡黑色斑纹，头部为暗色。

○ **糙皮田氏鲨** *Deania hystricosa*   第136页

分布于西太平洋（来自东大西洋的记录实际可能是喙吻田氏鲨）；深度470—1300米。皮肤非常粗糙；吻极长而扁平；无尾下嵴；第一背鳍较低，第二背鳍较短且较高；无明显斑纹。

○ **深水田氏鲨** *Deania profundorum*   第137页

分布于西大西洋、东大西洋和西印度洋；零星分布；深度205—1800米。在海底或近海底。皮肤光滑；吻部极长且扁平；有尾下嵴；第一背鳍相对较长和较低，第二背鳍高得多，鳍棘高得多。

○ **四棘田氏鲨** *Deania quadrispinosa*   第137页

分布于东南大西洋、印度洋和西太平洋；深度150—1360米。皮肤粗糙；吻极长而扁平；无尾下嵴；第一背鳍相对较高、有角而短，第二背鳍较高，有较长棘刺；有时鳍有白边。

○ 等齿刺鲨   ○ 黑缘刺鲨

○ 塞舌尔刺鲨

○ 西澳洲刺鲨

○ 糙皮田氏鲨

○ 深水田氏鲨

○ 四棘田氏鲨

·EX·LIBRIS·

20厘米

黑缘刺鲨 *Centrophorus atromarginatus*　　　　　　　FAO代码：**GVA**　　　图版 第128页

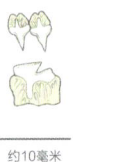

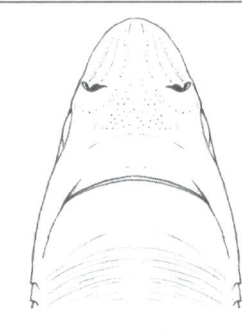

约10毫米

齿
上：40—42颗
下：29—30颗

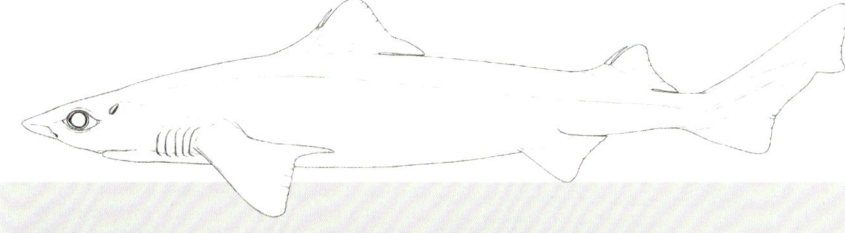

体长测量　出生体长：约28—36厘米。性成熟体长：雄性约56厘米，雌性约75厘米。最大体长：至少99厘米。

　　鉴定　吻部相当长且厚。两个背鳍有大的、有凹槽的鳍棘；第一个背鳍短，比第二个背鳍高；第二个背鳍棘基部在腹鳍内缘或内角上方。胸鳍里延长且尖，皮肤光滑（盾鳞呈粒状，间隔较宽，不重叠）。背部为灰色或灰褐色，腹部较浅。在所有或大部分的鳍上有突出的黑色斑纹（腹鳍上可能不具此类斑纹）。

　　分布　印度洋西北部：斯里兰卡，印度，阿曼。西太平洋：日本，中国台湾，北巴布亚新几内亚（实际分布范围可能更广）。

　　栖息地　外大陆架和岛屿架，上坡，深度150—450米。

　　行为　情况不明。

　　生物学　卵胎生，每胎1—2尾胎仔。以小的硬骨鱼和虾为食。

　　保护状态　极危（CR）。过去常见，现已从其分布区的部分地区灭绝。常被用于制作鱼肝油。

颗粒刺鲨 *Centrophorus granulosus*　　　　　　　FAO代码：**GUP**　　　图版 第126页

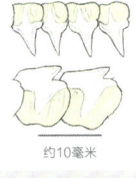

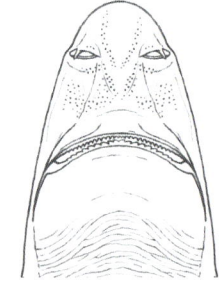

约10毫米

齿
上：36—43颗
下：28—32颗

体长测量　出生体长：约30—47厘米。性成熟体长：雄性105—118厘米，雌性约138—150厘米。最大体长：雄性124厘米，雌性176厘米。

　　鉴定　体型较大，身体沉重而健壮。头部中等延长。第一背鳍长而尖；第二背鳍的高度相似，但长度较短；每个背鳍前有一个鳍棘。上下颌齿形态差异大；上颌齿稍有角度；下颌齿侧扁，向后侧倾斜，呈刀片状。体色为统一的棕色、灰白色或棕灰色。腹部可能稍显苍白。

　　分布　分布广泛。大西洋、印度洋和太平洋西南部，可能分布于太平洋中部和太平洋东南部。地中海的记录是把同齿刺鲨误认为是该物种。

　　栖息地　大陆架和斜坡，底部或近底，50—1500米，大部分深度超过600米。出现的深度随生长而变化，较小的个体出现在较浅的水域。

　　行为　情况不明。

　　生物学　卵胎生，每胎1—13尾胎仔。估计性成熟年龄，雄性为8.5岁，雌性为16.5岁；最大年龄估计分别为25岁和39岁。主要以硬骨鱼类为食，也捕食鱿鱼和甲壳类动物。

　　保护状态　濒危（EN）。全球种群濒危，东北大西洋极危。为获取肝油和肉类而进行的目标捕捞和深海渔业兼捕导致种群数量下降，在取消捕捞配额之前，欧洲水域的种群数量仅剩其历史水平的1%。

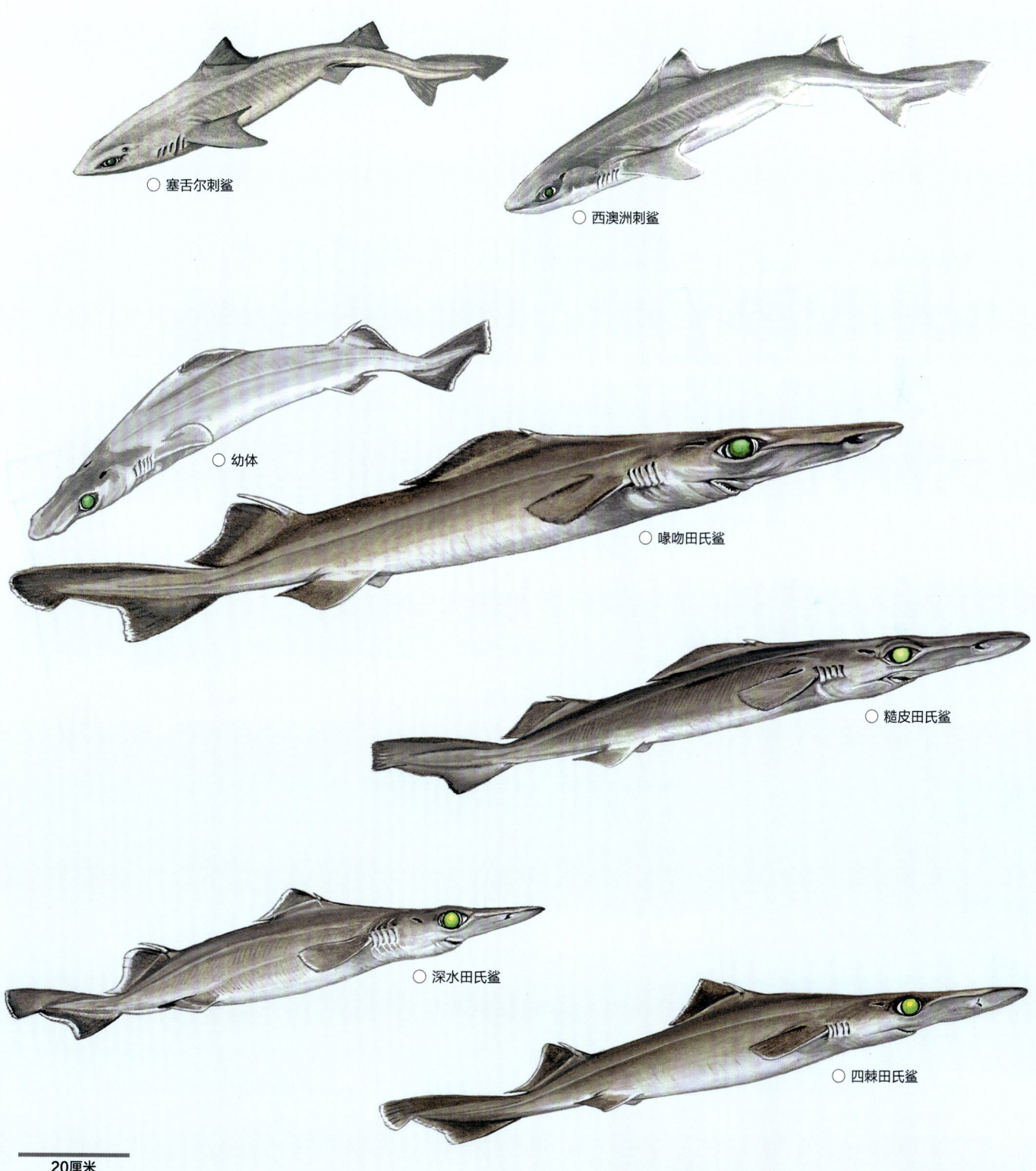

○ 塞舌尔刺鲨

○ 西澳洲刺鲨

○ 幼体

○ 喙吻田氏鲨

○ 糙皮田氏鲨

○ 深水田氏鲨

○ 四棘田氏鲨

20厘米

黑缘刺鲨 *Centrophorus atromarginatus*   FAO代码：**GVA**   图版 第128页

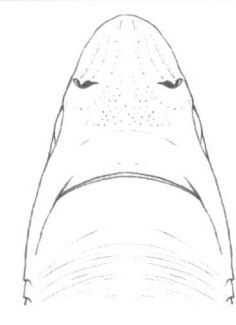
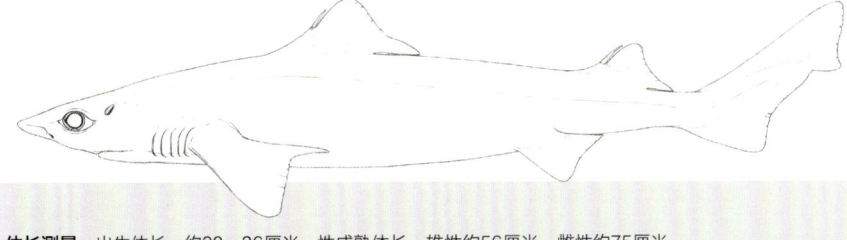

约10毫米

齿
上：40—42颗
下：29—30颗

体长测量 出生体长：约28—36厘米。性成熟体长：雄性约56厘米，雌性约75厘米。
最大体长：至少99厘米。

鉴定 吻部相当长且厚。两个背鳍有大的、有凹槽的鳍棘；第一个背鳍短，比第二个背鳍高；第二个背鳍棘基部在腹鳍内缘或内角上方。胸鳍里延长且尖，皮肤光滑（盾鳞呈粒状，间隔较宽，不重叠）。背部是灰色或灰褐色，腹部较浅。在所有或大部分的鳍上有突出的黑色斑纹（腹鳍上可能不具此类斑纹）。

分布 印度洋西北部：斯里兰卡，印度，阿曼。西太平洋：日本，中国台湾，北巴布亚新几内亚（实际分布范围可能更广）。

栖息地 外大陆架和岛屿架，上坡，深度150—450米。

行为 情况不明。

生物学 卵胎生，每胎1—2尾胎仔。以小的硬骨鱼和虾为食。

保护状态 极危（CR）。过去常见，现已从其分布区的部分地区灭绝。常被用于制作鱼肝油。

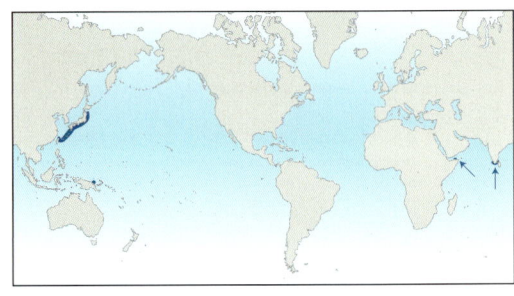

颗粒刺鲨 *Centrophorus granulosus*   FAO代码：**GUP**   图版 第126页

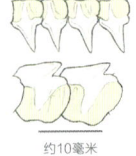
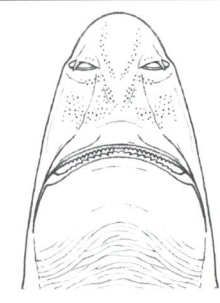
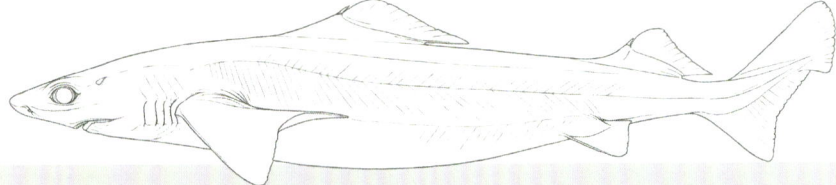

约10毫米

齿
上：36—43颗
下：28—32颗

体长测量 出生体长：约30—47厘米。性成熟体长：雄性约105—118厘米，雌性约138—150厘米。
最大体长：雄性124厘米，雌性176厘米。

鉴定 体型较大，身体沉重而健壮。头部中等延长。第一背鳍长而尖；第二背鳍的高度相似，但长度较短；每个背鳍前有一个鳍棘。上下颌齿形态差异大；上颌齿稍有角度；下颌齿侧扁，向后侧倾斜，呈刀片状。体色为统一的棕色、灰白色或棕灰色。腹部可能稍显苍白。

分布 分布广泛。大西洋、印度洋和太平洋西南部，可能分布于太平洋中部和太平洋东南部。地中海的记录是把同齿刺鲨误认为是该物种。

栖息地 大陆架和斜坡，底部或近底，50—1500米，大部分深度超过600米。出现的深度随生长而变化，较小的个体出现在较浅的水域。

行为 情况不明。

生物学 卵胎生，每胎1—13尾胎仔。估计性成熟年龄，雄性为8.5岁，雌性为16.5岁；最大年龄估计分别为25岁和39岁。主要以硬骨鱼类为食，也捕食鱿鱼和甲壳类动物。

保护状态 濒危（EN）。全球种群濒危，东北大西洋极危。为获取肝油和肉类而进行的目标捕捞和深海渔业兼捕导致种群数量下降，在取消捕捞配额之前，欧洲水域的种群数量仅剩其历史水平的1%。

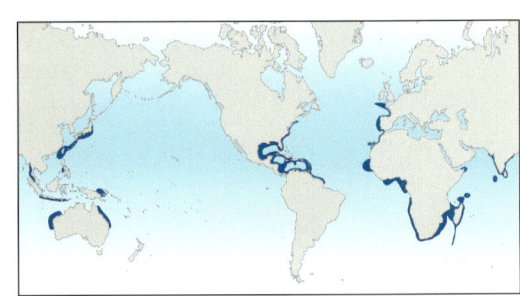

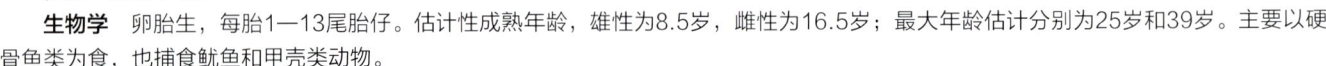

哈氏刺鲨 *Centrophorus harrissoni* FAO代码：**CEU** 图版 第126页

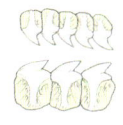

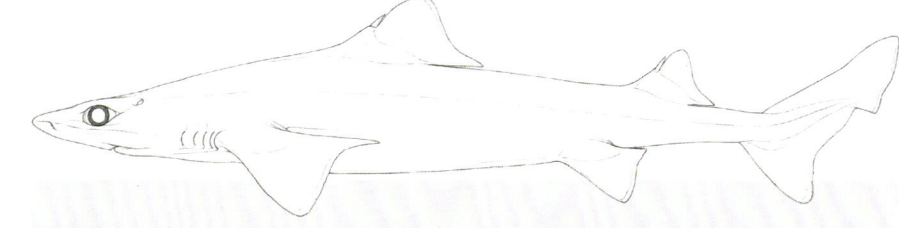

齿
上：37—39颗
下：30—31颗

体长测量 出生体长：约32—40厘米。性成熟体长：雄性约80—85厘米，雌性约98厘米。
最大体长：雄性101厘米，雌性114厘米。

鉴定 吻长且窄平。第一背鳍短而高。第二背鳍较低，第二背鳍起点位于腹鳍内缘或内角上方。胸鳍内角延长且尖突。成体的尾鳍后缘有浅的缺刻；下叶中等长。皮肤光滑（盾鳞呈粒状，间隔较宽，不重叠）。浅灰色，腹部较淡。从背鳍的前缘向后延有深色斜斑点或条状物；尾鳍上模糊斜带。

分布 太平洋西南部：澳大利亚东部，从塔斯马尼亚到昆士兰，新西兰北部的海山，还有新喀里多尼亚。

栖息地 大陆坡，深度220—1050米。

行为 情况不明。

生物学 卵胎生，每1—2年繁育1—2尾胎仔。性成熟晚：雌性23—26岁，雄性15—34岁。

保护状态 濒危（EN）。自20世纪70年代中期以来，由于底层拖网渔业的影响，澳大利亚海域的哈氏刺鲨数量严重下降。几个保护区内已实施渔业限制措施以保护深水鲨鱼，哈氏刺鲨现在已被禁止捕捞。

等齿刺鲨 *Centrophorus isodon* FAO代码：**GVI** 图版 第128页

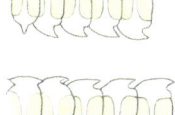
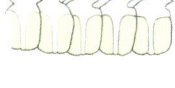

齿
上：33—37颗
下：27—30颗

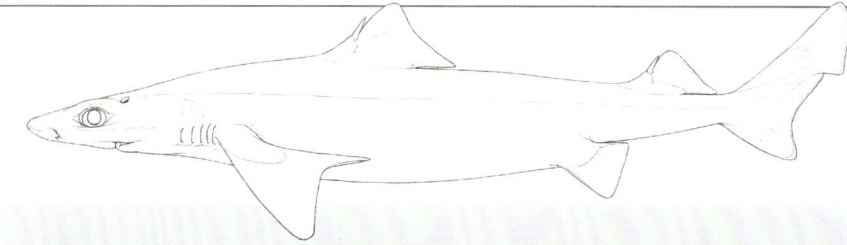

体长测量 出生体长：约31—35厘米。性成熟体长：雄性约81—88厘米，雌性约97—104厘米。
最大体长：至少108厘米。

鉴定 吻长且平。第一背鳍短而高。第二背鳍较低，始于腹鳍内缘上方。胸鳍内角延长且尖突。成体尾鳍边缘有浅的缺刻；尾鳍下叶长度中等。皮肤光滑（盾鳞呈粒状，不重叠）。背部是黑灰色，腹部颜色较浅。鳍黑色。

分布 该物种的分布情况比现有报道更广泛，包括西太平洋、印度洋、北大西洋。

栖息地 大陆坡上部，水深435—770米。

行为 情况不明。

生物学 卵胎生，每胎2尾胎仔。以硬骨鱼类和头足类动物为食。

保护状态 濒危（EN）。罕见，经常被误认为是刺鲨属其他物种，会被专捕和兼捕渔业捕获，以获取其肉、油、鳍和鱼粉，导致刺鲨数量严重下降。

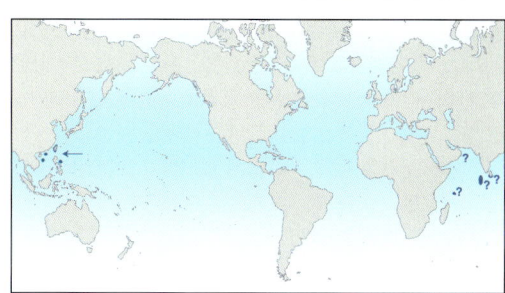

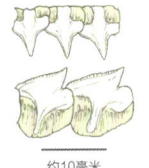

莱氏刺鲨 *Centrophorus lesliei*

FAO代码：**CWO**　　图版 第126页

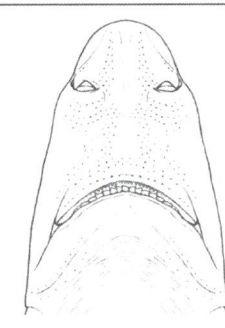

约10毫米

齿
上：33—42颗
下：29—31颗

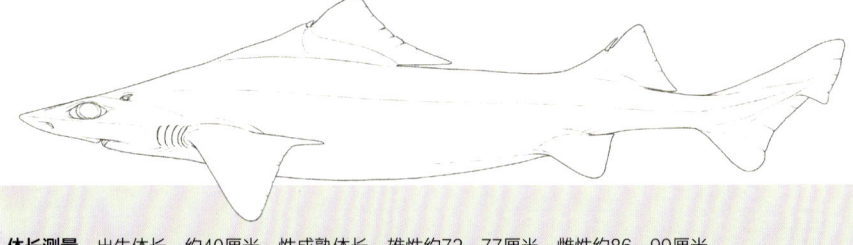

体长测量　出生体长：约40厘米。性成熟体长：雄性约72—77厘米，雌性约86—99厘米。最大体长：100厘米。

鉴定　一种中等大小、身体延长的刺鲨。头部中等长；吻部相对短。第一背鳍高，基底较长；第二背鳍的高度与第一背鳍相同，但有一个短得多的鳍基；每个背鳍都有鳍棘。胸鳍大；大个体的胸鳍内角向后延伸。背部和侧面为褐色至灰褐色，腹部略显苍白。鳍部没有明显的印记。

分布　东大西洋：加那利群岛和摩洛哥到安哥拉。西南印度洋：莫桑比克和马达加斯加。

栖息地　大陆坡，340—610米水深处。

行为　情况不明。

生物学　卵胎生，每胎1—2尾胎仔。主要以硬骨鱼类、头足类和甲壳类动物为食。

保护状态　濒危（EN）。因为之前常与同域分布的其他刺鲨相混淆，目前对它知之甚少。由于该物种的分布范围与将鲨鱼作为兼捕渔获物的深海商业捕捞完全重叠，因此推断该物种的数量正在减少。

长鳍棘鲨 *Centrophorus longipinnis*

FAO代码：**CWO**　　图版 第126页

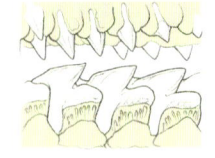

齿
上：38—43颗
下：29—31颗

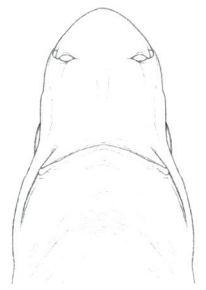

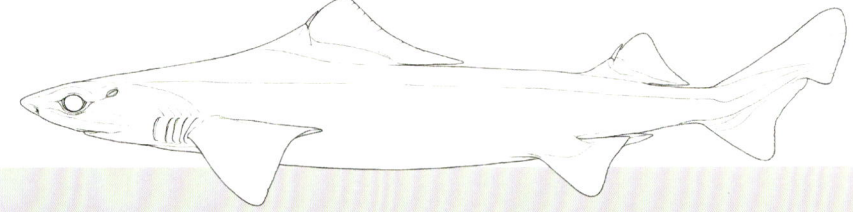

体长测量　出生体长：约40厘米。性成熟体长：雄性约68—78厘米，雌性约87—89厘米。最大体长：91厘米。

鉴定　体型中等的棘鲨，身体相对纤细。头部中等延长；吻部较短。第一背鳍基部非常长，第二背鳍基部短得多；背鳍的高度相近；每个背鳍都有鳍棘。胸鳍大；大个体的胸鳍内角向后延伸。体色为褐色到红色，有时背部和侧面是灰色的，腹部颜色比较淡。在较大的标本中，鱼鳍没有明显印记；待产胚胎的背鳍和尾鳍为黑色，背鳍、胸鳍和腹鳍后缘具狭窄的白边。

分布　西太平洋：中国台湾附近，印度尼西亚，巴布亚新几内亚，菲律宾。

栖息地　大陆坡，水深330—460米。

行为　情况不明。

生物学　卵胎生，每胎1—2尾胎仔。饮食情况不明，推测主要以硬骨鱼类、头足类动物和甲壳类动物为食。

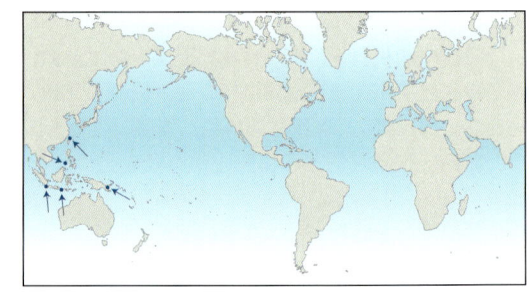

保护状态　濒危（EN）。深海渔业的专捕目标和利用的兼捕渔获物，其中一些海域的单位渔获量在短短两年内减少了98%。该物种的部分分布区并未和商业捕捞范围重叠。这个物种以前被误认为是其他区域分布的刺鲨物种，现在研究表明它与颗粒刺鲨关系更近。

皱皮刺鲨 *Centrophorus moluccensis*　　　　　FAO代码：**CEM**　　　图版 第126页

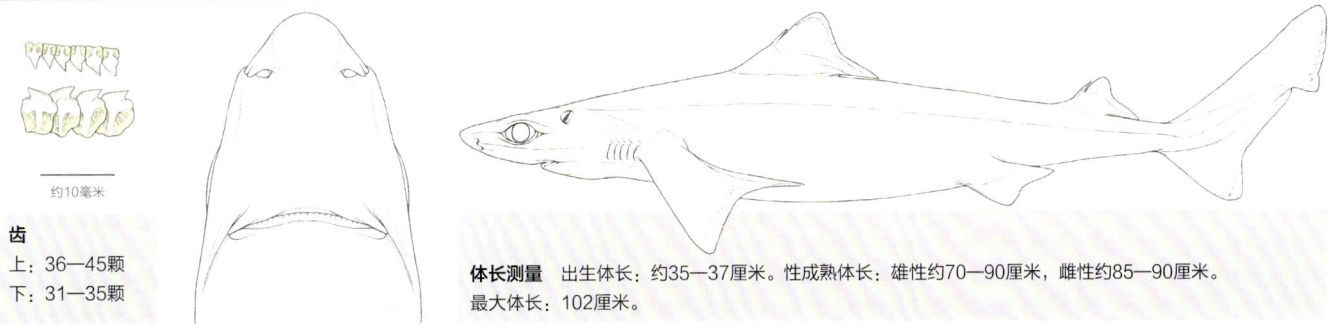

齿
上：36—45颗
下：31—35颗

约10毫米

体长测量　出生体长：约35—37厘米。性成熟体长：雄性约70—90厘米，雌性约85—90厘米。
最大体长：102厘米。

鉴定　吻部短而厚。第一背鳍较短；第二背鳍不到第一背鳍的一半高度，起点通常位于腹鳍之后。胸鳍内角延长且尖突。成体尾鳍边缘有深凹槽，下叶较长。皮肤光滑（盾鳞呈粒状，间隔较宽，不重叠）。体色为灰褐色，腹部更苍白。鳍色暗淡；幼鱼的第一个背鳍上角呈黑色；尾鳍、胸鳍和腹鳍有狭窄的苍白边缘。

分布　散布于印度洋到西太平洋：来自印度洋北部，特别是印度和斯里兰卡近海的物种记录需要确认，其分布和分类尚不确定，可能是与皱皮刺鲨在视觉上非常相似的物种。

栖息地　外大陆架和岛屿架，上坡，深度125—823米。

行为　底栖。

生物学　卵胎生，每两年繁育1次，每胎2尾胎仔。主要以硬骨鱼类和头足类动物、板鳃类动物、甲壳类动物为食。

保护状态　濒危（VU）。该物种在部分分布区被密集捕捞，但在一些西太平洋岛屿周围没有受到捕捞活动影响。由于捕捞压力下降，其在澳大利亚沿海曾面临的种群枯竭问题已得到缓解。该物种在澳大利亚东海岸被评估为近危（VU），新南威尔士州的拖网渔业曾使该地区的种群数量减少到历史水平的5%以下，其在澳大利亚西海岸被评估为无危（LC）。

塞舌尔刺鲨 *Centrophorus seychellorum*　　　　FAO代码：**CWO**　　　图版 第128页

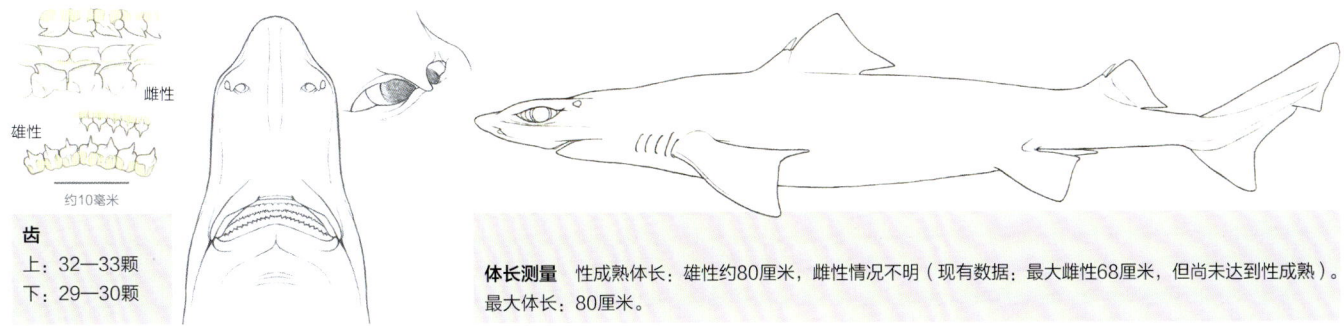

雌性
雄性
约10毫米

齿
上：32—33颗
下：29—30颗

体长测量　性成熟体长：雄性约80厘米，雌性情况不明（现有数据：最大雌性68厘米，但尚未达到性成熟）。
最大体长：80厘米。

鉴定　吻部相对较长。第一背鳍高。第二背鳍基部长。胸鳍呈菱形，上角钝圆，内角延伸至第一背鳍中部。躯干侧面的盾鳞为刺状或菱形。身体呈均匀的灰色。背鳍上角和后缘呈黑色。

分布　仅分布于西印度洋的塞舌尔群岛。

栖息地　490—1000米的岛坡海域。

行为　情况不明。

生物学　情况不明。

保护状态　无危（LC）。该特有物种的分布范围内无深海渔业。

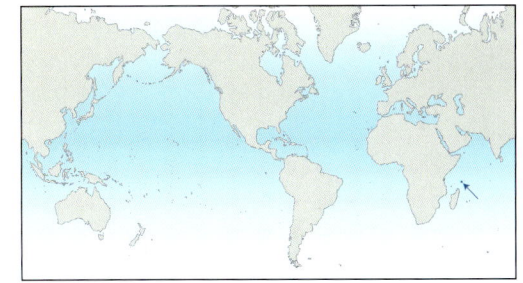

刺鲨科（Centrophoridae）　**133**

叶鳞刺鲨 *Centrophorus squamosus*

FAO代码：**GUQ**　　图版 第126页

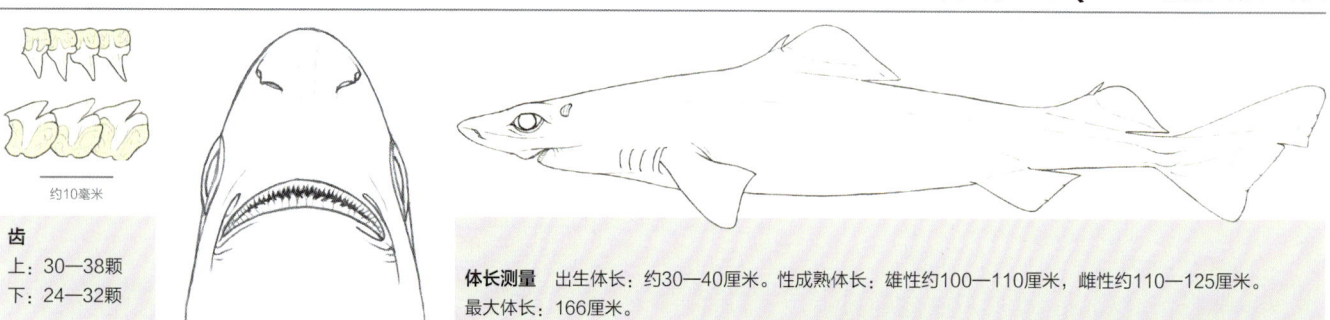

齿
上：30—38颗
下：24—32颗

约10毫米

体长测量　出生体长：约30—40厘米。性成熟体长：雄性约100—110厘米，雌性约110—125厘米。最大体长：166厘米。

　　鉴定　吻尖较扁而短厚。第一背鳍长而低矮。第二背鳍较短，较高，呈三角形；第二背鳍起点通常与腹鳍内缘或后角相对。胸鳍内角较短，不呈尖突状。尾鳍的后缘几近笔直，成体的略微凹陷；尾鳍下叶较短。皮肤粗糙（成体盾鳞呈叶状，幼体盾鳞呈棘状）。体色为均匀的灰色、灰褐色或红褐色。鳍呈灰暗，没有显著印记。

　　分布　大西洋，印度洋，太平洋西部和东南部。

　　栖息地　大陆坡，0—3366米（在大西洋东北部罕见的浅于1000米）水深处。

　　行为　该鱼种显然兼具底栖和中上层生活习性，在水深约4000米的开阔海域中，0—1250米的水层都有采集到它的记录。

　　生物学　卵胎生，每胎5—8尾胎仔。以硬骨鱼类、头足类和甲壳类动物为食。

　　保护状态　濒危（EN）。重点捕捞对象。其为几种深海渔业的重要渔获物，肝油和肉常为人所用。据报道，在该物种的大部分分布区，该物种的数量严重下降，但一些专捕叶鳞刺鲨的渔场现已关闭或受到管制。

锯齿刺鲨 *Centrophorus tessellatus*

FAO代码：**CEE**　　图版 第126页

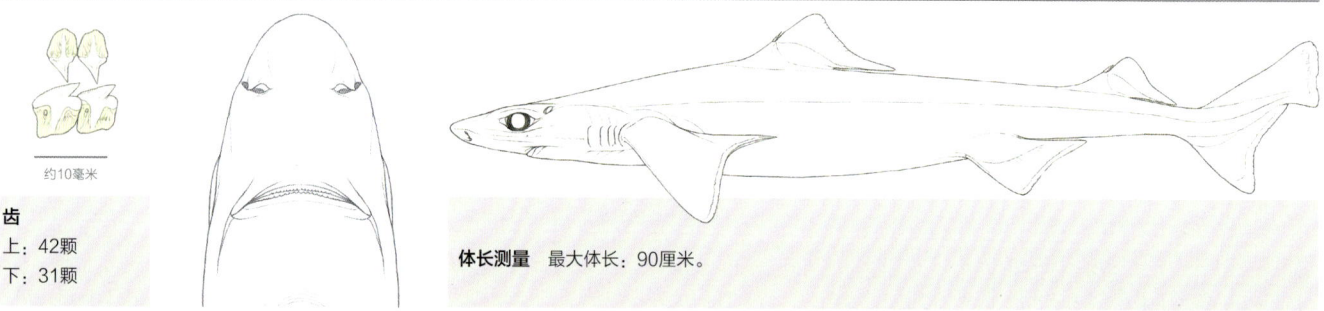

齿
上：42颗
下：31颗

约10毫米

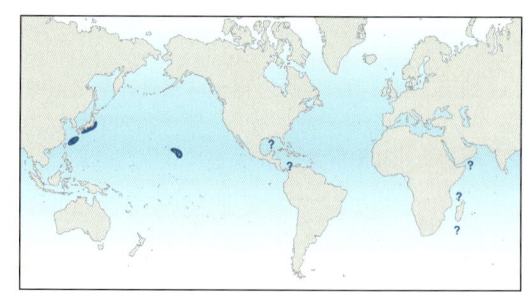

体长测量　最大体长：90厘米。

　　鉴定　吻部相当长而厚。第一背鳍相当高且短，与第二背鳍几乎等大；第二背鳍棘起始于腹鳍内缘上方。胸鳍内角延长且尖突。尾鳍的后缘有浅浅的缺刻。皮肤光滑（盾鳞呈粒状，间隔较宽不重叠）。背部为浅棕色。鳍的边缘为浅色。腹部是白色。

　　分布　太平洋西部和中部，大西洋西北部和印度洋的记录可能是其他物种的误鉴。

　　栖息地　岛坡，底层或近底层海域，深度260—732米。

　　行为　情况不明。

　　生物学　卵胎生，其他情况不明。

　　保护状态　濒危（EN）。其可能在其他地区被误认为其他物种。因渔业捕捞范围有限，对该物种的认知有限。

同齿刺鲨 *Centrophorus uyato*

FAO代码：**CPU**　　图版 第126页

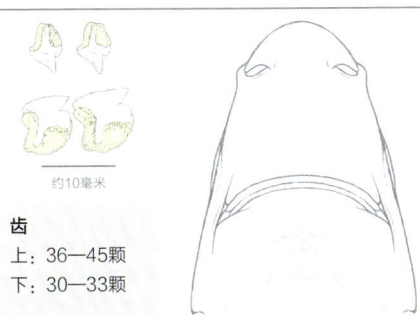

齿
上：36—45颗
下：30—33颗

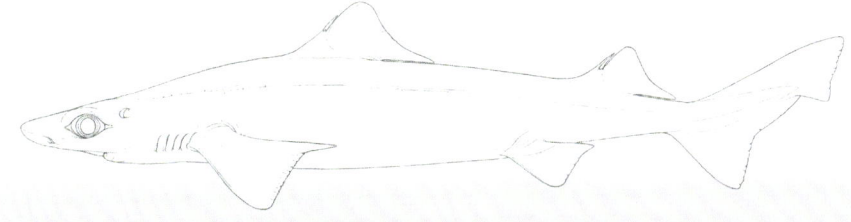

体长测量　出生体长：约40厘米。性成熟体长：雄性约82—91厘米，雌性约87—89厘米。
最大体长：112厘米，可能会生长到128厘米。

　　鉴定　一种中等大小、身体延长的棘鲨。头部中等延长；吻部相对短。第一背鳍起始于胸鳍基末端之后，比第二背鳍稍大，鳍高和基底长亦显著大于第二背鳍；每个背鳍上都有一根鳍棘。背部是统一的灰褐色，腹部颜色更浅。幼体在背鳍和尾鳍上有深色斑纹。

　　分布　东大西洋，包括地中海、北印度洋和南澳大利亚；西大西洋和西印度洋的分布记录需要进一步确认。

　　栖息地　大陆坡，深度115—745米，最深可达1400米。

　　行为　情况不明。

　　生物学　卵胎生，每胎1—2尾胎仔。食性未知，但可能主要以硬骨鱼类、头足类动物和甲壳类动物为食，其他情况不明。

　　保护状态　濒危（EN）。该物种的大部分分布区与密集的商业捕捞范围重叠，已知或怀疑高强度捕捞已导致种群数量下降。该物种以前被称为齐氏刺鲨，是澳大利亚南部的特有物种。但最近的形态学及分子生物学研究已证实，"齐氏刺鲨"与本种是同一物种。由于本种易与颗粒刺鲨混淆，本种的分布、栖息地和生物学特性尚不明确。

西澳刺鲨 *Centrophorus westraliensis*

FAO代码：**CWO**　　图版 第128页

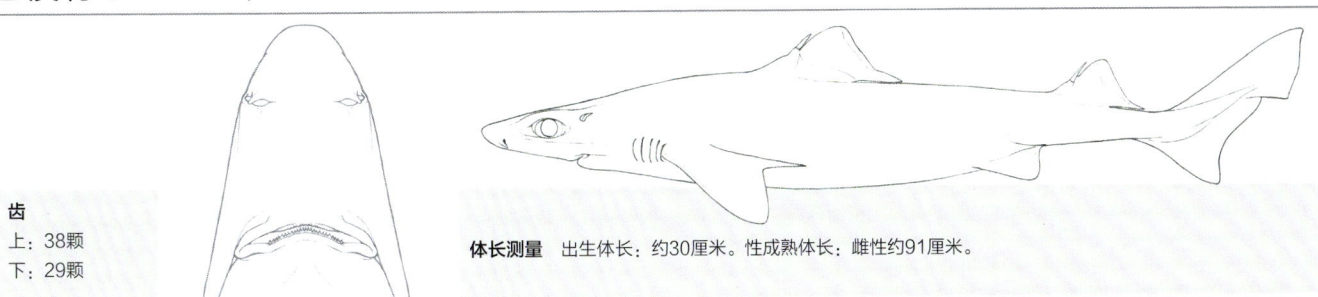

齿
上：38颗
下：29颗

体长测量　出生体长：约30厘米。性成熟体长：雌性约91厘米。

　　鉴定　吻部延长，尖端钝尖。第一背鳍起始于胸鳍基部末端后方。第二背鳍比第一背鳍略小。胸鳍内角延长且尖突。尾鳍中长；后腹边缘适度凹陷。皮肤光滑（盾鳞呈粒状，不重叠）。背部是浅灰色，腹部是浅色。背鳍前缘有一个狭窄的斑点。

　　分布　印度洋东南部：西澳大利亚特有。

　　栖息地　在底部或接近底部的上坡区域，600—750米水深处。

　　行为　情况不明。

　　生物学　卵胎生，其他情况不明。

　　保护状态　数据不足（DD）。该鲜为人知的物种的分布范围与西澳大利亚拖网渔业区域重叠。渔业捕捞量较低，种群变化趋势不明。

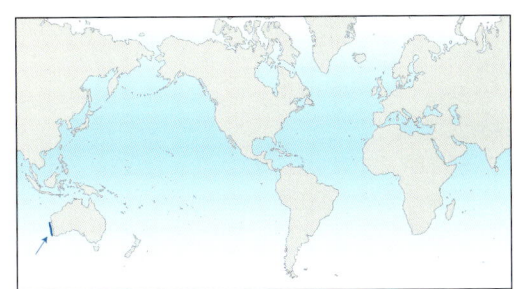

喙吻田氏鲨 *Deania calcea*

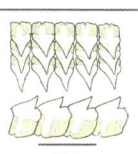
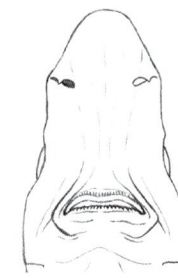

齿
上：25—35颗
下：27—33颗

体长测量　出生体长：至少28—34厘米。性成熟体长：雄性约73—94厘米，雌性约94—106厘米。最大体长：162厘米。

鉴定　吻部极长且扁平。第一背鳍长且低。第二背鳍短得多，且较高，有较长的鳍棘。不具尾下嵴。皮肤粗糙（体侧盾鳞呈三尖三嵴型，约0.5毫米长）。体色为灰色至暗褐色，鳍暗色。幼鱼有深色的背鳍后缘，眼睛、鳃裂上方以及尾鳍上叶有深色斑块。

分布　东大西洋：从冰岛到南非。印度洋：南非，马达加斯加南部，南澳大利亚南部。太平洋：印度尼西亚、日本、中国台湾、澳大利亚东南部、新西兰、秘鲁到智利。

栖息地　大陆架和岛屿架及斜坡，深度60—1504米（通常为400—900米）。

行为　常集群活动。

生物学　卵胎生，每胎1—17尾胎仔。雄性性成熟年龄17岁，雌性性成熟年龄为25岁，最大年龄为35岁。以硬骨鱼和虾为食。

保护状态　近危（NT）。在该物种分布区（除深水区外），面临高强度的捕捞压力，有数据显示该物种种群数量正在下降。这种现象已开始得到管理，一些地区有种群恢复的迹象。在东北大西洋区域濒危（EN）。曾在深海渔业中被大量捕捞，在欧盟渔获量限制政策实施前其种群数量已严重枯竭。目前东北大西洋种群正在以极为缓慢的速度恢复着。

糙皮田氏鲨 *Deania hystricosa*

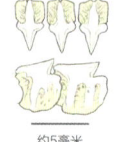
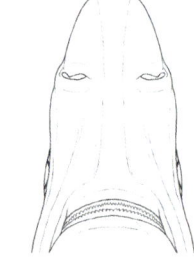
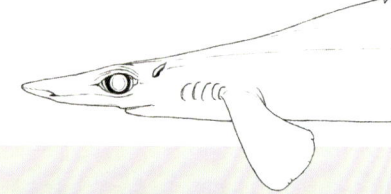

齿
上：33颗
下：30颗

体长测量　性成熟体长：雄性约81—84厘米，雌性约92—106厘米。最大体长：120厘米。

鉴定　吻部极长而扁平。第一背鳍极长且低。第二背鳍短得多，较高。不具尾下嵴。体表具大的三尖三嵴型盾鳞（约1毫米长），极其粗糙。体色为黑褐色至灰褐色。

分布　西太平洋地区：日本和新西兰。东大西洋的记录可能是将喙吻田氏鲨误认作该物种。

栖息地　岛坡区域，深度470—1300米；南非近海1000米以下更丰富。

行为　可能生活在底层或近底层。

生物学　卵胎生。每胎可产12尾胎仔。

保护状态　数据不足（DD）。数据不足。可能是深海拖网渔业的兼捕渔获物。该物种是否为有效种目前尚存争议，一些学者认为其可能与喙吻田氏鲨为同一物种，两者的形态非常相似，目前仍有待进一步的分子生物学研究加以佐证，在其结果发表之前，我们暂且对本种持保留意见。

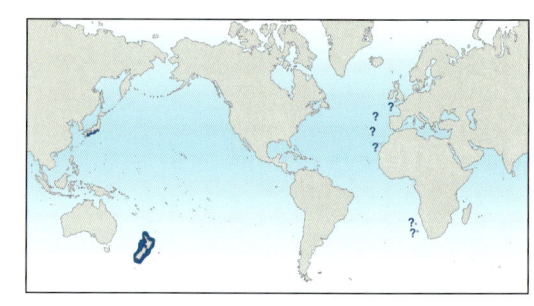

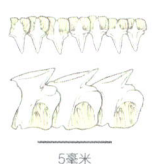
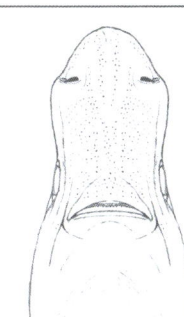
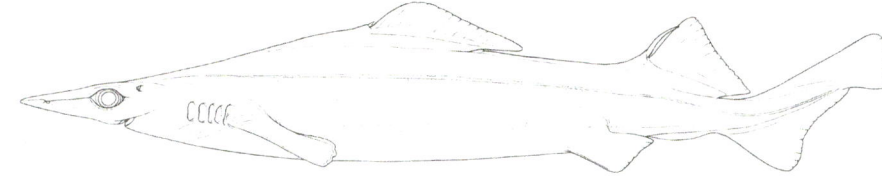

齿
上：26—31颗
下：26—30颗

体长测量 出生体长：至少31厘米。性成熟体长：雄性约43—67厘米，雌性约62—80厘米。
最大体长：97厘米。

鉴定 较其他田氏鲨属物种更小。吻部扁平且极长。第一背鳍相对长而低。第二背鳍更高，鳍棘也更高。具尾下峭（为田氏鲨属中唯一具此特征的物种）。体表具小的三尖三峭型盾鳞（0.25毫米长）。深灰色或棕色。

分布 东大西洋：亚速尔群岛，西撒哈拉到南非。西大西洋：墨西哥湾和加勒比海湾。西印度洋，包括亚丁湾。

栖息地 在205—1800米水深的大陆坡和岛屿坡上或近底部。

行为 有时集群活动。

生物学 卵胎生，每胎5—7尾胎仔。以海底和水中的硬骨鱼类、鱿鱼和甲壳类动物为食。

保护状态 近危（NT）。分布区域与高强度商业捕捞区高度重叠。虽经济价值不高，但属于未受管理的渔业兼捕渔获物。

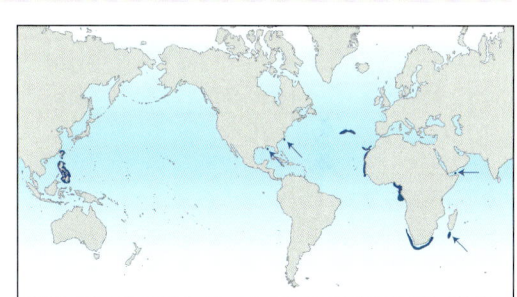

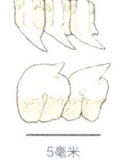
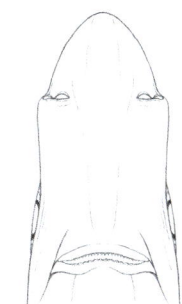
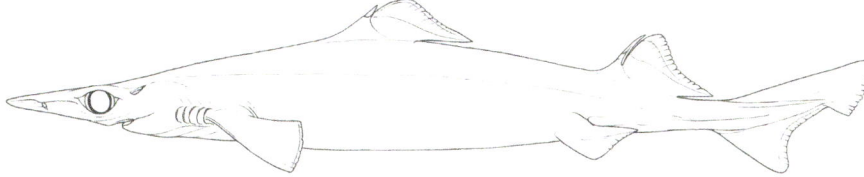

齿
上：28—33颗
下：29—31颗

体长测量 出生体长：约25厘米。性成熟体长：雄性约80—90厘米，雌性约85—110厘米。
最大体长：雄性96厘米，雌性118厘米。

鉴定 吻部极长且扁平。第一背鳍相对较高，有短小的背鳍棘。第二背鳍稍高，背鳍棘相对较长。不具尾下峭。盾鳞较大（约0.75毫米长）呈四尖四峭型。灰色或灰褐色至黑色，有时鳍有白边。幼鱼在背鳍前缘附近有黑色斑点。

分布 大西洋东南部，印度洋和西太平洋。

栖息地 外大陆架和斜坡，150—1360米（通常小于400米）水深处。

行为 不明。

生物学 卵胎生，每胎5—18尾胎仔，平均10尾。以硬骨鱼为食。

保护状态 易危（VU）。是深水渔业的目标种或兼捕渔获物。除部分极深水域外，在该物种的大部分分布区都有渔业捕捞活动。有报告称其在其分布的部分区域种群数量下降，但在其他区域种群数量似乎仍维持稳定。对其开展的捕捞活动如今已得到了部分管理。

矮小至中等体型，发光器不明显或形成明显的黑色印记；两个背鳍棘粗壮，具沟槽，第二背鳍和刺棘比第一背鳍和刺棘更大、更长，无臀鳍，无尾柄侧突；许多物种间难以区分。

○ **暗色短棘鲨** *Aculeola nigra*　　　　第151页

分布于东南太平洋：南美洲；110—735米水深处。栖息于底层或近底层。体型粗壮，吻宽钝，口宽且呈弧形，鳃裂大；背鳍棘明显短于鳍高，胸鳍外角圆形。

○ **高体霞鲨** *Centroscyllium excelsum*　　　　第151页

分布于西北太平洋；800—1000米水深处。深海海山。第一背鳍高而圆，具短棘，第二背鳍棘很长，高过第二背鳍上角，尾柄短；嘴周围和胸鳍下方有明显的大面积黑色斑块；背部盾鳞稀疏且排列不规则，无腹鳍。

○ **法氏霞鲨** *Centroscyllium fabricii*　　　　第152页

广泛分布，温带大西洋；130—2250米水深处。相当粗壮，腹部延长；口呈弧形；第一背鳍低，短尾柄；盾鳞排列致密。

○ **颗粒霞鲨** *Centroscyllium granulatum*　　　　第152页

分布于东南太平洋：南美洲；100—610米水深处。体型小，细长，圆柱形；腹部长；嘴呈狭弧形；第一背鳍小，比第二背鳍小得多；第二背鳍棘非常大，高于鳍；尾柄长；体表紧密覆盖尖锐的盾鳞。

○ **蒲原氏霞鲨** *Centroscyllium kamoharai*　　　　第153页

分布于西太平洋和印度洋东南部；500—1225米水深处。底栖。粗壮而扁平；口宽，呈弧形；第一背鳍非常低而圆，第二背鳍稍高；第二背鳍棘与鳍的高度差不多；尾柄较短；皮肤光滑，几乎裸露无鳞。

○ **乌霞鲨** *Centroscyllium nigrum*　　　　第153页

分布于太平洋中部和东部；32—1212米水深处。在海底或近海底。相当粗壮；口宽，呈弧形；背鳍大小差不多，第一背鳍棘短，第二背鳍棘与鳍差不多高；各鳍后缘呈白色。

○ **饰妆霞鲨** *Centroscyllium ornatum*　　　　第154页

分布于北印度洋；521—1262米水深处。接近底层海域。口呈窄弧形；第一背鳍低而圆，第一背鳍棘发达，几乎与第二背鳍棘等长；体表盾鳞密集且数量众多。

○ **里氏霞鲨** *Centroscyllium ritteri*　　　　第154页

分布于西北太平洋；150—1100米水深处。仅头部、腹部、胸鳍和尾柄下方有明显的发光器；口呈宽拱形；第一背鳍低而圆，第一背鳍棘短，第一背鳍与第二背鳍的高度差不多，第二背鳍棘高于鳍；体表覆盖有排列致密的盾鳞；鳍后缘为白色。

○ **壁谷氏蝰乌鲨** *Trigonognathus kabeyai*　　　　第176页

分布于西北部和中部太平洋；150—1000米水深处。主要生活在海底。颌部狭窄且极具延展性，具发达的钩状齿，喷水孔位于眼后；上颌处具收纳上颚的槽；两个背鳍上有沟状的刺棘；腹部呈黑色，尾柄处具狭长的黑色发光器区。

○ 壁谷氏蝰乌鲨

20厘米

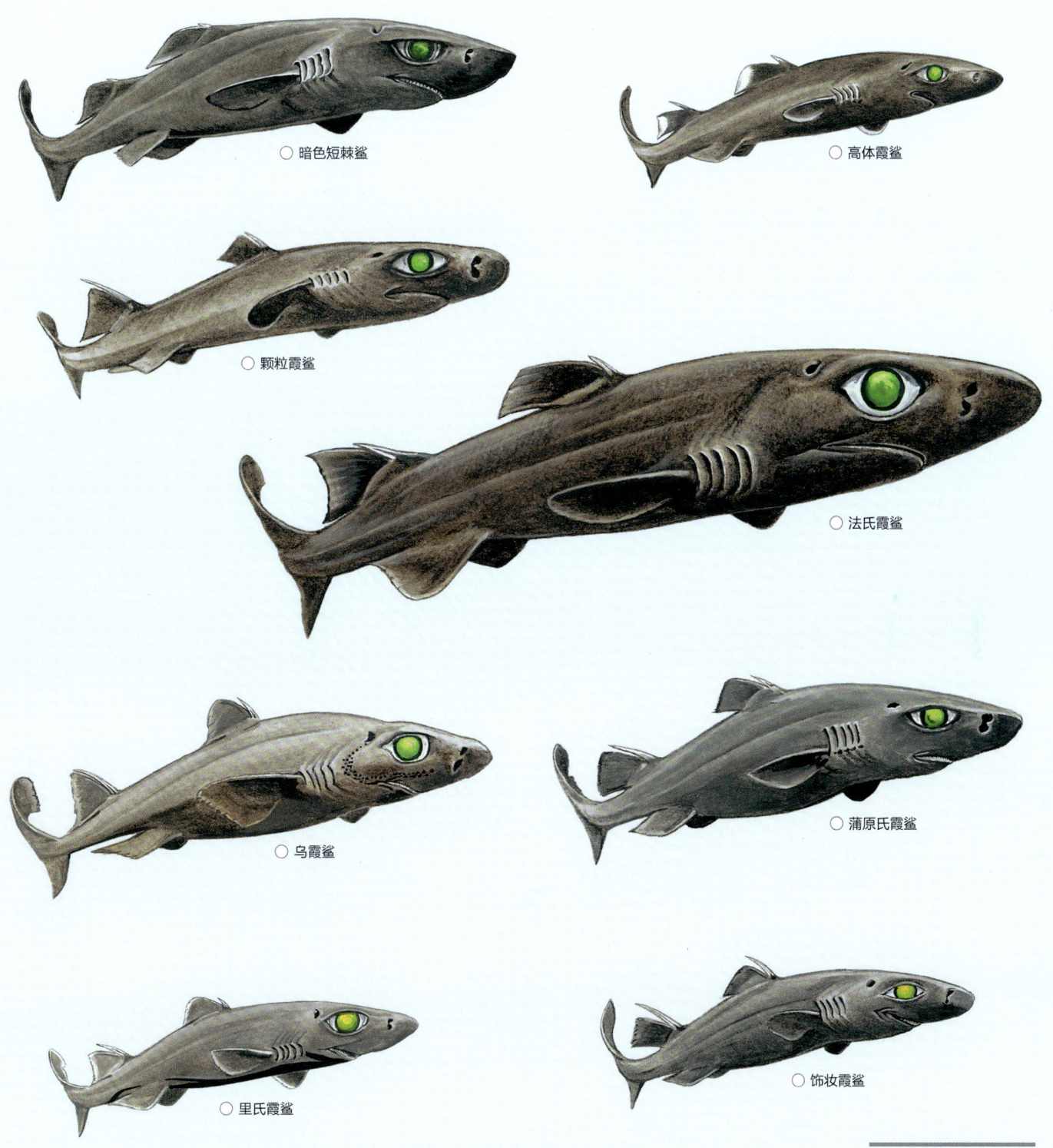

○ 暗色短棘鲨

○ 高体霞鲨

○ 颗粒霞鲨

○ 法氏霞鲨

○ 乌霞鲨

○ 蒲原氏霞鲨

○ 里氏霞鲨

○ 饰妆霞鲨

20厘米

宽带乌鲨支系

宽带乌鲨属支系中的物种臀鳍上部发光器形态粗壮，前支粗而弯曲，向前延伸；后支粗短。

○ **宽带乌鲨** *Etmopterus gracilispinis*　　　　　　　　　　第155页

　　分布于西大西洋；25—1200米水深处。在海底或近海底。粗壮；鳃裂非常短；尾鳍短而纤细；第二背鳍的大小约为第一背鳍的两倍；皮肤上的盾鳞呈不规则排列；体色自背部至腹部逐渐变黑，腹鳍上方及尾部的黑色发光区明显。

○ **佩里乌鲨** *Etmopterus perryi*　　　　　　　　　　　　第155页

　　分布于大西洋中西部；230—530米水深处。是最小的鲨鱼之一；头部宽且平；第二背鳍高于第一背鳍；腹部为黑色，腹鳍上方及尾部具黑色发光器区。

○ **波氏乌鲨** *Etmopterus polli*　　　　　　　　　　　　　第156页

　　分布于大西洋中东部；300—1000米水深处。在海底或近海底。身体相当粗壮；鳃裂短；尾鳍相当长；第二背鳍与第一背鳍等高或更高；盾鳞间距大，排列无规则，大部分覆盖于吻部；腹部微黑，腹鳍上方及尾部具黑色发光器区。

○ **罗宾斯乌鲨** *Etmopterus robinsi*　　　　　　　　　　第156页

　　分布于大西洋中西部；412—787米水深处。身体中等粗壮；鳃裂非常短；第二背鳍远高于第一背鳍，但小于第一背鳍的两倍；盾鳞间距大，不规则排列，基本覆盖吻部；腹部为黑色，腹鳍上方及尾部具黑色发光器区。

○ **舒氏乌鲨** *Etmopterus schultzi*　　　　　　　　　　　第157页

　　分布于大西洋中西部；220—915米水深处。生存于海底或近海底。身体延长；鳃裂非常短；尾鳍中等长；第二背鳍大小是第一背鳍的两倍；盾鳞间隔大，不规则排列，基本上覆盖了吻部；鳍边缘裸露；腹鳍上方及尾部具黑色发光器区。

○ **绿乌鲨** *Etmopterus virens*　　　　　　　　　　　　　第157页

　　分布于西北大西洋；196—915米水深处。身体较纤细；鳃裂非常短；尾鳍狭长；第二背鳍大于第一背鳍的两倍；盾鳞间距大，无规则排列，基本覆盖吻部；腹部为黑色，腹鳍上方及尾部具黑色发光器区。

支系不明

○ **希氏乌鲨** *Etmopterus sheikoi*　　　　　　　　　　　　第175页

　　分布于西北太平洋；340—370米水深处，可能深达1000米。吻长而扁平，口短；背鳍棘有沟，第二背鳍棘高于第一背鳍棘；腹部黑色，尾柄上方亦具具黑色发光器区。

○ 宽带乌鲨

○ 佩里乌鲨

○ 波氏乌鲨

○ 罗宾斯乌鲨

○ 舒氏乌鲨

○ 绿乌鲨

○ 希氏乌鲨

20厘米

图版 11　乌鲨科 III - 乌鲨属 - 亮乌鲨支系 I

亮乌鲨支系中的物种臀鳍上部发光器整体狭窄，前支及后支均细而延长，根据前支和后支的相对长度可以区分该支系内的不同物种。

○ **颊斑乌鲨** *Etmopterus alphus*　　　　　　　　　　　　　　　　　　　　　　　　　第158页

分布于西南印度洋；大陆坡，472—792米水深处。身体小而细长；侧面和背部有明显的纵列盾鳞；背部和体侧呈紫黑色，腹部呈黑色，尾部发光器区下方有明显的银白色条纹；具明显的白色颊斑。

○ **短尾乌鲨** *Etmopterus brachyurus*　　　　　　　　　　　　　　　　　　　　　　　　第158页

分布于西太平洋和印度洋-太平洋中部；100—696米水深处。常在近海底的区域。体重较大；头部宽阔，吻部短粗扁平；尾鳍短；第二背鳍高于第一背鳍，第二背鳍棘明显弯曲；盾鳞明显；腹鳍上方及尾部具黑色发光器区。

○ **布氏乌鲨** *Etmopterus bullisi*　　　　　　　　　　　　　　　　　　　　　　　　　　第159页

分布于大西洋西北部和中部；275—824米水深处。在海底或近海底。身体延长；鳃裂极短；尾鳍长；体侧和背部有明显的纵列盾鳞；腹部呈黑色，眼上缘至第一背鳍有浅色带，腹鳍上方及尾部具黑色发光器区。

○ **伯氏乌鲨** *Etmopterus burgessi*　　　　　　　　　　　　　　　　　　　　　　　　　第159页

分布于西北太平洋：中国台湾；300—600米水深处。中等大小；吻部宽；背部为均匀灰色，腹部为深灰色至黑色；尾部发光器区延长，后支约与前支等长或稍短。

○ **南海乌鲨** *Etmopterus decacuspidatus*　　　　　　　　　　　　　　　　　　　　　　第160页

分布于西北太平洋；512—692米水深处。在海底或近海底。体较纤细；鳃裂非常短；尾鳍宽且延长；第二背鳍大小约为第一背鳍的两倍；盾鳞排列无规则；腹部为黑色，腹鳍上方及尾部具黑色发光器区。

○ **细身乌鲨** *Etmopterus dislineatus*　　　　　　　　　　　　　　　　　　　　　　　　第160页

分布于西南太平洋：澳大利亚东北部；590—802米水深处。常在海底或近海底。体细长，极具辨识度；第一背鳍小而低，约为第二背鳍的一半大小；盾鳞呈刚毛状，不排列成行；侧腹具不连续的黑色分界线，尾鳍上有黑色的斑纹。

○ **埃文斯乌鲨** *Etmopterus evansi*　　　　　　　　　　　　　　　　　　　　　　　　　第161页

分布于印度洋-太平洋中部；430—550米水深处。背中线和尾柄具钩状盾鳞，排成轮廓不清的列，但头部不具盾鳞；口周、眼上缘具黑色斑块，有时鳃部亦具黑色斑块，尾鳍上具黑色斑纹。

○ **莱拉乌鲨** *Etmopterus lailae*　　　　　　　　　　　　　　　　　　　　　　　　　　第161页

分布于太平洋中部；海山岛坡，314—384米水深处。中等大小；从头部到尾鳍起点上部具明显的纵列盾鳞和1—3列明显的深色发光器；保存标本的体侧和背部为浅棕色至中棕色，腹部为深棕色。

○ **亮乌鲨** *Etmopterus lucifer*　　　　　　　　　　　　　　　　　　　　　　　　　　　第162页

分布于西太平洋；158—1357米水深处。在海底或近海底。体型粗壮；鳃裂中等长；尾鳍中等长；第二背鳍极大；吻端至尾部有纵列盾鳞；腹部为黑色，腹鳍上方及尾部具黑色发光器区。

○ 颊斑乌鲨

○ 短尾乌鲨

○ 布氏乌鲨

○ 伯氏乌鲨

○ 南海乌鲨

○ 细身乌鲨

○ 埃文斯乌鲨

○ 莱拉乌鲨

○ 亮乌鲨

20厘米

亮乌鲨支系Ⅱ

亮乌鲨支系中的物种臀鳍上部发光器整体狭窄，前支及后支均细而延长，根据前支和后支的相对长度可以区分该支系内的不同物种。

○ **玛莎乌鲨** *Etmopterus marshae*　　　　　　　　　　　　　　　　　　　　　　　　　第162页

分布于西太平洋；大陆坡，322—337米水深处。体型较小，身体延长；体侧和背部为深紫黑色，腹部为黑色；从头部到尾鳍起点处有一列明显的盾鳞及1—3列暗色细条带；胸鳍和腹鳍之间有成对的短线；尾鳍上部起点有明显的黑色条纹，到后部逐渐变为白色，尾鳍顶端有明显的黑色。

○ **莫氏乌鲨** *Etmopterus molleri*　　　　　　　　　　　　　　　　　　　　　　　　　第163页

分布于西南太平洋；238—655米。常在海底或近海底。身体延长；第二背鳍远高于第一背鳍；从吻端到尾鳍有规则的纵列盾鳞，胸鳍上方裸露无鳞；腹部呈黑色，体两侧有黑色条纹。

○ **壮体乌鲨** *Etmopterus pycnolepis*　　　　　　　　　　　　　　　　　　　　　　　第163页

分布于东南太平洋；330—763米水深处。身体延长；头部狭窄；鳃裂长；尾鳍中等长；第一背鳍始于胸鳍内角前方，第二背鳍高于第一背鳍；自头部至尾鳍前端间排列有细密的小盾鳞；身体和尾鳍有黑色斑纹。

○ **萨氏乌鲨** *Etmopterus samadiae*　　　　　　　　　　　　　　　　　　　　　　　　第164页

分布于西南太平洋；大陆坡，340—785米水深处。体型小，身体延长；体侧面和背部呈灰黑色至银黑色，体侧的黑色条纹下斑纹下方有浅色至白色侧条纹，与黑色腹部明显分界，体侧也有浅色侧斑纹，颊部有明显的白色斑纹；有明显的纵列盾鳞。

○ **雕乌鲨** *Etmopterus sculptus*　　　　　　　　　　　　　　　　　　　　　　　　　第164页

分布于东南大西洋和西南印度洋；240—1023米水深处。中等体型，身体粗壮；背部为深灰棕色，腹部为黑色，尾部具延伸但狭窄的黑色发光器区，延伸至腹鳍前后；皮肤上的盾鳞使其体表呈现出雕刻纹理般的肌理。

小乌鲨支系Ⅰ

小乌鲨支系的物种臀鳍上部发光器轮廓相对模糊，前支粗壮，较其他乌鲨支系更短；后支极短或几近消失。该支系内部分物种臀鳍上部不具清晰的发光器区。

○ **比氏乌鲨** *Etmopterus bigelowi*　　　　　　　　　　　　　　　　　　　　　　　　第165页

分布于大西洋、太平洋和印度洋；0—1000米以上水深处。体型纤细；头部宽阔，吻长而厚；尾鳍长；第一背鳍小于第二背鳍；皮肤光滑；体色较深，头部有白斑，鳍边缘浅，无明显斑纹。

○ **卡特乌鲨** *Etmopterus carteri*　　　　　　　　　　　　　　　　　　　　　　　　　第165页

分布于大西洋中西部；283—356米水深处。头部为半圆柱形，眼高约等于眼宽，吻部非常短且为圆形；鳃裂宽；体色为均匀深色，其没有集中的发光器区，各鳍颜色较淡。

○ **深水乌鲨** *Etmopterus caudistigmus*　　　　　　　　　　　　　　　　　　　　　　第166页

分布于新喀里多尼亚；638—793米水深处。体型纤细；头部狭窄，吻部狭长；尾鳍较长；第二背鳍高于第一背鳍；身体和尾鳍上有一排纵向的紧密排列的盾鳞；尾鳍上有明显的发光器。

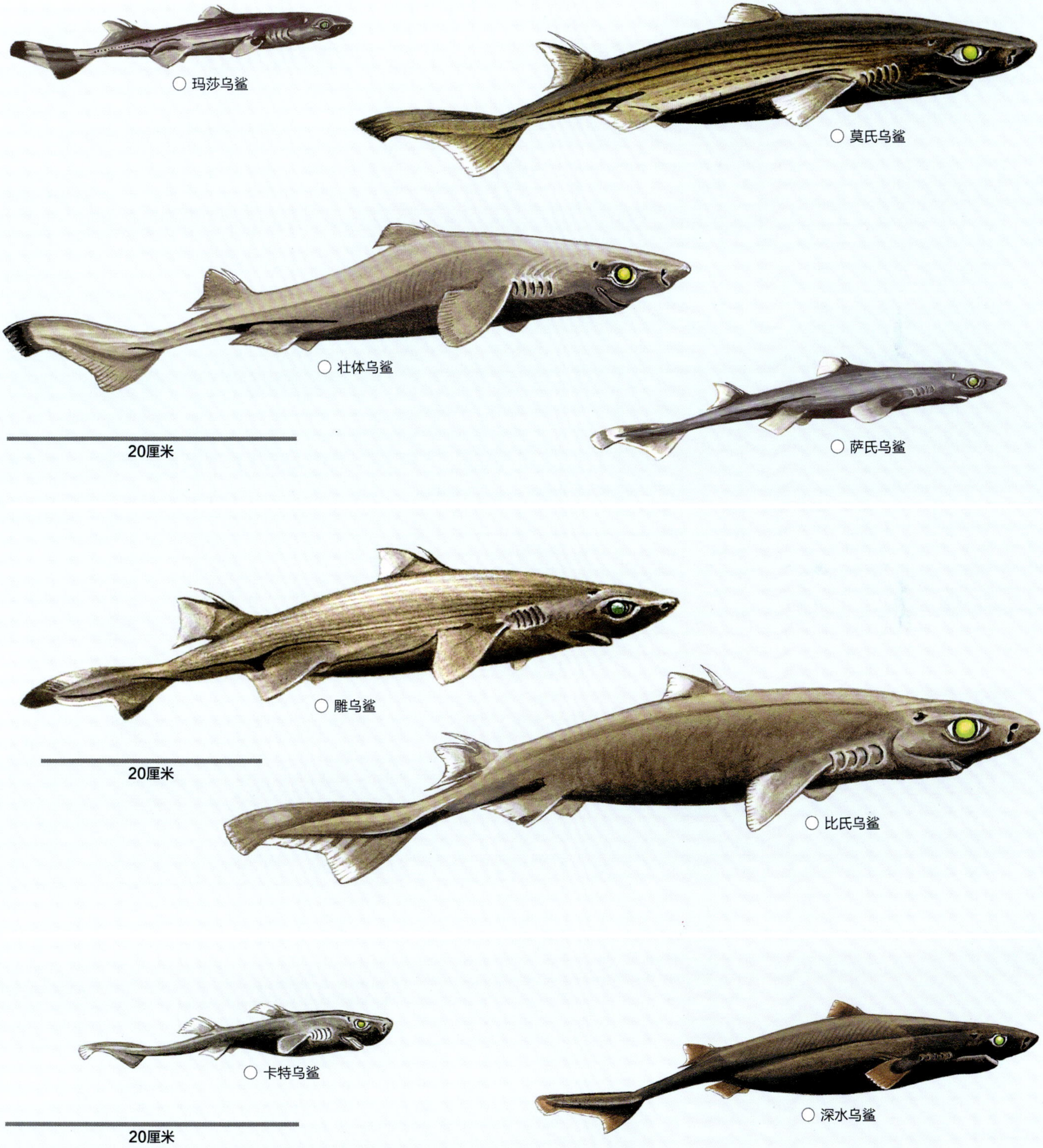

○ 玛莎乌鲨

○ 莫氏乌鲨

○ 壮体乌鲨

20厘米

○ 萨氏乌鲨

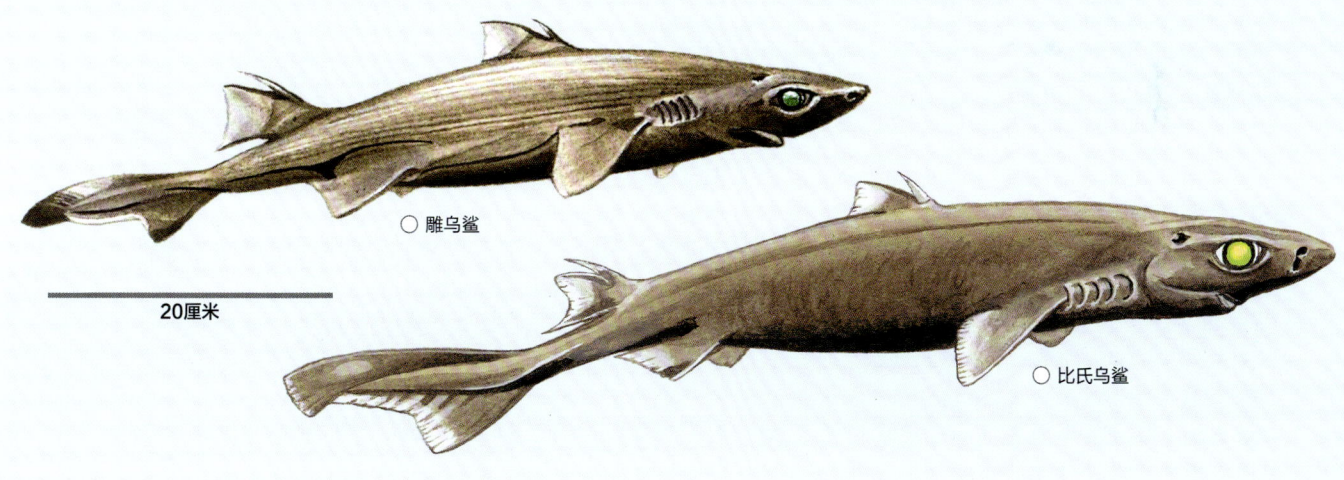

○ 雕乌鲨

20厘米

○ 比氏乌鲨

○ 卡特乌鲨

20厘米

○ 深水乌鲨

小乌鲨支系 II

小乌鲨支系的物种臀鳍上部发光器轮廓相对模糊，前支粗壮，较其他乌鲨支系更短；后支极短或几近消失。该支系内部分物种臀鳍上部不具清晰的发光器区。

○ **纺锤乌鲨** *Etmopterus fusus*　　　　　　　　　　　第166页

分布于印度洋-太平洋中部；430—550米水深处。身体呈圆柱形，尾部较长；第二背鳍高度是第一背鳍的两倍多；侧腹和尾柄上有一排规则的盾鳞，但头部没有；腹鳍上方及尾部具黑色发光器区，鳍的颜色较淡，有深色斑纹。

○ **庄氏乌鲨** *Etmopterus joungi*　　　　　　　　　　　第167页

分布于西北太平洋：中国台湾；约300米或更深深处。身体延长；吻部近圆锥形；尾鳍中长；背部为深灰色，腹部颜色较深，尾部发光器前支模糊，后支消失。

○ **拟角乌鲨** *Etmopterus pseudosqualiolus*　　　　　　　第167页

分布于西南部的太平洋；668—1170米水深处。身体呈纺锤形，形态类似卡特乌鲨（*E. carteri*）；吻部极短且眼圆；体色为深褐色到黑色，尾鳍颜色较浅，具不明显的深色痕迹，各鳍后缘为浅色，尾鳍上叶末端为深色。

○ **小乌鲨** *Etmopterus pusillus*　　　　　　　　　　　第168页

分布广，大西洋，印度洋和太平洋；0—1120米水深处。常出现在海底或近海底。身体相当纤细；鳃裂相当长；宽尾鳍相当短；第二背鳍大小不到第一背鳍的两倍；盾鳞间隔大，不成列，基本覆盖吻部，腹鳍上方具边缘模糊的黑色发光器区。

○ **粗鳞乌鲨** *Etmopterus sentosus*　　　　　　　　　　第168页

分布于西印度洋；200—500米水深处。常出现于近海底的区域。身体延长；鳃裂相当长；宽尾鳍较长；第二背鳍大于第一背鳍的两倍；侧腹有2—3排盾鳞；鳍边缘基本裸露；腹部为黑色，腹鳍上方及尾部具黑色发光器区，边缘均模糊。

○ **炫丽乌鲨** *Etmopterus splendidus*　　　　　　　　　　第169页

分布于西北太平洋；200—300米水深处。身体呈纺锤形，形态类似纺锤乌鲨（*E. fusus*）；背部为紫黑色，腹部为蓝黑色，尾鳍前端颜色较浅，尾鳍具红棕色边缘及发光器。

○ **绒乌鲨** *Etmopterus villosus*　　　　　　　　　　　第169页

分布于太平洋中部：夏威夷群岛；406—911米水深处。常出现在在海底或近海底。身体粗壮；鳃裂中长；尾鳍短而宽；第二背鳍比第一背鳍高很多，但不到第一背鳍的两倍；盾鳞间距大，在躯干和尾鳍上成列排列，覆盖吻部；腹部颜色稍深，边缘模糊，尾部具模糊的发光器区。

黑腹乌鲨支系 I

黑腹乌鲨支系的物种臀鳍上部发光器前支细长，后支极短或几乎消失。该支系内部分物种臀鳍上部不具清晰的发光器区。

○ **本氏乌鲨** *Etmopterus benchleyi*　　　　　　　　　　第170页

分布于东太平洋；大陆坡，836—1443米水深处。体型中等大小，身体延长而粗壮；体色为均匀黑色，没有明显的斑纹；体表盾鳞短而细长，在背鳍下方呈不规则斑块状排列，并成排延伸到鳍上。

○ **康氏乌鲨** *Etmopterus compagnoi*　　　　　　　　　　第170页

分布于东南大西洋和西南印度洋；383—1300米水深处。身体中等粗壮；尾鳍短；背部为棕色，腹部为黑色，腹鳍上方和后面具边缘模糊的黑色发光器区。尾鳍上具明显的发光器。

○ 纺锤乌鲨

○ 庄氏乌鲨

○ 小乌鲨

○ 拟角乌鲨

○ 粗鳞乌鲨

○ 炫丽乌鲨

○ 绒乌鲨

20厘米

○ 本氏乌鲨

20厘米

○ 康氏乌鲨

黑腹乌鲨支系 II

黑腹乌鲨支系的物种臀鳍上部发光器前支细长，后支极短或几乎消失。该支系内部分物种臀鳍上部不具清晰的发光器区。

○ **宽口乌鲨** *Etmopterus dianthus*　　　　　　　　　　　　　　　　　　　　　　　　　　　　第171页

分布于西南太平洋；200—880米水深处。身体粗壮；第一背鳍小而低，具备短棘，第二背鳍的大小不到第一背鳍的两倍，第二背鳍棘的高度与第二背鳍的高度差不多；体表具刚毛状的盾鳞，不成列排列；新鲜标本背部呈淡粉色（浸制标本呈棕灰色），腹部为暗黑色至黑色。

○ **颗粒乌鲨** *Etmopterus granulosus*　　　　　　　　　　　　　　　　　　　　　　　　　　　第171页

分布于南部海洋；220—1500米水深处。身体很重；头部很大，鳃裂很短；尾鳍短而宽；第二背鳍比第一背鳍高很多；体表具成列的大颗粒盾鳞，但不覆盖吻部；腹部黑色，边缘清晰，腹鳍上方及尾鳍基部具黑色发光器区。

○ **加勒比乌鲨** *Etmopterus hillianus*　　　　　　　　　　　　　　　　　　　　　　　　　　　第172页

分布于西北大西洋；180—717米水深处。常出现在海底或近海底。身体中等粗壮；鳃裂非常短；尾鳍中等长；第二背鳍比第一背鳍高很多，但是大小不到第一背鳍的两倍；体表盾鳞无规则排列，但是大部分覆盖吻部；腹部黑色，腹鳍上方及尾部具黑色发光器区。

○ **利氏乌鲨** *Etmopterus litvinovi*　　　　　　　　　　　　　　　　　　　　　　　　　　　　第172页

分布于东南太平洋；630—1100米水深处。身体粗壮；头大而扁，鳃裂长；尾鳍中等长；第一背鳍起始于胸鳍内角后方，第二背鳍略高于第一背鳍，背鳍间距短；具不成列的盾鳞；体表无明显斑纹。

○ **帕氏乌鲨** *Etmopterus parini*　　　　　　　　　　　　　　　　　　　　　　　　　　　　　第173页

分布于西北太平洋；40—140米水深处，最深6000米。出现在海水中上层。体型相对较小；背部和两侧为深褐色，腹部为黑色，鳍透明至白色。

○ **棘鳞乌鲨** *Etmopterus princeps*　　　　　　　　　　　　　　　　　　　　　　　　　　　第173页

分布于北大西洋；350—4500米水深处。常出现在海底或近海底。身体粗壮；鳃裂非常长；尾鳍中等长；第二背鳍比第一背鳍高很多，但是大小不到第一背鳍的两倍；盾鳞基本覆盖吻部；体表无明显的斑纹。

○ **黑腹乌鲨** *Etmopterus spinax*　　　　　　　　　　　　　　　　　　　　　　　　　　　　第174页

分布于东大西洋和地中海；70—2490米水深处。出现区域接近或远高于海底。身体延长，且相当粗壮；鳃裂非常短；长尾鳍；第二背鳍大小约为第一背鳍的两倍；盾鳞基本覆盖吻部；腹部为黑色，边缘清晰，腹鳍上方及尾部具黑色发光器区。

○ **褐乌鲨** *Etmopterus unicolor*　　　　　　　　　　　　　　　　　　　　　　　　　　　　　第174页

分布于西北太平洋；120—1500米水深处。身体健壮；鳃裂相当大；尾鳍中等长；第一背鳍长而低，具有非常短的棘，第二背鳍约为第一背鳍的两倍高，具有强壮的棘；盾鳞不成列，但覆盖吻部；体呈深褐色至棕黑色，腹部颜色较深。

○ **旅者乌鲨** *Etmopterus viator*　　　　　　　　　　　　　　　　　　　　　　　　　　　　　第175页

分布于南部海洋；830—1610米水深处；身体粗壮；吻部短；体侧盾鳞呈短且破碎的线性排列，质感粗糙；背部为深褐色到微黑，腹部颜色更深，成体尾部黑色发光器基部不明显，亚成体非常明显；发光器前支延长，后支较短。

○ 颗粒乌鲨

○ 棘鳞乌鲨

20厘米

○ 宽口乌鲨

○ 加勒比乌鲨

○ 利氏乌鲨

○ 帕氏乌鲨

○ 黑腹乌鲨

○ 褐乌鲨

○ 旅者乌鲨

20厘米

乌鲨科（Etmopteridae）

本科为角鲨目中物种数目最多的科，共计4属51种，4属包括短棘鲨属（*Aculeola*）、霞鲨属（*Centroscyllium*）、乌鲨属（*Etmopterus*）和蝰乌鲨属（*Trigonognathus*），分布区遍及全球范围内的深层海域，既有广布种，也有很多分布区域狭窄的地区特有种。如今，乌鲨科中仍不断有新的物种被发现。乌鲨科的一些物种可能是已知鲨鱼中体型最小的物种，如卡氏乌鲨和佩氏乌鲨，它们在体长仅10—20厘米时便可达性成熟并繁殖后代。

鉴定 小型或中型鲨类（成体体长在10—107厘米之间，部分大型种可达120厘米），具发光器，发光器可能并不明显，或是在腹部、侧腹部及尾部形成明显的深色斑块（通常情况下在腹部更为明显）。背鳍前具发达的背鳍棘，其中尤以第二背鳍棘更为发达。无臀鳍。尾基处无凹窝，尾柄不具侧嵴。霞鲨属的物种吻部短或中长，上下颌齿呈梳状，具主齿及副齿，背鳍棘发达且具沟槽。短棘鲨属物种与霞鲨属较为相似，但前者上下颌齿为钩状的单峰齿，且背鳍棘相对较短，两背鳍棘大小近乎相等。乌鲨属物种在腹侧及腹部有由发光器聚集而成的深色斑块；其上颌齿为多峰齿，具一个主齿及多个副齿，下颌齿则为切齿，上下两种齿型差异明显；乌鲨第二背鳍棘要远大于第一背鳍棘。根据形态特征及亲缘关系的远近，绝大多数的乌鲨物种目前被归入4个支系，每个支系内包含多个形态相近的物种（详见下文）。蝰乌鲨属的物种具有相当独特的弯钩状发达颌齿，这一特征使其在乌鲨科中与众不同。

生物学 大多数乌鲨科物种栖息于深海中下层水域，在水深0—4500米之间都可以发现它们的踪迹，但相对而言，乌鲨科物种更偏好栖息于水深200—1500米之间的海域；其中的一些成员是半大洋性的物种。乌鲨科的部分物种具有群居习性，常常结成小群或大群活动。乌鲨科的物种均为卵胎生鱼类，胚胎靠卵黄囊供应营养，每胎产3—40尾胎仔。

现状 尽管大多数乌鲨科物种较为常见，但学术界对其种群状况的了解甚少。由于体型过小，且大多数乌鲨并无太大的经济价值，常常会被作为兼捕渔获物抛弃。因此，世界自然保护联盟红色名录中将80%的乌鲨科物种评定为无危物种，仅有一个物种被列为受威胁物种。

乌鲨的支系划分 根据形态特征及亲缘关系的远近，乌鲨属内的物种被划分为4个支系：宽带乌鲨支系（*E. gracilispinus clade*）、亮乌鲨支系（*E. lucifer clade*）、小乌鲨支系（*E.pusillus clade*）及黑腹乌鲨支系（*E. spinax clade*）。不同支系间主要通过腹鳍上方的发光器形态加以区分。

宽带乌鲨支系：臀鳍上部发光器形态粗壮，前支粗而弯曲，向前延伸；后支粗短；乌鲨支系：臀鳍上部发光器整体狭窄，前支及后支均细而延长，根据前支和后支的相对长度可以区分该支系内的不同物种；小乌鲨支系：臀鳍上部发光器轮廓相对模糊，前支粗壮，较其他乌鲨支系为短；后支极短或几近消失。该支系内部分物种臀鳍上部不具清晰的发光器区；黑腹乌鲨支系：臀鳍上部发光器前支细长，后支极短或几乎消失。该支系内部分物种臀鳍上部不具清晰的发光器区。

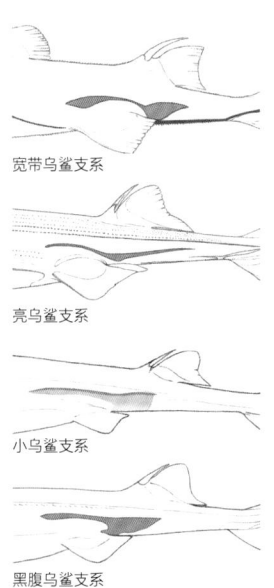

宽带乌鲨支系

亮乌鲨支系

小乌鲨支系

黑腹乌鲨支系

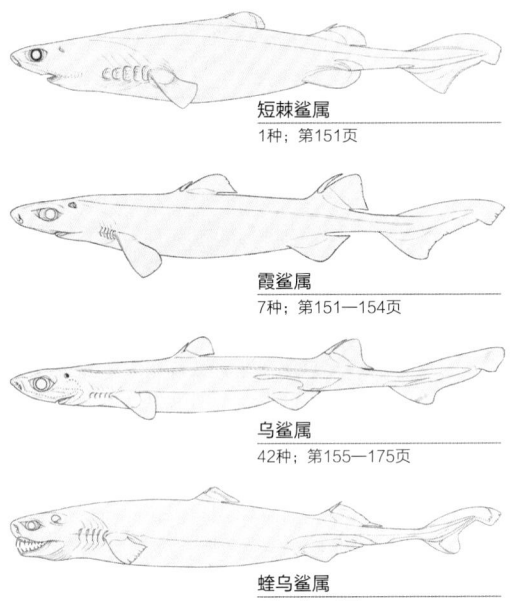

短棘鲨属
1种；第151页

霞鲨属
7种；第151—154页

乌鲨属
42种；第155—175页

蝰乌鲨属
1种；第176页

生物发光和"消光剪影"

在所有已知鲨鱼中，至少有10%的物种具有发光器，例如所有的乌鲨科物种和几种铠鲨科物种（Dalatiidae，第197页），这两个类群很可能是各自独立演化出发光器的。乌鲨的发光器是一种小型色素衬里结构，通常位于腹部、体侧和鳍上。每个发光器包含多达12个光细胞和1—2个晶状体细胞，用于汇聚发出光线。一条乌鲨身上可能有多达50万个发光器，比其他任何已知的发光动物都要多。硬骨鱼类和许多其他发光动物用神经控制它们的发光器官，然而乌鲨则是通过体液调节来控制发光的。相关激素会刺激色素细胞（黑色素细胞）露出或遮盖光细胞。当捕食者从下方观察时，发光器可以帮助乌鲨这样的小鲨鱼实现"隐身"——使其可以与上层水域透射的光线融为一体。从生物学术语来说，这种模式被称作"消光剪影"。

此外，位于体侧、尾鳍和腹鳍上的发光器可能还有其他功能，比如说是向同类传递信号或是用于求偶。发光器还可能有助于在群体中进行交流：一些乌鲨可能会通过合作来捕食大型猎物，它们胃中的大型猎物碎片便足以证实这一点。

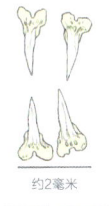
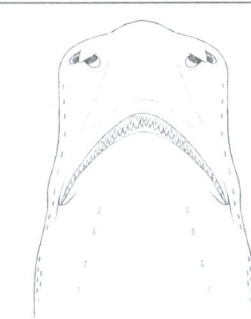
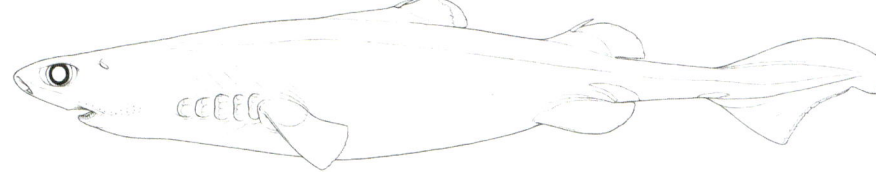

约2毫米

齿
上：60—74颗
下：60—63颗

体长测量 出生体长：约13—17厘米。性成熟体长：雄性约38—42厘米，雌性约39—52厘米。最大体长：雄性54厘米，雌性67厘米。

鉴定 一种粗壮的角鲨。吻部宽而钝。口呈拱形而宽长，具唇褶；上下颌具小的钩状齿。鳃裂相当大。第一背鳍起始于胸鳍内缘之上；第二背鳍稍大，与腹鳍起点相对或稍后；背鳍棘短，具沟槽，较背鳍更为低矮。胸鳍内角钝圆。尾部上叶较长；下部不明显。体色为统一的黑褐色。

分布 东南太平洋：从秘鲁到智利中部。

栖息地 栖息于底层或近底层，大陆架和上坡，110—735米水深，最常见于200—500米之间。

行为 底层鱼种，但会洄游到离水底较远的中层水域，以中上层和中上层虾类及硬骨鱼类为食。

生物学 卵胎生，每胎3—19尾胎仔。主要以深海虾和其他甲壳类动物，以及包括无须鳕在内的硬骨鱼为食。其他情况不明。

保护状态 近危（NT）。在其有限的分布范围内相对常见。深海甲壳类拖网最常见的软骨鱼类兼捕渔获物（按重量计），但也出现在拖网作业无法抵达的更深层海域。

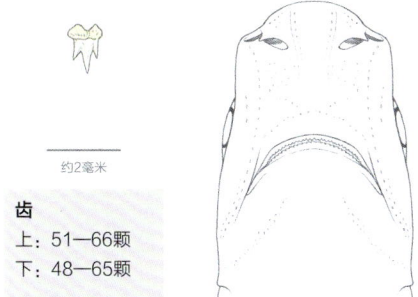
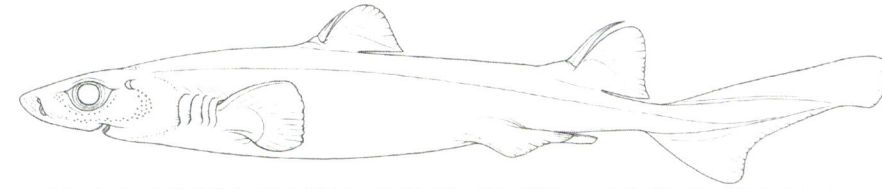

约2毫米

齿
上：51—66颗
下：48—65颗

体长测量 出生体长：约8—9厘米。性成熟体长：雄性约52—62厘米，雌性约53—64厘米。最大体长：64厘米。

鉴定 上下颌齿呈梳状排列。第一背鳍高耸，近圆形，前具较短的背鳍棘。第二背鳍比第一背鳍大得多，有较长的刺棘，刺棘高于第二背鳍上角。尾柄较短。背部盾鳞稀少，呈不规则排列，腹部裸露。体背部浅褐色，腹部颜色较深。鳍的边缘较浅；口周围和胸鳍的下方有明显的黑色斑块。

分布 西北太平洋：仅见于日本东部的帝王海山。

栖息地 深海海山，800—1000米水深处。

行为 不明。

生物学 卵胎生，每胎10尾胎仔。以硬骨鱼为食。

保护状态 近危（NT）。只有21个标本。

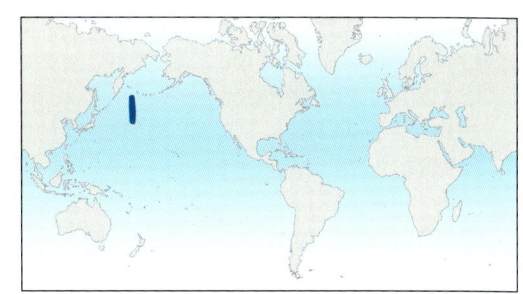

法氏霞鲨 *Centroscyllium fabricii*

FAO代码：**CFB**　　图版 第138页

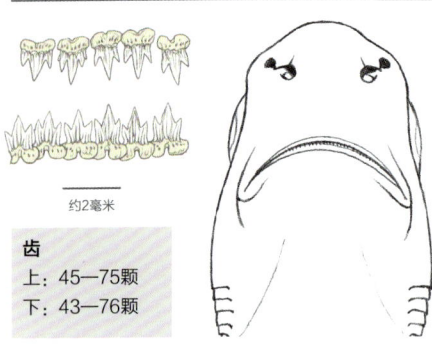

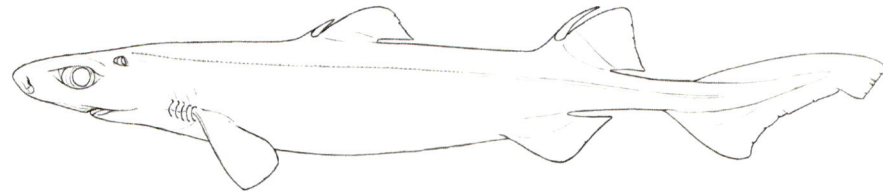

齿
上：45—75颗
下：43—76颗

约2毫米

体长测量　出生体长：约15—20厘米。性成熟体长：雄性约46—63厘米，雌性约50—70厘米。最大体长：84—107厘米，可能达到120厘米。

　　鉴定　口呈拱形；上下颌齿呈梳状排列。第一背鳍低，具短小的背鳍棘。第二背鳍较大，背鳍棘亦较长。身体粗壮，腹部延长。尾柄较短。体表盾鳞密集。背部为均匀的黑褐色。没有黑色或白色的印记。

　　分布　广泛分布于温带的大西洋（热带地区的分布记录有待确定）。

　　栖息地　外大陆架和斜坡，130—2250米（大部分深度超过275米）水深处。在高纬度地区和冬季常出现于较浅层海域。最适水温在3.5—4.5℃。

　　行为　根据体型和性别结成不同的群体。在冬季和春季会结成大群出现在较浅层海域。

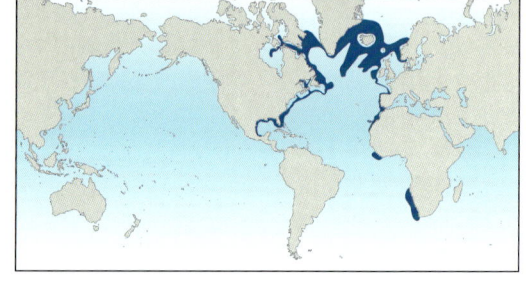

　　生物学　卵胎生，每胎4—40尾胎仔，平均16尾。体表散布着着不规则的发光器。以甲壳类动物、头足类动物和小型硬骨鱼类为食。

　　保护状态　无危（LC）。通常数量丰富，分布广泛，栖息深度较深，因此并未受到渔业捕捞的过度干扰，为常见的兼捕渔获物，捕获后常被丢弃。

颗粒霞鲨 *Centroscyllium granulatum*

FAO代码：**CYG**　　图版 第138页

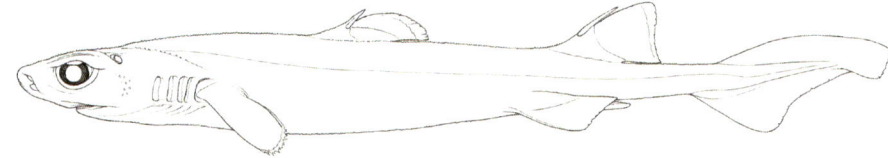

齿
上：45—75颗
下：43—76颗

约2毫米

体长测量　出生体长：约11—16厘米。性成熟体长：雄性约31厘米。最大体长：至少62厘米。

　　鉴定　身体延长、较小的圆柱形角鲨。口部呈狭长弧形；上下颌齿呈梳状排列。第一背鳍低，比第二背鳍小很多。第一背鳍棘短；第二背鳍棘大而延长，顶端延伸至第二背鳍内角上方。腹部较长。尾柄细长。体表覆盖有致密的钩状盾鳞。身体呈均匀的棕黑色，无明显的斑纹。

　　分布　太平洋东南部：南美洲，智利中北部至麦哲伦海峡。

　　栖息地　深水，大陆坡上部，100—610米水深处。

　　行为　不明。

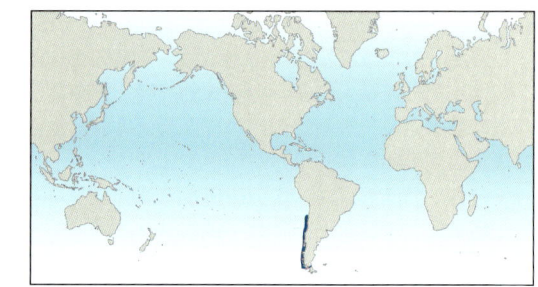

　　生物学　卵胎生，每胎16尾胎仔。以甲壳类动物和小型硬骨鱼类为食。

　　保护状态　易危（VU）。在智利深海拖网捕虾和延绳钓渔业作业中偶被零星捕获。

蒲原氏霞鲨 *Centroscyllium kamoharai*

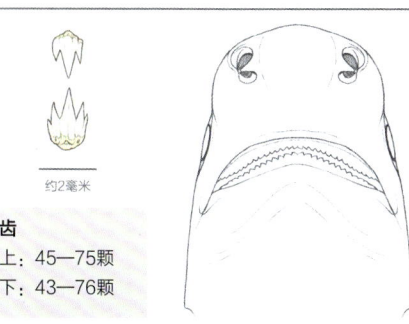

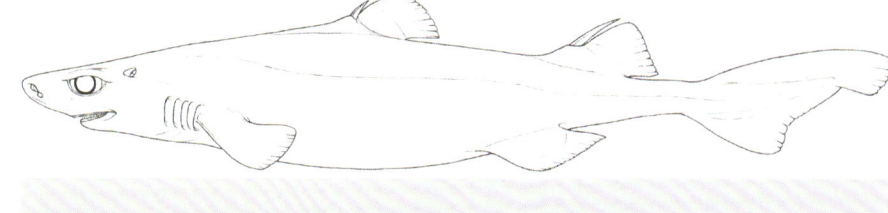

齿
上：45—75颗
下：43—76颗

约2毫米

体长测量 出生体长：约16—31厘米。性成熟体长：雄性约40—45厘米，雌性约55厘米。
最大体长：63厘米。

鉴定 小而粗壮的角鲨。口部短、宽，呈弧形；上下颌齿呈梳状排列。第一背鳍非常低，上角圆形，有短背鳍棘。第二背鳍比第一背鳍稍大，第二背鳍棘约与第二背鳍等高。尾柄短。皮肤光滑，几乎是裸露的，脆弱且容易损坏（体表分布少量间隔宽的盾鳞）。体色为黑色（在捕获过程中脆弱的皮肤可能因擦伤形成白色斑块）。鳍的后缘颜色较浅。

分布 西太平洋：从日本南部到琉球群岛，中国台湾，菲律宾，东澳大利亚，新西兰。东南印度洋：西澳大利亚。

栖息地 底栖，大陆架下层海域，500—1225米水深处，栖息深度一般超过900米。

行为 不同性别会在不同深度的海域活动，其他情况不明。

生物学 卵胎生，每胎3—22尾胎仔，平均12尾。以深海头足类动物、甲壳类动物和小型硬骨鱼类为食。其他情况不明。

保护状态 无危（LC）。在其分布区内偶被底拖网和深水延绳钓兼捕，但广泛分布，主要出现在渔业作业无法抵达的深层海域。

乌霞鲨 *Centroscyllium nigrum*

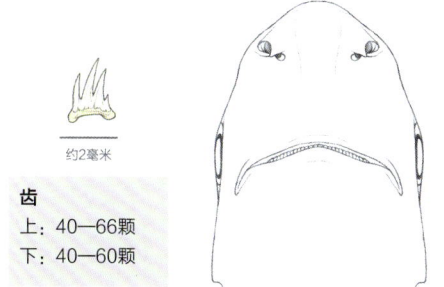

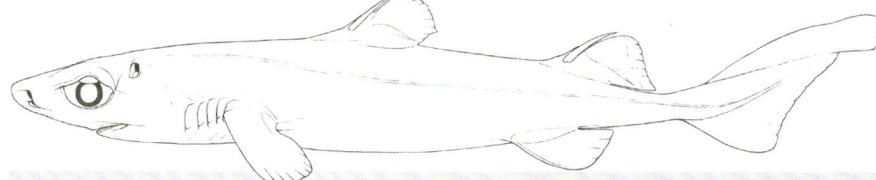

齿
上：40—66颗
下：40—60颗

约2毫米

体长测量 出生体长：约11—15厘米。性成熟体长：雄性约32—39厘米，雌性约32—43厘米。
最大体长：52厘米。

鉴定 体型小而粗壮。口短、宽，呈弧形；上下颌齿呈梳状排列。两背鳍大小相近；第一背鳍棘高度等于或小于第一背鳍；第二背鳍棘高度等于或大于第二背鳍，起点位于腹鳍基底末端上方或稍前方。体色为黑褐色。鳍部有突出的白色尖端和边缘。

分布 太平洋中部和太平洋东部：夏威夷群岛、美国大陆架、科科斯群岛和加拉帕戈斯群岛。

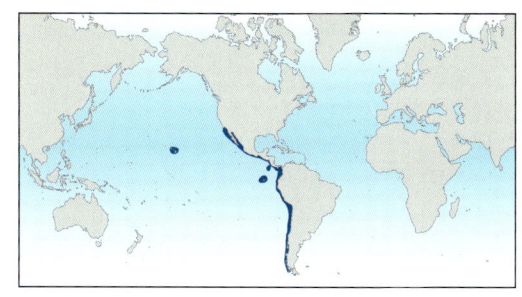

栖息地 在大陆坡和岛屿坡的底部或近底，32—1212米水深处，大部分个体出现在600米以下水域，但有一个个体在南加州外海约32米深处被一名SCUBA潜水员拍摄到。

行为 根据胃中发现的食物残骸可以得知，本种可能有垂直迁移行为。

生物学 卵胎生，每胎4—15尾胎仔。主要以深海虾、头足类动物和中层硬骨鱼类为食。

保护状态 无危（LC）。该物种经常被记录为深海捕捞的兼捕渔获物，一些地方有种群数量下降的记录，其地理分布和深度范围非常广泛，也栖息在没有捕捞活动的深层海域。

饰妆霞鲨 *Centroscyllium ornatum*　　　　FAO代码：**CYT**　　图版 第138页

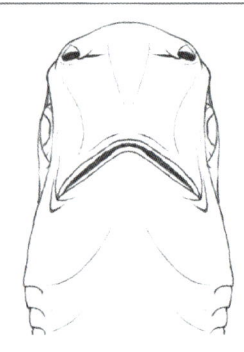

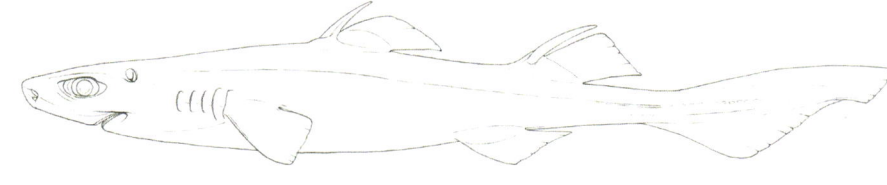

齿
上：45—75颗
下：43—76颗

体长测量　性成熟前体长：至少30厘米。
最大体长：51厘米。

　　鉴定　口宽，呈深弧形；上下颌齿呈梳状排列。第一背鳍低矮，上角钝圆；第一背鳍棘较长，高于第一背鳍，几乎和第二背鳍棘等长。第二背鳍较大，第二背鳍棘高于第二背鳍。体表具排列紧密的盾鳞。体色为黑色，鳍无明显的印记。
　　分布　北印度洋：阿拉伯海和孟加拉湾。
　　栖息地　大陆坡地近底层海域，521—1262米水深处。
　　行为　不明。
　　生物学　情况不明，可能是卵胎生。
　　保护状态　无危（LC）。该物种的深海分布范围远远超出渔业活动的范围。

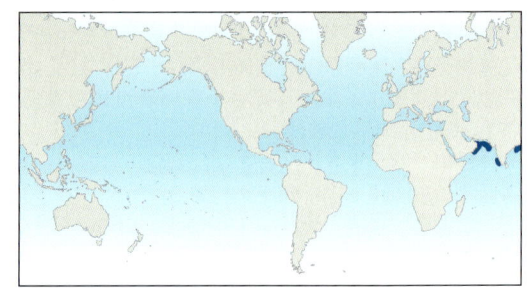

里氏霞鲨 *Centroscyllium ritteri*　　　　FAO代码：**CYR**　　图版 第138页

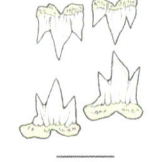

约2毫米

齿
上：45—75颗
下：43—76颗

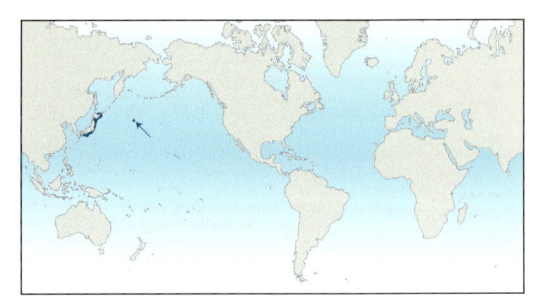

体长测量　性成熟体长：雌性42—49厘米。

　　鉴定　口宽，呈弧形；上下颌齿呈梳状排列。第一背鳍低，上角钝圆；第一背鳍棘短。第二背鳍约与第一背鳍等大，略高耸；第二背鳍棘延长，高于第二背鳍。体表覆盖有紧密排列的盾鳞。背部是灰褐色。鳍后缘呈白色。头部、腹部和胸鳍的底部有醒目的发光器；尾柄下方的黑色发光器区延伸至臀鳍基部。
　　分布　太平洋西北部。
　　栖息地　大陆坡和海山，150—1100米水深处。
　　行为　不明。
　　生物学　情况不明，可能是卵胎生。
　　保护状态　无危（LC）。深水拖网渔业的兼捕渔获物，捕获后可能因体型小而被丢弃。此物种分布范围狭窄，兼捕后存活率较低，种群可能会受到威胁。

宽带乌鲨 *Etmopterus gracilispinis*　　　　　FAO代码：**ETI**　　图版 第140页

 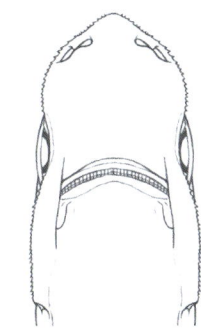 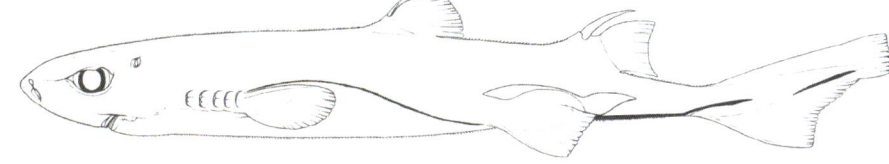

约2毫米

齿
上：24—27颗
下：25—32颗

体长测量　出生体长：约13厘米或者更小。性成熟体长：雄性约26厘米，雌性约33厘米。最大体长：33厘米。

鉴定　隶属于宽带乌鲨支系。体型小而粗壮，尾鳍短而纤细。鳃裂非常短。第一背鳍远在胸鳍的后方。第二背鳍的大小约为第一背鳍的两倍。体侧无排列规则的盾鳞。体色呈黑褐色，腹部逐渐变成黑色。腹鳍上方具宽而延长且较为模糊的黑色发光器区，尾鳍基部和尾轴处亦具黑色发光器区。

分布　西大西洋：从美国到阿根廷。南非的记录中发现的并不是该物种。

栖息地　外大陆架和中上层斜坡，在底层或近底层海域，25—1200米水深处；在阿根廷外海2240米深的水域，栖息于70—480米水深处。

行为　不明。

生物学　情况不明，推测该物种生殖方式为卵胎生。

保护状态　无危（LC）。该物种很少被延绳钓和中层拖网捕获，在其分布区内的捕捞强度非常低。

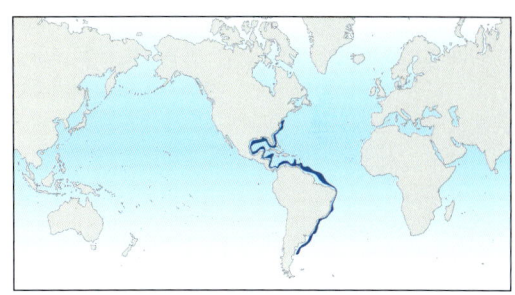

佩里乌鲨 *Etmopterus perryi*　　　　　FAO代码：**SHL**　　图版 第140页

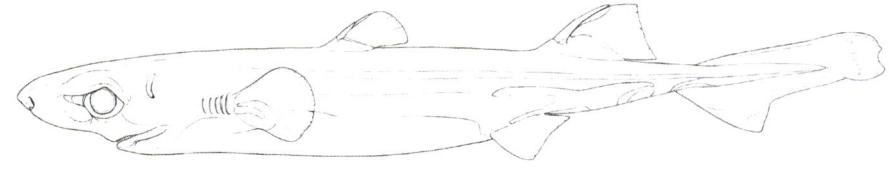

齿
上：25—30颗
下：32—34颗

体长测量　出生体长：约6毫米。性成熟体长：雄性约16—17厘米，雌性约19厘米。最大体长：21厘米。

鉴定　隶属于宽带乌鲨支系。最小的现生鲨鱼之一。头部延长，吻部宽而扁平。第二背鳍比第一背鳍大。背部呈褐色。上叶及尾鳍下叶尖端具黑斑。腹部呈黑色。

分布　大西洋中西部：哥伦比亚的加勒比海岸。

栖息地　大陆坡上部，230—530米水深处。

行为　不明。

生物学　卵胎生。

保护状态　无危（LC）。该物种偶尔成为深海拖网兼捕渔获物，但其分布区内的捕捞强度非常低。

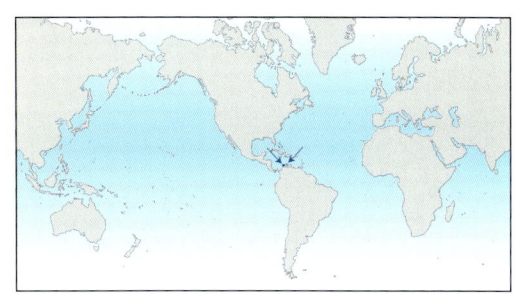

波氏乌鲨 *Etmopterus polli*

FAO代码：**ETT**　图版　第140页

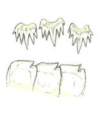

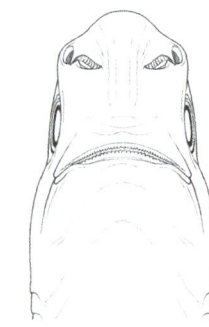

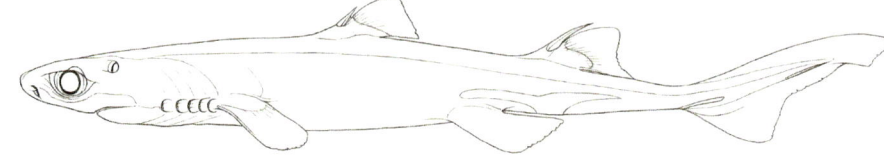

约2毫米

齿
上：27—34颗
下：28—33颗

体长测量　性成熟体长：雄性19—23厘米，雌性24厘米。
最大体长：24厘米。

　　鉴定　隶属于宽带乌鲨支系。一种相当粗壮的乌鲨，尾鳍相当长。鳃裂短。盾鳞间距大，在体侧不成列排列；主要覆盖吻部。第二背鳍与第一背鳍一样大或略大于第一背鳍。背部为深灰色。吻部下方和腹部呈黑色；腹鳍上方具向前后两端延伸的狭长黑色发光器区，尾基部与尾轴处亦具发光器区。

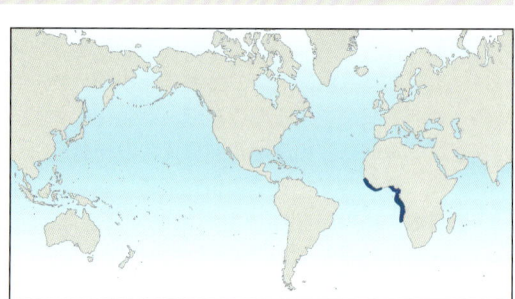

　　分布　大西洋中东部，从毛里塔尼亚到安哥拉。
　　栖息地　大陆坡上部，底层或近底层海域，300—1000米水深处，通常见于300—500米水深处。
　　行为　不明。
　　生物学　卵胎生。以头足类动物、甲壳类动物和小型硬骨鱼为食。
　　保护状态　无危（LC）。常常成为深海渔业中的兼捕渔获物，有时被用作食物或鱼饵。

罗宾斯乌鲨 *Etmopterus robinsi*

FAO代码：**SHL**　图版　第140页

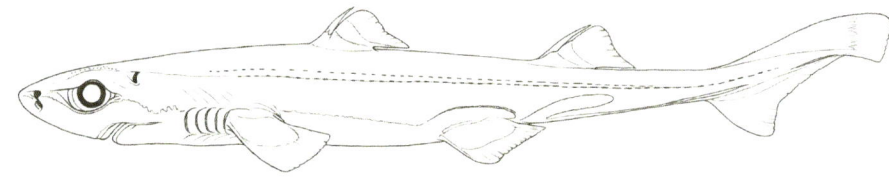

齿
上：不明
下：不明

体长测量　性成熟体长：雄性26厘米。
最大体长：雄性31厘米，雌性34厘米。

　　鉴定　隶属于宽带乌鲨支系。体较粗壮，尾鳍中长。上颌齿每侧副齿数通常少于3个。鳃裂长度约为眼睛长度的1/3。第二背鳍比第一背鳍大得多，但不及第一背鳍的两倍。体侧具细长、钩状的盾鳞，排列稀疏且不规则；主要覆盖吻部。体色为灰色或暗褐色。吻部下方和腹部明显呈暗色；腹鳍的上方具仅向后延伸的狭长黑色发光器区、尾基部与尾轴处亦具发光器区。

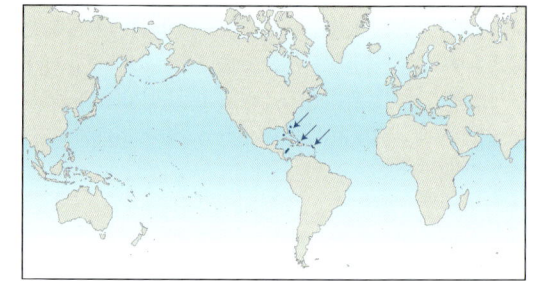

　　分布　大西洋中西部：加勒比海。
　　栖息地　大陆坡和岛坡，412—787米水深处，栖息深度通常超过549米。
　　行为　不明。
　　生物学　卵胎生，其他不明。
　　保护状态　无危（LC）。受人类活动影响较小。

舒氏乌鲨 *Etmopterus schultzi*

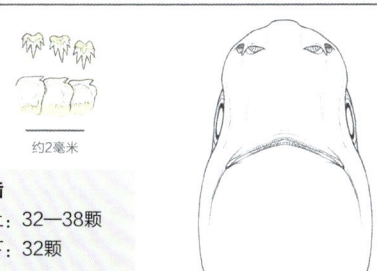

约2毫米

齿
上：32—38颗
下：32颗

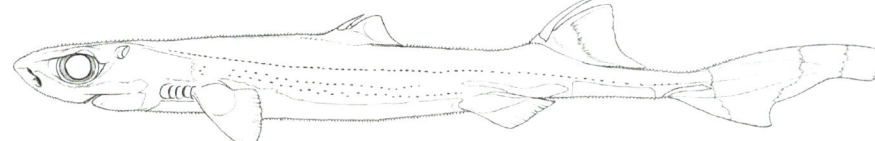

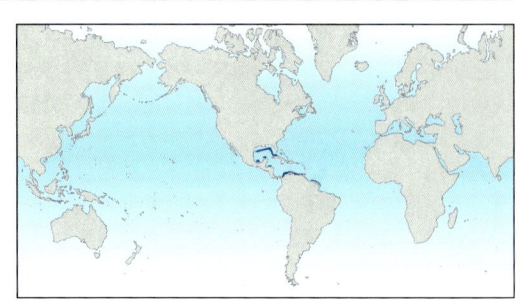

体长测量　性成熟体长：雄性27厘米，雌性28—30厘米。
最大体长：30厘米。

　　鉴定　隶属于宽带乌鲨支系。体纤细。尾鳍中长，其背缘长度约等于头长。鳃裂非常短。第一背鳍远在胸鳍后面，与胸鳍和腹鳍基部等距；鳍的边缘裸露，裸露的角质鳍条边缘呈显著流苏状。第二背鳍大小约为第一背鳍的两倍。体表盾鳞呈钩状，棘突延长，鳞冠呈圆锥形；盾鳞间距较宽；体侧无成列的大盾鳞排布；盾鳞主要覆盖吻部。背部为浅褐色。腹鳍上方具向后延伸的狭窄黑色发光器区，尾基部与尾轴处亦具发光器区。腹部为暗灰色。

　　分布　大西洋中西部：墨西哥湾北部到巴西北部沿岸。

　　栖息地　大陆坡上部，底层或近底层海域，220—915米水深处，栖息深度通常超过350米。

　　行为　不明。

　　生物学　卵胎生，其他不明。

　　保护状态　无危（LC）。无渔业捕捞价值。

绿乌鲨 *Etmopterus virens*

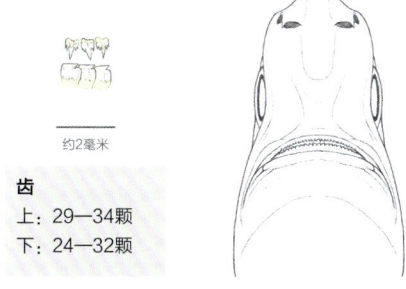

约2毫米

齿
上：29—34颗
下：24—32颗

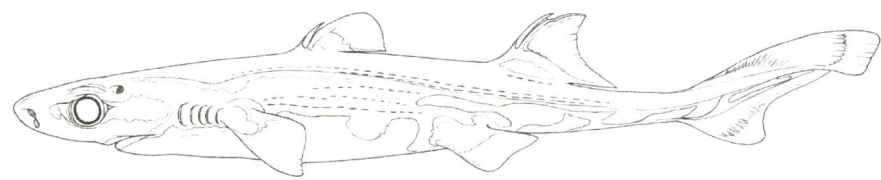

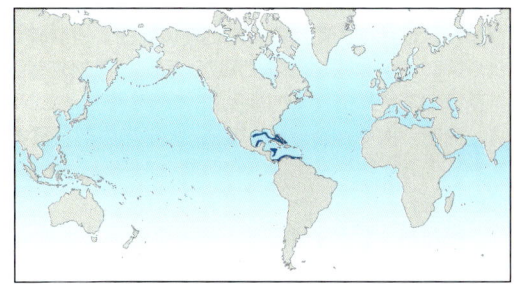

体长测量　性成熟体长：雄性18厘米，雌性22厘米。
最大体长：26厘米。

　　鉴定　隶属于宽带乌鲨支系。体细长，尾鳍窄而延长，其背缘长度约等于头长。上颌齿每侧副齿数通常少于3个。鳃裂非常短，不到眼长的1/3。第二背鳍大小是第一背鳍的两倍以上。体表盾鳞短而粗壮，呈钩状，鳞冠为圆锥形；盾鳞间隔宽，不成列排列，基本覆盖吻部。体色为深褐色或灰黑色。腹鳍上方具宽阔而延长的黑色发光器区，尾基部与尾轴处亦具发光器区。腹部为黑色。

　　分布　大西洋西北部：墨西哥湾和加勒比海北部，可能在巴西也有分布。

　　栖息地　大陆坡上部，196—915米水深处，栖息深度通常超过350米。

　　行为　会成群结队地狩猎大型的猎物（例如鱿鱼）。

　　生物学　卵胎生，以头足类动物为食。

　　保护状态　无危（LC）。相对常见，捕获后常被丢弃。

颊斑乌鲨 *Etmopterus alphus*　　　　　　　　　　　　　FAO代码：**EZU**　　图版 第142页

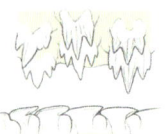

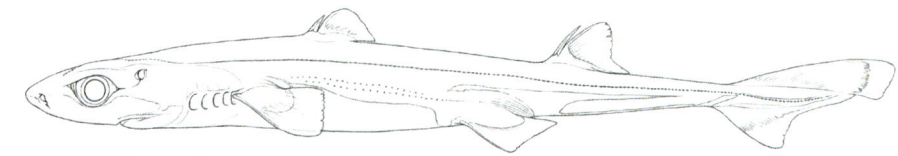

齿
上：26—30颗
下：31—34颗

体长测量　出生体长：小于14厘米。性成熟体长：雄性29—31厘米，雌性33厘米。
最大体长：雄性34厘米，雌性39厘米。

鉴定　隶属于亮乌鲨支系。一种相对较小的、细长的、体表盾鳞成列的乌鲨。上颌齿和下颌齿不同：上颌齿有一个主齿及3对大小向两侧递减的侧齿组成；下颌齿宽边，呈刃状，齿尖倾斜，单排排列。两个背鳍都具背鳍棘，第一背鳍棘明显小于第二背鳍棘。盾鳞呈钩状，向后排布成不同的列。背部和体侧呈深紫黑色，腹部变为黑色；腹部发光器区被清晰的银白色条纹划分。腹鳍上方发光器区前支短于后支，上下两侧亦被银白色条纹划分；颊部具清晰白斑。

分布　印度洋西南部：莫桑比克中部沿岸，马达加斯加西北部和马达加斯加海脊南部的沃尔特斯浅滩。

栖息地　大陆坡，472—792米水深处。

行为　不明。

生物学　卵胎生。每胎至少5尾胎仔，其他所知甚少。以小的硬骨鱼类和甲壳类动物为食。

保护状态　无危（LC）。在底栖深海拖网捕捞中被兼捕的数量很少，这个物种分布水域较深，较少受到渔业活动影响。

短尾乌鲨 *Etmopterus brachyurus*　　　　　　　　　　　FAO代码：**ETH**　　图版 第142页

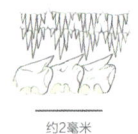

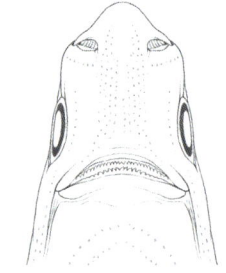

约2毫米

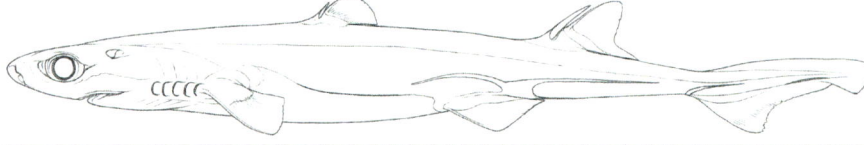

齿
上：24—28颗
下：36—40颗

体长测量　出生体长：11—15厘米。性成熟体长：雄性24—33厘米，雌性32—40厘米。
最大体长：雄性44厘米，雌性50厘米。

鉴定　隶属于亮乌鲨支系。小型、身体延长、宽头、短尾的乌鲨。吻部短、粗、平。上齿尖；下颌齿呈刃状排列。两个背鳍都具背鳍棘，第一背鳍棘小于第二背鳍棘；成体中的第二背棘向后轻微弯曲。皮肤较粗糙，从吻端到尾鳍有明显的钩状盾鳞。体色为深棕色至灰黑色，背部颜色略带紫红色调，腹部颜色较暗。腹鳍上方及尾部具清晰而显著的黑色发光器区。

分布　太平洋西部和印度洋－太平洋中部：日本、中国台湾地区、菲律宾、澳大利亚东北（凯恩斯沿岸）和西部。来自其他地方的本物种的记录很可能是其他物种的误鉴。

栖息地　接近底层海域，100—696米水深处。

行为　不明。

生物学　卵胎生。每胎4—13尾幼仔，平均8尾。以小的硬骨鱼类、甲壳类动物，特别是深海虾为食。

保护状态　数据缺乏（DD）。无商业捕捞价值。非洲南部沿岸的雕乌鲨曾被称作短尾乌鲨或短尾乌鲨近缘种（*E. cf.brachyurus*），雕乌鲨颜色更深，更粗壮，更大（成年雄性最长48厘米，成年雌性最长59厘米），皮肤更粗糙。

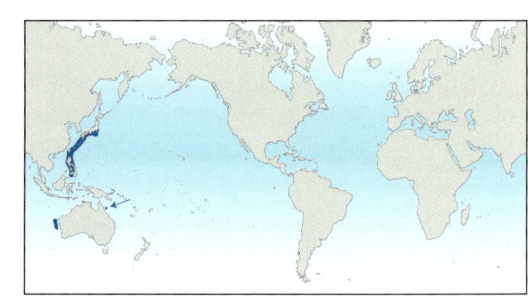

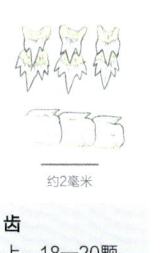

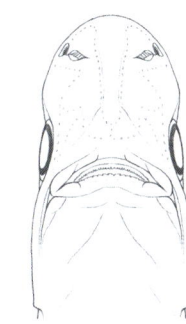

约2毫米

齿
上：18—20颗
下：27—31颗

体长测量　出生体长：小于15—16厘米。未达性成熟雄性26厘米，未达性成熟雌性26厘米。
最大体长：已知最大为30厘米的个体为未达性成熟个体。

　　鉴定　隶属于亮乌鲨支系。身体延长，尾鳍长。鳃裂非常短。第一背鳍始于胸鳍内缘上方；基部距腹鳍基底较距胸鳍基底更近，与较大的第二背鳍非常近。头部、体侧及体背部有明显的纵列盾鳞，延伸至尾鳍基部。体色呈暗灰黑色。从眼上缘到第一背鳍前缘具浅色色带；腹鳍上方具狭窄且向前后两端延伸的黑色发光器区，尾基部与尾轴处亦具发光器区。腹部呈黑色。

　　分布　西北大西洋和大西洋中部：美国南部、加勒比海、哥伦比亚。

　　栖息地　大陆坡，底层或近底层，275—824米水深处，大部分栖息于320米以下水深处。

　　行为　不明。

　　生物学　不明。卵胎生。食物包括小型甲壳类动物和鱿鱼。

　　保护状态　无危（LC）。捕获后常被丢弃。

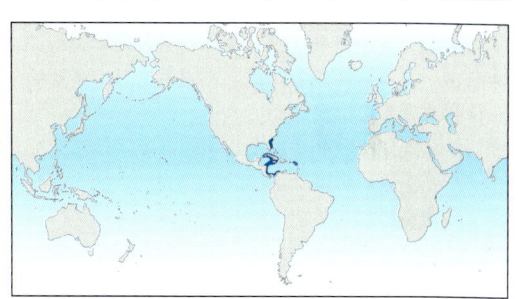

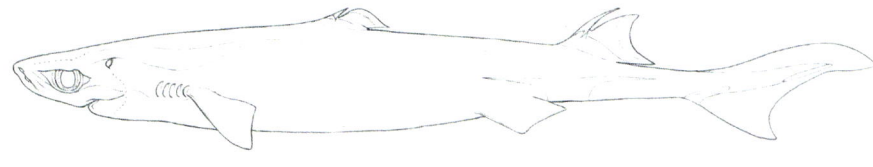

齿
上：24—26颗
下：32—40颗

体长测量　出生体长：小于16厘米。性成熟体长：雄性34厘米，雌性40.6厘米。
最大体长：41厘米。

　　鉴定　隶属于亮乌鲨支系。一种中等大小的乌鲨，吻部宽大。起点远在胸鳍内角之后。体背部呈均匀的深灰色，腹部呈更深的深灰色至黑色。腹鳍上方发光器区分为前后两分支：前支延伸至腹鳍起点上方略靠后处，后支的长度等于或略短于前支，止于第二背鳍基底末端后方。

　　分布　西北太平洋：只在中国台湾近海发现。

　　栖息地　上大陆坡，300—600米水深处。

　　行为　未知。

　　生物学　卵胎生。鲜为人知。以小型硬骨鱼类为食。

　　保护状态　无危（LC）。常为底层拖网渔业中的兼捕渔获物，并被制成鱼粉，但也可能出现在更深的水域和其他拖网作业无法抵达的区域。渔获量受到监测，没有证据表明其种群数量下降。

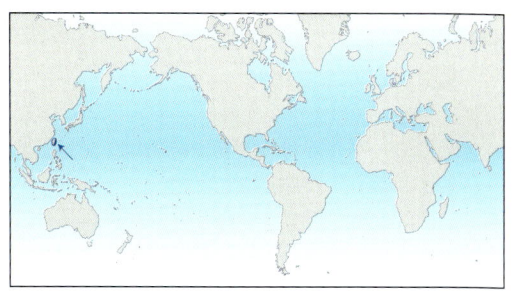

南海乌鲨 *Etmopterus decacuspidatus*   FAO代码：**ETO**   图版 第142页

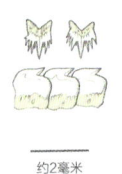

约2毫米

齿
上：25颗
下：32颗

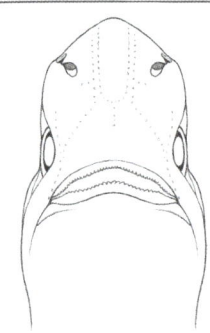

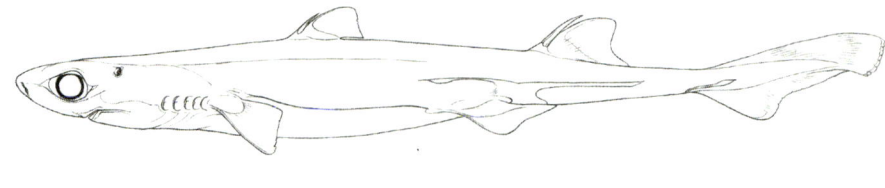

体长测量 仅知道一只29厘米成年雄性。

鉴定 隶属于亮乌鲨支系。身体中等纤细。上颌齿每侧具4—5枚副齿。鳃裂非常短。第一背鳍始于胸鳍内角稍后上方，其基部比腹鳍基底更接近胸鳍基底。第二背鳍大小约为第一背鳍的两倍。背鳍背缘长度与头长相等。体侧无整齐排列的盾鳞。体背部呈棕色。腹鳍上方黑色发光器区狭窄且向前后延伸；尾柄处及尾鳍基部亦具发光器区。腹部呈黑色。

分布 西北太平洋：中国海南岛。

栖息地 海底或近海底，512—692米水深处。

行为 不明。

生物学 不明。可能是卵胎生。

保护状态 无危（LC）。目前关于该物种的所有信息仅来自一件标本。在其分布区内难以被商业渔业捕获，因为它太小，无法用商业延绳钓捕获，且拖网渔船在该地区较浅的水域作业。

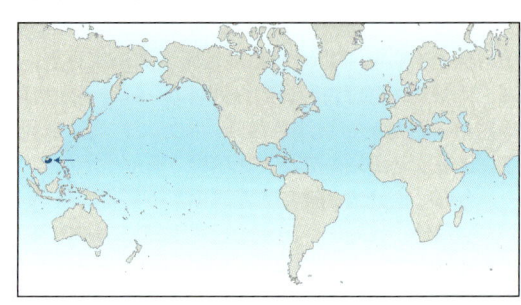

细身乌鲨 *Etmopterus dislineatus*   FAO代码：**SHL**   图版 第142页

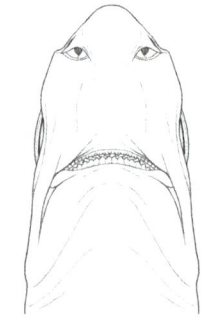

齿
上：不明
下：不明

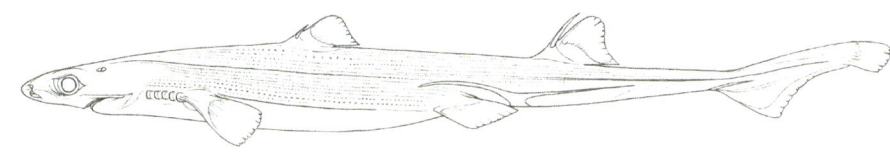

体长测量 性成熟体长：雄性36厘米。
最大体长：至少45厘米。

鉴定 隶属于亮乌鲨支系。非常细长、迷人的乌鲨。第一背鳍非常低且小，约为第二背鳍的一半大小。体表具不规则排列的钩状盾鳞。体背部呈浅银棕色，腹部颜色深得多，体背部具不连贯深色纵纹。腹鳍上方具有向前后延伸的黑色发光器区；尾鳍中部和上叶尖端具黑色斑块。

分布 西南太平洋：澳大利亚东北部。

栖息地 上大陆坡，底层或近底层，590—802米水深处。

行为 不明。

生物学 不明。可能是卵胎生。

保护状态 无危（LC）。在其狭窄的分布区内很少被捕捞。

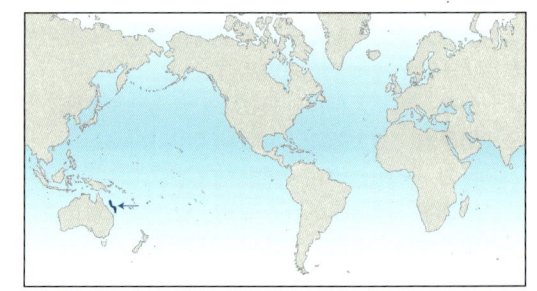

埃文斯乌鲨 *Etmopterus evansi*

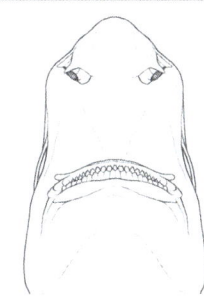
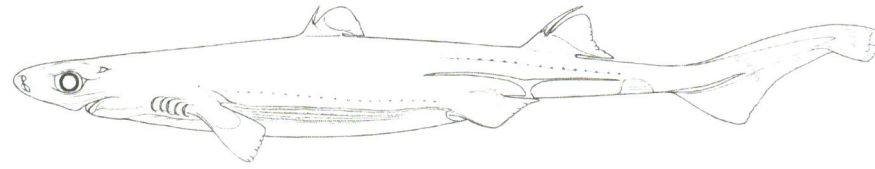

齿

上：不明

下：不明

体长测量　出生体长：少于17厘米。性成熟体长：雄性26厘米。最大体长：至少34厘米。

鉴定　隶属于亮乌鲨支系。小体型的乌鲨。背部中线及尾柄处具钩状盾鳞，其排列明显，但呈轮廓不清的列，头部不具盾鳞。体背部是浅棕色，腹部是深色。口周、眼上缘具黑色斑块，有时鳃部亦具黑色斑块，腹鳍上方具纤细且向前后延伸的黑色发光器区，尾柄下方具一发光器大斑；尾鳍上叶具明显的黑色条带。

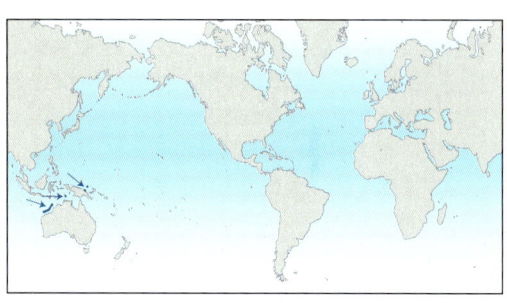

分布　印度洋–太平洋中部：澳大利亚西北部，阿拉弗拉海（印度尼西亚）和巴布亚新几内亚。

栖息地　大陆架，430—550米水深处。

行为　不明。

生物学　不明。大概是卵胎生。

保护状态　无危（LC）。目前还未被广泛捕捞，但可能因为扩大的深海渔业而成为其兼捕渔获物。

莱拉乌鲨 *Etmopterus lailae*

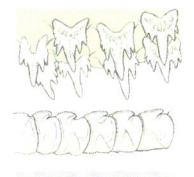
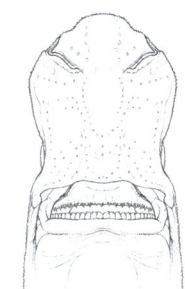

齿

上：22—24颗

下：26—28颗

体长测量　出生体长：小于27厘米。性成熟体长：雄性至少37厘米。最大体长：至少37厘米。

鉴定　隶属于亮乌鲨支系。中等大小的乌鲨。上下颌齿不同：上颌齿由1个主齿及两侧的2对侧齿组成，侧齿高度不到主齿的一半，向两侧逐渐变小；下颌齿侧扁，呈刃状，齿尖外斜，成排排列。背鳍棘2个，第一背鳍棘小于第二背鳍棘。盾鳞直立，呈棘状，向后弯曲，呈明显的纵列，从头部背面延伸至尾鳍。体背部和体侧呈浅到中棕色，腹部呈深棕色。边缘分界处具清晰的深色条带，但不具浅白色色带（根据浸制标本描述）。腹鳍上方发光器区前支较后支更长，体侧具1—3显著的深色发光器，自头部一直延伸至尾鳍上叶起点。

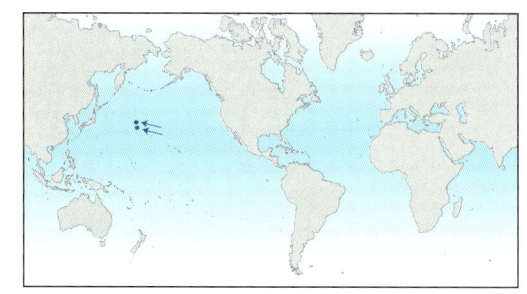

分布　中太平洋：夏威夷群岛西北部的光孝海山和南桓武海山。

栖息地　海山及岛坡，314—384米水深处。

行为　不明。

生物学　目前仅采集到三件未成年个体标本，全长27—37厘米，可能是卵胎生。食性未知，但捕食小型硬骨鱼、头足类和甲壳类动物。

保护状态　数据缺乏（DD）。这类鲜为人知的乌鲨是在夏威夷群岛西北部的研究调查中采集到的，之前被误认为是亮乌鲨。可能会成为海山商业渔业活动的兼捕渔获物。

亮乌鲨 *Etmopterus lucifer*

FAO代码：**ETF**　　图版 第142页

约2毫米

齿
上：21—26颗
下：29—39颗

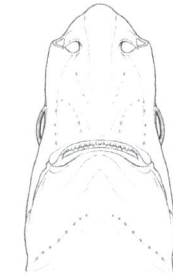

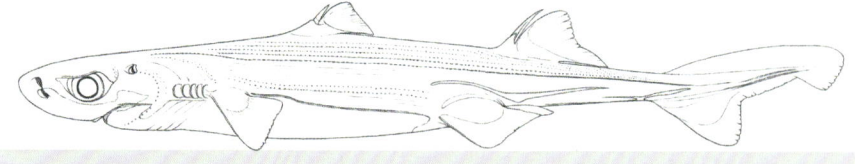

体长测量　性成熟体长：雄性29—42厘米，雌性34厘米或更长。
最大体长：47厘米。

鉴定　隶属于亮乌鲨支系。身体粗壮，尾鳍中等长度。下颌齿呈刃状，上颌具1个主齿及数个副齿（通常少于3对）。鳃裂中长。背鳍间距短。第二背鳍非常发达。自吻端至尾鳍处排列着盾鳞。体背部呈棕色。腹鳍上方具狭长且向前后两端延伸的黑色发光器区；尾鳍及尾柄处同样具发光器区。腹部呈黑色。

分布　西太平洋：已确定分布于日本、中国台湾、菲律宾，可能分布于中国南海、澳大利亚、新喀里多尼亚和新西兰。但后面几个产地的样本仍需进行进一步的研究加以确认。

栖息地　外大陆架和岛架，上大陆坡，底层或近底层，158—1357米水深处。

行为　不明。

生物学　卵胎生。每胎7尾胎仔。雄性性成熟年龄估计为10岁，雌性性成熟年龄为13岁。主要以鱿鱼和小型硬骨鱼为食，也以虾为食。

保护状态　无危（LC）。该物种分布广泛，其部分栖息地深度远大于商业捕捞作业深度，因其体型较小，因此难以被商业渔具捕获。

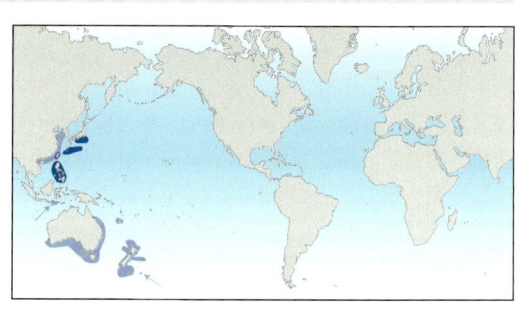

玛莎乌鲨 *Etmopterus marshae*

FAO代码：**SHL**　　图版 第144页

齿
上：30—36颗
下：30—38颗

体长测量　出生体长：小于10厘米。性成熟体长：雄性23厘米，雌性19厘米或更长。
最大体长：至少23厘米。

鉴定　隶属于亮乌鲨支系。小而细长的乌鲨。上下颌齿不相同：上颌齿具1较大主齿及1—2对副齿，副齿大小向外递减；下颌齿侧扁，呈刃状，齿尖外斜，单行排列。两个背鳍有鳍棘，第一背鳍小于第二背鳍。盾鳞呈钩状，棘突向后弯曲，呈纵列，从头背部延伸至尾部。体背部呈深紫黑色，腹部呈深黑色；颜色之间的过渡有明显的分界。臀鳍上方发光器区前支与后支几乎等长。体侧具1—3列不连续的深色纵线，从头部延伸至尾鳍起点；胸鳍和腹鳍间亦具不连续纵线。尾鳍上叶具明显的黑色条带，向后渐变为白色；尾鳍上叶末端具黑斑。

分布　西太平洋：菲律宾吕宋岛和民都罗群岛之间。

栖息地　大陆坡，322—337米水深处，栖息于泥沙质海床。

行为　集小群活动，因为已知的11个标本都是在同一次调查拖网中捕获的。

生物学　卵胎生。其他未知。主要以硬骨鱼类、头足类动物和甲壳类动物为食。

保护状态　无危（LC）。其体型较小，因此难以被商业渔具捕获，在其分布区内目前亦无大规模的商业捕捞活动。

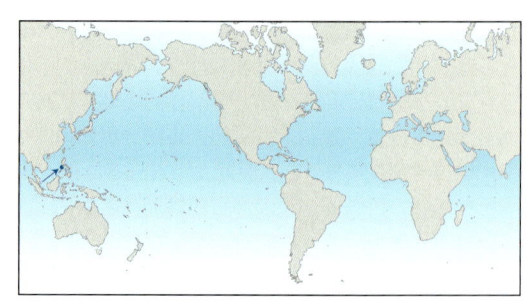

莫氏乌鲨 *Etmopterus molleri*

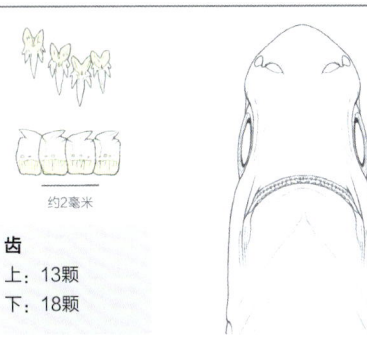

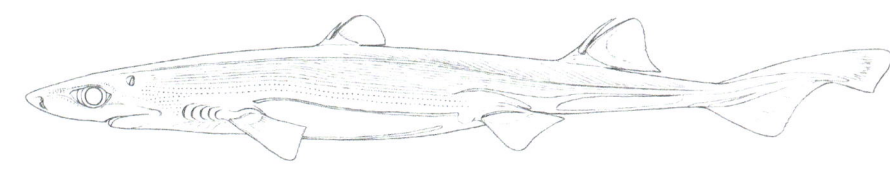

齿
上：13颗
下：18颗

约2毫米

体长测量　出生体长：约15厘米。性成熟体长：雄性约33厘米。
最大体长：约46厘米。

　　鉴定　隶属于亮乌鲨支系。形态类似短尾乌鲨和亮乌鲨，与前者不同的是，莫氏乌鲨有一个裸露无鳞的第二背鳍，与后者不同的是，后者有一个较高的第二背鳍和一个较长的尾柄。身材纤细。第二背鳍比第一背鳍大得多。头部、体侧、尾柄及尾鳍基部有规则的纵列盾鳞，第二背鳍及胸鳍裸露无鳞片。上面呈浅褐色。侧面呈深褐色，有黑色的发光器；臀鳍上方深色发光器区后支明显长于前支。腹部呈黑色。

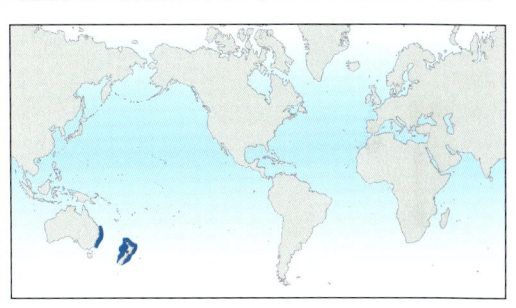

　　分布　西南太平洋：澳大利亚东部、新西兰。来自中国台湾和日本的样本可能属于不同物种。

　　栖息地　外大陆架和岛架，上斜坡，底部或接近底部，水深238—655米。

　　行为　不明。

　　生物学　卵胎生。其他不明。

　　保护状态　数据缺乏（DD）。

壮体乌鲨 *Etmopterus pycnolepis*

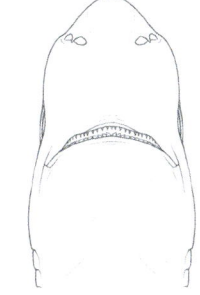

约2毫米

齿
上：28颗
下：36—40颗

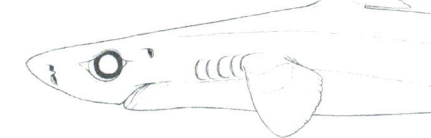

体长测量　最大体长：41—46厘米。

　　鉴定　隶属于亮乌鲨支系。一种中等大小的乌鲨，头部狭窄，身体延长，尾鳍中等长。上颌齿每侧具1—3副齿。鳃裂较长。第一背鳍始于胸鳍后缘上方。背鳍间距长。第二背鳍比第一背鳍大。体表盾鳞呈钩状，鳞冠呈圆锥形，非常小，在体表呈纵列排列。体呈棕褐色。腹部、腹鳍上方及尾部有明显的黑色发光器区；尾鳍尖端呈黑色。形态与短尾乌鲨、莫氏乌鲨及亮乌鲨接近，但体表盾鳞更小，排列更为致密，腹鳍上方发光器区前支和后支几乎等长。

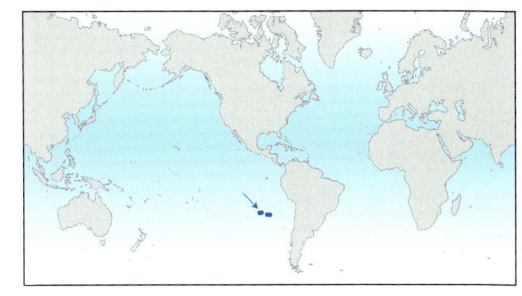

　　分布　东南太平洋：秘鲁和智利附近的纳斯卡脊和萨拉戈麦斯海山。

　　栖息地　上大陆坡，底层或近底层，330—763米水深处。

　　行为　不明。

　　生物学　不明。

　　保护状态　无危（LC）。可能是渔业的兼捕渔获物，但考虑到其栖息深度较大，商业捕捞对其种群的影响较有限。

萨氏乌鲨 *Etmopterus samadiae*

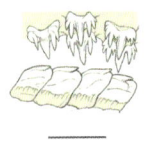

约2毫米

齿
上：27—33颗
下：28—35颗

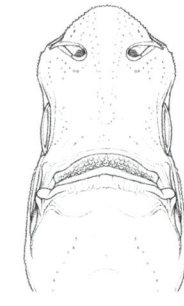

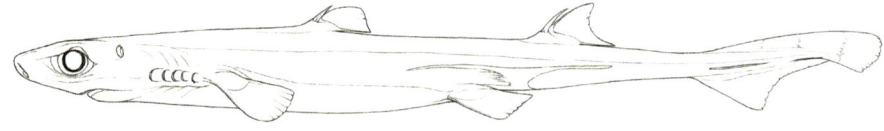

体长测量　出生体长：小于15厘米。性成熟体长：雄性23—27厘米，雌性28厘米。
最大体长：28厘米。

鉴定　隶属于亮乌鲨支系。一种小型、线状齿的乌鲨。上下颌齿不同：上颌齿具1主齿及2—3对副齿，副齿大小向外递减；下颌齿侧扁，呈刃状，齿尖外斜，单行排列。两个背鳍有背鳍棘，第一背鳍小于第二背鳍。盾鳞棘状，棘突向后弯曲，成列排列，沿体表延伸至尾鳍起点。体背部及体侧呈灰色至银黑色；在大多数标本中，腹鳍上方发光器下侧具一浅色条带，分界很明显。腹鳍上方发光器前支较后支略短；体侧具不规则的不连续黑色纵纹；尾鳍基部具狭长的发光器带。背鳍、胸鳍和腹鳍的基部和前部边缘呈深色，鳍的其余部分呈半透明至白色；尾鳍中部有明显的大的深色斑点。

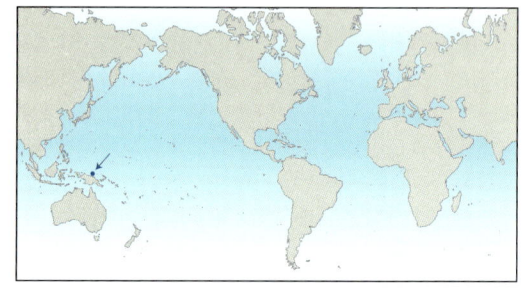

分布　西南太平洋：巴布亚新几内亚凯瑞鲁岛以西。

栖息地　大陆坡，340—785米水深处。

行为　不明。

生物学　卵胎生。其他不明。食性不明，但可能包括小型硬骨鱼类、甲壳类动物。

保护状态　无危（LC）。唯一已知的标本是在研究调查中收集的。该物种可能太小，无法被大多数类型的渔具捕获，而且分布区域内没有已知的深海捕捞活动。

雕乌鲨 *Etmopterus sculptus*

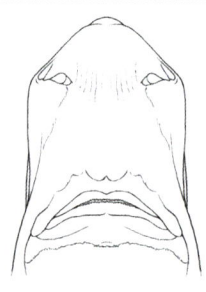

约2毫米

齿
上：23—25颗
下：36—43颗

体长测量　出生体长：15—17厘米。性成熟体长：雄性41—48厘米，雌性45—53厘米。
最大体长：约59厘米。

鉴定　隶属于亮乌鲨支系。一种中等大小的乌鲨。体背部是深灰褐色，腹部是黑色，腹上方具窄而向前后两端延长的黑色发光器区。均匀覆盖身体的盾鳞使其有雕刻般的纹理外观。

分布　东南大西洋和西南印度洋：纳米比亚到莫桑比克南部及马达加斯加南部的海山。

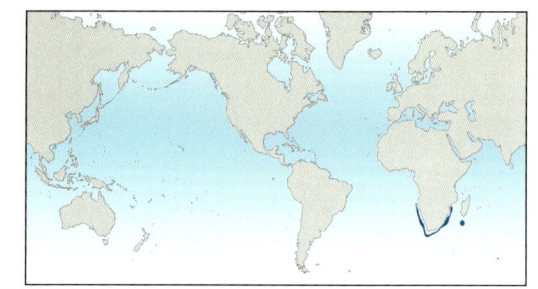

栖息地　近海底，240—1023米水深处，大部分栖息于超过450米深的海域。

行为　不明。

生物学　卵胎生。其他不明。以小的硬骨鱼类、头足类动物和甲壳类动物为食。

保护状态　无危（LC）。这一物种的分布区域内目前不存在成规模的商业捕捞活动。

比氏乌鲨 *Etmopterus bigelowi*

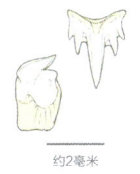

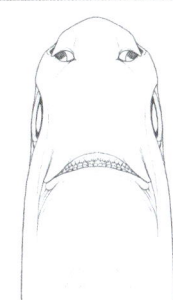

约2毫米

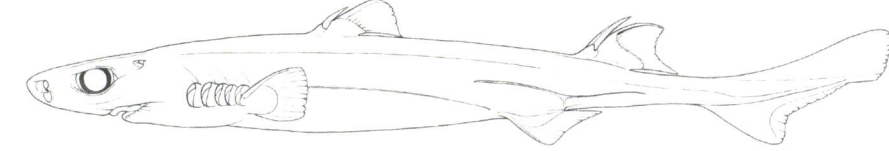

齿
上：19—24颗
下：25—39颗

体长测量　出生体长：小于16厘米。性成熟体长：雄性约40—67厘米，雌性50—65厘米。
最大体长：至少73厘米。

鉴定　隶属于小乌鲨支系。相当大的、细长的、长尾鳍的乌鲨。头部宽大；吻部扁而延长。上颌齿具1主齿和多个副齿；下颌齿呈扁平的刃状。两个背鳍有鳍棘，第一背鳍小于第二背鳍。盾鳞呈扁平块状，皮肤光滑（在乌鲨科中，这两个特征仅见于本种及小乌鲨）。体色呈深棕色或黑色（腹部颜色稍深）。头顶上有小的白色斑点；鳍的边缘较浅。腹鳍上方及尾部的发光器区不明显。

分布　大西洋：墨西哥湾到阿根廷，赤道西非到南非。印度洋：南非近海，马达加斯加和西澳大利亚南部的开阔海域。太平洋：日本，夏威夷群岛周围，秘鲁和澳大利亚东部的海山和洋脊。

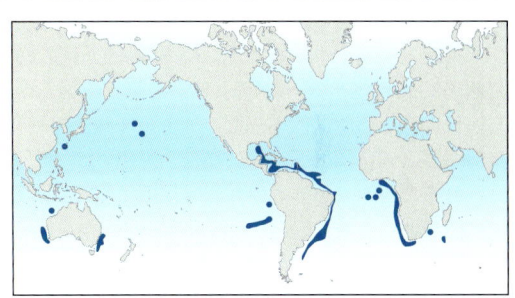

栖息地　大陆架、岛架和斜坡，海山，超过1000米水深处。部分出现在开阔水域中层带。

行为　不明。

生物学　卵胎生。以小的硬骨鱼类和头足类动物为食。

保护状态　无危（LC）。非渔业目标种，捕获后常被丢弃。

卡特乌鲨 *Etmopterus carteri*

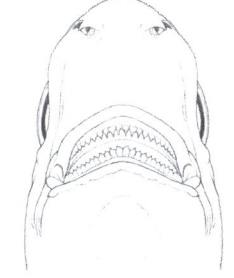

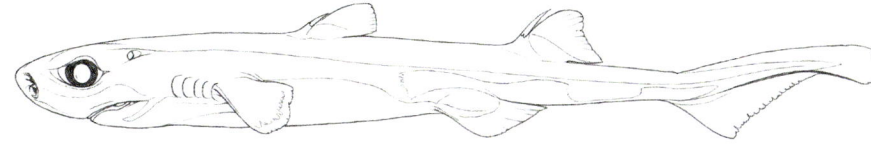

齿
上：30颗
下：29颗

体长测量　性成熟体长：雄性和雌性18厘米。
最大体长：21厘米。

鉴定　隶属于小乌鲨支系的一种小型乌鲨，头部呈半圆柱形，眼高与眼长几乎相等。吻部非常短，钝圆。鳃裂宽。均匀的深色身体，没有聚集的发光器。胸鳍上方的发光器区在活体中不明显，但在浸制标本中明显；各鳍颜色较浅。

分布　大西洋中部：哥伦比亚加勒比海岸。

栖息地　大陆坡上部，283—356米水深处，中层或中上层水域。

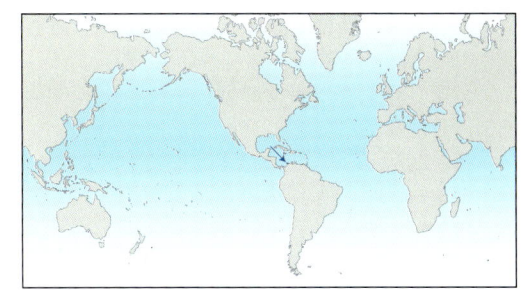

行为　不明。

生物学　不明。大概是卵胎生。

保护状态　无危（LC）。目前其分布区内并没有大规模的商业捕捞活动。

深水乌鲨 *Etmopterus caudistigmus*

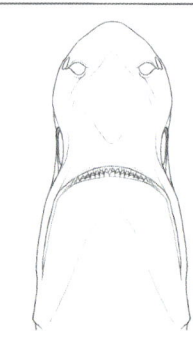

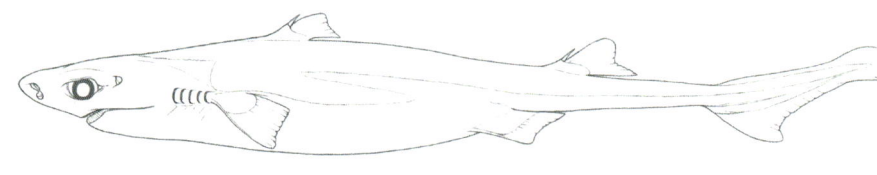

齿
上：31—35颗
下：37—39颗

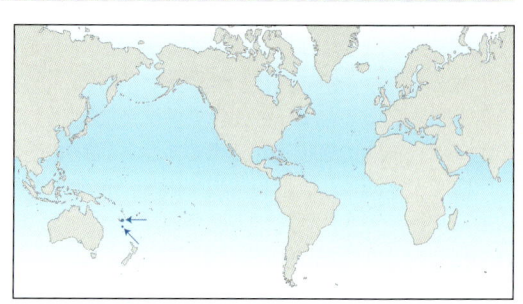

体长测量　性成熟体长：雄性31厘米。
最大体长：雌性34厘米。

　　鉴定　隶属于小乌鲨支系。小而细长的乌鲨。头部狭窄；吻部窄而延长。两个背鳍有短的鳍棘，第一背鳍小于第二背鳍；第二个鳍棘轻微弯曲，成年后指向后方。长尾鳍上有明显的发光器。体侧及尾鳍处排列有小而密集的盾鳞，成列排列；头部裸露。体背部为深褐色，腹部为黑色。

　　分布　西南太平洋：新喀里多尼亚

　　栖息地　岛坡，638—793米水深处。

　　行为　不明。

　　生物学　大概是卵胎生。

　　保护状态　无危（LC）。目前有关本种的已知信息仅来自3个由延绳钓捕获的标本。

纺锤乌鲨 *Etmopterus fusus*

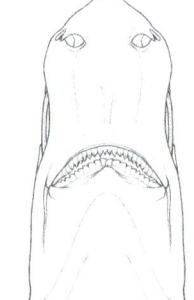

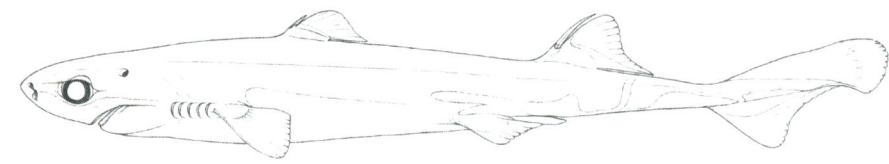

齿
上：不明
下：不明

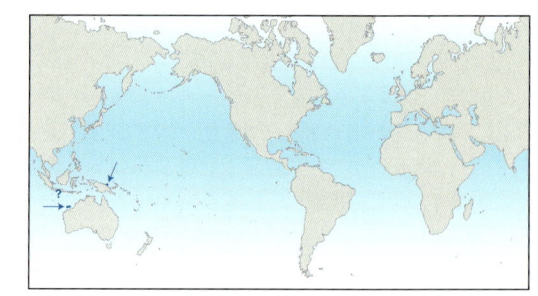

体长测量　性成熟体长：雄性25—26厘米。
最大体长：至少30厘米。

　　鉴定　隶属于小乌鲨支系。身体结实，呈圆柱形。第二背鳍的高度是第一背鳍的两倍以上。尾柄延长。体侧及尾柄处具排列规则的盾鳞，头部裸露无鳞。身体呈深灰色或黑色。腹鳍上方及尾部具模糊的发光器区。各鳍苍白，尾鳍末端颜色较深。与炫丽乌鲨类似。

　　分布　印度洋–太平洋中部：西澳大利亚，可能分布于爪哇、印度尼西亚和巴布亚新几内亚

　　栖息地　大陆坡，在澳大利亚栖息于水深430—550米的海域，在印度尼西亚栖息深度可能浅至120—200米。

　　行为　不明。

　　生物学　不明。大概是卵胎生。

　　保护状态　无危（LC）。仅在澳大利亚海域偶尔在深海渔业作业时被捕获。

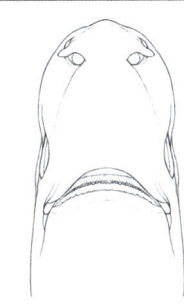
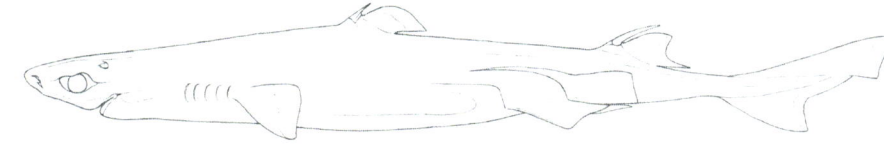

约2毫米

齿
上：27（25—30）颗
下：34（33—36）颗

体长测量　性成熟体长：雄性约40厘米。
最大体长：未成年雌性至少47厘米。

　　鉴定　隶属于小乌鲨支系。一种中等大小的乌鲨，有细长的身体，近锥形的吻部，中等长度的尾鳍。盾鳞呈块状，鳞冠不具尖棘。体背部是深灰色，腹部是深色，臀鳍上方具不明显的发光器区。

　　分布　西北太平洋：中国台湾

　　栖息地　大陆坡上部和岛坡，约300米或更深。

　　行为　不明。

　　生物学　胎生。

　　保护状态　无危（LC）。在海底拖网中，这是一种罕见的保留兼捕渔获物（用于鱼粉），但自10年前发现该物种以来，它在登陆地点的数量一直没有改变。

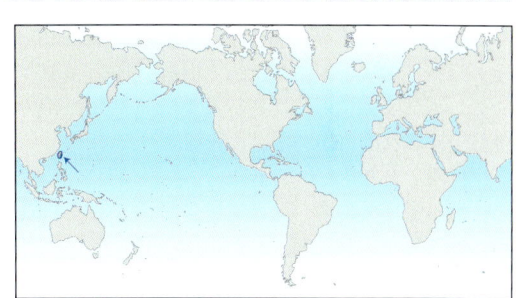

拟角乌鲨 *Etmopterus pseudosqualiolus*　　　　　　FAO代码：**SHL**　　　图版 第146页

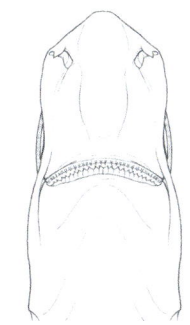
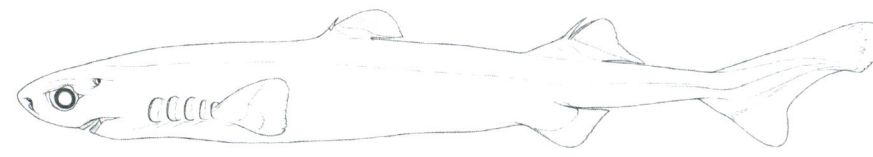

齿
上：29—34颗
下：31—34颗

体长测量　性成熟体长：雄性40—45厘米。
最大体长：45厘米。

　　鉴定　隶属于小乌鲨支系。身体呈纺锤形。体形与卡特乌鲨相似。吻部宽短。雄性上颌齿具3—5对副齿。眼圆。胸鳍较小。尾鳍基部有纤长但不明显的发光器。体背部是深褐色至黑色，尾鳍较浅。后鳍边缘苍白；尾鳍中部没有明显的暗带；尾鳍上叶顶端颜色较暗。腹部为黑色。

　　分布　西南太平洋：新喀里多尼亚附近的诺福克海岭和豪勋爵海隆。

　　栖息地　海山，668—1170米水深处。

　　行为　可能是半大洋性的。

　　生物学　卵胎生。

　　保护状态　无危（LC）。其分布范围内涉及的大规模商业捕捞较少。

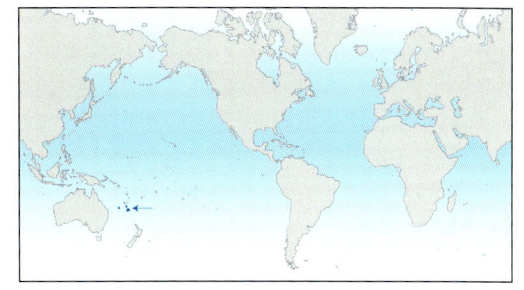

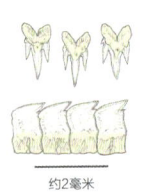
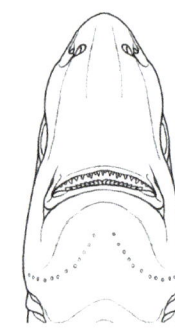
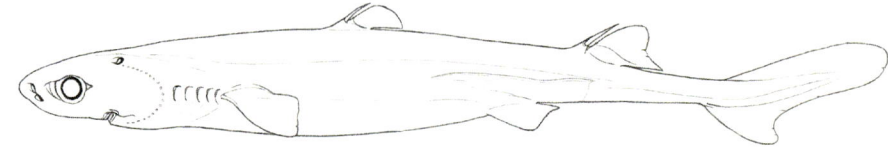

约2毫米

齿
上：23—30颗
下：35—44颗

体长测量　出生体长：15—16厘米。性成熟体长：雄性31—39厘米，雌性38—47厘米。
最大体长：50厘米。

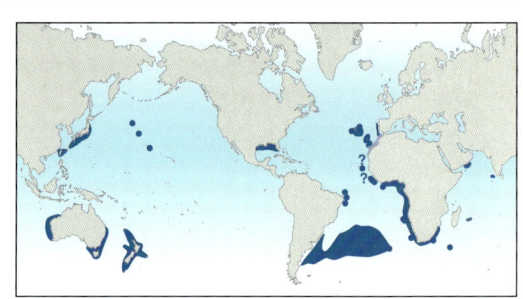

　　鉴定　隶属于小乌鲨支系。体型小。体细长。体表光滑。上颌齿具至多3对侧齿。鳃裂相当长。第二背鳍的大小小于第一背鳍的两倍。体表盾鳞间距较宽，鳞冠较低，不具尖棘突（与比氏乌鲨类似），不成行排列，覆盖吻部。身体呈黑褐色。腹鳍上部具宽而模糊的黑色发光器区。

　　分布　分布广泛，大西洋、印度洋和西太平洋，还有夏威夷（中太平洋）。

　　栖息地　大陆坡，底层或近底层，274—1200米（可能到1998米）水深处。南大西洋海域，栖息在0—708米水深处。

　　行为　不明。

　　生物学　卵胎生，每胎1—6尾胎仔，平均3.5尾。雄性性成熟年龄为5—9岁，雌性性成熟年龄为8—11岁，雄性和雌性最大年龄分别为13岁和17岁。以鱼卵、灯笼鱼、无须鳕、鱿鱼和其他小鲨鱼为食。

　　保护状态　无危（LC）。东大西洋海底渔业中常见的兼捕渔获物。

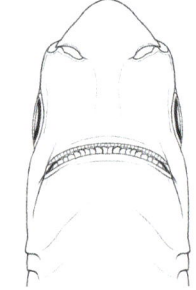
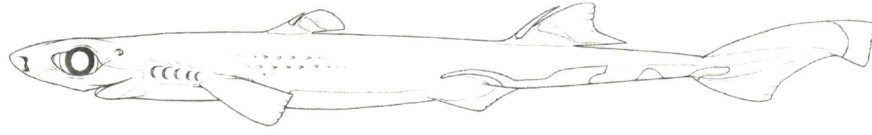

约2毫米

齿
上：24颗
下：37颗

体长测量　出生体长：6厘米。性成熟体长：雄性22—26厘米，雌性25—26厘米。
最大体长：约27厘米。

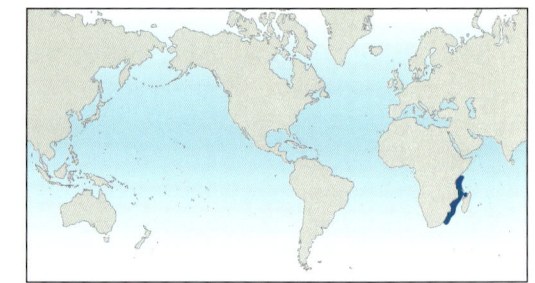

　　鉴定　隶属于小乌鲨支系。一种身体延长的矮小的乌鲨。上颌齿具3—4对副齿。鳃裂相当长。各鳍后缘大多裸露无鳞，或多或少具流苏状角质鳍条。第二背鳍大于第一背鳍的两倍。尾鳍中长，较宽，其背缘长度约等于头长。体侧有2—3排独特的、扩大的、钩状的盾鳞，在乌鲨属中独一无二。灰黑色的身体，底部呈不明显的黑色。腹鳍的上方具宽而延长的发光器区，尾鳍基部及尾柄亦具发光器。

　　分布　在西印度洋：南非到坦桑尼亚和马达加斯加。

　　栖息地　近底层，大概200—500米水深处。

　　行为　不明。

　　生物学　卵胎生。其他不知。

　　保护状态　无危（LC）。在莫桑比克海岸比较常见。

炫丽乌鲨 *Etmopterus splendidus*　　　　FAO代码：**ETK**　　图版 第146页

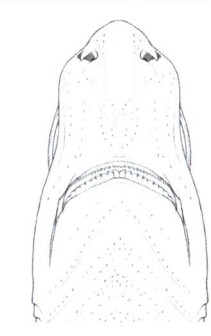

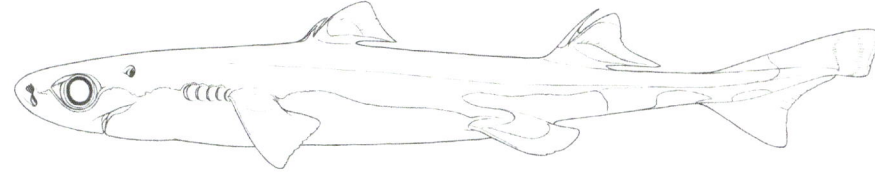

齿
上：34颗
下：36颗

体长测量　未达性成熟雌性31厘米。

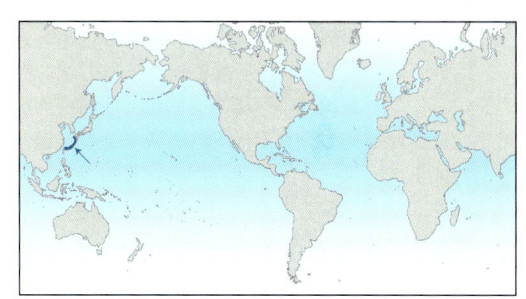

鉴定　隶属于小乌鲨支系。一种纺锤形的乌鲨，形态类似于纺锤乌鲨。体背部和体侧是紫黑色，腹部在活体时是蓝黑色（浸制标本腹部呈黑色）。尾鳍不具明显的暗带，前缘呈淡红棕色；在尾鳍基部深色斑与尾鳍上叶间具一浅色斑块。

分布　西北太平洋：日本和中国台湾。

栖息地　大陆坡，200—300米水深处。

行为　不明。

生物学　卵胎生。其他不明。以小鱼、头足类动物和甲壳类动物为食。

保护状态　无危（LC）。常出现在深海拖网渔业的兼捕渔获物中，用于鱼粉或鱼肝油。在日本沿海较罕见，30年来，日本的拖网捕捞活动一直在减少；在中国台湾，大多数的深水拖网捕鱼作业的深度都低于该物种的栖息深度。

绒乌鲨 *Etmopterus villosus*　　　　FAO代码：**ETV**　　图版 第146页

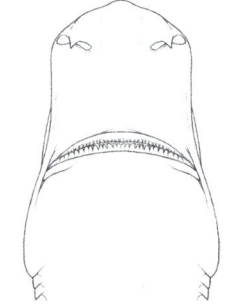

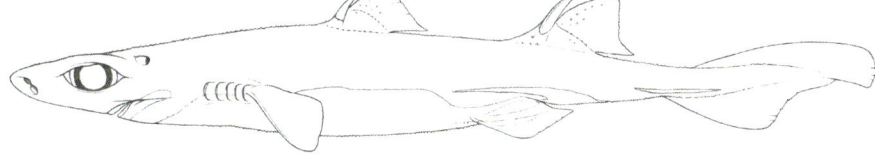

齿
上：27颗
下：29颗

体长测量　最大体长：唯一已知的样本17厘米。

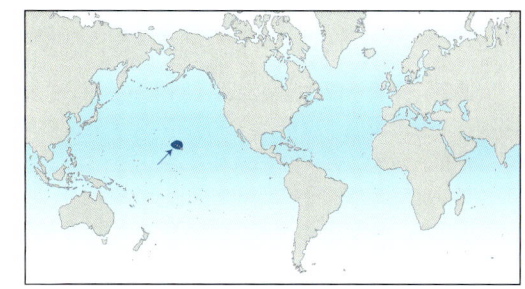

鉴定　隶属于小乌鲨支系，身体粗壮。上颌齿具不多于3对副齿。鳃裂中长，大约为眼长的1/4。鳍的后缘被皮肤覆盖。第二背鳍明显大于第一背鳍，但大小不到第一背鳍的两倍，第二背鳍棘高而略微弯曲。体侧盾鳞呈细钩状，鳞冠呈圆锥形，间距宽，在躯干和尾鳍后部有规则地排列；胸鳍上方的侧面没有成排的大盾鳞；吻部覆盖着盾鳞。身体呈深棕色或黑色，腹部稍深。腹鳍上方有模糊的黑色发光器带。

分布　中太平洋：夏威夷群岛。

栖息地　岛坡，底层或近底层，406—911米水深处。

行为　不明。

生物学　卵胎生，其他不明。

保护状态　无危（LC）。本种栖息在该地区渔场作业最大深度以下。

本氏乌鲨 *Etmopterus benchleyi*　　　　FAO代码：**SHL**　　图版 第146页

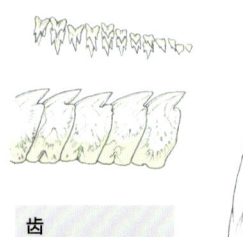
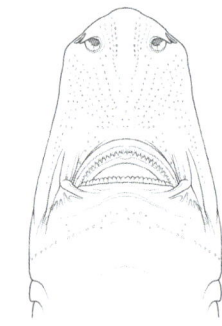
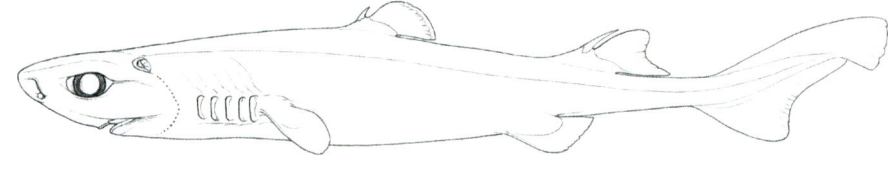

齿
上：25—30颗
下：30—36颗

体长测量　出生体长：小于18厘米。性成熟体长：雄性不明，最长未成年雄性33厘米，雌性46厘米。最大体长：雌性52厘米。

　　鉴定　隶属于黑腹乌鲨支系。一种中等大小、身体延长而粗壮的乌鲨。颌齿具1主齿及1—2对副齿组成；下颌齿侧扁，呈刃状，齿尖外斜，单行排列。两个背鳍有背鳍棘，第一背鳍棘小于第二背鳍棘。盾鳞短而细，有具小钩棘的锥形鳞冠；背鳍下方的盾鳞成行排列成不规则的斑块，延伸至鳍上。体色是上下统一的黑色，没有明显的斑纹。

　　分布　东太平洋：从尼加拉瓜南至巴拿马。

　　栖息地　大陆坡，836—1443米水深处。

　　行为　不明。体型较大（成年）的个体似乎比体型较小的个体生活在更深的地方。

　　生物学　卵胎生，每胎5尾胎仔。主要以硬骨鱼类、头足类和甲壳类动物为食。

　　保护状态　无危（LC）。偶尔可能会被深海渔业兼捕，目前没有深海渔业在该物种分布的深度范围内进行作业。所有已知的样本都是在研究调查中收集的。种名用于纪念美国小说家，《大白鲨》（*JAWS*）的作者彼得·本奇利（1940—2006）。

康氏乌鲨 *Etmopterus compagnoi*　　　　FAO代码：**ETE**　　图版 第146页

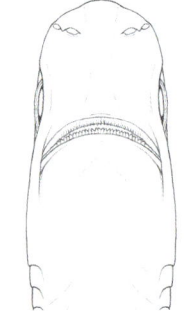
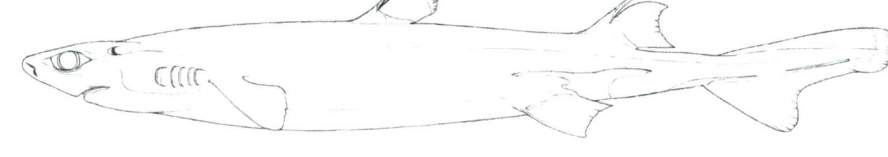

齿
上：28颗
下：34—38颗

体长测量　出生体长：22厘米或更小。性成熟体长：雄性55.5厘米，雌性62厘米。最大体长：雄性和雌性67厘米。

　　鉴定　隶属于黑腹乌鲨支系。身体中等粗壮。尾鳍相对较短。体背部是棕色，腹部逐渐变成黑色。腹鳍上方具宽阔且延伸的模糊黑色发光器区。

　　分布　东南大西洋和西南印度洋：纳米比亚南部到南非，马达加斯加海脊北部。莫桑比克南部的分布记录需要进一步确认。

　　栖息地　样本采集于底层或近底层，383—1300米水深处，大部分分布于600米以下海域。

　　行为　不明。

　　生物学　卵胎生。以小的硬骨鱼类和头足类动物为食。

　　保护状态　无危（LC）。偶尔被当作深海渔业兼捕渔获物。

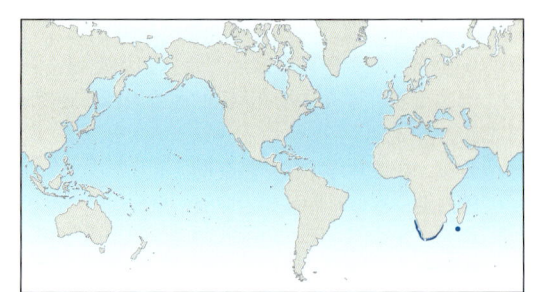

宽口乌鲨 *Etmopterus dianthus*

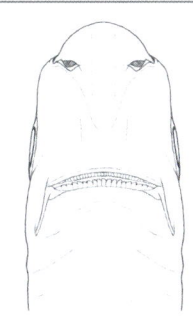
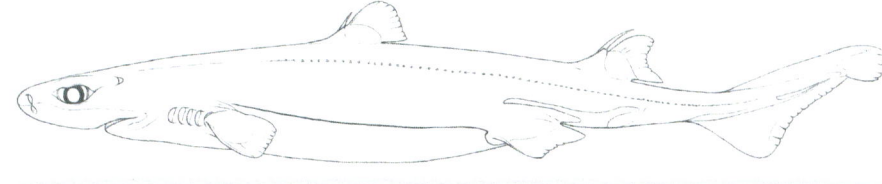

齿
上：不明
下：不明

体长测量 出生体长：9—10厘米。性成熟体长：雄性至少34厘米。
最大体长：至少41厘米。

　　鉴定　隶属于黑腹乌鲨支系。粗壮的乌鲨。第一背鳍小而低，第一背鳍棘短。第二背鳍的大小不到第一背鳍的两倍，第二背鳍棘几乎与第二背鳍等高。体表具刚毛状的小盾鳞，不成列。活体背部呈粉红色，浸制标本背部为棕灰色。腹鳍后方、尾柄尾鳍上叶处均具明显的发光器区；尾鳍上叶末端呈黑色。腹部颜色较深。

　　分布　西南太平洋：澳大利亚东北部和新喀里多尼亚。

　　栖息地　大陆坡，200—880米水深处。

　　行为　不明。

　　生物学　不明。大概是卵胎生。

　　保护状态　无危（LC）。分布范围内无商业捕捞活动。

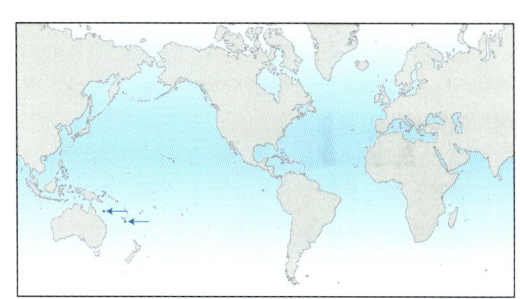

颗粒乌鲨 *Etmopterus granulosus*

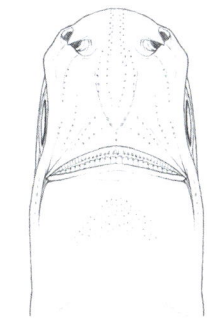
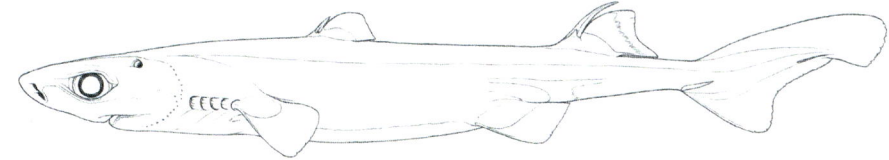

约2毫米

齿
上：28颗
下：34—38颗

体长测量 出生体长：17—20厘米。性成熟体长：雄性52—60厘米，雌性60—75厘米。
最大体长：雄性92厘米，雌性102厘米。

　　鉴定　隶属于黑腹乌鲨支系。身体沉重、头部巨大的乌鲨，身体上有大的、粗糙的、圆锥形盾鳞。鳃裂短。第二背鳍比第一背鳍大得多。尾鳍短而宽。盾鳞间隔很宽；散布排列，但在体侧呈列状排列；吻部几乎裸露无鳞，仅在吻侧具盾鳞斑块。体色为灰褐色。腹部为黑色，界限清晰。腹鳍上方具宽短的黑色发光器区；尾鳍基部有拉长的发光器区。

　　分布　广泛分布于全球南部海洋：南智利到南阿根廷，纳米比亚到东开普省，南非，南马达加斯加海脊，南大洋岛屿，南澳大利亚和新西兰。

　　栖息地　最外层大陆架和上部斜坡，水深220—1500米。

　　行为　不明。

　　生物学　卵胎生，每胎2—16尾胎仔，根据地区不同，平均8尾（南非）到10尾（澳大利亚）。雄性性成熟年龄约为20岁，雌性性成熟年龄约为30岁，最高年龄为57岁。主要以小型硬骨鱼类、头足类和甲壳类动物为食。

　　保护状态　无危（LC）。分布于新西兰、澳大利亚和南非的颗粒乌鲨曾一度被认为是独立种新西兰乌鲨（*Etmopterus baxteri*），如今分类学界普遍认为新西兰乌鲨应为颗粒乌鲨的同物异名。

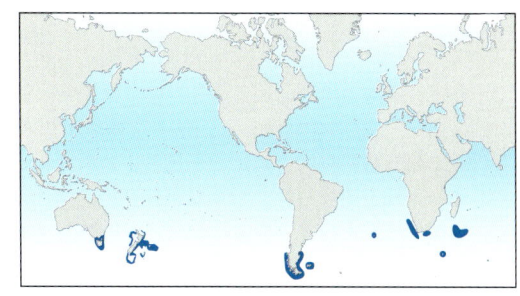

加勒比乌鲨 *Etmopterus hillianus*

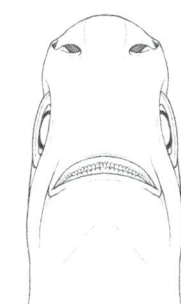

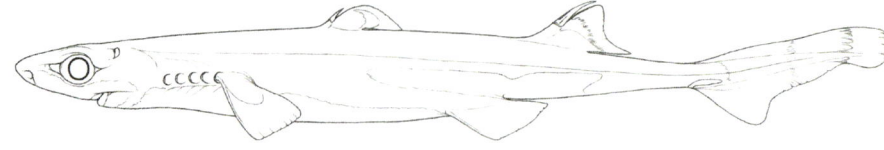

约2毫米

齿
上：24—26颗
下：36—38颗

体长测量 出生体长：约9厘米。性成熟体长：雄性约20厘米。
最大体长：雄性26厘米，雌性30厘米。

鉴定 隶属于黑腹乌鲨支系。身体粗壮，尾鳍中等长度的乌鲨。上颌齿副齿通常少于3对。鳃裂短。背鳍间距短。第二背鳍大得多，但面积不到第一背鳍的两倍。盾鳞基本上覆盖了吻部，但在体侧未成列排列。体背呈灰色或暗褐色。腹鳍上方具宽而延长的黑色发光器；尾鳍基部和尾柄处亦具有发光器区。腹部呈黑色。

分布 西北大西洋：弗吉尼亚到佛罗里达（美国），巴哈马，古巴，百慕大，伊斯帕尼奥拉岛，小安的列斯群岛。在加勒比海西部或南部未知。

栖息地 上大陆架和岛坡，底层或近底层，180—717米水深处。

行为 不明。

生物学 卵胎生。每胎生4—5尾胎仔。

保护状态 无危（LC）。体型小，捕捞价值低。

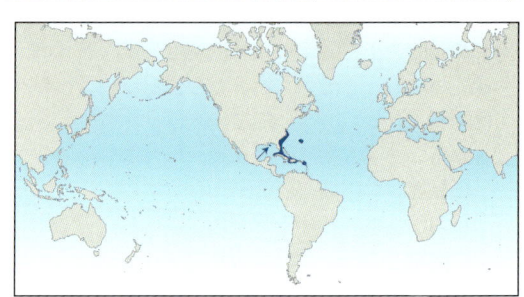

利氏乌鲨 *Etmopterus litvinovi*

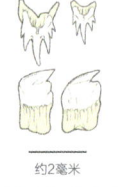

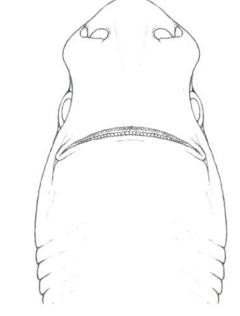

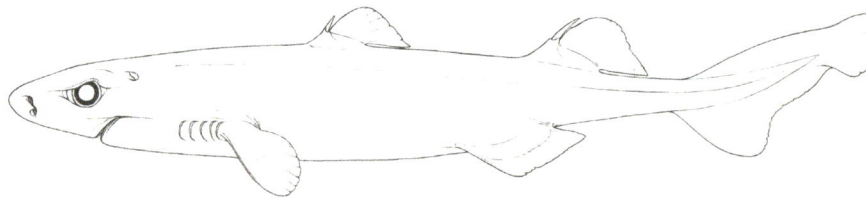

约2毫米

齿
上：30—40颗
下：40—50颗

体长测量 出生体长：不确定，不足17厘米。
最大体长：雄性55厘米，雌性61厘米。

鉴定 隶属于黑腹乌鲨支系。一种中等大小、身体粗壮的乌鲨。头部大而平坦。上颌齿具1—3对副齿。鳃裂长。第一背鳍始于胸鳍内角后上方。背鳍间距短。第二背鳍比第一背鳍稍大。尾鳍中等长度。盾鳞坚实，呈钩状，鳞冠呈圆锥形，在体侧不成列排列。体呈暗色，无明显斑纹。

分布 东南太平洋：秘鲁和智利附近的纳斯卡海脊和萨拉戈麦斯海脊。

栖息地 上斜坡，底层或近底层，630—1100米水深处。

行为 不明。

生物学 大概是卵胎生。

保护状态 无危（LC）。在分布区域内很常见。可能是公海深海捕鱼业兼捕渔获物，但在其分布区域内的商业深海捕捞活动已被遏制。

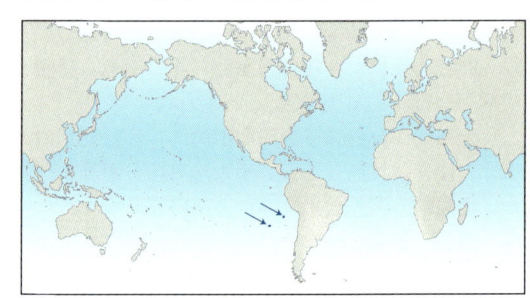

帕氏乌鲨 *Etmopterus parini*

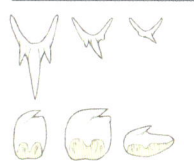

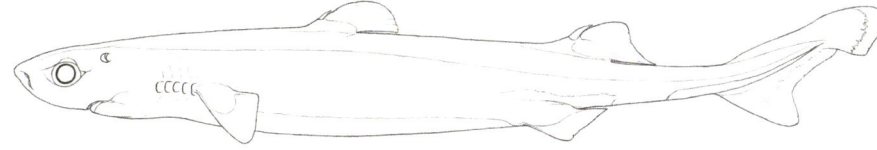

齿

上：25—29颗

下：30—33颗

体长测量　性成熟体长：雌性34—38厘米。

最大体长：38厘米。

鉴定　隶属于黑腹乌鲨支系。一种体形相对较小的乌鲨。上下颌齿不同：上颌齿由1主齿及1对副齿组成；下颌齿呈刃状，齿尖后倾，单排排列。两个背鳍有鳍棘，第一背鳍棘小于第二背鳍棘。盾鳞短，呈钩状，鳞冠呈圆锥形，排列稀疏，向后弯曲，不明显成排。体背部和体侧呈暗褐色，腹部黑色。腹鳍上方具模糊的黑色发光器区，其前支较短，后支缺失。各鳍呈白色或透明，无明显黑色斑块。

分布　西北太平洋。

栖息地　仅有的两个标本是在6000米深度海域上方的40—140米水深处捕获的。

行为　不明。

生物学　卵胎生。可能每胎多达7尾胎仔。以大洋性头足类为食。

保护状态　未评估（NE）。唯一已知的样本是在一次研究调查中捕获的。

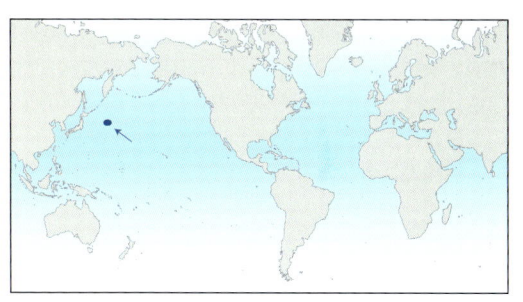

棘鳞乌鲨 *Etmopterus princeps*

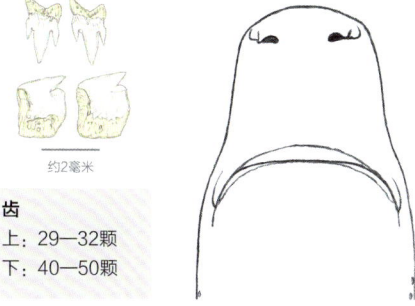

约2毫米

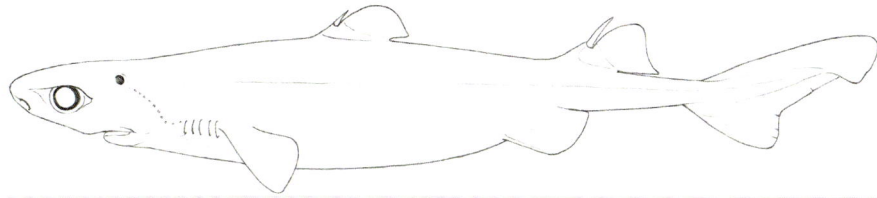

齿

上：29—32颗

下：40—50颗

体长测量　出生体长：12—17厘米。性成熟体长：雄性约57厘米，雌性62厘米。

最大体长：94厘米。

鉴定　隶属于黑腹乌鲨支系。一种大而粗壮的乌鲨。鳃裂长，约为眼长的1/2。第二背鳍大得多，但大小不到第一背鳍的两倍。尾鳍宽大，长度中等。吻部被盾鳞所覆盖；体侧盾鳞间隔较宽，不成行。身体呈黑色，没有明显的黑斑。

分布　西北大西洋：新斯科舍到新泽西。东北大西洋：介于格陵兰岛和冰岛到非洲西北部和亚速尔群岛之间。

栖息地　大陆坡，底层或近底层，350—2213米水深处。其分布的北大西洋海沟最低洼处达到3750—4500米。

行为　不明。

生物学　卵胎生，每胎7—18尾胎仔，平均10尾。这些鲨鱼似乎有两个季节性繁殖高峰，在6—7月和10月。以小的硬骨鱼类、头足类和甲壳类动物为食。

保护状态　无危（LC）。可能是东大西洋大陆坡渔业的兼捕渔获物。

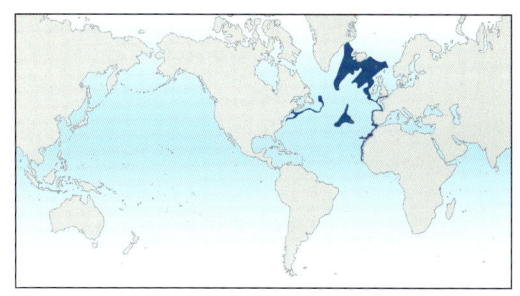

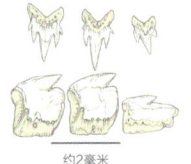

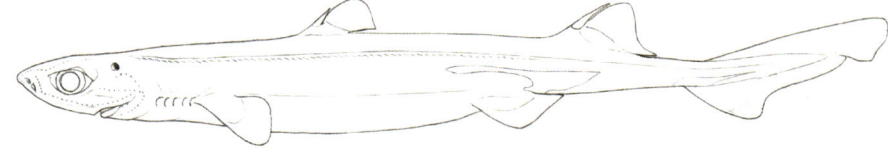

黑腹乌鲨 *Etmopterus spinax*

FAO代码：**ETX**　　图版 第148页

齿
上：22—32颗
下：26—40颗

约2毫米

体长测量　出生体长：8—14厘米。性成熟体长：雄性24—35厘米，雌性30—41厘米。
最大体长：雄性41厘米，雌性55厘米；体型较大的记录可能是其他物种。

鉴定　隶属于黑腹乌鲨支系。长而粗壮的身体，尾鳍长。鳃裂非常短。第二背鳍的大小约是第一背鳍的两倍。体侧具盾鳞不成排；吻部基本上被盾鳞覆盖。体背部呈棕色。腹鳍上方具延长的黑色发光器区，尾鳍两侧亦有发光器区。腹部呈黑色。

分布　东大西洋：冰岛到加蓬。地中海。

栖息地　外大陆架和上大陆坡，底层或中上层，70—2490米水深处，多见于200—500米水深处。

行为　不明。

生物学　卵胎生，每胎1—21尾胎仔，怀胎的数量随母体体型的增大而增加。雌雄个体性成熟年龄均为4岁，雄性寿命最高为7—8岁，雌性寿命为9—11岁。以小鱼、鱿鱼和甲壳类动物为食。

保护状态　易危（VU）。

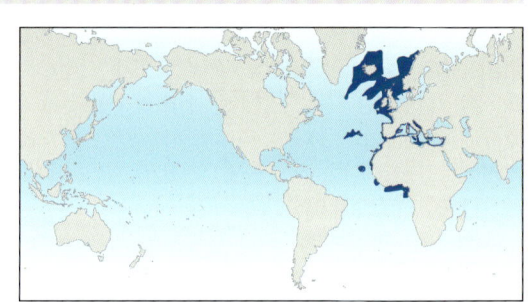

褐乌鲨 *Etmopterus unicolor*

FAO代码：**ETJ**　　图版 第148页

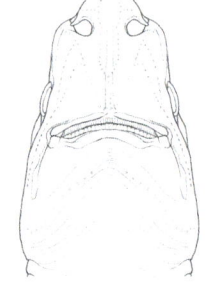
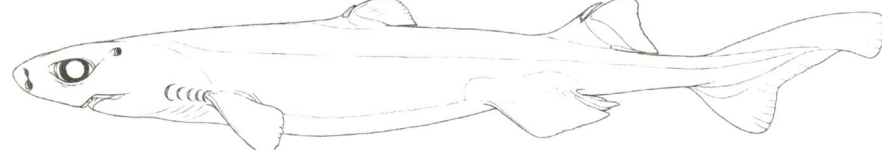

齿
上：28颗
下：34—38颗

约2毫米

体长测量　出生体长：约17厘米。性成熟体长：雄性约48—68厘米，雌性约53—79厘米。
最大体长：雌性79厘米。

鉴定　隶属于黑腹乌鲨支系。大而健壮的乌鲨。上颌齿副齿通常少于3对。鳃裂相当大，长度约为眼长的1/2。尾鳍中等长度（背缘的长度约等于头长），尾柄短。第一背鳍长而低，第一背鳍棘短小。第二背鳍高度约为第一背鳍的两倍，有发达的第二背鳍棘；第二背鳍大小约为第一背鳍的两倍。体侧盾鳞呈刚毛状，棘突呈细钩状，鳞冠呈圆锥形，呈不规则排列；吻部基本被盾鳞覆盖。体背部呈灰褐色、暗褐色或棕黑色；腹部呈深色。尾鳍上有明显的宽而长的发光器区；腹鳍上方发光器区不明显。

分布　西北太平洋：日本。也可能分布于南澳大利亚和新西兰。

栖息地　大陆坡和海山，120—1500米水深处。在非常深的水域，距离水面120米的海洋中上层有捕捞记录。

行为　有时会栖息于中层带水域。

生物学　卵胎生，每胎2—21尾胎仔，平均12尾。主要以头足类动物、虾和小型硬骨鱼类为食。

保护状态　数据缺乏（DD）。可能是拖网和其他渔具的兼捕渔获物。利用方式未知。

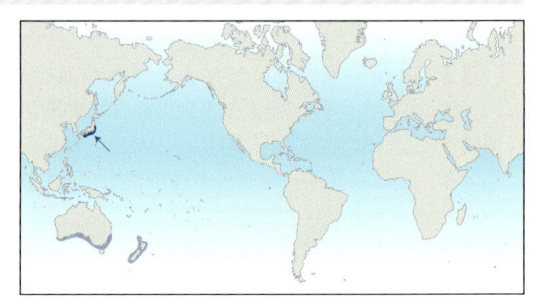

旅者乌鲨 *Etmopterus viator*

FAO代码：**EZT**　　图版　第148页

约2毫米

齿
上：26颗
下：37颗

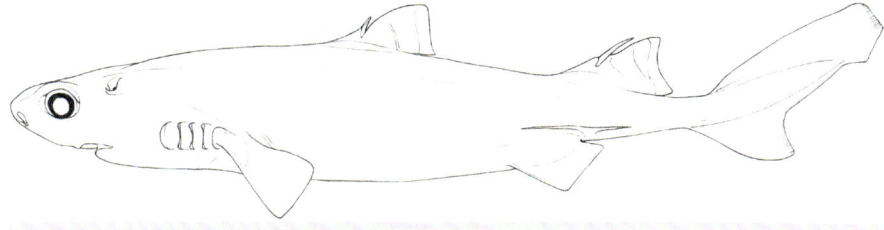

体长测量　出生体长：12—15厘米。性成熟体长：雄性46厘米，雌性50厘米。
最大体长：至少58厘米。

鉴定　隶属于黑腹乌鲨支系。身体粗壮，吻部短。体侧盾鳞呈不连续线性排列，质感粗糙。背部是深褐色至黑色。黑色发光器区位于腹鳍上方，第二背鳍下方（在幼体及亚成体中明显，而随着年龄增长则会逐渐模糊），其前支延长，前端抵达第二背鳍棘之前；后支相对较短。

分布　南部海洋：广泛分布于新西兰近海和南非南部的海山周围。

栖息地　不明，栖息深度830—1610米。

行为　不明。

生物学　卵胎生，每胎产2—10尾胎仔。主要以硬骨鱼类为食，但也吃甲壳类动物（磷虾类）和头足类动物（鱿鱼）。

保护状态　无危（LC）。本种地理和深度范围分布广泛，似乎出现在捕捞强度较低的偏远地区。

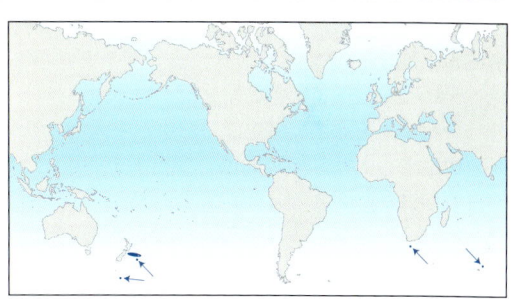

希氏乌鲨 *Etmopterus sheikoi*

FAO代码：**SHL**　　图版　第140页

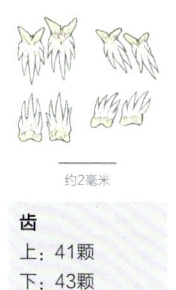

约2毫米

齿
上：41颗
下：43颗

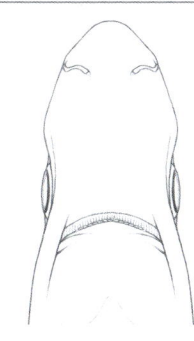

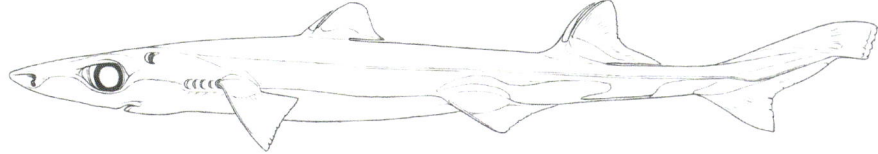

体长测量　性成熟体长：雄性30—40厘米。
最大体长：至少43厘米。

鉴定　本种所属支系目前尚不明确。吻部突出，长而扁平。颌齿小而紧凑，呈梳状排列，两颌齿均具1主齿及多对副齿。两个背鳍上都有带槽状的背鳍棘；第二个背鳍棘比第一个大很多。体背部是深褐色。腹鳍上方、尾柄及尾鳍处具黑色发光器区。腹部是黑色。

分布　西北太平洋：日本附近和中国台湾沿海。

栖息地　正模标本被捕获于海岭上斜坡，340—370米水深处，其栖息深度可能更广，最深可能到约1000米。

行为　不明。

生物学　可能卵胎生。以小鱼和无脊椎动物为食。

保护状态　无危（LC）。不常见种；偶尔会成为底拖网的兼捕渔获物，通常被加工成鱼粉；自30多年前被首次记载以来，其数量一直没有改变。在该物种已知的分布范围内很少有捕鱼活动。仅从少量样本中获知。

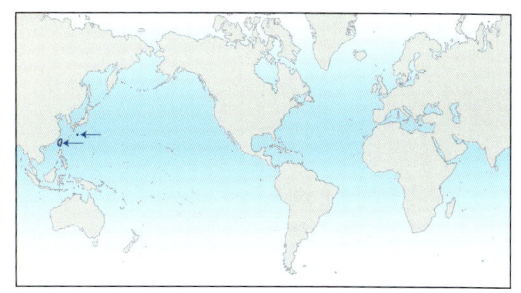

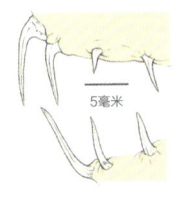

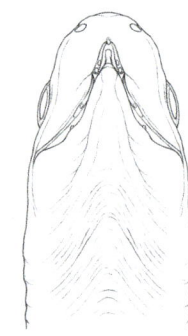
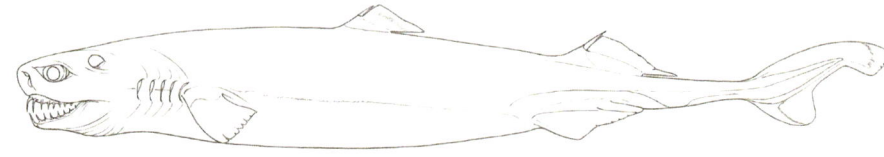

齿
上：15—20颗
下：15—20颗

体长测量　性成熟体长：雄性42—47厘米，雌性至少52厘米。
最大体长：至少54厘米。

　　鉴定　口狭长，下颌呈三角形。双颌前端具发达的钩状齿。上颌前部具收纳上颚的槽。喷水孔非常大，斜向拉长。两个背鳍具带沟槽的背鳍棘。体背部呈深褐色，尾柄和尾鳍上有黑色的发光器。腹部为黑色。

　　分布　太平洋西北和中部：日本、中国台湾和夏威夷群岛。

　　栖息地　上大陆坡及海山，多出现于底层，水深150—1000米水深处。也可能是大洋性的，因为部分标本采集于1500米深海域水深150米处。

　　行为　长而窄的颚骨可向前大幅度伸展，并利用钩状齿刺穿体型相对较大的猎物（硬骨鱼类和甲壳类动物），然后将其整个吞下。具生物发光性。会进行垂直迁移，在夜间上浮至中上层海域觅食。

　　生物学　胎生，每胎可能有25—26尾胎仔。以硬骨鱼类为食。

　　保护状态　无危（LC）。罕见种，已知的分布区分散且狭窄。渔业捕捞作业深度无法达到其栖息深度。

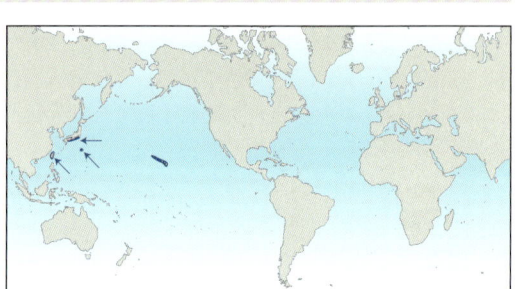

图版 15　睡鲨科 I

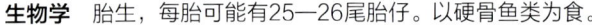

　　体型小到巨大（从40厘米到6米或更大）；头相当宽，吻部扁平，喷水孔大且靠近眼睛后缘；腹部具侧嵴；胸鳍低，下角钝圆；有两个小背鳍，无背鳍棘或具可能被皮肤覆盖的背鳍棘；没有臀鳍，尾鳍为上歪尾，后缘具明显的缺刻。

○ **腔鳞荆鲨** *Centroscymnus coelolepis* 　　　　第183页

分布于大西洋、印度洋和太平洋；128—3675米水深处；底层或近底层。体粗壮；吻短，唇褶较短；背鳍棘略微露出，两个背鳍大小相等且较小，第二背鳍靠近尾鳍；体色呈统一的金褐色至黑色。

○ **欧氏荆鲨** *Centroscymnus owstonii* 　　　　第183页

分布于大西洋、印度洋和太平洋；150—1459米水深处；底层或近底层。形态与腔鳞荆鲨相似，但吻部较长，第一背鳍下缘较长，第二背鳍较高，呈三角形，背鳍棘几乎不外露。

○ **长吻绒鲨** *Centroselachus crepidater* 　　　　第184页

分布于东大西洋、印度洋和太平洋（东北太平洋除外）；200—2080米水深处；底层或近底层。体纤细；吻部非常长，小口，唇褶非常长，环绕上唇；背鳍棘非常小，两个背鳍约等大，第一背鳍前缘向前延伸，形成隆嵴，起点位于胸鳍基底上方，第二背鳍下角几乎达到尾鳍上叶起点。

○ **大棘异鳞鲨** *Scymnodon macracanthus* 　　　　第187页

分布于南半球：印度洋和太平洋；219—1550米水深处；近底层。体粗壮，胸鳍延长，吻短，背鳍棘突出且粗壮，第一背鳍低于第二背鳍，前缘向前延伸，形成隆嵴；从第二背鳍到尾鳍上叶起点的距离约等于第二背鳍基部的长度，第二背鳍下角恰位于尾鳍上叶之前；体色呈均一的深褐色到浅黑色。

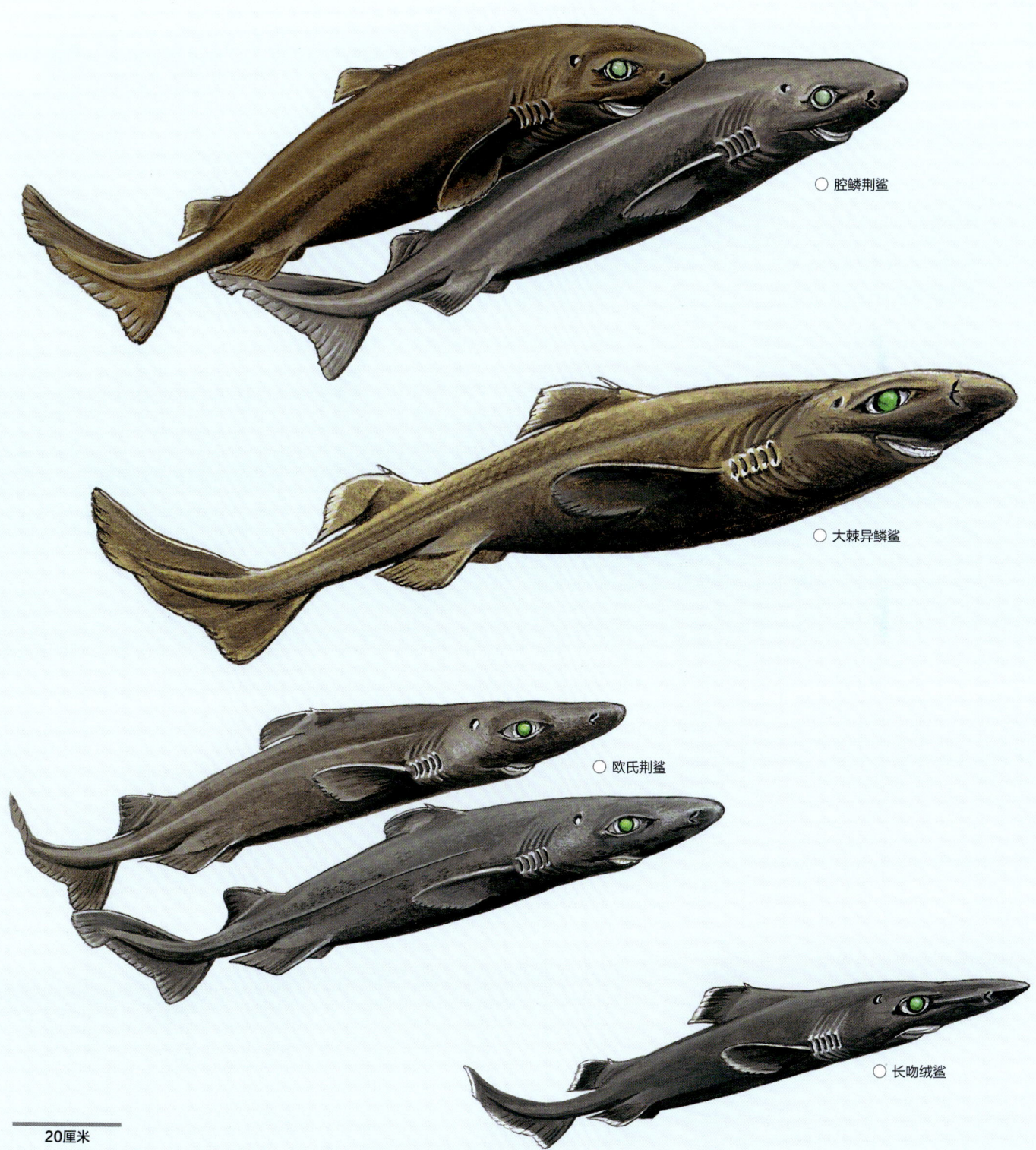

○ 腔鳞荆鲨

○ 大棘异鳞鲨

○ 欧氏荆鲨

○ 长吻绒鲨

20厘米

图版 16　睡鲨科 II

○ **白尾拟铠鲨** *Scymnodalatias albicauda*　　　　　　　　　　　　　　　　　　　　　第184页

分布于南大洋；0—572米及更深。吻圆，短而宽，嘴长而宽，呈拱形，眼部水平延长；胸鳍狭长，没有背鳍棘，第二背鳍比第一背鳍稍大，非常接近尾鳍；体色呈深褐色或灰色，鳍缘为灰白色，尾鳍顶叶颜色较深，上有白色斑点。

○ **加氏拟铠鲨** *Scymnodalatias garricki*　　　　　　　　　　　　　　　　　　　　　第185页

分布于中、北大西洋海脊；大洋性；300—580米。体型小；吻圆，长而宽，口宽，呈弧形，眼部水平延长；无背鳍棘，第一背鳍位于背缘中部；体色呈均匀深棕色。

○ **寡齿拟铠鲨** *Scymnodalatias oligodon*　　　　　　　　　　　　　　　　　　　　　第185页

分布于东南太平洋；大洋性；0—200米水深处。体型小；吻长而宽，前缘尖突，口宽，眼部水平延长；无背鳍棘，第一背鳍位于背缘中部，尾鳍下叶不发达；体色呈均匀深棕色。

○ **希氏拟铠鲨** *Scymnodalatias sherwoodi*　　　　　　　　　　　　　　　　　　　　第186页

分布于西南太平洋；170—500米水深处。吻扁平，长度中等，顶端尖突；口宽，呈弧形，眼部水平延长；胸鳍呈叶状，无背鳍棘，第一背鳍位于背缘中部，第二背鳍起始于腹鳍基部约1/3处上方，尾鳍下叶宽短；体背部为深褐色，腹部较浅，鳃和胸鳍后缘色浅。

○ **一原氏异鳞鲨** *Scymnodon ichiharai*　　　　　　　　　　　　　　　　　　　　　第186页

分布于西北太平洋，也可能分布于印度洋；450—830米水深处；底层或近底层。头低平，吻部中等长度，口较短且窄，鳃裂短，长度小于或等于眼睛长；尾柄长；胸鳍呈窄叶状，背鳍棘小，腹鳍小，约与第二背鳍等大，尾鳍有明显的近端缺刻，下叶短；体色呈均匀黑色。

○ **尖齿异鳞鲨** *Scymnodon ringens*　　　　　　　　　　　　　　　　　　　　　　第187页

分布于东大西洋和西南太平洋；200—1600米水深处；底层或近底层。头厚而高，吻部短而宽，口宽，呈弧形，鳃裂较长，长度大于或等于眼长；背鳍棘小，第二背鳍比第一背鳍稍大，尾鳍不对称，有轻微近端缺刻，下叶不发达；体色呈均匀黑色。

○ **鳞睡鲨** *Zameus squamulosus*　　　　　　　　　　　　　　　　　　　　　　　第191页

零散分布在全球；大洋性；0—1511米水深处；底层或近底层，有时也出现在中上层。体纤细；头部低平，吻部相当长而窄，嘴短而窄，口后沟明显长于上唇褶；尾延长；背鳍棘小，第二背鳍比第一背鳍大，约与腹鳍等大，尾鳍有明显的近端缺刻，下叶短；体色呈均匀黑色。

○ 白尾拟铠鲨

○ 寡齿拟铠鲨

○ 加氏拟铠鲨

○ 希氏拟铠鲨

○ 一原氏异鳞鲨

○ 尖齿异鳞鲨

○ 鳞睡鲨

20厘米

○ **长身睡鲨** *Somniosus longus*　　　　　　　　　　　　　　　　　　　　　　　　　　　　第188页

分布于西太平洋，也可能是东南太平洋和西南印度洋；200—1160米水深处；底层或近底层。身体延长，呈圆柱形；头短，吻部短而圆；尾柄短，尾鳍基部具小侧突；无背鳍棘，第一背鳍大约与第二背鳍等长，与胸鳍距离较与腹鳍距离更近，尾鳍上叶略长于下叶；皮肤光滑；体色呈均匀的黑色。

○ **小鳍睡鲨** *Somniosus rostratus*　　　　　　　　　　　　　　　　　　　　　　　　　　　第188页

分布于东北和西北大西洋，西地中海；180—2734米水深处；底层或近底层。与长身睡鲨相似，但眼睛较小，第二背鳍较短，鳃裂较短，约与眼长等长（长身睡鲨的鳃裂长是眼长的两倍以上）。

○ **南极睡鲨** *Somniosus antarcticus*　　　　　　　　　　　　　　　　　　　　　　　　　　第190页

分布于南大洋；0—1440米及更深水域。体型巨大，体粗壮，呈圆柱形；吻短而圆；尾柄粗短，尾鳍基部具侧突；尾鳍前各鳍非常小，没有背鳍棘，两个背鳍非常低，大小相等，第一背鳍与腹鳍距离较与胸鳍距离更近，两背鳍基部间距离约为吻端到第一鳃裂间距的80%，尾鳍上叶略长于下叶；皮肤粗糙；体色呈均匀的灰色至粉红色。

○ **小头睡鲨** *Somniosus microcephalus*　　　　　　　　　　　　　　　　　　　　　　　　第189页

分布于北大西洋和北冰洋；0—2647米及更深水域，冬季会靠近近岸海域活动。体型巨大，体粗壮，吻短而圆；尾柄粗短，尾鳍基部具侧突；尾鳍前各鳍小，没有背鳍棘，两个背鳍低，大小相等，第一背鳍与胸鳍距离较与腹鳍距离更近，两背鳍基部间距离约与吻端至第一鳃裂间距相等，尾鳍上叶略长于下叶；皮肤粗糙；体色呈灰色或棕色，体表偶有横向条纹、小斑点或浅色斑点。

○ **太平洋睡鲨** *Somniosus pacificus*　　　　　　　　　　　　　　　　　　　　　　　　　第190页

分布于北太平洋；0—2008米及更深，在高纬度地区栖息深度更浅。体型巨大，身体呈圆柱形，成体粗壮；吻短而圆；尾柄粗短，侧突缺失或仅存在于尾鳍基部；尾鳍前各鳍小，无背鳍棘，两个背鳍低，大小相等，第一背鳍与腹鳍距离较与胸鳍距离更近，两背鳍基部间距离约为吻端到第一鳃裂间距的70%，尾鳍上叶略长于下叶；皮肤粗糙且具棘状盾鳞；体色呈均匀灰色。

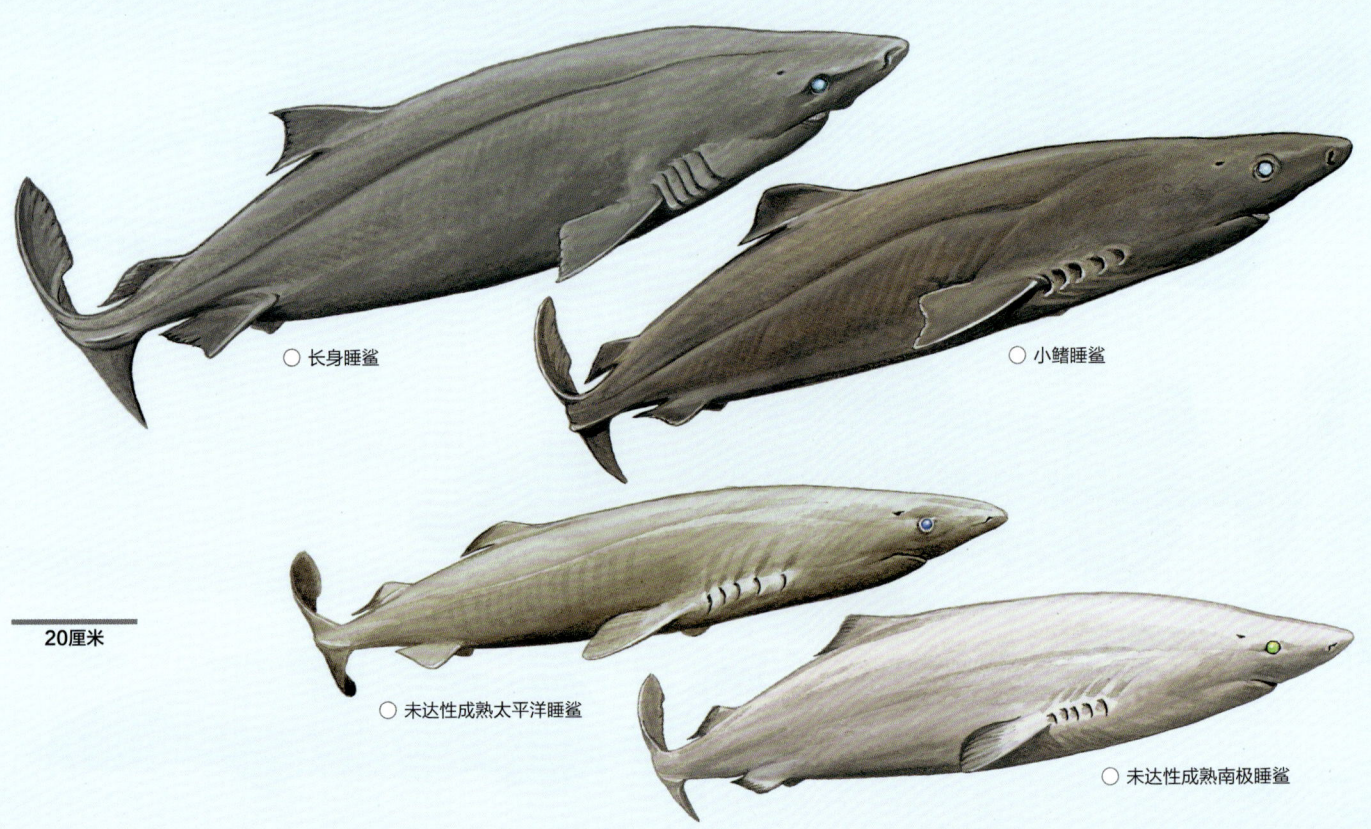

20厘米

○ 长身睡鲨

○ 小鳍睡鲨

○ 未达性成熟太平洋睡鲨

○ 未达性成熟南极睡鲨

○ 南极睡鲨

○ 小头睡鲨

○ 太平洋睡鲨

100厘米

睡鲨科（Somniosidae）

　　本科包含6个属：荆鲨属（*Centroscymnus*）、绒鲨属（*Centroselachus*）、拟铠鲨属（*Scymnodalatias*）、异鳞鲨属（*Scymnodon*）、睡鲨属（*Somniosus*）和鳞睡鲨属（*Zameus*）共计16种底栖物种和大洋性物种，其分布范围遍及全球，从热带一直延伸至北冰洋和南大洋。体型差异悬殊，其中的小型种仅有40—69厘米，而一些大型种体长可能达到6米以上。

　　鉴定　头部相当宽大，吻部扁平。唇短且薄，几乎横向。上颌齿小，呈针状，下颌齿宽扁，齿头外斜，呈叶片状。喷水孔大，靠近眼睛后面。腹部具侧嵴，尾柄处多不具侧突（睡鲨属部分物种除外）。胸鳍较小，呈三角形或弧形，而非镰状，内角钝圆。腹鳍约等于或略大于第一背鳍和胸鳍，约等于或略小于第二背鳍。两个背鳍小而宽，第一背鳍的起点位于腹鳍起点之前，背鳍间距离大于第一背鳍基底长度，第二背鳍通常较小或与第一背鳍等大。两个背鳍上都有鳍棘（可能被皮肤覆盖），或没有鳍棘（拟铠鲨属和睡鲨属）。没有臀鳍。尾鳍呈上歪尾，有明显的近端缺刻。没有发光器。

　　生物学　鲜为人知。为卵胎生鱼类，具卵黄囊，每胎至少有4到59尾胎仔。一些研究人员估计，该科部分物种雌性最大性成熟年龄可能高达100岁，寿命可达400岁（这一数据仍存在争议）。睡鲨科物种大多数出现在海床附近的大陆和岛坡附近的海床上，栖息深度从200米到3675米；一些种类是大洋性或半大洋性的。在北半球高纬度地区，小头睡鲨和太平洋睡鲨出现在大陆架上，甚至扩散到潮间带和表层海域。睡鲨以硬骨鱼、其他软骨鱼、头足类动物、软体动物、甲壳类动物、海豹、鲸鱼尸体、海洋鸟类、棘皮动物和水母为食。铠鲨科至少有一个物种（如腔鳞荆鲨）采用与巴西达摩鲨相似的进食策略，从活鲸、海豹和硬骨鱼身上撕下大块的肉。睡鲨似乎不会结成大群活动。

　　现状　中度常见，部分种类为商业捕捞的目标，亦是深海渔业兼捕渔获物的重要组成部分。可用底延绳钓、底层拖网、刺网、围网甚至鱼叉捕获。它们的肉被用作食物或鱼粉，肝脏大且富含油脂，因其富含大量角鲨烯而被进一步加工。在澳大利亚沿海，许多兼捕的睡鲨科物种因体内汞富集量过高而被丢弃。种群状况令人担忧，因为不断扩大的深海渔业正在捕获大量睡鲨科鲨鱼。其生活史鲜为人知，但怀疑它们的繁殖能力有限，生长极其缓慢。因此，它们可能非常容易受到过度捕捞的威胁——约20%在IUCN红色名录中被评估为受威胁物种。睡鲨科的部分物种（如拟铠鲨属物种）鲜为人知，仅有少量记录，主要通过颌齿数目和精确的形态测量来鉴别。

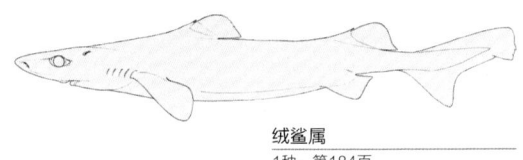

荆鲨属
2种；第183页

绒鲨属
1种；第184页

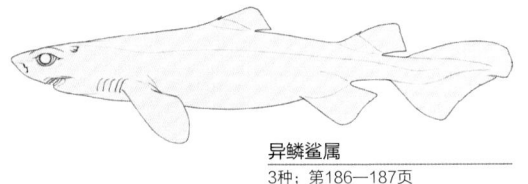

拟铠鲨属
4种；第184—186页

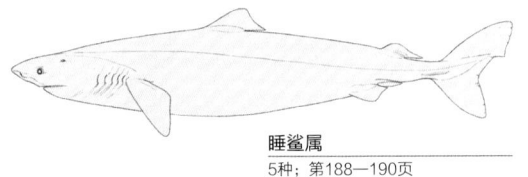

异鳞鲨属
3种；第186—187页

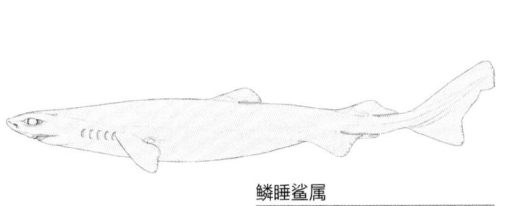

鳞睡鲨属
1种；第191页

睡鲨属
5种；第188—190页

腔鳞荆鲨 *Centroscymnus coelolepis*

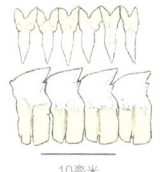

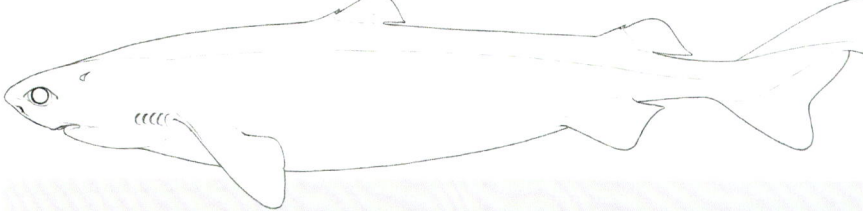

齿

上：43—68颗

下：29—42颗

体长测量　出生体长：23—35厘米。性成熟体长：雄性75—85厘米，雌性92—102厘米。最大体长：雄性100厘米，雌性130厘米。

鉴定　体粗壮，吻部粗短。口大；上颌齿细长；下颌齿宽扁，齿尖外斜；唇褶短。两个背鳍小，等大，前端有非常小的背鳍棘（可能被皮肤覆盖）；第二背鳍接近尾鳍。成体具有大而圆的扁平盾鳞，彼此重叠。体色呈均匀的金褐色至黑色。

分布　大西洋，印度洋和西太平洋。

栖息地　底层或近底层，大陆坡及深海平原海域，128—3675米（大部分深度超过400米）水深处。

行为　会像达摩鲨一样对大型猎物（如鲸豚类）发动突袭，并从其身上剜下大块的肉吞入腹中。

生物学　卵胎生，每胎产1—29尾胎仔（多数为12—14尾）。以硬骨鱼、其他鲨鱼，底栖无脊椎动物、鲸豚类和鳍足类为食。

保护状态　全球种群近危（NT）。在欧洲大西洋水域濒危（EN），本种在该区域内被长期作为深海渔业的目标渔获物或是兼捕渔获物。在地中海无危（LC），因为其栖息地不在商业捕捞范围内。本种被用作制鱼粉或提取鱼肝油中的角鲨烯。

欧氏荆鲨 *Centroscymnus owstonii*

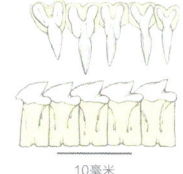

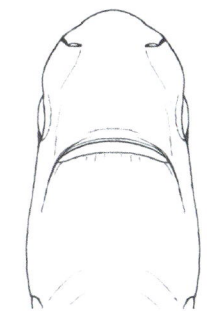

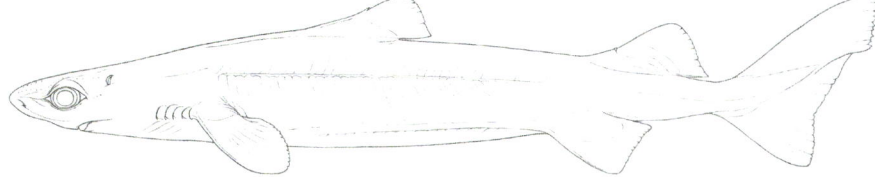

齿

上：30—46颗

下：28—40颗

体长测量　出生体长：25—35厘米。性成熟体长：雄性67—84厘米，雌性82—105厘米。最大体长：雄性85厘米，雌性120厘米。

鉴定　形态与腔鳞荆鲨相似，但吻部较长；成体体表覆有带棘突的小盾鳞；第一背鳍较长、较低；第二背鳍较高，呈三角形。背鳍棘的尖端几乎埋于皮下。

分布　西大西洋：墨西哥湾、巴西、乌拉圭。东大西洋：加那利群岛和马德拉到南非。印度洋。太平洋：日本、澳大拉西亚和东南太平洋。

栖息地　底层或近底层，上大陆坡及海岭海域，150—1459米水深处，多数情况下栖息深度大于600米。

行为　有时会按性别不同聚集成群体（在日本近海，雌性的栖息深度较雄性更深）。

生物学　卵胎生，母体子宫的卵可多达34个，但每胎产仔数不详。以硬骨鱼类和头足类动物为食。

保护状态　易危（VU）。中等常见。在部分地区有捕捞价值（主要作为兼捕渔获物出现），受过度捕捞种群数量有所减少。

长吻绒鲨 *Centroselachus crepidater*

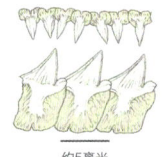

约5毫米

齿

上：36—51颗

下：30—36颗

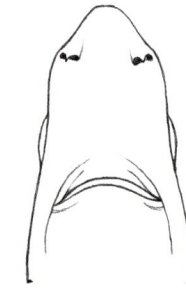

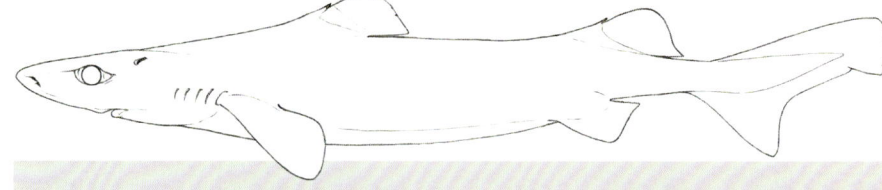

体长测量　出生体长：28—35厘米。性成熟体长：雄性60—68厘米，雌性77—88厘米。
最大体长：雄性95厘米，雌性105厘米。

鉴定　体延长。吻部非常长。上唇褶非常长，几乎环绕口隅；上颌齿为单峰齿；下颌齿宽扁，齿尖外斜。两个背鳍大致等大，背鳍棘小而突出；第一背鳍背缘向前延伸形成隆嵴，其起点约与胸鳍基端末端相对；第二背鳍后角几乎达到尾鳍上叶起点。体侧盾鳞质感光滑，鳞冠呈圆形，重叠排列，棘突显著或不显著。体色呈黑色至深褐色，各鳍后缘具狭窄的白色边缘。

分布　东大西洋、印度洋和太平洋，东北太平洋除外。

栖息地　底层或近底层，上大陆坡及上岛坡，200—2080米水深处，栖息水深大多深于500米。

行为　不明。

生物学　卵胎生，每胎1—9尾胎仔，平均6尾，全年繁殖。以鱼和头足类动物为食。

保护状态　近危（NT）。分布广泛，但在分布区内常被大量捕捞（部分捕捞作业无法抵达的深层海域除外），常见兼捕渔获物。

白尾拟铠鲨 *Scymnodalatias albicauda*

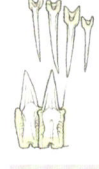

约5毫米

齿

上：57—62颗

下：35颗

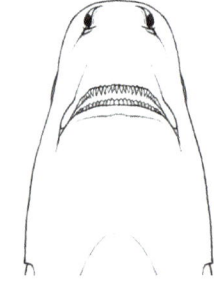

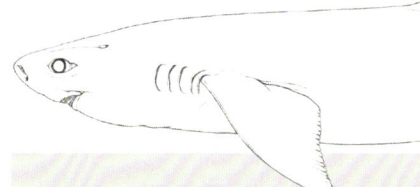

体长测量　出生体长：大于20厘米。性成熟体长：雌性74—111厘米。
最大体长：111厘米。

鉴定　吻部宽短，尖端钝圆。口宽，呈弧形；上颌齿狭窄而直立，呈单峰齿；下颌齿宽扁，齿冠高而直立，齿缘无锯齿，相互重叠排列。眼部水平延长。两个背鳍，第二背鳍比第一背鳍稍大，非常接近尾鳍；没有背鳍棘。胸鳍狭长。尾鳍前腹缘长度为尾叶上缘的一半。背部呈深褐色或斑驳的灰色。鳍后缘呈白灰色；尾鳍上有明显的白色斑点，上叶顶端颜色较深。腹部颜色较浅。

分布　广泛且零散分布于南半球中纬度海域。

栖息地　栖息于开阔海域（纵深1400—4000米），水深0—200米的中上层水域；亦有记录出现在水深572米的海岭底部。

行为　可能在中层或深层水域活动，具垂直迁移行为，在夜间可能会上浮至近海面处。

生物学　卵胎生，每胎至少59尾胎仔。

保护状态　数据缺乏（DD）。偶尔被深海拖网和金枪鱼延绳钓捕获。

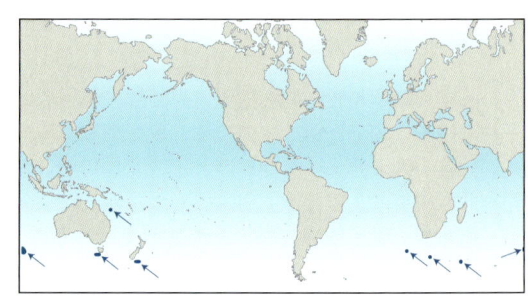

加氏拟铠鲨 *Scymnodalatias garricki*

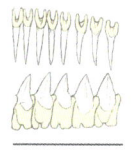

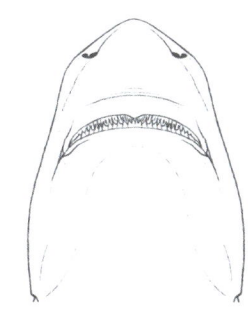

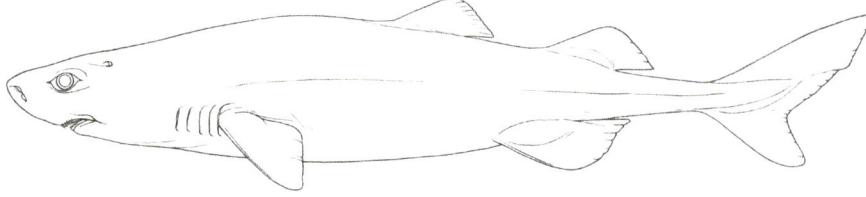

约5毫米

齿
上：43颗
下：32颗

体长测量　未达到性成熟的雄性全长37.7厘米。性成熟雄性全长40.6厘米。性成熟雌性全长可能达80厘米。

鉴定　体型较小。头长。吻宽圆且长。口宽，呈弧形；上颌齿较小，呈针状；下颌齿大而宽扁，相互重叠排列。眼部水平延长。第一背鳍位于身体的中部，后缘位于腹鳍起点的前面；没有背鳍棘。尾鳍下叶发达。体色呈均匀深棕色。

分布　中、北大西洋海脊。

栖息地　显然是大洋性或深海底栖生物。在海底深达2000米或以上的公海上，在300—580米深处海山上方被捕获。

行为　不明。

生物学　不明。胎生。

保护状态　数据缺乏（DD）。已知有两只雄性（未达到性成熟的和性成熟的），可能还有第三只雌性样本。

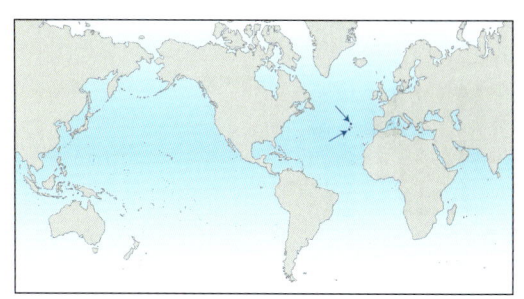

寡齿拟铠鲨 *Scymnodalatias oligodon*

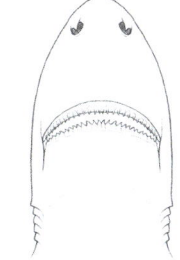

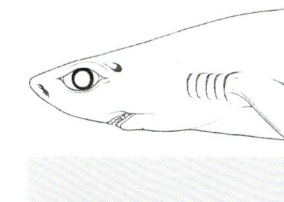

约5毫米

齿
上：33颗
下：42颗

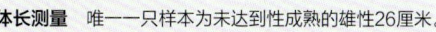

体长测量　唯一一只样本为未达到性成熟的雄性26厘米。

鉴定　吻宽而长，顶端钝尖。口宽，呈弧形。上颌齿较小，数量少；下颌齿较大，宽扁，齿尖外斜，齿缘无锯齿，相互重叠排列。眼部水平延长。没有背鳍棘。尾鳍下叶不发达；尾鳍前腹缘长度约为尾叶上缘的一半。体色呈均匀深棕色。

分布　东南太平洋：外海海域。

栖息地　很可能为大洋性鱼类。栖息于开阔海域（纵深2000—4000米）水深0—200米的中上层海域。

行为　不明。

生物学　不明。可能为卵胎生。

保护状态　无危（LC）。目前已知的标本仅有1件，鱼类学家认为这一标本并非出自这一偏远地区延绳钓渔业的兼捕产物。

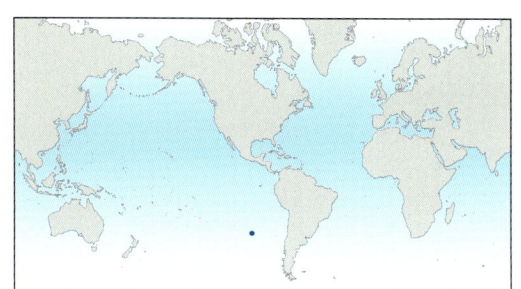

希氏拟铠鲨 *Scymnodalatias sherwoodi*　　　　　FAO代码：**YSS**　　图版 第178页

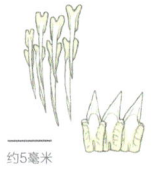

约5毫米

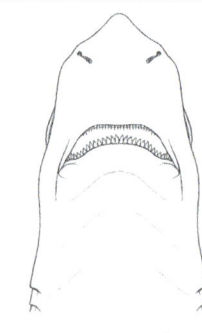

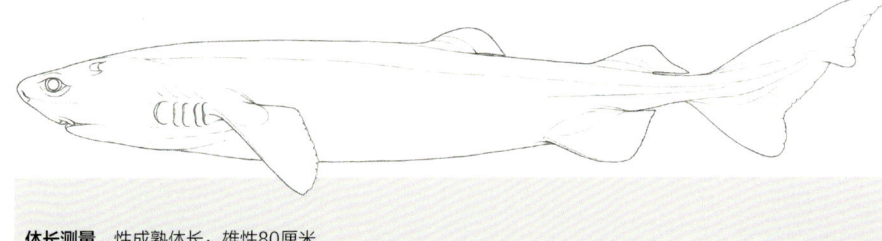

齿
上：57颗
下：34颗

体长测量 性成熟体长：雄性80厘米。
最大体长：85厘米。

鉴定 吻中长，扁平而钝尖。口长而宽，呈拱形；上颌齿狭小而直立；下齿较大，宽扁，齿缘无锯齿，相互重叠排列。眼部水平延长。第一背鳍在背部中间，远在胸鳍后面，下角位于腹鳍之前。第二背鳍起始于腹鳍基部的后1/3上方。没有背鳍棘。胸鳍相对较短，细长，呈叶状。尾鳍不对称：下叶短而发达，长度约为上叶的一半长。背部是深褐色，腹部较浅。鳃部和胸鳍后缘颜色较浅。

分布 西南太平洋和东南印度洋：塔斯马尼亚岛近海和澳大利亚西南部（南纬40—50度），新西兰。

栖息地 深海，170—500米水深处。

行为 不明。

生物学 不明。可能为卵胎生。

保护状态 数据缺乏（DD）。罕见种，偶尔被深海拖网兼捕。目前已知的标本仅有5个。

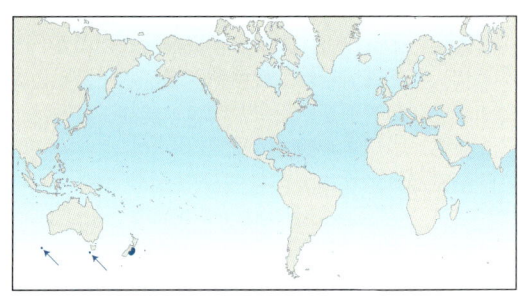

一原氏异鳞鲨 *Scymnodon ichiharai*　　　　　FAO代码：**QUX**　　图版 第178页

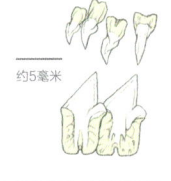

约5毫米

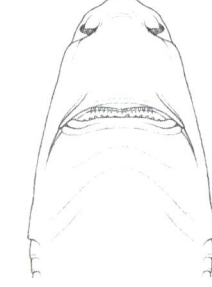

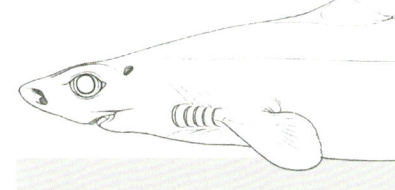

齿
上：42—48颗
下：28—30颗

体长测量 性成熟体长：雄性89—101厘米，雌性126厘米。
最大体长：151厘米。

鉴定 头相当低平；吻部中长。口短而平；上颌齿小，呈矛状；下颌齿宽扁，齿冠高，呈刃状。鳃裂相当短（长度不到眼长的一半）。两个背鳍有短小的背鳍棘。胸鳍狭窄，呈叶状；外角远在第一背鳍棘的前方。腹鳍小，大小约与第二背鳍相等。尾柄长。尾鳍有明显的近端缺刻，下叶短。体色呈均匀的黑色。

分布 西北太平洋：日本和中国台湾。印度洋：安达曼海。

栖息地 大陆坡底层或近底层，450—830米水深处。

行为 不明。

生物学 卵胎生，产仔数量未知，但已知记录中雌性子宫内有29—56个卵，这表明该物种的产仔数可能较大。推测其食物包括鱼类和无脊椎动物。

保护状态 易危（VU）。有时会被深海延绳钓兼捕。

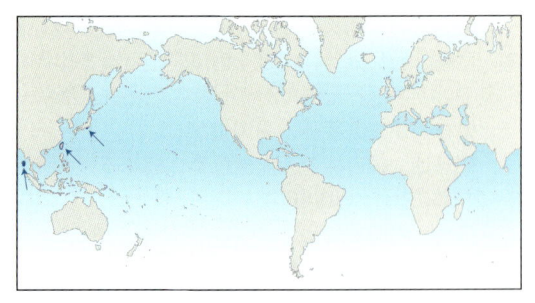

大棘异鳞鲨 *Scymnodon macracanthus*

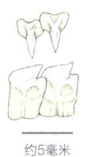
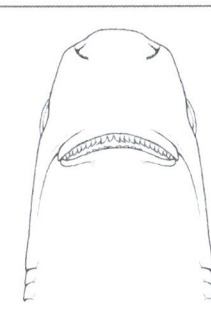
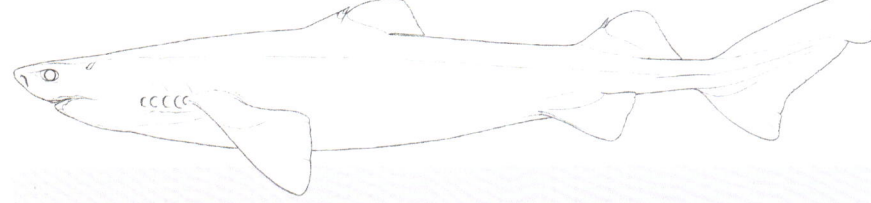

约5毫米

齿
上：48颗
下：32—35颗

体长测量　出生体长：32—36厘米。性成熟体长：雄性110厘米，雌性130—140厘米。最大体长：雄性131厘米，雌性170厘米。

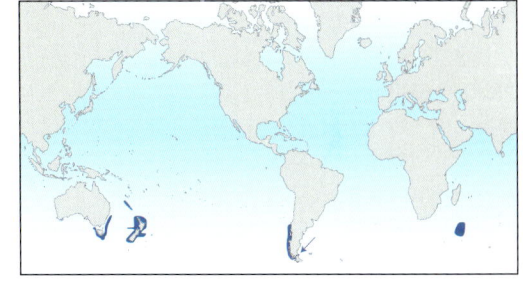

鉴定　身体粗壮，躯干在胸鳍后逐渐变细。吻部非常短。唇褶发达；上唇褶短。两个背鳍有突出的、粗壮的背鳍棘；第二背鳍比第一背鳍高；第一背鳍前缘向前延伸，形成隆嵴。第二背鳍至尾鳍上叶起点距离约与第二背鳍基底等长，其下角位于尾鳍下叶之前。体色为深褐色或暗黑色。

分布　南半球高纬度的海域，包括印度洋和太平洋。

栖息地　大陆坡及岛坡近底层，219—1550米（通常超过600米）水深处。

行为　会按体型和性别结群活动。

生物学　卵胎生，每胎胎仔多达36尾。雄性18岁达性成熟，雌性29岁达性成熟，寿命可达39岁。以头足类和硬骨鱼类为食。

保护状态　数据缺乏（DD）。在其分布区域内相对常见。为深海渔业的兼捕渔获物，在新西兰被用于制作鱼粉和提取角鲨烯。普氏原异鳞鲨（*Proscymnodon plunketi*）为本种的同物异名。

尖齿异鳞鲨 *Scymnodon ringens*

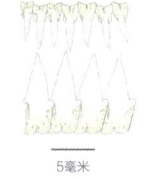

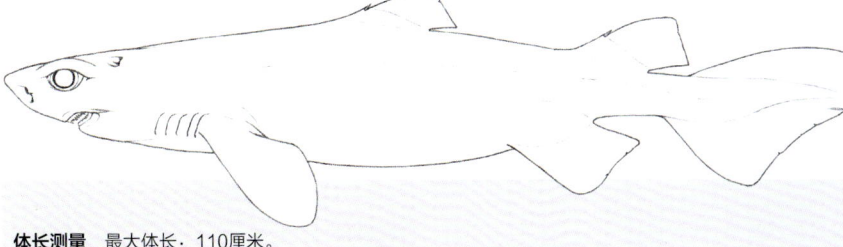

5毫米

齿
上：50颗
下：29颗

体长测量　最大体长：110厘米。

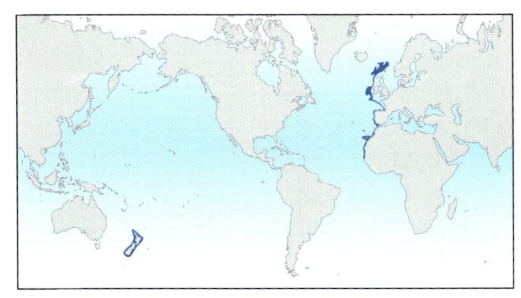

鉴定　头部宽大。吻部宽短。口大，呈弧形。上颌齿小，呈矛状；下颌齿发达，刃状，齿冠呈三角形。鳃裂较长（长度超过眼长的一半）。两个背鳍具小背鳍棘；第二背鳍比第一背鳍稍大。尾鳍宽短且不对称，有轻微近端缺刻，下叶不发达。体色呈均匀的黑色，鳍没有明显的斑纹。

分布　东大西洋：苏格兰至塞内加尔。西南太平洋：新西兰。

栖息地　大陆坡，底层或近底层，200—1600米水深处。

行为　发达的颌齿表明其是可怕的掠食者，能够攻击并撕碎大型猎物。

生物学　可能为卵胎生。食物包括硬骨鱼类、甲壳类、头足类和无脊椎动物。

保护状态　易危（VU）。在其分布区内偶见于底拖网和延绳钓渔业的兼捕渔获物中，可被用于提炼肝油，捕获后被放生的存活率较低。据报道，其部分分布地的种群数量正逐渐下降，而在其余地区则保持相对稳定；在其深水分布区内，它们可能能够避开作业深度相对较浅的大规模渔业捕捞活动。

长身睡鲨 *Somniosus longus*

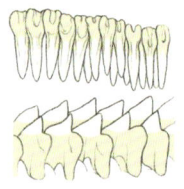

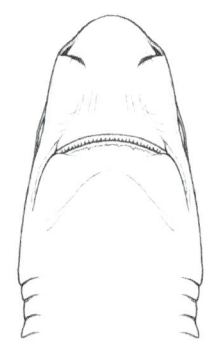

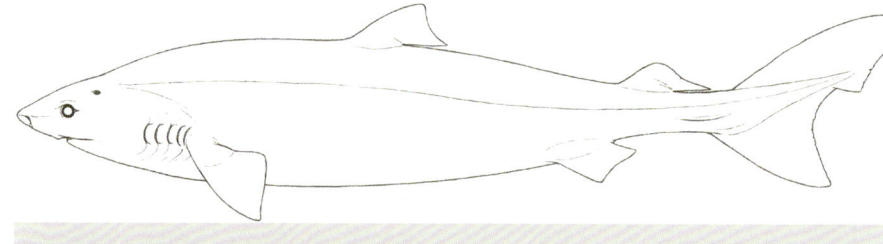

齿
上：56—57颗
下：31—32颗

体长测量　出生体长：21—28厘米。性成熟体长：雄性71厘米，雌性82—134厘米。最大体长：143厘米，可能超过150厘米。

鉴定　形态类似于小鳍睡鲨。体型小。身体延长，呈圆柱形。头部短；吻短而圆。上颌齿呈针状；下颌齿宽扁，呈刃状，齿尖略后斜，齿根较低。两个背鳍无背鳍棘；第一背鳍约与第二背鳍等长，距胸鳍较距腹鳍为近。尾柄粗短。尾鳍延长且不对称，上叶略长于下叶；尾鳍的基部具小侧突。皮肤光滑，体表盾鳞棘突短而平。体色均匀黑色。

分布　西太平洋：日本和新西兰；可能在东南太平洋和西南印度洋也有分布。

栖息地　外大陆架和斜坡上部，在底部或接近底部，200—1160米。

行为　不明。

生物学　卵胎生。可能以深海底栖鱼类和无脊椎动物为食。

保护状态　数据缺乏（DD）。罕见种。

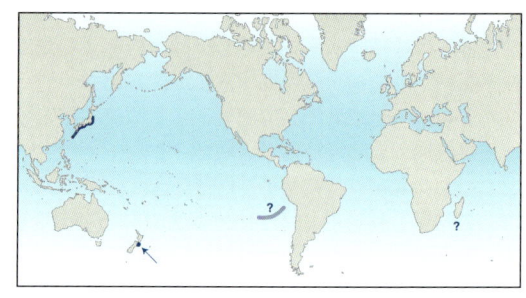

小鳍睡鲨 *Somniosus rostratus*

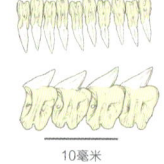

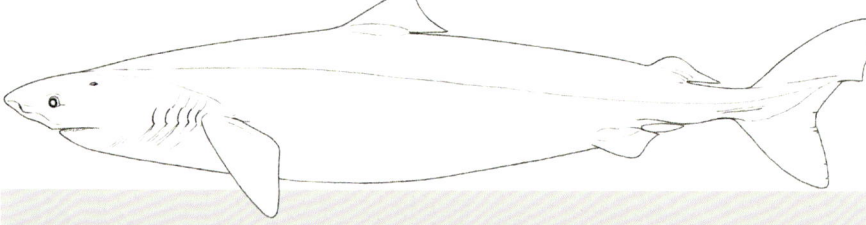

10毫米

齿
上：53—63颗
下：31—38颗

体长测量　出生体长：21—28厘米。性成熟体长：雄性约70厘米，雌性约80厘米。最大体长：143厘米。

鉴定　形态类似于长身睡鲨，但眼睛较小，第二背鳍较短。身体纤细，呈圆柱形。头部较短；吻钝圆。上颌齿呈针状；下颌齿宽扁，呈刃状，齿尖略后斜，齿根较低。两个背鳍无背鳍棘；第一背鳍较高，距胸鳍较距腹鳍为近。尾柄粗短。尾鳍延长且不对称，上叶略长于下叶；尾鳍基部具小侧突。皮肤光滑；体表盾鳞棘突短而平。体呈黑色。

分布　东北大西洋，西地中海，西北大西洋（古巴）。

栖息地　大陆架外缘、上大陆坡及下大陆坡，底层或近底层，180—2734米水深处。

行为　不明。

生物学　卵胎生，每胎6—17尾胎仔。食物包括头足类动物、底栖无脊椎动物和鱼类。

保护状态　无危（LC）。在其分布区浅层海域有时会成为延绳钓和底部拖网渔业的兼捕渔获物，在较深层海域不受商业捕捞影响。

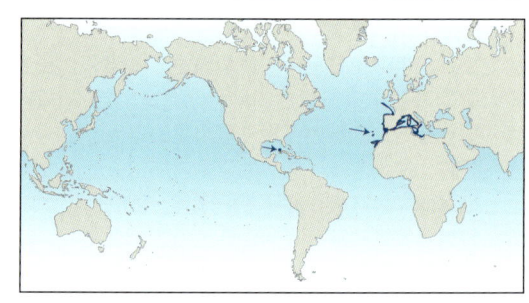

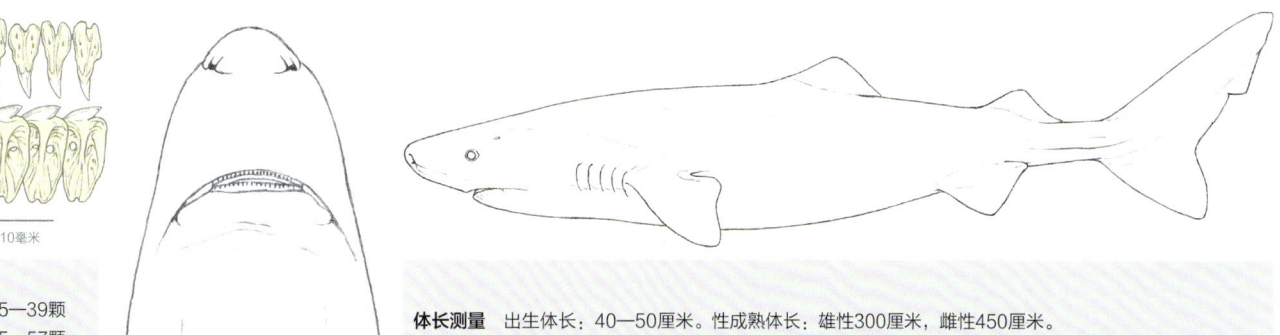

齿
上：35—39颗
下：45—57颗

10毫米

体长测量 出生体长：40—50厘米。性成熟体长：雄性300厘米，雌性450厘米。最大体长：至少640厘米，可能达到756厘米。

鉴定 体粗壮而肥硕，呈圆柱形。吻短而圆。上颌齿呈针状；下颌齿呈刃状，齿尖极外斜，齿根高。尾鳍前各鳍小。两个背鳍等大且低矮，无背鳍棘；第一背鳍距胸鳍较距腹鳍略近。两个背鳍基间距约等于吻端到第一鳃裂间距。尾柄短粗。尾鳍上叶略长于下叶；尾鳍基部具侧突。皮肤粗糙；盾鳞具直立的钩状棘突。体色呈中灰色或棕色。偶有横向暗带、小黑斑点及小光点浅色斑块。

分布 北大西洋和北极，偶尔到葡萄牙、墨西哥湾和哥伦比亚的加勒比海岸。

栖息地 栖息水温为水温0.6—12℃：大陆架、岛架及上大陆坡海域，0—2647米水深处。在高纬度地区的冬季栖息于近岸海域，有时甚至会进入潮间带及河口区，随着气温回升，会迁移至水深180—1440米的较深海域。春夏两季可能会出现在北大西洋浅海。

行为 行动迟缓，对捕捉几乎没有抵抗力，（因纽特人仅凭简单的渔具便可以在冰洞处捕捉小头睡鲨），但能够捕捉大型活物，包括鱼类、无脊椎动物、海鸟和海豹。有报道称，曾有小头睡鲨在圣劳伦斯河口追踪一名在浮冰上行走的野生动物管理局官员和一群潜水员的的记录，这表明其有捕食活海豹的经验。它们同时也会

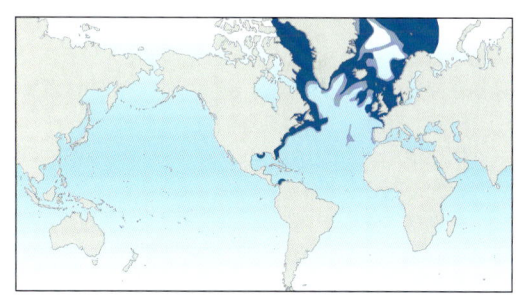

进食鲸尸及溺毙的马和驯鹿。小头睡鲨会对渔业生产造成影响，它们会偷食上钩的庸鲽，破坏延绳钓渔具，并经常在捕捞作业时被兼捕。目前渔业工作者仍在尝试通过在延绳钓具上使用正电金属来驱赶小头睡鲨，以避免其被兼捕。小头睡鲨的眼球上常常会寄生一种名为长体窥目虫（*Ommatokoita elongata*）的桡足类动物，会对其角膜造成严重损伤，甚至导致失明；但生物学家推测，长体窥目虫亦可以将猎物吸引至小头睡鲨身边，以便其进行捕食。

生物学 卵胎生，每胎7—10尾胎仔。小头睡鲨似乎是一种生长非常缓慢的鲨鱼，可能需要100多年才能达到性成熟。有研究表明其寿命可能超过400岁，尽管这一估测值可能存在过高之嫌，但毋庸置疑，小头睡鲨完全可以跻身世界上最长寿的脊椎动物之列。其食物包括硬骨鱼和软骨鱼、头足类、甲壳类和其他无脊椎动物，以及海洋哺乳动物，比如海豹和小型鲸豚。

保护状态 易危（VU）。气候变化导致海冰消融，使得商业渔船有机会进入高纬度海域，这为小头睡鲨带来了新的威胁。睡鲨的鱼肉因为含有大量尿素和三甲胺氧化物（TMAO），具有剧毒。在冰岛一带，当地人会通过清洗、晾干、发酵至半腐烂状态等手段加工小头睡鲨肉，并将其作为一道美味佳肴。

小头睡鲨（*Somniosus microcephalus*），加拿大巴芬岛

南极睡鲨 *Somniosus antarcticus*

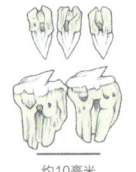
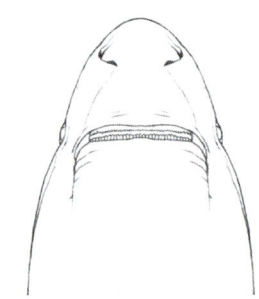
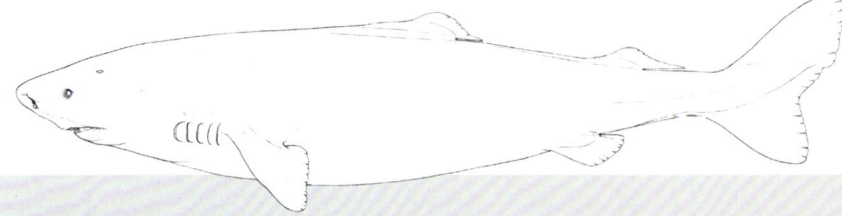

约10毫米

齿
上：37—48颗
下：49—59颗

体长测量 出生体长：40厘米。性成熟体长：雄性约400厘米，雌性约435厘米。
最大体长：约600厘米（最大的鲨鱼之一，也是最大的南极鱼类）。

鉴定 体粗壮而肥硕，呈圆柱形。吻短而圆。上颌齿呈针状；下颌齿呈刃状，齿尖极外斜，齿根高。尾鳍前各鳍较小。两个背鳍无背鳍棘，大小相等；第一背鳍距胸鳍较距腹鳍略近。两背鳍基间距约为吻端到第一鳃裂距离的80%。更为低矮的第一背鳍可以将本种与小头睡鲨和太平洋睡鲨区分开来。尾鳍不对称，上叶略长于下叶；尾鳍基部具侧突。皮肤粗糙，盾鳞具直立的钩状棘突。体色呈均匀灰色至粉红色。

分布 南大洋及其邻近海域。

栖息地 大陆架和岛架，0—1440米水深处。栖息水温0.6—12℃。

行为 行动迟缓的底栖鲨鱼，以鱼类、无脊椎动物等为食，有时也吃腐肉。

生物学 胎生，曾在5米长的雌性南极睡鲨子宫内发现10尾胎仔。食物包括海洋哺乳动物、大型鱼类和头足类动物。

保护状态 无危（LC）。南极海域犬牙鱼渔业的兼捕渔获物，捕获后常被丢弃。

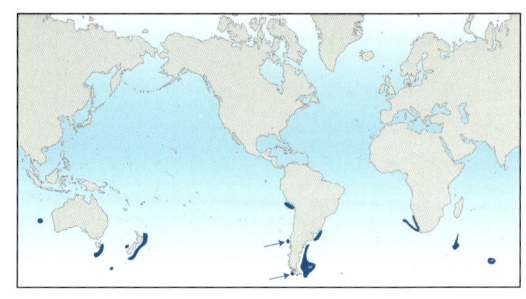

太平洋睡鲨 *Somniosus pacificus*

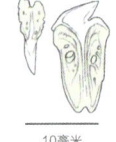

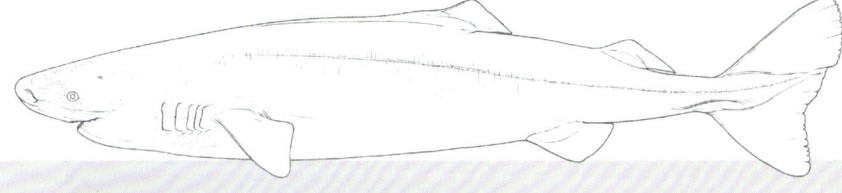

10毫米

齿
上：30—48颗
下：46—63颗

体长测量 出生体长：40—50厘米。性成熟体长：雄性400厘米，雌性370—430厘米。
最大体长：雄性456厘米，雌性约700厘米（根据照片估计）。

鉴定 巨大的睡鲨，体粗壮，呈圆柱形。吻短而圆。上颌齿呈针状；下颌齿呈刃状，齿尖极外斜，齿根高。尾鳍前各鳍小。两个背鳍无背鳍棘，大小相等，较低矮；第一背鳍距腹鳍较距胸鳍为近。两背鳍基部之间的距离约为吻端到第一鳃裂距离的70%。尾柄短。尾鳍不对称，上叶略长于下叶；尾鳍基部具侧突或无侧突。皮肤粗糙，盾鳞具直立的钩状棘突。体色呈均匀灰色。

分布 北太平洋：中国台湾至墨西哥，包括夏威夷群岛。

栖息地 大陆架和大陆坡，0—2008米水深处。在较高纬度的浅水区活动（曾被发现困在潮汐池中），但也出现于低纬度的深层海域。

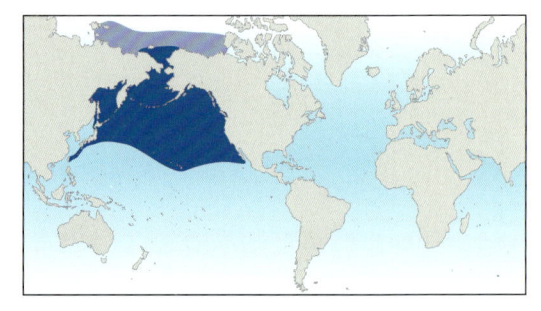

行为 行动缓慢的大型鲨鱼，口裂较短，但口腔较大，可以将猎物吸入口中。在中上层及底层海域捕食，腹中曾发现过海豹遗骸，但无法确定为被捕食的活体还是捡食的尸体。雌性和雄性可能会栖息于不同的水域。

生物学 可能为卵胎生；雌性子宫内的卵黄数可多达300个。但具体胎仔数未知（目前尚未记录过怀孕的太平洋睡鲨）。以各种底栖鱼类和无脊椎动物为食，但也捕食能够快速游动的猎物，比如金枪鱼、海狮、海豹及鲸豚类。尽管有食腐行为，但可能会通过伏击的手段捕获猎物。

保护状态 近危（NT）。区域性常见。

鳞睡鲨 *Zameus squamulosus*　FAO代码：**SSQ**　图版 第178页

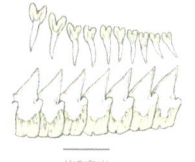

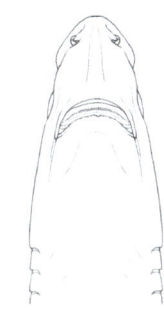

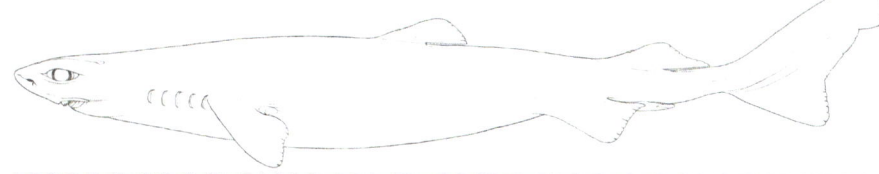

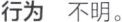

齿
上：47—60颗
下：32—38颗

体长测量　出生体长：20厘米。性成熟体长：雄性47—51厘米，雌性59—69厘米。最大体长：84厘米。

鉴定　体型较小。身体延长。头低平。吻部窄而长。口较窄，呈弧形；上颌齿较小，呈针状；下颌齿高而尖锐，呈刃状；口后沟远长于上唇褶。两个背鳍有短小的背鳍棘；第二背鳍较大，与腹鳍等大或略小。尾鳍延长；下叶较为短；上叶具显著的近端缺刻。盾鳞具3纵嵴及横嵴，体色呈均匀黑色。

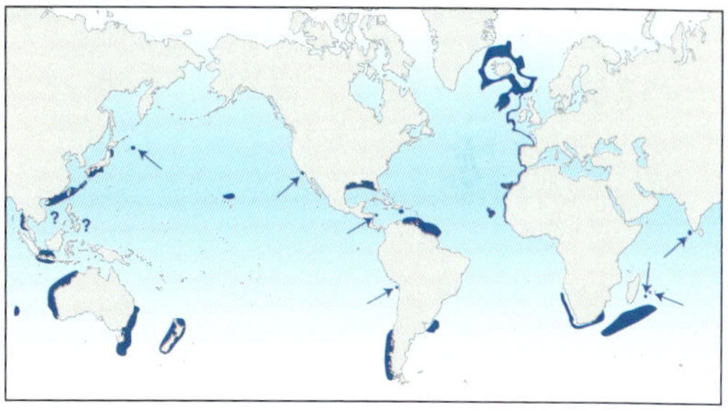

分布　分散分布于全球海域。

栖息地　大陆坡和岛坡，底层或近底层，550—1511米水深处。在巴西（栖息深度0—580米，栖息海域纵深约2000米）和夏威夷群岛（栖息深度27—35米，栖息水域纵深约4000—6000米）近海为中上层大洋性鱼类。

行为　不明。

生物学　卵胎生，每胎3—10尾胎仔。食物可能包括小型硬骨鱼类和无脊椎动物。

保护状态　无危（LC）。表层延绳钓和海底延绳钓和拖网渔业中常见的兼捕渔获物，但其大部分的分布区位于商业捕捞作业难以抵达的深层海域。

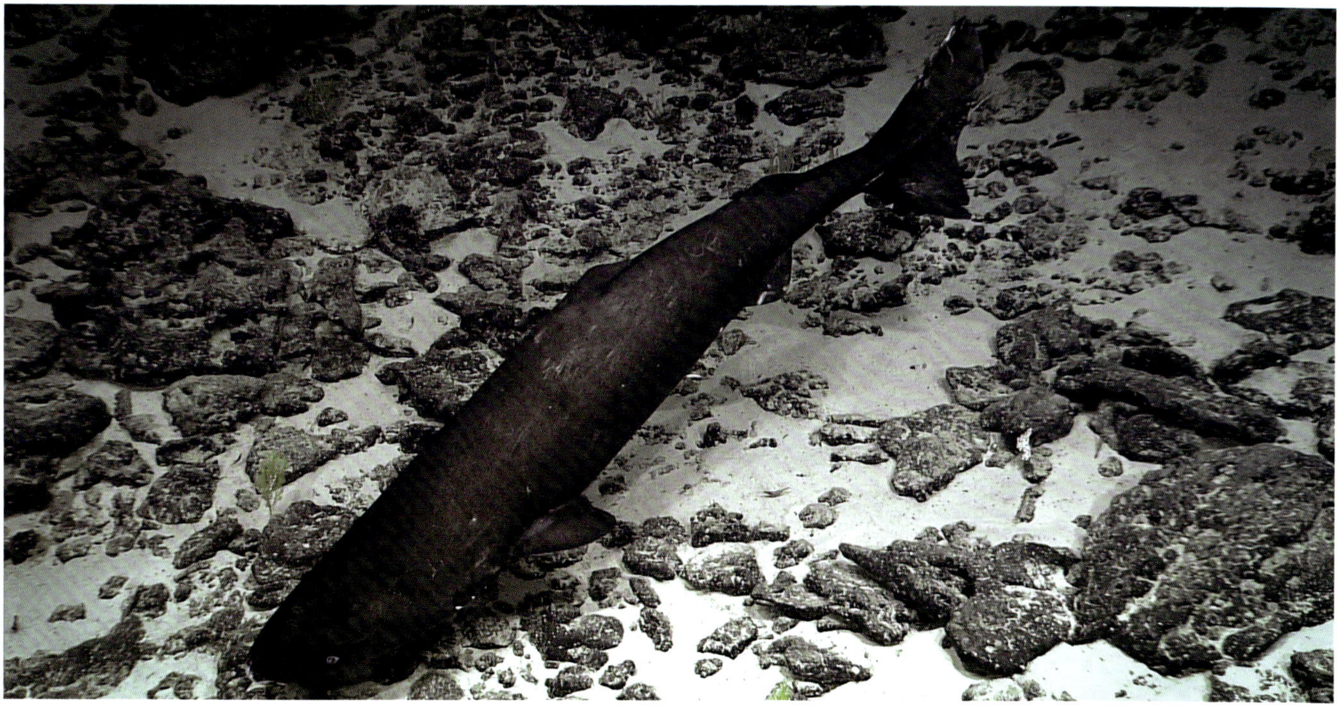

太平洋睡鲨（*Somniosus pacificus*），太平洋中部盆地（第190页）

图版 18　尖背角鲨科

特征鲜明的小型鲨鱼，体侧扁，横截面呈三角形，侧腹部具腹嵴；吻短而钝；唇厚，鼻孔大而紧闭；两个背鳍高耸，前端具背鳍棘；皮肤很粗糙。

○ **澳洲尖背角鲨** *Oxynotus bruniensis* 第194页

分布于西南太平洋和东南印度洋的温带海域；45—1120米水深处。喷水孔小，呈圆形；背鳍呈三角形，后缘直或微凹，第一背鳍棘前倾；体色呈均匀的浅灰棕色。

○ **加勒比尖背角鲨** *Oxynotus caribbaeus* 第195页

分布于中西部大西洋：加勒比海；218—579米水深处；喷水孔小，呈圆形；背鳍尖端呈窄三角形，后缘凹陷，第一背鳍棘前倾；体色呈灰色或褐色，带有深色条纹、斑块和小斑点，胸鳍至腹鳍和臀鳍间横向的浅色带，将暗斑隔开。

○ **尖背角鲨** *Oxynotus centrina* 第195页

分布于东大西洋，包括地中海、西南印度洋；35—805米水深处；底栖。眼上缘具明显的隆嵴，覆盖有大颗粒盾鳞，喷水孔非常大，垂直延长；第一背鳍棘前倾；体色呈灰色或灰褐色，头部和身体两侧有深色斑点（成年后不太明显），眼睛下方脸颊部有浅色水平条纹。

○ **日本尖背角鲨** *Oxynotus japonicus* 第196页

分布于西北太平洋；150—350米水深处。喷水孔大且垂直，呈椭圆形；背鳍呈窄三角形，后缘浅凹，第一背鳍棘向后倾斜；除嘴唇、鼻皮瓣边缘、鳍腋和生殖器内缘呈白色外，通体呈深棕色。

○ **帆鳍尖背角鲨** *Oxynotus paradoxus* 第196页

分布于东大西洋；265—720米水深处。喷水孔小，几乎呈圆形；背鳍非常高，上角尖锐，后缘深凹，第一背鳍棘向后倾斜；体色呈均匀的暗褐色或黑色。

○ 澳洲尖背角鲨　　　　　　　　　　　　　○ 加勒比尖背角鲨

○ 尖背角鲨

○ 日本尖背角鲨　　　　○ 帆鳍尖背角鲨

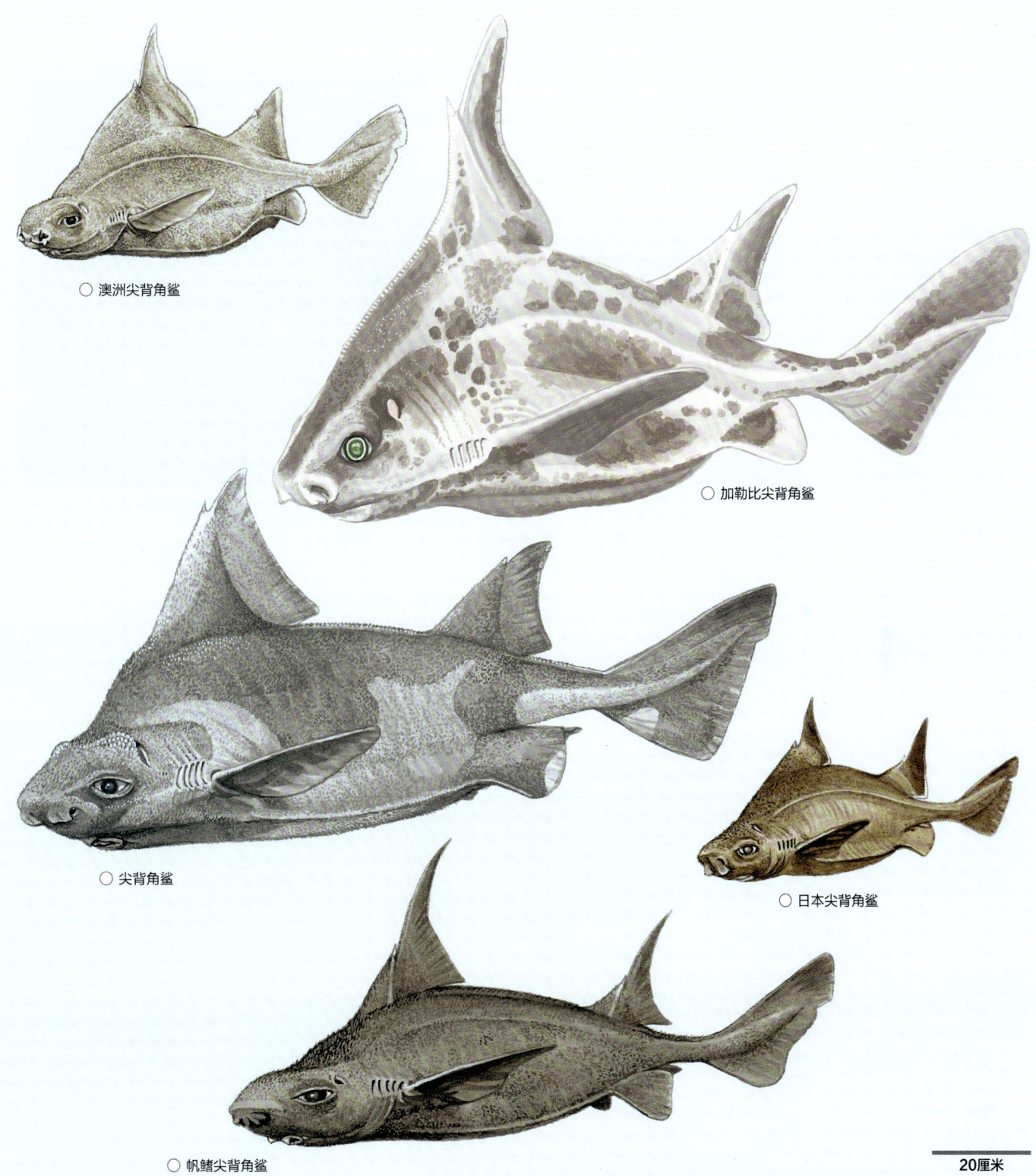

○ 澳洲尖背角鲨

○ 加勒比尖背角鲨

○ 尖背角鲨

○ 日本尖背角鲨

○ 帆鳍尖背角鲨

20厘米

尖背角鲨科（Oxynotidae）

鉴定 包括尖背角鲨属（*Oxynotus*）中5种特征鲜明的小型鲨鱼。体侧扁，横截面呈三角形，腹部具侧嵴，皮肤粗糙，紧密排列有大而具棘突的盾鳞。有两个高耸呈帆状的背鳍，有背鳍棘。头部宽扁，吻部短钝，唇厚，被拉长的唇褶环绕，鼻孔宽大；眼睛后有大大的喷水孔。上颌齿呈矛状，排列于上颌的三角形区域内；下颌齿宽扁，具9—18行，排列成锯齿状的切割缘。没有臀鳍。

生物学 鲜为人知的深海鲨鱼。分布区较为分散，主要分布于温带至热带的大陆架和岛架海域。游泳能力可能不佳，依靠巨大的油性肝脏提供浮力。主要是以小型底栖无脊椎动物（蠕虫、甲壳动物和软体动物）和鱼类为食。雌性每胎产7—23尾胎仔。

现状 深海底层渔业中不常见的兼捕渔获物。可以加工成鱼粉、鱼肝油或偶尔作为人类食物。尖背角鲨科的物种在世界自然保护联盟红色名录中被评估为DD（数据缺乏）、VU（易危）、NT（近危）、LC（无危）。

尖背角鲨（*Oxynotus centrina*）（第195页）

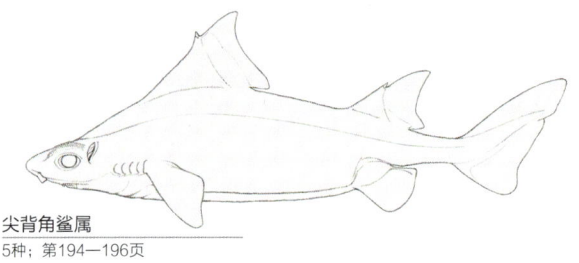
尖背角鲨属
5种；第194—196页

澳洲尖背角鲨 *Oxynotus bruniensis*　　FAO代码：**OXB**　　图版 第192页

约5毫米

齿
上：14—18颗
下：11—13颗

体长测量 出生体长：24—27厘米。性成熟体长：雄性55—60厘米，雌性64厘米。最大体长：76厘米，可能91厘米。

鉴定 喷水孔几乎是圆形的。背鳍上角呈三角形，后缘平直或微凹。第一背鳍棘微微前倾。体色为均匀浅灰褐色，无明显的条纹或斑块。

分布 西南太平洋和东南印度洋的温带海域。常见于新西兰及其邻近海域的洋脊和海岭一带，偶见于澳大利亚南部。

栖息地 大陆架及外缘、岛架及上大陆坡，45—1120米水深处，常见于350—650米水深处。

行为 不明。

生物学 卵胎生，每胎7—8尾胎仔。仅以银鲛类卵为食。

保护状态 近危（NT）。偶尔出现在底拖网的兼捕渔获物中，捕获后常被丢弃。

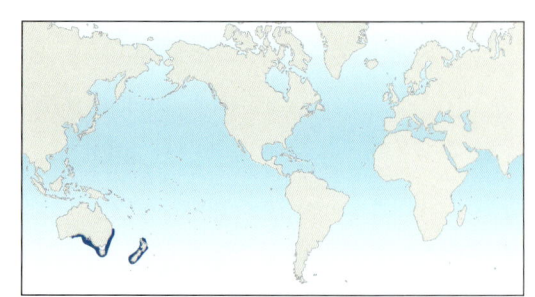

加勒比尖背角鲨 *Oxynotus caribbaeus*　　　　　FAO代码：**OXC**　　图版 第192页

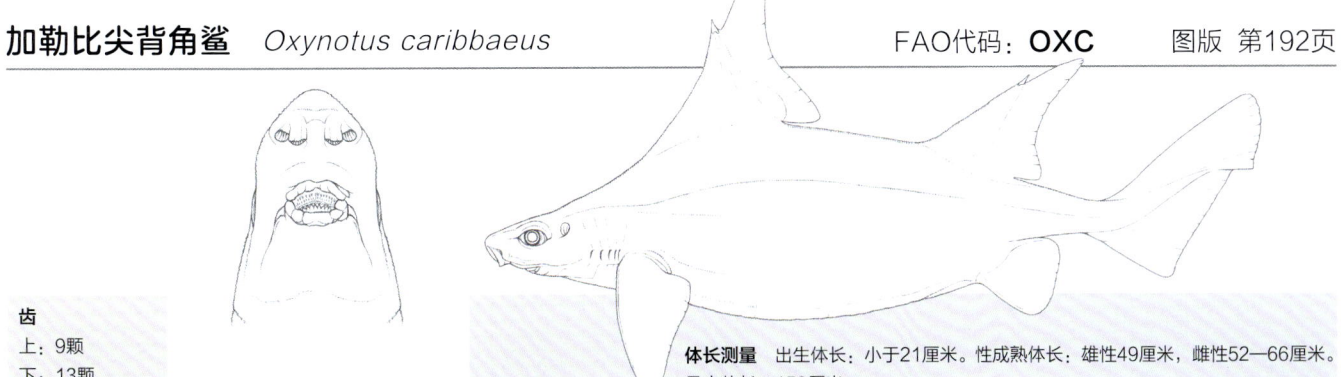

齿
上：9颗
下：13颗

体长测量　出生体长：小于21厘米。性成熟体长：雄性49厘米，雌性52—66厘米。
最大体长：150厘米。

鉴定　喷水孔相对较小，呈圆形。背鳍上角呈窄三角形，后缘凹入。第一背鳍棘前倾。体色呈灰色或褐色，在浅色底色上有深色暗带。头部、体侧、尾鳍和各鳍上有深色小斑点，背鳍至胸鳍、腹鳍上方具明显的浅色横带将暗斑分隔。

分布　大西洋中西部：墨西哥湾、中美洲和委内瑞拉的加勒比海沿岸。

栖息地　上大陆坡底层，218—579米水深处，栖息水温9.4—16.4℃。深海潜水器的观察数据显示，这一物种多出现在泥沙质或礁岩质海床上，常徘徊于大块的岩礁附近。

行为　不明。

生物学　不明。

保护状态　无危（LC）。捕捞价值不高。

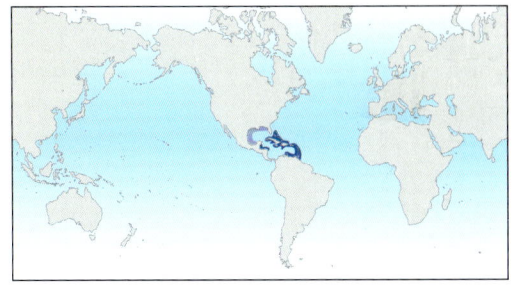

尖背角鲨 *Oxynotus centrina*　　　　　FAO代码：**OXY**　　图版 第192页

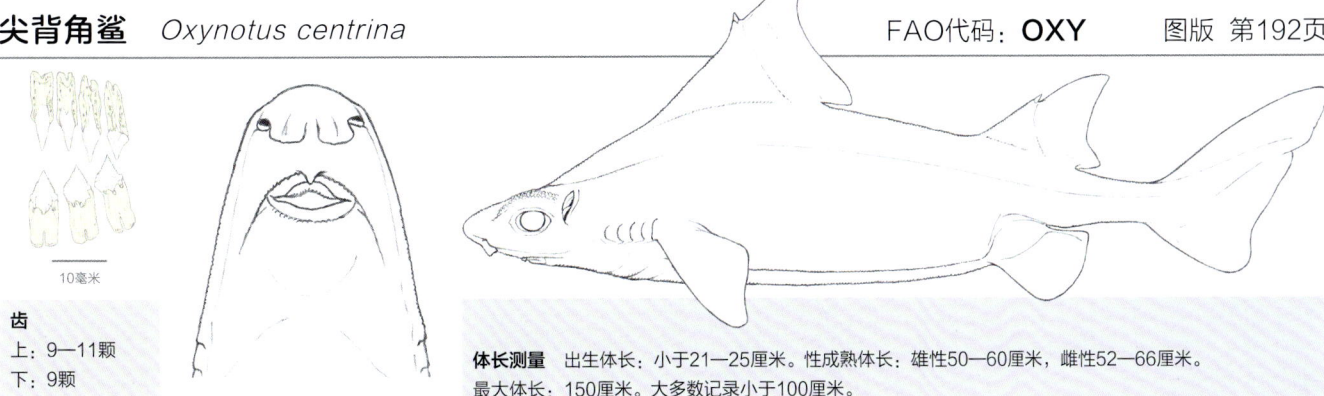

齿
上：9—11颗
下：9颗

10毫米

体长测量　出生体长：小于21—25厘米。性成熟体长：雄性50—60厘米，雌性52—66厘米。
最大体长：150厘米。大多数记录小于100厘米。

鉴定　眼上缘具发达的隆嵴，上覆有密集的大颗粒盾鳞（这一特征在尖背角鲨属中独一无二）。喷水孔非常大，垂直延长，高度几乎与眼长相等。第一背鳍棘稍微前倾。体色呈灰色或灰褐色。头部和体侧有较深的斑点（在成体中较模糊）；眼睛下有穿过颊部的浅色平行条纹。

分布　东大西洋：挪威到南非和地中海（不是黑海）。西南印度洋：莫桑比克和马达加斯加近海。

栖息地　大陆架和上大陆坡的珊瑚藻和泥底，深水珊瑚礁及泥沙质海床上，35—805米水深处，多栖息于100米以下水深处。

行为　不明。

生物学　卵胎生，每胎产仔数从7—8尾（安哥拉）至23尾（地中海），妊娠期3—12个月。以蠕虫、甲壳类动物和软体动物为食。

保护状态　全球种群和东北大西洋种群濒危（EN）。地中海种群极危（CR）。罕见种或不常见种。小型近海拖网兼捕渔获物。

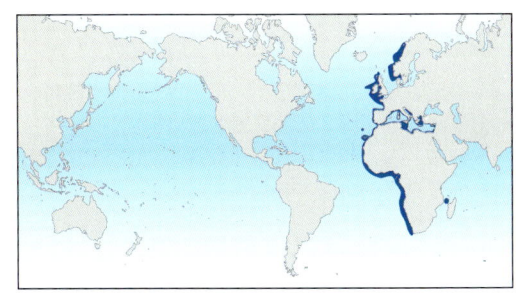

日本尖背角鲨　*Oxynotus japonicus*　　FAO代码：**OXZ**　图版　第192页

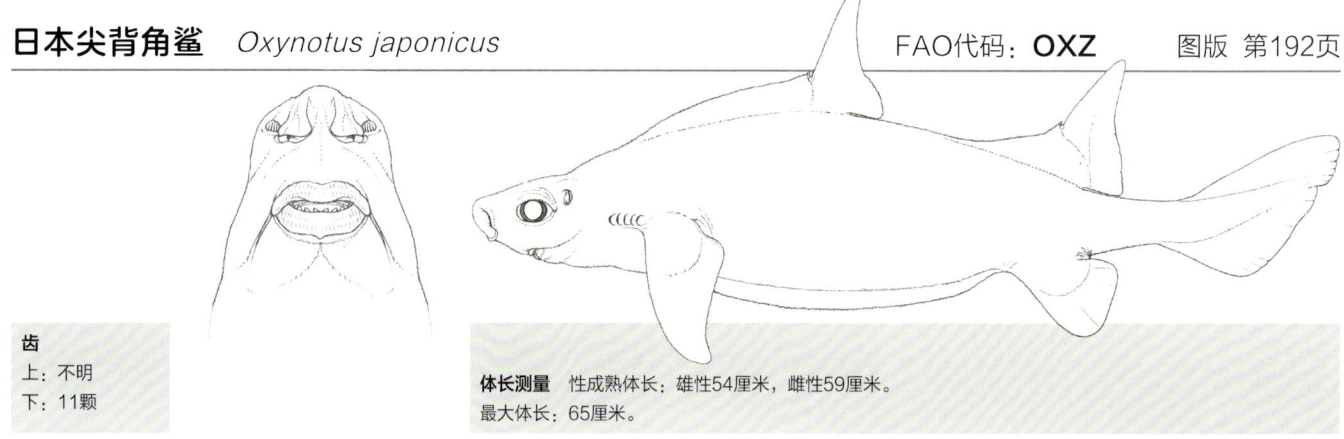

齿
上：不明
下：11颗

体长测量　性成熟体长：雄性54厘米，雌性59厘米。
最大体长：65厘米。

　　鉴定　喷水孔卵圆形，高度不足眼长的1/2。背鳍上角呈窄三角形，后缘浅凹。第一背棘稍微后倾。除了唇部、鼻瓣边缘、鳍腋和生殖器内缘呈白色外，通体均呈深褐色。
　　分布　西北太平洋：日本南部（本州骏河湾），琉球群岛和中国台湾东北部。
　　栖息地　上大陆坡，150—350米水深处。似乎更喜欢栖息于泥沙质海床上。
　　行为　不明。
　　生物学　卵胎生，其他一无所知。
　　保护状态　易危（VU）。目前对于这一物种的了解几乎完全来自底拖网捕获的个体，由于该物种的栖息地与深海渔业的捕捞作业范围重合，目前可能正面临着过度捕捞带来的威胁。

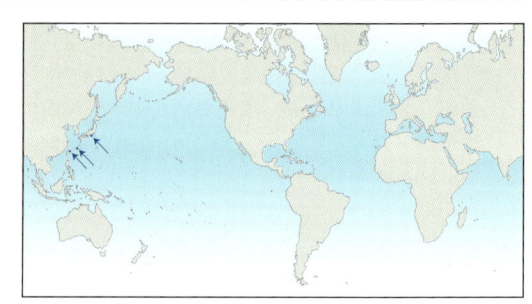

帆鳍尖背角鲨　*Oxynotus paradoxus*　　FAO代码：**OXN**　图版　第192页

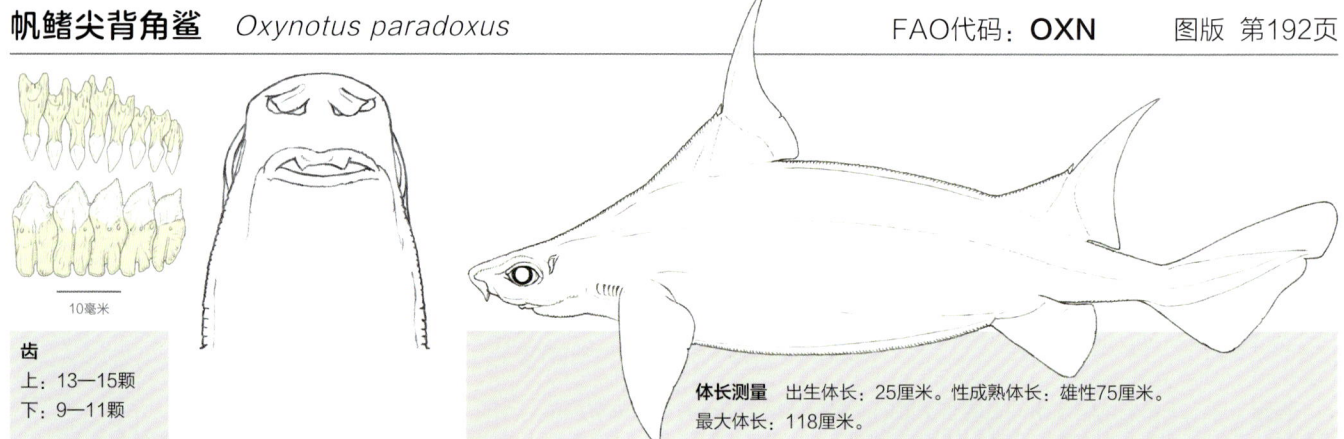

10毫米

齿
上：13—15颗
下：9—11颗

体长测量　出生体长：25厘米。性成熟体长：雄性75厘米。
最大体长：118厘米。

　　鉴定　喷水孔相对较小，几乎呈圆形。背鳍镰状，高耸而尖锐，后缘深凹。第一背鳍棘向后倾斜。体色呈黑色或暗褐色，无明显的斑纹或斑块。
　　分布　东大西洋：苏格兰到塞内加尔，包括亚速尔群岛和加那利群岛，可能还有几内亚湾。分布区不包括地中海海域。
　　栖息地　大陆坡，265—720米水深处。
　　行为　不明。
　　生物学　卵胎生，其他未知。可能以海底无脊椎动物为食。
　　保护状态　易危（VU）。罕见种，偶尔出现在底拖网（也可能是延绳钓）兼捕渔获物中，被用于制作鱼粉。

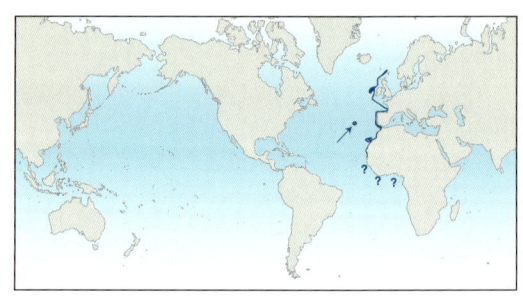

铠鲨科（Dalatiidae）

　　本科物种为小型到中型的深海鲨鱼，包括7属，10个种。7个属为铠鲨属（*Dalatias*）、拟小鳍鲨属（*Euprotomicroides*）、小鳍鲨属（*Euprotomicrus*）、似异鳞角鲨属（*Heteroscymnoides*）、达摩鲨属（*Isistius*）、软鳞鲨属（*Mollisquama*）、小角鲨属（*Squaliolus*）。本科物种分布在全球大部分温带到热带海洋的中下层海域，其中一些物种分布广泛，另一些物种的分布区则局限于单一海盆或海脊（但随着研究范围的扩展，某些物种的分布区可能会进一步扩大）。

　　鉴定　头部狭窄，呈圆锥形，吻部短。颌部强壮，上颌齿呈钩状，下颌齿呈刀片状且齿根两侧相互重叠，齿冠呈三角形，边缘光滑或有锯齿（仅见于铠鲨属）。胸鳍宽短，内角钝圆。两个背鳍，前部无鳍棘或只有第一个背鳍具鳍棘（小角鲨属）。第二背鳍比第一背鳍略小或略大。没有臀鳍。尾鳍上叶修长，下叶较短或近乎消失，有近端缺刻。

　　生物学　本科物种栖息于深海海域，人们对其了解不多。本科的鲨鱼都是卵胎生的（有卵黄囊）；其中体型较大的物种可能产下多达3—16尾幼仔。一些物种是强大的捕食者，另一些是体外寄生者；部分物种单独活动，而另一些物种至少会在其生命周期中的部分阶段聚集成群。包括达摩鲨在内的一些铠鲨科物种会生物发光，这一特性与乌鲨类似。然而，分类学家认为，这两个家族在其进化历史的不同时期，独立演化出了生物发光的结构，其发光器的构成组织和结构，以及发光原理都不尽相同。和乌鲨科物种一样，一些铠鲨科鱼类的腹部表面有发光细胞，可以产生淡蓝色荧光，并通过将自己的腹部亮度与上层水体中的光线亮度保持一致以实现"隐形"，从而将自己隐藏起来，避免被来自下方的掠食者发现。然而，达摩鲨喉部的环状区域不存在发光器。这使得它们腹部的发光区域出现了截断，从下面看，就像一条小鱼。达摩鲨可能正是借助这种发光效果，伪装成大型掠食者的猎物并吸引其靠近，再对其发动突袭。

　　现状　铠鲨科体型最大的物种——铠鲨是深海渔业重要的目标渔获物或兼捕渔获物，其鱼肉可食用或制鱼粉，肝脏可提取角鲨烯。目前铠鲨正因此饱受过度捕捞的威胁。其他铠鲨科物种因体型太小而无利用价值，被评估为无危（LC）物种。

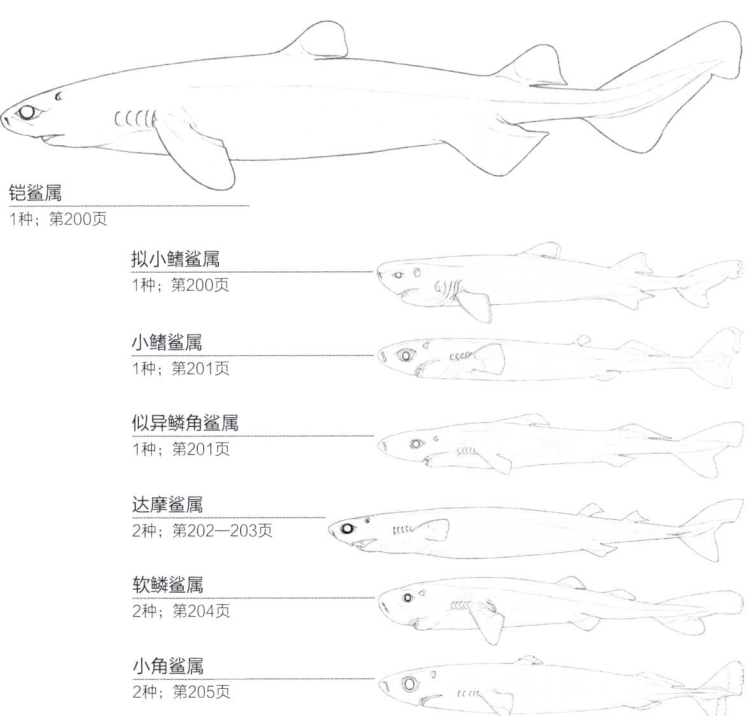

铠鲨属
1种；第200页

拟小鳍鲨属
1种；第200页

小鳍鲨属
1种；第201页

似异鳞角鲨属
1种；第201页

达摩鲨属
2种；第202—203页

软鳞鲨属
2种；第204页

小角鲨属
2种；第205页

铠鲨（*Dalatias licha*），由E/V鹦鹉螺探索计划拍摄，葡萄牙Gorringe银行海洋探索基金（第200页）

头窄，呈圆锥形，吻短；胸鳍内角宽短而钝圆，两背鳍无背鳍棘，无臀鳍，尾鳍上叶修长，近端缺刻发达。

○ **铠鲨** *Dalatias licha*　　　　第200页

分布于大西洋、印度洋和太平洋；37—1800米水深处。体型中等，体呈圆柱形；吻短而钝，唇厚，唇缘呈流苏状；两个背鳍大小相等，第一背鳍基部距胸鳍较距腹鳍为近，尾鳍下叶不发达；体呈均一的棕色到黑色。

○ **亮尾拟小鳍鲨** *Euprotomicroides zantedeschia*　　　　第200页

分布于南大西洋和东南太平洋；75—641米水深处。体呈圆柱形；吻短而钝，唇厚，唇缘呈流苏状，第五鳃裂极长；体腹部具发光器；第一背鳍基部距腹鳍与距胸鳍距离大致相等，第二背鳍起于腹鳍前上方，尾鳍宽而延长；各鳍后缘具显著的白边。

○ **白边小鳍鲨** *Euprotomicrus bispinatus*　　　　第201页

分布于南大西洋、印度洋和太平洋，栖息深度自表层海域延伸至水深1800米以下。体型微小，体呈圆柱形；吻钝圆，眼大；鳃裂短；体腹部具发光器；尾柄处具低矮的侧突；第一背鳍细小，呈旗状，第二背鳍始于腹鳍基底后方，尾鳍宽短，上下叶近乎等长；体呈黑色。

○ **白边似异鳞角鲨** *Heteroscymnoides marleyi*　　　　第201页

分散分布于南半球中纬度海域；栖息深度可能自表层海域延伸至水深502米处。体呈矮圆柱形；吻部延长而钝圆，唇薄，不平坦，鳃裂小；第一背鳍起于胸鳍基底上方，第二背鳍略大于第一背鳍，尾鳍宽短，上下叶近乎对称，下叶发达；体呈均匀的深棕色。

○ **巴西达摩鲨** *Isistius brasiliensis*　　　　第202页

分布于大西洋、印度洋和太平洋；0—3700米水深处。体圆柱形；吻部短而钝圆；腹部具发光器，但在喉部深色环纹处及胸鳍与腹鳍处缺失；第一背鳍基部位于腹鳍起点上方，胸鳍较背鳍更大，尾鳍宽短，上下叶近乎对称。体呈中灰色至灰褐色不等。

○ **大齿达摩鲨** *Isistius plutodus*　　　　第203页

分布于大西洋西部和东北部以及西太平洋；30—2060米水深处。形态与巴西达摩鲨相似，但下颌齿较大，尾鳍较小，喉部深色环纹不明显或缺失。

○ **美洲软鳞鲨** *Mollisquama mississippiensis*　　　　第204页

分布于西大西洋；墨西哥湾；5—580米水深处。体小，体呈圆柱形；吻短；没有背鳍棘；胸鳍后具独特的袋状腺体；尾鳍延长。体呈灰褐色，侧线处颜色较深，各鳍后缘浅色。

○ **帕氏软鳞鲨** *Mollisquama parini*　　　　第204页

分布于东南太平洋；330米水深处。体小；吻短而钝，唇厚，唇缘呈流苏状；胸鳍后具独特的袋状腺体；两个背鳍无背鳍棘，几乎等长，第一背鳍基底恰位于腹鳍起点之前；尾鳍延长，不对称；体呈深褐色，体侧具发光器，各鳍后缘白色。

○ **阿里小角鲨** *Squaliolus aliae*　　　　第205页

分布于西太平洋和中印度洋-太平洋；0—2000米水深处。体延长，呈纺锤形；吻部延长；上唇具1对明显的乳突，眼部比宽尾小角鲨更小；体表具发光器；两个背鳍，只有第一背鳍有背鳍棘，第二背鳍基底长大于第一背鳍基底长的两倍，尾鳍帚状；各鳍边缘浅色。

○ **宽尾小角鲨** *Squaliolus laticaudus*　　　　第205页

分布于大西洋、印度洋和太平洋；中上层海域，10—1800米水深处。与阿里小角鲨非常相似，但眼睛较大，眼眶上缘平直，上唇乳突缺失或不明显。

○ 铠鲨

20厘米

○ 白边小鳍鲨

○ 亮尾拟小鳍鲨

○ 白边似异鳞角鲨

○ 巴西达摩鲨

○ 大齿达摩鲨

○ 帕氏软鳞鲨

○ 美洲软鳞鲨

○ 阿里小角鲨

○ 宽尾小角鲨

20厘米

铠鲨 *Dalatias licha*

FAO代码：**CFB** 图版 第198页

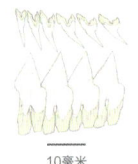 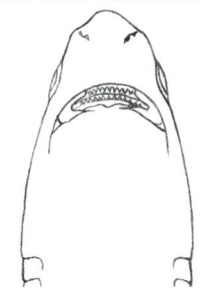 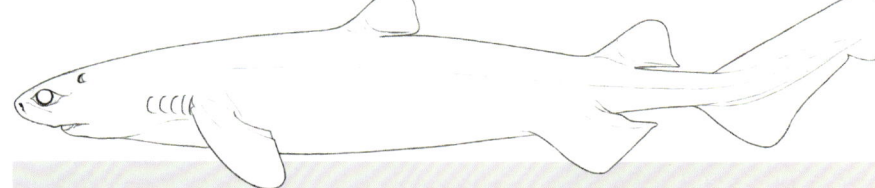

10毫米

齿
上：16—21颗
下：17—20颗

体长测量 出生体长：30—40厘米。性成熟体长：雄性100厘米，雌性120厘米。
最大体长：182厘米。

鉴定 体型中等。体圆柱形。吻短而钝。唇厚，唇缘呈流苏状；下齿有锯齿。两个背鳍无背鳍棘；第一背鳍起始于胸鳍内角之后，基底距胸鳍较距腹鳍为近；两个背鳍大小相等。尾鳍下叶不发达。体色为棕色至黑色。各鳍后缘多呈半透明状。

分布 在大西洋、印度洋和太平洋。

栖息地 暖温带至热带地区，大陆架外缘、岛架及大陆坡，37—1800米水深处，底层或近底层。多见于水深200米以下。

行为 常游弋于中下层海域，凭借着巨大的、充满油脂的肝脏提供浮力，行动较为灵活。主要以深海鱼类（包括其他鲨鱼）为食，也可能会袭击并撕咬大型猎物。

生物学 不明。卵胎生，每胎3—16尾胎仔，平均6—8尾，全年可进行繁殖。捕食深海鱼类（包括其他小型软骨鱼类）。

保护状态 易危（VU）。以其肉类和肝脏为目标的捕捞活动已经严重导致澳大利亚东南部、地中海和大西洋东北部的种群数量锐减。欧洲地区的种群已被评估为濒危（EN），该地区的铠鲨渔场已因其资源枯竭而关闭。在其他大部分分布区内也受到过度捕捞的影响。

亮尾拟小鳍鲨 *Euprotomicroides zantedeschia*

FAO代码：**EUZ** 图版 第198页

 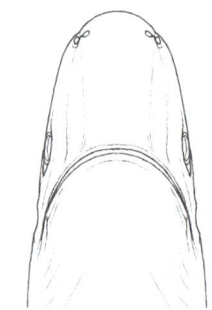 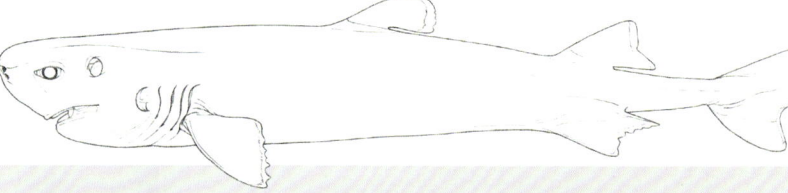

约2毫米

齿
上：29颗
下：29—34颗

体长测量 出生体长：小于17.6厘米。性成熟体长：雄性41.6—45.5厘米，最大雌性53厘米。
最大体长：53厘米。

鉴定 体粗壮。吻短，唇厚，唇缘呈流苏状。第五鳃裂较长，但不足第一鳃裂长度的两倍。第一背鳍起点距胸鳍基部与距腹鳍基部之间的距离大致相等；第一背鳍比第二背鳍略小；第二背鳍起点位于腹鳍起点之前（在铠鲨科其他属中则位于其之后）。胸鳍宽大，呈叶状。尾柄处具腹中嵴。泄殖腔大大扩展为一个含有黄色乳突的发光腺体。尾鳍帚状。体色为黑褐色。各鳍后缘具显著的白边。

分布 南大西洋和智利胡安·费尔南德斯群岛的东南太平洋。

栖息地 4种已知标本中有3种是在至少2000米水深上方75米处被中层拖网捕获的，而第4种是在458—641米之间的大陆架上被底部拖网捕获的。

行为 不明。

生物学 不明。可能是卵胎生，每胎产崽量较少。

保护状态 无危（LC）。其栖息地内的捕捞压力较小。目前已知的标本仅有4尾。

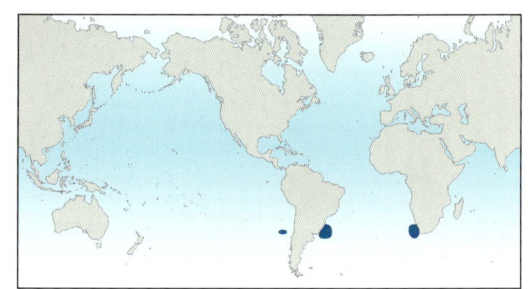

白边小鳍鲨 *Euprotomicrus bispinatus*

约2毫米

齿
上：19—21颗
下：19—23颗

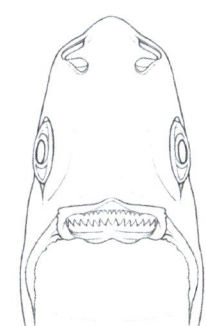

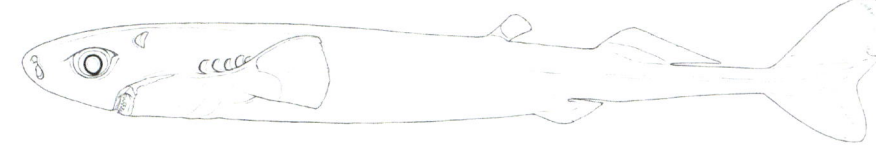

体长测量　出生体长：6—10厘米。性成熟体长：雄性17—19厘米，雌性22—23厘米。
最大体长：27厘米。

　　鉴定　体型微小，呈圆柱形。吻部凸起。大眼睛。鳃裂很小。第一背鳍较小，呈旗状，长度为第二背鳍的1/4；第二背鳍起点位于腹鳍之后。尾柄处有低矮的纵嵴。尾鳍上下叶几乎对称，呈帚状。体背部黑色，各鳍边缘浅色。腹部具发光器官。

　　分布　在南大西洋、印度洋和太平洋。

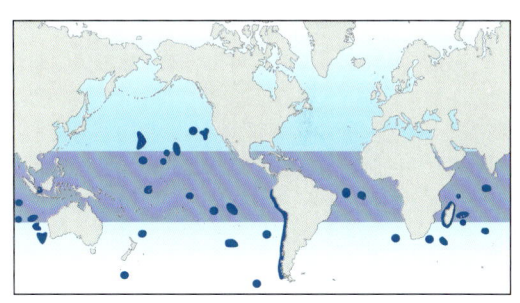

　　栖息地　开阔海域的中上层及深层，0—1829米水深处，最大栖息深度可能达9938米。夜间会从水下1500米的深层海域上浮至水面附近。

　　行为　以深海鱿鱼、硬骨鱼、甲壳类动物等小型猎物为食。

　　生物学　卵胎生，每胎8尾胎仔。

　　保护状态　无危（LC）。由于其体型较小且栖息深度较大，因此很难被渔具捕获。

白边似异鳞角鲨 *Heteroscymnoides marleyi*

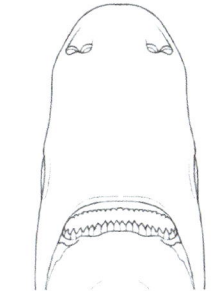

齿
上：22颗
下：23颗

体长测量　出生体长12.8厘米。性成熟体长：雄性36厘米，雌性33.3厘米。
最大体长：雄性37厘米。

　　鉴定　体型较小。吻部延长，前端钝圆。唇薄，唇上无褶。鳃裂小。第一背鳍前位，起始于胸鳍基部上方。第二背鳍比第一背鳍稍大。尾鳍帚状，上下叶几乎对称，尾鳍下叶较发达。体呈深褐色。各鳍深色，后缘淡色。

　　分布　零散分布于南半球中纬度海域，其分布区可能比已知的要更为广泛。

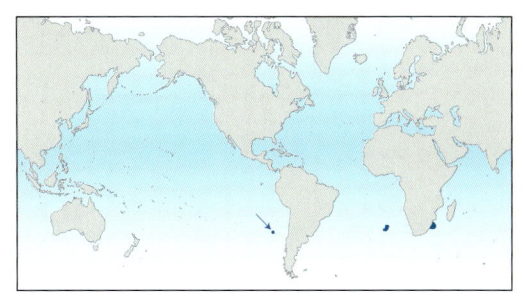

　　栖息地　栖息于开阔海域（纵深830—4000米）表层至水深502米间的中层海域。

　　行为　不明。

　　生物学　推测为卵胎生，每窝产仔数可能比较少。食性未知，可能以小型鱼类和无脊椎动物为食。

　　保护状态　无危（LC）。目前记录到的标本仅有6尾，来自3个相距甚远的分布区内。其实际分布区可能要更加广泛，目前其栖息地几乎不受捕捞活动的影响，其种群也并不受到其他已知的因素威胁。

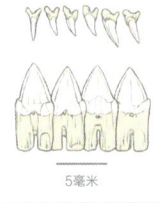

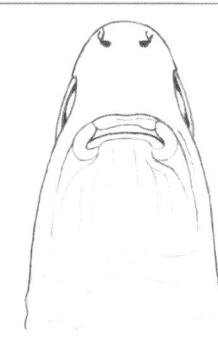

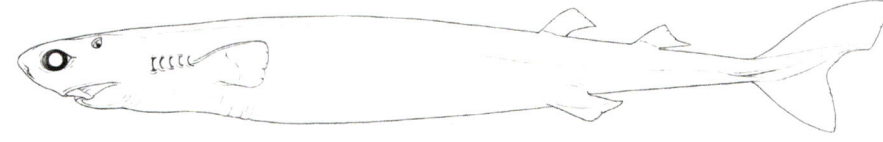

5毫米

齿

上：30—37颗

下：25—31颗

体长测量 出生体长：14—15厘米。性成熟体长：雄性31—37厘米，雌性38—44厘米。
最大体长：雄性至少42厘米，雌性至少56厘米。

别名 雪茄达摩鲨

鉴定 体型较小。体圆柱形，酷似雪茄。吻非常短，钝圆。唇发达，类似吸盘状；下颌齿宽扁，齿尖呈三角形，每列25—31枚。背鳍后位；第一背鳍基部位于腹鳍起点上方。腹鳍比背鳍大。尾鳍宽短，帚状，上下叶几乎对称，下叶发达。腹部除喉部深色环纹处及胸鳍与腹鳍处外均具发光器，并能发出明亮的蓝绿色荧光。体呈棕灰色或灰褐色。各鳍边缘浅色，鳃部具明显的深色环纹。在所有已知的鲨鱼中，巴西达摩鲨拥有相对比例最大的下颌齿。

分布 分布于大西洋、南印度洋和太平洋。

栖息地 主要分布于热带海域，0—3700米深的开阔海域中上层及深层，具垂直迁移行为，夜间会上浮至表层海域觅食，常常出现在岛屿附近。

行为 游泳能力不佳，但可进行短距离冲刺。在夜间可能会从深层海域（水深2000—3000米处）垂直迁移至中上层海域。巴西达摩鲨具有外寄生行为：它们会悄然靠近并伏击大型猎物。它们的发光器可能会用于引诱猎物。达摩鲨是极度贪婪且无所畏惧的小型掠食者，它们会攻击大型鲸豚类、鳍足类动物、大型硬骨鱼类、其他鲨鱼及鳐魟类。一旦靠近猎物体表，巴西达摩鲨就会用唇部吸附在猎物体表，然后用锋利的下颌齿切入猎物的皮肤，并通过扭动躯干从猎物身上剜下圆饼状的肉块，留下坑状伤口。一名在夏威夷开阔海域运动的游泳者曾被巴西达摩鲨袭击过。据报道，这一物种甚至会攻击核潜艇的橡胶声呐罩。在被捕获后会奋力挣扎，并可能咬伤渔民。

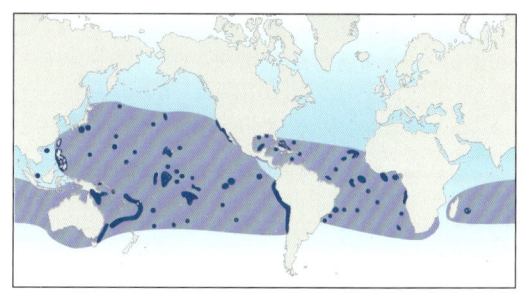

生物学 卵胎生，有卵黄囊，每胎6—9尾胎仔。充满油脂的巨大肝脏和体腔以及比例较小的鳍表明其具有中性浮力。下颌齿成列替换，在替换后会被巴西达摩鲨吞下（可能是为了循环利用其中的钙质）。如上所述，除了从大型猎物体表剜下肉块，巴西达摩鲨还以深海鱼类、鱿鱼和甲壳类动物为食。

保护状态 无危（LC）。因体型太小而无法被大多数渔具捕获，但偶尔会成为远洋渔业的兼捕渔获物。

巴西达摩鲨（*Isistius brasiliensis*），夏威夷大岛

大齿达摩鲨 *Isistius plutodus*

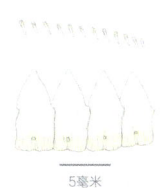
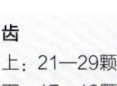

5毫米

齿
上：21—29颗
下：17—19颗

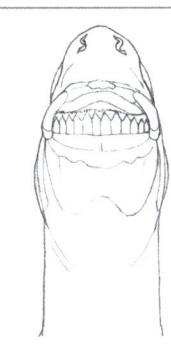

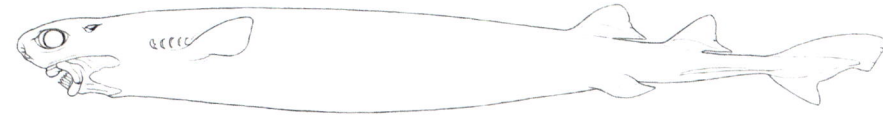

体长测量　性成熟体长：雄性34厘米，雌性42厘米。
最大体长：雌性至少42厘米。

鉴定　形态与巴西达摩鲨类似，但口更宽，下颌齿更发达，下颌每列仅具17—19枚巨大的颌齿。吻短，眼位于头部前方，可能具双目视觉。尾鳍小，不对称，下叶较短。喉部深色环纹不明显或缺如。

分布　可能分布在全球。大西洋和西太平洋周围有分散记录。

栖息地　栖息于开阔海域（纵深达6440米）水深30—2060米的中上层至深层，分布较为分散。

行为　较小的各鳍表明这一物种的游动能力可能不及巴西达摩鲨，但其却有与巴西达摩鲨类似的捕食方式，可以从硬骨鱼身上咬出更加宽阔(约为口径的2倍)的咬痕，对其他大型猎物可能也是如此。

生物学　不明。可能为卵胎生。

保护状态　无危（LC）。尽管相关记录较少，但这一物种可能是全球性分布的。其很少出现在商业捕捞的渔获物中。

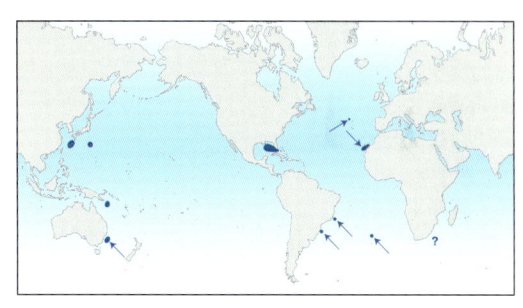

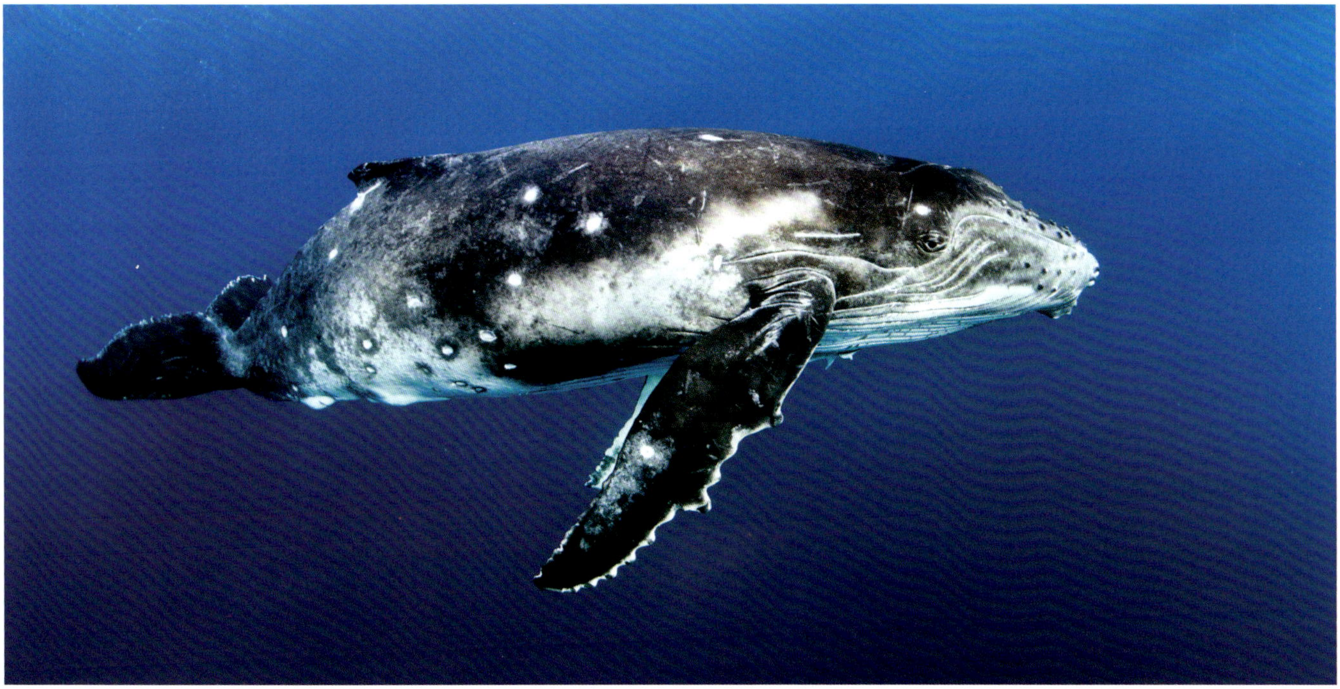

座头鲸幼崽，身体有被巴西达摩鲨（*Isistius brasiliensis*）袭击的圆形咬痕（第202页），社会群岛塔希提岛，法属波利尼西亚

美洲软鳞鲨 *Mollisquama mississippiensis*

FAO代码：**SHX**　　图版 第198页

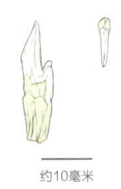
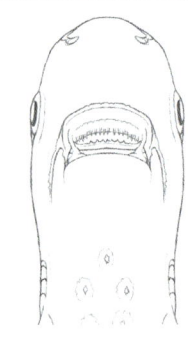
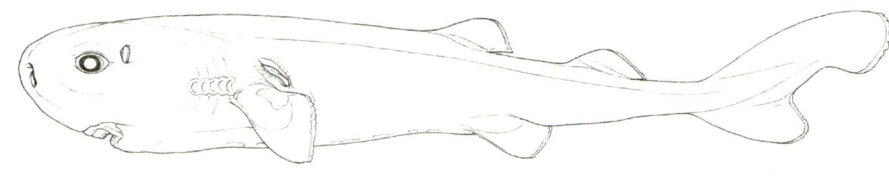

约10毫米

齿
上：21颗
下：31颗

体长测量　最大体长：至少14厘米。

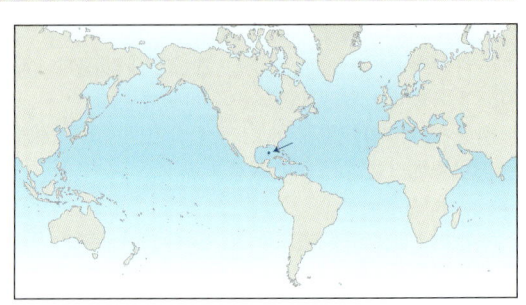

鉴定　体型较小，体呈圆柱形，自头部向尾部逐渐变细。胸鳍后上方有一对独特的袋状腺体。没有背鳍棘，尾柄处不具嵴或尾前凹。尾鳍上下叶不对称。体色为灰褐色侧线处深色，腹部色浅。各鳍边缘淡色。

分布　西大西洋：墨西哥湾中部。

栖息地　开阔海域（纵深3038米）水深5—580米的中层带。

行为　不明。

生物学　不明。目前已知的标本仅有1尾亚成年雄性。

保护状态　无危（LC）。唯一已知的标本由中层深水拖网捕获，其分布区内作业的商业渔船几乎不可能捕获这一小型鲨鱼。

帕氏软鳞鲨 *Mollisquama parini*

FAO代码：**SHX**　　图版 第198页

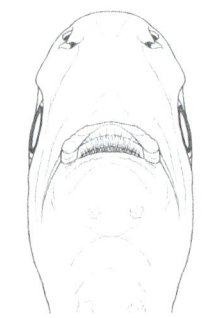
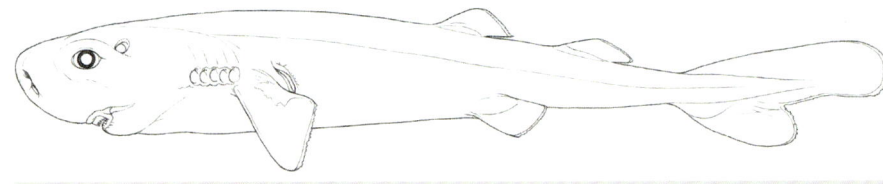

齿
上：23颗
下：31颗

体长测量　最大体长：至少40厘米（年轻雌性）。

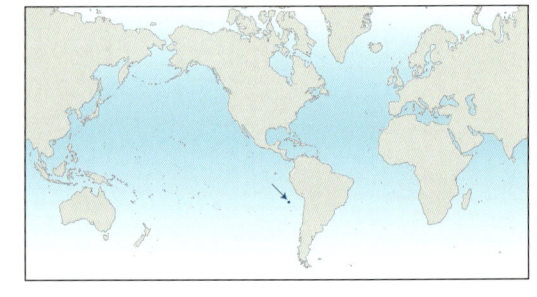

鉴定　体型小。吻短而钝圆。唇厚，唇缘呈流苏状。鳃裂中长，第五鳃裂几乎是第一鳃裂长度的两倍。第一背鳍起点远位于胸鳍后方，基底位于腹鳍基底之前；第二背鳍大约与第一背鳍一样大。胸鳍基部上方具1对袋状腺体，其上有一个明显的缝隙状开口（可能用于分泌信息素或发光液体）。尾鳍上下叶不对称，呈歪状，下叶不发达。体呈深棕色，各鳍深色，边缘浅色。

分布　东南太平洋。

栖息地　唯一已知的标本是由一艘研究船在纳斯卡洋（智利以东约1200千米）330米水深处采集的。

行为　不明。

生物学　不明。可能为卵胎生。

保护状态　无危（LC）。其体型较小，加上栖息于中层海域，因此难以被商业渔具捕获。

阿里小角鲨 *Squaliolus aliae*

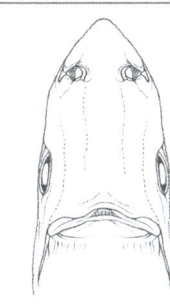
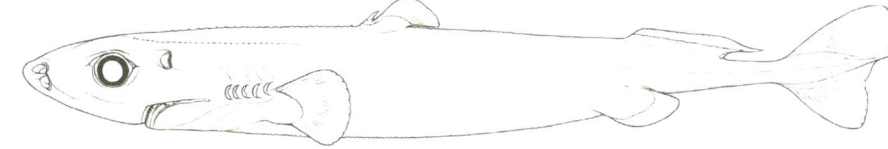

约2毫米

齿
上：23颗
下：21颗

体长测量　出生体长：小于10厘米。性成熟体长：雄性15厘米，雌性22厘米。最大体长：雄性24厘米。现存最小的鲨鱼之一。

鉴定　纺锤形的鲨鱼。吻长，而尖，呈圆锥状。上唇有一对较发达的乳突，部分覆盖上颌齿。眼部比例较宽，比宽尾小角鲨的更小；眼上缘呈弧形。背鳍两个，仅第一背鳍具背鳍棘，有时被皮肤覆盖；鳍棘起点位于胸鳍内缘上方，或与胸鳍内角相对；第二背鳍基底长为第一背鳍基底的2倍以上。尾鳍呈帚状。体呈黑色，各其边缘浅色。腹面具发光器。

分布　西太平洋和中印度太平洋。

栖息地　大陆坡上层或中层，0—2000米水深处。

行为　具垂直迁移行为，夜间上浮至上层海域，白天则会返回深海。

生物学　罕为人知。卵胎生，产仔数不详。以小型中层水鱼类、头足类动物和小型甲壳类动物为食。

保护状态　无危（LC）。分布范围广，此前有学者认为其体型过小，无法被商业网具所捕捞，但在西太平洋海域，阿里小角鲨却是当地底拖网作业中常见的兼捕渔获物。

宽尾小角鲨 *Squaliolus laticaudus*

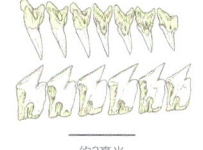
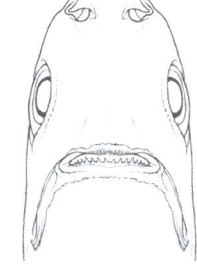
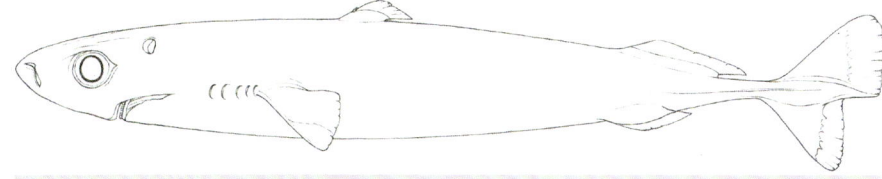

约2毫米

齿
上：22—23颗
下：16—21颗

体长测量　出生体长：8—10厘米。性成熟体长：雄性15厘米，雌性17—20厘米。最大体长：雄性22厘米，雌性28厘米。

鉴定　与阿里小角鲨非常相似，但有较大的眼睛，眼上缘平直，上唇乳突弱或缺如。腹部具发光器。

分布　大西洋，印度洋和太平洋。分布区多位于热带开阔海域。

栖息地　分布广泛的热带远洋物种。大陆架、岛架及大陆坡，10—1800米水深处，常出现在靠近大陆和岛屿的大陆坡或岛坡上。其栖息水温为11.2— 26.3℃。

行为　具垂直迁移行为，白天栖息于水深500米左右的中层海域，夜间则会上浮至200米左右的海域觅食；在水深700—750米底层海域和开阔海域（纵深1200米）水深10—80米的上层海域均有捕获记录，但不会出现在表层海域，其腹部的发光器可以实现"消光剪影"，从而使其隐蔽于来自上层的光线之中。

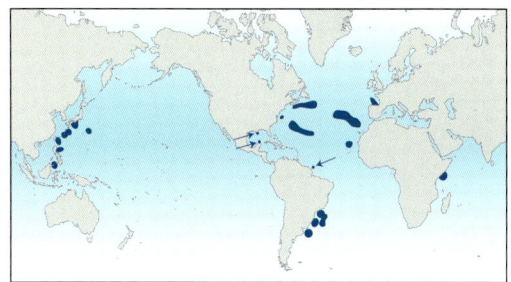

生物学　卵胎生，具卵黄囊，每胎3—5尾胎仔。以同样有垂直迁移行为的深海乌贼和鱼类为食。

保护状态　无危（LC）。分布广泛，偶尔会被捕获。其体型过小，多栖息于较深海域，因此目前暂未受到过度捕捞的严重威胁。

图版 20 锯鲨科 I

细长而有特色的鲨鱼；头扁平，吻部长而扁平，呈锯齿状，长的腹部触须和密集的侧部和腹部锯齿，大的喷水孔；尾柄上有厚的侧嵴；尾鳍上叶长。

○ **安娜六鳃锯鲨** *Pliotrema annae* 第212页

分布于西印度洋；浅大陆架；20—35米水深处。底层或近底层。身材修长；吻相对同属物种较短；吻中部具1对皮须；须前吻缘具10—11枚大齿，须后吻缘具6—7枚大齿；鳃裂6对；体呈中褐色或深褐色，无条纹，腹部白色；具不明显的深色斑点；各鳍后缘白色。

○ **卡伊六鳃锯鲨** *Pliotrema kajae* 第212页

分布于西印度洋；上大陆坡；214—320米水深处。身材修长；吻长；吻中部具1对皮须；须前吻缘具12—14枚大齿，须后吻缘具8—17枚大齿；鳃裂6对；体呈浅褐色，体侧具2条淡黄色条纹；腹部白色；各鳍后缘具狭窄白边。

○ **瓦氏六鳃锯鲨** *Pliotrema warreni* 第213页

分布于东南大西洋和西南印度洋；10—915米水深处。底层或近底层。身材修长；吻长；皮须较同属其他物种更靠近口部，位于较大的吻齿后缘；须前吻缘具14—18枚大齿，须后吻缘具6—19枚大齿；体背部呈深褐色，具淡黄色纵纹，腹部呈均一的白色；各鳍深色，后缘白色。

○ **长吻锯鲨** *Pristiophorus cirratus* 第213页

分布于南澳大利亚；0—630米水深处。底层或近底层。矮壮的锯鲨；皮须距吻端较距口部为近，须前吻缘具9—15枚大齿，须后吻缘具9—10枚大齿；体背部呈浅黄色或灰棕色，有时具模糊的斑点或条纹，吻中线及吻缘呈深色，吻齿微黑。

○ **日本锯鲨** *Pristiophorus japonicus* 第214页

分布于西北太平洋；50—1240米水深处。底层或近底层。体粗壮；皮须距口部较距吻端为近，须前吻缘具25—32枚大齿，须后吻缘具8—16枚大齿；体色呈褐色或红褐色，吻中线及吻缘具暗褐色条纹。

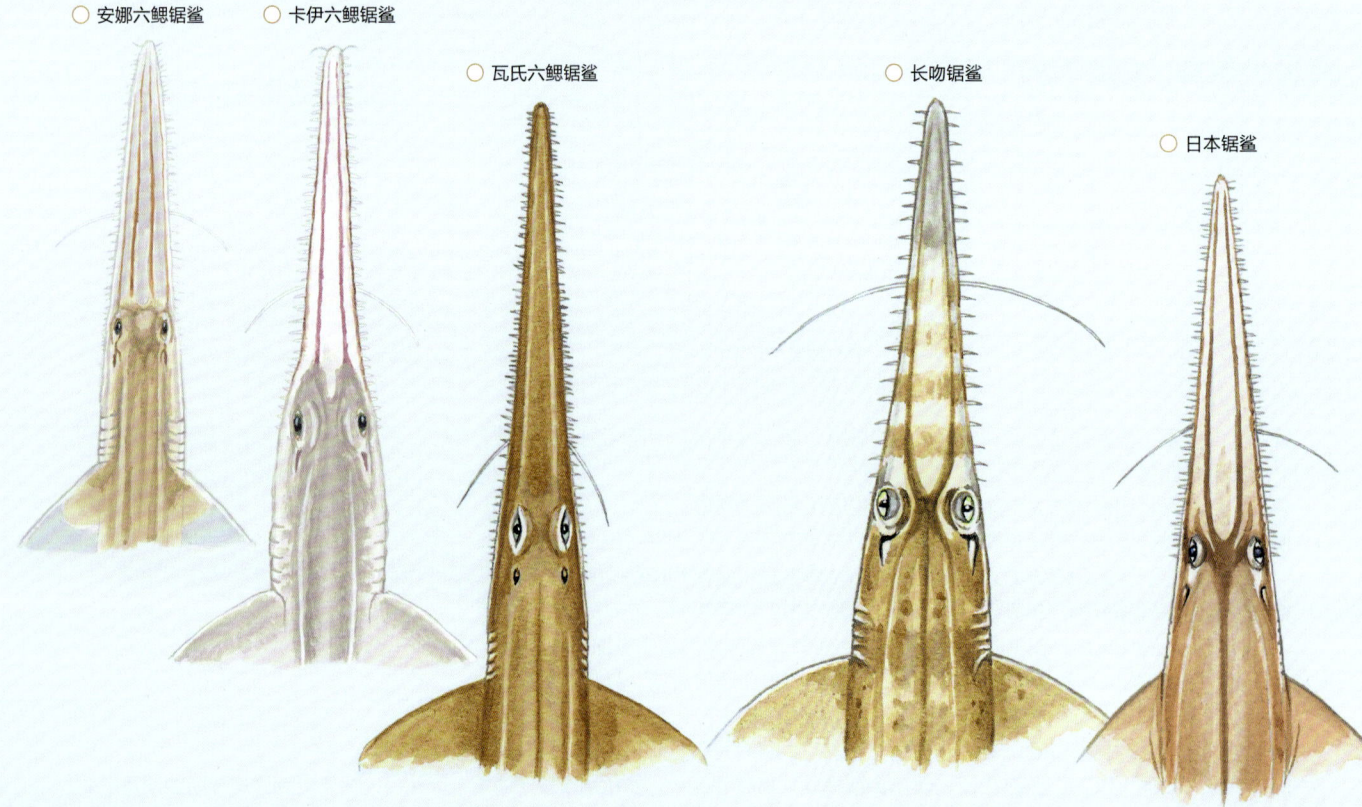

○ 安娜六鳃锯鲨   ○ 卡伊六鳃锯鲨

○ 瓦氏六鳃锯鲨

○ 长吻锯鲨

○ 日本锯鲨

安娜六鳃锯鲨

卡伊六鳃锯鲨

瓦氏六鳃锯鲨

长吻锯鲨（南澳型）

日本锯鲨

20厘米

图版 21　锯鲨科 Ⅱ

○ **热带锯鲨** *Pristiophorus delicatus*

第214页

分布于东澳大利亚；239—511米水深处。体细长；皮须距口部距离较距吻端距离相等或稍近；须前吻缘具12—15枚大齿，须后吻缘具6—9枚大齿；幼鱼大吻齿间常具2—3枚小齿；体背部呈淡黄褐色，没有斑点或条纹。

○ **拉娜锯鲨** *Pristiophorus lanae*

第215页

分布于菲律宾；229—593米水深处。底层或近底层。体细长；皮须距口部较距吻端略近；须前吻缘具17—26枚大齿，须后吻缘具6—17枚大齿；幼鱼大吻齿间常具2—3枚小齿；体背部呈均匀的深褐色，没有斑点或条纹。

○ **南希锯鲨** *Pristiophorus nancyae*

第215页

分布于西印度洋；286—570米水深处。体型较小；皮须距吻端较距口部为近；须前吻缘具14—22枚大齿，须后吻缘具6—10枚大齿；吻端稍后侧腹面具2列浅坑，每列4—5个；大吻齿的基部具嵴。第一背鳍呈宽扁的三角形；上角棕色，吻部苍白色，吻中线及吻缘具深褐色条纹，胸鳍和背鳍前缘黑色（在幼鱼中更为明显）。

○ **裸鳍锯鲨** *Pristiophorus nudipinnis*

第216页

分布于南澳大利亚；0—165米水深处。底层或近底层。体粗壮；皮须距口部较距吻端为近；须前吻缘具12—13枚大齿，须后吻缘具6枚大齿；体背部呈均匀的石灰色，吻中线及吻缘具模糊条纹。

○ **巴哈马锯鲨** *Pristiophorus schroederi*

第216页

分布于西北大西洋；438—952米水深处。底层或近底层。体细长；皮须距口部距离较距吻端距离几乎相等；须前吻缘具13枚大齿，须后吻缘具10枚大齿；幼鱼大吻齿间常具1枚小齿；体背部呈浅灰色，吻中线及吻缘具深褐色条纹，幼鱼背鳍的前缘呈黑色。

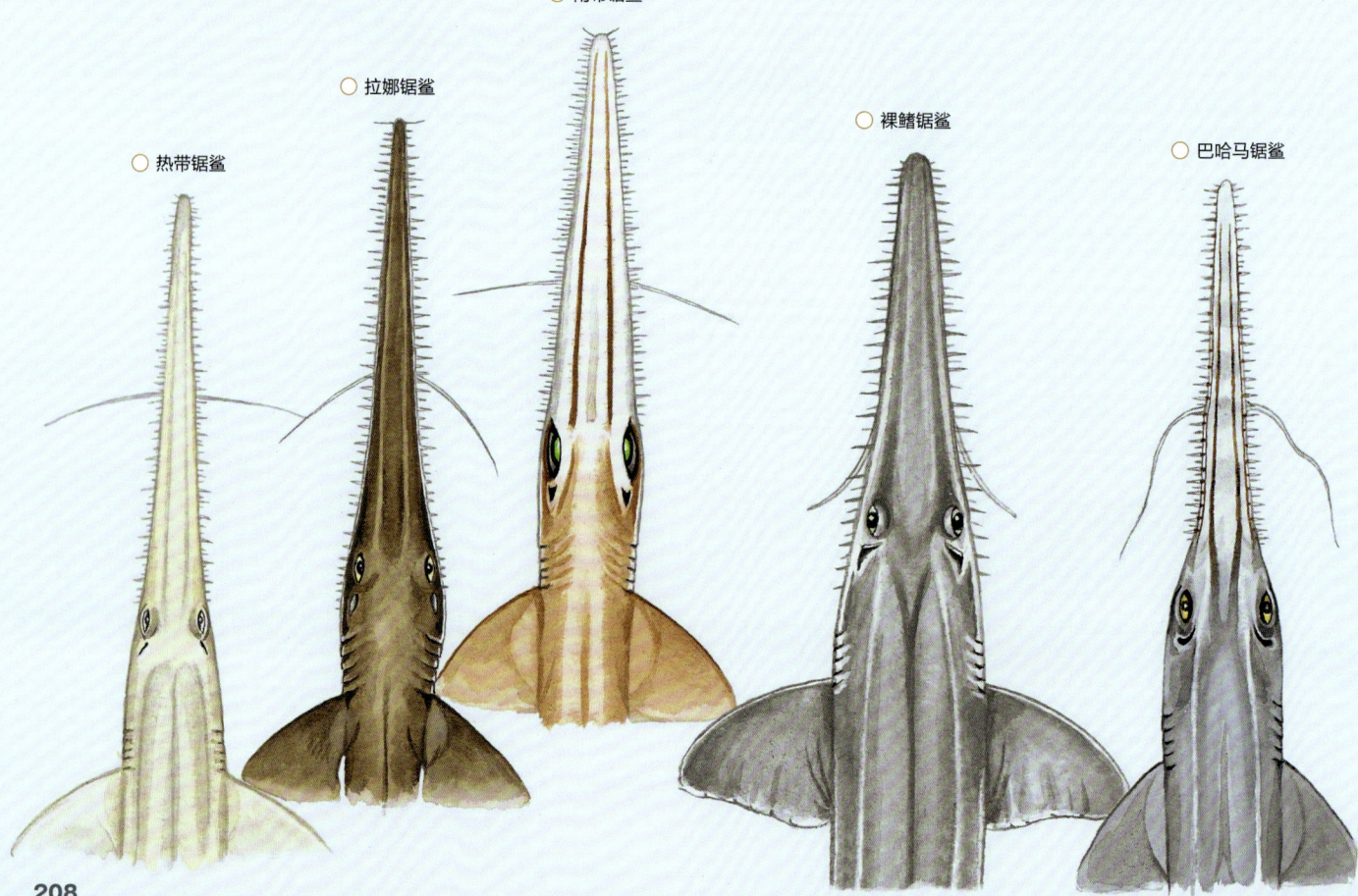

208

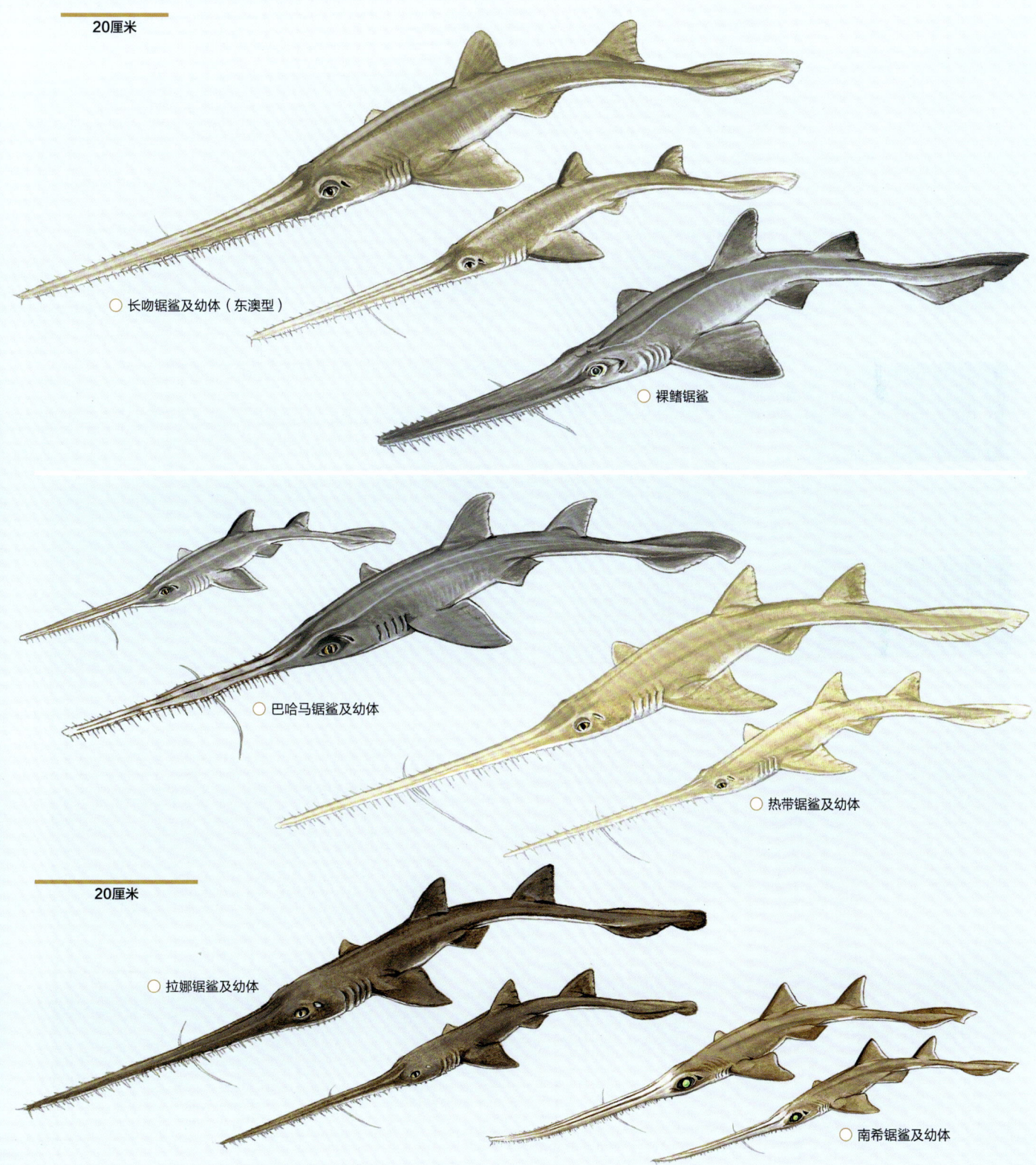

20厘米

○ 长吻锯鲨及幼体（东澳型）

○ 裸鳍锯鲨

○ 巴哈马锯鲨及幼体

○ 热带锯鲨及幼体

20厘米

○ 拉娜锯鲨及幼体

○ 南希锯鲨及幼体

锯鲨目（Pristiophoriformes）

该目仅包含一个鲜为人知的科：锯鲨科（Pristiophoridae）。该科共包含10个现生种。其化石记录遍及全球，但现生种仅栖息于西北和东南大西洋、西印度洋和西太平洋的大陆架、岛架及上大陆坡海域。在温带地区其栖息深度相对较浅，在热带地区则栖息于更深的海域。有时会结群活动。至少有一个物种的成体和幼体分别栖息于不同深度的海域。其中一些物种为局域分布种。

鉴定 体型较小（大多数物种全长小于150厘米，其中最大的物种全长达153厘米，但也可能达到170厘米）；体纤细，呈圆筒状；头部平扁，吻部扁而延长，呈锯状，吻部腹面具一对呈弦状的延长皮须，侧缘排列有密集的齿。眼上侧位，眼后具较大的喷水孔。背鳍2个，无背鳍棘；不具臀鳍。尾柄处具侧突，尾鳍上叶延长，下叶不发达。锯鲨可能会与锯鳐混淆，但锯鳐为鳐类，体型较为扁平，胸鳍与头部相融合，鳃裂位于腹面。

生物学 卵胎生；每胎5—17尾胎仔，胎仔由卵黄囊提供发育所需营养，其在出生时即被完全吸收。吻缘的吻齿在出生前就已经发育成形，但直至出生后才会露出。其呈锯状的吻部有感知功能，可以用于检测外界振动和电场，也用于捕获和杀死猎物。锯鲨可能还会利用吻部进行自卫，或是用于求偶过程中（成体体表偶尔看到的划痕可能是由其他个体造成的）。吻部修长的皮须上可能有味觉、触觉或其他感觉，可以用于定位海床上的猎物。锯鲨主要以小鱼、甲壳类动物和鱿鱼为食。

状态 通常不会对人类造成威胁，但其吻齿十分锋利（不具毒性），还需小心对待。本目中共有60%的物种被评估为无危（LC），另有3个物种目前处于数据缺乏（DD）状态。其中一些物种在它们的分布区内非常常见，在一些存在渔业活动的栖息地内，它们很容易成为刺网或底拖网的兼捕渔获物，因其延长的锯状吻部很容易被网具缠住。被捕获的锯鲨往往会被丢弃，或是被用于食用，其吻部在晒干后可被作为工艺品出售。

长吻锯鲨（*Pristiophorus cirratus*），澳大利亚东南部（第213页）

锯鲨科（Pristiophoridae）

共包括2属10种。这两个属可以很容易地根据体侧鳃裂的数量来划分：六鳃锯鲨属（*Pliotrema*）有6对鳃裂，锯鲨属（*Pristiophorus*）有5对鳃裂，但不同锯鲨物种间的形态特征非常相似。长期以来，六鳃锯鲨属曾一度被认为只有1个物种，但近年来却被证实有3个物种，这3个物种均为西印度洋海域的狭域分布种。与处于濒危或极危状态的锯鳐不同，大多数锯鲨物种目前处于无危状态。锯鳐通常栖息于人类活动密集的沿岸海域，因此极易受到渔业活动造成的严重影响；相比之下，大多数锯鲨栖息于人迹罕至的深海海域，加上体型小，经济价值不高，因此目前种群状况相对较为乐观。

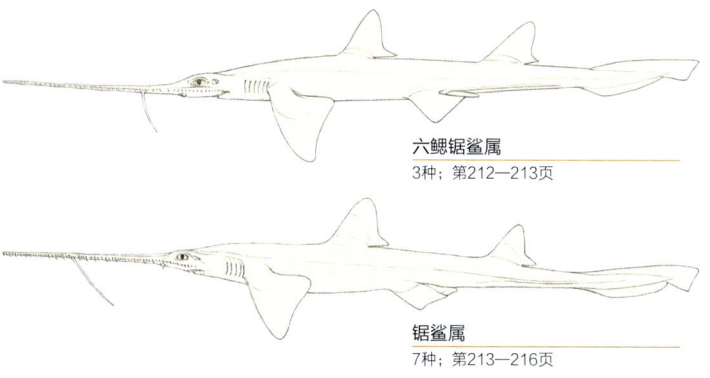

六鳃锯鲨属
3种；第212—213页

锯鲨属
7种；第213—216页

锯鳐还是锯鲨？

锯鲨科（Pristiophoridae）和锯鳐科（Pristidae），均得名于其延长且边缘具齿的吻部，其拉丁学名来源于古希腊单词"pristes"，意为"锯"。尽管两者形态接近，但亲缘关系却相差甚远：锯鳐隶属于下孔总目（鳐总目），与魟鳐类的关系更为紧密（尽管确实会有渔民将锯鳐俗称为"锯鲨"或"木匠鲨"）。鱼类学家认为，软骨鱼纲中至少有3个科曾分别独立演化出了锯状吻，其中1科在约1.5亿年前的白垩纪时期彻底灭绝（第8页）。产生这种趋同演化，是因为三者同为底栖性鱼类，在这样的生活环境中，锯状的吻部非常重要。相较于没有锯状吻部的祖先，锯鲨或锯鳐可以用锯状吻来杀死更大、更灵活的猎物，而且还可以用其进行防御。由于大多数锯鲨栖息于深海，且在水族馆中较少饲养，因此有关其行为模式的观察记录非常稀少。然而，锯鳐可以在圈养环境中长期生存，其捕食模式目前已被研究得非常透彻。对锯鳐和锯鲨吻齿磨损情况的研究表明，它们的行为可能非常相似。锯鲨和锯鳐延长的吻部可用于探测压力变化及电场（见第31页），帮助搜寻隐藏于海床上的猎物（第31页）。锯鲨的吻中部有一对细长的皮须，皮须具有感知电场及化学物质的能力。当发现大型猎物时，锯鲨会用长吻压住奋力挣扎的猎物，并用其对猎物进行横扫或斜刺。在此过程中，锯鲨的猎物会被击昏，或是直接被尖锐的吻齿刺穿。

锯鲨和锯鳐有着许多相似之处，但二者也有所区别，除了前文中提到的有无皮须外，重要的区别还在于吻部及吻齿的形态、大小。锯鲨的吻部大致呈狭而高的三角形，向前端逐渐变窄；而锯鳐的吻缘则大致平行，前后宽度相差不大。锯鲨的吻齿呈狭而尖的锥状，大小不等，在吻缘交替排列；锯鳐的吻齿呈宽扁的刀状，吻齿大小近乎相等。锯鲨的吻齿在脱落后可以再生，而锯鳐则无法做到这一点。

锯鲨和锯鳐牙齿和吻突的区别

	吻的形态	吻齿的大小和形态	有无皮须
锯鲨	呈拉长的等腰三角形，自基部向前端逐渐收窄	吻齿细长，窄锥状，大小不一，沿吻缘交替排列	具有
锯鳐	吻缘几乎平行，前后等宽	吻齿宽扁，刀状，大小均一，排列均匀	不具有

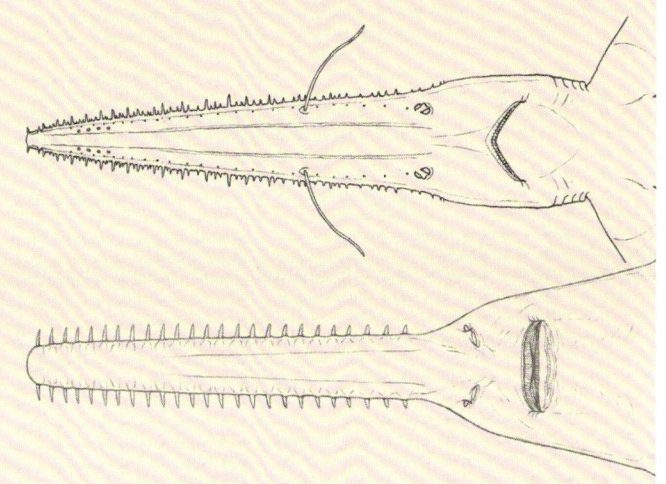

安娜六鳃锯鲨 *Pliotrema annae*　　　　　　FAO代码：**PWS**　　图版 第206页

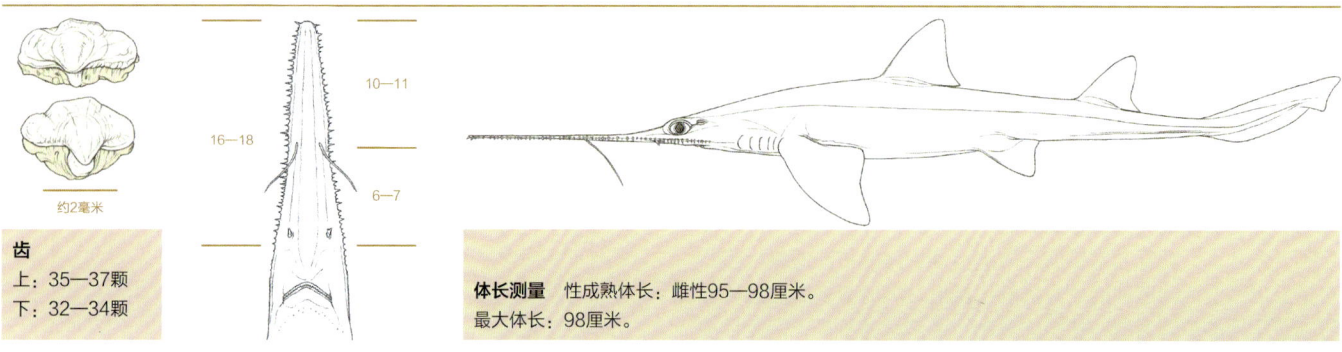

齿
上：35—37颗
下：32—34颗

约2毫米

10—11
16—18
6—7

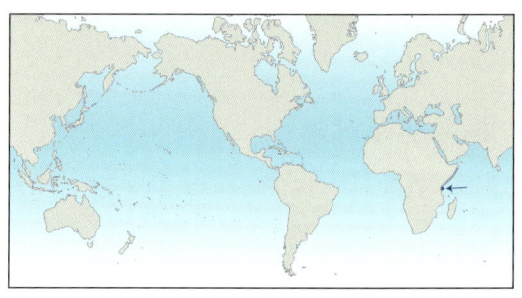

体长测量　性成熟体长：雌性95—98厘米。
最大体长：98厘米。

　　鉴定　头部长度小于全长的35%。吻短，从吻端到皮须起点的长度小于全长的13%，吻端到眼前缘的距离小于全长的22%，吻端到口前的距离小于全长的26%。皮须位于吻中部，基点距吻端距离与距口部距离近乎相等。吻缘具16—18枚大吻齿，须前吻缘具10—11枚大齿，须后吻缘具6—7枚大齿；体背部呈均一的中褐色或深褐色，无纵纹；腹部白色，具模糊的黑斑。各鳍后缘浅色。

　　分布　西印度洋：桑给巴尔（坦桑尼亚），可能分布在肯尼亚和索马里。

　　栖息地　大陆架20—35米水深处。

　　行为　白天栖息于水深35米左右的海域，夜间可能会迁移至较浅海域。

　　生物学　卵胎生，曾在一只成年雌性体内发现6个卵黄囊。食性未知。

　　保护状态　数据缺乏（DD）。鲜有记录。其分布区内存在密集的近海个体渔业活动。

卡伊六鳃锯鲨 *Pliotrema kajae*　　　　　　FAO代码：**PWS**　　图版 第206页

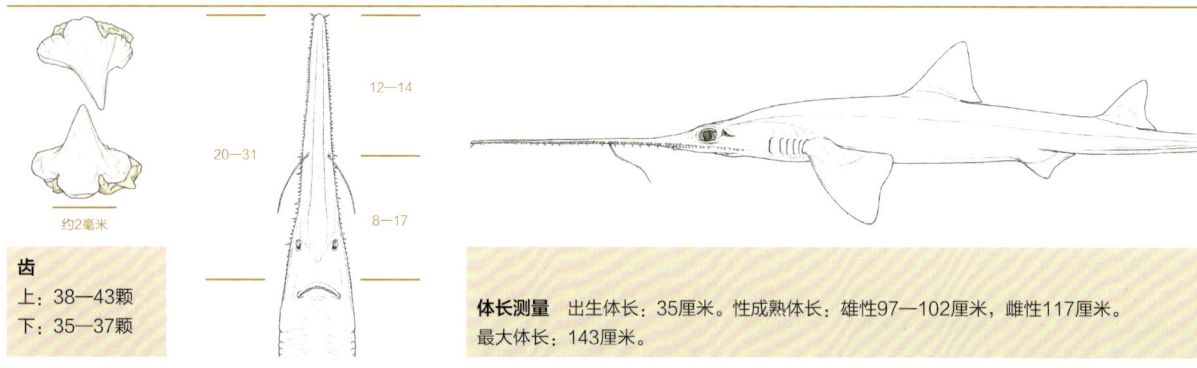

齿
上：38—43颗
下：35—37颗

约2毫米

12—14
20—31
8—17

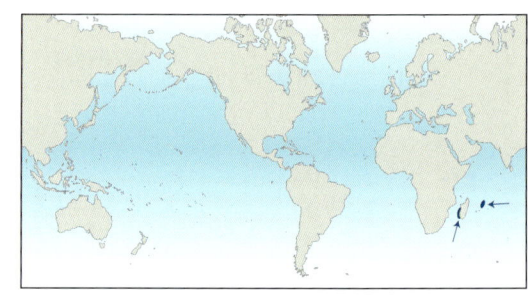

体长测量　出生体长：35厘米。性成熟体长：雄性97—102厘米，雌性117厘米。
最大体长：143厘米。

　　鉴定　头长大于全长的38%。吻长，从吻端到皮须起点的长度大于全长的14%，吻端到眼前缘的距离小于全长的25%，吻端到口前的距离小于全长的28%。皮须位于吻中部，基点距吻端距离与距口部距离近乎相等。吻缘具20—31枚大吻齿；须前吻缘具12—14枚大齿，须后吻缘具8—17枚大齿。体背部呈浅棕色，侧线处具淡黄色纵纹；腹部白色。各鳍后缘淡色。

　　分布　西印度洋：马达加斯加和马斯卡林岭。

　　栖息地　上大陆坡，214—320米水深处。

　　行为　未知，目前已知的标本仅有6个。

　　生物学　卵胎生，每胎至少6尾胎仔。食性未知。

　　保护状态　数据缺乏（DD）。其大多数标本来自科研采集。其分布区内的深海捕捞强度有增长趋势，但对本种群影响仍不得而知。

瓦氏六鳃锯鲨 *Pliotrema warreni*

FAO代码：**PPW** 图版 第206页

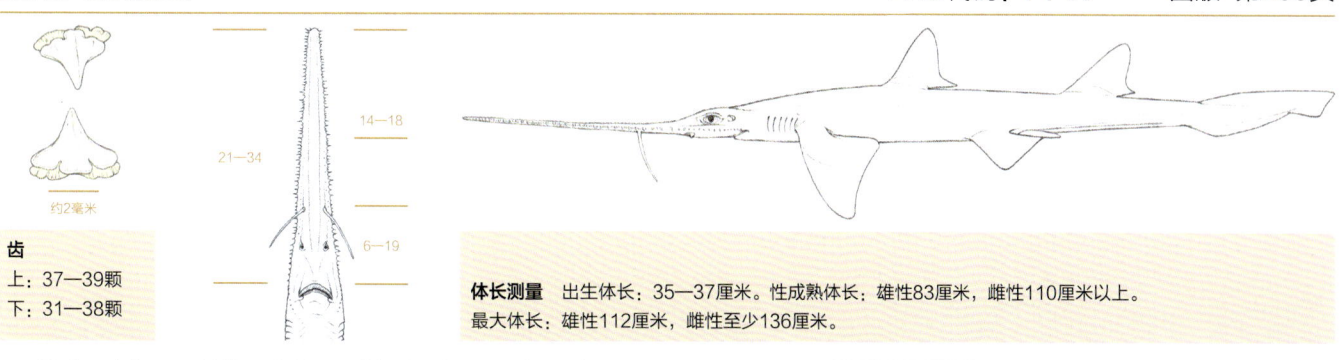

齿
上：37—39颗
下：31—38颗

体长测量 出生体长：35—37厘米。性成熟体长：雄性83厘米，雌性110厘米以上。
最大体长：雄性112厘米，雌性至少136厘米。

鉴定 皮须至口前的距离较同属其他物种更近，着生点约位于吻端至口隅的2/3处。吻缘具21—34枚大吻齿，须前吻缘具14—18枚大齿，须后吻缘具6—19枚大齿；皮须起始点在较大吻齿的后缘。鳃裂6对。体背部呈暗褐色，侧线处具淡黄色纵纹；腹部白色。各鳍暗色，后缘具白边。

分布 西南印度洋：南非（最常见于福斯湾东部）至南莫桑比克。东南大西洋的记录（纳米比亚中部到南非西海岸）可能是游荡个体。

栖息地 近海大陆架和上大陆坡，底层或近底层，10—430米水深处，栖息深度最深可至915米。通常成体的栖息深度较幼体及亚成体的更深。

行为 其繁殖场可能位于近岸海域。

生物学 卵胎生，每胎胎仔7—17尾。以小鱼、甲壳类动物和鱿鱼为食。可能会成为鼬鲨的猎物。

保护状态 无危（LC）。在南非沿岸的分布区内被大规模捕捞，常成为底层拖网和延绳钓的兼捕渔获物。

长吻锯鲨 *Pristiophorus cirratus*

FAO代码：**PPC** 图版 第206页

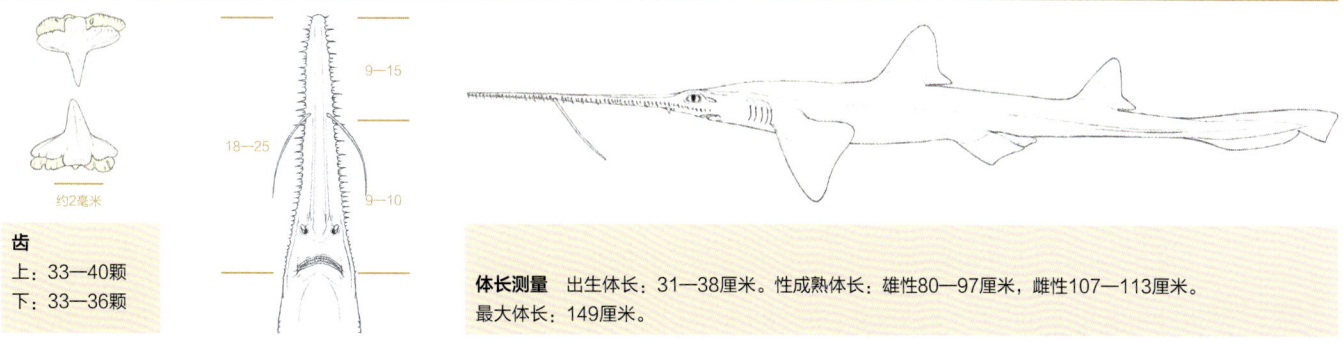

齿
上：33—40颗
下：33—36颗

体长测量 出生体长：31—38厘米。性成熟体长：雄性80—97厘米，雌性107—113厘米。
最大体长：149厘米。

鉴定 体型较大。体粗壮。吻窄而延长。皮须距吻端较距口部为近。吻缘具18—25枚大吻齿，须前吻缘具9—15枚大齿，须后吻缘具9—10枚大齿；幼体大吻齿间常具2—3枚小齿。体背部呈淡黄色或灰褐色，具暗色斑纹（在部分个体上较为模糊）；腹部白色。吻中线及吻缘呈深色，齿缘黑色。鳍基具暗斑。

分布 澳大利亚南部。

栖息地 大陆架和上大陆坡，常栖息于泥沙质海床，偶尔会出现在近岸海域，0—630米水深处。

行为 具集群活动行为。

生物学 卵胎生，在冬季繁殖，每胎约6—19尾胎仔；繁殖期间隔1年。以小型鱼和甲壳类动物为食。

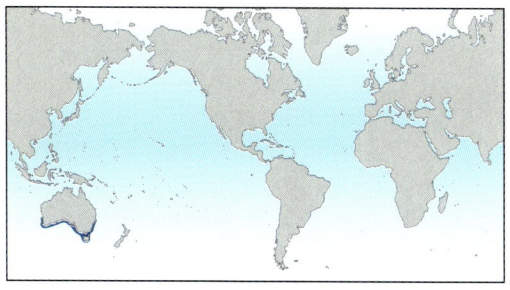

保护状态 无危（LC）。种群数量相对较多，常常成为兼捕渔获物，上岸量得到严格监控，目前保持稳定，可用于食用。

热带锯鲨 *Pristiophorus delicatus*　　　　　FAO代码：**PWS**　　图版 第208页

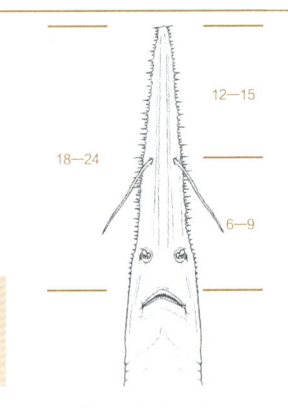

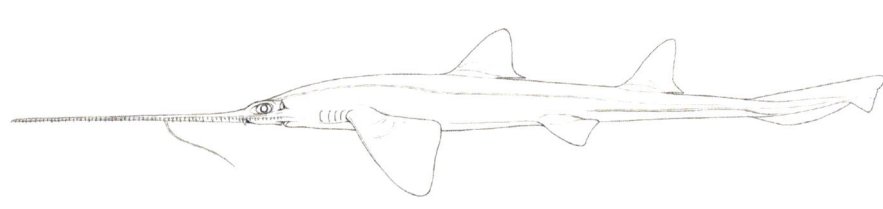

齿
上：38—42颗
下：37颗

体长测量　性成熟体长：雄性和雌性约62厘米。
最大体长：至少95厘米。

　　鉴定　体型小。体纤细。吻窄而延长、呈锥形，吻缘平直（口前吻长约为全长29%—31%，眶前吻长约为鼻孔处吻宽的5.2—6.0倍）。皮须距口部距离较距吻端距离相等或稍近。吻缘具18—24枚大吻齿，须前吻缘具12—15枚大齿，须后吻缘具6—9枚大齿；幼体大吻齿间常具2—3枚小齿。体背部呈均匀淡黄褐色，不具斑纹；腹部白色。
　　分布　澳大利亚东海岸（昆士兰）。
　　栖息地　大陆坡，239—511米水深处。
　　行为　不明。
　　生物学　卵胎生，其他不明。
　　保护状态　无危（LC）。其分布区内不存在大规模的商业捕捞活动。

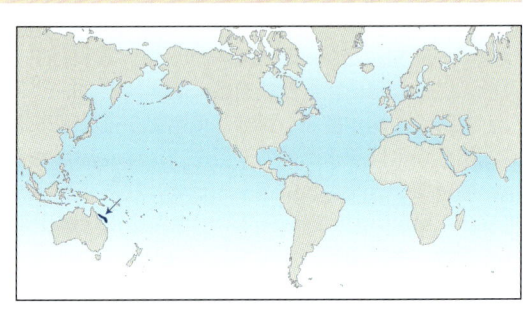

日本锯鲨 *Pristiophorus japonicus*　　　　　FAO代码：**PPJ**　　图版 第206页

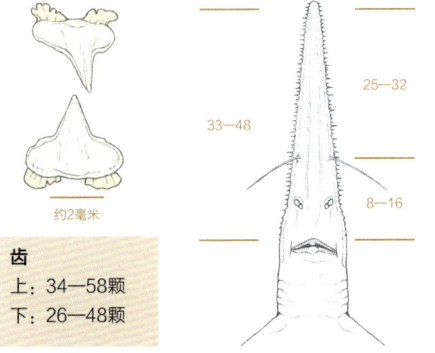

约2毫米

齿
上：34—58颗
下：26—48颗

体长测量　性成熟体长：雄性约107厘米，雌性约103厘米。
最大体长：136—153厘米。

　　鉴定　体型较大。体粗壮。吻中长、狭窄（口前吻长约为全长的26%—30%）。皮须距口部较距吻端为近。吻缘具33—48枚大吻齿，须前吻缘具25—32枚大齿，须后吻缘具8—16枚大齿；幼体大吻齿间常具1—2枚小齿。体背部呈褐色或红褐色；腹部白色。吻中线及吻缘具暗褐色条纹。幼体胸鳍和背鳍后缘浅色。
　　分布　西北太平洋：日本，韩国，中国的北部和台湾。
　　栖息地　温带海域，大陆架和上大陆坡，多栖息于泥沙质海床上，50—1240米水深处。
　　行为　以小型底栖鱼与甲壳类动物为食；会用吻部寻找埋藏于泥沙中的猎物。
　　生物学　卵胎生，通常每胎12尾胎仔。
　　保护状态　无危（LC）。常成为深海渔业兼捕渔获物；其种群可能正受过度捕捞带来的威胁，偶尔被饲养于水族馆中。

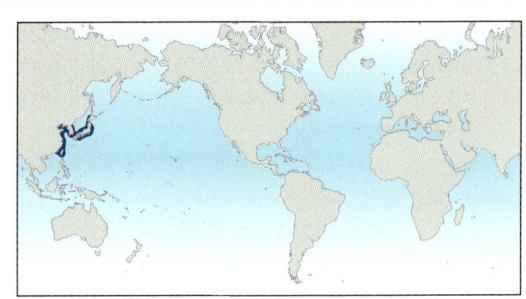

拉娜锯鲨 *Pristiophorus lanae*

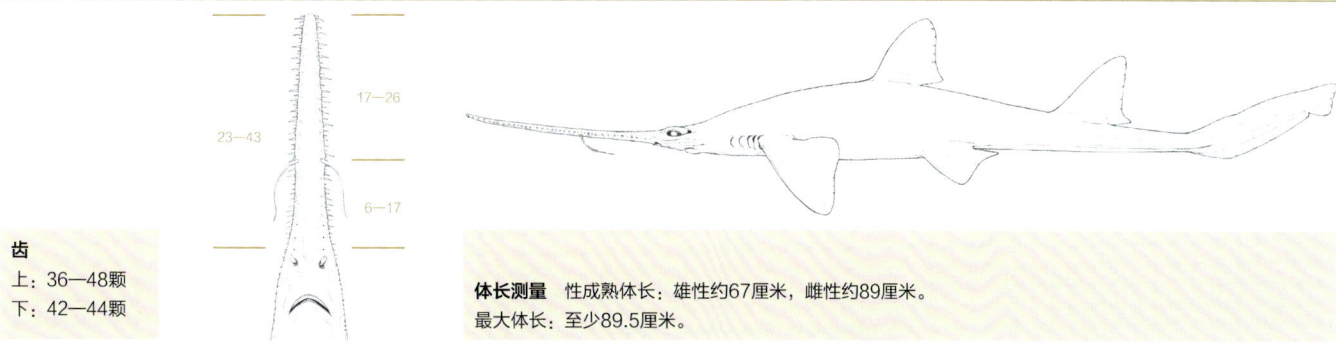

齿
上：36—48颗
下：42—44颗

体长测量　性成熟体长：雄性约67厘米，雌性约89厘米。
最大体长：至少89.5厘米。

鉴定　体型小。体纤细。吻狭窄而延长（口前吻长为全长的29%—31%，为鼻孔处吻宽的5.2—6.0倍），在皮须和鼻孔间微凹。皮须距口部较距吻端略近。吻缘具23—43枚大吻齿，须前吻缘具17—26枚大齿，须后吻缘具6—17枚大齿；幼体大吻齿间常具2—3枚小齿。体背部黑褐色，无斑纹；腹部白色。

分布　菲律宾：阿波岛和吕宋岛南部。

栖息地　上大陆坡，底层，229—593米水深处。

行为　不明。

生物学　不明。

保护状态　近危（NT）。在其分布区内常成为深海渔业的兼捕渔获物，捕获后常被丢弃，但在较深海域的种群可能未受过度捕捞的严重威胁。

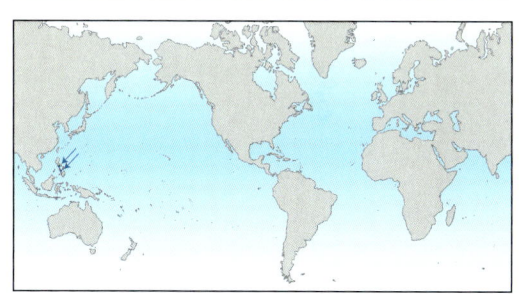

南希锯鲨 *Pristiophorus nancyae*

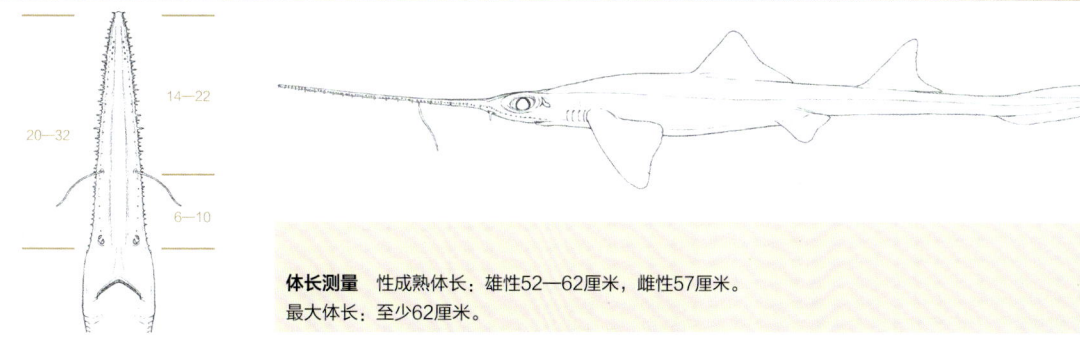

齿
上：31—36颗
下：29—34颗

体长测量　性成熟体长：雄性52—62厘米，雌性57厘米。
最大体长：至少62厘米。

鉴定　体型小。吻端稍后侧腹面具2列浅坑，每列4—5个。皮须距口部较距吻端为近。较大的吻齿基部具嵴。吻缘具20—32枚大吻齿；须前吻缘具14—22枚大齿，须后吻缘具6—10枚大齿。第一背鳍宽大，呈三角形；下角延伸至腹鳍中线之后。体背部呈均一的棕色，腹部白色。吻部苍白色，吻中线及吻缘具深褐色条纹。胸鳍和背鳍前缘深色（在幼体中更明显），后缘浅色。

分布　西印度洋：莫桑比克南部和马达加斯加岛到索马里、索科特拉群岛，可能延伸到巴基斯坦外的阿拉伯海。

栖息地　上大陆坡，286—570米水深处。

行为　不明。

生物学　不明。

保护状态　无危（LC）。在渔业中很少被捕获；其生活史和分布范围有待进一步研究。

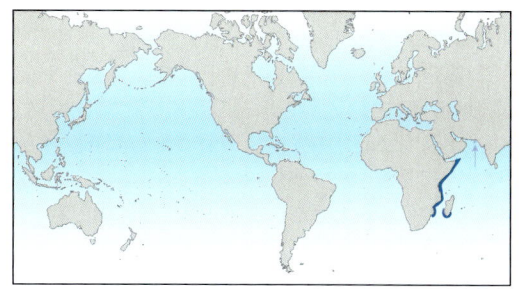

裸鳍锯鲨 *Pristiophorus nudipinnis*　　　　FAO代码：**PPU**　　图版 第208页

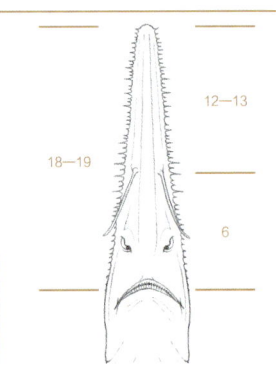

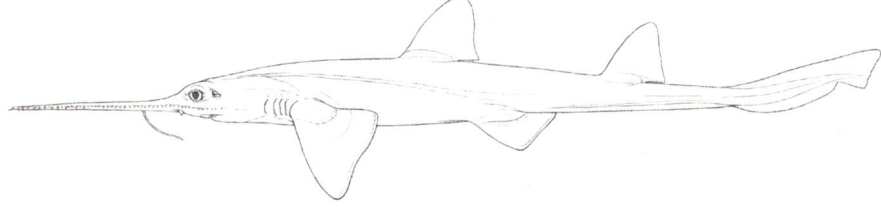

齿
上：33—37颗
下：33—35颗

体长测量　出生体长：25—32厘米。性成熟体长：雄性90—107厘米。
最大体长：雌性124厘米。

　　鉴定　体型大。吻宽短，呈锥形（口前吻长约为全长的22%—24%）。皮须距口部较距吻端为近。鼻孔斜行，呈椭圆形。吻缘具18—19枚大吻齿，须前吻缘具12—13枚大齿，须后吻缘具6枚大齿；幼体大吻齿间常具1枚小齿。体背部呈石灰色，腹部白色。吻中线及吻缘具模糊的暗色条纹。

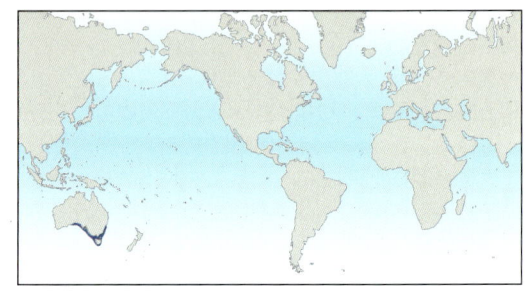

　　分布　澳大利亚南部。
　　栖息地　温带-亚热带海域的大陆架，底层或近底层，近海岸0—165米水深处。
　　行为　可以用吻部的皮须定位隐藏的猎物，用吻部将其挖出。
　　生物学　卵胎生，每胎7—14尾胎仔（平均11尾），繁殖期间隔2年。寿命可达9年。
　　保护状态　无危（LC）。在分布区内为常见种。常成为底拖网和刺网的兼捕渔获物，可用于食用。

巴哈马锯鲨 *Pristiophorus schroederi*　　　　FAO代码：**PPH**　　图版 第208页

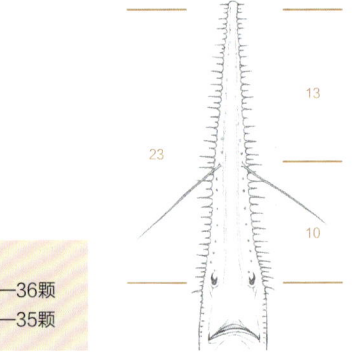

齿
上：33—36颗
下：32—35颗

体长测量　最大体长：至少87厘米。

　　鉴定　体纤细。吻极延长、狭窄、呈锥形（口前吻长为全长的31%—32%），须前吻前缘凹陷。皮须距口部距离较距吻端距离几乎相等。须前吻缘具13枚大齿，须后吻缘具10枚大齿，幼体大吻齿间常具1枚小齿。体背部呈浅灰色，不具斑纹；腹部白色。吻中线及吻缘具深褐色条纹。胸鳍后缘浅色，幼鱼背鳍前缘深色。

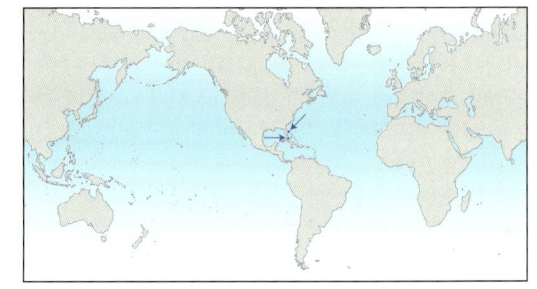

　　分布　西北大西洋：古巴、佛罗里达和巴哈马群岛之间。
　　栖息地　大陆坡及岛坡，底层或近底层，438—952米水深处。
　　行为　不明。
　　生物学　不明。
　　保护状态　无危（LC）。在其分布区内不存在大规模的商业捕捞活动。

扁鲨目（Squatiniformes）

　　法国博物学家纪尧姆·龙德莱在其1955年的著作《鱼类生物史》中将扁鲨称为"僧鲨"（Monkfish），因为它们外观酷似戴着头巾的僧侣。扁鲨目门下仅包含1科：扁鲨科（Squatinidae）。扁鲨主要分布在冷温带大陆架的泥沙质海床上，而在热带地区则见于更深的大陆坡海域。但在北印度洋和中太平洋的大部分海域并无扁鲨目鱼类的分布记录。

　　鉴定　体态奇特的中型或大型鲨鱼（其中最大物种体长可达244厘米，但大多数物种体长小于160厘米）。背部往往有斑纹，腹部则多呈浅色。体扁平，酷似鳐类；吻短，胸鳍宽大，不与头部前缘连接。鳃裂开口位于头侧，而非腹面；最后一对鳃裂位于胸鳍起点之前，但被胸鳍前角覆盖。眼背位，眼后具发达的喷水孔。口宽大，亚前位，口裂延伸至眼后缘或其之后，具发达的唇褶；鼻孔前位，前鼻瓣具2平扁皮瓣，口部与鼻部互不相连。背鳍两个，后位，无背鳍棘；第一背鳍起点位于腹鳍后角上方或后上方。无臀鳍。尾柄基部具短而厚实的侧突，尾鳍宽扁，下叶较上叶更长。扁鲨目内不同物种难以区分。

　　生物学　对扁鲨目物种的生物学研究大都来源于欧洲沿海和东北太平洋一带。卵胎生，每胎1~25尾胎仔，胎仔在出生前从卵黄囊获得发育所需营养。一些扁鲨目物种的繁殖周期可能长达3年。在白天，扁鲨常常会将自己埋在沙中，只将眼和喷水孔露出，通过伏击的方式捕获猎物。一旦猎物靠近，它们便会将头部突然抬起，利用可向前伸出的颌部迅速咬住猎物。扁鲨以小型硬骨鱼类、鱿鱼，腹足类、双壳类、甲壳类动物等为食。一些物种在夜间更加活跃，四下游动。大多数扁鲨的扩散能力较差，因此其种群很容易被深层海域或周边不适宜的栖息地隔离开来。

　　状态　除非受到干扰或挑衅，否则扁鲨几乎不会对人类构成威胁。扁鲨目内的许多物种是重要的渔业捕捞对象，其被视为优质的肉用鱼类，还可用于提炼加工成肝油、皮革或是制成鱼粉。扁鲨常常成为底拖网、渔具和固定底网的目标渔获物或兼捕渔获物种，其种群极易受到过度捕捞的严重威胁。据报道，扁鲨目是所有鲨鱼类群中极危（CR）物种比例最高的，其中有众多物种目前种群数量正大幅度减少，其种群的恢复速度也相当缓慢。

澳洲扁鲨（*Squatina australis*）正在伏击和捕食鱼群（第226页）

扁鲨科（Squatinidae）

　　扁鲨科下仅包含1属：扁鲨属（*Squatina*）。尽管本书中介绍了22个目前被学术界公认的有效物种，但扁鲨科中存在诸多尚未被鱼类学家描述和命名的新物种。在部分有限的地理分区内有时会存在多个在外观及生态位上相似的扁鲨物种，这是一个颇为有趣的难题：为什么仅有一个物种时不足以完全占据相同生态位呢？在东太平洋、中国台湾、澳大利亚、大西洋西部和东南部等诸多海域，同一区域内确实存在多种不同的扁鲨，且其在栖息地选择及地理分布上互相重叠。很显然，我们需要对扁鲨科的所有物种进行进一步检查和对比，以确认其是否确为有效物种。有研究表明，栖息于加利福尼亚半岛东西两侧的加州扁鲨在生物学特征上存在差异，这或许是种间差异。同样，墨西哥湾西部和加勒比海热带地区的扁鲨也有待开展进一步研究，应将其特征与杜氏扁鲨及南美大西洋沿岸分布的扁鲨物种进行详细的形态学比较。近年来，鱼类学家在加勒比海和大西洋西南部描述了两个新的扁鲨物种，即戴维扁鲨和瓦氏扁鲨。另外两个扁鲨新种——异鳍扁鲨（*Squatina heteroptera*）和墨西哥扁鲨（*Squatina mexicana*），则来自于墨西哥湾西部。但由于后两个物种缺乏与其他同域分布物种的鉴别特征，因此，它们的有效性有待商榷，这也是这两个物种未被本书收录的原因。

　　扁鲨面临的灭绝风险要相对高于其他大多数鲨鱼类群。在世界自然保护联盟（IUCN）的红色名录中，超过70%的扁鲨物种被评估为濒危（EN）或极危（CR）。所幸，基于渔业管理和保护生物多样性角度的一些措施正在试图扭转扁鲨科大部分物种种群下降的趋势。在整个扁鲨科中，只有五个物种被评估为无危（LC），其中大部分是澳大利亚沿海的特有种，其分布区内不存在或存在少量扁鲨商业捕捞活动。

扁鲨属

22种；第224—236页

体宽扁；吻部短，口裂及鼻孔较大，眼背位，后方具发达的喷水孔，鳃裂位于头部侧面；尾柄基部具短粗的侧突；胸鳍宽大；背鳍两个，后位，无背鳍棘，第一背鳍起点位于腹鳍后角上方或后上方；无臀鳍；尾鳍宽扁，下叶明显长于上叶；体背部多具斑纹，腹部白色。科内物种难以区分。

○ **疣突扁鲨** *Squatina aculeata* 第224页

分布于东大西洋；泥沙质海床，30—500米水深处。眼间隔微凹；鼻须及前鼻瓣具茂密的流苏；头部具结刺，背部具1列结刺；体背部呈暗灰色或浅棕色，稀疏地散布着不规则的小白点和规则的暗褐色小点，背部及尾部有深色斑块，无眼状斑纹。

○ **非洲扁鲨** *Squatina africana* 第224页

分布于西南印度洋；泥沙质海床，0—600米水深处。眼间隔微凹；鼻须扁平，末端逐渐变细或特化为匙状，不具流苏，前鼻瓣平滑或呈流苏状；头部具结刺，背部缺如；体背部呈灰褐色或红褐色，具许多浅色和深色斑点，带有较大的对称深色条纹或鞍状花纹，胸鳍上有斑点，尾基深色，尾鳍后缘白色。幼鱼体背部具大眼斑。

○ **阿根廷扁鲨** *Squatina argentina* 第225页

分布于西南大西洋；20—437米水深处。眼间隔微凹；鼻须呈匙状，前鼻瓣平滑或呈弱流苏状；吻部有结刺，背部没有；胸鳍前角凸起，形成明显的肩区；体背部呈紫褐色，有许多分散的深褐色斑点，呈同心圆状排列；背鳍淡色；无眼状斑纹。

○ **戴维扁鲨** *Squatina david* 第227页

分布于西大西洋和加勒比海；大陆架和上大陆坡，100—326米水深处。前鼻瓣上有成对的棒状鼻须，内鼻须较短，外鼻须具小分枝，近端部腹侧具突起；背部不具结刺或扩大的盾鳞；背鳍近三角形，第一背鳍稍大，起始于腹鳍后角的上方或正后方；体背部呈灰色至棕黄色，具深浅不一的斑点。

○ **杜氏扁鲨** *Squatina dumeril* 第229页

分布于西大西洋；1—1290米水深处。底层或近底层。眼间隔深凹；鼻须尖细，结构简单；前鼻瓣平滑或呈弱流苏状；幼体在吻部和眼与喷水孔间具不连续结刺，成体结刺更多，呈斑块状排列；胸鳍宽大，外角钝尖；体背部呈蓝灰色，可能具不规则的暗点，幼鱼体背部具白斑，背鳍和尾鳍深色，基部浅色，背鳍上角浅色，后角白色，鳍后缘有红斑。

○ **扁鲨** *Squatina squatina* 第235页

分布于东北大西洋和地中海；泥沙质海床1—150米水深处。体型大；头侧具皮褶，每侧各具1三角形皮瓣，鼻须结构简单，末端直立或呈匙状，前鼻瓣平滑或呈弱流苏状；幼鱼背中线具小结刺，成鱼体表粗糙，吻部和眼间隔具结刺；胸鳍宽大；体背部呈灰色、红褐色或灰绿色，具分散的小白点及暗点，项部可能具有斑点，无眼状斑纹，幼鱼体表通常有白色网纹和大黑斑。

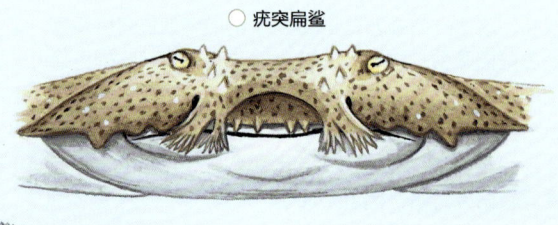

○ 疣突扁鲨

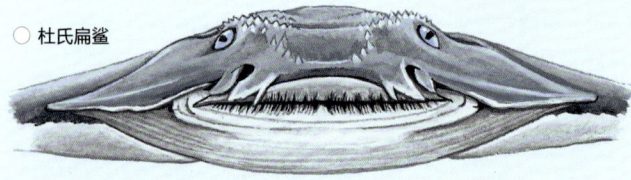

○ 杜氏扁鲨

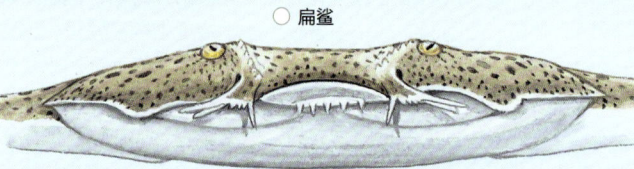

○ 扁鲨

○ 非洲扁鲨

○ 疣突扁鲨

○ 阿根廷扁鲨

○ 戴维扁鲨

○ 幼体

○ 杜氏扁鲨

○ 扁鲨

○ 成鱼

20厘米

○ **智利扁鲨** *Squatina armata*

分布于东太平洋及东南太平洋；30—75米水深处。头部较窄；吻部及眼与喷水孔间具结刺，背部中线处具1排结刺，体背部两侧各具1列钩状结刺，胸鳍前缘亦具结刺；体背部呈灰色到红棕色，无明显的斑纹。

○ **澳洲扁鲨** *Squatina australis*

分布于南澳大利亚；泥沙质海床或海草床，0—130米水深处。眼间隔平坦或凸起；鼻须和前鼻瓣呈流苏状，喷水孔小；成鱼不具结刺，幼鱼吻部、头部和背鳍前具结刺；体背部呈暗灰色至褐色，有密集的白色斑点和较小的深褐色斑点，无眼状斑纹。

○ **凯氏扁鲨** *Squatina caillieti*

分布于印度洋−太平洋中部；363—385米水深处。上唇弓呈弧形，高度小于弓宽的一半；眼间隔微凹，眼上缘平滑；鼻须不分枝；幼体无刺，成体情况未知；腹鳍后角延伸至第一背鳍起点；两背鳍间距大于第二背鳍至尾鳍间距。体背部呈绿褐色，具深褐色斑点，各鳍边缘白色。

○ **加州扁鲨** *Squatina californica*

分布于东北太平洋也可能分布于东南太平洋；泥沙质海床、礁岩质海床及海藻丛中，1—205米水深处。眼大，眼间隔微凹；鼻须简单，呈圆锥形，末端呈匙状，前鼻瓣弱流苏状；幼体具结刺，成体具小结刺或无结刺；胸鳍宽大而延伸；体背部呈红棕色至微黑色不等，成体体表具黑斑，黑斑周围有分散的白点；胸鳍和腹鳍后缘白色；背鳍浅色，基部具黑斑；尾鳍浅色，基部也有黑斑；幼鱼有眼斑。

○ **台湾扁鲨** *Squatina formosa*

分布于西北太平洋；100—400米水深处。眼大，眼间隔微凹；鼻须扁平，结构简单，末端圆形；前鼻瓣平滑或呈弱流苏状；吻部和眼间隔处具大块结刺分布区；幼鱼背部具成排结刺；体背部呈黄灰色或褐色，有许多小褐斑及大的不规则斑点，头部和第一背鳍之间具小白点，背鳍下方具鞍带，有成对的小眼斑。

○ **色边扁鲨** *Squatina legnota*

分布于印度尼西亚南部；栖息地和深度未知。前鼻瓣扁平，鼻须无流苏；背中线处不具结刺；第一背鳍基部长于第二背鳍基部；背鳍间微凹；背鳍下方具有2道深色鞍纹；胸鳍腹面前缘微黑。

○ **南美扁鲨** *Squatina guggenheim*

分布于西南大西洋；7—150米水深处。眼间隔宽而微凹；头侧不具三角形皮褶；鼻须无流苏，末端膨大呈匙状，前鼻瓣呈弱流苏状；吻部和眼间隔处具对称排列的粗短结刺，喷水孔尖具1对结刺，背部中线亦具1列结刺。胸鳍宽阔，相对较小，外角钝尖，前缘几近平直；体背部呈深褐色，具多个大小不一的黑斑，有时具不规则的小黑点，无眼状斑纹。

○ **日本扁鲨** *Squatina japonica*

分布于西北太平洋；10—352米水深处。眼大，眼间隔微凹；鼻须圆柱形，末端稍扩张，前鼻瓣平滑或呈弱流苏状；吻部及眼间隔处具结刺，背中线处亦具1列结刺；皮肤粗糙；胸鳍宽大而延伸，近圆形；体背部呈锈色或黑褐色，具不规则的暗点及白点，自头基部至背鳍前具大块的暗红色大理石纹状斑块，无眼状斑纹。

○ 凯氏扁鲨

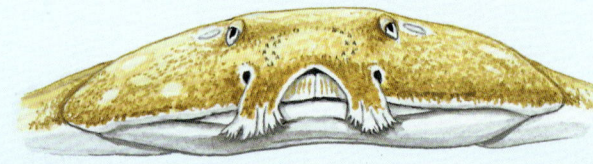

○ 澳洲扁鲨

○ 加州扁鲨

○ 智利扁鲨

○ 澳洲扁鲨

○ 加州扁鲨

○ 凯氏扁鲨
未达性成熟（未测量）

○ 台湾扁鲨

○ 南美扁鲨

○ 色边扁鲨

○ 日本扁鲨

20厘米

○ **白点扁鲨** *Squatina albipunctata*　　　　第225页

分布于西南太平洋；35—415米水深处。头侧具低矮皮褶；吻极短，眼间隔微凹；鼻须末端扩展，边缘呈叶状；眼上缘具发达的结刺，背部无结刺；体背部呈黄褐色至深褐色，具褐色大斑及密集排布的、带暗边的小白点，背鳍和尾鳍无斑点。

○ **星云扁鲨** *Squatina nebulosa*　　　　第232页

分布于西北太平洋；冲浪线至330米水深处。头侧具皮褶，每侧各具2三角形皮瓣；鼻须尖细，结构简单；前鼻瓣平滑或呈弱流苏状；体背部无结刺；胸鳍宽大，外角广圆；体背部呈褐色到蓝褐色，有分散的白点及小黑点，胸鳍基部具黑斑，背鳍下具暗斑，无眼斑或有小眼斑。

○ **巴西扁鲨** *Squatina occulta*　　　　第233页

分布于西南大西洋；10—350米水深处。眼间隔微凹；鼻须基部圆柱形，末端扩张，不分支；前鼻瓣呈不明显的弱流苏状；吻部和眼间隔处具粗短且成组对称的结刺，喷水孔间隔处亦具1对结刺；胸鳍相当宽大，外角钝尖；体背部呈深褐色，具黄色斑点和黑色斑块，胸鳍上有一些眼状斑纹。

○ **眼斑扁鲨** *Squatina oculata*　　　　第233页

分布于东大西洋和地中海；10—500米水深处。两眼间隔深凹；鼻须末端浅裂，前鼻瓣呈弱流苏状；眼上缘及吻部具结刺；体背部呈灰棕色，具深浅不一的小点，胸鳍基部、胸鳍内角，尾基部和背鳍下方具暗斑，背鳍和尾鳍后缘白色，胸鳍和腹鳍后缘深色，项部具1大白斑，有时有对称的深色眼状斑纹。

○ **假睛扁鲨** *Squatina pseudocellata*　　　　第234页

分布于西澳大利亚；150—312米水深处。吻极短，眼间隔微凹；鼻须末端扩展，边缘呈叶状；眼上缘具大结刺，背中线处具1列结刺；体背部呈中灰色至浅褐色，散布有间隔较大的蓝斑或褐斑，背鳍和尾鳍浅色无斑点，项部具1大白斑，无眼状斑纹。

○ **背斑扁鲨** *Squatina tergocellata*　　　　第234页

分布于印度洋-太平洋中部；130—400米水深处。底层或近底层。眼大，眼间隔深凹；鼻须及前鼻瓣呈强流苏状；背部不具结刺；体背部呈浅黄棕色，具灰蓝色或白色斑点，具3对大眼斑，眼斑边缘有不连续暗色环带。

○ **拟背斑扁鲨** *Squatina tergocellatoides*　　　　第236页

分布于印度洋-太平洋西北部和中部；100—300米水深处。眼间隔凹入；鼻须具细流苏，前鼻瓣呈强流苏状；背部不具大结刺；体背部呈浅黄褐色，散布有白色小圆点，背鳍基部和前缘呈黑色，胸鳍、腹鳍和尾基部具6对深色眼斑。

○ **瓦氏扁鲨** *Squatina varii*　　　　第236页

分布于西南大西洋；大陆坡，195—666米水深处。前鼻瓣具2拉长的侧向鼻须；中部具1呈矩形或圆形，边缘略呈流苏状的扁平鼻须；背部不具结刺；背鳍2个，近三角形，大小近乎相等，第一背鳍起始于腹鳍后角的正后方。体背部呈棕色，可能具分散的白点，偶有不规则的黑斑，尾柄两侧具3对暗斑；腹部呈乳白色，各鳍腹面后缘暗色；胸鳍上可能会有成对的白斑。

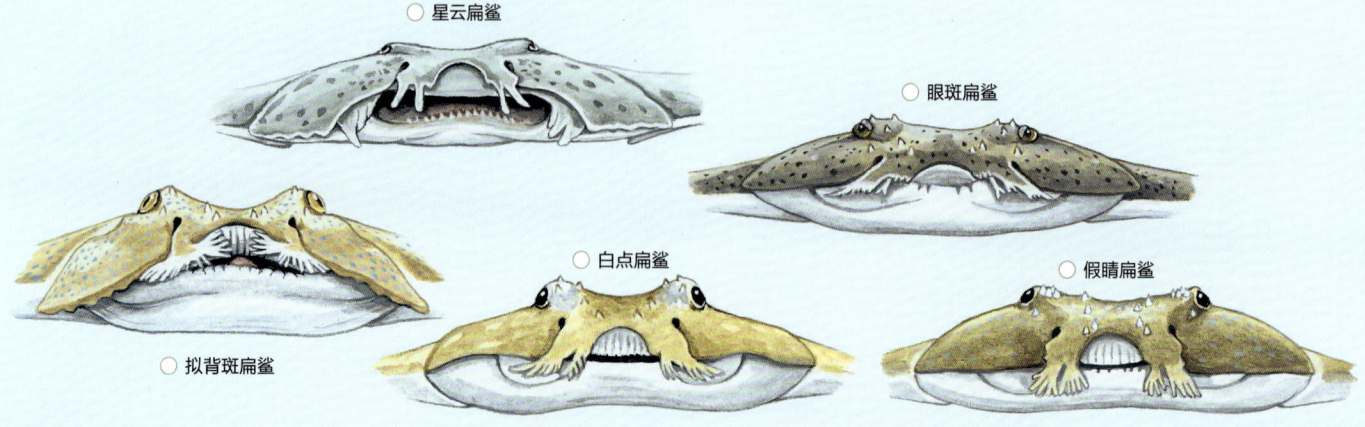

○ 星云扁鲨　　○ 眼斑扁鲨

○ 拟背斑扁鲨　　○ 白点扁鲨　　○ 假睛扁鲨

20厘米

○ 白点扁鲨

○ 星云扁鲨

○ 巴西扁鲨

○ 眼斑扁鲨

○ 假睛扁鲨

○ 背斑扁鲨

○ 拟背斑扁鲨

○ 瓦氏扁鲨

疣突扁鲨 *Squatina aculeata*

FAO代码：**SUA**　　图版　第218页

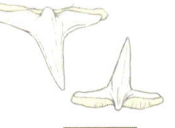

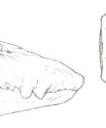

10毫米

齿
上：19—24颗
下：19—23颗

体长测量　出生体长：30—35厘米。
性成熟体长：雄性120厘米，雌性137厘米。
最大体长：雄性152厘米，雌性188厘米。

　　鉴定　眼间隔微凹；眼到喷水孔距离小于眼长的1.5倍。鼻触须和前鼻瓣呈明显的流苏状。头部有大结刺，背部具1列结刺。体背部呈暗灰色或浅棕色，背部散布有稀疏且不规则的小白点和较为规则的暗褐色小点。没有眼状斑纹。头部、背部、鳍基部和尾部有大块的深色暗斑。

　　分布　东大西洋：地中海，塞内加尔，冈比亚和塞拉利昂。

　　栖息地　近岸、大陆坡外缘及上大陆坡，暖温带至热带水域的泥沙质海床，30—500米水深处。

　　行为　不明。

　　生物学　卵胎生，每胎8—22尾胎仔；妊娠期为12个月，两次繁殖周期间隔约1年。以小型鲨鱼、硬骨鱼类、乌贼和甲壳类动物为食。

　　保护状态　极危（CR）。在其分布区域内已有区域性灭绝（包括其种群目前受到保护的地中海地区）。作为目标渔获物或兼捕渔获物而被捕捞。见第231页。

非洲扁鲨 *Squatina africana*

FAO代码：**SUF**　　图版　第218页

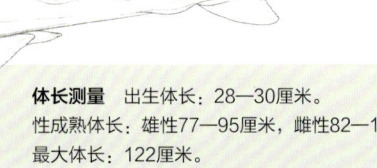

约5毫米

齿
上：20—22颗
下：18—20颗

体长测量　出生体长：28—30厘米。
性成熟体长：雄性77—95厘米，雌性82—107厘米。
最大体长：122厘米。

　　鉴定　眼间隔微凹。鼻须扁平，边缘平滑，顶端逐渐变细或呈匙状。前鼻瓣平滑或呈弱流苏状。头侧皮褶不具三角形皮瓣。头部具结刺，背部缺如。体背部呈灰色或红褐色，具许多深浅不一的斑点，幼体背部常具中心呈暗色的眼斑。体背部具对称的暗色宽纹或鞍纹。胸鳍宽大，外角钝尖，其上具斑点。尾基深色，尾鳍后缘白色。

　　分布　西南印度洋：非洲东部及南部。南非到莫桑比克，坦桑尼亚和马达加斯加，可能还有索马里。名义上的西非记录是基于其他物种。

　　栖息地　大陆架及上大陆坡，泥沙质海床，0—600米水深处（通常栖息在60—300米范围水深）。

　　行为　会将自己埋藏于泥沙中以伏击猎物。

　　生物学　卵胎生，每胎1—12尾胎仔（平均6尾）；在夏季进行交配，妊娠期约12个月。以小型硬骨鱼类、头足类动物和虾为食。

　　保护状态　近危（NT）。仅常见于南非东海岸（夸祖鲁–纳塔尔省一带）。有时会成为拖网渔业的兼捕渔获物。

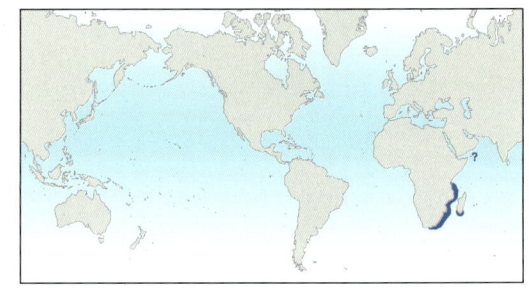

白点扁鲨 *Squatina albipunctata*

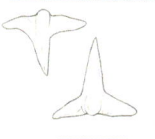

FAO代码：**ASK**　　图版 第222页

约5毫米

齿
上：18颗
下：14—18颗

体长测量　出生体长：27—30厘米。
性成熟体长：雄性大于80厘米，雌性107厘米。
最大体长：雄性110厘米，雌性130厘米。

鉴定　吻部非常短，凹入的眼间隔及眼上缘发达的结刺可以将本种与澳洲扁鲨区分开来。鼻须末端扩展，边缘呈叶状。头侧具低矮的皮褶。喷水孔靠近眼部，宽度大于眼长。眶上具发达的结刺；背鳍前体中线处不具成列的结刺。体背部呈黄褐色至深褐色。具密集排布的、具暗边的小白点及褐色大斑，不具眼斑；项部具1白色大斑。背鳍和尾鳍浅色无斑。

分布　西南太平洋：澳大利亚东海岸，从昆士兰到维多利亚。

栖息地　大陆架外缘及上大陆坡，35—415米水深处。

行为　不明。

生物学　卵胎生，妊娠期为10个月，每胎胎仔多达20尾。其食物可能包括鱼类、甲壳类和头足类动物。

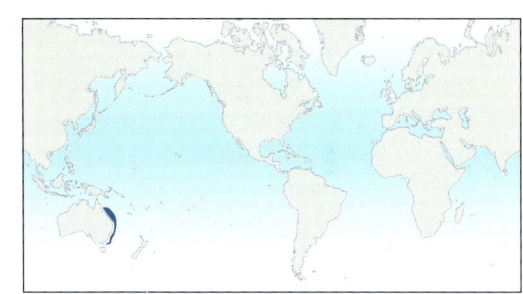

保护状态　易危（VU）。受商业捕捞影响，本种在其分布区南部的种群数量几近枯竭，而在北部的种群状况则相对较好。

阿根廷扁鲨 *Squatina argentina*

FAO代码：**SUF**　　图版 第218页

齿
上：24颗
下：24—26颗

体长测量　出生体长：至少28厘米。
性成熟体长：雄性和雌性均120厘米。
最大体长：确认138厘米，未确认报告为170厘米。

鉴定　眼间隔微凹。鼻须结构简单，呈匙状，前鼻瓣前缘平滑或呈弱流苏状。头侧皮褶不具三角形皮瓣。吻部具结刺，背部缺如。胸鳍宽大，外角大于90°；胸鳍前缘微凸，形成明显的肩区。体背部呈紫褐色，具分散的深褐色斑点，大多围绕中心的大暗斑呈同心圆状排列；体表无白斑；没有眼状斑纹。背鳍颜色较浅。

分布　西南大西洋：巴西南部，乌拉圭和阿根廷。

栖息地　大陆架及上大陆坡，20—437米（多见于120—320米）水深处。

行为　不明。

生物学　卵胎生，每胎7—11尾胎仔（平均9—10只）。以底栖鱼类、虾和鱿鱼为食。

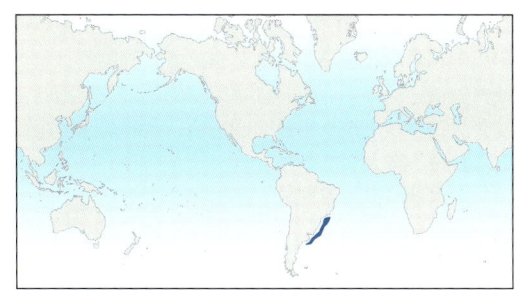

保护状态　极危（CR）。在分布区内曾为常见种，常常成为目标渔获物和兼捕渔获物，如今受过度捕捞影响。

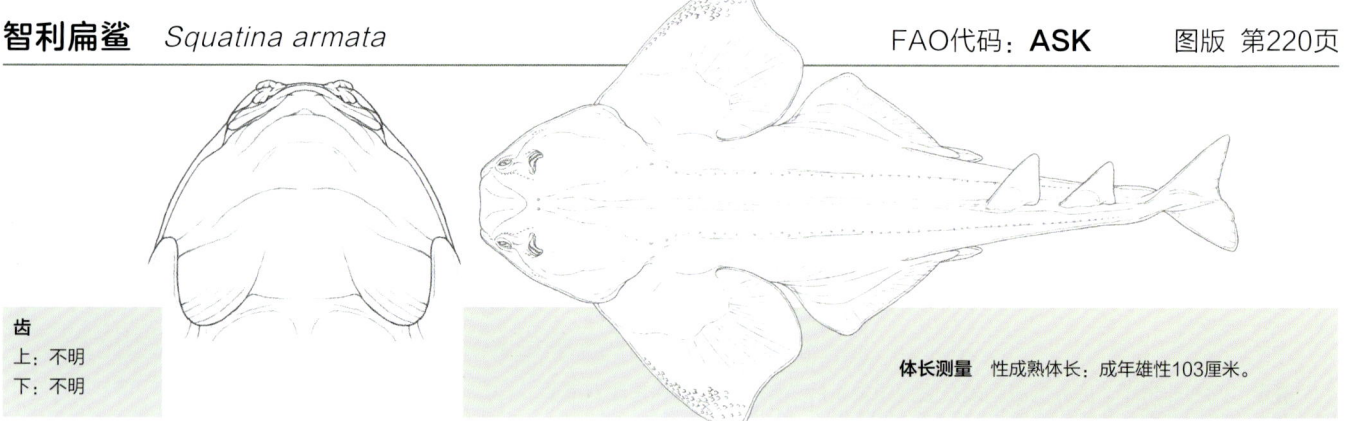

智利扁鲨 *Squatina armata*

FAO代码：**ASK**　　图版 第220页

齿
上：不明
下：不明

体长测量　性成熟体长：成年雄性103厘米。

鉴定　头部狭窄，吻部及眼间隔处具发达的结刺，喷水孔大；背部中线具1列大结刺，体背部两侧各具1列钩状结刺；胸鳍前缘具扩大的结刺。第一背鳍始于腹鳍后角之后。体背部呈灰色至红棕色，腹部淡色。

分布　东南和东太平洋：智利，秘鲁，厄瓜多尔，哥伦比亚和哥斯达黎加。

栖息地　大陆架，30—75米水深。

行为　不明。

生物学　不明。

保护状态　极危（CR）。在其分布范围内常成为作为拖网和刺网渔业的兼捕渔获物，并保留其肉。其肉可食用。尽管其分布区内相关捕捞强度正逐渐增大，但智利扁鲨的渔获量却急剧下降，在一些地区的种群资源甚至已近乎枯竭。

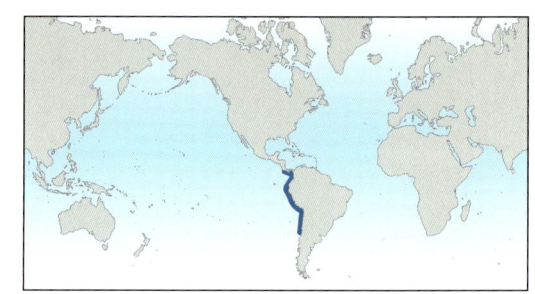

澳洲扁鲨 *Squatina australis*

FAO代码：**SUU**　　图版 第220页

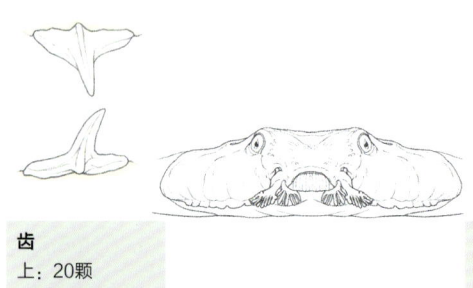

齿
上：20颗
下：18颗

体长测量　性成熟体长：雄性大于80厘米，雌性97厘米。
最大体长：雄性122厘米，雌性152厘米。

鉴定　眼间隔平坦或微凸。鼻触须和前鼻瓣具茂密的流苏。头侧皮褶不具三角形皮瓣。喷水孔较小。成体体表无扩大的结刺；幼体的吻部、头部和背鳍前背中线处具较发达的结刺。体背部呈暗灰褐色，有密集的白色斑点和较小的深褐色斑点。没有大的眼状斑纹。各鳍边缘白色；背鳍前缘淡色；尾部下叶后端具浅色斑块。

分布　澳大利亚南部。

栖息地　泥沙质海床，通常在海草床及岩礁附近活动，栖息水深为0—130米。

行为　昼伏夜出。

生物学　卵胎生，繁殖期位于秋季，每胎可多达20尾胎仔。以鱼类和甲壳类动物为食。

保护状态　无危（LC）。具有商业价值，且常被底拖网等渔具捕捞，但在其分布范围内并未受到过度捕捞，种群数量仍相对乐观。

凯氏扁鲨 *Squatina caillieti*

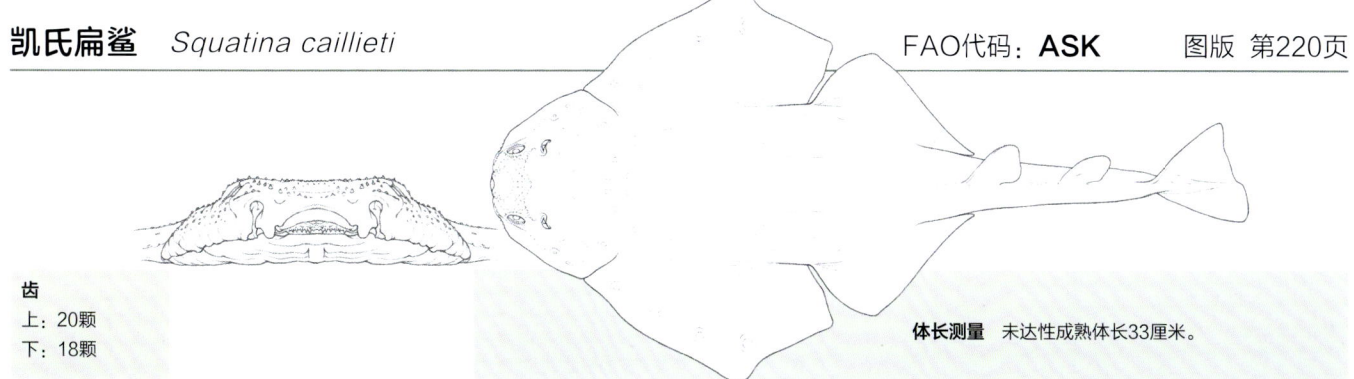

FAO代码：**ASK**　　图版 第220页

齿

上：20颗

下：18颗

体长测量　未达性成熟体长33厘米。

鉴定　头部钝圆，口至眶上嵴间横向排列着中等大小的结刺，其间具光滑的椭圆形斑块区。鼻须简单，不分支，末端呈棒状。上唇弓呈弧形；上唇弓的高度小于其宽度的一半。眼椭圆形，距喷水孔较近；眼间隔短。两个背鳍间距离大于第二背鳍与尾鳍间距离（此特征有助于将本种与台湾扁鲨和星云扁鲨区分开来）。腹鳍后角伸达第一背鳍起点。体背部呈绿褐色，散布有边缘淡色的深褐色斑点。背鳍下方具深色鞍纹。

分布　印度洋-太平洋中部：菲律宾吕宋岛。

栖息地　外大陆架和上大陆坡，363—385米水深处。

行为　不明。

生物学　所知甚少。目前有关这一物种的了解仅来自1件标本。

保护状态　数据缺乏（DD）。渔业活动对这一罕见种的影响目前尚不得而知。

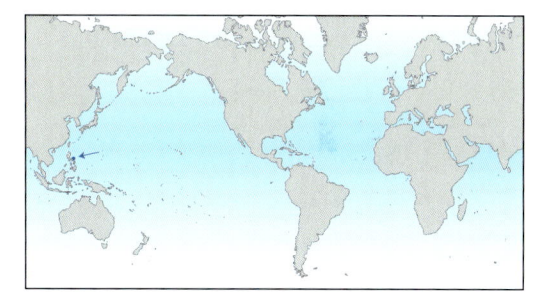

戴维扁鲨 *Squatina david*

FAO代码：**ASK**　　图版 第218页

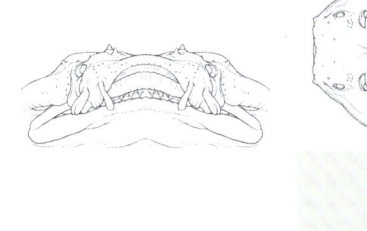

齿

上：10颗

下：10颗

体长测量　出生体长：25厘米。

性成熟体长：雄性79厘米，雌性至少75厘米。

最大体长：至少79厘米。

鉴定　前鼻瓣具成对的鼻须，内鼻须边缘具弱流苏或无流苏；外鼻须呈棒状，具小分支，近端部腹侧具突起。背中线无结刺。背鳍近似三角形，第一背鳍较第二背鳍稍大；第一背鳍起点位于腹鳍后角上方或稍靠后处。体背部呈灰色至棕黄色，散布有深浅不一的斑点。

分布　西大西洋和加勒比海：巴拿马，哥伦比亚到沿着南美洲北部海岸的苏里南。

栖息地　大陆架，可能见于上大陆坡，100—326米水深处。

行为　未知，目前已知的标本仅有6件。

生物学　卵胎生，其他不明。食性不明。

保护状态　近危（NT）。这一物种在其分布区内偶尔成为刺网、底拖网和延绳钓的兼捕渔获物。

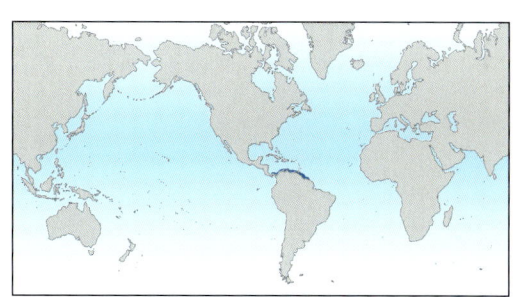

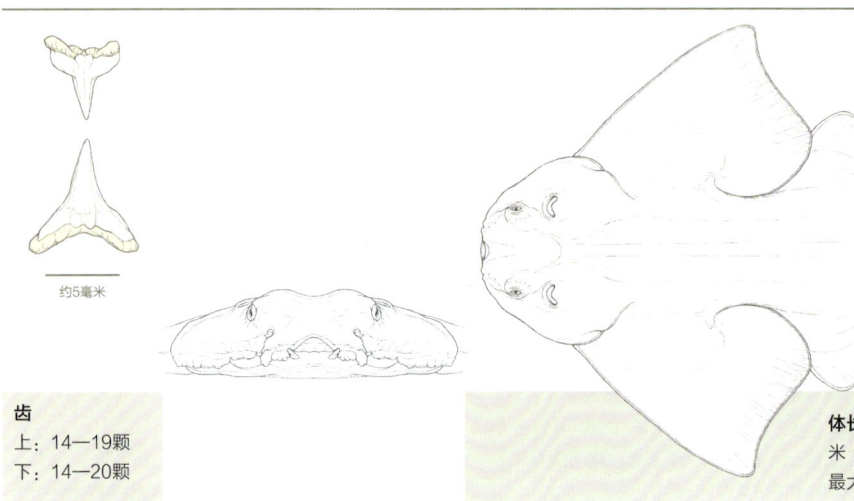

约5毫米

齿
上：14—19颗
下：14—20颗

体长测量 出生体长：25—26厘米。性成熟体长：100—115厘米（加利福尼亚州），78—85厘米（加利福尼亚湾，墨西哥）。最大体长：雄性120厘米，雌性152—175厘米。

鉴定 眼大，眼间隔微凹；眼与喷水孔间距离小于眼长的1.5倍。鼻须简单，呈圆锥形，末端呈匙状，前鼻瓣弱流苏状。头侧皮褶不具三角形皮瓣。幼体具明显的结刺，成体的结刺较小或缺如。胸鳍宽大，外角钝尖。体背部呈红棕色至微黑色不等，成体体表具黑斑，黑斑周围具分散的白点。幼体背部及尾部具较大的暗色眼斑。胸鳍和腹鳍后缘白色；背鳍浅色，基部具黑斑。尾鳍浅色，基部亦具有黑斑。

分布 东北太平洋：阿拉斯加东南部到加利福尼亚海湾。也可能分布于东南太平洋，但相关记录尚有待进一步确认，很有可能是其他尚未被描述的新物种。部分研究证据表明，东北太平洋的加州扁鲨亦可能是一个复合种，其中同样可能包括一些并未被描述和命名的物种（见下文）。

栖息地 大陆架，栖息地水深为1—205米，最常见的是栖息地水深为3—100米。通常在岩石周围，有时在海藻附近。

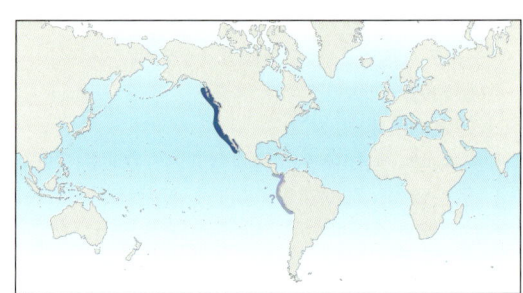

行为 白天会藏于泥沙中，以伏击猎物。在夜间较为活跃。通常不会进行长距离迁移，但有时这一物种会在南加州附近的岛屿和大陆岸线间迁移。

生物学 卵胎生，每胎1—13尾胎仔（平均6尾），妊娠期9—10个月。性成熟年龄9—10岁，仅有约20%的幼体可以顺利存活至成年。最大寿命可达35年。在加利福尼亚湾内的加州扁鲨种群性成熟个体平均体长相较于下加利福尼亚州西岸/太平洋沿岸的种群要显著更小。这表明这两个种群可能是两个截然不同的物种。更多研究证据表明，加州扁鲨更可能是一个复合种，其很有可能包含了多个未被描述命名的隐存种。

保护状态 近危（NT）。在加利福尼亚一带曾是常见种，但在20世纪90年代早期，以其为目标的专捕渔业导致了其种群数量锐减，后来的刺网禁令叫停了这一专捕渔业。如今这一带的加州扁鲨种群已经得到恢复，并成为当地潜水旅游业中的观赏对象。该物种在其他地区亦常出现在兼捕渔获物中，并被用于食用。

加州扁鲨，加利福尼亚

齿
上：20颗
下：18—20颗

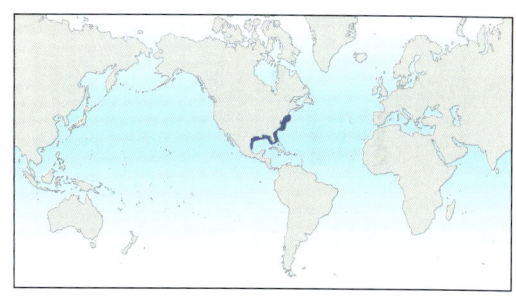

体长测量　出生体长：25—30厘米。
性成熟体长：雄性和雌性均85—93厘米。
最大体长：152厘米。

鉴定　眼间隔深凹，眼与喷水孔距离小于眼长的1.5倍。鼻须尖细，结构简单；前鼻瓣平滑或呈弱流苏状。头侧皮褶低矮，不具三角形皮瓣。幼体在吻部和眼与喷水孔间具小而分散的结刺；成体结刺更多，呈斑块状排列。幼体背中线处具结刺，随生长逐渐减少，至成体时不明显。胸鳍宽大，外角钝尖。体背部呈蓝灰色，具不规则的暗点或缺如；幼体体背部常具白斑。腹部白色。背鳍和尾鳍深色，基部浅色，背鳍上角浅色，后角白色；鳍后缘淡红色，具红斑。

分布　西大西洋：新英格兰到墨西哥湾。

栖息地　大陆架和大陆坡，底层或近底层，1—1290米水深处，大部分栖息地水深为40—250米。

行为　春夏两季会出现于近岸浅水区，冬季则会前往较深的水域越冬。被捕获的杜氏扁鲨会展现出较强的攻击性，因此在英文中得名"沙魔鱼"（Sand Devil）。

生物学　卵胎生，每胎胎仔最多可达25尾，幼体在冬末到初夏降生。与加州扁鲨相似（见前页），在大西洋海岸和墨西哥湾，杜氏扁鲨种群的生物特征似乎略有不同。在北美大西洋海岸的杜氏扁鲨每胎有4—25尾胎仔，而在墨西哥湾的杜氏扁鲨每胎只有4—10尾胎仔，平均每胎7尾胎仔。该物种的繁殖周期至少达2年以上，但据推测，其实际繁殖周期可能长达3年。它以小型底栖鱼类、甲壳类动物和双壳类动物为食。

保护状态　无危（LC）。目前没有针对该物种的目标渔业，但墨西哥湾的其他捕捞活动有时会兼捕本种。由于其繁殖周期长、繁殖能力较弱，因此其种群较易受到过度捕捞所带来的严重威胁。本种在美国沿海被列为禁捕鱼种。

分布于墨西哥湾西部加勒比海热带海域的扁鲨物种需要更为深入的检查与研究，并应将其特征与杜氏扁鲨及分布于南美洲大西洋沿岸的已知扁鲨物种加以对比，以确认其真实身份。近年来，鱼类学家分别依据西南大西洋海域及加勒比海的标本描述命名了戴维扁鲨（第227页）、瓦氏扁鲨（第236页）两个新物种，均被收录入本书中。但来自墨西哥湾的另外两个扁鲨新种——异鳍扁鲨（*Squatina heteroptera*）和墨西哥扁鲨（*Squatina mexicana*）则很有可能是无效种，因为这两个物种缺乏可以明确将其与同域分布的其他扁鲨所区分的形态特征，本书并未收录这两个物种。

台湾扁鲨 *Squatina formosa* FAO代码：**SUO** 图版 第220页

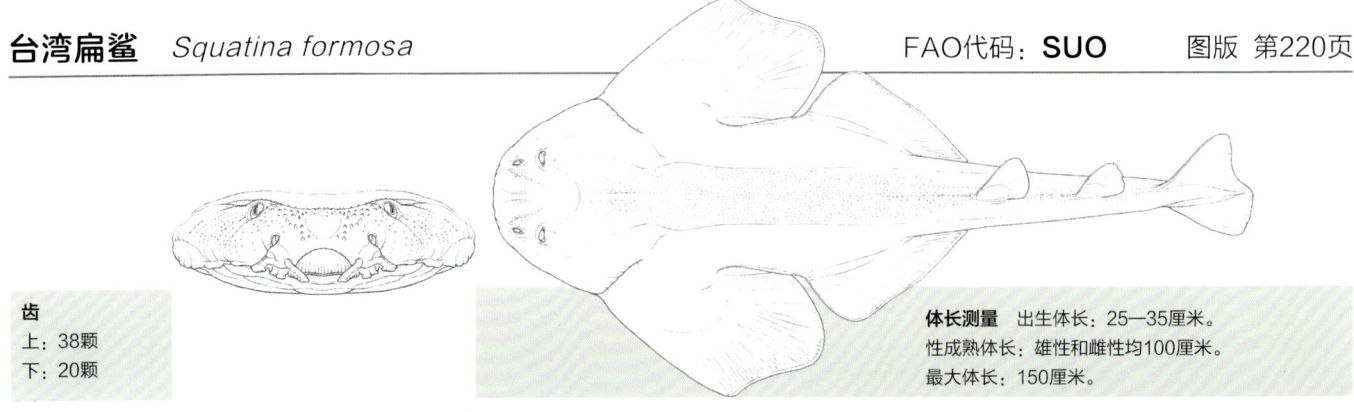

齿
上：38颗
下：20颗

体长测量 出生体长：25—35厘米。
性成熟体长：雄性和雌性均100厘米。
最大体长：150厘米。

鉴定 眼大；眼间隔微凹；眼与喷水孔的距离小于眼长。鼻须扁平，结构简单，末端圆形。前鼻瓣平滑或呈流苏状。头侧皮褶不具三角形皮瓣。吻部、眼间隔和背部（仅见于幼体中）具扩大的结刺。胸鳍宽大、外角广圆。体背部呈黄灰色或棕色，具成对的眼状小暗斑。头部和第一背鳍之间有小淡色斑点；体背部具许多小褐斑及大的不规则斑点，背鳍下方具暗色鞍带。

分布 西北太平洋：中国台湾，还可能分布于日本。

栖息地 大陆架外缘和上大陆坡，栖息地水深为100—400米。

行为 不明。

生物学 卵胎生，每胎胎仔最多可达16尾。主要以底栖鱼类为食。

保护状态 濒危（EN）。在其分布区内常成为底拖网的兼捕渔获物，面临着较大的捕捞压力。

色边扁鲨 *Squatina legnota* FAO代码：**ASK** 图版 第220页

齿
上：18颗（整体）
下：18颗（整体）

体长测量 性成熟体长：雄性125厘米。
最大体长：雄性至少134厘米。

鉴定 眼大；眼间隔微凹，吻部非常短。前鼻瓣扁平，鼻须不具流苏。背中线处不具结刺。背鳍不呈叶片状；第一背鳍基底较第二背鳍基底更长。体背部呈均一的灰棕色，背鳍下方具2深色鞍斑。胸鳍腹面前缘微黑。

分布 印度洋-太平洋中部：仅印度尼西亚南部。

栖息地 不明。

行为 不明。

生物学 不明

保护状态 极危（CR）。该物种在印度尼西亚海域仅在4个地点有上岸记录，分布区内过度捕捞压力较大，且仍在不断加剧，许多同域分布的其他底栖性鱼类如今正面临着种群枯竭的危险。这一物种的栖息地几乎完全暴露于高强度的捕捞活动中，其种群目前很有可能正岌岌可危。

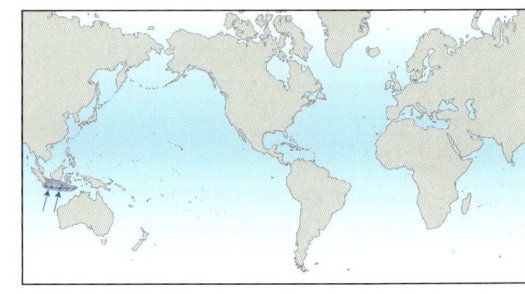

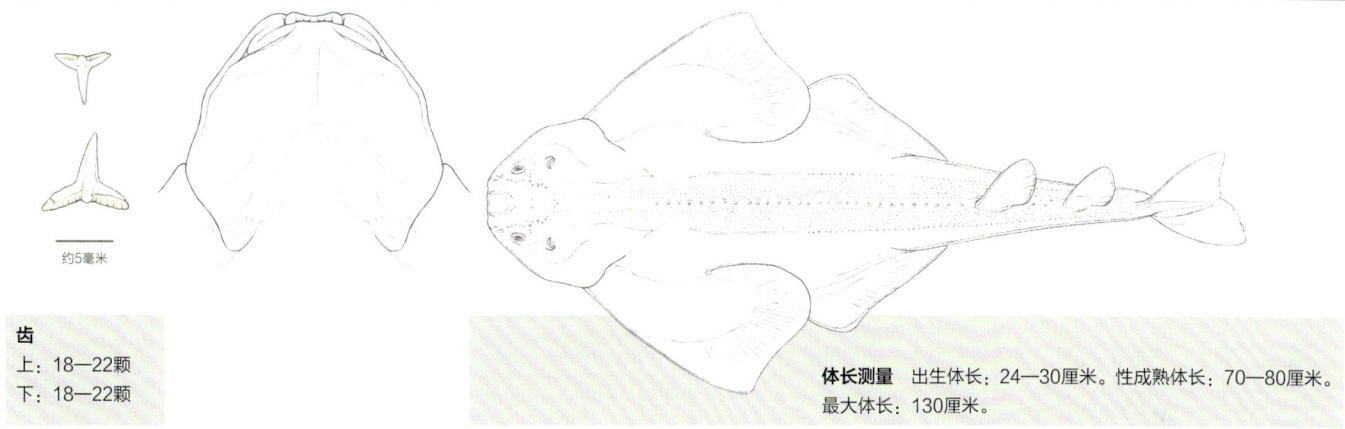

齿

上：18—22颗
下：18—22颗

体长测量　出生体长：24—30厘米。性成熟体长：70—80厘米。最大体长：130厘米。

鉴定　眼间隔宽而微凹；眼和喷水孔间距小于眼长的1.5倍。鼻须尖端膨大而略呈匙状，不具流苏。前鼻瓣呈弱流苏状。头侧皮褶不具三角形皮瓣。吻部、眼间隔及喷水孔间具粗短的结刺；背中线具1列结刺。胸鳍相对较小，外角钝尖；前缘几乎平直。体背部呈均一的深褐色，腹部浅色。背部有时具不规则的小黑点（浸制标本则呈白色）；具多个大小不一的规则黑斑；没有眼状斑纹。

分布　西南大西洋：里约热内卢州，巴西南部到乌拉圭和阿根廷。

栖息地　大陆架，7—150米水深处（通常见于水深10-80米处），栖息地水温多在10-22℃。

行为　雌性每隔3年便会在春季洄游至沿岸海域进行分娩；幼体及亚成体则全年生活于近岸海域。

生物学　卵胎生，每胎2—10尾胎仔（通常是3—9尾），妊娠期长达11个月，但胚胎在子宫内的发育期仅历时4个月，随后便会进入扩大的泄殖腔中。进入到下一发育阶段。雌性的繁殖期间隔为2年。雄性及雌性的性成熟年龄均约为4岁，最大寿命可达12年。主要以底栖鱼类和虾类为食。

保护状态　濒危（EN）。在分布区内常成为商业捕捞目标渔获物或兼捕渔获物；其繁殖周期长达3年，因此在受到过度捕捞后资源恢复速度极其缓慢。受过度捕捞影响，本种在巴西南部沿海种群数量已严重减少。本种曾一度与巴西扁鲨被视为同一物种，后来才被证实为独立物种。点斑扁鲨（*Squatina punctata*）为本物种的同物异名。

东大西洋和地中海的扁鲨项目

　　该项目通过区域保护战略、次区域行动计划和构建扁鲨保育网络，从一定程度上保护了三种极危的扁鲨物种——疣突扁鲨（第224页）、白斑扁鲨（第225页）和扁鲨（第235页），使它们免遭灭绝。这一项目还为其他地区受威胁鲨鱼物种的管理与保护工作提供了参考。扁鲨保育项目旨在恢复这些极危物种的种群，并在其栖息地内开展保护工作。通过提升扁鲨的整体关注度，鼓励群众上传更多相关目击记录，更好地了解扁鲨的分布范围和保护状态，并制定相关合作项目及保护行动以实现这一目标。加那利群岛和地中海各自的次区域行动计划规定了如何在这两个同样重要但截然不同的地区实施该项目。它们鼓励政府、组织和个人参与其中，并将公民科学作为这一项目的重要组成部分。对于本项目而言，加那利群岛是至关重要的，因为这里是扁鲨本种在欧洲海域的最后据点。该项目的重点是促进区域间协调行动，以确保这些物种及其多样性得到有效保护。这三个物种都分布于地中海海域，理论上，根据区域生物多样性和渔业法规，它们在这一带受到法律保护。然而，过度捕捞和生境退化的威胁仍然存在，这些物种种群已因历史原因而几近枯竭，在其诸多历史分布区内彻底灭绝，而我们对这些物种的了解仍十分有限。因此，地中海扁鲨保育项目计划的重点是通过促进区域合作和保护力度的推行以保护当地的扁鲨种群。angelsharknetwork.com将上述行动关联起来，通过协调这项工作和威尔士沿海扁鲨保护项目，及通过在线途径收集目击记录等方法开展扁鲨保育行动。它还将每年的6月26日设立为世界扁鲨日，旨在令群众关注分布于全球各地的所有扁鲨物种。

日本扁鲨 *Squatina japonica*

FAO代码：**SUJ**　　　图版　第220页

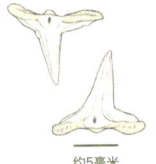

约5毫米

齿
上：20颗
下：20颗

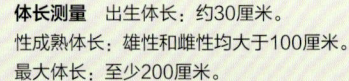

体长测量　出生体长：约30厘米。
最大体长：200厘米。

　　鉴定　眼大，眼间隔微凹。鼻须呈圆柱形，末端稍扩张。前鼻瓣平滑或呈弱流苏状。头侧皮褶不具三角形皮瓣。皮肤粗糙；吻部、眼上缘和喷水孔间具小结刺，背中线处亦具1列结刺。胸鳍宽大，外角近呈90°。体背部呈锈色或黑褐色；具不规则的暗点及白点，自头基部至背鳍前具对称的暗红色大理石纹状斑块；没有眼状斑纹。腹部呈白色，各鳍后缘深色。

　　分布　西北太平洋：日本海西部至中国黄海、东海和南海，包括日本，韩国，中国沿海。

　　栖息地　大陆架和上大陆坡，10—352米水深处。

　　行为　所知甚少。

　　生物学　卵胎生，每胎胎仔多达10尾。其他所知甚少。

　　保护状态　极危（CR）。常被拖网渔业兼捕。

星云扁鲨 *Squatina nebulosa*

FAO代码：**SUL**　　　图版　第222页

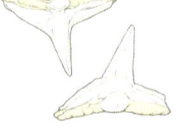

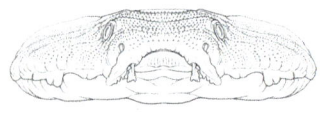

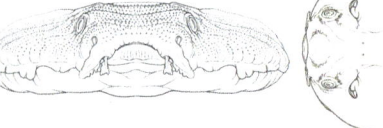

齿
上：20颗
下：20颗

体长测量　出生体长：约30厘米。
性成熟体长：雄性和雌性均大于100厘米。
最大体长：至少200厘米。

　　鉴定　鼻须尖细，结构简单；前鼻瓣平滑或呈弱流苏状。头侧具皮褶，每侧各具2三角形皮瓣。眼大；眼和喷水孔间距小于眼长的1.5倍。体表无扩大的结刺。胸鳍宽大，外角广圆。体背部呈棕褐色至蓝褐色，具分散的白点及小黑点。胸鳍基部具黑斑，背鳍下具暗斑，无眼斑或具分散且模糊的小眼斑（中心深色，外缘浅色）。腹部淡色，胸鳍边缘深色。背鳍后缘浅色。

　　分布　西北太平洋：日本，俄罗斯，韩国，中国。

　　栖息地　大陆架和上大陆坡，近岸至330米水深处。

　　行为　所知甚少。

　　生物学　所知甚少。卵胎生，每胎12—20尾胎仔。以底栖硬骨鱼类和头足类动物为食。

　　保护状态　濒危（EN）。常成为底层渔业的兼捕渔获物。

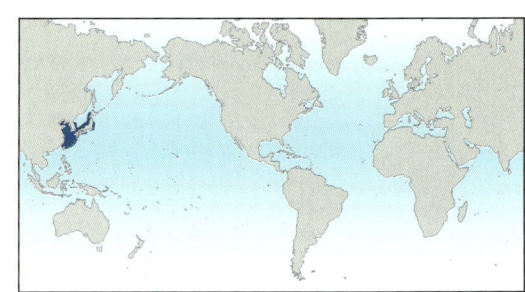

巴西扁鲨 *Squatina occulta*

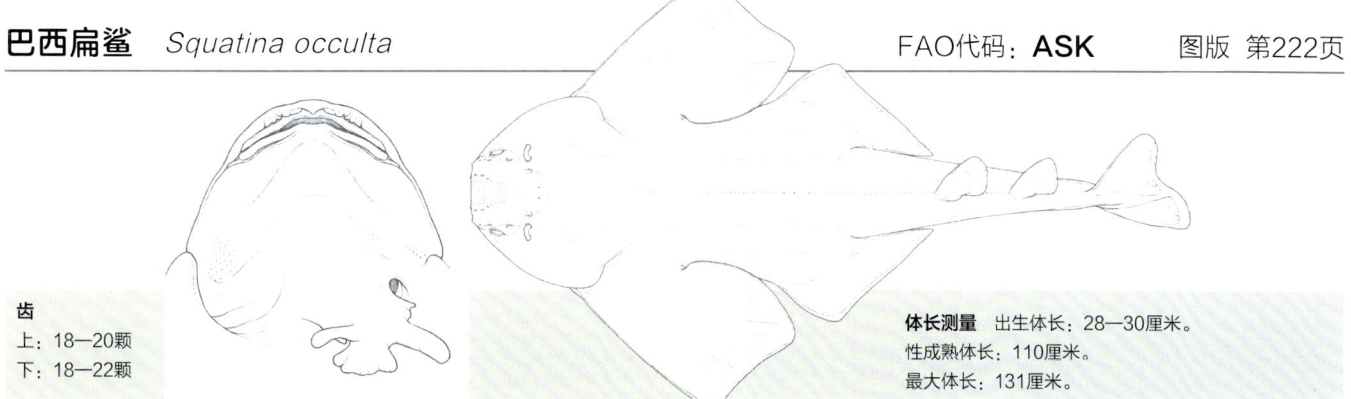

齿
上：18—20颗
下：18—22颗

体长测量　出生体长：28—30厘米。
性成熟体长：110厘米。
最大体长：131厘米。

鉴定　眼间隔微凹；眼和喷水孔间距小于眼长的1.5倍。鼻须基部圆柱形，末端扩张，不分支，无流苏；前鼻瓣几乎不具流苏。吻部及眼间隔处具对称分布的短粗结刺，喷水孔间亦具1对结刺；背中线不具结刺。胸鳍宽大，外角钝尖；前缘平直；后缘微凹。体背部呈均一的深褐色，具许多小的淡黄色斑点（斑点无暗色边缘）和较大的褐色斑块。胸鳍上有眼状斑纹。

分布　西南大西洋：巴西南部，乌拉圭和阿根廷。

栖息地　大陆架，10—350米水深处（多见于水深50—100米处）。栖息地水温范围多在13—19℃。

行为　不明。

生物学　卵胎生，妊娠11个月，繁殖季节位于春季，每胎4—10尾胎仔（平均7尾）。其性成熟年龄约为10岁，极限寿命可达21年。以鱼类及虾类为食。

保护状态　极危（CR）。种群受过度捕捞影响而严重枯竭。其繁殖周期长达3年，因此种群恢复速度缓慢。

眼斑扁鲨 *Squatina oculata*

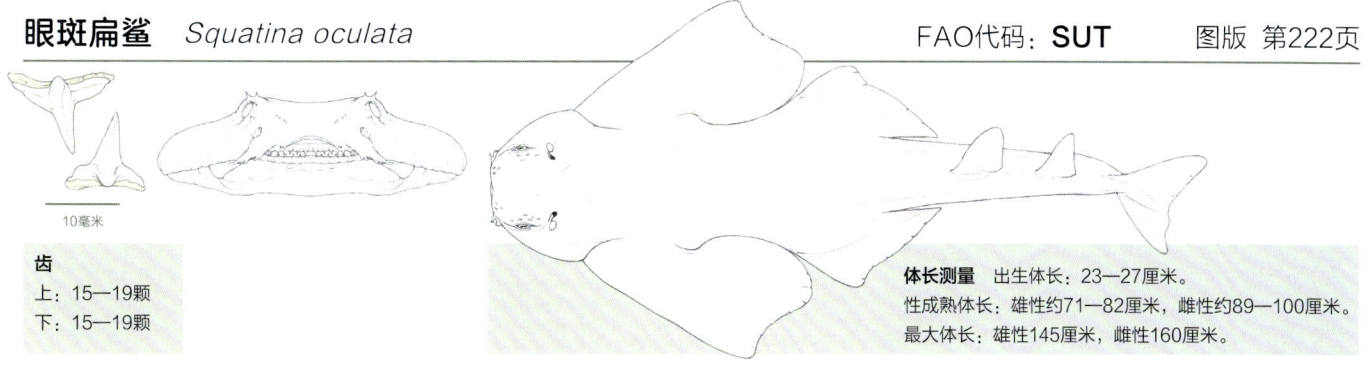

10毫米

齿
上：15—19颗
下：15—19颗

体长测量　出生体长：23—27厘米。
性成熟体长：雄性约71—82厘米，雌性约89—100厘米。
最大体长：雄性145厘米，雌性160厘米。

鉴定　眼间隔深凹；眼和喷水孔间距小于眼长的1.5倍。鼻须末端浅裂或呈叶状。前鼻瓣具弱流苏。吻部及眼上缘具结刺。体背部灰棕色，具深浅不一的圆形小点；项部具1大白斑；胸鳍基部、胸鳍内角，尾基部和背鳍下方具对称暗斑。有时具对称的、具白边的深色眼斑。背鳍和尾鳍后缘白色；胸鳍和腹鳍后缘暗色。

分布　东大西洋和地中海：塞内加尔，冈比亚，几内亚，塞拉利昂和加纳。

栖息地　大陆架和上大陆坡，10—500米水深处（通常见于50—100米水深处，在热带地区栖息深度更大），见于暖温带至热带水域。

行为　不明。

生物学　卵胎生，每胎3—8尾胎仔（平均6尾），妊娠期为12个月，幼体在春季出生。以小型鱼类、甲壳类或头足类为食。

保护状态　极危（CR）。在其部分分布区内的种群已区域性灭绝。

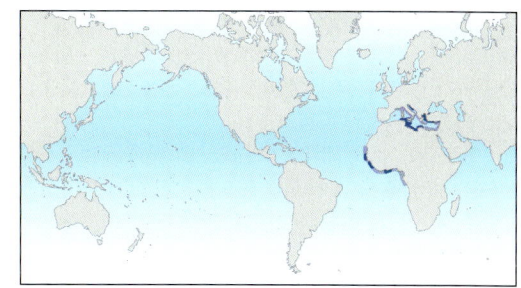

假睛扁鲨 *Squatina pseudocellata*

FAO代码：**ASK**　图版 第222页

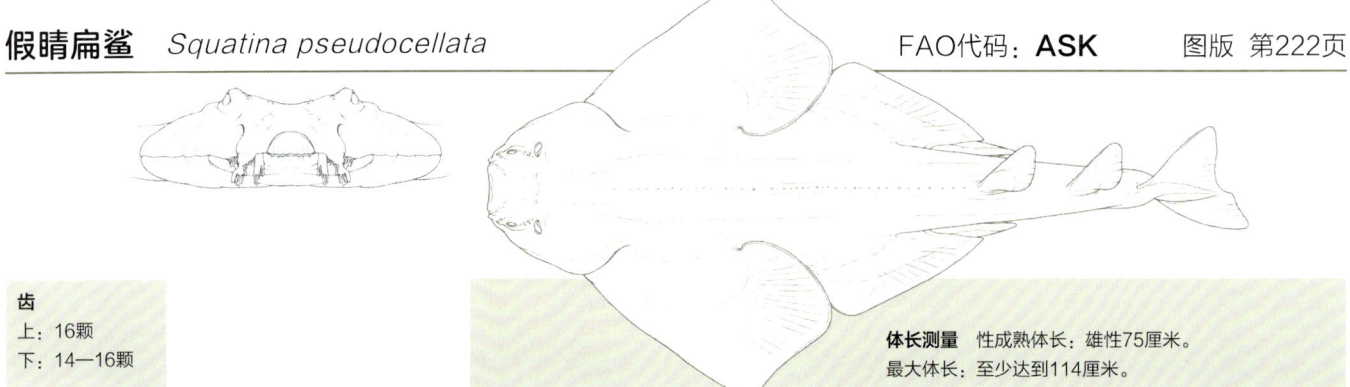

齿
上：16颗
下：14—16颗

体长测量　性成熟体长：雄性75厘米。
最大体长：至少达到114厘米。

鉴定　在颜色、图案和背部结鳞上与背斑扁鲨不同。头部在两眼之间凹陷；吻很短。鼻触须有膨大的尖端和分叶状的边缘。强壮的眼眶触须；背中线处具1列结刺。背面呈中等至浅淡的褐色或灰色，有间距较大的蓝色斑点和棕色斑点。没有对称的小白点或眼状斑纹，但有一个大的白色项部斑点。浅色不成对的鳍，无黑斑。

分布　西澳大利亚：勒韦克角至鲨鱼湾。

栖息地　热带海域，大陆架外缘及上大陆坡，150—312米水深处。

行为　不明。

生物学　不明。

保护状态　无危（LC）。偶尔会被兼捕，但在其分布区内的捕捞量较为有限。

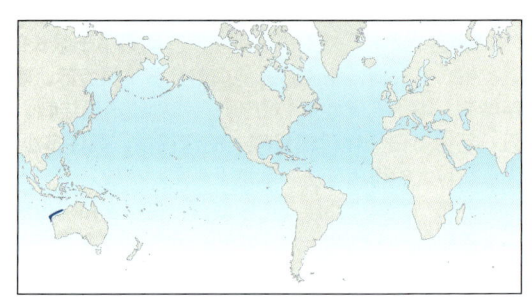

背斑扁鲨 *Squatina tergocellata*

FAO代码：**SUE**　图版 第222页

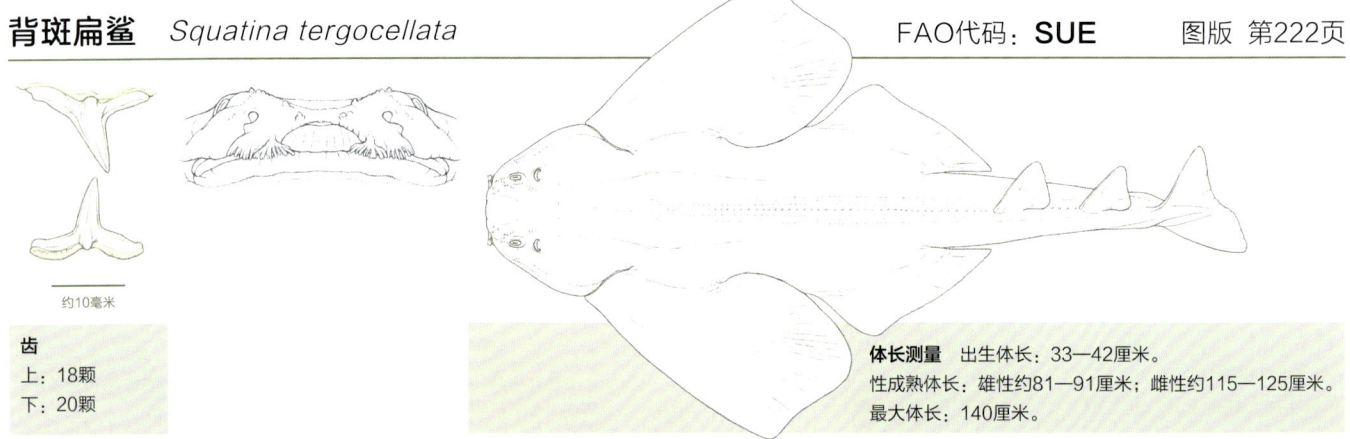

约10毫米

齿
上：18颗
下：20颗

体长测量　出生体长：33—42厘米。
性成熟体长：雄性约81—91厘米；雌性约115—125厘米。
最大体长：140厘米。

鉴定　眼大，眼间隔深凹；眼和喷水孔间距小于1.5倍眼长。鼻须和前鼻瓣呈强流苏状。背部无结刺。体背部呈浅黄棕色，具灰蓝色或白色斑点，并具3对外缘具不连续暗色环带的大眼斑。各鳍淡色，鳍上具斑纹和斑点。

分布　澳大利亚西南部。

栖息地　大陆架和上大陆坡，底层或近底层，130—400米水深处（多栖息于水深约300米处，幼体的栖息深度相对更浅）。

行为　可能会根据性别分成不同的群体。在捕食带毒棘的猎物时，会通过吞下大量泥沙的方式起到缓冲作用，从而防止自身被扎伤。

生物学　卵胎生，每胎2—9尾胎仔（平均4—5尾），两次繁殖期间隔可能达2年，妊娠期6—12个月。主要以鱼类和头足类为食。

保护状态　无危（LC）。稳定出现于部分小规模渔业的兼捕渔获物中，在其大部分分布区内并未受到过度捕捞的严重威胁。

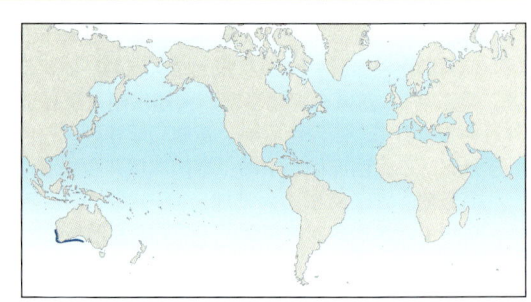

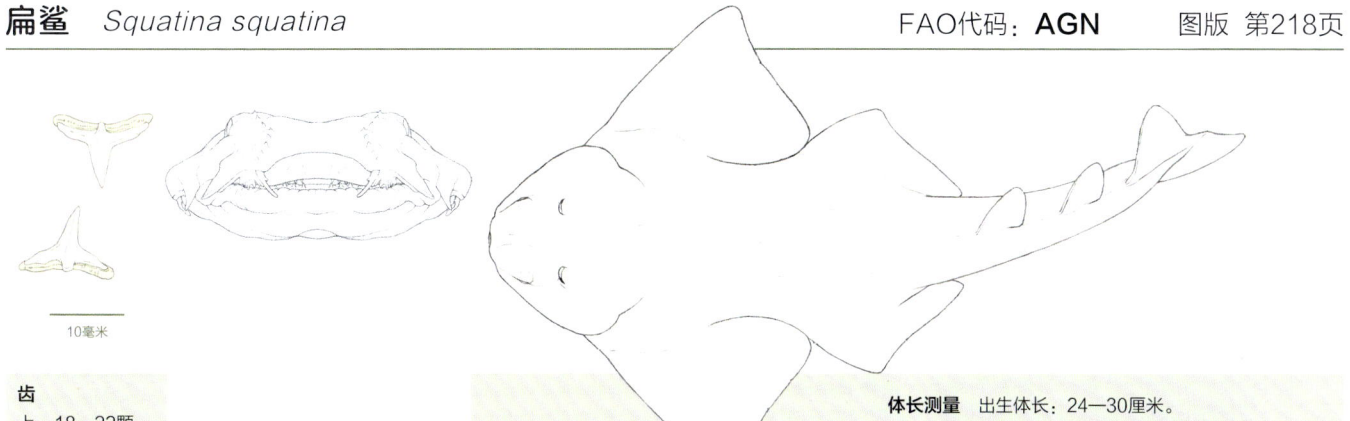

齿
上：18—22颗
下：18—22颗

10毫米

体长测量　出生体长：24—30厘米。
性成熟体长：雄性80—132厘米，雌性126—169厘米。
最大体长：雄性183厘米，雌性可能达到244厘米。

鉴定　体型大。体粗壮。鼻须结构简单，末端直立或呈匙状，前鼻瓣平滑或呈弱流苏状。头侧具皮褶，每侧各具1三角形皮瓣。幼体背中线具小结刺，随生长而逐渐消失。成体体表粗糙，吻部和眼间隔具结刺。胸鳍宽大。体背部呈灰色、红褐色或灰绿色，具分散的小白点及暗点；项部可能具白色斑点；不具眼斑，幼体体表通常有白色网纹和大黑斑，成体体色相对朴素。背鳍前缘深色，后缘浅色。

分布　东北大西洋（历史分布区自挪威一直延伸至毛里塔尼亚），加那利群岛，地中海和黑海。在爱尔兰西部和威尔士附近仍有残存的种群，但现在只有在加那利群岛才能稳定观测到本种。

栖息地　大陆架，1—150米水深处，多见于泥沙质海床上，有时会出现在近岸及河口海域。

行为　会利用胸鳍在海床上扇动出凹洼，然后用泥沙将自己覆盖起来，只露出眼和喷水孔。白天的扁鲨非常慵懒，在夜晚扁鲨会四下活动。扁鲨具有季节性洄游行为，在夏季会向北洄游，或是前往深度更大的海域。1970年至2006年，在爱尔兰西海岸展开的标记放流项目表明，在当地捕获并标记的扁鲨会迁移至爱尔兰北部和东南部、英格兰西南部和东南部、法国及西班牙北部一带。

生物学　卵胎生，每胎7—25尾胎仔（怀胎数量随雌性体型的增大而增多）。妊娠期为8—10个月。地中海海域，扁鲨幼体在12月至2月期间出生，在英国沿海

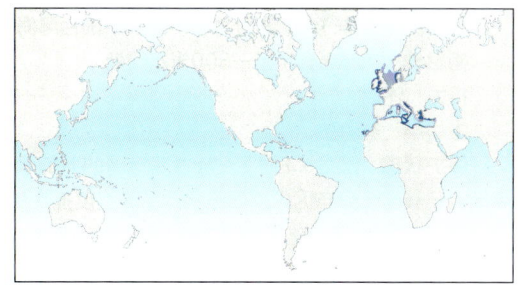

则在7月出生。主要以比目鱼、鳐鱼、甲壳类和软体动物为食。有一条鸬鹚被其吞掉的记录！

保护状态　极危（CR）。由于过度捕捞，这种以前常见的扁鲨现在在其以前的大部分分布区都已罕见或灭绝。它可能仍然生存在地中海南部和非洲西北部，但在这些存在密集捕捞活动的沿海地区，所有扁鲨物种的目击率都急剧下降了。加那利群岛似乎是该物种的最后一个主要"避难所"。目前，包括欧盟、英国和地中海域在内，扁鲨在其分布的大部分地区都受到渔业和生物多样性法规的严格保护（希望不会太晚）。它被列入《保护野生动物迁徙物种公约》（CMS）的附录1中，该公约要求所有签署国保护该物种及其栖息地，并被列入区域生物多样性公约（赫尔辛基委员会、奥斯巴伯尔尼和巴塞罗那）中。如果捕捉到这种鲨鱼，必须非常小心地尽快将其放生。请将这一物种的情况报告给扁鲨保育项目（第231页）。

扁鲨（*Squatina squatina*），加那利群岛

拟背斑扁鲨 *Squatina tergocellatoides* FAO代码：**SUN** 图版 第222页

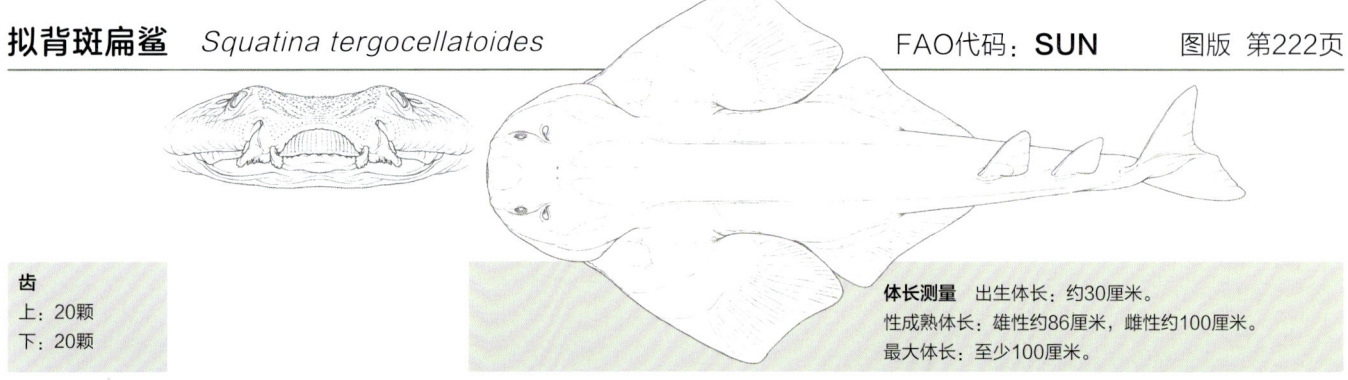

齿
上：20颗
下：20颗

体长测量 出生体长：约30厘米。
性成熟体长：雄性约86厘米，雌性约100厘米。
最大体长：至少100厘米。

鉴定 眼间隔微凹。鼻须具细密的流苏，前鼻瓣呈强流苏状。头侧具皮褶，每侧各具2三角形皮瓣。背部无扩大的结刺。体背部呈浅黄褐色，散布有白色小圆点。在胸鳍、腹鳍和尾基处具6对中心稍浅、边缘深色的大眼斑。背鳍基部及前缘呈黑色。

分布 印度洋–太平洋西北和中部。中国台湾海峡和马来西亚东北部。

栖息地 大陆架，100—300米水深处。

行为 不明。

生物学 卵胎生。

保护状态 濒危（EN）。常为底拖网的兼捕渔获物，也可能被刺网和延绳钓兼捕，在其整个分布区内都面临着严重的过度捕捞威胁。其肉可食用，鳍可制鱼翅，有时亦可用于制成鱼粉。

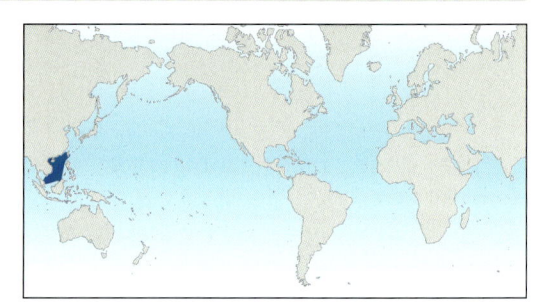

瓦氏扁鲨 *Squatina varii* FAO代码：**ASK** 图版 第222页

齿
上：16—20颗
下：16—20颗

体长测量 出生体长：约40厘米。
性成熟体长：雄性98—122厘米，雌性95—108厘米。
最大体长：雄性122厘米，雌性132厘米。

鉴定 前鼻瓣具2拉长的侧向鼻须；中部具1呈矩形或圆形，边缘略呈流苏状的宽扁鼻须。背部中线不具结刺。背鳍2个，近三角形，大小相似；第一背鳍起始于腹鳍后角的正后方。体背部呈深棕至浅棕色，可能具散布的白斑；胸鳍上可能具成对排列的白斑，分布于胸鳍起点附近、鳍基中部和胸鳍后缘。尾柄两侧具3对深色斑点；背部偶具不规则的深色斑点。腹部呈乳白色，胸鳍及腹鳍后缘颜色稍深。

分布 西南大西洋：巴西，从塞尔吉佩州到北部的里约热内卢州。

栖息地 大陆坡，195—666米水深处。

行为 不明。

生物学 卵胎生，其他不明。

保护状态 无危（LC）。该物种的栖息深度较大，受商业捕捞活动影响较小。

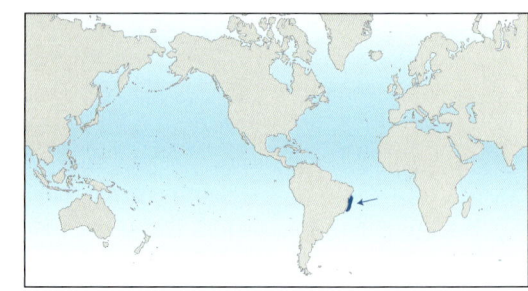

异齿鲨目（Heterodontiformes）

这是一个古老的目，化石记录可追溯至早侏罗纪，现仅存1科：异齿鲨科（Heterodontidae）。其分类学属名"Heterodontus"，意为"不同的牙齿"，用于指代其前后分化的齿型，前侧齿细小，为多峰齿；而后侧齿宽大，呈臼状。

鉴定 该科物种均为中小型鲨鱼（其中最大的物种体长大于165厘米，但大部分体长小于100厘米），体粗壮，自头部向尾部逐渐变细。背鳍2个，均具背鳍棘；臀鳍1个。尾鳍上叶近端具三角形突出。吻钝，鼻孔宽大，酷似猪鼻。口狭小、亚端位，口裂不过眼缘。眼上缘具眶上嵴。第一鳃裂较长。皮肤粗糙，胸鳍及腹鳍钝圆。前侧颌齿具多个齿尖，但后侧齿扁平，呈臼状。

生物学 行动迟缓的底栖性鲨鱼，栖息于礁岩质海床、泥沙质海床或海藻丛中，游动缓慢，有时也会用胸鳍爬行。通常在夜间更为活跃，白天则多在岩缝或洞穴中休息，有强烈的眷家性。

异齿鲨为卵生鱼类，其卵呈独特的螺旋形，表面具革质卵鞘，可以根据卵的形态对异齿鲨目物种进行鉴别。其孵化期5—12个月不等（受水温等因素影响），初生幼体体型较大（通常大于4厘米）。大多数异齿鲨会因性别及发育阶段的不同而选择不同的栖息地生活。至少有2个物种被确定会在特定的"巢位"进行产卵。至少1种异齿鲨被确认具有洄游性，每年都会进行长距离洄游，返回繁殖地产卵。但大多数异齿鲨的活动能力不强。异齿鲨主要以底栖无脊椎动物（海胆、蟹、虾、海洋腹足类、双壳类和蠕虫）为食，很少捕食鱼类。

状态 多数物种为罕见种或不常见种，经济价值低，多作为兼捕渔获物出现。有时候也会被休闲渔业捕获。大多数异齿鲨目物种被评估为无危（LC）物种，目前并没有物种的种群因人类活动而受到严重威胁。可以在水族馆中长期饲养并实现繁殖。

加州异齿鲨（*Heterodontus francisci*）的幼体，美国加利福尼亚（第242页）

异齿鲨科（Heterodontidae）

异齿鲨科包括1属：异齿鲨属（*Heterodontus*）。异齿鲨属包括9个形态相近的物种。该科物种在英文中被称作"牛头鲨"（bullhead shark）或"牛角鲨"（horn shark），这些叫法均来源于其发达的眶上嵴。异齿鲨大都分布于温带及热带海域，通常分布于东太平洋、西北太平洋及印度洋水温21℃以上的海域，目前在大西洋海域暂无分布记录。异齿鲨是唯一同时具有臀鳍和背鳍棘的现生鲨鱼类群，十分独特。异齿鲨通常在夜间活动。它们会用口衔起自己产下的卵，并趁卵鞘尚还柔软时将其楔入岩缝等固定点，以便其更好地发育。除此之外，我们对这些长相奇特的物种知之甚少。异齿鲨的形态与已经灭绝的弓鲨（Hybodont）十分相似。

异齿鲨属
属9种；第242—247页

一种古老的目，化石记录悠久，现仅存1科9种。身体粗壮；猪一样的钝吻，小嘴，扩大的第一鳃裂，突出的眼嵴；桨状的成对鳍，两个背鳍均具背鳍棘，具臀鳍；皮肤粗糙。

○ **加州异齿鲨** *Heterodontus francisci*　　　　　　　　　　　　　　　　　　　　　　　第242页

分布于东太平洋；见于潮间带至水深152米的岩礁、海藻场及泥沙质海床上。第一背鳍起点位于胸鳍基底后上方；体呈浅褐色或深褐色，具小黑斑（直径小于眼径的1/3），无背带状斑纹；眼下缘具暗色斑块，眶上嵴间无淡色条带；幼体体色更为鲜艳，具明显的深色鞍斑。

○ **眶嵴异齿鲨** *Heterodontus galeatus*　　　　　　　　　　　　　　　　　　　　　　　第243页

分布于西南太平洋，东澳大利亚；见于潮间带至水深93米的岩礁、海藻场及海草床上。眶上嵴高耸；体呈浅棕色或黄棕色，无斑点，无背带状斑纹，但体侧具5条模糊的深色宽带或鞍纹；眼下缘具宽大的暗斑，眶上嵴间具深色条带；幼体体侧鞍纹更为明显。

○ **宽纹异齿鲨** *Heterodontus japonicus*　　　　　　　　　　　　　　　　　　　　　　　第243页

分布于西北太平洋；见于潮间带到水深100米的岩礁及海藻场中。第一背鳍起点位于胸鳍基底后端；体呈棕黄色或棕色，不具斑点，但具约12条不规则的深色宽条纹或鞍纹；眼下缘的暗斑在成鱼中不甚明显；幼体体色更为鲜艳。

○ **澳洲异齿鲨** *Heterodontus portusjacksoni*　　　　　　　　　　　　　　　　　　　　第245页

分布于澳大利亚（北海岸除外）温带海域；见于潮间带至水深275米处。体色呈灰色、浅棕色或白色，无斑点，但具独特的背带状斑纹；眼下缘具暗带，眶上嵴间具深色条带。

○ 宽纹异齿鲨卵鞘

○ 眶嵴异齿鲨卵鞘

○ 狭纹异齿鲨卵鞘

○ 墨西哥异齿鲨卵鞘

○ 澳洲异齿鲨卵鞘

○ 加州异齿鲨卵鞘

○ 加州异齿鲨及其幼体

○ 眶脊异齿鲨及其幼体

○ 宽纹异齿鲨及其幼体

20厘米

○ 澳洲异齿鲨及其幼鱼

○ **墨西哥异齿鲨** *Heterodontus mexicanus* 第244页

分布于东太平洋；见于潮间带至水深50米范围内的岩礁、珊瑚礁及泥沙质海床上。第一背鳍起点位于胸鳍基部后端；体呈浅灰褐色，具大块的黑斑（直径与眼径相等或更大），无背带状斑纹；眼下缘具1—2个模糊的斑点，眶上嵴间有浅色条带；幼体体表的黑色斑点更为明显。

○ **阿曼异齿鲨** *Heterodontus omanensis* 第244页

分布于北印度洋；水深72—80米。第一背鳍起点位于胸鳍内缘上方；体呈棕褐色，体侧无斑点，但具4—5条深色鞍纹，无背带状斑纹；眼下缘具深色斑点，眶上嵴间有深色条带，背鳍上角深色，具白色嵌斑；幼体相关形态信息目前尚不得知。

○ **瓜氏异齿鲨** *Heterodontus quoyi* 第246页

分布于东太平洋；水深3—40米的岩礁及珊瑚礁。第一背鳍起点位于胸鳍内缘之后；体呈浅棕色或棕色，体表通常具较大的黑斑（直径小于眼径的1/2），无背带状斑纹；眼下缘有斑驳的黑点，眶上嵴间无浅色条带；幼体体侧斑点小且不明显。

○ **白点异齿鲨** *Heterodontus ramalheira* 第247页

分布于印度洋北部和西部；水深40—305米。体呈暗红褐色，通常具小白点，无背带状斑纹；成体眼下缘无暗斑，眶上嵴间无浅色条带；幼体体表有独特的醒目云纹，随着年龄增长而逐渐消失，亚成体眼间隔和眼下缘处的平行暗纹变为暗斑，成体时则消失。

○ **狭纹异齿鲨** *Heterodontus zebra* 第247页

分布于印度洋－太平洋西部和中部，见于潮间带至水深200米的岩礁、海藻丛及泥沙质海床上。体呈黄色或米白色，体表无斑点，无背带状斑纹，但具明显的黑色或深棕色窄横纹；幼体体色与成体类似，但背部横纹呈红棕色。

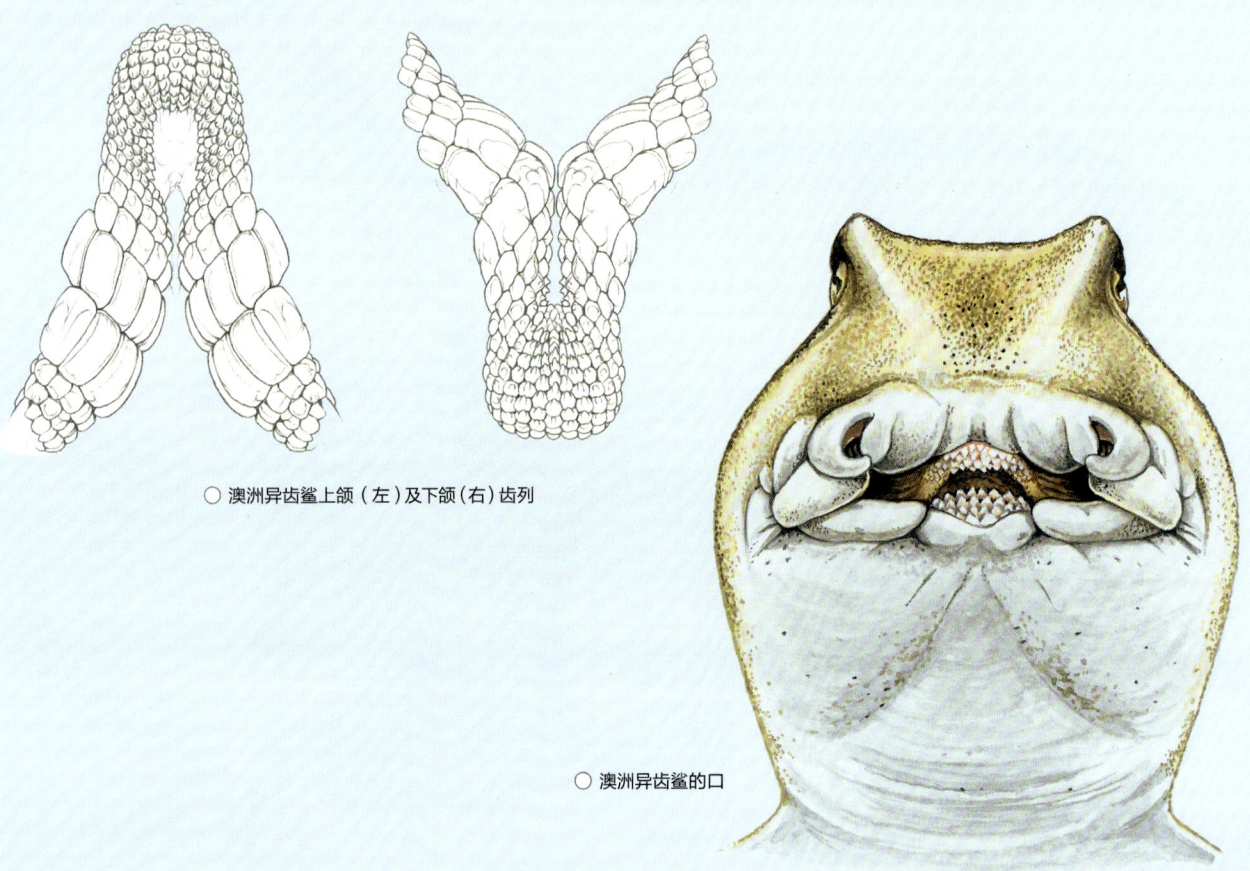

○ 澳洲异齿鲨上颌（左）及下颌（右）齿列

○ 澳洲异齿鲨的口

○ 墨西哥异齿鲨及其幼体

○ 阿曼异齿鲨

○ 瓜氏异齿鲨及其幼体

○ 白点异齿鲨及其幼体

20厘米

○ 狭纹异齿鲨及其幼体

241

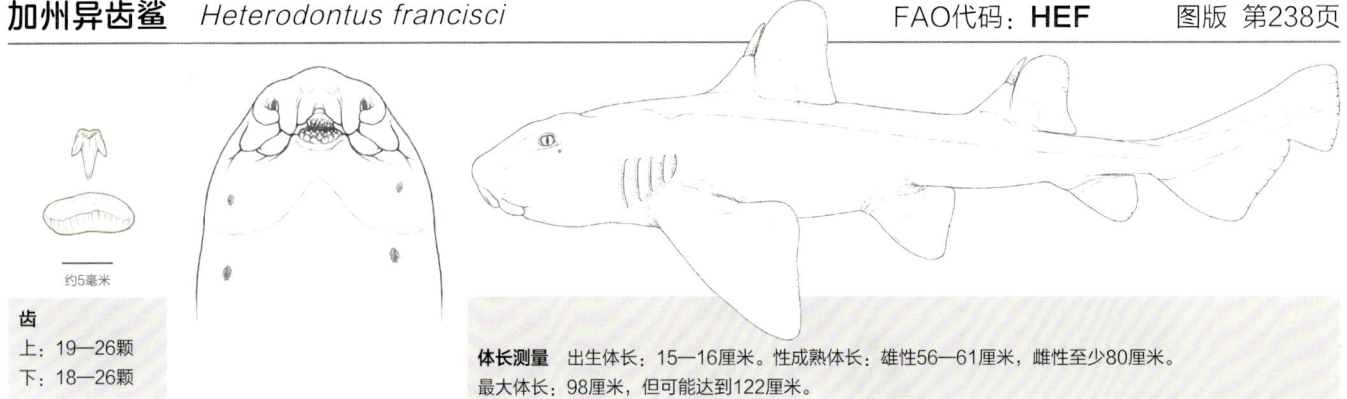

齿
上：19—26颗
下：18—26颗

约5毫米

体长测量 出生体长：15—16厘米。性成熟体长：雄性56—61厘米，雌性至少80厘米。
最大体长：98厘米，但可能达到122厘米。

鉴定 体背部呈浅褐色或深褐色，体侧通常具小黑斑（直径小于眼径的1/3）。眼下缘具暗色斑块，眶上嵴间无淡色条带。第一背鳍始于胸鳍基底后上方，背鳍上角不呈白色。幼体体色更为鲜艳，有明显的深色鞍纹。

分布 东太平洋：美国（主要是南加利福尼亚州）到墨西哥（下加利福尼亚、加利福尼亚湾），哥伦比亚，厄瓜多尔和秘鲁。

栖息地 潮间带至152米水深处（通常为2—11米），岩礁、海藻场和泥沙质海床，通常喜欢栖息于岩缝和洞穴中。该物种会在其不同的生活阶段选择不同的栖息地。幼体似乎更偏好浅海区的泥沙质海床，而成体则倾向于栖息在岩礁处及茂密的海藻丛中。全长35—50厘米之间的亚成鱼则往往会栖息于水深40—150米的较深水域。该物种与东太平洋绒毛鲨（*Cephaloscyllium ventriosum*）栖息于同一水域，但它们的相对丰度会根据水温的变化而变化；加州异齿鲨在水温较高的海域（通常水温超过21℃）中数量较多，而东太平洋绒毛鲨在水温较低的水域中数量较多。

行为 游泳能力差，行动迟缓，活动范围小，冬季可能会向北部深水区进行短

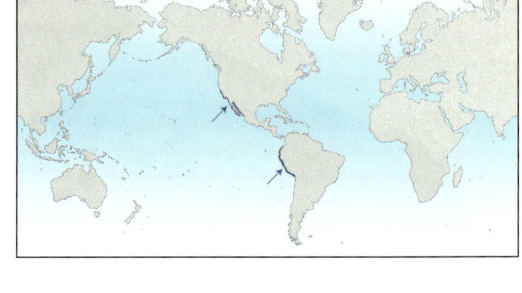

距离迁徙。在搜寻猎物时，会利用肌肉发达、活动力强的胸鳍及腹鳍在海底爬行。通常情况下独居，但亦有小规模集群的报道。本种会通过随年龄增长选择不同栖息地的方式，有效减少种内竞争。除此之外，其节律活动也会随着年龄而改变：幼年加州异齿鲨主要在白天活动，而成年个体则为夜行性的。本种幼体与加州鲼（*Myliobatis californicus*）之间有一种有趣的关系：加州鲼觅食时在海床上留下的沙坑会为加州异齿鲨幼体提供重要的栖息地，同时，加州鲼觅食过后暴露出海床的猎物也可供加州异齿鲨幼体大快朵颐。

生物学 卵生。卵鞘长10—12厘米，宽3—4厘米。通常在12月至次年1月交配。雌性会在2月至4月在岩缝中产卵，其孵化期为7—9个月。在圈养环境下，雌性每隔11—14天便会产下2枚卵，整个繁殖期持续4个月。新孵化的加州异齿鲨腹部仍具卵黄囊，在其孵化后的第一个月内提供营养；当卵黄囊吸收完毕后，它们便会开始进食。加州异齿鲨以底栖无脊椎动物为食，很少会捕食小型鱼类。

保护状态 数据缺乏（DD）。加州异齿鲨没有商业捕捞价值，偶尔会被休闲渔业捕获。其背鳍棘可用于制成饰品。当受到挑衅时，加州异齿鲨可能会咬人。本种生命力顽强，易于在水族馆中饲养和繁殖。

加州异齿鲨（*Heterodontus francisci*），圣贝尼托岛，下加利福尼亚州

眶嵴异齿鲨 *Heterodontus galeatus*　　　　　FAO代码：**HEG**　　　图版 第238页

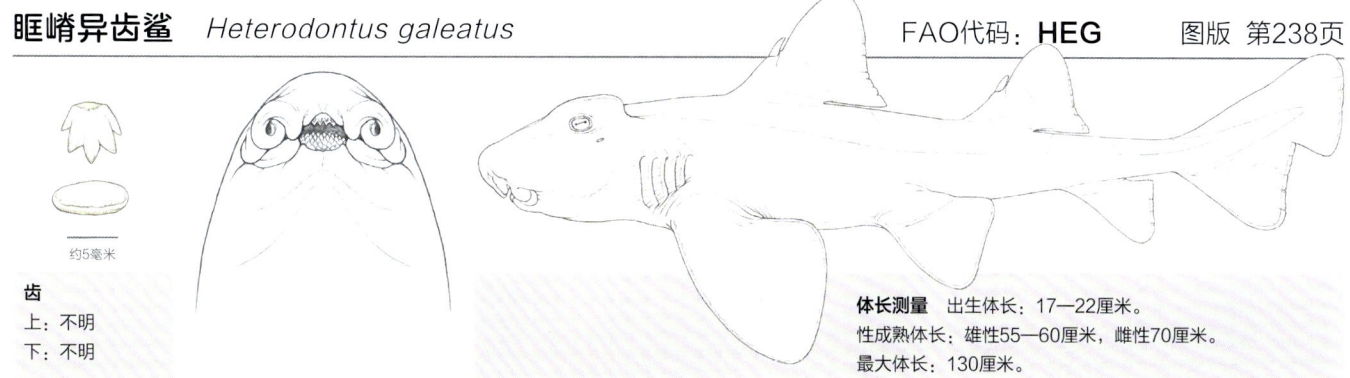

齿
上：不明
下：不明

约5毫米

体长测量　出生体长：17—22厘米。
性成熟体长：雄性55—60厘米，雌性70厘米。
最大体长：130厘米。

　　鉴定　眶上嵴高耸；眼间隔短，长度约等于眼长。体背部呈浅褐色或黄褐色，体侧具5条深色的宽带或鞍带（在幼体中更明显），无斑点。眶上嵴间有深色条带；眼下缘具宽大的暗斑。
　　分布　西南太平洋：澳大利亚东部；昆士兰和新南威尔士南部。
　　栖息地　潮间带至93米水深处，岩礁、海草床和海藻场。
　　行为　会在岩礁间匍匐穿行，寻找猎物。
　　生物学　卵生，繁殖季位于冬季，雌性在每个繁殖季会产下10—16枚螺旋形的卵，卵鞘下端具发达的卷须，以便于固定在海藻或海绵上；孵化期5—8个月。主要以海胆为食，也会捕食甲壳类动物、软体动物和小鱼。
　　保护状态　无危（LC）。相对不常见。偶尔出现在兼捕渔获物中，捕获后常被放流。可被饲养于水族馆中并进行繁殖。

宽纹异齿鲨 *Heterodontus japonicus*　　　　　FAO代码：**HEJ**　　　图版 第238页

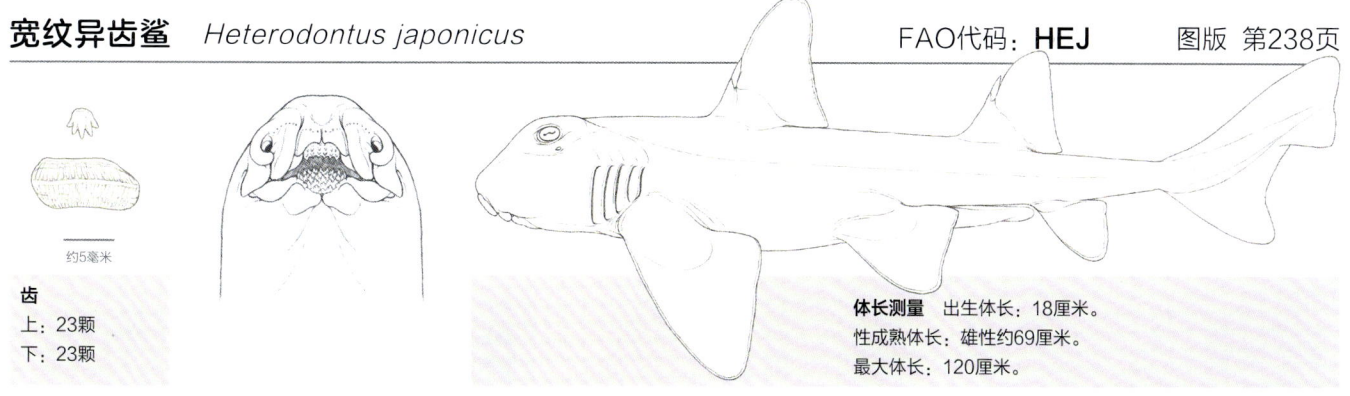

齿
上：23颗
下：23颗

约5毫米

体长测量　出生体长：18厘米。
性成熟体长：雄性约69厘米。
最大体长：120厘米。

　　曾用名：宽纹虎鲨
　　鉴定　第一背鳍起点位于胸鳍基底后端。体背部棕黄色至棕色，体侧具约12条不规则的宽条纹或鞍带，不具斑点。眶上嵴间具浅色条带，眶下缘具暗色斑点（在大个体成体中不明显）。新生的幼体体色更为鲜艳。
　　分布　西北太平洋：日本，韩国，中国北方沿海。
　　栖息地　底层海域，6—100米水深处。岩礁及海藻场。
　　行为　游动缓慢，会用胸鳍及腹鳍在海底爬行。会用发达的双颌捕获猎物。多只雌性个体会共用同一个产卵点，但不具护巢行为。
　　生物学　卵生，会在水深8—9米的岩缝或者海藻丛中产下成对的卵，繁殖季位于3—9月（在日本沿海，繁殖高峰期集中于3—4月），这期间雌性会进行6—12次产卵，卵的孵化周期约1年。以无脊椎动物和小鱼为食。
　　保护状态　无危（LC）。商业捕捞价值相对较低，可被饲养于水族馆中。

墨西哥异齿鲨 *Heterodontus mexicanus*

FAO代码：**HEM**　　图版　第240页

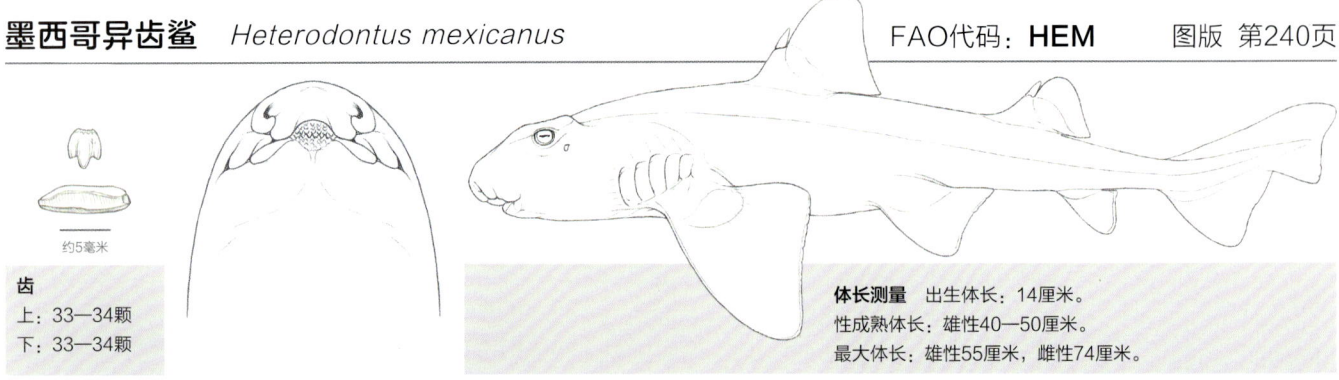

约5毫米

齿
上：33—34颗
下：33—34颗

体长测量　出生体长：14厘米。
性成熟体长：雄性40—50厘米。
最大体长：雄性55厘米，雌性74厘米。

　　鉴定　第一背鳍起点位于胸鳍基部后端。体背部呈浅灰褐色或深灰色；体侧具大块黑斑（直径大于眼径的1/2）。眶上嵴间具浅色条带；眶下缘具1—2个模糊的斑点。卵鞘下端具卷须，侧缘具横截面呈"T"形的螺旋状侧突。

　　分布　东太平洋：墨西哥至秘鲁。

　　栖息地　水深0—50米的近海岩礁、珊瑚礁、泥沙质海床海域。

　　行为　卵下端的卷须可能有固定作用，防止其在孵化过程中被冲走。

　　生物学　卵生，卵鞘螺旋形，约8厘米长，侧边具4个或更多连续的螺旋形侧突，下端具细长的卷须。以蟹类和底栖鱼类为食。

　　保护状态　无危（LC）。商业捕捞价值低。

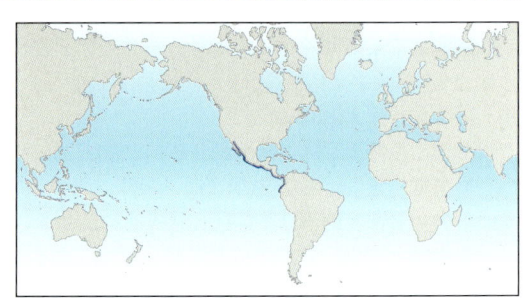

阿曼异齿鲨 *Heterodontus omanensis*

FAO代码：**HDQ**　　图版　第240页

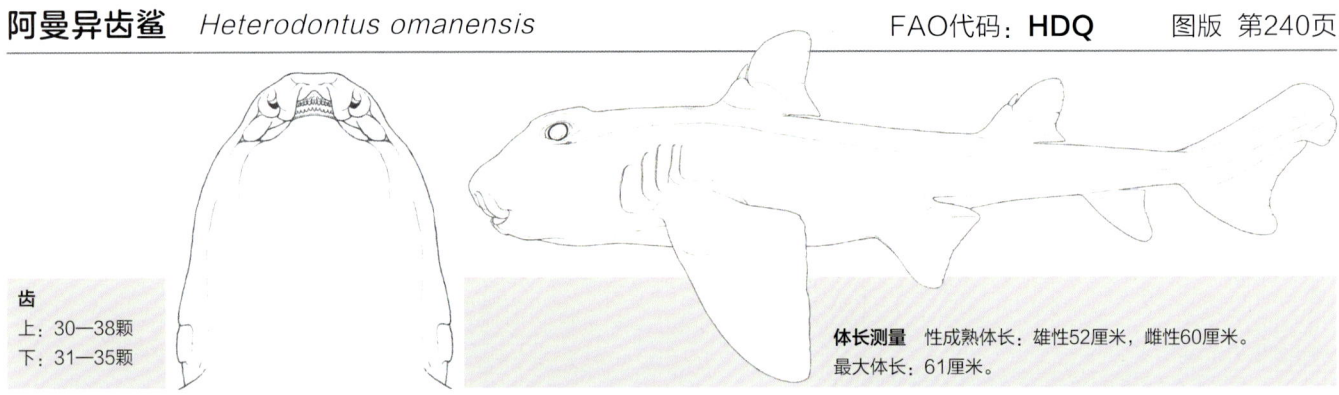

齿
上：30—38颗
下：31—35颗

体长测量　性成熟体长：雄性52厘米，雌性60厘米。
最大体长：61厘米。

　　鉴定　第一背鳍起始于胸鳍内缘上方。通过其体色和较为矮小的背鳍可与宽纹异齿鲨区分开来。体背部呈棕褐色至褐色，具4—5条宽大的深褐色鞍纹，不具斑点。眶上嵴间有深色条带，眼下缘具深色斑点；各鳍暗色；背鳍上角深色，具1白色嵌斑。幼体体色目前尚不得而知。

　　分布　北印度洋：阿曼和巴基斯坦。

　　栖息地　大陆架，72—80米水深处，可能主要栖息于岩礁海域，但偶尔亦会出现在泥沙质海床上。

　　行为　不明。

　　生物学　卵生；卵鞘约10厘米长，呈螺旋状，侧缘具有2条连续的螺旋状细侧突，卵上端具1对凸缘，下端则具1对卷须。食性未知，但可能主要包括底栖无脊椎动物。

　　保护状态　数据缺乏（DD）。种群数量和渔业活动对种群的影响目前尚不得而知。

澳洲异齿鲨 *Heterodontus portusjacksoni*

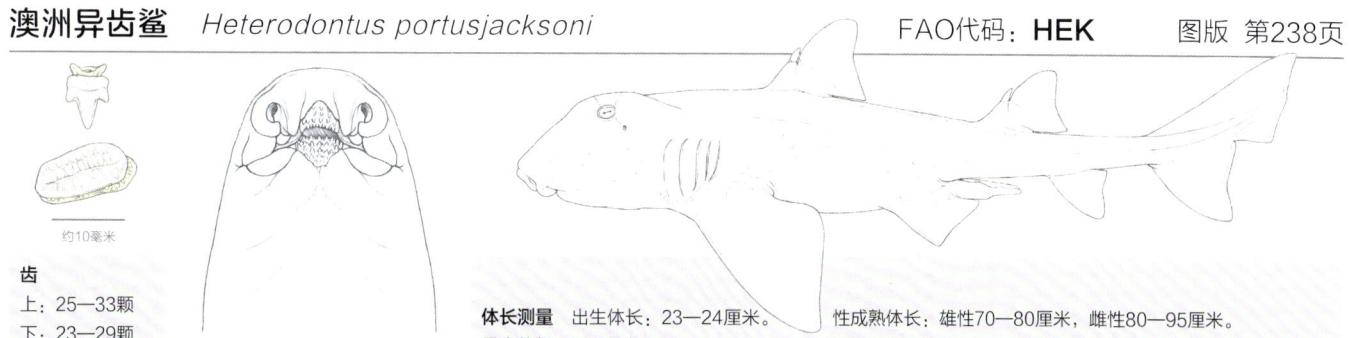

约10毫米

齿
上：25—33颗
下：23—29颗

体长测量　出生体长：23—24厘米。
最大体长：165厘米。

性成熟体长：雄性70—80厘米，雌性80—95厘米。

鉴定　体背部呈灰色、浅棕色或白色，体侧具显著的背带状斑纹，无斑点，眶上嵴及其间具1暗色条带。卵鞘是螺旋状的，长约15厘米，宽约8厘米。

分布　澳大利亚。模式标本采集自杰克逊港（今悉尼港）。一些冬季栖息于澳大利亚大陆近海的雌成体会在夏季向南洄游约800千米，抵达塔斯马尼亚岛屿，然后在秋季再度返回大陆海域。一例来自新西兰的分布记录（距塔斯马尼亚岛2000千米以上）可能为游荡个体，或是自水族馆中逃逸的圈养个体。

栖息地　主要栖息于温带海域潮间带至水深至少275米处。常出现在岩礁旁的泥沙质海床上，或居沙底的洞穴及岩缝中。产卵场通常位于水深20—30米的近岸岩礁处，但有时也会出现在水深小于5米的海域。

行为　澳洲异齿鲨为夜行性鱼类。白天，它们会用胸鳍支撑着身体在海床上休息，或是扎堆栖息于洞穴或岩缝中。澳洲异齿鲨有很强的眷家性，在被捕获并转移到几千米以外的海域后，它们依然能够找到返回自己栖所的路线。夜幕降临后，澳洲异齿鲨便会活跃起来，在海床上寻找底栖无脊椎动物和小鱼果腹。与异齿鲨属的其他物种一样，本种也会根据性别、体型及生活阶段的不同而选择不同的栖息地。雌性通常会将产下的卵向下固定在浅海的岩缝中。孵化后的幼体会迁移至附近的育儿场，并生长至亚成体期，随后它们便会迁移至距近岸较远的海域，并按性别分群，几年后融入当地的成体群体中。即使是成年后，澳洲异齿鲨依旧会根据性别结

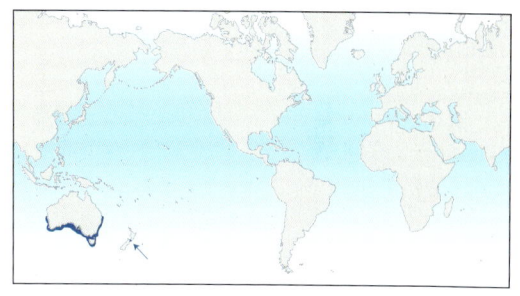

成不同的群体，并进行复杂的季节性洄游。其种群中的部分雄性和所有雌性会在7月洄游至近岸珊瑚礁海域进行交配及产卵，然后返回近海。一些成鱼在整个夏季都停留在水温相对较低的近海水域，另一些则会自繁殖地向南洄游850千米以上，随后在秋季再度返回。

生物学　卵生，卵鞘长13—17厘米，宽5—7厘米（宽端）。交配及繁殖活动发生于冬末和春季。怀孕的雌性每隔8—17天产下1对卵，在整个繁殖季内可产下10—16枚卵，其繁殖高峰期集中于8—9月。螺旋形的卵鞘可以保证雌性将卵牢牢固定在礁岩背流面的岩缝中，避免其在孵化过程中被冲走。卵的孵化期约12个月。雄性性成熟年龄8—10岁，雌性则为11—14岁。不同的澳洲异齿鲨种群在性成熟体型上存在差异，例如，新南威尔士州种群的性成熟体型即比维多利亚州沿海的种群大，前者的最大体型也要较后者更大，此外，两地的种群间还存在一定的遗传差异。本种的最大寿命约为28年。主要以海胆等底栖无脊椎动物和小型鱼类为食。

保护状态　无危（LC）。在分布区内为常见种。

澳洲异齿鲨（*Heterodontus portusjacksoni*），澳大利亚新南威尔士州

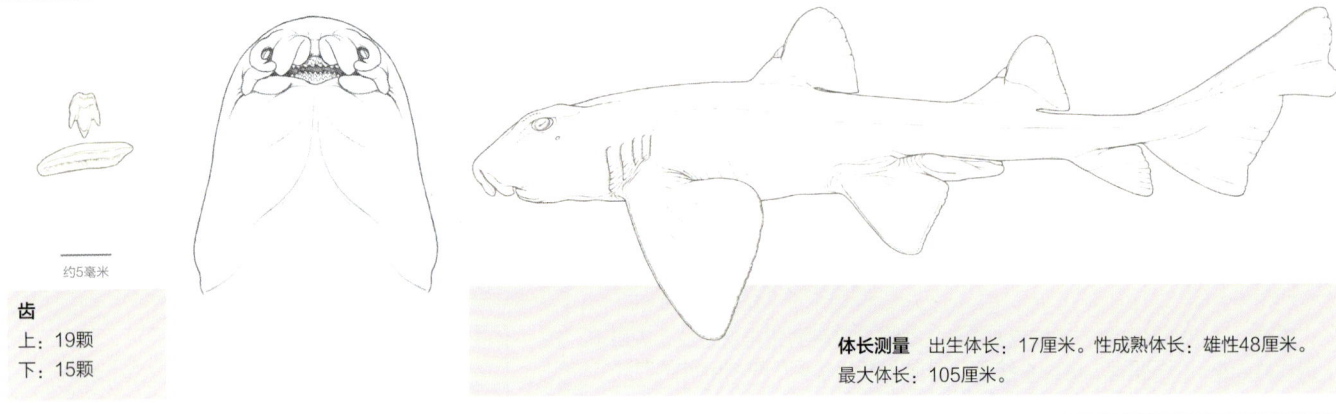

约5毫米

齿
上：19颗
下：15颗

体长测量 出生体长：17厘米。性成熟体长：雄性48厘米。
最大体长：105厘米。

　　鉴定 第一背鳍起始于胸鳍内缘之后。体呈浅灰色或棕色，体侧具较大的黑斑（直径小于眼径的1/2），幼体体侧斑点小且不明显；眼下缘有斑驳的黑点，眶上嵴间无浅色条带。

　　分布 东太平洋。秘鲁（海岸和岛屿）和加拉帕戈斯群岛（厄瓜多尔）。

　　栖息地 水深3—40米的岩礁及珊瑚礁海域。

　　行为 夜间活动，对其了解甚少。

　　生物学 卵生。卵鞘长11厘米。主要以蟹类为食。

　　保护状态 无危（LC）。该物种青睐的近岸岩石和珊瑚礁栖息地大多不适合商业捕捞作业。有时候会被地笼捕获或是钓获，因其经济价值低，捕获后往往会被放流，放生后的存活率很高。

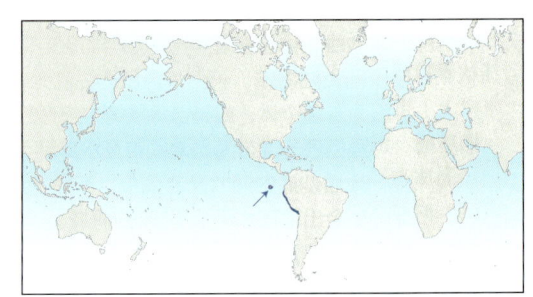

瓜氏异齿鲨（*Heterodontus quoyi*），维森特罗卡角伊莎贝拉岛，加拉帕戈斯

白点异齿鲨 *Heterodontus ramalheira*   FAO代码：**HEA**   图版 第240页

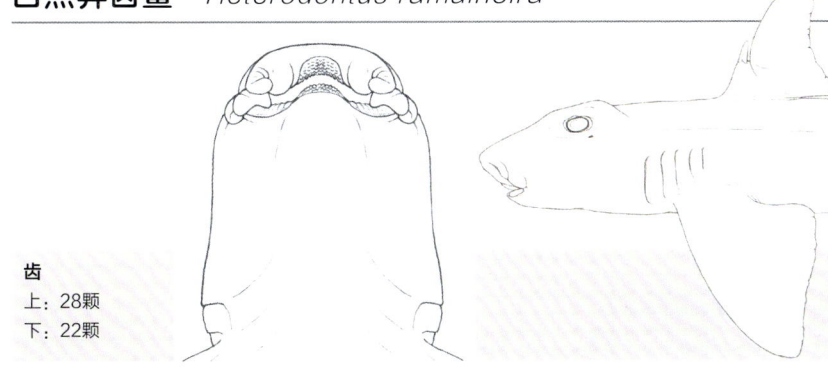

齿
上：28颗
下：22颗

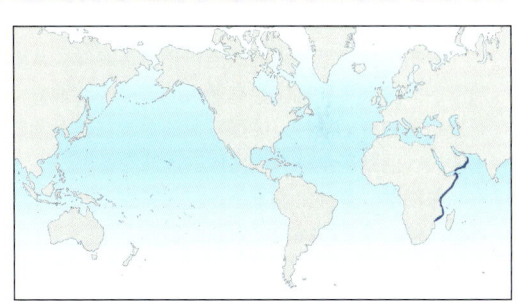

体长测量 出生体长：18厘米。
性成熟体长：雄性约60厘米，雌性小于75厘米。
最大体长：雄性69厘米，雌性83厘米。

鉴定 体背部呈深红褐色，具白斑，成体具模糊的深色鞍纹。幼体有独特的醒目云纹，由细而弯曲的平行黑线构成，随着年龄增长会逐渐消失。幼体的眼间隔及眼下缘具平行暗纹，在亚成体中则会转变为暗斑，至成鱼完全消失。

分布 印度洋北部和西部：莫桑比克南部至索马里，以及阿拉伯半岛东部，也门和阿曼。

栖息地 大陆架外缘及上大陆坡，40-305米水深处。

行为 不明。

生物学 卵生。以蟹类等底栖无脊椎动物为食。

保护状态 数据缺乏（DD）。不常见种，有时会被渔业兼捕。

狭纹异齿鲨 *Heterodontus zebra*   FAO代码：**HEZ**   图版 第240页

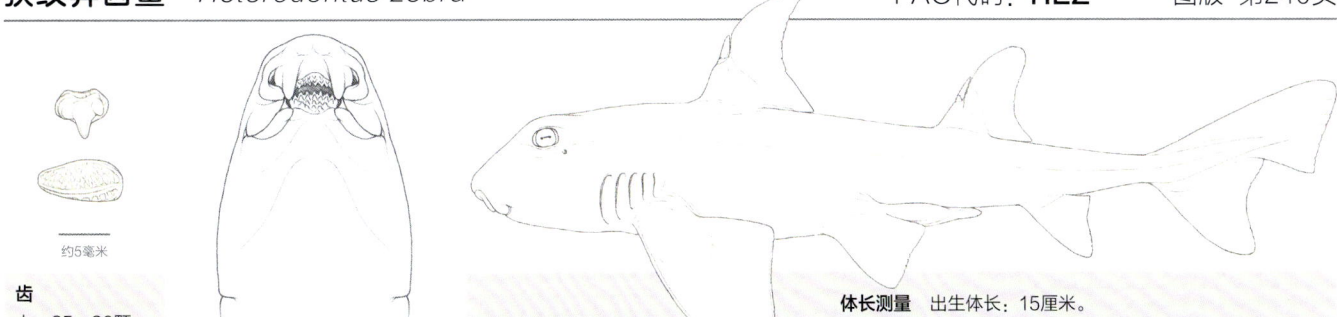

约5毫米

齿
上：25—30颗
下：22—27颗

体长测量 出生体长：15厘米。
性成熟体长：雄性64—84厘米，未达到性成熟的雌性44厘米。
最大体长：122厘米。

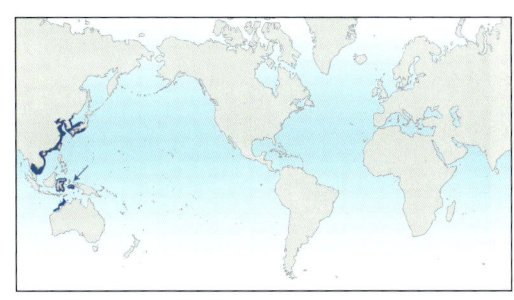

曾用名：狭纹虎鲨

鉴定 体背部呈黄色或米白色，头部、体侧及尾部具明显的黑色或深棕色窄横纹（在幼体中则呈红褐色），不具斑点。

分布 印度洋-太平洋西部和中部，日本，韩国，中国，越南，印度尼西亚，澳大利亚西北部。

栖息地 西太平洋的大陆架和岛架海域：中国南海从近岸到水深至少50米处，澳大利亚西部海域150—200米水深处；最大栖息深度可达398米。

行为 可能主要在夜间活动。

生物学 卵生，所知甚少。以底栖无脊椎动物和小鱼类为食。

保护状态 无危（LC）。常见种。常作为兼捕渔获物被捕获。为颇受欢迎的观赏鱼类，既适合业余爱好者饲养，也适合在水族馆中展示。

须鲨目（Orectolobiformes）

该目包括7科约45种：斑鳍鲨科（Parascylliidae）、长须鲨科（Brachaeluridae）、须鲨科（Orectolobidae）、长尾须鲨科（Hemiscylliidae）、铰口鲨科（Ginglymostomatidae）、豹纹鲨科（Stegostomatidae）和鲸鲨科（Rhincodontidae）。最近的遗传学研究表明，豹纹鲨、鲸鲨和短尾拟铰口鲨之间的亲缘关系比它们与其他种类的铰口鲨之间的亲缘关系更密切。

鉴定 两个背鳍不具背鳍棘，具一个臀鳍。鼻孔有须（鲸鲨的鼻孔须不发达），并通过鼻口沟与较短的口相连，口的末端位于眼前缘（无瞬膜眼睑）。

分布 世界范围内的暖温带和热带海洋，从潮间带到深水，在热带的印度太平洋地区具有最大的多样性和地方性。体型最小的主要是缓慢的底栖物种。体型较大的物种往往更活跃，活动范围更广（例如，活跃于全球范围海域的远洋鲸鲨）。

生物学 多种生殖策略，包括卵生（产卵）和卵胎生（胎儿留在雌性体内并由卵黄囊滋养直到出生）。

保护状态 较能适应人工饲养条件。可能被作为兼捕渔获物捕捞，在传统目标鱼种枯竭时被保留，在重度捕捞区可能受到威胁。

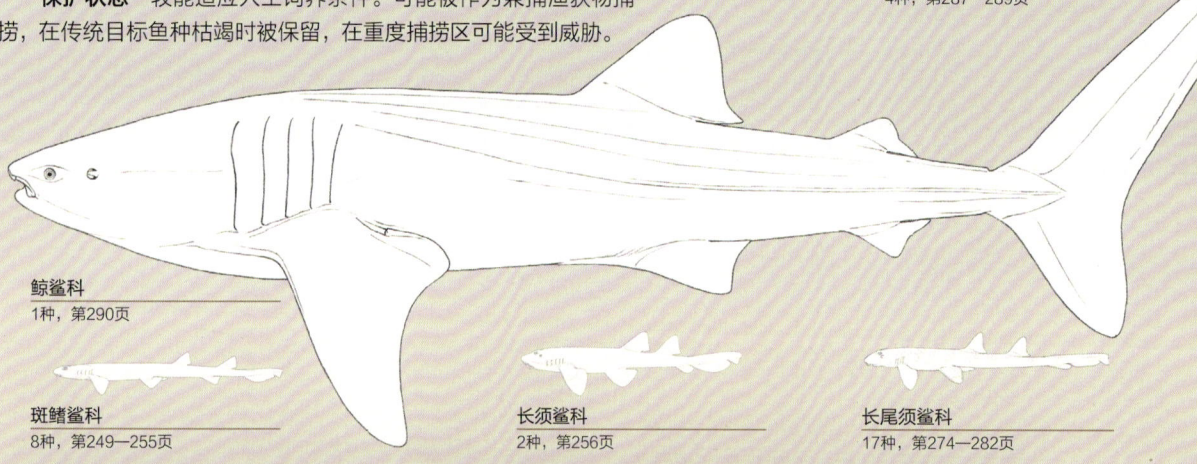

须鲨科
12种，第264—269页

豹纹鲨科
1种，第283页

铰口鲨科
4种，第287—289页

鲸鲨科
1种，第290页

斑鳍鲨科
8种，第249—255页

长须鲨科
2种，第256页

长尾须鲨科
17种，第274—282页

叶须鲨（*Eucrossorhinus dasypogon*）拉贾安帕特，印度尼西亚（第264页）

斑鳍鲨科（Parascylliidae）

包括2个属：橙黄鲨属（*Cirrhoscyllium*）和斑鳍鲨属（*Parascyllium*）。见于西太平洋，从近海到大陆架深处皆有分布。斑鳍鲨属的5个种为澳大利亚特有种。橙黄鲨属的3个种分布于越南、中国台湾和日本。

鉴定 小型、细长的鲨鱼（小于1米）。第一背鳍起点位于腹鳍基部的后面，第二背鳍位于臀鳍起点的后方。口完全位于眼睛前方；喷水孔微小。橙黄鲨属喉部有独特的、具软骨的、成对的须，具深色鞍状斑，没有斑点或领状斑纹。斑鳍鲨属喉部无须，有鞍状斑和斑点。

生物学 这是一类鲜为人知的底栖生物，它们可以根据海床的颜色来改变自身颜色。有些（可能全部）是卵生的，产长而扁平的卵鞘。

保护状态 有些物种在人工饲养条件下适应能力很强。当传统的目标物种资源枯竭时，可能被作为捕捞对象并被保留下来，但在频繁捕捞的区域可能会受到威胁。这个科并不被人们了解。截至撰写本文时，本科中一半的物种被IUCN红色名录评估为数据缺乏（DD），38%的物种评估为无危，只有一种被列入了受威胁类别。

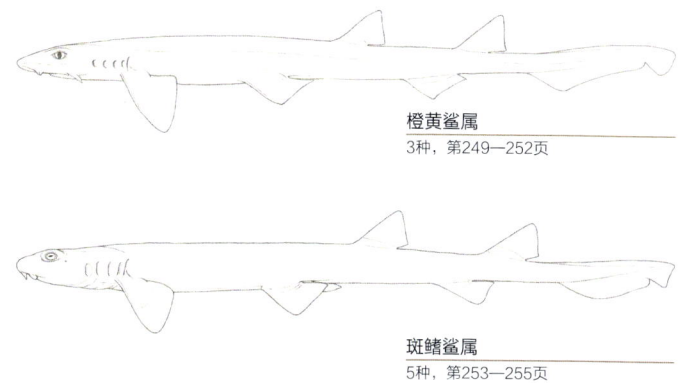

橙黄鲨属
3种，第249—252页

斑鳍鲨属
5种，第253—255页

橙黄鲨 *Cirrhoscyllium expolitum* FAO代码：**OPC** 图版 第250页

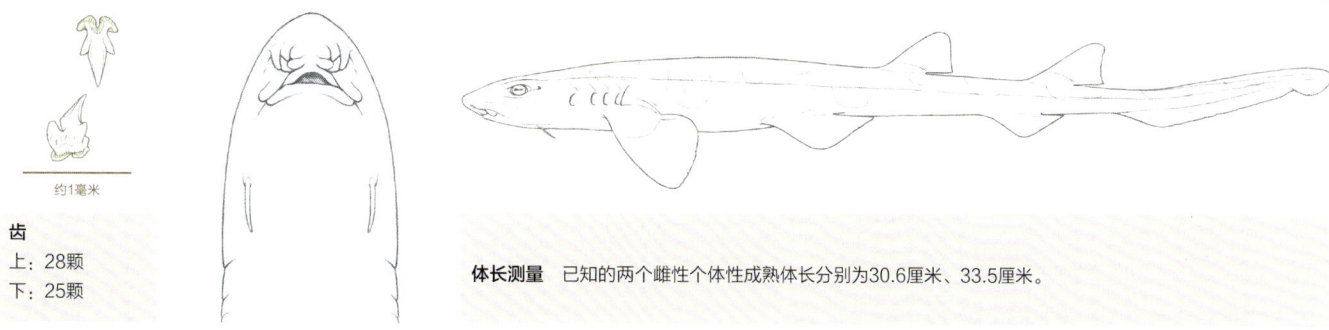

约1毫米

齿
上：28颗
下：25颗

体长测量 已知的两个雌性个体性成熟体长分别为30.6厘米、33.5厘米。

鉴定 头部长度为第一背鳍基部的3倍。喉部有成对的以软骨为核心的须；有鼻口沟。口位于眼睛前方。背部有6—10个扩散的鞍状纹，不呈"C"形。在胸鳍和腹鳍基底之间的背部和尾部两侧有1条延长而呈圆形的鞍状纹，延伸到腹鳍基部之上。

分布 西北太平洋：中国南海至菲律宾吕宋岛附近。中越北部湾，以及日本种子岛附近。

栖息地 底栖，大陆架外缘，183—190米。

行为 未知。

生物学 推测为卵生，但未发现卵鞘。

保护状态 IUCN红色名录：数据缺乏（DD）。数据来自两个标本，其一在研究调查中采集到。橙黄鲨据推测是极其罕见的，作为底层拖网的兼捕渔获物被捕获。

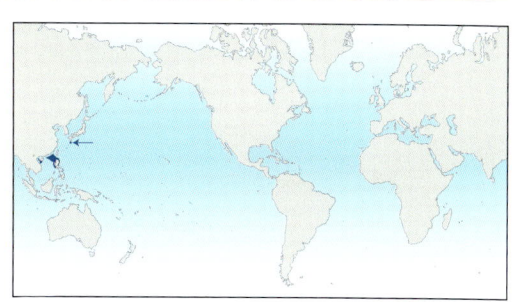

斑鳍鲨科：细长型；口位于眼睛前方，鼻孔带须和鼻口沟，有微小喷水孔；第一背鳍起点位于腹鳍基部之后，第二背鳍远离臀鳍起点。橙黄鲨属：喉部有独特的成对软骨须，有鞍状斑，无斑点；斑鳍鲨属：喉部无须，有鞍状斑和斑点。

○ **项带斑鳍鲨** *Parascyllium collare* 　　　　第253页

分布于西南太平洋：澳大利亚东海岸；岩石底质，深度范围20—230米。具有环鼻沟；体色为浅黄至红褐色，具有明显的黑色无斑点的领圈，5个朦胧的鞍状斑，身体上有大型黑斑，唯独胸鳍上没有，两个背鳍间尾部侧面的斑点不超过6个。

○ **长体斑鳍鲨** *Parascyllium elongatum* 　　　　第253页

分布于东南印度洋：澳大利亚西部；底栖且至少达到50米水深。具有环鼻沟；体色为淡褐色，腹部有由深褐色带分隔的垂直排列的白色斑点；没有黑色领圈或黑斑。

○ **橙黄鲨** *Cirrhoscyllium expolitum* 　　　　第249页

分布于西北太平洋；底栖于183—190米深处。头部长度为第一背鳍基部长度的3倍；具有6—10个模糊的非"C"形鞍状斑，胸鳍和腹鳍之间的背部两侧各有1个长而圆的鞍状斑延伸至腹鳍基部。

○ **锈色斑鳍鲨** *Parascyllium ferrugineum* 　　　　第254页

分布于东南印度洋：澳大利亚南部；底栖或近底栖，深度范围为5—150米。具有环鼻沟；体色为灰褐色，具有不明显的领圈，6—7个朦胧的鞍状斑，黑色斑点，两个背鳍之间尾部侧面上有超过6个斑点，在塔斯马尼亚地区的个体上斑点更为密集。

○ **台湾橙黄鲨** *Cirrhoscyllium formosanum* 　　　　第252页

分布于西北太平洋：中国台湾南部；深度范围110—320米。头部长度为第一背鳍基部长度的2.3—2.6倍；具有6个模糊的非"C"形鞍状斑，胸鳍和腹鳍之间有长而圆的鞍状斑延伸至腹鳍基部。

○ **日本橙黄鲨** *Cirrhoscyllium japonicum* 　　　　第252页

分布于西北太平洋：日本西南部；深度范围250—290米。长吻；具有9个明显的鞍状斑，胸鳍和腹鳍基部之间有1个"C"形鞍状斑。

○ **散斑斑鳍鲨** *Parascyllium sparsimaculatum* 　　　　第254页

分布于东南印度洋：澳大利亚西部；深度范围205—245米。具有口鼻沟；体色为浅褐色或灰色，具有不明显的无斑领圈，5个不明显的暗色鞍状斑，稀疏的大斑点和斑块，在两个背鳍之间的尾部侧面上少于6个斑点。

○ **杂色斑鳍鲨** *Parascyllium variolatum* 　　　　第255页

分布于东南印度洋：澳大利亚南部；栖息于从浅水到180米深的海床。体色为深灰色至巧克力褐色，具有白斑点领圈，独特而变化多端的暗色斑块和密集的白色斑点图案，鳍上明显的黑色斑点。

长须鲨科：体型壮实；口位于眼前，具长须和鼻口沟和环鼻沟，喷水孔较大；第二背鳍在臀鳍的前面。

○ **科氏长须鲨** *Brachaelurus colcloughi* 　　　　第256页

分布于西南太平洋：澳大利亚东部；活动于近岸浅水至217米深。须具有靠后的钩状瓣；第一背鳍较第二背鳍更大；体色为灰色，无斑点。幼鱼具有明显的黑色斑纹，随着年龄增长逐渐褪色。

○ **澳洲长须鲨** *Brachaelurus waddi* 　　　　第256页

分布于西南太平洋：澳大利亚东部；生活在岩石和海草区域，深至140米。第一背鳍与第二背鳍大小相近，臀鳍和尾鳍几乎相连；体色为棕色，具有稀疏散布的小白色斑点，幼鱼具有明显的暗色鞍状斑纹，成年鱼中此斑纹会消失或变得不明显。

20厘米

○ 橙黄鲨

○ 台湾橙黄鲨　　　○ 日本橙黄鲨

○ 长体斑鳍鲨

○ 项带斑鳍鲨

○ 锈色斑鳍鲨

○ 散斑斑鳍鲨

○ 杂色斑鳍鲨

20厘米

○ 澳洲长须鲨

○ 科氏长须鲨
以及幼鱼

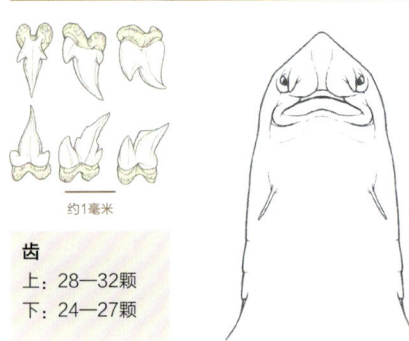

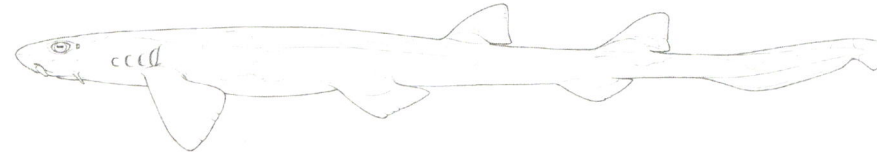

齿
上：28—32颗
下：24—27颗

体长测量 出生体长：未知。最小的游荡个体长19厘米。
性成熟体长：雄性体长32厘米，雌性体长38厘米。已知的最大体长为40厘米。

鉴定 头长为第一背鳍基部的2.3—2.6倍。喉部有成对的软骨须；具鼻口沟。口位于眼前方。背部有6个扩散的马鞍状斑纹，非"C"形。从胸鳍和腹鳍基部之间的背部两侧各有1个延长的、圆形的鞍状斑纹。

分布 西北太平洋：只在中国台湾南部发现。

栖息地 大陆架外缘，110—320米深处。

行为 几乎不了解（由底拖网渔船和延绳捕获）。

生物学 卵生，已知一只怀孕的雌性体长38厘米，其他发现不多。

保护状态 易危（VU）。这种特有物种几乎完全分布在受限的深度范围和地理分布区域内，该区域经常使用小网孔拖网进行密集捕捞，除了近海区域被禁止使用拖网。该区域其他鲨鱼种群数量显著下降，但这个物种通常被丢弃，而斑鳍鲨其他几个种的弃置生存率相对较高。有关该物种的幼鱼仍有季节性报道。

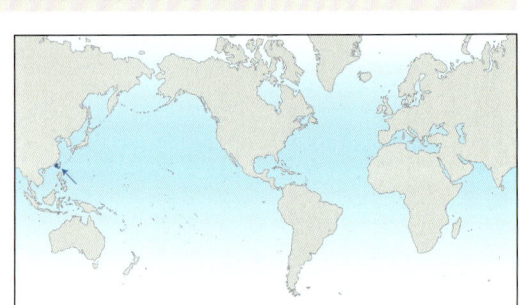

日本橙黄鲨 *Cirrhoscyllium japonicum*　　　　　FAO代码：**OPJ**　　图版 第250页

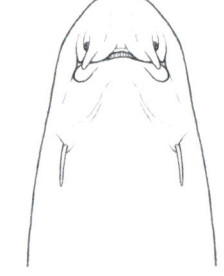

齿
上：23—32颗
下：22—27颗

体长测量 出生体长：未知。性成熟体长：雄性约37厘米，雌性44厘米。
最大体长：49厘米。

鉴定 吻部长。喉部具有成对的软骨须；具有鼻口沟。口位于眼睛前方。身体侧面有9个明显的鞍状斑纹，其中1个呈"C"形，在胸鳍和腹鳍基部之间。

分布 西北太平洋：日本西南（四国、九州到屋久岛），还可能在琉球群岛、中国广东省和海南省附近海域。

栖息地 最上层的大陆坡，深度范围为250—290米。

行为 未知。

生物学 了解较少。显然为卵生（在一条45厘米长的雌性体内发现了卵鞘）。

保护状态 无危（LC）。一旦该物种的分布和分类学更加清楚，就需要重新评估该物种；此前曾经与橙黄鲨混淆。

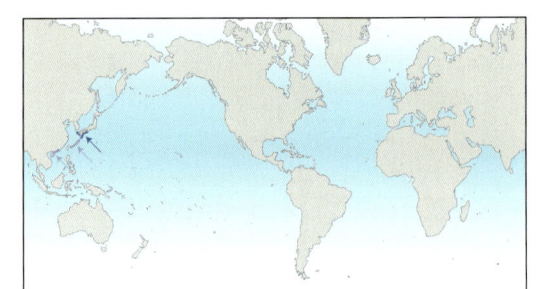

项带斑鳍鲨 *Parascyllium collare*

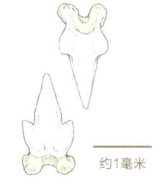

约1毫米

齿
上：27—54颗
下：25—49颗

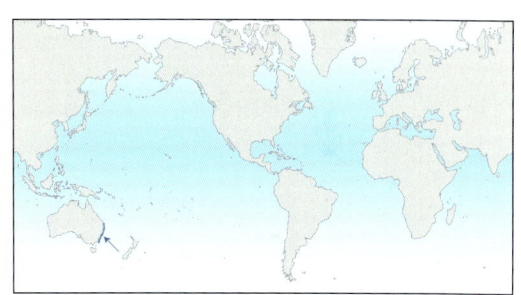

体长测量　性成熟体长：雄性80—85厘米，雌性85—87厘米。
最大体长：87厘米。

鉴定　具鼻须；具鼻口沟和环鼻沟。口位于眼睛前方。第一背鳍起点位于腹鳍基部后方。臀鳍起点明显位于第二背鳍的前部。体色呈浅黄色至红褐色。鳃上覆有深色、无斑点、轮廓明显的领圈。背部有5个暗色鞍状斑纹。体、尾和鳍上有大块的深色斑点（胸鳍除外）；背鳍之间的尾部侧面上最多有6个斑点。

分布　西南太平洋，澳大利亚东海岸。

栖息地　分布于大陆架上的岩石礁和硬质底层拖网渔场，水深范围为20—230米。

行为　未知。

生物学　产扁平的、拉长的卵鞘。

保护状态　无危（LC）。被拖网渔船丢弃的兼捕渔获物，有较高存活率。

长体斑鳍鲨 *Parascyllium elongatum*

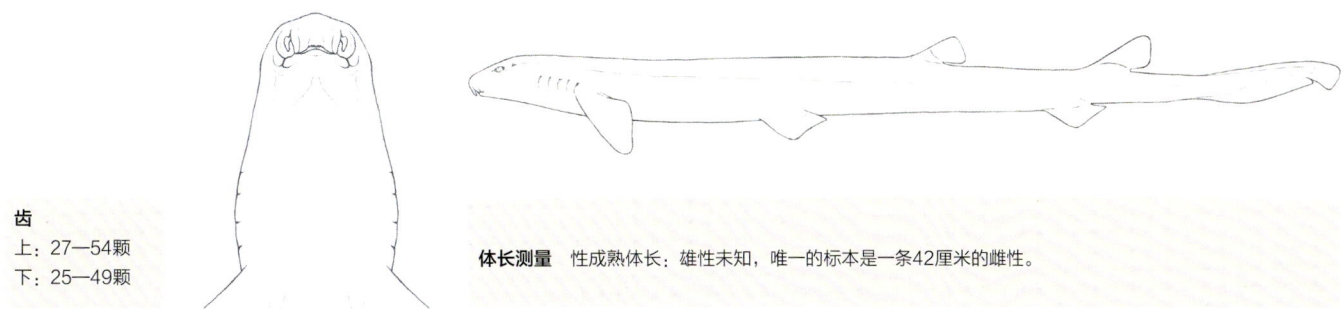

齿
上：27—54颗
下：25—49颗

体长测量　性成熟体长：雄性未知，唯一的标本是一条42厘米的雌性。

鉴定　头部相对较短，但身体极度延长。鼻须短；具有鼻口沟和环鼻沟。口位于非常小的眼睛前方。第一背鳍的起点在腹鳍基部的后方。第二背鳍的起点略微在臀鳍的中部之后。胸鳍呈圆形。体色为浅褐色，腹部有由深褐色条纹间隔的白色斑点。没有黑色的领圈或斑点。

分布　东南印度洋：西澳大利亚（鲁温角以南）。

栖息地　底栖或近底栖于50米深处；其余未知。

行为　未知。

生物学　未知。

保护状态　数据缺乏（DD）。罕见，仅有一只雌性标本的观察记录，该标本发现于翅鲨的胃部。

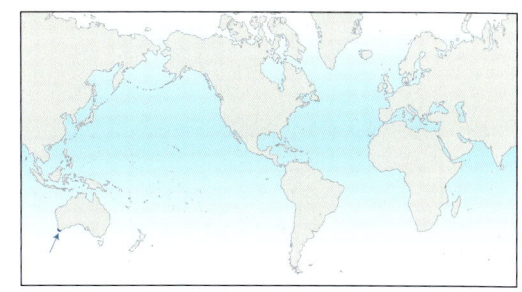

锈色斑鳍鲨 *Parascyllium ferrugineum*　　　　FAO代码：**OPF**　　图版 第250页

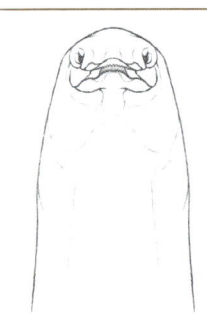
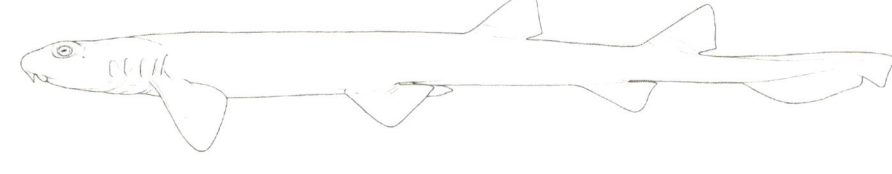

齿
上：27—54颗
下：25—49颗

体长测量　出生体长：约17厘米。性成熟体长：雄性约60厘米，雌性75厘米。
最大体长：82厘米。

　　鉴定　具鼻须；具鼻口沟和环鼻沟。口位于眼睛前方。第一背鳍的起点位于腹鳍基部后方。臀鳍起点位于第二背鳍起点的前方。体色为灰褐色。鳃附近有隐约的黑色领圈。有6—7个暗色鞍状斑纹。身体、尾部和鳍上有黑色斑点；背鳍之间尾部侧面有超过6个斑点（塔斯马尼亚标本上的斑点更加明显）。

　　分布　东南印度洋：澳大利亚南部。

　　栖息地　栖息于岩石、河口附近的底部，或者栖息于礁石上的藻类或海草附近，深度范围为5—150米。

　　行为　夜行。白天躲在岩洞和暗礁上。

　　生物学　卵生，夏季产下带有长卷须的黄色卵鞘。以底栖甲壳动物和软体动物为食。

　　保护状态　无危（LC）。不是渔业的目标，在兼捕渔获物中罕见。

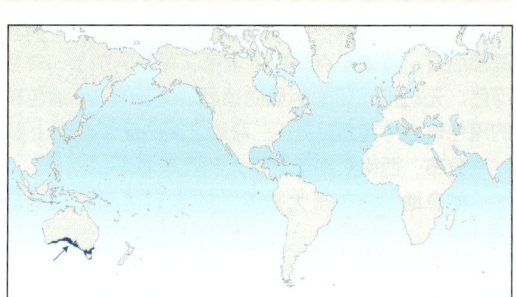

散斑斑鳍鲨 *Parascyllium sparsimaculatum*　　　　FAO代码：**OCX**　　图版 第250页

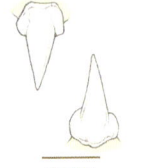

约1毫米

齿
上：43—49颗
下：42颗

体长测量　最大体长：79厘米（也可能更长）。

　　鉴定　第一背鳍的起点位于腹鳍后方。臀鳍的起点明显位于第二背鳍的起点之前。背部呈淡褐色或灰色，腹部较浅。鳃周围有一处不显眼、无斑点的暗淡半领圈。背部和尾部上有5个不明显的暗色鞍状斑纹。身体和鳍上分布着稀疏的大型暗斑点和斑块（背鳍之间尾部侧面的斑点数量小于6个）。

　　分布　东南印度洋：澳大利亚西部。只在很小的一个区域发现。

　　栖息地　深海，大陆坡的上部，活动范围为205—245米的深处。

　　行为　未知。

　　生物学　未知。

　　保护状态　数据缺乏（DD）（只有3个标本被发现）。

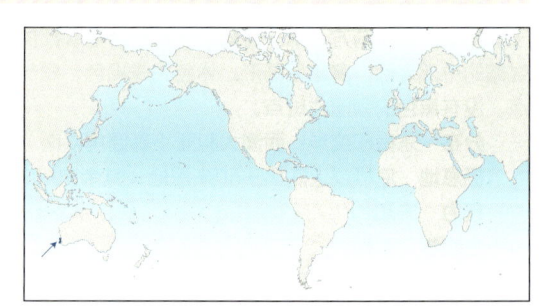

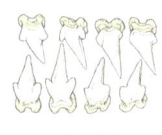

约1毫米

齿
上：27—54颗
下：25—49颗

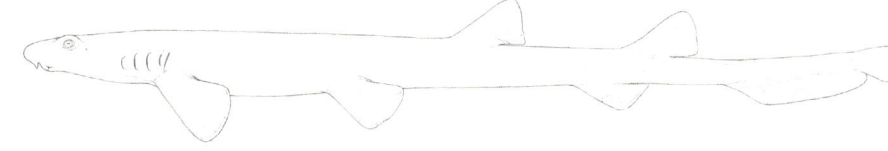

体长测量 最大体长：约91厘米。

鉴定 这种小型的深灰色至巧克力褐色鲨鱼具有美丽、独特且高度多变的花纹：鳃部有宽阔的黑色领圈，带有明显的白点；所有鳍上有明显的黑色斑点；身体上有暗斑和密集的白点（西澳大利亚的另一种身体上有不同形态白点分布的斑鳍鲨可能是一种未被描述的物种）。

分布 东南印度洋：澳大利亚南部。东部类型和西部类型可能并不属于同一个物种。

栖息地 栖息于大陆架上多种环境，包括沙地、岩石礁、海藻林和海草床，深度可达180米。

行为 夜行。幼鱼常躲在浅水区的岩石和底部碎片下。

生物学 未知，可能是卵生。

保护状态 无危（LC）。不是渔业的目标，在兼捕渔获物中罕见。

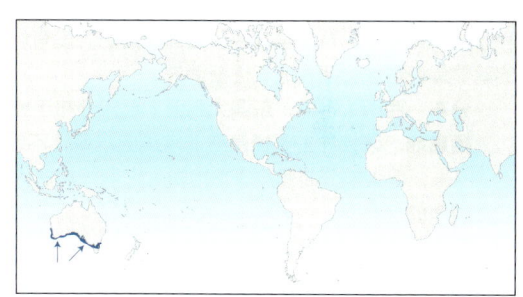

长须鲨科（Brachaeluridae）

该类群因在离水后闭上眼睑而得名。该类群为澳大利亚东海岸特有，分布范围从几厘米深度到217米深，栖息于岩石或珊瑚礁或海藻上。包含1属：长须鲨属（*Brachaelurus*）。长须鲨属包含2个种。

鉴定 体型短胖的小型鲨鱼（最大长度为120厘米），具有两个无背鳍棘的背鳍，都位于后方。臀鳍起点明显位于第二背鳍起点之后，臀鳍和尾鳍下叶之间的间隙长度小于臀鳍长度。眼睛下方和后方有较大的喷水孔，具鼻口沟和环鼻沟，具有长须及位于眼前方的小型横向口腔，头部没有侧向皮瓣。

生物学 该物种为卵胎生动物（每胎6—8尾胎仔，出生前刚吸收完母体内的大卵黄囊）。其食物主要包括小鱼、甲壳类动物、乌贼和海葵。至少有一个种可以长时间离水生存。

保护状态 该物种的地理分布范围非常有限，其中一个种非常稀有。在人工饲养环境中生存状况良好。

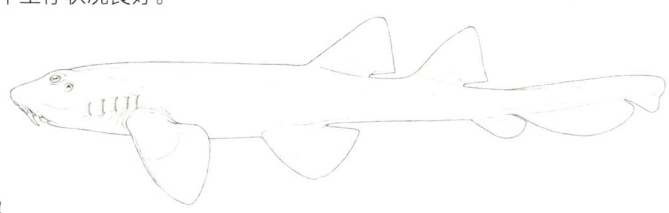

长须鲨属
2种，第256页

澳洲长须鲨（*Brachaelurus waddi*）（第256页）

科氏长须鲨 *Brachaelurus colcloughi*

FAO代码：**OBH**　　图版 第250页

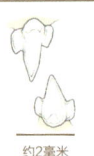

约2毫米

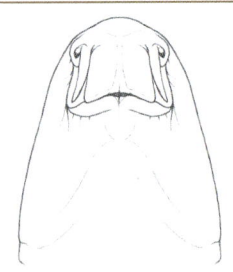

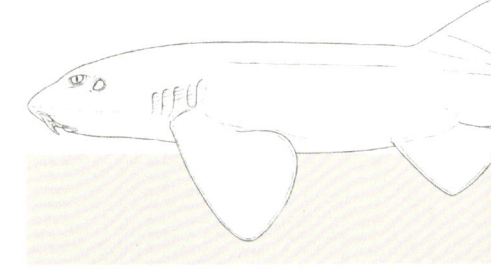

齿
上：32颗
下：21颗

体长测量　出生体长：17—19厘米。
性成熟体长：雄性约61厘米，雌性55厘米。
最大体长：85厘米。

　　鉴定　小型而粗壮的鲨鱼。具一对长须，其后有钩状瓣。短吻位于眼前方。较大的喷水孔距眼较远。两个背鳍无背鳍棘，第一个较大且起点超过腹鳍基部。尾部较短，尾鳍较小。背部呈灰色，腹部为白色。没有斑点。幼体背部、背鳍和尾鳍上的明显黑色斑纹会随着成长逐渐消失。

　　分布　西南太平洋，东澳大利亚，已知分布于纬度低于2度的狭窄区域。

　　栖息地　该物种主要栖息在非常浅的水域（不超过4米）和近岸海域，深度可达217米，但大部分时候小于100米。它偏好粗糙的、粉质的沙地，珊瑚和带有洞穴和裂隙的礁石。

　　行为　未知。

　　生物学　卵胎生，有卵黄囊，每胎2—7尾胎仔。繁殖周期可能为2—3年。主要吃小型硬骨鱼类。

　　保护状态　易危（VU）。对某一小片存在密集商业捕捞活动和休闲渔业的海域充分调查后，发现约50个样本。

澳洲长须鲨 *Brachaelurus waddi*

FAO代码：**OBW**　　图版 第250页

约2毫米

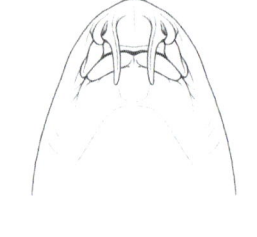

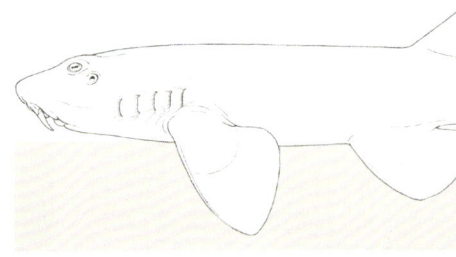

齿
上：32颗
下：21颗

体长测量　出生体长：17厘米。
性成熟体长：雄性58厘米，雌性约50厘米。
最大体长：120厘米。

　　鉴定　小型而粗壮的鲨鱼。具有细长扁平的须；有鼻口沟和环鼻沟。较小的口位于眼前方。具大的喷水孔。两个大小相似的背鳍后置，第一个背鳍起点超过腹鳍基部，第二个则远在臀鳍起点前方。臀鳍和尾鳍下叶几乎相连。通常背部呈棕色，并带有白色斑点。幼体具有暗色的鞍状斑纹，随着成长逐渐消失。下腹部呈浅黄色。

　　分布　西南太平洋，澳大利亚东部。

　　栖息地　该物种栖息于岩石海岸（潮池）、礁石和海草床，深度范围为0—140米。幼体主要分布在高能量的涌浪区域中。

　　行为　夜行，白天躲在岩洞和岩架下，晚上觅食。

　　生物学　卵胎生，每胎7—8尾胎仔，通常在11月出生。雄性的性成熟年龄约为7岁，最大年龄为19岁，雌性未知。以小鱼、甲壳类动物、鱿鱼和海葵为食。

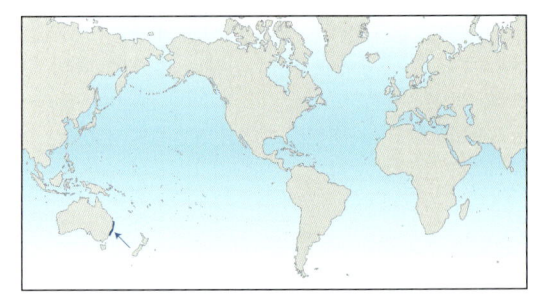

　　保护状态　无危（LC）。相对常见。为了水族馆展览而被捕获。很少在渔业中被捕获，生命力非常顽强，在放生后能很好地存活。

须鲨科（Orectolobidae）

该科共有3属：叶须鲨属（*Eucrossorhinus*）、须鲨属（*Orectolobus*）、疣背须鲨属（*Sutorectus*）。共包含12个种，但在西太平洋分布范围内（从澳大利亚到日本）可能还存在该科中尚未描述的物种。这些物种栖息在暖温带至热带大陆水域的底层，从潮间带到超过200米深的水域都有分布，通常见于岩石和珊瑚礁或沙质底部。

鉴定 非常独特的、扁平的、花纹明显且伪装效果良好的鲨鱼。宽大、扁平的头部两侧有皮瓣，具较长的须，短的口位于眼睛前方，几乎在短吻的最前端。有力的颌骨，上颌有2排大的、尖锐的犬齿样牙齿，下颌有3排。具有鼻口沟、环鼻沟、皮瓣和缝合部沟槽。喷水孔直径大于朝上的眼。具有两个无背鳍棘的背鳍和一个臀鳍。第一个背鳍起点位于腹鳍基部上方。

生物学 该类群为卵胎生，具有卵黄囊，每胎可产下20尾或更多的胎仔。作为捕食底栖动物（如鱼类、螃蟹、龙虾和章鱼）的强大海底掠食者，它们利用头部周围的色斑和皮瓣进行伪装，隐藏身形，利用尖锐的牙将猎物刺穿。它们利用成对的鳍在底部爬行，甚至能短暂地离开水活动。

保护状态 如果受到挑衅，该物种可能具有潜在的危险性，可能会咬人。有些种在水族馆中被饲养和繁殖。一些种在渔业中具有重要意义。根据IUCN红色名录，超过80%的种被归类为无危（LC），目前没有被评估为受威胁物种的种。

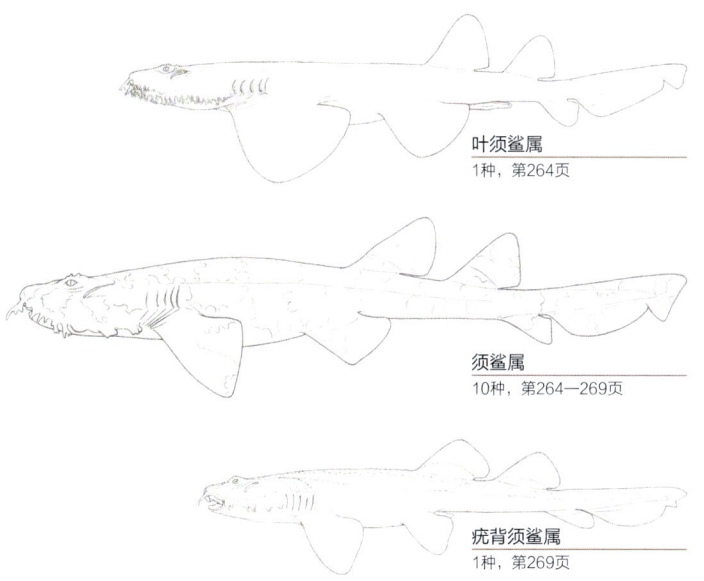

叶须鲨属
1种，第264页

须鲨属
10种，第264—269页

疣背须鲨属
1种，第269页

斑纹须鲨，澳大利亚黄金海岸（第267页）

非常独特、扁平而且伪装效果良好；头部宽大且扁平，口位于眼前方，几乎在短吻最前端，具有较长的须，具有鼻口沟、环鼻沟和缝合沟，头部侧面具有皮瓣，喷水孔大于眼；第一背鳍的起点位于腹鳍基上方，具臀鳍。

○ **叶须鲨** *Eucrossorhinus dasypogon*　　　　　　　　　　　　　第264页

分布于印度洋-太平洋中部地区，生活在近海的珊瑚礁中，深度范围为5—50米。头部具有众多高度分枝的皮瓣，在颏部形成了"胡子"。成对的鳍非常宽大。身体上有不明显的鞍状纹，变化多样的细窄黑线在浅色背景上形成交错图案，并且在黑线交汇处散布着扩大的黑色斑点。

○ **日本须鲨** *Orectolobus japonicus*　　　　　　　　　　　　　第266页

分布于西北太平洋地区，生活在近海的岩石和珊瑚礁中，深度可达200米。该物种具有长而分枝的鼻须，眼睛下方和前方有5个皮瓣；明显的深色鞍状纹带有斑点和斑块，以及暗却非黑色的呈褶皱状边缘，皮肤底色浅，具有黑色的宽广错综的线条。

○ **渥氏须鲨** *Orectolobus wardi*　　　　　　　　　　　　　　　第269页

分布于印度洋-太平洋中部地区，生活在浅水的珊瑚礁中，深度不超过3米。鼻须不分枝，眼睛下方和前方有2个皮瓣，喷水孔后方的皮瓣不分枝且较宽大；体色简单而暗淡，具3个大的暗色且轮廓明显的鞍状斑，浅色背景上有不清晰的较暗斑块和少量暗色斑点。

○ **疣背须鲨** *Sutorectus tentaculatus*　　　　　　　　　　　　第269页

分布于东南印度洋，至少可以生活在35米深度。身体相对修长，背部和低矮修长的背鳍基部有一排排的皮疣；鼻须单一且不分枝，颏部光滑，几个纤细短的不分枝皮瓣形成了4—6对一组的群组；背部具有宽大的黑色鞍状斑，边缘呈锯齿状的褶皱，浅色背景上有不规则的黑色斑点，呈现出醒目的斑纹图案。

○ 叶须鲨

○ 渥氏须鲨

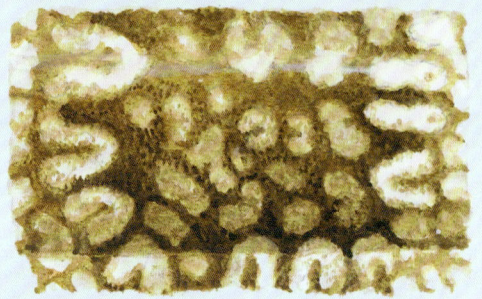

○ 日本须鲨

○ 疣背须鲨

○ 叶须鲨

20厘米

○ 疣背须鲨

○ 日本须鲨

○ 渥氏须鲨

图版 29　须鲨科 Ⅱ

○ **哈钦斯须鲨** *Orectolobus hutchinsi*　　　　　　　　　　　　　　　　　　第265页

分布于东南印度洋：澳大利亚西部，从潮间带一直到约105米的深度。鼻须长且具有1个小分支，每只眼下方和前方有4个皮瓣，喷水孔后方的皮瓣
分枝不明显或不分枝，且细长；背部具有强烈对比的宽大矩形暗色鞍状斑，具有浅色的斑点和深褶皱的边缘，背景较浅且分布着众多暗色斑块。

○ **细线须鲨** *Orectolobus leptolineatus*　　　　　　　　　　　　　　　　　第266页

分布于印度洋–太平洋中心地区，分布范围水深小于20米。鼻须分枝，皮瓣复杂，具有5—8个分支，末端也呈分枝状。其体色呈金棕色，背部有黑
棕色的鞍状斑，上面分布着间隔不规则的浅色斑块。

○ **斑纹须鲨** *Orectolobus maculatus*　　　　　　　　　　　　　　　　　　第267页

分布于澳大利亚南部，从潮间带一直到约248米或更深的水深范围内。其鼻须分支较长，每只眼下方和前方有6—10个皮瓣；背部呈深色，具有宽
大的深色鞍状斑，上面有白色的圆圈形斑点和斑块，边缘呈褶皱状，背景较浅，有深色的宽广错综的线条。

○ **饰妆须鲨** *Orectolobus ornatus*　　　　　　　　　　　　　　　　　　　第267页

分布于西南太平洋：澳大利亚，从潮间带一直到约100米的水深范围内。鼻须具有一些分支，每只眼下方和前方有5个皮瓣，喷水孔后面的皮瓣不分
枝或仅弱分枝且较宽；背部明显具有宽大的深色鞍状斑，上面有明亮的斑点，并有醒目的黑色褶皱边界，背景较浅且有显眼的深色中心的斑点。

○ 哈钦斯须鲨

○ 细线须鲨

○ 斑纹须鲨

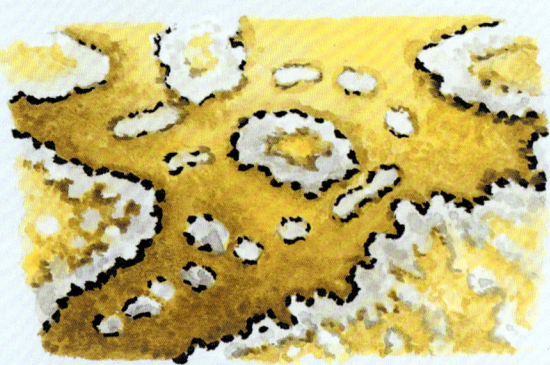

○ 饰妆须鲨

○ 哈钦斯须鲨

○ 细线须鲨

50厘米

○ 斑纹须鲨

○ 饰妆须鲨

○ **花斑须鲨** *Orectolobus floridus*   第264页

分布于东南印度洋；澳大利亚西南部，位于40—85米的水深中。鼻须只有一个分支；头部侧面的皮瓣较少且不分枝；背部呈黄褐色，具有明显的暗褐色条纹，在背部表面有明显的较亮斑点团簇分隔开；头部有小黑点；中背部有暗褐色条纹。

○ **赫尔须鲨** *Orectolobus halei*   第265页

分布于澳大利亚南部，从浅滩延伸至195米的水深范围内。头部边缘具有多个分支皮瓣；背部有多个疣状瘤，眼上方有2个；鼻须细长，具有2个分支；该物种色彩斑斓，引人注目，每个黄褐色到灰褐色的鞍状斑上都有较浅的蓝灰色至白色斑块，并且周围有小黑点作为边界。

○ **矮斑须鲨** *Orectolobus parvimaculatus*   第268页

分布于东南印度洋；澳大利亚西南部，位于9—135米的水深范围内。有6—10个具粗糙分支的皮瓣；鼻须具有1—2个分支；背部呈褐黄色，具有深褐色鞍状斑和斑块；具有白色至蓝色的环形、斑点和网状纹。

○ **网纹须鲨** *Orectolobus reticulatus*   第268页

分布于印度洋-太平洋中部地区：澳大利亚，沿岸地区，水深可达20米。眼前和喷水孔后方有成对的皮瓣，下颌区域没有皮瓣；鼻须无分支；背部呈灰褐色，具有3个明显的深色鞍状斑，但鞍状斑周围没有较浅的边缘。

○ 花斑须鲨

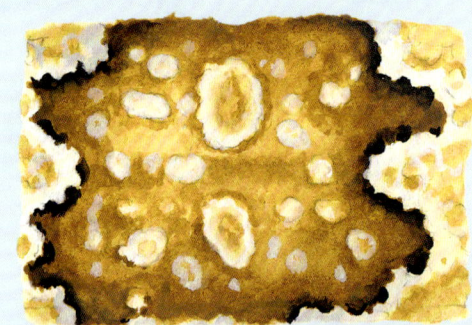

○ 赫尔须鲨

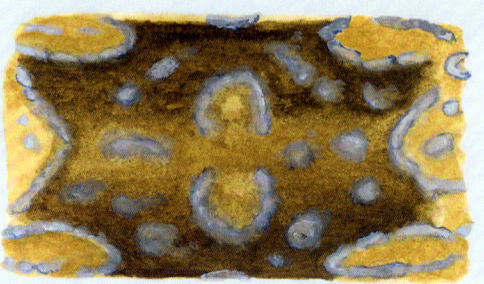

○ 矮斑须鲨

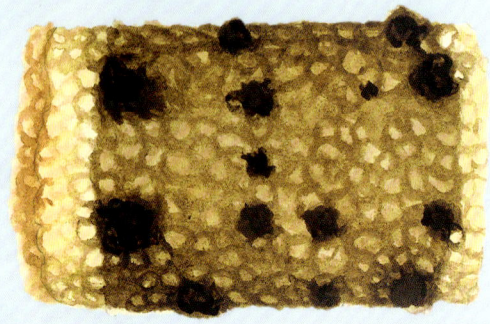

○ 网纹须鲨

○ 花斑须鲨

50厘米

○ 矮斑须鲨

○ 网纹须鲨

○ 赫尔须鲨

50厘米

叶须鲨 *Eucrossorhinus dasypogon*

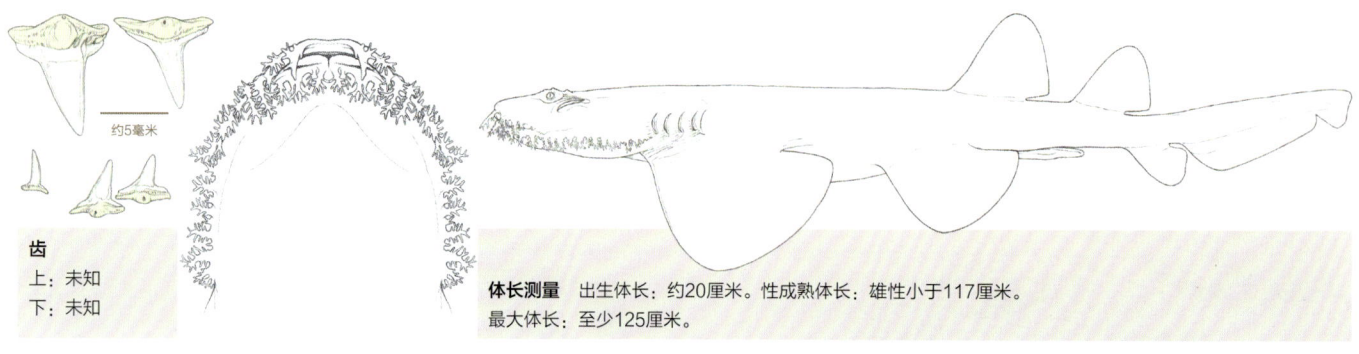

齿
上：未知
下：未知

体长测量　出生体长：约20厘米。性成熟体长：雄性小于117厘米。最大体长：至少125厘米。

鉴定　头部有许多高度分枝的皮瓣，颏部有"胡须"。鳍较宽且成对存在。背部呈现出细窄的暗色线条，在浅色背景上形成网状图案。线条交汇处散布着对称的、放大的暗点。鞍状斑不太明显。

分布　中印度洋－太平洋：印度尼西亚（瓦吉奥岛，阿鲁群岛），新几内亚，澳大利亚北部。

栖息地　近岸珊瑚礁（珊瑚头、通道、礁岩表面），深度范围5—50米。

行为　夜行，可能是独居。家域范围小。白天蜷缩着尾巴在洞穴和岩壁下的底部休息。

生物学　据推测为卵胎生，其他信息暂无。以底栖鱼类为食，可能也摄食无脊椎动物。会捕食出现在其所栖息洞穴中的夜行鱼类。

保护状态　无危（LC）。它在澳大利亚的大堡礁海洋公园范围内受到保护。据报道，它咬过潜水员。

花斑须鲨 *Orectolobus floridus*

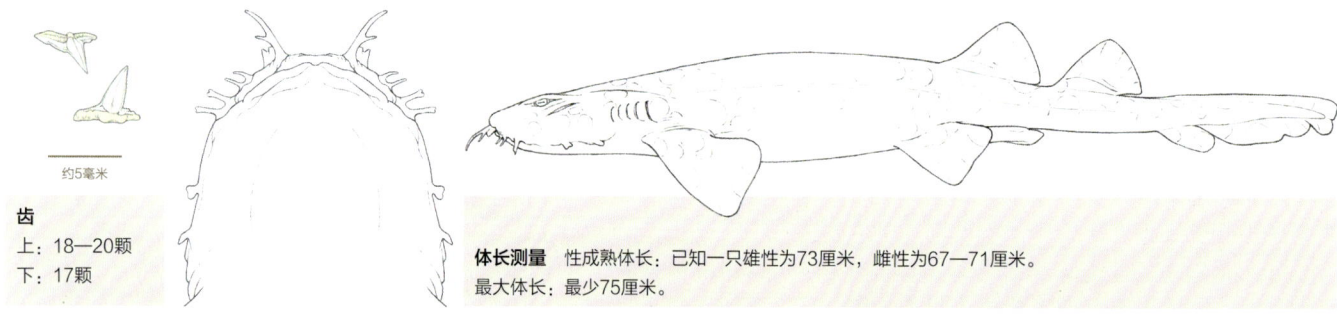

齿
上：18—20颗
下：17颗

体长测量　性成熟体长：已知一只雄性为73厘米，雌性为67—71厘米。最大体长：最少75厘米。

鉴定　这是一种小型须鲨。鼻须只有一小分枝。头部侧面的皮瓣较少且无分枝，无疣状小瘤。背部呈黄褐色，有由明显的较深色条纹和周围较亮斑点组成的簇状斑块相间。头部有小黑点。身体中部有一条深褐色带。腹部颜色较浅。

分布　东南印度洋：澳大利亚西南。

栖息地　栖息于近岸礁石和底栖于海草床，深度范围为40—85米。

行为　未知。

生物学　卵胎生，其他未知。食用无脊椎动物和小型硬骨鱼类。

保护状态　无危（LC）。这种小型须鲨只从少数标本中被了解。它只是底层拖网兼捕渔获物的一小部分。由于其体型不大，不太可能被保留下来，并且在被丢弃后大概率能够很好地存活。

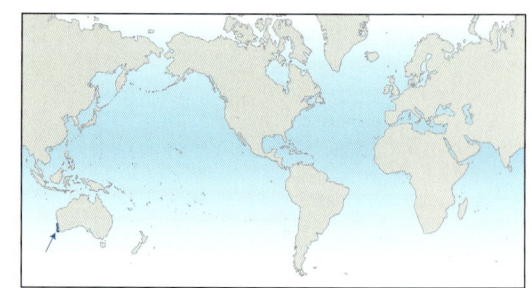

赫尔须鲨　*Orectolobus halei*

FAO代码：**OCX**　　图版 第262页

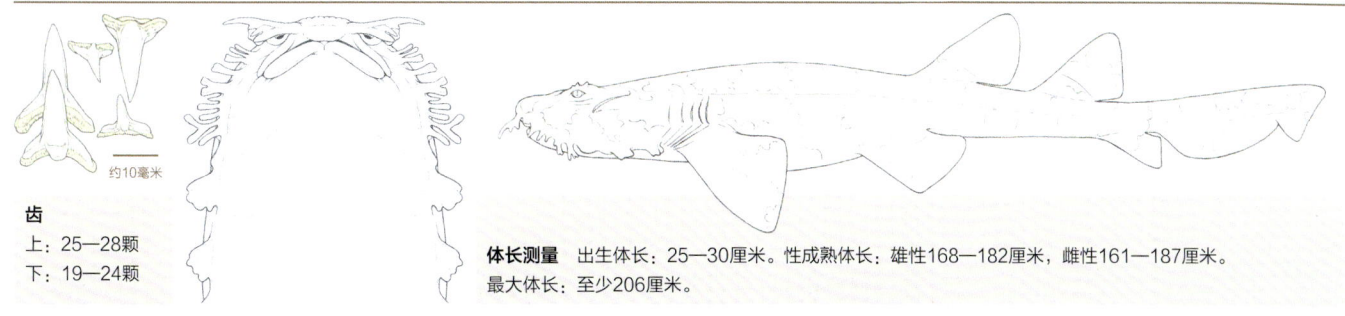

齿
上：25—28颗
下：19—24颗

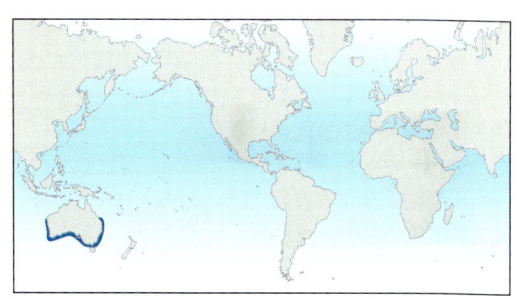

体长测量　出生体长：25—30厘米。性成熟体长：雄性168—182厘米，雌性161—187厘米。最大体长：至少206厘米。

　　鉴定　一种大型须鲨。具有两个分枝的细长鼻须；存在鼻口沟和环鼻沟。头部边缘有多个分枝的皮瓣；背部有疣状瘤，眼上有两个。外观极华丽，具黄褐色至灰褐色的鞍状斑，每个鞍状斑有一个较浅的蓝白色斑块，边缘有小黑点。每个喷水孔后方有一个显眼的白色斑点。

　　分布　澳大利亚南部海岸，从昆士兰到澳大利亚西部。

　　栖息地　沿海近岸礁石延伸至大约195米的深度。

　　行为　白天偏好在洞穴、裂缝和岩架下的礁石处休息；主要在夜间觅食。据了解，偶尔会袭击潜水员。

　　生物学　卵胎生，具卵黄囊，每胎产仔数为12—47尾，通常妊娠期为10—11个月，春季出生。约16年达到性成熟。捕食硬骨鱼和小型软骨鱼。

　　保护状态　无危（LC）。该物种在商业和休闲渔业中被捕获，有时被保留，不过这些渔业都被管理和监测。物种种群数量稳定。

哈钦斯须鲨　*Orectolobus hutchinsi*

FAO代码：**OCX**　　图版 第260页

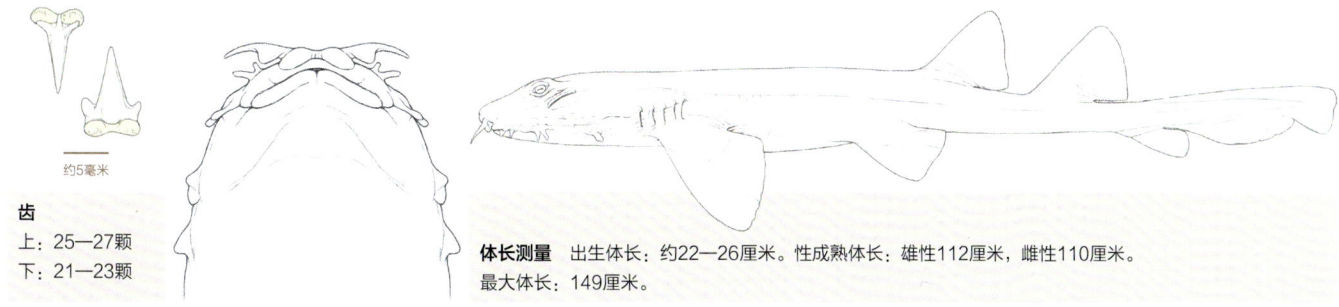

齿
上：25—27颗
下：21—23颗

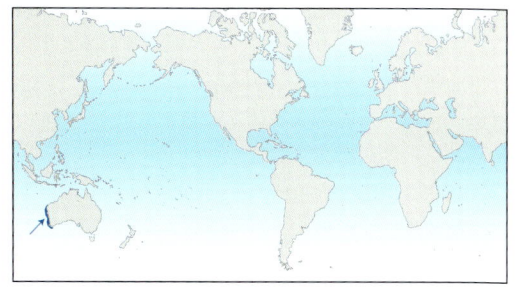

体长测量　出生体长：约22—26厘米。性成熟体长：雄性112厘米，雌性110厘米。最大体长：149厘米。

　　鉴定　具一个小分枝的长鼻须；具鼻口沟和环鼻沟。每只眼睛下方和前方有4个皮瓣；喷水孔后方的皮瓣无分枝或分枝较弱，且较细长。背部有对比强烈的、明显的、宽阔的深色矩形鞍状斑，具有浅色斑点和深度皱褶的边缘（没有黑边），由较浅的区域与许多宽阔的深色斑点相间隔。

　　分布　东南印度洋：澳大利亚西部。

　　栖息地　礁石和海草床，潮间带至约105米深。

　　行为　未知。

　　生物学　卵胎生，有卵黄囊，每胎18—29尾胎仔，妊娠期通常为9—11个月，冬季和春季生产。雌性每2—3年生育1次。两性的性成熟年龄均为10岁左右。主要以硬骨鱼和章鱼为食。

　　保护状态　无危（LC）。被龙虾笼和刺网误捕后通常被丢弃。

日本须鲨 *Orectolobus japonicus*

FAO代码：**ORJ**　　图版　第258页

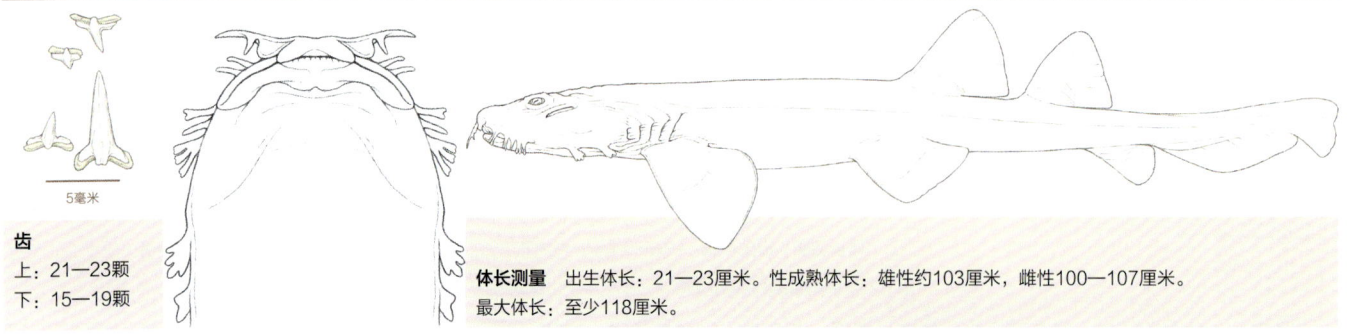

齿
上：21—23颗
下：15—19颗

5毫米

体长测量　出生体长：21—23厘米。性成熟体长：雄性约103厘米，雌性100—107厘米。
最大体长：至少118厘米。

　　鉴定　长且分枝的鼻须。头部两侧的眼下和眼前有5个皮瓣。花纹明显，具宽大且深色的鞍状斑，有斑点和斑块以及深色（但不是黑色）的褶皱波纹状边缘，被浅色区域与深色、宽大的网状线分开。
　　分布　西北太平洋：日本，韩国，越南和中国。（菲律宾的记录值得商榷）
　　栖息地　从潮间带至约200米深的热带近岸岩石和珊瑚礁区。
　　行为　夜行，潜水员很少见到。
　　生物学　卵胎生，在日本人工饲养的情况下，每胎最多出生20—27尾胎仔，在春季（3—5月）出生。妊娠期为12个月。主要吃底栖鱼类，也吃鳐鱼、鲨鱼卵鞘、头足类和虾。
　　保护状态　无危（LC）。在生计型渔业和小型手工渔业中被渔民以手钓法捕捞，并作为食物保留。据报告，少数地区的数量有所下降，但大多数种群状况良好。

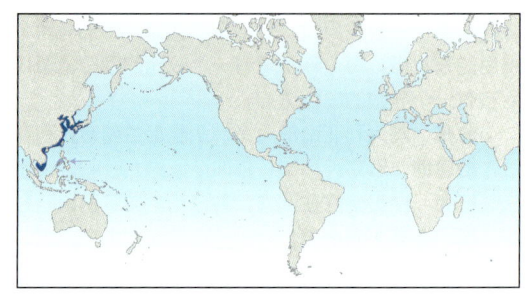

细线须鲨 *Orectolobus leptolineatus*

FAO代码：**OCX**　　图版　第260页

齿
上：23颗
下：17颗

约5毫米

体长测量　出生体长：约20厘米。性成熟体长：雄性约90厘米，雌性约94—104厘米。
最大体长：雄性112厘米，雌性约120厘米。

　　鉴定　鼻须有分枝；有鼻口沟和环鼻沟。皮瓣细长，稍扁平；5—8个简单到复杂的皮瓣，在末端有分枝。上部有金褐色的鞍状斑和不规则间隔的浅色斑点。腹部的颜色均匀且较浅。
　　分布　中印度洋–太平洋：印度尼西亚、加里曼丹岛和中国台湾。
　　栖息地　了解甚少，可能喜欢20米以下的较深、较凉的水域。
　　行为　未知。
　　生物学　卵胎生，在一个标本中发现每窝4尾胎仔。食性不明，但推测包括无脊椎动物和鱼类。
　　保护状态　近危（NT）。目前没有关于保护状态的信息。

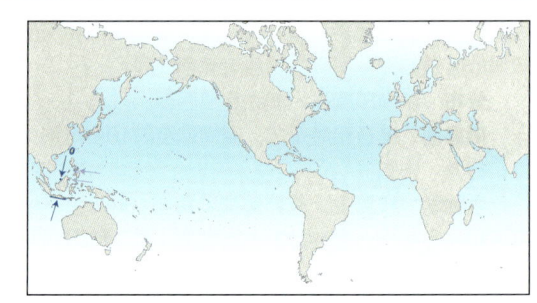

斑纹须鲨 *Orectolobus maculatus*　　　　　FAO代码：**ORT**　　图版 第260页

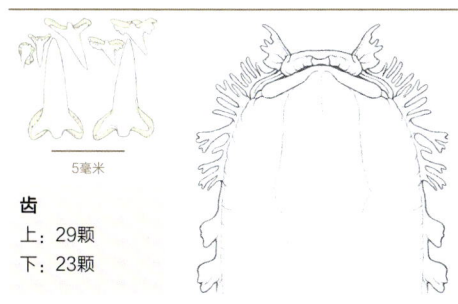

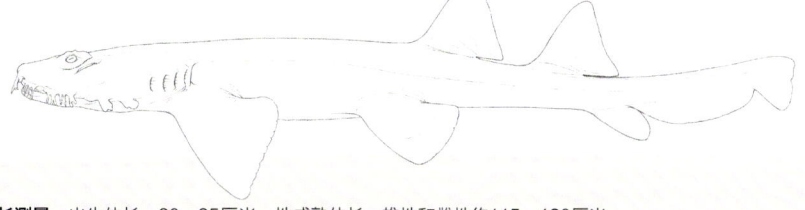

齿
上：29颗
下：23颗

体长测量　出生体长：20—25厘米。性成熟体长：雄性和雌性约115—120厘米。
最大体长：约150—180厘米，可能达到320厘米。

鉴定　长而分枝的鼻须；具有鼻口沟和环鼻沟。眼下和眼前有6—10个皮瓣。背部深色；背部具有宽阔、较暗的鞍状斑，带有白色的"0"形斑点和斑块，边缘褶皱波纹状，在较浅的区域之间有较暗的、宽阔的网状线条分隔开来。

分布　澳大利亚南部，从昆士兰到澳大利亚西部。

栖息地　栖息于珊瑚礁和岩石礁、海湾、河口、海草床、潮池、码头下及沙滩上。生活范围从潮间带延伸至248米以下的深海区域。

行为　可能是夜行性动物。白天呈现迟缓和不活跃的状态，在洞穴中、悬崖下和河道中独行或聚集在一起。可能会返回白天的休息地。可以在海床上方的水层进行短距离游动，并能够在潮池之间攀爬（背部露出水面）。雄性会在圈养环境中进行交配季节期间（新南威尔士州的7月）的争斗。

生物学　卵胎生，每胎数量较大（最多可达37尾胎仔），妊娠期为10—11个月，在春季月份进行分娩。以底栖无脊椎动物、硬骨鱼类、鲨鱼和鳐鱼为食。

保护状态　无危（LC）。常在水族馆展示。如果被挑衅，会有咬伤人的危险。

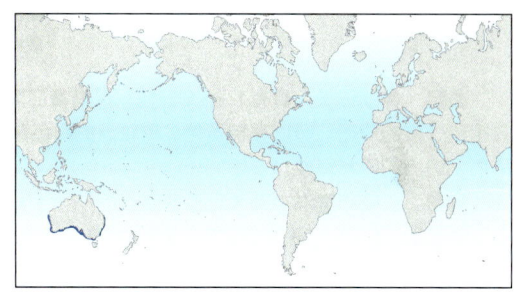

饰妆须鲨 *Orectolobus ornatus*　　　　　FAO代码：**ORO**　　图版 第260页

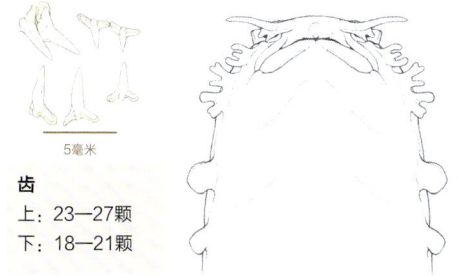

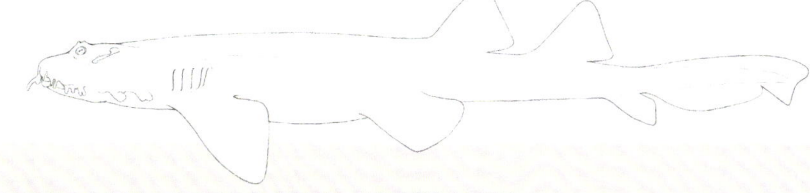

齿
上：23—27颗
下：18—21颗

体长测量　出生体长：20厘米。性成熟体长：雄性和雌性约80厘米。
最大体长：120厘米。

鉴定　鼻须具有少量分枝。每只眼下和眼前有5个皮瓣，喷水孔后的皮瓣无分枝或仅有微弱的分枝，较宽。背部有绚丽的斑驳图案，明显且宽阔的深色的鞍状斑，上面有明亮的斑和明显的黑色、褶皱波纹状边缘，背部颜色较浅且有明显的深色中心的斑点。

分布　西南太平洋：澳大利亚东部和巴布亚新几内亚南部。

栖息地　该物种栖息于沿海和近岸海岛周围的海湾、被海藻覆盖的岩石和珊瑚礁。包括潟湖、礁坪、礁石斜坡和礁石渠道等环境，生活范围从潮间带至约100米深度。相较于斑纹须鲨，该物种更喜欢清澈的水域。

行为　夜行，白天在洞穴、岩壁下和壕沟中单独或成群结队休息。在夜间捕食。

生物学　卵胎生，每胎2—16尾胎仔，平均9尾。妊娠期10—11个月，在春天出生。以硬骨鱼类、鲨鱼、魟鱼、头足类和甲壳类动物为食。

保护状态　无危（LC）。该物种在商业和休闲渔业中被捕获，有时被保留，但澳大利亚的渔业处于管理和监测中，物种种群稳定。

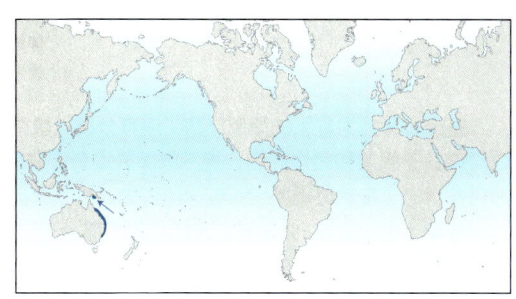

矮斑须鲨 *Orectolobus parvimaculatus*   FAO代码：**OCX**   图版 第262页

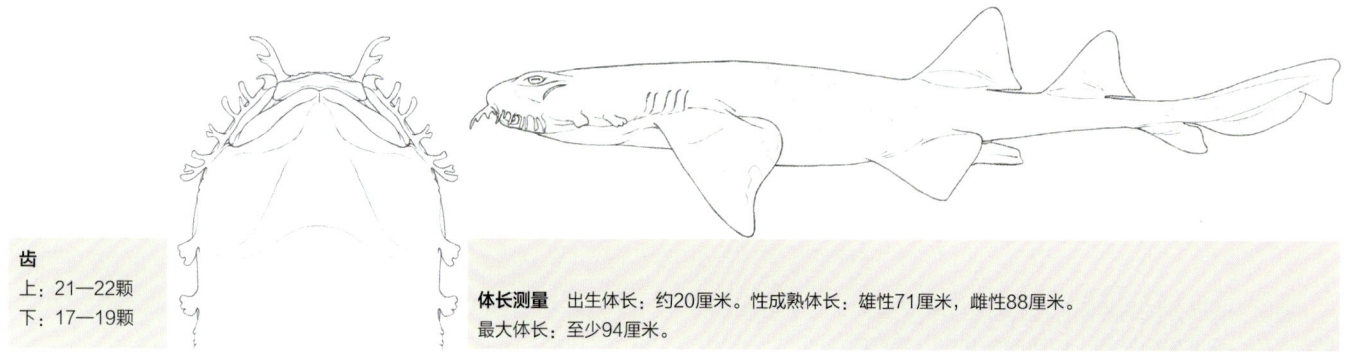

齿
上：21—22颗
下：17—19颗

体长测量　出生体长：约20厘米。性成熟体长：雄性71厘米，雌性88厘米。
最大体长：至少94厘米。

　　鉴定　鼻须细长，具有1—2个分枝；具有鼻口沟和环鼻沟。有6—10个扁平且具粗糙分枝的皮瓣。背面呈棕黄色，有较深的褐色鞍状斑和斑块；有白色到蓝色的环形、斑点和网状斑纹。
　　分布　东南印度洋：澳大利亚西南。
　　栖息地　9—135米水深范围，其他未知。
　　行为　未知。
　　生物学　卵胎生，其他未知。推测以底栖鱼类和无脊椎动物为食。
　　保护状态　无危（LC）。这种小型的、最近才被描述的斑纹须鲨只有不到50个标本。它是西澳大利亚底层拖网渔业中的一种兼捕渔获物。它的体积小，因此不太可能被保留下来，并且在被丢弃后大概率可以存活下来。

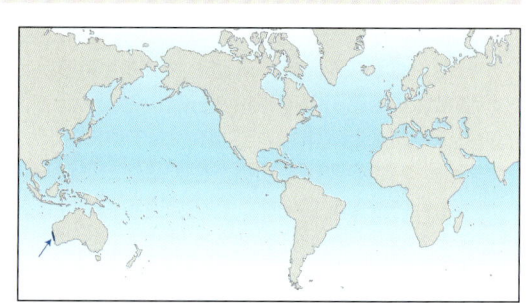

网纹须鲨 *Orectolobus reticulatus*   FAO代码：**OCX**   图版 第262页

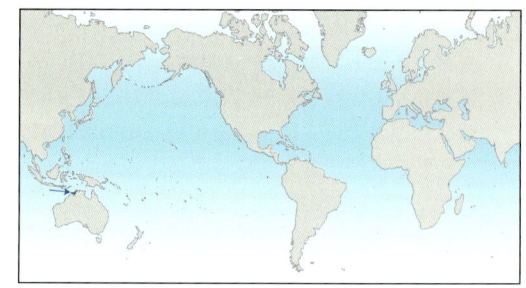

齿
上：21颗
下：17颗

体长测量　已知一条未达到性成熟的雄性为50厘米。
最大体长：至少52厘米。

　　鉴定　鼻须为扁平的简单结构，没有分枝；具有鼻口沟和环鼻沟。皮瓣宽大，成对存在于眼前和喷水孔后，但下颌部分没有。背面呈灰褐色，背部有3个明显的深色鞍状斑，鞍状斑周围没有较浅色边缘；每个鞍状斑内有较小的较暗斑点。
　　分布　中印度洋–太平洋：澳大利亚北部。
　　栖息地　0—20米水深范围，其余未知。
　　行为　未知。
　　生物学　未知。据推测以底栖鱼类和无脊椎动物为食。
　　保护状态　数据缺乏（DD）。只从4只标本中了解到其信息。

渥氏须鲨 *Orectolobus wardi*

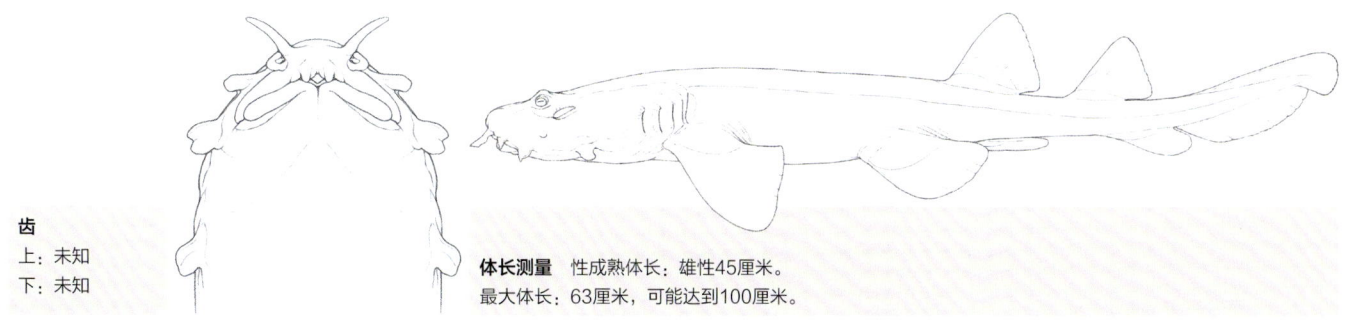

齿
上：未知
下：未知

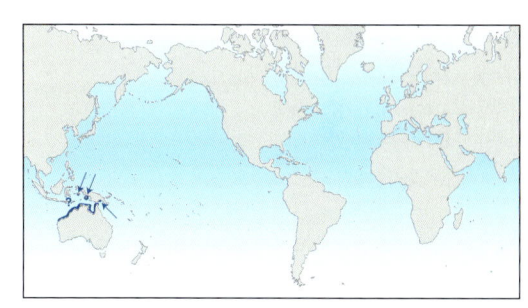

体长测量　性成熟体长：雄性45厘米。
最大体长：63厘米，可能达到100厘米。

鉴定　鼻须呈无分枝的结构。每只眼下方和前方有2个皮瓣；喷水孔后方的皮瓣宽大且不分枝。具有简单、暗淡的花纹，少数深色斑点、灰暗斑纹以及3个大型深色、边缘明亮（眼状）的圆形鞍状斑，鞍状斑之间为宽广的灰暗区域，在第一背鳍前无斑点或网状纹。

分布　中印度洋–太平洋：澳大利亚北部和巴布亚新几内亚，可能还分布于印度尼西亚东部。

栖息地　栖息于不超过3米深的浅水礁区，通常位于浑浊的水域中。

行为　夜行性。白天不活动（有时将头埋在岩壁下）。

生物学　卵胎生，其他方面未知。以底栖鱼类和无脊椎动物为食。

保护状态　无危（LC）。在澳大利亚不会被捕捞，可能是常见的。

疣背须鲨 *Sutorectus tentaculatus*

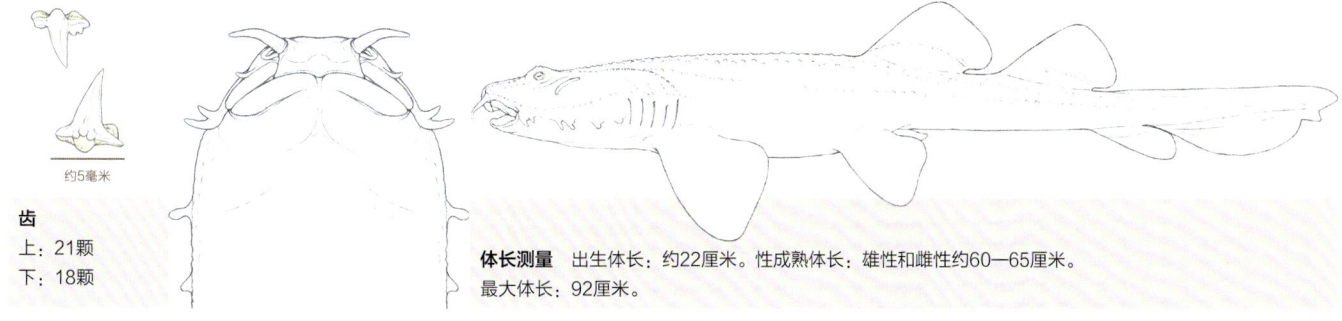

约5毫米

齿
上：21颗
下：18颗

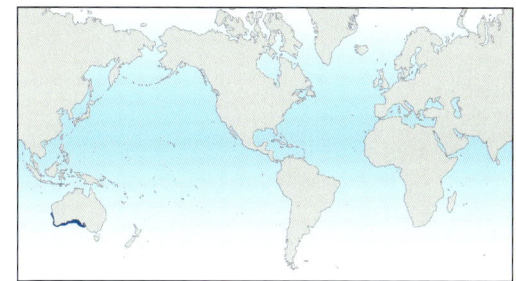

体长测量　出生体长：约22厘米。性成熟体长：雄性和雌性约60—65厘米。
最大体长：92厘米。

鉴定　相较于大多数须鲨，它的体形相对修长，不太扁平；头部相对较窄。鼻须呈简单的、无分枝的结构。下颌光滑。头部两侧有一些细长、短小、无分枝的皮瓣，形成较宽的相互分离的孤立群体，每组有4—6对。背部和非常低且细长的背鳍基部有密集排列的大型皮疣（高度为基部长度的一半）。引人注目的花纹以宽大的、带有参差不齐褶皱边缘的深色背部鞍状斑为特征，斑纹之间有带有不规则黑斑的浅色区域。

分布　东南印度洋：澳大利亚南部和西部。

栖息地　生活在岩石和珊瑚礁中的海藻环境中。栖息深度至少达到35米。

行为　未知。

生物学　卵胎生，一胎至少有12尾胎仔；其他方面未知。食物包括硬骨鱼类。

保护状态　无危（LC）。常见，兼捕渔获物，通常被丢弃。

身体修长，尾极长；口位于眼前，具有短小的须，有鼻口沟和环鼻沟，眼下有大的喷水孔；具两个大小相等且无背鳍棘的背鳍，第二背鳍起点明显在臀鳍之前，背鳍和臀鳍靠后，有一个缺口将臀鳍与尾鳍分隔开；幼体通常与成体有所不同。

○ **阿拉伯斑竹鲨** *Chiloscyllium arabicum*　　　　第274页

分布于印度洋西北部；珊瑚礁，潟湖，岩石海岸和红树林河口，3—100米。背部有突出的嵴；厚尾；第一背鳍的起点与腹鳍的终点相对或刚好在其后面，第二背鳍基部长于第一背鳍；成体无花纹，幼体鳍上有浅色斑点。

○ **缅甸斑竹鲨** *Chiloscyllium burmensis*　　　　第275页

分布于印度洋东北部；水深0—30米。身体无脊；厚尾；第一背鳍起点与腹鳍终点相对，臀鳍长而低；成体有深色鳍膜，幼体的颜色未知。

○ **淡斑斑竹鲨** *Chiloscyllium caerulopunctatum*　　　　第275页

分布于西印度洋；深度和栖息地尚不清楚。具有截断的吻部；体侧有嵴沿；具有大型、角状、紧密排列的背鳍；呈暗灰褐色，散布着许多浅蓝色斑点，没有横向的暗色条纹。

○ **灰斑竹鲨** *Chiloscyllium griseum*　　　　第276页

分布于印度洋和中印度洋-太平洋地区；靠近岸边，分布深度范围为5—100米。身体无嵴；尾粗壮；第一背鳍起点位于腹鳍基部后方；长而低的臀鳍；成年个体没有斑纹，幼体具有深色的鞍状斑和横向条纹。

○ **哈氏斑竹鲨** *Chiloscyllium hasselti*　　　　第276页

分布于中印度洋-太平洋地区；沿岸分布，常见于水深不超过12米的区域。身体无嵴；尾巴修长；第一背鳍起点在腹鳍基部后方；成年个体具有深褐色的鳍，幼体体表具明显的鞍状斑，鳍上具斑点。

○ **印度斑竹鲨** *Chiloscyllium indicum*　　　　第277页

分布于印度洋；沿岸分布，常见于水深不超过90米的区域。体形修长，具有侧嵴；背鳍和臀鳍位于细长尾的靠后位置，第一背鳍起点与腹鳍终点相对或刚好位于其后；成年个体具有浅棕色底色上的小型深色斑点、条纹；幼体的鳍没有明显的深色后缘。

○ **条纹斑竹鲨** *Chiloscyllium plagiosum*　　　　第277页

分布于印度洋和中印度洋-太平洋地区；沿岸分布，常见于水深不超过50米的区域。躯干上具有侧嵴；背鳍和臀鳍位于非常长而粗壮的尾的后部，第一背鳍起点与腹鳍终点相对或刚好位于其后；身体呈暗色，散布着许多浅色和深色斑点，暗色条纹和鞍状斑具有不明显黑色边缘。

○ **点纹斑竹鲨** *Chiloscyllium punctatum*　　　　第278页

分布于中印度洋-太平洋地区；栖息于珊瑚礁区，水深可达85米甚至更深。身体无嵴；尾粗壮；背鳍具有较长的下角，第一背鳍起点位于腹鳍基部前方；鳃裂边缘呈浅色；成年个体没有斑纹，幼体具有黑色条纹和散布的小斑点。

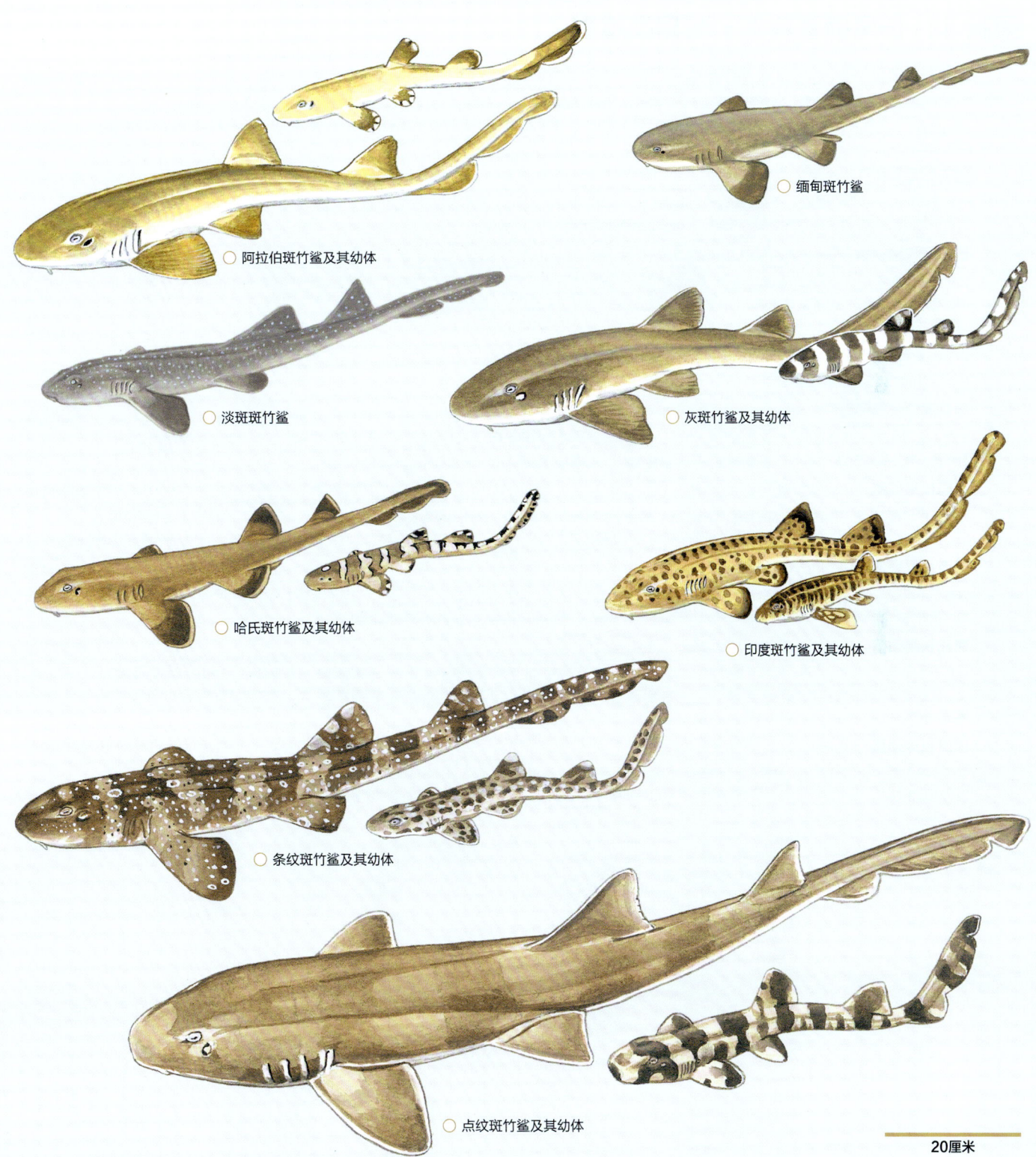

○ 缅甸斑竹鲨

○ 阿拉伯斑竹鲨及其幼体

○ 淡斑斑竹鲨

○ 灰斑竹鲨及其幼体

○ 哈氏斑竹鲨及其幼体

○ 印度斑竹鲨及其幼体

○ 条纹斑竹鲨及其幼体

○ 点纹斑竹鲨及其幼体

20厘米

○ **印尼长尾须鲨** *Hemiscyllium freycineti*

分布于中印度洋–太平洋地区；栖息于水深不超过10米的浅海珊瑚礁和海草区。尾粗壮；吻部有小的深色斑点，躯干上有大小不一的黑色斑点，没有白色斑点，中等大小的深色肩章状斑点上没有白色或深色斑块；深色偶鳍有浅色边缘（在成体中变为散布的斑点），头部下方和尾部周围有宽广的深色条纹。

○ **盖氏长尾须鲨** *Hemiscyllium galei*

分布于中印度洋–太平洋地区；栖息于珊瑚礁、浅水区域，水深范围为0—25米。背部有较暗的鞍状斑，其边缘有明显的白色斑点分布，体侧散布有白色和深色斑点；腹部至尾鳍之间的侧面有7—8个深色椭圆状斑点。

○ **巴布亚长尾须鲨** *Hemiscyllium hallstromi*

分布于中印度洋–太平洋地区；栖息于海底，临近岸区域；水深可达30米。尾粗壮；吻部无深色斑点，身体上有分散的大型黑色斑点，中等大小的黑色肩章斑点带有白色环和黑色斑块，幼体偶鳍的鳍膜呈黑色（成体为灰暗色），尾部有深色条纹。

○ **亨氏长尾须鲨** *Hemiscyllium henryi*

分布于中印度洋–太平洋地区；栖息于裸露岩石、海草区及近岸珊瑚礁，水深范围0—30米甚至更深。身体上包括头部和鳍上散布有众多的斑点；头部后方的侧面有明显的双眼斑点。

○ **哈马黑拉长尾须鲨** *Hemiscyllium halmahera*

分布于中印度洋–太平洋地区；水深范围为0—10米。栖息于沙质斜坡上的珊瑚岬。体色为浅褐色，有密集排列的2—3个一组的纵向黑色斑点群，其中散布有零星的白色斑点；吻部和眼间有几个大型黑色斑点，胸鳍后缘上方有一个带有U形白色边缘的斑点。

○ **迈氏长尾须鲨** *Hemiscyllium michaeli*

分布于中印度洋–太平洋地区；水深范围为0—20米。栖息于近岸和斑块珊瑚礁。身体上覆盖着明亮的豹纹斑点，头部后方和侧面有较大的黑色眼斑；前背鳍边缘有深色斑块；胸鳍和尾鳍之间的体侧有淡淡的鞍状斑。

○ **斑点长尾须鲨** *Hemiscyllium ocellatum*

分布于中印度洋–太平洋地区；栖息于珊瑚礁区，水深从极浅到50米不等。尾粗壮；吻部无深色斑点，身体和奇鳍上有小型黑斑点，大而黑的肩章斑点带白色环和黑色斑块，幼体偶鳍鳍膜黑色（在成体中会消失），尾部有深色条纹（成体的尾部表面颜色较浅）。

○ **斯氏长尾须鲨** *Hemiscyllium strahani*

分布于中印度洋–太平洋地区；栖息于珊瑚礁区，水深为3—18米。尾粗壮；吻和头部有黑色覆盖，身体和鳍上有白色斑点，分布在深色的鞍状斑上，黑色的肩章斑点部分与肩部鞍状斑融合，不完全被白色环绕，偶鳍的边缘为黑底，上具白斑。尾部有深色环带，幼体没有白色斑点，斑纹较不明显。

○ **项斑长尾须鲨** *Hemiscyllium trispeculare*

分布于中印度洋–太平洋地区；栖息于珊瑚礁区，水深从浅水至50米。尾粗壮；吻部、身体和鳍上有小型深色斑点；众多大、小黑斑点之间有形成网状的浅色纹路，没有白色斑点，大的肩章斑点带有白色环和两个弯曲黑斑，深色鞍状斑围绕背部和尾部；幼体的颜色目前尚不清楚。

○ 印尼长尾须鲨及其幼体

○ 盖氏长尾须鲨

○ 哈马黑拉长尾须鲨

○ 巴布亚长尾须鲨及其幼体

○ 迈氏长尾须鲨

○ 亨氏长尾须鲨

○ 斑点长尾须鲨及其幼体

○ 斯氏长尾须鲨及其幼体

○ 项斑长尾须鲨

20厘米

长尾须鲨科（Hemiscylliidae）

包括2个中印度洋–太平洋的属：斑竹鲨属（*Chiloscyllium*），包括8个广泛分布的物种；长须鲨属（*Hemiscyllium*），包括9个物种，主要分布于西太平洋，也见于印度洋的塞舌尔群岛。它们主要出现在潮间带的潮池、极浅水域、岩石和靠近海岸的珊瑚礁以及沉积物上，同时也分布于海湾的近岸和离岸区域。

鉴定 体型小巧（大多数不超过1米）而纤细，尾极长，具有两个等大小的背鳍，无背鳍棘；第二背鳍起点明显在长而低的圆形臀鳍之前，臀鳍通过一个凹槽与尾鳍下叶分开。小的横向口位于背侧眼睛之前，眼下方有较大的喷水孔，还具有鼻口沟和环鼻沟，以及较短的须。幼体的颜色图案通常与成体不同且更加鲜明。斑竹鲨属物种头部没有黑色罩帽，身体两侧没有大的黑斑，口位置接近眼而非吻尖。长尾须鲨属物种具有斑点或罩帽，鼻孔位于吻尖末端，在眼睛上方有明显的脊线。主要通过颜色图案来区分长尾须鲨属物种。

生物学 尚未完全了解。其中一些（可能全部）是卵生的，会产下椭圆形的卵鞘。幼体的独特色斑图案可能表明它们对栖息地的偏好与成体不同。强壮有力类似腿的成对的鳍用于攀爬珊瑚礁和岩缝。长尾须鲨属物种的大肩章斑点可能是为了震慑捕食者而存在的眼斑。食物包括小型底栖鱼类、头足类动物、贝类和甲壳动物。

保护状态 常被作为多物种渔业的目标种或兼捕渔获物，被兼捕的次数和数量越来越多。目前本科中超过80%的物种被IUCN红色名录列为受威胁物种。它们适应力强，迷人，并能够在人工饲养环境中进行繁殖。

印尼长尾须鲨，印度尼西亚，拉贾安帕特

斑竹鲨属
8种，第274—278页

长尾须鲨属
9种，第278—282页

阿拉伯斑竹鲨 *Chiloscyllium arabicum*　　　　FAO代码：**ORA**　　图版 第270页

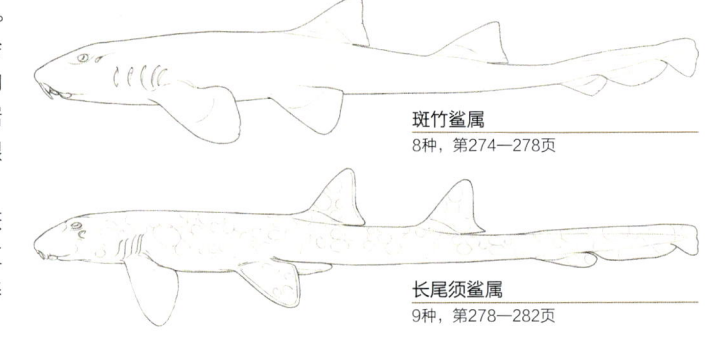

齿
上：26—35颗
下：21—32颗

体长测量 出生体长：最长10厘米。性成熟体长：雄性55厘米，雌性52厘米。
最大体长：80厘米。

鉴定 第一背鳍的起点与腹鳍的终点相对或刚好在其后面；第二背鳍的基部通常比第一背鳍长。背鳍和臀鳍在长且粗的尾上位置极为靠后。背部有突出的脊线。没有花纹，仅幼体鳍上有淡色斑点。

分布 西北印度洋：波斯湾至印度（由于会被误认为灰斑竹鲨，确切的分布不确定）。

栖息地 发现于珊瑚礁、潟湖、岩石海岸、红树林河口等环境中，水深范围为3—100米，底栖。

行为 了解很少。

生物学 卵生，每个子宫内有一个卵鞘发育。卵鞘产于珊瑚礁上，在70—80天内孵化。以鱿鱼、有壳软体动物、甲壳动物和蛇鳗为食。

保护状态 近危（NT）。夏季常见于波斯湾。曾在人工饲养条件下繁殖。

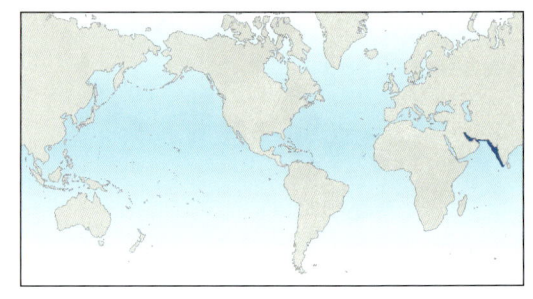

缅甸斑竹鲨 *Chiloscyllium burmensis*

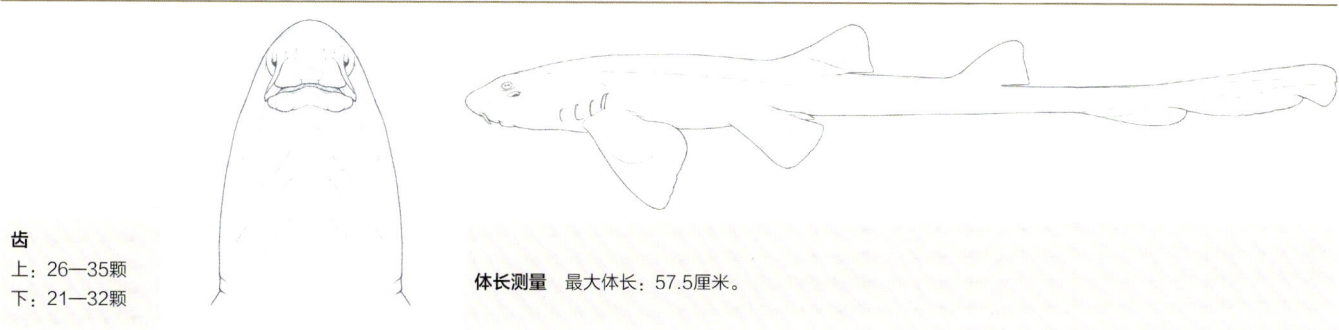

齿
上：26—35颗
下：21—32颗

体长测量　最大体长：57.5厘米。

鉴定　眼极小。第一背鳍的起点大致与腹鳍的终点相对；臀鳍长而低，且位于长且粗壮的尾部后方。身体无侧嵴。成体的鳍膜颜色较暗。幼体的颜色尚不清楚。

分布　印度洋东北部：印度东北部海岸的奥迪沙到缅甸。

栖息地　浅海沿岸栖息地，水深范围为0—30米，主要分布在5—15米的区域，包括潮池、岩石和珊瑚礁以及软沉积物。

行为　未知。

生物学　几乎未知，生殖方式可能是卵生。以小型硬骨鱼类为食。

保护状态　易危（VU）。在其整个分布范围内，广泛地被个体和商业渔业捕获。岩石区可能是其避难所。以前经常被丢弃，现在越来越多地被运往岸上。

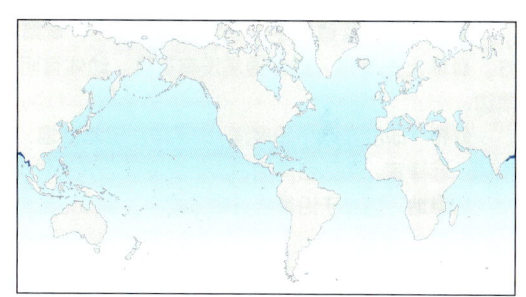

淡斑斑竹鲨 *Chiloscyllium caerulopunctatum*

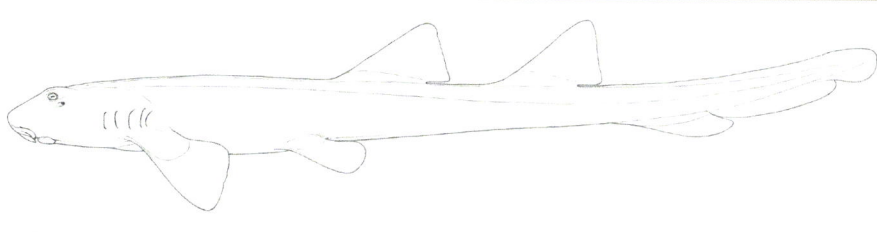

齿
上：未知
下：未知

体长测量　最大体长：67厘米。

鉴定　吻尖平截形。背鳍大而有棱角；背鳍间距较小，短于第一背鳍基部。身体两侧有侧嵴。背景颜色为深灰褐色，有许多浅蓝色的斑点，但没有横向的暗带。

分布　西印度洋：马达加斯加。

栖息地　未知。

行为　未知。

生物学　未知。

保护状态　数据缺乏（DD）。可能是偶然的兼捕渔获物，很少采集到标本。

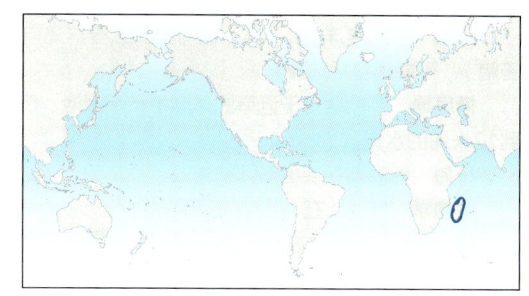

灰斑竹鲨 *Chiloscyllium griseum*

FAO代码：**ORR**　　图版 第270页

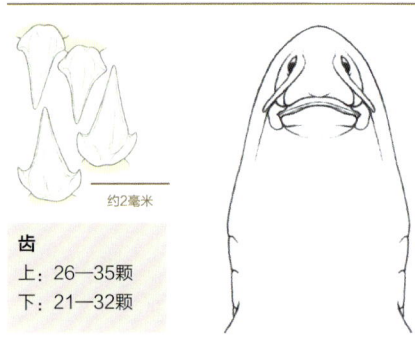

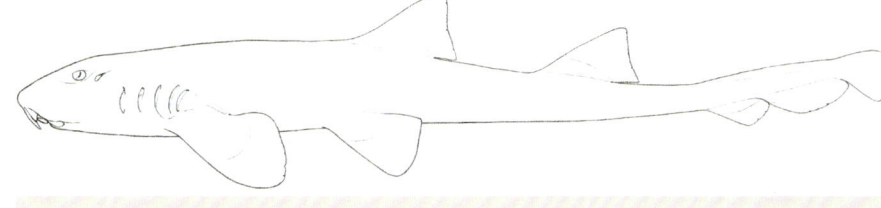

齿
上：26—35颗
下：21—32颗

体长测量　出生体长：至少12厘米。性成熟体长：雄性45—55厘米。
最大体长：77厘米。

　　鉴定　第一背鳍起点位于腹鳍基部后方，臀鳍低，并位于长而粗壮的尾部后方。身体上无侧嵴。成体通常没有花纹。幼体有明显的深色鞍状印记和横带，无黑边。

　　分布　印度洋和中印度洋–太平洋：巴基斯坦，印度，斯里兰卡，马来西亚，泰国。菲律宾、中国台湾和日本历史发现记录是对点纹斑竹鲨的误认。

　　栖息地　栖息于沿岸岩石和潟湖中，水深范围为5至100米。

　　行为　未知。

　　生物学　卵生，在海底产下小的椭圆形卵鞘。可能主要以无脊椎动物为食。

　　保护状态　易危（VU）。常见。广泛海域中个体和商业捕鱼的兼捕渔获物，来源包括底栖拖网、延绳和刺网。为了满足人类的消费需求，越来越多的个体被保留下来。有饲养于公众水族馆。

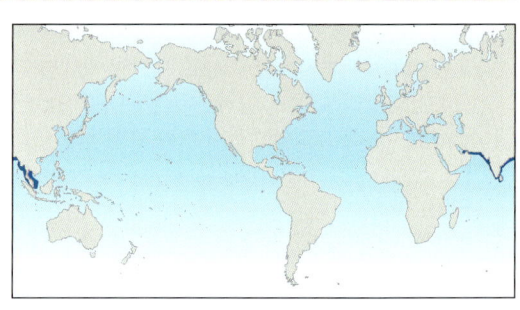

哈氏斑竹鲨 *Chiloscyllium hasselti*

FAO代码：**YYL**　　图版 第270页

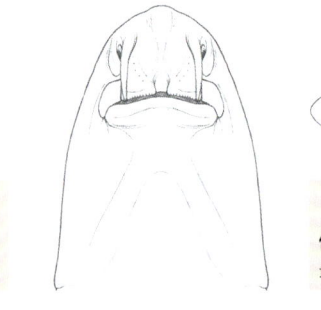

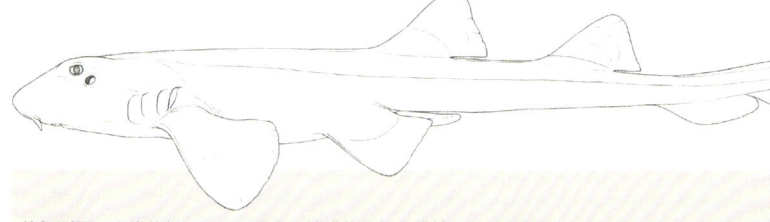

齿
上：26—35颗
下：21—32颗

体长测量　出生体长：9—12厘米。性成熟体长：雄性44—54厘米。
最大体长：61厘米。

　　鉴定　第一背鳍起点位于腹鳍基部的后方，臀鳍低，并位于尾部后方。身体无侧嵴。成体除了暗色的鳍以外通常没有花纹。幼体有明显的鞍状斑纹（宽阔的暗色斑块，有明显的黑色边缘，由浅色区域和黑色斑点分开）和鳍上的黑斑。

　　分布　中印度洋–太平洋：缅甸和安达曼群岛向东到越南、印度尼西亚（苏门答腊），可能还包括菲律宾。

　　栖息地　可能栖息于近岸的环境中，从潮池、沉积物、岩石和珊瑚礁一直延伸到12米深的水域。

　　行为　卵附着在底栖海洋植物上。

　　生物学　卵生，在12月左右孵化。

　　保护状态　濒危（EN）。底栖拖网、延绳钓和刺网捕获，是个体和商业渔业的兼捕渔获物。为了满足人类的消费需求，越来越多的个体被保留下来。可能成为水族馆贸易的目标。

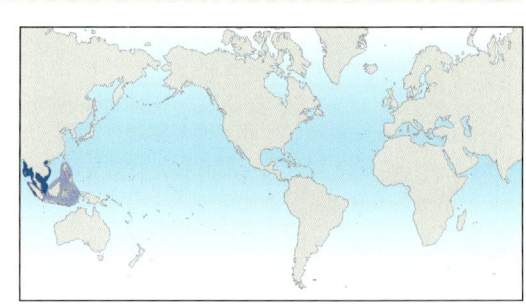

印度斑竹鲨 *Chiloscyllium indicum*

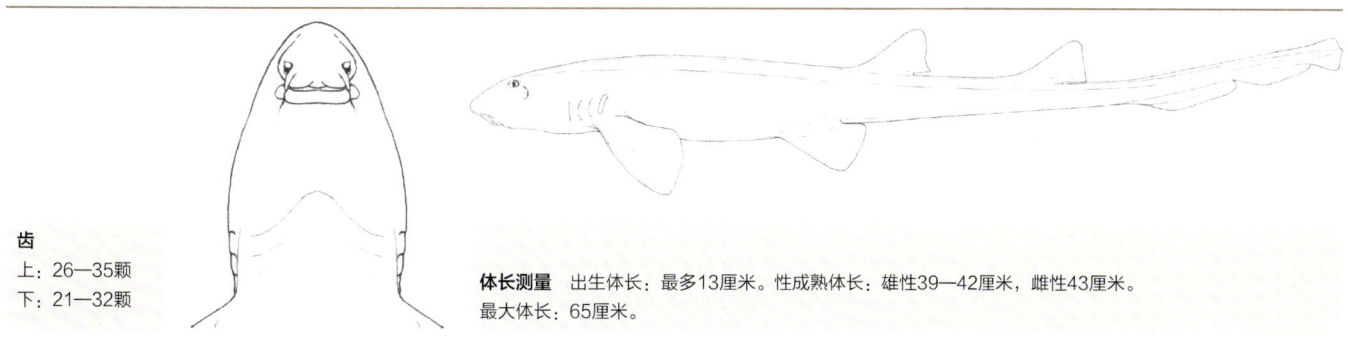

齿
上：26—35颗
下：21—32颗

体长测量　出生体长：最多13厘米。性成熟体长：雄性39—42厘米，雌性43厘米。最大体长：65厘米。

鉴定　体型纤细，有侧嵴。第一背鳍的起点与腹鳍的终点相对或刚好在其后面，臀鳍长而低，位于尾部后方。浅棕色的背景上有许多小黑点、条状或鞍状斑点。幼体的鞍状斑没有突出的黑边。

分布　印度洋：印度，斯里兰卡，到孟加拉国附近；可能在阿拉伯海，以及泰国和苏门答腊岛周围。来自所罗门群岛和北到中国和日本的记录是不同的种，可能是条纹斑竹鲨。

栖息地　栖息于近岸底部，从潮间带延伸至90米深的水域。可能存在于淡水环境中（例如马来西亚的霹雳河下游）。

行为　很少有了解。

生物学　很少有了解。卵生。

保护状态　易危（VU）。在广泛的近海个体和商业渔业中很重要，越来越多的数量被保留下来，被作为食物（在一些国家为动物饲料）。

条纹斑竹鲨 *Chiloscyllium plagiosum*

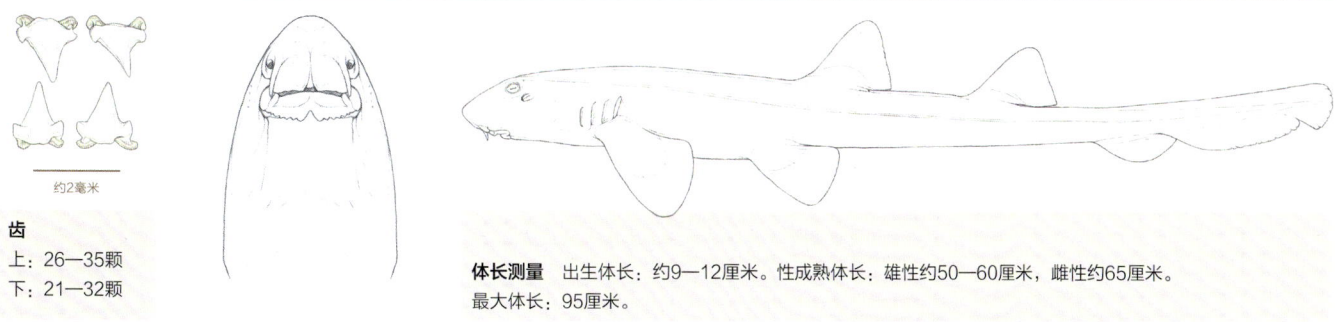

约2毫米

齿
上：26—35颗
下：21—32颗

体长测量　出生体长：约9—12厘米。性成熟体长：雄性约50—60厘米，雌性约65厘米。最大体长：95厘米。

鉴定　第一背鳍的起点与臀鳍的终点相对或正好在其后面，臀鳍位于尾部后方。躯干有侧嵴。身体深色，有许多浅色和深色的斑点；深色带和鞍状斑具有不明显的黑色边缘。

分布　印度洋和中印度洋-太平洋：印度、印度尼西亚、马来西亚、新加坡、越南、菲律宾、中国台湾和日本。

栖息地　栖息于近岸海底，在热带地区的珊瑚礁水域，深度可达50米。

行为　夜行。白天在礁石缝隙中休息，晚上觅食。

生物学　卵生，每季产卵鞘约26枚；卵鞘需要110—144天才能孵化。雌性雄性性成熟年龄都为4—5岁，最大年龄为7—14岁。捕食硬骨鱼类和甲壳类动物。

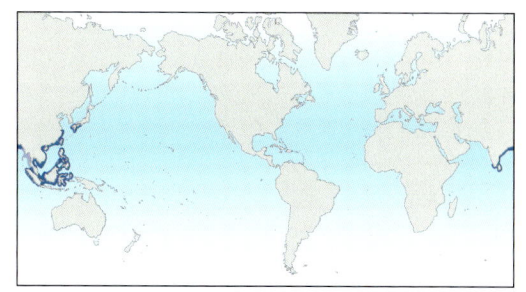

保护状态　近危（NT）。近海渔业中常见且重要。被用作食物。流行的水族馆物种。

点纹斑竹鲨 *Chiloscyllium punctatum*

约5毫米

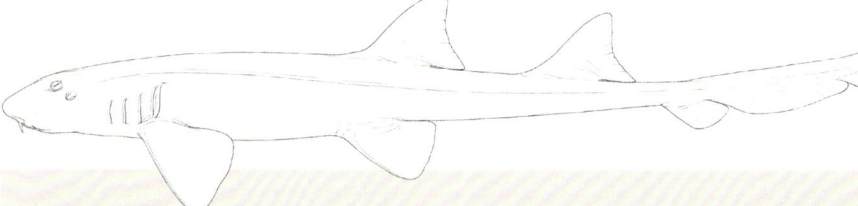

齿
上：31—33颗
下：30—33颗

体长测量　出生体长：13—18厘米。性成熟体长：雄性约82厘米，雌性约87厘米。
最大体长：132厘米。

鉴定　第一背鳍起点位于腹鳍基部的前半部分，臀鳍低，并位于长而粗壮的尾部后方。身体上无侧嵴。幼体有明显的暗带（不是黑边）和分散的深色小点，随着成长逐渐变成浅棕色。鳃裂边缘颜色非常浅。

分布　中印度洋–太平洋：印度东部、东南亚，至澳大利亚北部、新几内亚南部和日本。

栖息地　栖息于珊瑚礁（潮间带潮池、潮滩、珊瑚礁陡壁）。可能也分布于软底质的海底，离岸区域的深度可超过85米。

行为　躲在缝隙中和珊瑚下。离开水后可生存半天。

生物学　卵生，产圆形卵鞘，卵鞘长15厘米，宽11厘米。可能产多达153个卵鞘，卵鞘需要大约90天才能孵化。成年年龄为4.5岁，最大年龄为12.5岁；已知在人工饲养的条件下，这些鲨鱼至少可以活到16岁。以底层无脊椎动物和小鱼为食。

保护状态　近危（NT）。常见，经常在近岸的渔业中被捕获。在水族馆中展示和繁殖。如果被挑衅，可能会咬人。

印尼长尾须鲨 *Hemiscyllium freycineti*

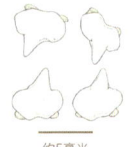

约5毫米

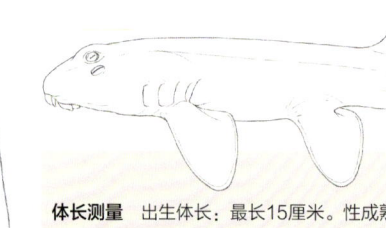

齿
上：26—35颗
下：21—32颗

体长测量　出生体长：最长15厘米。性成熟体长：雄性37—62厘米。
最大体长：雌性69厘米。

鉴定　背鳍和臀鳍在极长、极粗的尾巴上，位置非常靠后。吻部有小而黑的斑点。身体上有大小不一的黑色斑点；没有网状图案。胸鳍上方有中等大的黑色肩章状斑，后半部没有白环或弯曲的黑色痕迹。幼体的深色偶鳍有浅色的边缘，在成体中变为分散的大小不一的深色斑。幼体具宽大的深色带，出现于头部下方，并完全环绕尾部；成体腹部颜色浅，深色带消失。背鳍的前缘有深色斑点。

分布　中印度洋–太平洋：只在印度尼西亚的拉贾安帕群岛有发现。

栖息地　栖息于珊瑚礁中，在浅水区域的沙滩和海草中，深度可达10米，但通常在2—3米左右。

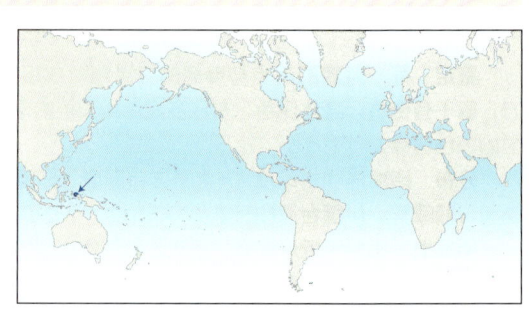

行为　白天躲在礁石缝隙中，晚上觅食。

生物学　几乎未知。

保护状态　近危（NT）。栖息地受到渔业扩张和污染的影响。

盖氏长尾须鲨 *Hemiscyllium galei*

FAO代码：**OCX**　　图版 第272页

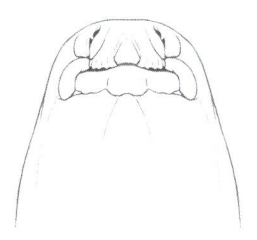

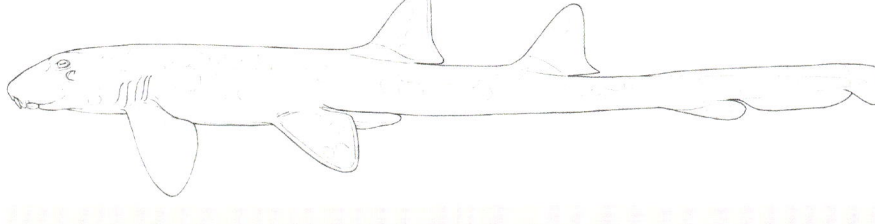

齿
上：未知
下：未知

体长测量　性成熟体长：雄性57厘米。
最大体长：最少57厘米。

　　鉴定　背鳍和臀鳍在极长、极粗的尾巴上，位置非常靠后。背鳍间距比其他长尾须鲨物种短。沿着背部较深的鞍状斑边缘有一排亮丽的白斑。沿着两侧散布着白色和深色的斑点；腹部和尾鳍基部之间的体侧有7—8个椭圆形的深色斑点。在胸鳍和腹鳍的背侧有暗斑。

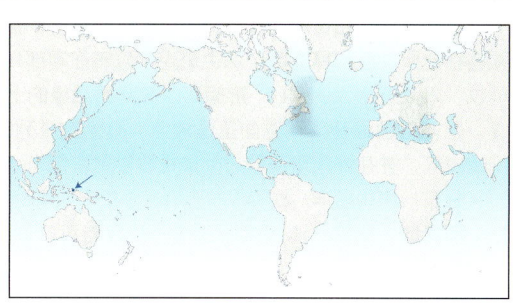

　　分布　中印度洋−太平洋：西巴布亚，新几内亚。
　　栖息地　栖息于浅水区域的岩石、珊瑚礁和海草床，从潮间带到10米深度，偶尔可达25米深度。
　　行为　白天躲在礁石缝隙和悬崖上，夜间活动。
　　生物学　未知。
　　保护状态　易危（VU）。受到个体捕鱼的威胁：包括手工拾取和礁坪刺网捕鱼，栖息地的丧失和退化也有所影响。可能成为水族馆贸易的目标。

巴布亚长尾须鲨 *Hemiscyllium hallstromi*

FAO代码：**ORK**　　图版 第272页

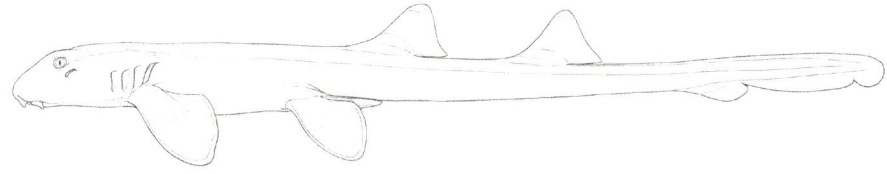

齿
上：26—35颗
下：21—32颗

体长测量　出生体长：最多19厘米。性成熟体长：雄性47—64厘米。
最大体长：77厘米。

　　鉴定　背鳍和臀鳍在极长、极粗的尾巴上，位置很靠后。吻部没有暗斑。身体上有稀疏的深色斑点，有些几乎和胸鳍上方明显的白环黑色肩章状斑点一样大或更大。肩章状斑部分被较小的黑色斑点环抱（上面和后面）。没有白点或网状图案。成对的鳍没有斑点；幼体具白色边缘的黑色鳍膜在成长过程中渐渐变成暗色。幼体尾巴周围的暗环在成体中消失，成为均匀苍白的底面。

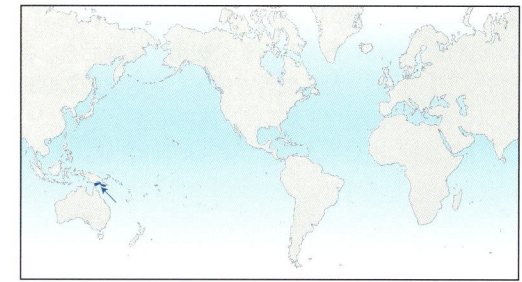

　　分布　中印度洋−太平洋：巴布亚新几内亚南部。
　　栖息地　近岸海床，可能栖息于珊瑚礁，深度范围达到30米。
　　行为　未知。
　　生物学　未知。
　　保护状态　易危（VU）。受渔业和污染影响的范围非常有限。

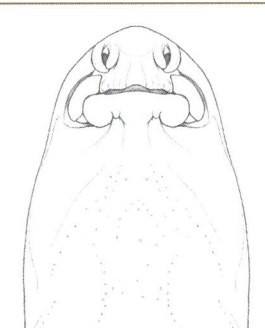
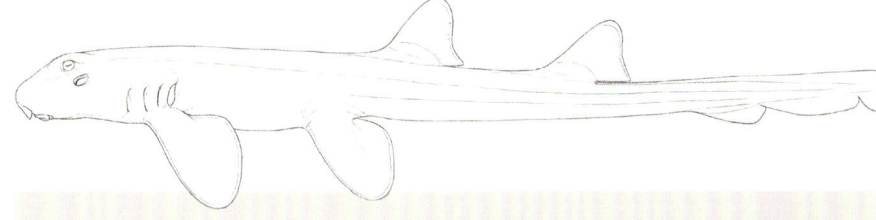

齿
上：未知
下：未知

体长测量　最大体长：雄性68厘米（可能更长），雌性66厘米。

鉴定　背鳍和臀鳍在极长、极粗的尾部后方。臀鳍起点处的身体比其他长尾须鲨物种更厚。头部具有数个深色斑点，分布在吻部和眼之间。腹面有一对大型深色斑纹，以及一个大的"U"形暗斑位于胸鳍后缘的上方，其下半部分有一个白色边缘。整体颜色沿背部和侧面呈浅棕色，有密集排列的、竖直方向上的2—3个一组的暗斑簇，并在深色斑点群之间散布着零星白色斑点。

分布　中印度洋–太平洋：已知仅分布于印度尼西亚哈马黑拉岛西岸的岛屿。

栖息地　栖息于浅水区域，位于裸露岩石、珊瑚礁和海草床上，深度范围为0—10米。

行为　这种鲨鱼被观察到在零星散布的黑色陡峭火山沙坡区域的珊瑚头下休息。

生物学　未知。

保护状态　近危（NT）。报告来自少数地方，受到个体渔业和水族馆贸易捕捞、栖息地被破坏和采矿污染的威胁。

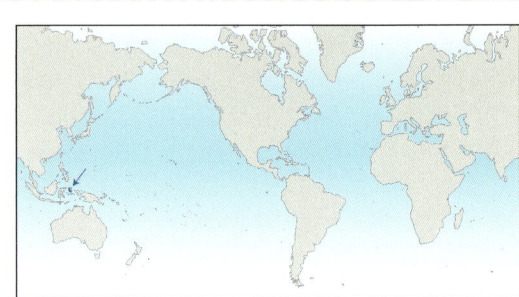

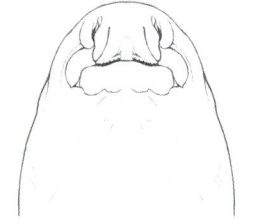
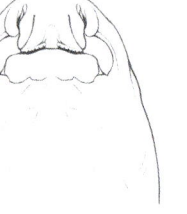
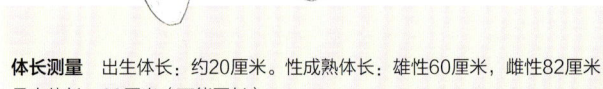

齿
上：未知
下：未知

体长测量　出生体长：约20厘米。性成熟体长：雄性60厘米，雌性82厘米。最大体长：82厘米（可能更长）。

鉴定　背鳍和臀鳍在极长、极粗的尾部后方。身体，包括头部和鳍，覆盖着许多分散的小斑点。在头部后方侧面，有明显的双眼斑花纹。

分布　中印度洋–太平洋：西巴布亚。

栖息地　栖息于水深0—10米的裸露岩石和海草床，以及水深30米或更深的热带珊瑚礁的边缘地带。

行为　夜间活动，白天躲在礁石缝隙和悬岩上。

生物学　未知。

保护状态　易危（VU）。这种特有的生物只在非常有限的6个地方被发现，在那里它受到个体渔业（被捕捞作食用）和栖息地退化的威胁。

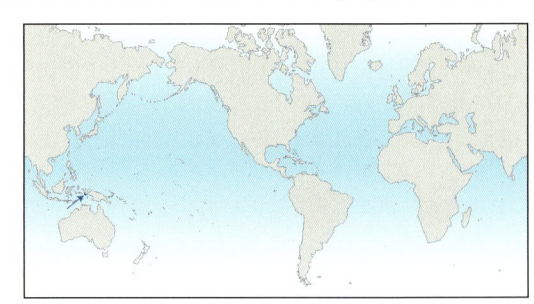

迈氏长尾须鲨 *Hemiscyllium michaeli*　　　　FAO代码：**OCX**　　图版 第272页

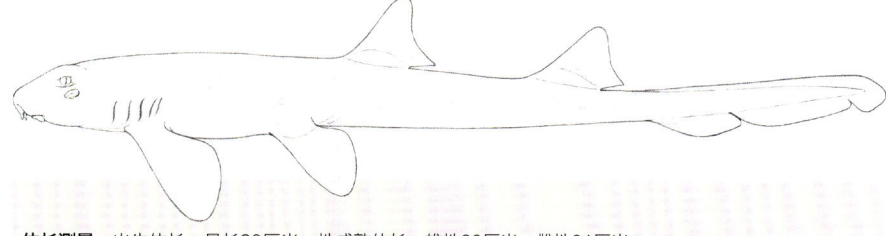

齿
上：未知
下：未知

体长测量　出生体长：最长20厘米。性成熟体长：雄性60厘米，雌性61厘米。
最大体长：70厘米（可能更长）。

鉴定　背鳍和臀鳍在极长、极粗的尾部后方。与其他长尾须鲨属物种的不同点是较短的第一背鳍和臀鳍基部，以及较低的臀鳍。亮丽的豹纹图案覆盖身体，侧面和头部后面有一个大的黑色眼斑；背鳍前缘有深色斑点。身体两侧的胸鳍和尾鳍之间有淡淡的鞍状斑，在尾鳍上变得更深更明显。

分布　中印度洋–太平洋：巴布亚新几内亚。

栖息地　栖息于水深0—20米的环绕和碎块状的热带珊瑚礁、岩石露头和海草床生境。

行为　白天躲在礁石缝隙和悬岩上，夜晚变得活跃。

生物学　未知。

保护状态　易危（VU）。部分生活区域正经历栖息地退化，在个体渔业中被捕获为食物。可能被用于水族馆贸易。

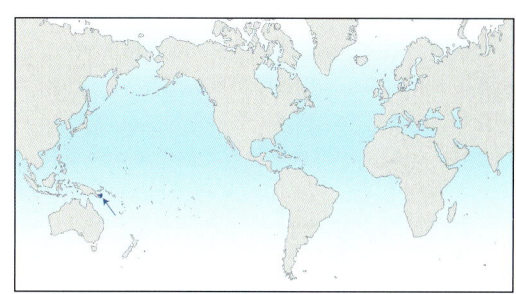

斑点长尾须鲨 *Hemiscyllium ocellatum*　　　　FAO代码：**ORN**　　图版 第272页

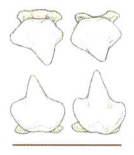

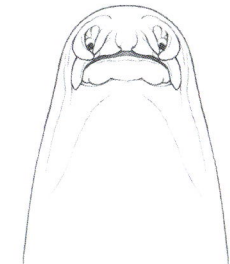

约2毫米

齿
上：38颗
下：30颗

体长测量　出生体长：约14—16厘米。性成熟体长：雄性54—62厘米，雌性约55—64厘米。
最大体长：107厘米。

鉴定　背鳍和臀鳍在极长、极粗的尾部后方。吻部无斑点。身体和奇鳍的深色斑点比明显的、大的黑色肩章斑（具白环，后面和下面有不明显的小黑点）小得多。没有白点或网状图案。幼体的具苍白边缘的深色偶鳍在成体中逐渐消失；有时成体的偶鳍上有一些小黑点。幼体的尾巴周围有深色带状纹；成体的尾巴表面为均匀的浅色。

分布　中印度洋–太平洋：澳大利亚北部。

栖息地　栖息于浅水和潮汐池中的珊瑚（尤其是鹿角珊瑚），深度从仅稍微浸没到50米皆有分布。

行为　在黄昏和晚上比较活跃。经常在低潮期进食。会爬行、攀爬和游动。当吻部挖到沙子时，会甩动尾巴。不怕人，但被抓捕时可能会咬人。

生物学　卵生，卵大约115—130天孵化。交配时间为7—12月，卵在8至来年1月产下。吃蠕虫、甲壳类和小鱼。

保护状态　无危（LC）。大堡礁数量丰富。

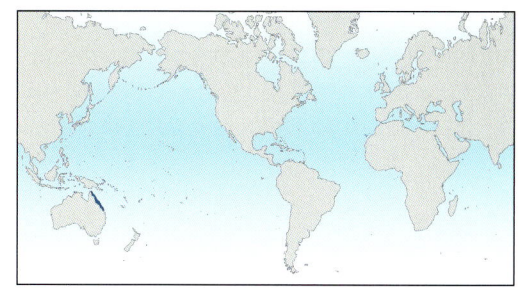

斯氏长尾须鲨 *Hemiscyllium strahani* FAO代码：**ORQ** 图版 第272页

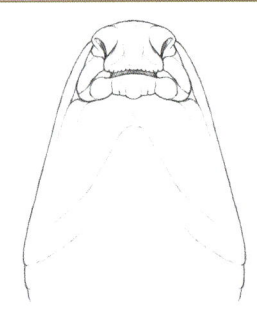
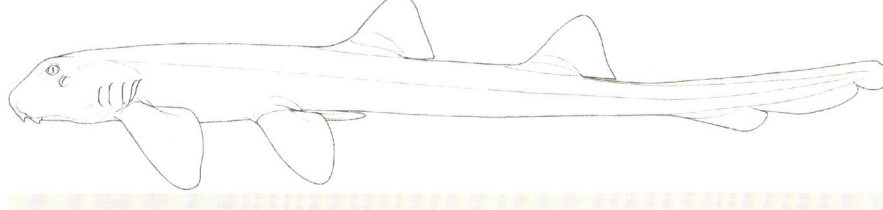

齿
上：26—35颗
下：21—32颗

体长测量 性成熟体长：雄性约60厘米，雌性约73厘米。
最大体长：80厘米。

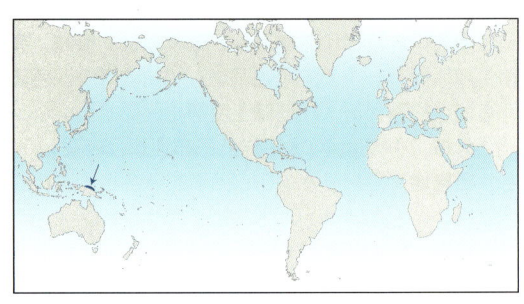

鉴定 背鳍和臀鳍在极长、极粗的尾部后方。成体的吻部和头部有黑色覆盖。头部下方有黑色斑点和条纹，而吻部没有。黑色肩章斑点部分与肩部鞍状斑合并，不完全被白环包围。身体上有深色鞍状斑和斑点；身体和鳍上有许多白点。没有网状图案。偶鳍的边缘为黑底，上具白斑。尾部具深色环纹。幼体的斑纹不那么明显，没有白点。

　　分布 中印度洋-太平洋：新几内亚北部。

　　栖息地 栖息于近岸珊瑚礁的斜坡和平坦区域，深度范围为3—18米。

　　行为 夜行，白天躲在缝隙中和表层珊瑚下。

　　生物学 未知。

　　保护状态 易危（VU）。在小而碎片化的区域分布，受污染和炸药捕捞的威胁。

项斑长尾须鲨 *Hemiscyllium trispeculare* FAO代码：**ORW** 图版 第272页

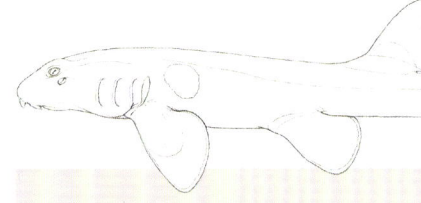

齿
上：26—35颗
下：21—32颗

体长测量 性成熟体长：雄性约53厘米。
最大体长：79厘米。

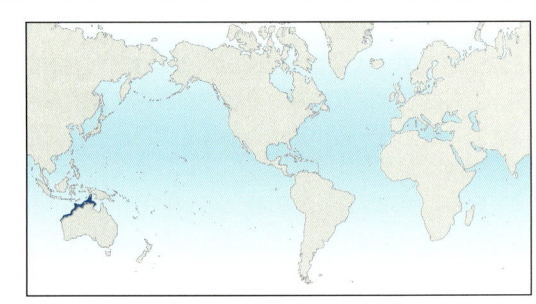

鉴定 背鳍和臀鳍位于极长、极粗的尾部后方。吻部有深色小斑点；头下部为均匀的浅色。大的黑色肩章斑点有明显的白环，后半部围绕有两个弯曲的黑印，部分被较小的黑点包围。身体和鳍上有许多大大小小的暗斑，被浅色的网状纹路分开。没有白点。背部和尾部的深色鞍状斑延伸到腹面周围。

　　分布 中印度洋-太平洋：澳大利亚北部，可能分布于印度尼西亚，但需要确认。

　　栖息地 栖息于浅水珊瑚礁（通常在桌状鹿角珊瑚下方）和潮池中，深度可达50米。

　　行为 了解很少。

　　生物学 卵生，其他方面信息较少。可能以底栖无脊椎动物为食。

　　保护状态 无危（LC）。在澳大利亚海域很少或不被捕捞，而澳大利亚海域被认为是该物种的主要分布区域，一些关键的栖息地位于保护区内。印度尼西亚可能存在的种群或许受到渔业和栖息地退化的影响。

豹纹鲨科（Stegostomatidae）

豹纹鲨 *Stegostoma tigrinum*

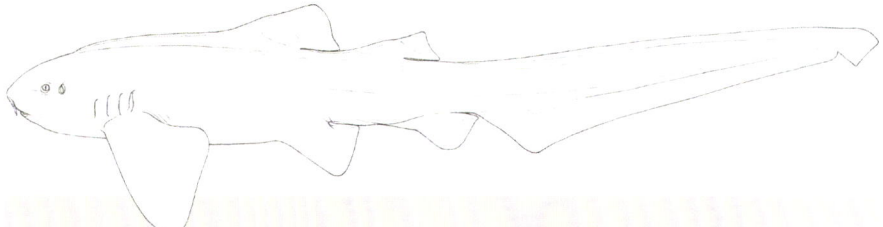

约2毫米

齿

上：28—33颗

下：22—32颗

体长测量　出生体长：20—36厘米。性成熟体长：雄性147—183厘米，雌性169—171厘米。最大体长：250厘米，可能达到354厘米。

鉴定　大、细长、灵活、有嵴的身体，有独特的带状（幼体）或多变的斑点（成体）图案。须小；眼睛位于体侧，口部位于眼前方；喷水孔大。第一背鳍在背部前端，比第二背鳍大得多。臀鳍接近尾部。宽大的尾鳍约占总体长度的一半。幼体上面是深棕色，下面是淡黄色，有垂直的黄色条纹和斑点，隔开深色的鞍状斑。在50—90厘米长的鲨鱼中，鞍状斑在黄色背景上分解成小的棕色斑点。斑点在体型较大的个体上的分布比较均匀（因此得名豹纹鲨）。

分布　印度洋和西太平洋：热带大陆架和岛屿架，东非至日本，新喀里多尼亚和帕劳。

栖息地　栖息于珊瑚礁、珊瑚礁之间的沙地和近海沉积物中，分布范围狭窄：从潮间带到62米深度。成年个体和有斑点的幼体常在珊瑚礁潟湖、水道和斜坡休息。有条纹的幼体很少被观察到，可能出现在更深的水域（90米以上）。

行为　了解不多。可能用胸鳍支撑着休息，口打开，面对水流。通常是独居，聚集情况罕见。白天行动迟缓，在夜间或有食物时比较活跃。能有力地游动，蠕动到缝隙中觅食。分布范围不广，不太可能分散到很远的地方而重新定居在种群已消失的地区。纤细的新生的豹纹鲨起伏游泳的动作，加上其醒目的带状色斑和长而单叶的尾鳍，使它们乍一看与具环斑的海蛇（眼镜蛇科）非常相似。有人假设，这是一种适应性，可以提高豹纹鲨最脆弱的生命阶段的生存能力，也是软骨鱼中第一个已知的保护性拟态的例子。

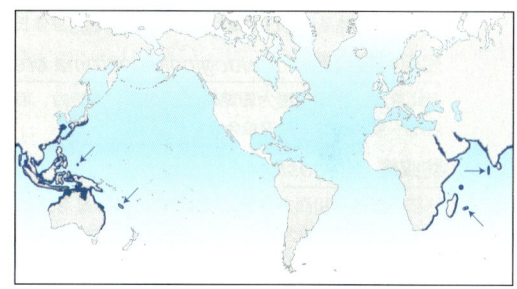

生物学　卵生，产大的暗褐色或紫黑色卵鞘，用细的纤维束固定在海水中底部。卵鞘长17厘米，宽8厘米，厚5厘米。这个物种的雌性有孤雌生殖（第42页）行为：它们可以产生有活力的卵，孵化出雌性幼崽，而不需要雄性受精。雌性成熟年龄为6—8岁，雄性为7岁，最大年龄可达28岁及以上。以软体动物、甲壳类、小型硬骨鱼类为食，可能还包括海蛇。

保护状态　濒危（EN）。相对常见，但是该物种的近岸栖息地面临较大的捕捞压力，澳大利亚水域除外。它在底层拖网、浮动和固定的底层刺网以及诱饵钩上被捕获，在印度尼西亚、泰国、马来西亚、菲律宾、巴基斯坦、印度、中国台湾和其他地方的鱼市上都能看到。由于它的扩散潜力有限，枯竭的种群不太可能通过来自其他地区的重引入而迅速恢复。它的珊瑚礁栖息地也受到威胁。豹纹鲨没有攻击性，人工饲养条件下状态良好。豹纹鲨形态的某些方面，包括沿身体的纵嵴和许多内部特征，与鲸鲨的形态非常相似（第290页）。最近的分子研究表明，这两个物种和短尾拟铰口鲨（第287页）在进化上有密切的关系。

正在交配的豹纹鲨，斯米兰群岛，泰国

头部宽阔而扁平，侧面无皮瓣，口近端位，位于眼前方，有触须，长的鼻口沟，小型喷水孔，第五个鳃裂几乎与第四个鳃裂重叠；尾鳍前比头部和身体要短得多；两个无刺背鳍，第二背鳍与臀鳍位于同一水平且大小相同，尾鳍具有明显的端叶和近端缺刻。

○ **铰口鲨** *Ginglymostoma cirratum*　　　　　　　　　　　　　　　　　　　　　　　　　　　　　　　第288页

分布于大西洋；深度范围为0—130米。具有长触须和微小的喷水孔；背鳍呈宽圆形，第一背鳍比第二背鳍和臀鳍更大，两背鳍间隔占总体长度的5.4%—9.5%，尾鳍长度超过总长度的25%；整体呈均匀的黄色至灰褐色，幼体具有小型的边缘颜色较浅的眼状斑和模糊的褐色斑纹。

○ **墨西哥铰口鲨（鱼库未收录）** *Ginglymostoma unami*　　　　　　　　　　　　　　　　　　　　第287页

分布于东太平洋；深度范围为0—7米。具有长触须和微小的喷水孔；背鳍呈宽圆形，第一背鳍的起点在腹鳍起点之前，下角延伸至第二背鳍起点，两背鳍间隔占总体长度的3.6%—5.6%；成体呈均匀的黄褐色，幼体具有小型黑斑图案。

○ **长尾光鳞鲨** *Nebrius ferrugineus*　　　　　　　　　　　　　　　　　　　　　　　　　　　　　第289页

分布于印度洋、西太平洋和中太平洋；深度可达70米或更深。触须较长，喷水孔微小；所有鳍均具有角状特征，第一背鳍较第二背鳍和臀鳍更大，第一背鳍基部超过腹鳍基部，尾鳍长度超过总体长度的25%；呈各种深棕色，具体取决于栖息地。

○ **短尾拟铰口鲨** *Pseudoginglymostoma brevicaudatum*　　　　　　　　　　　　　　　　　　　第287页

西印度洋；水深范围为珊瑚礁至20米深。触须短，喷水孔微小；各鳍呈圆形，第一背鳍与第二背鳍及臀鳍的大小相近，尾鳍不超过总体长度的20%；整体呈均一的深棕色。

○ **豹纹鲨** *Stegostoma tigrinum*　　　　　　　　　　　　　　　　　　　　　　　　　　　　　　第283页

分布于印度洋和西太平洋；成年个体分布深度范围为62米，幼年个体分布深度可达90米以上。体形修长且具有嵴状隆起；小的横向口位于眼前方，小型触须和较大的喷水孔；第一背鳍前移，较第二背鳍更大，臀鳍靠近尾鳍，宽阔的尾鳍约占总体长度的一半；成年个体具有明显斑点，幼体则呈现独特的垂直斑纹。

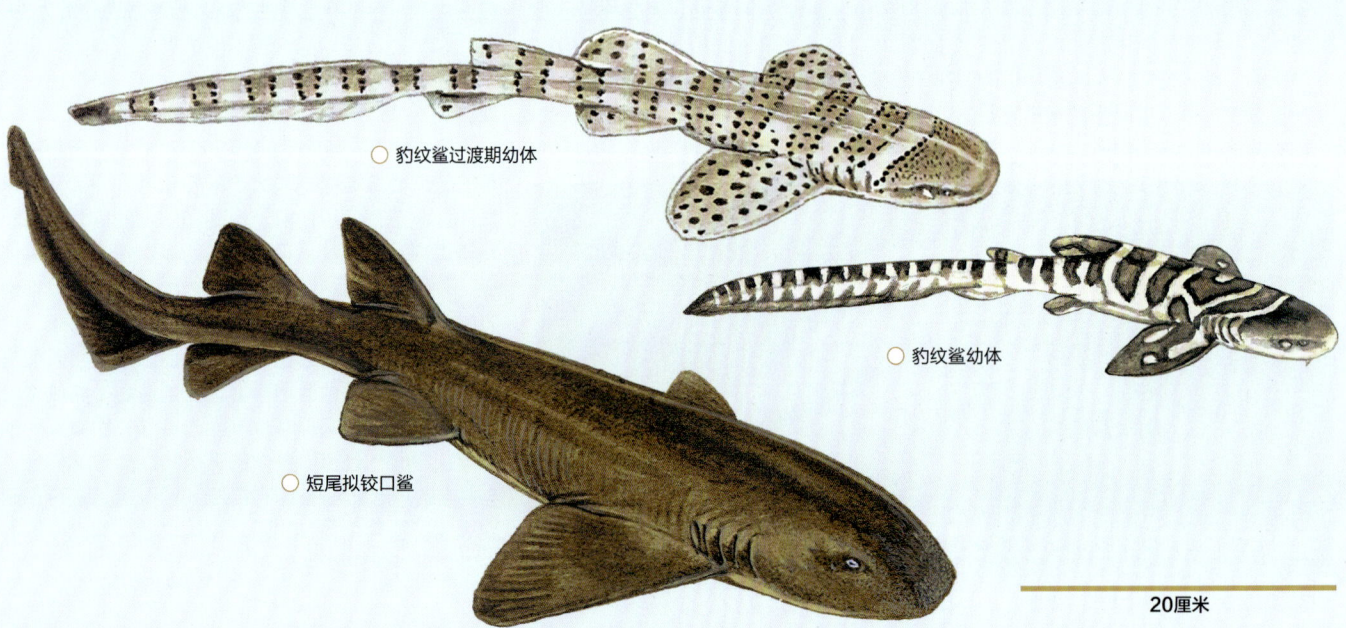

○ 豹纹鲨过渡期幼体

○ 豹纹鲨幼体

○ 短尾拟铰口鲨

20厘米

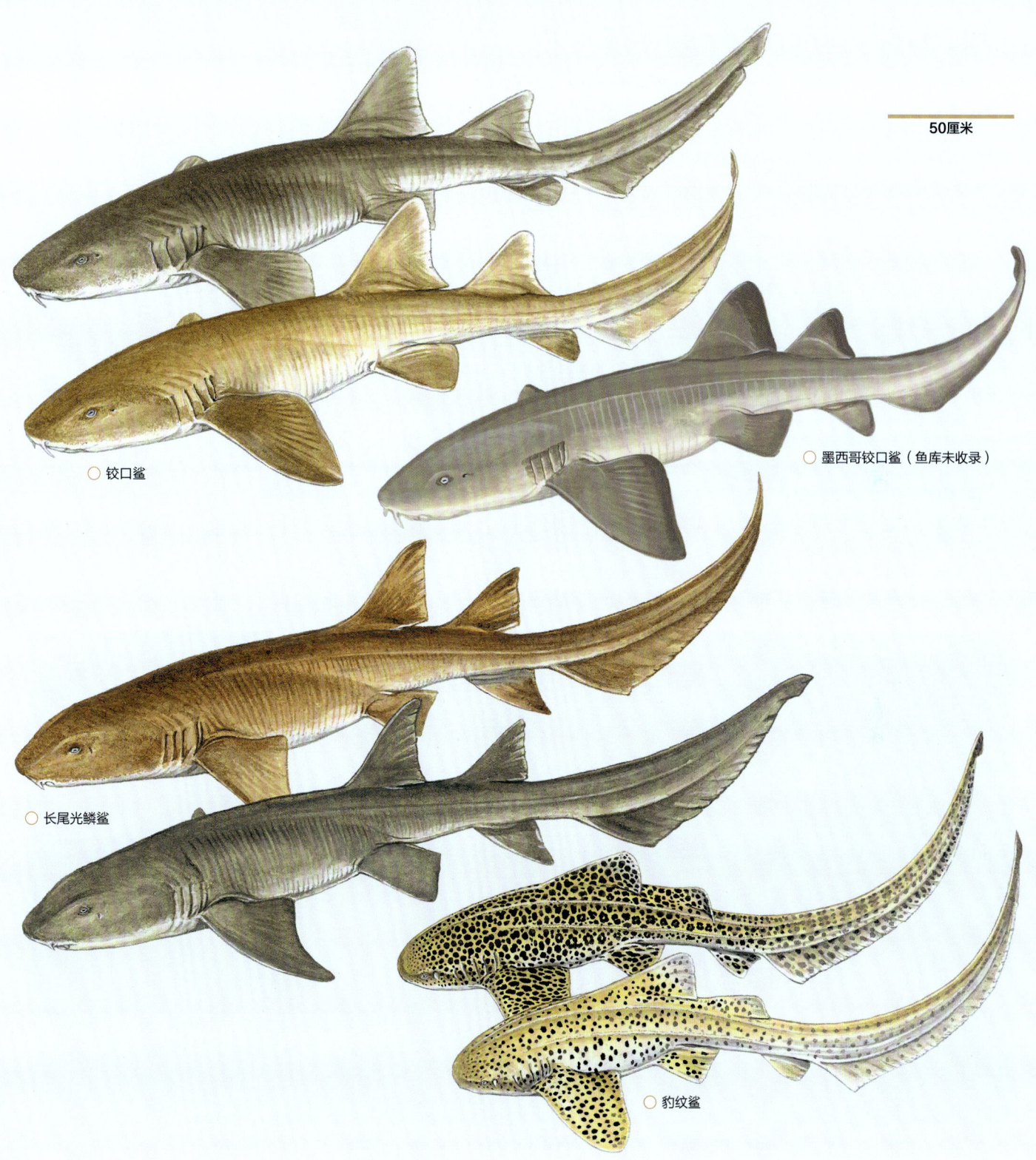

50厘米

铰口鲨

墨西哥铰口鲨（鱼库未收录）

长尾光鳞鲨

豹纹鲨

铰口鲨科（Ginglymostomatidae）

该科包含3个属：拟铰口鲨属（*Pseudoginglymostoma*）、铰口鲨属（*Ginglymostoma*）、光鳞鲨属（*Nebrius*）。3个属共包含4个种。生活在亚热带和热带的大陆架和岛屿水域，包括珊瑚礁和岩石礁、沙地、礁湖和红树林岛。它们的分布深度范围从潮间带和碎浪带（有时仅稍微被水覆盖）到至少130米深。至少还有一种未被描述的物种。而相较于铰口鲨科其他属物种，拟铰口鲨属（*Pseudoginglymostoma*）可能与鲸鲨属（*Rhincodon*）和豹纹鲨属（*Stegostoma*）更密切相关。

鉴定 头部宽大且扁平，侧面无皮瓣。吻部圆形或截形。横向的、位于眼前的口呈亚端位，具有长的鼻口沟。鼻孔有须。眼后方有小的喷水孔。鳃裂小，第5个几乎重叠于第4个。两个无刺的背鳍，第二背鳍与臀鳍水平且大小相似；臀鳍靠近下尾鳍。尾鳍前尾比头部和身体短得多。尾鳍延长，具有强壮的端叶和近端缺刻，但无尾鳍下叶或尾鳍下叶非常短。年轻个体无图案或有少数暗斑点。

生物学 卵胎生。夜行性。以小群体在海床上休息、社交。在海底巡游和攀爬，口和须吻紧贴底部，寻找食物。口短小却具有大腔体，可以吸入各种底栖无脊椎动物和鱼类，包括活跃的珊瑚礁鱼类。

保护状态 体型较大的物种比较常见，常被当地近海渔民捕获用作食物、制作肝油和坚韧的皮革。据报道，一些物种已经在局部地区灭绝，那些能够评估其状况的物种属于受威胁物种。铰口鲨科和光鳞鲨科对环境适应力强，在大型水族馆中能够良好生存。它们通常不具攻击性，但如果受到挑衅可能会咬得很重且不松口。它们在潜水旅游中很受欢迎。

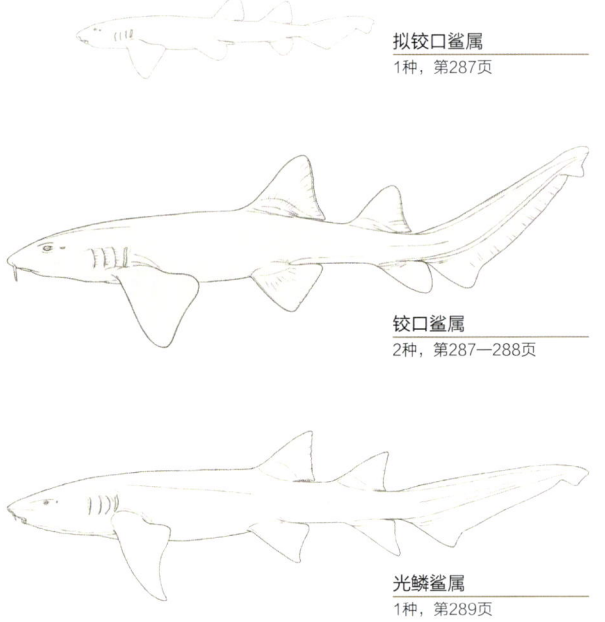

拟铰口鲨属
1种，第287页

铰口鲨属
2种，第287—288页

光鳞鲨属
1种，第289页

夜行的铰口鲨（*Ginglymostoma cirratum*）的群体，铰口鲨（第288页）白天经常在浅水区的沙地上或悬空礁岩下方休息，黄昏时出来觅食

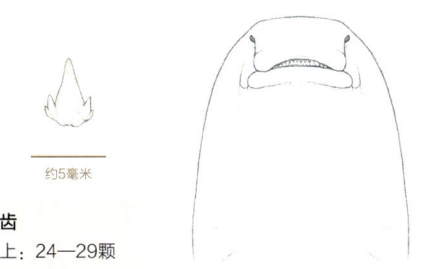 

齿
上：24—29颗
下：22—29颗

体长测量　性成熟体长：雄性59—75厘米，雌性 约55—70厘米。
最大体长：75厘米，人工饲养33年的成年雌性达到70厘米。

鉴定　与其他铰口鲨的区别在于非常短的鼻须，两个圆形的、同等大小的背鳍，一个臀鳍和一个短尾鳍（长度小于总长度的20%）。颜色统一为深色，没有斑点或纹路。

分布　西印度洋；莫桑比克、坦桑尼亚、肯尼亚和马达加斯加，可能还有毛里求斯和塞舌尔。马达加斯加的种群可能是一个未描述的物种，包括来自毛里求斯和塞舌尔的种群。

栖息地　珊瑚礁浅海区，深度达20米。

行为　在人工饲养的情况下是夜行性的，其他信息了解不多。据报道，该物种在没有水的情况下可以生存几个小时。

生物学　尚不清楚。推测是卵生的（在圈养中观察到产卵）。一个公众水族馆的个体存活了33年。

保护状态　极危（CR）。鲜为人知，但其在有限的近海分布区内的大部分区域都被大量捕捞，其珊瑚礁生境受到威胁。

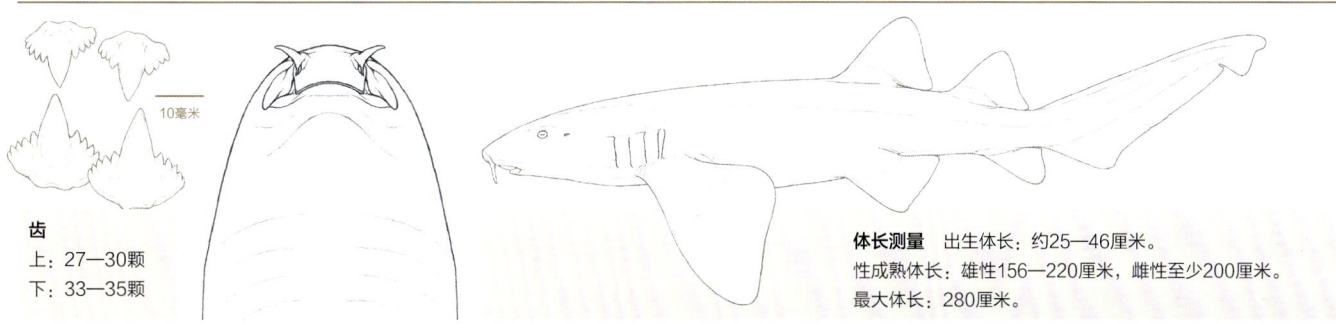

齿
上：27—30颗
下：33—35颗

体长测量　出生体长：约25—46厘米。
性成熟体长：雄性156—220厘米，雌性至少200厘米。
最大体长：280厘米。

鉴定　外观与铰口鲨相似，但以较短、较粗壮的体干区分；第一背鳍起点在腹鳍起点之前；背鳍间空间较短（占总长度的3.6%—5.6%）；第一背鳍下角到达第二背鳍起点；第二背鳍和臀鳍的后端分别到达上、下尾鳍的起点。颜色随大小而变化：年轻个体具有随着生长而消失的小黑点图案；成年个体是深到浅的棕黄色。

分布　东太平洋：从墨西哥下加利福尼亚的西南海岸和加利福尼亚湾到秘鲁。

栖息地　近海和沿岸的岩石礁，包括潮间带和海湾，至少到达7米深度或更深。

行为　未知。

生物学　卵胎生，每胎至少13尾胎仔。主要以软体动物、头足类和甲壳类动物为食。

保护状态　原未评估（NE），现濒危（EN）。最近才与铰口鲨区分开来。这种大型鲨鱼极易受到沿海渔业的影响，成为个体渔业和大型刺网和延绳的兼捕渔获物和目标，并受到栖息地退化的影响。该物种种群资源可能已经枯竭，至少在其部分生存区域状况不容乐观。

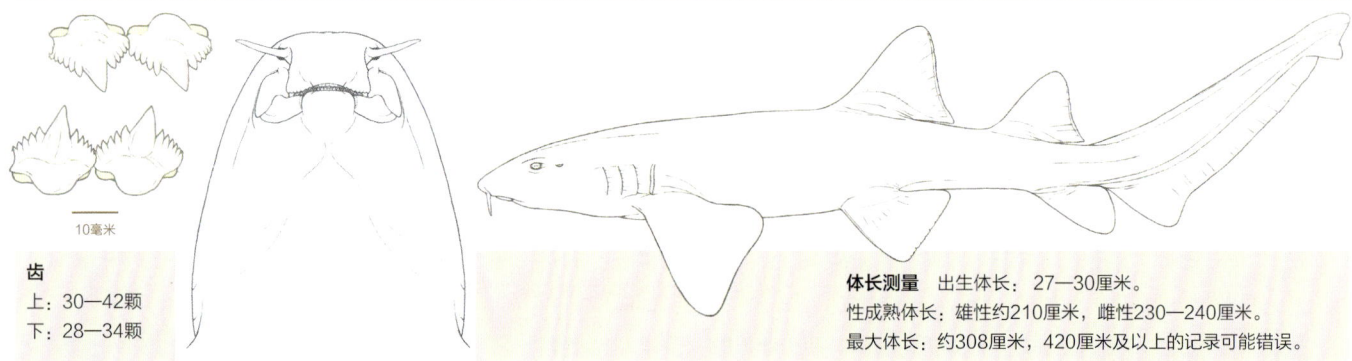

齿

上：30—42颗

下：28—34颗

10毫米

体长测量　出生体长：27—30厘米。

性成熟体长：雄性约210厘米，雌性230—240厘米。

最大体长：约308厘米，420厘米及以上的记录可能错误。

　　鉴定　长触须；具鼻口沟。口在背侧眼的前面。微小的喷水孔。背鳍宽圆；第一背鳍比第二背鳍和臀鳍大很多。尾鳍前尾比头和身体短；尾鳍超过总长度的25%。与墨西哥铰口鲨相似，但不同的是有更长、更纤细的躯干；第一背鳍起点在腹鳍起点上方或稍后；较长的背鳍间距（体长的5.4%—9.5%）；第一背鳍游离末端不到第二背鳍起点；第二背鳍和臀鳍的后端分别不到尾鳍上、下叶的起点。成体呈均匀的黄褐色至灰褐色；幼体有小而深的边缘浅色的环状眼斑和不明显的鞍状纹路。

　　分布　西大西洋：美国至墨西哥湾，加勒比海至巴西南部。东大西洋：佛得角、塞内加尔、喀麦隆至加蓬（很少向北到法国）。东太平洋种群现在已经被描述为一个不同的物种（墨西哥铰口鲨）。

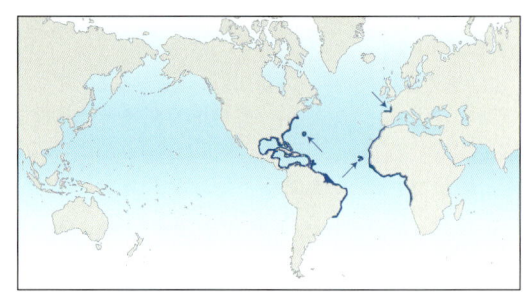

　　栖息地　热带和亚热带大陆架和岛屿架上的岩石和珊瑚礁、红树林岛屿间的航道和沙滩，深度为0—130米，主要不深于40米。

　　行为　这些夜行性的鲨鱼在小的家域范围内高度社会化。铰口鲨白天经常成群结队（甚至成堆）在沙地上或洞穴中休息，首选浅水区域，每天黎明时分都会返回。它们游泳能力强，在夜间更加活跃。它们肌肉发达的胸鳍可以用来在海底爬行，吻部用来挖出猎物，小口和大咽喉腔使它们可以从缝隙中吸食猎物（包括沉睡的鱼类），甚至可以从完整的壳中吸取海螺肉。求偶和交配行为被研究得非常透彻。成年铰口鲨总是聚集在浅水的同一个繁殖地。雄性每年都会参与，雌性只在隔年参与。每年使用相同的繁殖地，使研究人员能够对每只动物进行标记和提取组织

样本，从而对种群进行相当详细的研究。求偶行为包括一只或多只雄性在雌性身边或稍后和下方同步平行游泳，几乎接触两侧。成功的雄性（群体中的少数优势雄性之一）咬住雌性的一个胸鳍，双方在海床上翻滚，以肚皮朝上的姿势交配。每天可能会发生几次交配事件，除非雌性躲在水深不到1米的地方，因为水太浅而无法进行交配。

　　生物学　卵胎生，每窝20—30尾胎仔，有大的卵黄囊，一窝中通常有多个父亲。幼体在5—6个月的妊娠期后于春末或夏初出生。雌性每隔一年繁殖一次。幼年育儿区位于浅水泰莱藻属海草床和珊瑚礁中。雄性铰口鲨在10—15年达性成熟，雌性在15—20年达性成熟。它们以底层无脊椎动物、硬骨鱼类和黄貂鱼为食。

　　保护状态　易危（VU）。历史上在许多地区都很常见，在美国和巴哈马仍然很常见，但其狭小的家域范围和聚集的习性使铰口鲨非常容易受到渔业的过度捕捞影响。它们在许多地区已经枯竭，据说在西大西洋的原分布区南部已经灭绝，在那里它们被评估为易危。没有关于它们在东大西洋状况的信息。它们因肉、鳍、特别是可以制作良好皮革的极厚皮肤而被捕捞。这些鲨鱼很温顺，很受潜水员的欢迎，在水族馆里也很易存活。

铰口鲨（*Ginglymostoma cirratum*），巴哈马群岛

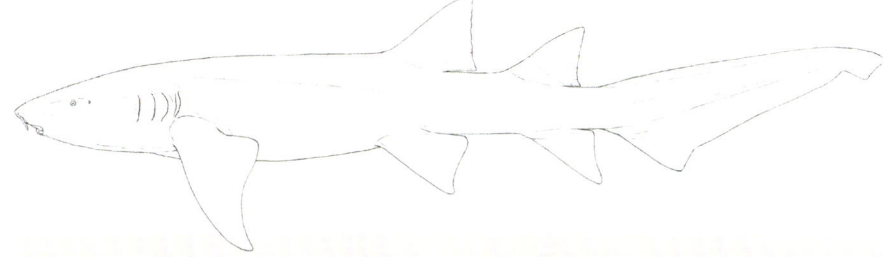

齿

上：28—33颗

下：25—28颗

约10毫米

体长测量 出生体长：40—60厘米。性成熟体长：雄性约225厘米，雌性230厘米。最大体长：314—320厘米。

鉴定 有相当长的触须。口位于头部侧面的眼前方。微小的喷水孔。较大的第一背鳍基部在腹鳍基部上方。鳍为角状。尾鳍相当长（超过总长度的25%）。颜色可能会缓慢地在深浅不一的褐色之间变化，取决于栖息地。有一些来自日本和中国台湾的记录中长尾光鳞鲨无第二背鳍。

分布 热带印度洋、西太平洋和中太平洋：非洲东南部至红海和波斯湾；印度和东亚，北至日本；热带澳大利亚至帕劳、萨摩亚、马绍尔群岛和大溪地。

栖息地 有沙滩、海草和岩石裂缝的有藏身处的区域（潟湖、水道及珊瑚礁和岩石礁的边缘）的底部或近底部，分布范围从潮间带至深达70米以上，主要分布在5—30米深度。幼体更有可能出现在浅水潟湖的裂缝中，而成体的分布范围更广，尽管它们可能会返回到一些偏好的大裂缝和洞穴。

行为 该物种主要为夜行性，夜间在珊瑚礁上游荡，寻找猎物，用其肌肉发达的咽部从岩缝中吸食。长尾光鳞鲨的家域范围有限，经常在白天回到同一个地方休

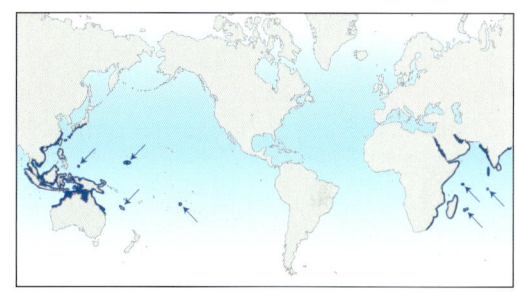

息，群体可能聚集在洞穴和岩石缝隙中。当用鱼钩钓到它们时，它们可能会很迟钝，或者"吐"出水流，在鱼线上旋转。

生物学 生殖生物学似乎在其分布的不同地区有所不同。在澳大利亚，它是卵胎生的且很高产，一窝产大约26尾（最多32尾）胎仔。在日本，幼体在子宫内摄取大而未受精的卵（食卵），产仔数很少（约1—4尾幼体，取决于子宫内的竞争）。捕食甲壳类、头足类（特别是章鱼）、海胆和珊瑚礁鱼，偶尔也捕食海蛇。

保护状态 易危（VU）。只在海岸附近的狭窄范围内出现，在其大部分分布范围内被大量捕捞（澳大利亚除外，那里的商业捕捞压力很低，尽管这是一种受欢迎的游钓鱼种）。在其分布的其他地区，已经有种群数量下降和灭绝的报告。窝卵数低和有限的扩散不利于过度捕捞后的数量恢复。长尾光鳞鲨性格温顺，受到潜水员的欢迎，包括在泰国和所罗门群岛。但如果受到骚扰可能会咬人。在人工饲养条件下适应能力比较强。

长尾光鳞鲨（*Nebrius ferrugineus*），傍晚，马尔代夫，瓦夫环礁

鲸鲨科（Rhincodontidae）

鲸鲨 *Rhincodon typus* FAO代码：**RHN** 图版 第298页

5毫米

齿

上：300+颗
下：300+颗

体长测量　出生体长：55—64厘米。性成熟体长：雄性最少600厘米，雌性最少800厘米。最大体长：可能有1700—2100厘米。非常大的个体，由于其巨大的尺寸，很少被准确地测量。

鉴定　这种鱼体型庞大，以其特有的滤食方式被人们轻易辨认。背部呈灰色、蓝色或绿褐色，覆有黄色或白色斑点组成的棋盘格状斑纹（腹部为白色或黄白色）。头部宽阔、扁平，吻部较短，口部巨大，横向，几乎为端位，位于眼前方。身体上有明显的嵴，嵴的最低处在尾柄处。尾鳍呈新月形，无近端缺刻。

分布　全球范围内，除地中海外的所有热带和暖温带海域。

栖息地　远洋生物，从开放海域到近海沙滩、珊瑚礁和岛屿附近都有活动。偏好21—25℃之间的表层水温，但鲸鲨常常潜入1928米的深海水域，那里的水温要冷得多。至于鲸鲨的产仔和育儿场地点，目前尚无确切信息，尽管据报道在中国台湾附近捕获过一只怀孕的雌性个体，并且有少数非常小的个体在印度洋－太平洋地区（印度、菲律宾）被捕获过。

行为　这是一种高度洄游的鲨鱼。它进行长距离的长期洄游，包括在37个月内完成1.3万千米的旅程（仅一个方向）。这些长距离的迁移也许经常发生，因为在世界不同地区的鲸鲨之间很少发现遗传分化的例子。标记和照片识别已经确定了它们对聚集地的定期访问，在年度、季节性或月度的鱼类和无脊椎动物产卵活动中，多达几百条鲸鲨可能会聚集在那里觅食。在这些场合，高密度的浮游生物会被它们吸食和吞咽，通常是在鲨鱼垂直悬浮在水中的时候。野生鲸鲨很容易习惯于被

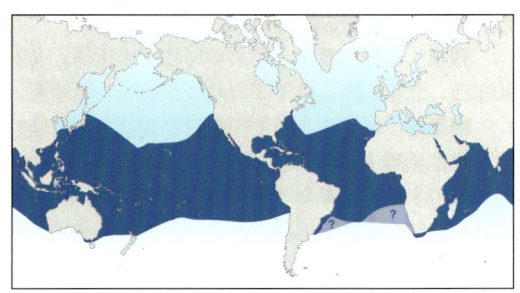

人类直接喂食（第65页）。种群似乎按年龄和性别进行了分隔。一些常见于潜水旅游的鲸鲨群，其中主要部分是未成年的雄性。

生物学　卵胎生。唯一的记录来自中国台湾的怀孕雌性，她的子宫里有超过300个小胎仔和卵。以浮游甲壳类、鱼卵和小型浅水鱼类为食。

保护状态　濒危（EN）。在许多地区被以不可持续的方式捕捞以获取肉类；鱼叉捕捞在菲律宾、中国台湾、马尔代夫和印度造成了快速、急剧的渔获量下降。一些大洋洲金枪鱼渔业中，鲸鲨也被用作一种天然的鱼群聚集"装置"，船只用围网将它们包围起来（这种活动现在被金枪鱼区域渔业管理组织广泛禁止）。鲸鲨的鱼翅品质一般，但因其巨大的尺寸而受到追捧。由于鲸鲨已经被纳入国际环境公约（如CITES、CMS）和区域渔业管理组织的保护范围，并且人们发现近几十年来它们对潜水旅游经济价值的提升有很大贡献，所以这些漂亮的动物目前在许多国家都受到严格的法律保护。少数鲸鲨被饲养在非常大的公众水族馆中进行展示。

鲸鲨（*Rhincodon typus*），觅食中，西澳大利亚

鼠鲨目（Lamniformes）

　　该目下主要包括8个科和15个物种，这些物种主要是大型、活跃的远洋鲨鱼。其中，尖吻鲨科（Mitsukurinidae）、锥齿鲨科（Carchariidae）、拟锥齿鲨科（Pseudocarchariidae）、巨口鲨科（Megachasmidae）和姥鲨科（Cetorhinidae），每个科仅有1种现存物种。砂锥齿鲨科（Odontaspididae）有2个物种，长尾鲨科（Alopiidae）有3个物种，鼠鲨科（Lamnidae）有5个物种。

　　鉴定　具有圆柱形的身体，两个无棘的背鳍（第一背鳍位于腹部上方，远在腹鳍起点之前），具一只臀鳍。脊椎轴延伸至较长的尾鳍上叶。具有圆锥形头部、相对较短的吻部、5个宽大的鳃裂（后2个位于胸鳍起点之前或之上）、大口延伸至眼后方、鼻孔与嘴不相连、无触须或沟槽。非常小的喷水孔位于眼后方。

　　生物学　广泛分布于全球各地海域，主要栖息于温暖水域（有些则偏好冷水），适应广泛的海洋环境，从潮间带至超过1800米深的海域，且不生活于淡水中。其行为表现多样，从游速缓慢的近海鲨鱼到快速的远洋游泳者，从顶级捕食者到食腐者和滤食者，种类繁多。其中一些物种具有高度洄游能力。许多物种具有社交行为，有些会合作猎食。繁殖方式为卵胎生，在已知信息中，大部分物种具有卵食性（幼体在子宫内吞食卵）。至少有一个物种还会在子宫内食用其他胚胎。其食物来源多样，包括海洋哺乳动物、鸟类和爬行动物，以及其他鲨鱼、鳐鱼、硬骨鱼和无脊椎动物。

　　保护状态　在沿海和远洋的商业渔业和垂钓运动中，有几种物种具有重要地位，它们因其运动性能、肉质和鱼翅而备受推崇。其他物种较为稀少，不经常被记录到。其中一些较大的物种偶尔会咬人，但对于进行潜水生态旅游和使用或不使用鲨鱼笼拍摄电影的人们而言，它们也具有重要意义。在水族馆中常见的只有1种。该目中超过2/3的物种正面临过度捕捞的威胁；其中几种物种仍然没有得到管理和监控，但如今超过一半的鼠鲨目鲨鱼已被列入重要的多边全球和区域环境公约附录，包括《濒危野生动植物种国际贸易公约》（CITES）和《保护野生动物迁徙物种公约》（CMS）（请参见第73页）。

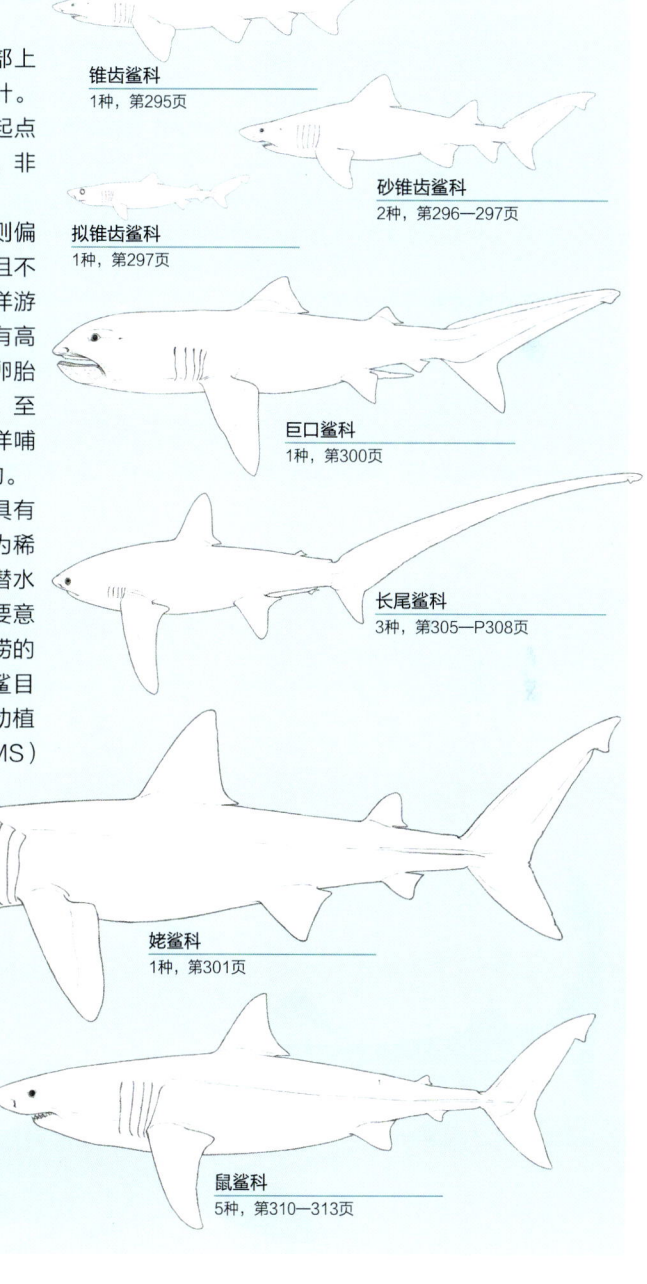

尖吻鲨科
1种，第294页

锥齿鲨科
1种，第295页

砂锥齿鲨科
2种，第296—297页

拟锥齿鲨科
1种，第297页

巨口鲨科
1种，第300页

长尾鲨科
3种，第305—P308页

姥鲨科
1种，第301页

鼠鲨科
5种，第310—313页

噬人鲨（*Carcharodon carcharias*），跃身击浪（第310页）

图版 34　拟锥齿鲨科、尖吻鲨科、锥齿鲨科和砂锥齿鲨科

　　这4个科中共有5个物种，每个物种均具有圆柱形身体、圆锥形头部、尖尖的吻部、无须或沟槽、鼻孔与口不相连、大的口延伸至眼后方、非常小的喷水孔位于眼后方；在胸鳍前方具有长而宽的鳃裂，两个无棘的背鳍、一个臀鳍，脊椎轴延伸至不对称的长尾鳍上叶且没有隆起，上尾鳍前凹存在（无下尾鳍前凹）。

○ **蒲原氏拟锥齿鲨** *Pseudocarcharias kamoharai*　　　　　　　　　　　　　　　　　第297页

分布于全球热带海洋；远离海岸，至少达到590米深。身体呈圆柱形，修长且非常独特；圆锥形头部，巨大的眼睛，宽大的口配有显著的细长牙齿和高度可伸缩的颌部，非常小的喷水孔和5个宽阔的鳃裂；鳍较小，有着长的上侧尾鳍叶；颜色为灰色或灰褐色，身体下部为浅色，鳍翅边缘带有明显的亮色。

○ **欧氏尖吻鲨**　*Mitsukurina owstoni*　　　　　　　　　　　　　　　　　　　　　第294页

在大西洋、西印度洋和太平洋中呈不均匀分布；深海生活，100—1300米或更深，很少在水面上出现。身体明显柔软松弛；吻部扁平而延长，大口具有长而尖的齿和可伸缩的颌部，非常小的喷水孔，长的尾鳍没有下叶；颜色呈粉白色。

○ **锥齿鲨**　*Carcharias taurus*　　　　　　　　　　　　　　　　　　　　　　　　第295页

分布于大西洋、地中海、印度洋和西太平洋；生活于至少232米的深海。具有大型圆柱形沉重的身体，扁平的圆锥形吻部，非常小且位于眼之后的喷水孔，大的口延伸至眼睛之后；长而尖锐的齿；在胸鳍前方具有宽阔的鳃裂；大型背鳍和臀鳍尺寸相当，第一背鳍靠近腹鳍而非胸鳍，不对称的尾鳍具有较短的下叶；身体呈浅棕色，身体下部为白色，通常有零散的深色斑点。

○ **凶猛砂锥齿鲨**　*Odontaspis ferox*　　　　　　　　　　　　　　　　　　　　　第296页

分布于全球的温带和热带海域；生活在10—1015米深的海底附近。其与锥齿鲨的区别在于具有长而尖的吻部和相对较大的眼睛；第一背鳍靠近胸鳍而非腹鳍，第一背鳍比第二背鳍和臀鳍更大；身体呈灰色或灰褐色，身体下部为浅色，经常有深色斑点。

○ **大眼砂锥齿鲨**　*Odontaspis noronhai*　　　　　　　　　　　　　　　　　　　第297页

分布于大西洋、印度洋和太平洋的不连续海域；生活在35—1000米或更深的中下层水域。第一背鳍比第二背鳍和臀鳍更大；非常大的眼睛是区别于其他锥齿鲨的特征；颜色为全身一致的深红褐色至黑色，第一背鳍上有一个白色斑块。

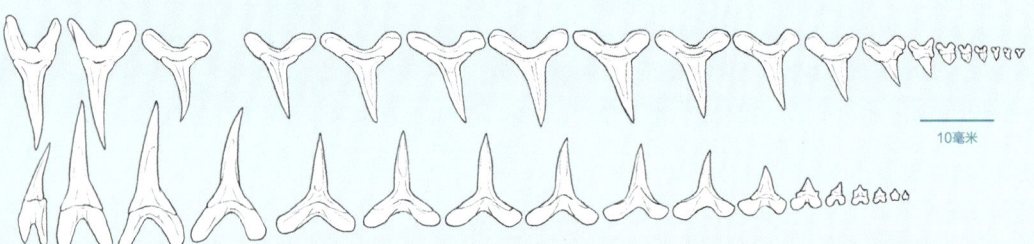

10毫米

○ 欧氏尖吻鲨的牙

10毫米

○ 锥齿鲨的牙

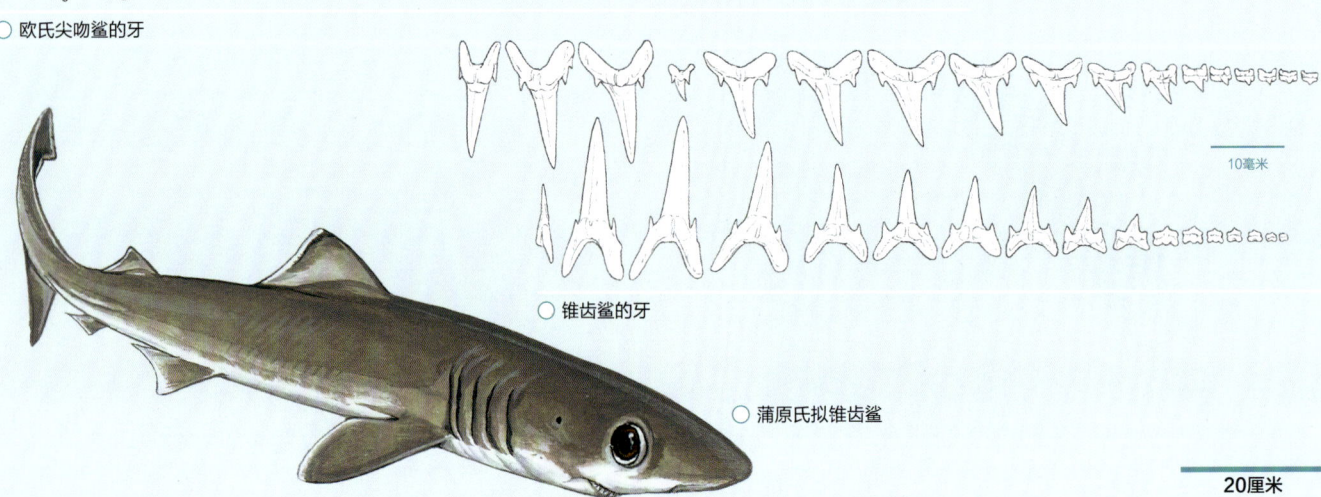

○ 蒲原氏拟锥齿鲨

20厘米

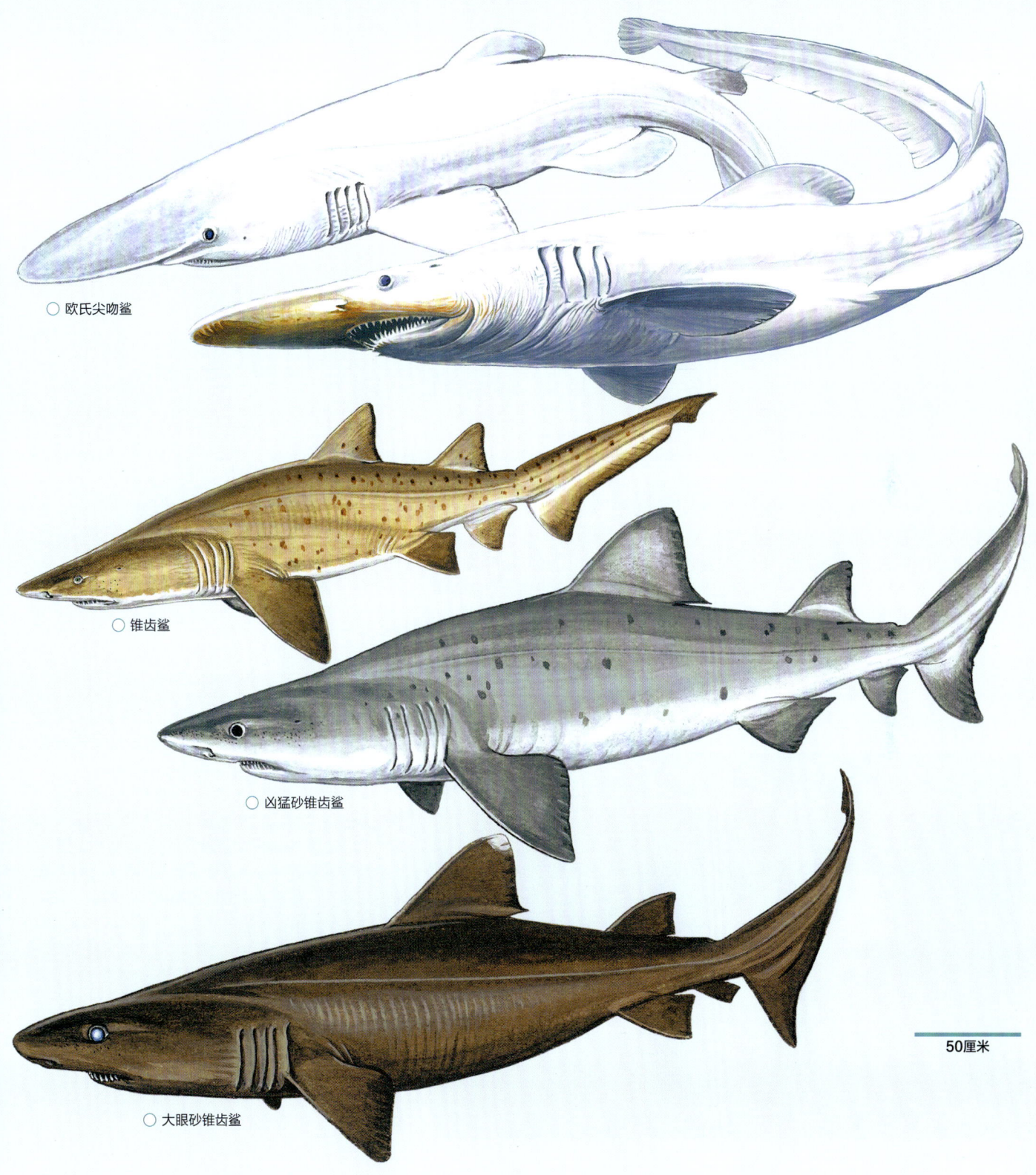

○ 欧氏尖吻鲨

○ 锥齿鲨

○ 凶猛砂锥齿鲨

○ 大眼砂锥齿鲨

50厘米

尖吻鲨科（Mitsukurinidae）

欧氏尖吻鲨 *Mitsukurina owstoni*　　　　　FAO代码：**LMO**　　图版 第292页

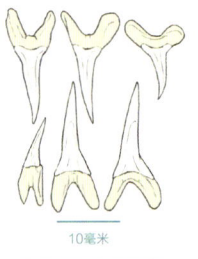
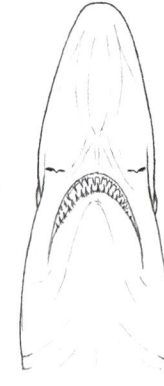
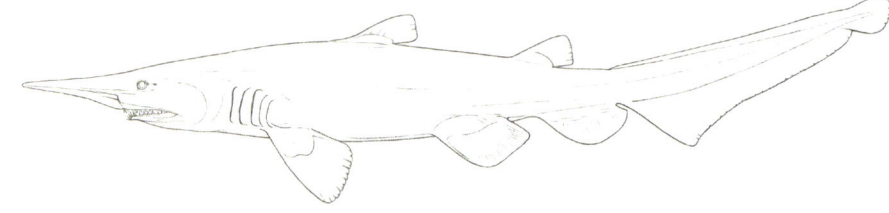

齿
上：35—53颗
下：37—46颗

10毫米

体长测量　出生体长：80—100厘米。性成熟体长：雄性260—380厘米，雌性超过420厘米。
最大体长：雄性380厘米，雌性550—620厘米。

鉴定　身体柔软、松弛，呈粉白色，有略呈淡蓝色的鳍。明显平坦、拉长的吻部；口大，有突出的下巴；细长且尖锐的牙齿。非常小的喷水孔。5个宽大的鳃。长尾鳍没有下叶。

分布　大西洋、印度洋和太平洋，分布零散。

栖息地　生活于深海，分布在大约100—1300米深的大陆架外缘、大陆坡上部及海山区域。非常少见于海面。关于这些鲨鱼的栖息地，尤其是成年鲨鱼的报道极少，了解非常有限。据推测，考虑到它们柔软松弛的身体和淡粉红色至白色的外观，欧氏尖吻鲨更有可能栖息在中层水域，而不是仅仅生活在靠近海底的位置。

行为　它的身体形态表明欧氏尖吻鲨游泳能力较差。它敏感的刀状吻部可以用来探测猎物，然后当高度特化的颌部向前伸出时，就可以迅速将猎物咬住。图中细长的前牙表明它以身体柔软的小型鱼类和鱿鱼为食，但它的后牙可以粉碎食物。至少有一个个体在2000米深的海域中不到50米的地方被捕获，这一发现支持它们向

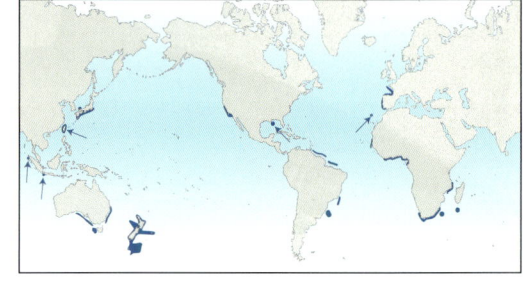

上方水层迁移的理论。

生物学　了解得很少，因为成体很少被看到或被保留下来进行详细研究。这种鲨鱼的食物包括中层鱼类和无脊椎动物，包括鱿鱼和甲壳类动物。

保护状态　无危（LC）。尽管欧氏尖吻鲨在大多数被报告过的地方被认为罕见，但由于只是深水渔业中非常偶然的兼捕渔获物，它们可能广泛分布。大多数被捕获的欧氏尖吻鲨都是总长度小于400厘米的亚成体，在季节性的底层刺网中被捕获。成体可长达620厘米，可能占据了没有被捕捞的区域或栖息地。亚成体欧氏尖吻鲨在东京海底峡谷100—350米深的地方比较常见，10月至来年4月，它们会被底层渔网季节性地捕捞。

欧氏尖吻鲨（*Mitsukurina owstoni*）

锥齿鲨科（Carchariidae）

锥齿鲨　*Carcharias taurus*　　　　　FAO代码：**CCT**　　　图版　第292页

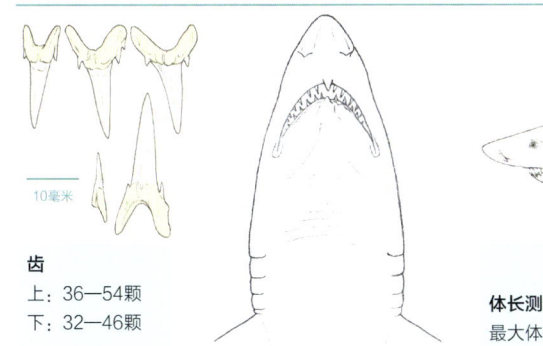

齿

上：36—54颗

下：32—46颗

体长测量　出生体长：85—105厘米。性成熟体长：雄性190—200厘米，雌性220—230厘米。最大体长：雄性257厘米，雌性325厘米，有未经证实的报告体长达到430厘米。

鉴定　大而重，身体粗壮。扁平、圆锥形吻部；长的口延伸到眼后；大、细长、尖锐的牙齿。长的鳃部开口在胸鳍的前面。大的背鳍和臀鳍大小相似；第一背鳍位于后端，距离腹鳍比距离胸鳍更近。不对称的尾巴，短的下叶。浅棕色的身体，通常有散布的深色斑点（例如在南非的种群）。

分布　大西洋、地中海、印度洋和西太平洋：沿海暖温带和热带水域。在太平洋中部和东部没有记录。

栖息地　生活在沿海水域，从碎浪带（<1米）到232米深的近海礁石区；大多数分布在15—25米深的水域。常见于水下洞穴、峡谷和礁石。通常栖息在靠近海底处，偶尔会在中层水域或水面上出现。

行为　一种缓慢但强壮的游泳者，在夜间更加活跃。有些种群是高度洄游的，在夏季移到较凉的水域。特别的是，该物种通过向其胃部吸入空气来实现中性浮力，这使得它能够在水中悬停几乎不动。锥齿鲨在所有鼠鲨目物种中拥有最大的大脑，并在野外（一次可能有20—80条个体聚集在一起）和人工饲养的情况下都展现出有趣的社会行为。例如，当锥齿鲨聚集在一起时，观察表明它们会合作驱赶鱼群进行捕食，并有复杂的求偶和交配行为。雄性在交配后守护着雌性，这可能是为了提高它们的后代存活到出生的机会（在这个物种中可能会出现雌性的同一胎仔鱼中同时有多个父亲的现象，由首先受精的卵产生的最大的幼体，会杀死后来交配行为中出生的较小的幼体）。

生物学　锥齿鲨是已知软骨鱼类中繁殖率最低的物种之一。本物种的胚胎为卵食性营养模式，在整个9—12个月的怀孕期间，发育中的幼体在子宫内以母体产生的卵子为食，也以较小的胚胎（它们的兄弟姐妹和同母异父的兄弟姐妹）为食，直到每个子宫内只有一个早熟的幼体存活。每隔一年会有两只幼崽出生，因为雌性在两次怀孕之间有1年的休息时间。雄性在6—7岁达性成熟，雌性在9—10岁达性成熟。在野外已知个体的最大年龄是15—17岁，但锥齿鲨在水族馆里已经活了30多年。它们以广泛的鱼类和无脊椎动物为食。

保护状态　极危（CR）。许多种群严重枯竭。在一些地区，包括欧洲、地中海和澳大利亚东部，它已成为商业和休闲渔业的兼捕渔获物，并在潜水捕鱼者的捕鱼运动中被作为目标，处于极度濒危状态。这是世界上第一种受法律保护（在澳大利亚）的鲨鱼，现在在许多国家和地中海水域都被列入保护物种名单。可以经常在公共水族馆看到它，它性情温顺，并已实现人工繁育。锥齿鲨对南非和澳大利亚的潜水生态旅游很重要，但如果过于接近它可能会被咬。锥齿鲨的分类学特别是它的

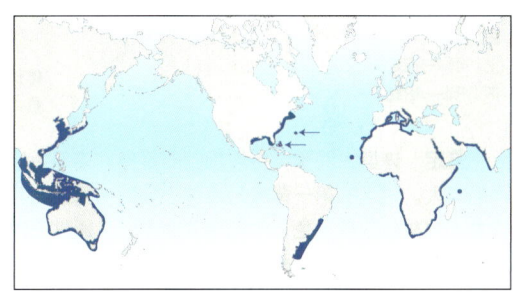

锥齿鲨（*Carcharias taurus*）

属，自从1810年在地中海的科学发现和描述以来常有争议。它也曾被归入砂锥齿鲨属中（该属名来自对牙齿化石的描述，100多年来广泛用于所有锥齿鲨）。然而，锥齿鲨的身体形态表明，它们与凶猛砂锥齿鲨和大眼砂锥齿鲨不属于同一个科或属；现在它被归入自己的科——锥齿鲨科。事实上，最近的分子分析表明，锥齿鲨在遗传上与姥鲨的关系远比与两个砂锥齿鲨的关系更密切。

砂锥齿鲨科（Odontaspididae）

具有尖的吻部、大而重体型的鲨鱼，具有上部尾前凹但没有下部尾前凹，尾鳍不对称且没有尾柄侧突。有两个物种。

凶猛砂锥齿鲨 *Odontaspis ferox*　　　　　FAO代码：**LOO**　　图版 第292页

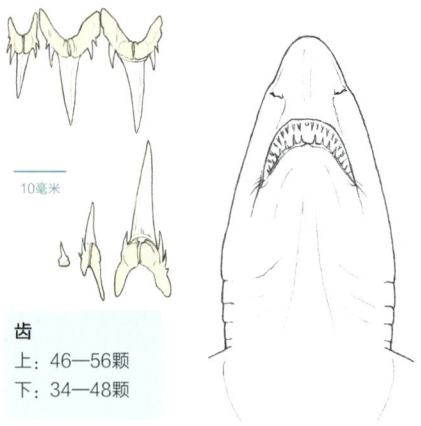

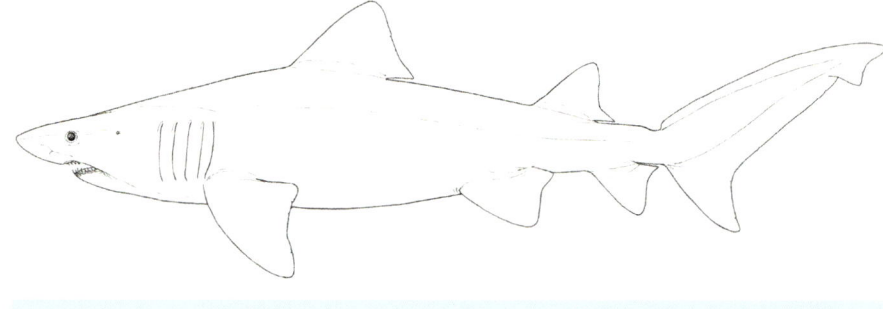

齿
上：46—56颗
下：34—48颗

体长测量　出生体长：约100—105厘米。性成熟体长：雄性200—250厘米，雌性300—350厘米。最大体长：雄性344厘米，雌性450厘米。

　　鉴定　体型大而重，身体粗壮的鲨鱼。吻部为长圆锥形、稍微扁平；口较长。眼相当大。较大的第一背鳍起点位于胸鳍内角之上，比第二背鳍和臀鳍大得多。颜色为上部灰色、棕灰色、浅棕色或橄榄色，通常在身体上有零星的深红色斑点（例如南非种群），下部是浅色。

　　分布　可能出现在世界各地的暖温带和热带深水区。

　　栖息地　栖息于靠近海底的大陆架、岛屿陆架和大陆坡上部，深度范围为10—1015米，可能会在表层海域活动，曾在2000—4000米深的海域上方的70—500米水深处捕获到个体。有时会在珊瑚礁悬崖、岩礁和峡谷附近出现。成鱼和较小的幼鱼（小于150厘米）倾向于出现在较深的水域（300—600米之间），而中等大

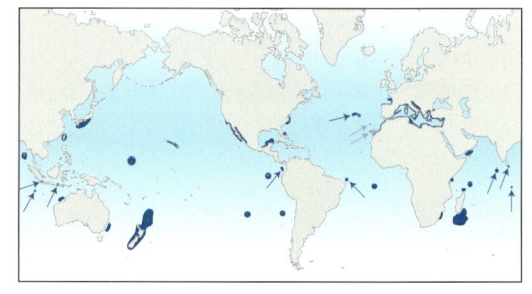

小的个体出现在浅于150米的水域。这些鲨鱼被捕获的水温范围为6—20℃。

　　行为　活跃的近海种类，游动能力较强，据报道在礁石和沟壑附近以单独或以小群的形式出现。

　　生物学　繁殖情况了解不多。推测为卵胎生，幼体具有卵食性。胎儿大小不明。捕食小型硬骨鱼类、乌贼和虾。

　　保护状态　濒危（EN）。由于最近在东北大西洋和地中海地区没有被渔业捕获，凶猛砂锥齿鲨在以上地区评级为极危（CR），其数量可能急剧下降。

凶猛砂锥齿鲨（*Odontaspis ferox*）

大眼砂锥齿鲨　*Odontaspis noronhai*　　　FAO代码：**ODH**　　图版　第292页

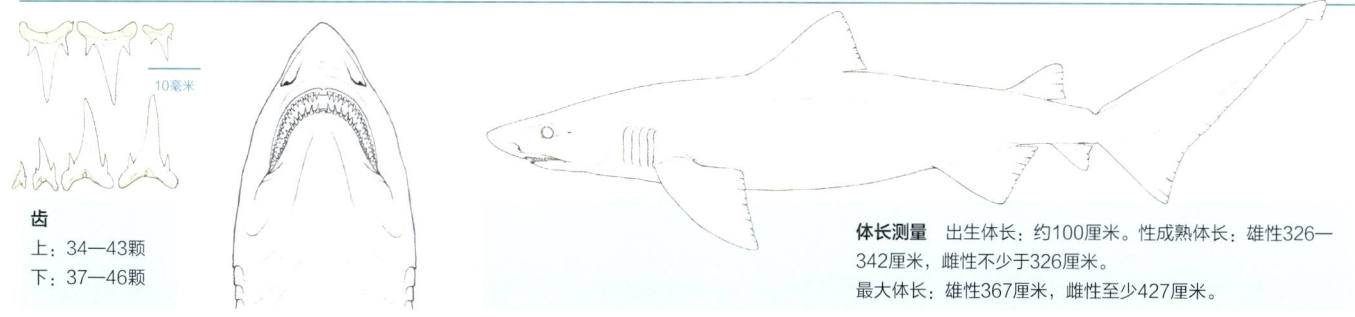

齿
上：34—43颗
下：37—46颗

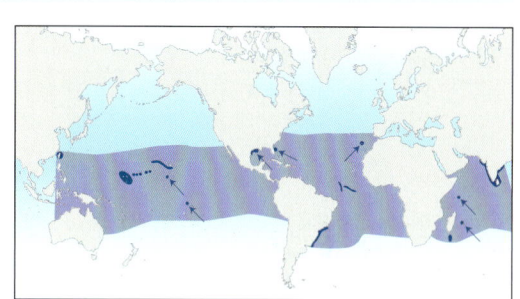

体长测量　出生体长：约100厘米。性成熟体长：雄性326—342厘米，雌性不少于326厘米。
最大体长：雄性367厘米，雌性至少427厘米。

　　鉴定　体型粗壮。吻部圆胖，口长。眼非常大。第一背鳍较大，与胸鳍更接近。第二背鳍和臀鳍较第一背鳍小。尾前凹明显可见；尾柄无尾柄侧突。尾鳍不对称，下叶较强壮。体色为均一的黑色、深棕色或红褐色，无斑点；第一背鳍的尖端有一个白色斑块。

　　分布　大西洋、西印度洋和太平洋：有零星记录，可能分布在世界范围内的温暖深层海域。

　　栖息地　在开阔海洋中的中层水域，或靠近大陆和岛屿斜坡的海底，深度范围从35米至1000米以上。均一的深色体色表明这是一种远洋的中层水域物种。

　　行为　了解很少。可能在大洋中垂直迁移（晚上在近海面，白天在深海）。

　　生物学　未知。食谱包括硬骨鱼类和头足类。

　　保护状态　无危（LC）。在该物种的中层海洋栖息地很少有捕鱼活动发生。

拟锥齿鲨科（Pseudocarchariidae）

蒲原氏拟锥齿鲨　*Pseudocarcharias kamoharai*　　　FAO代码：**PSK**　　图版　第292页

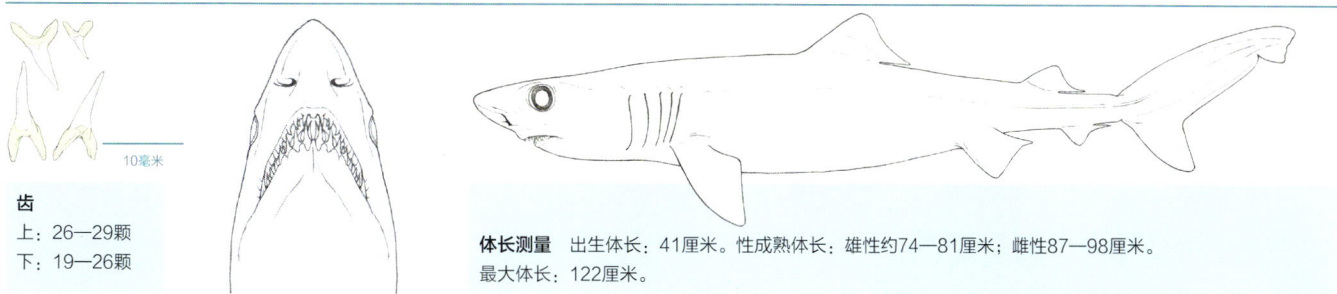

齿
上：26—29颗
下：19—26颗

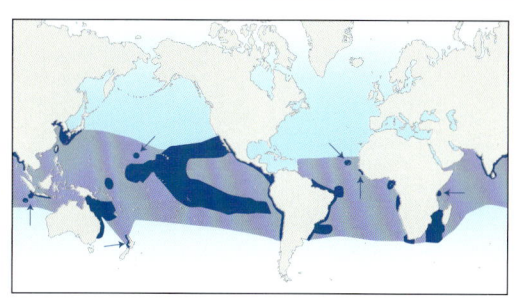

体长测量　出生体长：41厘米。性成熟体长：雄性约74—81厘米；雌性87—98厘米。
最大体长：122厘米。

　　鉴定　体型纤细的小型大洋性鲨鱼，有小型鳍；尾鳍上叶较长；圆锥形头部，拥有巨大的眼；5个长而宽的鳃裂；突出且纤细的牙齿位于可高度伸缩的颌部。背部呈灰色或灰褐色，下部色较浅；鳍具有明显的浅色边缘。

　　分布　分布于全球的热带海洋水域。

　　栖息地　通常远离陆地，远离海岸线，在从水表面到至少590米深的范围内分布。

　　行为　强壮而活跃。可能在夜间垂直迁移到水面，白天则进入到更深的水域。

　　生物学　卵胎生，每胎产下4尾胎仔，幼体以未受精的卵为食，可能在出生前互相蚕食。其食物包括中层硬骨鱼类和头足类动物。

　　保护状态　无危（LC）。可能由于本种生长速度较快，加上远洋渔业减少了捕食本种或与本种竞争的大型鲨类数量，本种的种群数量正在增加。本物种常作为远洋延绳钓渔业的兼捕物种而出现，但一般被丢弃。

图版 35 鲸鲨科、巨口鲨科和姥鲨科

这三种巨大的浮游动物摄食者属于不同的科，且是各自科中唯一的物种。巨口鲨和姥鲨属于鼠鲨目（Lamniformes），它们具有圆柱形的身体、长的头部、宽大的鳃裂、巨大的口延伸到眼睛后方并且没有须和唇褶，眼睛后方有非常小的喷水孔，鼻孔与口不相连。然而，鲸鲨属于须鲨目（Orectolobiformes）中的巨型鲨鱼，并且与另外两种浮游动物摄食者没有密切的亲缘关系。鲸鲨有着宽阔扁平的头部、非常短的吻部、小须以及长的鼻口沟，喷水孔靠近眼并且比眼要大。

○ **鲸鲨** *Rhincodon typus*   第290页

见于全球范围内，除地中海外的所有热带和暖温带海域；分布于海面至1928米水深（至少）。这种鲨鱼非常独特，体型巨大，身体上有明显的嵴，体侧嵴的最低点位于尾柄处；头部宽大而扁平，吻部短小，眼前方有巨大的横向口，相对较小的须，长的鼻口沟，巨大的鳃裂，喷水孔靠近眼并且比眼更大；有两个无棘的背鳍，具臀鳍，尾鳍呈半月形且无缺刻；身体背面呈灰色、蓝灰色至绿褐色，上有黄色或白色的斑点和斑块形成的棋盘格纹，腹面为白色或黄色。

○ **姥鲨** *Cetorhinus maximus*   第301页

全球范围内，分布于冷温带至热带水域；与近海和远洋的海洋锋（不同水团间的边界）有关；分布范围为0—1264米水深。这种鲨鱼非常独特，身体呈圆柱形且非常庞大，在尾柄上有强壮的侧突；头部呈圆锥形，吻部尖锐，口巨大且有微小的牙齿，鼻孔与口腔不相连，没有须或鼻口沟，巨大的鳃几乎环绕头部，非常小的喷水孔位于眼后方较远处；有两个无棘的背鳍，具臀鳍，尾鳍半月形；颜色可变，通常背部较暗，背部和侧面有斑纹图案，头部下方有白色斑块。

○ **巨口鲨** *Megachasma pelagios*   第300页

在暖温带到热带海域的全球范围内分布，远离海岸；分布范围为0—1500米水深。这种鲨鱼非常独特，身体呈圆柱形且较大；头部长而宽大，吻部短而圆，口巨大，有许多小型钩状牙齿，鼻孔与口腔不相连，没有须或鼻口沟，具有宽大的鳃裂，眼后方有非常小的喷水孔；有两个无棘的背鳍，臀鳍和尾鳍；背部为灰色，腹部为白色，黑色胸鳍和腹鳍具有浅色边缘，在下颌上有黑色斑点。

○ 巨口鲨（图中不按比例）

○ 姥鲨

○ 鲸鲨

100厘米

○ 鲸鲨

○ 姥鲨

○ 巨口鲨

100厘米

巨口鲨科（Megachasmidae）

巨口鲨 *Megachasma pelagios*　　　　　FAO代码：**LMP**　　图版 第298页

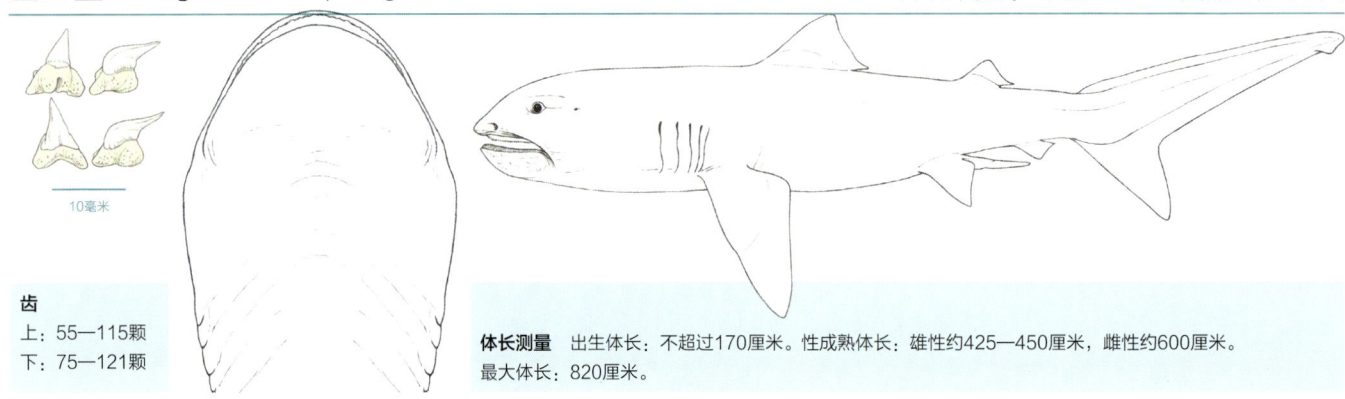

齿
上：55—115颗
下：75—121颗

10毫米

体长测量　出生体长：不超过170厘米。性成熟体长：雄性约425—450厘米，雌性约600厘米。
最大体长：820厘米。

鉴定　这种鱼具有非常明显的特征，拥有大而长的头部，短而圆的吻部。口巨大，端位，延伸至眼后方，具有许多小而呈钩状的牙齿。鳃裂较大。身体上部为灰色（胸鳍和腹鳍为黑色且具有浅色边缘），下部为白色；下颌上有深色斑点。

分布　世界范围内，从暖温带到热带海域。

栖息地　生活在大洋、沿海和远离海岸的地区，在大陆架上的水深为5—40米，在远离海岸、水深非常深的地方可达1500米。

行为　与磷虾一起垂直迁移，夜间上升到接近水面的地方，白天退到深水区。口内可能有发光组织以吸引猎物。

生物学　繁殖方式不明，推测为卵胎生，具胎内食卵现象。以浮游生物为食，特别是虾，可能通过吸食方式进食。

保护状态　无危（LC）。曾经被认为相当罕见，但该物种在一些地区是比较常见的。

巨口鲨（*Megachasma pelagios*），美国加州附近

姥鲨科（Cetorhinidae）

姥鲨 *Cetorhinus maximus*　　　　　FAO代码：**BSK**　　　图版 第298页

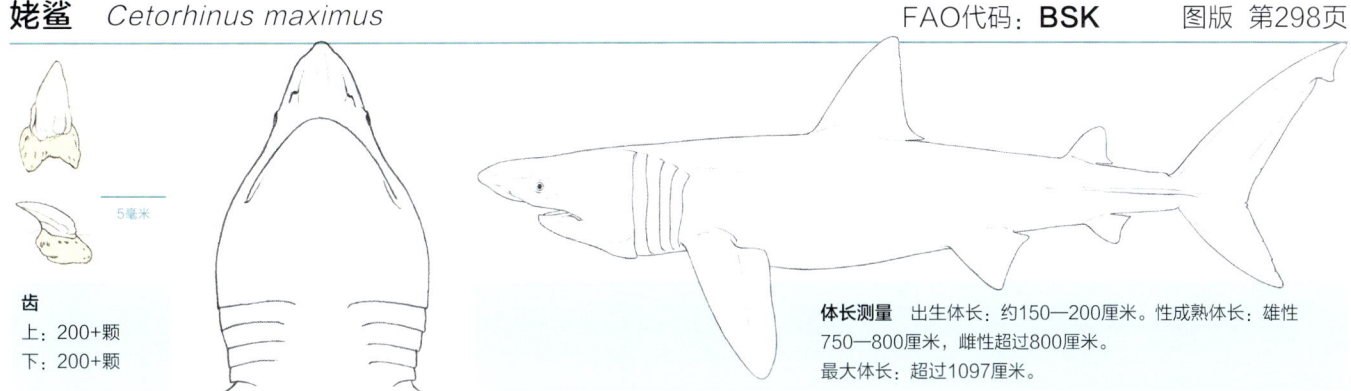

齿
上：200+颗
下：200+颗

5毫米

体长测量　出生体长：约150—200厘米。性成熟体长：雄性750—800厘米，雌性超过800厘米。
最大体长：超过1097厘米。

　　鉴定　这种鲨鱼非常独特，是仅次于鲸鲨的第二大鲨鱼，但可以很容易地与鲸鲨区分开，因为其具有尖锐的吻部、巨大的亚端位口、几乎环绕头部的巨大鳃裂、特化的鳃耙结构、强壮的尾柄侧突以及巨大的半月形尾巴。颜色为黑褐色至灰褐色，上下体呈灰色或蓝灰色；腹部表面有时较浅，通常在头部和腹部下方有不规则的白色斑块；背部有斑纹；侧面有较浅的线状条纹和斑点。

　　分布　世界各地。靠近水面的冷温带水域，在热带和赤道地区活动于温跃层以下的深水中。

　　栖息地　通常出现在沿海至大陆架边缘和大陆坡的地区，经常与沿海和大洋的锋面相关。它跨越海洋盆地洄游，从北半球到南半球并穿越赤道，潜水于200—1000米，最深可达1264米、水温约为5℃的深处。

　　行为　通常在沿海或大洋锋面上觅食，对海面聚集的浮游动物进行冲击式进食。有时会以超过100只的群体形式出现。姥鲨慢慢向前游动，口张开，吻部尖端、背鳍和上半尾鳍可能都会露出水面，利用鳃耙以每小时高达150万升水的效率从海水中过滤浮游生物。冬季和远海地区以深海浮游生物为食。它们成为以新西兰近海鱼类产卵群为目标的深海拖网的兼捕渔获物，可能是由于它们在觅食鱼卵时被误捕。姥鲨在大洋盆地和热带地区进行数千千米的洄游，停留在温跃层以下的凉爽

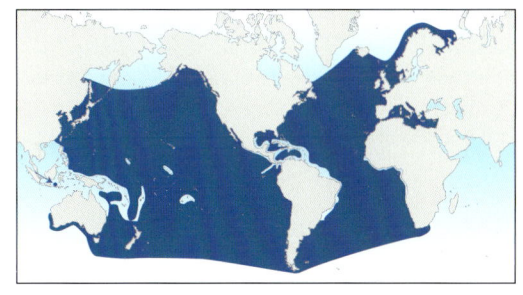

水域。有报道称它们有复杂的求偶行为，当姥鲨聚集在水面时，更有可能观察到其跃身击浪。

　　生物学　一种鲜为人知的浮游生物捕食者。由其巨大又充满油的肝脏提供浮力。据推测它是食卵的（仅有1胎6个快出生的胎仔被报道过）。

　　保护状态　濒危（EN）。由于种群数量下降超过50%而濒临灭绝。以前从挪威到苏格兰、爱尔兰和北大西洋的比斯开湾，以及在北太平洋的日本、加利福尼亚和英属哥伦比亚附近，它都是鱼叉和渔网捕鱼的目标（后者是为了减少对渔网的破坏而进行的根除计划）。肝油是它的主要产品，传统上用于照明，后来用于工程油和化妆品，还有巨大的鳍，有时还有肉和软骨都作为产品出售。姥鲨现在被列入几个全球和区域环境公约的附录中（第73页），并被许多分布国和欧盟通过野生动物立法或渔业法规加以保护。尽管受到保护，美国和加拿大太平洋地区的种群仍没有恢复的迹象，但据说苏格兰水域的种群数量正在上升。观察者和摄影师可以通过上传数据到网站为科学研究项目提供观察记录和背鳍照片，以研究姥鲨的数量、洄游和生活史。

姥鲨（*Cetorhinus maximus maximus*），苏格兰科尔岛

图版 36 长尾鲨科

该科包括3个物种。体呈圆柱形，非常长而弯曲的尾部，圆锥形头部，口部延伸至眼后方，鼻孔不与口腔相连，没有触须或沟，眼睛后方有非常小的喷水孔；有两个无棘的背鳍，一个臀鳍。

○ **浅海长尾鲨** *Alopias pelagicus*　　　　　　　　　　　　　　　　　　　　　　　　　　　　　第308页

分布于印度洋和太平洋；大部分时间为远洋性的，有时会靠近岸边；生活在深度300米以下的海域。头部非常狭窄，前额笔直，轮廓呈拱形，无唇褶，眼睛相对较大；胸鳍长而笔直，末端宽阔；尾鳍上叶几乎与身体其他部分一样长；背部呈深蓝色，腹部为白色，但胸鳍基部上方没有白色斑块。

○ **大眼长尾鲨** *Alopias superciliosus*　　　　　　　　　　　　　　　　　　　　　　　　　　第308页

分布于全球热带和温带海洋；从远洋到沿海，深度可达955米。独特的巨大眼睛延伸至平顶的头部，鳃上方有深的水平凹槽；有着宽大、非常长的狭窄胸鳍；上部呈紫灰色或灰褐色，下部为浅灰色至白色，不延伸到胸鳍基部之上。

○ **狐形长尾鲨** *Alopias vulpinus*　　　　　　　　　　　　　　　　　　　　　　　　　　　　第305页

几乎分布于全球热带到寒温带海洋中（印度洋分布尚未确认）；近岸至远海，深度至少达到650米。眼睛相当大，唇褶明显；胸鳍长而弯曲，尖锐且宽度较窄，尾鳍上叶几乎与身体的其他部分一样长；背部呈蓝灰色至深灰色，侧面呈银色或铜色，腹部为白色，并在胸鳍上方形成一块白色斑点，胸鳍尖端有白点。

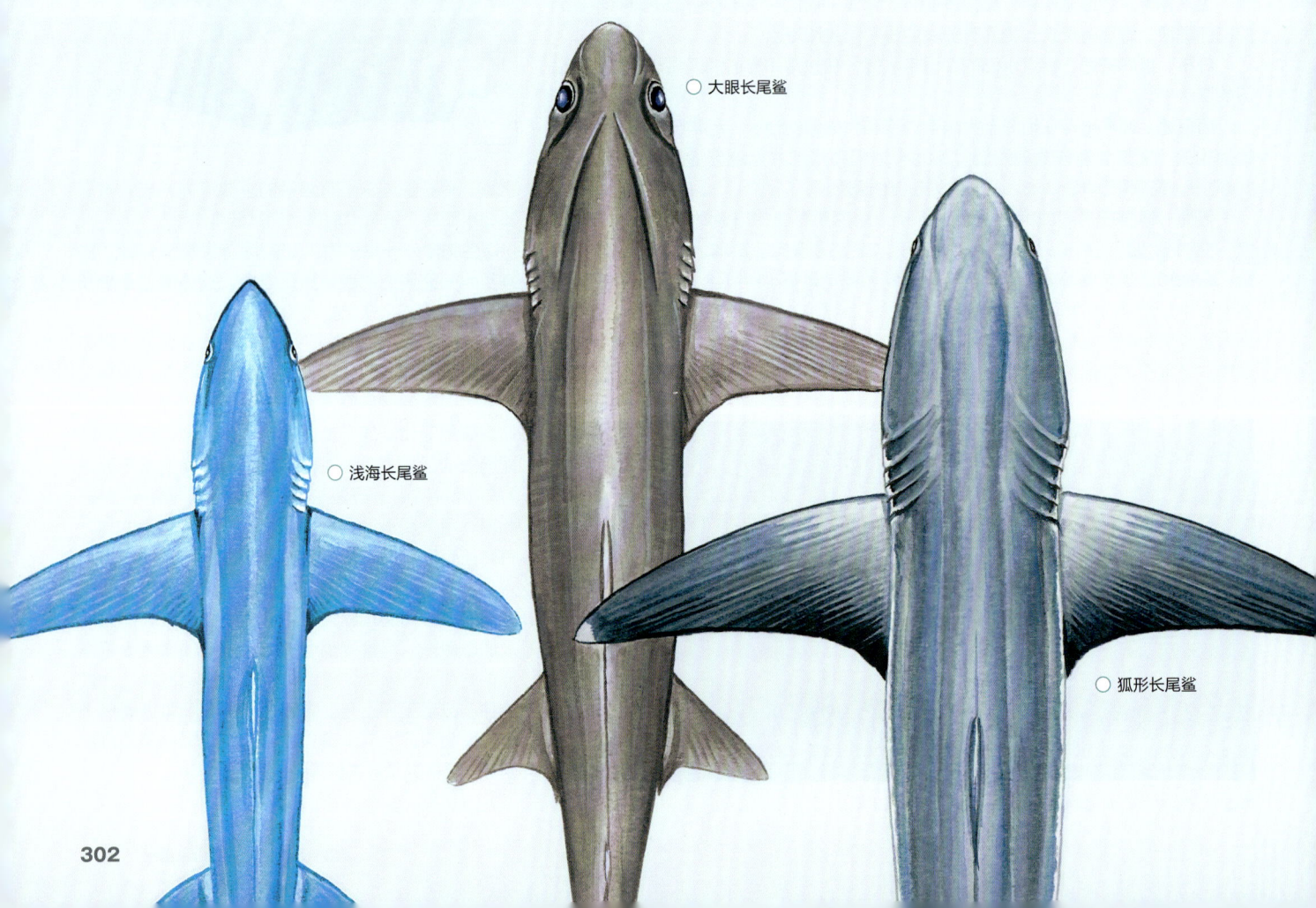

○ 大眼长尾鲨

○ 浅海长尾鲨

○ 狐形长尾鲨

○ 浅海长尾鲨

○ 大眼长尾鲨

○ 狐形长尾鲨

100厘米

长尾鲨科（Alopiidae）

鉴定　该科包含1属：长尾鲨属（*Alopias*）。长尾鲨属共有3个种。都具大眼、小口、大胸鳍、腹鳍和第一背鳍，还有微小的第二背鳍和臀鳍，以及像鞭子一样细长弯曲、几乎与它们的身体长度相等的尾鳍。它们的大胸鳍用于提供额外升力，从而平衡巨大尾巴运动产生的向上推力。

生物学　这些物种广泛分布于近岸水域（狐形长尾鲨）到温暖的热带开阔洋面，它们是小型鱼群和乌贼的专性掠食者。长尾鲨用它们非常长的尾巴将猎物聚集成紧密的鱼群，然后用尾巴猛击使其昏迷，以便更容易用小口捕获。长尾鲨的口和牙齿大小反映了其猎物选择：狐形长尾鲨和浅海长尾鲨的颌骨和牙齿比大眼长尾鲨更脆弱且较小，后者专攻稍大一些的猎物。渔民报告称，长尾鲨被钩住时通常是尾巴被钩住的，可能是因为它试图用尾巴击晕钩上的饵料。

保护状态　由于它们相似的外观，该科的3个物种在渔获记录中通常无法区分，而被归为"长尾鲨"。这使得科学家很难获得准确的渔业数据来评估整个科中的物种种群状况变化，从而无法知道渔业报告里提到的全科物种数量下降中具体是哪个物种受影响最大。这是一个严重的问题，因为它们非常低的繁殖率使其特别容易受到过度捕捞的影响，并迫切需要进行针对具体物种的评估和管理。然而，所有长尾鲨物种都因赢利丰厚的肉和鱼翅（有时还利用肝油、软骨和皮肤）的目标和非目标捕捞而严重减少。在世界国际自然保护联盟濒危物种红色名录中，每个长尾鲨物种都被评定为濒危或易危。这是最受威胁的鲨鱼科之一。

长尾鲨鱼翅在亚洲干货市场上特别有价值，并以科名称加以辨识。从2015年开始，鱼翅贸易中长尾鲨鱼翅的比例显著下降。后来，长尾鲨被列入《濒危野生动植物种国际贸易公约》附录2，以确保未来对其鱼翅和其他产品的国际贸易合法、可持续和可追溯。一些区域渔业管理组织（IOTC、ICCAT和GFCM）已禁止或强烈不鼓励在其管理的渔业中捕获、保留和销售某些或全部长尾鲨物种；其他组织可能也会效仿。包括西班牙在内的一些国家保护所有长尾鲨物种。

浅海长尾鲨（*Alopias pelagicus*）正在被一只裂唇鱼（*Labroides dimidiatus*）清洁，在菲律宾马拉帕斯夸岛，该物种对潜水旅游非常重要（第308页）

狐形长尾鲨 *Alopias vulpinus*

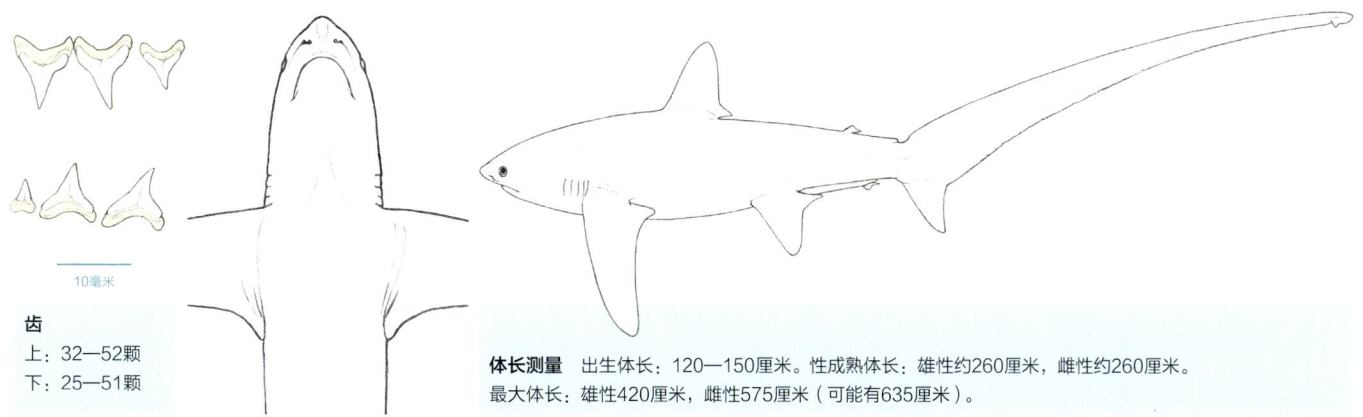

齿：
上：32—52颗
下：25—51颗

体长测量　出生体长：120—150厘米。性成熟体长：雄性约260厘米，雌性约260厘米。
最大体长：雄性420厘米，雌性575厘米（可能有635厘米）。

鉴定　有唇褶。头部侧面有相当大的眼。尾部上叶大约与身体的其他部分一样长。背部是蓝灰色至深灰色；侧面是银色或铜色。底部为白色，向上延伸形成一个位于胸鳍上方的斑点。在窄而尖的胸鳍顶端有一个白点。

分布　几乎分布于全世界；印度洋的记录需要验证。在热带到冷温带海域的远洋和近岸区域可见。

栖息地　从近岸到远洋，海水表层到约650米深度。在近岸海域（幼体使用近岸育儿场）和温带水域最为丰富。

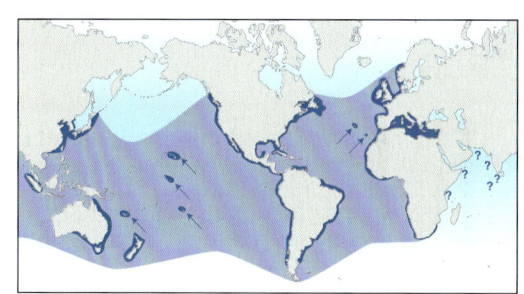

行为　季节性地沿海岸洄游。可以整个身体跃出水面（有一只在连续跳跃后落入船内）。在水中用尾巴来回击打，群居，用尾巴弹击小鱼，然后再返回吞下它们，有时会成群结队地合作。

生物学　卵胎生，每胎2—7尾（通常是4尾）胎仔，以母亲在9个月的怀孕期间产生的未受精卵为食。雄性在3—7岁达性成熟，雌性在3—9岁达性成熟（年龄因地区而异）。已知的最大年龄为24岁，可能达到50岁。温血动物，有很高的新陈代谢率；长尾鲨利用逆流热交换系统（第23页）来保持身体核心温度的较高水平。它们以小型浅水集群鱼类、游泳蟹类和头足类为食。

保护状态　易危（VU）。因为在一些地区下降了60%。狐形长尾鲨很容易被过度捕捞，因为它们有珍贵的肉、鱼鳍、肝油和鱼皮；一些种群现在已经严重枯竭了。它们也是钓鱼运动中价值很高的鱼类。它们用尾击打猎物，因此尾部上叶经常会被钩住；作为冲压式呼吸的鱼类，它们如果不能继续向前游动就会窒息。一些潜水员曾被其尾部上叶击中。

狐形长尾鲨，哥斯达黎加

图版 37 鼠鲨科

共有5个物种。身体呈纺锤形；头部锥形，吻相对较短，鼻孔独立于口腔，没有触须或唇褶，宽大的口部延伸至眼后，鳃宽大，有非常小且位于眼后方的喷水孔；尾柄具侧突；第二背鳍和臀鳍非常小，尾鳍为近乎对称的新月形。

○ 噬人鲨 *Carcharodon carcharias* 第310页

分布于除极地海域以外的全球范围，包括沿岸和远洋区域，水深0—1280米。身体较为庞大；吻相对较长，眼非常黑，鳃很长；尾柄上有明显的侧突；第一背鳍较大；背部呈灰色，与下身的白色有明显的分界线，第一背鳍具有深色的下角，胸鳍的下侧有黑色尖端，通常在胸鳍基终点处有黑斑，老年成体的上身常变得较为苍白，下身呈灰白色，使其获得了称号"大白鲨"。

○ 尖吻鲭鲨 *Isurus oxyrinchus* 第311页

分布于全球范围内的热带和温带海域，包括沿岸和远洋区域，水深0—888米。口呈"U"形，眼为黑色，鳃非常长；尾柄上有明显的侧突；背部呈明亮的蓝色或紫色，侧面较浅且呈银色，下身为白色，成年个体吻部腹面和口部下方为白色（亚速尔群岛的"marrajo criollo"种群为深灰色），腹鳍的前半部分为深色，后部和下侧为白色。

○ 长臂鲭鲨 *Isurus paucus* 第312页

可能分布于全球；可能是深水中的上层生物；水深0—1752米。与尖吻鲭鲨相比，具有较钝的吻部；胸鳍与头部长度相当且相对较宽；成年个体吻部和口的下侧呈深灰色。

○ 太平洋鼠鲨 *Lamna ditropis* 第312页

分布于北太平洋，喜欢凉爽的沿岸和远洋水域，水深可达1864米以上。身体较为庞大；吻部较短，鳃较长；尾柄上有明显的侧突，并在尾鳍基部具有短的次级侧突；成年个体背部为深灰色或黑色，下身为白色，具有淡灰色的斑块，吻部腹面深色，胸鳍基部有白色斑块，第一背鳍的下角为黑色。

○ 鼠鲨 *Lamna nasus* 第313页

分布于北大西洋和寒冷的南半球水域，从近岸到1809米的离岸水域都有记录。与太平洋鼠鲨非常相似，但吻部较为尖锐，胸鳍之上没有白色斑块，第一背鳍的白色下角非常显著，北方的鼠鲨没有淡灰色斑块，而南方个体具有明显的淡灰色头部和与太平洋鼠鲨相似的淡灰色斑块，但这些物种的分布区域不重叠。

○ 噬人鲨

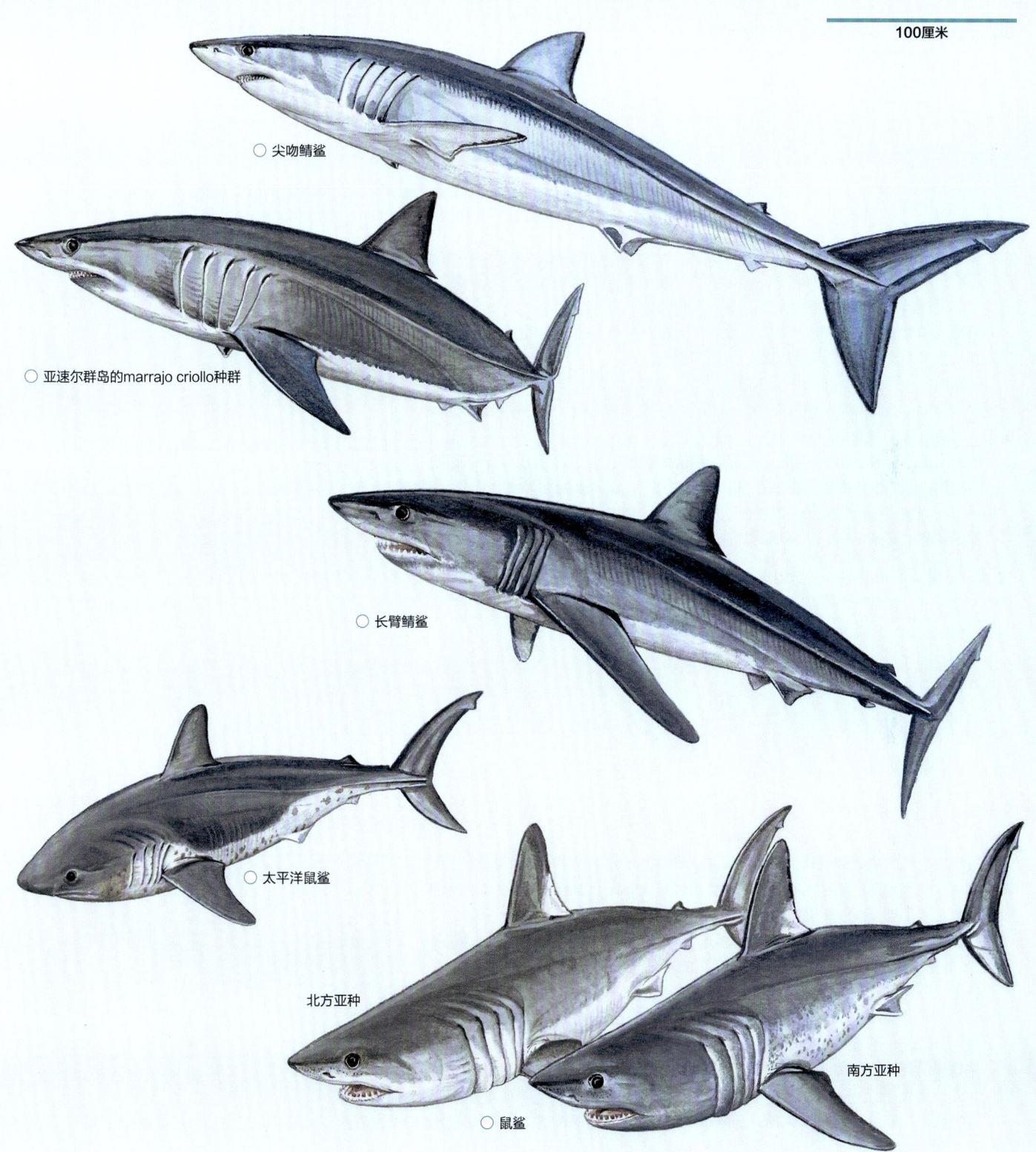

○ 尖吻鲭鲨

○ 亚速尔群岛的marrajo criollo种群

○ 长臂鲭鲨

○ 太平洋鼠鲨

北方亚种

南方亚种

○ 鼠鲨

浅海长尾鲨 *Alopias pelagicus*

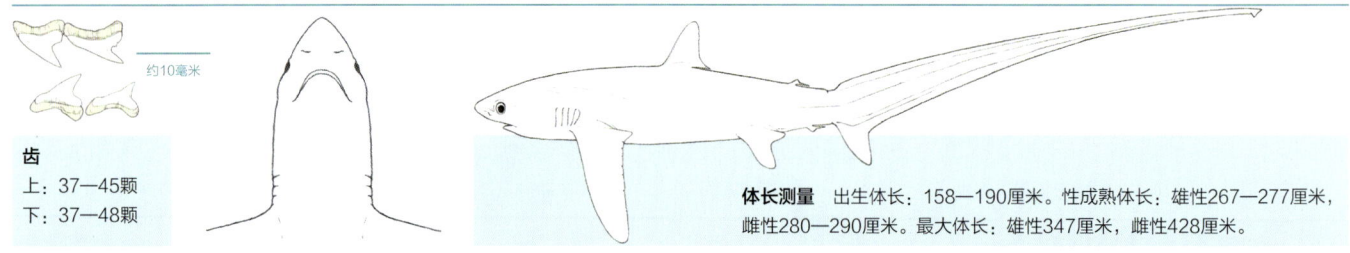

齿
上：37—45颗
下：37—48颗

体长测量 出生体长：158—190厘米。性成熟体长：雄性267—277厘米，雌性280—290厘米。最大体长：雄性347厘米，雌性428厘米。

鉴定 头部非常狭窄，前额笔直且呈拱形。没有唇褶。相对较大的眼。胸鳍笔直且具宽大的尖端。尾鳍长而弯曲，上叶几乎与整个鲨鱼身体其他部分长度相当。身体上部呈深蓝色，下部为白色（胸鳍之上没有白色）。

分布 印度洋：南非至澳大利亚。太平洋：塔希提岛、中国、日本，至美国加州南部和秘鲁南部，包括加拉帕戈斯。大西洋没有分布。

栖息地 该种为远洋生物，分布范围广泛，通常生活在离岸远洋区域，有时也会出现在狭窄的大陆架附近浅海区域，水深范围为0—300米。它们有时会靠近珊瑚礁、海底陆坡和海底锥形山。

行为 了解不多。活跃、强壮、喜游荡。可能是洄游性的。可能会反复跃身击浪。

生物学 卵胎生，每胎2尾胎仔（每个子宫1个），以未受精卵为食。它们似乎没有季节性的繁殖周期，因为全年都被发现有怀孕的雌性和处于不同发育阶段的胚胎。雄性在7—8岁成年，雌性在8—13岁成年；最大年龄雄性约20岁，雌性约29岁。以小鱼和头足类为食。

保护状态 濒危（EN）。受到远洋渔业的威胁，种群资源严重枯竭。见第304页。

大眼长尾鲨 *Alopias superciliosus*

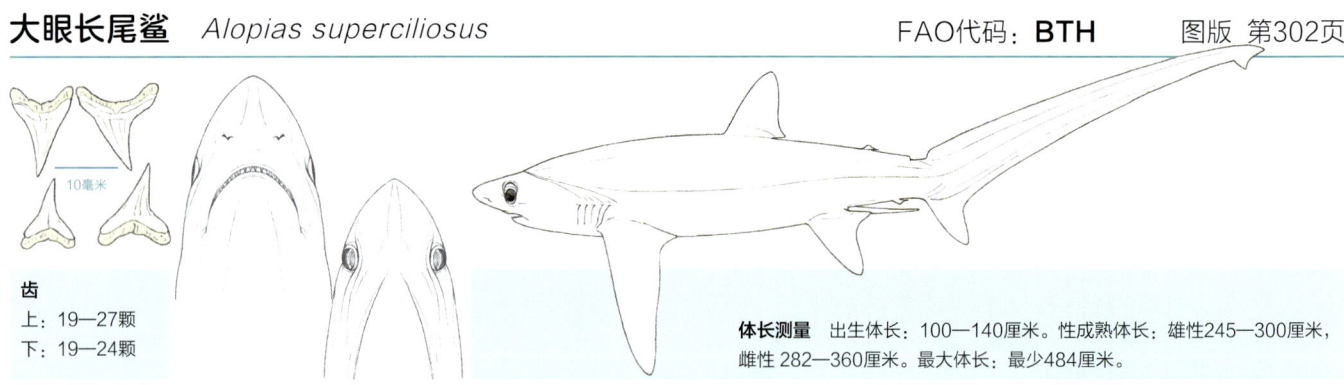

齿
上：19—27颗
下：19—24颗

体长测量 出生体长：100—140厘米。性成熟体长：雄性245—300厘米，雌性282—360厘米。最大体长：最少484厘米。

鉴定 巨大的眼延伸到几乎平顶的头部。鳃部上方有深的水平沟。非常长且狭窄的胸鳍。长而弯曲的尾部上叶几乎和鲨鱼身体其他部分一样长。身体上部是紫灰色或灰褐色；下部是浅灰色至白色，白斑不延伸到胸鳍基部之上。

栖息地 该物种分布于热带和温带海洋，从近岸到开放海洋都有分布，水域范围从海表面到955米，主要分布在100米以下的水域。

行为 它用尾巴来击晕它所捕食的中上层鱼类。曾观察到本种出现于印度−太平洋海域某海山附近的珊瑚礁鱼类清洁点。这种鲨鱼在白天处于300—500米之间，夜间垂直迁移到浅层的100米以下的地方，在水温为16—25℃的地方被发现。

生物学 卵胎生，每胎2—4尾胎仔。雄性9—10年达性成熟，雌性12—14年达性成熟；最大年龄19—20年。以小型集群鱼类、头足类和甲壳类动物为食。

保护状态 易危（VU）。是所有长尾鲨中种群增长速度最慢的。受到远洋渔业的高度威胁；一些种群严重枯竭，受到严格保护。见第304页。

鼠鲨科（Lamnidae）

鉴定　该科包括3个属：噬人鲨属（*Carcharodon*）、鲭鲨属（*Isurus*）、鼠鲨属（*Lamna*）。3个属共包括5个物种。皆为大型纺锤形鲨鱼，具有大的牙齿、圆锥形头部、长鳃裂和带有明显尾柄侧突的新月形尾鳍。

生物学　温血动物，卵胎生，妊娠期约1年，产下数量相对较少但个体较大的胎仔（较大、年长的雌性会产下更多的胎仔）。母亲在整个妊娠期间通过产出大量未受精的卵来喂养幼仔。这种为了生产能够良好存活的大型幼仔而投入的巨大能量意味着雌性无法每年都生育，而是需要较长的恢复期来重建它们的营养储备。

保护状态　臭名昭著、壮观且美味：这个小的科包括了一些最著名且经济价值最高的大型鲨鱼，其中大多数IUCN评级为受威胁。每个拿起这本书的人都会认识大白鲨，它是国际文学、电影和生态旅游的明星，而且（尽管声名狼藉）是最早被列入国家、地区和国际保护法规的几种鲨鱼之一。尖吻鲭鲨和鼠鲨不太为人熟知，尽管渔民和美食家欣赏它们能提供世界上一些最美味、最昂贵的鲨鱼排。尽管大白鲨种群主要因为误捕和故意屠杀而减少，它们今天的经济价值主要来自生态旅游中的非消耗性利用，而尖吻鲭鲨和鼠鲨的种群因为以食用为目的的过度捕捞而急剧下降，尤其是在北大西洋地区。它们被列入重要国际生物多样性保护公约的附录，是因为在科学建议没有得到及时听取的情况下，渔业管理措施被引入得太迟无法阻止这些种群缩减。另外两种鼠鲨也不太被人熟知。长臂鲭鲨是尖吻鲭鲨神秘、稀有和研究较少的近亲，而太平洋鼠鲨则是鼠鲨的"姐妹种"。据估计，每年有10万—15万条太平洋鼠鲨在20世纪50年代和60年代的大规模远洋围网渔业中被捕捞。1992年，联合国通过决议禁止使用超过2.5千米长的网，这类"死亡之墙"渔业也最终结束。近30年来，太平洋鼠鲨的种群显示出复苏的迹象；这是唯一一个在IUCN红色名录中没有被评估为受威胁的鼠鲨种类，对于资源减少的鼠鲨来说，这肯定是一个好预兆。

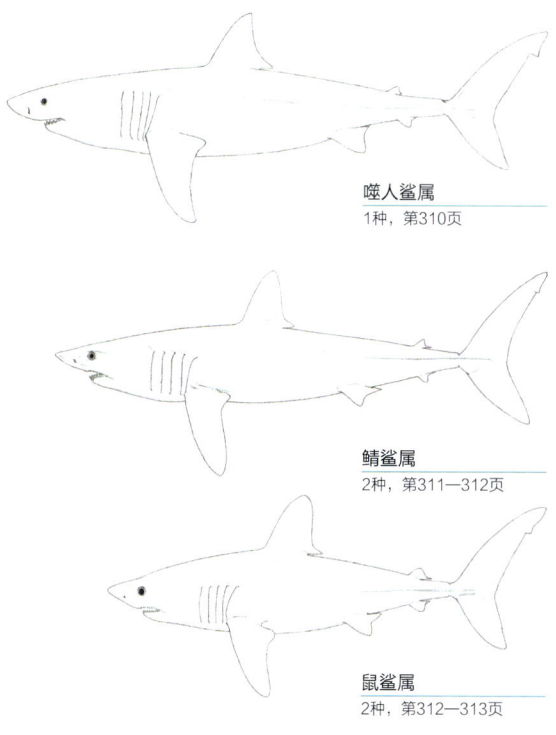

噬人鲨属
1种，第310页

鲭鲨属
2种，第311—312页

鼠鲨属
2种，第312—313页

太平洋鼠鲨（*Lamna ditropis*），雌性，侧面有交配疤痕，鳍上有桡足类寄生虫。美国阿拉斯加威廉王子湾，菲达戈港（第312页）

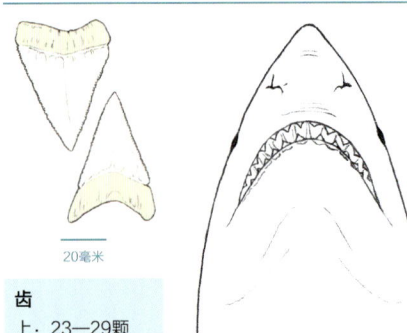

20毫米

齿
上：23—29颗
下：21—25颗

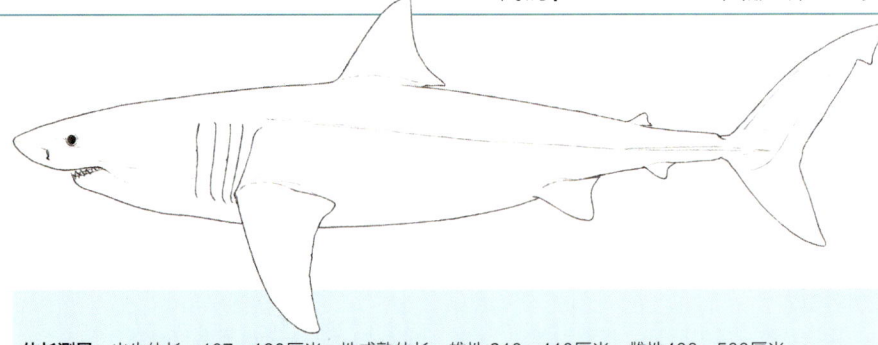

体长测量　出生体长：107—160厘米。性成熟体长：雄性 310—410厘米，雌性400—500厘米。最大体长：雄性550厘米，雌性600—640厘米。

鉴定　重量大，吻部长而突出，身体呈梭形。巨大、扁平、三角形且呈锯齿状的牙齿。眼非常黑。鳃裂长而明显。第一背鳍宽大，后端有显著的深色下角。第二背鳍和臀鳍很小。尾柄上有明显的侧突。尾鳍呈新月形。体侧颜色由灰色背部快速过渡到白色腹面。胸鳍下方带有黑色尖端；通常在后缘与身体相连处有一个黑斑。

分布　全球范围内。在大多数海洋中分布非常广泛；是所有鱼类中栖息地和地理范围最大的，可适应5—25℃的温度。

栖息地　栖息地为从沿岸极浅水区到大陆架和遥远的海洋岛屿，横越大洋时在深度为0—1280米的水层中度过长时间。最常见于鳍足类动物聚居地附近的岩礁周围。

行为　这是一种聪明而好奇的鲨鱼，具有能最大限度地减少群体内冲突的复杂社会活动（雌性、较大的鲨鱼和领域占有者分别支配雄性、较小的鲨鱼和外来者）。最近的研究指出了它们具有复杂的求偶展示。这种非常高效的捕食者在攻击水面游动的猎物时，可以冲出水面，一口就把大型哺乳动物咬死，等它们死后再进食。浮窥行为（把头伸出水面）经常被用于观察和嗅闻猎物。微卫星和遗传学研究表明，这些鲨鱼是高度洄游性的，经常游动数千千米，来回穿越大洋盆地，但也有高度的归家冲动（归巢行为），聚集在不同沿海地区觅食的种群之间的交换非常少，即使它们的洄游范围重叠（第46页）。

生物学　卵胎生，每窝2—17尾胎仔，在大约12个月的妊娠期内由未受精卵提

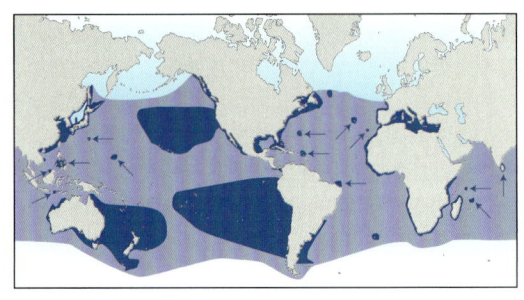

供养分；产仔间隔可能为2—3年，以使雌性能够重建其身体营养储备。雄性在9—10岁、雌性在14—33岁达到性成熟；最大年龄为30—73岁。根据年龄的不同，以种类繁多的猎物为食，从小型鱼类到大型海洋哺乳动物不等。本种为温血动物，能在冰冷的海水中保持高体温（第24页）。

保护状态　易危（VU）。有证据表明，在世界的一些地方，兼捕和目标渔业共同导致该物种群枯竭。然而噬人鲨现在是世界上最受保护的鲨鱼物种之一，最近在一些包括在海洋哺乳动物数量回升的地方，种群数量有所增加。该物种被列入主要的全球和区域多边环境公约的附录中（第73页），并受到许多国家的严格保护，包括澳大利亚、南非、纳米比亚、新西兰、美国、各个地中海国家和欧洲国家，以及一些小岛屿国家。它们的牙齿、颌骨和鱼鳍在贸易中价值非常高。噬人鲨对于在其聚集地从事鲨鱼旅游的当地经济来说是非常有价值的，特别是在南非和澳大利亚。在水族馆中只能短期饲养，最长可达6个月。偶尔会咬伤包括冲浪者在内的人类。曾跳入过船中。

噬人鲨（*Carcharodon carcharias*），南非

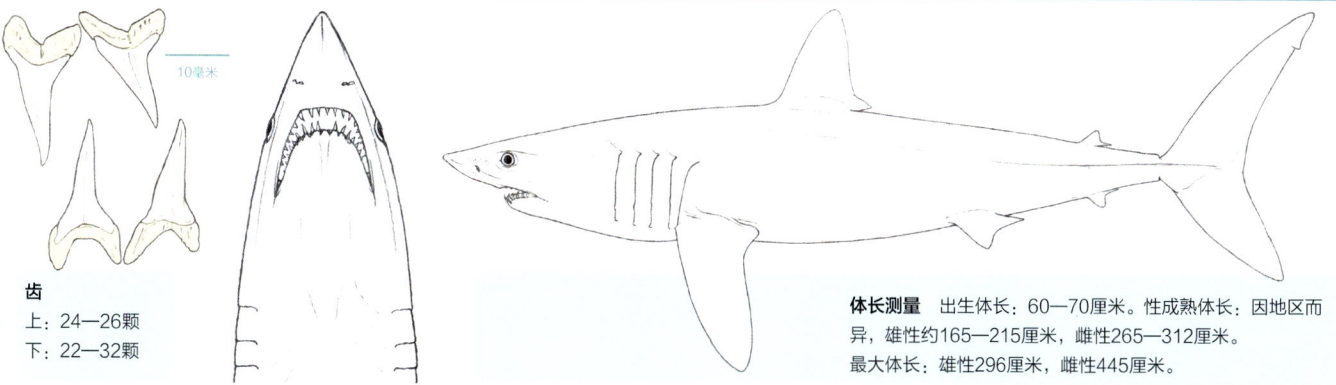

齿
上：24—26颗
下：22—32颗

体长测量　出生体长：60—70厘米。性成熟体长：因地区而异，雄性约165—215厘米，雌性265—312厘米。最大体长：雄性296厘米，雌性445厘米。

鉴定　背部亮蓝色或紫色，腹部通常为白色。前半部分的腹鳍为深色，后半部分和底部为白色。尖长的吻部，"U"形的嘴，大的刃状牙齿。成体的吻部和嘴的底部是白色的。胸鳍比头短。尾柄上具发达的侧突，尾鳍呈新月形。

分布　全球范围内，从北纬50度（北大西洋60度）到南纬50度的所有温带和热带远洋水域；季节性地靠近近海，特别是在大陆架狭窄的地方，但北大西洋和南大西洋的种群在遗传上是有差异的。

栖息地　栖息于沿海和远洋区域，在水温高于16℃的水域中可达0—888米深度（但有时会潜入低至10℃的寒冷深水区）。其关键栖息地一般未知，但西地中海可能存在一个它的育儿场。

行为　尖吻鲭鲨可能是世界上速度最快、肌肉最发达和最活跃的鲨鱼，它可以以每小时100千米的速度游泳（短时间内）并直接跳出水面。洄游性很强，在大洋盆地中进行非常长距离的洄游（包括横跨大西洋），有时在夏季跟随变暖的水体前往两极。在新西兰附近被标记的鲨鱼已经从马克萨斯群岛、汤加、斐济和新喀里多尼亚被打捞上来；其中一条在6个月内旅行了1.3万多千米，在新西兰和斐济之间来回穿越。

生物学　卵胎生，每胎4—25尾胎仔（多数为10—18尾，可能多达30尾），以未受精的卵为食。较大的雌性有较多的胎仔数。妊娠期可能为15—18个月，生殖周期为3年。成年的雌性通常在夏季分娩，但对育儿场了解不多。雄性在8岁左右达性成熟，雌性在21岁左右达性成熟；最大年龄为28—32岁，因此，雌性一生中只生3—4胎。主要以鱼类和鱿鱼为食，非常大的个体可能会吃掉小型鲸类。

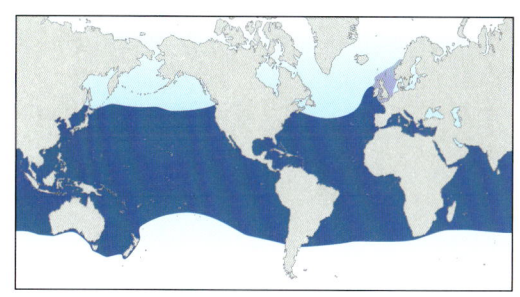

保护状态　濒危（EN）。11岁以下的幼鱼（在它们变得太大而无法捕捉前）作为目标鱼种或兼捕渔获物在全世界范围被捕获，因为它们的肉价值非常高。尖吻鲭鲨也是一种重要的"大型猎物"鱼类，在潜水生态旅游中吸引力越来越大，但它如果受到挑衅可能会发起攻击。幼鱼栖息地和商业捕鱼活动范围之间有很大的重叠，特别是在大西洋中。几十年来，幼鱼到成年的存活率一直很低。其结果是，现在因年老而死亡的成年雌性数量，并没有被几十年前在无管理的商业捕捞中捕获的幼鱼数量所取代。除了南太平洋以外，所有的海洋都有种群数量下降的报告。尖吻鲭鲨被列入几个多边环境公约中，包括CITES和CMS（第73页）。科学家们建议禁止北大西洋尖吻鲭鲨的捕捞，以使种群恢复，想实现这个目标，即使立即停止捕捞，也至少需要35年时间。一些国家已经设定了渔获量限制，但在撰写本书时，金枪鱼区域渔业管理组织在商定和采取必要的控制措施方面进展缓慢，这些渔业不可持续地将尖吻鲭鲨作为目标和可利用的兼捕渔获物。

尖吻鲭鲨（*Isurus oxyrinchus*）

长臂鲭鲨 *Isurus paucus*　　　　　　　　　FAO代码：**LMA**　　图版　第306页

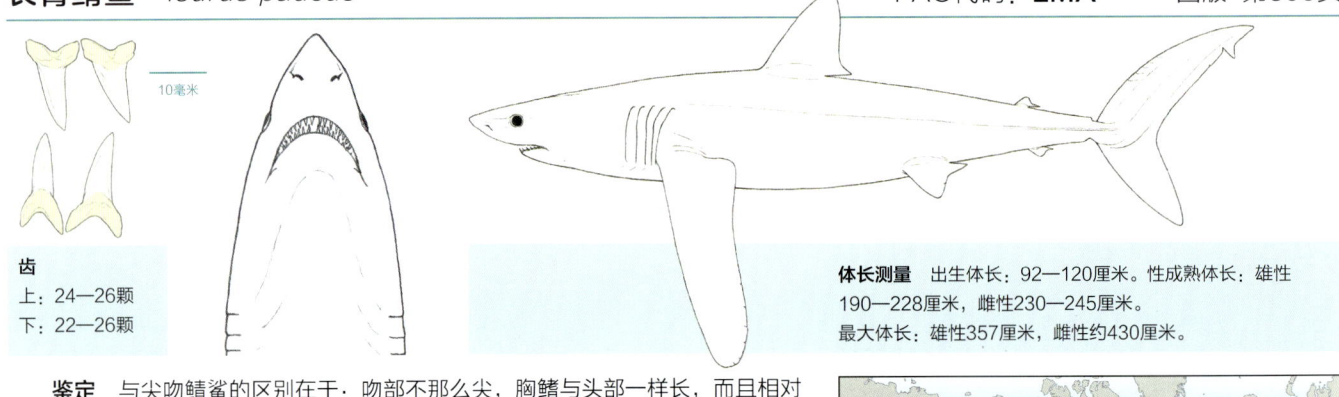

齿
上：24—26颗
下：22—26颗

体长测量　出生体长：92—120厘米。性成熟体长：雄性190—228厘米，雌性230—245厘米。
最大体长：雄性357厘米，雌性约430厘米。

　　鉴定　与尖吻鲭鲨的区别在于：吻部不那么尖，胸鳍与头部一样长，而且相对宽大，成年后的吻部和口的底部呈暗色。
　　分布　可能是世界范围分布的（记录不全）；常见于远洋区域和热带的西大西洋，可能分布于太平洋中部，其他地方罕见。
　　栖息地　不太了解。可能在深度较大的开阔海域中处于中上层，深度范围为0—1752米。
　　行为　不太了解。可能是一个比尖吻鲭鲨慢的游泳者，并且似乎比尖吻鲭鲨出现在更深的地方。
　　生物学　了解极少。卵胎生，具有卵食和子宫内同类相食行为。每胎2—8尾胎仔（比尖吻鲭鲨的繁殖能力更低）。以鱼类和鱿鱼为食。温血动物。
　　保护状态　濒危（EN）。比尖吻鲭鲨更罕见，对过度捕捞的复原力更差。暂无区域渔业组织将其列入管理名录，但被CITES和CMS公约列为尖吻鲭鲨的"相似种"。

太平洋鼠鲨 *Lamna ditropis*　　　　　　　　FAO代码：**LMD**　　图版　第306页

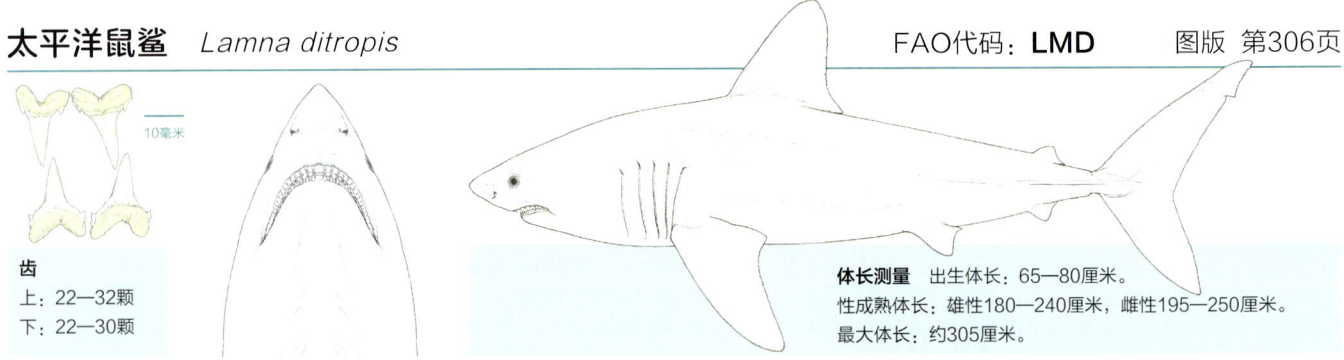

齿
上：22—32颗
下：22—30颗

体长测量　出生体长：65—80厘米。
性成熟体长：雄性180—240厘米，雌性195—250厘米。
最大体长：约305厘米。

　　鉴定　体重大。短而圆锥形的吻部。鳃裂长。尾柄上有明显的侧突，底部有短的次级侧突。月牙形的尾鳍。深灰色或黑色。腹部是白色的，有昏暗的斑点，成体的吻部底部有深色的斑点。第一背鳍有深色的下角；胸鳍基部有白色斑点。
　　分布　北太平洋（雄性在西部常见，雌性在东部常见）。
　　栖息地　栖息于凉爽的沿海和远洋水域，水深范围从表层至至少1864米，但大部分分布在300米以上的区域。
　　行为　季节性洄游。按年龄和性别分群：成年的向更北的地方迁移；年轻的经常出现在较低纬度的暖温带。可能30—40只聚集以觅食。
　　生物学　卵胎生，每胎2—5尾胎仔，妊娠期为8—9个月，春季生产。繁殖周期为2年。雄性在约5岁时性成熟，雌性则需要6—10年；最高寿命为20—30年。以沙丁鱼等成群的鱼类为食。
　　保护状态　无危（LC）。在20世纪90年代禁止刺网捕鱼后，种群数量恢复。

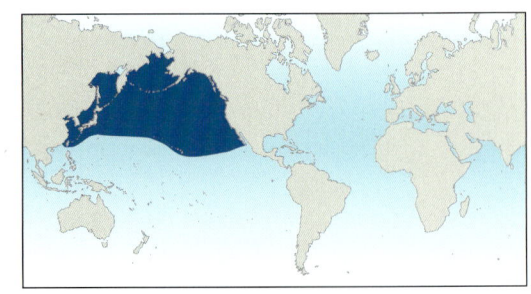

齿
上：22—32颗
下：24—30颗

10毫米

体长测量 出生体长：60—80厘米。性成熟体长：雄性140—177厘米，雌性约170—245厘米。
最大体长：365厘米。

鉴定 与太平洋鼠鲨非常相似（这些物种的分布并不重叠），但有一个更长、更尖的吻部，胸鳍上方没有白斑，第一背鳍具独特的白色下角。南半球的鼠鲨通常在底部有昏暗的斑纹，就像太平洋鼠鲨一样，但北大西洋的鼠鲨有浅色的底部。

分布 分布于北大西洋和南半球的冷水中（2—22℃）。成体喜欢5—10℃的温度，幼体和新生儿在较温暖的水中常见。赤道海域没有记录。

栖息地 分布于近岸至大陆架近海渔场，水深范围为0—200米，偶尔在开放海洋中可达1809米。在温暖的马尾藻海中有一个西北大西洋的幼鲨育儿场，而南半球的幼鲨通常比成年鲨鱼分布更靠北方一些。

行为 洄游性的，夏季在近岸和水面活动，冬季在近海的深水区中。东北和西北大西洋种群之间有有限的洄游。种群是按年龄（大小）和性别划分的，年轻的鲨鱼通常在比成年鲨鱼更温暖的水中被发现。好奇心强，可能接近船只和潜水员，但不危险。

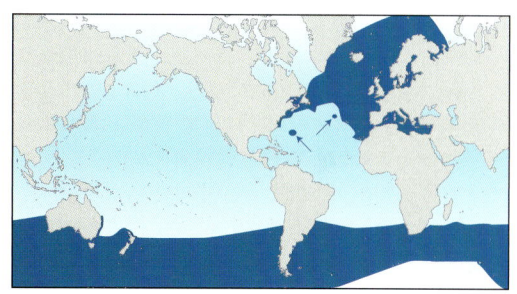

生物学 卵胎生，每胎1—5尾（平均4尾）胎仔。幼鱼以未受精卵为食。妊娠期为8—9个月，幼体在春季和夏季出生，繁殖周期为1—2年。东北地区的种群生长速度比西北大西洋的稍慢，北方的鼠鲨明显比南方海洋的大，生长速度也快。雄性在6—10岁时达性成熟，雌性在12—16.5岁时达性成熟；在北大西洋的最大年龄为26—60岁，新西兰周围体型较小的鼠鲨最高可达65岁。以小型远洋鱼、角鲨、翅鲨和鱿鱼为食。温血动物，同时非常活跃；这两种鼠鲨的高体温使其能在非常寒冷的水中捕猎。

保护状态 全球范围易危（VU）。在东北大西洋和地中海地区为极危物种，在西北大西洋为濒危物种；这些种群由于几十年来为获得高价值的肉而进行的目标渔业和兼捕渔获物捕捞而严重枯竭（鳍也被利用）。公海延绳钓渔业的渔获量不详，但西南大西洋的种群也已枯竭，新西兰周围的渔获率已下降。南半球其他种群的状况不清楚，在延绳钓渔业中作为兼捕渔获物的数量不明，是一种重要的游钓鱼种。被列入若干国际和区域环境公约，包括CITES和CMS（第73页）。在大多数北半球的渔业中是被禁止捕捞的鱼种或有非常严格的配额。在乌拉圭渔业中被禁止，在新西兰规定了捕捞限额。

鼠鲨（*Lamna nasus*）

真鲨目（Carcharhiniformes）

　　这个目是鲨鱼中最大、最多样化且分布最广的类群。它包括至少10个科中的291个物种：单鳍猫鲨科（Pentanchidae）、猫鲨科（Scyliorhinidae）、原鲨科（Proscylliidae）、拟皱唇鲨科（Pseudotriakidae）、细须雅鲨科（Leptochariidae）、皱唇鲨科（Triakidae）、半沙条鲨科（Hemigaleidae）、真鲨科（Carcharhinidae）、鼬鲨科（Galeocerdidae）和双髻鲨科（Sphyrnidae）。其中大多数体型较小且对人类无害，但也包括了一些体型最大的捕食性鲨鱼。

　　鉴定　这个目中的鲨鱼外观非常多样化，包括生活在海底的奇特深海鲨鱼以及典型的大型鲨鱼。它们都有两个无棘的背鳍和一个臀鳍。长长的口部延伸到眼部或者眼部之后，眼由瞬膜状可动的下眼睑保护。鼻口沟通常不存在（或者在少数猫鲨中存在，且宽而浅）。如果有须存在，那么这些须是从鼻孔的前鼻瓣发展而来的。最大的牙齿明显位于齿带的侧面，而不是位于下颌的中线两侧，大前牙齿与上颌中更大的牙齿之间没有间隙或者中间牙齿。肠道通常具有螺旋状或卷轴状的肠道瓣。

　　分布　分布于全球各地，从寒冷到热带的海洋，从潮间带到深海，以及在开放海洋的中上层生活。其中一些鲨鱼游泳能力较差，限于海床的小范围内活动，而另一些则是强壮且长距离游泳的远洋洄游者。

　　生物学　繁殖策略极为多样化，然而在某些类群中的了解非常有限。许多物种是卵生（产卵），有些物种会将卵产在海床上，并在孵化前发育1年左右，而其他物种则将卵保持到接近孵化时才产卵。更为进化的科会让胎儿在母体内发育，并通过卵黄囊或胎盘提供营养，直到产下幼鲨。

　　保护状态　对于98%的真鲨目物种，可提供IUCN红色名录评估状态；其中45%的物种属于无危（包括大部分深海物种），而26%的物种受到威胁。

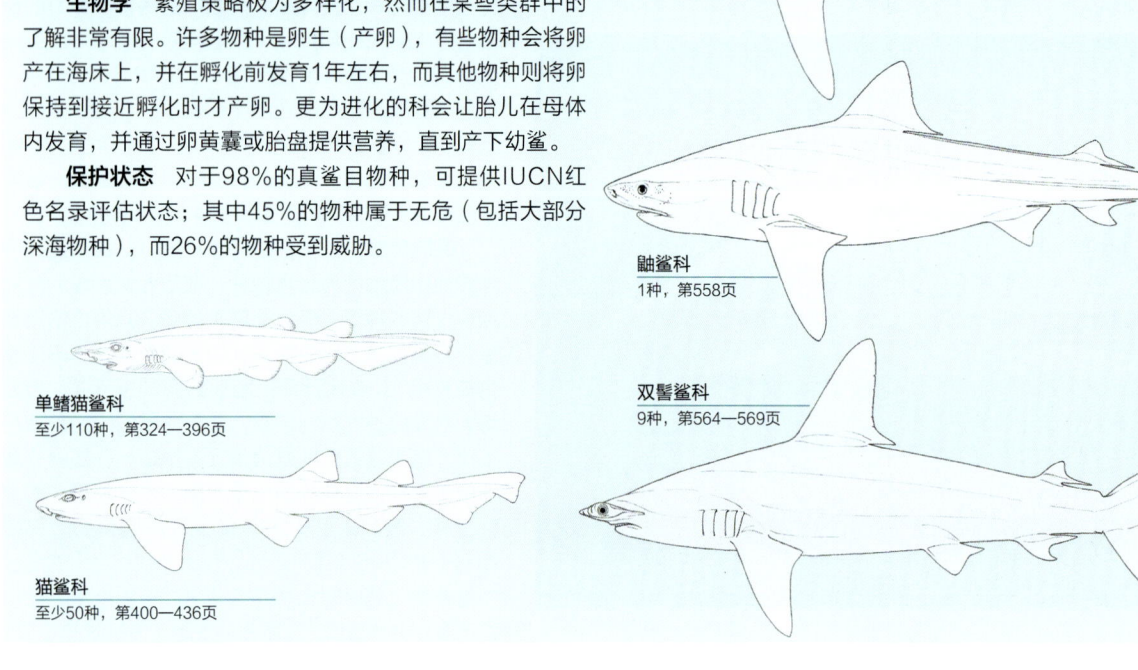

原鲨科
6种，第440—442页

拟皱唇鲨科
5种或更多，第444—446页

细须雅鲨科
1种，第446页

皱唇鲨科
至少45种，第460—483页

半沙条鲨科
8种，第486—490页

真鲨科
56种，第512—557页

鼬鲨科
1种，第558页

双髻鲨科
9种，第564—569页

单鳍猫鲨科
至少110种，第324—396页

猫鲨科
至少50种，第400—436页

单鳍猫鲨科（Pentanchidae）

直到不久前，单鳍猫鲨科（Pentanchidae）还一直被归类在猫鲨科（Scyliorhinidae）中，而后者曾是所有鲨鱼科中物种数量最多的。然而，最近的分类学变动导致这一大家族分裂成两个科：单鳍猫鲨科（Pentanchidae）和猫鲨科（Scyliorhinidae）。因此，单鳍猫鲨科现在是鲨鱼类群中最大的科，包括11个属：光尾鲨属（*Apristurus*）、圆吻猫鲨属（*Asymbolus*）、深海沟鲨属（*Bythaelurus*）、圆头鲨属（*Cephalurus*）、黑鳃双锯鲨属（*Figaro*）、锯尾鲨属（*Galeus*）、梅花鲨属（*Halaelurus*）、宽瓣鲨属（*Haploblepharu*）、似梅花鲨属（*Holohalaelurus*）、盾尾鲨属（*Parmaturus*）、单鳍鲨猫属（*Pentanchus*）。11个属共包含至少110个物种。其中12个物种是新发现的，并在本书中首次列出。由于渔业和深海研究的不断扩展，这些数字很可能会增加，因为新物种不断被发现和描述。显然，对于这些了解甚少的物种，仍然需要进行大量的分类学研究。单鳍猫鲨（深海猫鲨）广泛分布于全球，其名称暗示它们主要栖息在200米深度以下，直至2200米的地方。不过，梅花鲨属和宽瓣鲨属是浅水生活的例外。很多单鳍猫鲨科物种仅有少数个体被发现。因此，关于这些物种的地理分布范围、受威胁现状和生物学特性了解甚少是可以理解的。

鉴定 主要是小型鲨鱼（长度不超过80厘米；一些可能在30厘米左右达到性成熟，少数能达到约90厘米）；身体修长；具有两个小而无棘的背鳍（第一背鳍基部位于腹鳍基部之上或之后），以及一只臀鳍。外观上，它们与猫鲨科相似，但通过颅骨（头骨或脑颅）的结构与其分开。单鳍猫鲨科物种的眼眶上没有内部的"嵴"，而猫鲨科物种有。如果存在嵴，通常可以通过手指触摸眼眶来感觉到它。不幸的是，一些单鳍猫鲨的属（包括最大的属光尾鲨属）的区分非常困难，即使对于专家来说也是如此。请参见下文。

生物学 大多数是卵生（产卵）物种，但也有个别是卵胎生的，能产下活体幼鲨。卵鞘较厚，可能带有角质须，用于附着在海底或无脊椎动物结构上，如柳珊瑚。孵化时间可能长达2—3年，取决于物种。尽管没有已知的单鳍猫鲨进行长距离洄游，但有几个物种会在垂直方向上从数百米的海底进入中层水域觅食。其中部分物种的新生幼鲨在生命早期就栖息在中层水域。单鳍猫鲨以小型硬骨鱼类、头足类动物、甲壳类动物和其他无脊椎动物为食。

保护状态 在IUCN红色名录中，这些物种中有相当大的比例（64%）被评定为无危类别，只有11个物种（10%）被列为受威胁物种。这是因为它们生活在相对较深的海底，使得它们能够避免受渔业活动影响。一些浅水物种能被圈养在公共水族馆中。它们对人类无危险。

光尾鲨属支系

我们对光尾鲨属的物种确定了3个类群，也称为支系，它们在外貌上非常相似，并按照类群为这个属编写物种介绍和图版。长头光尾鲨支系（图版40、第335—337页）的物种具有极长而纤细的吻部（从吻尖到鼻孔的距离），超过了其全长的6%；这些鲨鱼有时被称为匹诺曹猫鲨。另外两个类群的吻部长度小于其全长的6%。褐光尾鲨支系（图版38—39、第324—334页）的物种有相对纤细的体型，上唇褶长度长于下唇褶；而绵吻光尾鲨支系（图版40—41、第337—343页）的物种具有较粗壮的体型，上唇褶与下唇褶的长度相等或小于下唇褶的长度。

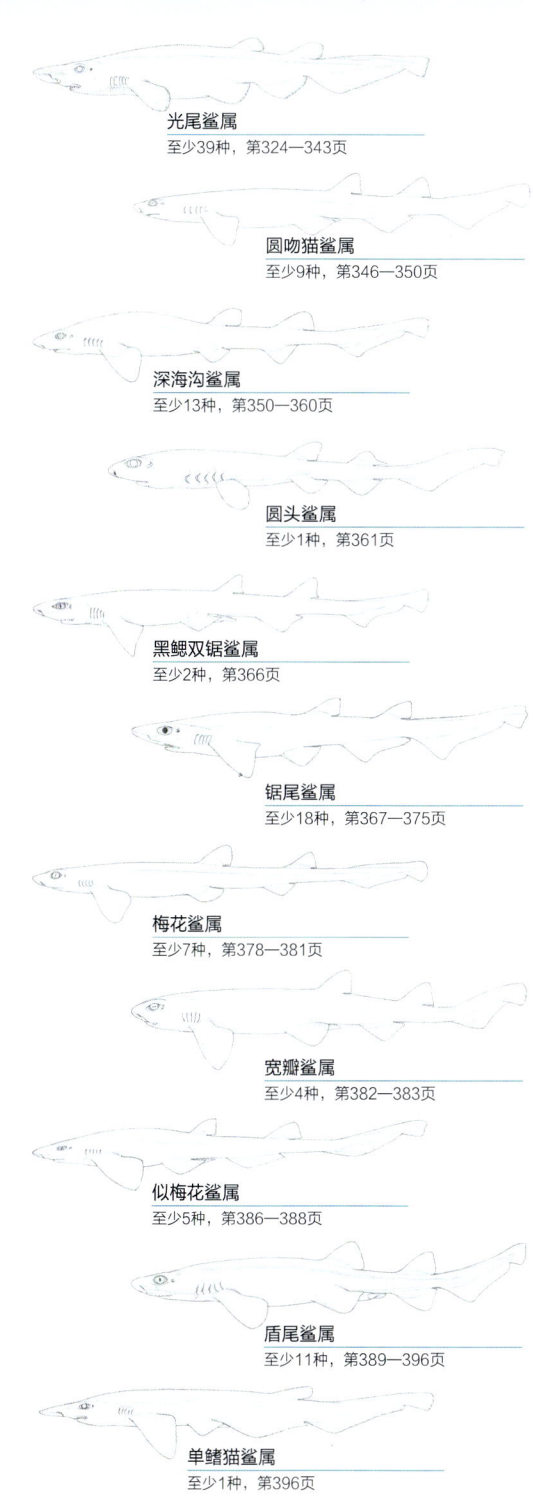

光尾鲨属
至少39种，第324—343页

圆吻猫鲨属
至少9种，第346—350页

深海沟鲨属
至少13种，第350—360页

圆头鲨属
至少1种，第361页

黑鳃双锯鲨属
至少2种，第366页

锯尾鲨属
至少18种，第367—375页

梅花鲨属
至少7种，第378—381页

宽瓣鲨属
至少4种，第382—383页

似梅花鲨属
至少5种，第386—388页

盾尾鲨属
至少11种，第389—396页

单鳍猫鲨属
至少1种，第396页

褐光尾鲨（*Apristurus brunneus*）支系的物种具有相对纤细的体型，较短的吻部（从吻尖到鼻孔的距离小于全长的6％），上唇褶较下唇褶更长。

○ **短腹光尾鲨** *Apristurus breviventralis*　　　　　　　　　　　　　　　　　　　　　　　　　　第324页

分布于印度洋西北部；岛屿斜坡；深度为1000—1120米。修长体型，臀鳍相对较高且有棱角；第一背鳍比第二背鳍小得多；胸鳍和腹鳍非常接近；体色为中到深褐色，舌头和腭为浅褐色。

○ **褐光尾鲨** *Apristurus brunneus*　　　　　　　　　　　　　　　　　　　　　　　　　　　　　第325页

分布于东太平洋；深度范围为33—1341米。栖息于海底或海底之上。第一背鳍与第二背鳍大小相同；修长体型，臀鳍相对较高且有棱角；体色为深褐色，各鳍后端及尾鳍上叶后缘呈浅色。

○ **灰光尾鲨** *Apristurus canutus*　　　　　　　　　　　　　　　　　　　　　　　　　　　　　第325页

分布于西大西洋，加勒比海；深度范围为521—915米。第一背鳍远小于第二背鳍；臀鳍非常修长；胸鳍和腹鳍相对较为接近；体色为深灰色，鳍的边缘呈黑色。

○ **新西兰光尾鲨** *Apristurus exsanguis*　　　　　　　　　　　　　　　　　　　　　　　　　第326页

分布于西南太平洋；深度范围为415—1200米。第一背鳍与第二背鳍大小几乎相同；臀鳍非常修长且较低；体型较松弛，呈淡灰色至浅褐色。

○ **驼背光尾鲨** *Apristurus gibbosus*　　　　　　　　　　　　　　　　　　　　　　　　　　　第326页

分布于中印度–太平洋至西北太平洋；深度范围为600—913米。第一背鳍略小于第二背鳍，臀鳍中等修长，相对较高且有棱角。

○ **印度光尾鲨** *Apristurus indicus*　　　　　　　　　　　　　　　　　　　　　　　　　　　　第327页

分布于印度洋西部；深度范围为1225—1840米。第一背鳍比第二背鳍大，并向前延伸成为背部上一条长而低的峰；臀鳍中等修长，相对较高且有棱角；胸鳍、腹鳍、臀鳍和尾鳍都非常接近。

○ **中间光尾鲨** *Apristurus internatus*　　　　　　　　　　　　　　　　　　　　　　　　　　第327页

分布于西北太平洋，东海地区；深度为670米，可能栖息范围为200—1000米。第一背鳍略小于第二背鳍；臀鳍中等修长，相对较高且有棱角；体色暗淡，鳍缘无明显的亮色。

○ **宽吻光尾鲨** *Apristurus investigatoris*　　　　　　　　　　　　　　　　　　　　　　　　第328页

分布于印度洋，安达曼海；深度为1040米。第一背鳍的面积为第二背鳍的2/3，并向前延伸成为一条低矮的峰，几乎覆盖腹鳍起点；臀鳍非常修长，相对较低且有棱角。

○ **日本光尾鲨** *Apristurus japonicus*　　　　　　　　　　　　　　　　　　　　　　　　　　第328页

分布于西北太平洋；深度范围为820—915米。第一背鳍与第二背鳍大小相当；臀鳍非常大且中等程度修长，有棱角；胸鳍和腹鳍在长的腹部上相隔很远；吻部较短。

○ **冰岛光尾鲨** *Apristurus laurussonii*　　　　　　　　　　　　　　　　　　　　　　　　　第329页

分布于北大西洋；深度范围为560—2060米。第一背鳍略大于第二背鳍，并且它们之间的间隔大于第一背鳍基部的长度；臀鳍非常大且中等程度修长，有棱角。

○ **大吻光尾鲨** *Apristurus macrorhynchus*　　　　　　　　　　　　　　　　　　　　　　　　第329页

分布于西北太平洋；深度范围为220—1140米。第一背鳍的大小为第二背鳍的2/3，并且它们之间的间隔长于第一背鳍基部的长度；臀鳍非常大、修长且有棱角；身体上部呈浅灰褐色，鳍和腹面呈白色。

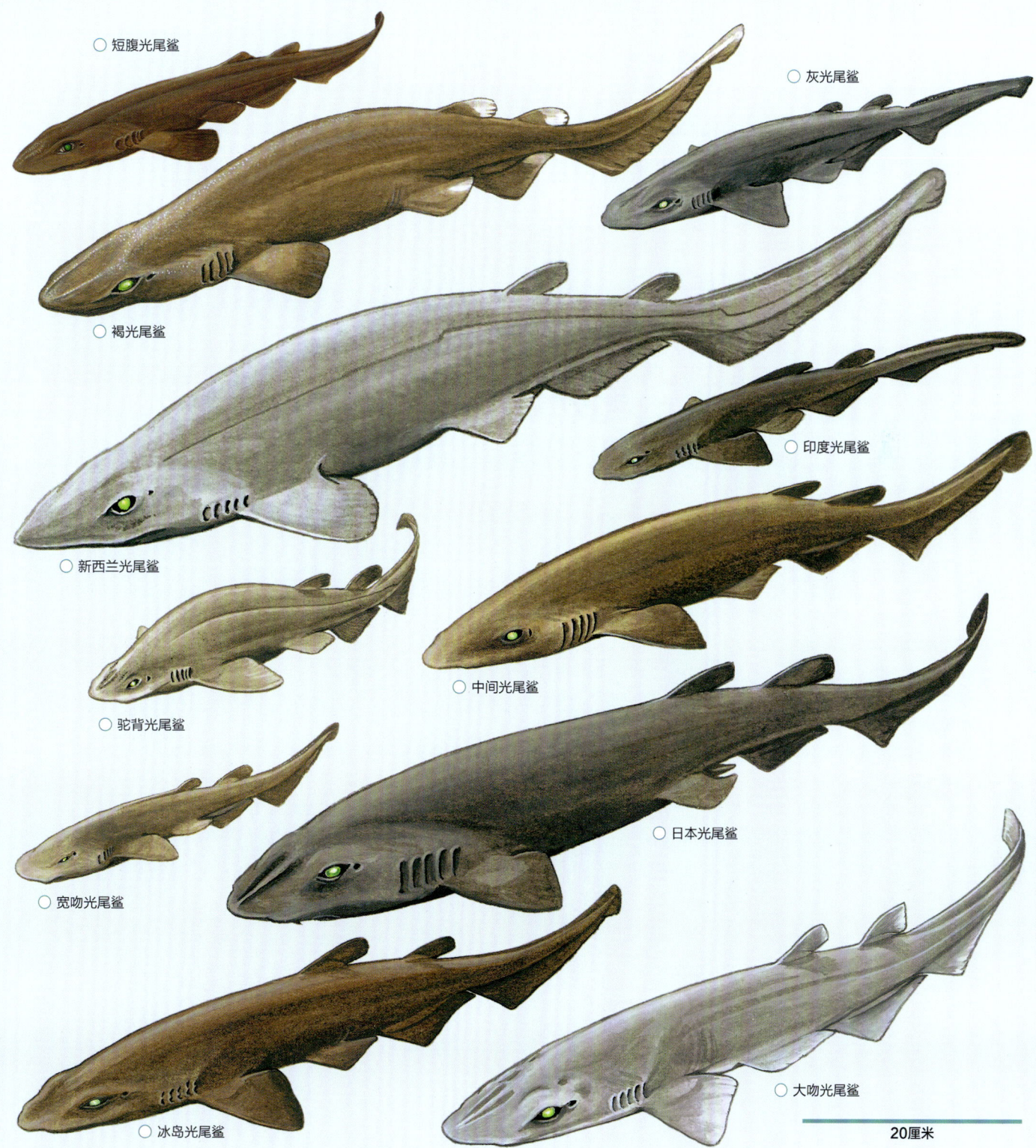

○ 短腹光尾鲨

○ 灰光尾鲨

○ 褐光尾鲨

○ 新西兰光尾鲨

○ 印度光尾鲨

○ 驼背光尾鲨

○ 中间光尾鲨

○ 宽吻光尾鲨

○ 日本光尾鲨

○ 冰岛光尾鲨

○ 大吻光尾鲨

20厘米

图版 39 单鳍猫鲨科 II – 褐光尾鲨支系 II

褐光尾鲨（*Apristurus brunneus*）支系的物种具有相对纤细的体型，短吻部（从吻尖到鼻孔的距离小于总体长度的6%），上唇褶较下唇褶更长。

○ **大口光尾鲨** *Apristurus macrostomus*

分布于中印度洋–太平洋地区至西北太平洋；深度范围为220—1069米。第一背鳍的大小不到第二背鳍的一半，并且它们之间的间隔大于第一背鳍基部的长度；臀鳍非常大、延长且有棱角；鳍的后缘呈黑色。

○ **黑盾光尾鲨** *Apristurus melanoasper*

分布于东大西洋、西南太平洋和南印度洋；深度范围为512—1683米。第一背鳍与第二背鳍大小相同；臀鳍高而有棱角，基部比胸鳍–腹鳍间隔短；身体纤细，呈深褐色，通常有不规则分布的浅色斑点，鳍尖为明显的黑色。

○ **微鳍光尾鲨** *Apristurus micropterygeus*

分布于中印度洋–太平洋地区，中国南海；深度可达913米。第一背鳍极小，大约为第二背鳍大小的1/9，起点于较长的腹鳍基部之后；臀鳍非常大，延长且有棱角。

○ **仲谷氏光尾鲨** *Apristurus nakayai*

分布于中印度洋–太平洋地区；深度范围为953—1022米。腹部非常短，与腹鳍长度相当；第一背鳍起点位置明显在腹鳍终点之后；臀鳍较低，延长且有棱角，基部较胸鳍–腹鳍间隔更长；身体呈均一的褐黑色，舌和腭呈深色，虹膜在活体时呈闪亮的白色。

○ **大鼻光尾鲨** *Apristurus nasutus*

分布于东太平洋地区；深度范围为250—950米。第一背鳍略小于第二背鳍；臀鳍非常长且相对较低；身体呈褐灰色或灰黑色，后部鳍缘色较浅。

○ **小鳍光尾鲨** *Apristurus parvipinnis*

分布于西大西洋地区；深度范围为600—1220米。第一背鳍极其小，起点位于腹鳍终点之后；臀鳍低位，延长且有棱角，基部较胸腹鳍间隔更长；上尾缘具有较为突出的盾鳞。

○ **扁吻光尾鲨** *Apristurus platyrhynchus*

分布于中印度洋–太平洋地区和西太平洋；深度范围为400—1080米。口部大多位于大眼的下方；第一背鳍远小于第二背鳍；胸鳍较大；臀鳍较低，延长且有棱角，基部较胸腹间隔更长；身体呈浅褐色或灰色至深褐色，鳍缘呈黑色。

○ **南非光尾鲨** *Apristurus saldanha*

分布于东南大西洋至西南印度洋；深度范围为344—1009米。身体粗壮；第一背鳍略大于第二背鳍；臀鳍极度延长，其基部长度是高度的3倍，相对较低；身体呈深蓝灰色或灰褐色。

○ **加里曼丹光尾鲨** *Apristurus sibogae*

分布于中印度洋–太平洋地区；深度为655米。第一背鳍远小于第二背鳍；胸鳍非常大；臀鳍较大，延长且有棱角；身体呈白色或淡红色。

○ **中华光尾鲨** *Apristurus sinensis*

分布于中印度洋–太平洋地区；深度范围为537—1290米。背鳍较小，第一背鳍约为第二背鳍的一半大小；臀鳍较大，延长且有棱角；身体呈深色，并无明显斑纹。可能是一个复合种。

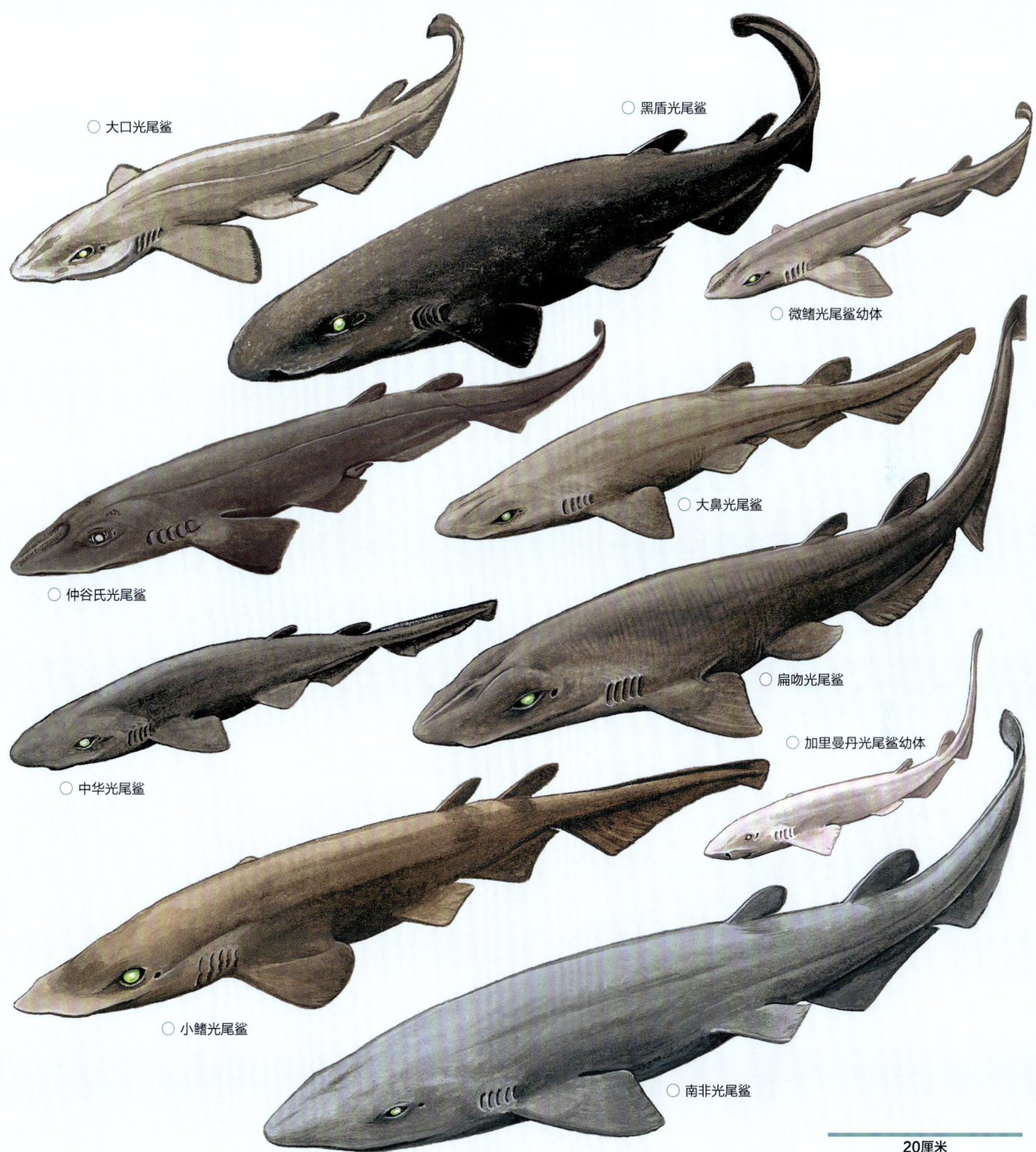

○ 大口光尾鲨

○ 黑盾光尾鲨

○ 微鳍光尾鲨幼体

○ 仲谷氏光尾鲨

○ 大鼻光尾鲨

○ 扁吻光尾鲨

○ 中华光尾鲨

○ 加里曼丹光尾鲨幼体

○ 小鳍光尾鲨

○ 南非光尾鲨

20厘米

长头光尾鲨支系

长头光尾鲨支系的物种具有极长且纤细的吻部（从吻尖到鼻孔的距离），超过其总体长度的6%。

○ **澳洲光尾鲨** *Apristurus australis*　　　　　　　　　　　　　　　　　　　　　　　　第335页

分布于西南太平洋地区；分布于大陆坡和海山区域；深度范围为445—1035米。具有非常长而狭窄的尖吻部；第一背鳍较第二背鳍小；臀鳍有棱角，非常低且拥有延长基部；喉部比浅灰色到褐色的身体更暗；东北澳大利亚种群的鳍尖和边缘白色，或具有较宽的淡色边缘。

○ **加氏光尾鲨** *Apristurus garricki*　　　　　　　　　　　　　　　　　　　　　　　　第335页

分布于西南太平洋地区；深度范围为517—1200米。吻部极长，上唇褶长于下唇褶；第一背鳍远小于第二背鳍，两者的内侧和后缘明显呈黑色，无盾鳞；臀鳍延长，非常低；头部和身体背侧呈均匀的灰色，腹部呈淡灰色至白色。

○ **霍氏光尾鲨** *Apristurus herklotsi*　　　　　　　　　　　　　　　　　　　　　　　第336页

分布于中印度洋–太平洋地区至西北太平洋；深度范围为423—910米。第一背鳍约为第二背鳍的1/3大小；臀鳍非常长而低，有棱角；腹部异常短，腹鳍和胸鳍非常接近。

○ **长头光尾鲨** *Apristurus longicephalus*　　　　　　　　　　　　　　　　　　　　　第336页

分布于西太平洋和印度洋；深度范围为500—1350米。第一背鳍略小于第二背鳍；臀鳍较大，有棱角，延长；呈灰黑色或深褐色，无明显斑纹。

○ **杨氏光尾鲨** *Apristurus yangi*　　　　　　　　　　　　　　　　　　　　　　　　　第337页

分布于中印度洋–太平洋地区；深度范围为630—786米。身体纤细；吻部极长；腹部短，不到身长的10%；背鳍和胸鳍光滑无盾鳞，呈黑色；臀鳍延长且非常低；身体呈均匀的浅棕色，侧面较下部稍微暗一些，口腔深黑棕色且无小齿。

绵吻光尾鲨支系 I

属于绵吻光尾鲨支系的物种，其吻部长度占整个身体长度的比例小于6%，其身体较其他支系更加粗壮，上唇褶的长度等于或小于下唇褶的长度。

○ **白腹光尾鲨** *Apristurus albisoma*　　　　　　　　　　　　　　　　　　　　　　　第337页

分布于中印度洋–太平洋地区；深度范围为935—1564米。第一背鳍略小于第二背鳍；臀鳍宽圆，高度高而基部短。

○ **大头光尾鲨** *Apristurus ampliceps*　　　　　　　　　　　　　　　　　　　　　　　第338页

分布于西南印度洋至西南太平洋地区；深度范围为800—1503米。第一背鳍略小于第二背鳍；臀鳍相对较低，宽圆；身体呈褐色至黑色，散布着较浅的斑点和波纹；尾鳍末端呈淡色。

○ **淡色光尾鲨** *Apristurus aphyodes*　　　　　　　　　　　　　　　　　　　　　　　第338页

分布于东北大西洋地区；深度范围为800—1809米。第一背鳍与第二背鳍大小相仿；臀鳍宽圆，高度高而基部短；身体呈淡灰色，部分鳍边缘呈深灰色。

○ **牛首光尾鲨** *Apristurus bucephalus*　　　　　　　　　　　　　　　　　　　　　　第339页

分布于西印度洋，澳大利亚西部；大陆坡；深度范围为920—1140米。第一背鳍较第二背鳍较低；臀鳍高而呈三角形；喉部有褶皱；身体呈灰褐色，臀鳍和尾鳍后缘呈黑色。

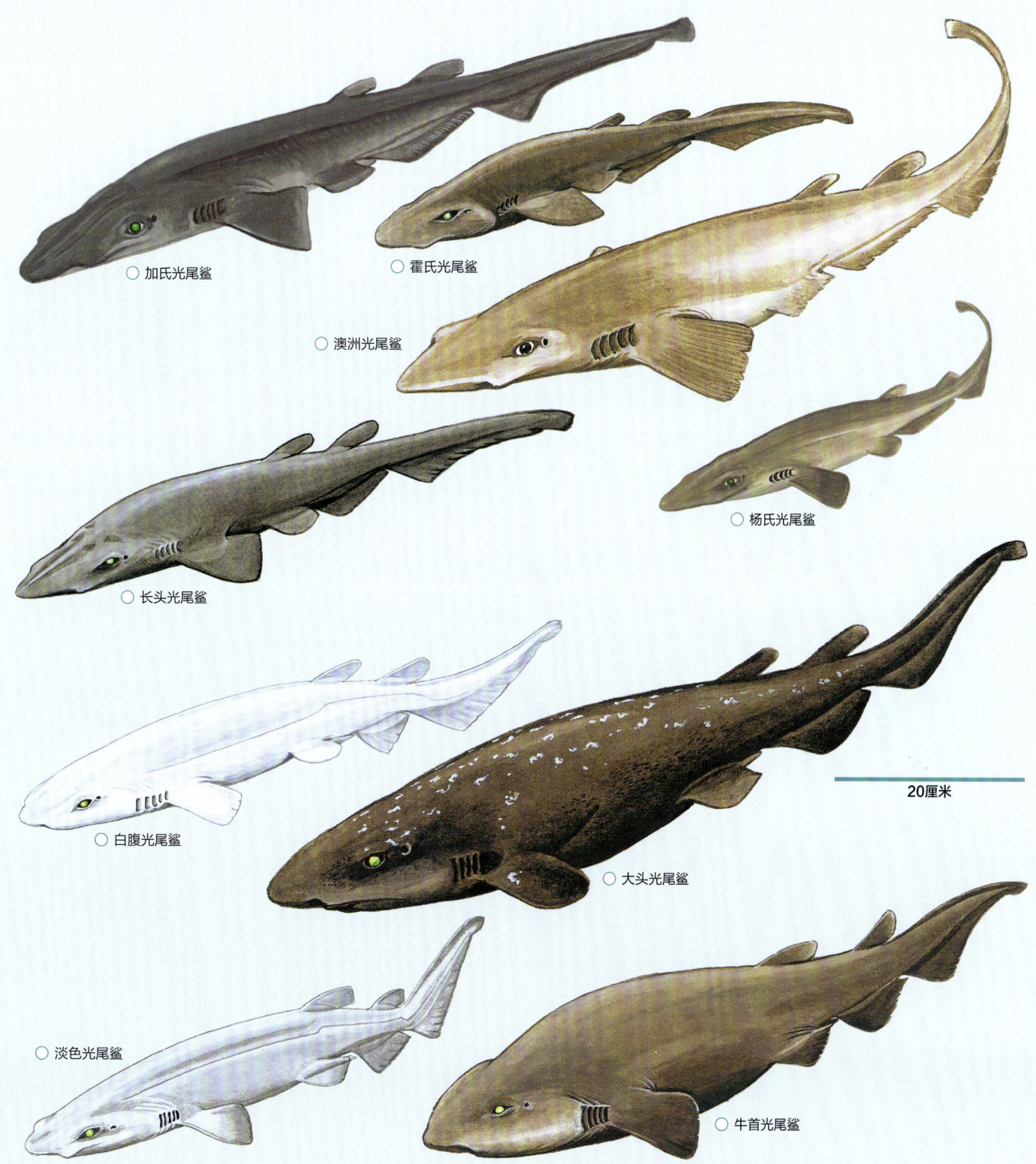

○ 加氏光尾鲨

○ 霍氏光尾鲨

○ 澳洲光尾鲨

○ 杨氏光尾鲨

○ 长头光尾鲨

20厘米

○ 白腹光尾鲨

○ 大头光尾鲨

○ 淡色光尾鲨

○ 牛首光尾鲨

图版 41　单鳍猫鲨科IV - 绵吻光尾鲨支系 II

属于绵吻光尾鲨支系的物种，其吻部长度占整个身体长度的比例小于6%，其身体较其他支系更加粗壮，上唇褶的长度等于或小于下唇褶的长度。

○ **费氏光尾鲨** *Apristurus fedorovi*　　　　　　　　　　　　　　　　　　　　第339页

　　分布于西北太平洋地区；深度范围为810—1430米。第一背鳍略小于第二背鳍；臀鳍宽圆，高度高而基部短。

○ **加州光尾鲨** *Apristurus kampae*　　　　　　　　　　　　　　　　　　　　第340页

　　分布于东北太平洋和东太平洋地区；深度范围为65—1888米。第一背鳍与第二背鳍大小相仿；臀鳍宽圆，高度较高，基底长度约为高度的两倍；尾鳍前鳍可能具有浅色边缘。

○ **幽灵光尾鲨** *Apristurus manis*　　　　　　　　　　　　　　　　　　　　第340页

　　分布于北大西洋，可能也存在于东南大西洋；深度范围为600—2453米。身体特别粗壮；第一背鳍略小于第二背鳍；臀鳍宽圆，相对较高；身体为深灰色或黑色，幼体的鳍尖呈白色；躯干侧面的盾鳞较为稀疏，尾鳍上有一排增大的盾鳞。

○ **小眼光尾鲨** *Apristurus microps*　　　　　　　　　　　　　　　　　　　第341页

　　分布于北大西洋、东南大西洋和印度洋西南部；深度范围为700—2200米。眼极小；第一背鳍与第二背鳍大小相仿；臀鳍宽圆，较高；身体粗壮，为深褐色或灰褐色到紫黑色，鳍上没有明显的斑纹；尾部上有一排增大的盾鳞。

○ **粗体光尾鲨** *Apristurus pinguis*　　　　　　　　　　　　　　　　　　　第341页

　　分布于西太平洋和印度洋东部；深度范围为858—2057米。背鳍大小相当；臀鳍为三角形且较高。

○ **深水光尾鲨** *Apristurus profundorum*　　　　　　　　　　　　　　　　　第342页

　　分布于北大西洋；深度范围为132—1830米。身体修长；背鳍大小相等；臀鳍为三角形且较高；身体呈棕色，竖起的盾鳞具有砂纸的质感。

○ **宽鳃光尾鲨** *Apristurus riveri*　　　　　　　　　　　　　　　　　　　　第342页

　　分布于西大西洋；深度范围为622—1500米。身体较小且修长；第一背鳍位于腹鳍插入点前方，并且比第二背鳍要小得多；臀鳍为三角形且较高；身体呈深色，鳍没有斑纹。

○ **绵吻光尾鲨** *Apristurus spongiceps*　　　　　　　　　　　　　　　　　　第343页

　　分布于北太平洋中部，夏威夷；深度范围为572—1463米。身体粗壮；喉咙和鳃周围有褶皱和凹槽；背鳍大小相似；臀鳍宽圆，相对较高；身体呈深褐色。

○ **斯氏光尾鲨** *Apristurus stenseni*　　　　　　　　　　　　　　　　　　　第343页

　　分布于东太平洋中部；深度范围为915—975米。身体修长；眼小，鳃裂宽广；背鳍大小相似；臀鳍为三角形，相对较高，基部延长；体色呈黑色；尾鳍上有突出的一列盾鳞。

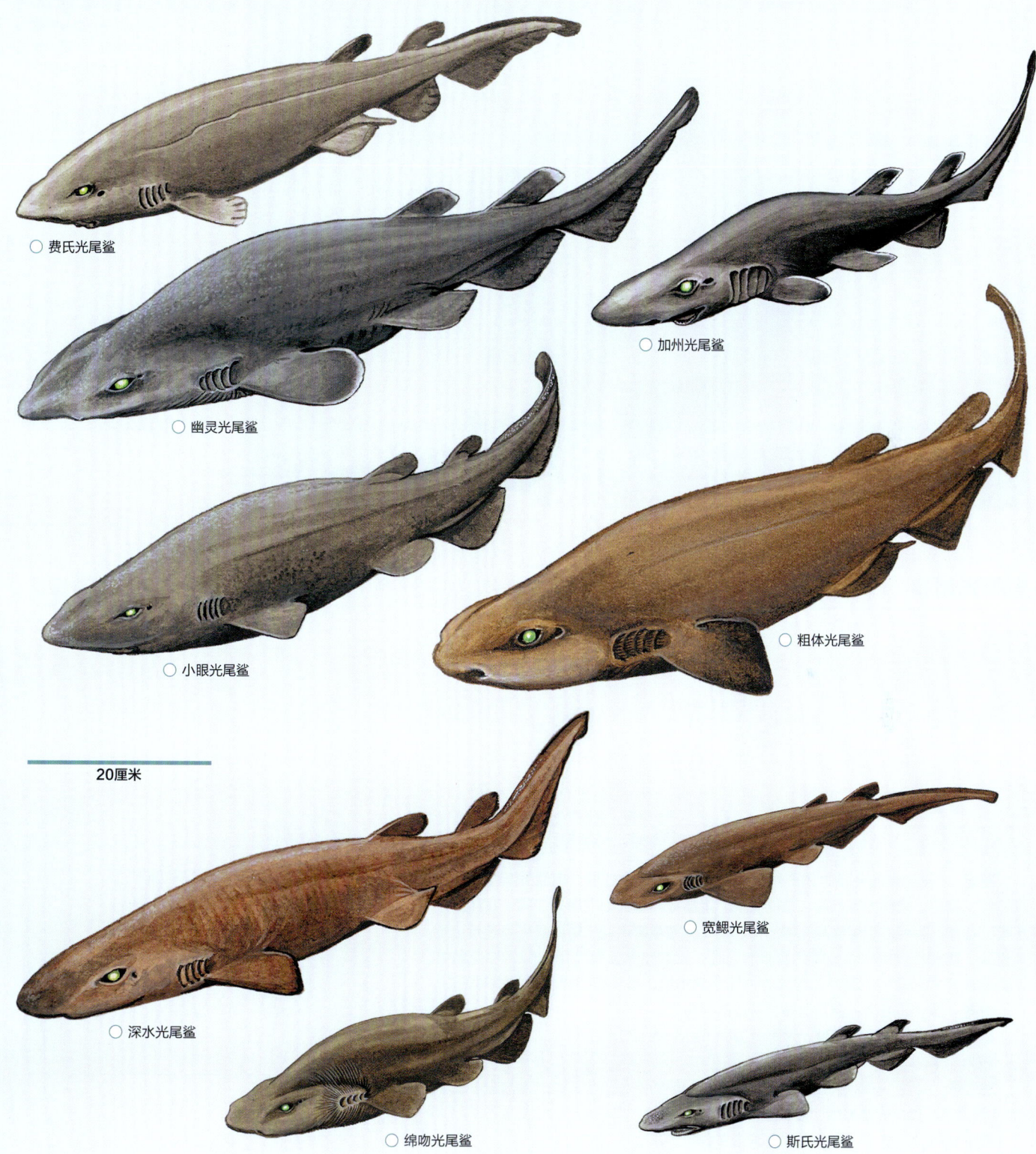

○ 费氏光尾鲨

○ 幽灵光尾鲨

○ 加州光尾鲨

○ 小眼光尾鲨

○ 粗体光尾鲨

20厘米

○ 深水光尾鲨

○ 宽鳃光尾鲨

○ 绵吻光尾鲨

○ 斯氏光尾鲨

绵吻光尾鲨（*Apristurus spon-giceps*），于2002年对夏威夷群岛西北部的考察中拍摄。这是对该物种的第二次记录，也是物种在自然栖息地的第一次活体记录，地点为北安普敦海山水深1000米处

短腹光尾鲨 *Apristurus breviventralis*

FAO代码：**API**　　图版 第316页

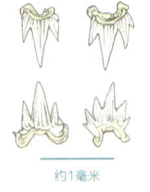

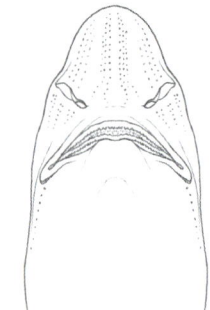

约1毫米

齿
上：73—94颗
下：79—95颗

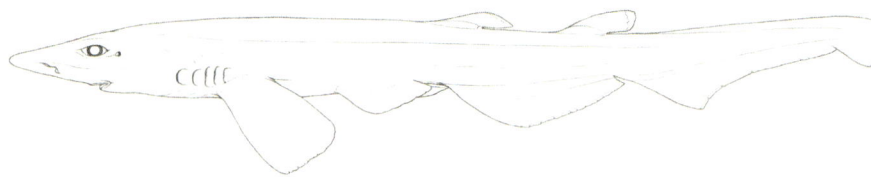

体长测量　性成熟体长：雄性 43—49厘米。
最大体长：49厘米。

鉴定　（褐光尾鲨支系）体形修长，向腹鳍方向呈圆柱形，向后逐渐侧扁。头部宽阔、扁平。吻部中等长度，末端尖锐。上唇褶明显长于下唇褶。第一背鳍远小于第二背鳍，起点位于腹鳍基末端后方。第二背鳍基终点位于臀鳍基终点前方。臀鳍延长，基部长度远大于胸鳍和腹鳍的间隔，相对较高且有棱角。胸鳍和腹鳍之间的腹部空间非常小。颜色为均匀的中等至深褐色。舌头和口腔腭板为浅褐色。

　　分布　西北印度洋：亚丁湾索科特拉群岛附近。

　　栖息地　分布于深海岛坡，深度范围为1000—1120米。

　　行为　未知。

　　生物学　卵生，其他未知。该物种只从9个雄性个体有所了解；最小的未成年，有34厘米长，其余的是成体，总长度为43—49厘米。

　　保护状态　无危（LC）。超越了渔业的深度范围。

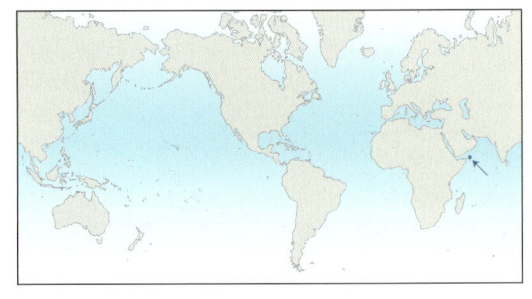

褐光尾鲨 *Apristurus brunneus*

FAO代码：**CSN**　　图版 第316页

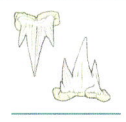

约5毫米

齿
上：58—74颗
下：48—69颗

体长测量　出生体长：7—9cm。性成熟体长：雄性45—55厘米，雌性48—58厘米。性成熟时的尺寸因地区而异，在其分布区南部的个体成熟时尺寸较小。最大体长：69厘米。

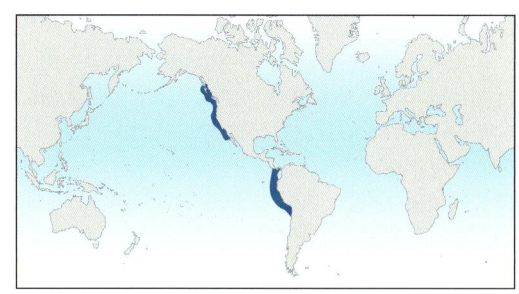

鉴定　（褐光尾鲨支系）头部宽阔、扁平。吻部较长。鼻孔较大。口部长而呈弧形，延伸至眼睛正对位置；上唇褶非常长（下唇褶较短）。鳃裂长度超过成体的眼长度。背鳍大小相等；第一背鳍起点位于腹鳍基中部上方。长而高，有棱角的臀鳍和较长的尾鳍之间有一小的缺刻。身体呈深褐色，各鳍及尾鳍上叶具浅色边缘。

分布　东太平洋：阿拉斯加东南部至墨西哥北部，巴拿马、厄瓜多尔、秘鲁和智利北部附近。

栖息地　分布于大陆架外侧和大陆坡上部区域，深度范围为33—1341米，位于海床或在海床上方。该物种通常在软泥质海底或起伏较大的岩石质海底出现。加利福尼亚海岸已确定了该物种的产卵场和育儿场。

行为　（不同生长阶段个体）存在明显的按水深分群的现象，近90%的亚成体出现在600米以下，带卵雌性大多出现在300—500米之间。

生物学　卵生。卵鞘成对产出，长约5厘米，宽2.5厘米，有长的卷须，在春天和夏天产下（加拿大；在其分布区的南部，这些鲨鱼全年都会产卵；可能需要两年或更久才能孵化）。在海床上方和中部水层觅食，远离底层的地方，以中上层甲壳动物、小虾、鱿鱼和小鱼为食。

保护状态　数据缺乏（DD）。深海渔业中的兼捕渔获物。

灰光尾鲨 *Apristurus canutus*

FAO代码：**CSQ**　　图版 第316页

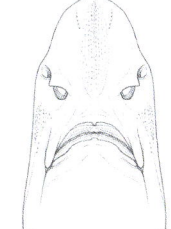

齿
上：>50颗
下：>50颗

体长测量　几乎未知。性成熟体长：40—45厘米。
最大体长：约46厘米。

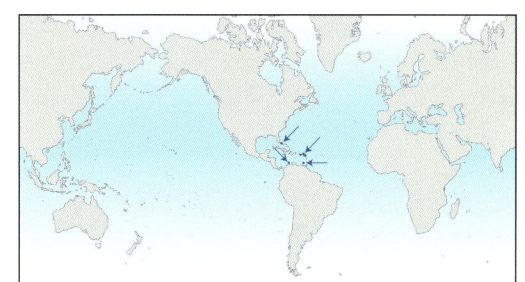

鉴定　（褐光尾鲨支系）头部宽阔，扁平。吻部圆形。鼻孔较大。口部长而呈弧形，大部分位于眼睛下方；唇褶非常长（上唇褶延伸至上颌缝合部，下唇褶较短）。眼宽度超过最宽的鳃裂。第一背鳍远小于第二背鳍，起点位于腹鳍终点后方。胸鳍和腹鳍相对较近。臀鳍极度延长，基部长度为高度的2.5—3倍，相对较低，通过小缺口与延长的尾鳍分开。体色为深灰色，鳍的边缘略带黑色。

分布　加勒比海：佛罗里达海峡、背风群岛、荷属安的列斯群岛、哥伦比亚和委内瑞拉。

栖息地　位于岛屿陆坡，深度范围为521—915米。

行为　未知。

生物学　卵生。

保护状态　无危（LC）。鲜为人知，出现在渔业深度以下。

新西兰光尾鲨 *Apristurus exsanguis*

约5毫米

齿
上：48—78颗
下：42—73颗

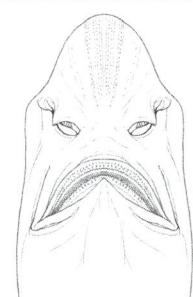

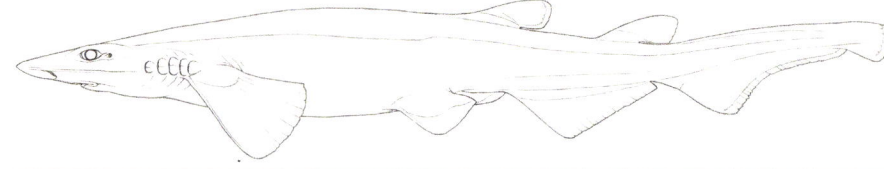

体长测量　性成熟体长：大概65—70厘米（雌雄都是）。
最大体长：91厘米。

鉴定　（褐光尾鲨支系）淡灰色至淡棕色，松弛的体型。宽阔、扁平的头部。吻部长度中等。大的鼻孔。长而弓形的口部略微延伸至眼部前方；非常长的唇褶（上唇褶达到上颌缝合部，下唇褶略短于上唇褶）。背鳍大小相似；第一背鳍的基部位于腹鳍基部的后方。延长的臀鳍较低，高度小于基底长度，通过一个小缺口与延长的尾鳍分开。

分布　西南太平洋：广泛分布于新西兰及周围的洋脊和岛屿，包括查塔姆、斯图尔特和坎贝尔群岛。

栖息地　岛屿斜坡，深度范围415—1200米。

行为　未知。

生物学　卵生，了解甚少。卵鞘长6.8厘米，宽2.9厘米，卵鞘较大，表面具沟槽，具有长而螺旋状的卷须。

保护状态　无危（LC）。偶尔作为兼捕渔获物，但大部分布深度在800米以下，超出大多数深海渔业的范围。

驼背光尾鲨 *Apristurus gibbosus*

FAO代码：**CSG**　　图版 第316页

齿
上：63—96颗
下：64—98颗

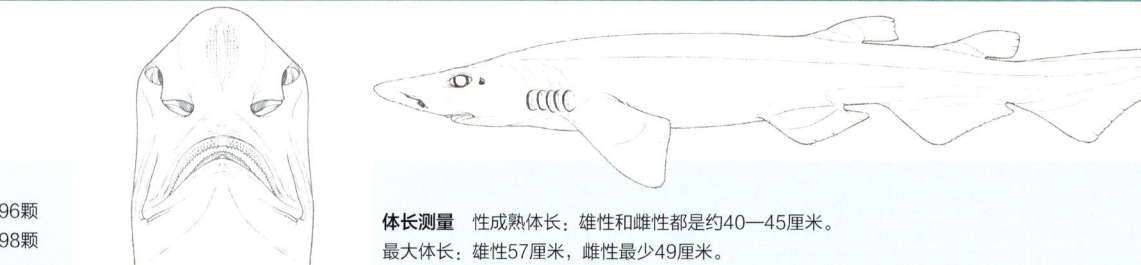

体长测量　性成熟体长：雄性和雌性都是约40—45厘米。
最大体长：雄性57厘米，雌性最少49厘米。

鉴定　（褐光尾鲨支系）宽阔、扁平的头部。延长且非常宽大的匙状吻部。大的鼻孔。长而呈弓形的口部延伸至眼部前端；非常长的唇褶（上唇褶达到上颌缝合部，下唇褶较上唇褶短）。小眼。在非常平坦的头部后方有突出的隆起背部。第一背鳍的基部位于腹鳍基部上方，略小于第二背鳍。中等长度的臀鳍，相对较高，有棱角，通过小的缺口与延长的尾鳍分开。暗色（灰暗色）的身体，无浅色的鳍边缘。

分布　中印度洋-太平洋至西北太平洋：中国南海至中国东海，包括冲绳海槽，也包括中国台湾附近。

栖息地　位于大陆坡上，深度超过600—913米。

行为　卵鞘长5—7厘米，宽2—3厘米，前端具有纤维状的卷须，后端具有螺旋状的卷须，侧边有凸缘，表面厚，有纵向的嵴。

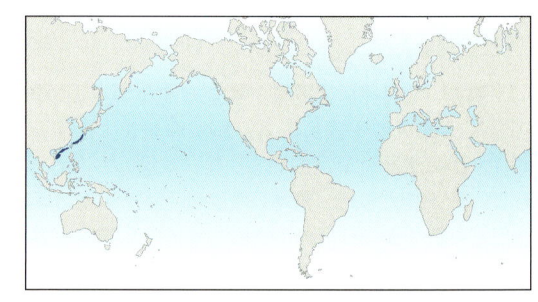

生物学　未知。

保护状态　无危（LC）。科考船已经捕获了一些标本，没有被深海拖网渔船捕获的报告，它的大部分布范围都在渔业的深度以下。

326　真鲨目（Carcharhiniformes）

齿
上：60—62颗
下：<60颗

体长测量 大多数情况下未知。出生体长：少于13厘米。性成熟体长：至少34厘米。

鉴定 （褐光尾鲨支系）宽阔、扁平的头部。延长的吻部。大鼻孔。非常短的口部延伸至眼部前端；非常长的唇褶（上唇褶达到上颌缝合部，下唇褶较上唇褶短）。鳃裂长度小于成年眼长度。两个小的无棘背鳍，第一个低于第二个，并向前延伸，成为背部长而低的峙线。中等长度的臀鳍，相对较高且有棱角，与延长的尾鳍之间有小的凹口分隔。偶鳍、臀鳍和尾鳍非常接近。体呈棕色或黑色。

分布 西印度洋：索马里，亚丁湾，阿曼。来自欧洲水域和南部非洲西海岸的记录是错误的。

栖息地 大陆坡，分布于深海，范围为1225—1840米，底栖。

行为 未知。

生物学 未知。

保护状态 无危（LC）。由于分布的深度范围，没有被渔业捕捞。只从3个雌性标本中有所了解，长度在13—34厘米之间。

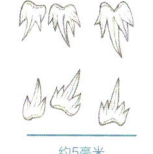

约5毫米

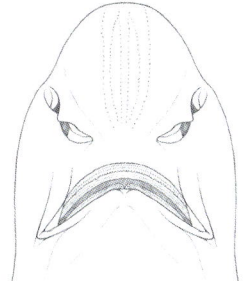

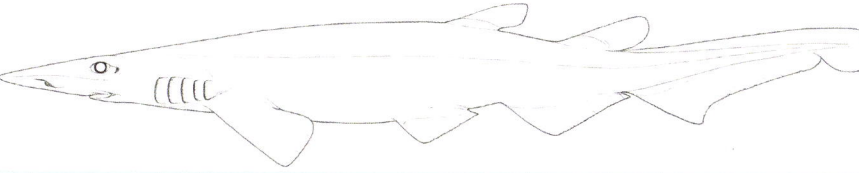

齿
上：60颗
下：56颗

体长测量 基本未知。模式标本：40—42厘米（可能为雌性），可能是未成年的个体。

鉴定 （褐光尾鲨支系）宽阔、扁平的头部。相对较短且非常宽大的吻部。大鼻孔。长而呈弓形的口部达到眼部前方；非常长的唇褶（上唇褶达到上颌缝合部，下唇褶较短）。第一背鳍基部位于腹鳍基部上方，略小于第二背鳍。中等长度的臀鳍，相对较高且有棱角，与延长的尾鳍之间有小的凹口分隔。暗色的身体；鳍边缘无浅色的部分。

分布 西北太平洋。中国附近的东海（模式标本的确切地点不确定）。

栖息地 大陆坡，深度670米，可能分布于200—1000米。

行为 未知。

生物学 卵生。卵鞘长5—7厘米，宽2—3厘米，各个角具纤维质丝状突，后部具卷须。

保护状态 无危（LC）。只对科考活动中捕获的两个标本有所了解；可能也出现在深海拖网渔船的范围以下。可能是驼背光尾鲨（*Apristurus gibbosus*）的一个次定同物异名；需要进一步的研究来确认其有效性。

宽吻光尾鲨 *Apristurus investigatoris*　　　　　FAO代码：**APV**　　图版 第316页

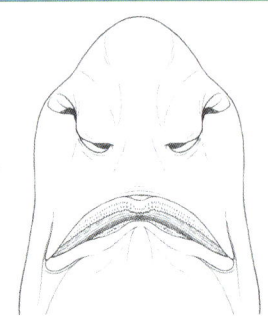
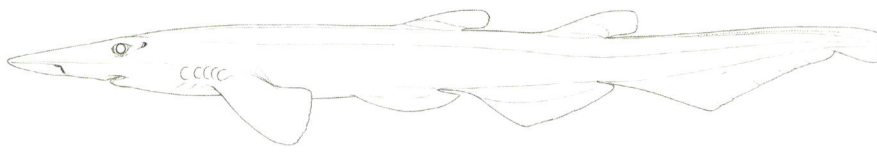

齿
上：42颗
下：43颗

体长测量　大多数情况下未知。雌性模式标本：26厘米。

　　鉴定　（褐光尾鲨支系）非常宽阔、扁平的头部。延长的吻部。大鼻孔。非常短小的口部，略微延伸至眼部前方；非常长的唇褶（上唇褶达到上颌缝合部，下唇褶与上唇褶长度相当）。鳃裂长度小于成年眼长度。第一背鳍面积约为第二背鳍的2/3，向前延伸成长而低的脊背，几乎位于腹鳍起点上方。腹部较短。极度延长的臀鳍，相对较低而有棱角，与延长的尾鳍之间由小的凹口分隔。具有较为发达的尾鳍盾鳞。呈中等棕色，无明显的鳍上标记。

　　分布　印度洋：安达曼海。印度海岸及更往西的记录是未经证实的。

　　栖息地　大陆坡，深海，可达1040米，底栖。

　　行为　未知。

　　生物学　未知。

　　保护状态　无危（LC）。只从两个标本有所了解，但大部分的种群都在深海渔业的范围以下。在马达加斯加以南的海底山脊上，有一种宽吻短身的物种与本种及印度光尾鲨（*Apristurus indicus*）相似。

日本光尾鲨 *Apristurus japonicus*　　　　　FAO代码：**CSJ**　　图版 第316页

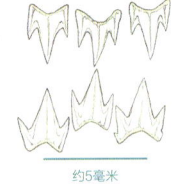
约5毫米

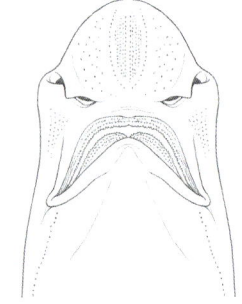
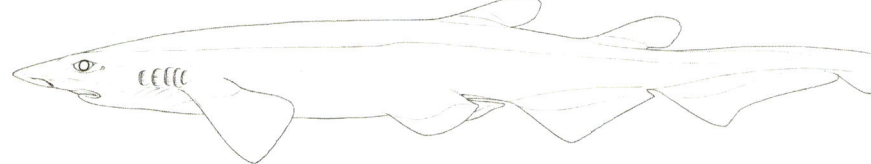

齿
上：74颗
下：75颗

体长测量　性成熟体长：雄性至少62—65厘米，雌性57—63厘米。
最大体长：71厘米。

　　鉴定　（褐光尾鲨支系）极度延长的腹部（胸鳍和腹鳍相距很远），以及较短的吻部（在光尾鲨支系中）。宽阔、扁平的头部。大鼻孔。口宽大，略微延伸至眼部前方；非常长的唇褶（上唇褶达到上颌缝合部，下唇褶较短）。鳃裂较细窄，窄于成体眼长度。背鳍大小一致，第一背鳍起点位于腹鳍中部。臀鳍非常大，中等长度且有棱角，与延长的尾鳍之间由小的凹口分隔。身体呈黑褐色。

　　分布　西北太平洋：日本本州岛附近。

　　栖息地　大陆坡，近底栖，820—915米深。

　　行为　未知。

　　生物学　卵生。

　　保护状态　数据缺乏。据报道，该物种在有限的范围内数量丰富。

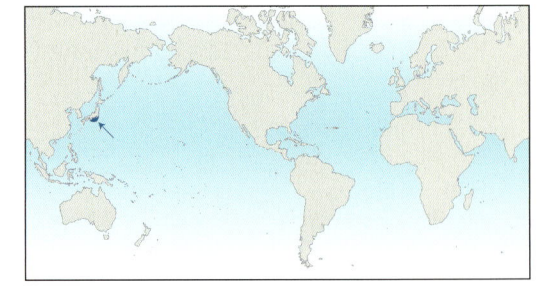

冰岛光尾鲨 *Apristurus laurussonii*

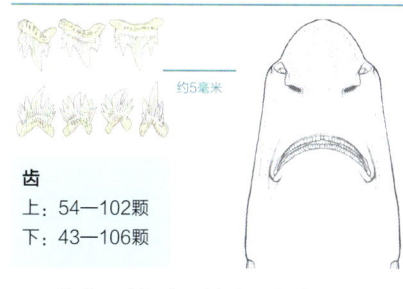

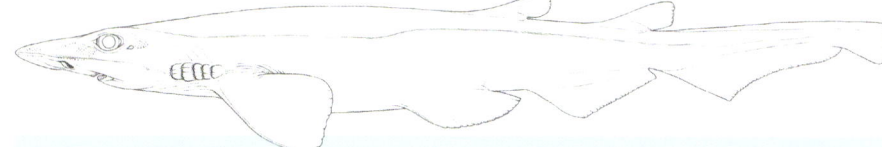

齿
上：54—102颗
下：43—106颗

体长测量　出生体长：小于25厘米。性成熟体长：雄性约68厘米，雌性59厘米。
最大体长：雌性76厘米。

鉴定　（褐光尾鲨支系）宽阔、扁平的头部。相对较短的吻部。相当宽大的鼻孔。短且呈弓形的口部延伸至眼部前端；非常长的唇褶（上唇褶达到上颌缝合部，下唇褶较短）。小眼。狭窄的鳃裂（小于成年眼长），鳃间隔上没有明显的中央突起。第一背鳍略大于第二背鳍；两者之间的间隔大于第一背鳍基部的长度。臀鳍非常大，中等长度且有棱角，与延长的尾鳍之间由小的凹口分隔。身体呈深褐色。

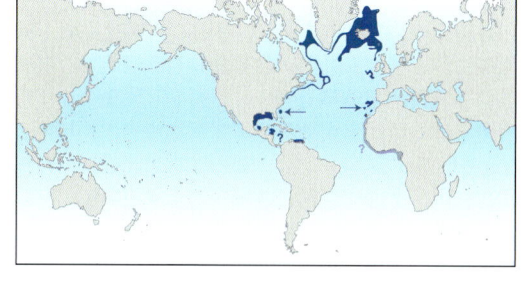

分布　北大西洋：从加那利群岛和马德拉岛到格陵兰岛；在美国，从马萨诸塞州到特拉华州附近，以及到墨西哥湾。加勒比海地区从洪都拉斯到委内瑞拉，和赤道非洲的记录，都应该被仔细核对。

栖息地　分布于大陆坡、深海560—2060米，底栖或近底栖。被捕捞于温度为1.7—4.3℃的海水中。

行为　未知。

生物学　卵生。卵鞘长约6厘米，宽2—3厘米。表面具绒毛状突起排列成的嵴，四角具卷须。以甲壳类、头足类和小型底栖鱼类为食。

保护状态　无危（LC）。是深海拖网渔业中常见的兼捕渔获物，但其栖息地大多在这些渔业的深度以下。

大吻光尾鲨 *Apristurus macrorhynchus*

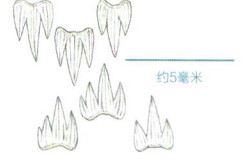

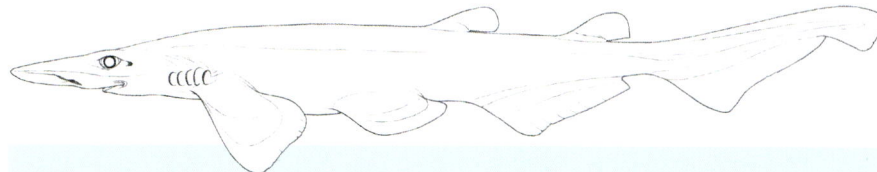

齿
上：64颗
下：62颗

体长测量　基本未知。
最大体长：约67厘米（成年雌性）。

鉴定　（褐光尾鲨支系）非常宽阔、扁平的头部。圆形、延长的吻部。大鼻孔。短且呈弓形的口部延伸至眼部前端；非常长的唇褶（上唇褶达到上颌缝合部，下唇褶较短）。鳃裂相对较小（小于成体眼长）。第一背鳍起点位于长的腹鳍基部的后1/4处；大小为第二背鳍的2/3，两者之间的间隔比第一背鳍基部更长。臀鳍非常大，延长且有棱角，与延长的尾鳍之间由小的凹口分隔。背部呈浅灰褐色，腹部和鳍为白色。

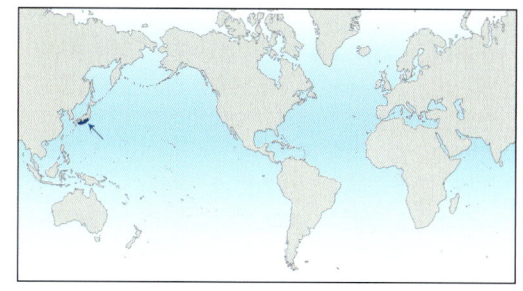

分布　西北太平洋：本州东南部，日本近海。

栖息地　分布于岛屿和大陆坡，栖息于深水中的海底，深度范围为220—1140米。

行为　未知。

生物学　卵生。卵鞘成对产下，长5—7厘米，宽2—3厘米，前角有长而不牢固的卷须，后角有长而盘绕的卷须。以甲壳类、头足类和小型硬骨鱼类为食。

保护状态　无危（LC）。可能会被深海拖网误捕而丢弃。

大口光尾鲨 *Apristurus macrostomus*

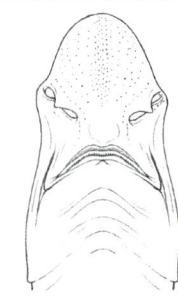

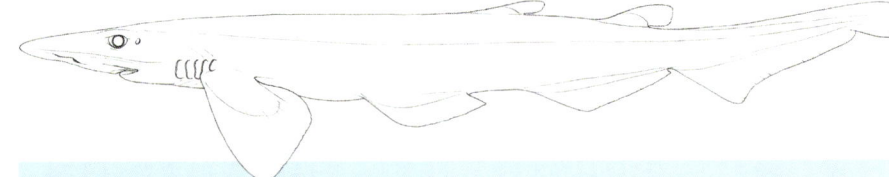

约5毫米

齿

上：62—86颗

下：55—81颗

体长测量　性成熟体长：雄性39厘米，雌性43厘米。
最大体长：雄性50厘米，雌性57厘米。

鉴定　（褐光尾鲨支系）宽阔、扁平的头部。圆形、延长的吻部。大鼻孔。短而极大的、呈弓形的口，略微延伸至眼部前端；极长的唇褶（上唇褶达到上颌缝合部，下唇褶比上唇褶更短）。鳃裂相对较小（小于成体眼长）。第一背鳍起点位于腹鳍基部的后部，大小不到第二背鳍的一半；与第二背鳍之间有一个大于第一背鳍基部的间隔。胸鳍非常大。臀鳍非常大，延长且有棱角，与延长的尾鳍之间由小的凹口分隔。背部和腹部可能为深褐色或灰褐色。各鳍后缘呈黑色。

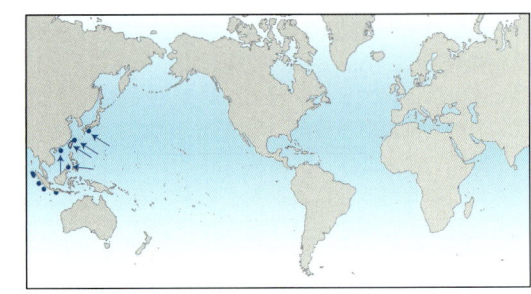

分布　中印度洋–太平洋至西北太平洋：中国南海和中国东海至日本，包括菲律宾，中国台湾和印度尼西亚。这种罕见的光尾鲨最近被发现在中国台湾北部海域相当常见。

栖息地　大陆坡，分布于220—1069米。

行为　未知。

生物学　卵生。卵鞘7厘米×2厘米，前端有纤维质丝状突起，后端有盘绕的卷须，表面光滑，没有嵴突或条纹。

保护状态　无危（LC）。在其分布区北部的一些深海渔业中为保留的兼捕渔获物，但其大部分栖息地位于这些渔业的深度以下。

黑盾光尾鲨 *Apristurus melanoasper*

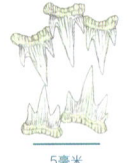

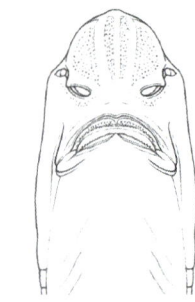

5毫米

齿

上：59—93颗

下：58—97颗

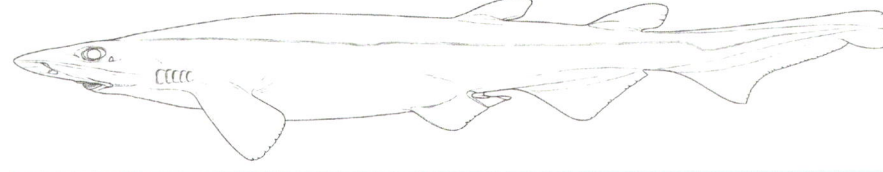

体长测量　出生体长：小于24.7厘米。性成熟体长：雄性62厘米，雌性59厘米。
最大体长：雄性76—79厘米，雌性73厘米。

鉴定　（褐光尾鲨支系）身体纤细。吻部肉质，扁平，长而纤细。口部延伸到小眼的前方；唇褶较长（上唇褶达到上颌缝合部，下唇褶比上唇褶更短）。鳃裂略小于眼径。背鳍尺寸相等。胸鳍和腹鳍间距较大。臀鳍高而有棱角，基部较胸-腹鳍间隔更短，与尾鳍之间有一个小的凹口。身体为深褐色。鳍尖为黑色；大多数个体身上散布不规则的浅色斑点。

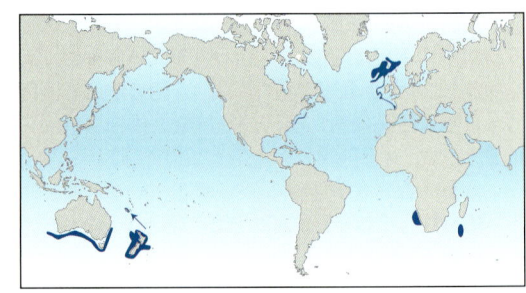

分布　东大西洋，东北大陆坡和纳米比亚附近；南印度洋，马达加斯加海脊附近，澳大利亚以西的海山；西南太平洋，包括澳大利亚东南部和新西兰。

栖息地　大陆坡和海山，分布于512—1683米。

行为　未知。

生物学　卵生。卵鞘6厘米×2厘米，后端渐渐缩小，有2条很长的、紧紧盘绕的卷须，前端有长的纤维质丝状突。

保护状态　无危（LC）。该物种分布广泛，其大部分分布范围位于大多数渔业的深度以下。

微鳍光尾鲨 *Apristurus micropterygeus*

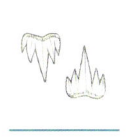
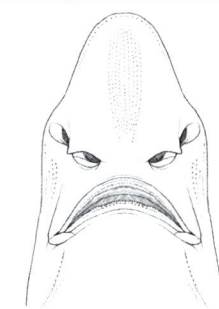
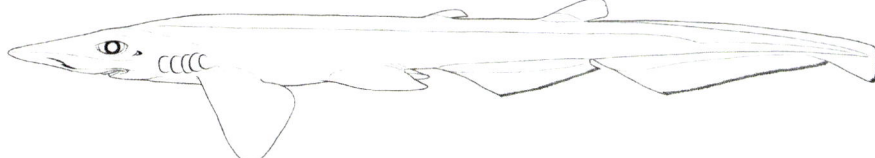

约5毫米

齿
上：70颗
下：72颗

体长测量　仅已知一个亚成体雄性样本，37厘米。

鉴定　（褐光尾鲨支系）宽阔、扁平的头部。圆形、较长的吻部。大鼻孔。短而呈弓形的口部延伸至眼部前端；极长的唇褶（上唇褶达到上颌缝合部，下唇褶较短）。鳃裂相对较小，略小于眼长。第一背鳍极小（约为第二背鳍的1/9），起点位于腹鳍基部的后方。背鳍间隔远大于第一背鳍基部。臀鳍非常大，延长且有棱角，与延长的尾鳍之间由小的凹口分隔。身体可能为灰褐色；鳍没有明显的斑点。

分布　中印度洋–太平洋：中国南海。

栖息地　于913米深处被捕获。

行为　未知。

生物学　未知。

保护状态　无危（LC）。从科考活动中捕获的1个标本获得信息。该物种不太可能被商业捕鱼所捕获，因为商业捕鱼在这个地区的作业深度不超过300米。

仲谷氏光尾鲨 *Apristurus nakayai*

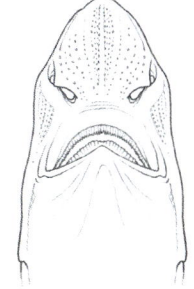
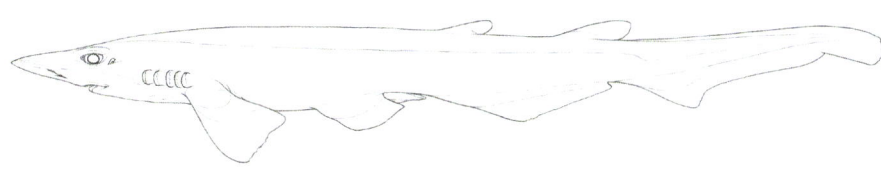

齿
上：79颗
下：72颗

体长测量　性成熟体长：雄性68厘米。
最大体长：最少68厘米。

鉴定　（褐光尾鲨支系）身体纤细，腹鳍前部细长且圆柱形，后方逐渐变得侧扁。头部宽阔、扁平。吻部相对较长，尖端呈圆形。上唇褶比下唇褶长得多。第一背鳍比第二背鳍小得多，起点远在腹鳍终点的后方；第二背鳍终点略微在臀鳍终点的前方。臀鳍低矮、延长且有棱角，基部长度超过胸鳍腹鳍间隔，与尾鳍之间由一个小凹口分隔。腹部空间非常短，与腹鳍长度大致相等。全身呈均一的褐黑色。眼虹膜在活体中呈闪亮的白色；舌和腭为暗色。

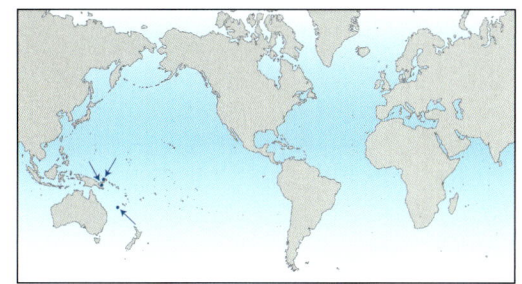

分布　中印度洋–太平洋：新喀里多尼亚西部附近的科里奥利滩，新爱尔兰岛南部和巴布亚新几内亚莱城附近。

栖息地　深海大陆坡，953—1022米。

行为　未知。

生物学　推测为卵生，其他不详。

保护状态　无危（LC）。仅已知三个标本，采集自无深海渔业作业的地区。

大鼻光尾鲨 *Apristurus nasutus*

约5毫米

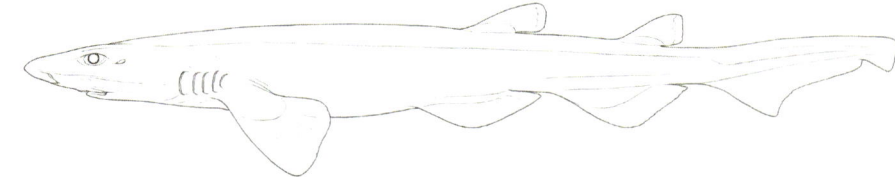

齿
上：约75颗
下：约75颗

体长测量　基本未知。性成熟体长：雄性51—59厘米。

　　鉴定　（褐光尾鲨支系）宽阔、扁平的头部。延长的吻部。口部略微延伸到小眼睛的前方；唇褶较长（上唇褶达到上颌缝合部，下唇褶较短）。鳃裂长度小于成体眼长。第一背鳍略小于第二背鳍，起点位于腹鳍中部上方。臀鳍极度延长，基部长度是高度的三倍，相对较低，与延长的尾鳍之间由小的凹口分隔。身体呈中褐色、灰色或暗灰色。各鳍后缘呈浅色。

　　分布　东太平洋：哥斯达黎加至智利中部（至瓦尔帕莱索，约南纬32度）。墨西哥的加利福尼亚湾的记录需要确认。

　　栖息地　生活在大陆坡上部，接近或位于海底，深度为250—950米。

　　行为　未知。

　　生物学　卵生。以深海虾为食。

　　保护状态　无危（LC）。是深海拖网渔业中罕见的兼捕渔获物，其大部分栖息地（特别是北部的）都在渔业的下方。

小鳍光尾鲨 *Apristurus parvipinnis*

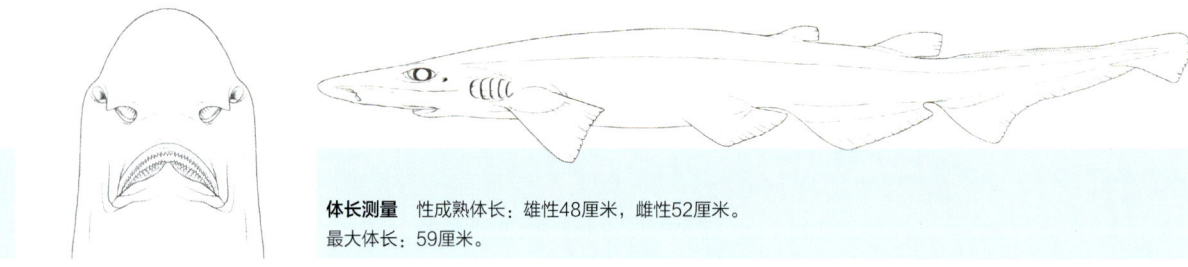

齿
上：66—90颗
下：66—90颗

体长测量　性成熟体长：雄性48厘米，雌性52厘米。
最大体长：59厘米。

　　鉴定　（褐光尾鲨支系）宽阔、扁平的头部。宽阔、圆形的吻部。口部大多位于眼下方；唇褶较长（上唇褶达到上颌缝合部，下唇褶较短）。眼长远大于最宽的鳃裂。第一背鳍非常小，起点位于腹鳍终点的后方。臀鳍低矮、延长且有棱角，基部长度超过胸鳍腹鳍间隔，与尾鳍之间由一个小凹口分隔。尾鳍上叶上缘具明显的一列盾鳞。体表呈灰褐色至黑褐色。

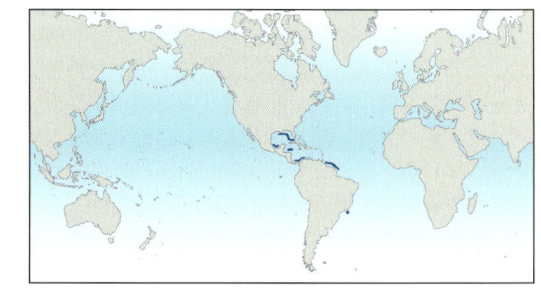

　　分布　西大西洋：墨西哥湾和加勒比海地区大陆国家沿岸，包括美国（佛罗里达州）、墨西哥、洪都拉斯、巴拿马和哥伦比亚，以及苏里南、法属圭亚那和巴西里约热内卢附近。

　　栖息地　生活在大陆坡上，接近或位于海底，深度为600—1220米。

　　行为　未知。

　　生物学　卵生。

　　保护状态　无危（LC）。这种常见物种分布广泛，大部分在其分布范围内的渔业深度以下。

扁吻光尾鲨 *Apristurus platyrhynchus* FAO代码：**APZ** 图版 第318页

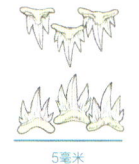
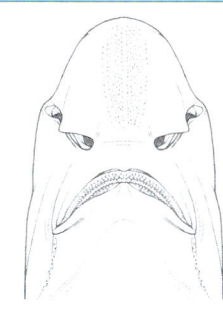
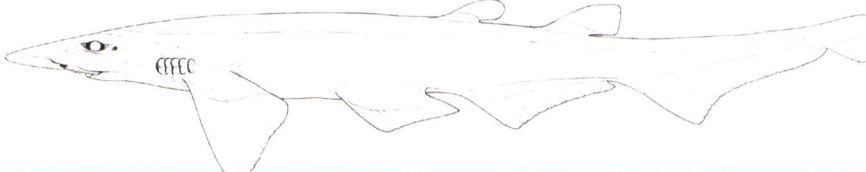

齿
上：60—86颗
下：57—87颗

体长测量 出生体长：小于28厘米。性成熟体长：雄性雌性都超过59—60厘米。
最大体长：雄性80厘米，雌性67厘米。

鉴定 （褐光尾鲨支系）非常宽阔、扁平、圆形的吻部。口部大多位于大眼睛下方（眼长大于最宽的鳃裂）；唇褶较长（上唇褶达到上颌缝合部，下唇褶稍短）。第一背鳍远小于第二背鳍，起点位于腹鳍终点的后方。胸鳍较大。腹鳍圆而高。臀鳍低矮、延长且有棱角，基部长度超过胸鳍腹鳍间隔，与尾鳍之间由小的凹口分隔。尾鳍顶部有明显深的凹陷。浅褐色或灰色至深褐色，鳍边缘呈黑色。

分布 中印度洋–太平洋和西太平洋：日本骏河湾向南至中国东海，包括冲绳海槽；中国台湾，菲律宾，中国南海，马来西亚沙巴和加里曼丹岛；澳大利亚（昆士兰，新南威尔士，西澳大利亚）和诺福克海脊。

栖息地 生活在大陆坡和岛屿斜坡上，深水区，深度为400—1080米。

行为 未知。

生物学 卵生。卵鞘非常细长，长9厘米，宽2厘米，两端没有盘绕的卷须，表面有纵嵴。

保护状态 无危（LC）。鲜为人知，显然是渔业的兼捕渔获物。无斑光尾鲨（中国南海）和范氏光尾鲨（马来西亚沙巴）为本种的次定同物异名。

南非光尾鲨 *Apristurus saldanha* FAO代码：**APC** 图版 第318页

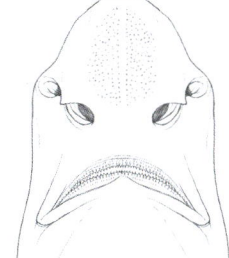
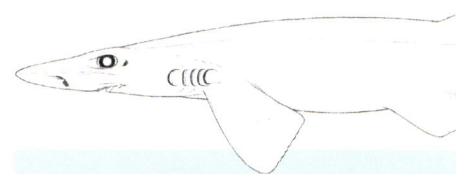
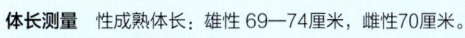
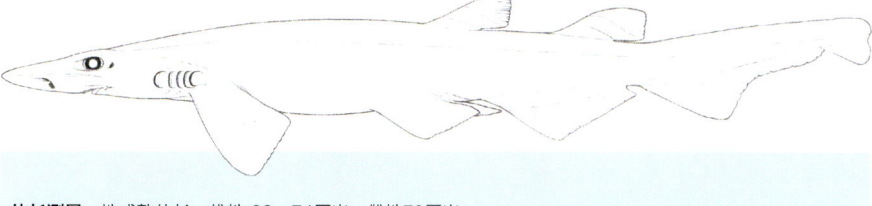

齿
上：44—52颗
下：40—42颗

体长测量 性成熟体长：雄性 69—74厘米，雌性70厘米。
最大体长：据报道为89厘米。

鉴定 （褐光尾鲨支系）一种粗壮的光尾鲨。长、厚、宽的吻部。相当宽阔的鼻孔。口部不突出于眼睛前方；唇褶较长（上唇褶达到上颌缝合部，下唇褶较短）。相当大的眼睛。鳃裂长度小于成体眼长。第一背鳍稍小或与明显分开的第二背鳍差不多大，起点位于腹鳍基中部或稍微靠后。较大的胸鳍。臀鳍极度延长，基部长度是高度的3倍，相对较低，与延长的尾鳍之间通过一个小凹口分隔。均一的暗蓝灰色或灰褐色。

分布 大西洋东南部至印度洋西南部。纳米比亚和南非（东、西、北海岸角）。

栖息地 大陆坡，344—1009米。

行为 未知。

生物学 卵生。卵鞘长6—7厘米，宽2—3厘米，有粗糙的纵向条纹或嵴线，后端有长的卷须，但前端没有卷须。吃小的硬骨鱼类和头足类。

保护状态 无危（LC）。大部分分布在目前的捕鱼活动范围之外。

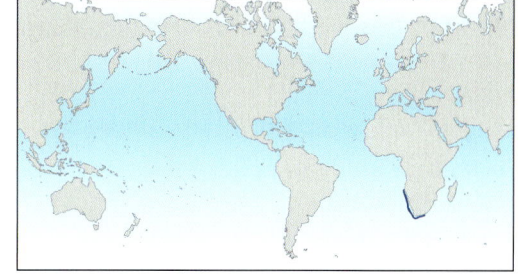

加里曼丹光尾鲨 *Apristurus sibogae*　　　　　FAO代码：**APJ**　　　图版 第318页

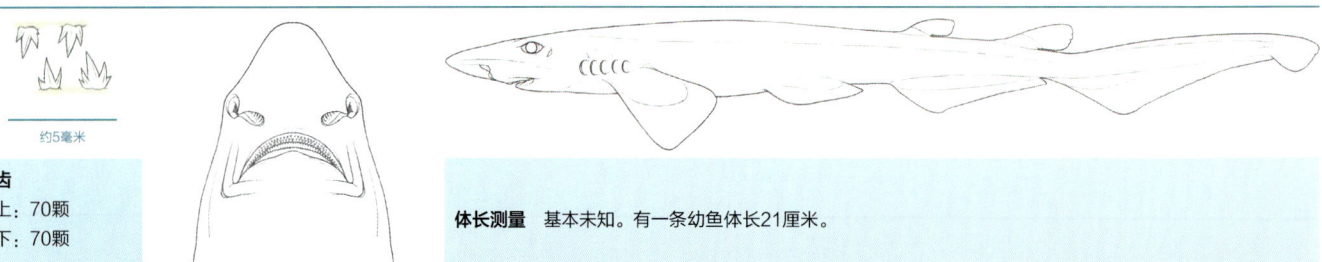

约5毫米

齿
上：70颗
下：70颗

体长测量　基本未知。有一条幼鱼体长21厘米。

　　鉴定　（褐光尾鲨支系）宽阔、扁平的头部。狭窄、尖锐的吻部。口部延伸至非常小的眼睛前方（约等于最长的鳃裂）；唇褶较长（上唇褶达到上颌缝合部，下唇褶与上唇褶长度相当）。第一背鳍远小于第二背鳍，起点位于腹鳍终点的后方。非常大的胸鳍。小且低矮的腹鳍。臀鳍较大，延长而有棱角，通过一个小凹口与延长的尾鳍分隔。颜色为白色或泛红的白色。

　　分布　中印度洋－太平洋：印度尼西亚加里曼丹岛和苏拉威西岛之间的望加锡海峡。

　　栖息地　岛屿斜坡，655米。

　　行为　未知。

　　生物学　卵生。

　　保护状态　无危（LC）。只从正模标本上有所了解，但目前在该物种生活区域没有深海渔业的活动。

中华光尾鲨 *Apristurus sinensis*　　　　　FAO代码：**ASI**　　　图版 第318页

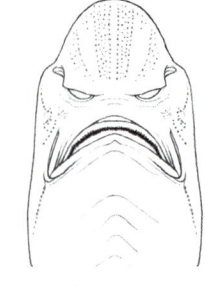

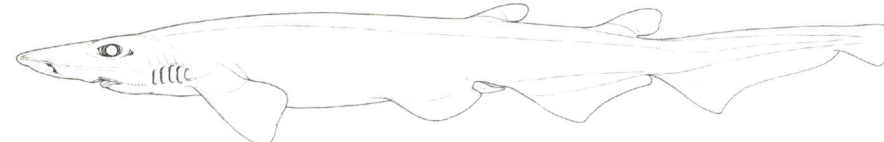

约5毫米

齿
上：94颗
下：91颗

体长测量　性成熟体长：雄性约47厘米，雌性约61厘米。
最大体长：推测至少有75厘米，可能是82厘米。

　　鉴定　（褐光尾鲨支系）宽阔、扁平的头部。尖锐、角状的的吻部。口部较短，未延伸到眼睛前方，具有非常长的唇褶（上唇褶达到上颌缝合部，下唇褶较短）。鳃裂较短（最宽处远小于眼睛长度）；在鳃间隔上有短的中央突起。第一背鳍约为第二背鳍的一半大小，起点位于腹鳍基部的最后1/4位置。胸鳍和腹鳍相互分开。臀鳍较大，延长而有棱角，通过一个小凹口与延长的尾鳍分隔。颜色暗沉，没有明显的斑纹。

　　分布　中印度洋－太平洋，可能是西南太平洋：中国南海，中国近海；澳大利亚东南部、东部和西部，以及澳大利亚北部阿什莫尔礁外。来自新西兰附近的记录可能是一个不同的物种。

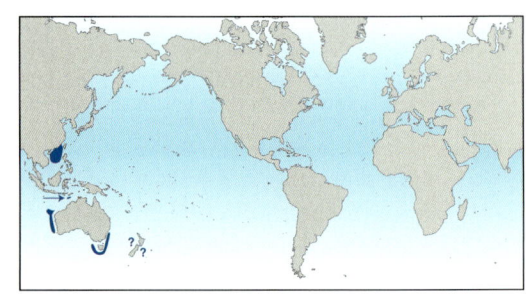

　　栖息地　大陆坡，深度为537—1290米。

　　行为　未知。

　　生物学　卵生。

　　保护状态　数据缺乏（DD）。可能是一个复合种，由3个不同的物种组成。

澳洲光尾鲨 *Apristurus australis*

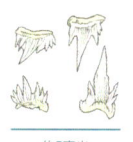

约5毫米

齿
上：50—64颗
下：48—68颗

体长测量　性成熟体长：雄性约45—50厘米，雌性45—55厘米。
最大体长：62厘米，也许能达到83厘米。

鉴定　（长头光尾鲨支系）身体纤细。头部长而窄，扁平。非常长、窄、尖锐的吻部。口部延伸至小眼睛的对面；唇褶较长（上唇褶达到上颌缝合部，下唇褶稍短）。第一背鳍较第二背鳍小。大型胸鳍。小型腹鳍。臀鳍有棱角，非常低，基部延长，通过一个小凹口与延长的尾鳍分隔。身体呈灰褐色至褐色。喉部较身体颜色较暗；东北澳大利亚种群的鳍尖和边缘白色，或具有较宽的淡色边缘。

分布　西南太平洋：澳大利亚的东海岸。来自新西兰的个体可能是一个不同的物种。

栖息地　大陆坡和海山，分布于445—1035米。

行为　未知。

生物学　未知。

保护状态　无危（LC）。偶尔在拖网渔业中被捕获，其大部分生活深度范围（>700米）是禁止渔业活动的。

加氏光尾鲨 *Apristurus garricki*

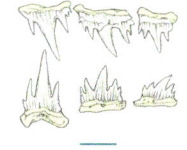
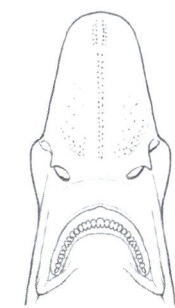
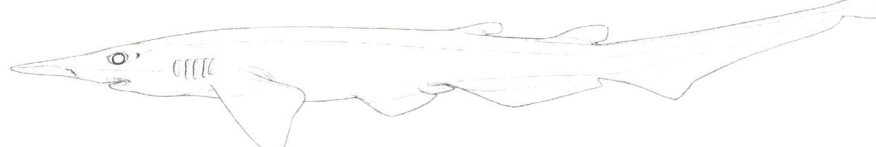

约1毫米

齿
上：37—50颗
下：38—49颗

体长测量　出生体长：小于23厘米。性成熟体长：雄性55厘米，雌性67.5厘米。
最大体长：85厘米。

鉴定　（长头光尾鲨支系）身体纤细，修长。头部相对较窄，扁平。吻部极长，尖端呈宽圆形。上唇褶比下唇褶长得多（上唇褶达到上颌缝合部）。鳃小；第一对鳃裂比其他鳃略小。第一背鳍远小于第二背鳍，其起点位置在背鳍后方；背鳍内侧和后缘明显黑色，没有盾鳞。腹部较短，不到身体长度的10%。臀鳍延长，非常低。头部和上半身呈均一的灰色，腹部呈淡灰色至白色。眼睛、喷水孔和鳃裂边缘为黑色；眼睛呈发光的绿色；胸鳍和腹鳍具有狭窄的黑色边缘。

分布　西南太平洋：仅已知出现在新西兰北岛周围的深海水域。

栖息地　分布于深海的海底台地、洋脊和大陆坡上，深度范围为517—1200米，但800米以下最为常见。

行为　未知。

生物学　卵生。卵鞘长约14厘米，宽3—4厘米，狭窄，圆柱形，两端没有盘绕的卷须。食谱可能包括小型硬骨鱼、头足类和甲壳类动物。

保护状态　无危（LC）。在分布范围内较浅的海域有时作为深海拖网渔业的兼捕渔获物出现，但其较小的种群可以将深海作为避难所躲避高强度渔业活动的影响。

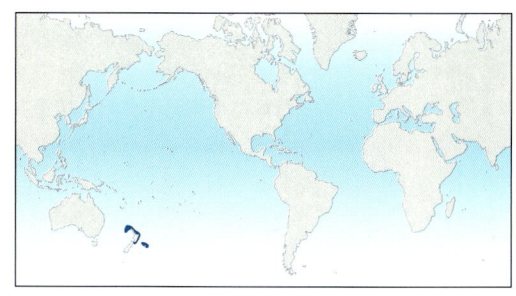

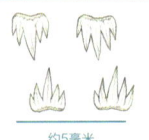
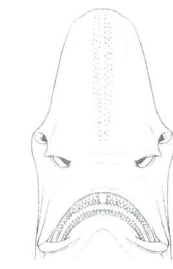
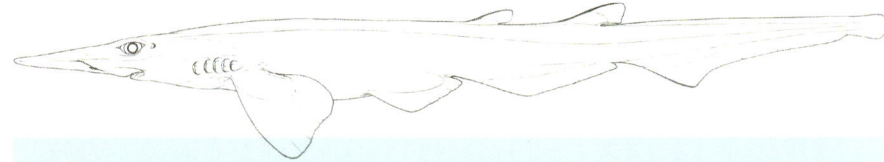

约5毫米

齿
上：44—60颗
下：44—61颗

体长测量 性成熟体长：雄性约40—47厘米，雌性43—48厘米。
最大体长：约52厘米。

鉴定 （长头光尾鲨支系）身体较小。头部宽阔、扁平。吻部明显延长，呈圆形。鼻孔较大。口短，达到眼睛前缘；牙齿小而密集；非常长的唇褶（上唇褶达到上颌缝合部，下唇褶较短）。鳃裂短，并有边缘呈锯齿状的鳃间隔。第一背鳍约为第二背鳍的1/3大小，起点位于腹鳍终点的前方或大约对齐。异常短的腹部（胸鳍和腹鳍非常接近）。臀鳍极长、低，有棱角，与长而窄的尾鳍之间由一个小凹口相隔。身体呈纯褐色至黑褐色。

分布 中印度洋–太平洋至西北太平洋：中国南海和东海；菲律宾、冲绳海槽、日本南部（四国）。

栖息地 深海底栖，423—910米。

行为 未知。

生物学 卵生。卵鞘长5厘米，宽1—2厘米，两端没有盘绕的卷须，前端在各角有纤维质丝状突；表面有纵向的脊。其他不了解。

保护状态 无危（LC）。是深海渔业的潜在兼捕渔获物，但没有在其大部分分布范围内被捕捞，也没有证据表明其种群数量减少。

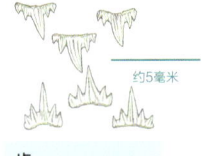
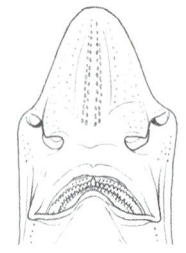
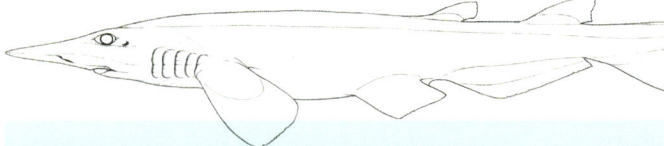

约5毫米

齿
上：35—49颗
下：29—48颗

体长测量 性成熟体长：雄性43—49厘米，雌性47—51厘米。
最大体长：最少60厘米。

鉴定 （长头光尾鲨支系）宽大的、扁平的头。吻部极长（口前长度约为全长的12%）。鼻孔相当宽。短的、拱形的嘴延伸到眼睛的前端；非常小的、宽间隔的牙齿；非常长的唇褶（上唇褶达到上颌缝合部，下唇褶较短）。小的鳃裂（短于成体的眼睛长度）。第一背鳍位于臀鳍基上方，接近并略小于第二背鳍。腹鳍和臀鳍紧密相连。臀鳍有棱角，大，较长，与长而窄的尾鳍以一个小缺口分开。灰黑色或深褐色；没有明显的斑纹。

分布 西太平洋和印度洋。日本，中国东海（冲绳海槽），菲律宾，印度尼西亚（爪哇和苏门答腊岛附近），新喀里多尼亚，澳大利亚北部；印度洋的塞舌尔和莫桑比克。

栖息地 深海，可能为底栖，500—1350米。

行为 未知。

生物学 卵生。在本物种中第一次记录到鲨鱼的雌雄同体现象（雄性和雌性生殖器官都存在）。

保护状态 无危（LC）。虽然对它的了解非常少，但它的活动范围很广，因所处深度可以避开大多数渔业。

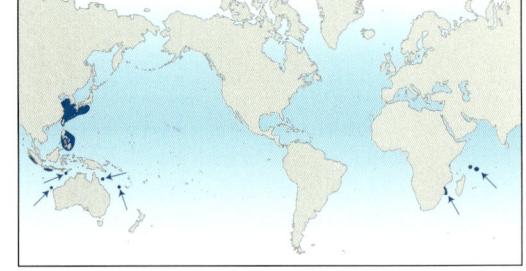

杨氏光尾鲨 *Apristurus yangi*

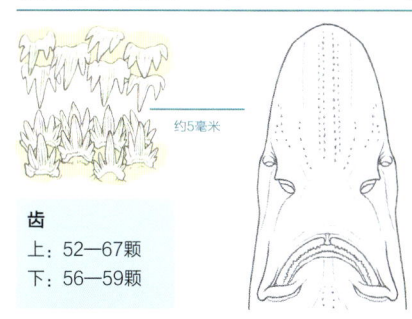

约5毫米

齿
上：52—67颗
下：56—59颗

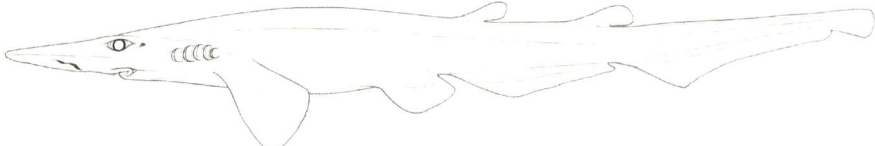

体长测量　出生体长：小于21厘米。性成熟体长：雌性44厘米。
最大体长：最少44厘米。

鉴定　（长头光尾鲨支系）身体纤细，修长，位于腹鳍前方的部分呈圆柱形。头部狭窄，扁平。吻部极长，尖端狭窄且呈圆形。上唇褶比下唇褶长得多。鳃小，高度大致相等。第一背鳍比第二背鳍小，其起点位于腹鳍终点之后。腹部短，不到身体长度的10%。臀鳍延长，非常低。颜色为均一的淡褐色；身体侧面略微比下方颜色深。吻尖边缘黑色（在幼年个体中更为明显）；口腔为深黑褐色；背鳍、胸鳍和腹鳍无盾鳞且呈黑褐色；各鳍前缘较暗，在胸鳍上最为明显。

分布　中印度洋－太平洋：仅已知来自巴布亚新几内亚海域的两个样本。

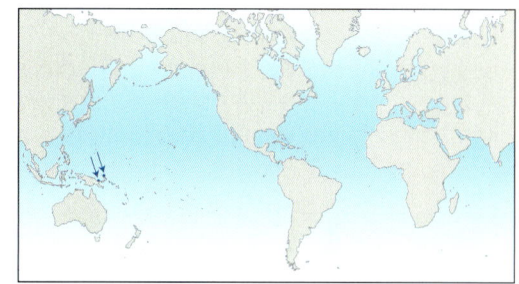

栖息地　分布于巴布亚新几内亚附近的深海大陆坡，深度范围为630—786米。

行为　未知。

生物学　卵生，卵鞘长6厘米，宽1—2厘米，狭窄，圆柱形，两端没有盘绕的卷须。孵化时的大小不详，但最小的已知能够自由游泳的个体总长为21厘米。食谱包括小的硬骨鱼类，其他未知。

保护状态　无危（LC）。仅从2个雌性标本了解，1个成年体，1个幼年体，目前在其分布地区没有已知的深海渔业。

白腹光尾鲨 *Apristurus albisoma*

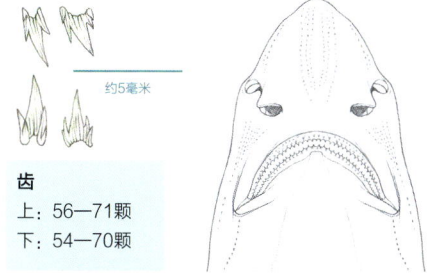

约5毫米

齿
上：56—71颗
下：54—70颗

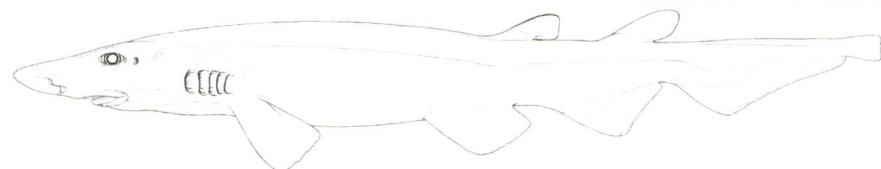

体长测量　性成熟体长：约40—50厘米。
最大体长：雄性57厘米，雌性60厘米。

鉴定　（绵吻光尾鲨支系）头部宽阔、扁平。吻部延长。鼻孔中等大小。口较长且呈弧形，延伸至非常小的眼睛前缘；非常长的唇褶（上唇褶达到上颌缝合部，下唇褶与上唇褶长度相当）。第一背鳍基部位于腹鳍基部之上，略小于第二背鳍。臀鳍呈宽圆形，高度较高，基部较短，与延长的尾鳍通过一个小凹口与之分隔。颜色为白色。

分布　中印度洋－太平洋：在新喀里多尼亚附近，以及新西兰和澳大利亚之间，沿诺福克海脊和豪勋爵海隆。在马达加斯加以南的海脊上有一个类似的物种。

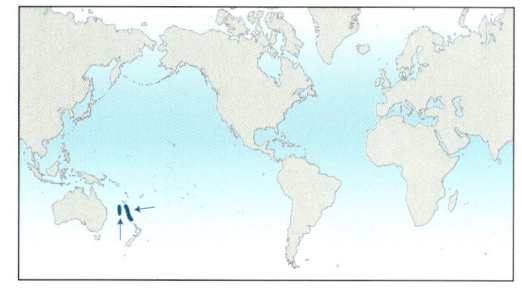

栖息地　深海大陆坡，深度范围为935—1564米，可能栖息在软底质环境中。

行为　未知。

生物学　极少了解。捕食虾和头足类动物。

保护状态　无危（LC）。该物种分布的深度范围使其获得了一个远离大多数渔业的庇护所。

大头光尾鲨 *Apristurus ampliceps*

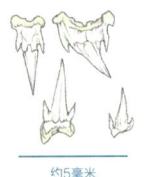

约5毫米

齿
上：57—70颗
下：50—62颗

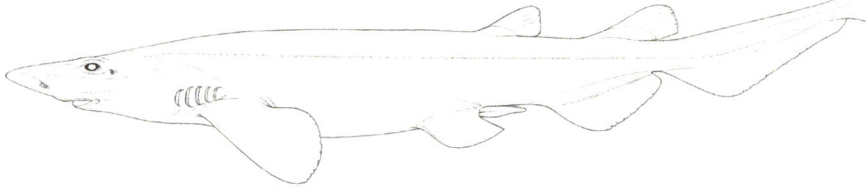

体长测量　性成熟体长：雄性90厘米，雌性80厘米。
最大体长：最少90厘米。

　　鉴定　（绵吻光尾鲨支系）笨重的、扁平的头部。延长、宽大的吻部。大嘴延伸到小眼睛前面；大牙齿；长的唇褶（上唇褶伸达上颌缝合部，下唇褶与上唇褶长度大致相同）。第一背鳍比第二背鳍略小。胸鳍和腹鳍完全分开。臀鳍相对较低，宽圆，基部短于胸鳍腹鳍间隔，与尾鳍以小凹槽分开。深棕色至黑色，有分散的小斑点和方格纹，尾鳍顶端颜色淡。有点类似于大西洋的幽灵光尾鲨。

　　分布　西南印度洋至西南太平洋：澳大利亚南部和新西兰。

　　栖息地　处于大陆架上，深度范围为800—1503米。

　　行为　未知。

　　生物学　未知。

　　保护状态　无危（LC）。可能相当罕见。主要分布在700米深度以下，这在大多数渔业范围之外。

淡色光尾鲨 *Apristurus aphyodes*

约5毫米

齿
上：56—68颗
下：49—64颗

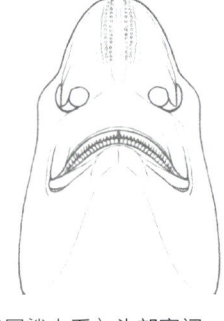

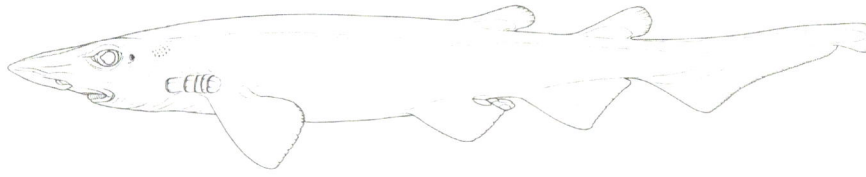

体长测量　出生体长：小于14厘米。性成熟体长：约47—50厘米（雄性雌性都是）
最大体长：雄性55厘米，雌性53厘米。

　　鉴定　（绵吻光尾鲨支系）头部宽阔、扁平。吻部延长。鼻孔较大。口长而弯曲，延伸至眼睛前方；非常长的唇褶（上唇褶达到上颌缝合部，下唇褶与上唇褶长度相当）。第一背鳍基部位于腹鳍基部上方或后方，与第二背鳍大小相当。臀鳍呈宽圆形，高度较高，基部较短，通过一个小凹口与延长的尾鳍分隔。呈浅灰色，一些鳍的边缘略微呈深灰色。

　　分布　东北大西洋：从冰岛到西班牙加利西亚之间的大西洋大陆坡。

　　栖息地　可能在深海大陆坡上，深度范围为800—1809米，可能位于软底质环境中，温度范围为3.7—9.7℃。

　　行为　未知。

　　生物学　卵生。卵鞘长5—7厘米，宽2—3厘米，呈瓶状，且比较小，角非常短且呈卷曲状，没有长卷须。食物包括甲壳类、头足类和小型底栖鱼类。

　　保护状态　无危（LC）。出现在大多数渔业的范围之下。仅已知大概30个样本。

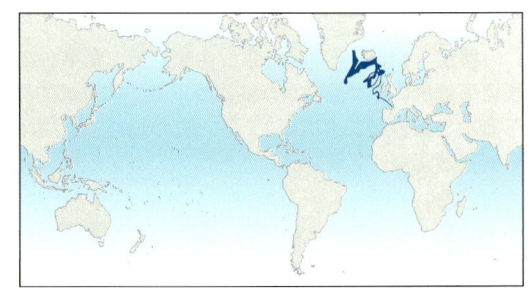

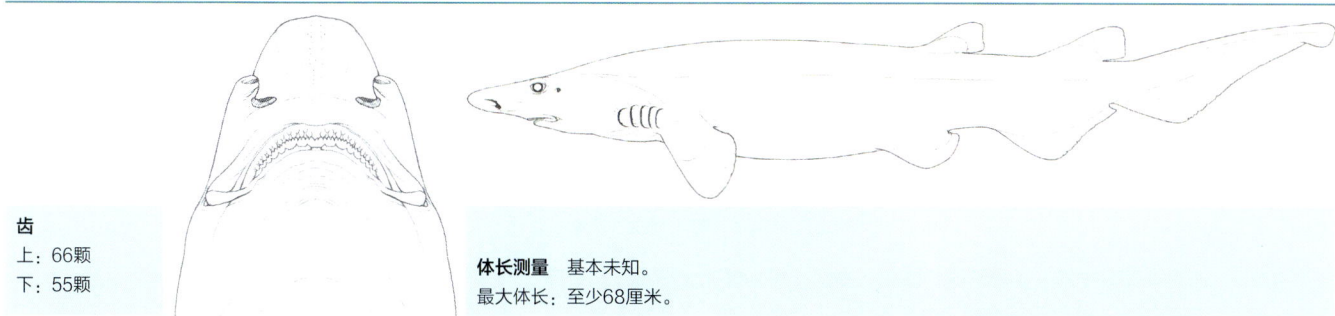

齿
上：66颗
下：55颗

体长测量　基本未知。
最大体长：至少68厘米。

　　鉴定　（绵吻光尾鲨支系）身体非常粗壮的光尾鲨。头部极其宽阔、扁平。吻部非常短。口延伸至小眼睛之前；唇褶较长（上唇褶达到上颌缝合部，下唇褶与上唇褶长度相等）。喉部具褶皱。鳍较宽且圆形。第一背鳍较第二背鳍低。胸鳍和腹鳍相隔较远。臀鳍呈高的三角形，基部短于胸鳍和腹鳍之间的距离，与延长的尾鳍之间由一个小凹口分隔。颜色为均匀的灰褐色，臀鳍和尾鳍后缘呈黑色。

　　分布　西南印度洋：澳大利亚西部，珀斯附近。

　　栖息地　大陆坡，记录采集于920—1140米深度。

　　行为　未知。

　　生物学　未知。

　　保护状态　数据缺乏（DD）。只有来自一个地方的3个标本的记录。

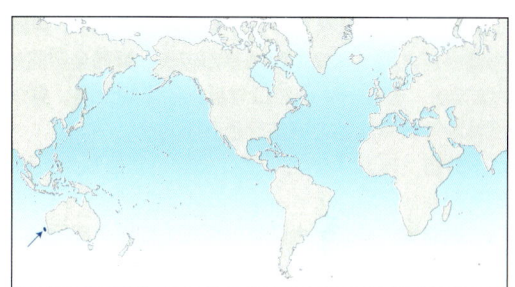

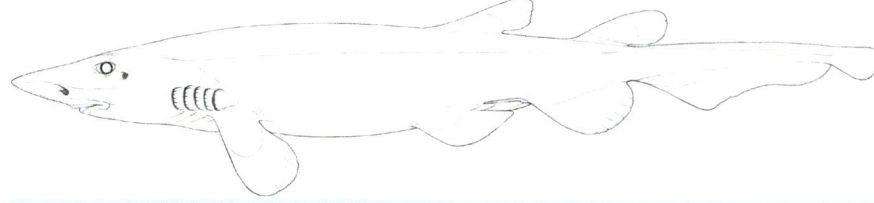

齿
上：43—61颗
下：40—65颗

体长测量　基本未知。性成熟体长：雄性约55厘米。
最大体长：最少68厘米。

　　鉴定　（绵吻光尾鲨支系）头部宽阔、扁平。吻部延长。鼻孔较大。口长而弯曲，延伸至眼睛前方；非常长的唇褶（上唇褶达到上颌缝合部，下唇褶可能与上唇褶长度相当）。眼睛非常小。第一背鳍略小或与第二背鳍相当，基部位于腹鳍基部之上。臀鳍呈宽圆形，高度较高，基部较短，与延长的尾鳍通过一个小凹口分隔。身体呈深褐色。

　　分布　西北太平洋：日本北部，包括北海道岛和本州岛北部以及天皇海山。

　　栖息地　分布于810—1430米的深海大陆坡和海山环境中。

　　行为　未知。

　　生物学　卵生，其他几乎未知。

　　保护状态　无危（LC）。这是一种非常罕见的光尾鲨，已知的标本不到30件。它可能是日本北部水域的特有物种。

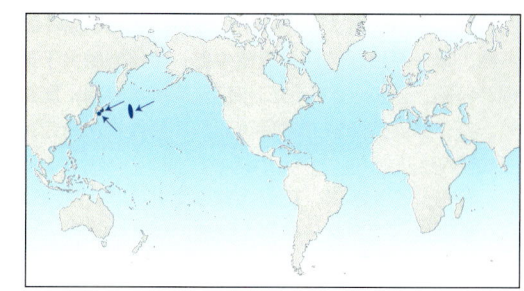

加州光尾鲨 *Apristurus kampae*   FAO代码：**CSZ**   图版 第322页

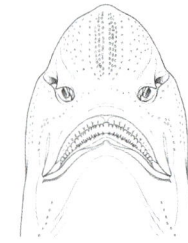
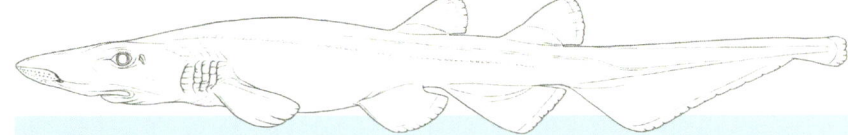

齿
上：49—59颗
下：42—52颗

体长测量 出生体长：约7—14厘米。性成熟体长：雄性49厘米，雌性49—54厘米。
最大体长：雄性65厘米，雌性59厘米。

　　鉴定 （绵吻光尾鲨支系）头部宽阔、扁平。吻部延长。鼻孔大而窄。口长而弯曲，延伸至眼睛前方；非常长的唇褶（上唇褶达到上颌缝合部，下唇褶长度接近上唇褶）。鳃裂非常宽（长于成体眼睛长度）。背鳍大小相似，第一背鳍起点位于腹鳍终点之前。胸鳍和腹鳍基部较长。臀鳍呈宽圆形，高度较高，基部长度约为高度的2倍，通过一个小凹口与延长的尾鳍分隔。身体和鳍呈暗色或深褐色至灰色；尾鳍前鳍具有浅色边缘或颜色几乎均一。

　　分布 东北和东太平洋：美国（华盛顿州）和墨西哥，中美洲到秘鲁有零星的记录。

　　栖息地 分布于大陆架外侧和大陆坡上部区域，水深65—1888米。

　　行为 未知。

　　生物学 该物种为卵生，每次产卵会产下1对卵鞘（每个输卵管1个）。大多数怀卵的雌性发现于1000—1200米深处。其食物包括深海虾、头足类和小型远洋硬骨鱼类。

　　保护状态 数据缺乏（DD）。深海拖网和裸盖鱼捕捞装置的兼捕渔获物。

幽灵光尾鲨 *Apristurus manis*   FAO代码：**APA**   图版 第322页

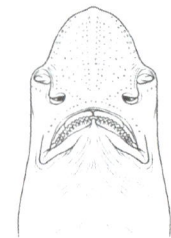
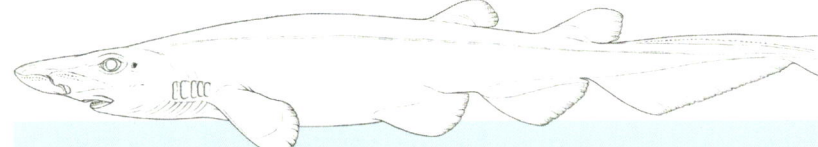

齿
上：59颗
下：52—62颗

体长测量 出生体长：少于20厘米。性成熟体长：雄性85厘米，雌性70—76厘米或更长。
最大体长：88厘米。

　　鉴定 （绵吻光尾鲨支系）这种物种具有粗壮的身体，身体轮廓、扁平的头部和延长的吻部逐渐收窄呈楔形。宽阔的鼻孔具有圆形开口。口非常大且向前扩展，位于小眼睛的前方；具有扩大的齿带；非常长的唇褶（上唇褶达到上颌缝合部，下唇褶与上唇褶长度大致相同）。鳃裂长度短于成体眼睛长度。第一背鳍略小于第二背鳍；第一背鳍起点位于腹鳍中部；背鳍间距大于第一背鳍基部。臀鳍呈宽圆形，相对较高，通过一个小凹口与延长的尾鳍分隔；尾鳍狭窄，背缘有一条盾鳞组成的嵴。身体侧面的盾鳞非常稀疏。其体色为深灰色或黑褐色；鳍尖有时呈白色（尤其在幼体中）。

　　分布 北大西洋，可能还有东南大西洋，在南非附近。

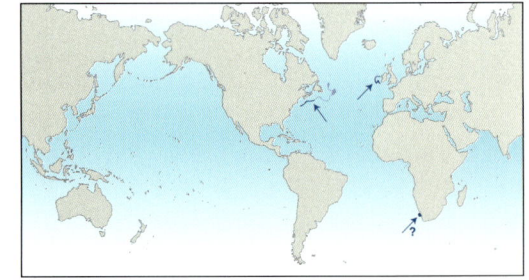

　　栖息地 该物种分布于大陆坡，水深为600—2453米，最常见于1500米以下的区域。已在2140—2453米的深度发现了该物种的卵囊。

　　行为 未知。

　　生物学 卵生。卵鞘长6.3—7.1厘米，前后两端都没有卷须，表面光滑。以小鱼、甲壳类与头足类为食。

　　保护状态 无危（LC）。一种生活在非常深位置的光尾鲨，主要出现在大多数捕鱼活动无法触及的深度。

小眼光尾鲨 *Apristurus microps*

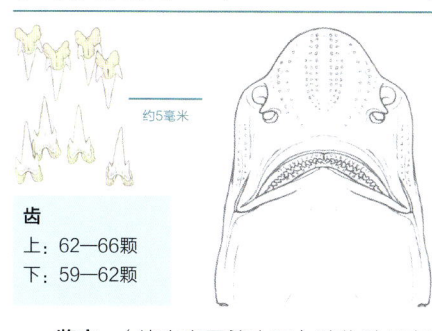

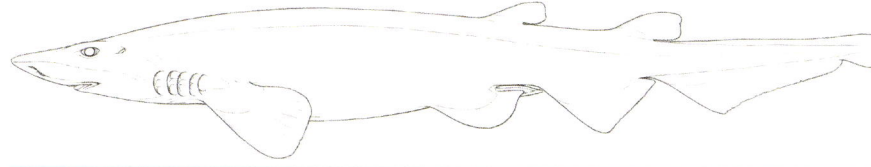

齿
上：62—66颗
下：59—62颗

体长测量　性成熟体长：雄性 47—51厘米，雌性47—51厘米。
最大体长：雄性61厘米，可能为73厘米，雌性57厘米。

鉴定　（绵吻光尾鲨支系）该物种具有粗壮的身体，厚、长而宽的吻部。口向前伸出，远至极小的眼睛之前；唇褶很长（上唇褶达到上颌缝合部，下唇褶与上唇褶长度大致相同）。鳃裂适中大小（大约与成体眼睛长度相同）。背鳍大小相近，第一背鳍起点位于腹鳍后部上方；背鳍间距与第一背鳍基部相同。胸鳍非常短。臀鳍呈宽圆形，相对较高，通过一个小凹口与延长的尾鳍分隔；尾鳍狭窄，背缘有一条增大的盾鳞组成的嵴。体色为深褐色或灰褐色至紫黑色；鳍上没有明显的斑纹。

分布　北大西洋、东南大西洋和南非附近的西南印度洋。

栖息地　大陆坡，深度700—2200米。

行为　已知该鱼种会远离底层，迁移到中层水区觅食。

生物学　卵生。卵鞘长4.7—5.2厘米，没有卷须，表面有细纹。捕食小型硬骨鱼类、虾、鱿鱼和其他小鲨鱼。

保护状态　无危（LC）。没有渔业价值，大多出现在渔业范围之外，可能会是深层拖网的会被抛弃的兼捕渔获物。

粗体光尾鲨 *Apristurus pinguis*

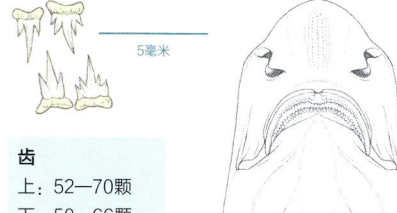

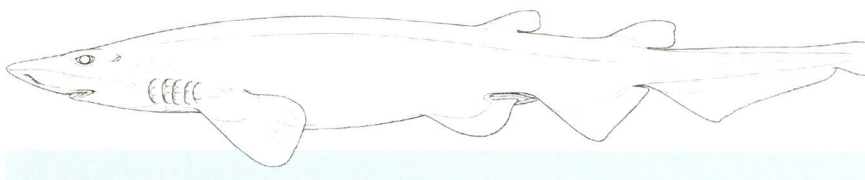

齿
上：52—70颗
下：50—66颗

体长测量　性成熟体长：雄性57厘米，雌性50厘米。
最大体长：70厘米（成年雄性可能会达到84厘米）。

鉴定　（绵吻光尾鲨支系）该物种具有厚、长、宽的吻部。口向前突出，远至小眼睛之前；唇褶很长（上唇褶达到上颌缝合部，下唇褶与上唇褶长度大致相同）。成年个体的鳃裂宽度中等，与眼睛长度相等。背鳍大小相近；第一背鳍起点位于腹鳍后部上方；背鳍间距大致等于第一背鳍基部长。胸鳍非常短。臀鳍呈三角形，相对较高，通过一个小凹口与延长的尾鳍分隔。可能有一排盾鳞沿尾叶上缘分布（不确定）。体色为褐色至黑褐色。背部和鳍略浅，经常有不明显的斑块；头部有不规则的较浅斑块。

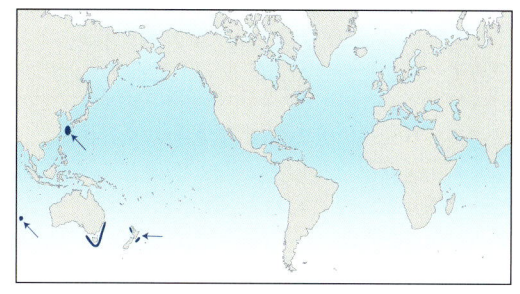

分布　西太平洋：中国东海，冲绳海槽；澳大利亚的新南威尔士、维多利亚、塔斯马尼亚，以及新西兰附近。东印度洋：澳大利亚，布罗肯海岭附近。

栖息地　于858—2057米深度捕获。

行为　未知。

生物学　卵生。卵鞘长6—7厘米，宽2厘米，在两端渐渐缩小，无卷须，表面相对光滑，有细的纵嵴。

保护状态　无危（LC）。该物种大部分分布于大多数深海渔业作业范围之外。

深水光尾鲨 *Apristurus profundorum*

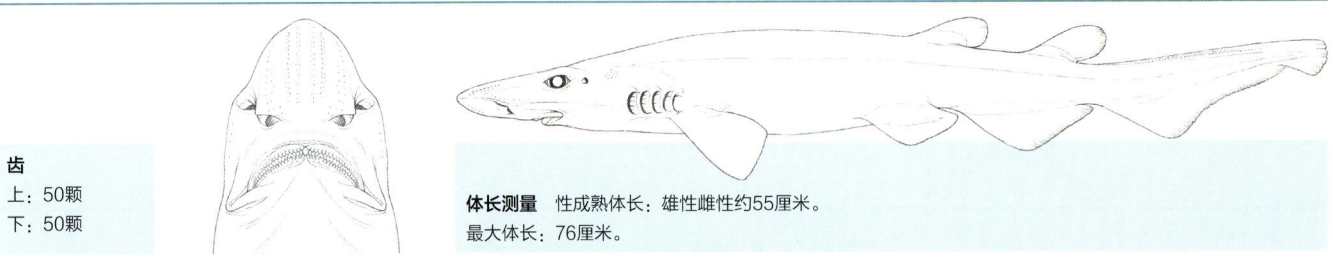

齿

上：50颗

下：50颗

体长测量 性成熟体长：雄性雌性约55厘米。

最大体长：76厘米。

鉴定 （绵吻光尾鲨支系）身体纤细，竖立的盾鳞使皮肤具有粗糙砂纸般的质感。厚而扁平的吻部。狭长的鼻孔具有狭窄的开口。长而宽阔的口伸展至小眼睛的前方，具有扩大的齿带；非常长的唇褶（上唇褶达到上颌缝合部，下唇褶与上唇褶长度大致相同）。鳃裂相当大（略小于成体眼睛长度）。各鳍高而圆。两个大小相等的背鳍，第一背鳍起点位于腹鳍中部。背鳍间距略大于第一背鳍基部。臀鳍呈三角形，相对较高，通过一个小凹口与延展的尾鳍分隔。尾鳍具有一排扩大的盾鳞。体色为褐色。

分布 加拿大纽芬兰和拉布拉多至美国特拉华州，向东至大西洋中脊。来自东大西洋毛里塔尼亚附近的记录可能是幽灵光尾鲨（*A. manis*）和小眼光尾鲨（*A. microps*），也可能是未知物种。

栖息地 大陆斜坡，深度为132—1830米。

行为 未知。

生物学 卵生。

保护状态 无危（LC）。是深海渔业中常见的兼捕渔获物，但其大部分种群位于商业捕捞的深度范围以下。

宽鳃光尾鲨 *Apristurus riveri*

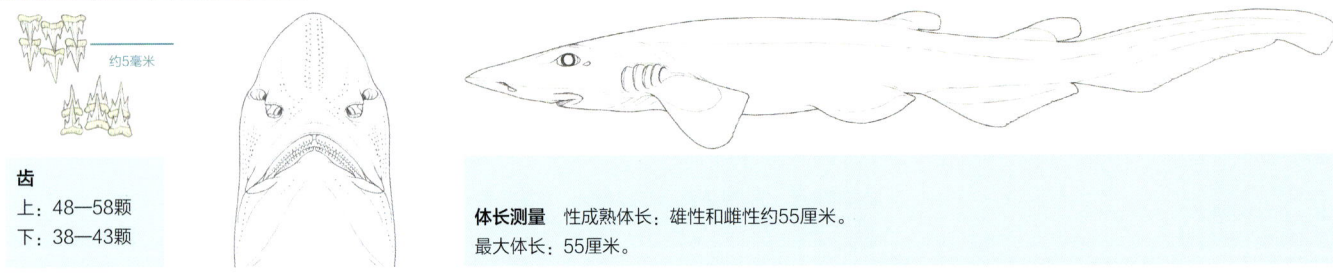

约5毫米

齿

上：48—58颗

下：38—43颗

体长测量 性成熟体长：雄性和雌性约55厘米。

最大体长：55厘米。

鉴定 （绵吻光尾鲨支系）身体小而纤细。头部宽阔而扁平。吻部延长。鼻孔小（鼻孔间距为鼻孔宽度的1.5倍）。非常长的口伸展至眼睛前方；雄性具有较大的锥形牙齿以及更长更宽的口和下颌；非常长的唇褶（上唇褶达到上颌缝合部，下唇褶与上唇褶长度大致相同）。鳃裂扩大，最宽处接近成体的眼睛长度。第一背鳍非常小，起点位于腹鳍终点前方。臀鳍呈三角形，相对较高，通过一个小凹口与延长的尾鳍分隔。身体呈深色，鳍上没有斑点。

分布 西大西洋、墨西哥湾和加勒比海：古巴、美国（佛罗里达州至密西西比州）、墨西哥、洪都拉斯、巴拿马、哥伦比亚、委内瑞拉和多米尼加共和国。

栖息地 该物种栖息在大陆坡区域，靠近或位于底部，深度范围为622—1500米。

行为 未知。

生物学 卵生。卵鞘长6厘米，宽2—3厘米，长而纤细，不具卷须，纤维丝覆盖卵鞘，有非常细的条纹，使它有光滑的触感。

保护状态 无危（LC）。这个鲜为人知的物种生活在商业渔业的深度范围以下。

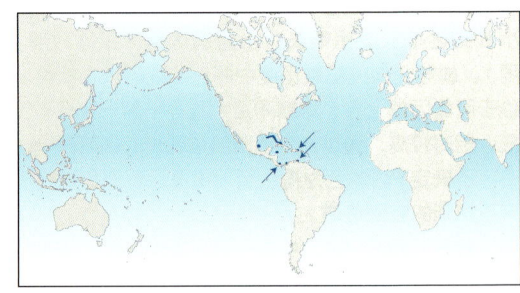

绵吻光尾鲨 *Apristurus spongiceps*　　　　　FAO代码：**APO**　　　图版 第322页

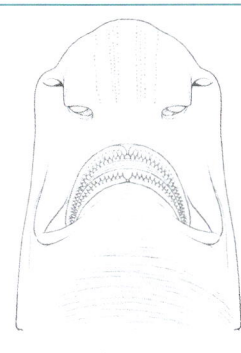

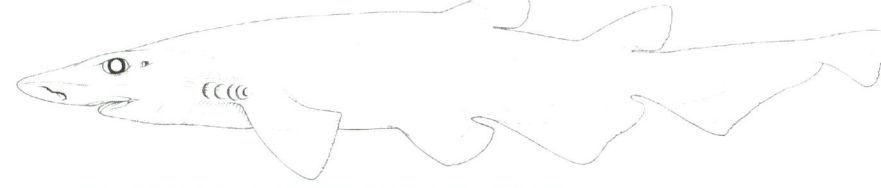

齿
上：43颗
下：40颗

体长测量　基本未知。怀孕的成年雌性是51厘米。

　　鉴定　（绵吻光尾鲨支系）这是一种特征明显的深褐色、粗壮的光尾鲨，鳃周围和喉部有凹槽和褶皱覆盖。头部宽阔而扁平。吻部和鼻孔相对较宽。口向前延伸，远至小眼睛之前；非常长的唇褶（上唇褶达到上颌缝合部，下唇褶与上唇褶长度大致相同）。鳃裂较小，长度小于成年个体眼睛长度。鳍高而呈圆形。两个小型（大致相等大小）、无棘的背鳍。臀鳍呈宽圆形，相对较高，通过一个小凹口与延长的尾鳍分隔。

　　分布　中北太平洋：夏威夷群岛。来自印度尼西亚的记录是不同的种。
　　栖息地　岛屿斜坡，底栖或近底栖，572—1463米。
　　行为　未知。
　　生物学　卵生，唯一已知的标本是一个成年雌性。卵鞘长7厘米，宽2—3厘米，有纤维状覆盖物，前后部不具卷须。
　　保护状态　数据缺乏（DD）。从夏威夷群岛的一个成年雌性和一个水下拍摄的个体了解（第324页）。

斯氏光尾鲨 *Apristurus stenseni*　　　　　FAO代码：**ASE**　　　图版 第322页

约5毫米

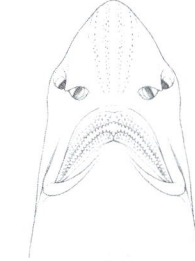

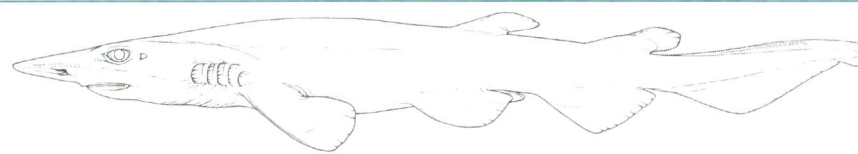

齿
上：28—32颗
下：28—32颗

体长测量　超过23厘米，可能到46厘米（成年雄性）。

　　鉴定　（绵吻光尾鲨支系）身体延长。宽大、扁平的头部。修长的吻部。鼻孔狭窄，间距较大。极大的嘴延伸到眼睛前面很远的距离；非常长的唇褶（上唇褶伸达上颌缝合部，下唇褶与上唇褶大约相同长度）。非常小的眼睛和非常宽的鳃裂（比成体的眼睛长度宽）。背鳍的大小大致相同，第一背鳍起点位于腹鳍中部上方。胸鳍和腹鳍基部之间的距离远远小于眶前吻长。臀鳍呈三角形，相对较高，基部拉长，与延长的尾鳍以小缺口分开；狭窄的尾鳍沿背侧边缘有扩大的盾鳞。黑色的身体，没有明显的斑纹。

　　分布　东太平洋中部：巴拿马。
　　栖息地　大陆坡，深度为915—975米。
　　行为　未知。
　　生物学　卵生。
　　保护状态　无危（LC）。只在巴拿马附近、水深大于目前商业捕鱼的范围内收集的一些标本中有所了解。来自加拉帕戈斯的记录需要确认。

分布于西南太平洋；水深25—200米海域。较小的背鳍位于腹鳍基后方；体灰色，体表具模糊的鞍状斑和间距较宽、大小相近的深褐色斑点，此外还夹杂一些白色斑点。

分布于东南印度洋；水深145米。背鳍位于腹鳍之后；体褐色，具深褐色色斑，无小斑点，背鳍前3个为鞍状斑，背鳍下及背鳍间具条状带，腹部颜色稍显苍白。

分布于中印度洋-太平洋；水深235—550米。一种非常引人注目的细长且较小的猫鲨，体表大约有10个模糊的暗色鞍状斑，且密布大量铁锈色的斑块和斑点。

分布于东南印度洋；水深98—400米。黄绿色，体表有8—9个鞍状斑，背部和鳍上（非腹面）具有大小相同的黑褐色斑点，眼睛下方通常有较窄的峭和一个黑点；体表不具白色斑点。

分布于中印度洋-太平洋；水深225—444米。非常小的猫鲨；体色淡黄不具鞍斑，身体密布明显的大小相同的黑褐色斑点，通常在每个背鳍前及背鳍基部中央各有一对，但眼下方没有斑点。

分布于中印度洋-太平洋；水深59—360米。身体非常小，吻部短粗，牙齿细小；体呈淡褐色，有许多白色的斑点和条纹，有不明显的深色鞍斑或条带，但整个身体不具深色斑点或斑块，腹部没有斑点。

分布于西南太平洋；水深25—290米，可能会涉及540米。身体淡褐色，背部和两侧具带橙褐色边界的深褐色斑点，不明显的深色鞍斑被斑点群分开，背鳍边缘（而非尖端）通常有深色印记，腹部色淡不具斑点。

分布于东南印度洋；水深30—200米。小型猫鲨，背鳍间距短，第一背鳍基与腹鳍基靠近；身体呈灰褐色，散布有许多小黑点，背部有不规则的锈棕色鞍状斑，体侧有蓝灰色斑点，头部、腹部和尾部下方呈浅灰色，上有黑色和灰色的小斑点。

分布于中印度洋-太平洋和西南太平洋；水深27—220米。斑驳的灰棕色至巧克力色，具7—8个鞍斑，背部和鳍上有许多模糊的白色斑点，腹部色苍白无斑点。

20厘米

○ 星点圆吻猫鲨

○ 斑点圆吻猫鲨

○ 鞍斑圆吻猫鲨

○ 淡色圆吻猫鲨

○ 暗色圆吻猫鲨

○ 白点圆吻猫鲨

○ 锈色圆吻猫鲨

○ 文森氏圆吻猫鲨

○ 腹斑圆吻猫鲨（浅斑圆吻猫鲨）

斑点圆吻猫鲨 *Asymbolus analis*

FAO代码：**ASY**　　图版　第344页

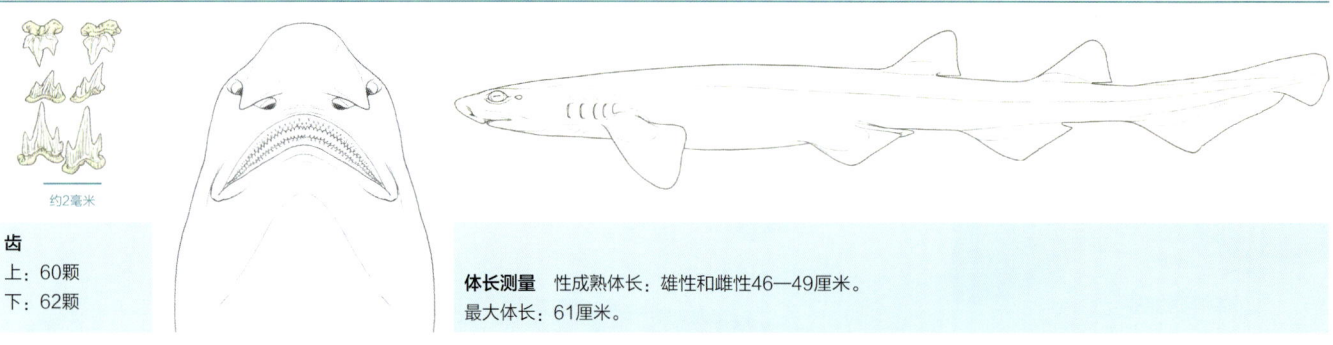

约2毫米

齿
上：60颗
下：62颗

体长测量　性成熟体长：雄性和雌性46—49厘米。
最大体长：61厘米。

鉴定　头部短，略扁，吻端尖而略圆。吻部短而粗。上齿外露；沿颌部有短的唇褶。眼睛下方有狭窄的嵴。两个小的背鳍在腹鳍基后方。成年雄鱼的腹鳍内缘愈合，在鳍脚上方围成围裙状。臀鳍短而有棱角。尾鳍短而宽。体偏灰色，有大小均匀、间隔较宽的深褐色斑点，背部和两侧有不明显的深色鞍状斑；体表具一定数量的白色斑点。

分布　西南太平洋：澳大利亚东部，昆士兰南部至维多利亚。

栖息地　底栖。大陆架，栖息于近岸（25米）至近海（200米）。

行为　未知。

生物学　卵生，可能全年都有生殖活动。卵鞘长7—8厘米，宽2—3厘米，短粗，呈花瓶形。

保护状态　无危（LC）。尽管该物种的分布范围与大量的拖网捕鱼活动相重叠，但6年的监测显示没有整体的捕捞趋势。

暗色圆吻猫鲨 *Asymbolus funebris*

FAO代码：**AXM**　　图版　第344页

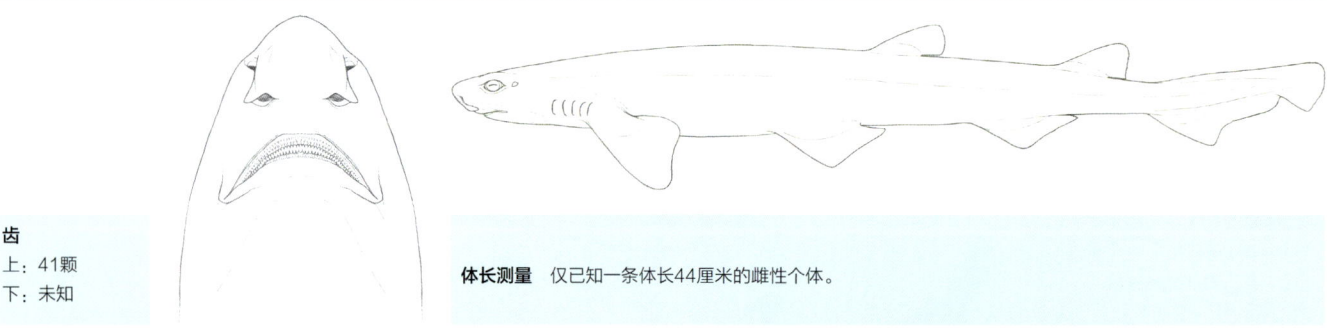

齿
上：41颗
下：未知

体长测量　仅已知一条体长44厘米的雌性个体。

鉴定　小型猫鲨。头部短小，略微扁平，吻端尖而略圆。吻部短而粗。上牙外露；沿颌部有短的唇褶。眼睛下方有狭窄的嵴。背鳍位于腹鳍后方。腹鳍的内侧边缘可能围成围裙状，覆盖在成年雄性的鳍脚上。臀鳍短而有棱角。尾鳍短而宽。棕色的身体有大的黑褐色斑点和鞍状斑（没有小的斑点）。背鳍前有三个鞍状斑；每个背鳍下有条状斑纹，背鳍之间也有条状斑纹。腹面仅略显苍白。

分布　东南印度洋：澳大利亚西南部，勒谢什群岛附近。

栖息地　外大陆架，栖息水深约145米。

行为　未知。

生物学　未知。

保护状态　数据缺乏（DD）。只从一个标本中了解。

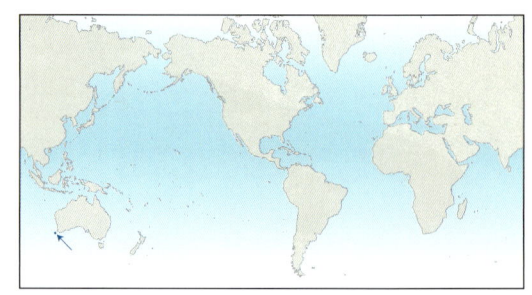

星点圆吻猫鲨 *Asymbolus galacticus*

FAO代码：**AXM**　　图版 第344页

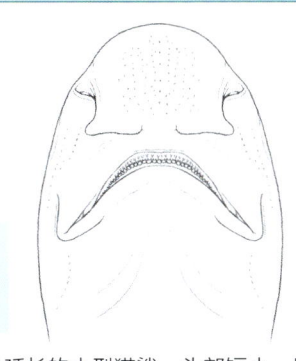

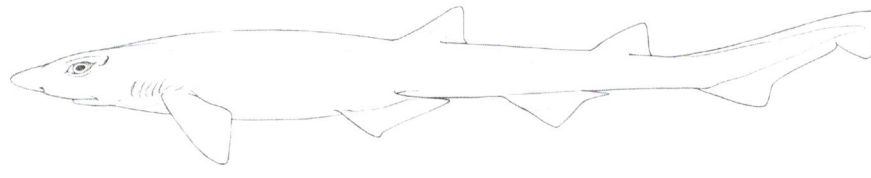

齿
上：57—63颗
下：54—60颗

体长测量　性成熟体长：雄性44厘米。
最大体长：48厘米。

　　鉴定　身体延长的小型猫鲨。头部短小；眼睛下方有狭窄的嵴。第一背鳍起点位于腹鳍基末端上方。浅至中等棕色的猫鲨，具有非常醒目的颜色图案。斑点极多，并具有铁锈色的大小斑点；在身体侧面有大约10个微弱的鞍状斑；具有大的、深褐色的斑点和鞍状斑（没有小斑点）。

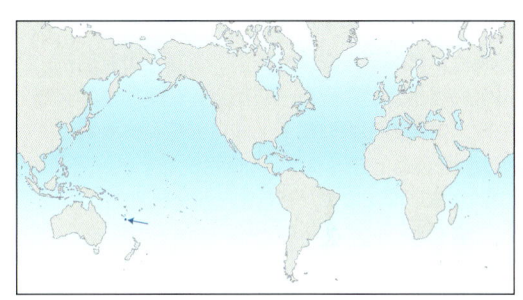

　　分布　中印度洋–太平洋：新喀里多尼亚附近，诺福克海脊北部。
　　栖息地　大陆坡，栖息水深235—550米。
　　行为　未知。
　　生物学　卵生。
　　保护状态　无危（LC）。数据仅从一艘科考船收集的少数标本中得知。

鞍斑圆吻猫鲨 *Asymbolus occiduus*

FAO代码：**AXM**　　图版 第344页

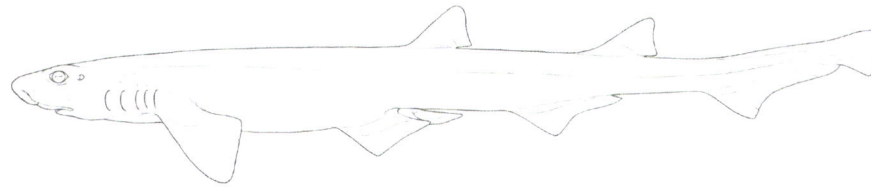

齿
上：63颗
下：未知

体长测量　性成熟体长：雄性58厘米。最大体长：最少60厘米。

　　鉴定　头部短小，略显扁平。吻部短而粗。上牙外露；沿颌部有短的唇褶。眼下方通常有狭窄的嵴和一个黑斑。背鳍在腹鳍基的后面；每个背鳍前面有一个黑斑。腹鳍内侧的边缘围成围裙状，覆盖于成年雄性个体的鳍脚上方。臀鳍短而具棱角。尾鳍短而宽。体明亮黄绿色，有大小相近的棕黑色斑点和8—9个明显的鞍状斑（在幼鱼中最明显，其斑点较少）。无白点；腹部没有斑点。

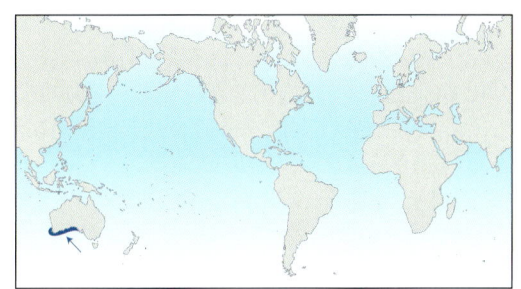

　　分布　东南印度洋：澳大利亚西南部。
　　栖息地　底栖，外大陆架，栖息水深98—400米。
　　行为　未知。
　　生物学　未知。
　　保护状态　无危（LC）。其在大部分分布范围未被捕捞。

淡色圆吻猫鲨 *Asymbolus pallidus*

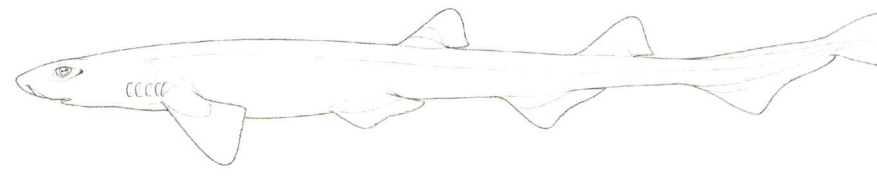

齿
上：59—66颗
下：未知

体长测量　出生体长：19厘米。性成熟体长：雄性32厘米，雌性35厘米。
最大体长：47厘米。

　　鉴定　一种非常小的猫鲨。头部短而略扁。吻部短粗。上牙外露；沿颌部有短的唇褶。眼睛下方有狭窄的嵴。背鳍在腹鳍后方；通常每个背鳍前面有一对斑点；每个背鳍基部的中心有一对斑点。成年雄性的腹鳍内缘愈合为围裙状，覆盖于鳍脚上方。臀鳍短而具棱角。尾鳍短而宽。体淡黄色，有明显的大小均匀的深褐色斑点（腹部或眼睛下方没有）。无明显的鞍状斑、带状斑纹或白斑。

　　分布　中印度洋–太平洋：澳大利亚东北部。

　　栖息地　底栖，水深225—444米大陆架。

　　行为　未知。

　　生物学　卵生，每个子宫内有一个卵鞘。

　　保护状态　无危（LC）。由于在该物种的分布范围内捕捞强度低，其不太可能在商业捕捞中被捕获。

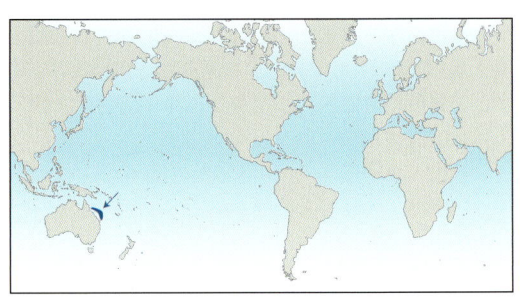

白点圆吻猫鲨 *Asymbolus parvus*

约2毫米

齿
上：47—59颗
下：未知

体长测量　性成熟体长：雄性约28厘米。
最大体长：约40厘米

　　鉴定　非常小的猫鲨。头部短小，略微扁平，吻端尖而略圆。吻部短而粗。齿小；沿颌部有短唇褶。眼睛下方有狭窄的嵴。两个小的背鳍位于腹鳍的后方。腹鳍内缘在成年雄性的鳍脚上方愈合成围裙状。臀鳍短而具棱角。尾鳍短而宽。体淡褐色，有许多白色的斑点和线条以及淡淡的黑色鞍状斑或带状斑纹（在尾部最明显）。没有黑点或斑点；腹部没有斑点。

　　分布　中印度洋–太平洋：澳大利亚西北部热带地区，从鲨鱼湾以北到国王湾。

　　栖息地　底栖，大陆架外缘和大陆坡上部，栖息水深59—360米。

　　行为　未知。

　　生物学　卵生。

　　保护状态　无危（LC）。不常见的兼捕渔获物。被认为在被丢弃后能很好地生存。

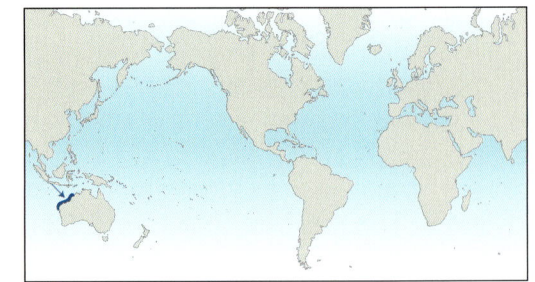

锈色圆吻猫鲨 *Asymbolus rubiginosus*

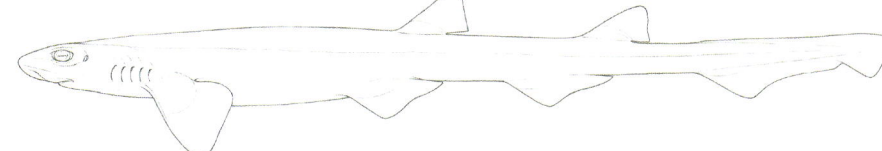

齿
上：57—58颗
下：未知

体长测量　性成熟体长：雄性37厘米。
最大体长：最少53厘米。

鉴定　眼睛下方有不明显的褐色斑点和嵴。背鳍在腹鳍后方。腹鳍内缘愈合成围裙状，覆盖于成年雄性个体的鳍脚上方。尾鳍短而宽。体淡褐色；背部和侧面有许多边缘为橙褐色的深褐色斑点；侧面的斑点较大，但较模糊。通常在背鳍的前缘和后缘有一个深色的斑块；暗淡的鞍状斑被沿脊柱分布的一团团斑点分隔开。苍白的腹部没有斑点。

分布　西南太平洋：澳大利亚东部，昆士兰南部至塔斯马尼亚。

栖息地　底栖，大陆架和大陆坡上部，栖息水深25—540米。

行为　未知。

生物学　卵生，被认为一年四季都会产卵。卵鞘长4—5厘米，宽1.5—2厘米，小而坚固，呈花瓶状。

保护状态　无危（LC）。在一些拖网渔业中被放生的兼捕渔获物。

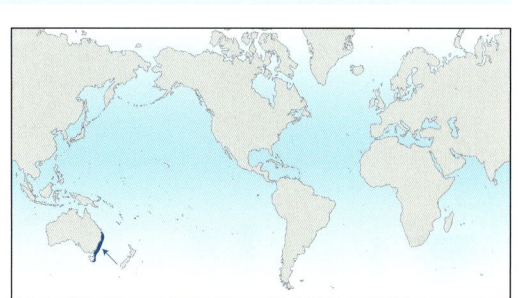

腹斑圆吻猫鲨 *Asymbolus submaculatus*

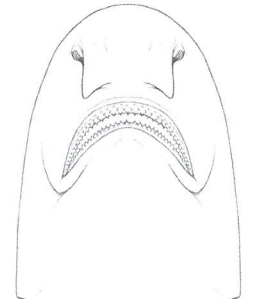
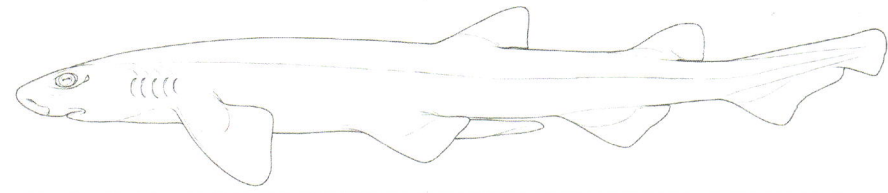

齿
上：42颗
下：未知

体长测量　性成熟体长：雄性38厘米。
最大体长：44厘米。

鉴定　一种小型猫鲨。头部短而略扁，呈圆形。吻部短而粗。口部长而呈拱形；大的上齿暴露在外；沿着颌部有短的唇褶。眼睛下面有狭窄的嵴。背鳍间距短，顶端宽圆；第一个背鳍基部接近腹鳍基部。成年雄性个体腹鳍内缘愈合成围裙状，覆盖在鳍脚上方。臀鳍短而具棱角。尾鳍短而宽。体灰褐色，有许多小黑点。背部有较深的不规则、锈棕色、马鞍状的斑点；两侧有蓝灰色的斑点。头部、腹部和尾部的下表面有小的黑色和灰色斑点，下表面是浅灰色。

分布　东南印度洋：澳大利亚西南部。

栖息地　大陆架，栖息水深30—200米，栖息于洞穴或岩架上。

行为　夜行性。

生物学　卵生。

保护状态　无危（LC）。很少见，不太可能在渔业中被捕获。

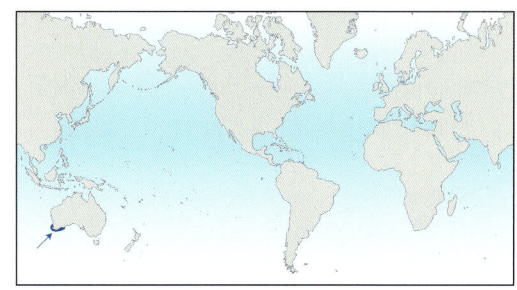

文森氏圆吻猫鲨 *Asymbolus vincenti*　　　　　FAO代码：**ASV**　　　图版 第344页

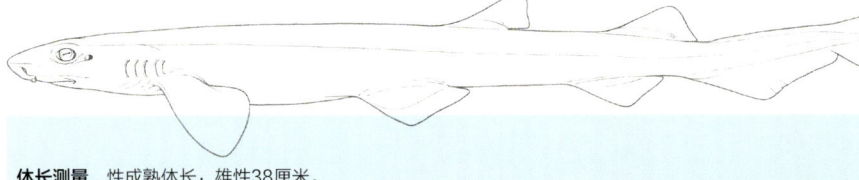

齿
上：60颗
下：56颗

体长测量　性成熟体长：雄性38厘米。
最大体长：最少61厘米。

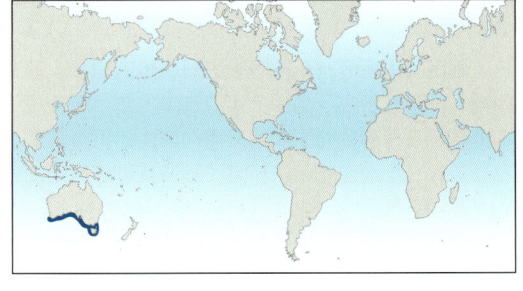

　　鉴定　头部短小，略显扁平。吻部短而粗。上齿外露；沿颌部有短的唇褶。眼睛下方有狭窄的嵴。两个小的背鳍位于腹鳍后方。成年雄性的腹鳍内缘愈合成围裙状，覆盖于鳍脚上方。臀鳍短而有棱角。尾鳍短而宽。体色为具斑纹的灰褐色或巧克力色。有7—8个深色鞍状斑；许多小的暗淡的白色斑点。腹部苍白，无斑点。

　　分布　东南印度洋和西南太平洋：西澳大利亚州、南澳大利亚州至维多利亚州，在大澳大利亚湾最常见。

　　栖息地　栖息水深小于100米的海床，常在海草床中。大澳大利亚湾，栖息水深27—220米。

　　行为　未知。

　　生物学　卵生，卵鞘长5厘米，宽2厘米，有长丝，成对产卵。

　　保护状态　无危（LC）。仅在其部分地区的拖网渔业中被兼捕。

巴赫深海沟鲨 *Bythaelurus bachi*　　　　　FAO代码：**BZO**　　　图版 第352页

约1毫米

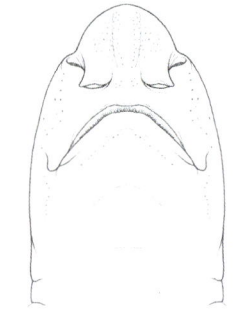

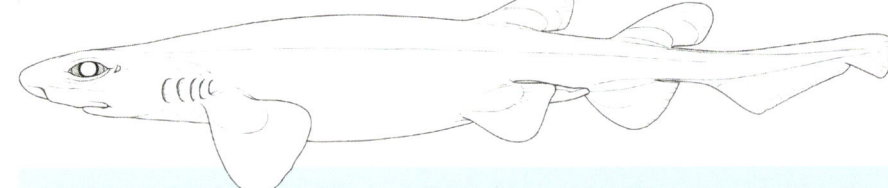

齿
上：70—84颗
下：60—76颗

体长测量　出生体长：约12厘米。性成熟体长：雄性40厘米，雌性39厘米。
最大体长：雄性42.2厘米，雌性44.5厘米。

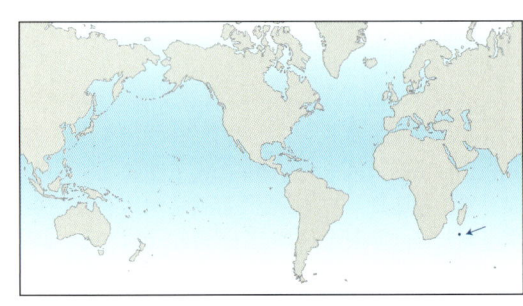

　　鉴定　身体结实粗壮（在幼年时较纤细）。吻部长而宽，俯视呈钟形。口腔和舌头上密布着许多乳突；唇褶明显，下唇褶明显长于上唇褶。臀鳍基等于第二背鳍基长度或不超过第二背鳍基部长度的1.5倍。尾鳍背缘缺乏突出的梳状盾鳞。体色为浅灰棕色到背部的普通米色，腹部是奶油色，没有斑纹或不明显的暗斑；所有的鳍的前缘有非常狭窄的暗色边缘。

　　分布　西南印度洋：仅已知分布于马达加斯加海脊南端的沃尔特斯浅滩。它的分布显然不与内勒深海沟鲨重叠，后者目前只发现于西南印度洋海脊的几座海山上。

　　栖息地　只在910—1365米的水深范围内的一些海山附近发现。

　　行为　未知。

　　生物学　卵生，卵鞘成对产下，每个子宫1个。卵鞘长6—7厘米，宽2—3厘米，小，呈瓶状，有非常细的条纹，触感光滑；两端的角很短，没有卷须；侧嵴很窄，1—2毫米宽，平坦，没有"T"形凸缘。饮食内容不确定，但可能包括硬骨鱼类、头足类和甲壳类动物。

　　保护状态　数据缺乏（DD）。这种深海沟鲨最近才为人所记录，人们对它的了解非常少，它可能是深海拖网和延绳钓渔业的兼捕渔获物。

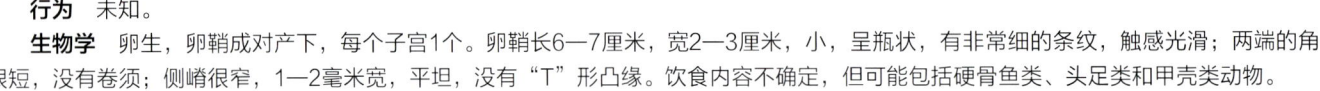

暗灰深海沟鲨 *Bythaelurus canescens*

FAO代码：**HAN**　　图版 第352页

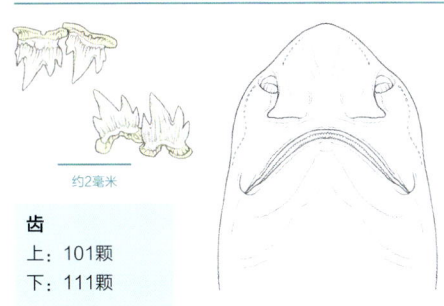

约2毫米

齿
上：101颗
下：111颗

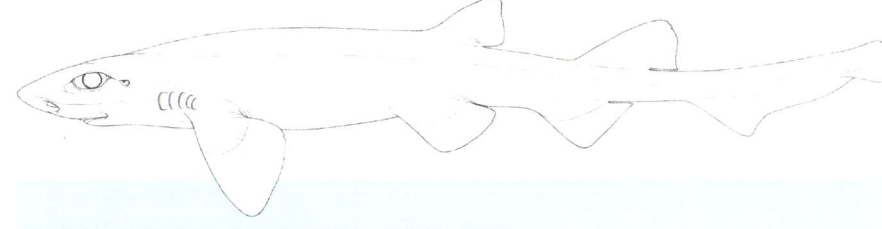

体长测量　性成熟体长：雄性 52—55厘米，雌性59—66厘米。
最大体长：73厘米，可能到124厘米。

鉴定　一种相当大的猫鲨。吻部短而圆。口部呈长拱形，延伸到像猫一样的大眼睛前方。有两个小背鳍；第一个背鳍的基部位于腹鳍基部上方。臀鳍几乎和第二个背鳍一样大。尾巴相当短。体深褐色；成体无斑纹，幼体有白色鳍尖。

分布　东南太平洋：秘鲁、智利、麦哲伦海峡。

栖息地　深海，深度范围为237—1260米。大陆坡上部的淤泥底质和岩石上。

行为　未知。

生物学　卵生，卵鞘呈瓶状，表面有12—15条纵纹，两端有长卷须；卵鞘成对产下，每个子宫一个。以底栖无脊椎动物为食。

保护状态　易危（VU）。是几种渔业的常规兼捕渔获物，包括深海底拖网和延绳钓渔业，它们破坏了为该物种提供关键产卵栖息地的深水珊瑚。

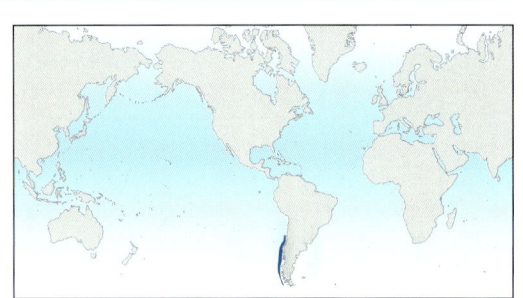

克氏深海沟鲨 *Bythaelurus clevai*

FAO代码：**CVX**　　图版 第352页

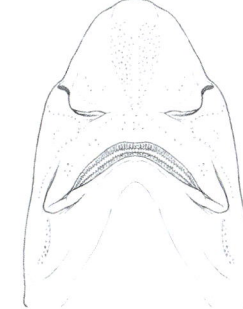

约2毫米

齿
上：62—80颗
下：63—70颗

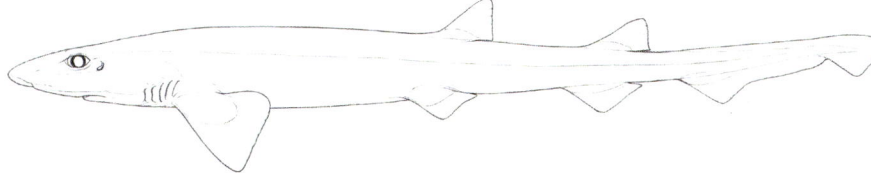

体长测量　出生体长：约11—14厘米。性成熟体长：雄性约28—36厘米，雌性30—35厘米。
最大体长：约42厘米。

鉴定　小型猫鲨。吻长，侧看窄而尖，从上面看宽而呈钟形。嘴长而呈拱形，超过小猫一样的眼睛的前端。有两个小的背鳍；第一个背鳍的基部大部分位于腹鳍基部上方。臀鳍高且呈三角形，比第二背鳍大。尾鳍短。背部是灰色，腹部是白色的，有一些大而明显的黑褐色斑点和鞍状斑，以及躯干和尾巴背侧的小斑点，但头部颜色几乎是均一的。胸鳍、腹鳍、背鳍和臀鳍的基部为深色，边缘为浅色。

分布　西印度洋：马达加斯加西南部，在图利亚拉港附近常见。

栖息地　岛屿斜坡，栖息水深400—500米。

行为　未知。

生物学　胎生，每胎2尾胎仔。以虾类为食。

保护状态　数据缺乏（DD）。对这一物种的分布、生活史和渔业捕捞情况知之甚少。

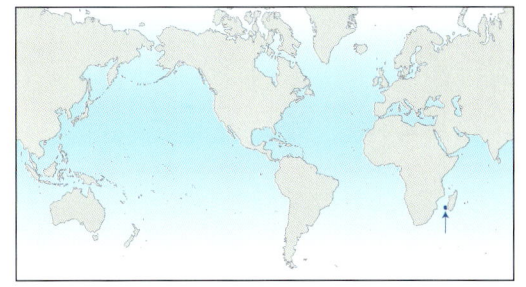

○ **巴赫深海沟鲨** *Bythaelurus bachi* ──────────────────────

分布于西南印度洋；水深910—1365米。身体上部呈均匀的无花纹浅灰棕色至米色，下部为奶油色；各鳍前缘有非常狭窄的灰褐色边缘；尾叶上缘没有增大的盾鳞。

○ **暗灰深海沟鲨** *Bythaelurus canescens* ──────────────────

分布于东南太平洋；海拔237—1260米。眼大似猫；体呈均匀的深褐色，成鱼体无斑纹，幼鱼鳍尖为白色。

○ **克氏深海沟鲨** *Bythaelurus clevai* ──────────────────────

分布于西印度洋；水深400—500米。灰色小型猫鲨，腹面呈白色，有数个明显的深褐色大斑点和鞍斑，躯干两侧和背部以及尾部上表面有较小斑点，但头部没有；除尾鳍外，所有鳍的基部都呈深色，边缘呈浅色。

○ **道森氏深海沟鲨** *Bythaelurus dawsoni* ─────────────────

分布于西南太平洋；水深50—992米。身体呈浅棕色或灰色，腹面较浅，鳍尖白色，尾鳍上有深色条带，较小的个体侧面有一行白点。

○ **吉氏深海沟鲨** *Bythaelurus giddingsi* ────────────────────

分布于东太平洋；水深428—562米。灰色的身体上有大块白色斑点和斑纹，斑驳醒目。

○ **糙肤深海沟鲨** *Bythaelurus hispidus* ────────────────────

分布于北印度洋；水深200—800米。身体非常小而细长，皮肤粗糙，皮肤呈淡褐色至白色，有时有微弱的灰色横带和白色或暗色斑点。

○ **无斑深海沟鲨** *Bythaelurus immaculatus* ────────────────

分布于中印度洋–太平洋；水深534—1020米。身体黄褐色且无花纹，与道森氏深海沟鲨类似，但没有白色鳍尖。

○ **圆头鲨** *Cephalurus cephalus* ─────────────────────────

分布于东太平洋；水深155—927米。独特的蝌蚪形状；膨大扁平的头部和鳃部；细小的身体和尾巴；皮肤非常薄且柔软；背鳍较小，第一背鳍起点位于腹鳍的起点稍前方。

○ 圆头鲨

20厘米

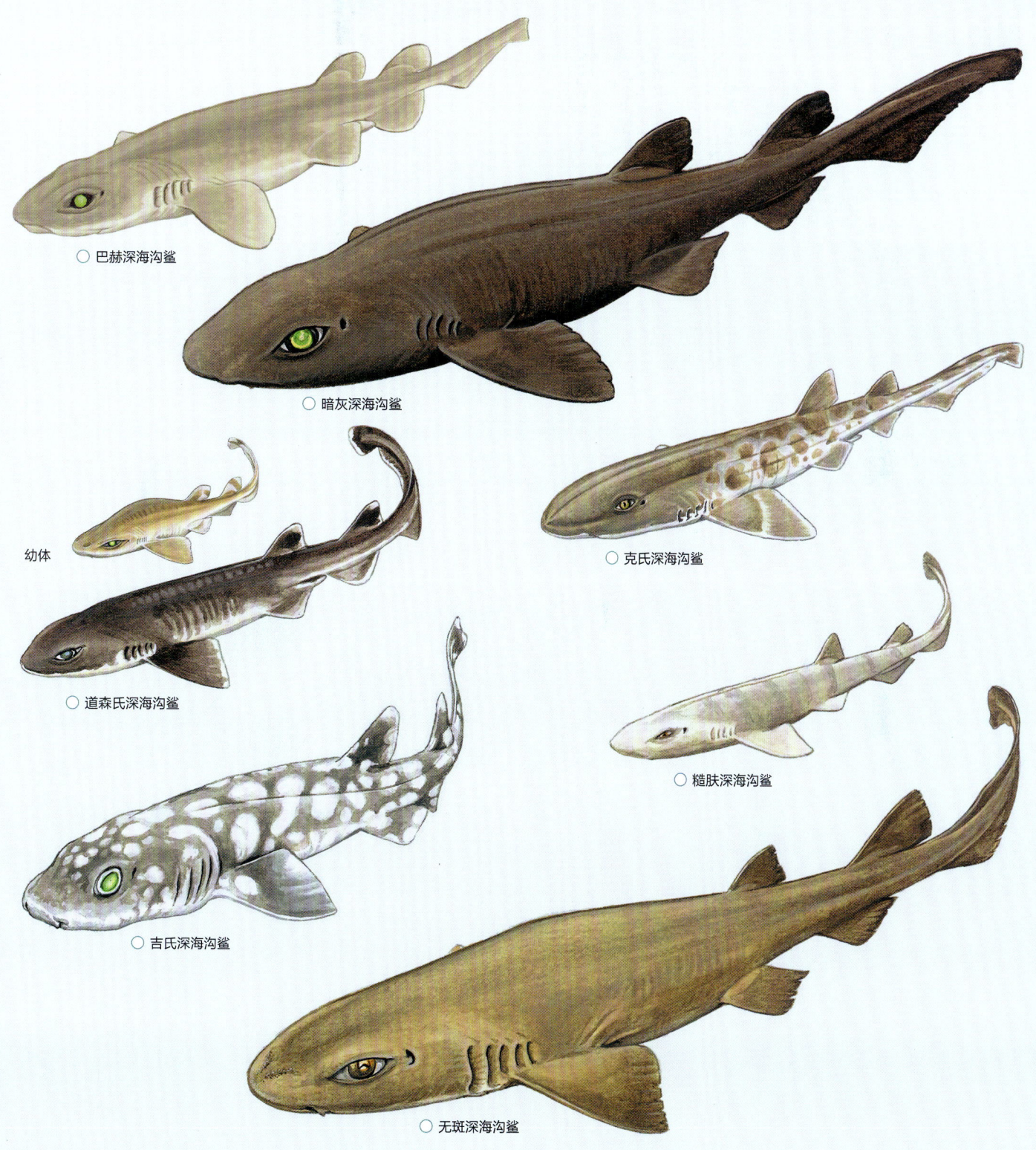

○ 巴赫深海沟鲨

○ 暗灰深海沟鲨

幼体

○ 克氏深海沟鲨

○ 道森氏深海沟鲨

○ 糙肤深海沟鲨

○ 吉氏深海沟鲨

○ 无斑深海沟鲨

20厘米

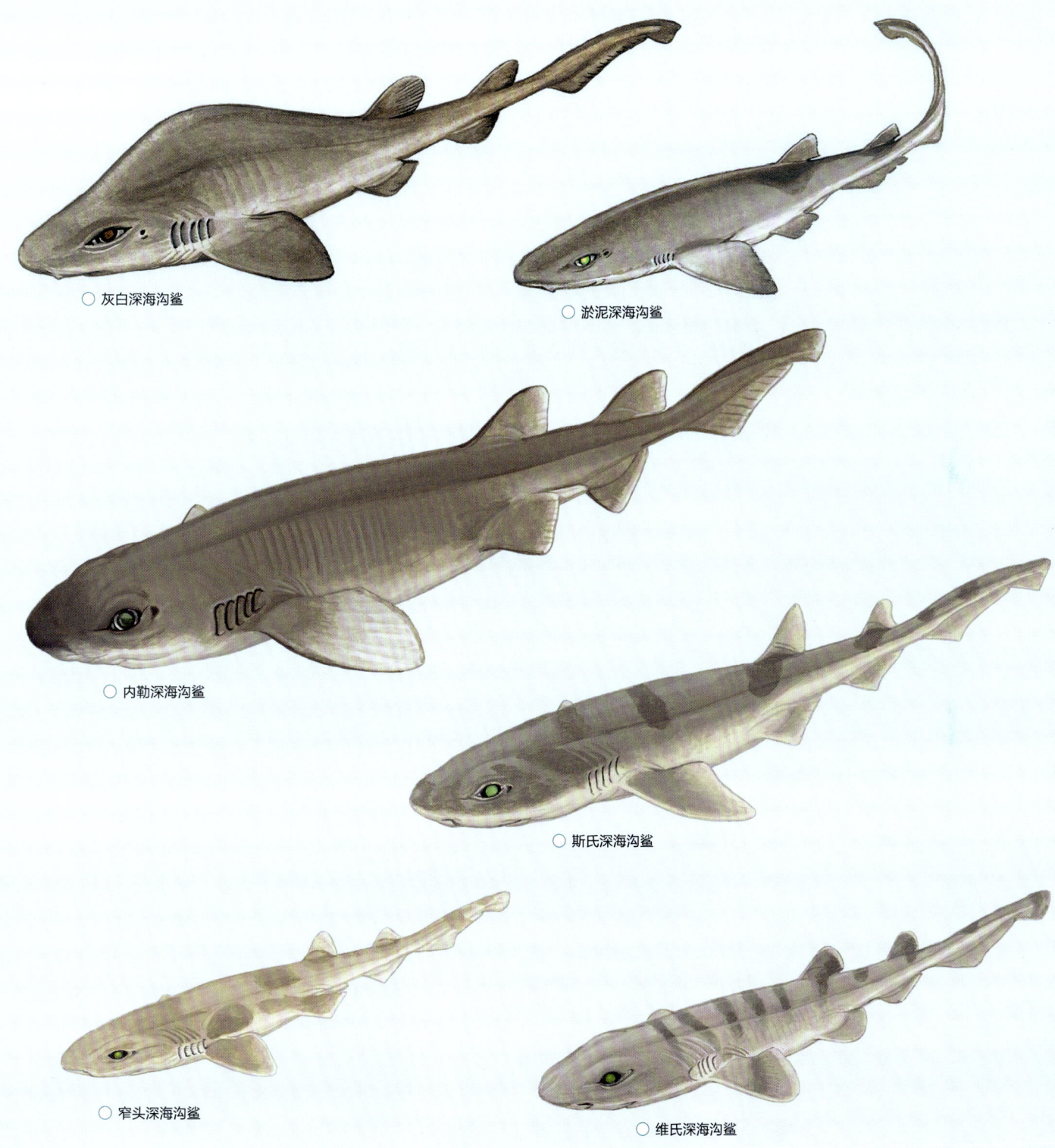

○ 灰白深海沟鲨

○ 淤泥深海沟鲨

○ 内勒深海沟鲨

○ 斯氏深海沟鲨

○ 窄头深海沟鲨

○ 维氏深海沟鲨

道森氏深海沟鲨 *Bythaelurus dawsoni*　　　FAO代码：**HAO**　　图版 第352页

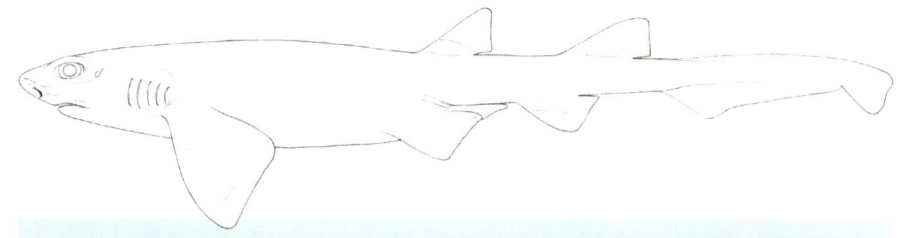

齿
上：64颗
下：70颗

体长测量　出生体长：约11厘米。性成熟体长：雄性雌性约33—36厘米。
最大体长：42厘米。

　　鉴定　身体较短。头部宽大扁平。分叉状的前鼻瓣延长。长拱形的嘴延伸到了似猫的大眼睛前端。有两个背鳍；第一个背鳍的基部位于腹鳍基部上方，第二个较大。臀鳍短而有棱角。体浅棕色或灰色，腹部较苍白。幼体的侧面有一排白斑，鳍尖呈白色。尾鳍上有黑带。

　　分布　西南太平洋：新西兰，主要在查塔姆海隆，以及奥克兰和坎贝尔群岛附近。

　　栖息地　新西兰及奥克兰群岛的大陆坡上部或海床附近，水深50—992米，大多数记录来自水深300—600米。

　　行为　未知。

　　生物学　卵生。以底栖硬骨鱼类、甲壳类和头足类为食。大于35厘米的鲨鱼更多地以硬骨鱼类为食。

　　保护状态　无危（LC）。显然，在深水中相当常见，但很少有记录。

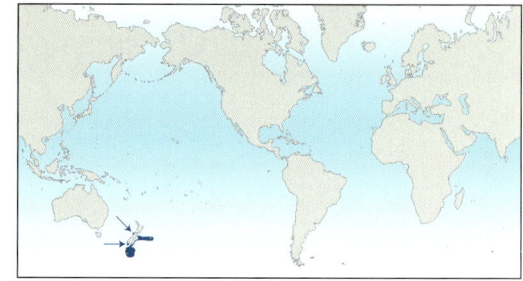

吉氏深海沟鲨 *Bythaelurus giddingsi*　　　FAO代码：**CVX**　　图版 第352页

约2毫米

齿
上：22—23颗
下：23—26颗

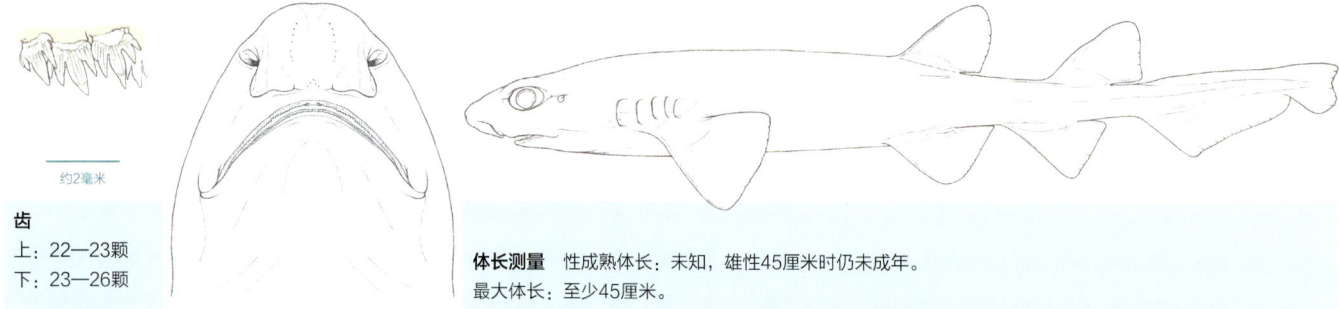

体长测量　性成熟体长：未知，雄性45厘米时仍未成年。
最大体长：至少45厘米。

　　鉴定　一种小型猫鲨。吻部呈圆形，短小扁平。嘴呈长拱形，达到了猫一样的眼睛的前端。两个中等大小、圆形的背鳍，第一个背鳍的基部位于腹鳍基部上方。臀鳍约与第二背鳍一样大。尾巴较短。灰色皮肤上有醒目的大白点和斑纹。

　　分布　东太平洋：加拉帕戈斯群岛。

　　栖息地　岛屿斜坡，水深428—562米处熔岩巨石附近泥沙底质水域。

　　行为　基本未知。

　　生物学　基本未知。

　　保护状态　无危（LC）。只了解幼体，成体可能出现在更深的水中。其陡峭的斜坡生境不适合拖网捕捞，加拉帕戈斯海洋保护区内没有渔业。

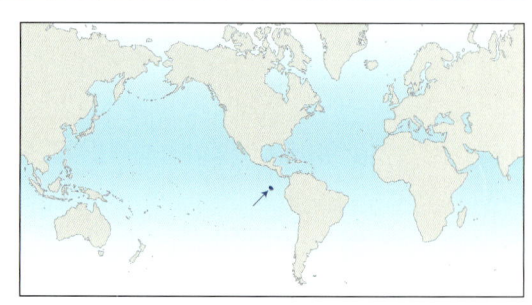

糙肤深海沟鲨 *Bythaelurus hispidus*　　　　FAO代码：**HAH**　　图版 第352页

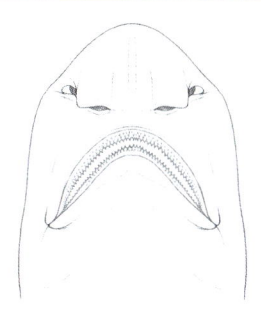
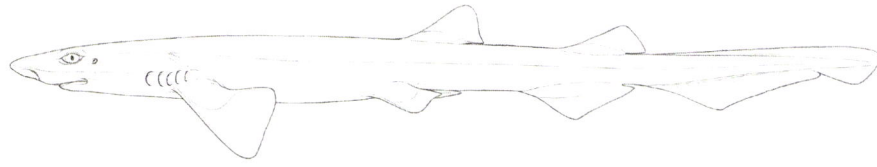

齿
上：70颗
下：83颗

体长测量　出生体长：12—13厘米。性成熟体长：雄性约22—26厘米，雌性约21—29厘米。最大体长：37厘米。

　　鉴定　极小的猫鲨，身体延长。吻部短而圆。长拱形的嘴。有两个背鳍（第一个背鳍的起点位于腹鳍基后部）和一个臀鳍。皮肤粗糙。体呈浅棕色或白色，有时有暗淡的灰色横纹，白色或灰暗的斑点。

　　分布　北印度洋。肯尼亚至索科特拉群岛，东至印度东南部、安达曼群岛和缅甸。

　　栖息地　大陆坡上部的底层水域，水深200—800米。

　　行为　未知。

　　生物学　胎生。吃小鱼、鱿鱼和甲壳类动物。

　　保护状态　近危（NT）。在深水中很常见，其分布的部分地区与渔业重叠。这可能是一个复合种，包含其他物种。

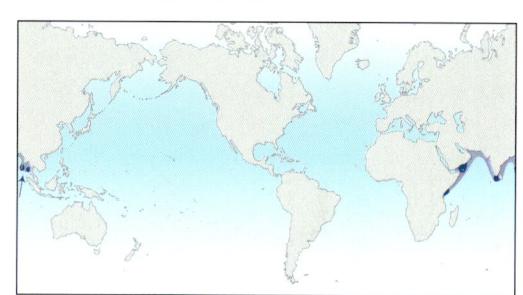

无斑深海沟鲨 *Bythaelurus immaculatus*　　　　FAO代码：**HAV**　　图版 第352页

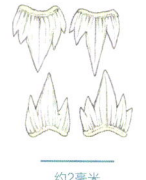

约2毫米

齿
上：未知
下：未知

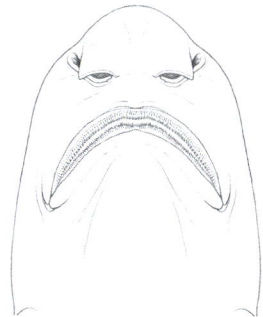

体长测量　性成熟体长：标本71—76厘米。最大体长：76厘米。

　　鉴定　一种大型的、体色为单调黄褐色的猫鲨，没有标记，类似于道森氏深海沟鲨。吻部呈圆形。有两个背鳍：第一个较小，位于腹鳍基部上方；第二个大得多，位于臀鳍基部上方。腹部长。

　　分布　中印度洋-太平洋：中国南海，中国海南岛以东约380—400千米。

　　栖息地　底栖，栖息于大陆坡上，水深534—1020米。

　　行为　未知。

　　生物学　未知。

　　保护状态　无危（LC）。没有商业渔业兼捕渔获物的记录，该物种没有受到目前在该地区开展的渔业活动的威胁。

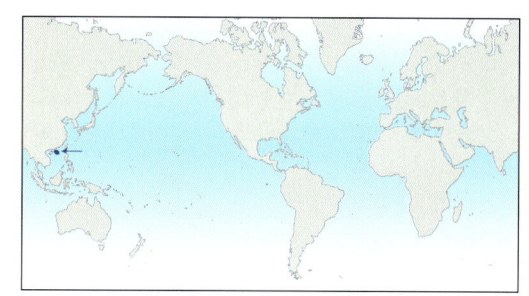

灰白深海沟鲨 *Bythaelurus incanus* FAO代码：**CVX**　图版　第354页

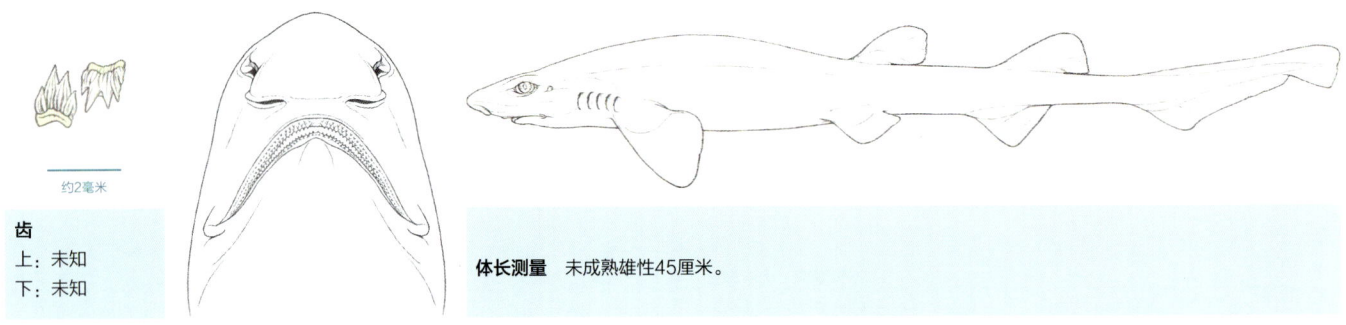

齿
上：未知
下：未知

体长测量　未成熟雄性45厘米。

　　鉴定　身体长而柔软。头部扁平，极宽大。吻部短而圆。有两个完全分离、大小相似、高而圆的背鳍；第一个背鳍的基部在腹鳍基部上方；第二个背鳍在臀鳍上方。皮肤粗糙，体色为均一的深灰棕色，腹部有一些苍白的斑点。

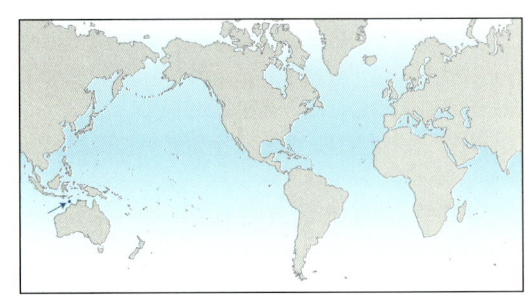

　　分布　中印度洋–太平洋：澳大利亚西北部。
　　栖息地　大陆坡，水深900—1000米。
　　行为　未知。
　　生物学　未知。
　　保护状态　数据缺乏（DD）。数据只从一个标本了解到。出现于渔业活动无法涉足的深处。

淤泥深海沟鲨 *Bythaelurus lutarius* FAO代码：**HAG**　图版　第354页

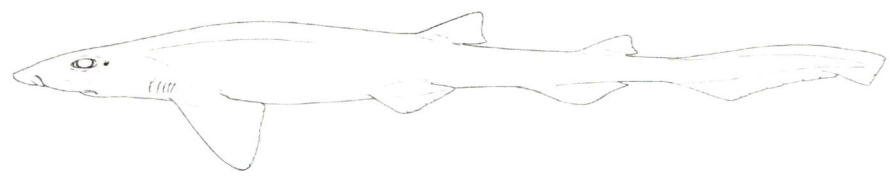

齿
上：76颗
下：86颗

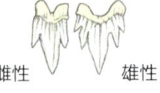

体长测量　出生体长：约10—14厘米。性成熟体长：雄性约28—31厘米，怀孕的雌性29—31厘米。最大体长：约39厘米。

　　鉴定　小型猫鲨。吻部短圆。长拱形的嘴，延伸至猫一样的眼睛的前端。有两个小背鳍：第一个背鳍的基部大致位于腹鳍基部末端上方；第二个（稍大）的起点位于臀鳍基中点上方。朴素的灰褐色，有时有灰暗的鞍状斑，腹部呈浅色。
　　分布　西印度洋。莫桑比克。来自索马里的记录现在被归类为一个不同的物种，即维氏深海沟鲨，而来自坦桑尼亚北部海域的记录则是窄头深海沟鲨。
　　栖息地　热带大陆坡深海，泥质海底或泥质海底稍上方的水层，水深338—766米。

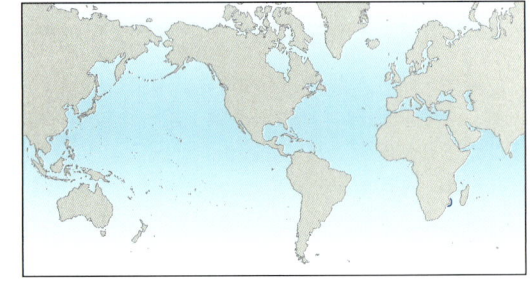

　　行为　未知。
　　生物学　卵胎生，每胎2尾胎仔。吃头足类、小型硬骨鱼类和甲壳类动物。
　　保护状态　数据缺乏（DD）。其推测不会在渔业中被捕获。以前认为该物种从莫桑比克到索马里都有，现在已知是莫桑比克的特有物种。

内勒深海沟鲨 *Bythaelurus naylori*   FAO代码：**CVX**   图版 第354页

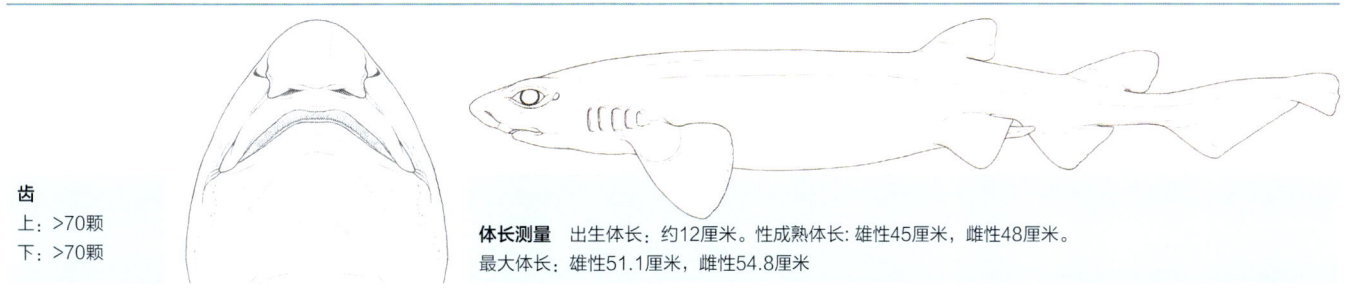

齿
上：>70颗
下：>70颗

体长测量 出生体长：约12厘米。性成熟体长：雄性45厘米，雌性48厘米。
最大体长：雄性51.1厘米，雌性54.8厘米

鉴定 身体粗壮柔软，从第一背鳍到尾鳍起点处迅速变细。吻部短宽，钝圆。口顶和舌头没有许多乳突；唇褶明显，下唇褶明显长于上唇褶。臀鳍基部等于或少于第二背鳍基部长度的1.5倍。尾叶上缘有明显扩大的突出的梳子状盾鳞。体色为均一的中到深棕色，有浅色的鳍边缘，和一个明显的深色，灰色至黑色的吻部。

分布 西南印度洋：只知道来自西南印度洋海脊。本种的分布显然与巴赫深海沟鲨不重合，后者只出现在马达加斯加海脊南端的沃尔特斯浅滩。

栖息地 仅在深度为752—1443米的几座海山周边发现，其中一个记录来自89米处。

行为 该物种的最浅记录，可能是89米，来自中水层拖网。

生物学 卵生。卵鞘较小，长7厘米，宽2厘米，呈瓶状，有非常细的条纹，使它有光滑的质感；两端的角很短，没有卷须；侧嵴约1毫米宽，平坦，但没有"T"形的凸缘。主要以硬骨鱼类、头足类和甲壳类动物为食。

保护状态 数据缺乏（DD）。这种鲜为人知、最近才被描述的深海沟鲨可能是海山周围深海拖网和延绳钓的兼捕渔获物。

斯氏深海沟鲨 *Bythaelurus stewarti*   FAO代码：**CVX**   图版 第354页

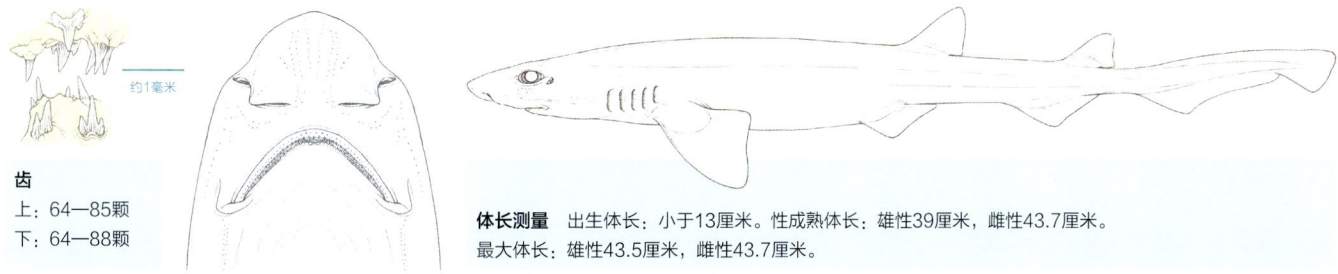

约1毫米

齿
上：64—85颗
下：64—88颗

体长测量 出生体长：小于13厘米。性成熟体长：雄性39厘米，雌性43.7厘米。
最大体长：雄性43.5厘米，雌性43.7厘米。

鉴定 身体结实而纤细，从第一背鳍到尾鳍起点处逐渐变细。吻部长而宽，顶端宽圆，俯视呈明显的钟形。口腔上部和舌上密布着许多乳突；唇褶明显，下唇褶长于上唇褶。臀鳍基部超过第二背鳍基部长度的1.5倍。尾叶上缘有略微扩大的梳状盾鳞。背部的颜色是深灰褐色，在躯干和尾巴上有5—6个模糊的黑斑点。腹部为米色，头部有深褐色的斑纹，在较大的个体中更为明显。鳍的颜色与身体颜色相似，但靠近边缘处变浅。

分布 西北印度洋：已知仅分布于埃罗海山（Error seamount）。

栖息地 一种微生境特有物种，仅限于水深380—420米处的一座孤立的海山周边。

行为 未知。

生物学 与大多数猫鲨物种（为卵生）不同，这种鲨鱼直接产下胎仔，为卵黄囊胎生，一胎2尾，每个子宫内有一个发育中的胚胎。主要以硬骨鱼类、头足类和甲壳类动物为食。

保护状态 数据缺乏（DD）。没有关于种群规模或变化趋势的数据，但在公海，底层拖网渔业以印度洋的海山为作业地点。

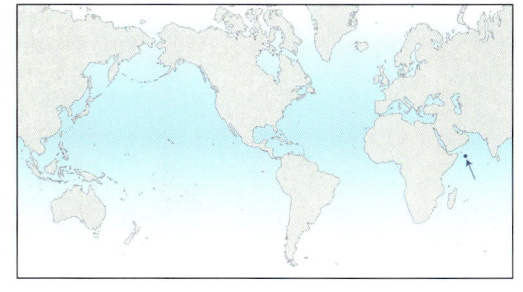

窄头深海沟鲨 *Bythaelurus tenuicephalus*

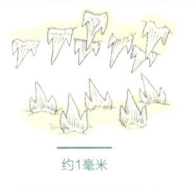
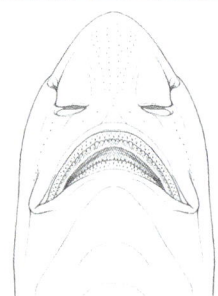
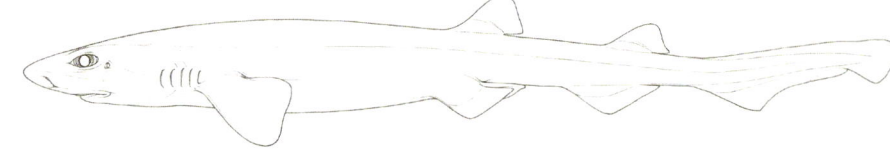

约1毫米

齿
上：67—76颗
下：62—64颗

体长测量　性成熟体长：雄性28厘米。最大体长：30厘米。

鉴定　身体结实而修长，从第一个背鳍到尾鳍起点处逐渐变细。吻部长而纤细，顶端尖而略宽。口腔顶部和舌头有许多乳突；唇褶明显，下唇褶明显长于上唇褶。臀鳍基部超过第二背鳍基部长度的1.5倍。尾叶上缘有略微扩大的梳子状盾鳞。体色是均一的浅到中等的棕色，在躯干和尾巴上有5—6个模糊的黑斑点。在泄殖腔之前的侧边躯干上部为中等褐色，腹部为白色或米色，与上半部分界明显，尾部的分界线不明显，并从上到下逐渐从褐色褪为白色或米色。

分布　西印度洋：坦桑尼亚北部桑给巴尔和彭巴岛之间的彭巴海峡附近，以及莫桑比克南部附近。

栖息地　463—550米深海，其他情况不明。

行为　未知。

生物学　生殖方式未知。只从两个雄性标本了解该物种，一个成年体和一个幼年体。食性不详，但可能包括硬骨鱼类、头足类和甲壳类动物。这是该类群中最小的已知物种之一。

保护状态　无危（LC）。未见于兼捕渔获物中。

维氏深海沟鲨 *Bythaelurus vivaldii*

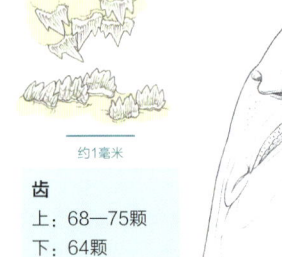

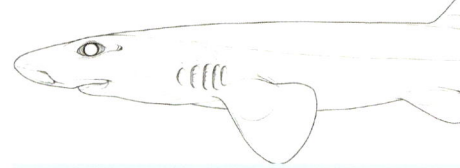

约1毫米

齿
上：68—75颗
下：64颗

体长测量　性成熟体长：雌性32.5厘米。最大体长：35厘米。

鉴定　身体结实而粗壮，从第一背鳍到尾鳍起点处逐渐变细。吻部长而宽，尖端钝圆。口顶和舌头有少数乳突；唇褶明显，下唇褶明显长于上唇褶。臀鳍基部超过第二背鳍基部长度的1.5倍。尾叶上缘有略微扩大的梳子状盾鳞。背部是灰褐色，腹部较浅；背上有8—9条深色、宽阔、不明显的横纹，但未达到身体的下半部。

分布　西印度洋：索马里附近。

栖息地　记录栖息深度为628米。

行为　未知。

生物学　生殖方式未知。该物种的数据仅从两个雌性标本，一个成年体和一个幼年体的标本得到。食性不详，但可能包括硬骨鱼类、头足类和甲壳类动物。

保护状态　数据缺乏（DD）。没有关于该物种分布地区深水捕捞压力的信息。

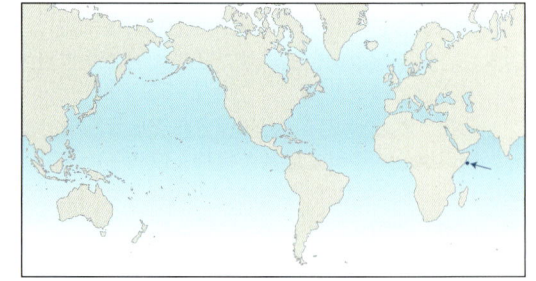

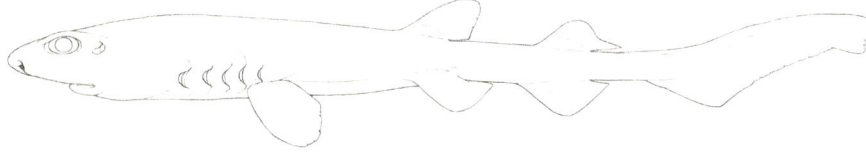

齿

上：54—68颗

下：54—68颗

体长测量　出生体长：约8—10厘米。性成熟体长：雄性约19厘米，雌性约24厘米。最大体长：雄性最少25厘米，雌性37厘米。

鉴定　形态独特的猫鲨，身体小，无花纹，形似蝌蚪。宽阔、扁平、圆形的头部和鳃部。小而纤长、柔软而皮薄（几乎是胶状）的身体和尾巴。具两个小背鳍和一个臀鳍；第一个背鳍的起点位于腹鳍基起点稍前方。

分布　东太平洋：墨西哥、下加利福尼亚南部、加利福尼亚湾和雷维拉基多群岛，也可能分布于南至秘鲁和智利。

栖息地　大陆坡上部和最外层陆架，海床上或靠近海床，水深155—927米。膨大的鳃表明该物种适应在含氧量较低的地方生存。在加利福尼亚湾，遥控潜水器通常能在溶解氧含量较低的区域观察到这种鲨鱼。

行为　它的大头和鳃部使它呈现出棒棒糖的形状，这可能反映了它对低氧和高盐度的深海盆地环境的适应，在那里很少有其他捕食者能够生存。

生物学　卵胎生，每胎产2尾胎仔，外壳极薄的卵鞘被留在子宫内直至孵化分娩。分娩可能发生在夏季。主要以甲壳类和小型硬骨鱼类为食。

保护状态　无危（LC）。无渔业活动的低氧深海盆地中的一个常见物种，但对其了解甚少。秘鲁和智利的种群可能是一个不同的物种。

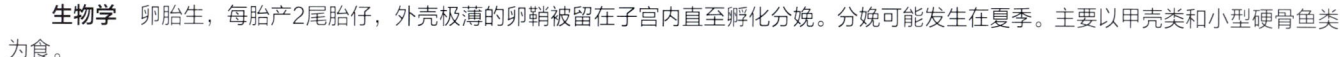

2015年，斯克里普斯海洋学研究所的研究人员和蒙特雷湾水族馆研究所的研究人员发现，圆头鲨在加利福尼亚湾的深海盆地中繁衍生息，那里的氧浓度不到表层水域的1%（大约是1.6umol/kg）。研究人员推测，圆头鲨膨大的头部和鳃可能有助于它们在低氧环境中吸收溶解氧。© 2015 MBARI

○ **安的列斯锯尾鲨** *Galeus antillensis* 第367页

分布于西大西洋：加勒比海；水深293—698米。与糙尾锯尾鲨非常相似，但更大。具有引人注目的杂色花纹，深褐色鞍斑通常少于11个（轮廓清晰或不明显），尾部有深色条带，体侧通常有深色斑纹；背鳍鳍尖没有黑斑，尾鳍有深色基部和浅色鳍膜；尾叶上缘有增大的盾鳞。

○ **糙尾锯尾鲨** *Galeus arae* 第367页

分布于西大西洋：墨西哥湾和加勒比海大陆国家沿岸；水深292—732米。与安的列斯锯尾鲨非常相似。

○ **大西洋锯尾鲨** *Galeus atlanticus* 第368页

分布于东北大西洋和地中海；水深328—790米。背部为灰色，腹部为白色，躯体和尾部有深灰色斑点和鞍状斑或窄竖条纹；口腔内部为黑色；尾鳍边缘为黑色，无黑色鳍尖；尾叶上缘有增大的盾鳞。

○ **黑口锯尾鲨** *Galeus melastomus* 第371页

分布于东北大西洋和地中海；水深55—2000米。背部和尾部有15—18个深色鞍状斑、斑点和圆形淡色边缘斑，花纹引人注目；各鳍边缘呈白色；尾叶上缘有增大的盾鳞；口腔内呈黑色。

○ **明氏锯尾鲨** *Galeus mincaronei* 第371页

分布于西大西洋；水深130—600米。背部和尾鳍的红褐色底色上有11个椭圆或圆形的深色鞍斑，斑点具有白色轮廓；腹面呈白色；鳍呈深色，但没有黑色鳍尖或白色边缘；尾叶上缘有增大的盾鳞。

○ **冰岛锯尾鲨** *Galeus murinus* 第372页

分布于东北大西洋；水深380—1300米。腹鳍大而呈圆形；身体上部均匀呈棕色，下部稍浅且无斑纹；沿尾叶上缘和尾鳍前腹缘有增大的盾鳞；口腔内部呈黑色。

○ **日本锯尾鲨** *Galeus nipponensis* 第372页

分布于西北太平洋；栖息水深150-540米。腹鳍基部之间相隔较远；成年雄性的鳍脚极长；背部为灰白色，腹部为白色，有许多不明显的暗色鞍斑和斑点；尾鳍下叶和后端、背鳍和臀鳍的前缘为黑色；鳍尖无黑色；尾叶上缘有增大的盾鳞；口腔内部为白色。

○ **加州锯尾鲨** *Galeus piperatus* 第373页

分布于东太平洋；栖息水深130—1326米。全身都有散布的黑胡椒状斑点，可能没有鞍斑或有斑驳的白边深色鞍斑；尾鳍具白色边缘，背鳍和尾鳍上角不呈黑色；尾叶上缘有增大的盾鳞；口腔内壁通常为深色。

○ **波氏锯尾鲨** *Galeus polli* 第373页

分布于东大西洋，栖息水深159—720米。背部和尾部通常有轮廓分明的深色或黑色的鞍斑，鞍斑外周为白色，约11个或更少。背鳍和尾鳍上角不呈黑色；尾叶上缘有增大的盾鳞；口腔内部为深色。

○ **沙氏锯尾鲨** *Galeus sauteri* 第374页

分布于中印度洋-太平洋至西北太平洋；栖息水深60—200米或更深。体表不具花纹，背鳍和尾鳍上下叶有明显的黑色鳍尖；沿尾叶上缘有增大的盾鳞；口腔内部为浅色。

○ 明氏锯尾鲨

○ 黑口锯尾鲨

20厘米

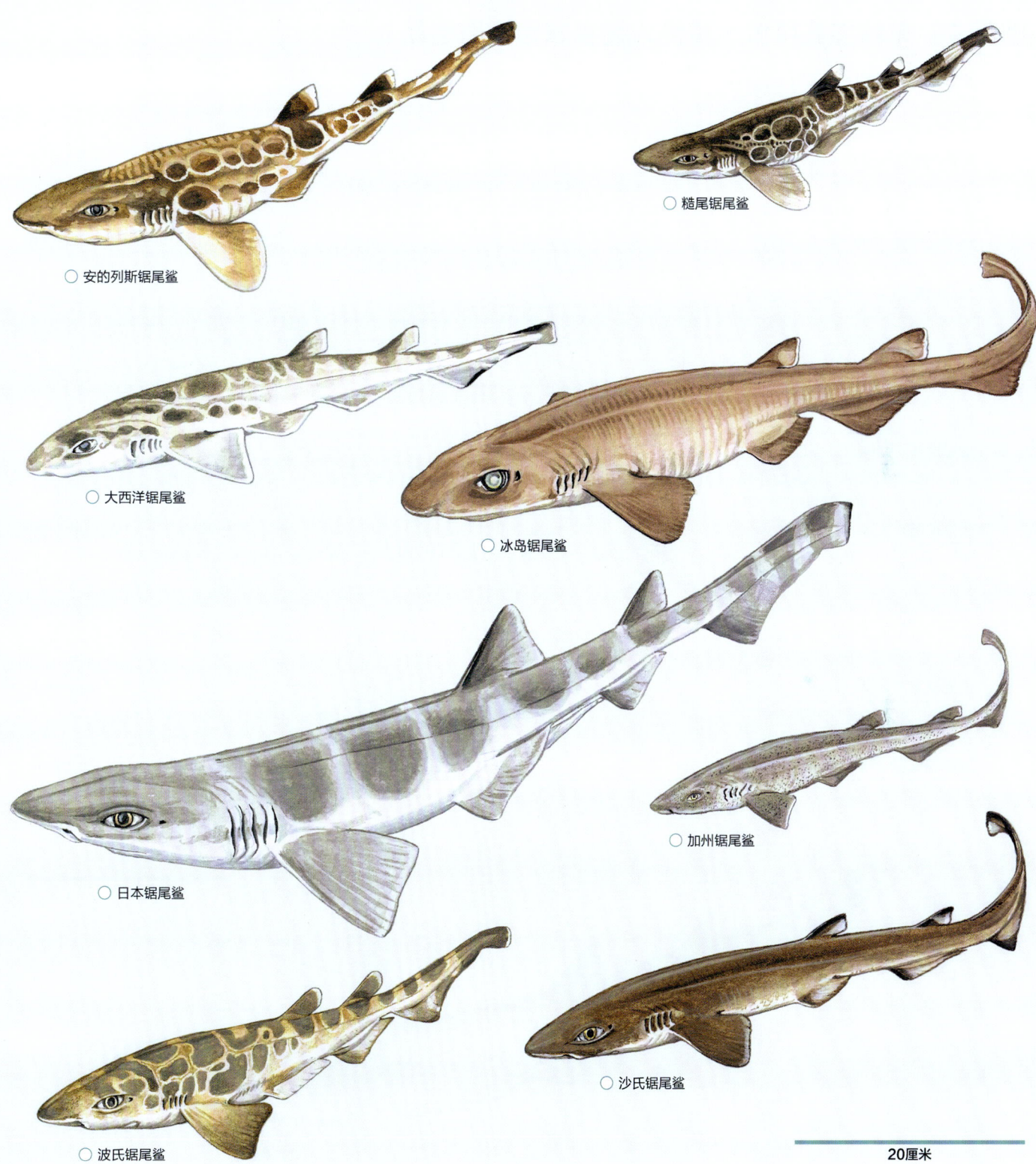

○ 安的列斯锯尾鲨

○ 糙尾锯尾鲨

○ 大西洋锯尾鲨

○ 冰岛锯尾鲨

○ 日本锯尾鲨

○ 加州锯尾鲨

○ 波氏锯尾鲨

○ 沙氏锯尾鲨

20厘米

○ **博氏黑鳃双锯鲨** *Figaro boardmani*　　第366页

分布于东南印度洋至西南太平洋；水深128—823米。体表有暗灰褐色的鞍状斑和条带，有时带有白色斑点；背鳍前3条淡色边缘的鞍状斑被不太明显的窄带分隔，每个背鳍下和背鳍间各有一条带状纹，背鳍后有3条带状纹；沿尾叶上缘和尾鳍前腹缘有增大的盾鳞。

○ **鞍斑黑鳃双锯鲨** *Figaro striatus*　　第366页

分布于中印度洋–太平洋；水深239—590米。体色为淡灰棕色；背鳍前具10—16个淡色边缘的鞍状斑和条带，背鳍下方有中央呈现淡色的条纹；侧腹下部、腹鳍、臀鳍和尾鳍下叶呈淡色，背鳍和尾鳍上部为淡褐色，尾鳍后缘淡色；尾叶上缘和尾鳍前腹缘有增大的盾鳞。

○ **长鳍锯尾鲨** *Galeus cadenati*　　第368页

分布于西大西洋：加勒比海；水深262—549米。与糙尾锯尾鲨和安的列斯锯尾鲨非常相似，但臀鳍更长、更低。

○ **科氏锯尾鲨** *Galeus corriganae*　　第369页

分布于中印度洋–太平洋；水深500—742米。身体非常细小，腹部较长；背部呈中等灰色至深灰色，腹部较浅，背鳍下方和尾鳍上有4个明显的深色鞍状斑；胸鳍前缘黑色，后缘为白色；口腔上部和舌部呈深灰色至黑色；尾叶上缘有2—4排中央增大的盾鳞（相对于侧排盾鳞要大很多）。

○ **伊氏锯尾鲨** *Galeus eastmani*　　第369页

分布于西北太平洋，中印度洋–太平洋；水深100—900米。口腔内壁呈白色，背鳍和尾鳍具白边；鞍状斑或斑点不明显；尾叶上缘有增大的盾鳞。

○ **细锯尾鲨** *Galeus gracilis*　　第370页

分布于中印度洋–太平洋；栖息水深290—470米。身体小而细长，淡灰色，身体下部较浅，没有背鳍前的斑纹；4个暗色鞍斑，每个背鳍下方各1个，尾鳍上2个；尾叶上缘有增大的盾鳞。

○ **长吻锯尾鲨** *Galeus longirostris*　　第370页

分布于西北太平洋；栖息水深330—550米。上部为灰色，下部带白色，口腔内灰白色；幼鱼背鳍和尾鳍上有不明显的鞍状斑点；背鳍和胸鳍有白边；背鳍和尾鳍没有黑色尖端；尾叶上缘有增大的盾鳞。

○ **长鳍脚锯尾鲨** *Galeus priapus*　　第374页

分布于中印度洋–太平洋；栖息水深262—830米。体色为深灰色，背鳍前有4个鞍状斑，每个背鳍下各有1个鞍状斑及尾鳍上有2个鞍状斑，腹部为白色；成年雄性的交接器（鳍脚）极长；沿尾叶上缘有增大的盾鳞。

○ **舒氏锯尾鲨** *Galeus schultzi*　　第375页

分布于中印度洋–太平洋；栖息水深50—431米。吻部短而圆；背鳍下方有模糊的深色鞍斑，尾部具两条深色带；无黑色鳍尖；尾叶上缘有增大的盾鳞。

○ **斯氏锯尾鲨** *Galeus springeri*　　第375页

分布于西大西洋：加勒比海；栖息水深457—824米。在锯尾鲨属中只有斯氏锯尾鲨背鳍前具有白色边缘的深色纵纹。

20厘米

○ 长吻锯尾鲨

20厘米

○ 博氏黑鳃双锯鲨

○ 鞍斑黑鳃双锯鲨

○ 长鳍锯尾鲨

○ 科氏锯尾鲨

○ 伊氏锯尾鲨

○ 细锯尾鲨

○ 长鳍脚锯尾鲨

○ 舒氏锯尾鲨

○ 斯氏锯尾鲨

365

博氏黑鳃双锯鲨 *Figaro boardmani*

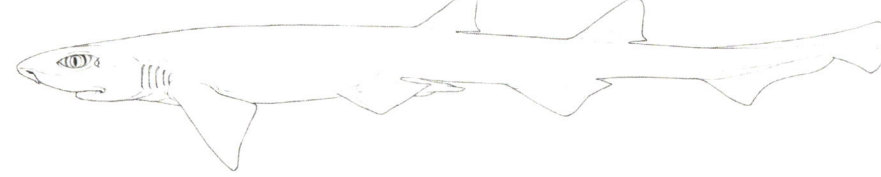

齿
上：67颗
下：74颗

体长测量　性成熟体长：雄性约40厘米，雌性40—43厘米。
最大体长：61厘米。

鉴定　体灰色，有深灰褐色鞍状和条状斑纹的杂色图案。背鳍前拥有3条宽阔的、边缘苍白的鞍状斑，每块鞍状斑之间有1条较窄的、不太明显的带状纹，每个背鳍下方及背鳍之间各有1条带状纹，背鳍后有3条带状纹。带状纹和鞍状斑有时有白色斑点。腹部苍白。沿着尾叶上缘和尾鳍前腹缘有明显的扩大的盾鳞。

分布　印度洋东南部至太平洋西南部。澳大利亚，昆士兰州东南部至澳大利亚西部。

栖息地　大陆架外缘和大陆坡上部，海床上或靠近海床，栖息水深128—823米。

行为　有时根据不同性别分别聚集成群。

生物学　卵生。生殖周期不明，但已观察到在冬季雌性子宫内携带卵鞘。以鱼类、甲壳类与头足类为食。

保护状态　无危（LC）。常见且广泛分布。

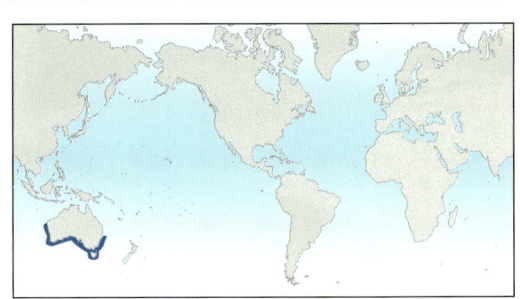

鞍斑黑鳃双锯鲨 *Figaro striatus*

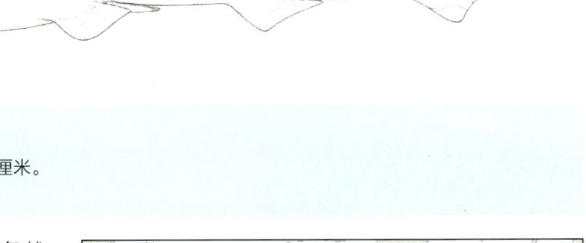

约2毫米

齿
上：未知
下：未知

体长测量　性成熟体长：雄性约38厘米。
最大体长：最少42厘米。

鉴定　体浅灰褐色，在第一背鳍前面有10—16个具浅色边缘的鞍状斑和条状斑。背鳍下方的条纹有淡色的中心。腹部、大部分的体侧和各鳍下部都是均匀的苍白。背鳍和尾鳍上部呈暗色，有浅色的后缘。尾叶上缘和尾鳍前腹缘有明显的扩大的盾鳞。

分布　中印度洋-太平洋：澳大利亚东北部附近。

栖息地　大陆架，底部239—590米。

行为　未知。

生物学　卵生。

保护状态　数据缺乏（DD）。狭窄的分布范围内的捕鱼活动很少。

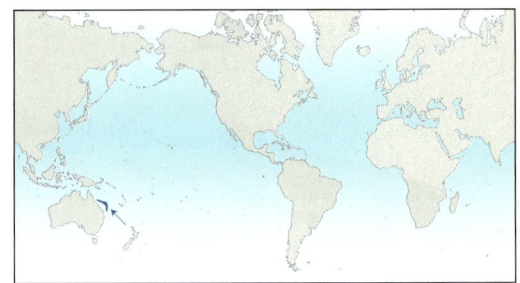

齿
上：56颗
下：52颗

体长测量　出生体长：小于15厘米。性成熟体长：雄性33—36厘米，雌性34厘米。
最大体长：46厘米。

　　鉴定　比糙尾锯尾鲨大，并且有更多的尾鳍前脊椎骨。有引人注目的深褐色鞍状斑点（通常少于11个）和尾巴上的深色带状纹；鞍状斑点可能轮廓清晰或不明显。通常在体侧有深色斑纹；背鳍尖端没有黑色斑纹；尾鳍尖端可能有一个灰暗的基部和浅色的鳍膜。口腔呈深色。沿着尾叶上缘有明显的扩大的盾鳞。
　　分布　西大西洋：佛罗里达海峡，加勒比海，从伊斯帕尼奥拉、波多黎各、牙买加和背风群岛到马提尼克。
　　栖息地　深海，岛屿斜坡上部，海床或海床附近，水深293—698米，也有见于150米水深处的报告。栖息地水温4.6—11.1℃。
　　行为　也许会大量聚集。
　　生物学　卵生。卵鞘长5—6厘米，宽1—2厘米，每个角都有卷须。雌性在春末夏初时产卵。主要以深水虾为食。
　　保护状态　无危（LC）。本种数量较大。以前被认为是糙尾锯尾鲨的一个岛屿亚种。

糙尾锯尾鲨 *Galeus arae*　　　　FAO代码：GAA**　　图版 第362页**

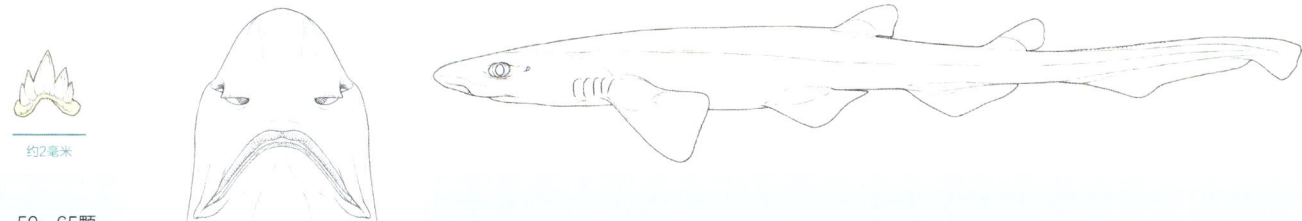

约2毫米

齿
上：59—65颗
下：58—60颗

体长测量　出生体长：9厘米。性成熟体长：雄性和雌性都是约27—33厘米。
最大体长：约33厘米。

　　鉴定　类似于安的列斯锯尾鲨，但身体较小，并且有较少的尾鳍前脊椎骨。
　　分布　西大西洋，包括墨西哥湾和加勒比海周边大陆国家海域：有两个独立的种群，一个在美国（北卡罗来纳州到密西西比三角洲）、墨西哥和古巴附近，第二个在伯利兹、洪都拉斯、尼加拉瓜、哥斯达黎加和邻近岛屿附近。
　　栖息地　大陆坡或岛屿陆坡，海床上或靠近海床，水深292—732米。
　　行为　只有成体出现在深水中，亚成体和幼体栖息在深度450米以上水域。可能会大量聚集成群。
　　生物学　它曾经被认为是胎生的，但是通过收集到的怀有卵鞘的成年雌性确认它是卵生的，就像本类群的大多数其他成员一样。卵鞘长5—6厘米，宽1—2厘米，每个角都有卷须。雌性在春末夏初时产卵。主要以深水虾为食。
　　保护状态　无危（LC）。在其栖息地内常见。

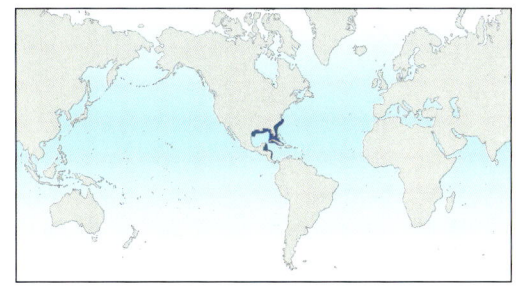

大西洋锯尾鲨 *Galeus atlanticus*

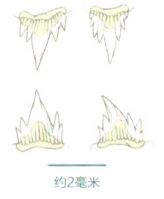

FAO代码：**GHA**　　图版　第362页

齿
上：68—73颗
下：73—77颗

约2毫米

体长测量　出生体长：约15厘米。性成熟体长：雄性33—42厘米，雌性37—45厘米。
最大体长：雄性42厘米，雌性46厘米。

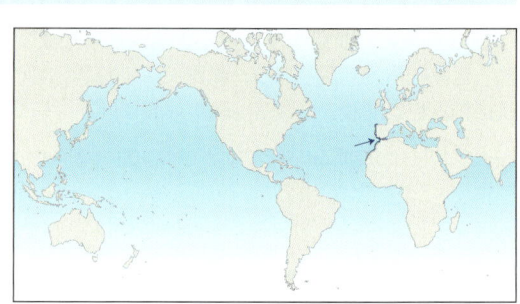

　　鉴定　吻部长而有棱角；有黑色的口腔。眼睛在头部的侧面边缘。背鳍有棱角。胸鳍大。臀鳍长而低。沿着尾鳍上缘有明显的扩大的盾鳞。背部是灰色的，腹部是白色的。沿着身体和尾巴有深灰色的斑点和鞍状斑或狭窄的垂直条纹（很少没有）；背鳍灰暗，有浅色的后部鳍膜；尾鳍有深色的边缘，没有黑色的尖端。

　　分布　东北大西洋和地中海：摩洛哥，西班牙地中海沿岸（直布罗陀海峡周围），以及从摩洛哥到毛里塔尼亚的西非。

　　栖息地　大陆坡，栖息水深328—790米，但大多分布在500—600米之间。

　　行为　基本未知。

　　生物学　卵生。显然有多个卵子（一个雌性怀有9个卵鞘），这表明在母体外的孵化期很短。卵鞘长3—4厘米，宽1厘米。雌性似乎一年四季都会产下卵鞘。

　　保护状态　近危（NT）。以前被认为是黑口锯尾鲨（*Galeus melastomus*）的同种异名；可能被误认为是波氏锯尾鲨（*G. polli*），但显然它们是不同的物种。

长鳍锯尾鲨 *Galeus cadenati*

FAO代码：**GAU**　　图版　第364页

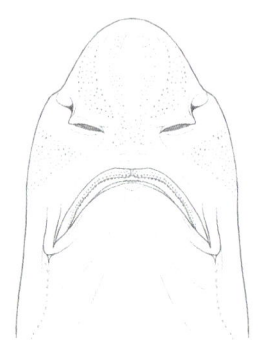

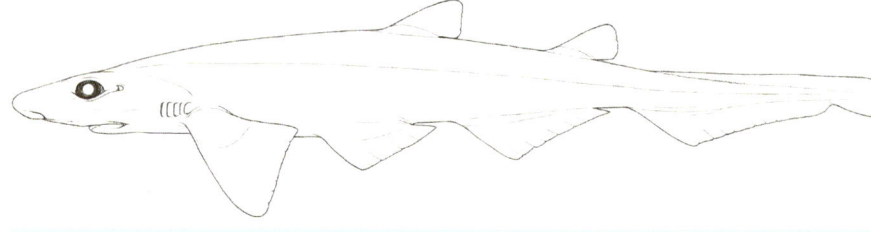

齿
上：62颗
下：未知

体长测量　性成熟体长：雄性跟雌性均为29—34厘米。
最大体长：35厘米。

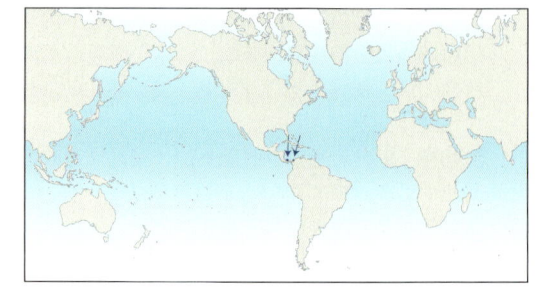

　　鉴定　与糙尾锯尾鲨和安的列斯锯尾鲨相似，以前被认为是糙尾锯尾鲨的一个亚种。有一个明显较长的、较低的臀鳍，比本属其他物种的都要长。

　　分布　西大西洋：西南加勒比海，巴拿马和哥伦比亚附近。

　　栖息地　大陆坡上部，栖息水深262—549米。

　　行为　未知。

　　生物学　卵生。卵鞘长5—6厘米，宽1—2厘米，每个角都有卷须。雌性在春末夏初的时候产卵。

　　保护状态　无危（LC）。罕见，对它的研究甚少。

科氏锯尾鲨 *Galeus corriganae*

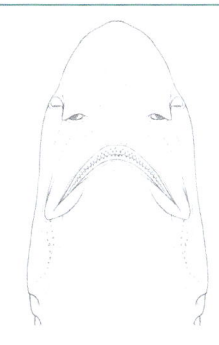
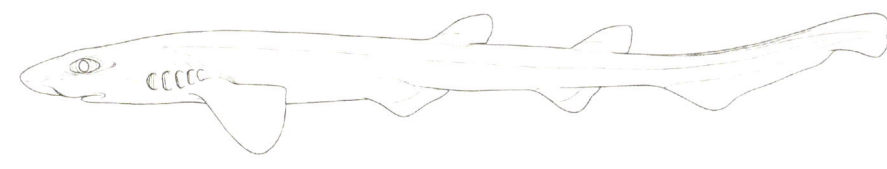

齿

上：60—69颗

下：54—64颗

体长测量　出生体长：小于20厘米。

最大体长：雄性37厘米，雌性28厘米，也可能会更长。

鉴定　一种身体非常纤细的小型鲨鱼，腹部较长。吻部长度中等，顶端圆形。口部呈宽拱形，较长；口腔上部和舌部呈深灰色至黑色；唇褶的长度大约相等。尾叶上缘有2—4排中央盾鳞，在较大的侧面盾鳞之间；尾叶下缘无扩大的盾鳞。背部为中等到深的灰色，腹部较浅；4个明显的深色鞍状斑，在每个背鳍的下面和尾鳍上；背鞍在保存为标本后不太明显。胸鳍前缘明显黑色，后缘白色；背鳍的前半部分几乎完全是深色或暗色。

分布　中印度洋－太平洋：巴布亚新几内亚，仅分布于马当省和新不列颠省附近。

栖息地　出现在水深500—742米处。

行为　未知。

生物学　未知，只有一只亚成体标本。

保护状态　无危（LC）。该物种分布地区没有深海渔业。

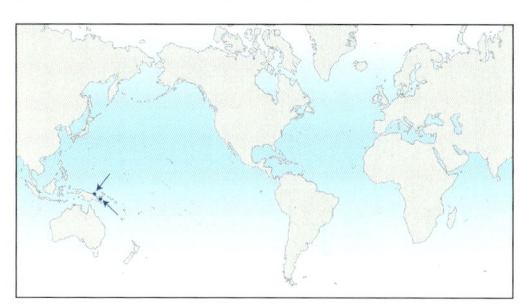

伊氏锯尾鲨 *Galeus eastmani*

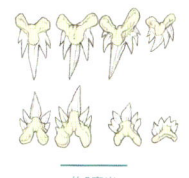
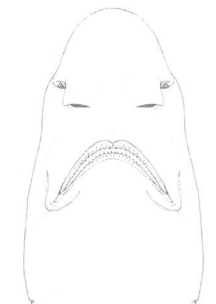
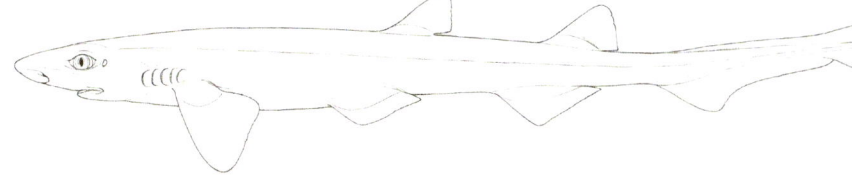

约2毫米

齿

上：34—47颗

下：33—50颗

体长测量　出生体长：小于17厘米。性成熟体长：因地区而异，雄性约31—36厘米，雌性35—38厘米。

最大体长：雄性40厘米，雌性45厘米，可能有50厘米。记录到的68厘米需要确认。

鉴定　口内呈白色，背鳍和尾鳍具白色边缘，其他方面的图案不明显，身体延长，有相当小的臀鳍。沿着尾叶上缘有明显的扩大的盾鳞。

分布　西北太平洋，中印度洋－太平洋：日本，中国东海，中国台湾，越南，可能还有马来西亚。

栖息地　深海，海底或近底部，栖息水深100—900米。

行为　未知。

生物学　卵生。卵鞘成对产下（每个输卵管1个）。在日本水域，卵鞘在10月一次年4月产下，在12月和次年1月达到生产高峰。主要以小型硬骨鱼类、头足类和甲壳类为食。

保护状态　无危（LC）。在日本海域非常常见，不是渔业目标物种。

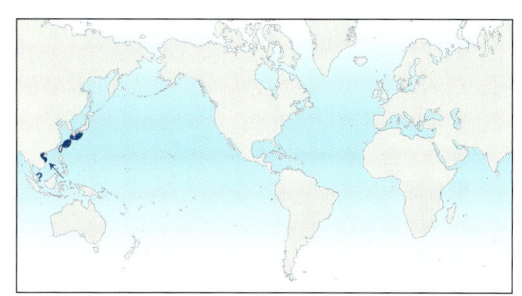

细锯尾鲨 *Galeus gracilis*

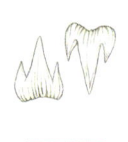

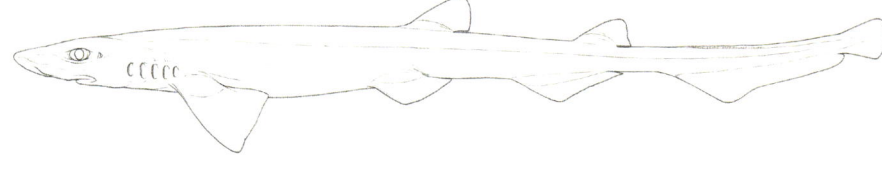

约2毫米

齿
上：54—57颗
下：54—62颗

体长测量　性成熟体长：雄性约33厘米，雌性32—34厘米。
最大体长：34厘米，可能会更长。

鉴定　一种细长的小型鲨鱼。沿着尾鳍上叶有明显扩大的盾鳞。体浅灰色，有4个短而暗色的鞍状斑（每个背鳍下有1个，尾鳍上有2个）。背鳍前无斑纹。腹部苍白。

分布　中印度洋-太平洋：澳大利亚北部。

栖息地　大陆架，海底或近底部，栖息水深290—470米。

行为　未知。

生物学　未知。

保护状态　数据缺乏（DD）。罕见。可能成为拖网渔业的兼捕渔获物，但没有经济价值。一个类似但不同的物种出现在印度尼西亚沿海。来自巴布亚新几内亚的记录，现在已知是科氏锯尾鲨。

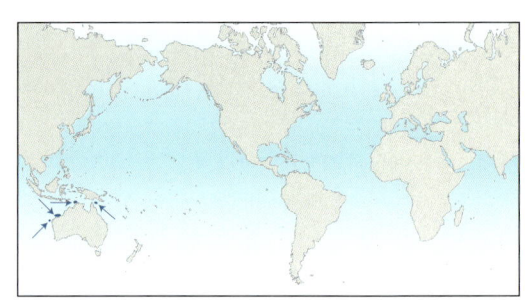

长吻锯尾鲨 *Galeus longirostris*

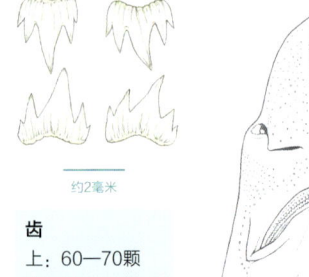
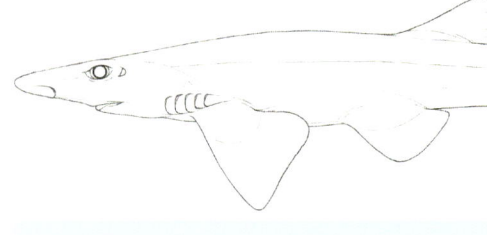

约2毫米

齿
上：60—70颗
下：60—70颗

体长测量　性成熟体长：雄性约66—71厘米，雌性68—78厘米或更长。
最大体长：最少80厘米，可能会更长。

鉴定　吻部极长，宽且圆。口内呈灰白色。沿着尾鳍上缘有明显的扩大的盾鳞。成体背部是均匀的灰色；幼体的背鳍和尾鳍上有一些不明显的灰暗的鞍状斑点。背鳍和胸鳍具白色边缘；背鳍和尾鳍没有黑色尖端。腹部是白色的。

分布　西北太平洋：日本（南部岛屿）。

栖息地　海底部或接近海底，岛屿斜坡上部，栖息水深330—550米。

行为　未知。

生物学　未知。还没有成年雌性体内有卵鞘或胚胎的记录。

保护状态　无危（LC）。在其栖息地内相当常见。由于其分布范围有限，需要对其生物学和种群进行进一步研究。

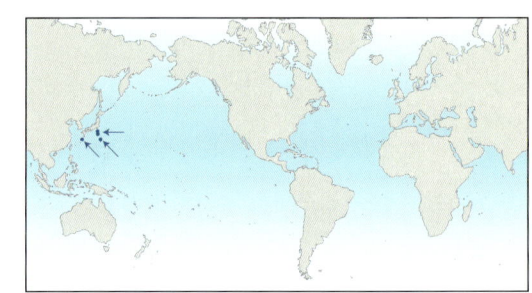

黑口锯尾鲨 *Galeus melastomus*

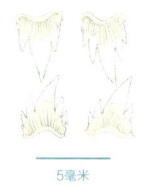
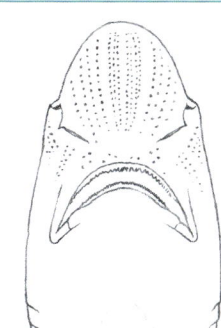
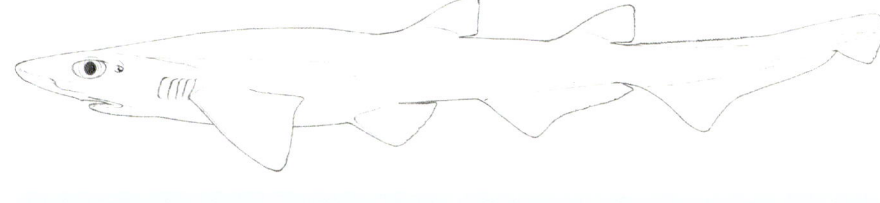

5毫米

齿
上：74—77颗
下：79—84颗

体长测量　性成熟体长：雄性34—42厘米，雌性39—45厘米。
最大体长：雄性61厘米，雌性90厘米。

　　鉴定　尾鳍前部侧扁。臀鳍较长，达到或超过尾鳍下叶起点。沿着尾叶上缘有明显的扩大的盾鳞。背部和尾部有15—18个深色鞍状斑、斑点和圆形斑点组成的引人注目的图案。口腔呈黑色；鳍的边缘呈白色。

　　分布　东北大西洋和地中海：法罗群岛和挪威，南至塞内加尔和亚速尔群岛。

　　栖息地　大陆架外部和大陆坡上部，主要栖息在水深200—500米，偶尔到55米和2000米。

　　行为　未知。

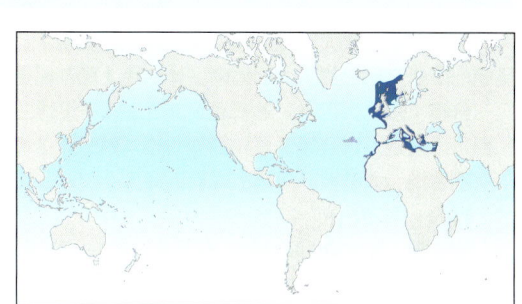

　　生物学　卵生，每只雌鱼最多有13个卵鞘。卵鞘长4—6厘米，宽1.5—3厘米。以底栖无脊椎动物（如虾、头足类）和灯笼鱼为食。

　　保护状态　无危（LC）。在栖息地常见，数量多。有时成为兼捕渔获物，但经济价值低。

明氏锯尾鲨 *Galeus mincaronei*

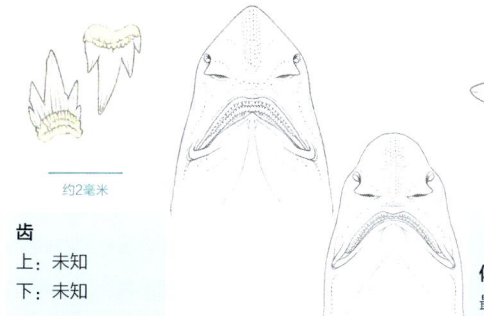
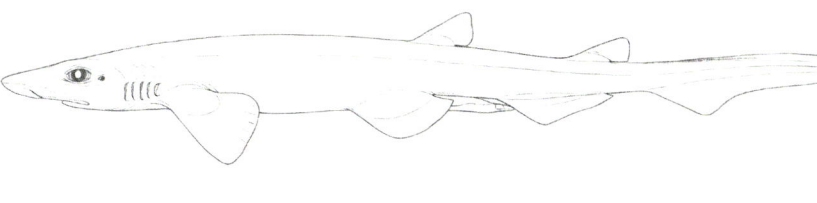

约2毫米

齿
上：未知
下：未知

体长测量　性成熟体长：雄性约40厘米，雌性37—39厘米。
最大体长：43厘米，也可能更长。

　　鉴定　头部较长。尾鳍前部略侧扁。中等长度的臀鳍几乎伸达尾鳍下叶起点。沿着尾叶上缘有明显的扩大的盾鳞。背部是红褐色的，腹部是白色的。背部和尾部有11个大的椭圆形或圆形的深色鞍状斑和边缘呈白色的圆形斑点；鳍是深色的，但没有黑色尖端或白色边缘。

　　分布　西大西洋：巴西南部特有。

　　栖息地　通常栖息在有柳珊瑚、珊瑚、海绵、海百合和海蛇尾的大陆坡的上部，水深130—600米的深水珊瑚礁生境。

　　行为　未知。

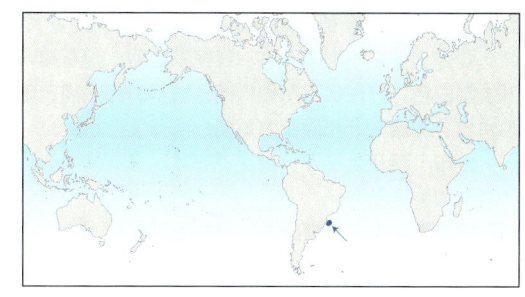

　　生物学　卵生，每个输卵管内有一个卵。卵鞘长5—6厘米，宽4厘米，前面有长的丝状纤维，后面有卷曲的卷须。经常与黑氏猫鲨一起出现。

　　保护状态　易危（VU）。本种栖息地狭窄，且栖息范围内渔业捕捞压力较大，可能已经导致种群数量下降。

冰岛锯尾鲨 *Galeus murinus*

FAO代码：**GAM**　　图版 第362页

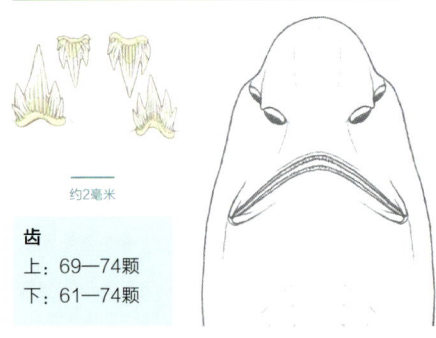

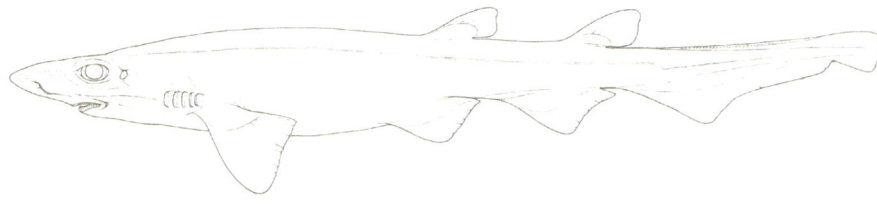

齿
上：69—74颗
下：61—74颗

约2毫米

体长测量　出生体长：约8—9厘米。性成熟体长：雄性50—63厘米，雌性53厘米。最大体长：雄性63厘米，雌性超过53厘米。

　　鉴定　腹鳍较大，宽且圆。尾鳍前部呈圆筒状，不是扁平的。沿着尾叶上缘和尾鳍前腹缘有明显的扩大的盾鳞。体棕色（腹部略显苍白）；口腔呈黑色。
　　分布　东北大西洋：冰岛西海岸至法罗–设得兰海峡，苏格兰、爱尔兰、法国和西班牙附近，以及摩洛哥和西撒哈拉。其分布区域与其他锯尾鲨重叠。
　　栖息地　大陆坡，海床上或靠近海床，380—1300米。
　　行为　未知。
　　生物学　卵生。卵鞘长5—6厘米，宽1—2厘米，小，细长，两端没有卷须，但被细纤维覆盖，具粗糙的纹理。
　　保护状态　无危（LC）。该物种体型较小，可以避开大多数渔具的捕捉。

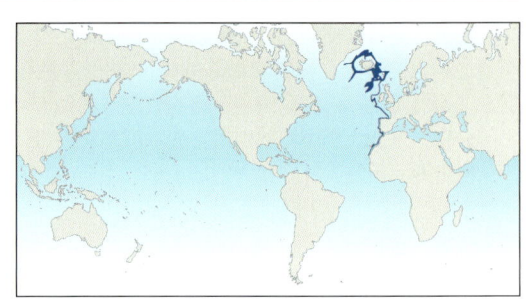

日本锯尾鲨 *Galeus nipponensis*

FAO代码：**GAN**　　图版 第362页

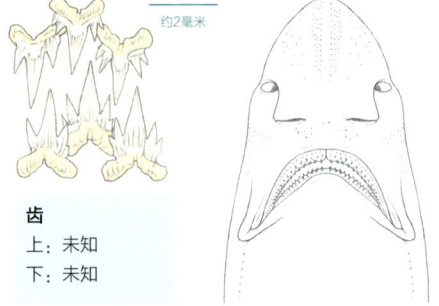

约2毫米

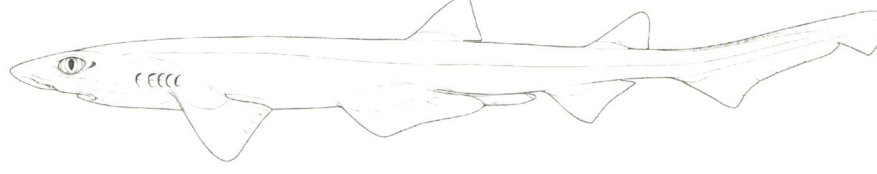

齿
上：未知
下：未知

体长测量　出生体长：13厘米。性成熟体长：雄性51—62厘米，雌性55—61厘米。最大体长：据报道达76厘米。

　　鉴定　吻长（吻尖到鼻孔的距离大于眼睛长度）；口腔内呈白色。性成熟的雄鱼具极为纤细和修长的鳍脚，鳍脚基部被长而宽大的腹鳍内角（围裙状延伸）覆盖。腹鳍基部之间相隔较远。臀鳍异常短。沿着尾叶上缘有明显的扩大的盾鳞。背部是灰白色，有许多不明显的暗色鞍状斑和斑点，腹部是白色。背鳍和臀鳍的前缘为黑色，尾鳍下叶和后端为黑色；没有黑色鳍尖。
　　分布　西北太平洋：常见于日本（本州东南部）附近的深水区，还有九州–帕劳海脊和中国台湾。
　　栖息地　较深的海床上，150—540米。
　　行为　未知。
　　生物学　卵生，卵成对产下（每个输卵管1个）。卵鞘长9厘米，宽2厘米，没有卷须，有细的纵向条纹。主要以小型硬骨鱼类、头足类和甲壳类为食。
　　保护状态　无危（LC）。在中国台湾附近常见。在菲律宾和中国大陆沿海发现的一个较小的相似个体可能是不同的物种。

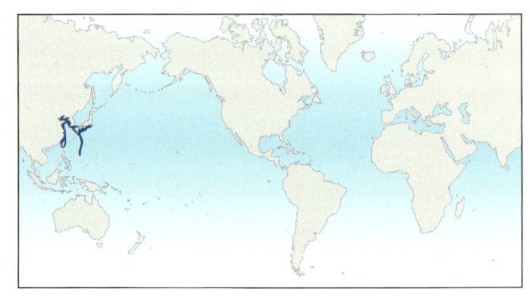

加州锯尾鲨 *Galeus piperatus*

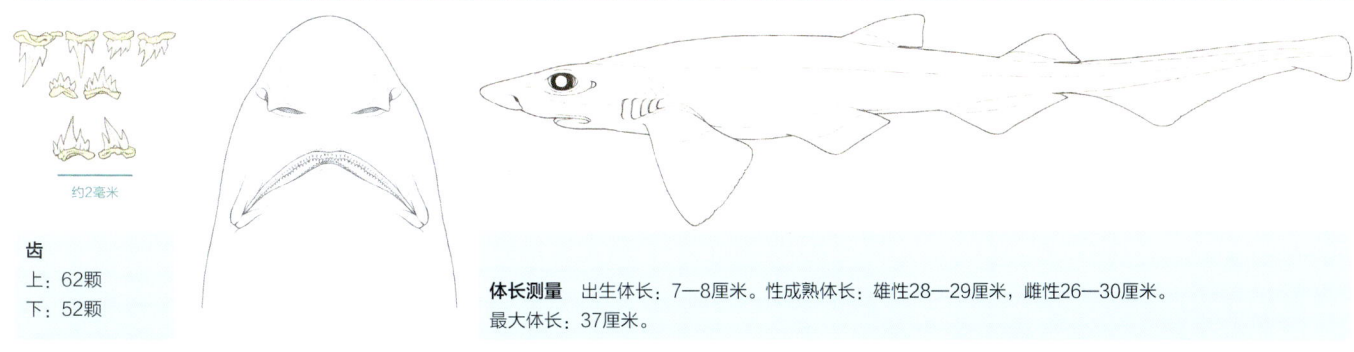

齿
上：62颗
下：52颗

约2毫米

体长测量　出生体长：7—8厘米。性成熟体长：雄性28—29厘米，雌性26—30厘米。最大体长：37厘米。

　　鉴定　与西大西洋的糙尾锯尾鲨和安的列斯锯尾鲨非常相似。体型小，沿尾叶上缘有明显的扩大的盾鳞。身体覆盖着黑胡椒状的斑点，可能无鞍状斑纹或有斑驳的边缘呈白色的鞍状斑块。尾鳍具白色边缘；背鳍或尾鳍上角不呈黑色。口腔内壁通常是黑色的。

　　分布　东太平洋：墨西哥，加利福尼亚湾北部；秘鲁的记录需要确认。

　　栖息地　深海底部，130—1326米。

　　行为　未知。

　　生物学　卵生。

　　保护状态　无危（LC）。来自秘鲁的标本有待于与来自加利福尼亚湾的标本作进一步比较。

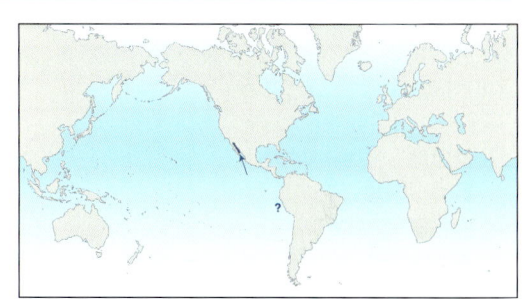

波氏锯尾鲨 *Galeus polli*

齿
上：69颗
下：65颗

体长测量　出生体长：约10—12厘米。亚成年体长：雄性27—32厘米，雌性29—38厘米。性成熟体长：雄性30厘米，雌性30厘米。最大体长：雄性36厘米，雌性43厘米。

　　鉴定　体型相当小。沿着尾叶上缘有明显的扩大的盾鳞。背部和尾部通常有最多11个边缘为白色的深灰色或灰黑色鞍状斑，有时背部为均一的深色。没有黑色的背鳍和尾鳍上角；口腔为深色。

　　分布　东大西洋：摩洛哥南部至南非（西海岸）。

　　栖息地　大陆坡上部及大陆架外部，159—720米。

　　行为　未知。

　　生物学　卵胎生，每胎5—13尾胎仔；胎仔的大小随着雌性的大小而变化。它的特别之处在于它能直接生出活的幼鱼，而大多数其他的锯尾鲨都是产卵的。吃小鱼、鱿鱼和虾。

　　保护状态　易危（VU）。在纳米比亚近海数量丰富。只有其活动范围的浅层部分被大量捕捞，同时这种鲨鱼小到足以从拖网中逃脱。

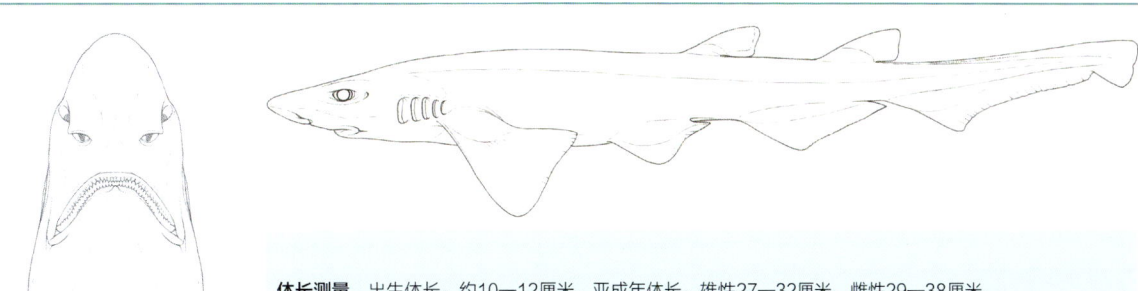

长鳍脚锯尾鲨 *Galeus priapus*　　　　　FAO代码：**GAU**　　图版 第364页

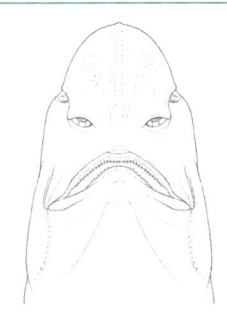
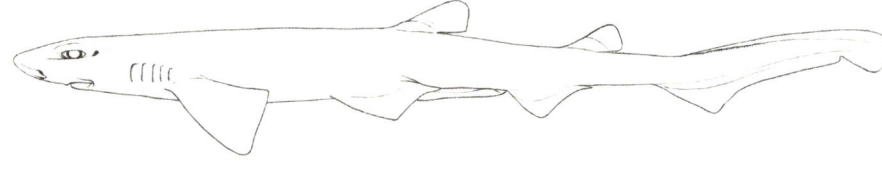

齿
上：57—60颗
下：60颗

体长测量　性成熟体长：雄性约38厘米。
最大体长：46厘米。

　　鉴定　一种细长的小型锯尾鲨。成年雄性有极长的鳍脚。沿着尾叶上缘有明显的扩大的盾鳞。体深灰色，背鳍前有4个鞍状斑，每个背鳍下有1个鞍状斑，尾鳍上有2个鞍状斑。腹部为白色。
　　分布　中印度洋–太平洋：新喀里多尼亚。
　　栖息地　主要在岛屿斜坡上，水深262—830米。
　　行为　未知。
　　生物学　未知。
　　保护状态　无危（LC）。仅已知极少标本，但其分布范围内基本上没有渔业捕捞活动。

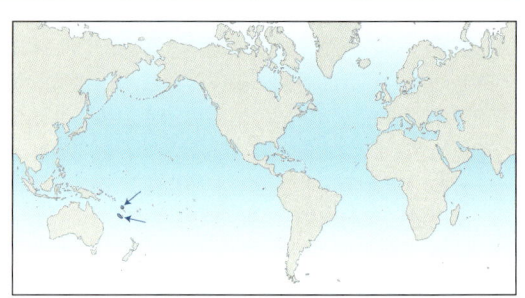

沙氏锯尾鲨 *Galeus sauteri*　　　　　FAO代码：**GAI**　　图版 第362页

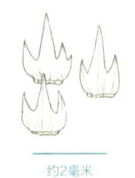

约2毫米

齿
上：70—78颗
下：82颗

体长测量　性成熟体长：雄性36—38厘米，雌性42—45厘米。
最大体长：50厘米。

　　鉴定　尾柄侧扁。沿着尾叶上缘有明显的扩大的盾鳞。没有深色的鞍状斑；背鳍及部分个体尾鳍上、下叶有突出的黑色尖端；口腔浅色。
　　分布　中印度洋–太平洋至西北太平洋：中国台湾，菲律宾。
　　栖息地　大陆架，分布于台湾海峡近海水深60—200米处，其他地方可能更深。出现在柔软泥质海底。
　　行为　未知。
　　生物学　卵生。卵鞘长4厘米，宽1—2厘米，光滑，有长卷须。似乎没有一个明确的繁殖季节。以小型硬骨鱼类、头足类与甲壳类为食。
　　保护状态　无危（LC）。在底层拖网渔业中被捕获，但通常被放生。没有证据表明种群数量下降。

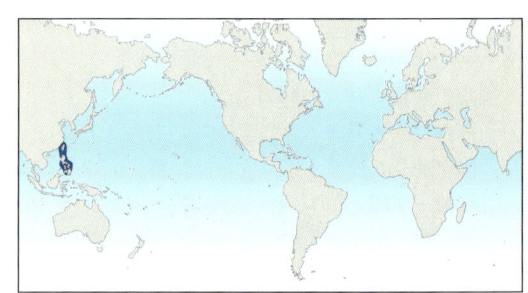

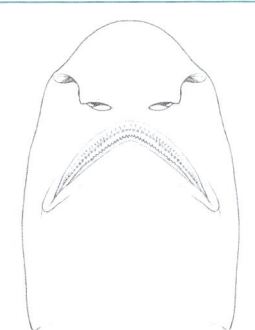
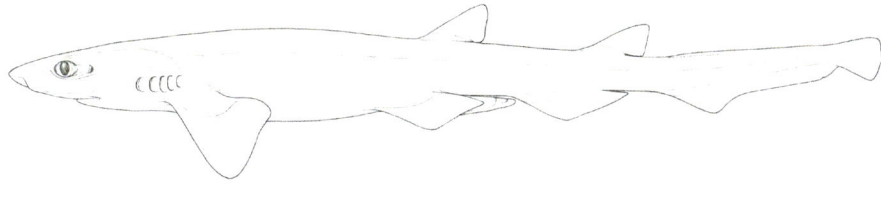

齿
上：48颗
下：<48颗

体长测量　性成熟体长：雄性约25厘米，雌性27—30厘米。
最大体长：30厘米。

鉴定　相对于其他锯尾鲨，它的吻更加短和圆。口腔浅色或暗色；唇褶非常短（仅位于口角附近）。沿着尾叶上缘有明显的扩大的盾鳞。背鳍下方有不明显的深色鞍状斑，尾部有两条带状纹。背鳍和尾鳍没有黑色上角。

分布　中印度洋–太平洋：菲律宾（吕宋岛附近）。

栖息地　主要在岛屿斜坡水深329—431米处，大陆架外缘仅有一个记录，出现在水深50米处。

行为　未知。

生物学　极少了解。

保护状态　无危（LC）。没有关于其分布区深海渔业的资料，但作为兼捕渔获物被捕获，对其种群数量可能无威胁。

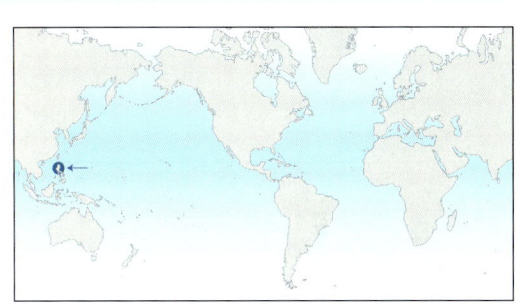

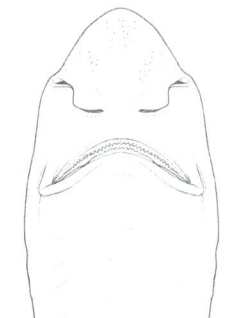
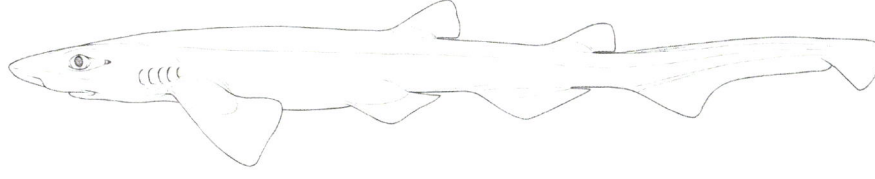

齿
上：未知
下：未知

体长测量　未成熟体长：雄性13—32厘米。
最大体长：雌性44厘米，可能到53厘米。

鉴定　唯一一种在背鳍前较深的底色上具有边缘为白色的深色纵条纹的锯尾鲨。尾巴上有深色的鞍状斑。腹部为白色。沿着尾叶上缘和尾鳍前腹缘有明显的扩大的盾鳞。

分布　西大西洋：加勒比海；古巴（北岸），巴哈马，波多黎各，背风群岛。

栖息地　岛屿斜坡上部，水深457—824米。

行为　未知。

生物学　也许是卵生。

保护状态　无危（LC）。一个常见的物种，出现在目前捕鱼活动的作业深度范围以下。

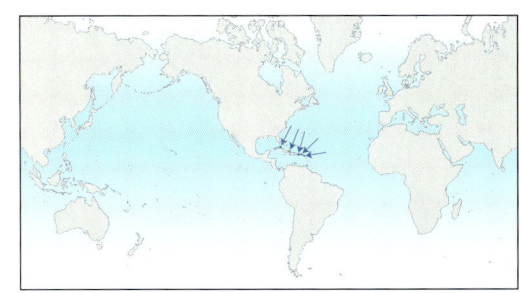

图版 47 单鳍猫鲨科 X – 梅花鲨属

○ **波氏梅花鲨** *Halaelurus boesemani*　　　　　　　　　　　　　　

分布于西印度洋；29—157米。吻尖，眼突出，位于头部上方，鳃位于头部上半部；8个深色鞍斑被窄条纹隔开，背鳍和尾鳍上有深色斑点，胸鳍具较宽的浅色边缘；许多零星的小斑点散布于黄褐色身体、背鳍和尾鳍上。

○ **梅花鲨** *Halaelurus buergeri*　　　　　　　　　　　　　　　　

分布于中印度洋–太平洋和西北太平洋；水深27—100米。吻尖，眼突出，位于头部上方，鳃开口于头部偏上部位；浅色皮肤上有较大的黑斑包围的暗色带状纹，体色斑驳。

○ **细纹梅花鲨** *Halaelurus lineatus*　　　　　　　　　　　　　　

分布于西印度洋；水深0—290米。头部狭窄，吻部有上翘的凸起，眼突出，位于头部上方，鳃开口于头部偏上部位；棕色的身体上约有13对深褐色的窄条纹勾勒出的鞍状斑，并散布有大量细小斑点和弯曲的花纹，腹部呈奶油色。

○ **印尼梅花鲨** *Halaelurus maculosus*　　　　　　　　　　　　　

分布于中印度洋–太平洋；水深50—80米。吻部狭尖，不上翘或不呈凸起状；身体淡褐色，有10个暗褐色鞍斑，体表布满深褐色斑点，其中有4个鞍状斑位于背鳍之前。

○ **虎纹梅花鲨** *Halaelurus natalensis*　　　　　　　　　　　　　

分布于东南大西洋和西印度洋；水深0—172米。头部宽阔，吻端尖而上翘，眼突出，位于头部上方，鳃开口于头部偏上部位；10对微红色鞍斑被宽暗褐色条纹所包围，体表无斑点。

○ **斑纹梅花鲨** *Halaelurus quagga*　　　　　　　　　　　　　　

分布于北印度洋；水深54—300米。吻尖，眼突出，位于头部上方，鳃开口于头部偏上部位；体表具20多条深褐色窄条纹，每个背鳍下有1对鞍状斑纹，体表无斑点。

○ **锈色梅花鲨** *Halaelurus sellus*　　　　　　　　　　　　　　　

分布于中印度洋–太平洋；水深62—164米。体表底色为黄棕色，10个锈色鞍斑边缘具深棕色窄纹，在大的鞍斑之间有更窄的鞍状斑条带。

○ 波氏梅花鲨

○ 梅花鲨

○ 细纹梅花鲨

○ 印尼梅花鲨

○ 斑纹梅花鲨

○ 虎纹梅花鲨

○ 锈色梅花鲨

20厘米

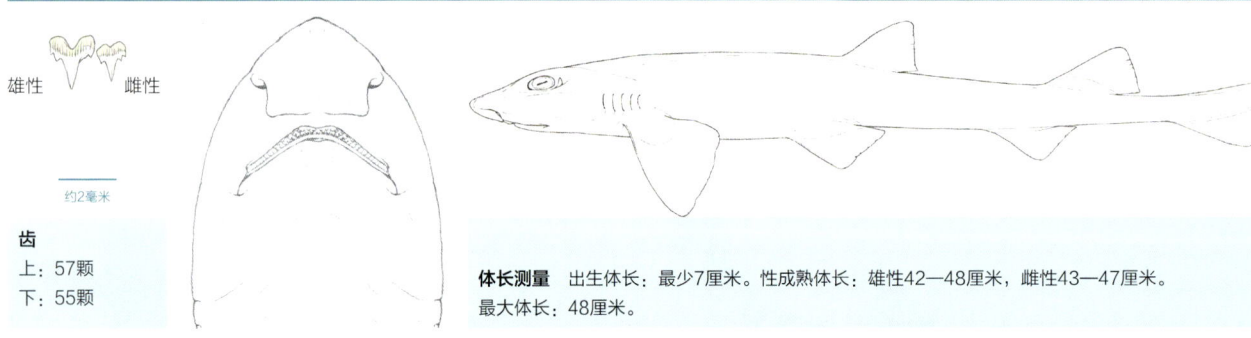

梅花鲨（*Halaelurus buergeri*），冲绳县春海水族馆（第379页）

波氏梅花鲨 *Halaelurus boesemani*　　　　FAO代码：**HAB**　　图版 第376页

雄性　　雌性

约2毫米

齿
上：57颗
下：55颗

体长测量　出生体长：最少7厘米。性成熟体长：雄性42—48厘米，雌性43—47厘米。
最大体长：48厘米。

　　鉴定　吻部尖锐，不上翘。眼位于头部偏上处，高度高于口部。在黄褐色的背部和尾巴上有大约8个深色的鞍状斑，由较窄的条纹分开。背鳍和尾鳍上有深色斑点；身体、背鳍和尾鳍上有许多小而分散的黑点。胸鳍边缘有宽大的淡色带。腹部、腹鳍和臀鳍苍白。

　　分布　西印度洋：索马里、亚丁湾和肯尼亚。

　　栖息地　大陆架和岛屿陆架，栖息水深29—157米。

　　行为　未知。

　　生物学　卵生。卵鞘小，有短卷须。每个输卵管最多有8个卵鞘，每个子宫内有1个卵鞘。以小型硬骨鱼类为食。

　　保护状态　易危（VU）。仅从一个被拖网捕捞了至少40年的无管制渔场的少量标本中了解。

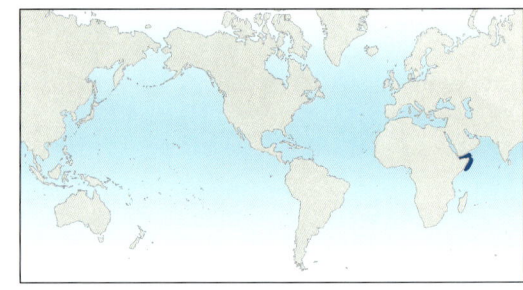

梅花鲨 *Halaelurus buergeri*

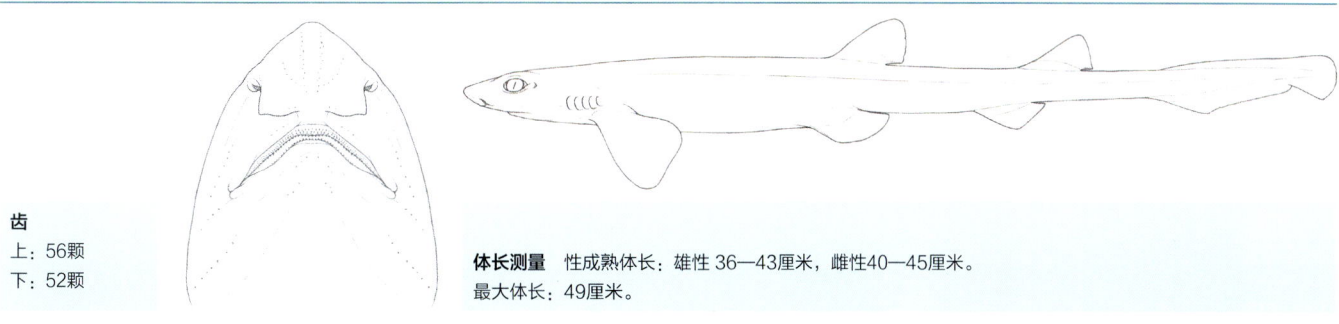

齿
上：56颗
下：52颗

体长测量　性成熟体长：雄性36—43厘米，雌性40—45厘米。
最大体长：49厘米。

别名　黑斑猫鲨

鉴定　吻部尖锐，不上翘。眼位于头部上方。鳃在头部上方，高度比口部高。有斑斓的花纹，浅色背部具有暗色的带状纹，带状纹边缘有较大的黑斑。

分布　中印度洋-太平洋和太平洋西北部：日本、韩国、菲律宾、中国，以及中国南海至加里曼丹岛西部附近。

栖息地　大陆架，栖息水深27—100米。

行为　未知。

生物学　卵生。几个卵鞘保留在输卵管中，直到胚胎发育成熟并接近孵化时才产卵。

保护状态　濒危（EN）。该物种种群数量由于整个分布范围内高强度的捕捞活动而下降。

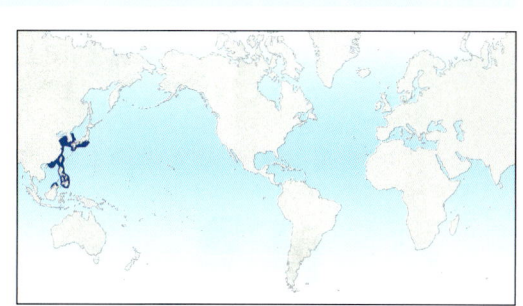

细纹梅花鲨 *Halaelurus lineatus*

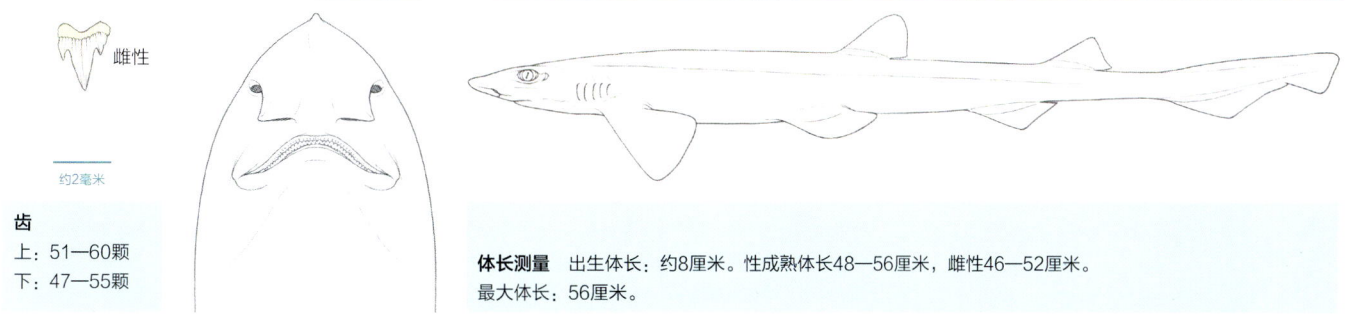

雌性

约2毫米

齿
上：51—60颗
下：47—55颗

体长测量　出生体长：约8厘米。性成熟体长48—56厘米，雌性46—52厘米。
最大体长：56厘米。

鉴定　头部狭窄；吻部有上翘的凸起。眼睛位于头部上方。鳃位于头部上方，高度高于口部。背部是淡褐色，约有13对狭窄的深褐色条纹，包围着暗色的鞍状斑；散布有许多小斑点和弯曲条纹。腹部是奶油色。

分布　西印度洋：南非（从东伦敦）到莫桑比克。

栖息地　大陆架，碎浪带至水深290米处的岩石或软基质海底。

行为　可能因深度或栖息环境不同而分群；在夸祖鲁-纳塔尔附近捕获的大多数是怀孕的雌性，成年的雄性和幼体很少被捕获。

生物学　卵生。每个输卵管最多保留8个卵鞘，直到胚胎接近孵化时才产卵（卵鞘在人工饲养下23—26天孵化）。冬末在夸祖鲁-纳塔尔海岸观察到怀孕的雌性。主要吃甲壳类动物，也吃硬骨鱼类和头足类。

保护状态　无危（LC）。常见于拖网捕虾船的兼捕渔获物。它可能会藏身于人类无法进行拖网作业的岩礁附近以躲避捕捞压力。

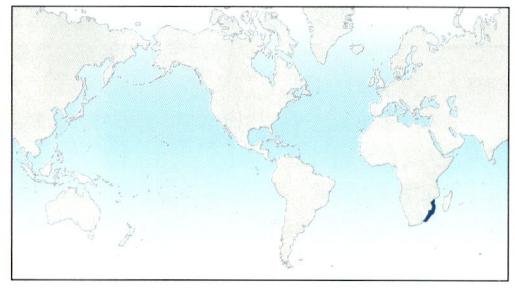

印尼梅花鲨 *Halaelurus maculosus*

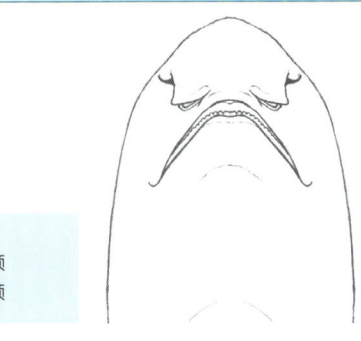
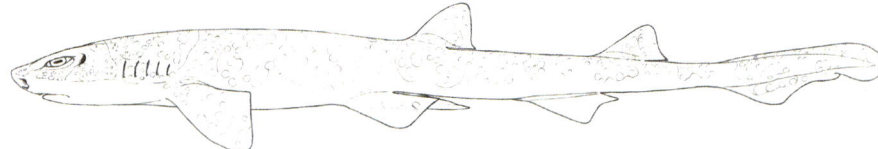

齿
上：56颗
下：53颗

体长测量　出生体长：约8厘米。成年体长：雄性40厘米，雌性48—53厘米。
最大体长：53厘米。

鉴定　头部有短而窄的尖吻，不上翘或不呈凸起状。背部呈淡褐色，有大约10个深褐色的鞍状斑（4个位于背鳍前方）；密布深褐色的斑点，但鞍状斑无清晰的边缘。腹部是淡黄色至白色。

分布　中印度洋–太平洋：印度尼西亚东部，可能还有菲律宾。

栖息地　沿岸，可能栖息于水深50—80米的浅水珊瑚礁附近。

行为　未知。

生物学　卵生，子宫内有6—12个卵鞘。主要吃甲壳类动物，也吃硬骨鱼类和头足类动物。

保护状态　近危（NT）。在密集型拖网和延绳钓渔业中偶尔会保留为兼捕渔获物。

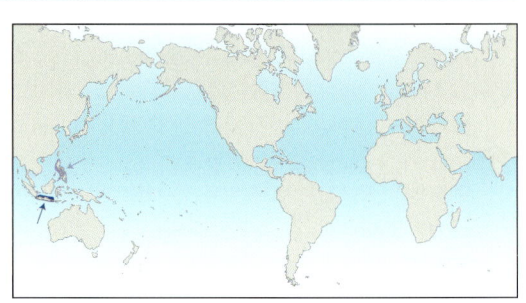

虎纹梅花鲨 *Halaelurus natalensis*

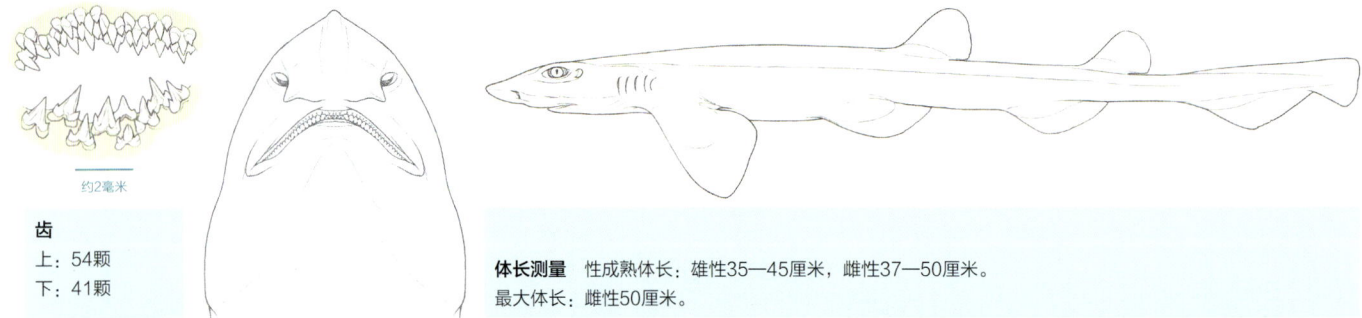

约2毫米

齿
上：54颗
下：41颗

体长测量　性成熟体长：雄性35—45厘米，雌性37—50厘米。
最大体长：雌性50厘米。

鉴定　吻部尖锐上翘。眼睛在宽大的头部上方凸起。鳃位于头部上方，高度高于口部。背部是黄褐色，有10对宽大的深褐色条纹，包围着较浅的红色区域；没有斑点。腹部是奶油色。

分布　东南大西洋和西印度洋：南非开普敦附近，向东到莫桑比克南部。常常被误认为是细纹梅花鲨。

栖息地　大陆架，海床或靠近海床，近岸附近至水深114米，可能达到172米，但大多数记录在100米以内。

行为　可能会按体型和栖息深度进行分群。近海拖网主要捕捞成年个体。

生物学　卵生。卵鞘长约4厘米，宽1.5厘米。每个输卵管有6—16个（一般为6—9个）卵鞘，在胚胎接近孵化时产下。食谱包括小型硬骨鱼类、鱼内脏和甲壳类，也包括多毛类、头足类和小型板鳃亚纲软骨鱼类。

保护状态　易危（VU）。常见，有时被拖网捕虾船捕获，偶尔被岸上的钓鱼者捕获。

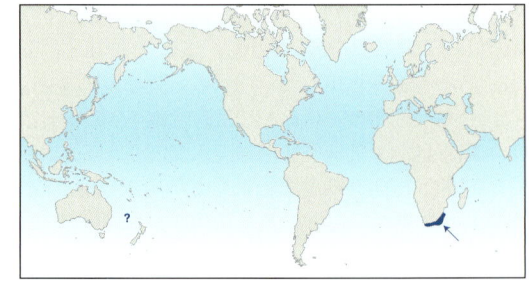

斑纹梅花鲨 *Halaelurus quagga*

FAO代码：**HAQ**　　图版 第376页

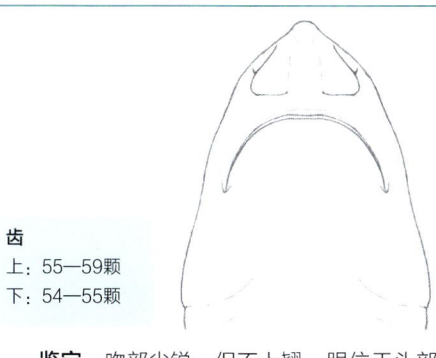

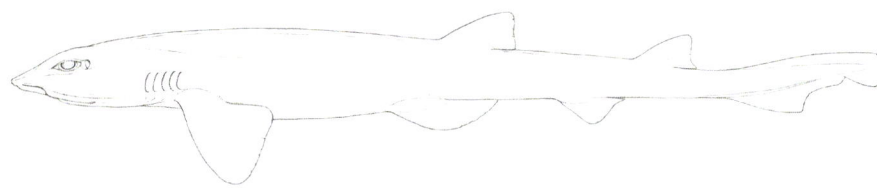

齿
上：55—59颗
下：54—55颗

体长测量　出生体长：约8厘米。性成熟体长：雄性28—35厘米。
最大体长：37厘米。

　　鉴定　吻部尖锐，但不上翘。眼位于头部上方。鳃在头部的偏上部位，高度高于口部。背部为浅褐色，有超过20个深褐色的狭窄垂直条纹；成对的条纹只在背鳍下形成鞍状斑。没有斑点。腹部颜色较浅。
　　分布　北印度洋：索马里，印度。
　　栖息地　近海大陆架，海床或靠近海床，栖息水深54—300米。
　　行为　未知。
　　生物学　卵生。曾有报道一条怀孕的雌性体内有多达8个卵鞘。
　　保护状态　数据缺乏（DD）。不是渔业专捕目标。

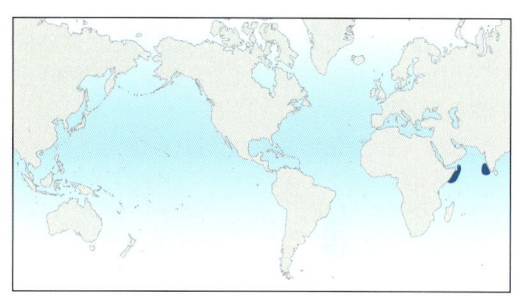

锈色梅花鲨 *Halaelurus sellus*

FAO代码：**CVX**　　图版 第376页

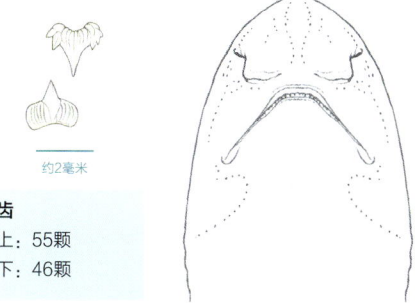

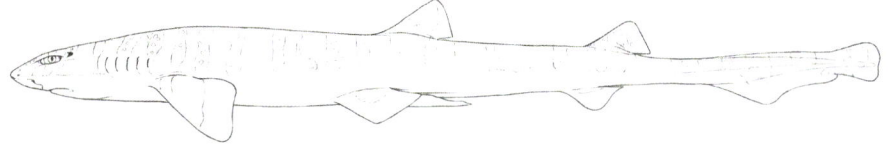

约2毫米

齿
上：55颗
下：46颗

体长测量　性成熟体长：雄性34厘米，雌性38厘米。
最大体长：42厘米。

　　鉴定　吻部短而尖，不上翘或不呈凸起状。背部是黄褐色，有10个锈褐色的鞍状斑，鞍状斑外缘有深褐色窄条纹，大的鞍状斑之间有更窄小的鞍状斑条带。
　　分布　中印度洋–太平洋：澳大利亚西北部。
　　栖息地　近海大陆架，海床或海床附近，栖息水深62—164米。
　　行为　未知。
　　生物学　多次排卵，每个子宫至少有3个卵鞘。
　　保护状态　无危（LC）。偶然在底层拖网中被捕获的一个小型物种。

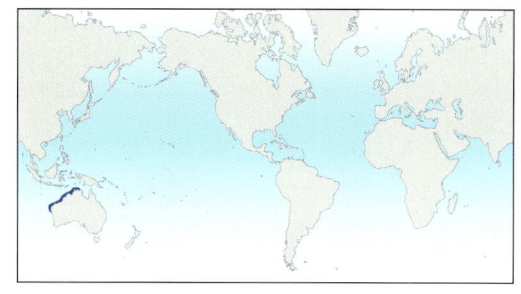

埃氏宽瓣鲨 *Haploblepharus edwardsii*　　　　FAO代码：**HPE**　　图版 第384页

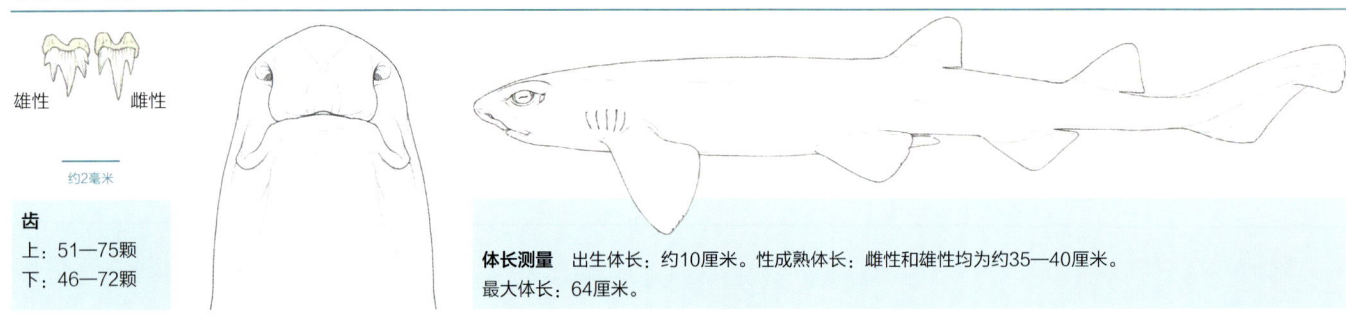

齿
上：51—75颗
下：46—72颗

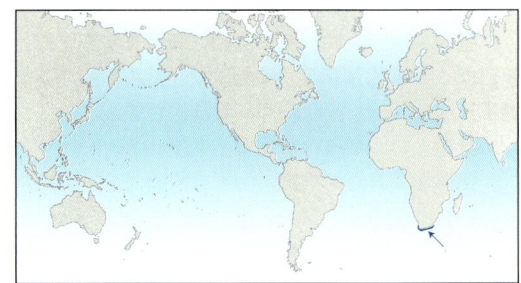

体长测量　出生体长：约10厘米。性成熟体长：雌性和雄性均为约35—40厘米。
最大体长：64厘米。

　　鉴定　身体纤细。头部粗壮宽大。鼻孔很大；前鼻瓣明显扩展，伸达口部。身体前侧有鳃裂。背部浅到深棕色或灰棕色。覆盖着明显的金褐色或红褐色的鞍状斑，边缘为暗褐色；鞍状斑上或鞍状斑之间有许多白点，大多与喷水孔等大或稍小于喷水孔。腹部是白色。

　　分布　东南大西洋和西南印度洋：南非（东、西开普敦）。

　　栖息地　大陆架，沙地和岩石海底或其附近，水深0—288米，但大多为0—90米，在西部近海岸。

　　行为　显然具有社会性，在人工饲养环境中成群结队地休息。当被捕获时，会用尾巴遮住眼睛蜷缩起来。

　　生物学　卵生。卵鞘长约3.5—5厘米，宽1.5—3厘米，成对产卵（每个输卵管1个）。吃鱼的内脏和小型硬骨鱼类、甲壳类、头足类以及多毛类动物。

　　保护状态　濒危（EN）。被冲浪钓鱼者捕获，被底层拖网捕获后丢弃。可在水族馆中饲养。

褐宽瓣鲨 *Haploblepharus fuscus*　　　　FAO代码：**HPF**　　图版 第384页

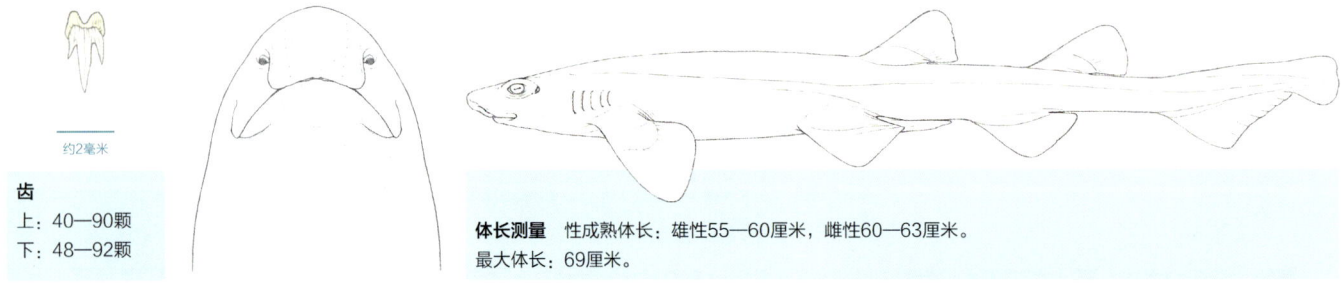

齿
上：40—90颗
下：48—92颗

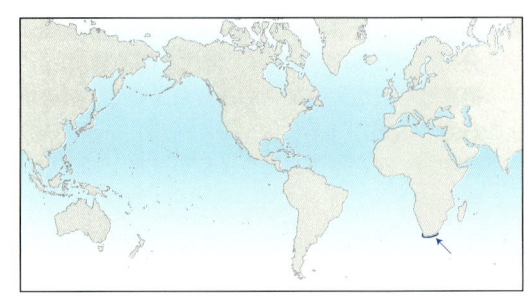

体长测量　性成熟体长：雄性55—60厘米，雌性60—63厘米。
最大体长：69厘米。

　　鉴定　大型个体，身体粗壮。头部粗壮宽大。鼻孔很大；巨大的前鼻瓣伸达口部。身体的上侧有鳃裂。背部是棕色，有时有稍深的不明显的鞍状斑或小的、白色或黑色斑点。腹部是白色。

　　分布　东南大西洋和西南印度洋：南非（水深不到100米的近海岸）。

　　栖息地　大陆架近岸水深0—35米处，通常在较浅的沙质海底或岩石海底。

　　行为　被捕获时身体蜷缩，尾巴覆盖在眼睛上。

　　生物学　卵生（产成对卵鞘）。捕食龙虾和硬骨鱼类。

　　保护状态　易危（VU）。分布范围非常有限。它有时被岸上的垂钓者捕获，并受到海岸开发带来的生境退化威胁。

南非宽瓣鲨 *Haploblepharus kistnasamyi*

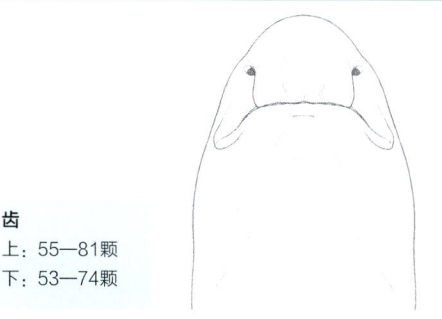

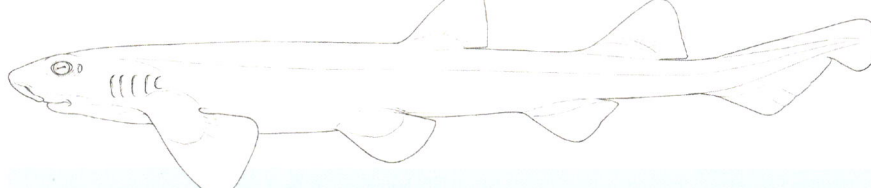

齿
上：55—81颗
下：53—74颗

体长测量　性成熟体长：雄性约50厘米，雌性48厘米。
最大体长：超过50厘米。

鉴定　身体纤细。扁平的头部粗壮宽大。鼻孔很大；前鼻瓣极大扩展，伸达口部。鳃裂在身体前侧。身体和尾侧有深棕色、"H"形的鞍状斑；鞍状斑边缘明显，深色，点缀着许多小白点。鞍状斑之间和各鳍之间的棕色皮肤上有暗色斑纹。腹部为白色。

分布　西南印度洋：南非（西开普敦至东开普敦和夸祖鲁–纳塔尔）。

栖息地　在大陆架上靠近海岸处至水深30米处，有时在碎浪带或岩礁上。

行为　未知。

生物学　卵生。卵鞘尺寸未知。

保护状态　易危（VU）。以前认为与埃氏宽瓣鲨（*Haploblepharus edwardsii*）相同。只从少数标本中有所了解。

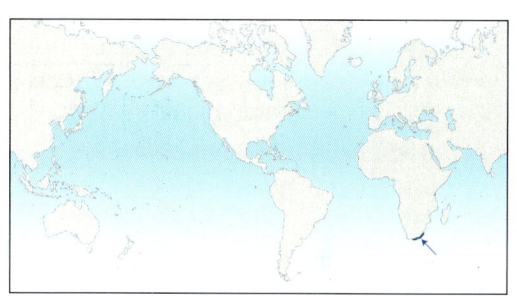

杂色宽瓣鲨 *Haploblepharus pictus*

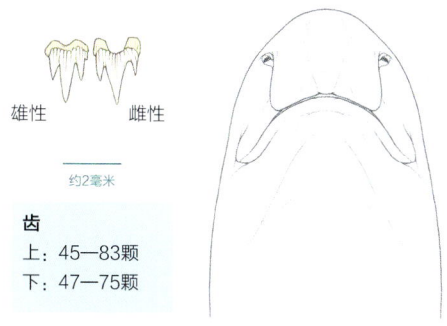

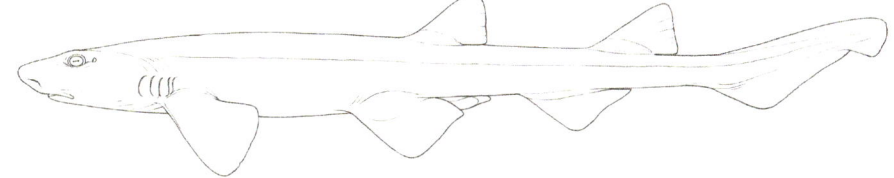

雄性　　雌性

约2毫米

齿
上：45—83颗
下：47—75颗

体长测量　出生体长：约11厘米。性成熟体长：雄性40—57厘米，雌性36—60厘米。
最大体长：70厘米。

鉴定　身体粗壮。头部宽大。鼻孔很大；前鼻瓣极大扩展，伸达口部。鳃裂在体侧上部。背部鞍状斑纹没有明显的深色边缘，稀疏地点缀着大的白色斑点，大部分大于喷水孔，在鞍状斑纹之间则没有白色斑点。

分布　东南大西洋和西南印度洋：纳米比亚中部至南非（东伦敦）。

栖息地　大陆架上的海藻林，近海岩礁和沙地，从沿岸至水深约35米处。

行为　被捕获时身体蜷缩，尾巴覆盖在眼睛上。

生物学　卵生。卵鞘长约6厘米，宽3厘米，有光滑的外壳，前端有长而卷曲的卷须，后端有短而卷曲的卷须。每个输卵管产1个卵鞘，在人工饲养条件下约3.5个月孵化。吃硬骨鱼类、螺类、头足类、甲壳类、多毛类和棘皮类动物，偶尔吃藻类。

保护状态　无危（LC）。在其有限的分布范围内常见。常被钓鱼者钓获并杀死，也常被捕龙虾地笼捕获。

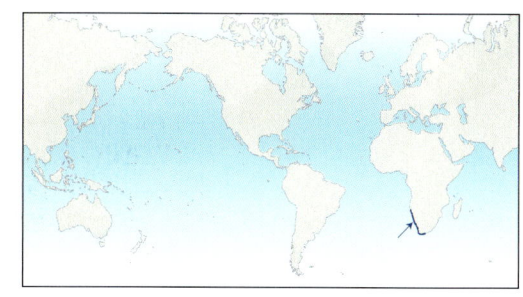

○ **埃氏宽瓣鲨** *Haploblepharus edwardsii*　　　　　　　　　　　　　　　　　　　　第382页

分布于东南大西洋和西南印度洋；栖息水深0—288米。体型纤细；头部粗壮宽大。鼻孔很大；前鼻瓣高度扩张延伸至口部。鳃裂位于身体前半部的两侧。体表具明显的金棕色或边缘为暗褐色的红褐色鞍状斑，鞍状斑上或鞍状斑之间有许多白点，鱼体腹面呈白色。

○ **褐宽瓣鲨** *Haploblepharus fuscus*　　　　　　　　　　　　　　　　　　　　　第382页

分布于东南大西洋和西南印度洋；0—35米。体型粗壮；头部粗壮宽大。鼻孔很大；前鼻瓣高度扩张延伸至口部。鳃裂位于身体前半部的两侧。身体上部呈褐色，有时有不明显的鞍状斑及白色或黑色小斑点，腹部呈白色。

○ **南非宽瓣鲨** *Haploblepharus kistnasamyi*　　　　　　　　　　　　　　　　　第383页

分布于西南印度洋；0—30米。身体细长；结实宽大的头部，鼻孔很大，有着扩张的鼻瓣，鳃裂位于身体前半部的两侧；体表和尾部均具有"H"形的鞍状斑，鞍状斑具有黑色边缘，大量小白点散布于体表，体表和鳍有杂色黑斑，鱼体腹面呈白色。

○ **杂色宽瓣鲨** *Haploblepharus pictus*　　　　　　　　　　　　　　　　　　　第383页

分布于东南大西洋和西南印度洋；0—35米。体型粗壮；头部宽阔，鼻孔很大，具扩展的鼻瓣，鳃裂位于身体前半部的两侧；背部鞍状斑无明显的暗色边缘，稀疏点缀着较大的白斑，腹部呈白色。

○ **蜂巢似梅花鲨** *Holohalaelurus favus*　　　　　　　　　　　　　　　　　　第386页

分布于西印度洋；栖息水深200—1000米。头部宽大；褐色的身体上有非常明显的蜂窝状不规则网纹和斑点，胸鳍上方无白斑，腹部呈均一的灰褐色。

○ **粲齿似梅花鲨** *Holohalaelurus grennian*　　　　　　　　　　　　　　　　　第387页

分布于西印度洋；栖息水深238—353米。头部宽阔，头上有密布的小棕色点；背部有密集的深棕色小斑点；吻部眼前无"泪痕"状斑块。

○ **黑点似梅花鲨** *Holohalaelurus melanostigma*　　　　　　　　　　　　　　第387页

分布于西印度洋；栖息水深607—658米。吻短嘴阔，头部宽大；短而有棱角的背鳍；尾部细长；体表有大量黑褐色斑点，有些融合成网状、斑点和条纹，吻部有水平的"泪痕"，头下有小黑点，背鳍基部和鳍叶上有黑色条纹和"C"形花纹。

○ **斑点似梅花鲨** *Holohalaelurus punctatus*　　　　　　　　　　　　　　　　第388页

分布于西印度洋；栖息水深220—420米。头部宽大，吻短嘴阔；背鳍短而有棱角；尾部细长；背部和背鳍基终点处有密集的小黑褐色斑点和少量白色斑点，有时有不明显的鞍状斑；背鳍上有深色的"C"形或"V"形印记，头部下方呈白色，上有细小的小黑点。

○ **网纹似梅花鲨** *Holohalaelurus regani*　　　　　　　　　　　　　　　　　　第388页

分布于东南大西洋和西南印度洋；栖息水深15—1075米。吻短嘴阔；背鳍短而有棱角；尾部细长；背部体表在黄色底色上布满深褐色网状纹、条纹和斑点；幼鱼体色深而体细长，体两侧各有一排白色斑点，细小的鳍上有黑色条纹，尾部细长。

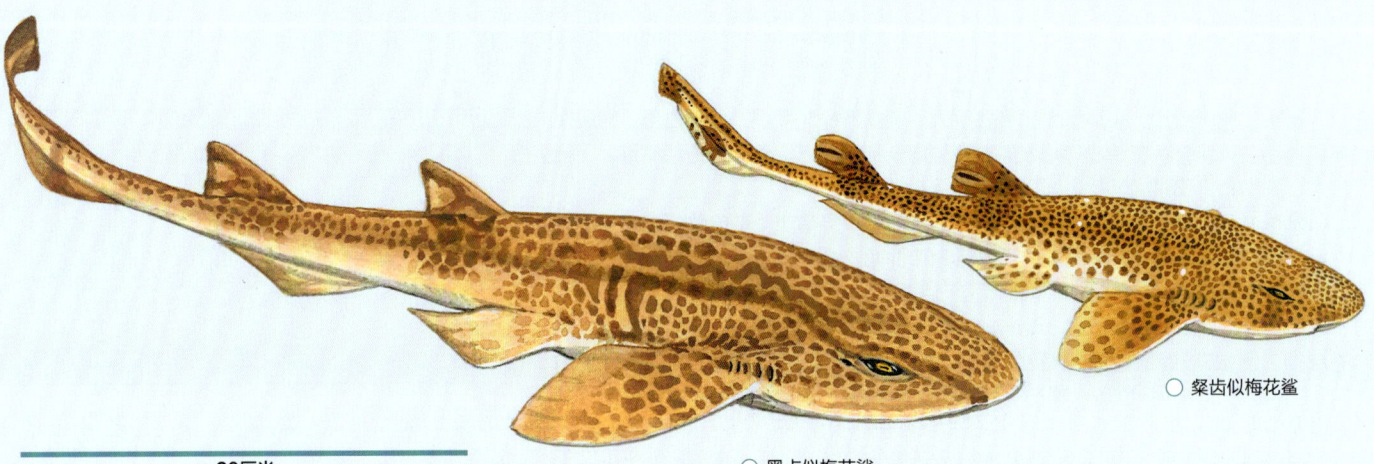

20厘米

○ 黑点似梅花鲨

○ 粲齿似梅花鲨

○ 埃氏宽瓣鲨

○ 褐宽瓣鲨

○ 南非宽瓣鲨

○ 杂色宽瓣鲨

○ 斑点似梅花鲨

○ 蜂巢似梅花鲨

○ 网纹似梅花鲨

20厘米

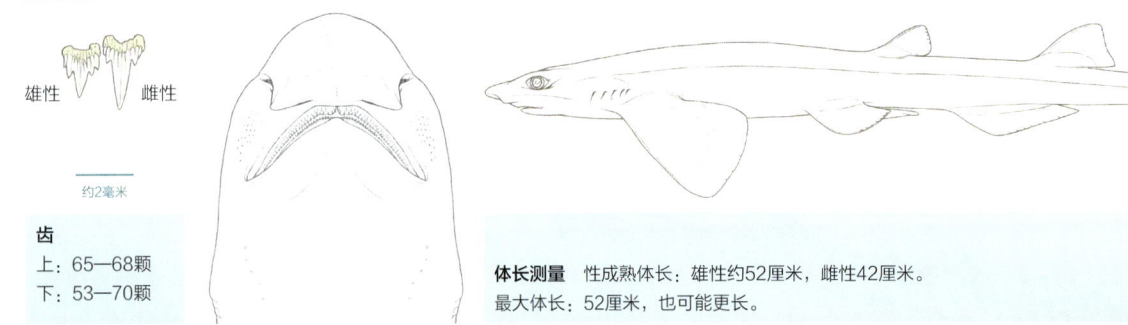

埃氏宽瓣鲨，南非西开普省福尔斯湾（第382页）

蜂巢似梅花鲨 *Holohalaelurus favus*　　　　　FAO代码：**CVX**　　图版 第384页

雄性　雌性

约2毫米

齿
上：65—68颗
下：53—70颗

体长测量　性成熟体长：雄性约52厘米，雌性42厘米。
最大体长：52厘米，也可能更长。

　　鉴定　似梅花鲨属的一个大型物种，头部宽大，背部为褐色，有非常独特的蜂窝状不规则网纹和斑点；胸鳍上方没有白点；腹部为均匀的灰褐色。

　　分布　西印度洋：南非夸祖鲁-纳塔尔，到莫桑比克南部。分布范围可能非常有限，纬度范围仅为5度。

　　栖息地　大陆坡上部，栖息水深200—1000米。相对于成体，幼体可能出现在更深的水域。

　　行为　基本未知。

　　生物学　卵生。

　　保护状态　濒危（EN）。历史上该物种是底层拖网的常见兼捕渔获物，但自20世纪70年代初以来，很少有确切的记录。

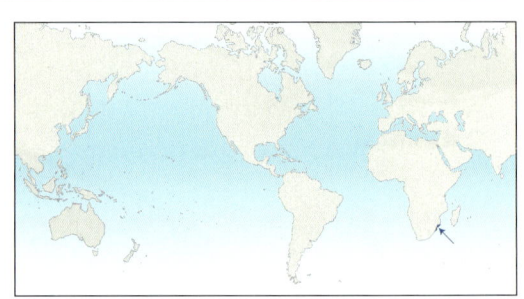

粲齿似梅花鲨 *Holohalaelurus grennian*

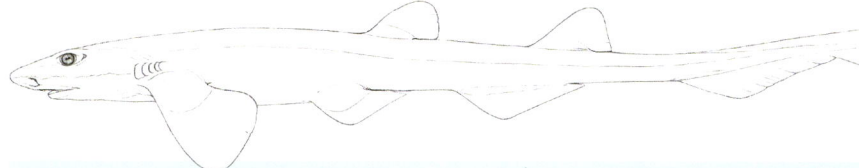

FAO代码：**CVX**　　图版　第384页

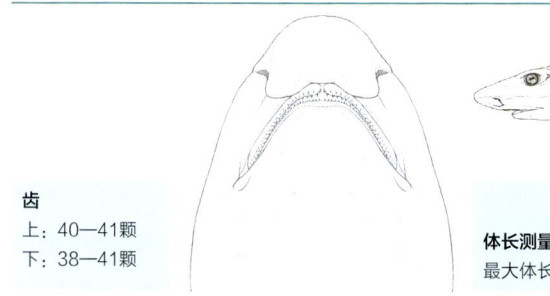

齿
上：40—41颗
下：38—41颗

体长测量　性成熟体长：雄性约27厘米。
最大体长：27厘米，也可能更长。

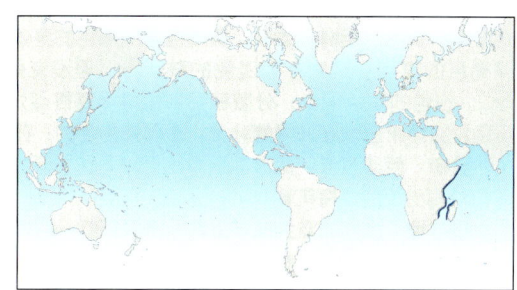

　　鉴定　一种体形非常小的鲨鱼。头部宽大，吻部短。尾巴纤细。背部是黄棕色，分布着密集的深棕色斑点和少量圆形斑点。背鳍鳍叶上经常出现"一"字形纹路。

　　分布　西印度洋：索马里、肯尼亚、坦桑尼亚到莫桑比克南部和马达加斯加西部。在南非的存在报告需要确认。

　　栖息地　大陆坡，栖息水深238—353米。

　　行为　基本未知。

　　生物学　卵生。

　　保护状态　数据缺乏（DD）。极其罕见，仅从少数标本中有所了解。

黑点似梅花鲨 *Holohalaelurus melanostigma*

FAO代码：**CVX**　　图版　第384页

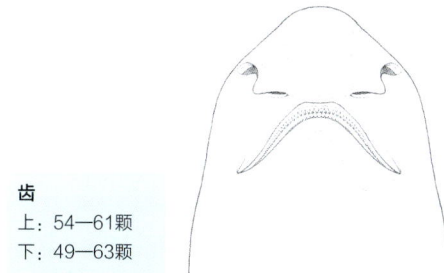

齿
上：54—61颗
下：49—63颗

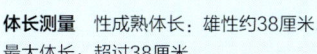

体长测量　性成熟体长：雄性约38厘米。
最大体长：超过38厘米。

　　鉴定　头部非常宽大；吻部短；口部长。背鳍短而有棱角。尾巴纤细。背部中间有略微扩大的粗糙盾鳞。背部是灰褐色，腹部颜色较浅。背侧有许多大的、深棕色的斑点，一些融合成网状、斑点和水平条纹。在眼睛前面的吻部上有水平的泪痕状痕迹；在头部下方有零星的小黑点；在背鳍的基部和鳍叶上有暗色条纹和暗色的"C"形标记。

　　分布　西印度洋：特有的物种，见于坦桑尼亚北部、彭巴岛附近和肯尼亚南部。

　　栖息地　大陆坡，607—658米。

　　行为　基本未知。

　　生物学　卵生。

　　保护状态　无危（LC）。在其分布范围内没有已知的深海渔业活动。极为罕见，仅从4个博物馆的标本中有所了解。

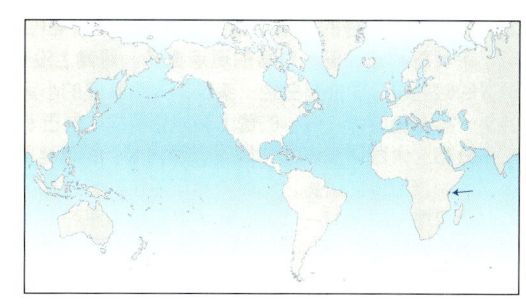

斑点似梅花鲨 *Holohalaelurus punctatus*　　FAO代码：**HOP**　　图版 第384页

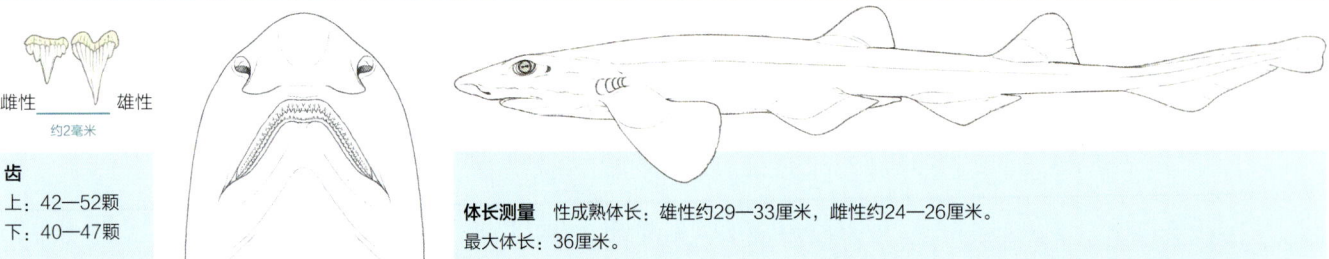

雌性　　雄性
约2毫米

齿
上：42—52颗
下：40—47颗

体长测量　性成熟体长：雄性约29—33厘米，雌性约24—26厘米。
最大体长：36厘米。

鉴定　头部非常宽大；吻部短；嘴长。背鳍很短，有棱角。尾巴纤细。背部中间没有扩大的、粗糙的盾鳞。黄褐色至深褐色的身体背部密布小的、间隔紧密的、深褐色的斑点；有时存在浅色的鞍状斑，但没有网纹、斑点、水平条纹或"泪痕"。白色的斑点很少，分散在背部和背鳍基终点处。突出的"C"形或"V"形深色纹路经常出现在背鳍鳍叶上。腹部是白色的；在头部下面散布着微小的黑点。

分布　西印度洋：南非、莫桑比克和马达加斯加。这是唯一已知会在莫桑比克海峡对面出现的似梅花鲨。

栖息地　大陆架及大陆坡上部，水深220—420米。

行为　部分种群会根据性别进行分群（在夸祖鲁–纳塔尔沿海，雄性比雌性数量多，在莫桑比克沿海数量相等）。

生物学　卵生。卵鞘成对产下。吃小型硬骨鱼类、甲壳类和头足类动物。

保护状态　濒危（EN）。以前在拖网渔业和科考中很常见，但自20世纪70年代以来很少见到，而且至少20年没有在研究拖网中被捕获。在其整个分布地区被大量捕捞。

网纹似梅花鲨 *Holohalaelurus regani*　　FAO代码：**HOR**　　图版 第384页

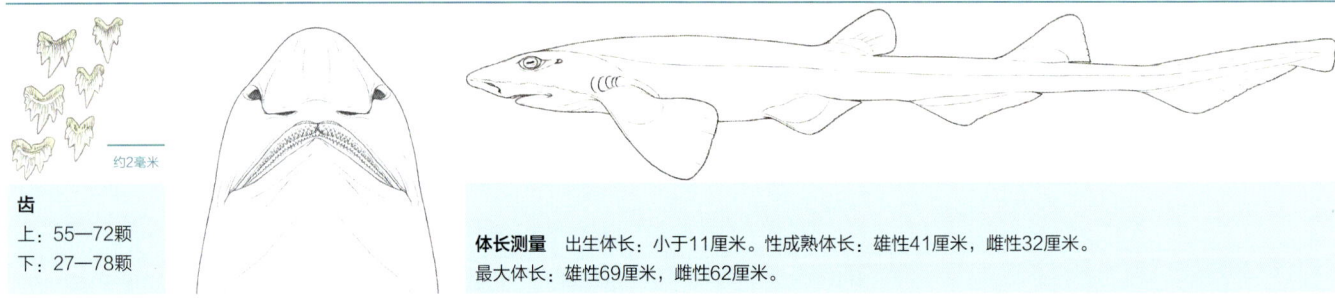

齿
上：55—72颗
下：27—78颗

约2毫米

体长测量　出生体长：小于11厘米。性成熟体长：雄性41厘米，雌性32厘米。
最大体长：雄性69厘米，雌性62厘米。

鉴定　头部非常宽大；吻部短；嘴巴长。背鳍短而有棱角。尾巴纤细。背部中间有扩大的、粗糙的盾鳞。背部为淡黄色至黄褐色；上表面覆盖着深褐色的网状斑、条状斑和点状斑，幼鱼的斑点更多。背鳍上没有水平条纹、白点、"泪痕"或明显的暗色斑。腹部是白色；头部下方有零星的小黑点。幼鱼体色深且细长，两侧各有一排白色斑点，较小的鳍上有黑色条纹，尾巴非常长。

分布　大西洋东南部和印度洋西南部：纳米比亚至南非夸祖鲁–纳塔尔；由于被误认为其他似梅花鲨，它在南非东海岸的分布状况记载混乱。

栖息地　水深15—1075米，主要在水深约100—300米范围内的大陆架及大陆坡上部活动。

行为　至少有一部分鱼群在秋季洄游到近海。

生物学　卵生。卵鞘长3—4厘米，宽1—2厘米，有纵向条纹，有天鹅绒般的触感，每个角有长卷须。全年都会产出成对的卵鞘。吃小型硬骨鱼、甲壳类、头足类、多毛类动物，以及水蝨虫，偶尔也吃海带。

保护状态　无危（LC）。作为兼捕渔获物被捕捞，一般被丢弃。

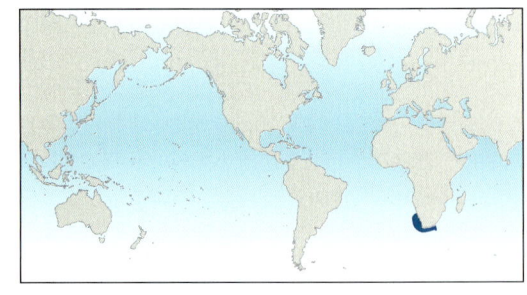

白鳍盾尾鲨　*Parmaturus albimarginatus*

FAO代码：**CVX**　　图版　第390页

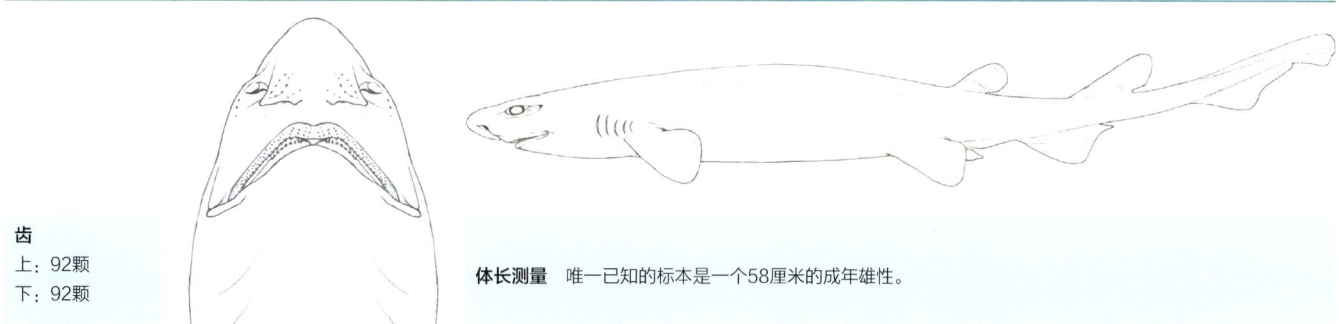

齿
上：92颗
下：92颗

体长测量　唯一已知的标本是一个58厘米的成年雄性。

　　鉴定　一种细长的，身体柔软的，皮肤呈天鹅绒质感的盾尾鲨，尾叶上缘和尾鳍前腹缘具扩大的盾鳞。背部体色为均一的棕色，腹部是浅色，各鳍具明显的白色边缘。

　　分布　中印度洋–太平洋：仅已知分布于新喀里多尼亚。

　　栖息地　岛屿陆坡，海底或近底部，水深590—732米。

　　行为　未知。

　　生物学　未知。

　　保护状态　无危（LC）。所有已知信息均来自正模标本，该标本采集自未被渔业捕捞的区域。

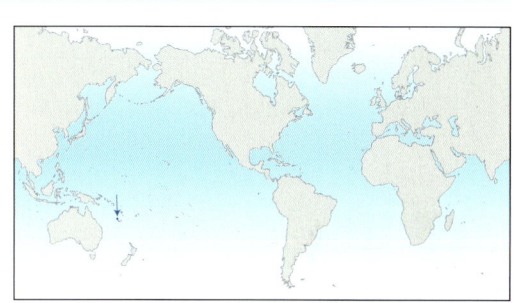

白鳍脚盾尾鲨　*Parmaturus albipenis*

FAO代码：**CVX**　　图版　第390页

齿
上：130颗
下：未知

体长测量　唯一已知的标本是一个41.5厘米的成年雄性。

　　鉴定　一种细长的、身体柔软的拥有天鹅绒质感皮肤的盾尾鲨，尾部有盾鳞，但盾鳞并不极度扩大；盾鳞几乎延伸到第二背鳍。背部体色为统一的棕色，腹部颜色较浅；白色的腹鳍与身体其他部分的颜色形成鲜明的对比。

　　分布　中印度洋–太平洋：仅已知分布于新喀里多尼亚北部。

　　栖息地　岛屿陆坡，海底或近底部，水深688—732米。

　　行为　未知。

　　生物学　未知。

　　保护状态　无危（LC）。所有已知信息均来自一个正模标本；分布范围不受渔业捕捞影响。

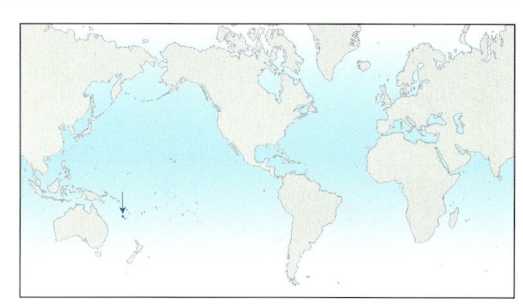

○ **白鳍盾尾鲨** *Parmaturus albimarginatus*　　　　第389页

分布于中印度洋–太平洋；栖息水深590—732米。天鹅绒般的皮肤，尾鳍上下叶有显著增大的盾鳞；身体上部呈均匀的棕色，鳍具明显的白色边缘。

○ **白鳍脚盾尾鲨** *Parmaturus albipenis*　　　　第389页

分布于中印度洋–太平洋；栖息水深688—732米。柔软的天鹅绒般的皮肤，具尾部盾鳞，但尾部盾鳞不明显增大，盾鳞几乎延伸到第二背鳍；白色的腹鳍与褐色的身体形成鲜明对比。

○ **安吉拉盾尾鲨** *Parmaturus angelae*　　　　第392页

分布于西南大西洋；栖息水深500—600米。体表呈均匀的浅棕色或深米色，没有鞍状斑，只有一些小的棕色斑点散布在身体侧面，口腔内浅灰至浅灰黄色。

○ **米色盾尾鲨** *Parmaturus bigus*　　　　第392页

分布于中印度洋–太平洋；栖息水深590—606米。尾鳍上下叶有增大的盾鳞；颜色均一，身体上部为淡黄棕色，下腹部为浅色。

○ **墨西哥盾尾鲨** *Parmaturus campechiensis*　　　　第393页

分布于西大西洋；栖息水深1097米。第一背鳍略小于第二背鳍，第一背鳍起点位于腹鳍起点的前方，第二背鳍与臀鳍大小相同；身体柔软松弛，呈灰色；腹部、鳃部和和鳍膜为暗色。

○ **丝绒盾尾鲨** *Parmaturus lanatus*　　　　第393页

分布于中印度洋–太平洋；栖息水深840—855米。蝌蚪形，尾叶上缘和尾鳍前腹缘有增大的盾鳞；皮肤呈均匀的棕色天鹅绒般的纹理，鳃区和鳍的边缘为深色。

○ **麦氏盾尾鲨** *Parmaturus macmillani*　　　　第394页

分布于西南太平洋；栖息水深950—1003米或更深。第一背鳍与第二背鳍大小相同，第一背鳍起点在腹鳍起点的正对面或正后方，第二背鳍小于臀鳍；身体柔软松弛，呈灰色，体腹部颜色较浅，鳍膜深色。

○ **黑鳃盾尾鲨** *Parmaturus melanobranchus*　　　　第394页

分布于西北太平洋；栖息水深448—1110米。第一背鳍小于第二背鳍，第一背鳍起点远在腹鳍起点之后，第二背鳍与臀鳍大小相近；身体柔软松弛，呈灰色至黑褐色，体腹部颜色较浅，鳃间隔呈黑色。

○ **黑颚盾尾鲨** *Parmaturus nigripalatum*　　　　第395页

分布于中印度洋–太平洋；栖息水深可能在180米左右，或更深。身体细长，松弛，背部为均一的褐色，下腹部颜色较浅；胸鳍背面比腹面颜色更深，所有鳍都有深色的边缘，鳍脚末端和腹鳍终点呈白色；口腔上壁呈黑色，并具颜色更深的小孔。

○ **盾尾鲨** *Parmaturus pilosus*　　　　第395页

分布于西北太平洋；栖息水深358—1177米。第一背鳍与第二背鳍大小相似，第一背鳍起点大约与腹鳍起点相对，第二背鳍比臀鳍小很多；身体柔软松弛，背部为红色，腹面为白色，鳍膜颜色较深。

○ **梳尾盾尾鲨** *Parmaturus xaniurus*　　　　第396页

分布于东北太平洋；栖息水深88—1519米。鳃裂宽大；第一背鳍与第二背鳍大小相似，第一背鳍起点刚好位于腹鳍起点的后面，第二背鳍比臀鳍小很多；身体柔软松弛，通体黑色，身体背部为棕黑色，腹部颜色稍浅，鳍深色。

○ **单鳍猫鲨** *Pentanchus profundicolus*　　　　第396页

分布于中印度洋–太平洋；栖息水深673—1070米。吻端宽且圆，口裂较短，鳃短且鳃间隔具缺刻；是唯一同时具有5对鳃裂和1个背鳍的鲨鱼物种，臀鳍很长且很低矮；体色是均一的棕褐色。

10厘米

○ 墨西哥盾尾鲨 幼鱼

20厘米

○ 白鳍盾尾鲨

○ 白鳍脚盾尾鲨

○ 安吉拉盾尾鲨

○ 丝绒盾尾鲨幼体

○ 米色盾尾鲨

○ 麦氏盾尾鲨

○ 黑鳃盾尾鲨

○ 黑颚盾尾鲨

○ 盾尾鲨

○ 梳尾盾尾鲨

○ 单鳍猫鲨

安吉拉盾尾鲨 *Parmaturus angelae*   FAO代码：**CVX**   图版 第390页

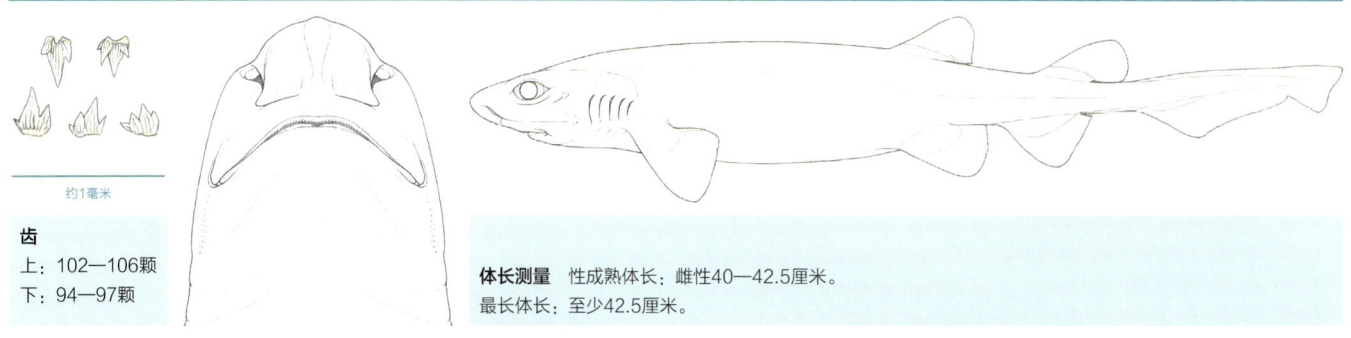

齿

上：102—106颗

下：94—97颗

约1毫米

体长测量 性成熟体长：雌性40—42.5厘米。

最长体长：至少42.5厘米。

　　鉴定 身体粗壮，但从第一背鳍到尾鳍迅速变细。吻部短。口腔为浅至淡灰黄色；唇褶不发达，下唇褶长于上唇褶。第一背鳍的大小和形状与第二背鳍几乎相等；第一背鳍的起点位于腹鳍起点稍前方；第二背鳍小于臀鳍。尾部有扩大的盾鳞。体色呈均匀的浅棕色或深米色；没有鞍状斑，但有一些小的棕色斑点散布在身体的侧面。

　　分布 西南大西洋：仅已知分布于巴西南部的两个地点。

　　栖息地 水深为500—600米的大陆坡。

　　行为 不明。

　　生物学 卵生。卵鞘长7.3厘米，宽2.4厘米，小而呈瓶状，有非常细的条纹，触感光滑；两端的角短，没有卷须。以小型硬骨鱼类、甲壳类动物和多毛类蠕虫为食。

　　保护状态 易危（VU）。在该物种的分布区域有密集、缺乏管理的深海底拖网作业。

米色盾尾鲨 *Parmaturus bigus*   FAO代码：**CVX**   图版 第390页

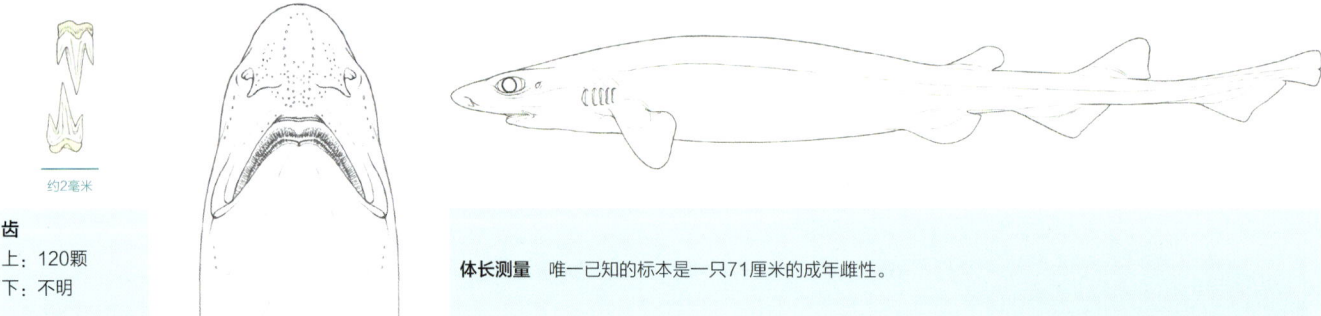

齿

上：120颗

下：不明

约2毫米

体长测量 唯一已知的标本是一只71厘米的成年雌性。

　　鉴定 体型纤细、身体柔软的盾尾鲨，尾鳍上下缘均具有盾鳞构成的嵴。颜色是均一的淡黄褐色，腹部呈浅色。

　　分布 中印度洋-太平洋：仅已知分布于澳大利亚东北部。

　　栖息地 大陆坡，栖息于水深为590—606米的海底或海底附近。

　　行为 不明。

　　生物学 不明。

　　保护状态 数据缺乏（DD）。仅有正模标本信息。

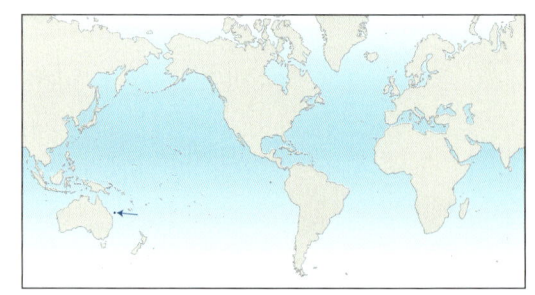

墨西哥盾尾鲨 *Parmaturus campechiensis*

FAO代码：**PAH**　　图版 第390页

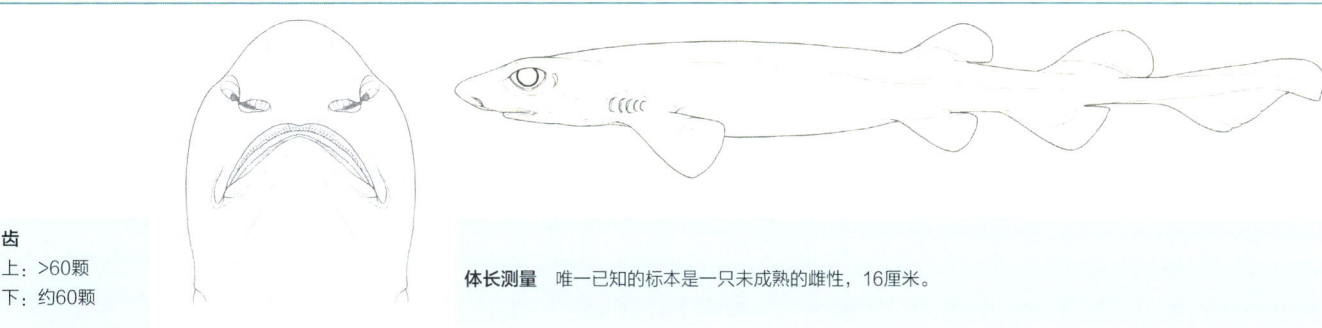

齿
上：>60颗
下：约60颗

体长测量　唯一已知的标本是一只未成熟的雌性，16厘米。

鉴定　身体柔软、松弛。吻短。体型非常小，前鼻瓣较低。眼睛下有嵴。鳃没有显著扩大。第一背鳍起点位于腹鳍起点稍前方，比第二背鳍略小。第二背鳍约与臀鳍一样大，第二背鳍基部终点远位于臀鳍基部终点后方。沿尾叶上缘有锯齿状盾鳞。身体呈灰色；腹部、鳃部周围和鳍膜上呈暗色。

分布　西大西洋：加勒比海。采集于墨西哥湾的坎佩切湾。

栖息地　大陆坡，在海底或附近，栖息地水深为1097米，可能到1378米。

行为　不明。

生物学　不明。

保护状态　无危（LC）。活动水域远深于渔业作业深度。仅有正模标本信息。来自巴哈马安德罗斯岛、博奈尔岛的记录则存疑。

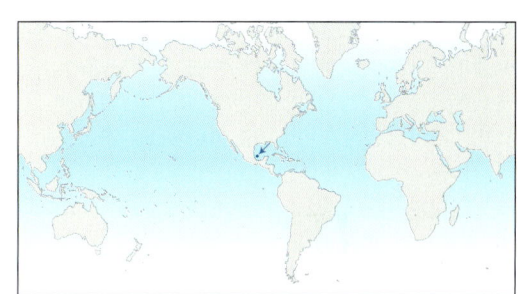

丝绒盾尾鲨 *Parmaturus lanatus*

FAO代码：**CVX**　　图版 第390页

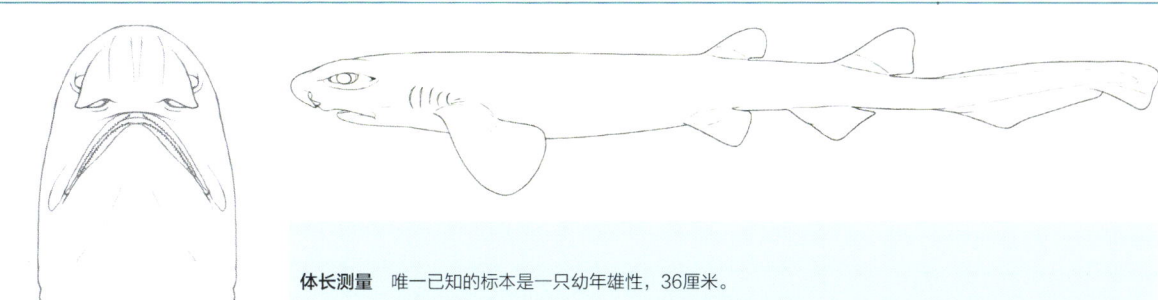

齿
上：94颗
下：92颗

体长测量　唯一已知的标本是一只幼年雄性，36厘米。

鉴定　纤细、柔软，身体呈蝌蚪状的盾尾鲨，尾叶上缘和尾鳍前腹缘有扩大的盾鳞。体色为均一的褐色，鳃和鳍有深色边缘。

分布　中印度洋–太平洋：只知道来自印度尼西亚，阿拉弗拉海的塔宁巴岛附近。

栖息地　大陆坡，栖息于水深为840—855米的海底周围。

行为　不明。

生物学　不明。

保护状态　无危（LC）。仅已知一个标本（正模标本），但目前在该物种的栖息范围内没有活跃的深海渔业。

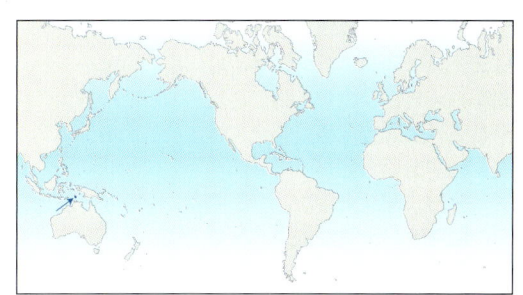

麦氏盾尾鲨 *Parmaturus macmillani*　　　　FAO代码：**PAE**　图版 第390页

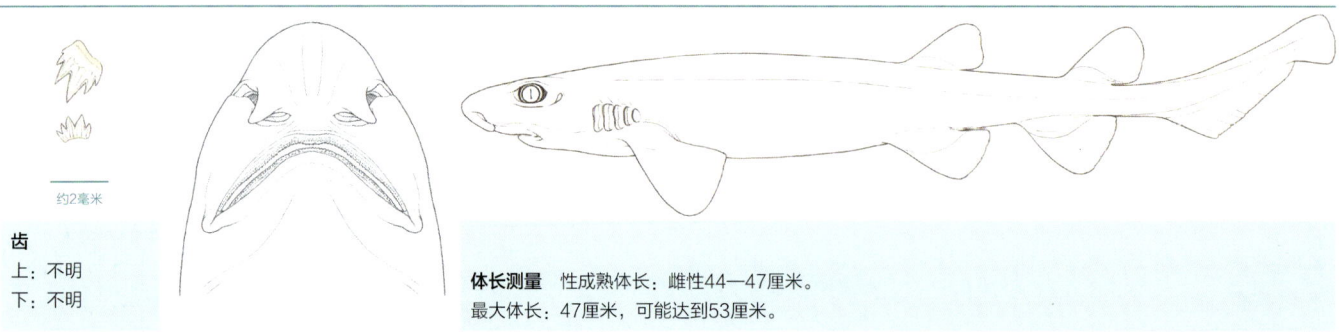

齿
上：不明
下：不明

体长测量　性成熟体长：雌性44—47厘米。
最大体长：47厘米，可能达到53厘米。

　　鉴定　身体柔软松弛。吻部较钝，极短。前鼻瓣长而呈叶状。眼睛下有嵴。鳃部并不显著增大。第一背鳍约与第二背鳍一样大，起点与腹鳍起点相对或位于稍后方。第二背鳍比臀鳍小，基部终点位于臀鳍基终点稍后方。沿着尾叶的上缘有锯齿状的凹痕。体色呈灰色，腹部颜色较浅；鳍膜呈暗色。
　　分布　西南太平洋：新西兰北部的特有物种。
　　栖息地　深海捕获，栖息地水深为950—1003米（可能延伸至更深）。
　　行为　不明。
　　生物学　卵生。卵鞘长5.2厘米，宽3厘米，产成对的、大的、坚固的卵鞘（每个输卵管1个），没有卷须。
　　保护状态　数据缺乏（DD）。全部信息仅来源于少数标本；该物种是新西兰北部的特有物种。

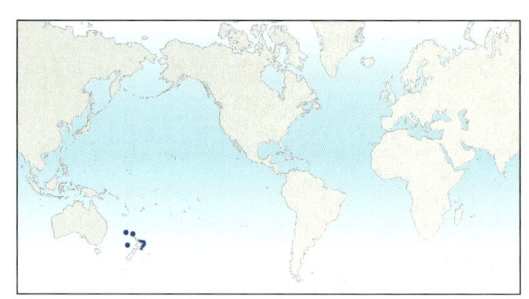

黑鳃盾尾鲨 *Parmaturus melanobranchus*　　　　FAO代码：**PAV**　图版 第390页

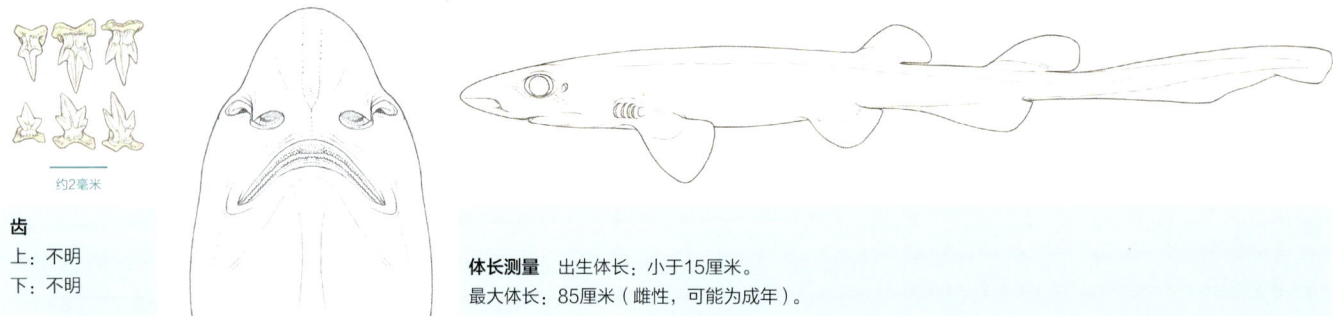

齿
上：不明
下：不明

体长测量　出生体长：小于15厘米。
最大体长：85厘米（雌性，可能为成年）。

　　鉴定　身体柔软、松弛。吻部较钝，中等长度。前鼻瓣长而尖。眼睛下有嵴。鳃部无显著延展。第一背鳍明显比第二背鳍小，起点远位于腹鳍起点后方，并与腹鳍基中点或终点相对。第二背鳍约与臀鳍一样大，终点远位于臀鳍基终点的后方。沿着尾叶上缘和尾鳍前腹缘有锯齿状的凹痕。体背部颜色呈灰色至深褐色，腹部较浅；鳃间略呈黑色。
　　分布　西北太平洋：中国南海，中国台湾至琉球群岛。
　　栖息地　大陆坡和岛屿斜坡上部，水深448—1110米的泥质海底。
　　行为　不明。
　　生物学　不明。
　　保护状态　无危（LC）。所有信息均来自科考中采集的少量标本。深海商业捕鱼似乎不会影响该物种。

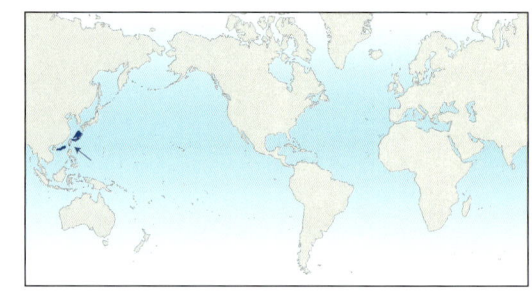

黑颚盾尾鲨 *Parmaturus nigripalatum*　　　FAO代码：**CVX**　　图版 第390页

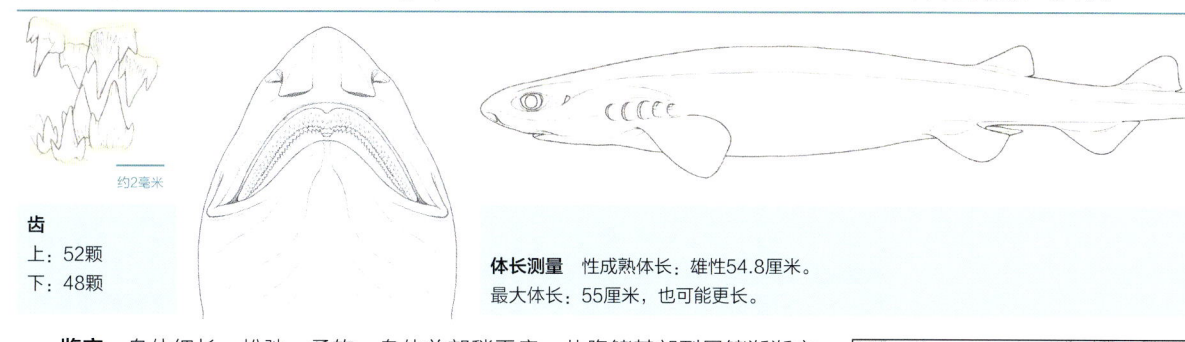

约2毫米

齿
上：52颗
下：48颗

体长测量　性成熟体长：雄性54.8厘米。
最大体长：55厘米，也可能更长。

鉴定　身体细长、松弛、柔软，身体前部稍平扁；从腹鳍基部到尾鳍渐渐变细。吻短。口腔顶部（腭部）呈黑色，有深色小孔；唇褶发达，下唇褶与上唇褶长度相等。第一背鳍明显比第二背鳍小；第一背鳍的起点位于腹鳍基终点稍后方。第二背鳍比臀鳍小。尾部有扩大的盾鳞。背部体色为朴素的中度褐色，腹部颜色稍显苍白。胸鳍的背面比腹面深；各鳍边缘深色。鳍脚末端和腹鳍基部终点白色。

分布　中印度洋–太平洋：仅已知分布于印度尼西亚松巴瓦南部。

栖息地　不确定，唯一已知的记录是在170—190米的深度被延绳钓捕获，这个深度对于该属的鲨鱼来说是相当浅的。

行为　夜间可能会进入较浅的水域，唯一已知的标本是夜间在水深不到200米处用延绳钓捕到的。

生物学　不明，推测为卵生，虽然唯一已知的标本是一只成年雄性。

保护状态　数据缺乏（DD）。分布范围内捕捞强度大。

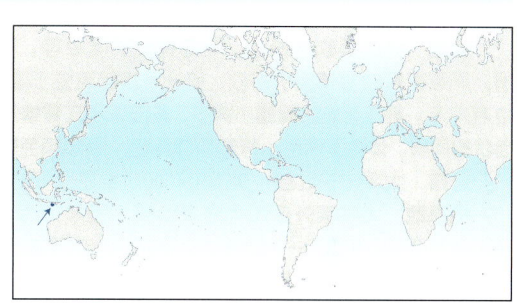

盾尾鲨 *Parmaturus pilosus*　　　FAO代码：**PAW**　　图版 第390页

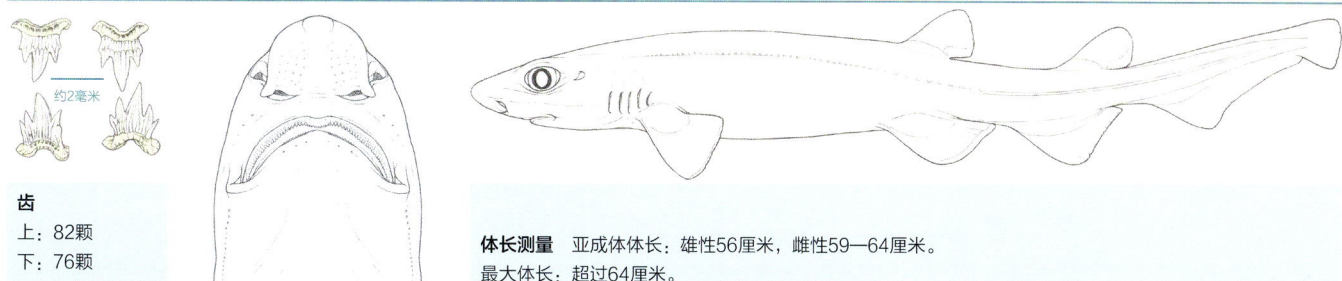

约2毫米

齿
上：82颗
下：76颗

体长测量　亚成体体长：雄性56厘米，雌性59—64厘米。
最大体长：超过64厘米。

鉴定　身体柔软、松弛、无明显特点。吻部钝，长度中等。前鼻瓣延长，呈狭长形。眼睛下有峰。鳃没有显著延展。尾叶上缘具明显的锯齿状盾鳞，尾鳍前腹缘盾鳞相对不明显。第一背鳍约与第二背鳍一样大，起点与腹鳍起点相对。第二背鳍比臀鳍小得多，基部终点与臀鳍基部终点相对。背部略呈红色，腹部是白色；鳍膜颜色较深。

分布　西北太平洋：日本本州东南部，琉球群岛至中国台湾。

栖息地　大陆坡和岛屿斜坡上部，栖息地水深为358—1177米。

行为　不明。

生物学　卵生。卵鞘长7—8厘米，宽2—3厘米，有细小的条纹，触感光滑，没有卷须。肝脏中大量的角鲨烯可维持中性浮力。

保护状态　无危（LC）。有可能是在其栖息范围内作业的深海拖网渔业的兼捕渔获物，但其生活史和种群需要进一步研究。

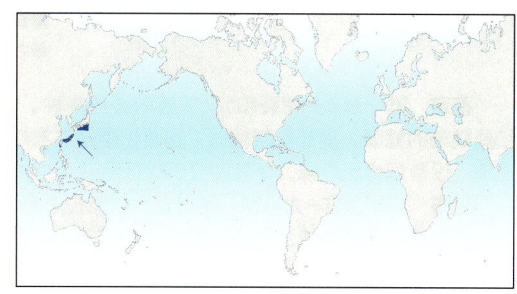

梳尾盾尾鲨 *Parmaturus xaniurus*　　　　FAO代码：**PAY**　　图版　第390页

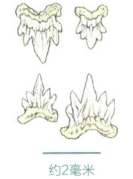

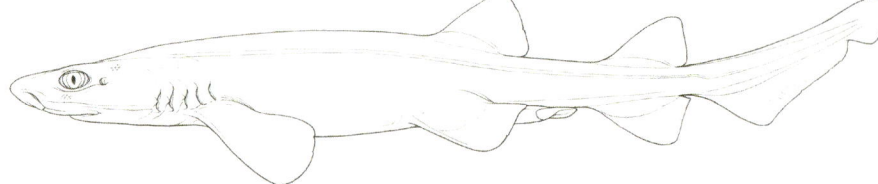

约2毫米

齿
上：67—71颗
下：78—82颗

体长测量　出生体长：7—9厘米。性成熟体长：雄性37—45厘米，雌性47—50厘米。
最大体长：61厘米。

鉴定　身体柔软、松弛。吻部钝，长度中等。前鼻瓣呈三角形。眼睛下面有嵴。鳃裂延展。背鳍大小相似，第一背鳍起点位于腹鳍起点稍后方，但位于腹鳍基中点前方。第二背鳍比臀鳍小得多，基部终点在臀鳍基终点前方。沿着尾叶上缘有锯齿状的盾鳞。体色呈深色；背部是棕黑色，腹部颜色较浅；鳍为深色。

分布　太平洋东北部：美国俄勒冈州至墨西哥的加利福尼亚湾。

栖息地　大陆架外部和大陆坡上部，通常在海底或海底附近，栖息地水深为88—1519米，在300—550米之间最常见；总深度超过1000米的海域中，幼体生活于距海床500米的中部水层中。卵鞘产于300—500米深度的垂直起伏度较大的特定区域。

行为　在几乎缺氧的条件下，从潜水器中观察到它在捕食奄奄一息的灯笼鱼。

生物学　卵生。卵鞘长约7—11厘米，宽2—3厘米，有"T"形侧翼和短卷须。全年均可产卵，没有明确的繁殖季节。主要吃甲壳类动物和小型硬骨鱼类。充满角鲨烯的肝脏可维持中性浮力。扩大的鳃使它能在低氧的环境中茁壮成长。

保护状态　无危（LC）。相对来说比较常见。常被底层拖网和裸盖鱼诱捕装置捕获，捕获后常被丢弃。

单鳍猫鲨 *Pentanchus profundicolus*　　　　FAO代码：**PEU**　　图版　第390页

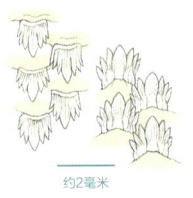
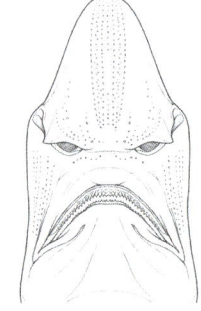
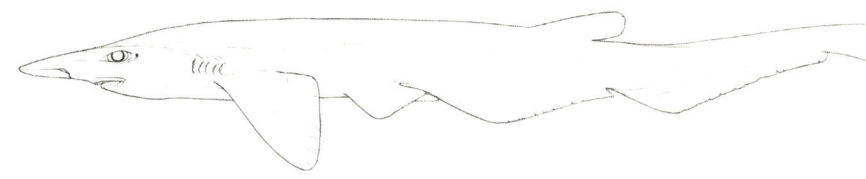

约2毫米

齿
上：61—69颗
下：60—68颗

体长测量　未成熟体长：38厘米。性成熟体长：雄性51厘米。
最大体长：51厘米，也可能更长。

鉴定　唯一有5条鳃裂和1个背鳍的鲨鱼物种。吻部宽圆。嘴短。有短的鳃裂和具缺刻的鳃隔。腹部异常地短（胸鳍和腹鳍非常接近）。臀鳍极长而低。尾鳍长而窄，没有锯齿状盾鳞。体色为普通的褐色。

分布　中印度洋–太平洋：菲律宾，塔布拉斯海峡和棉兰老海，保和岛东部。

栖息地　岛屿斜坡，栖息地在水深为673—1070米的海底。

行为　不明。

生物学　不明。

保护状态　无危（LC）。仅已知两个标本。它的大部分活动范围可能都在该地区缺乏记录的深海渔业作业范围以下。

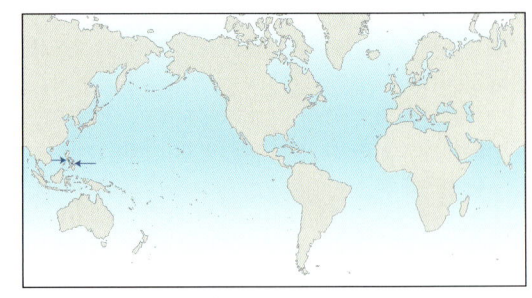

猫鲨科（Scyliorhinidae）

曾经是鲨鱼中最大的科，而现今猫鲨科包括7个属：雅猫鲨属（*Akheilos*）、斑鲨属（*Atelomycterus*）、长唇沟鲨属（*Aulohalaelurus*）、绒毛鲨属（*Cephaloscyllium*）、长须猫鲨属（*Poroderma*）、短唇沟鲨属（*Schroederichthys*）、猫鲨属（*Scyliorhinus*）。7个属共包含约50个物种，但仍有进行大量分类研究的必要。随着商业渔业和研究工作进入更深的水域，猫鲨新物种甚至新属仍在不断地被发现和描述。猫鲨分布于世界各地，从热带到北极水域，出没在潮间带到大陆坡的海床或海床附近，但通常局限于相对较小的范围内。很多猫鲨的信息来源于极少的标本。

鉴定 通常体型较小（体长小于80厘米；有些可能在体长30厘米时性成熟，少数可达约160厘米）。身体细长，有两个无棘的小背鳍（第一个背鳍基部在腹鳍基部上方或后方）和一个臀鳍。长而呈拱形的口裂延伸过像猫眼般的眼睛前缘。猫鲨的头骨上有一个内"嵴"，用手指划过眼眶时可以感觉到。

生物学 人们对许多猫鲨物种知之甚少。目前已掌握的信息表明绝大部分猫鲨都是卵生（产卵）的。每个物种的卵鞘都是独一无二的，因此如果已知卵鞘的形态，就可以用它来确定产卵的物种。孵化可能需要近一年的时间。进化程度更高的物种会将卵保存在体内，直到胚胎发育基本完成，然后在孵出前一个月左右产下更多的卵。可能少数种类会将卵保留到胚胎几乎发育完全，然后产下活体幼鱼（卵胎生）。猫鲨不善于游泳，不会进行长距离洄游。有些近岸物种是在夜间活动的。白天，它们可能成群结队地在岩石裂缝中休息，晚上出来觅食。它们以底栖无脊椎动物和小型鱼类为食。

现状 猫鲨大多数物种在世界自然保护联盟红色名录中被评估为无危（LC）或数据不足物种；占比6%的物种是最近才被描述的，到2020年还未进行评估。一些猫鲨在商业渔业中很重要，更多的则是作为兼捕渔获物被捕获。有些经常在公共水族馆中饲养和繁殖。对人类无害。

雅猫鲨属
1种；第400页

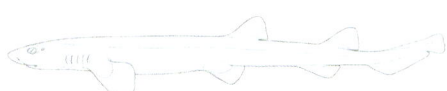

斑鲨属
至少6种；第401—403页

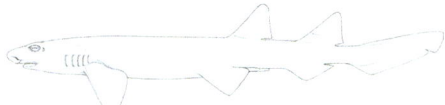

长唇沟鲨属
至少2种；第404页

绒毛鲨属
至少18种；第405—417页

长须猫鲨属
至少2种；第418页

短唇沟鲨属
至少5种；第419—423页

猫鲨属
至少16种；第428—436页

东太平洋绒毛鲨（*Cephaloscyllium ventriosum*）（第417页）

○ **苏氏雅猫鲨** *Akheilos suwartanai*　　　　　　　　　　　　　　　　　　　　　　　　　　第400页

分布于中印度洋-太平洋。背面为中褐色，体侧和腹面为淡褐色；胸鳍和腹鳍上方各具1个不明显的鞍状条纹；具3个不完整的眼状斑，分别位于胸鳍和腹鳍之间以及两个背鳍的基部。

○ **太平洋长唇沟鲨** *Aulohalaelurus kanakorum*　　　　　　　　　　　　　　　　　　　第404页

分布于中印度洋-太平洋。栖息水深至49米。体型相当纤细，皮肤较厚，延长的圆柱形身体；两背鳍较大且大小相等；体色为深灰色，体表有大块相距较近的深色斑点组成的斑纹，同时伴有许多大块白色斑点；鳍具白色边缘。

○ **黑斑长唇沟鲨** *Aulohalaelurus labiosus*　　　　　　　　　　　　　　　　　　　　　第404页

分布于西南印度洋；分布到4米水深或更深。体型纤细，皮肤厚实，体形为长圆柱形，头部狭窄；体色为浅灰色至黄褐色，鞍状斑和大小不等的黑色斑点或斑块出现在背部、体侧和鳍上，有极少数细小白斑散布；背鳍、尾鳍和臀鳍具白色尖端，并与黑色斑块对比明显。

○ **巴厘岛斑鲨** *Atelomycterus baliensis*　　　　　　　　　　　　　　　　　　　　　第401页

分布于中印度洋-太平洋。体表由4个轮廓分明的深棕色鞍状斑和零星的小黑点构成斑驳图案。

○ **埃德曼斑鲨** *Atelomycterus erdmanni*　　　　　　　　　　　　　　　　　　　　　第401页

分布于中印度洋-太平洋；栖息水深3—62米。深色底色上有复杂的深棕色至黑色以及白色的斑点和斑纹，深棕色鞍状斑上有白色斑点，且整体被2—4个黑斑围绕；腹部有零星的黑斑。

○ **条纹斑鲨** *Atelomycterus fasciatus*　　　　　　　　　　　　　　　　　　　　　　第402页

分布于中印度洋-太平洋；栖息水深27—122米。身体细长，头部狭窄；三角形背鳍比臀鳍大得多；体表色浅但具深褐色的鞍状斑，一些零星的小黑点散布，有时还会伴有小的白点。

○ **黑点斑鲨** *Atelomycterus macleayi*　　　　　　　　　　　　　　　　　　　　　　第402页

分布于中印度洋-太平洋；栖息水深0.5—4米。身体细长，头部狭窄；背鳍比臀鳍大得多；体色为浅灰色至灰褐色，有深灰色或棕色鞍状斑，成体中鞍状斑被许多小黑点勾勒和覆盖，体侧面亦有散布的小黑点；无白色斑点；幼体无斑点。

○ **白斑斑鲨** *Atelomycterus marmoratus*　　　　　　　　　　　　　　　　　　　　第403页

分布于北印度洋和中印度洋-太平洋；栖息水深5—100米。身体细长，头部狭窄，背鳍比臀鳍大得多；体色深，无明显鞍状斑，增大的黑斑可能会融合成破折号和条纹状；背部两侧和鳍边缘有零星的较大白斑。

○ **横带斑鲨** *Atelomycterus marnkalha*　　　　　　　　　　　　　　　　　　　　第403页

分布于中印度洋-太平洋；栖息水深11—74米。身体细长，吻部短而圆；体色为浅灰色至棕色；第一背鳍前有3—4个颜色较深的鞍状斑，第一背鳍后面有7个轮廓不清的鞍斑；伴有垂直排列的小白点和稀疏的黑点。

20厘米

○ 黑斑长唇沟鲨　　　　　　　○ 太平洋长唇沟鲨

20厘米

○ 苏氏雅猫鲨

○ 巴厘岛斑鲨

○ 埃德曼斑鲨

○ 条纹斑鲨

○ 黑点斑鲨

○ 白斑斑鲨

○ 横带斑鲨

白斑斑鲨（*Atelomycterus marmoratus*）（第403页）

苏氏雅猫鲨 *Akheilos suwartanai*　　　　FAO代码：**SYX**　　　图版 第398页

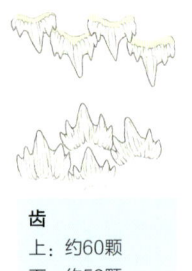

齿
上：约60颗
下：约53颗

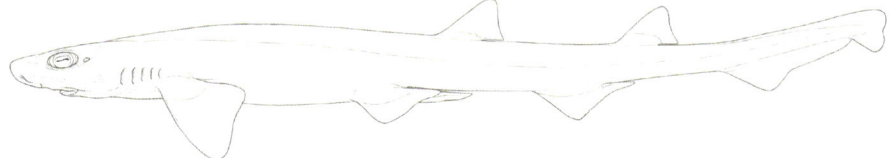

体长测量　性成熟体长：雄性53.7厘米。
最大体长：54厘米，可能会更长。

　　鉴定　身体小而结实、粗壮，从腹鳍基部到尾鳍起点几乎没有变细。吻短，顶端呈圆形，在背视图中呈明显的钟形。鼻孔向内扩张，但未达到嘴部；唇褶发达，下唇褶长于上唇褶。背鳍的大小和形状相似，第一背鳍的起点位于腹鳍内角上方。颜色（基于保存的标本）在背部是中等棕色，沿着侧面和腹面成为淡棕色。背部和侧面有两个不明显的鞍状斑，在胸鳍和腹鳍上方各有一个，侧面有三个不完整的眼状斑，一个在胸鳍和腹鳍之间，两个分别在两个背鳍的基部；腹部没有任何斑纹。

　　分布　中印度洋–太平洋：印度尼西亚。栖息地仅位于斯兰岛西南方向，斯兰岛与安汶岛之间的鲁马凯。

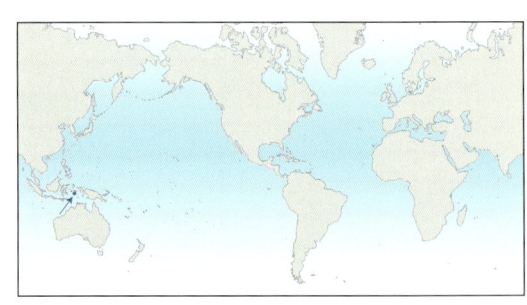

　　栖息地　不明。

　　行为　不明。

　　生物学　唯一已知的标本是一只成年雄性。它的胃中有一条小型硬骨鱼。该物种没有其他已知的信息。

　　保护状态　数据缺乏（DD）。该地区的渔业规模正在增长，鱼类资源正在减少，但对该物种的影响尚不清楚。唯一已知的标本是在一个博物馆里发现的。

巴厘岛斑鲨 *Atelomycterus baliensis*

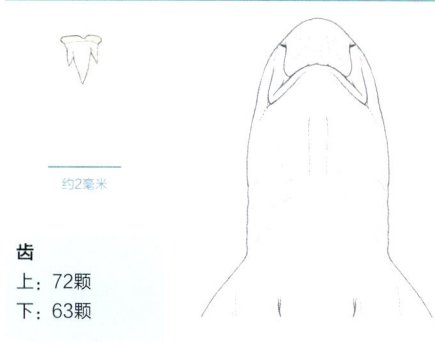

约2毫米

齿
上：72颗
下：63颗

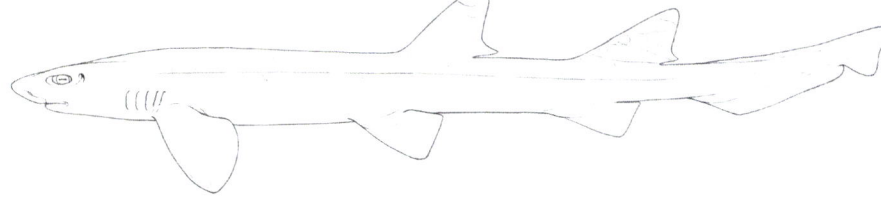

体长测量　性成熟体长：雄性约43厘米，雌性至少47厘米。
最大体长：52厘米。

鉴定　一种体形细长的小型猫鲨。吻部相对较短。鼻瓣较大，几乎延伸到口边。身上有4条界限分明的深棕色鞍状斑纹，四周散布着黑色小斑点。

分布　中印度洋–太平洋：印度尼西亚特有物种，仅在巴厘岛有记录。

栖息地　近岸，可能栖息在珊瑚礁和岩石的缝隙和洞中。

行为　不明。

生物学　卵生。推测以小型鱼类和甲壳类动物为食。

保护状态　无危（LC）。破坏性的捕鱼方式很可能影响了该狭域分布物种的生境，但在当地渔业中该物种仍然被当作兼捕渔获物。人们仍然经常能看到它，不过它的栖息地不适合某些渔业活动。

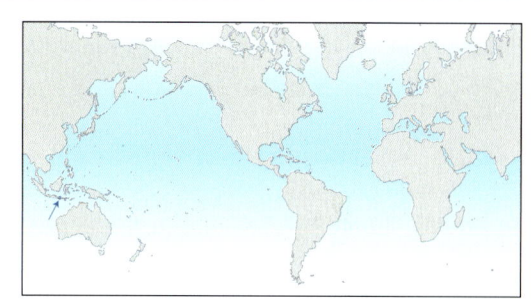

埃德曼斑鲨 *Atelomycterus erdmanni*

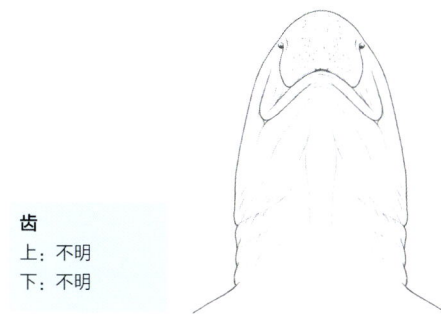

齿
上：不明
下：不明

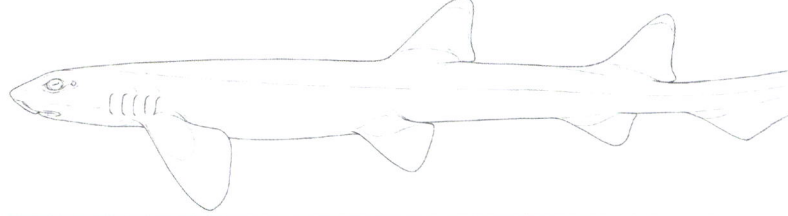

体长测量　性成熟体长：雄性50厘米，雌性51厘米。
最大体长：51厘米，可能会更长。

鉴定　体型小而纤细，沿体轴几乎不变细。吻短，吻端圆。鼻瓣大，可达下颌；唇褶长，下唇褶稍长于上唇褶。两个背鳍的大小和形状相似。深色底色上有复杂的深棕色至黑色以及白色的斑点和斑纹，深棕色鞍状斑上有白色斑点，且整体被2—4个黑斑围绕；腹部有零星的黑斑。

分布　中印度洋–太平洋：印度尼西亚。仅在北苏拉威西的蓝碧海峡和布纳肯群岛，以及马鲁古群岛的安汶附近发现。

栖息地　近岸，栖息于深度为3—62米的珊瑚和岩礁上。

行为　不明。

生物学　两个已知的标本是一只成年雄性和一只雌性。偶尔会被潜水员看到。

保护状态　无危（LC）。其珊瑚礁栖息地不适合某些渔业。

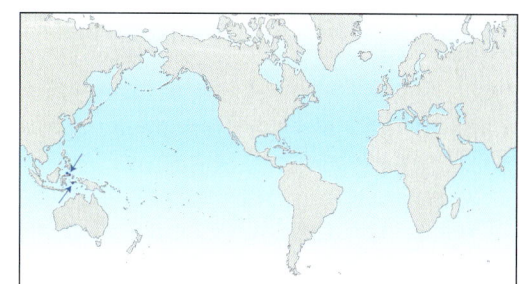

条纹斑鲨 *Atelomycterus fasciatus* FAO代码：**SYX** 图版 第398页

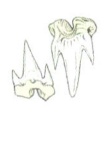

约2毫米

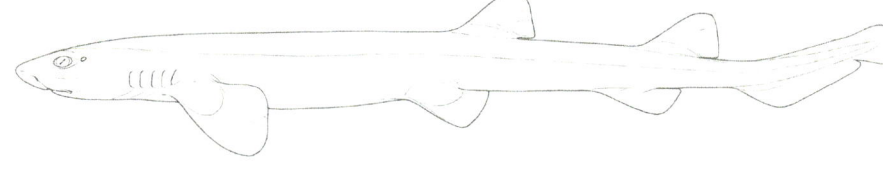

齿
上：56—73颗
下：50—59颗

体长测量　性成熟体长：雄性约33厘米，雌性35厘米。
最大体长：45厘米。

　　鉴定　身体纤细。头部狭窄。显著扩张的前鼻瓣延伸至较长的口边，具鼻口沟；唇褶极长。背鳍呈宽三角形，比臀鳍大得多；第一背鳍的起点在腹鳍基部的后1/3上方。体表色浅但具深褐色的鞍状斑，一些零星的小黑点散布，有时还会伴有小的白点。

　　分布　中印度洋–太平洋：澳大利亚西北部（来自北领地和昆士兰的孤立记录可能是一个不同的物种）。

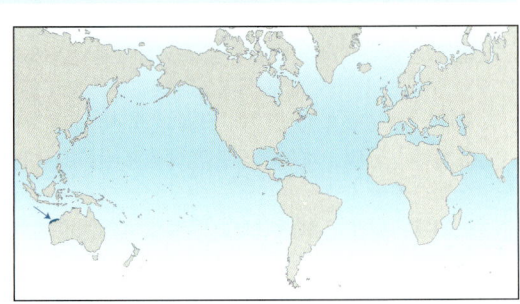

　　栖息地　沙质或布满贝壳的海床，大陆架，栖息地深度为27—122米，大部分在栖息地深度浅于60米的浅海。

　　行为　不明。

　　生物学　卵生。卵鞘长6.7厘米，常产下成对的卵鞘（每个输卵管产1个）。推测以小鱼类和甲壳类动物为食。

　　保护状态　无危（LC）。出现在基本没有捕捞作业的地区。

黑点斑鲨 *Atelomycterus macleayi* FAO代码：**ATM** 图版 第398页

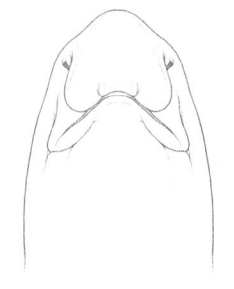

齿
上：70颗
下：70颗

体长测量　出生体长：约10厘米。性成熟体长：雄性约48厘米，雌性51厘米。
最大体长：60厘米。

　　鉴定　一种身体细长的猫鲨。头部狭窄。显著扩张的前鼻瓣延伸到口边，具鼻口沟；唇褶极长。背鳍比臀鳍大得多；第一个背鳍起点与腹鳍基终点相对。体色呈浅灰色至灰褐色，有深灰色或褐色鞍状斑，成体中鞍状斑被许多小黑点勾勒和覆盖，体侧面亦有小黑点散布；无白色斑点；孵出的幼体无斑点。

　　分布　中印度洋–太平洋：澳大利亚；西澳大利亚，北领地，可能是昆士兰。

　　栖息地　非常浅的水中的沙子和岩石上，栖息地深度为0.5—4米。

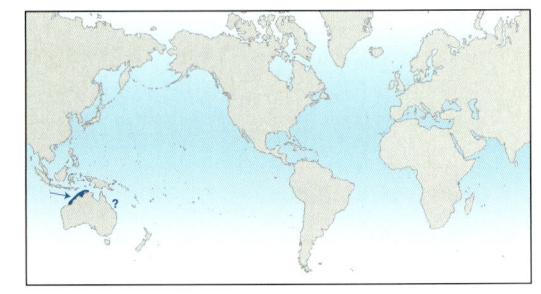

　　行为　不明。

　　生物学　卵生。卵鞘长7厘米，成对产卵。

　　保护状态　无危（LC）。显然很常见，在其活动范围内没有渔业。

白斑斑鲨 *Atelomycterus marmoratus*　　　　FAO代码：**ATY**　　图版 第398页

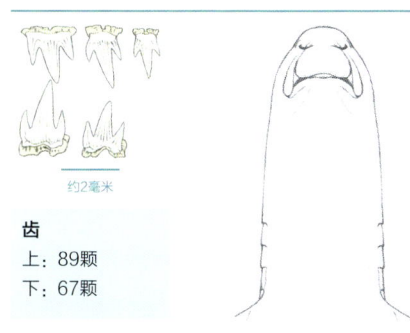

约2毫米

齿
上：89颗
下：67颗

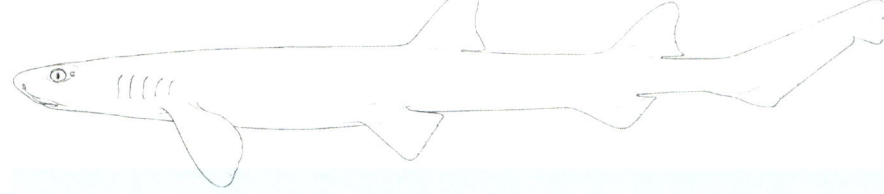

体长测量　出生体长：10—13厘米。性成熟体长：雄性47—62厘米，雌性49—57厘米。
最大体长：70厘米。

鉴定　细长的身体。头部狭窄。前鼻瓣明显扩张，延伸至长的口裂边；具鼻口沟；唇褶极长。背鳍比臀鳍大得多；第一背鳍起点与腹鳍基终点相对或位于稍前方。体色较深；没有明显的鞍状斑纹。增大的黑斑经常合并形成破折号和条状斑纹；体侧、背部和鳍的边缘有零星的大白斑。

分布　北印度洋，中印度洋–太平洋：巴基斯坦，印度；斯里兰卡至新几内亚，中国南部，菲律宾，中国台湾和日本南部。

栖息地　沿海物种，经常出现在珊瑚礁上的缝隙和孔洞中，栖息水深为5—100米。

行为　夜间活动。白天躲在岩石间和岩架下，在黄昏和晚上出来捕食。

生物学　卵生。产下一对长6—8厘米、宽2—3厘米的卵鞘，前端无卷须，后端有短卷须。在人工饲养条件下寿命可达20年。以软体动物、甲壳类和小型鱼类为食。

保护状态　近危（NT）。白斑斑鲨因其体形小巧、花纹美丽而成为受欢迎的水族宠物。易于存活，可人工繁殖，但可能具有攻击性。在个体渔业中很常见。它的珊瑚礁栖息地虽然已经受到了相当程度的威胁，却依然为它提供了一个逃避拖网渔业的避难所。

横带斑鲨 *Atelomycterus marnkalha*　　　　FAO代码：**SYX**　　图版 第398页

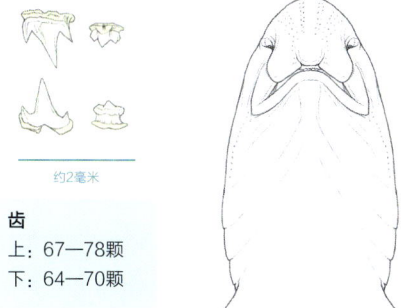

约2毫米

齿
上：67—78颗
下：64—70颗

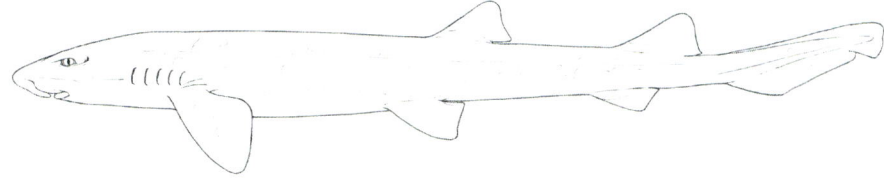

体长测量　性成熟体长：雄性35—39厘米，雌性约35厘米。
最大体长：49厘米。

鉴定　一种体型细长的小型猫鲨。吻部短而圆。鼻瓣显著扩张，一直延伸到口边。体色为浅灰色至棕色，第一背鳍前有3—4个较深的鞍状斑，第一背鳍后方有7个轮廓不清的鞍状斑。体表有垂直排列的一排小白点和稀疏的散布的黑点。

分布　中印度洋–太平洋：澳大利亚，从昆士兰到北领地；还有巴布亚新几内亚南部。

栖息地　栖息于深度为11—74米的沙质或粗糙碎石海底，多数浅于50米。

行为　不明。

生物学　卵生。以硬骨鱼类、甲壳类和头足类动物为食。

保护状态　数据缺乏（DD）。底拖网渔业中一种很少被记录的兼捕渔获物，通常被丢弃。部分种群的栖息地在大堡礁的海洋公园内并受到保护。

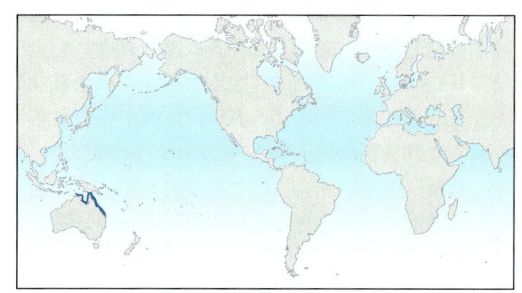

太平洋长唇沟鲨 *Aulohalaelurus kanakorum*　　FAO代码：**AUK**　　图版　第398页

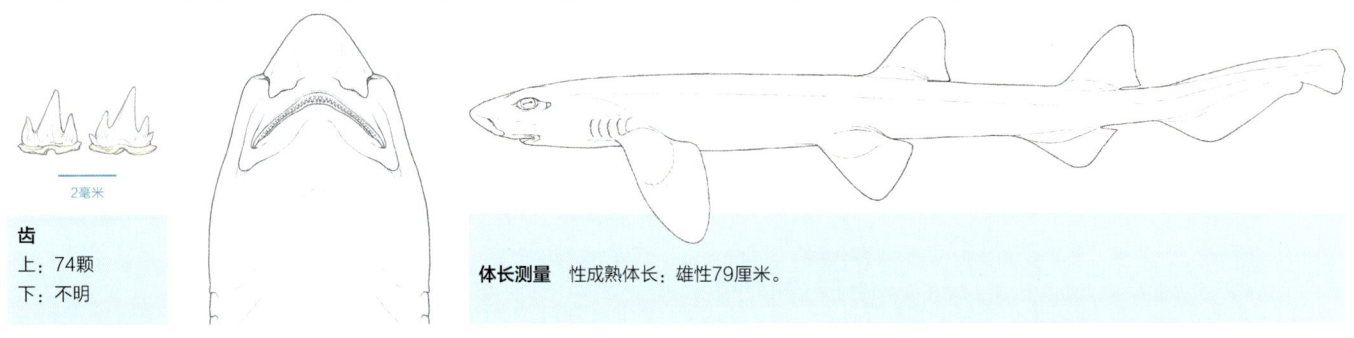

齿
上：74颗
下：不明

体长测量　性成熟体长：雄性79厘米。

　　鉴定　身体相当纤细，呈细长的圆柱形，皮厚。头部短而略扁，呈狭长的圆形。长且弧形的口裂超过猫眼般的眼睛前缘。背鳍大小相近；第一背鳍的起点正对腹鳍基终点。尾鳍短而宽。体色为深灰色，身体和鳍上有大而深色排列紧密的斑点，周围有许多大块的白色斑点。鳍具白色边缘。

　　分布　中印度洋-太平洋：新喀里多尼亚，可能是该区域特有物种。

　　栖息地　珊瑚礁至水深49米。

　　行为　不明。

　　生物学　不明。

　　保护状态　数据缺乏（DD）。仅从一个标本和两张照片推定为该区域特有物种。

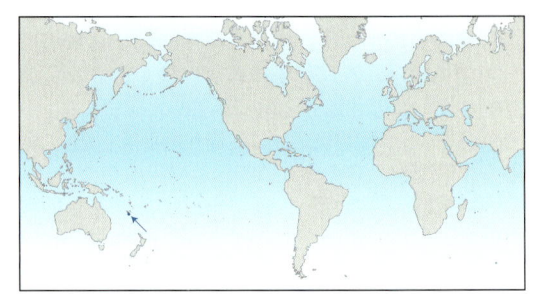

黑斑长唇沟鲨 *Aulohalaelurus labiosus*　　FAO代码：**AUL**　　图版　第398页

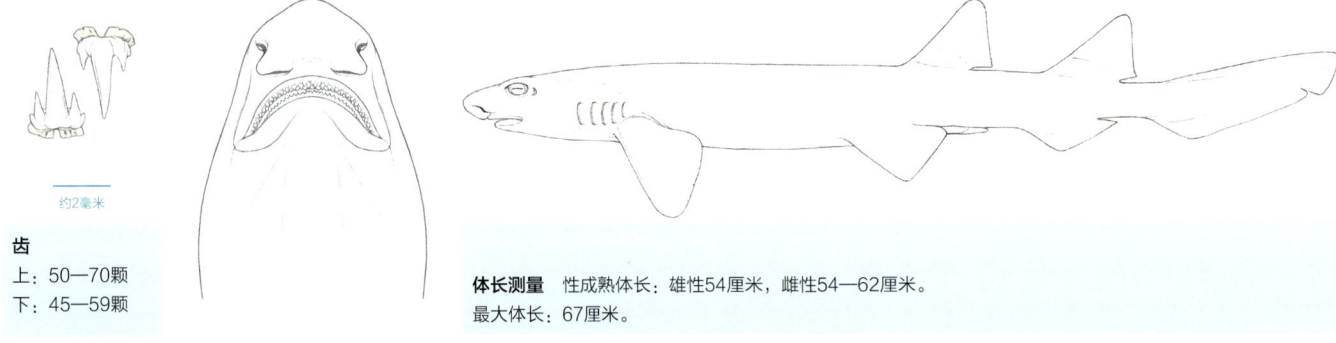

齿
上：50—70颗
下：45—59颗

体长测量　性成熟体长：雄性54厘米，雌性54—62厘米。
最大体长：67厘米。

　　鉴定　皮肤厚实，身体相当纤细，呈延长的圆柱形。头部相对狭窄；吻部略微扁平，短而狭圆。背鳍大小相等；第一背鳍的起点在腹鳍基终点的上方或稍前。尾鳍中等短而宽。体色为浅灰色至黄褐色，黑色鞍状斑和大小不等的黑色斑点或斑块出现在背部、体侧和鳍上，有极少数细小白斑散布；背鳍、尾鳍和臀鳍的白色尖端下有明显的黑色斑块。

　　分布　西南印度洋：澳大利亚。

　　栖息地　沿海浅水区和近海珊瑚礁区域，栖息水深至少为4米。

　　行为　不明。

　　生物学　几乎未知。可能是卵生。

　　保护状态　无危（LC）。在有限的区域内，常见且未被渔业捕捞。

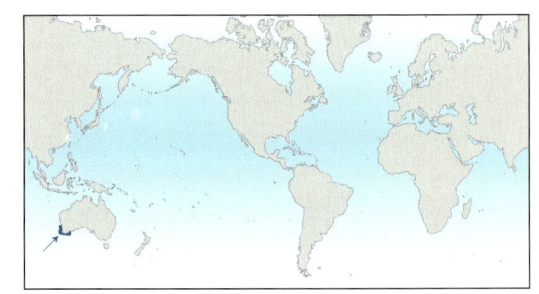

白鳍绒毛鲨 *Cephaloscyllium albipinnum*　FAO代码：**SYX**　图版 第406页

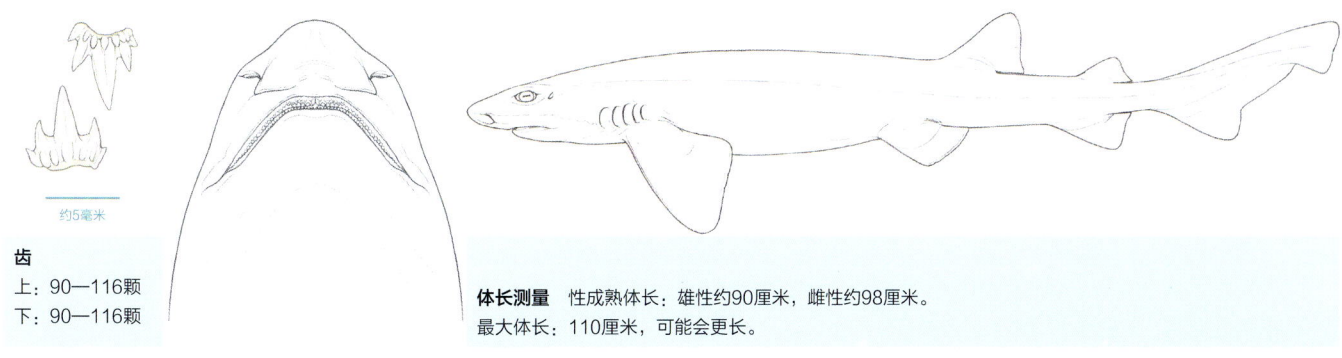

齿

上：90—116颗

下：90—116颗

约5毫米

体长测量　性成熟体长：雄性约90厘米，雌性约98厘米。
最大体长：110厘米，可能会更长。

鉴定　身体粗壮。头部宽阔；眼上方有嵴。具两个背鳍，第二背鳍比第一背鳍小得多，且位于较大臀鳍的正上方。皮肤粗糙。体表中等褐色或灰色底色，两侧和背部有宽大的深色斑块和鞍状斑，幼体颜色较淡；背鳍前通常有5道条纹；鳍上方多为深色，鳍边缘和鳍腹面为浅色。

分布　西南太平洋和印度洋东南部：澳大利亚南部，特有种。

栖息地　上部大陆坡，栖息水深为125—555米。

行为　通过吞食水或空气而使腹部膨胀。

生物学　卵生，其他所知甚少。卵鞘长约12厘米，宽10厘米，瓶状无嵴，卵鞘两端有长的卷须。

保护状态　极危（CR）。作为拖网兼捕渔获物被捕捞，种群数量明显下降。

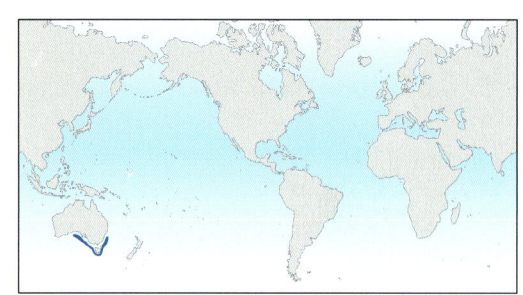

库克绒毛鲨 *Cephaloscyllium cooki*　FAO代码：**SYX**　图版 第408页

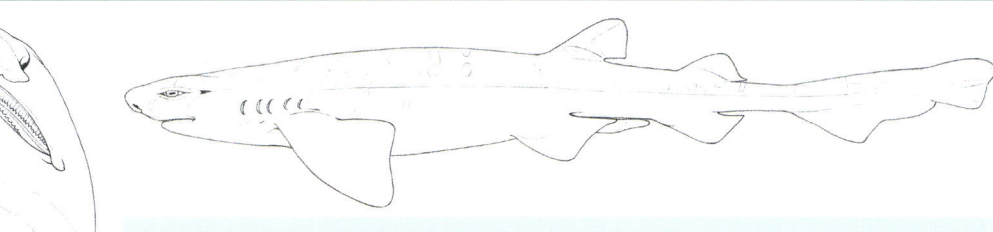

齿

上：50—61颗

下：49—62颗

体长测量　性成熟体长：雄性约29厘米。
最大体长：雄性30厘米，雌性28厘米，可能会更长。

鉴定　体型小而粗壮，体色斑驳的绒毛鲨。深棕色条带具白色镶边，环绕着身体和尾部，并在底色较浅区域形成8个开放的鞍状斑，第一个鞍状斑朝着眼睛方向向前弯曲。白色斑点散布在吻部、鳍和鞍状斑内。

分布　中印度洋–太平洋：阿拉弗拉海，澳大利亚北部附近。

栖息地　上部大陆坡，栖息地深度为223—300米。

行为　不明。

生物学　卵生。

保护状态　数据缺乏（DD）。对其生活史或栖息地内渔业状况几乎一无所知。所有信息只来自7尾标本。

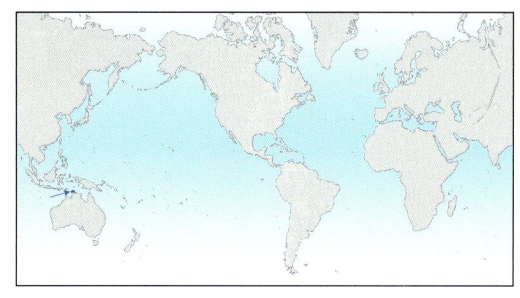

○ **白鳍绒毛鲨** *Cephaloscyllium albipinnum* 第405页

分布于西南太平洋和印度洋东南部；栖息水深125—555 米。粗壮敦实的身体，头部宽阔，眼睛上方有嵴；体表中等褐色或灰色底色，两侧和背部有宽阔的深色斑块和鞍状斑，幼体颜色较淡；背鳍前通常有5道条纹；鳍大部分面积为深色，鳍边缘和鳍腹面为浅色。

○ **暗影绒毛鲨** *Cephaloscyllium isabellum* 第411页

分布于西南太平洋；栖息水深690米。第二背鳍比第一背鳍小很多；身体两侧至多有11个暗褐色不规则鞍斑和交错出现的斑点，呈棋盘格状。

○ **澳洲绒毛鲨** *Cephaloscyllium laticeps* 第412页

分布于西南太平洋和东南印度洋；栖息水深至少60米。浅灰色或栗色底色，伴有深褐色至灰白色排列紧密的鞍状斑纹和斑点；很多黑斑散布，偶有浅斑，腹部为乳白色，通常在成鱼腹部有深色条纹；没有明显的浅色鳍缘。

○ **着色绒毛鲨** *Cephaloscyllium pictum* 第412页

分布于中印度洋–太平洋。颜色斑驳，有明显的深色鞍状斑和斑点。

○ **旗尾绒毛鲨** *Cephaloscyllium signourum* 第413页

分布于中印度洋–太平洋；栖息水深480—700米。身体大而沉重；体表由9—10个界限不清的暗褐色鞍斑构成斑驳的图案；尾鳍上叶末端有"V"形斑点。

○ **南非绒毛鲨** *Cephaloscyllium sufflans* 第415页

分布于西印度洋；栖息水深40—605米。浅灰色，幼体体表有7个浅灰褐色的鞍斑，在成体中不明显或无；胸鳍背面呈暗色，腹面无斑点；没有明显的浅色鳍缘。

○ **阴影绒毛鲨** *Cephaloscyllium umbratile* 第416页

分布于西北太平洋；栖息水深18—590米。与暗影绒毛鲨相比吻部更长，体色更为斑驳。淡褐色底色上伴有被浅红褐色区域隔开的深褐色鞍斑；此外还散布着白色或深褐色的小斑点；腹部颜色较浅，大部分没有斑点；鳍有斑纹和斑点，偶鳍腹面颜色较浅。

○ **鞍斑绒毛鲨** *Cephaloscyllium variegatum* 第416页

分布于中印度洋–太平洋；栖息水深114—606米。体表为中等褐色或灰色，有明显的深色鞍状条带，背鳍前通常有5个；身体两侧通常没有斑点，腹部苍白；鳍有时具白色边缘。

○ **东太平洋绒毛鲨** *Cephaloscyllium ventriosum* 第417页

分布于东太平洋；栖息水深大多在5—40米，最深可达457米。体表底色为浅黄褐色，十分斑驳，有密集的深褐色鞍状斑和斑点，同时伴有大量黑点，偶尔掺杂浅色斑点；腹部也具大量斑点。

20厘米

○ 白鳍绒毛鲨

○ 暗影绒毛鲨

○ 澳洲绒毛鲨

○ 着色绒毛鲨

○ 旗尾绒毛鲨

○ 南非绒毛鲨

○ 阴影绒毛鲨

○ 鞍斑绒毛鲨

○ 东太平洋绒毛鲨

○ **库克绒毛鲨** *Cephaloscyllium cooki*   第405页

分布于中印度洋–太平洋；栖息水深223—300米。灰褐色底色上有8个以白色勾勒出边缘的深褐色鞍斑；吻部、鳍和鞍斑上有浅色斑点。

○ **网纹绒毛鲨** *Cephaloscyllium fasciatum*   第410页

分布于西太平洋；栖息水深200—450米。眼上有隆嵴；第二背鳍比臀鳍小很多；底色为浅灰色，背部和体侧具有大量由黑色暗纹组成的鞍状斑、环状斑、网状纹和斑点（幼鱼无斑点），十分斑驳；腹部有斑点。

○ **台湾绒毛鲨** *Cephaloscyllium formosanum*   第410页

分布于西北太平洋和中印度洋–太平洋。体型粗壮，吻部短小；体表呈红褐色，体背面和侧面有大约10条深褐色横带，并伴有大量白斑；腹面颜色浅至白色。

○ **鞍纹绒毛鲨** *Cephaloscyllium hiscosellum*   第411页

分布于中印度洋–太平洋；栖息水深294—420米。在浅色底色上有醒目的、由深棕色狭窄条纹勾勒出的鞍状斑和斑点。

○ **沙捞越绒毛鲨** *Cephaloscyllium sarawakensis*   第413页

分布于西太平洋和中印度洋–太平洋；栖息水深82—200米。体型较小，头部较宽；浅棕色，背部有6道深棕色的鞍斑；幼体体表具有十分醒目的图案，在褐色底色上有明显的深褐色圆点。

○ **赛氏绒毛鲨** *Cephaloscyllium silasi*   第414页

分布于北印度洋；栖息水深150—500米。体色为浅棕色，伴有7个深棕色鞍斑；胸鳍内缘有深色斑点；无浅色鳍缘；腹部浅棕色，无斑点。

○ **小斑绒毛鲨** *Cephaloscyllium speccum*   第414页

分布于中印度洋–太平洋；栖息水深150—455米。第二背鳍比第一背鳍小很多；体色为淡灰色，有斑驳的小黑点、较大的斑点和带有小白点的鞍斑；眼下方具有圆形斑和白点；背鳍前具3个鞍斑。

○ **斯氏绒毛鲨** *Cephaloscyllium stevensi*   第415页

分布于中印度洋–太平洋；栖息水深240—616米。体色为灰褐色，有8个大的深褐色鞍斑、斑点和许多散布的小白点。

○ **狭带绒毛鲨** *Cephaloscyllium zebrum*   第417页

分布于中印度洋–太平洋；栖息水深444—454米。深棕色至奶油色的底色上具大量间距很近的窄黑条纹，不形成环状或鞍状，背鳍前为17—18道；吻部有不规则的线条，鳍和鱼体腹部色白且无斑纹。

20厘米

○ 库克绒毛鲨

○ 网纹绒毛鲨

○ 台湾绒毛鲨

○ 鞍纹绒毛鲨

○ 沙捞越绒毛鲨

○ 赛氏绒毛鲨

○ 小斑绒毛鲨

20厘米

○ 斯氏绒毛鲨

○ 狭带绒毛鲨

网纹绒毛鲨 *Cephaloscyllium fasciatum*　　　　FAO代码：**CPF**　　图版 第408页

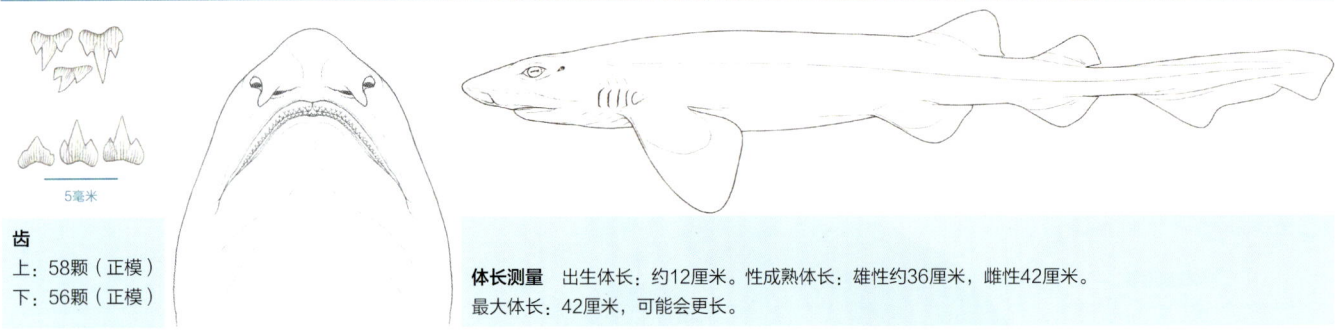

齿
上：58颗（正模）
下：56颗（正模）

体长测量　出生体长：约12厘米。性成熟体长：雄性约36厘米，雌性42厘米。
最大体长：42厘米，可能会更长。

　　鉴定　腹部可以膨胀的小型猫鲨。眼上方有嵴。第二背鳍比第一背鳍小得多。成鱼体色复杂醒目，浅灰色背部和体侧具有大量由黑色条纹构成的中心开放的鞍状斑、环状斑、网状纹和斑点（幼鱼没有斑点）。腹部有斑点。
　　分布　西太平洋：越南，中国（海南岛、台湾），菲律宾（吕宋岛）。
　　栖息地　泥质海底或海底附近，以及大陆坡最上部，栖息地深度为200—450米。
　　行为　能吸入空气或水使身体膨胀，以试图恐吓捕食者。
　　生物学　卵生。
　　保护状态　极危（CR）。本物种分布范围极其狭窄，没有能躲避渔业活动的避难所，并对渔业捕捞造成的影响（即使是受管理的捕捞）极其敏感。对其分布范围内的软骨鱼类兼捕渔获物数据研究表明，该地区的所有受捕捞的软骨鱼类物种种群数量都有所下降。

台湾绒毛鲨 *Cephaloscyllium formosanum*　　　　FAO代码：**SYX**　　图版 第408页

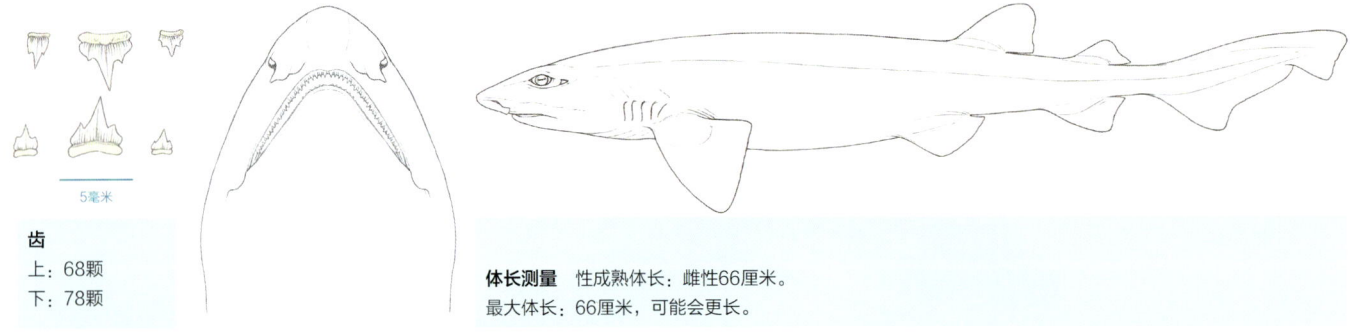

齿
上：68颗
下：78颗

体长测量　性成熟体长：雌性66厘米。
最大体长：66厘米，可能会更长。

　　鉴定　身体结实、粗壮，从腹鳍基部到尾鳍起点处逐渐变细。吻很短，顶端呈圆形；背视图中明显呈钟形。鼻孔向内扩张，但未达到嘴部；唇褶很发达，下唇褶比上唇褶长。背鳍在大小和形状上是不同的，第一个比第二个大得多；第一个背鳍比胸鳍小，但比臀鳍大。背部颜色为红褐色。在身体的上部和两侧约有10条深褐色的横带，有许多白点。腹部较浅至白色。
　　分布　西北太平洋和印度洋–太平洋中部：中国台湾西南部和菲律宾。
　　栖息地　不明。
　　行为　不明。
　　生物学　仅有来自中国台湾的一只成年雌性和来自菲律宾的一只未达性成熟雄性能确认是本种的标本。卵鞘的各角都有长的卷须，卷须后端向内卷，外皮光滑，侧边波浪状，有嵴。
　　保护状态　无危（LC）。在商业渔业中没有记录，所以可能出现在较深的、未被捕捞的水域。

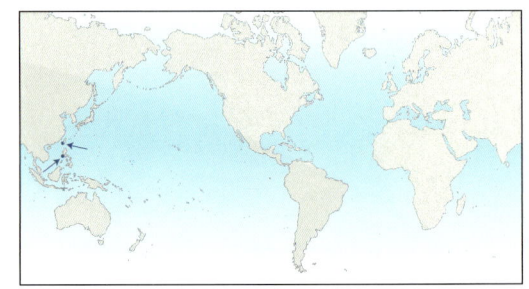

鞍纹绒毛鲨 *Cephaloscyllium hiscosellum*　　　　FAO代码：**SYX**　　图版 第408页

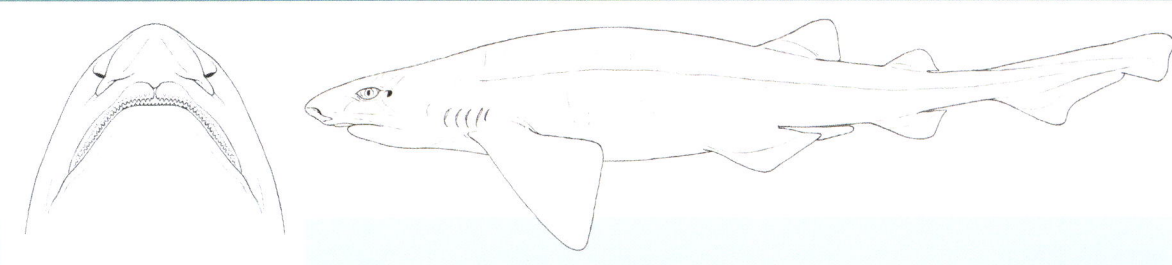

齿
上：49—63颗
下：45—60颗

体长测量　出生体长：小于13厘米。性成熟体长：雄性46厘米。
最大体长：52厘米，可能会更长。

　　鉴定　体型小而结实的绒毛鲨，在较浅的底色上，具有引人注目的深褐色、狭窄的横向条纹形成的空心的鞍状斑和斑点。
　　分布　中印度洋–太平洋：澳大利亚西部。
　　栖息地　大陆坡上部，栖息地深度为294—420米。
　　行为　不明。
　　生物学　卵生。卵鞘光滑，没有横向或纵向的条纹或嵴线，已被观察到有接近孵化的胚胎。

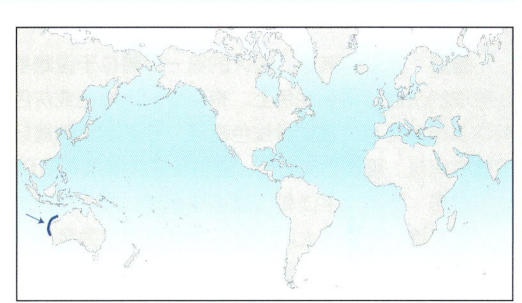

　　保护状态　无危（LC）。这种绒毛鲨的分布范围内渔业活动极少。之前澳大利亚水域中网纹绒毛鲨（*Cephaloscyllium fasciatum*）的记录已被确认为是本种。

暗影绒毛鲨 *Cephaloscyllium isabellum*　　　　FAO代码：**CPS**　　图版 第406页

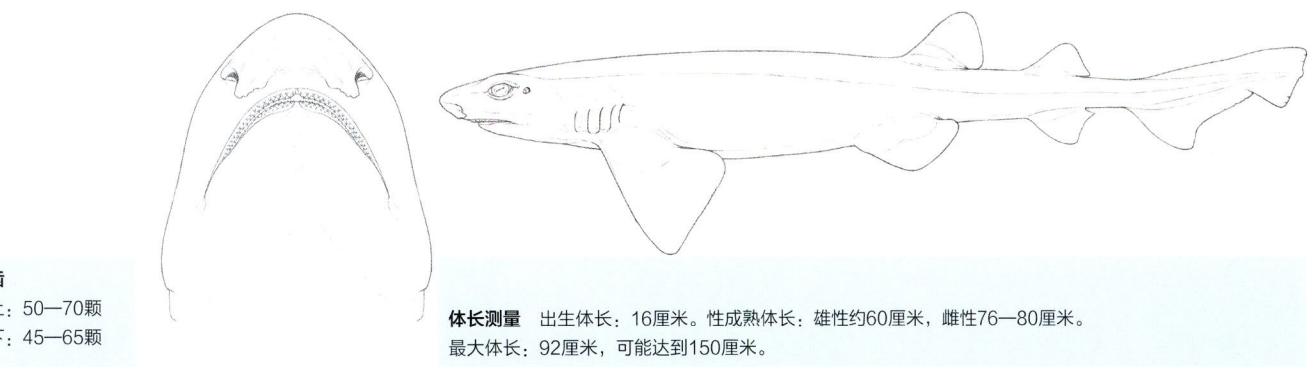

齿
上：50—70颗
下：45—65颗

体长测量　出生体长：16厘米。性成熟体长：雄性约60厘米，雌性76—80厘米。
最大体长：92厘米，可能达到150厘米。

　　鉴定　一种大而粗壮的绒毛鲨，腹部可膨胀。眼睛上有嵴。第二背鳍比第一背鳍小得多。有臀鳍。身上有显眼的花纹，有多达11个深褐色的不规则鞍状斑，两侧有交错分布的斑点，呈棋盘状。
　　分布　西南太平洋：新西兰特有。
　　栖息地　岩质和沙质海底，海岸至深度为690米的栖息地，大多数小于400米。
　　行为　能吸入空气或水使身体膨胀。
　　生物学　卵生。卵鞘长12厘米，宽4厘米，成对产下，光滑，两端有很长的卷须，用于附着在基质上。卵鞘全年沉积，在夏季有一个高峰。吃螃蟹、蠕虫及其他无脊椎动物，可能还有硬骨鱼类。

　　保护状态　无危（LC）。深层拖网渔业的兼捕渔获物，被丢弃后存活率很高。

澳洲绒毛鲨 *Cephaloscyllium laticeps*

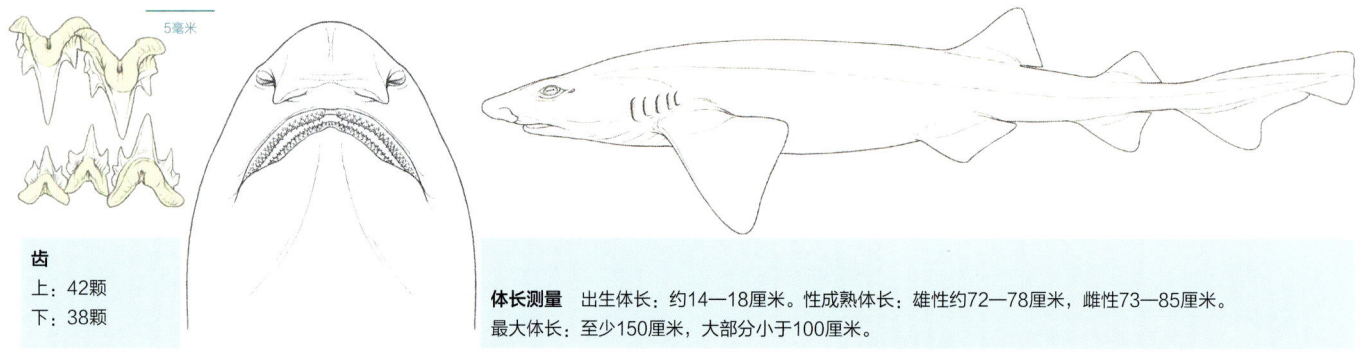

齿
上：42颗
下：38颗

体长测量　出生体长：约14—18厘米。性成熟体长：雄性约72—78厘米，雌性73—85厘米。最大体长：至少150厘米，大部分小于100厘米。

鉴定　眼上方有嵴。较大的第一背鳍位于腹鳍基上方，第二背鳍在臀鳍上方。在较浅的灰色或栗色底色上，有明显的深褐色或灰色的相距较近的鞍状斑和斑块，有许多暗色斑点，及少量浅色斑点。在眼睛和胸鳍起点之间有宽大的黑条纹，眼睛下面有黑斑。腹部为乳白色，通常在成体腹部有深色条纹。各鳍无明显的浅色边缘。

分布　西南太平洋和印度洋东南部：澳大利亚南部。

栖息地　近岸的大陆架上，栖息地深度为至少60米。

行为　产出有嵴的乳白色卵鞘，附着在海藻和底栖无脊椎动物表面。

生物学　卵生。卵鞘约长13厘米，宽5厘米，有明显的横向嵴。雌性一年四季都会产卵，约12个月后孵化。以小型珊瑚礁鱼类、甲壳类动物和乌贼为食。

保护状态　无危（LC）。鲨鱼刺网渔业中被丢弃的兼捕渔获物，存活率高。

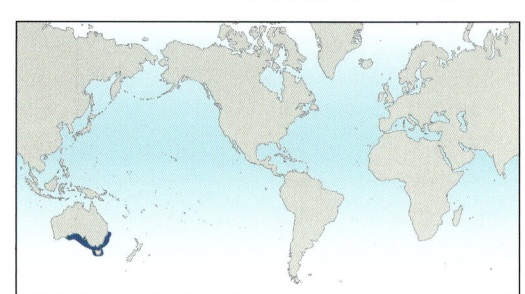

着色绒毛鲨 *Cephaloscyllium pictum*

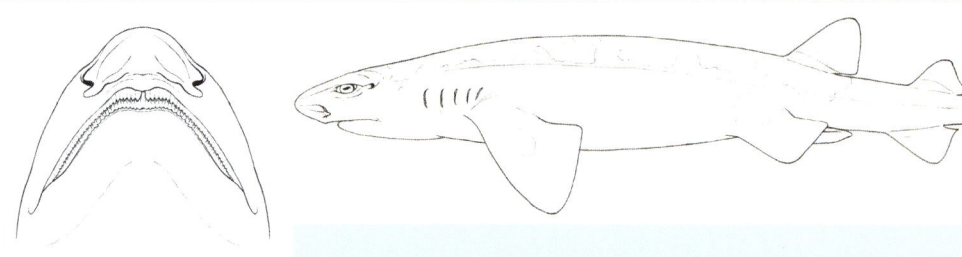

齿
上：84颗（正模）
下：97颗（正模）

体长测量　性成熟体长：雄性约58—64厘米。最大体长：雄性72厘米，雌性70厘米。

鉴定　中等大小的绒毛鲨；身体中等粗壮。头部宽而圆。较大的鼻瓣向侧面扩张，部分与外叶重叠，但未达到嘴部。体表具有驳杂的斑纹，有明显的黑色斑块、鞍状斑和斑点。

分布　中印度洋–太平洋：印度尼西亚东部。

栖息地　不明。

行为　不明。

生物学　卵生。

保护状态　数据缺乏（DD）。该物种的深度范围和栖息地情况尚不清楚，但该地区存在密集的渔业和日益增加的捕捞压力。

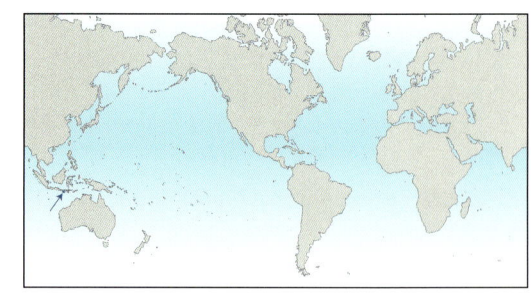

沙捞越绒毛鲨 *Cephaloscyllium sarawakensis*

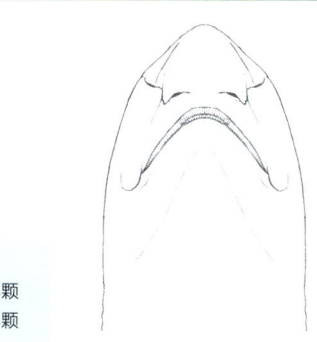
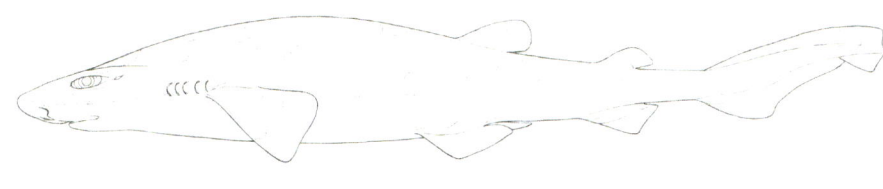

齿
上：54—68颗
下：60—63颗

体长测量 出生体长：10厘米。性成熟体长：雄性约32—37厘米，雌性约35—40厘米。
最大体长：44厘米。

　　鉴定　一种体形较小的猫鲨。头部宽大。有浅棕色的底色，背部有6个较深的棕色鞍状斑；躯干两侧有深色的圆形或椭圆形斑点。幼年时，在褐色的底色上有明显的深褐色圆点的图案，非常引人注目。

　　分布　西太平洋和中印度洋–太平洋：中国台湾至中国南海，中国香港，越南，加里曼丹岛和马来西亚。

　　栖息地　大陆架外侧，栖息深度为82—200米。

　　行为　不明。

　　生物学　卵生。卵鞘长10厘米，宽3厘米，光滑，没有纵向的嵴或条纹。

　　保护状态　极危（CR）。仅从深海拖网捕获的少数标本中得知，但在其整个已知的栖息范围内都被大量捕捞，使该物种受到严重威胁。

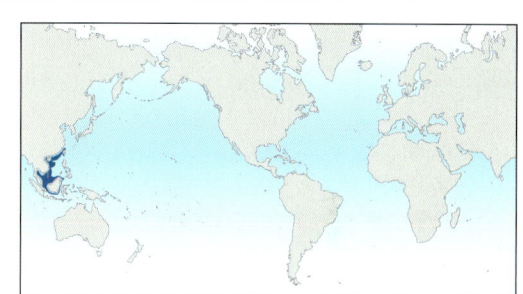

旗尾绒毛鲨 *Cephaloscyllium signourum*

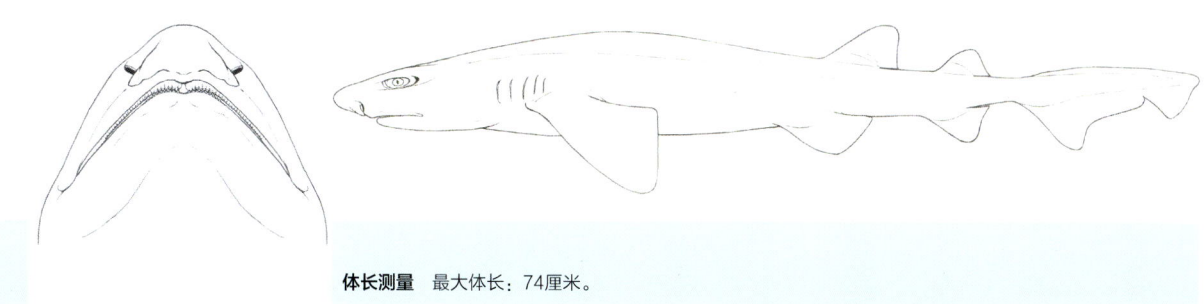

齿
上：84颗
下：97颗

体长测量 最大体长：74厘米。

　　鉴定　一种大型的、身体粗壮的绒毛鲨。前鼻瓣侧面扩张，与外叶重叠，不达嘴部。斑驳的体色由9—10个深褐色鞍状斑组成；尾鳍上叶末端有"V"形斑点。幼体淡黄色，有狭窄的褐色条纹。

　　分布　中印度洋–太平洋：澳大利亚，仅已知分布于昆士兰东北部。

　　栖息地　大陆坡，栖息地深度为480—700米。

　　行为　不明。

　　生物学　卵生。

　　保护状态　数据缺乏（DD）。仅从两个标本了解。来自澳大利亚以外的记录可能是不同的物种。

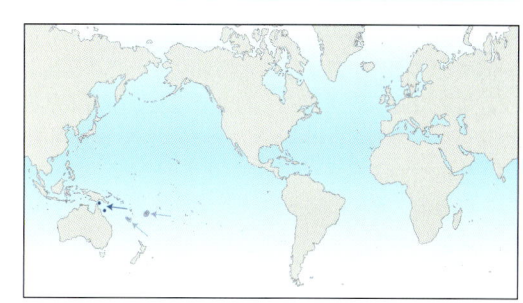

赛氏绒毛鲨 *Cephaloscyllium silasi* FAO代码：**CPA** 图版 第408页

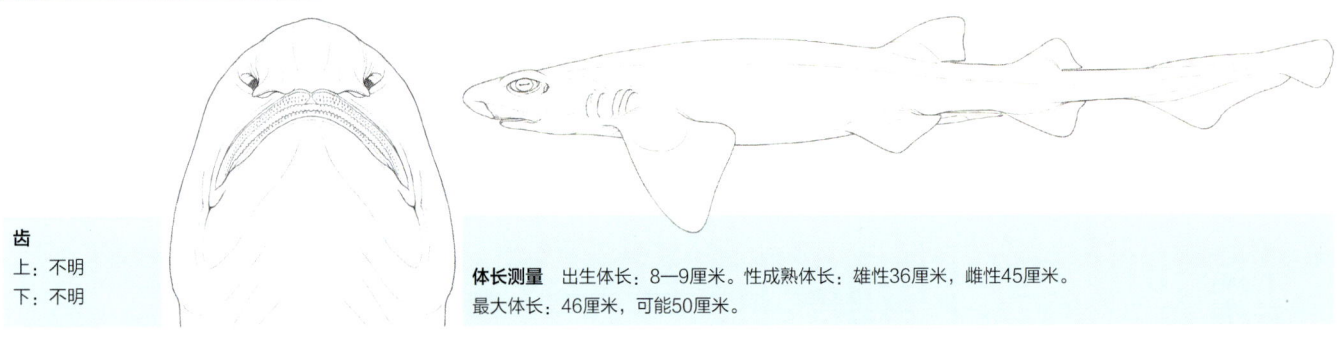

齿
上：不明
下：不明

体长测量 出生体长：8—9厘米。性成熟体长：雄性36厘米，雌性45厘米。
最大体长：46厘米，可能50厘米。

鉴定 体型较小的猫鲨。眼上方有嵴。第一背鳍较大，位于腹鳍基上方；第二背鳍小得多，位于臀鳍上方。在浅棕色的底色上有7个中等宽度的深棕色鞍状花纹。胸鳍内缘有不明显的深色斑点；没有明显的浅色鳍缘。腹部呈浅棕色，无斑点。

分布 北印度洋：印度，斯里兰卡和安达曼群岛。

栖息地 最上层大陆坡的海床，栖息地深度为150—500米。

行为 不明。

生物学 卵生。卵鞘长8—9厘米，宽2—3厘米，卷曲的卷须很长，表面光滑。以甲壳类和头足类动物为食。

保护状态 极危（CR）。本种在其整个分布范围内作业的高强度深海拖网渔业被作为兼捕渔获物捕捞。

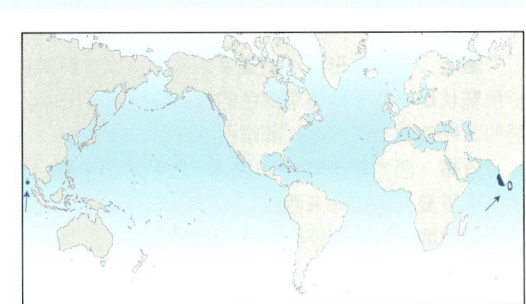

小斑绒毛鲨 *Cephaloscyllium speccum* FAO代码：**SYX** 图版 第408页

齿
上：64—75颗
下：75—78颗

体长测量 性成熟体长：雄性约64厘米。
最大体长：69厘米，可能会更长。

鉴定 粗壮、短尾的绒毛鲨；腹部可膨胀。长的、拱形的嘴达到了猫一样的眼睛的前端；没有唇褶。眼睛上方有嵴。具两个小背鳍，第二个比第一个小得多；第一背鳍的基部位于腹鳍基部上方或稍后。具有臀鳍。淡灰色的背部表面有驳杂的斑纹，有色深的小斑点和较大的斑点以及带小白点的鞍状斑。眼睛下方有圆形的斑点和白点，背鳍前有3个鞍状斑。各鳍大部分是苍白的，有较深的斑点和斑块。

分布 中印度洋-太平洋：澳大利亚西北部热带地区。

栖息地 大陆架和大陆坡，栖息地深度为150—455米。

行为 不明。

生物学 卵生。

保护状态 数据缺乏（DD）。仅从少数标本中了解。可能是很少见的，但没有受到很大的捕捞压力。

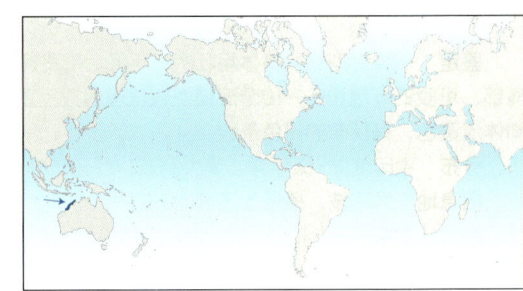

斯氏绒毛鲨 *Cephaloscyllium stevensi*　　　　　FAO代码：**SYX**　　图版　第408页

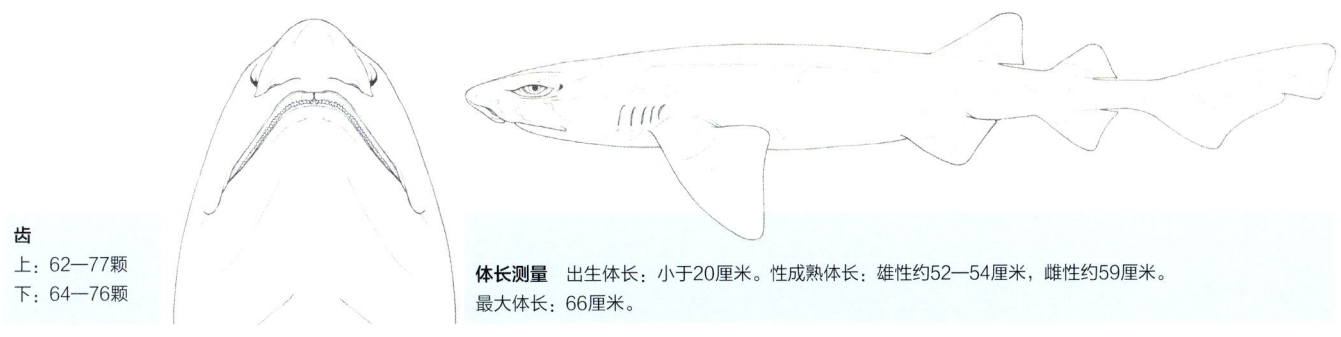

齿
上：62—77颗
下：64—76颗

体长测量　出生体长：小于20厘米。性成熟体长：雄性约52—54厘米，雌性约59厘米。
最大体长：66厘米。

　　鉴定　中等粗壮，有一个短的吻。体色呈灰褐色，有8个大的且呈深褐色的鞍状斑、斑点和许多分散的小白点。

　　分布　中印度洋－太平洋：仅已知分布于巴布亚新几内亚。

　　栖息地　大陆坡，栖息地深度为240—616米。

　　行为　不明。

　　生物学　卵生。

　　保护状态　无危（LC）。在其栖息地内没有已知的深海渔业活动。

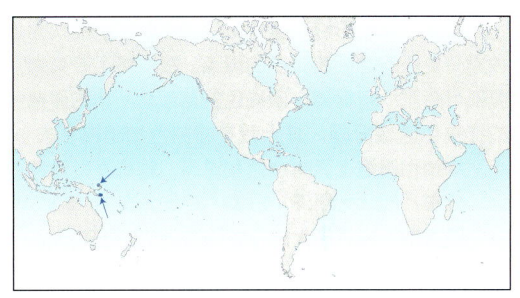

南非绒毛鲨 *Cephaloscyllium sufflans*　　　　FAO代码：**CPH**　　图版　第406页

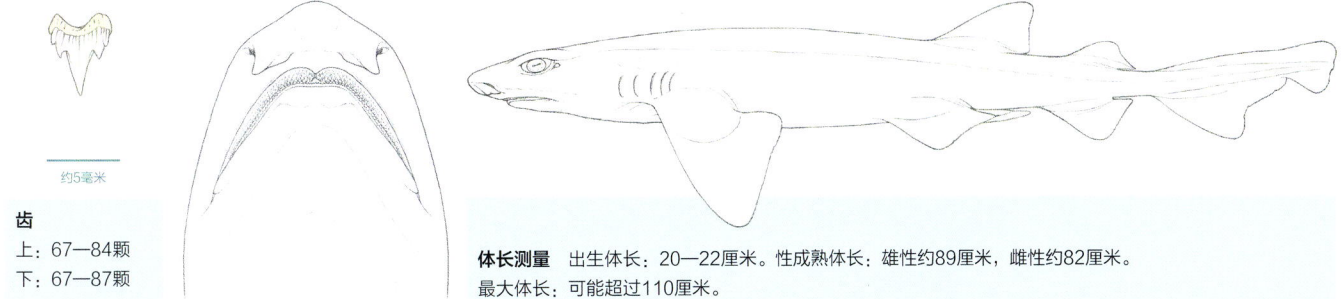

约5毫米

齿
上：67—84颗
下：67—87颗

体长测量　出生体长：20—22厘米。性成熟体长：雄性约89厘米，雌性约82厘米。
最大体长：可能超过110厘米。

　　鉴定　大型绒毛鲨，腹部可膨胀。眼上方有嵴。第一背鳍位于腹鳍上方；第二背鳍小得多，位于臀鳍上方。幼鱼的7个浅灰褐色鞍状斑在较浅的灰色底色上，在成鱼中不明显或没有。胸鳍背面呈暗色，腹面没有斑点；没有明显的浅色鳍边缘。

　　分布　西印度洋：南非（夸祖鲁－纳塔尔），莫桑比克，科摩罗，马达加斯加，可能还有坦桑尼亚。亚丁湾的可疑记录可能是一个不同的、较小的物种。

　　栖息地　沙质和泥质海底，岩礁和垂直起伏较大的海底，近海大陆架和最上层的大陆坡，栖息地深度为40—605米。

　　行为　幼体与成体显然是分别成群的：在夸祖鲁－纳塔尔附近常见未成年的幼体，但成年并不常见。还没有发现环境中独立存在的卵鞘（可能出现在更远的北部或更深的水域中）。

　　生物学　卵生。以龙虾、虾和头足类动物为食，也以硬骨鱼类和其他板鳃亚纲软骨鱼类为食。曾在腔棘鱼的胃中发现了一个本种遗骸。

　　保护状态　近危（NT）。喜欢有垂直面的岩礁，这使它在一定程度上可以避开捕捞活动。

阴影绒毛鲨 *Cephaloscyllium umbratile*

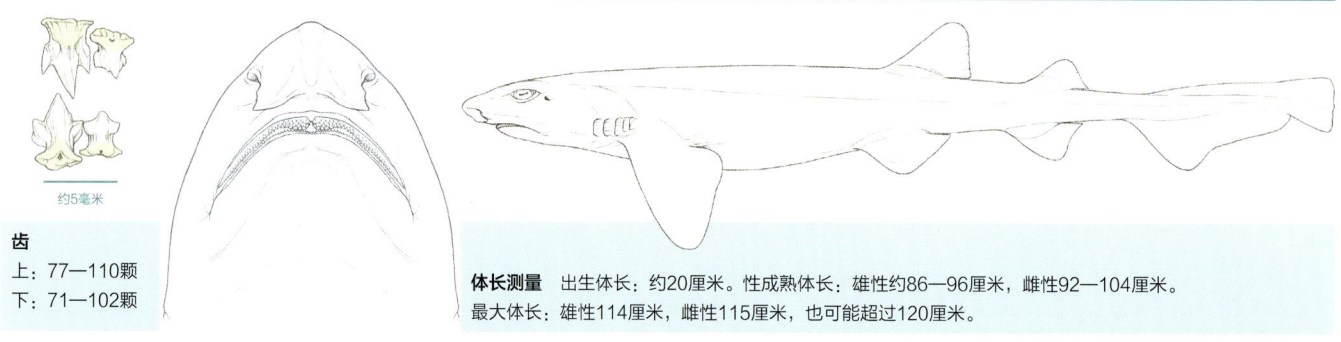

齿
上：77—110颗
下：71—102颗

体长测量　出生体长：约20厘米。性成熟体长：雄性约86—96厘米，雌性92—104厘米。
最大体长：雄性114厘米，雌性115厘米，也可能超过120厘米。

鉴定　与暗影绒毛鲨相似，并且在以前被认为是暗影绒毛鲨的异名同种，但本种具有更长的吻部和更多的斑点。在眼睛上方有嵴。第二背鳍比第一背鳍小很多。腹部可膨胀。有臀鳍。淡褐色的背部有密集的黑褐色斑纹和规则的鞍状斑，由较浅的红褐色区域分隔。其上散布着白色和暗褐色的小斑点。背鳍和尾鳍有杂色和斑点；胸鳍和腹鳍上面有杂色和斑点，鳍腹面是浅色；臀鳍有杂色。腹部是浅色。

分布　西北太平洋：日本（广泛分布），朝鲜半岛周围的日本海和黄海，中国。

栖息地　栖息于大陆架，深度为18—590米。

行为　所知甚少。

生物学　卵生，似乎全年都在产卵。食物包括甲壳类动物、硬骨鱼类、小鲨鱼和银鲛。

保护状态　近危（NT）。本种在其分布范围内是多种渔业的兼捕渔获物，有时被丢弃，但存活率较高。

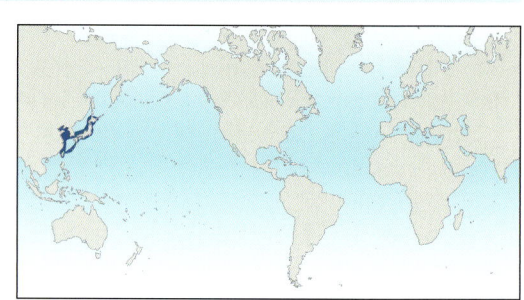

鞍斑绒毛鲨 *Cephaloscyllium variegatum*

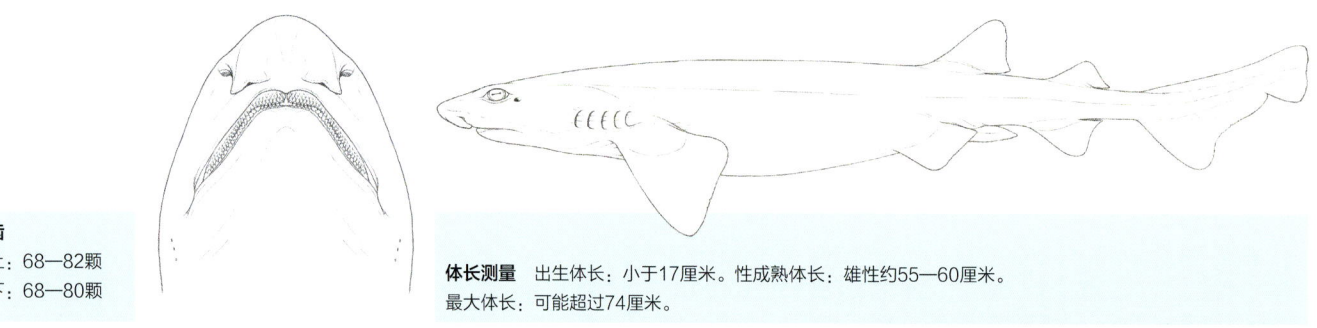

齿
上：68—82颗
下：68—80颗

体长测量　出生体长：小于17厘米。性成熟体长：雄性约55—60厘米。
最大体长：可能超过74厘米。

鉴定　相当小的绒毛鲨。头部纤细；眼睛上方有嵴。两个背鳍靠近；第一个在腹鳍后面；第二个比第一个小得多，在臀鳍上方。腹部可膨胀。体色为中等棕色或灰色，有明显的黑色鞍状斑（通常在背鳍前面有5个）。侧面通常没有斑点；鳍的边缘有时是苍白的。腹部是苍白的。

分布　中印度洋-太平洋：澳大利亚东部。

栖息地　大陆架和大陆坡，栖息地深度为114—606米。

行为　不明。

生物学　卵生，其他不明。

保护状态　近危（NT）。所知甚少，其栖息范围内没有高强度捕捞作业。

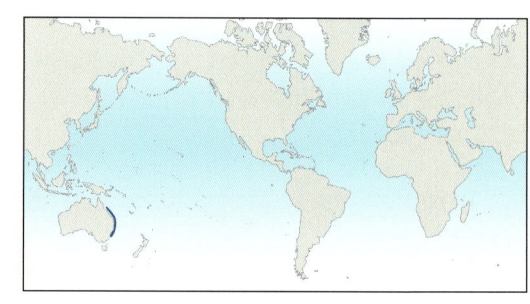

东太平洋绒毛鲨 *Cephaloscyllium ventriosum*

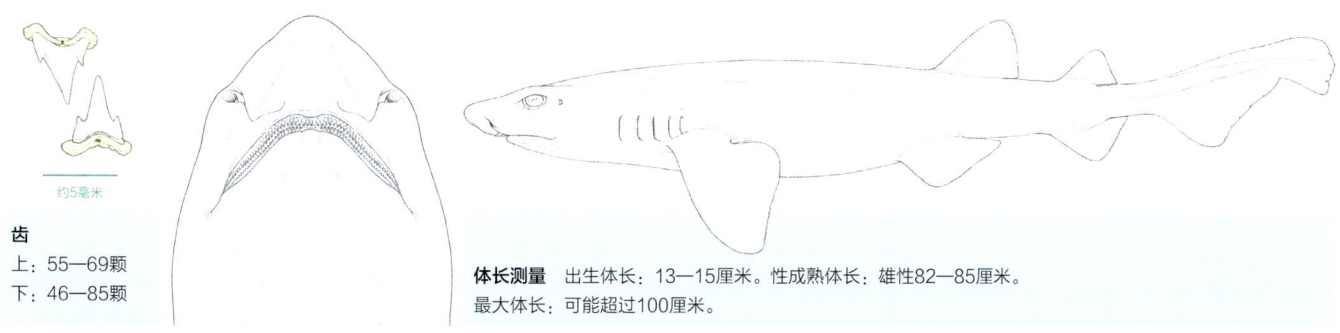

齿
上：55—69颗
下：46—85颗

约5毫米

体长测量　出生体长：13—15厘米。性成熟体长：雄性82—85厘米。
最大体长：可能超过100厘米。

　　鉴定　体型较大的绒毛鲨。眼睛上方有嵴。有两个背鳍，第二个小得多。有臀鳍。有颜色极为斑驳、相隔很近的深褐色鞍状斑和斑块，有大量深色斑点，偶尔有浅色的斑点，底色是较浅的黄褐色。腹部也有深色斑点。
　　分布　东太平洋：加利福尼亚至墨西哥，智利中部。
　　栖息地　大陆架和大陆坡上部从近岸到457米深，最常见的栖息地深度为5—40米。常出没于岩石海底的海藻林或其他藻类之间。
　　行为　行动相对迟缓，主要是在夜间活动。白天躺在岩洞和缝隙中一动不动，通常是成群结队，晚上则缓慢游动。当受到干扰时，会胀大肚子，并躲进缝隙中。
　　生物学　卵生。卵鞘长9—13厘米，宽3—6厘米，绿琥珀色，大而呈袋状，具非常长的卷须，表面光滑，没有嵴线。孵化期为7.5—10个月（取决于水温）。以鱼类和甲壳类动物为食。
　　保护状态　无危（LC）。不是商业性捕捞目标。可饲养于水族馆。

狭带绒毛鲨 *Cephaloscyllium zebrum*

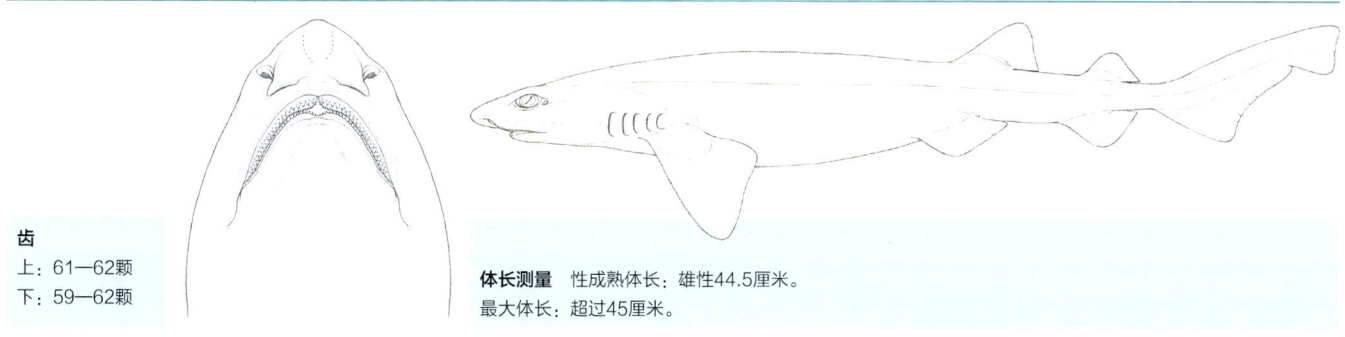

齿
上：61—62颗
下：59—62颗

体长测量　性成熟体长：雄性44.5厘米。
最大体长：超过45厘米。

　　鉴定　眼睛上方有嵴。有两个背鳍；第一个位于腹鳍后方；第二个非常小，在臀鳍上方。腹部可膨胀。体色独特，在深棕色至奶油色的底色上，有许多狭窄、紧密间隔的深色条纹。条纹不连接成环状或鞍状，背鳍前有17—18条。吻上有不规则的线条。鳍和腹部呈均匀的苍白。
　　分布　中印度洋–太平洋：澳大利亚东北部。
　　栖息地　上部大陆坡，栖息地深度为444—454米。
　　行为　不明。
　　生物学　卵生。
　　保护状态　数据缺乏（DD）。已知的几个标本均是由拖网采集自同一个地点。所受的渔业压力较小。

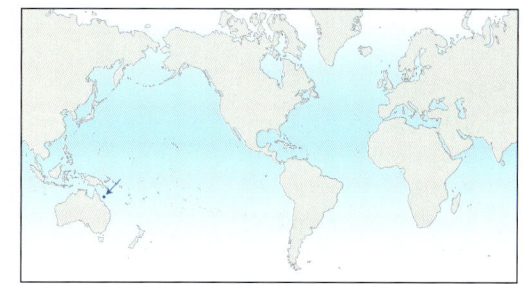

带纹长须猫鲨 *Poroderma africanum*

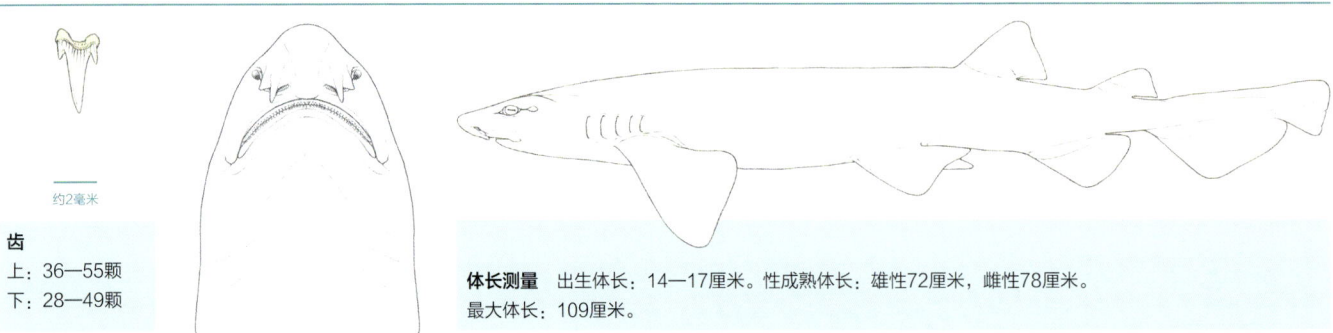

齿

上：36—55颗

下：28—49颗

约2毫米

体长测量　出生体长：14—17厘米。性成熟体长：雄性72厘米，雌性78厘米。最大体长：109厘米。

　　鉴定　体表具极高辨识度的纵向条纹，没有斑点，鼻须明显但短，背鳍（第二个小得多）长在身体的极后方。

　　分布　东南大西洋和西印度洋：显然是南非的特有物种（分布区域包括两个海角，但很少到夸祖鲁–纳塔尔）。

　　栖息地　大陆架至大陆坡上部，从碎浪带和潮间带到108米深。在岩石海底或附近，通常在洞穴中。

　　行为　主要在夜间活动，但有时在白天活动。

　　生物学　卵生，产下一对卵鞘（每个输卵管一个）；一个卵鞘在水族箱中大约5.5个月后孵化。捕食硬骨鱼类、盲鳗、其他小鲨鱼、鲨鱼卵鞘和各种无脊椎动物。

　　保护状态　无危（LC）。在人工饲养的情况下生命力很顽强。被拖网和垂钓者捕获，但数量相当多，释放后可能有较高的存活率。

豹纹长须猫鲨 *Poroderma pantherinum*

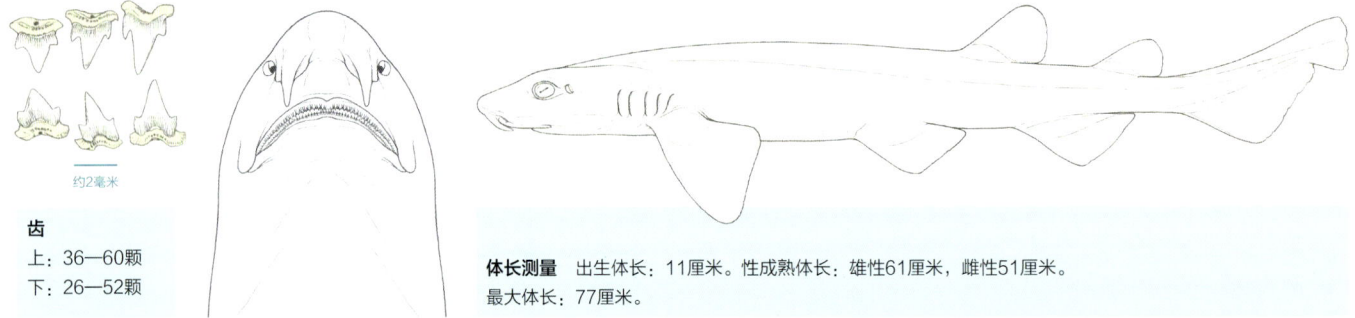

约2毫米

齿

上：36—60颗

下：26—52颗

体长测量　出生体长：11厘米。性成熟体长：雄性61厘米，雌性51厘米。最大体长：77厘米。

　　鉴定　长的鼻须伸达嘴部，嘴部伸达眼前缘后方。背鳍位于身体较后方，第一个比第二个大得多。惊人的、像豹斑一样的深色斑点和线条围绕着浅色中心，通常排列成不规则的纵行；其他体色类型包括大量小而密集的斑点、非常大的深色斑点和部分纵行条纹。

　　分布　东南大西洋和西印度洋：显然是南非特有的物种（分布区域包括两个海角，但很少到夸祖鲁–纳塔尔）。

　　栖息地　大陆架到大陆坡上部，从碎浪带和潮间带到274米深的海底或附近。

　　行为　显然是夜间活动。

　　生物学　卵生，每个输卵管有一个卵。以小型硬骨鱼类和无脊椎动物为食。

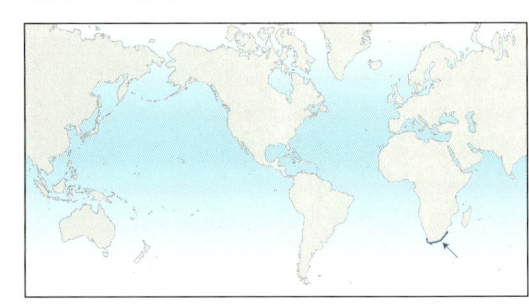

　　保护状态　无危（LC）。会被拖网和垂钓者捕获。但其偏好的岩石质海底可以使其免受底拖网渔业带来的影响。易于在水族馆中饲养。本种的大斑点类型曾被视为独立物种——*Poroderma marleyi*。

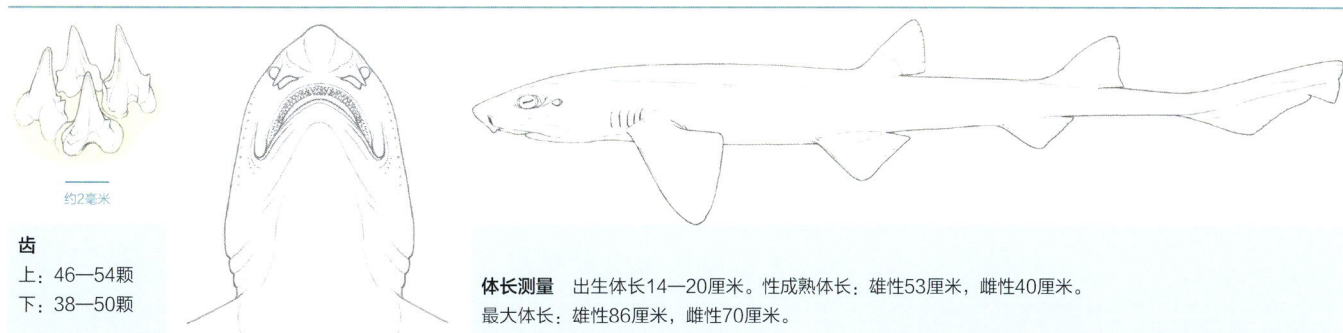

带纹长须猫鲨（*Poroderma africanum*）（第418页）

狭口短唇沟鲨 *Schroederichthys bivius*

FAO代码：**SHV**　　图版 第420页

齿
上：46—54颗
下：38—50颗

约2毫米

体长测量 出生体长14—20厘米。性成熟体长：雄性53厘米，雌性40厘米。
最大体长：雄性86厘米，雌性70厘米。

　　鉴定 身体相当纤细。吻部短而窄，尖端稍圆。前鼻瓣窄，呈分叶状。第一背鳍起点位于腹鳍基终点稍前方。尾鳍短。在灰褐色的背部有7—8个深褐色的鞍状斑（在背鳍之间有2个明显的鞍状斑）；散布着大而色深的斑点，不环绕鞍状斑；通常有小白点。成年雄鱼比雌鱼更长、更轻，有更大的牙齿和更长、更窄的嘴；幼鱼的嘴甚至更长、更纤细。

　　分布 东南太平洋和西南大西洋：智利中部至巴西南部。

　　栖息地 温带大陆架和大陆坡上部，栖息地水深为12—359米（大部分小于130米），在南部较深的水域。

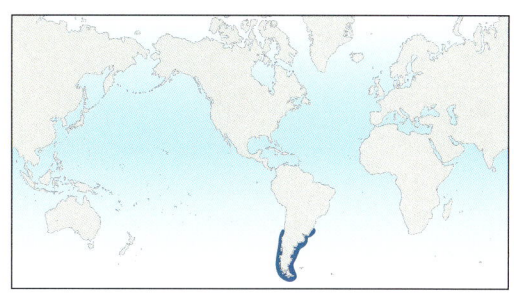

　　行为 基本上是未知的。

　　生物学 卵生。在隐蔽的育儿场成对产下卵鞘（每侧输卵管一个）。主要捕食铠甲虾类甲壳动物。

　　保护状态 无危（LC）。在分布范围内很常见。

20厘米

○ 豹纹长须猫鲨

○ 带纹长须猫鲨

○ 狭口短唇沟鲨

○ 智利短唇沟鲨

○ 白斑短唇沟鲨

○ 蜥形短唇沟鲨

○ 细身短唇沟鲨

智利短唇沟鲨 *Schroederichthys chilensis*　　　FAO代码：**SHY**　　图版 第420页

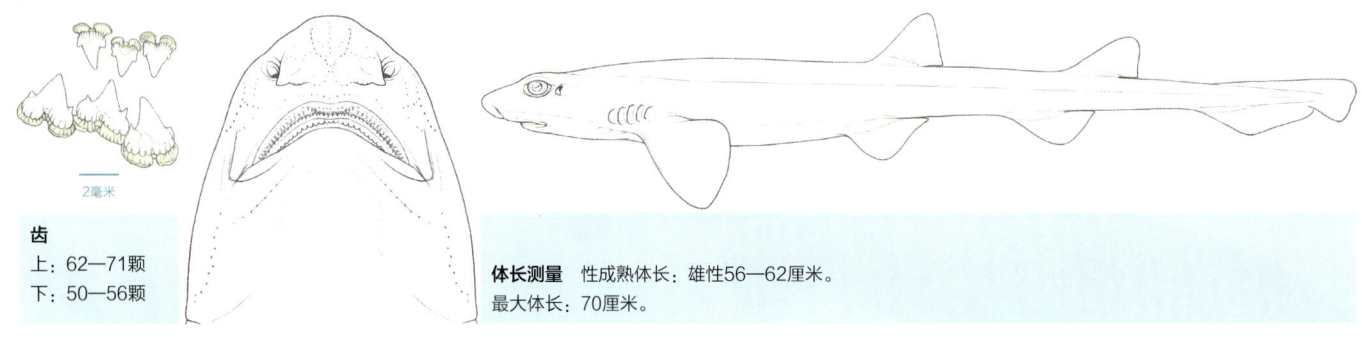

齿
上：62—71颗
下：50—56颗

2毫米

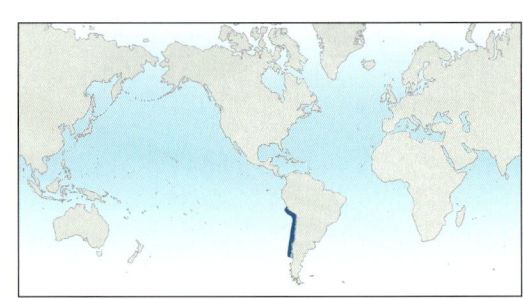

体长测量　性成熟体长：雄性56—62厘米。
最大体长：70厘米。

　　鉴定　身体中等纤细。吻部短而宽，尖端稍圆。前鼻瓣宽大且呈三角形。嘴非常宽。第一背鳍起点位于腹鳍基终点稍前方。尾鳍短。幼鱼比成鱼更苗条。有明显的黑色鞍状斑，其中2个位于背鳍之间；有许多黑斑但不在鞍状斑的周围；白斑很少或没有。

　　分布　东南太平洋：南美洲，秘鲁和智利中南部附近。

　　栖息地　温带近岸大陆架，海底或海底附近，有时在非常浅的近岸水域，栖息地水深为1—100米。

　　行为　不明。

　　生物学　卵生。可能会产下成对的卵鞘（每个输卵管1个），卵鞘上有卷须。以甲壳类和其他无脊椎动物为食。

　　保护状态　无危（LC）。近海渔业中偶尔出现的兼捕渔获物，通常被丢弃。

白斑短唇沟鲨 *Schroederichthys maculatus*　　　FAO代码：**SHU**　　图版 第420页

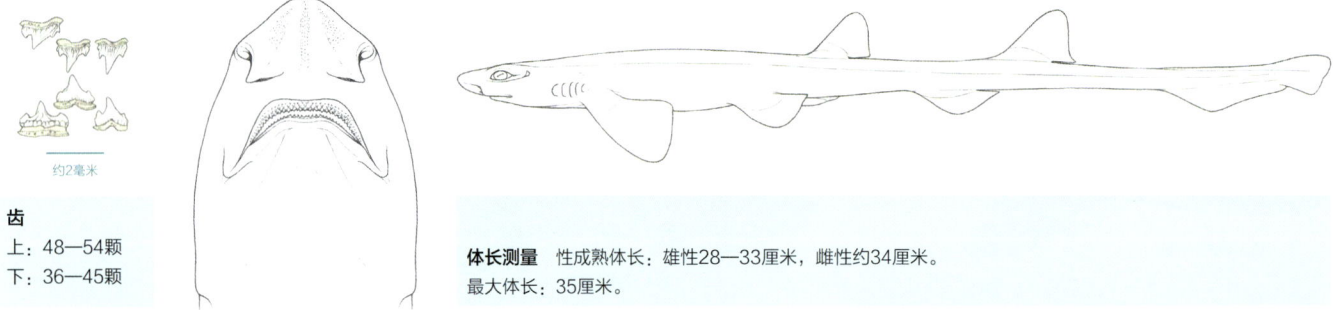

齿
上：48—54颗
下：36—45颗

约2毫米

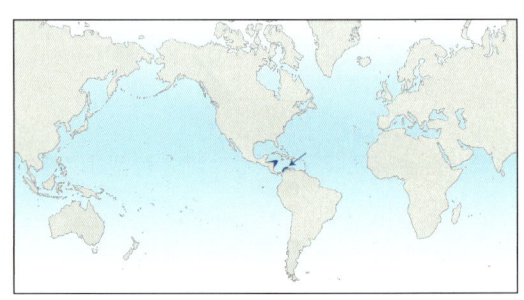

体长测量　性成熟体长：雄性28—33厘米，雌性约34厘米。
最大体长：35厘米。

　　鉴定　身体极其纤细，在幼年和成年时有延长的躯干和尾鳍。吻部呈圆形。有宽大、延长的三角形前鼻瓣。有宽大的嘴。第一背鳍起点位于腹鳍终点稍后方。幼年时，在较深的棕褐色至灰色底色上有6—9个浅色、不明显的褐色鞍状斑，在成年时消失；背鳍间有3个鞍状斑；有许多散布的白点，但没有黑点。

　　分布　西大西洋：中美洲和南美洲的洪都拉斯，尼加拉瓜和哥伦比亚附近，以及洪都拉斯浅滩和牙买加之间。

　　栖息地　深海中的沙质或多贝壳的海底，栖息地水深为190—412米，热带大陆架外缘和大陆坡上部。

　　行为　不明。

　　生物学　卵生。可能会产下1对卵鞘，卵鞘上有卷须。以小型硬骨鱼类和鱿鱼为食。

　　保护状态　无危（LC）。该物种在深海的分布范围狭窄，基本上没有被捕捞。

蜥形短唇沟鲨 *Schroederichthys saurisqualus*

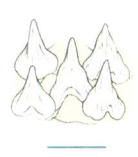
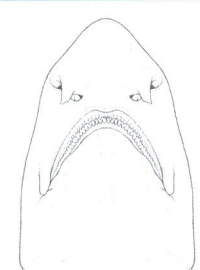
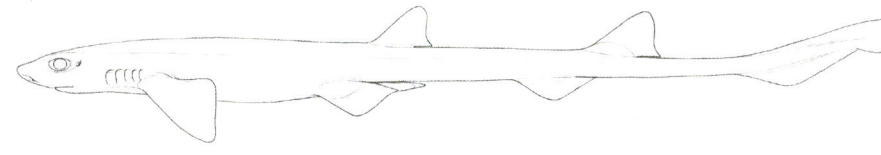

齿
上：56—66颗
下：37—50颗

体长测量　出生体长：至少9厘米。性成熟体长：雄性58—59厘米，雌性55厘米。
最大体长：雄性61厘米，雌性69厘米。

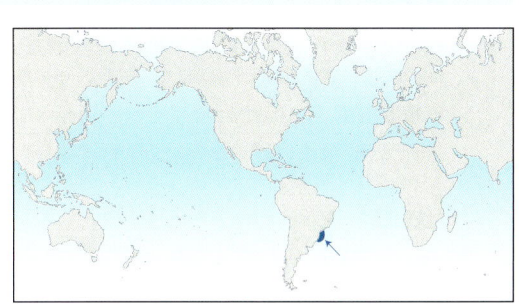

　　鉴定　成体和亚成体的躯干和尾巴细长。吻尖呈圆形。前鼻瓣长而窄，呈叶状。嘴中等宽。第一背鳍起点位于腹鳍基终点稍后方。成体和亚成体在较浅的灰色或棕色底色上有10个明显的暗色鞍状斑，4个在背鳍之间；有许多交错分布的白点与黑点。

　　分布　西南大西洋：南美洲，巴西南部附近。

　　栖息地　大陆架外缘和大陆坡上部122—500米处，大多为250米以下的深水珊瑚礁生境。与深海柳珊瑚、硬珊瑚、管状海绵、海百合、海蛇尾和黑氏猫鲨（*Scyliorhinus haeckelii*）一起出现。

　　行为　不明。

　　生物学　卵生。可能会产下成对的卵鞘，卵鞘上有卷须。

　　保护状态　易危（VU）。本种若为有效种，则分布范围极其狭窄。

细身短唇沟鲨 *Schroederichthys tenuis*

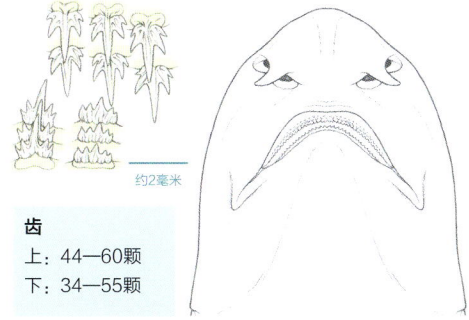
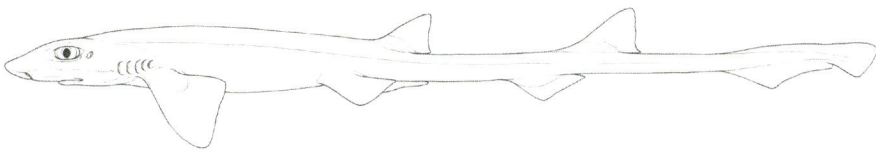

齿
上：44—60颗
下：34—55颗

体长测量　性成熟体长：雄性40—47厘米，雌性37—46厘米。
最大体长：47厘米。

　　鉴定　身体非常纤细。吻部宽大。前鼻瓣较窄，呈叶状。口部狭窄；雄性比雌性有大得多的牙齿和更长、更有棱角的嘴（可能达到更大的尺寸）。第一背鳍起点位于腹鳍基终点稍后方。体色为浅棕色，有许多小的、深色的斑点散布在7—8个明显的深色鞍状斑上，4个在背鳍之间；没有白点。

　　分布　西大西洋：南美洲，苏里南和巴西北部（亚马孙河口以北和以南）。

　　栖息地　海底或靠近海底，大陆架外缘和大陆坡上部，栖息地深度为72—450米。

　　行为　不明。

　　生物学　卵生，成对产卵。卵鞘长3.5厘米，宽1.7厘米，两端有长卷须。吃有孔虫、小型鱼类、甲壳类动物、海绵、鱿鱼、腹足类动物，也可能吃其他小鲨鱼。

　　保护状态　无危（LC）。在其分布区较浅部分的深海渔业中被捕获。

○ **巴西猫鲨** *Scyliorhinus cabofriensis*

分布于西南大西洋；387—647米。背部呈深米色，随机分布着大小不一（多数为小斑点）的不对称黑白斑点，鞍斑轮廓不清晰；腹部颜色较浅。

第429页

○ **小点猫鲨** *Scyliorhinus canicula*

分布于大西洋东北部和地中海西部；栖息水深浅于800米。体型细长；前鼻瓣显著扩张延伸直至口部，仅具有下唇褶；第一背鳍大于第二背鳍；体表底色较浅，具8—9个不甚清晰的暗色鞍斑，有大量较小的黑色斑点散布，偶有一些白色斑点。

第429页

○ **黄斑猫鲨** *Scyliorhinus capensis*

分布于东南大西洋和西印度洋；26—695米。前鼻瓣较小，无鼻口沟，仅具下唇褶；有8—9个不规则的深灰色鞍斑，体表有很多小的亮黄色斑点，但无黑斑。

第430页

○ **西非猫鲨** *Scyliorhinus cervigoni*

分布于东大西洋；栖息水深45—500米。体型非常粗壮；前鼻瓣仅伸达口部，没有鼻口沟，只有下唇褶；背部中线上有8—9个包裹着黑斑的深色鞍状斑，此外体表还具几个相对较大的黑斑和一些分散的较小黑点，无白斑。

第430页

○ **科摩罗猫鲨** *Scyliorhinus comoroensis*

分布于西南印度洋；栖息水深400—700米。前鼻瓣非常大，一直延伸到嘴部，没有鼻口沟，只有下唇褶；眼下有深色条纹，以背部中线上的黑斑为中心，有轮廓清晰的粗大鞍斑，浅色底色上有大的斑块和众多的白色斑点，但无黑色斑点。

第431页

○ **杜氏猫鲨** *Scyliorhinus duhamelii*

分布于地中海；栖息水深43—75米。米色底色，上面散布着大小不一的深褐色斑点，形成团块和花朵状图案；身体腹部大多为乳白色，不具斑点。

第431页

○ **斑点猫鲨** *Scyliorhinus stellaris*

分布于东北大西洋；栖息水深1—380米。体型粗壮；分开的前鼻瓣不延伸到嘴部，无鼻口沟，仅具下唇褶；鞍斑微弱或无，浅色底色上有大量大小不一的黑斑，有时有白斑，较大斑点可能形状不规则，偶尔融合成覆盖住身体的斑块。

第434页

○ **乌戈猫鲨** *Scyliorhinus ugoi*

分布于西大西洋；栖息水深400—825米。体表浅褐色，上有深褐色鞍状斑，有时有向前或向后的凸出部分，身体被浅色和深色小斑点所覆盖，无大的白色斑点；腹部浅褐色。

第436页

○ 黄斑猫鲨

○ 斑点猫鲨

20厘米

20厘米

○ 巴西猫鲨

○ 杜氏猫鲨

○ 小点猫鲨

○ 西非猫鲨

○ 科摩罗猫鲨

○ 乌戈猫鲨

○ **黑点猫鲨** *Scyliorhinus boa*   第428页

分布于西大西洋，加勒比海；栖息水深36—700米。身体细长；前鼻瓣不延伸至口部，仅有下唇褶；第一背鳍比第二背鳍大得多；体表底色灰白，有不明显的由黑点勾勒出轮廓的鞍斑和斑块，有时排列呈网状或呈断裂的黑色纹路，偶有一些白点。

○ **褐斑猫鲨** *Scyliorhinus garmani*   第432页

分布于中印度洋–太平洋；栖息水深不明。体型粗壮；前鼻瓣不延伸至口部，无鼻口沟，仅有下唇褶；第一背鳍比第二背鳍大得多；有7个不明显的鞍斑，通体散布着较大的圆形棕色斑点，无白色斑点。

○ **黑氏猫鲨** *Scyliorhinus haeckelii*   第432页

分布于西大西洋，栖息水深35—585米。体型细长；前鼻瓣不延伸至口部，仅有下唇褶；第一背鳍比第二背鳍大得多；具7—8个暗色鞍斑，可能有时不明显，眼下有深色条纹，黑色斑点散落在背部并勾勒出鞍斑的轮廓，无浅色斑点。

○ **白斑猫鲨** *Scyliorhinus hesperius*   第433页

分布于西大西洋，加勒比海；栖息水深200—634米。体型细长；前鼻瓣伸达到口部前方，只有下唇褶；第一背鳍比第二背鳍大得多；7—8个界限分明的黑色鞍斑上被大的白色斑点所覆盖，通体不具黑斑。

○ **米氏猫鲨** *Scyliorhinus meadi*   第433页

分布于西大西洋；栖息水深146—549米。体型粗壮；头部宽阔，前鼻瓣伸达口部前方，只有下唇褶；第一背鳍比第二背鳍大得多；具7—8个深色鞍斑，可能不甚明显；通体不具斑点。

○ **网纹猫鲨** *Scyliorhinus retifer*   第434页

分布于西大西洋；栖息水深73—754米。前鼻瓣延伸不达口部，下唇褶发育良好；背鳍相当后置；黑色链状花纹勾勒出不明显的暗褐色鞍斑，通体不具斑点。

○ **虎纹猫鲨** *Scyliorhinus torazame*   第435页

分布于西北太平洋；靠近海岸，水深至少到320米。体型细长；头部狭窄，前鼻瓣不延伸达口部，仅有下唇褶；第一背鳍比第二背鳍大得多；6—9个深色鞍斑，在较大个体粗糙的深色皮肤上有许多大小和深浅不一的不规则斑点。

○ **横带猫鲨** *Scyliorhinus torrei*   第435页

分布于西大西洋；栖息水深180—591米。体型小而细长；前鼻瓣不延伸达口部，仅有下唇褶；第一背鳍比第二背鳍大得多；浅棕色底色，有7—8个深棕色鞍斑，成体中不明显；背部有许多规则散布的较大斑点，无黑斑。

20厘米

○ 米氏猫鲨

○ 虎纹猫鲨

○ 黑点猫鲨

○ 褐斑猫鲨

○ 黑氏猫鲨

○ 白斑猫鲨

○ 网纹猫鲨

○ 横带猫鲨

20厘米

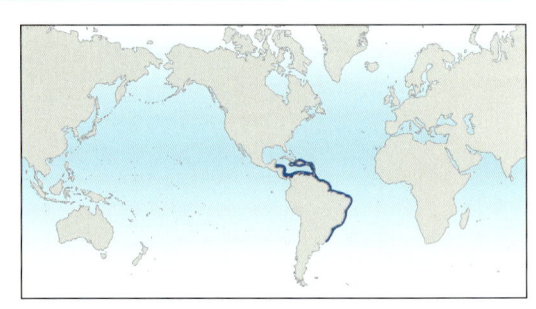

小点猫鲨（*Scyliorhinus canicula*）（第429页）

黑点猫鲨 *Scyliorhinus boa*　　　　　　　　FAO代码：**SYA**　　图版 第426页

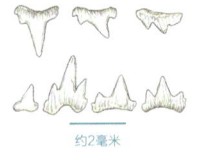

约2毫米

齿
上：39—49颗
下：40—45颗

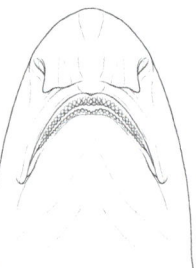

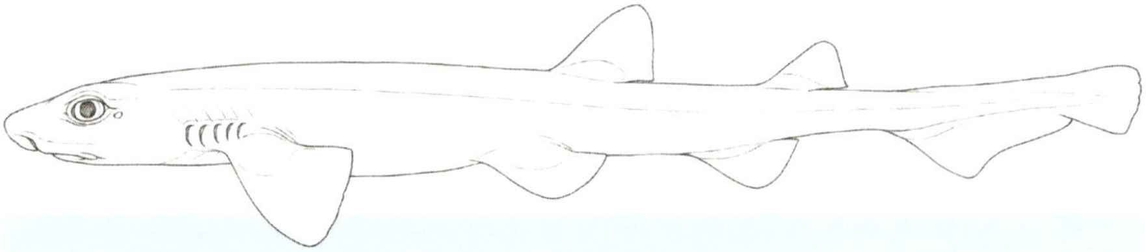

体长测量　性成熟体长：雄性35厘米，雌性40厘米。
最大体长：雄性54厘米，雌性52厘米。

　　鉴定　纤细的猫鲨。小的前鼻瓣不达嘴边；没有鼻口沟。只在下颌有唇褶。第二背鳍比第一背鳍小得多。体色为灰色，有不明显的鞍状斑和由许多小黑斑勾勒出的体侧花纹，有时为网状或断裂的黑色纹路。有时有一些白色的斑点；鞍状斑内有少量或没有斑点。

　　分布　西部大西洋：巴巴多斯，伊斯帕尼奥拉岛，牙买加，背风群岛，向风群岛附近的加勒比海岛屿斜坡；尼加拉瓜，洪都拉斯，巴拿马，哥伦比亚，委内瑞拉，苏里南附近的大陆坡，以及巴西南部和乌拉圭北部。

　　栖息地　大陆坡和岛屿斜坡，海底或海底附近，栖息地水深为36—700米，但大部分在200米以下。

　　行为　不明。

　　生物学　卵生。

　　保护状态　无危（LC）。该种分布范围位于底拖网渔业的作业深度以下。

巴西猫鲨 *Scyliorhinus cabofriensis*

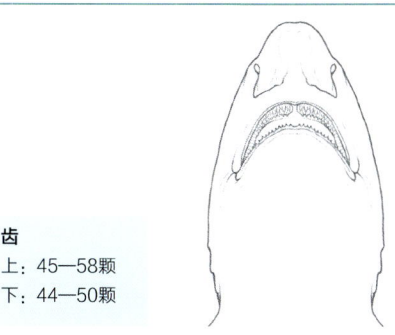

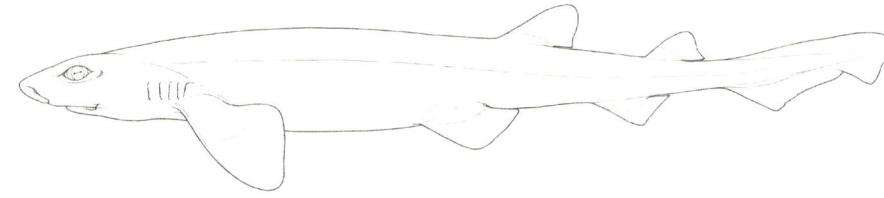

齿

上：45—58颗

下：44—50颗

体长测量　出生体长：小于22厘米。性成熟体长：雄性和雌性约40厘米。
最大体长：雄性47厘米，雌性45厘米。

鉴定　身体细长，呈圆筒形，从腹鳍起点到尾鳍起点处迅速变细。前鼻瓣大，覆盖后鼻瓣，延伸至嘴的正前方；无鼻口沟。只在下颌有唇褶，上颌没有。第一背鳍明显比第二背鳍大。体表底色是深米色，有随机的、不对称的黑色和白色斑点，大小不一，但大多数是小的；鞍斑轮廓不明显。腹部色浅。

分布　西南大西洋：仅已知分布于巴西东南海岸的里约热内卢州附近。

栖息地　大陆坡，栖息地水深为387—647米。

行为　不明。

生物学　卵生，卵鞘形态未知。以小型硬骨鱼类和头足类动物为食。

保护状态　无危（LC）。在其有限的分布范围内似乎是未被捕捞的。

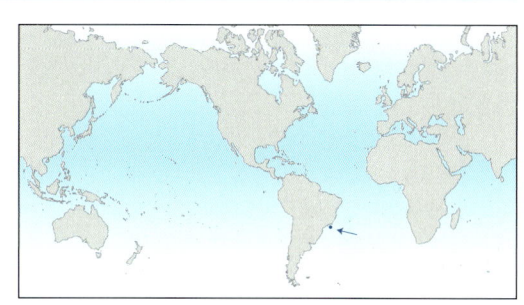

小点猫鲨 *Scyliorhinus canicula*

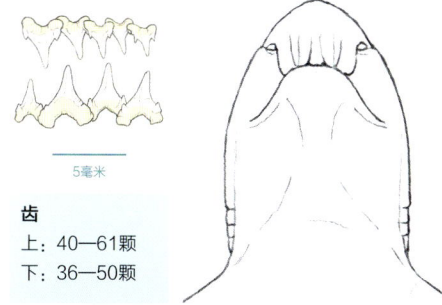

5毫米

齿

上：40—61颗

下：36—50颗

体长测量　出生体长：9—10厘米。性成熟体长：北大西洋种群的雄性52—56厘米，雌性54—60厘米；地中海种群的雄性37—40厘米，雌性37—47厘米。
最大体长：雄性65厘米，雌性71厘米；很少超过80厘米，记录为100厘米的个体可能是斑点猫鲨。

鉴定　身体大而纤细。大幅扩张的前鼻瓣伸达口部，并覆盖鼻口沟。只在下颌有唇褶。第二背鳍比第一背鳍小得多。体表的浅色底色上分布着许多小的、深色的斑点；有时散布着白色斑点；8—9个暗色的鞍状斑可能较模糊。

分布　大西洋东北部至地中海西部：挪威和不列颠群岛，摩洛哥，撒哈拉共和国和毛里塔尼亚至塞内加尔，科特迪瓦。

栖息地　大陆架和大陆坡上部，在近岸至800米水深的沙质和泥质沉积物上。

行为　成鱼通常单性别成群；亚成体和幼鱼通常栖息在较浅水域。

生物学　卵生。卵鞘长4—6厘米，宽2—3厘米，两端有长的卷须，表面有细的条纹；大小随雌性的体型大小而变化（在地中海地区较小）。雌性全年可产卵（主要为11月至来年7月），每年在海藻丛中成对产下约40—240个卵鞘。孵化时间为5—11个月（大部分为8—9个月）。以小型底栖无脊椎动物（甲壳类、腹足类、头足类、蠕虫）和鱼类为食。

保护状态　无危（LC）。本种被多种渔业所捕捞，可能被丢弃，但丢弃后存活率较高，且一些种群数量平稳或有增加。人工饲养环境下易于存活并可以实现繁殖。

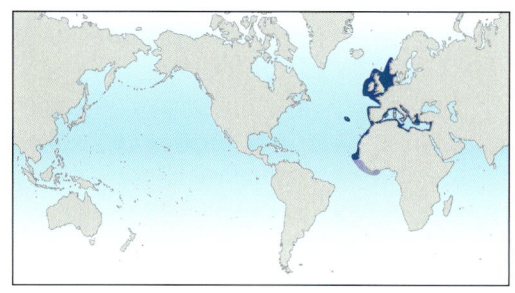

黄斑猫鲨 *Scyliorhinus capensis*

FAO代码：**SYP**　　图版　第424页

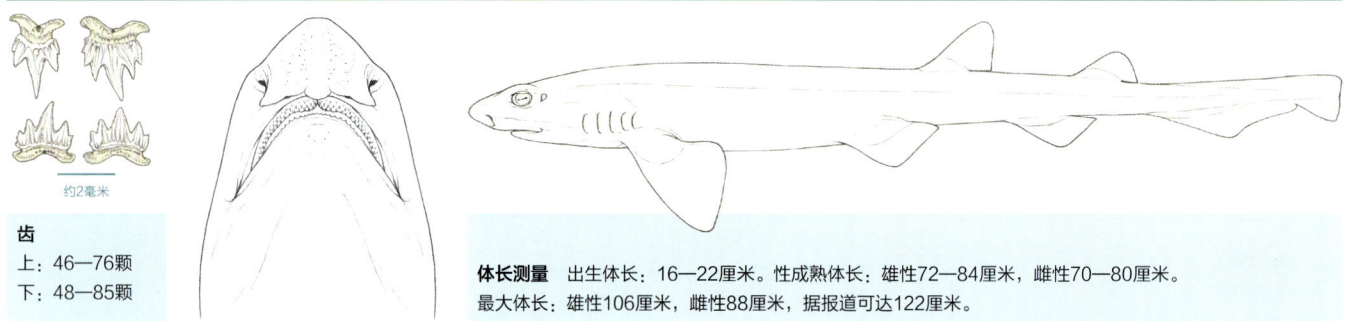

齿
上：46—76颗
下：48—85颗

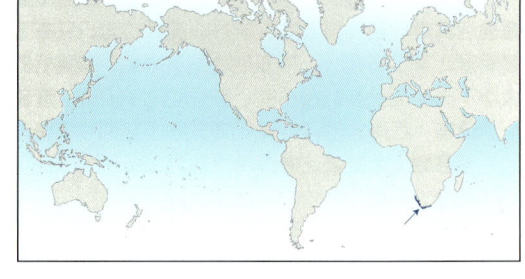

体长测量　出生体长：16—22厘米。性成熟体长：雄性72—84厘米，雌性70—80厘米。
最大体长：雄性106厘米，雌性88厘米，据报道可达122厘米。

　　鉴定　相当大的猫鲨。前鼻瓣较小；没有鼻口沟。只在下颌有唇褶。第二背鳍比第一背鳍小得多。体色为灰色，有8—9个不规则的深灰色鞍状斑和许多小的亮黄色斑点；没有黑斑。
　　分布　东南大西洋和西印度洋：纳米比亚南部和南非。
　　栖息地　大陆架和大陆坡上部的海底，包括经常被拖网捕捞的软泥质海底，栖息地水深为26—695米，大多数栖息地水深为200—400米，在较温暖的水域中更深。
　　行为　当被抓住时会紧紧地蜷缩起来。
　　生物学　卵生。卵鞘长约8厘米，宽3厘米，两端有长的卷须；成对产卵。以小型鱼类和许多无脊椎动物为食。
　　保护状态　近危（NT）。在渔业活动较多的近海浅滩数量中等丰富，通常是被丢弃的兼捕渔获物。种群数量呈上升趋势。

西非猫鲨 *Scyliorhinus cervigoni*

FAO代码：**SYE**　　图版　第424页

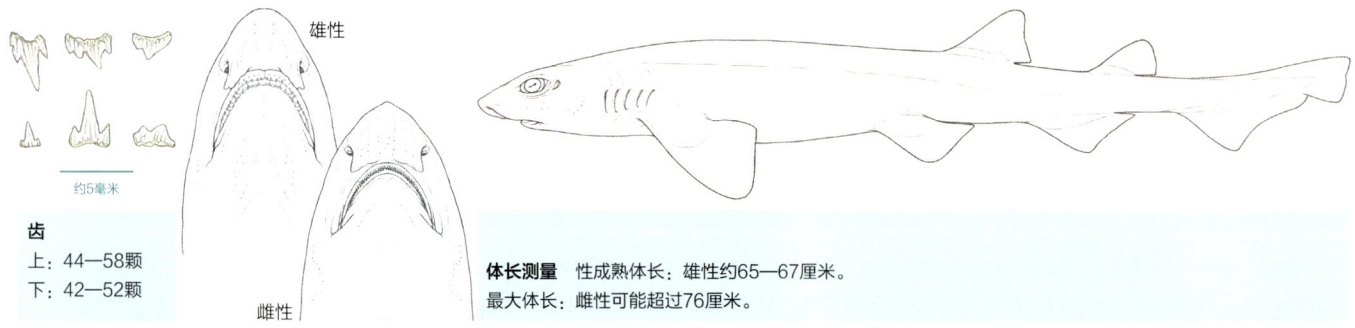

齿
上：44—58颗
下：42—52颗

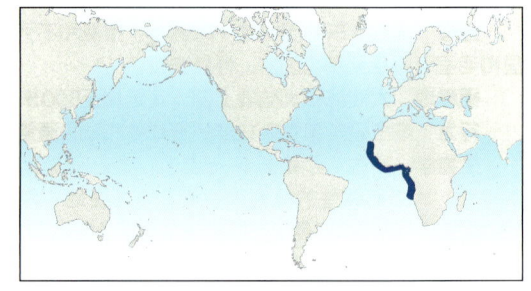

体长测量　性成熟体长：雄性约65—67厘米。
最大体长：雌性可能超过76厘米。

　　鉴定　身体非常粗壮。小的前鼻瓣仅伸达嘴边；没有鼻口沟。只在下颌有唇褶。第二背鳍比第一背鳍小得多。背鳍间距略短于臀鳍基长度。有一些大小不一的分散的黑斑；8—9个具黑斑的暗色鞍状斑集中在背部中线上；没有白斑。
　　分布　东大西洋：从毛里塔尼亚到安哥拉的西非热带地区。
　　栖息地　大陆架和大陆坡上部的岩石质和泥质海底，栖息地水深为45—500米，大部分栖息地水深为150—260米。
　　行为　不明。
　　生物学　卵生。卵鞘长7—8厘米，宽3厘米。捕食硬骨鱼类。
　　保护状态　数据缺乏（DD）。可能在拖网渔业中被捕获。曾被误记为斑点猫鲨。

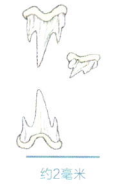

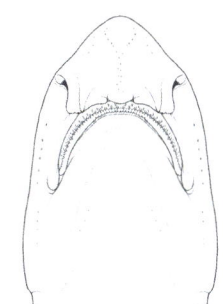

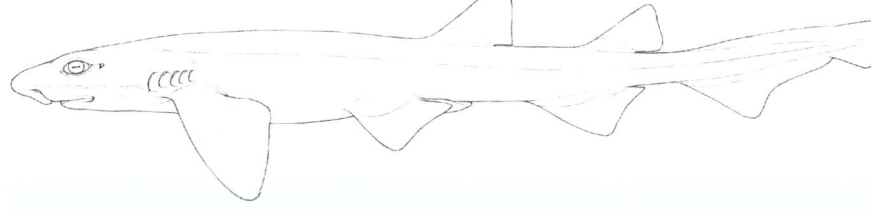

约2毫米

齿
上：50颗
下：43颗

体长测量　幼年体长：（雄性和雌性）约18厘米。性成熟体长：雄性46厘米。

　　鉴定　体型较小。大的前鼻瓣伸达嘴边，但没有鼻口沟。只在下颌有唇褶。第二背鳍比第一背鳍小很多。体表有轮廓清晰的、深灰褐色的鞍状斑，以背部中线的黑斑为中心，在浅灰褐色的底色上有大的斑点；在鞍状斑和鞍状斑中间的空间有许多分散的小白点；没有小的、明显的黑斑。眼睛下方有明显的黑色纹。

　　分布　西南印度洋：科摩罗群岛和马达加斯加的西北部海岸。

　　栖息地　岛屿斜坡，栖息于海底，栖息地深度为400—700米。

　　行为　曾在深海由一研究腔棘鱼（*Latimeria chalumnae*）的潜水器拍摄到。

　　生物学　可能是卵生。

　　保护状态　数据缺乏（DD）。仅从3个标本中获取数据。直到最近才在马达加斯加被记录到。

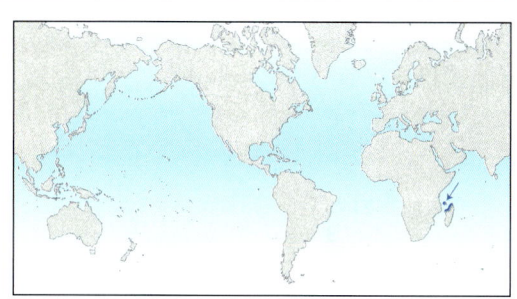

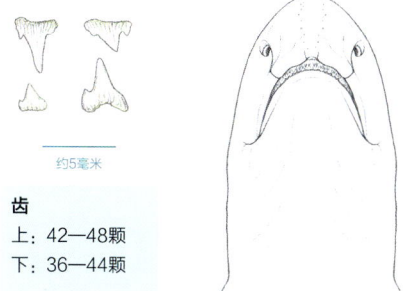

约5毫米

齿
上：42—48颗
下：36—44颗

体长测量　出生体长：约9—10厘米。性成熟体长：雄性34厘米，雌性44厘米。最大体长：雄性43.6厘米，雌性44厘米，但可能达到60厘米。

　　鉴定　身体细长，呈圆筒状，从腹鳍后方至尾鳍起点处迅速变细。前鼻瓣大小中等，间隔紧密，其边缘在侧面和后部呈圆形；延伸至嘴部并覆盖鼻口沟。唇褶只存在于下颌。第一背鳍比第二背鳍大。背景颜色是米色，在背部和侧面有大小不一的散布的深褐色斑点，形成团块状和花朵状的图案。腹部大部分是奶油色，没有斑点。

　　分布　地中海：亚得里亚海特有。

　　栖息地　大陆架，栖息地深度为43—75米。

　　行为　不明。

　　生物学　卵生，但其他不明，这个物种直到最近还被误认为是小点猫鲨。食性不详，但与其类似物种一样，可能包括硬骨鱼类、头足类和甲壳类动物。

　　保护状态　未评估（NE）。本种直到最近才从小点猫鲨中拆分出来确定为独立物种。

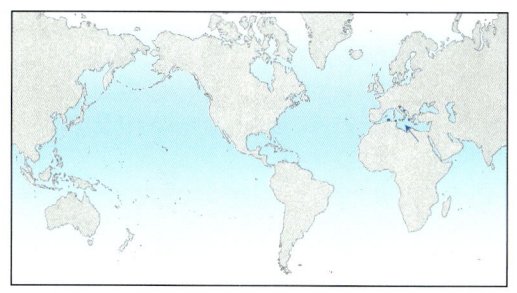

褐斑猫鲨 *Scyliorhinus garmani* 　　　FAO代码：**SYG**　　图版 第426页

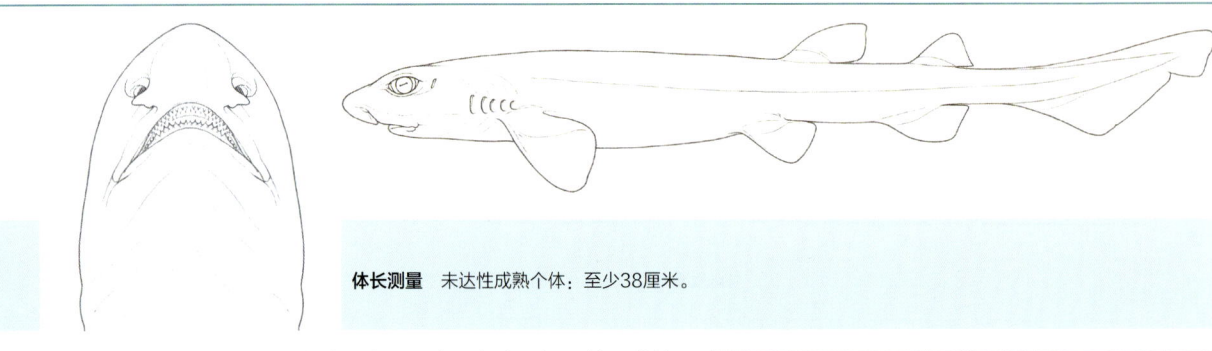

齿
上：46颗
下：45颗

体长测量　未达性成熟个体：至少38厘米。

　　鉴定　身体粗壮。前鼻瓣不达嘴边；没有鼻口沟。只在下颌有唇褶。第二背鳍比第一背鳍小得多。臀鳍基部短于背鳍间距。有大的、分散的、圆形的、棕色的斑点；7个模糊的鞍状斑纹；没有白斑。
　　分布　中印度洋-太平洋：采集于"东印度群岛"，可能是菲律宾（内格罗斯岛）。

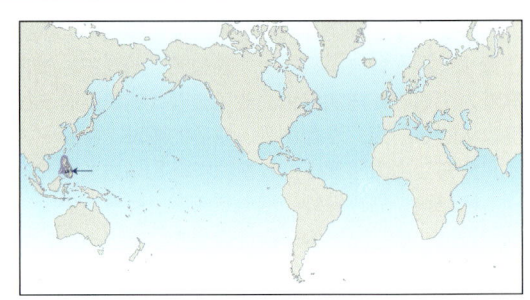

　　栖息地　不明。
　　行为　不明。
　　生物学　不明。
　　保护状态　数据缺乏（DD）。描述自100多年前采集的少数标本。

黑氏猫鲨 *Scyliorhinus haeckelii* 　　　FAO代码：**SYH**　　图版 第426页

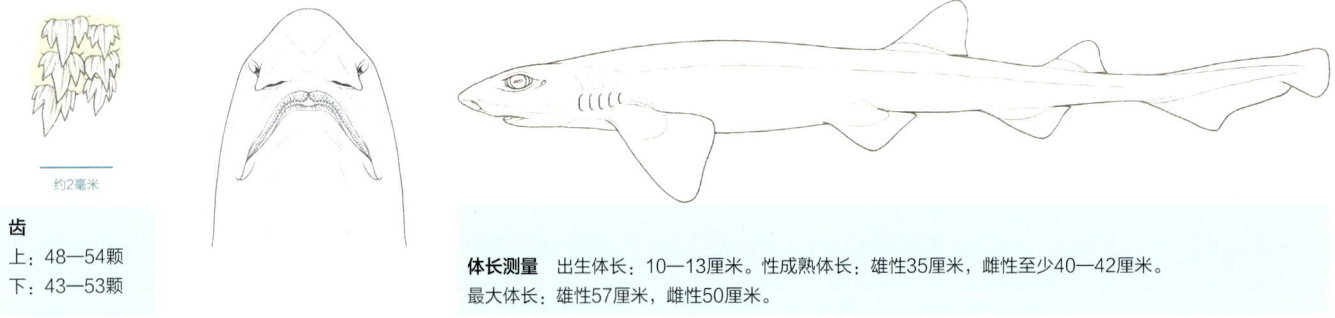

约2毫米

齿
上：48—54颗
下：43—53颗

体长测量　出生体长：10—13厘米。性成熟体长：雄性35厘米，雌性至少40—42厘米。最大体长：雄性57厘米，雌性50厘米。

　　鉴定　体型小，身体纤细。小的前鼻瓣不伸达嘴部。第二背鳍比第一背鳍小很多。成年雄性比雌性有更大的牙齿、更长的嘴和更大的体侧盾鳞。有7—8个暗色的（有时是淡色的）鞍状斑。眼睛下方有明显的黑条纹。非常小的黑点散布在背部，并勾勒出鞍状斑的轮廓。没有浅色斑点。
　　分布　西大西洋：委内瑞拉至阿根廷北部。
　　栖息地　大陆架和大陆坡上部，或靠近海床，35—585米。在巴西南部近海的深水珊瑚礁栖息地（大部分在250米以下），与深水柳珊瑚、硬珊瑚、管状海绵、海百合和蛇尾在一起。

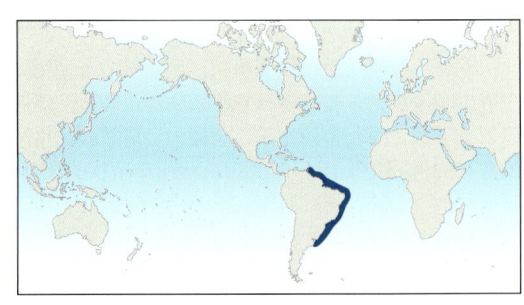

　　行为　不明。
　　生物学　卵生。卵鞘长6—7厘米，宽2—3厘米，没有纵嵴，成对产在珊瑚和柳珊瑚上。以头足类动物和硬骨鱼类为食。
　　保护状态　数据缺乏（DD）。高强度的捕捞活动使本种分布范围内许多其他鲨鱼物种的种群资源走向枯竭，但本种会将粗糙不平且难以进行拖网作业的区域作为避难所。

白斑猫鲨 *Scyliorhinus hesperius*

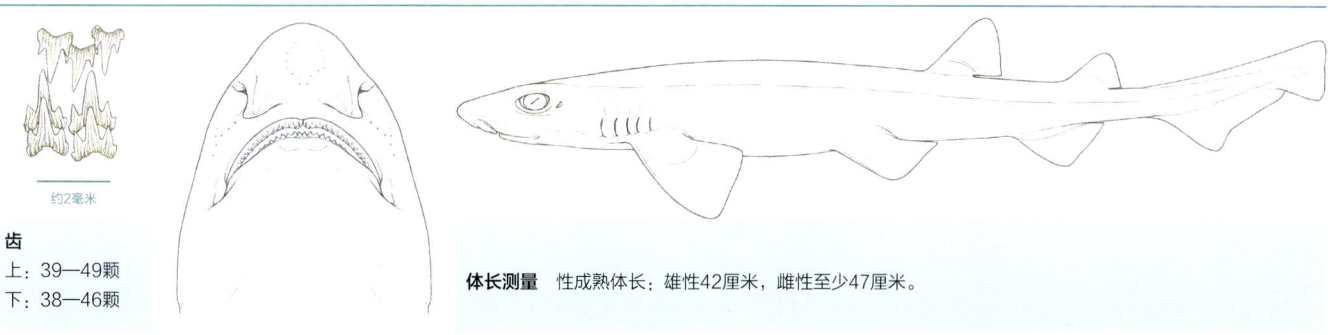

约2毫米

齿
上：39—49颗
下：38—46颗

体长测量　性成熟体长：雄性42厘米，雌性至少47厘米。

鉴定　相当小而纤细的猫鲨。前鼻瓣较小，伸达口部前方；没有鼻口沟。只在下颌有唇褶。第二背鳍比第一背鳍小得多。7—8个轮廓清晰的深色鞍斑，背部密布着大而紧密的白斑，有时会延伸到鞍斑之间的浅色区域；没有黑斑。眼睛下方有明显的黑条。

分布　西大西洋：加勒比海；危地马拉，洪都拉斯，尼加拉瓜，巴拿马和哥伦比亚。

栖息地　大陆坡上部，海底或海底附近，深度200—634米。

行为　不明。

生物学　不明。

保护状态　无危（LC）。成年雄性栖息于不适宜拖网作业的区域。

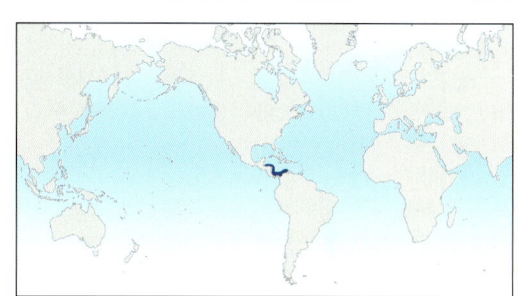

米氏猫鲨 *Scyliorhinus meadi*

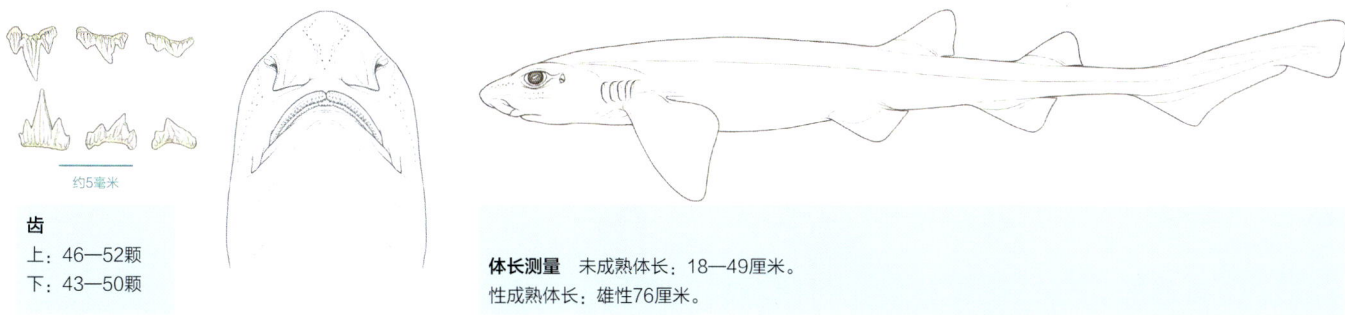

约5毫米

齿
上：46—52颗
下：43—50颗

体长测量　未成熟体长：18—49厘米。
性成熟体长：雄性76厘米。

鉴定　一种粗壮的猫鲨。头部宽大。前鼻瓣较小，伸达嘴部前方；没有鼻口沟。只在下颌有唇褶。第二背鳍比第一背鳍小得多。体色为深色，有7—8个较深的、有时不明显的鞍状斑；没有斑点。

分布　西大西洋：美国北卡罗来纳州至佛罗里达州；古巴和巴哈马之间的桑塔伦海峡。

栖息地　大陆坡，海底或靠近海底，栖息地深度为146—549米。

行为　不明。

生物学　所知甚少，可能是卵生的。捕食头足类动物、虾和硬骨鱼类。

保护状态　无危（LC）。相对罕见。来自墨西哥的记录（墨西哥湾和尤卡坦半岛北部）实为锯尾鲨属（*Galeus*）的误判。

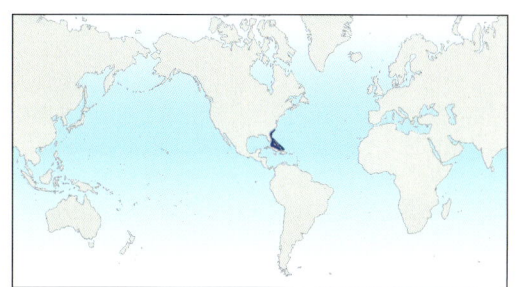

网纹猫鲨 *Scyliorhinus retifer*

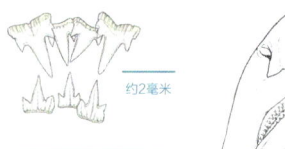
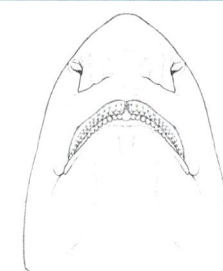

约2毫米

齿
上：36—55颗
下：34—50颗

体长测量　出生体长：约10—11厘米。性成熟体长：雄性37—58厘米，雌性35—59厘米。
最大体长：雄性58厘米，雌性59厘米。

鉴定　暗色鞍状斑块边缘具黑色网链状斑纹，无斑点，是本种和网纹绒毛鲨（*Cephaloscyllium fasciatum*）独有的特征。然而，网纹猫鲨下唇褶发育良好，背鳍位置靠后。

分布　西大西洋：美国（从乔治浅滩，马萨诸塞州，到佛罗里达州和得克萨斯州）；墨西哥湾与加勒比海，墨西哥（坎佩切湾），巴巴多斯，牙买加与洪都拉斯和尼加拉瓜之间。

栖息地　本种主要分布于大陆架外缘和大陆坡上部，海床上或接近海床的底部水层，深度为73—754米，且在其分布区南部分布深度更大。最常见于无法进行拖网作业，且适合产卵的粗糙岩石质海床。

行为　不好动的小鲨鱼，一般可观察到在海床休息。有时会吞食小砾石，可能起到压舱物的作用，使其沉于水底。雌性产卵时快速绕圈游动，将35厘米长的卵鞘卷须缠绕在珊瑚一类的海底物体上将卵固定。

生物学　卵生，卵鞘长5—7厘米，宽2—3厘米，具有纵向条纹和长卷须。人工饲养条件下，雌鱼在春夏两季每隔8—15天产下成对的卵，每年产约44—52枚卵，孵化时长约7个月（11.7—12.8℃）。在温度低至7℃的育儿场中孵化时间更长。在野外捕获的雌性个体，在不接触雄性的前提下，可连续7年产下可孵化的受精卵。人工饲养条件下幼鱼可在两年内长到体长25—30厘米。捕食鱿鱼、硬骨鱼、多毛类蠕虫和甲壳类动物。

保护状态　无危（LC）。在其生境中很常见。

斑点猫鲨 *Scyliorhinus stellaris*

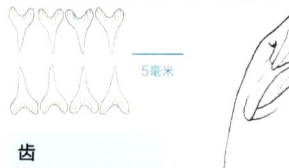
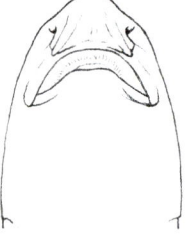

5毫米

齿
上：40—56颗
下：33—50颗

体长测量　出生体长：10—16厘米。性成熟体长：雄性70—77厘米，雌性77—79厘米，有很多个体可达到125厘米。最大体长：162厘米。

鉴定　鱼体大而粗壮。在苍白的体表上有许多大的和小的黑斑，有时还有白斑。鞍斑非常淡或没有。大的斑点可能是不规则的，偶尔会扩展成完全覆盖身体的大斑块。

分布　东北大西洋：斯堪的纳维亚半岛南部到地中海，摩洛哥，毛里塔尼亚到塞内加尔。南至几内亚湾和刚果河口的记录可能是西非猫鲨（*Scyliorhinus cervigoni*）。

栖息地　大陆架，1—380米，通常20—63米，在岩石质或海藻覆盖的海床。

行为　雌鱼在海藻上产大个体、壁较厚、边角有强壮卷须的卵鞘。

生物学　卵生。卵鞘长10—13厘米，宽3厘米，两端有盘绕的卷须和纵向的条纹。在春夏两季，雌鱼在潮下带或极低的潮间带水域的生长藻类的水底产卵，每次每侧输卵管各产1枚。主要吃甲壳类、头足类、其他软体动物、硬骨鱼类和其他小鲨鱼。

保护状态　易危（VU）。渔业方面对其兴趣较少。比小点猫鲨（*Scyliorhinus canicula*）更少见。地中海种群的个体比欧洲大西洋沿岸种群的个体小。

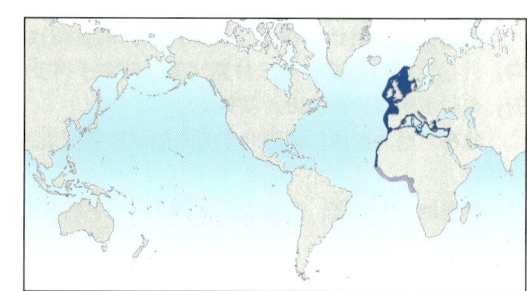

虎纹猫鲨 *Scyliorhinus torazame*　　　　FAO代码：**SYZ**　　图版 第426页

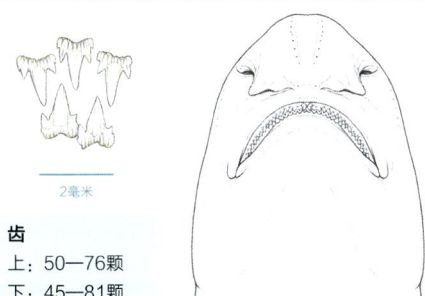

齿
上：50—76颗
下：45—81颗

体长测量　出生体长：至少8厘米。性成熟体长：雄性36—40厘米，雌性至少37—42厘米。最大体长：雄性78厘米，雌性可能超过48厘米。

　　鉴定　相当小、细长的鲨鱼，头窄。小的前鼻瓣不伸达嘴边；无鼻口沟。仅具下唇褶。第二背鳍比第一背鳍小得多。有6—9个较深的鞍状花纹，在较大的个体中，在非常粗糙的深色皮肤上有许多不规则的、大的深色和浅色斑。

　　分布　太平洋西北部：日本（北海道、本州至冲绳）、韩国、中国大陆以及中国台湾地区。

　　栖息地　大陆架和大陆坡上部，靠近海岸的水域到至少320米水深处。

　　行为　雌鱼在育儿场或孵化场中常年产卵。

　　生物学　卵生。卵鞘长5—6厘米，宽2—3厘米，半透明，表面光滑，每个输卵管有一个卵。以甲壳类、头足类和小型硬骨鱼类为食。

　　保护状态　无危（LC）。日本海域的底层拖网，刺网和延绳钓渔业中常见的兼捕种类，一般被丢弃。

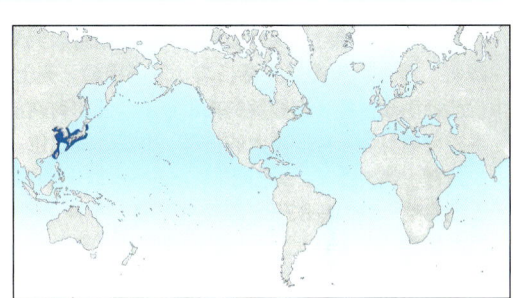

横带猫鲨 *Scyliorhinus torrei*　　　　FAO代码：**SYI**　　图版 第426页

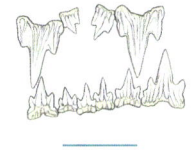

齿
上：33—42颗
下：31—42颗

体长测量　性成熟体长：雄性24—27厘米，雌性26—29厘米。最大体长：雄性 29厘米，雌性32厘米。

　　鉴定　体型很小，细长的猫鲨。小的前鼻瓣不到达嘴边；没有鼻口沟。仅具下唇褶。第二背鳍比第一背鳍小得多。颜色为浅棕色，有7—8个较深的棕色鞍斑（在成体中不明显），背部有许多大的、规则散布的白斑；没有黑斑。

　　分布　大西洋西部：佛罗里达海峡，巴哈马，古巴北部，以及维尔京群岛。

　　栖息地　大陆坡上部，海床上或海床附近，180—591米，一般在366米以下。

　　行为　未知。

　　生物学　所知甚少。其捕食对象包括鱿鱼和乌贼。

　　保护状态　无危（LC）。其存在于目前捕鱼作业可达深度范围之外。

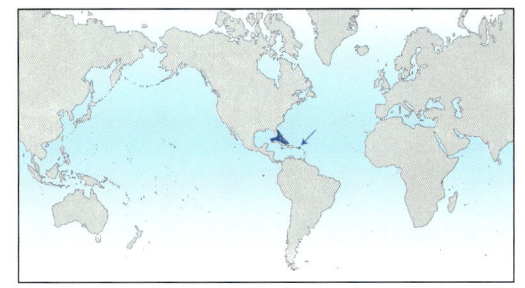

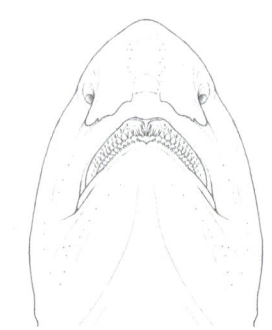

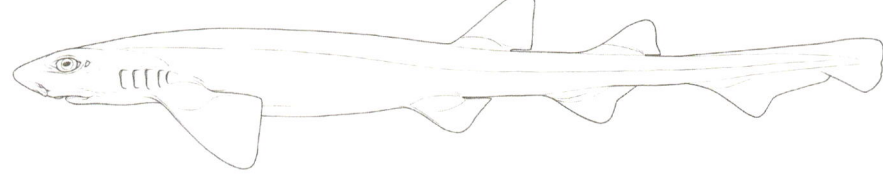

齿
上：47—56颗
下：45—53颗

体长测量 性成熟体长：雄性约45厘米，雌性约47厘米。
最大体长：雄性53厘米，雌性63厘米。

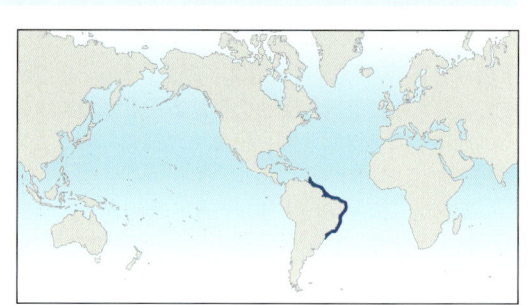

　　鉴定 身体粗壮，头部较扁平，从腹鳍起点到尾鳍起点迅速变细。前鼻瓣大，间隔宽，覆盖后鼻瓣；无鼻口沟。下唇褶短，无上唇褶。第一背鳍比第二背鳍稍大。颜色为浅褐色，有较深的褐色鞍斑，偶尔有向前后突起的部分。小的浅色和深色斑点覆盖身体，但没有大的白斑。腹部为浅褐色。

　　分布 西大西洋：从巴西东南部的圣卡塔琳娜州南部，到加勒比海的巴巴多斯。

　　栖息地 400—825米深的大陆坡。本种通常栖息在深海珊瑚生长的地方附近，雌鱼在此产卵。

　　行为 未知。

　　生物学 卵生。卵鞘长15厘米，宽6厘米左右，卵鞘表面触感柔软；端部有角状突出而无卷须。捕食小型硬骨鱼类，头足类，另发现一个个体摄食盲鳗卵。

　　保护状态 无危（LC）。知之甚少，但其位于大陆坡下部的栖息地目前未有渔业活动。

小点猫鲨（*Scyliorhinus canicula*）（第429页）

原鲨科（Proscylliidae）

一个较小的科，其中包含了3个属：前鲨属（*Ctenacis*）、光唇鲨属（*Eridacnis*）以及原鲨属（*Proscyllium*）。3个属共包括6个物种。

鉴定 体型较小的鲨鱼（成体16—65厘米），有较窄的圆形头和圆形或近方形的吻部，较长而似猫的眼睛前没有深沟。瞬褶固定。无须或鼻口沟，鼻孔间距小于1.3倍鼻孔宽度，长的拱形嘴超过眼睛的前端，上颚和鳃弓边缘有小乳突，唇褶非常短或没有。第一背鳍基部很短，远在腹鳍基部之前，但距腹鳍基部距离小于距胸鳍基部距离，没有尾前凹，尾鳍没有发达的下叶或其背侧边缘的波纹。身体和鳍的颜色通常较为斑驳，但光唇鲨属鲨鱼体表颜色平淡，尾鳍具条纹。

生物学 除卵生的哈氏原鲨（*Proscyllium habereri*）外，本科其他种均为卵胎生。捕食小型鱼类和无脊椎动物。

生存状况 罕为人知的深海鲨鱼，栖息于大陆架及岛周陆架外缘与大陆坡上部，海床上或靠近海床的底部水层，水深范围50—766米。由于其深海栖息地基本没有渔业活动的压力，大多数种类在IUCN红色名录中被列为无危（LC）。分布不连续，大部分位于印度洋–太平洋，但一个物种出现在热带西北大西洋。

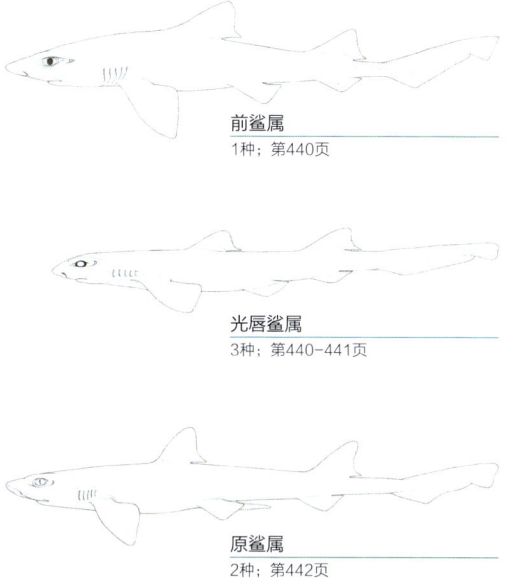

前鲨属
1种；第440页

光唇鲨属
3种；第440-441页

原鲨属
2种；第442页

哈氏原鲨（*Proscyllium habereri*）
（第442页）

○ **鞍斑前鲨** *Ctenacis fehlmanni*

分布于西北印度洋；70—300米。身材粗壮；具瞬褶，前鼻瓣未达大的三角形嘴部，唇褶很短；体表有大的红褐色鞍斑，较小的圆斑和垂直条纹，鳍上有斑点。

○ **巴氏光唇鲨** *Eridacnis barbouri*

分布于西大西洋，400—650米。身体纤细；具瞬褶，前鼻瓣不伸达大的三角形嘴部，唇褶非常短；臀鳍高度与2/3的第一背鳍高度相当；浅灰棕色的身体，带状的尾鳍上有浅浅的暗纹，背鳍具浅色边缘。

○ **雷氏光唇鲨** *Eridacnis radcliffei*

分布于印度洋和西太平洋；71—766米。体型极小而细长；具瞬褶，前鼻瓣不达宽阔的三角形嘴部，无唇褶；臀鳍高度不到背鳍高度的1/2；体表深褐色，在带状的尾鳍上有鲜明的黑色带纹，背鳍具黑斑。

○ **东非光唇鲨** *Eridacnis sinuans*

分布于西南印度洋；180—480米。体型纤细；具瞬褶，前鼻瓣不达三角形嘴部，唇褶短；臀鳍高度为背鳍高度的1/2；体表灰褐色，带状尾鳍上有浅浅的黑色带纹，背鳍具浅色边缘。

○ **哈氏原鲨** *Proscyllium habereri*

分布于西太平洋和印度洋-太平洋海域中部；50—320米。体型纤细；眼大，具瞬褶，前鼻瓣几乎伸达三角形嘴部；身体和鳍上有不明显的暗色鞍状斑点，由小到大的黑褐色斑点，偶尔有小白点。

○ **华丽原鲨** *Proscyllium magnificum*

分布于印度洋东北部；141—300米。类似于哈氏原鲨，但是有更多大大小小的斑点，包括一些斑点和一条弯曲的斑纹形成的背鳍下面的"小丑脸"图案。

○ **狭身古林原鲨** *Gollum attenuatus*

分布于西南太平洋；127—975米。体型纤细；吻部很长而有棱角，具瞬褶，前鼻瓣短，嘴部呈三角形，唇褶短，喷水孔小；第一背鳍相对较短，近三角形，第二背鳍比第一背鳍稍大；体表灰色无斑纹，身体下部颜色较浅。

○ **苏禄古林原鲨** *Gollum suluensis*

分布于印度洋-太平洋海域中部；约730米。吻部较其他同属物种短；身体上部呈深灰褐色，下部颜色较浅，背鳍、胸鳍和腹鳍的后缘颜色较浅，尾鳍末端浅色，边缘深色至黑色。

○ **小齿拟皱唇鲨** *Pseudotriakis microdon*

分布于除东太平洋外，散布全球；100—2430米。身体粗壮而柔软，吻部短钟形，眼较长而似猫，具瞬褶，喷水孔很大，前鼻瓣短，很大的三角形嘴部，唇褶短；体表暗褐色至黑色，无斑纹。

○ **印度扁吻鲨** *Planonasus indicus*

分布于北印度洋；200—1000米。身体粗壮而松软；吻部相当长而呈钟形，眼似猫，具瞬褶，嘴部大，唇褶短，上唇褶最短；第一背鳍短圆，第二背鳍较高，较长，尖端狭窄；体表呈均匀的棕黑色。

○ **帕氏扁吻鲨** *Planonasus parini*

分布于西北印度洋；560—1120米。身体粗壮而柔软；吻部短钟形，眼长而似猫，具瞬褶，前鼻瓣短，嘴部三角形，唇褶短；第一背鳍较矮而近三角形，第二背鳍较大；身体灰棕色，鳍颜色较深。

○ **史氏细须雅鲨** *Leptocharias smithii*

分布于东大西洋；5—75米。身体纤细；眼水平椭圆形，具内瞬褶；鼻孔有细长的须，嘴部长拱形，唇褶极长；浅灰棕色，身体下部颜色更浅。

50厘米

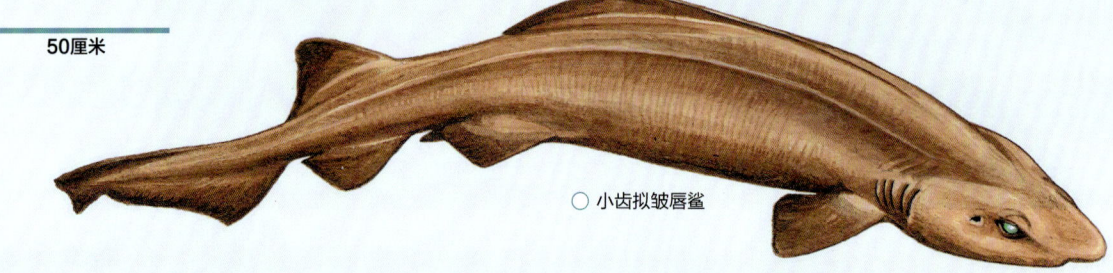

○ 小齿拟皱唇鲨

○ 鞍斑前鲨

○ 巴氏光唇鲨

○ 雷氏光唇鲨

○ 东非光唇鲨

○ 华丽原鲨

○ 哈氏原鲨

50厘米

○ 狭身古林原鲨

○ 苏禄古林原鲨

○ 帕氏扁吻鲨

○ 印度扁吻鲨

○ 史氏细须雅鲨

鞍斑前鲨 *Ctenacis fehlmanni*　　　　FAO代码：**CPE**　　图版 第438页

  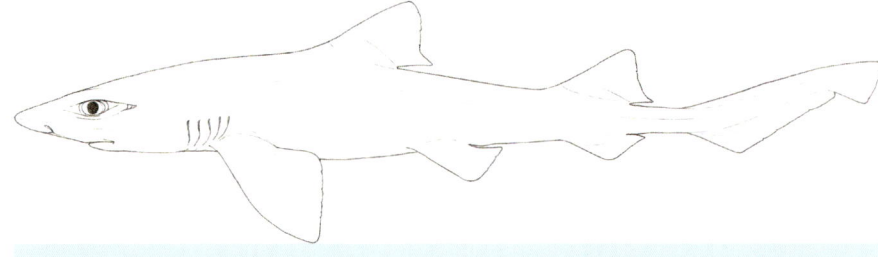

约2毫米

齿

上：86颗

下：88颗

体长测量　出生体长：小于17厘米。性成熟体长：雄性未知，雌性44厘米。最大体长：46厘米（雌性）。

　　鉴定　身体和尾部相当粗壮。短的前鼻瓣不伸达嘴部。嘴部大而呈三角形；唇褶非常短。具瞬褶。体表色彩独特：大的、红棕色的、不规则的鞍状斑点，夹杂着较小的圆形斑点和竖条纹，鳍上也有斑点。

　　分布　印度洋西北部：位于索马里和阿曼附近。

　　栖息地　大陆架外缘和大陆坡上部，70—300米。

　　行为　未知。

　　生物学　卵胎生，具卵黄囊。曾发现一条成年雌鱼怀有一个正在发育的胚胎，但其他细节不明。最小的游荡个体体长为17厘米。口大，牙齿小，咽宽阔，有鳃耙，表明它以非常小的无脊椎动物为食。在一个个体中发现了种类不明的甲壳类动物。

　　保护状态　无危（LC）。仅已知少量标本，这种罕为人知的深海鲨鱼出现在没有拖网捕捞渔业的海域。

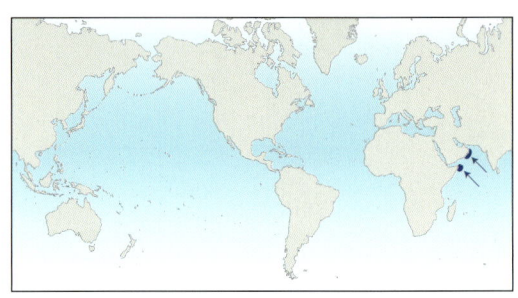

巴氏光唇鲨 *Eridacnis barbouri*　　　　FAO代码：**PEB**　　图版 第438页

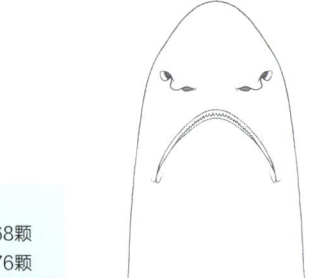

齿

上：55—68颗

下：63—76颗

体长测量　出生体长：至少10厘米。性成熟体长：雄性约27厘米，雌性 28厘米。最大体长：34厘米。

　　鉴定　体型非常小而纤细。短的前鼻瓣不伸达嘴边；无鼻口沟或须。嘴部三角形；唇褶很短但发达。具瞬褶。臀鳍约为第一背鳍高度的2/3。尾鳍长而窄，呈带状。浅灰褐色，两个背鳍均具浅色边缘，尾鳍上有不明显的暗色条纹。

　　分布　西大西洋：位于佛罗里达海峡和古巴北岸附近。

　　栖息地　大陆坡和岛屿斜坡上部，栖息于海床上，400—650米。

　　行为　未知。

　　生物学　卵胎生，每胎产2尾胎仔。

　　保护状态　无危（LC）。这个深海物种分布的水层深度超过了当地渔业活动的最大深度。

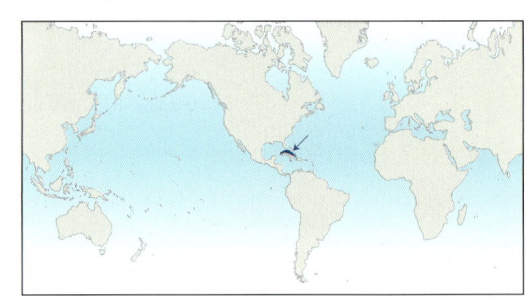

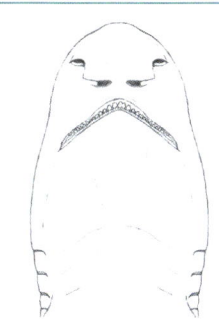
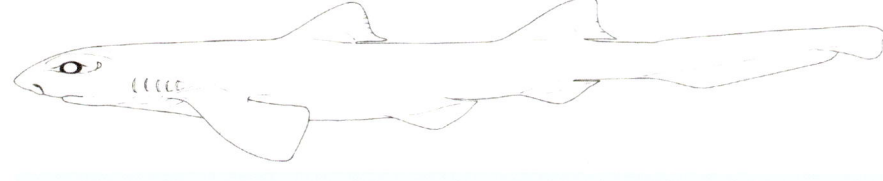

约1毫米

齿
上：72—78颗
下：65—77颗

体长测量　出生体长：约10—11厘米。性成熟体长：雄性 16—19厘米，雌性14—16厘米。
最大体长：雄性26厘米，雌性 24厘米。

鉴定　体型极小的鲨鱼。具两个无棘的背鳍。臀鳍高度小于背鳍高度的一半。尾鳍带状，长而窄。体色深棕；背鳍具黑斑；尾鳍具明显黑色带纹。

分布　分布区呈斑块状，散布于印度洋和西太平洋；坦桑尼亚，印度（马纳尔湾和孟加拉湾），斯里兰卡，安达曼群岛，越南，菲律宾和中国台湾地区。

栖息地　大陆坡与岛屿斜坡上部的泥质海床，大陆架外缘，71—766米。

行为　未知。

生物学　卵胎生，每胎1—2尾非常大的胎仔。印度海域的雌鱼全年均可怀孕，高峰期为11月至次年1月，此时76%—87%的雌鱼处于怀孕状态。生长速度可能较快。主要捕食硬骨鱼类和甲壳类，也捕食鱿鱼。

保护状态　无危（LC）。在其分布范围内的部分地区是深海拖网渔业的兼捕渔获物，在其他地方和更深的水域未被捕捞。本种是已知最小的鲨鱼物种之一。

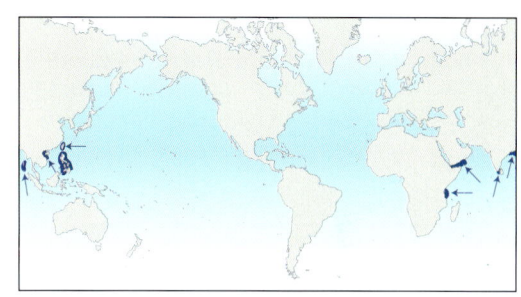

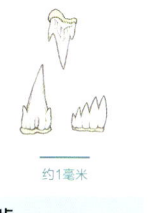
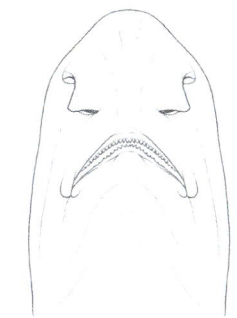
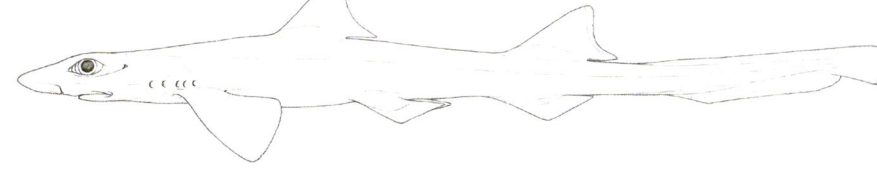

约1毫米

齿
上：67颗
下：77颗

体长测量　出生体长：15—17厘米。性成熟体长：雄性29—30厘米，雌性37厘米。
最大体长：37厘米。

鉴定　体型纤细的小型鲨鱼。吻部较长。短的前鼻瓣没有伸达三角形嘴部。具瞬褶。尾鳍长而窄，呈带状。灰褐色，尾鳍上有不明显的黑色带纹，背鳍具浅色边缘。

分布　印度洋西南部：南非、莫桑比克和坦桑尼亚。

栖息地　大陆坡上部和大陆架外缘，180—480米。

行为　雌雄两性各自分别聚集于不同的地方或深度；大部分雄性标本采集于南非夸祖鲁–纳塔尔港。

生物学　卵胎生，每胎2尾胎仔。捕食小型硬骨鱼类，甲壳类和头足类动物。

保护状态　无危（LC）。本种分布区域的一部分存在拖网渔业。捕获的个体无利用价值，分布区的其他部分不受捕捞影响。

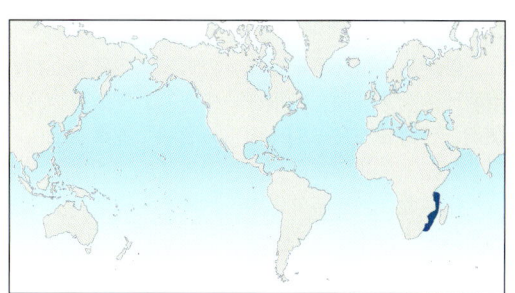

哈氏原鲨 *Proscyllium habereri*

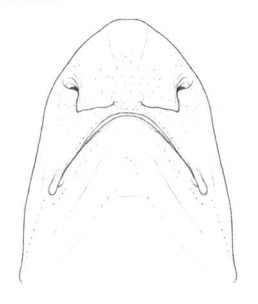

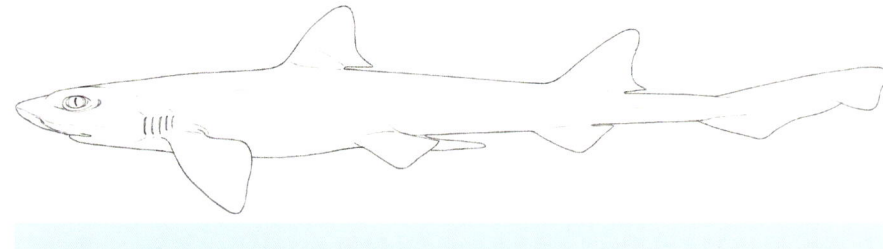

齿
上：47—62颗
下：49—59颗

体长测量　性成熟体长：雄性42—57厘米，雌性51—65厘米。
最大体长：雄性57厘米，雌性65厘米。

鉴定　体型纤细。大的前鼻瓣几乎伸达三角形的嘴部，嘴部延伸超过眼睛位置。眼大，具瞬褶。尾部长，尾鳍宽大。体表和鳍上有由小到大的黑褐色斑点，有时有小的白斑和不明显的暗色鞍状斑。

分布　西太平洋和印度洋–太平洋海域中部：爪哇岛西北部，越南，中国，朝鲜，琉球群岛和日本东南部。

栖息地　大陆架和岛屿陆架，50—320米。

行为　未知。

生物学　卵生，每侧子宫1枚卵。捕食硬骨鱼类，甲壳类和头足类。

保护状态　易危（VU）。本种的分布区有密集的商业化捕捞和个体渔业捕捞活动，导致板鳃亚纲软骨鱼类种群数量的严重下降，但这个小型物种似乎对渔业活动压力具有较强的耐受性。

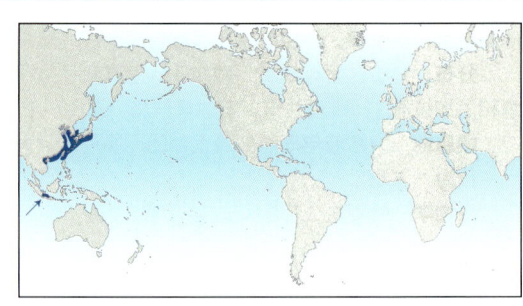

华丽原鲨 *Proscyllium magnificum*

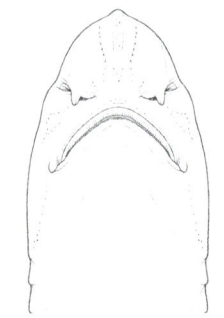

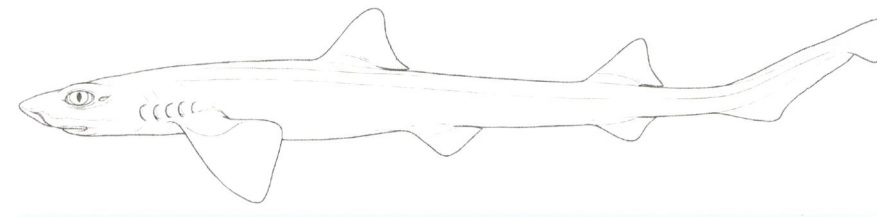

齿
上：大于80颗
下：大于80颗

体长测量　出生体长：未知。性成熟体长：雄性 47—49厘米。
最大体长：49厘米。

鉴定　与哈氏原鲨相似，但在较浅的底色上具有由更多的红褐色小斑点和大斑点组成的杂色图案，包括在一个大的上弯斑纹上方的两个小圆斑群和一个中间的小斑点，在背鳍下方形成一个"小丑脸"图案。

分布　东北印度洋：安达曼群岛周边的孟加拉湾海域和缅甸的安达曼海。

栖息地　大陆架外缘附近，接近大陆架边缘，已知深度范围为141—300米。

行为　未知。

生物学　未知。

保护状态　近危（NT）。对本种的最初描述基于几个采集于缅甸的标本，之后又在缅甸和安达曼群岛采集了更多标本。

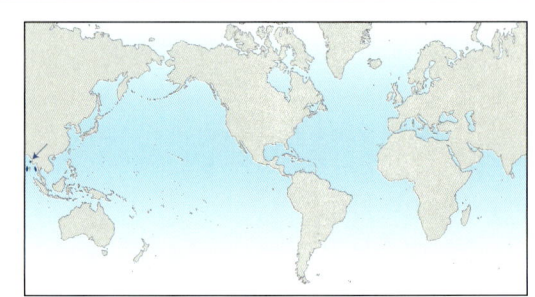

拟皱唇鲨科（Pseudotriakidae）

本科物种栖息于深海，鲜为人知。至少包含了3个属：古林原鲨属（*Gollum*）、扁吻鲨属（*Planonasus*）、拟皱唇鲨属（*Pseudotriakis*）。共5个种。可能还有一两个未被描述的物种。

鉴定 小型到大型的鲨鱼（成体体长56—295厘米），头部狭长，圆形，有些许拉长的钟形吻部，眼长而似猫，眼前具深沟。瞬褶固定。无须或鼻口沟，鼻孔间隔大于1.5倍鼻孔宽，嘴长而有棱角，弧形，口裂超过眼前缘，口腔内及鳃弓边缘无乳突，唇褶短。第一背鳍有些许拉长，背鳍基部距胸鳍基部比距腹鳍基部更近，无尾前凹，尾鳍下叶不明显或无，其背侧边缘无侧向波纹。颜色通常为灰色到棕色或黑色（一些古林原鲨属物种体表有白斑，鱼鳍边缘白色）。

生物学 目前仅知为卵胎生，至少3个物种的胚胎为卵食性营养模式，发育中的胚胎在子宫内取食营养丰富的卵子。孵化后幼体和成体可能捕食小型鱼类和无脊椎动物。

生存状况 鲜为人知的深海鲨鱼，栖息于大陆架、岛周陆架外部和大陆坡，海床上或靠近海床的水层，水深100—2430米。大部分物种被评估为无危（LC），因为它们部分或全部栖息地的深度大于目前渔业捕捞活动的最大深度。大型的小齿拟皱唇鲨分布广泛，但许多西印度洋和西太平洋的小型种类分布范围较窄。东太平洋无本科物种分布。

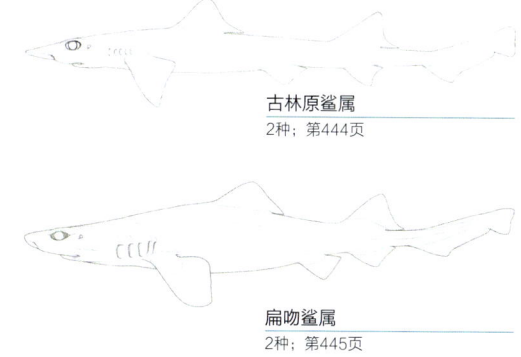

古林原鲨属
2种；第444页

扁吻鲨属
2种；第445页

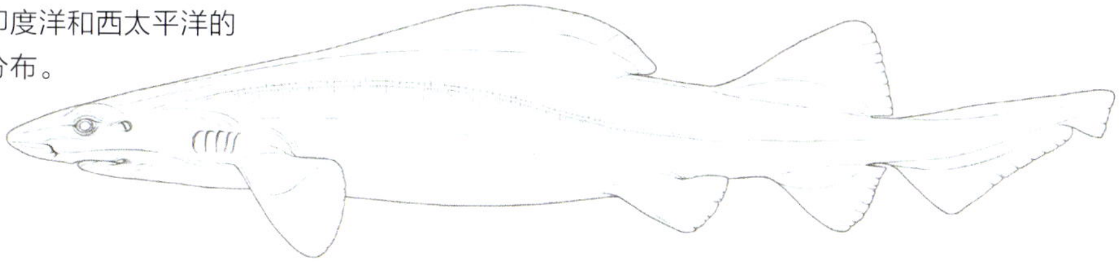

拟皱唇鲨属
1种；第446页

小齿拟皱唇鲨（*Pseudotriakis microdon*）（第446页）

狭身古林原鲨　*Gollum attenuatus*　　　　　FAO代码：**CPG**　　图版　第438页

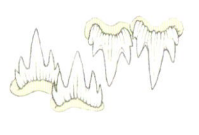

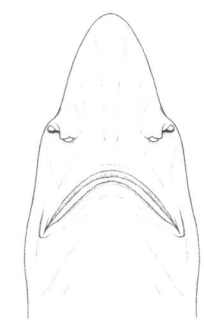

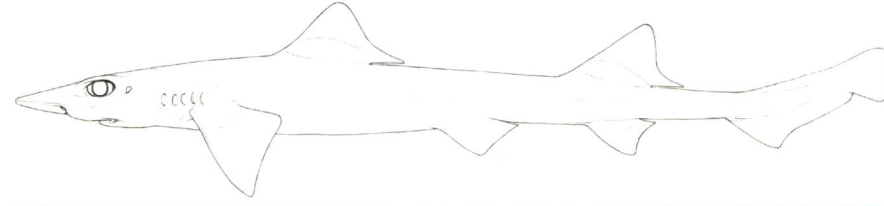

齿

上：96—99颗

下：108—115颗

体长测量　出生体长：约34—42厘米。性成熟体长：雌雄均为约70厘米。

最大体长：110厘米。

　　别名　咕噜鲨

　　鉴定　体型小，身体及尾部细长。吻部长而有棱角（背腹视图为钟形，侧面为楔形）。前鼻瓣短。嘴部有棱角，口裂延伸超过眼；牙齿小而数量多；唇褶短。眼长而似猫；具瞬褶。喷水孔小。第一背鳍近三角形；第二背鳍高度与第一背鳍相同或稍高。颜色偏灰，无花纹。

　　分布　西南太平洋：新西兰及周边的海山和洋脊。

　　栖息地　大陆架最外缘，大陆坡上部及毗邻的海山，127—975米，在400—600米深处数量最丰富。

　　行为　未知。

　　生物学　卵胎生，卵食性营养模式，每胎1—3尾胎仔，通常2尾。食物包括小型硬骨鱼类、头足类和甲壳类。

　　保护状态　无危（LC）。一些渔业活动中作为兼捕渔获物出现，但其大部分分布区域中渔业活动较少或被禁止。

苏禄古林原鲨　*Gollum suluensis*　　　　　FAO代码：**CVX**　　图版　第438页

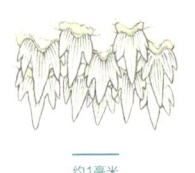

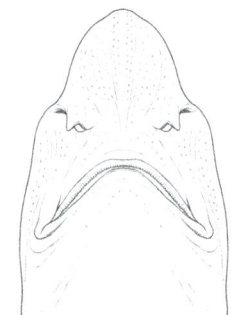

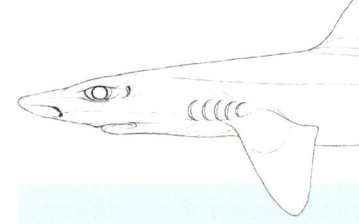

齿

上：94颗

下：81颗

体长测量　性成熟体长：雄性约58厘米。

最大体长：至少65厘米（雌性）。

　　鉴定　本种与本属其他种类的区别是吻部较短。身体上部体色为平淡的深灰褐色，身体下部为浅灰色；身体或鳍上无明显的白色斑点。背鳍、胸鳍和腹鳍上有狭窄的浅色后缘。尾鳍上叶末端浅色，边缘为深灰色或黑色。

　　分布　印度洋-太平洋海域中部：苏禄海，菲律宾，巴拉望岛附近。

　　栖息地　未知。大陆坡上部的深海或大陆架上部，已知栖息于约730米深处。

　　行为　未知。

　　生物学　未知。

　　保护状态　无危（LC）。仅已知几个标本，一部分种群生活的深度大于大部分渔业活动的最大深度。

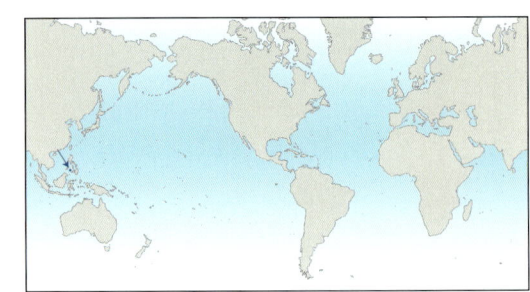

印度扁吻鲨 *Planonasus indicus*

FAO代码：**CVX**　　图版 第438页

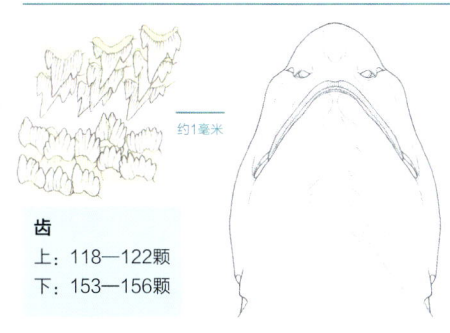

齿
上：118—122颗
下：153—156颗

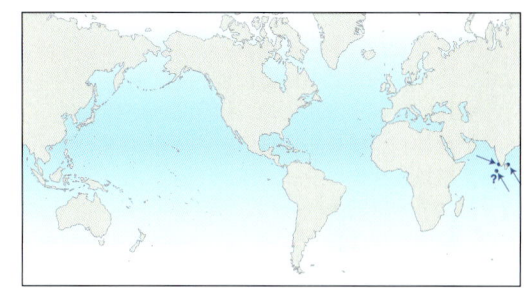

体长测量　性成熟体长：雄性56—57厘米，雌性63厘米。
最大体长：64厘米。

鉴定　身体小而粗壮，质感柔软松弛。吻部长度中等，尖端较钝或宽圆（背腹视图中呈钟形，侧面呈楔形）。口部非常大，宽圆；口腔顶部和舌上无口腔乳突；唇褶短，下颌唇褶比上颌唇褶长。眼较大，似猫；具瞬膜。第一背鳍低；尖端宽圆；第一背鳍起点位于胸鳍内角之后。第二背鳍较高，尖端狭窄，基部比第一背鳍长。体色为均匀的深棕黑色，包括鱼鳍，没有任何明显的斑块、杂色、图案、斑点或条纹。第一背鳍下角不是白色。

分布　北印度洋：南印度喀拉拉邦的科钦港，斯里兰卡，可能还有马尔代夫。

栖息地　出现在200—1000米深的大陆坡和岛屿陆坡，大多数记录出现于300—600米处。

行为　所有标本均采集自目标为刺鲨属（*Centrophorus spp.*）物种的渔业活动，表明它们出现在同一生境中。

生物学　卵食性营养模式，每胎2尾胎仔，每侧子宫1个胚胎。食物包括鱼类和头足类，可能还有甲壳类。

保护状态　数据缺乏（DD）。在深海渔业中是了解非常有限的兼捕渔获物。

帕氏扁吻鲨 *Planonasus parini*

FAO代码：**CVX**　　图版 第438页

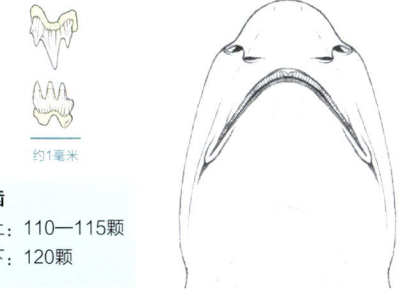
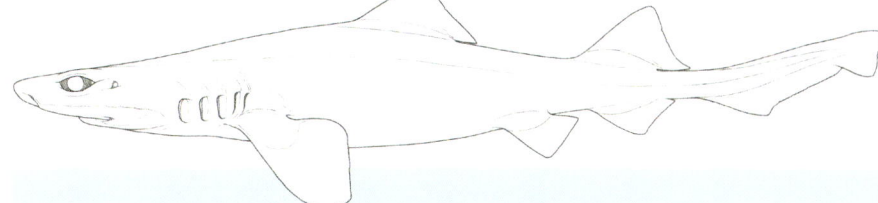

齿
上：110—115颗
下：120颗

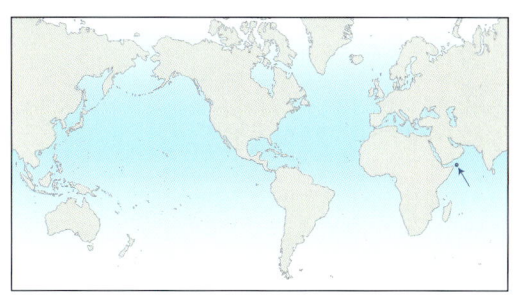

体长测量　性成熟体长：雄性未知（34厘米以上），雌性未知（53厘米以上）。
最大体长：可能超过53厘米。

鉴定　体型小，粗壮度中等的鲨鱼，身体和尾巴柔软。吻部短（背腹视图中为钟形，侧面为楔形）。前鼻瓣短。嘴部具棱角，口裂延伸到眼后；牙齿小而多；唇褶短。眼长而似猫；具瞬褶。喷水孔小。第一背鳍相对较低矮，近三角形；第二背鳍较高。体表深灰褐色，无花纹，各鳍颜色较体表颜色深。

分布　西北印度洋：阿拉伯海，索科特拉岛。获得自印度和马尔代夫的标本为不同物种：印度扁吻鲨（*Planonasus indicus*）。

栖息地　大陆坡和岛屿陆坡，560—1120米。

行为　未知。

生物学　知之甚少；仅记录3个标本：2个未达性成熟雌性（39厘米和53厘米）和1个未达性成熟雄性。

保护状态　无危（LC）。其栖息深度在该地区渔业活动可达深度以下。

小齿拟皱唇鲨 *Pseudotriakis microdon*　　　　FAO代码：**PTM**　　图版　第438页

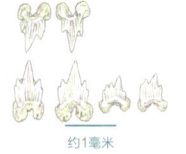

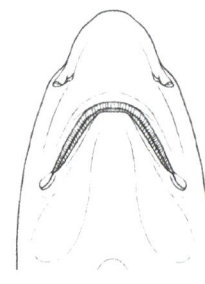

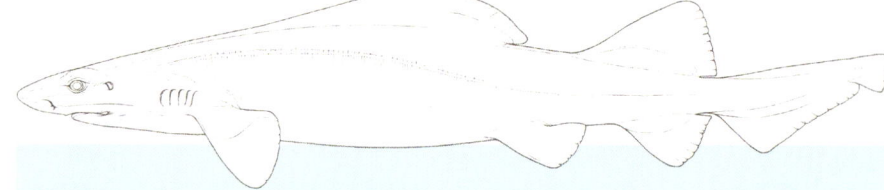

齿

上：202—320颗

下：258—373颗

体长测量　出生体长：120—150厘米。性成熟体长：雄性260厘米，雌性265厘米。
最大体长：雄性295厘米，雌性296厘米。

　　鉴定　体型大，身体和尾部粗壮而柔软。吻部短（背腹视图呈钟形，侧面呈楔形）。前鼻瓣短。嘴部大，具棱角，口裂超过眼后缘；牙齿数量多而小；唇褶短。眼似猫，较长；具瞬褶。喷水孔大，与眼尺寸相当。第一背鳍长而低，嵴状；第二背鳍远高于第一背鳍。暗棕色至黑色，无斑纹。

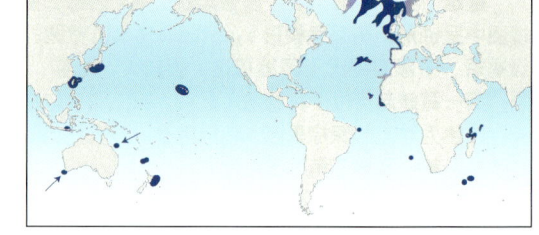

　　分布　除太平洋东部外，世界各地均有分布。
　　栖息地　大陆坡和岛屿斜坡的深海海床，偶尔出现在大陆架和更浅的靠近水下峡谷的水域，水深100—2430米。
　　行为　本种较大的体腔、柔软的皮肤和肌肉表明这是一种行动缓慢且不活跃的鲨鱼，在海水中保持中性浮力。分布区域内不常见，但有时聚集成群。曾被拍到在深海中捕食鱼类。
　　生物学　卵胎生，卵食性营养模式，每胎2尾胎仔。捕食鱼类，包括其他板鳃鱼类，以及头足类和甲壳类。
　　保护状态　无危（LC）。分布广泛，但仅偶尔作为深海渔业的兼捕渔获物出现。

细须雅鲨科（Leptochariidae）

　　本科仅1属：细须雅鲨属（*Leptocharias*），曾被归入皱唇鲨科和真鲨科，但其形态显示它与这两个科的物种不同。其为东大西洋的特有物种。

史氏细须雅鲨 *Leptocharias smithii*　　　　FAO代码：**CLL**　　图版　第438页

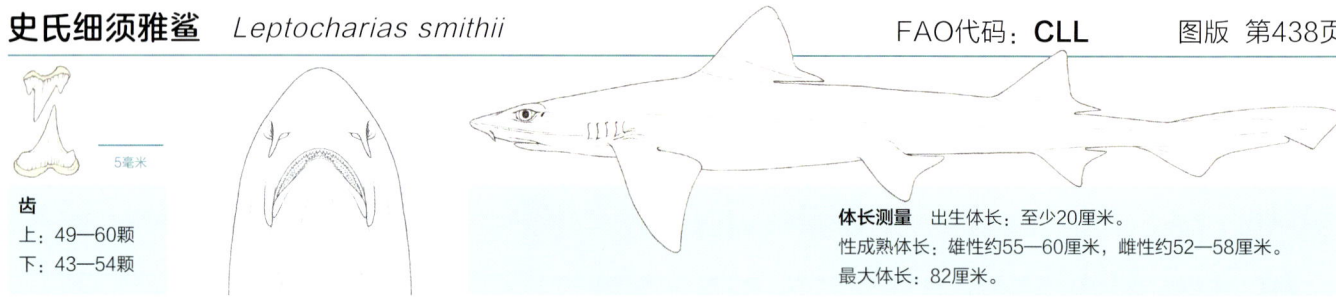

齿

上：49—60颗

下：43—54颗

体长测量　出生体长：至少20厘米。
性成熟体长：雄性约55—60厘米，雌性约52—58厘米。
最大体长：82厘米。

　　鉴定　体型小而纤细的鲨鱼。鼻孔具较细的须。嘴部长而呈弧状，口裂向后超过眼前缘；牙齿小，具齿尖（雄性前侧牙齿显著增大）；唇褶很长，眼水平椭圆形；具内瞬褶。体表呈浅灰棕色。

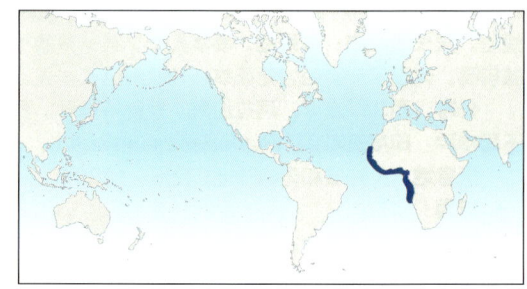

　　分布　大西洋东部：从毛里塔尼亚至安哥拉。
　　栖息地　大陆架，接近海床的水层，5—75米。在河流入海口外的泥质海底尤其常见。
　　行为　未知。雄性可能使用显著增大的前侧牙齿来辅助求偶和交配。
　　生物学　胎生，每胎7尾胎仔，妊娠期长达至少4个月；特殊的球状胎盘。在塞内加尔沿岸，怀孕的雌鱼出现于7—10月。捕食甲壳类、小型硬骨鱼类和鳐形目鱼类。
　　保护状态　易危（VU）。在其有限的分布范围内，作为被利用的兼捕渔获物捕捞。保护现状需要进一步研究。

皱唇鲨科（Triakidae）

鲨鱼中最大的科之一，包含9个属：怒鲨属（*Furgaleus*）、帆鳍鲨属（*Gogolia*）、翅鲨属（*Galeorhinus*）、半皱唇鲨属（*Hemitriakis*）、下盔鲨属（*Hypogaleus*）、前鳍皱唇鲨属（*Iago*）、星鲨属（*Mustelus*）、长瓣鲨属（*Scylliogaleus*）、皱唇鲨属（*Triakis*）。本科有超过45个物种分布在世界各地的热带和温带沿海海域。大多数本科物种出现在大陆和岛屿周边水域，从海岸线和潮间带到大陆架最外缘，通常接近底部，许多物种出现在沙质、泥质和岩石质的近岸生境，以及封闭的海湾和河口附近。少数深海物种出现在深度极大的大陆坡上，可能超过2000米。许多本科物种为地域特有种，分布范围极其狭窄。

鉴定 体型小到中等的鲨鱼，具两个尺寸中等到较大的无棘背鳍，第一背鳍基部远位于臀鳍基前，具一个臀鳍。眼水平椭圆形，具瞬褶，无鼻口沟，前鼻瓣不呈须状（怒鲨属除外），嘴部呈弧状，长而具棱角，口裂超过眼前缘，唇褶长度中等至很长。尾鳍下叶不发达，无背缘的侧向波纹。有些类群（如星鲨属）在没有脊椎计数的情况下很难辨认，另有几个物种尚未被描述。

生物学 有些物种非常活跃并几乎不停游泳，而其他物种则可以在海床静止休息，还有许多物种紧贴海床游动。有些为日行性，在白天最活跃，有些物种则为夜行性。皱唇鲨科繁殖方式为胎生（或卵胎生），具或不具卵黄囊胎盘，一胎胎仔数量1—52尾。它们主要以底层和中层水中的无脊椎动物和硬骨鱼类为食；有些主要以甲壳类动物为食，有些主要以鱼类为食，少数主要以头足类为食；本科中没有物种捕食鸟类和哺乳动物。

保护现状 皱唇鲨科物种一般比较常见，有些种类在沿海水域非常丰富，在那里它们被广泛地捕捞以获取肉、肝油和鱼鳍（如翅鲨属和星鲨属）。一些较小的沿海物种繁殖较快，可以支持受科学管理的渔业（42%的物种被IUCN评估为无危）。其他物种有种群崩溃的历史，捕捞它们的渔业曾不受监控和监管，而这些物种需要非常谨慎地管理（36%的物种在全球范围内受到威胁，包括13%的极危物种）。有些物种极其罕见。本科中没有物种能对人类造成伤害。

大鳍皱唇鲨（*Triakis megalopterus*）（第482页）

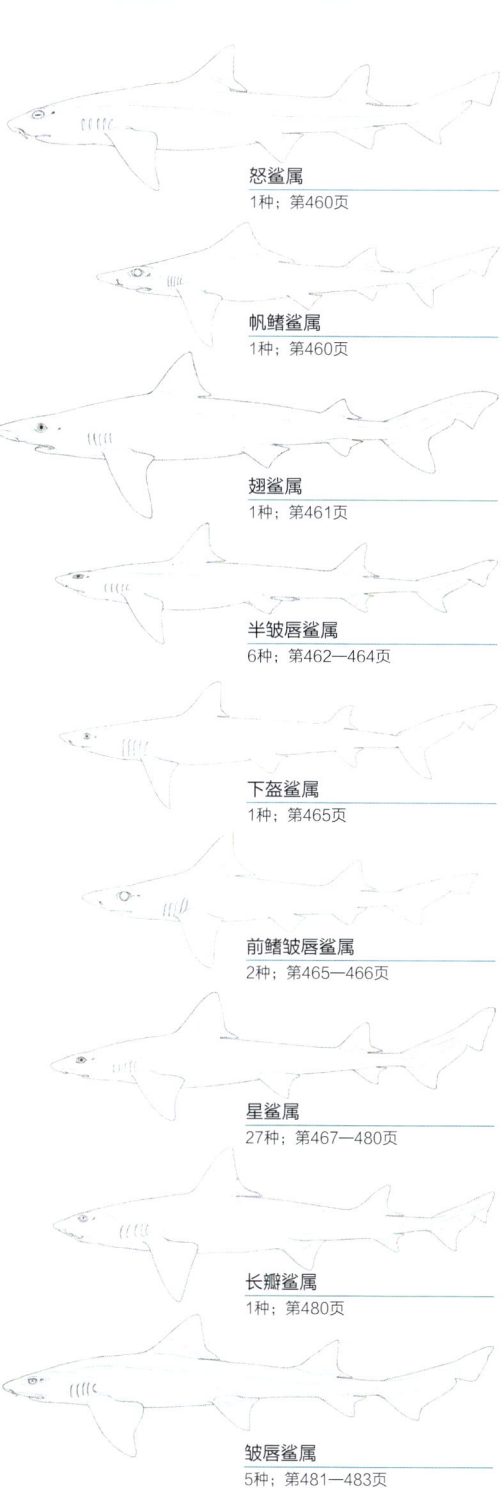

怒鲨属
1种；第460页

帆鳍鲨属
1种；第460页

翅鲨属
1种；第461页

半皱唇鲨属
6种；第462—464页

下盔鲨属
1种；第465页

前鳍皱唇鲨属
2种；第465—466页

星鲨属
27种；第467—480页

长瓣鲨属
1种；第480页

皱唇鲨属
5种；第481—483页

○ **麦氏怒鲨** *Furgaleus macki*

分布于东南印度洋；水深0—220米。身体粗壮以致背部微驼；眼下嵴明显，眼位于背侧面，前鼻瓣形成须，嘴部短，呈弧形；体表底色为灰色，具斑驳的暗色斑块或鞍斑，随年龄增长逐渐淡褪，身体下部颜色较浅。

○ **菲氏帆鳍鲨** *Gogolia filewoodi*

分布于印度洋-太平洋海域中部；水深73米。口前吻部长；第一背鳍很大，呈三角形（与尾鳍一般长）；身体上部为灰棕色，下部颜色较浅。

○ **隐半皱唇鲨** *Hemitriakis abdita*

分布于印度洋-太平洋海域中部；水深224—402米。体型细长；吻部长，轮廓呈抛物线状，前鼻瓣小，嘴部呈弧形；背鳍、胸鳍和臀鳍呈镰刀状，两个背鳍大小相同；体表灰棕色，吻部下方具暗色条纹，背鳍、胸鳍和臀鳍尖端为白色，未成年个体具鲜明的黑色条纹和鞍状斑纹。

○ **杂纹半皱唇鲨** *Hemitriakis complicofasciata*

分布于西北太平洋；海岸边至水深90—100米。体型细长；吻部长而钝，眼下嵴明显，前鼻瓣小，嘴部略成弧状；背鳍、胸鳍和臀鳍呈镰刀状；第一背鳍较第二背鳍略高；身体上部为灰棕色，具模糊的鞍状斑纹；各鳍后缘白色；身体下部呈白色，吻部下方无斑纹；较小的幼体色彩模式鲜明，具暗色的"O"形斑点、条纹和鞍状斑纹，并随年龄增长逐渐淡褪。

○ **镰鳍半皱唇鲨** *Hemitriakis falcata*

分布于印度洋-太平洋海域中部；水深110—200米。体型细长；吻部长而钝，前鼻瓣小，嘴部弧形；背鳍、胸鳍和臀鳍显著呈镰刀状，第一背鳍与第二背鳍大小相同，第一背鳍起点位于胸鳍内角前方；体表为灰褐色，吻部下方无条纹，背鳍尖端呈白色，幼体有鞍状斑纹和大型斑点。

○ **英氏半皱唇鲨** *Hemitriakis indroyonoi*

分布于印度洋-太平洋海域中部和印度洋东部；水深60米或更深。体型细长；前鼻瓣小，嘴部宽而呈弧形，成体体表为平淡的灰色，鳍尖为白色，新生幼鱼有深色的斑点和条纹。

○ **日本半皱唇鲨（日本翅鲨）** *Hemitriakis japanica*

分布于西北太平洋；近海至水深超过100米。吻部长度适中且轮廓呈抛物线状，眼呈缝隙状，具眼下嵴，前鼻瓣短，嘴部宽而呈弧形；第一背鳍与第二背鳍大小相同，第一背鳍起点位置位于胸鳍内角上方或后方，背鳍比臀鳍大很多；各鳍边缘明显呈白色。

○ **白鳍半皱唇鲨** *Hemitriakis leucoperiptera*

分布于印度洋-太平洋海域中部；沿海至水深约48米。吻部长度适中，轮廓呈抛物线状，眼长度适中，具眼下嵴，前鼻瓣小，嘴部宽阔或呈弧形；各鳍显著镰刀形，具明显的白色边缘，第一背鳍大于第二背鳍，第二背鳍大于臀鳍，第一背鳍起点位于胸鳍内缘上方或后方。

○ **下盔鲨（黑鳍翅鲨）** *Hypogaleus hyugaensis*

分布于印度洋和西太平洋；水深40—480米。体型相当细长；吻部长而宽，末端尖，眼大，椭圆形，具眼下嵴，前鼻瓣小，嘴部弧形；第二背鳍比第一背鳍小，比臀鳍大，尾鳍下叶相对短；身体上部为古铜色到灰褐色，身体下部颜色较浅，幼鱼尾鳍的上下尖端颜色尤其灰暗。

○ 下盔鲨（黑鳍翅鲨）

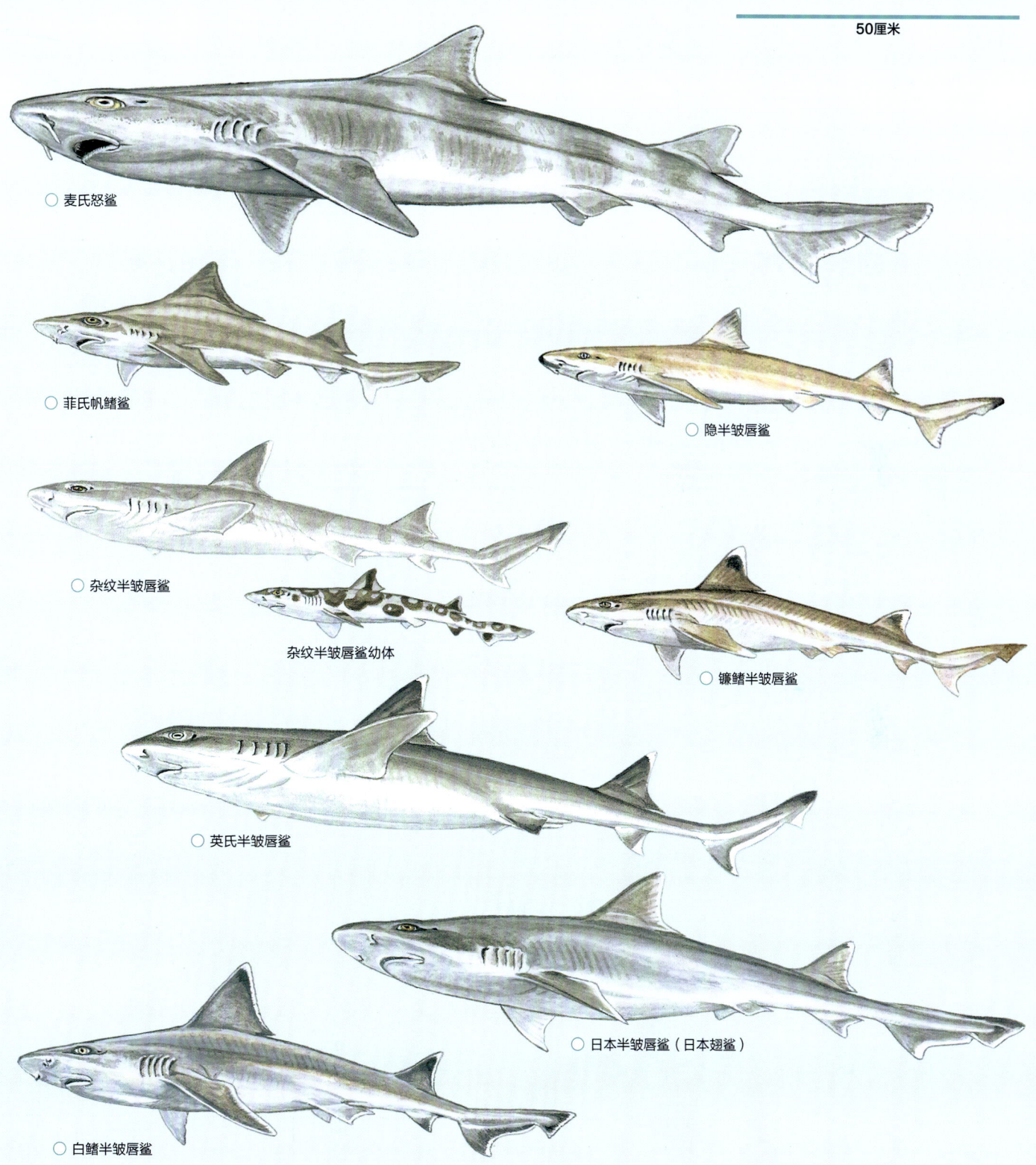

50厘米

○ 麦氏怒鲨

○ 菲氏帆鳍鲨

○ 隐半皱唇鲨

○ 杂纹半皱唇鲨

杂纹半皱唇鲨幼体

○ 镰鳍半皱唇鲨

○ 英氏半皱唇鲨

○ 日本半皱唇鲨（日本翅鲨）

○ 白鳍半皱唇鲨

○ **长吻前鳍皱唇鲨** *Iago garricki*　　　　　　　　　　　　　　　　　　　

分布于西南太平洋和印度洋－太平洋海域中部；水深250—477米。体型细长；第一背鳍比第二背鳍稍大，第一背鳍起点位于胸鳍内缘之上；身体上部为灰褐色，身体下部变得较浅；背鳍有明显的黑色尖端；背鳍、胸鳍和尾鳍后缘苍白。

○ **大眼前鳍皱唇鲨** *Iago omanensis*　　　　　　　　　　　　　　　　　　

分布于北印度洋；水深92—2195米。体型细长；眼大，鳃部较大；背鳍小，第一背鳍起点位于胸鳍基部上方，尾鳍下叶小；体表为灰褐色，身体下部颜色较浅，有时背鳍后缘颜色较深。

○ **奎氏长瓣鲨** *Scylliogaleus quecketti*　　　　　　　　　　　　　　　　

分布于西南印度洋；水深0—73米。吻部短而钝，前鼻瓣融合为一，宽大且覆盖嘴部；第一背鳍比第二背鳍略大于或等大，第二背鳍比臀鳍大得多；身体上部为灰色，身体下部为奶油色，新生幼鱼的背鳍、臀鳍和尾鳍有白色后缘。

○ **尖鳍皱唇鲨** *Triakis acutipinna*　　　　　　　　　　　　　　　　　　

分布于东南太平洋；水深50—200米。吻部宽圆，前鼻瓣分离，间距宽，不伸达嘴部；上唇褶长，伸达下颌缝合部；各鳍狭窄，胸鳍呈镰刀状，第一背鳍具较陡的垂直后缘；体表无斑点或条纹。

○ **斑点皱唇鲨** *Triakis maculata*　　　　　　　　　　　　　　　　　　　

分布于东太平洋；水深10—200米。体型粗壮，吻部宽圆，前鼻瓣分离，呈叶状，相距较宽且不伸达嘴部，上唇褶长，伸达下颌缝合部；各鳍宽大，胸鳍呈镰刀状，后缘较直，第一背鳍具向后倾斜的后缘；体表黑斑较多（有些个体不具斑点）。

○ **大鳍皱唇鲨** *Triakis megalopterus*　　　　　　　　　　　　　　　　　

分布于东南大西洋；水深0—50米。吻部钝而宽，前鼻瓣分离，小叶状，相距较宽，不伸达嘴部，上唇褶不伸达下颌缝合部；各鳍宽大，胸鳍呈镰刀状，后缘凹入，第一背鳍几乎垂直；身体上部为灰铜色，通常有许多小黑点。

○ **皱唇鲨** *Triakis scyllium*　　　　　　　　　　　　　　　　　　　　　

分布于西北太平洋；30—150米。吻部短而宽圆，前鼻瓣叶状，分离，不伸达嘴部，上唇褶长，伸达下颌缝合部；胸鳍几乎呈三角形，第一背鳍后缘几乎是垂直的；体表具分散的黑斑，有些个体不具黑斑，幼鱼具颜色暗淡的鞍状斑纹。

○ **半带皱唇鲨** *Triakis semifasciata*　　　　　　　　　　　　　　　　　

分布于东北太平洋；水深0—156米。吻部宽圆，前鼻瓣分离，不伸达嘴部，上唇褶伸达下颌缝合部；胸鳍呈镰刀状；体色独特醒目，具鞍状斑纹和斑点，体表底色为灰褐色，身体下部渐变为白色。

50厘米

○ 长吻前鳍皱唇鲨

○ 大眼前鳍皱唇鲨

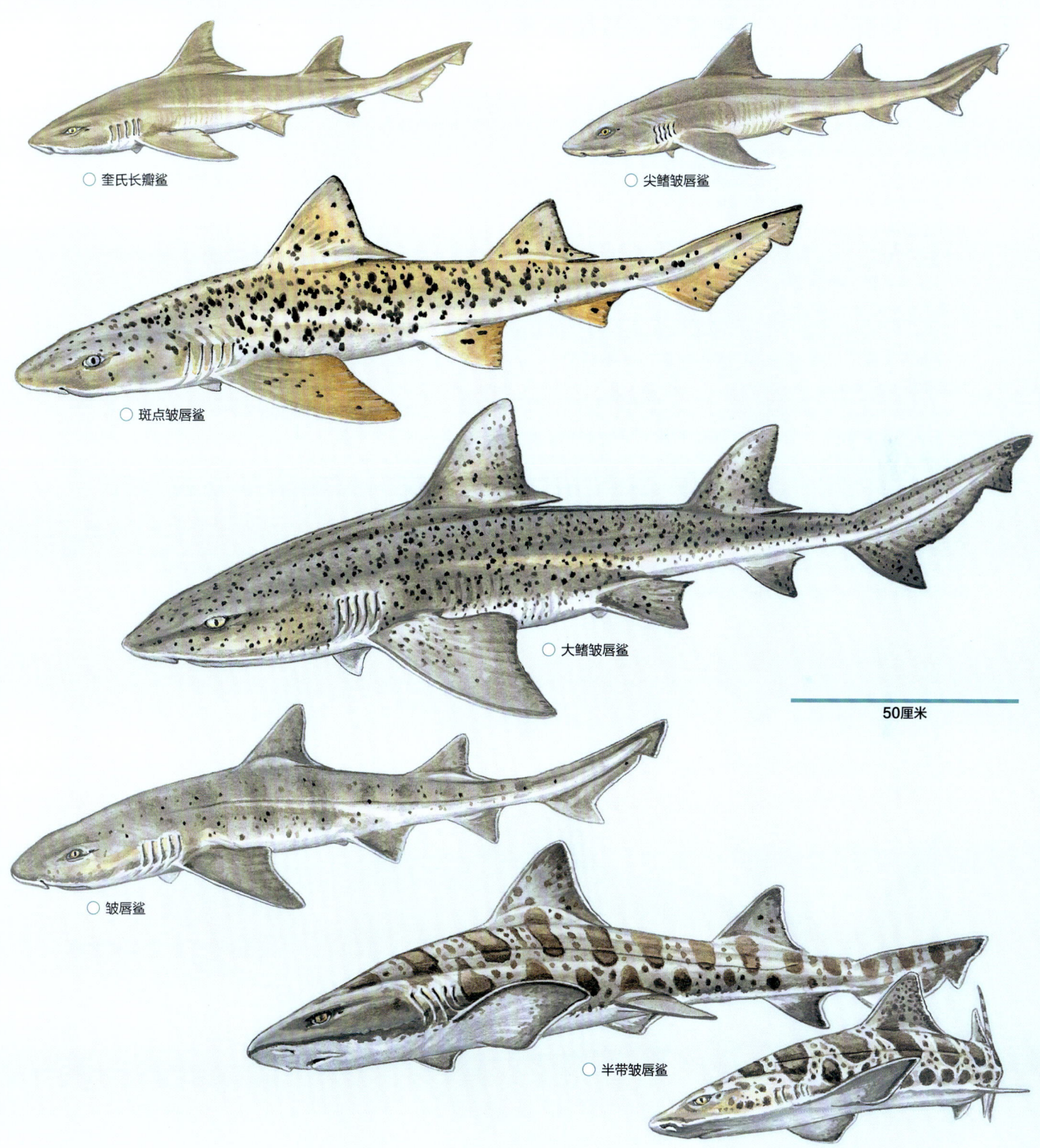

○ 奎氏长瓣鲨　　　　　　　　　　　　　　　　　　○ 尖鳍皱唇鲨

○ 斑点皱唇鲨

○ 大鳍皱唇鲨

50厘米

○ 皱唇鲨

○ 半带皱唇鲨

○ **翅鲨** *Galeorhinus galeus*　　　　　　　　　　　　　　　　　　　　　　　　

分布于几乎全世界；温带；水深0—800米。体型细长；吻部呈长圆锥形，无明显的眼下嵴，前鼻瓣小，嘴部较大，呈弧形；第一背鳍比第二背鳍大得多，第二背鳍的大小与臀鳍相同；尾鳍端叶很长；身体上部为灰色，下部为白色；幼鱼鳍具黑斑，有时具少量暗色斑点。

○ **宽鼻星鲨** *Mustelus asterias*　　　　　　　　　　　　　　　　　　　　　　

分布于大西洋东北部和地中海；水深至200米。体型细长；吻部圆，鼻孔间距比该地区的类似物种更窄；背鳍无流苏，胸鳍和腹鳍相当小；灰色或灰褐色，欧洲分布的唯一一种具白斑的星鲨。

○ **加勒比星鲨** *Mustelus canis*　　　　　　　　　　　　　　　　　　　　　　

分布于西大西洋；水深0—808米。体型细长；头部和吻部较短，眼大且眼间距小，鼻孔间距宽，上唇褶比下唇褶长；背鳍无流苏，尾鳍上叶缺口深；身体上部灰色，通常无斑点，下部为白色；新生幼鱼的背鳍和尾鳍具暗色尖端，幼鱼鱼鳍边缘白色。

○ **星鲨** *Mustelus mustelus*　　　　　　　　　　　　　　　　　　　　　　　　

分布于东大西洋至西南印度洋；水深0—800米。头部与吻部较短，眼大而眼间距较小，鼻孔间距较宽，上唇褶比下唇褶稍长；背鳍无流苏；体表灰色至灰棕色，身体下部颜色较浅，通常无斑点，较大个体偶尔具黑斑。

○ **南非星鲨** *Mustelus palumbes*　　　　　　　　　　　　　　　　　　　　　

分布于大西洋东南部，印度洋西南部；水深0—443米。鼻孔间距相对较宽，上唇褶长于下唇褶；背鳍无流苏，胸鳍和腹鳍相对较大（比宽鼻星鲨、白斑星鲨和星鲨大）；体表灰色至灰褐色，南非分布的唯一一种有白斑的星鲨。

○ **黑斑星鲨** *Mustelus punctulatus*　　　　　　　　　　　　　　　　　　　

分布于东大西洋和地中海；水深小于200米。头部和吻部短而窄，眼大，鼻孔间距窄，上唇褶略长于下唇褶；背鳍流苏明显；身体上部为灰色，下部为浅色，体侧通常有明显的黑色斑点；经常被误认为星鲨。

○ **舒氏星鲨** *Mustelus schmitti*　　　　　　　　　　　　　　　　　　　　　

分布于西南大西洋；水深2—195米。头部短，吻部长度适中，鼻孔间距窄，上唇褶比下唇褶长得多；背鳍流苏明显，外观呈黑色穗状；体表灰色，有白点；容易与其他具白点的星鲨属物种区分。

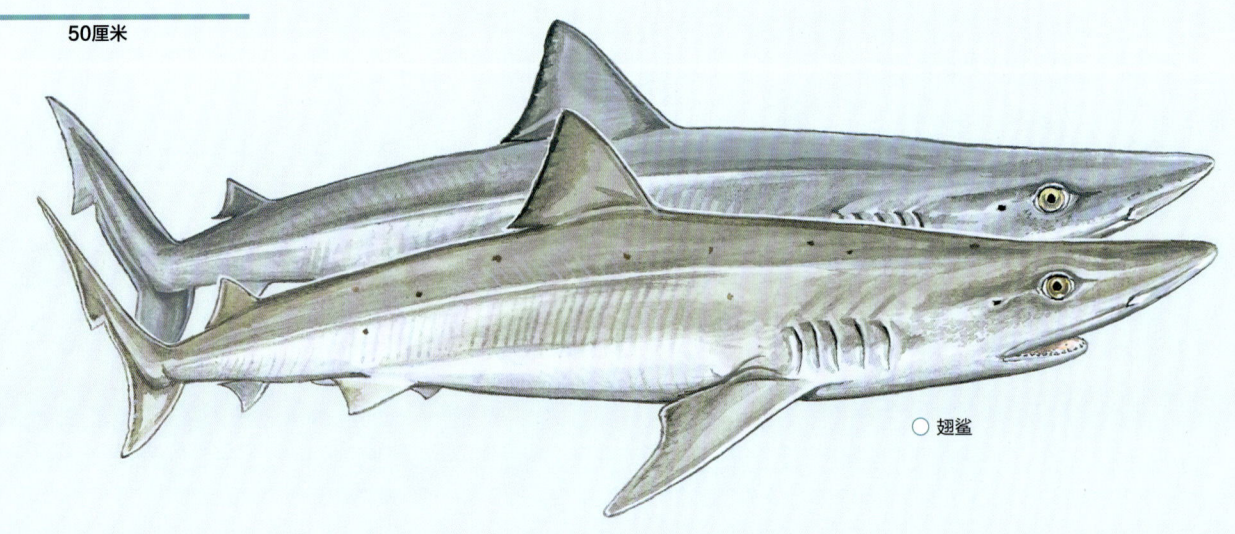

50厘米

○ 翅鲨

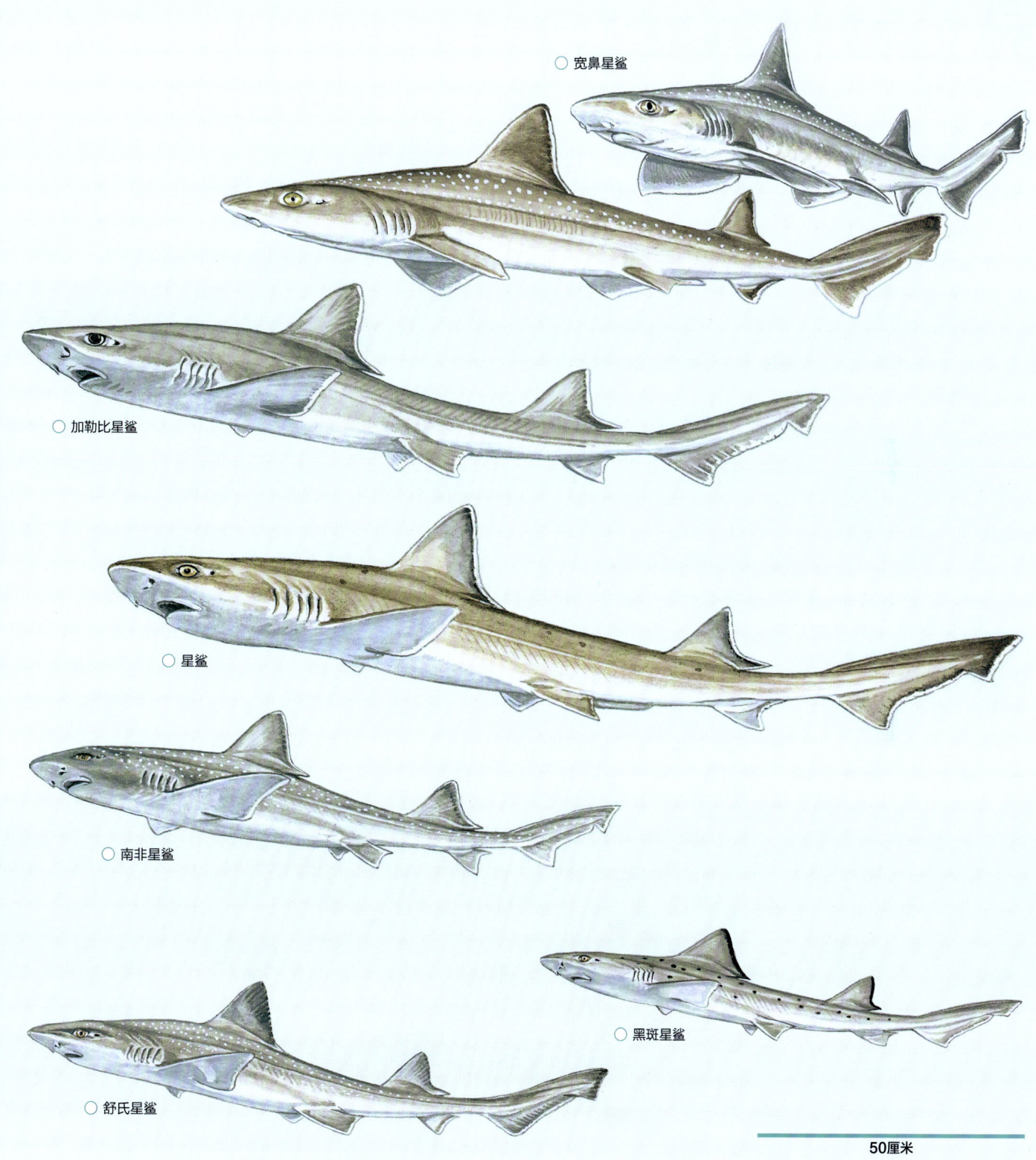

○ 宽鼻星鲨

○ 加勒比星鲨

○ 星鲨

○ 南非星鲨

○ 黑斑星鲨

○ 舒氏星鲨

50厘米

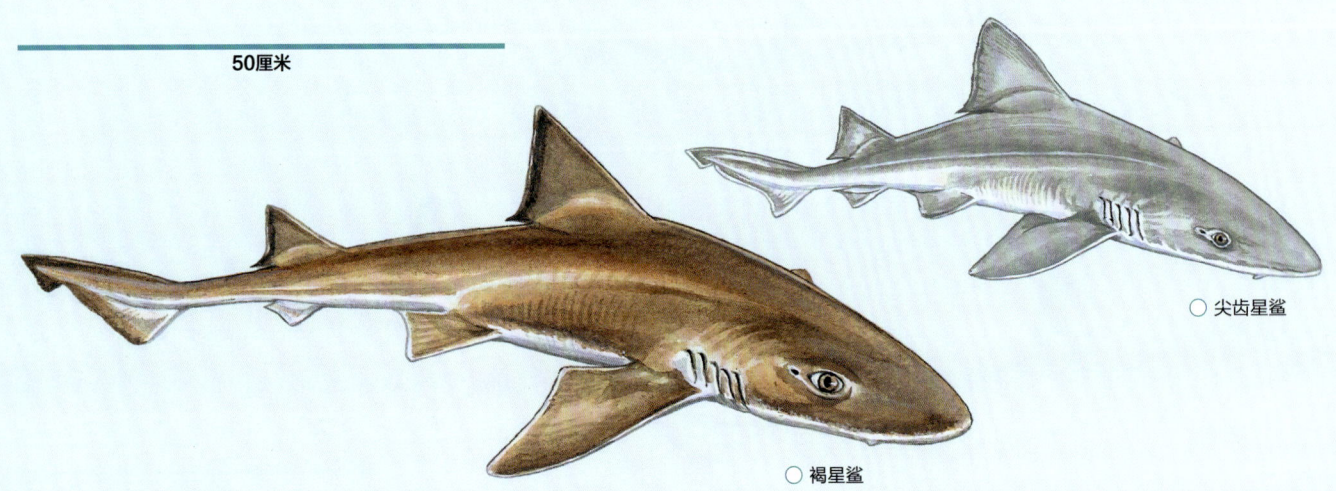

50厘米

○ 尖齿星鲨

○ 褐星鲨

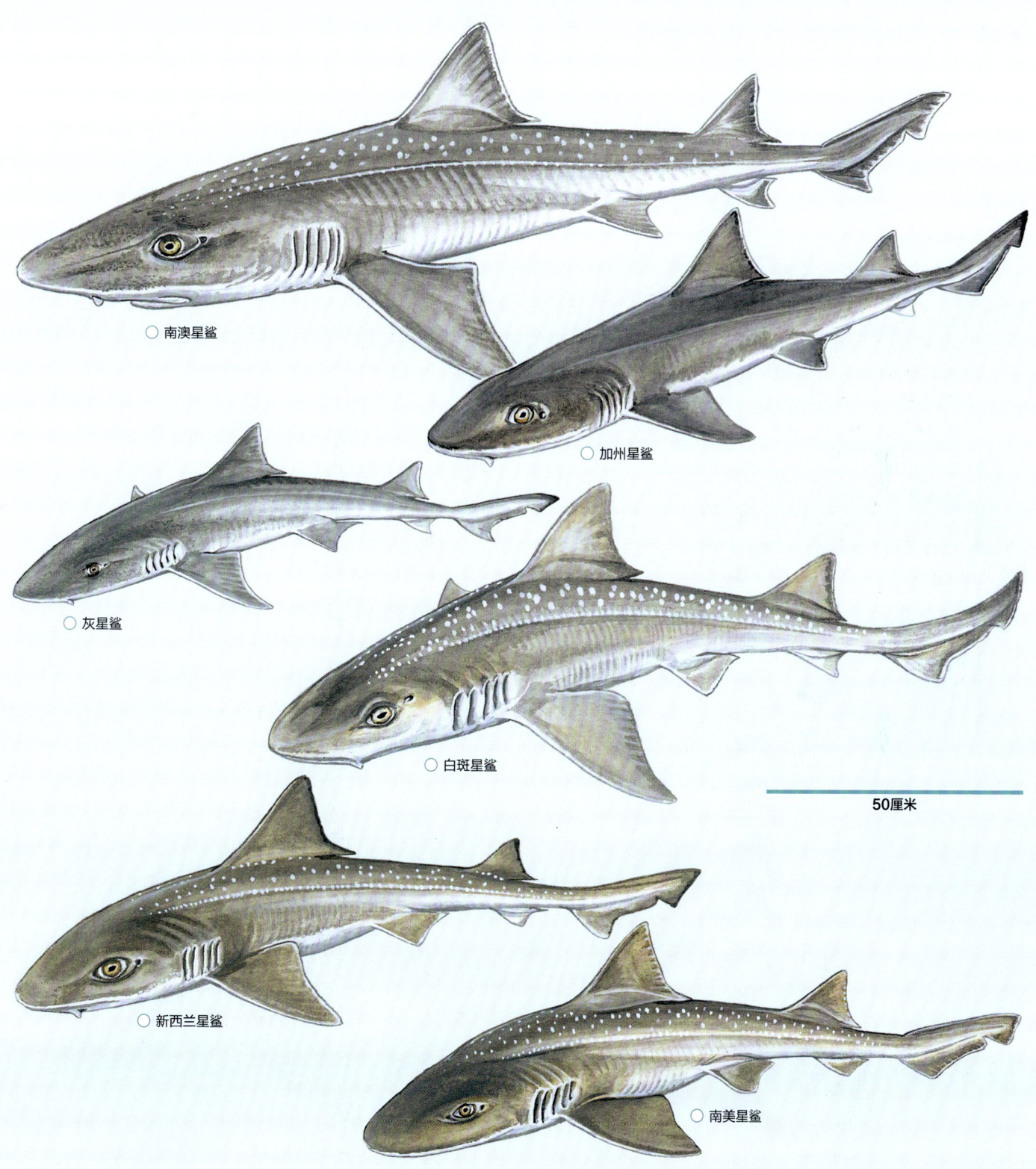

○ 南澳星鲨

○ 加州星鲨

○ 灰星鲨

○ 白斑星鲨

50厘米

○ 新西兰星鲨

○ 南美星鲨

○ **横带星鲨** *Mustelus fasciatus*

分布于西南大西洋；水深10—500米。头部较长，吻部尖长而有棱角，眼极小，鼻孔间距宽，上唇褶大大长于下唇褶；尾柄短，背鳍宽，呈三角形，无流苏；无斑点，幼鱼具垂直的暗色条纹。

○ **小眼星鲨** *Mustelus higmani*

分布于西大西洋；近岸至水深1463米。吻部长而尖，眼极小而眼距宽，鼻孔间距宽，上唇褶长度几乎与下唇褶相等；背鳍无流苏，第一背鳍呈镰刀状，略大于第二背鳍；体表颜色为均一的灰色或灰棕色，无斑点，身体下部颜色较浅。

○ **镰鳍星鲨** *Mustelus lunulatus*

分布于东太平洋；水深9—200米。与加州星鲨相似，但在以下几个方面与其相区别：吻部更尖，眼间距更宽，嘴部更短，上唇褶更短，背鳍呈显著镰刀状；体表颜色为均一的灰色至灰棕色，无斑点，身体下部颜色更浅。

○ **小星鲨** *Mustelus minicanis*

分布于西大西洋；71—183米。头部和吻部较短，眼较大，眼间距窄，鼻孔间距宽，上唇褶略长于下唇褶；背鳍无流苏，尾鳍下叶不发达；体表颜色为均一的灰色，无斑点，身体下部颜色较浅，新生幼鱼背鳍和尾鳍尖端颜色灰暗。

○ **阿拉伯星鲨** *Mustelus mosis*

分布于西印度洋和北印度洋；水深20—250米。头部和吻部短，眼较大，眼间距较窄，鼻孔间距宽，上唇褶与下唇褶长度相同；背鳍无流苏，尾鳍下叶呈半镰刀状；体表颜色为均一的灰色或灰棕色，无斑点，身体下部颜色较浅；南非海域的个体，第一背鳍尖端呈白色，第二背鳍和尾鳍尖端呈黑色。

○ **诺氏星鲨** *Mustelus norrisi*

分布于西大西洋；近岸至水深100米，偶尔出现于260米深处。头部短而窄，眼相对大，鼻孔间距窄，嘴部相对较长，上唇褶与下唇褶长度相等或稍长；各鳍显著呈镰刀状；体表颜色为均一的灰色，无斑点，身体下部颜色较浅，新生幼鱼背鳍和尾鳍尖端颜色灰暗。

○ **北美星鲨** *Mustelus sinusmexicanus*

分布于西大西洋；36—229米。头部和吻部短，眼较大，眼间距窄，鼻孔间距宽，上唇褶长于下唇褶；背鳍无流苏，第一背鳍大，尾鳍下叶延伸程度适中；体表颜色为均一的灰色，无斑点，身体下部颜色较浅，新生幼鱼背鳍和尾鳍尖端颜色灰暗。

○ **惠氏星鲨** *Mustelus whitneyi*

分布于东太平洋至东南太平洋；16—211米。体型粗壮，几近驼背；头部和吻部较长，眼较大，鼻孔较宽，上唇褶远长于下唇褶；背鳍暗色，具流苏，尾鳍下叶微微呈镰刀状；体表颜色为均一的灰色，无斑点，身体下部颜色较浅。

○ 小星鲨

○ 小眼星鲨

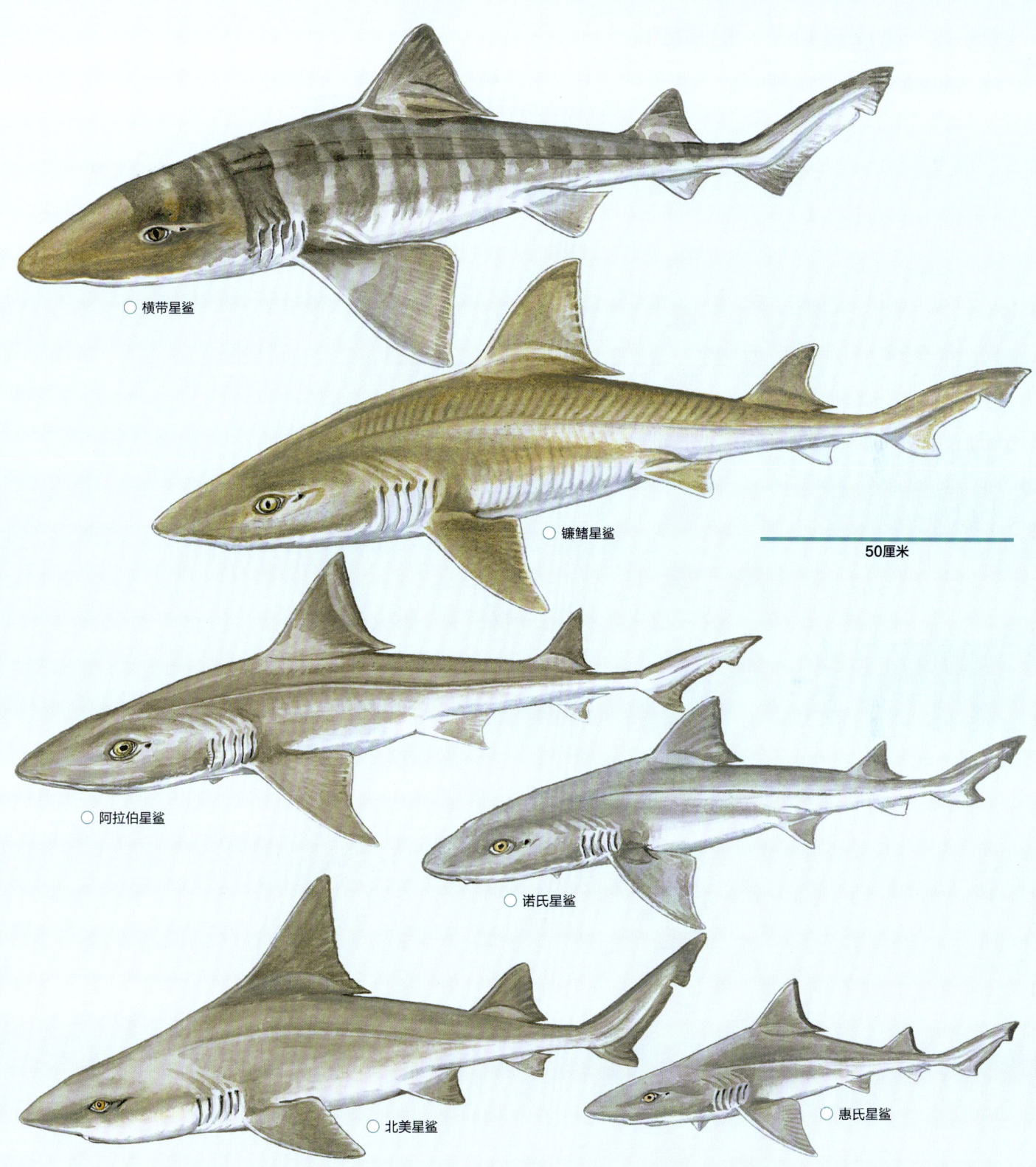

○ 横带星鲨

○ 镰鳍星鲨

50厘米

○ 阿拉伯星鲨

○ 诺氏星鲨

○ 北美星鲨

○ 惠氏星鲨

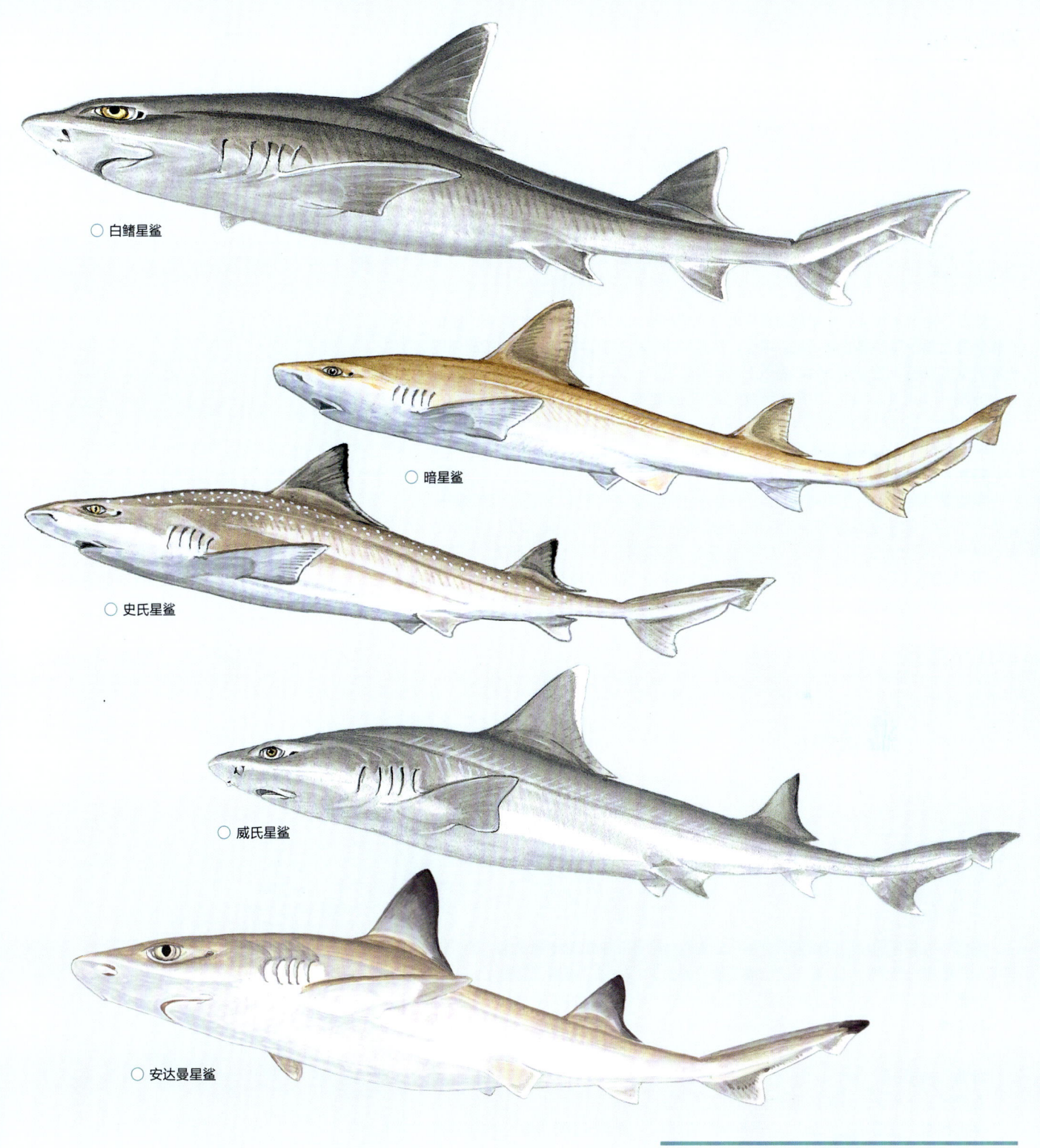

○ 白鳍星鲨

○ 暗星鲨

○ 史氏星鲨

○ 威氏星鲨

○ 安达曼星鲨

50厘米

麦氏怒鲨 *Furgaleus macki*

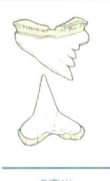

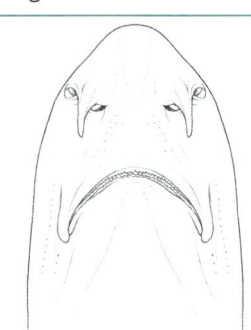

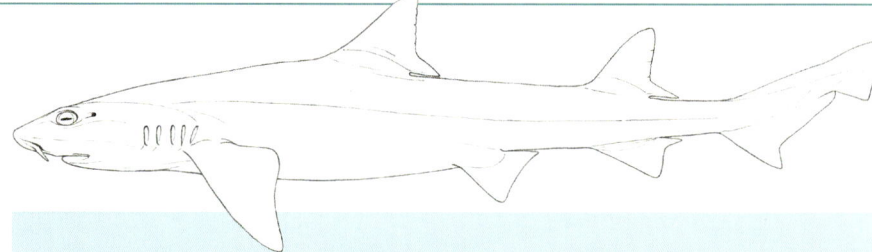

5毫米

齿
上：24—32颗
下：36—42颗

体长测量　出生体长：20—27厘米。性成熟体长：雄雌均约110—135厘米。
最大体长：160厘米。

鉴定　皱唇鲨科唯一一个前鼻瓣特化为须的物种。体形粗壮，几近驼背。眼位于体背侧，眼下具明显的嵴。嘴部很短，呈弧形。身体上部为灰色，斑驳的暗色斑块和鞍状斑纹随年龄增长消退。身体下部颜色较浅。

分布　印度洋东南部：为澳大利亚南部和西部特有。

栖息地　温带地区的浅海大陆架，海床上或接近海床的水层，喜栖息于0—220米水深的岩石、海草和褐藻生境。

行为　喜四处游荡。

生物学　卵胎生。无卵黄囊胎盘，每胎4—29尾胎仔（平均19尾），妊娠期长达7—9个月，雌鱼在晚冬或早春分娩。性成熟的年龄为：雄性约4.5岁，雌性6.5岁；最大年龄为10.5—11.5岁。这种鲨鱼是专门捕食章鱼和其他头足类动物的捕食者，也捕食少量硬骨鱼类。

保护状态　无危（LC）。在20世纪六七十年代，本种的种群被针对性的刺网渔业削减至最初规模的30%以下，但这种渔业活动目前受到科学管理，种群自20世纪80年代中期起保持稳定，如今已有增长。

菲氏帆鳍鲨 *Gogolia filewoodi*

FAO代码：**TGF**　　图版　第448页

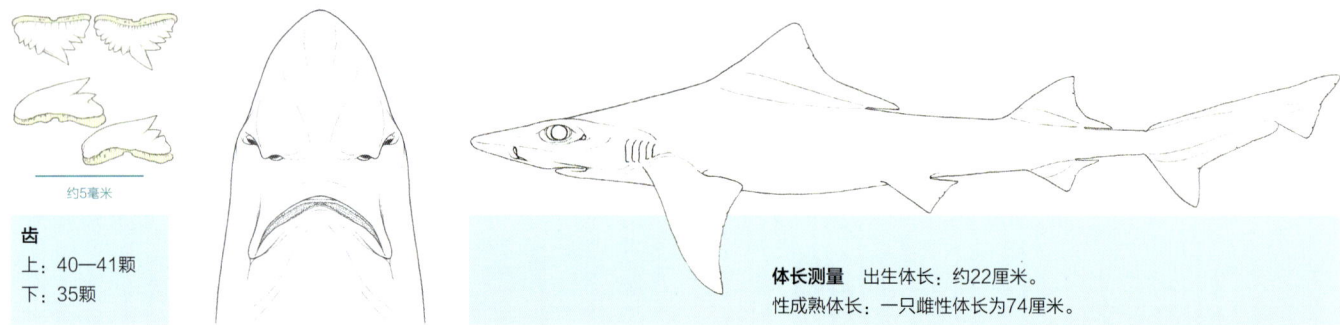

约5毫米

齿
上：40—41颗
下：35颗

体长测量　出生体长：约22厘米。
性成熟体长：一只雌性体长为74厘米

鉴定　棕灰色的小型皱唇鲨科物种，标志性特征是几乎与尾鳍等长的、硕大而呈三角形的第一背鳍，以及较长的口前吻部（相当于1.6—1.7倍嘴部宽度）。

分布　印度洋-太平洋海域中部：仅已知巴布亚新几内亚北部的一处栖息地。

栖息地　仅已知一个来自大陆架水深73米处的标本，可能栖息于靠近海床的水层。

行为　未知。

生物学　卵胎生。一条怀孕雌鱼怀有2尾胎仔。

保护状态　数据缺乏（DD）。据推测为特有种；最近在巴布亚新几内亚的科考活动没能再次记录到本种。

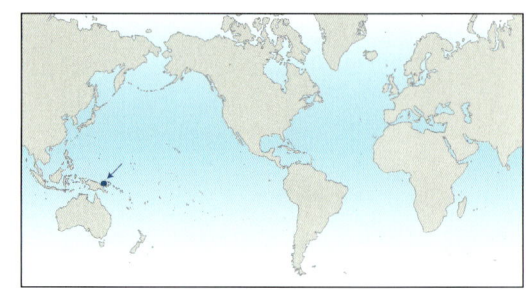

翅鲨 *Galeorhinus galeus*

FAO代码：**GAG**　　图版 第452页

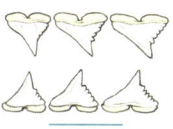

齿
上：30—41颗
下：31—46颗

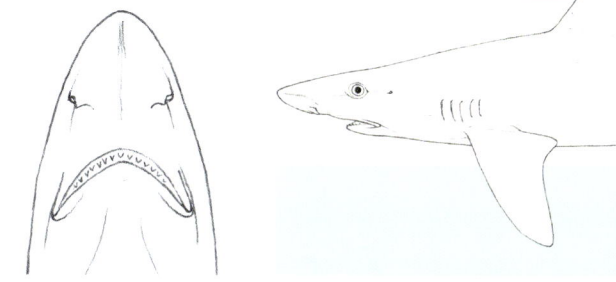

体长测量　不同区域种群有所不同。出生体长：30—40厘米。性成熟体长：雄性约120—170厘米，雌性130—185厘米。最大体长：雄性 175厘米，雌性195厘米。

鉴定　体型细长、吻部较长的皱唇鲨科鲨鱼，无明显的前鼻瓣或眼下嵴。嘴部大而呈弧形；牙齿小，呈刀刃状。第二背鳍与臀鳍大小相同，远小于第一背鳍。尾鳍上叶极长（约为尾叶上缘长度的一半）。身体上部为灰色，下部为白色；幼鱼各鳍具黑色边缘。

分布　除西北大西洋、西北太平洋外，广泛分布于世界各地的温带海域。

栖息地　在寒温带至暖温带的大陆架海域最为丰富，从海岸线碎浪带和很浅的水中到离海岸较远的水域，不出现于远洋，经常在海床附近游动，水深0—800米。

行为　一种活跃、强壮、擅长游泳的鲨鱼，每天能够游过35英里（56千米）的路程。高纬度地区的种群在它们冬季和夏季的觅食地与繁殖地之间进行长途洄游，在西南大西洋可达1400千米。其他种群在近岸和离岸水域进行更短的季节性洄游。该物种还会进行昼夜垂直迁移，白天栖息在深水区，而夜间则迁移到更浅的水域。尽管本物种通常被认为栖息于大陆架上，但追踪标签反馈显示它们也会在远洋水域进行长距离的迁徙：从澳大利亚到新西兰穿越塔斯曼海（特别是雌性），游过从英国到加那利群岛超过2500千米的旅程，还会游到地中海、亚速尔群岛、挪威和冰岛北部。遗传学研究表明，太平洋是它们迁徙的障碍，但南非和澳大利亚的种群之间有很高的连通性。翅鲨通常以小型鱼群出现，有时以体型和性别的不同分群活动。怀孕的雌鱼从近岸觅食地游到浅水湾和河口分娩。幼体在育儿场停留长达两年（但在冬季可能迁移到更深的水域），然后加入其他地方的幼鱼群体。

生物学　卵胎生，卵黄囊营养模式。与繁殖有关的生物学参数，如每胎胎仔数量和妊娠期长度，随地域不同而变化。本种每胎6—52尾胎仔，一般雌鱼体型越大，每胎所产胎仔数量越多。本种广阔的分布范围内，并非所有地方的种群的性成熟年龄都得到了研究，但本种繁殖力相对低下，因为雌雄两性均性成熟较晚（雌性11—

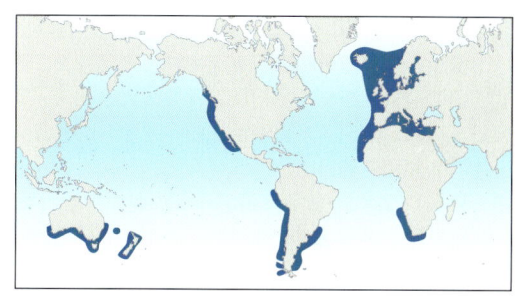

17岁，雄性约9—13岁），雌鱼妊娠期长达12个月，且在两次怀孕之间雌鱼可能会休息1—2年，所以每隔2—3年才会分娩1次。本种是机会主义捕食者，主要捕食硬骨鱼类，也会捕食一些无脊椎动物。本种的天敌包括更大的鲨鱼，可能还有海洋哺乳动物。

保护状态　极危（CR）。本种在全球范围内被IUCN红色名录列为极危等级，主要原因是历史上不受科学管理的、有针对性的刺网和延绳钓渔业使其种群走向枯竭，另外也与兼捕问题和近岸育儿场的破坏有关。在西南大西洋，澳大利亚和南非，本物种的种群被过度捕捞以致被判定为极危状态（这几处地域范围内的本种种群被严重过度捕捞，已到了灭绝的边缘）。欧洲种群曾被列为易危等级（VU），但现在已经衰退到了濒危（EN）等级。新西兰种群衰退并不严重，其受到保护的育儿场可能对澳大利亚种群起到补充作用。东北太平洋的种群同样已经衰退，使其被列入了加拿大的受威胁物种法案中。翅鲨可能是拥有最多地方名的鲨鱼，因其被世界各地渔业活动作为目标物种，以获取肉、鱼肝油和鱼翅，而现在它也被专业体育性垂钓者作为目标鱼种。翅鲨渔业在澳大利亚、新西兰、欧盟和英国受到管控，并且本种在加拿大和地中海沿岸受到保护。在地中海水域，地中渔业委员会规定在底层定置网，延绳钓和金枪鱼陷阱中捕获的翅鲨需要放生。本种已被列入《保护野生动物迁徙物种公约》的附录2。

翅鲨（*Galeorhinus galeus*）

隐半皱唇鲨 *Hemitriakis abdita*

FAO代码：**TRK**　　　图版 第448页

约5毫米

齿
上：34—37颗
下：28—33颗

体长测量　出生体长：20—25厘米。性成熟体长：65厘米。
最大体长：可能超过80厘米。

　　鉴定　体型细长的皱唇鲨科物种。吻部较长，轮廓呈抛物线状。前鼻瓣较小。嘴部呈弧形；牙齿小，呈刃状。两背鳍大小相近。背鳍、胸鳍和臀鳍呈镰刀状。体表呈灰棕色。吻部下方具暗色条纹；背鳍、胸鳍和臀鳍具明显的白色尖端。未成年个体的体表和各鳍具暗色条纹与实心的鞍状斑。

　　分布　印度洋–太平洋海域中部：澳大利亚，可能还有新喀里多尼亚。

　　栖息地　深海，大陆坡上部，水深224—402米。

　　行为　未知。

　　生物学　未知。

　　保护状态　数据缺乏（DD）。数据仅从一个小地区的少数标本中得出。

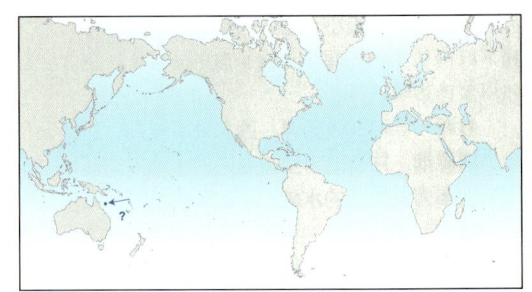

杂纹半皱唇鲨 *Hemitriakis complicofasciata*

FAO代码：**TRK**　　　图版 第448页

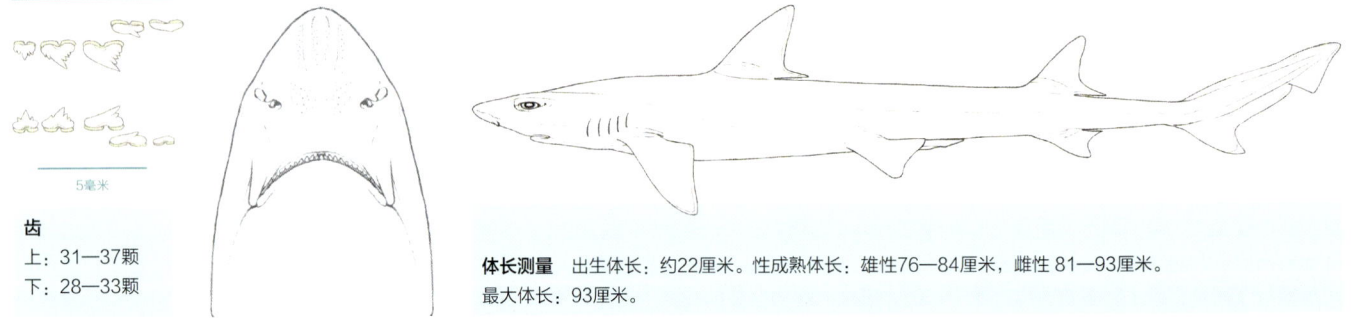

5毫米

齿
上：31—37颗
下：28—33颗

体长测量　出生体长：约22厘米。性成熟体长：雄性76—84厘米，雌性 81—93厘米。
最大体长：93厘米。

　　鉴定　体型细长的皱唇鲨科物种，吻部短钝，眼下嵴明显，鼻瓣小，嘴部弧度适中，上唇褶长，下唇褶短；背鳍，胸鳍和臀鳍镰刀状；第一背鳍高于第二背鳍。成年个体和亚成体身体上部呈灰棕色，具不显著的鞍状斑纹，吻部下方无条纹，身体下部呈白色；各鳍顶端和后缘呈白色。未成年个体体表具复杂的色彩模式，包括各式各样的条纹、线纹、斑点和环斑；色彩随个体年龄增长而逐渐消退。

　　分布　太平洋西北部：琉球群岛，日本至中国台湾地区西南部。

　　栖息地　近岸至水深90—100米处。

　　行为　未知。

　　生物学　卵胎生。不具卵黄囊胎盘；一胎产5—8尾胎仔。

　　保护状态　易危（VU）。这个近岸特有种在拖网、延绳钓和刺网渔业中是被保留的兼捕渔获物，但现在因降低的渔业压力和限制狭窄的分布范围内拖网渔业，种群受益较多。

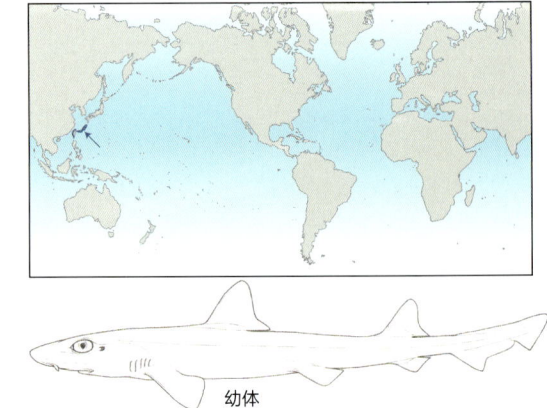

幼体

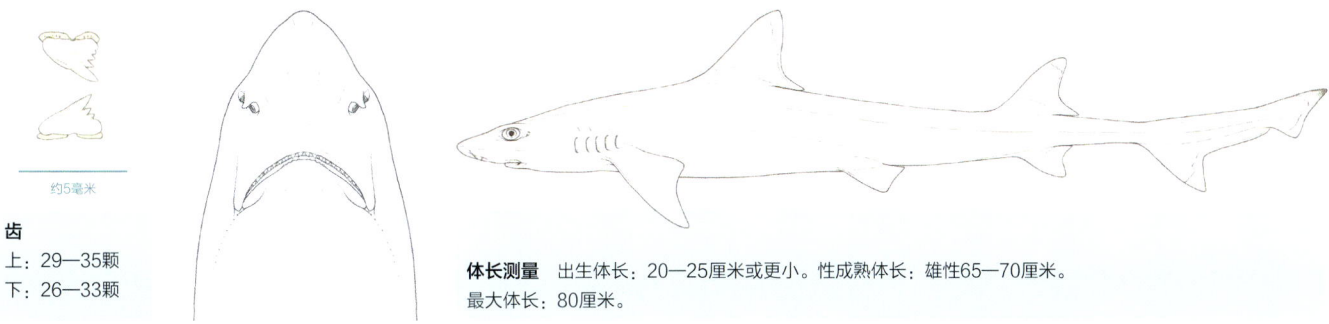

齿

上：29—35颗

下：26—33颗

约5毫米

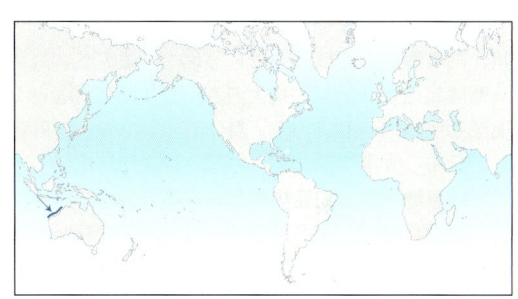

体长测量　出生体长：20—25厘米或更小。性成熟体长：雄性65—70厘米。
最大体长：80厘米。

鉴定　体型细长。前鼻瓣小。嘴部呈弧形；牙齿小，呈刃状。两背鳍大小相同；第一背鳍起点位于胸鳍内缘上方，胸鳍内角前方。成鱼的背鳍、胸鳍和臀鳍显著成镰刀状。体表为灰棕色。吻部下方无条纹；背鳍具明显的白色顶端。亚成体和体长小于50厘米的幼鱼在体表和鳍上具有鲜明的鞍状斑纹和实心的斑点。

分布　印度洋−太平洋海域中部：澳大利亚西北部。

栖息地　大陆架外缘，110—200米。

行为　未知。

生物学　未知。

保护状态　无危（LC）。本种狭窄的分布范围内基本没有渔业活动。

齿

上：36颗

下：33颗

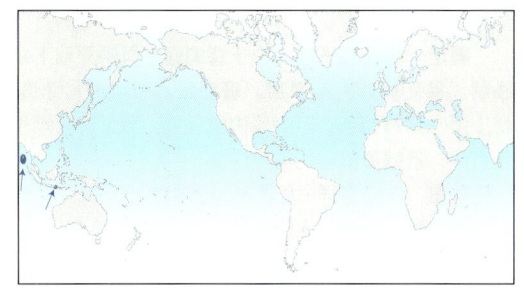

体长测量　出生体长：28—30厘米或更小。性成熟体长：雄性92—95厘米，雌性约100—105厘米。
最大体长：120厘米。

鉴定　体型细长的皱唇鲨科鲨鱼。吻部短，窄而尖。鼻瓣小。嘴部宽而呈弧形，上唇褶长，下唇褶短。眼大而呈卵形。背鳍，胸鳍和臀鳍呈显著镰刀状；第一背鳍略大于第二背鳍，第一背鳍起点位于胸鳍内角之后。成年个体身体上部为灰棕色，身体下部颜色浅，各鳍尖端明显呈白色；新生幼鱼具黑色斑块和条纹，但随着生长而逐渐变淡。

分布　印度洋−太平洋海域中部和东印度洋：东印度尼西亚，巴厘岛与龙目岛，安达曼海的安达曼群岛和尼科巴群岛。

栖息地　大陆架外缘，水深60米或更深。

行为　未知。

生物学　卵胎生，无卵黄囊胎盘；每胎胎仔6—11尾。食物主要包括小型底栖鱼类和甲壳类。

保护状态　濒危（EN）。

日本半皱唇鲨（日本翅鲨） *Hemitriakis japanica* FAO代码：**THJ** 图版 第448页

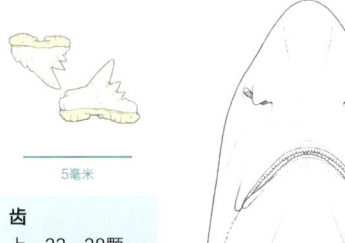

5毫米

齿
上：33—38颗
下：29—33颗

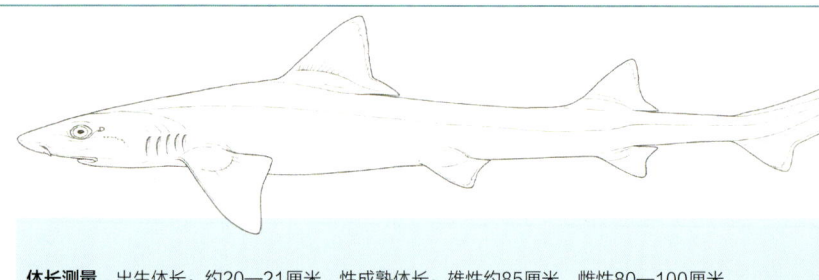

体长测量　出生体长：约20—21厘米。性成熟体长：雄性约85厘米，雌性80—100厘米。最大体长：雄性110厘米，雌性可能超过120厘米。

鉴定　眼睛呈裂缝状，位置较低，具眼下峭。吻部长度适中，轮廓呈抛物线状。前鼻瓣短。吻部呈弧形；牙齿小，呈刃状。成年个体各鳍呈不显著镰刀状。第一背鳍起点位于胸鳍内角上方或后方（新生幼鱼除外）。臀鳍明显小于背鳍。身体上部颜色为均一的灰棕色，身体下部颜色较浅，各鳍边缘为鲜明的白色。

分布　太平洋西北部：中国，韩国和日本。

栖息地　温带和亚热带大陆架海域，近岸至超过100米水深。

行为　未知。

生物学　卵胎生，无卵黄囊胎盘；每胎生产8—22尾胎仔（平均10尾），生产胎仔数量与雌鱼体型相关。在中国东海，本种在6—9月交配（6—8月最频繁），6—8月分娩（主要为6月）。捕食小型鱼类、头足类和甲壳类。

保护状态　濒危（EN）。

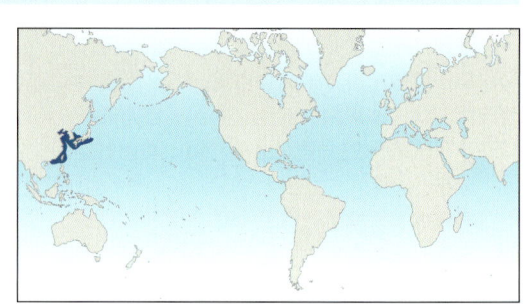

白鳍半皱唇鲨 *Hemitriakis leucoperiptera* FAO代码：**THL** 图版 第448页

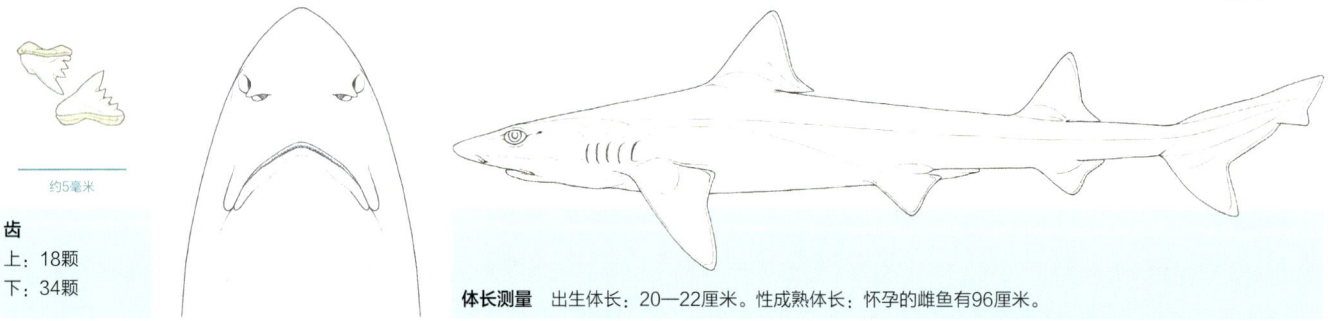

约5毫米

齿
上：18颗
下：34颗

体长测量　出生体长：20—22厘米。性成熟体长：怀孕的雌鱼有96厘米。

鉴定　眼长度适中，位于背侧面，具明显眼下峭。吻部长度适中，轮廓呈抛物线状。鼻孔具短的前鼻瓣。嘴部宽，呈弧形；牙齿小，呈刃状。各鳍显著呈镰刀状。第一背鳍起点位于胸鳍内缘上方。第二背鳍较小，但比臀鳍大。吻部下方具暗色条纹；各鳍具鲜明的白色边缘。

分布　中印度洋–太平洋：菲律宾。

栖息地　沿岸至水深48米。

行为　未知。

生物学　胎生，每胎12尾胎仔。

保护状态　极危（CR）。两个标本采集于75年前；过去的15年内采集到了一些新标本。

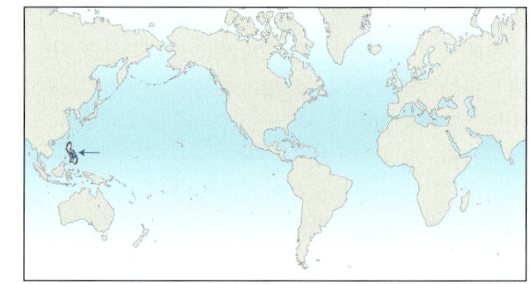

下盔鲨（黑鳍翅鲨） *Hypogaleus hyugaensis*　　　FAO代码：**THH**　　　图版 第448页

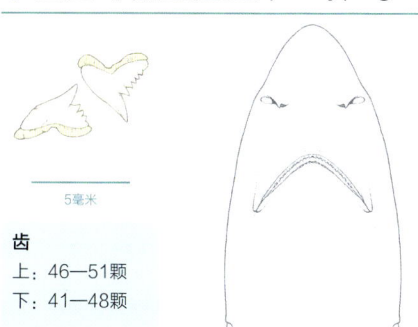

齿
上：46—51颗
下：41—48颗

5毫米

体长测量　出生体长：约30—35厘米。性成熟体长：雄性98厘米，雌性102厘米。
最大体长：150厘米。

鉴定　中等大小的皱唇鲨科鲨鱼，体型细长。吻部长，宽而尖。牙齿呈刃状。眼大，为卵圆形。第二背鳍小于第一背鳍，但大于臀鳍。尾鳍下叶相对较短（不及尾叶上缘长度的一半）。体表铜色至灰棕色（身体下部颜色较浅），背鳍和尾鳍上叶尖端颜色暗，幼鱼尤甚。

分布　印度洋和西太平洋：南非，莫桑比克，坦桑尼亚，肯尼亚，澳大利亚，中国台湾地区和日本，波斯湾的记录可能是兰氏副沙条鲨（*Paragaleus randalli*）。

栖息地　热带和暖温带大陆架和大陆坡上部，水深40—230米，偶出现于480米深处，靠近海床的水层。

行为　未知。

生物学　胎生，具卵黄囊胎盘；每胎2—15尾胎仔（平均10尾）。妊娠期长达12个月，分娩后可能有1年的休息期。在南非海域，本种分娩于12月，而在澳大利亚则是2月，妊娠期10—11个月。主要捕食硬骨鱼类和头足类。

保护状态　数据缺乏（DD）。呈斑块状分布，数量较少；有时是渔业兼捕渔获物。

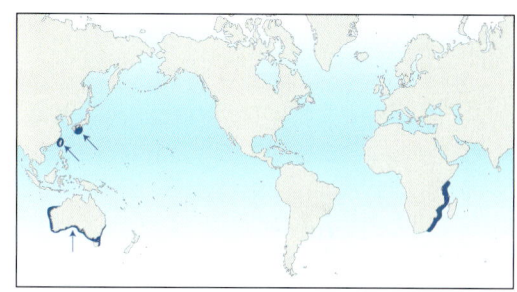

长吻前鳍皱唇鲨 *Iago garricki*　　　FAO代码：**TIK**　　　图版 第450页

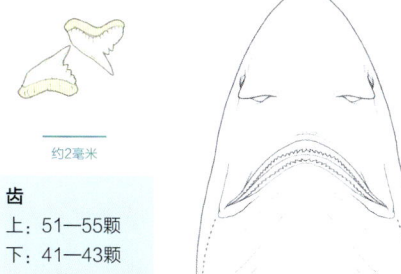

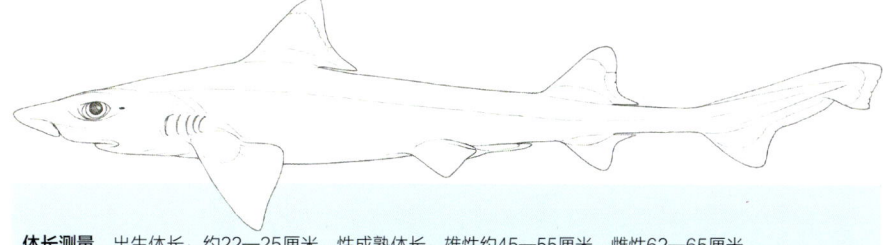

齿
上：51—55颗
下：41—43颗

约2毫米

体长测量　出生体长：约22—25厘米。性成熟体长：雄性约45—55厘米，雌性62—65厘米。
最大体长：75厘米。

鉴定　体型细长。吻部长而窄；牙齿小，呈刃状。第一背鳍起点非常靠前（胸鳍内缘上方）。第二背鳍与第一背鳍基本等大。尾鳍下叶不发达。身体上部呈灰棕色，腹部颜色较浅；背鳍具明显的黑色尖端，而后缘呈白色；胸鳍和尾鳍后缘白色。

分布　西南太平洋和印度洋–太平洋海域中部：瓦努阿图群岛，巴布亚新几内亚，所罗门群岛，澳大利亚北部，菲律宾。

栖息地　热带深海，大陆坡和岛屿斜坡上部，水深250—477米。

行为　未知。

生物学　胎生，具卵黄囊胎盘；每胎4—5尾胎仔。主食头足类。

保护状态　无危（LC）。极少被捕捞。

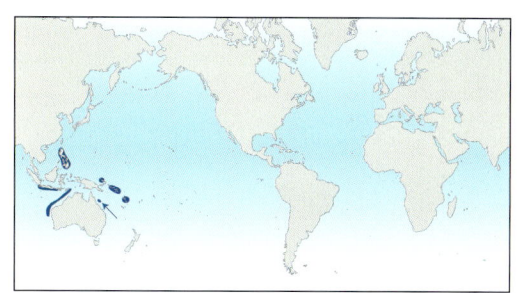

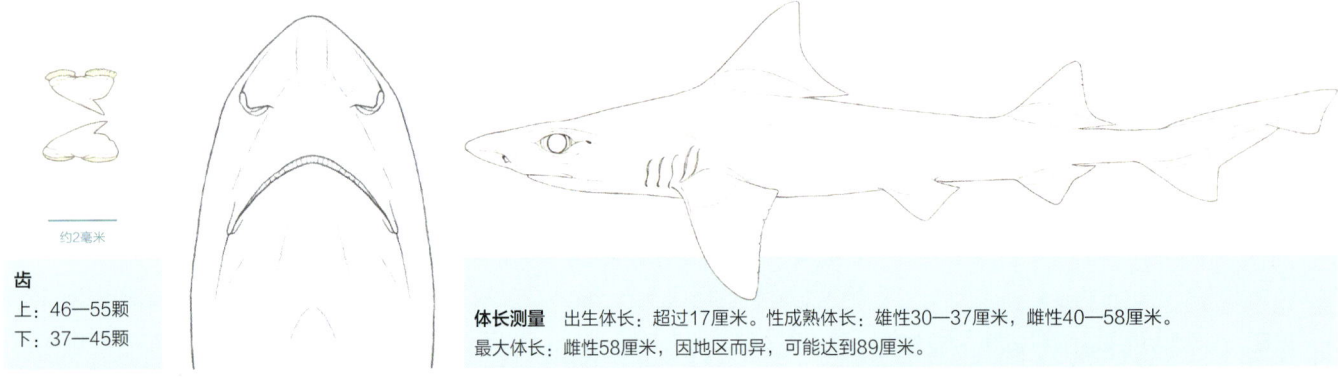

齿

上：46—55颗

下：37—45颗

约2毫米

体长测量　出生体长：超过17厘米。性成熟体长：雄性30—37厘米，雌性40—58厘米。最大体长：雌性58厘米，因地区而异，可能达到89厘米。

鉴定　体型细长。牙齿小，呈刃状。鳃裂大，最长的鳃裂宽度与眼长相等。背鳍小，第一背鳍起点靠前，位于胸鳍基底前侧上方。尾鳍下叶小。身体上部为均一的灰棕色，身体下部颜色较浅；有时背鳍边缘颜色较暗。

分布　北印度洋：红海，阿曼湾，巴基斯坦，西南印度，斯里兰卡，可能还包括孟加拉湾和缅甸。孟加拉湾类似本种的鲨鱼可能是另一物种。曼加洛尔前鳍皱唇鲨的正模标本已丢失，可能也是本种。

栖息地　海床上或靠近海床的水层，大陆架与大陆坡，水深92—1000米，或更深，在红海可能深达2195米。经常发现存在于高温、低氧的环境。

行为　鳃部较大，可能使其更好适应高温和低氧环境，可能还包括高盐环境。

生物学　胎生，具卵黄囊胎盘；每胎2—10尾胎仔。繁殖参数和最大体型随地域而变化。捕食硬骨鱼类和头足类。

保护状态　无危（LC）。本种分布的深度范围和地理区域均较广泛。

大眼前鳍皱唇鲨（*Iago omanensis*）

白鳍星鲨 *Mustelus albipinnis*

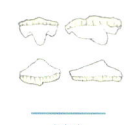

FAO代码：**SDV**　　图版 第458页

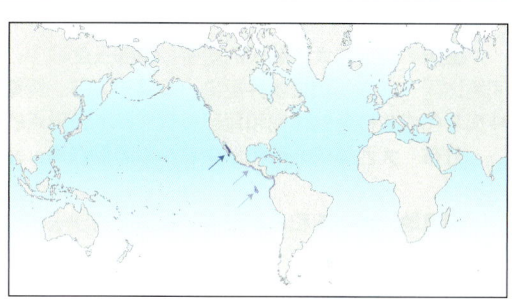

2毫米

齿
上：62—72颗
下：62—68颗

体长测量　出生体长：30—35厘米。性成熟体长：雄性约90—95厘米，雌性约94—98厘米。最大体长：129厘米。

　　鉴定　体型细长的皱唇鲨科鲨鱼，具有与同属物种相区别的以下特征：身体上部颜色为均一的暗灰棕色，身体下部颜色较浅。背鳍、胸鳍、臀鳍和尾鳍具鲜明的白色后缘。

　　分布　东北太平洋：加利福尼亚湾，墨西哥，可能还延伸至厄瓜多尔和加拉帕戈斯群岛。

　　栖息地　一个深海的星鲨属物种，通常出现于水深30—281米范围内。倾向于栖息在岩石质和其他坚硬基质的海床上。

　　行为　未知。

　　生物学　卵胎生，无卵黄囊胎盘，每胎3—23尾胎仔（平均16尾）。通常捕食甲壳类和小型鱼类。

　　保护状态　无危（LC）。在其部分分布区域中是拖网渔业的兼捕渔获物，但其较深处分布水层基本不受渔业活动影响。

南澳星鲨 *Mustelus antarcticus*

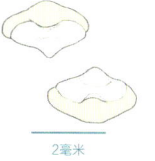

FAO代码：**CTU**　　图版 第454页

2毫米

齿
上：62—69颗
下：75—84颗

体长测量　出生体长：30—35厘米。性成熟体长：雄性约95厘米，雌性111厘米。最大体长：雄性148厘米，雌性185厘米。

　　鉴定　体型细长的皱唇鲨科鲨鱼。鼻孔间距宽。嘴部具棱角；牙齿为扁平研磨型，呈铺石状排列；上唇褶长。第二背鳍几乎与第一背鳍等大；鳍边缘无流苏。胸鳍与腹鳍较小。体表铜色至灰棕色；具白色斑点，极少具黑斑；身体下方白色。

　　分布　东南印度洋至西南太平洋：本种是澳大利亚的温带海域中唯一一种星鲨属物种。

　　栖息地　海床上或靠近海床的水层，海岸至水深80米处，也包括水深达350米的大陆坡上部。

　　行为　没有大规模洄游。一些体型大的雌性会长途洄游，但没有确定的季节性洄游模式。

　　生物学　卵胎生，无卵黄囊胎盘；每胎1—57尾胎仔（数量取决于雌鱼体型，平均14尾）。妊娠期长达11—12个月。雌鱼在沿岸的浅水育儿场中每年分娩，或隔1年分娩1次。性成熟年龄为4—5岁，寿命可达16年。捕食甲壳类、蠕虫和小型鱼类。

　　保护状态　无危（LC）。种群数量丰富，在其分布范围内是一个被捕捞作肉用的高产量特有种。一些管理规定保护本种的育儿场和大体型的成年雌鱼；种群已从早期渔业活动过度捕捞的破坏中恢复。沃氏星鲨为本种的同种异名。

宽鼻星鲨 *Mustelus asterias*

FAO代码：**SDS**　　图版 第452页

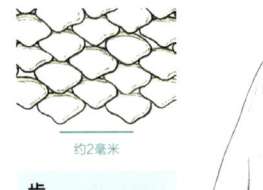

约2毫米

齿
上：30—41颗
下：31—46颗

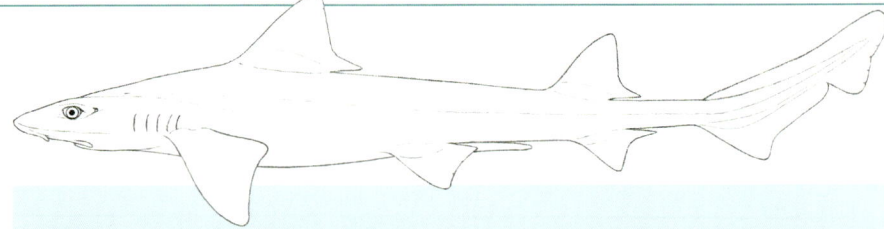

体长测量　出生体长：约28—38厘米。性成熟体长：雄性72—85厘米，雌性约83—96厘米。最大体长：140厘米。

　　鉴定　体型较大、细长的星鲨。吻部长度适中，较钝，从侧面看具棱角；鼻孔间距比同一区域的相似物种更窄。背鳍无流苏。胸鳍和腹鳍相对较小。欧洲唯一一种在灰色或灰棕色的体侧和背部具有许多小白斑点的星鲨（无黑点或条纹）。
　　分布　大西洋东北部和地中海：不列颠群岛、北海至加那利群岛和西撒哈拉；地中海。
　　栖息地　大陆架和岛屿陆架，在海床的沙子和砾石上或靠近海床的水层，潮间带至约200米水深。
　　行为　人工饲养条件下活跃地游动。可能会在夏季向近岸洄游。食性特化，捕食甲壳类。
　　生物学　卵胎生，无卵黄囊胎盘；每胎6—35尾胎仔，所生胎仔数量与雌鱼体型正相关。1年的妊娠期后于夏季在近岸分娩。雄鱼4—5岁性成熟，雌鱼6岁；雄鱼寿命最长约12年，雌性长达20年。
　　保护状态　近危（NT）。原先无危的评估已经过时且过于乐观。在东北大西洋水域属于近危物种，地中海水域本种因过度捕捞而导致的种群下降而被评估为易危。有些地区它们被垂钓者钓获，有时饲养在水族箱中。

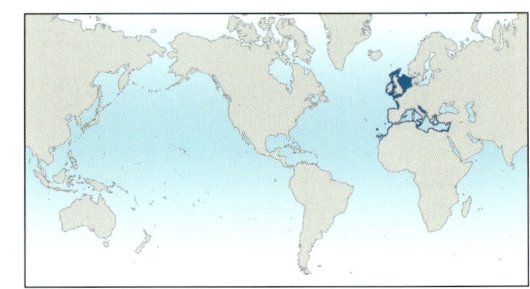

加州星鲨 *Mustelus californicus*

FAO代码：**CTN**　　图版 第454页

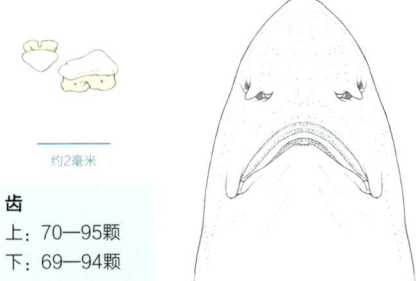

约2毫米

齿
上：70—95颗
下：69—94颗

体长测量　出生体长：23—30厘米。性成熟体长：雄性57—73厘米，雌性约70—86厘米。最大体长：雄性116厘米，雌性125厘米。

　　鉴定　头部短而窄。鼻间距宽。嘴部短，牙齿呈扁平铺石状；上唇褶与下唇褶等长。眼较小。背鳍呈三角形，第一背鳍与腹鳍的距离较与胸鳍的距离近。尾鳍下叶不发达。身体上部为灰色，无花纹，下部颜色较浅。
　　分布　太平洋东北部：加利福尼亚州北部至加利福尼亚湾。
　　栖息地　暖温带至热带的沿岸和近海水域，水深0—265米，从较浅的泥湾到大陆架边缘。
　　行为　加州中北部海域只在夏季出现；在更南方的海域则为不洄游的居留种。
　　生物学　卵胎生，每胎2—16尾胎仔；雌鱼在10—12个月的妊娠期后分娩。1—3岁性成熟；寿命至少为9年。主要捕食螃蟹。
　　保护状态　无危（LC）。在其分布范围内很常见。本种在其分布范围南部地区的渔业中占有重要地位。

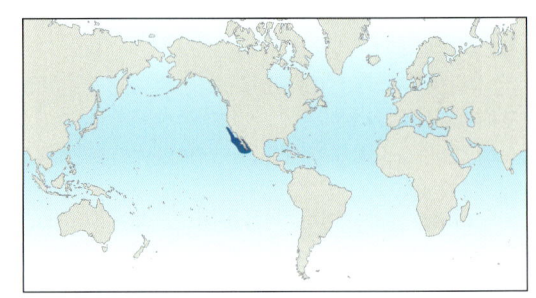

加勒比星鲨 *Mustelus canis*

FAO代码：**CTI**　　　图版　第452页

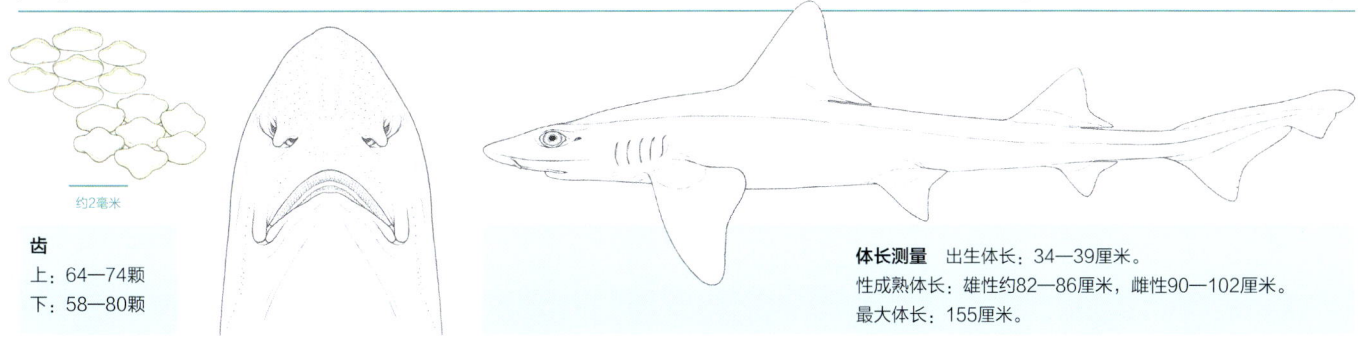

齿
上：64—74颗
下：58—80颗

约2毫米

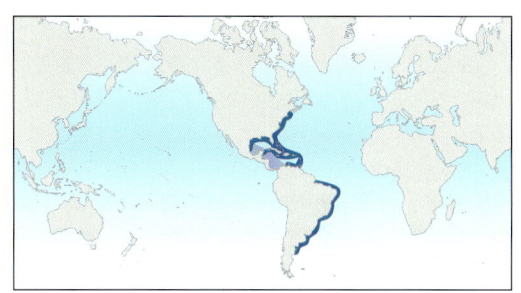

体长测量　出生体长：34—39厘米。
性成熟体长：雄性约82—86厘米，雌性90—102厘米。
最大体长：155厘米。

　　鉴定　体型大而细长。头部和吻部较短。鼻孔间距宽。牙齿低平，呈铺石状；上唇褶长于下唇褶。眼大，眼间距窄。背鳍无流苏。尾鳍缺刻较深。身体上部颜色通常为无斑点的灰棕色，身体下部为白色。新生幼鱼背鳍和尾鳍尖端颜色灰暗。
　　分布　西大西洋：加拿大至阿根廷，形成几大互相隔离的种群，沿岸至远海。
　　栖息地　大陆架种群偏好泥质和沙质海底，水深0—18米，但可以出现在水深200米处，罕见于大陆坡上部808米深处。
　　行为　非常活跃的鲨鱼，持续巡游觅食，能寻觅出躲藏的猎物。北方种群夏季向更北方的近岸洄游，冬季则向南方远海洄游。在人工饲养条件下无领地意识，但较大个体占主导地位。
　　生物学　胎生，具卵黄囊胎盘，每胎4—20尾胎仔（平均10尾），妊娠期长达10个月。性成熟年龄2—7岁，寿命最长10—16年。主要捕食甲壳类和硬骨鱼。
　　保护状态　近危（NT）。分布范围内数量丰富。大个体雌鱼被延绳钓渔业和刺网渔业高强度捕捞，已发现种群衰减迹象。

尖齿星鲨 *Mustelus dorsalis*

FAO代码：**CTD**　　　图版　第454页

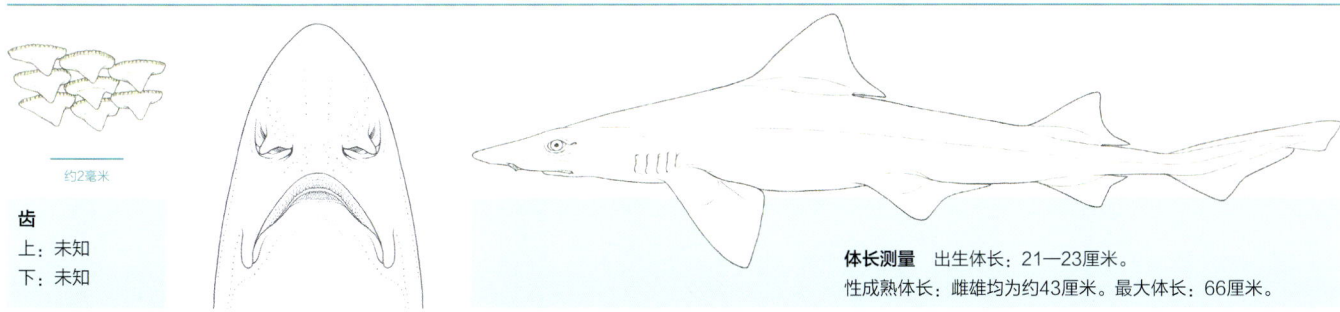

齿
上：未知
下：未知

约2毫米

体长测量　出生体长：21—23厘米。
性成熟体长：雌雄均为约43厘米。最大体长：66厘米。

　　鉴定　体型小而细长。吻部长而尖。鼻孔大，间距适中。牙齿齿尖高，呈铺石状排布；上唇褶长于下唇褶。眼小，眼间距较宽。背鳍无流苏，呈宽阔三角形。身体侧面的盾鳞为披针状。体表为明显的灰色或灰棕色，身体下部颜色较浅。
　　分布　太平洋东部：下加利福尼亚（墨西哥）至秘鲁。
　　栖息地　热带，近岸大陆架，水深20—200米。
　　行为　未知。
　　生物学　胎生，具卵黄囊胎盘；每胎4尾胎仔。捕食虾蛄和其他甲壳类。
　　保护状态　易危（VU）。与分布区域内其他皱唇鲨科鲨鱼相比数量较少，受到规模较大且未受管理的渔业捕捞，这些渔业活动记录了"托洛鲨"（多个星鲨属物种的共同俗称）的种群衰减。一般作为肉用。

横带星鲨 *Mustelus fasciatus*　　　　FAO代码：**CTF**　　图版 第456页

约2毫米

齿
上：64—66颗
下：56—58颗

体长测量　出生体长：约35—43厘米。性成熟体长：雄性120厘米，雌性112厘米。最大体长：雄性147厘米，雌性177厘米。

　　鉴定　体型较为粗壮。头部很长，吻部长而尖，具棱角。鼻孔间距宽。牙齿无齿尖，齿冠圆钝，铺石状排布；上唇褶长于下唇褶。眼很小。背鳍呈宽三角形，无流苏。尾柄短。体表无斑点，具垂直条纹（至少幼鱼如此）。特征鲜明，与南美星鲨（*Mustelus mento*）最为接近，但头部更长，更具棱角。

　　分布　大西洋西南部：巴西南部、乌拉圭、阿根廷北部。

　　栖息地　温带大陆架和大陆坡上部，沿岸和近海海床上，从潮间带直到水深70米，在巴西南部偶见于10—500米深处。

　　行为　未知。

　　生物学　胎生，具卵黄囊胎盘；每胎6—12尾胎仔；胎仔数量与雌鱼体型正相关，每年繁殖1次，妊娠期长达11—12个月。主要捕食甲壳类和鱼类。

　　保护状态　极危（CR）。因渔业活动压力强大，而在其狭小的分布范围内较为罕见。

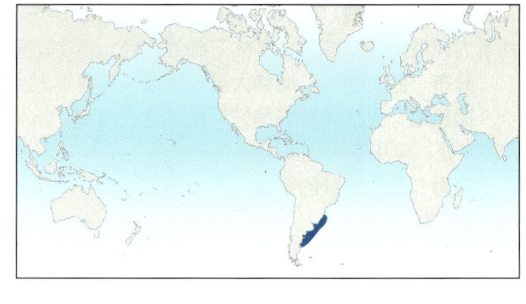

灰星鲨 *Mustelus griseus*　　　　FAO代码：**CTE**　　图版 第454页

齿
上：71颗
下：71颗

体长测量　出生体长：约28—30厘米。性成熟体长：雄性62—75厘米，雌性约68—80厘米。最大体长：雄性91厘米，雌性108厘米。

　　鉴定　体型中等。头部和吻部较短。鼻孔间距宽。牙齿齿冠低，齿尖弱；上唇褶与下唇褶长度相等或稍短。眼较小，背鳍无流苏。尾鳍下叶呈半镰刀状。体表呈明显的灰色或灰棕色，身体下部颜色较浅。

　　分布　太平洋西北部：日本、韩国、中国、越南。

　　栖息地　海床，近岸直到水深至少131米，最深可能达300米。

　　行为　未知。

　　生物学　胎生，具卵黄囊胎盘；每胎2—20尾胎仔，雌鱼体型越大所怀胎仔越多。在日本海域，妊娠期长达10个月（7月交配，来年4—5月分娩）。主要捕食甲壳类。

　　保护状态　濒危（EN）。在其分布范围内较为常见。在日本、中国是重要的渔获。

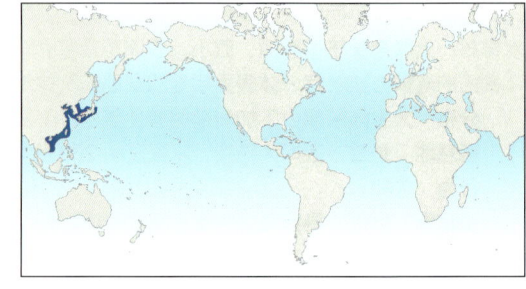

褐星鲨 *Mustelus henlei*

 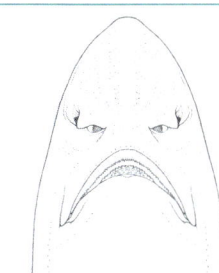 

FAO代码：**CTK**　　图版　第454页

约2毫米

齿
上：60—80颗
下：55—78颗

体长测量　出生体长：19—30厘米。性成熟体长：雄性52—66厘米，雌性51—63厘米。
最大体长：100厘米。

鉴定　体型细长。头部较短。吻部长度适中。鼻孔间距宽。牙齿呈铺石状排布，齿尖高；上唇褶长于下唇褶。眼大，眼间距窄。背鳍后缘角质鳍条裸露，呈暗色流苏状。尾柄长。体表无斑点，常见为铜棕色，具虹彩光泽（偶见灰色）；身体下部为白色。

分布　太平洋东部：美国（华盛顿州）至秘鲁。

栖息地　大陆架，潮间带至水深至少281米。在封闭的浅水泥湾中数量最多。在美国华盛顿州以北有分布的3个星鲨属物种中是最耐寒的一种。

行为　在人工饲养条件下敏捷而活跃，一般在水底上方巡游，有时会出现在中部水层或水面之下。经常在海床上休息。一个被标签标记的个体在3个月的时间里洄游了160千米。

生物学　卵胎生，每胎1—21尾胎仔；每胎胎仔数量与雌性体型正相关。妊娠期长达10—11个月；年生殖周期，每年繁殖1次。性成熟年龄为2—3岁，寿命最长达7—13年。主要捕食甲壳类，也捕食多毛纲蠕虫和鱼类。

保护状态　无危（LC）。在分布范围内很常见。本种被大量捕捞，有时被饲养于大型水族箱中。

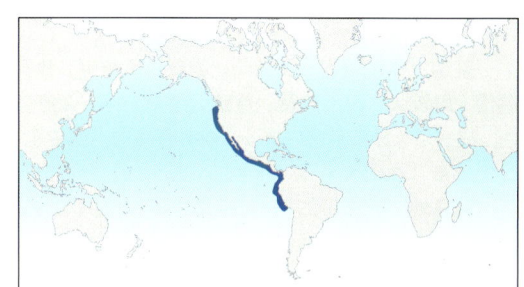

小眼星鲨 *Mustelus higmani*

FAO代码：**CTJ**　　图版　第456页

约2毫米

齿
上：66—78颗
下：62—69颗

体长测量　出生体长：20—29厘米。性成熟体长：雄性约43—48厘米，雌性43—48厘米。
最大体长：雄性69厘米，雌性88厘米。

鉴定　体型小，吻部尖长。鼻孔间距宽。牙齿齿尖较低；上唇褶与下唇褶基本等长。眼小，眼间距宽。背鳍无流苏，呈镰刀状，第二背鳍略小于第一背鳍。身体上部为朴素的灰色或灰棕色，无斑点，身体下部颜色较浅。

分布　热带西大西洋：墨西哥湾北部至巴西。

栖息地　大陆架和大陆坡上部。南美洲近岸至远海水深130米处，泥质、沙质或贝壳海床上。在墨西哥湾中，分布可延伸到至少1463米深的大陆坡下部。

行为　会出现一定程度的按性别分群现象。

生物学　胎生，卵黄囊胎盘；每胎1—7尾胎仔（通常3—5尾）。主要捕食甲壳类，偶尔捕食硬骨鱼类和鱿鱼。

保护状态　濒危（EN）。在整个分布范围内，本种都是很大程度上不受管理的个体渔业和商业捕鱼的目标物种或莱捕渔获物。尽管捕捞强度一直很大，但渔获量已经减少，说明在部分分布区域内种群已经崩溃。

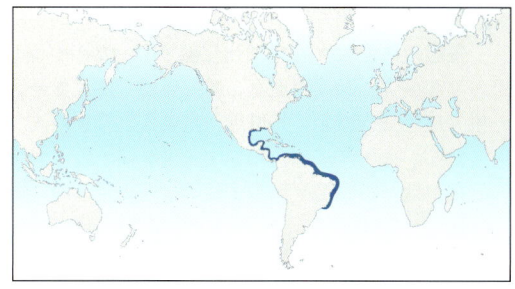

新西兰星鲨 *Mustelus lenticulatus*

FAO代码：**MTL** 图版 第454页

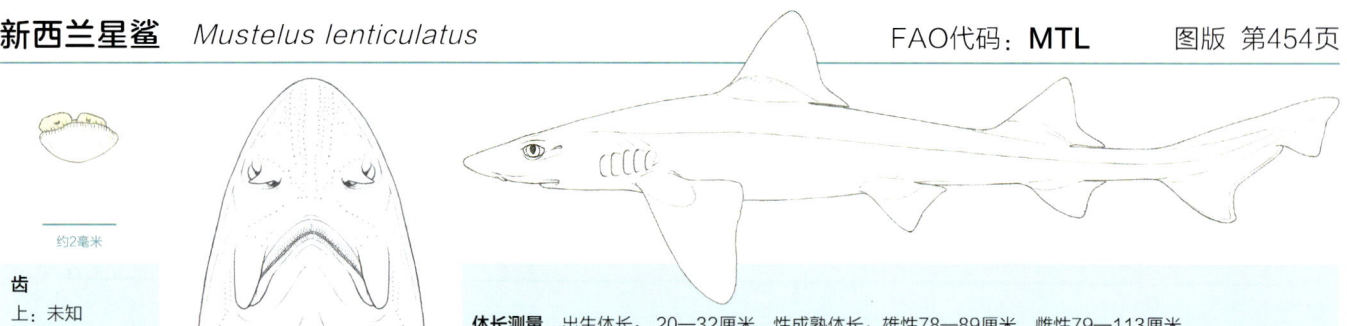

齿
上：未知
下：未知

约2毫米

体长测量 出生体长：20—32厘米。性成熟体长：雄性78—89厘米，雌性79—113厘米。最大体长：雄性126厘米，雌性151厘米。

鉴定 体型较大。头部短。吻部长度中等。鼻孔间距宽。上唇褶较长，长于下唇褶。眼较大，眼距较宽。背鳍后缘无流苏。胸鳍与腹鳍较大。体表呈灰色或灰棕色，具白点（分布范围内唯一一种体表有白点的星鲨属物种）。身体下部颜色较浅。

分布 西南太平洋：新西兰（有5个受管理的种群资源）。

栖息地 寒温带的岛屿陆架和陆坡，近岸至水深1000米，但在250米以下不常见。

行为 集群种类，夏季向近岸的捕食场和求偶场洄游。按性别和体型分群活动：未成年个体集成自己的群体，成年的同性个体则大都另外各自按性别集群。雌性比雄性洄游距离更远。幼鱼栖息于沿岸水域，包括海湾和河口地带。

生物学 卵胎生，每胎2—37尾胎仔（母体越大，生产胎仔数量越多）；妊娠期约11个月。生长速度较快，雄性4—6岁性成熟，雌性5—8岁，寿命可达20年或更长。捕食甲壳类，尤其是螃蟹。

保护状态 无危（LC）。数量丰富，受到商业化捕捞。自规定捕捞配额以来，种群逐渐恢复。

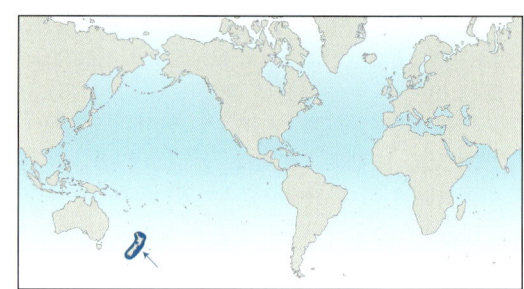

镰鳍星鲨 *Mustelus lunulatus*

FAO代码：**MUU** 图版 第456页

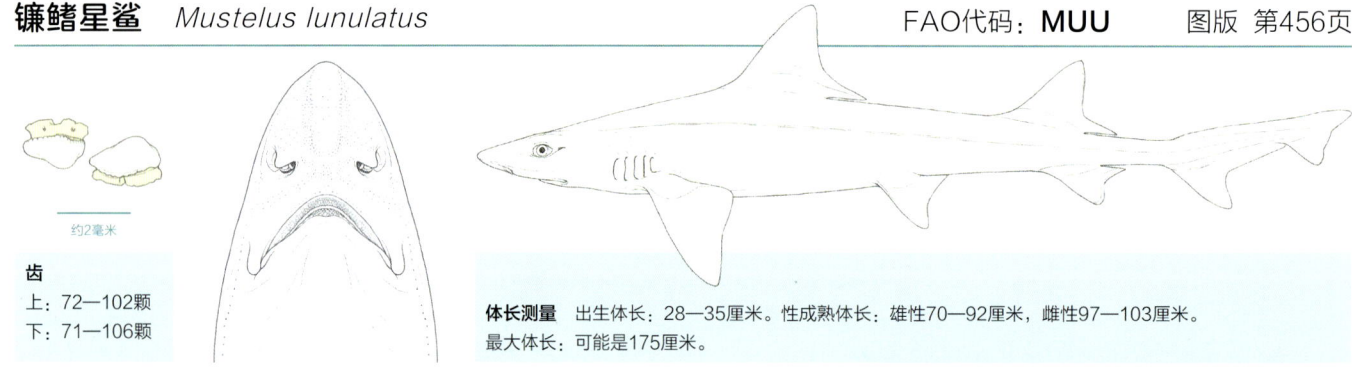

齿
上：72—102颗
下：71—106颗

约2毫米

体长测量 出生体长：28—35厘米。性成熟体长：雄性70—92厘米，雌性97—103厘米。最大体长：可能是175厘米。

鉴定 体型较大。与加州星鲨（*Mustelus californicus*）在以下特征上相区别：吻部更尖，眼间距更宽，嘴部更短，鳍呈显著镰刀状，上唇褶更短。身体上部颜色为灰色或灰棕色，无斑点，身体下部颜色较浅。

分布 太平洋东部：南加州（可能仅出现于温暖的夏季）至秘鲁北部。

栖息地 暖温带至热带大陆架，近岸至远海，水深9—200米。

行为 未知。

生物学 卵胎生，每胎6—19尾胎仔，妊娠期11个月。主要捕食甲壳类，食谱随成长而变化：幼年个体几乎只吃螃蟹，成年个体食谱更广泛，包括鱿鱼。

保护状态 无危（LC）。在其分布区域数量丰富，在加利福尼亚湾是延绳钓渔业的重要渔获，一般作为肉用。经常与同区域内其他星鲨属物种混淆。

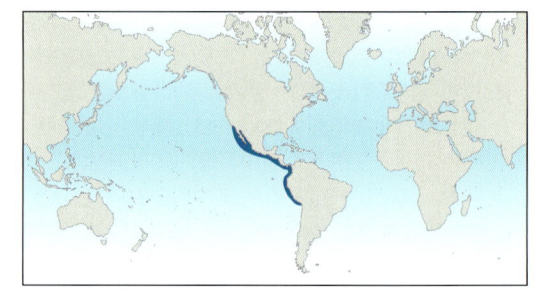

白斑星鲨 *Mustelus manazo*

FAO代码：**MTZ**　　图版 第454页

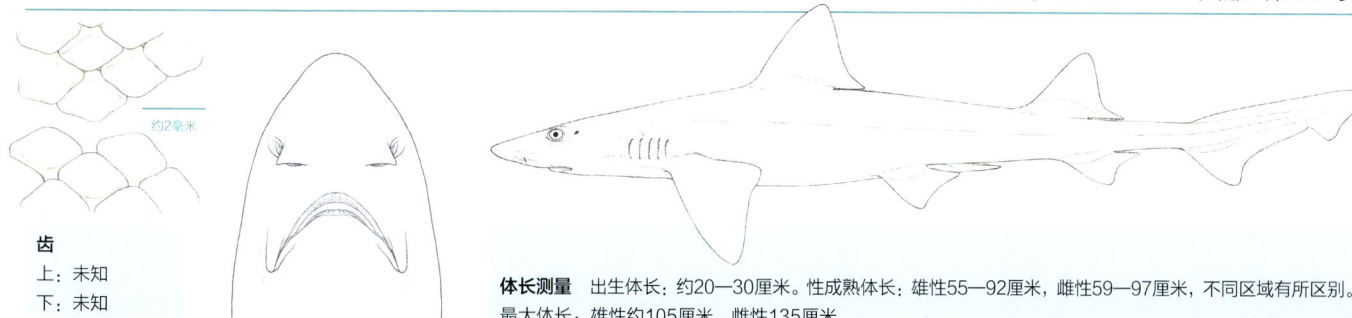

齿
上：未知
下：未知

体长测量　出生体长：约20—30厘米。性成熟体长：雄性55—92厘米，雌性59—97厘米，不同区域有所区别。
最大体长：雄性约105厘米，雌性135厘米。

鉴定　体型中等。头部较短。吻部长度中等。鼻孔间距较窄。上唇褶长于下唇褶。眼较大，眼间距窄。背鳍无流苏。胸鳍和腹鳍较窄。体表呈灰色至灰棕色，具许多白色斑点；身体下部颜色浅。本种为其分布范围内唯一一种具白点的星鲨。

分布　西北太平洋：南西伯利亚，日本，朝鲜，中国和东南亚。可能还包括西印度洋：肯尼亚，坦桑尼亚和马达加斯加。

栖息地　温带至热带大陆架，潮间带至近海，泥质或沙质海床，水深1—360米。

行为　未知。

生物学　卵胎生，无卵黄囊胎盘；每胎1—22尾胎仔，幼鱼数量与雌性体型正相关。妊娠期长达10—12个月，春季分娩。成鱼在夏季交配。生长速度较快，性成熟年龄随地域而变化，雌性3—7岁，雄性2—6岁，寿命最长达9—17年。主要捕食底栖无脊椎动物，尤其是甲壳类。

保护状态　濒危（EN）。日本、中国和朝鲜海域的延绳钓渔业中，本种为一重要渔获，一般肉用。西印度洋的本种记录可能为另一物种。

南美星鲨 *Mustelus mento*

FAO代码：**MTE**　　图版 第454页

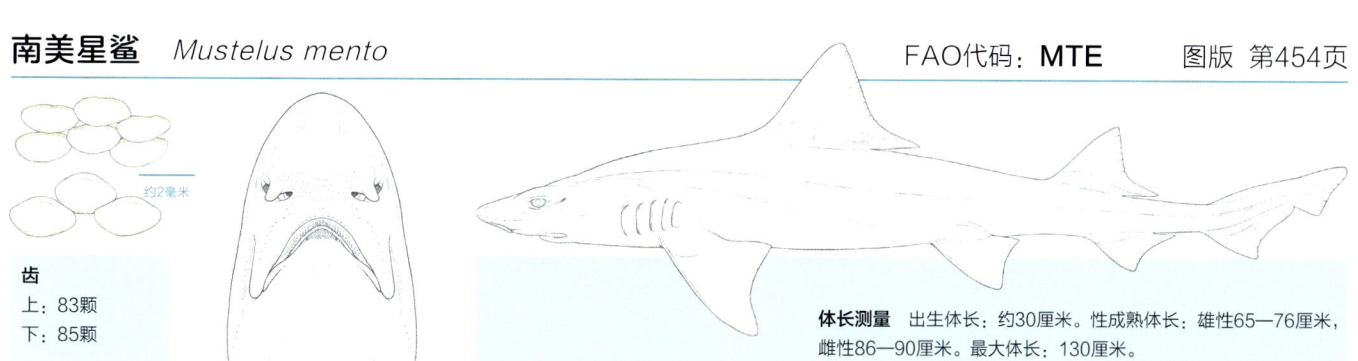

齿
上：83颗
下：85颗

体长测量　出生体长：约30厘米。性成熟体长：雄性65—76厘米，雌性86—90厘米。最大体长：130厘米。

鉴定　体型粗壮。吻部短钝，具棱角。鼻孔间距宽。牙齿具研磨功能，宽圆无齿尖，呈铺石状排列；上唇褶略长于下唇褶。眼较小，眼间距适中。背鳍无流苏。尾柄短。体表颜色为灰色至灰棕色，具白斑，身体下部颜色较浅；仅幼鱼体表具垂直的暗色条带。与横带星鲨类似，但头部更加短而圆。

分布　太平洋东南部：加拉帕戈斯群岛、秘鲁、智利、胡安-费尔南德斯岛。

栖息地　温带大陆架和岛屿陆架，近岸至远海，水深16—50米。

行为　未知。

生物学　卵胎生，无卵黄囊胎盘；每胎7尾胎仔。

保护状态　极危（CR）。本种和其他星鲨属物种被称为"托洛鲨"，且被个体渔业和一些商业化捕鱼活动大力捕捞以作肉用。渔获上岸记录表明本种的渔业产量具有"繁荣—衰退"的模式，而目前本种的种群已经衰退。

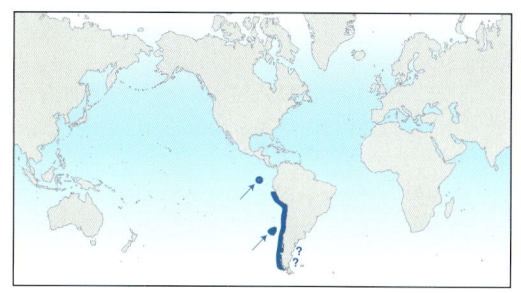

小星鲨 *Mustelus minicanis*

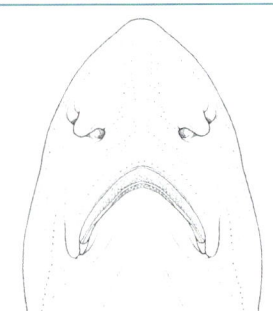
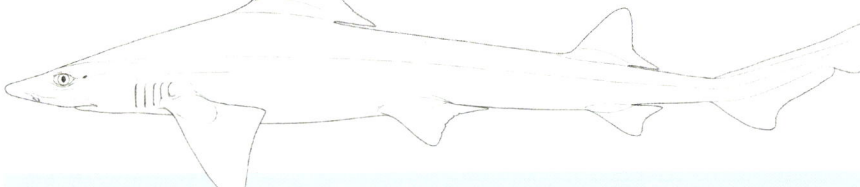

约2毫米

齿
上：60—67颗
下：60—61颗

体长测量　出生体长：约22厘米。性成熟体长：雄性 47厘米，雌性 57厘米。
最大体长：雌性57厘米。

　　鉴定　体型小而粗壮。头部和吻部短。鼻孔间距宽。牙齿齿尖弱，齿冠低，呈铺石状排布；上唇褶略长于下唇褶。眼大，眼间距窄。背鳍无流苏。尾鳍下叶不发达。体表呈均一的灰色，无斑点。新生幼鱼背鳍和尾鳍颜色灰暗。

　　分布　大西洋西部：哥伦比亚和委内瑞拉。

　　栖息地　远海，大陆架外缘，水深71—183米。

　　行为　未知。

　　生物学　所知甚少。胎生，具卵黄囊胎盘，已知一个个体一胎产下5尾胎仔。

　　保护状态　濒危（EN）。可能较为罕见；仅记录有9个样本。可能采集自远海拖网渔业。

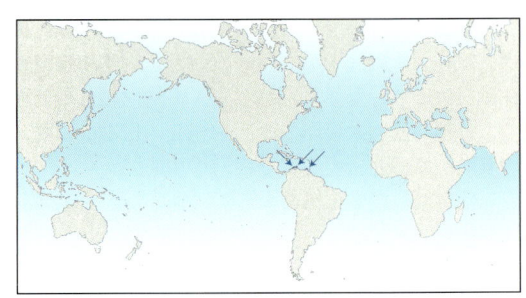

阿拉伯星鲨 *Mustelus mosis*

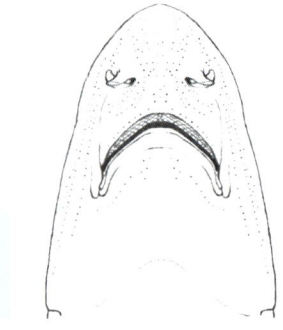
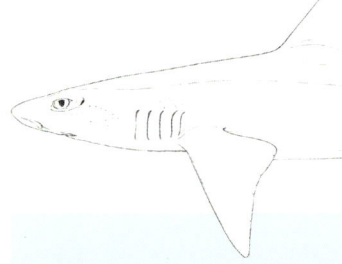

齿
上：72—83颗
下：68—77颗

体长测量　出生体长：26—28厘米。性成熟体长：雄性65—78厘米，雌性73—106厘米。
最大体长：150厘米。

　　鉴定　体型较大而细长。头部和吻部较短。鼻间距较宽。牙齿齿冠低，齿尖较弱；上唇褶与下唇褶基本等长。眼大，眼间距较窄。背鳍无流苏。尾鳍下叶半镰刀状。体表为灰色或灰棕色，无斑点，身体下部颜色较浅。南非海域个体第一背鳍尖端为白色，第二背鳍和尾鳍尖端为黑色。

　　分布　西印度洋和北印度洋：红海，波斯湾，印度，巴基斯坦和斯里兰卡北部；肯尼亚至夸祖鲁-纳塔尔和南非。在其绝大部分分布范围内，本种为唯一一个星鲨属物种。

　　栖息地　大陆架，近岸和远海的海床，有些栖息于珊瑚礁，水深20—250米。

　　行为　未知。

　　生物学　胎生，具卵黄囊胎盘；每胎2—16尾胎仔。捕食小型底栖鱼类，软体动物和甲壳类。

　　保护状态　近危（NT）。在其分布范围内较为常见。在巴基斯坦和印度被作为食用鱼捕捞。人工饲养条件下适应性强，状态好。经常与其他星鲨属物种混淆。

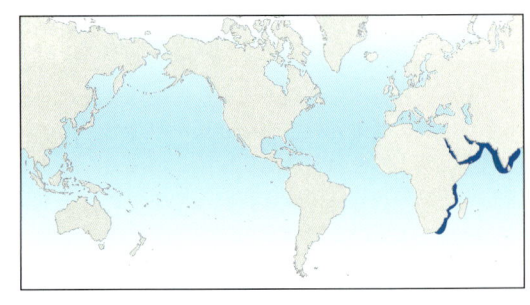

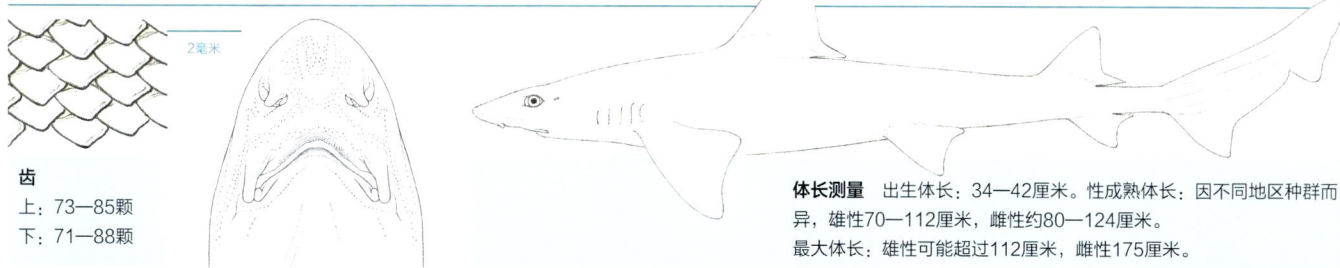

星鲨 *Mustelus mustelus*

FAO代码：**SMD**　　图版 第452页

齿
上：73—85颗
下：71—88颗

体长测量　出生体长：34—42厘米。性成熟体长：因不同地区种群而异，雄性70—112厘米，雌性约80—124厘米。
最大体长：雄性可能超过112厘米，雌性175厘米。

鉴定　体型较大。头部和吻部较短。鼻孔间距大于1.5倍鼻孔宽。上唇褶略长于下唇褶。背鳍无流苏。胸鳍和腹鳍中等大小。身体上部为均一的灰色或灰棕色，身体下部颜色较浅，无白色斑点或暗色条纹；非常大的个体可能具少数分散的黑斑。

分布　温带东大西洋至西南印度洋：英国至地中海，摩洛哥，加那利群岛，可能还有亚速尔群岛，马德拉群岛。安哥拉至南非，包括印度洋海岸。

栖息地　大陆架和大陆坡上部，水深通常5—50米，经常出现在潮间带，但偶尔可出现在至少800米深处。

行为　偏好在靠近海床的水层游动，但有时出现在中层。

生物学　胎生，具卵黄囊胎盘；每胎4—18尾胎仔，妊娠期9—11个月；越大的雌性所产胎仔越多。性成熟年龄为雄性9岁，雌性10—11岁；最大寿命达25年。主要捕食甲壳类，也捕食头足类和硬骨鱼类。

保护状态　濒危（EN）。仍有一定数量，但出现种群衰退现象。本种在欧洲、地中海和西非的渔业中尤其重要，可使用拖网、固定网具和鱼线捕获，本种也会被游钓捕鱼者捕获。本种可作食用；还可用于提取鱼肝油或制成鱼粉。可在水族箱饲养。

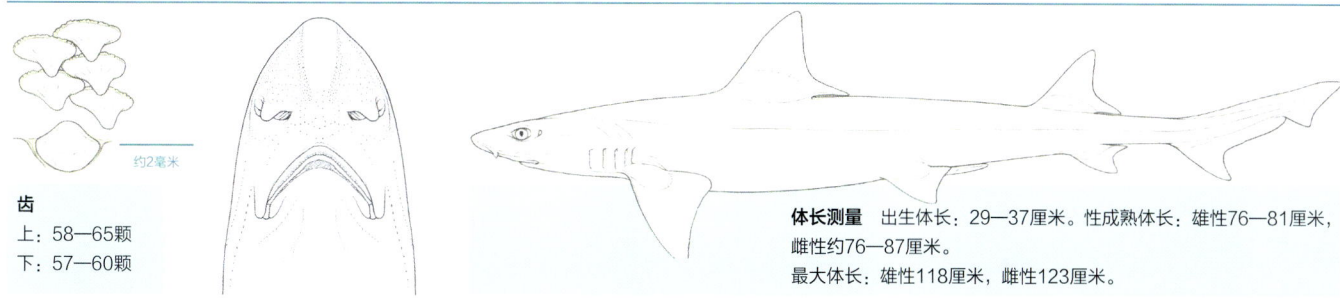

诺氏星鲨 *Mustelus norrisi*

FAO代码：**MTR**　　图版 第456页

齿
上：58—65颗
下：57—60颗

体长测量　出生体长：29—37厘米。性成熟体长：雄性76—81厘米，雌性约76—87厘米。
最大体长：雄性118厘米，雌性123厘米。

鉴定　体型较大。头部短而窄。鼻孔间距窄。嘴部较长；上唇褶与下唇褶等长或稍长。眼较大。各鳍呈显著镰刀状。体表灰色，无斑点。新生幼鱼背鳍和尾鳍尖端灰暗。与加勒比星鲨（*Mustelus canis*）相比体型更小、更纤细、头部更窄。

分布　西大西洋：美国（墨西哥湾）；哥伦比亚和委内瑞拉的加勒比海南岸；巴西南部。

栖息地　大陆架，沙质和泥质海底，近岸至水深100米，偶尔至260米，一般小于55米。

行为　在佛罗里达海域，本种会按性别和体型分群活动；成年雄性冬季位于近岸处。在墨西哥湾具有洄游习性，冬季向近岸浅于55米的水域移动，其他季节栖息于远海。

生物学　胎生，具卵黄囊胎盘；每胎7—14尾胎仔。主食虾蟹，也捕食鱼类。

保护状态　近危（NT）。无渔业信息。

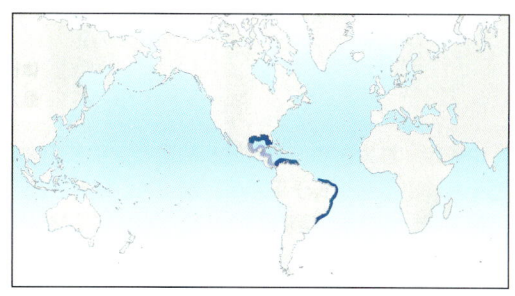

南非星鲨 *Mustelus palumbes*

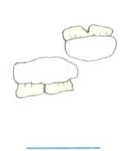
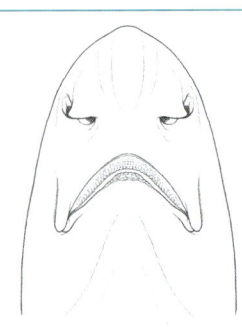
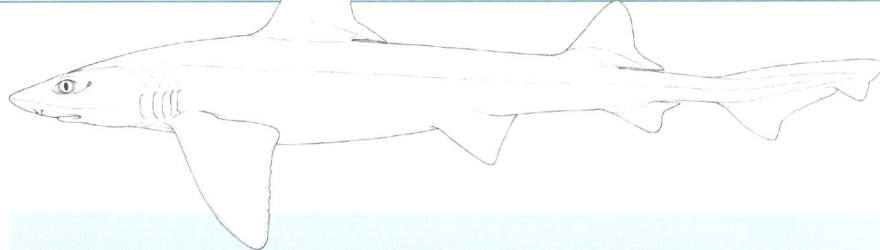

约2毫米

齿
上：56—58颗
下：60—62颗

体长测量　出生体长：27—31厘米。性成熟体长：雄性75—85厘米，雌性80—100厘米。最大体长：113厘米。

　　鉴定　体型较大。鼻孔间距相对较宽。上唇褶长于下唇褶。背鳍无流苏。背鳍和腹鳍相对较大［较宽鼻星鲨（*Mustelus asterias*）、白斑星鲨（*Mustelus manazo*）和星鲨（*Mustelus mustelus*）的更大］。体表为均一的灰色至灰棕色；通常具白斑（南非海域中唯一一种具白斑的星鲨）。

　　分布　大西洋东南部，印度洋西南部：纳米比亚、南非、莫桑比克南部。

　　栖息地　大陆架和大陆坡上部，近岸至水深443米，但一般浅于70米，位于沙质或砾石质海床或靠近海床的水层。

　　行为　未知。

　　生物学　卵胎生，无卵黄囊胎盘；每胎3—15尾胎仔（平均7尾）。捕食螃蟹和其他甲壳类。

　　保护状态　无危（LC）。近海较常见，在某些渔业活动中作为兼捕渔获物捕获，但一般抛弃不作利用。偶尔被垂钓者钓获，但在垂钓中远不如星鲨常见。过去30年内种群数量有增加。

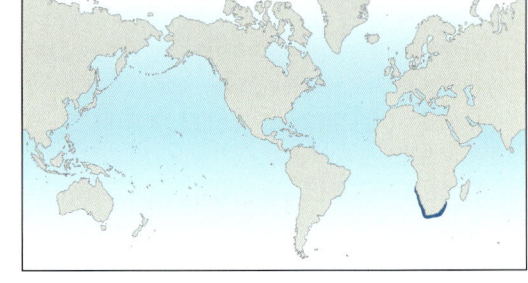

黑斑星鲨 *Mustelus punctulatus*

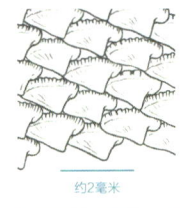
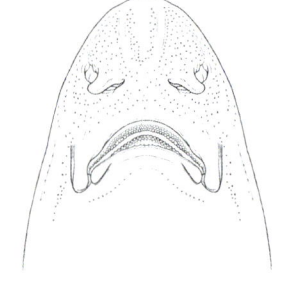

约2毫米

齿
上：54—55
下：66—67

体长测量　出生体长：约31厘米。性成熟体长：雄性50—55厘米，雌性约60厘米。最大体长：95厘米。

　　鉴定　鲜为人知、体型细长的星鲨。头部和吻部较短。鼻孔间距小于1.5倍鼻孔宽度。上唇褶略长于下唇褶。眼较大。背鳍具流苏。身体上部为灰色，侧面具明显的黑斑，身体下部颜色较浅。经常与星鲨（*Mustelus mustelus*）相混淆。

　　分布　大西洋东部：撒哈拉西部，地中海。

　　栖息地　近海大陆架，海床，水深小于200米。

　　行为　未知。

　　生物学　所知甚少，可能为卵胎生。可能捕食甲壳类。

　　保护状态　易危（VU）。可能被捕捞做食用鱼，但被记录为星鲨。

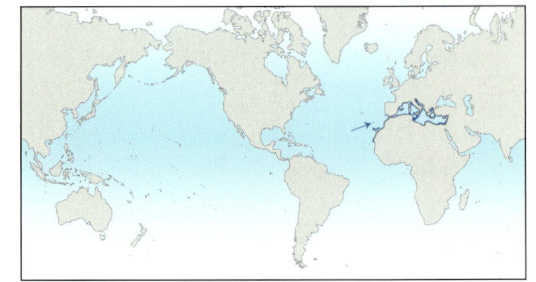

暗星鲨 *Mustelus ravidus*

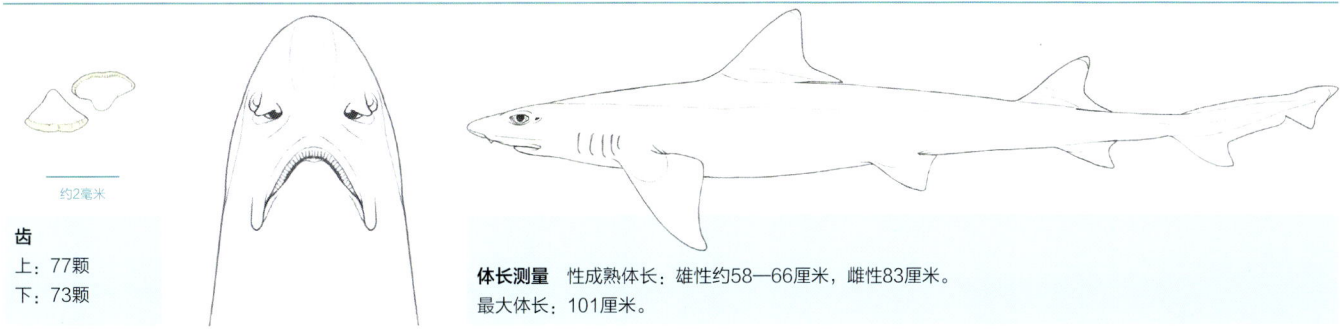

齿
上：77颗
下：73颗

约2毫米

体长测量　性成熟体长：雄性约58—66厘米，雌性83厘米。
最大体长：101厘米。

鉴定　体型细长的皱唇鲨科鲨鱼。吻部较长。鼻孔间距宽。上唇褶短于下唇褶。牙齿呈研磨型，齿冠高，呈铺石状排布。背鳍无流苏，第一背鳍高于第二背鳍。胸鳍大小中等，外角尖。尾鳍缺刻深。身体上部为均一的铜色，无斑点，身体下部渐变为白色。

分布　中印度洋–太平洋：澳大利亚北部和西部热带地区。

栖息地　大陆架海域深处，水深100—300米。

行为　未知。

生物学　基本未知。每胎怀有6—24尾胎仔（平均18尾），可能有较强的繁殖力。

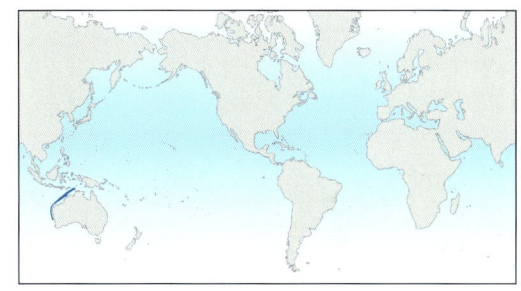

保护状态　无危（LC）。有时在渔业活动中作为兼捕渔获物，但本种大部分分布区域不受渔业活动影响。

舒氏星鲨 *Mustelus schmitti*

齿
上：55—60颗
下：52颗

约2毫米

体长测量　出生体长：约24—36厘米。性成熟体长：雄性45—76厘米，雌性57—80厘米，因地区而异。
最大体长：雄性90厘米，雌性109厘米。

鉴定　体型细长的星鲨。头部短，吻部长度中等。鼻间距窄。上唇褶长于下唇褶。背鳍后缘具黑色流苏，第一背鳍起点位于胸鳍内缘上方，尺寸远大于第二背鳍。身体上部为灰色，具白斑，身体下部为白色，较容易与其他具白斑的星鲨属物种区分。

分布　大西洋西南部：巴西南部至阿根廷南部。

栖息地　近海大陆架，水深2—195米。

行为　具有季节性洄游行为，冬季栖息于巴西，夏季洄游至乌拉圭和阿根廷。

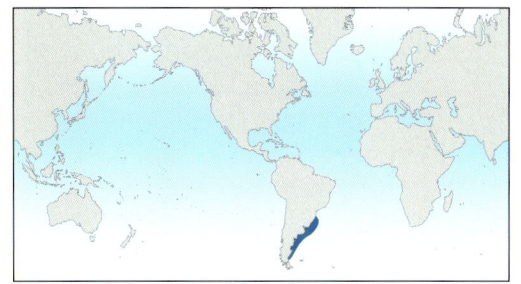

生物学　卵胎生，有卵黄囊胎盘，每胎1—14尾胎仔（平均8尾）；妊娠期长达11—12个月。性成熟年龄雄性3—6岁，雌性4—7岁，寿命最长为雄性9岁，雌性16岁。捕食螃蟹及其他甲壳类、无脊椎动物和小型底栖鱼类。

保护状态　极危（CR）。曾经是商业捕鱼中重要的目标物种，在其分布范围内被大量捕捞，包括交配场和育儿场，现在种群已严重衰竭。

北美星鲨 *Mustelus sinusmexicanus*　　　　　FAO代码：**SDV**　　　图版 第456页

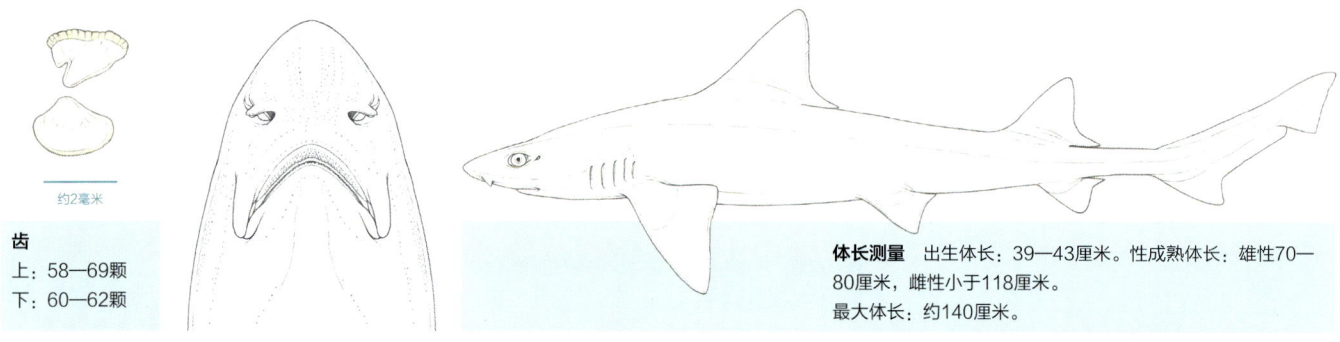

齿
上：58—69颗
下：60—62颗

体长测量　出生体长：39—43厘米。性成熟体长：雄性70—80厘米，雌性小于118厘米。
最大体长：约140厘米。

　　鉴定　体型较大。头部和吻部较短。鼻间距宽。牙齿齿冠高，呈铺石状排布［不同于同域分布的加勒比星鲨（*Mustelus canis*）和诺氏星鲨（*Mustelus norrisi*）］；上唇褶长于下唇褶。眼大，眼间距窄。背鳍无流苏；第一背鳍大。尾鳍下叶不呈镰刀状，但较为强壮，中等程度扩展。体表灰色，无斑点。幼鱼背鳍和尾鳍尖端颜色灰暗。
　　分布　大西洋西部：墨西哥湾（美国和墨西哥）。
　　栖息地　近海大陆架和大陆坡上部，水深36—229米，一般42—91米。不出现于浅水。
　　行为　未知。
　　生物学　胎生，具卵黄囊胎盘，每胎8尾胎仔。所知甚少。
　　保护状态　无危（LC）。近期才被描述的特有种。常与加勒比星鲨（*Mustelus canis*）混淆。

史氏星鲨 *Mustelus stevensi*　　　　　FAO代码：**SDV**　　　图版 第458页

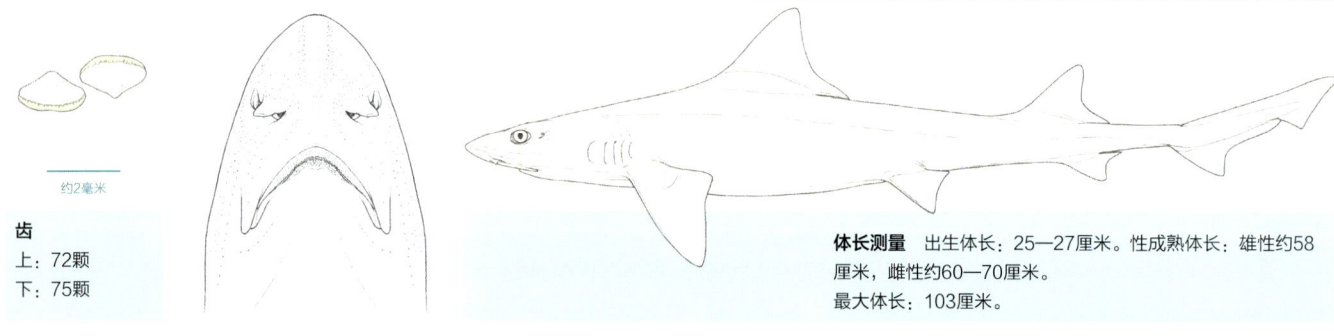

齿
上：72颗
下：75颗

体长测量　出生体长：25—27厘米。性成熟体长：雄性约58厘米，雌性约60—70厘米。
最大体长：103厘米。

　　鉴定　体型细长。吻部相对较长，尖端圆而窄。上唇褶长于下唇褶。牙齿扁平，齿尖低，呈铺石状排布。成年个体身体上部为铜色，具许多白斑（幼鱼颜色不明显，无斑点）；身体下部颜色较浅；背鳍和尾鳍尖端为灰色或黑色，尾鳍后缘不呈白色。与冷水中分布的南澳星鲨（*M. antarcticus*）相似，但二者分布区域不重叠。
　　分布　中印度洋–太平洋：澳大利亚北部热带地区、爪哇、巴厘岛、龙目岛和缅甸。
　　栖息地　大陆架海域深处，水深121—402米，可能深达735米。
　　行为　未知。
　　生物学　卵胎生，每胎4—17尾胎仔。捕食甲壳类、鱼类和头足类。
　　保护状态　无危（LC）。可能分布广泛。偶尔为渔业活动的兼捕渔获物，但大部分分布范围内无渔业活动。

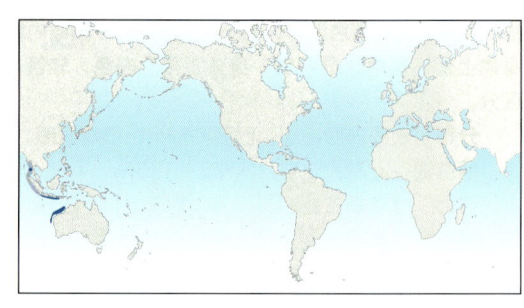

惠氏星鲨 *Mustelus whitneyi*　　　　　FAO代码：**MUW**　　图版　第456页

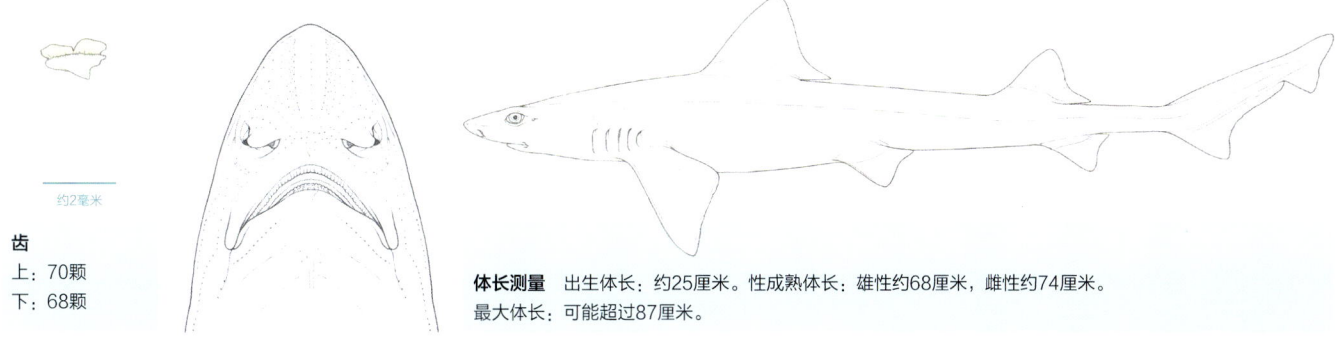

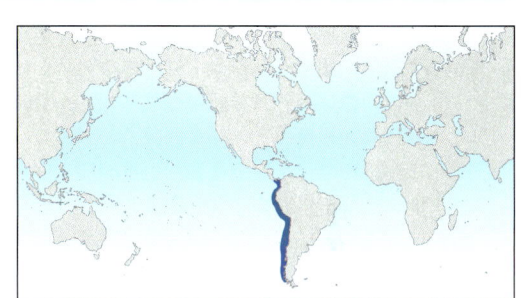

齿
上：70颗
下：68颗

约2厘米

体长测量　出生体长：约25厘米。性成熟体长：雄性约68厘米，雌性约74厘米。
最大体长：可能超过87厘米。

　　鉴定　体型粗壮（几近驼背）。头部和吻部较长。鼻孔间距宽。牙齿齿尖明显；上唇褶明显长于下唇褶。眼较大。背鳍后缘颜色较暗，角质鳍条裸露，呈较宽的流苏状。尾柄短。尾鳍上叶呈轻微镰刀状。体表为灰色，无斑点。
　　分布　太平洋东部至东南部：巴拿马至智利南部。
　　栖息地　大陆架，水深16—211米，在水深70—100米处最常见。偏好岛屿周边的岩石质海床。
　　行为　未知。
　　生物学　卵胎生，每胎5—10尾胎仔。捕食螃蟹、虾蛄和小型硬骨鱼类。
　　保护状态　极危（CR）。本种受到个体渔业和商业捕鱼的大量捕捞作为肉用。渔获上岸记录表明渔业曾经具有"繁荣—衰退"的捕获模式。

威氏星鲨 *Mustelus widodoi*　　　　　FAO代码：**SDV**　　图版　第458页

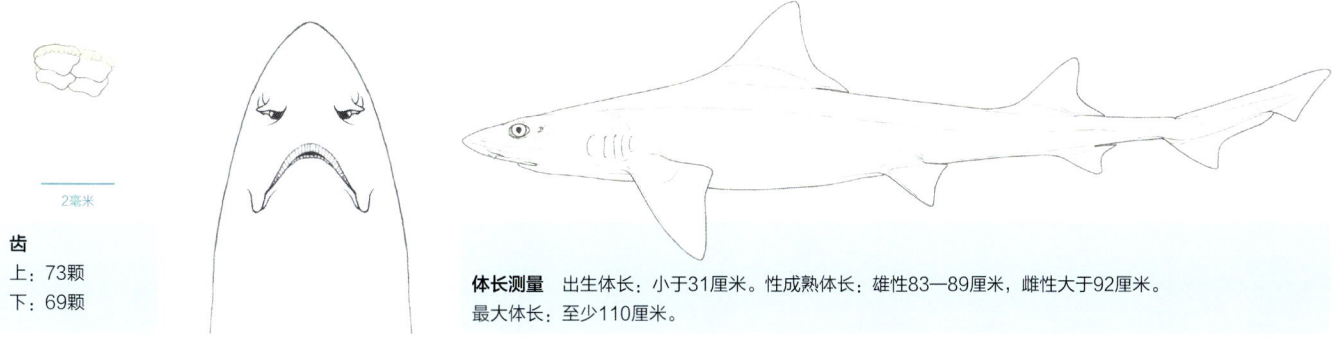

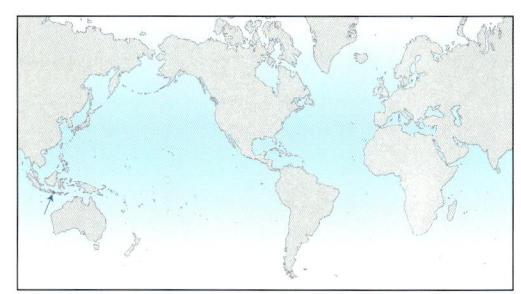

齿
上：73颗
下：69颗

2毫米

体长测量　出生体长：小于31厘米。性成熟体长：雄性83—89厘米，雌性大于92厘米。
最大体长：至少110厘米。

　　鉴定　体型大而细长的星鲨属鲨鱼。吻部较短。鼻孔间距宽。上唇褶短于下唇褶。牙齿齿尖低。背鳍后缘无流苏。胸鳍相对较大，呈镰刀状，外角尖。身体上部呈均一灰色，无斑点，下部颜色较浅。第一背鳍具宽的白色边缘；第二背鳍尖端具明显的黑色边缘；尾鳍末端也具黑色边缘。
　　分布　中印度洋–太平洋，印度尼西亚：可能是印度尼西亚东部的特有物种。
　　栖息地　近海，通常水深为60—120米。
　　行为　未知。
　　生物学　卵胎生。捕食甲壳类和小型硬骨鱼。
　　保护状态　易危（VU）。相关信息极少，仅已知本种在鱼市场上出现较少。

安达曼星鲨 *Mustelus andamanensis*　　　　FAO代码：**SDV**　　图版 第458页

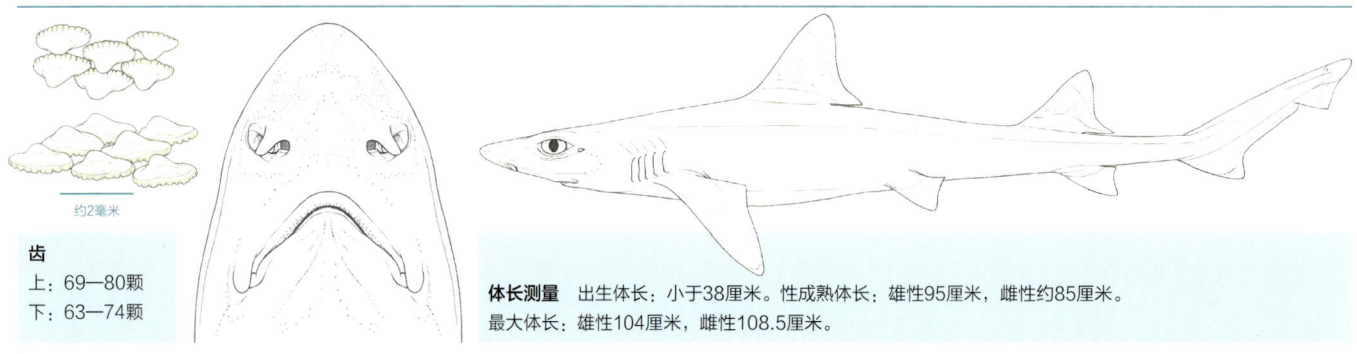

齿
上：69—80颗
下：63—74颗

约2毫米

体长测量　出生体长：小于38厘米。性成熟体长：雄性95厘米，雌性约85厘米。最大体长：雄性104厘米，雌性108.5厘米。

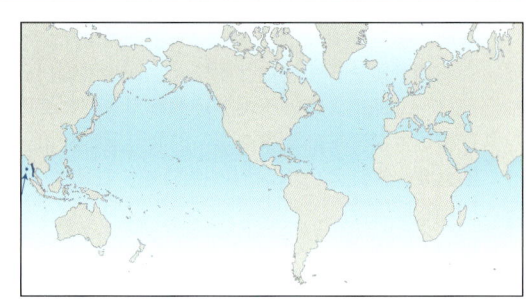

　　鉴定　体型细长。吻部较窄，尖端圆。上唇褶短于下唇褶。上下颌牙齿形态相似；牙齿齿尖低，呈铺石状排列。外部形态与其他星鲨属物种接近。身体上部颜色为灰棕色，无白色斑点，背鳍基部颜色灰暗，上部逐渐变黑，无白色边缘，尾鳍边缘为白色，尖端为黑色。

　　分布　仅已知栖息于安达曼海，从泰国普吉岛至缅甸仰光，以及安达曼群岛。

　　栖息地　捕获于水深小于100米处。

　　行为　成年个体和未成年个体按性别与性成熟与否的标准各自分群活动。成年雌性单独集群活动，不与成年雄性混杂。

　　生物学　未知。

　　保护状态　易危（VU）。本种最近才得到科学界描述。

奎氏长瓣鲨 *Scylliogaleus quecketti*　　　　FAO代码：**TSK**　　图版 第450页

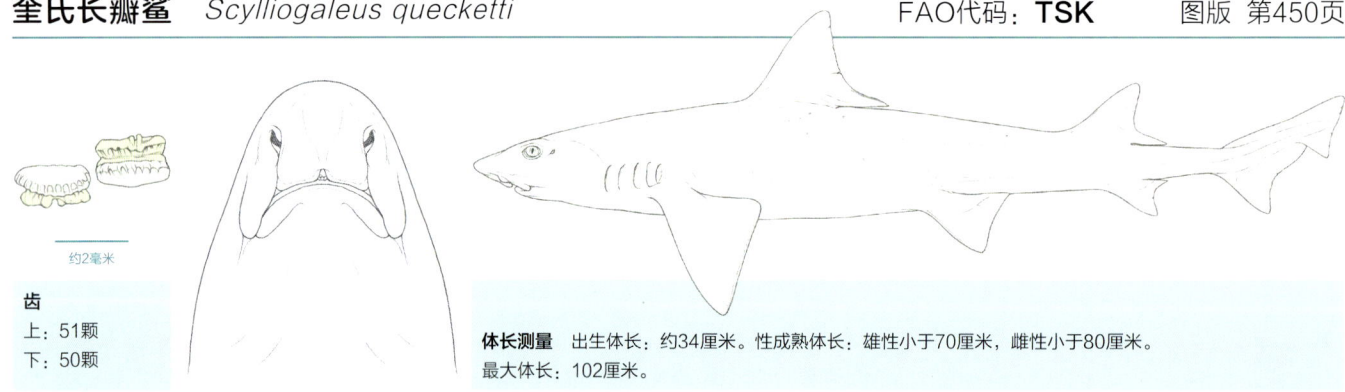

齿
上：51颗
下：50颗

约2毫米

体长测量　出生体长：约34厘米。性成熟体长：雄性小于70厘米，雌性小于80厘米。最大体长：102厘米。

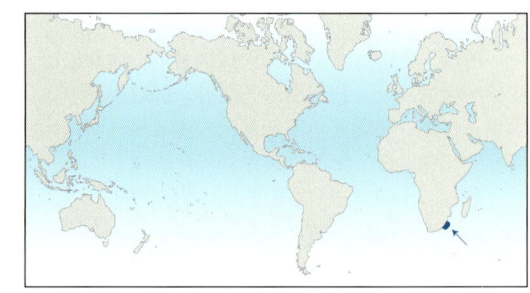

　　鉴定　吻部短钝。前鼻瓣大而愈合为一，覆盖嘴部；具鼻口沟。牙齿小而钝，呈卵石状。第二背鳍比第一背鳍略大或等大，而远大于臀鳍。身体上部为灰色，下部为奶油色。新生幼鱼背鳍、臀鳍和尾鳍具白色后缘。

　　分布　印度洋西南部：南非。

　　栖息地　近岸大陆架，沿碎浪带至靠岸很近的水域，水深0—73米。

　　行为　所知甚少。本物种倾向于栖息在固定地点，不进行长距离移动。

　　生物学　卵胎生，每胎2—4尾胎仔（通常2—3尾），妊娠期9—10个月。主要捕食甲壳类（包括龙虾），也捕食鱿鱼。

　　保护状态　易危（VU）。本种狭窄的分布区中渔业活动强度较大；鲨鱼肉出口贸易的目标物种。

尖鳍皱唇鲨 *Triakis acutipinna*

FAO代码：**TTA**　　图版 第450页

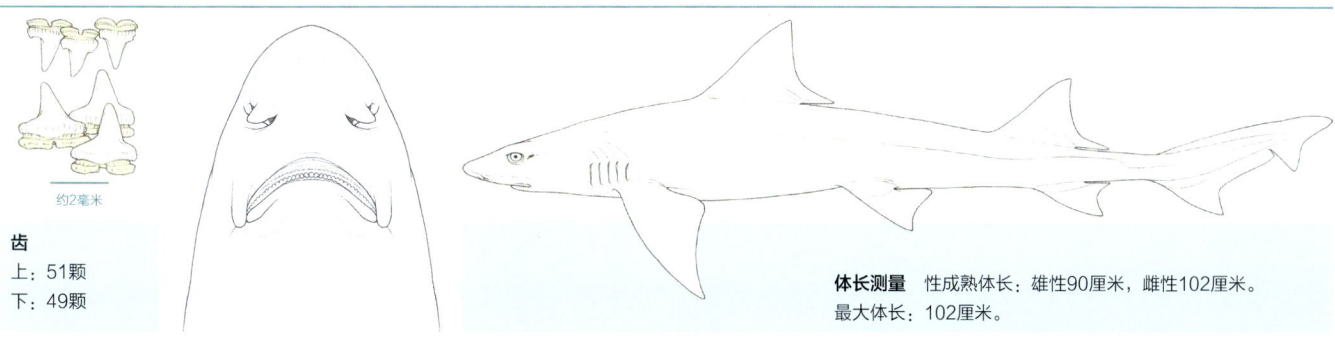

齿
上：51颗
下：49颗

体长测量　性成熟体长：雄性90厘米，雌性102厘米。
最大体长：102厘米。

　　鉴定　吻部较短而宽圆。前鼻瓣间隔较远，不伸达嘴部。牙齿不呈刃状；上唇褶长，伸达上下颌缝合部。各鳍较窄。第一背鳍后缘极为垂直。胸鳍窄而呈镰刀状。颜色描述来自保存的标本：身体上部为均一的灰棕色，身体下部颜色较浅，无斑点或条纹。

　　分布　太平洋东南部：厄瓜多尔。

　　栖息地　热带大陆架水域，水深50—200米处。

　　行为　未知。

　　生物学　未知。

　　保护状态　濒危（EN）。数量稀少，仅有2个从渔业活动较多的水域采集的标本。

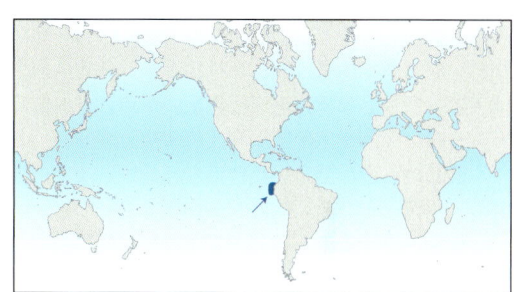

斑点皱唇鲨 *Triakis maculata*

FAO代码：**TTM**　　图版 第450页

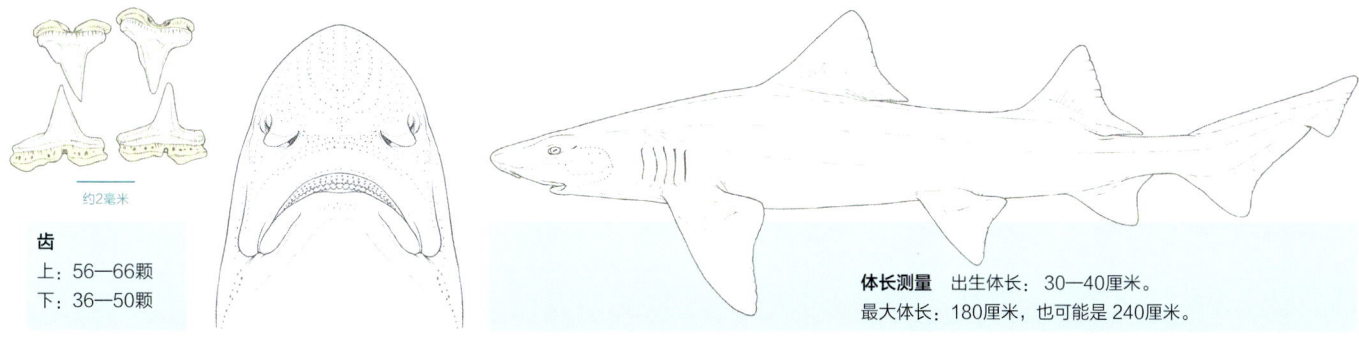

齿
上：56—66颗
下：36—50颗

体长测量　出生体长：30—40厘米。
最大体长：180厘米，也可能是240厘米。

　　鉴定　非常粗壮。吻部短而宽圆。前鼻瓣叶状，间距宽，不伸达嘴部。牙齿不呈刃状；上唇褶长，伸达下颌缝合部。各鳍较宽。第一背鳍后缘向后呈平缓坡度。胸鳍宽宽，呈镰刀状。身体上部为灰色，通常具许多黑斑；有些无黑斑（颜色朴素无斑点的雌性可能会生下具斑点的幼鱼），身体下部颜色较浅。

　　分布　太平洋东部：秘鲁至智利北部，加拉帕戈斯群岛。

　　栖息地　温带近海大陆架，水深10—200米。

　　行为　未知。

　　生物学　所知甚少。卵胎生，无卵黄囊胎盘；有一记录为1胎14尾胎仔。

　　保护状态　极危（CR）。本种和一些星鲨属物种在秘鲁和智利沿海被个体渔业和一些商业化渔业大量捕捞作为食用鱼。如今本种的种群已严重衰竭。

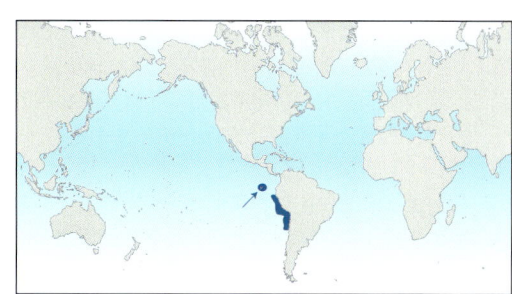

大鳍皱唇鲨 *Triakis megalopterus*

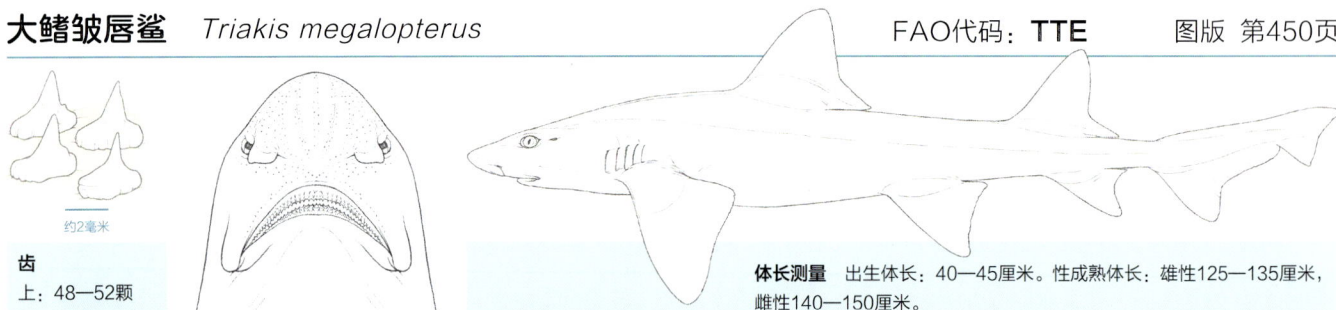

齿
上：48—52颗
下：44颗

约2毫米

体长测量　出生体长：40—45厘米。性成熟体长：雄性125—135厘米，雌性140—150厘米。
最大体长：雄性152厘米，雌性208厘米。

鉴定　吻部宽而钝。前鼻瓣小，呈叶状，间距宽，不伸达嘴部。嘴部大；牙齿小而尖；上唇褶不伸达下颌缝合部。各鳍宽大。第一背鳍几近垂直。背鳍间纵嵴较高。胸鳍呈镰刀状，后缘内凹。尾柄短而粗。体表为灰色至铜色，通常具大量黑斑；身体下部为白色。幼体无斑点或具极少斑点（一些成年个体同样颜色朴素无斑点）。

分布　大西洋东南部：安哥拉南部至南非。

栖息地　近岸至海岸线碎浪带，偏好沙质底的近岸水域以及浅水海湾的岩石和缝隙，水深0—50米。通常小于10米。

行为　夏季集群，群体中经常有许多怀孕雌性。人工饲养时，本种常在非常靠近水底的地方巡游，有时出现在水层中部，但罕见于开阔水域。

生物学　卵胎生，无卵黄囊胎盘，每胎5—15尾胎仔（平均9—10尾）；妊娠期长达19—21个月，繁殖周期为：两次怀孕间隔2—3年。捕食螃蟹，硬骨鱼，小型鲨鱼；大型个体的食谱中含有更多鱼类，而较小的个体捕食更多甲壳类。

保护状态　无危（LC）。地域性常见但分布区域狭窄。被体育垂钓者和商业渔民捕捞，但经济价值低。人工饲养中较为强健。

皱唇鲨 *Triakis scyllium*

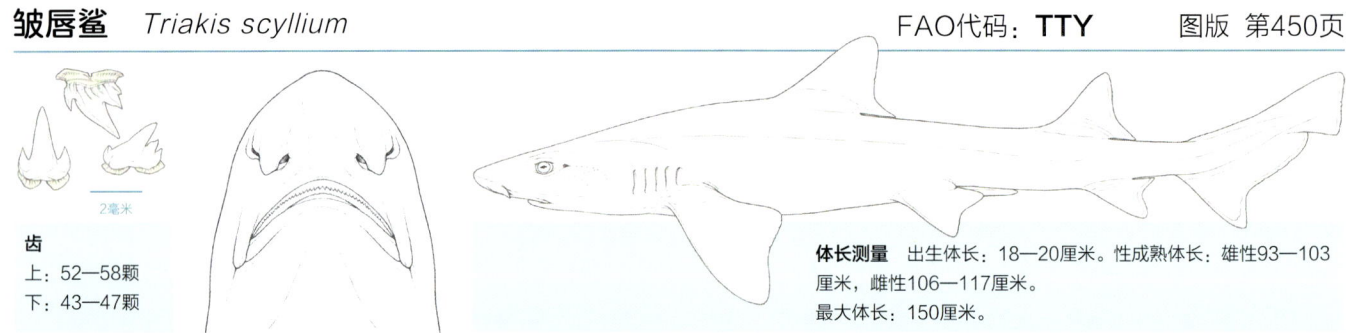

齿
上：52—58颗
下：43—47颗

2毫米

体长测量　出生体长：18—20厘米。性成熟体长：雄性93—103厘米，雌性106—117厘米。
最大体长：150厘米。

鉴定　体型细长。吻部短而宽圆。前鼻瓣呈叶状，间距宽，不伸达嘴部。牙齿部分呈刀状；上唇褶较长，伸达下颌缝合部。各鳍相对较窄。第一背鳍后缘几近垂直。成年个体胸鳍呈三角形。身体上部为灰棕色，幼年个体具很多分散的小黑斑点，以及较暗而宽的鞍状斑纹；成年个体斑点淡化或消失。

分布　西北太平洋：俄罗斯（彼得大帝湾），日本，朝鲜，中国。可能还包括印度洋–太平洋海域中部：菲律宾（不确定）。

栖息地　大陆架和岛屿陆架，近海，海床上或靠近海床的水层，水深30—150米。经常出现于河口和浅水海湾，沙质或长满海草的海床。

行为　较少群居，但一些个体会聚集在海床上的休息场所。

生物学　卵胎生，无卵黄囊胎盘；每胎10—24尾胎仔（平均9—10尾）。

保护状态　濒危（EN）。在其分布范围内经常被捕捞。

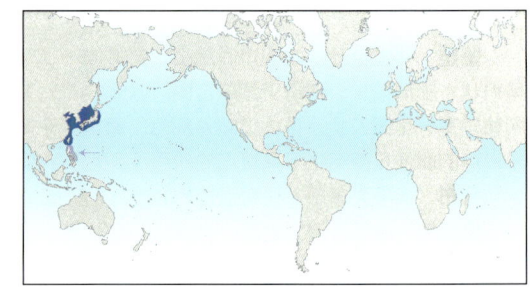

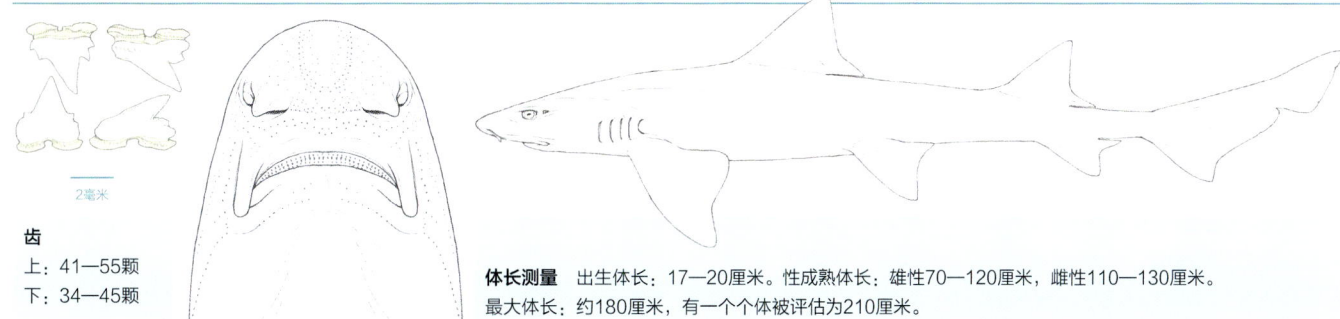

齿
上：41—55颗
下：34—45颗

2毫米

体长测量　出生体长：17—20厘米。性成熟体长：雄性70—120厘米，雌性110—130厘米。
最大体长：约180厘米，有一个个体被评估为210厘米。

鉴定　吻部宽圆。前鼻瓣间距宽，不伸达嘴部。上唇褶伸达下颌缝合部。胸鳍呈镰刀状。体色独特：底色为较浅的棕褐色至灰色，具独特鲜明的黑色鞍状斑纹和斑点，身体下渐变为白色。鞍状斑纹的中心在成年个体中较淡。

分布　东北太平洋：从华盛顿州南部（美国）至加利福尼亚湾（墨西哥）。后者可能为一隔离种群；加利福尼亚湾南部基本没有捕获记录。

栖息地　近海或远海的寒温带至暖温带大陆架。对低氧水域适应能力强，在海湾和河口的海床上或海床附近最常见；从潮间带至水深20米。本种可能也会出现在开放的海岸和岛屿附近，深度可达156米。雌性在小于1米深的浅水中分娩，包括大叶藻组成的海草床。

行为　虽然有时在海床上休息，但本种敏捷、强壮、喜游荡。本种常聚集成较大的游荡群体［有时与加州星鲨（*Mustelus californicus*）和亨氏星鲨（*Mustelus henlei*），萨氏角鲨（*Squalus suckleyi*）和加州鲼（*Myliobatis californicus*）混群］。一般家域范围较小，但有些被记录到游过150千米的距离。它们还会在涨潮时到淤泥滩涂觅食，潮水退去时撤回深水。在人工饲养时，本种会形成不太严格的社会等级：大个体通过轻咬小个体的胸鳍来宣示主导地位。

生物学　卵胎生，无卵黄囊胎盘，妊娠期长约10—12个月。每胎1—37尾胎仔，母体越大所产越多。性成熟年龄为7—15岁（雌性比雄性成熟更晚），寿命可达30年。尽管同龄个体体型也有不同，但生长速度随年龄增大而放缓：一条125厘米的个体在12年后重捕时也只长到了129厘米。小型个体捕食螃蟹和其他底栖无脊椎动物，咬食蛤蜊的虹吸管，从沉积物中吸食蠕虫，但较大个体捕食鱼类甚至其他小型鲨鱼。

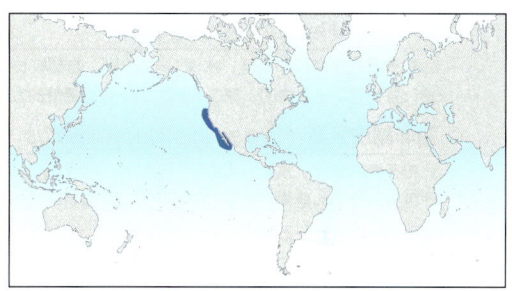

保护状态　无危（LC）。本种为北美洲太平洋海岸最常见的鲨鱼物种之一，并且在捕捞强度较低的地方数量丰富。在加州有小规模的针对本种的渔业活动，通常是被体育垂钓者钓获（肉味鲜美，但较老的个体可能含汞量高）以及用作水族馆贸易，但这种渔业受到良好管理。每人限钓量和最小上岸尺寸这两个指标可用于管理加州对本种的体育竞赛性捕捞，并减少了较小个体进入水族馆贸易的流通量。人们对本种分布区南部即墨西哥湾的种群所知甚少，可能与北方种群隔离；然而，本种只构成下加利福尼亚小型鲨鱼捕捞量的很少一部分。

半带皱唇鲨（*Triakis semifasciata*）

图版 63 半沙条鲨科

○ **大口尖齿鲨** *Chaenogaleus macrostoma* 第486页

分布于北印度洋、印度洋–太平洋海域中部；水深0—160米。吻部较长，具棱角，嘴部很长，下颌齿极长，突出，呈钩状，眼较大，具瞬膜，喷水孔小，鳃裂长至少为眼长的2倍；第二背鳍高度为第一背鳍的2/3；体表浅灰色或铜色，第二背鳍上角和尾鳍上叶后端偶尔呈黑色。

○ **澳洲半沙条鲨** *Hemigaleus australiensis* 第487页

分布于印度洋–太平洋海域中部；1—170米。与小口半沙条鲨相似但体色不同；第一背鳍无斑纹，第二背鳍后缘和上角黑色，尾鳍上叶后端为黑色，无白斑。

○ **小口半沙条鲨** *Hemigaleus microstoma* 第487页

分布于北印度洋和印度洋–太平洋海域中部；水深0—170米。吻部较长而圆，喷水孔小，嘴部呈弧形，很短，鳃裂短；背鳍、胸鳍、腹鳍和尾鳍下叶显著呈镰刀状，第二背鳍高度为第一背鳍的2/3，而与臀鳍等大；浅灰色或铜色，第一背鳍尖端和边缘颜色浅，体侧偶有白斑。

○ **长半锯鲨** *Hemipristis elongata* 第488页

分布于西太平洋和印度洋；水深1—132米。吻部较长而宽圆，上颌齿较大，弯曲，边缘呈锯齿状，下颌齿钩状，从嘴中突出，鳃裂长大于3倍眼长；各鳍显著弯曲内凹，第二背鳍为第一背鳍高度的2/3，臀鳍小而后置；体表浅灰色或铜色，第二背鳍上角与尾鳍上叶后端暗色。

○ **南非副沙条鲨** *Paragaleus leucolomatus* 第489页

分布于西印度洋；水深1—20米。吻部长，眼大而呈卵圆形，鳃裂长约为2倍眼长；背鳍、胸鳍和尾鳍下叶不呈镰刀状，第一背鳍高于第二背鳍；体色为暗灰色，身体下面呈白色，除第二背鳍有黑色上角外，大多数鳍具非常明显的白色鳍尖端和边缘，吻部下方有宽阔的暗色斑块。

○ **镰鳍副沙条鲨** *Paragaleus pectoralis* 第489页

分布于东大西洋；水深1—100米。吻部长度中等，眼较大，呈卵圆形，嘴部小而短，鳃裂短于1.5倍眼长；第二背鳍高度为第一背鳍高度的2/3，起点位于较小的臀鳍起点前方；体表底色为浅灰色或铜色，具鲜明的黄色条纹，身体下部为白色，鳍无斑纹。

○ **兰氏副沙条鲨** *Paragaleus randalli* 第490页

分布于北印度洋和西北太平洋；水深至18米。吻部尖端窄圆，眼较大，位于体侧，与鳃裂等长，喷水孔较小，嘴部较长；鳍后缘内凹，第二背鳍高度为第一背鳍的2/3，起点位于较小的臀鳍起点前方；灰色至灰棕色，身体下部颜色较浅，各鳍颜色深，具不太明显的白色后缘，吻部下方具较窄的黑条纹。

○ **邓氏副沙条鲨** *Paragaleus tengi* 第490页

分布于印度洋–太平洋海域中部至西北太平洋，近岸至水深20米。吻部圆，长度中等，眼位于侧面，较大，喷水孔小，嘴部短弧形，鳃裂长为眼长的1.2—1.3倍；第二背鳍高度为第一背鳍的2/3，位于较小的臀鳍起点前方；体表为浅灰色，无明显斑纹。

50厘米

○ 长半锯鲨

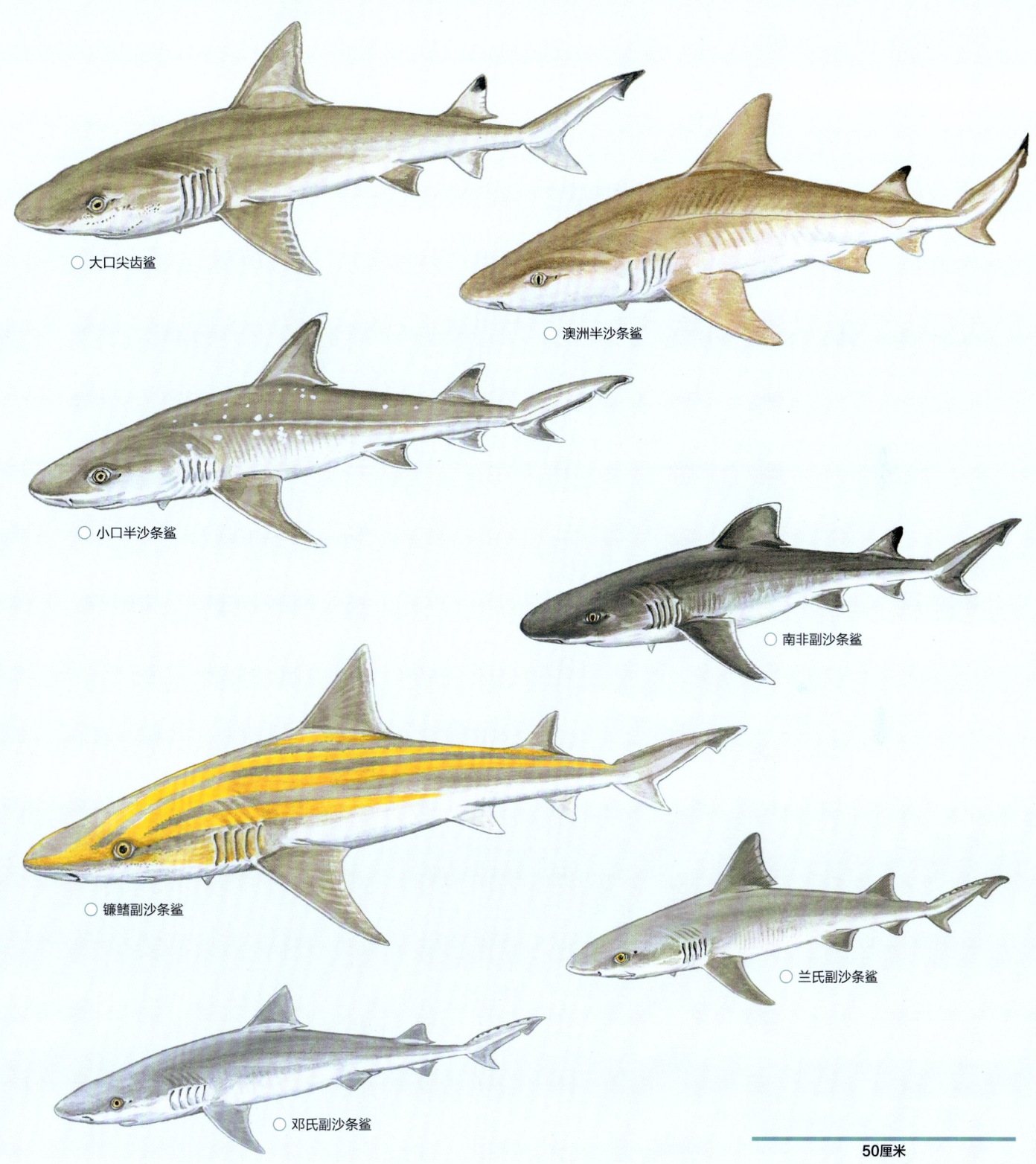

○ 大口尖齿鲨

○ 澳洲半沙条鲨

○ 小口半沙条鲨

○ 南非副沙条鲨

○ 镰鳍副沙条鲨

○ 兰氏副沙条鲨

○ 邓氏副沙条鲨

50厘米

半沙条鲨科（Hemigaleidae）

本科包含4个属：尖齿鲨属（*Chaenogaleus*）、半沙条鲨属（*Hemigaleus*）、副沙条鲨属（*Paragaleus*）、半锯鲨属（*Hemipristis*）。4个属共包含8个已描述的物种。尖齿鲨属和半锯鲨属各包含1个物种，半沙条鲨属包含2个物种，而副沙条鲨属至少有4个物种，副沙条鲨属中至少还包括1个未描述的物种。

鉴定　小型至中型的鲨鱼，具水平的卵圆形眼，具瞬膜，喷水孔小，唇褶长，具尾前凹，肠壁具螺旋瓣，第一背鳍大。尾鳍下叶发达，鳍后腹缘呈波浪状。

生物学　胎生，具卵黄囊胎盘。一些物种食性特化，主要捕食头足类，另一些物种食性广泛。

保护状况　化石记录世界性广布，现代分布局限于东大西洋和印度洋－西太平洋海域大陆与岛屿周边的温暖热带水域。近海渔业中常见且重要性高，60%以上的物种被过度捕捞，被IUCN评级为受威胁。

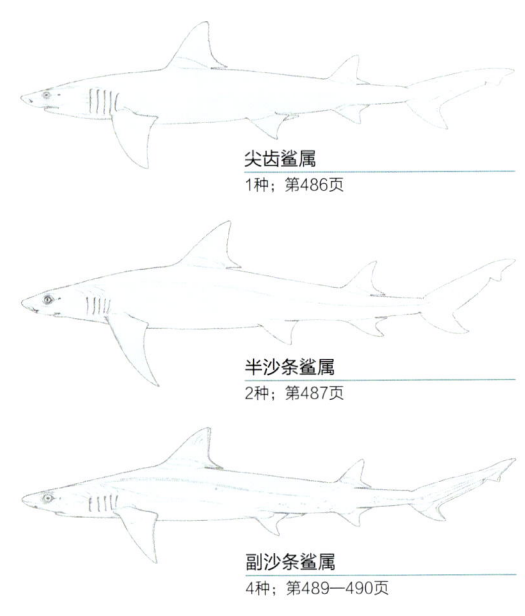

尖齿鲨属
1种；第486页

半沙条鲨属
2种；第487页

副沙条鲨属
4种；第489—490页

半锯鲨属
1种；第488页

大口尖齿鲨　*Chaenogaleus macrostoma*　　　FAO代码：**HCM**　　图版　第484页

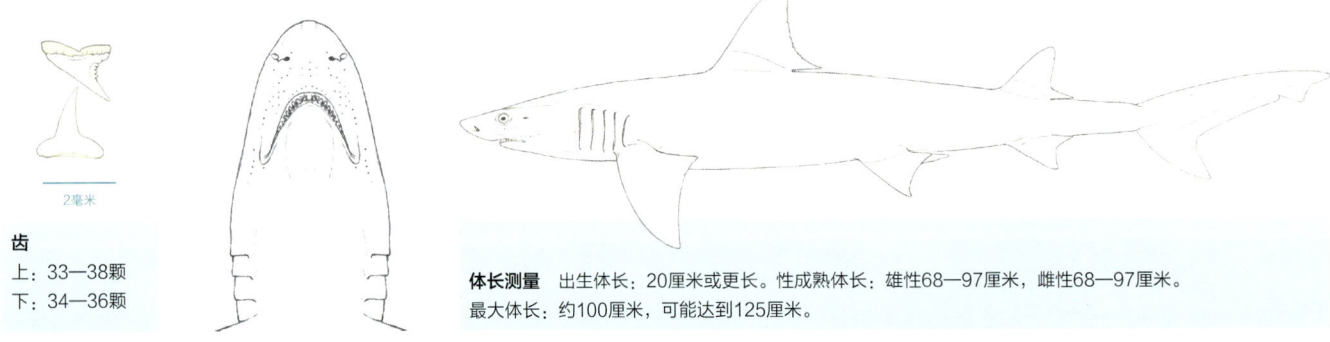

2毫米

齿

上：33—38颗

下：34—36颗

体长测量　出生体长：20厘米或更长。性成熟体长：雄性68—97厘米，雌性68—97厘米。最大体长：约100厘米，可能达到125厘米。

鉴定　体型小而细长的鲨鱼。吻部长而具棱角。嘴部很长，下颌齿极长，呈弯钩状，边缘光滑，从嘴中伸出。眼大，位于体侧，具瞬膜。喷水孔小。鳃裂长至少为眼长的2倍。第二背鳍高度为第一背鳍的2/3；第二背鳍起点与较小的臀鳍起点相对或略微位于其前方。体色为浅灰或铜色，通常无明显斑纹。第二背鳍上角和尾鳍上叶后端为黑色。

分布　印度洋北部至中印度洋－太平洋：从波斯湾至印度尼西亚、中国。

栖息地　大陆架和岛屿陆架，水深0—160米。

行为　未知。

生物学　胎生，每胎4尾胎仔。所知甚少。

保护状态　易危（VU）。经常被渔业活动捕获。

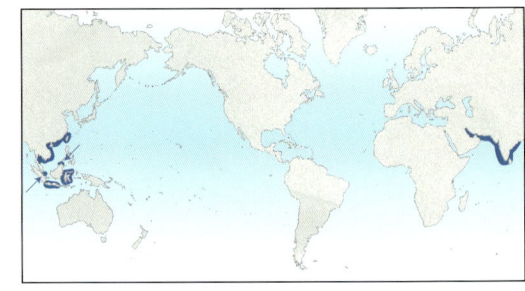

澳洲半沙条鲨 *Hemigaleus australiensis*　　　　FAO代码：**CVX**　　　图版 第484页

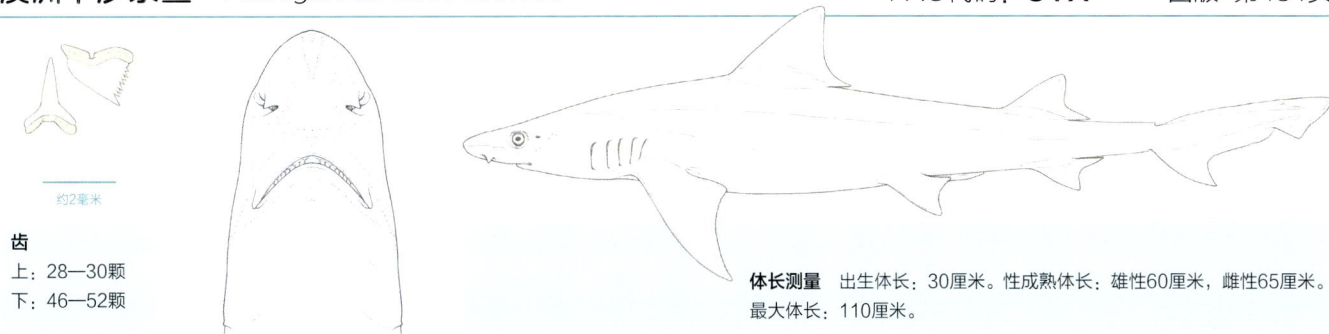

齿
上：28—30颗
下：46—52颗

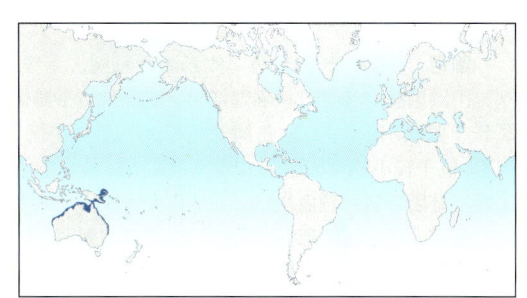

体长测量　出生体长：30厘米。性成熟体长：雄性60厘米，雌性65厘米。
最大体长：110厘米。

　　鉴定　与小口半沙条鲨相似，腹鳍和背鳍及尾鳍下叶呈显著镰刀状。但与小口半沙条鲨有以下特征上相区别：体表色彩不同（本种第二背鳍和尾鳍具有暗色边缘和尖端），椎骨数量不同，牙齿数量不同。

　　分布　中印度洋–太平洋：澳大利亚北部和巴布亚新几内亚。

　　栖息地　大陆架，海床上或靠近海床的水层，水深1—170米。

　　行为　未知。

　　生物学　胎生，每胎1—19尾胎仔（平均8尾），妊娠期6个月，每年怀孕2次。食性特化，主要捕食头足类，偶尔捕食甲壳类。

　　保护状态　无危（LC）。分布范围内大部分地区渔业活动强度较低，本种可以适应这样的捕捞压力。

小口半沙条鲨 *Hemigaleus microstoma*　　　　FAO代码：**HEH**　　　图版 第484页

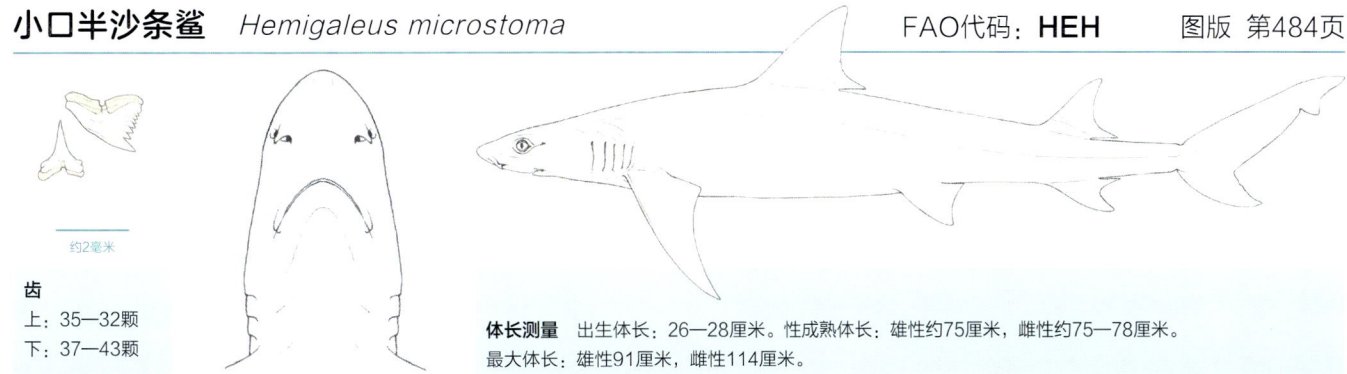

齿
上：35—32颗
下：37—43颗

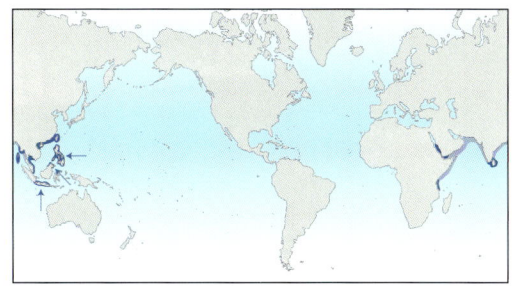

体长测量　出生体长：26—28厘米。性成熟体长：雄性约75厘米，雌性约75—78厘米。
最大体长：雄性91厘米，雌性114厘米。

　　鉴定　体型小而纤细的鲨鱼。吻部较长而圆。嘴部很短，呈弧形。眼具瞬膜。鳃裂短。两对偶鳍，背鳍和尾鳍下叶显著镰刀状。第二背鳍高度为第一背鳍的2/3，与臀鳍大小相同，上下位置相对。体表为浅灰色或铜色。背鳍边缘和上角颜色浅，有时体侧具斑点；第二背鳍上角和尾鳍上叶后端为黑色。

　　分布　北印度洋和印度洋–太平洋海域中部：坦桑尼亚至红海，亚丁湾，阿曼湾，印度至菲律宾，中国。

　　栖息地　大陆架，海床上或靠近海床的水层，水深0—170米。

　　行为　未知。

　　生物学　胎生，具卵黄囊胎盘，每胎2—4尾胎仔（平均3尾）；妊娠期6个月，每年怀孕2次。食性所知甚少，可能特化，主要捕食头足类，但也可能偶尔捕食甲壳类和棘皮动物。

　　保护状态　易危（VU）。其分布区内捕捞强度大，但繁殖迅速，种群增长快。

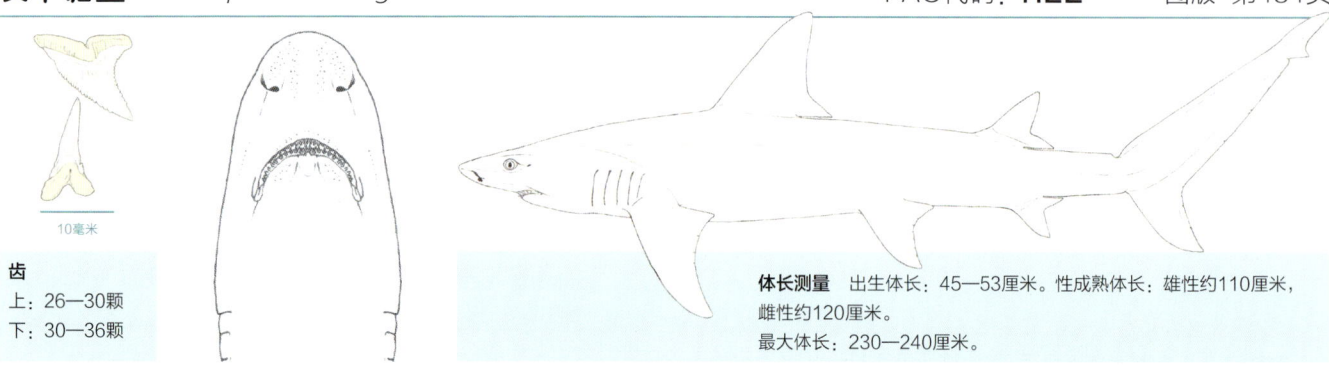

齿
上：26—30颗
下：30—36颗

10毫米

体长测量 出生体长：45—53厘米。性成熟体长：雄性约110厘米，雌性约120厘米。
最大体长：230—240厘米。

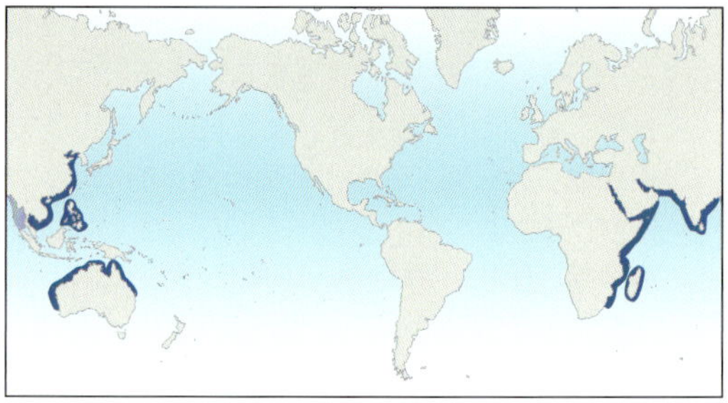

鉴定 体型细长的鲨鱼。吻部长而宽圆。上颌牙齿较大而弯曲，边缘呈锯齿状；下颌齿呈弯钩状，从嘴部伸出。眼大，位于身体侧面，具瞬膜。喷水孔小。鳃裂长（眼长3倍以上）。各鳍显著弯曲，后缘内凹。第二背鳍高度为第一背鳍的2/3，位于较小的臀鳍之前。体表为浅灰色或铜色，无明显斑纹。第二背鳍上角和尾鳍上叶后端有时颜色灰暗，在幼鱼中比成年个体中更明显。

分布 太平洋西部和印度洋：南非至澳大利亚北部、菲律宾、中国。

栖息地 大陆架和岛屿陆架，水深1—132米。

行为 基本未知。

生物学 胎生，每胎2—11尾胎仔（平均6尾），母体越大所生胎仔数量越多；妊娠期7—8个月，可能隔1年繁殖1次。性成熟年龄2—3岁，寿命最长15岁。捕食头足类和鱼类。

保护状态 濒危（EN）。在渔业中较为重要，被大量捕捞，具经济价值，已发现种群衰退的迹象。

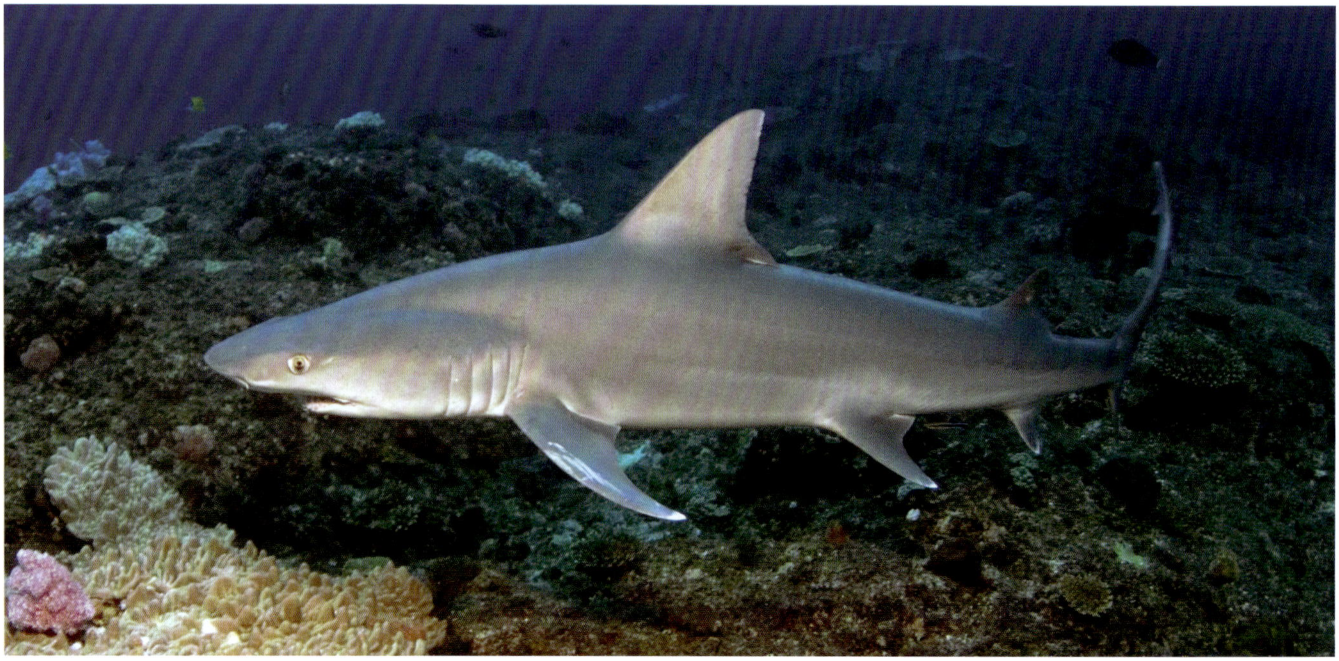

长半锯鲨（*Hemipristis elongata*），莫桑比克南部

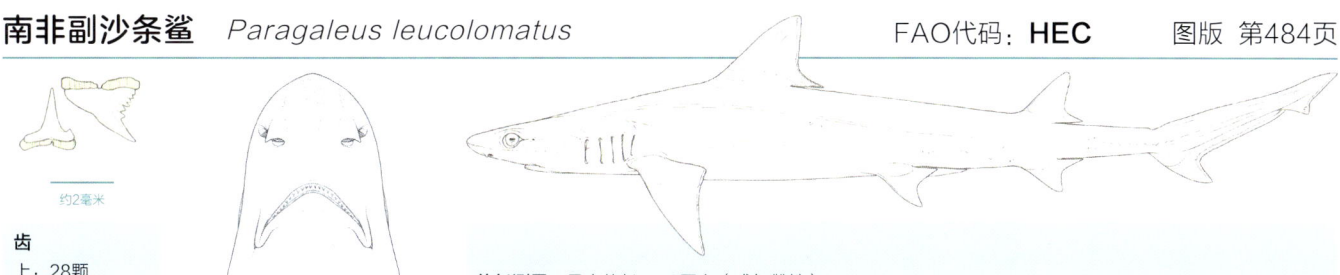

南非副沙条鲨 *Paragaleus leucolomatus*

FAO代码：**HEC**   图版 第484页

齿
上：28颗
下：30颗

体长测量 最大体长：96厘米（成年雌性）。

鉴定 体型细长的鲨鱼。吻部较长；上颌齿小，具锯齿；下颌齿齿尖直立。眼较大，呈卵圆形，具瞬膜。喷水孔小。鳃裂长为眼长的2倍。背鳍、腹鳍和尾鳍下叶不呈镰刀状。第一背鳍较高，顶部较窄，比第二背鳍更高，起点与胸鳍内角相对，第二背鳍起点位于臀鳍起点稍前方。体表为暗灰色。除第二背鳍上角为突兀的黑色外，大部分鳍具明显的白色边缘和尖端。吻部下方具较大的暗色斑块，身体下部其他部分为白色。

分布 西印度洋：南非，南莫桑比克，和北马达加斯加；可能包括苏丹，但需进一步确认。

栖息地 热带沿海，水深1—20米的浅水中。

行为 未知。

生物学 胎生，具卵黄囊胎盘；每胎2尾胎仔。

保护状态 易危（VU）。长期以来对本种的了解仅来自一个采自1984年的标本，但近年来在南非和莫桑比克南部海域中观察到了更多个体。

镰鳍副沙条鲨 *Paragaleus pectoralis*

FAO代码：**HEI**   图版 第484页

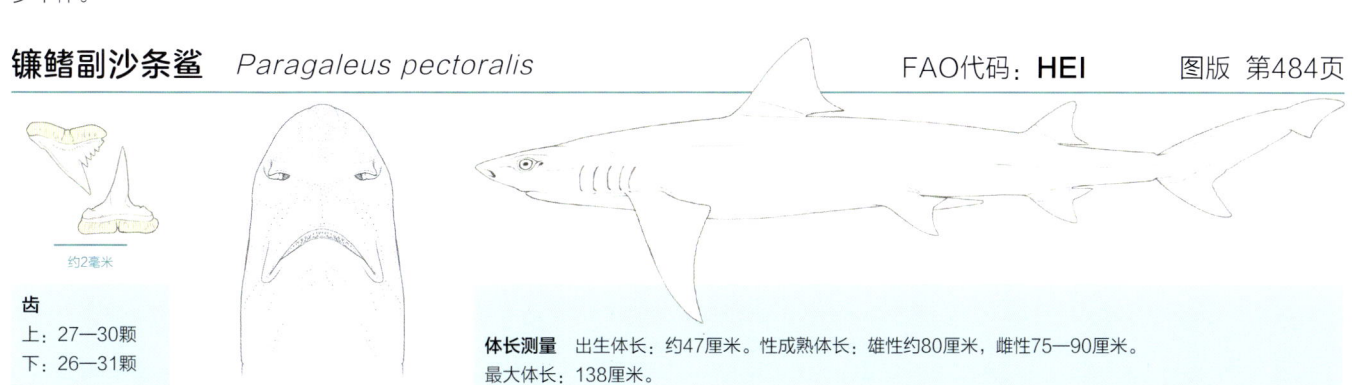

齿
上：27—30颗
下：26—31颗

体长测量 出生体长：约47厘米。性成熟体长：雄性约80厘米，雌性75—90厘米。
最大体长：138厘米。

鉴定 体型细长。吻部长度中等。嘴部短小；上颌齿小而有锯齿；下颌齿齿尖直立。眼大，呈卵圆形，具瞬膜。喷水孔小。鳃裂长小于1.5倍眼长。第二背鳍仅为第一背鳍高度的2/3，起点位于臀鳍起点前方。浅灰色或铜色的体表具鲜艳的纵向黄色条带；各鳍无斑点。身体下部为白色。

分布 东大西洋：从佛得角群岛和毛里塔尼亚至安哥拉；可能南至纳米比亚北部，可能北至摩洛哥。西北大西洋有一个记录（1906年），但标本采集地可能有误。

栖息地 热带大陆架，海岸线至水深100米处。

行为 食性特化，捕食头足类，也捕食小型鱼类。

生物学 胎生，每胎1—4尾胎仔（一般2尾），在塞内加尔，分娩一般发生于5—6月。

保护状态 濒危（EN）。受过度捕捞影响，种群数量下降趋势显著。

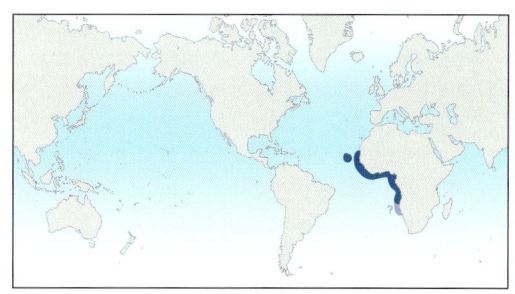

兰氏副沙条鲨 *Paragaleus randalli*

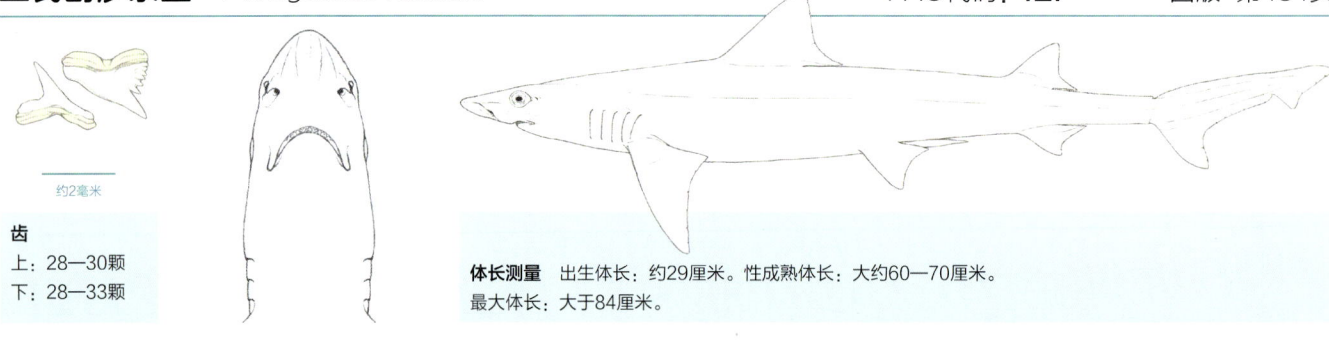

齿

上：28—30颗

下：28—33颗

约2毫米

体长测量　出生体长：约29厘米。性成熟体长：大约60—70厘米。
最大体长：大于84厘米。

　　鉴定　吻部较窄，尖端圆。嘴部长，下颌较深。眼大，位于体侧，具瞬膜。喷水孔较小。鳃裂长等于眼长。鳍后缘向内凹。第二背鳍高度相当于第一背鳍的2/3；起点位于较小的臀鳍起点稍前方。体表颜色为灰色至灰棕色，身体下部颜色较浅。各鳍一般颜色较暗，具不明显的白色后缘；无明显的白色或黑色尖端。吻部具一对黑色条纹但下方无黑色斑块。

　　分布　北印度洋和西北太平洋：阿拉伯湾，阿曼湾，印度，斯里兰卡和中国台湾地区。缅甸可能分布有一种与本种相似的副沙条鲨属物种，很可能为一新种。

　　栖息地　近岸，浅水至水深18米，大陆架。

　　行为　未知。

　　生物学　胎生，具卵黄囊胎盘。每胎2尾胎仔（每侧子宫各1尾）。

　　保护状态　易危（VU）。所知甚少，在其分布区域内常与其他近缘种混淆，本物种分布的区域面临较大的渔业活动压力和栖息地消失压力。

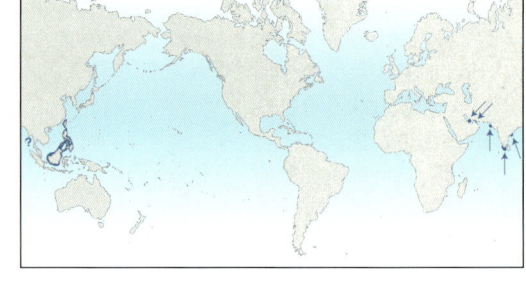

邓氏副沙条鲨 *Paragaleus tengi*

FAO代码：**HEN**　　　图版 第484页

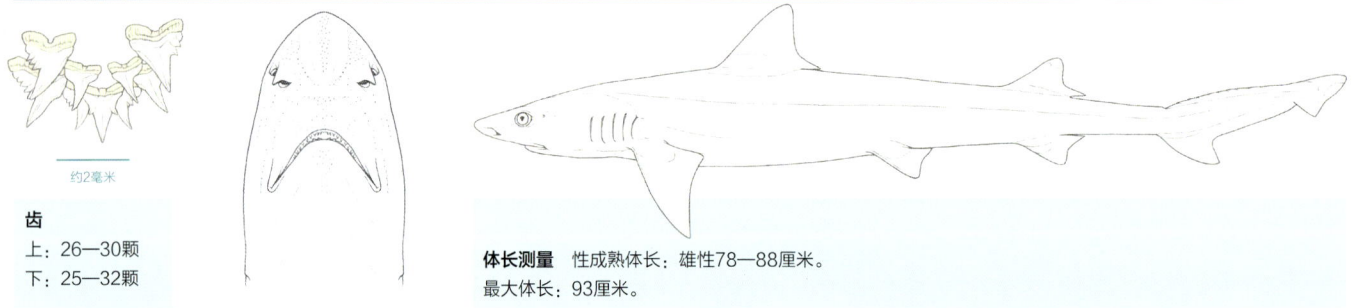

齿

上：26—30颗

下：25—32颗

约2毫米

体长测量　性成熟体长：雄性78—88厘米。
最大体长：93厘米。

　　鉴定　体型小而细长的鲨鱼。吻部圆，长度中等。嘴部呈短弧形；下颌齿不明显外突。眼较大，位于体侧，具瞬膜。喷水孔较小。鳃裂中等长度（成体的为眼长的1.2—1.3倍，幼体更短）。体表颜色为浅灰色，无明显斑纹。

　　分布　印度洋–太平洋中部至西北太平洋：已确认的分布范围包括中国台湾地区、中国香港和马来西亚槟城。来自中国南方、越南和泰国湾的记录需要进一步证实。日本南部为错误记录。

　　栖息地　近岸至水深约20米。

　　行为　未知。

　　生物学　胎生，具卵黄囊胎盘。

　　保护状态　濒危（EN）。由于其沿岸浅水栖息地的过度捕捞，本种的种群已严重枯竭，可能还受到栖息地破坏的影响。可能在部分曾经的分布范围内已功能性灭绝。

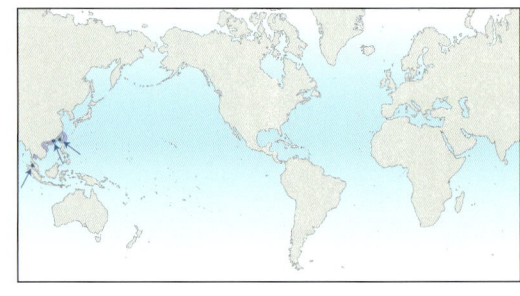

490　真鲨目（Carcharhiniformes）

几种远洋捕食者合作捕食的绝佳范例。一大群鲱鱼成为黄鳍金枪鱼（*Thunnus albacares*）和几种真鲨科鲨鱼的大餐

真鲨科（Carcharhinidae）

真鲨科（Carcharhinidae）全世界广布，包含11个属：真鲨属（Carcharhinus）、露齿鲨属（Glyphis）、剑吻鲨属（Isogomphodon）、窄吻鲨属（Nasolamia）、弯齿鲨属（Loxodon）、宽鳍鲨属（Lamiopsis）、柠檬鲨属（Negaprion）、大青鲨属（Prionac）、斜锯牙鲨属（Rhizoprionodon）、斜齿鲨属（Scoliodon）、三齿鲨属（Triaenodon）。11个属包含至少56个物种。本类群的英文俗称"requiem"据称来自古诺曼法语词"reschignier"，意为裸露的牙齿或鬼脸。

真鲨科是鲨鱼中最大也最重要的科之一，包括许多常见和分布广泛的种类。这些鲨鱼种类在热带大陆架和近海生境中占主导地位（以它们的多样性、数量和生物量来说），但一些种类也发现于亚热带和暖温带海域。本科的有些种类栖息于珊瑚礁和远洋岛屿周边，而另一些则分布深入大洋盆地。一种远洋真鲨科物种——大青鲨，具有所有鲨鱼乃至所有海生脊椎动物中最为广阔的分布范围之一，从高纬度寒温带海域直到热带海域。有些种类分布于温带海域和较深水层，但并没有真正的深海物种（与角鲨科和单鳍猫鲨科的物种相比）。有些真鲨科物种会进入淡水河流和湖泊。尽管其他科的鲨鱼也有一些会进入河口水域，并上溯一小段距离，但只有真鲨科中分布于印度洋–太平洋海域中部的露齿鲨属（Glyphis spp.）和广泛分布的低鳍真鲨（公牛真鲨）能在淡水中生活较长的时间。低鳍真鲨广泛分布于世界各地热带和暖温带的河流湖泊中，因其往返海水和淡水的能力而十分著名。

鉴定 尽管有些种类体型较小（65—100厘米），但大多数体型中等或较大，最长可达约400厘米。它们的嘴部长而呈弧形，牙齿呈刃状（上颌齿通常更宽），通常唇褶较短（斜锯牙鲨属除外）。它们的眼通常圆形至水

灰三齿鲨（*Triaenodon obesus*），夜晚在哥斯达黎加科斯科斯岛附近的岩礁上捕食珊瑚鱼类

低鳍真鲨（公牛真鲨）（*Carcharhinus leucas*），莫桑比克的尖峰石阵，一个著名的潜水观察鲨鱼的地点

平，具瞬膜，通常无喷水孔。它们具有两个背鳍，一个臀鳍，第一背鳍中等至较大，基底位于腹鳍基底前，第二背鳍通常较小。具尾前凹，尾鳍下叶显著，尾鳍上叶背缘呈波曲状。一些真鲨在两背鳍之间具一条纵嵴（如佩氏真鲨和镰状真鲨）；另一些则没有（如乌翅真鲨和低鳍真鲨）——背鳍间纵嵴的有无是真鲨属物种重要的辨别特征。多数真鲨体表无花纹（尤其是真鲨属）。极度罕见的露齿鲨属是现存唯一的纯淡水鲨鱼类群，不进行椎骨和牙齿计数的话很难分辨物种。露齿鲨属中可能至少还有一个物种未描述。

生物学 所有真鲨科物种均为胎生：它们直接产下胎仔，胎仔数量从1—2尾，到大青鲨的135尾。繁殖模式为胎生，具卵黄囊胎盘（第41页），胚胎的卵黄囊中养分消耗完毕后，空卵黄囊的壁与母体子宫壁相结合，母体持续供给胚胎营养直到分娩。母体通常以子宫壁分泌的形式供给胚胎营养，但有些种类的母体持续产生未受精卵给胚胎食用。鼠鲨目的远海长尾鲨每侧子宫仅孕育一个受精卵，但会排出许多未受精卵给双胞胎胚胎食用。其他种类孕育多个受精卵并生出多尾胎仔。每胎较多的胎仔数量越多，脐带的数量也越多，便有了脐带缠在一起的风险。黑边鳍真鲨是通过将子宫分隔成许多小室来解决这一问题的真鲨之一，每个小室容纳一个胚胎。我们可以通过观察幼鱼胸鳍间脐带脱落疤痕的愈合程度来判断胎仔已经出生多久——愈合过程通常持续数周。幼鱼出生后，脐带疤痕最终会完全消失。孕育多尾胎仔需要母体极大的营养投入，所以一些真鲨种类在两次繁殖活动之间会休息1—2年，以便在下次怀孕前积累足够的能量储备。

真鲨科物种是活跃而强壮的游泳者，单独活动或聚集成或小或大的群体。有些物种的呼吸方式为"冲压式呼吸"，需要持续游动来使富含氧气的水流过鳃部，而其他一些种类则可以在海床上一动不动地休息很长时间。相比白天，许多种类在夜间或晨昏期间更活跃。有些种类单独活动，有些聚集成小群，另外一些具有一定社会性，聚集成较大的群体。真鲨科是主要的海洋捕食者之一，它们捕食各种各样的猎物，包括硬骨鱼类、板鳃鱼类、头足类以及甲壳类，还包括海鸟、海龟、海蛇和海洋哺乳动物、底栖无脊椎动物，有时也食腐。小型种类和未成年个体食谱较为狭窄，大型种类和成年个体食谱更丰富。

至少有些真鲨科物种在遭遇潜水者或其他鲨鱼时会做出特别的行为，可能代表攻击和威胁警告。一些物种同时出现时，不同物种间会出现等级制度和压制行为：相同体型下，长鳍真鲨压制镰状真鲨，而镰状真鲨压制

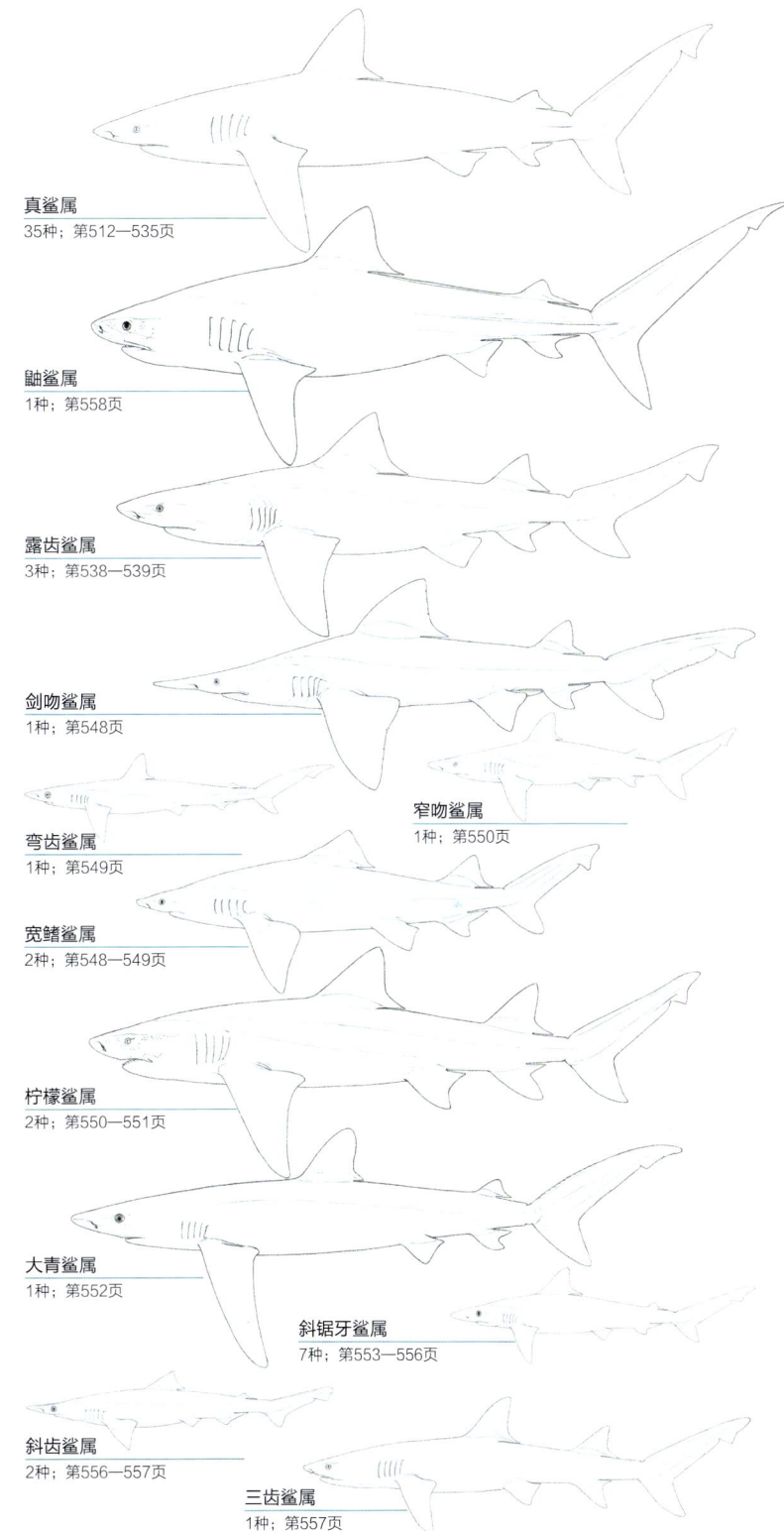

真鲨属
35种；第512—535页

鼬鲨属
1种；第558页

露齿鲨属
3种；第538—539页

剑吻鲨属
1种；第548页

窄吻鲨属
1种；第550页

弯齿鲨属
1种；第549页

宽鳍鲨属
2种；第548—549页

柠檬鲨属
2种；第550—551页

大青鲨属
1种；第552页

斜锯牙鲨属
7种；第553—556页

斜齿鲨属
2种；第556—557页

三齿鲨属
1种；第557页

钝吻真鲨；直翅真鲨压制黑边鳍真鲨，但服从白边鳍真鲨。如果你过于靠近或堵截浅水中的真鲨科物种，它可能会做出一系列威胁信号：背部弓起，胸鳍下压，游动急促，嘴部张开，"S"形游动。这些信号十分危险，因为它们表明这条鲨鱼可能马上就会为了自我防御发动攻击。其他鲨鱼会对这种信号进行识别，为了防止被攻击而做出特定的反应；可能与鲨鱼遭遇的游泳者和潜水者也应该学会识别这些信号。

保护状况 真鲨科是热带和暖温带海岸及远洋海域的鲨鱼渔业中最重要的科之一，这些渔业活动包括商业捕鱼、生计型捕鱼和休闲渔业。过去的十年里，真鲨科种类占据了联合国粮农组织所报告的全部鲨鱼渔获上岸量的1/3（在上岸的鲨鱼渔获的那48%未鉴定至科的部分中，真鲨科种类也占据了相当一部分）。仅大青鲨一个物种便占据了全球鲨鱼渔获总量的25%，以及全部已记录的真鲨科渔获的70%；大青鲨可能是全世界捕捞力度最大的鲨鱼，并且到目前为止承受住了强度很大的远洋捕捞。全球渔业记录中产量较大的其他真鲨科种类包括在生物学上更脆弱的镰状真鲨和极易辨别的长尾鲨。（译者注：长尾鲨并不属于真鲨目）。

尽管肝油、软骨和鱼皮也被交易，但真鲨科物种主要被人类利用的形式是食用，包括肉和鱼翅。许多真鲨科种类在产地作为食物，但它们的鱼翅几乎总是进入国际贸易。相对于联合国粮农组织的渔获报告，通过鉴定这些鱼翅的种类归属，我们可以更好地认识全球鲨鱼渔获的上岸情况和趋势。最近从某地区的国际鱼翅贸易中鉴定出的76个物种中，大约50%的物种属于真鲨科。远洋性的大青鲨和镰状真鲨分别占2014—2015年所采鱼翅样本中物种总数的35%和5%。四个鳍具黑色边缘的物种占另外2%；低鳍真鲨（公牛真鲨）和短鳍真鲨各占1%，不明物种的真鲨科种类占4%。灰真鲨、长鳍真鲨、长尾鲨甚至较小的斜锯牙鲨属的鱼翅也规律地出现。总体来说，真鲨科物种在国际鱼翅贸易里能鉴定出的物种中占了50%以上。鱼翅贸易中的物种组成具有一定的稳定性，但有一种例外：20年前被拍卖的鱼翅中，铅灰真鲨非常常见，但如今已较为罕见。这是因为位于澳大利亚西部和美国大西洋海岸的两个曾经规模较大的鲨鱼饲养场已关闭。

真鲨科在渔业中的重要性对它们的保护现状产生了深刻影响：超过一半的真鲨科物种在IUCN受威胁物种红色名录中被判定为受到威胁（16%极危，14%濒危，23%易危）；23%的种类近危（包括大青鲨），只有20%的物种无危。处于无危级别的真鲨科物种一般是那些体型较小而繁殖能力较强的真鲨和几个斜锯牙鲨属物种，一些是澳大利亚的特有种。值得注意的是，自1934年来就未被记录，最近才得到描述的逝鲨真鲨（第529页），在2020年不幸成为第一种被评估为"极危－可能已灭绝"的鲨鱼物种。

即使在最佳的环境条件下，能够分清真鲨科物种的人也并不多，这意味着本科在鲨鱼袭人报告中所占的比重可能被低估了。尽管如此，在无缘故的致命和非致命的鲨鱼攻击数量排行榜上，低鳍真鲨（公牛真鲨）仍然占据第三位（位于非真鲨科的噬人鲨和居氏

鼬鲨之后）——这个物种尤其危险，这是由于它们出现在人类活动频繁的近岸、河口水域和淡水中，且较为常见。而远海分布的特点和逐渐衰退的种群数量，使体型庞大而生性好奇的长鳍真鲨较少有与人类游泳者接触的机会，否则，这一物种的袭人记录可能超过低鳍真鲨（公牛真鲨）。总体来说，15个真鲨科物种有袭击人类和船只的记录，7个物种具有至少一例杀人记录。而黑边鳍真鲨（在佛罗里达州海岸追猎鱼群过程中不小心轻咬了游泳者），以及短鳍真鲨、柠檬鲨和乌翅真鲨虽然有无缘故的袭人记录，但并无致人死亡的记录。

几个真鲨科物种，包括低鳍真鲨（公牛真鲨）、铅灰真鲨和白边鳍真鲨，在公共水族馆展示中因观赏性强十分有名，几个物种在大型水族馆中可以繁殖。这些种类和一些其他种类（包括一些具有危险性的种类，如低鳍真鲨和几种礁鲨）同样作为观赏对象，在潜水爱好者的观鲨活动中非常著名。有几个物种（尤其是柠檬鲨和几个真鲨属物种）是很多科学研究的对象。

右页图：短吻柠檬鲨（第551页）的生活史，本图可以代表许多真鲨科和浅海鲨鱼的生活史。怀孕的雌性会前往它们的出生地——某个隐蔽的浅水育儿场分娩。它们一般每2年返回育儿场分娩1次（有些种类每年都返回，也有些种类每3年返回1次）。幼鱼通常在育儿场生活几年，直到它们长到足够大的体型，能够抵御深水中的捕食者。随着它们逐渐长大，进入不同的栖息地，它们的食谱会发生改变，家域范围会扩展。短吻柠檬鲨长到14岁性成熟时，通常会进行长距离洄游，但有时冬季的低温会迫使尚未长成的幼鱼离开浅水育儿场，进入更深更温暖的水域。较大的亚成体和成体会聚集成群，在夏天会向更高纬度的凉爽水域迁徙，而冬季到来时则会回到温暖的水域中

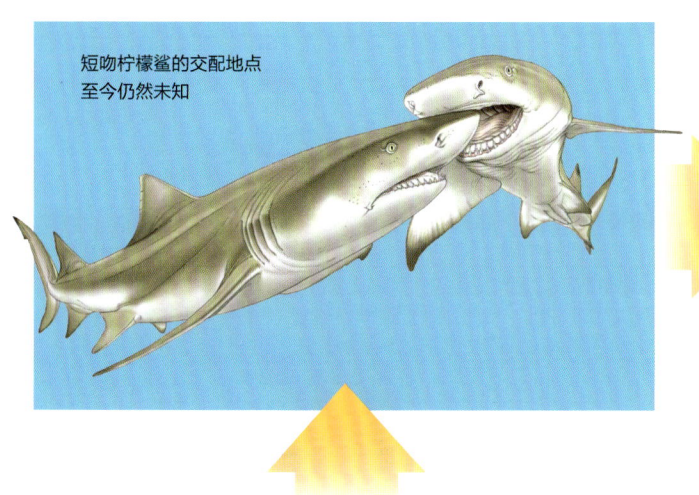

短吻柠檬鲨的交配地点
至今仍然未知

怀孕的雌性在隐蔽的浅
水育儿场产下幼鱼

一旦出生，短吻柠檬鲨
宝宝就不会再受到母亲
的任何照料。它们一般
躲藏在保护性较强的育
儿场中，除非冬季的低
温迫使它们向更温暖的
水域迁徙

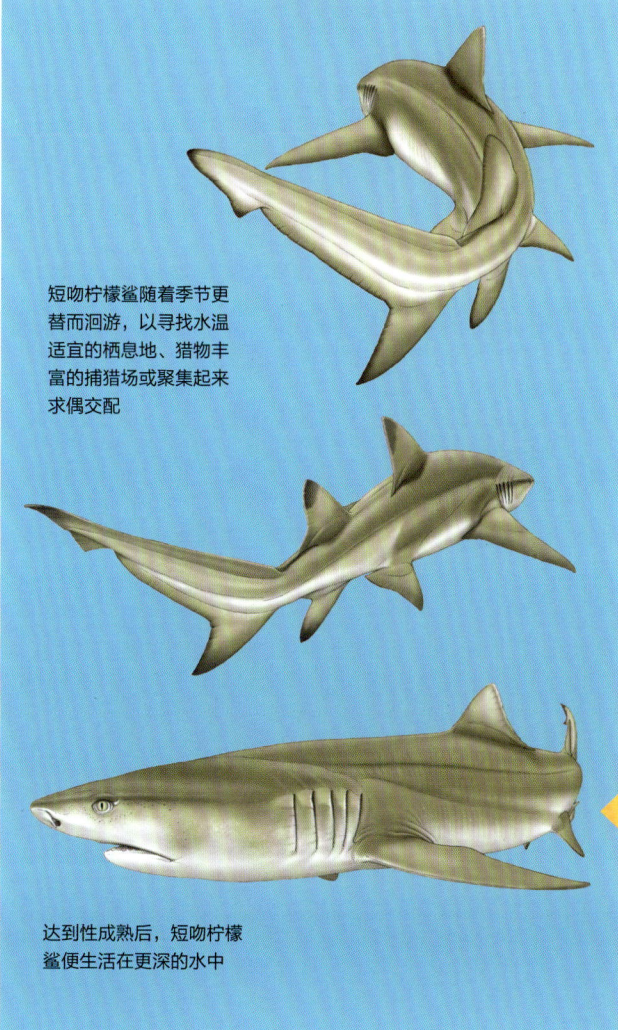

短吻柠檬鲨随着季节更
替而洄游，以寻找水温
适宜的栖息地、猎物丰
富的捕猎场或聚集起来
求偶交配

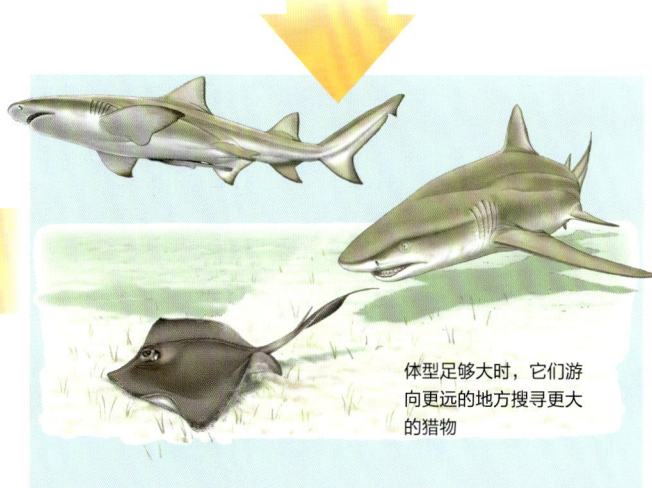

达到性成熟后，短吻柠檬
鲨便生活在更深的水中

体型足够大时，它们游
向更远的地方搜寻更大
的猎物

○ **居氏鼬鲨** *Galeocerdo cuvier*
第558页

世界范围内广布：温暖海域；水深0—1136米。体型巨大；吻部极短，宽且钝圆，眼较大，嘴部大且具很长的上唇褶，喷水孔大；尾柄侧突较低；背鳍间纵嵴非常明显，胸鳍中等宽，呈半镰刀状，第一背鳍高度是第二背鳍的2.5倍以上，两背鳍均具很长的下角；身体上部为灰色，具垂直的黑色或暗灰色条纹和斑块，年幼时条纹鲜明，随成长而淡褪，身体下部为白色。

○ **低鳍真鲨（公牛真鲨）** *Carcharhinus leucas*
第525页

世界范围内广布：温暖海域，大河和大湖；水深1—164米。体型庞大，头部宽厚；吻部短而宽，圆钝，眼小，上颌齿呈三角形，边缘呈锯齿状，上唇褶很短，无喷水孔；尾柄侧突较弱；无背鳍间纵嵴，胸鳍大，具棱角，第一背鳍呈宽大三角形，高度不及第二背鳍的3.2倍，两背鳍下角均较短；体表为灰色至灰棕色，各鳍尖端灰暗，仅在幼体较明显，身体下部为白色。

○ **长鳍真鲨** *Carcharhinus longimanus*
第527页

世界范围内广布：温暖海域；水深0—1082米。体型较大；吻部短而钝圆，眼小，上唇褶很长，无喷水孔；尾柄侧突较弱；背鳍间纵嵴较低，胸鳍很长，呈桨状，第一背鳍较大而圆，远大于第二背鳍；体表为灰色或棕色，第一背鳍、胸鳍和尾鳍（有时）尖端具明显的斑驳白色，未成年个体在一些鳍的尖端和尾柄呈黑色，身体下部为白色。

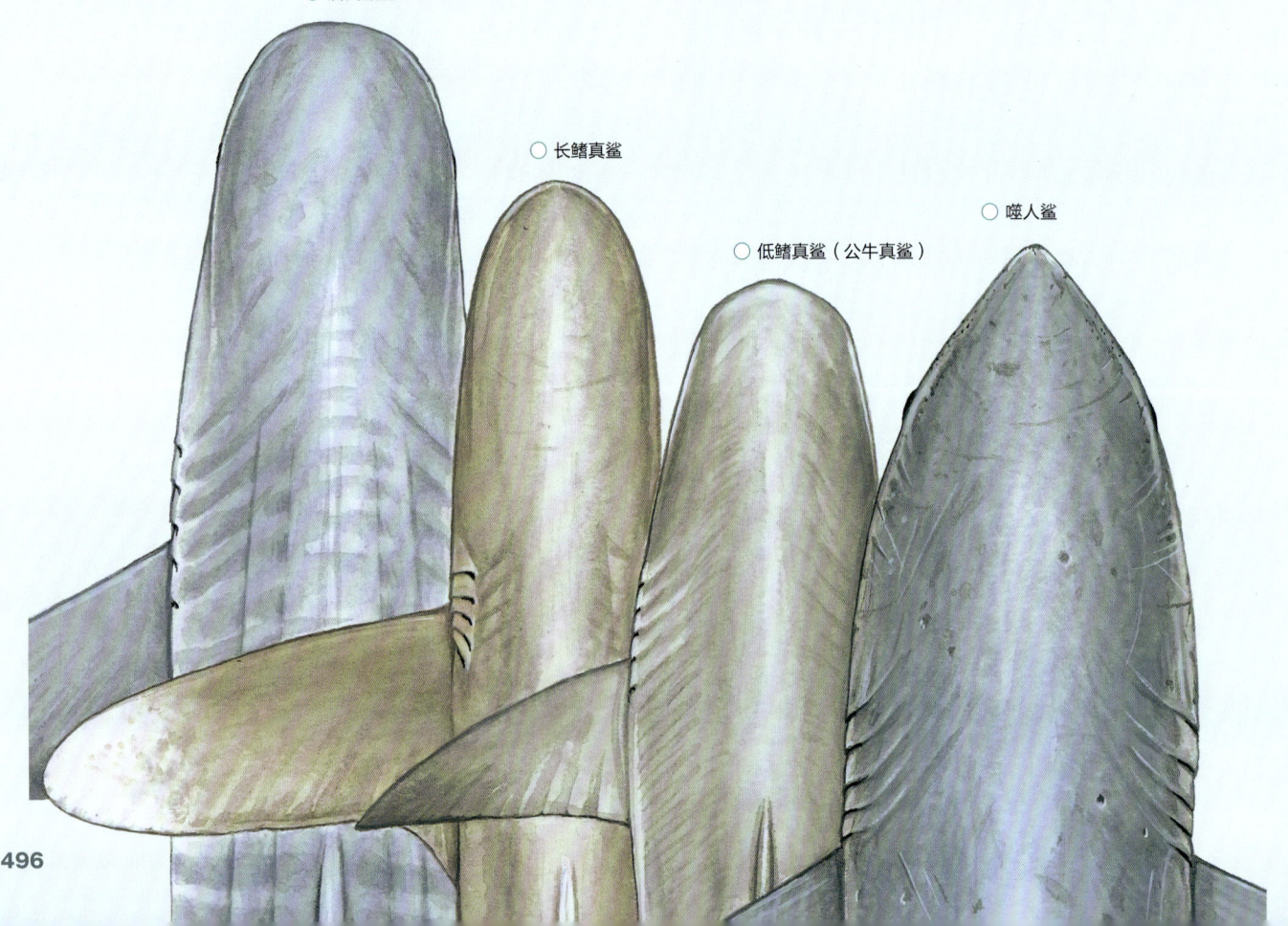

○ 居氏鼬鲨

○ 长鳍真鲨

○ 低鳍真鲨（公牛真鲨）

○ 噬人鲨

○ 长鳍真鲨

○ 低鳍真鲨（公牛真鲨）

○ 居氏鼬鲨

50厘米

○ **镰状真鲨** *Carcharhinus falciformis* 第521页

世界范围内广布；温暖海域；水深0—500米。体型大，较瘦长；吻部较长，扁平而圆，眼较大，嘴部小；无尾柄侧突；背鳍间纵嵴窄，胸鳍长而窄（幼体胸鳍较短），第一背鳍位于胸鳍之后，第二背鳍低，内缘及下角极长；体表为灰棕色至近黑色，体侧具模糊的白色带，身体下部为白色，除第一背鳍外其他各鳍均具不明显的灰暗尖端。

○ **大青鲨** *Prionace glauca* 第552页

世界范围内广布；水深0—1000米。体型大，形态瘦长而优雅；吻部长圆锥状，眼大，无喷水孔，嘴部小；尾柄侧突较弱；无背鳍间纵嵴，胸鳍长而窄，呈大镰刀状，第一背鳍位于胸鳍后方，距臀鳍基更近，第二背鳍小于第一背鳍的1/3；背部通常为深蓝色，体侧为亮蓝色，腹部为白色，与蓝色分界明显。

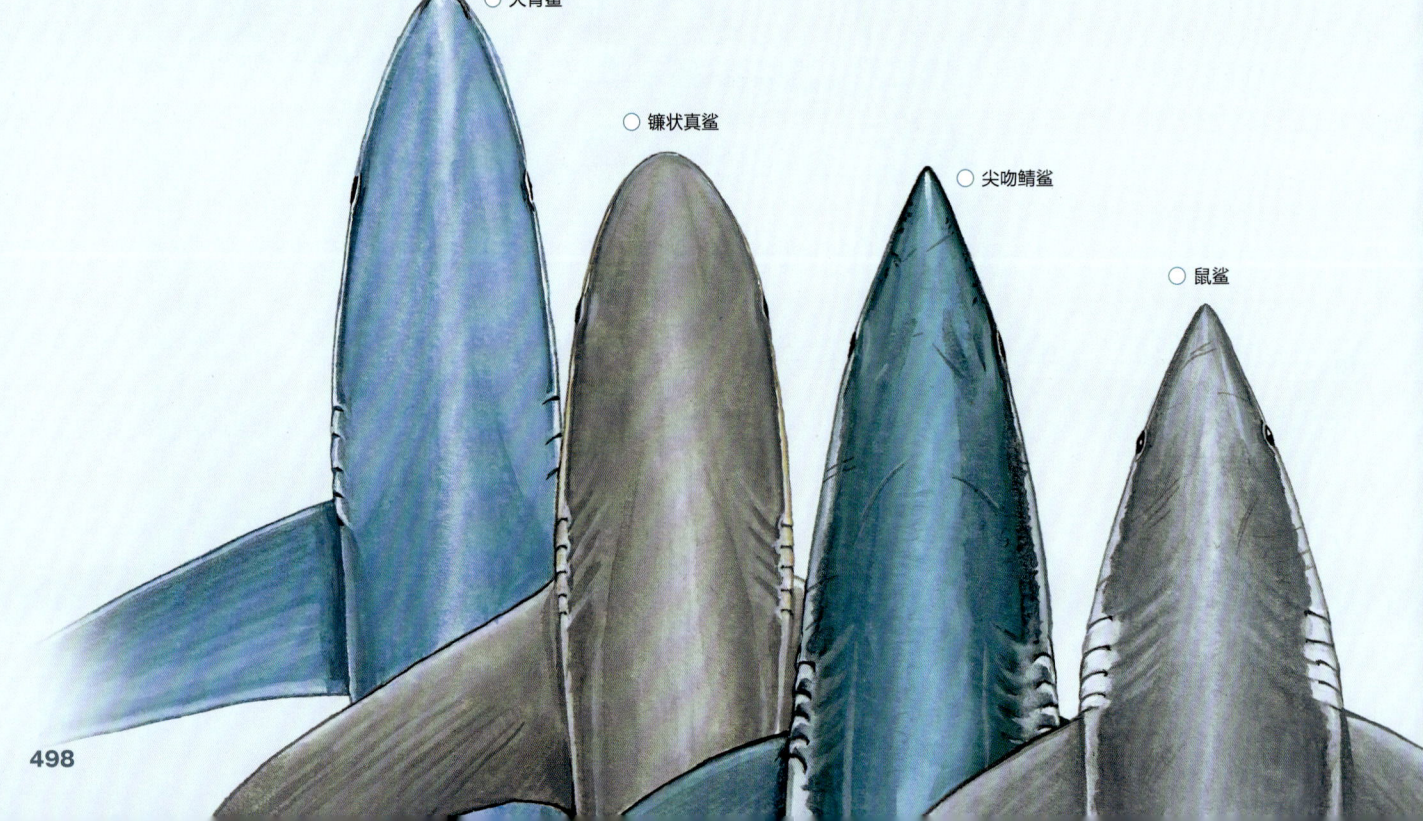

○ 大青鲨

○ 镰状真鲨

50厘米

○ **白边鳍真鲨** *Carcharhinus albimarginatus*　　　　　　　　　　　　　　　　　　　　　　　　第513页

分布于热带，印度洋和太平洋；水深0—800米。吻部长度中等，眼较圆；具背鳍间纵嵴，胸鳍尖端窄，第一背鳍顶部窄而圆或尖；身体上部为暗灰色，偶尔呈较淡的铜色，身体下部为白色，体侧色带为淡白色，除小而黑的第二背鳍，各鳍均具鲜明的白色尖端和后缘。

○ **钝吻真鲨** *Carcharhinus amblyrhynchos*　　　　　　　　　　　　　　　　　　　　　　　　第514页

分布于印度洋和太平洋；水深0—275米。吻部长度中等，宽而圆，眼通常为圆形；无背鳍间纵嵴，胸鳍窄而呈镰刀状，第一背鳍尖端窄圆或尖；身体上部为灰色，下部白色，第一背鳍颜色朴素或具不明显或鲜明的白色边缘，尾鳍明显具较宽的黑色后缘，其他各鳍具黑色尖端。

○ **乌翅真鲨** *Carcharhinus melanopterus*　　　　　　　　　　　　　　　　　　　　　　　　第529页

分布于印度洋–西太平洋海域，地中海；水深0—100米。吻部短而宽圆，眼呈水平卵圆形；无背鳍间纵嵴，胸鳍窄而呈镰刀状，第一背鳍顶端圆，第二背鳍较大，下角短；身体上部为灰棕色，身体下部为白色，各鳍具鲜明的黑色尖端，并被黑色外的白色衬托得更加显眼。

○ 白边鳍真鲨

○ 黑边鳍真鲨

○ 钝吻真鲨

○ 灰三齿鲨

○ 钝吻真鲨

○ 乌翅真鲨

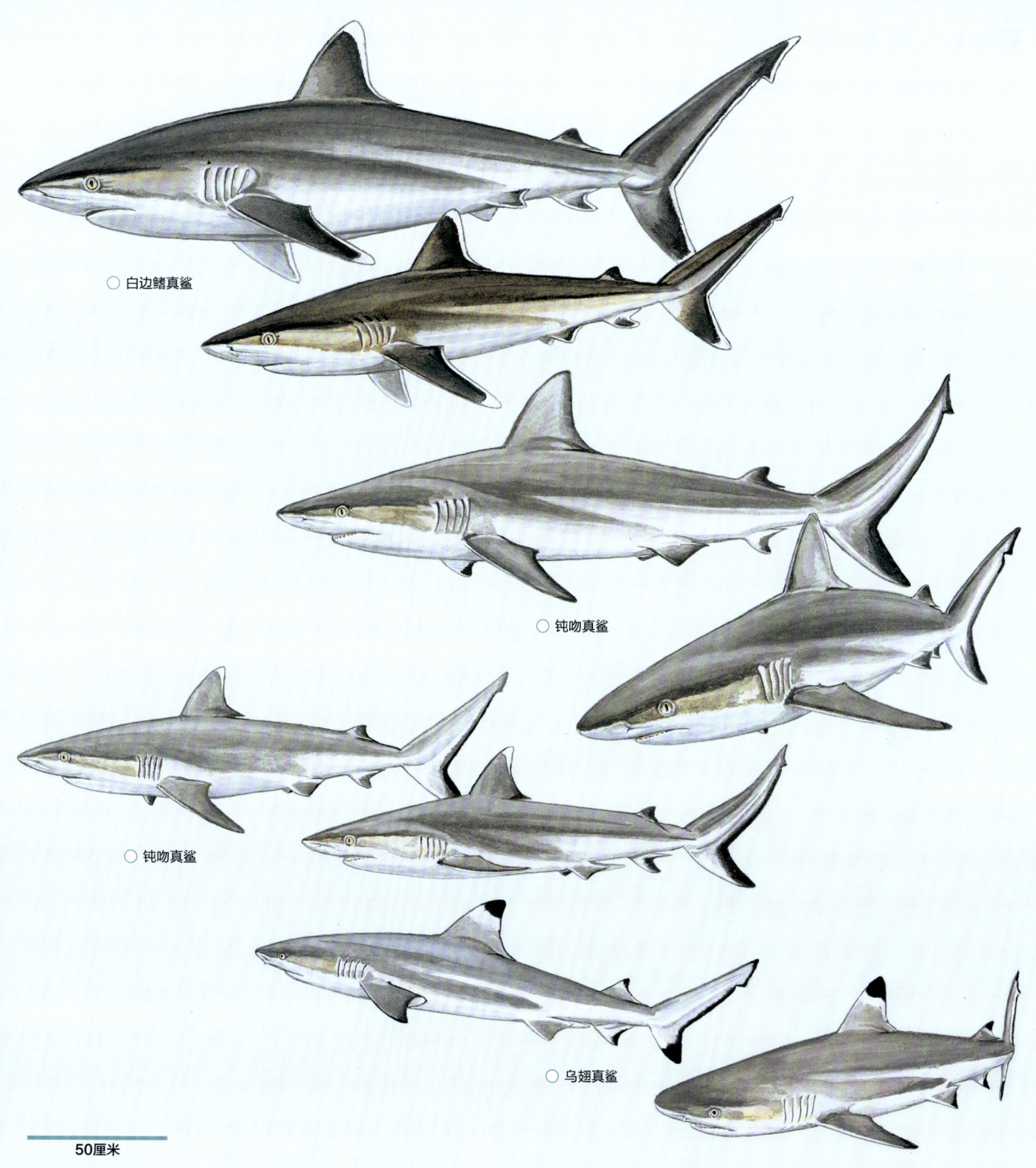

○ 白边鳍真鲨

○ 钝吻真鲨

○ 钝吻真鲨

○ 乌翅真鲨

50厘米

○ **似钝吻真鲨** *Carcharhinus amblyrhynchoides*　　　　　　　　　　　　　　　　　　　　　　　　　　第515页

分布于西印度洋至印度洋–太平洋海域中部；水深0—75米。体型短粗；吻部较短，呈楔形，顶端尖，上颌齿边缘呈锯齿状，眼较大，鳃裂较大；无背鳍间纵嵴，胸鳍较大，第一背鳍大而呈三角形，胸鳍与第一背鳍分别具短的里角和下角；体表为灰色，具明显的白色体侧色带，各鳍通常具黑色尖端，但不如光齿真鲨（*Carcharhinus leiodon*）明显。

○ **尖齿柠檬鲨** *Negaprion acutidens*　　　　　　　　　　　　　　　　　　　　　　　　　　　　　　　第550页

分布于热带印度洋和太平洋；水深0—90米。体型粗壮；吻部宽钝，眼较小，鳃裂大小中等；无背鳍间纵嵴，与短吻柠檬鲨（*Negaprion brevirostris*）非常相似，但背鳍、胸鳍和臀鳍通常镰刀状更显著，第一背鳍与第二背鳍大小相等；身体上部为黄棕色，下部为白色。

○ **灰三齿鲨** *Triaenodon obesus*　　　　　　　　　　　　　　　　　　　　　　　　　　　　　　　　　第557页

分布于太平洋和印度洋；水深1—330米。体型较小而纤细；吻部极短而宽，眼呈卵圆形；无背鳍间纵嵴，胸鳍较宽，呈三角形，第一背鳍位于胸鳍之后，第二背鳍大；体表为灰棕色，身体下方颜色较浅，体侧偶有散布的黑斑，第一背鳍和尾鳍末端具明显的白斑。

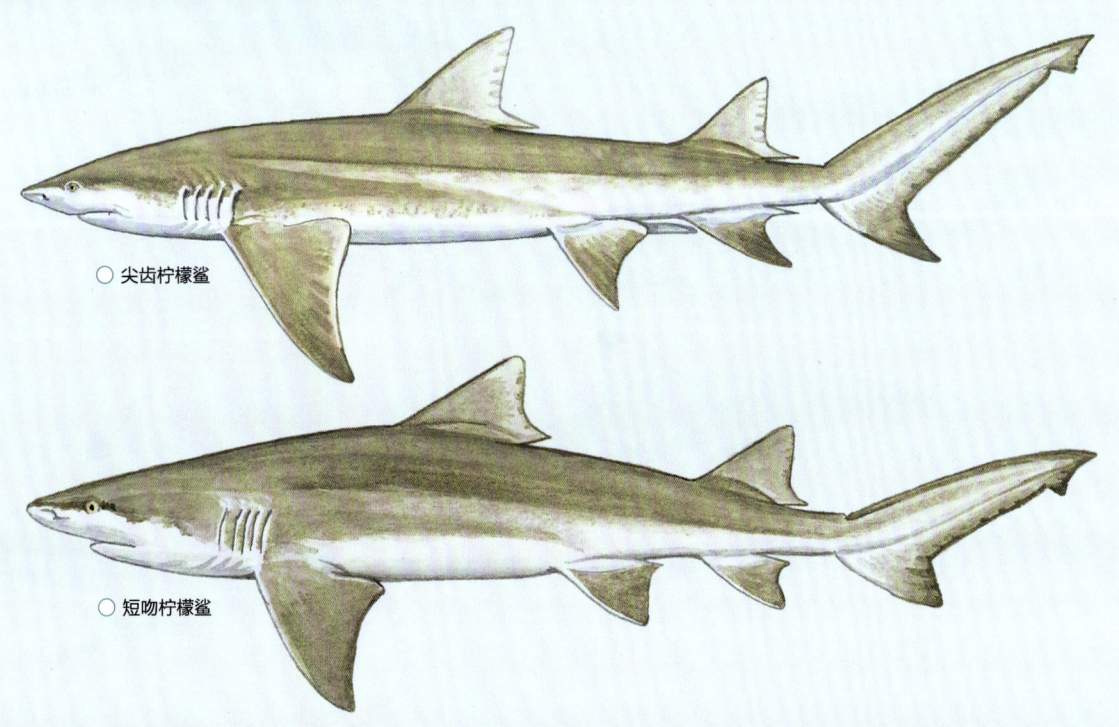

○ 尖齿柠檬鲨

○ 短吻柠檬鲨

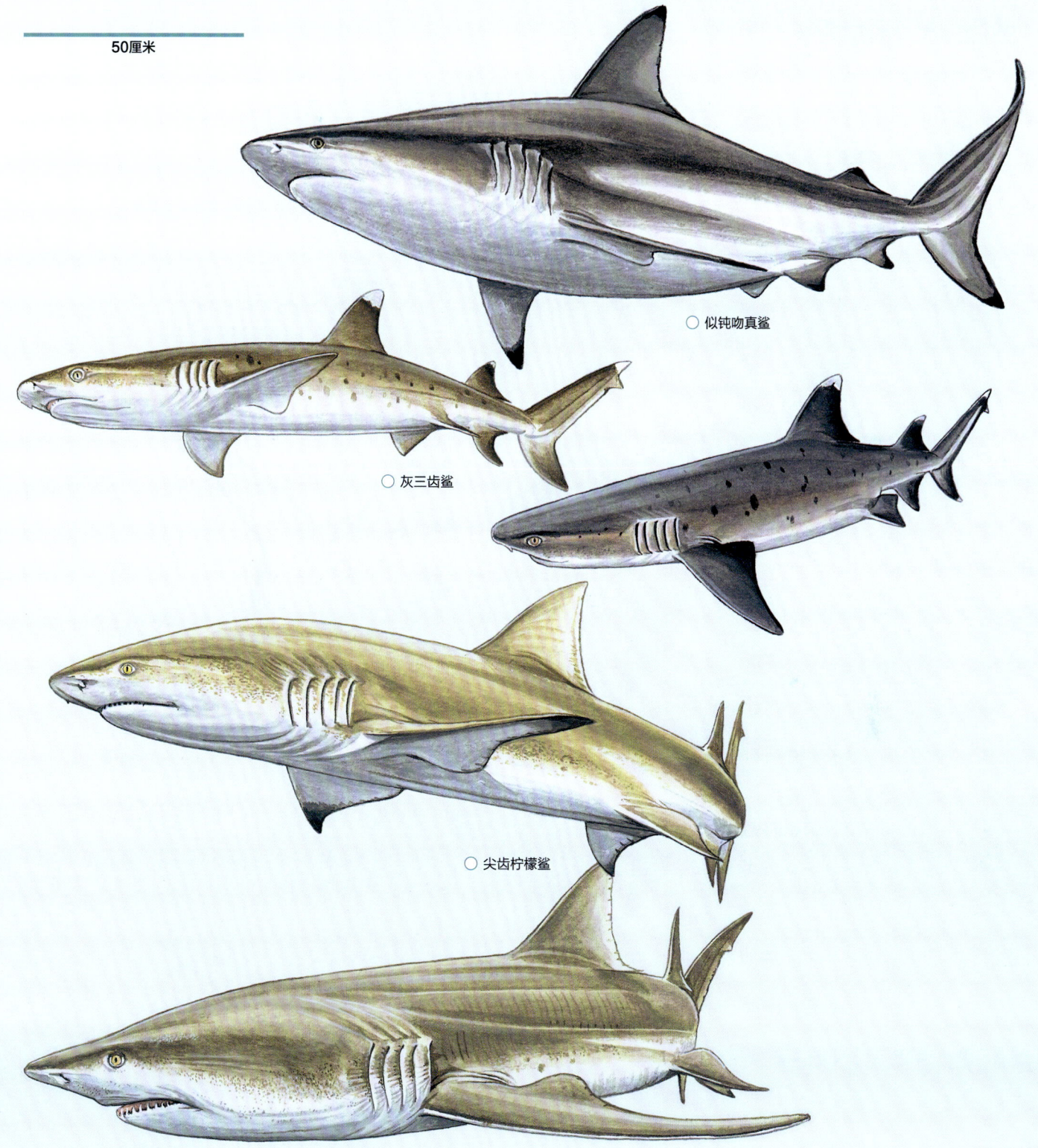

50厘米

○ 似钝吻真鲨

○ 灰三齿鲨

○ 尖齿柠檬鲨

○ **直翅真鲨** *Carcharhinus galapagensis*

世界范围内广布；水深0—286米。吻部长而宽，眼较大，前鼻瓣短；背鳍间纵嵴低，胸鳍大而呈半镰刀状，第一背鳍中等大，下角延长，第一背鳍起点位于胸鳍内缘上方；体表为灰棕色，大部分鳍具不明显的灰暗尖端，体侧具不明显的白色条带，身体下部为白色。

○ **暗体真鲨（灰真鲨）** *Carcharhinus obscurus*

广泛分布于全世界的温暖海域中；水深0—500米。吻部宽圆，上颌齿呈三角形，边缘具锯齿，眼较大，前鼻瓣不发达；背鳍间纵嵴低，胸鳍弯曲，第一背鳍呈镰刀状，第一背鳍起点位于胸鳍内角上方或稍后；体表为灰色至铜色，大部分鳍具不明显的暗色尖端，体侧具不明显的白色条带，身体下部为白色。

○ **铅灰真鲨** *Carcharhinus plumbeus*

可能广泛分布于全世界温暖海域；水深1—280米。吻部长度中等，较圆，眼较大，前鼻瓣短；具背鳍间纵嵴，胸鳍大，第一背鳍大而直立，起点位于胸鳍起点上方或略前方；体表为灰棕色至铜色，各鳍尖端和后缘常为不明显的暗灰色，体侧具不明显的白色条带，身体下部为白色。

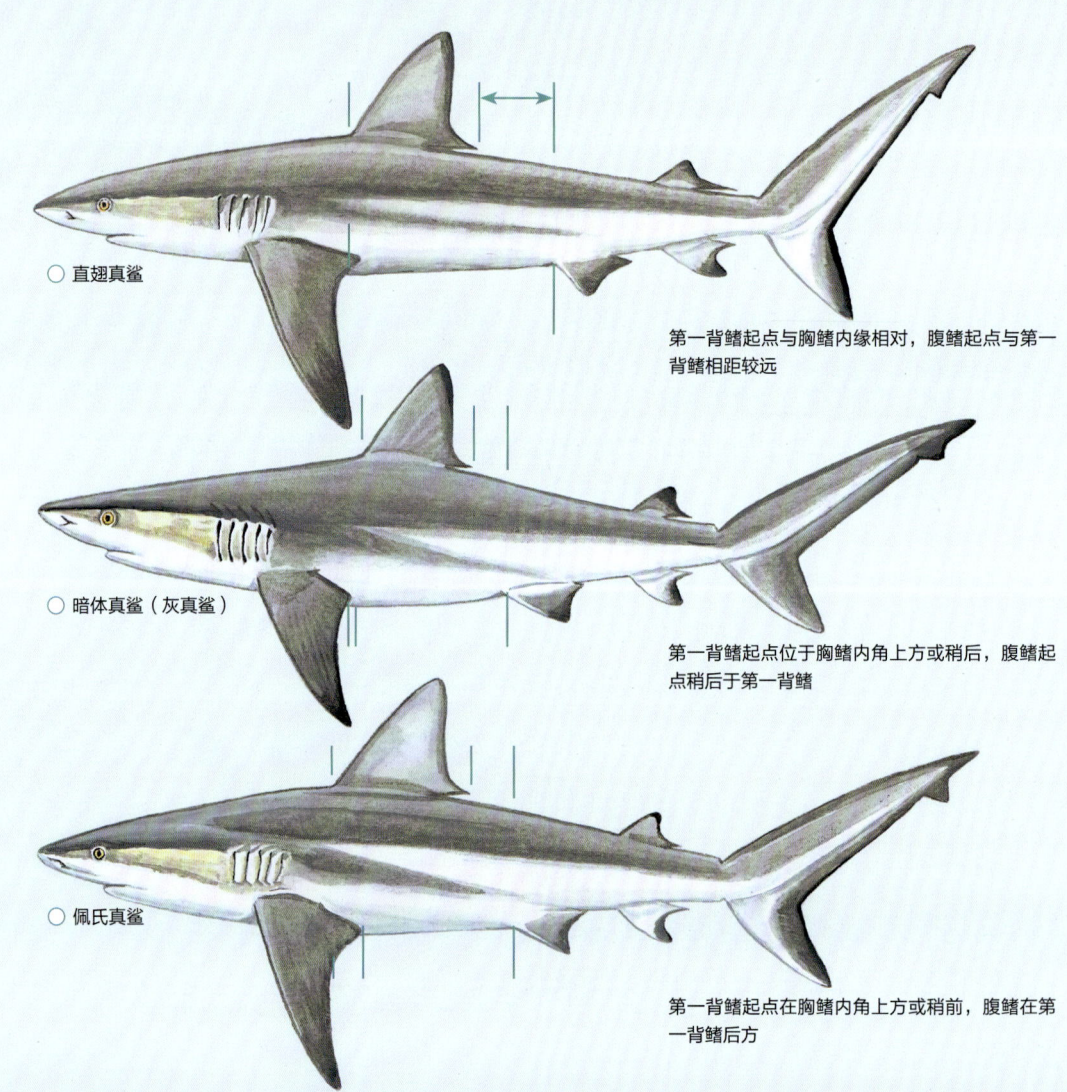

○ 直翅真鲨

第一背鳍起点与胸鳍内缘相对，腹鳍起点与第一背鳍相距较远

○ 暗体真鲨（灰真鲨）

第一背鳍起点位于胸鳍内角上方或稍后，腹鳍起点稍后于第一背鳍

○ 佩氏真鲨

第一背鳍起点在胸鳍内角上方或稍前，腹鳍在第一背鳍后方

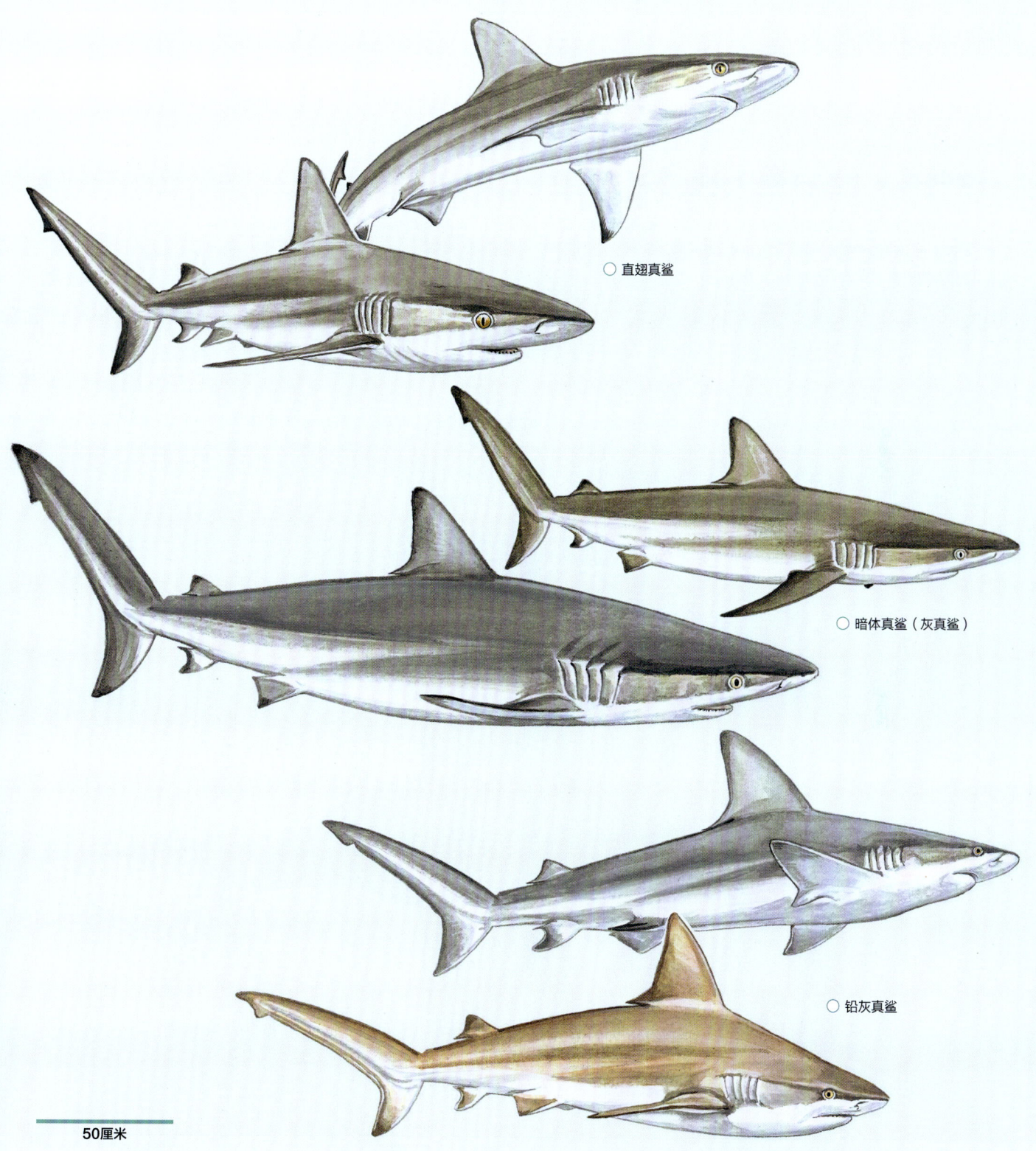

○ 直翅真鲨

○ 暗体真鲨（灰真鲨）

○ 铅灰真鲨

50厘米

○ **高翅真鲨** *Carcharhinus altimus* 第512页

可能广泛分布于世界各地的温暖海域；水深0—1000米。身体粗壮，呈纺锤形；吻部长而宽大，眼中等大，呈圆形，前鼻瓣长，上唇褶短而不明显，鳃裂长度中等；背鳍间纵嵴高而明显，胸鳍及背鳍大而直；身体上部为灰色，偶有铜色，除腹鳍外各鳍均具暗色尖端，体侧具不明显的白色条带，身体下部为白色。

○ **短鳍真鲨** *Carcharhinus brevipinna* 第518页

分布于大西洋、印度洋、太平洋和地中海；水深0—200米。体型细长；吻部长而尖窄，眼小而呈圆形，前鼻瓣短而相对不显眼，唇褶明显，鳃裂长；无背鳍间纵嵴，胸鳍与第一背鳍较小，两背鳍均具较短的下角；成体和亚成体（不包括幼体）在胸鳍、第二背鳍、臀鳍和尾鳍下叶具明显的黑色尖端，但腹鳍没有黑色尖端；身体上部为灰色，体侧具不明显的白色条带，身体下部为白色。

○ **黑边鳍真鲨** *Carcharhinus limbatus* 第526页

广泛分布于世界各地的温暖海域中；水深0—140米。体型粗壮，吻部长而尖窄，眼小而呈圆形，前鼻瓣呈短三角形，上唇褶短而不明显，鳃裂长；无背鳍间纵嵴，胸鳍中等大，呈镰刀状，第一背鳍较高，第二背鳍中等大；身体上部为灰色至灰棕色，胸鳍、第二背鳍和尾鳍下叶末端为黑色，有时腹鳍和臀鳍（极少数情况）尖端也为黑色，第一背鳍和尾鳍上叶具黑色后缘，体侧具明显白色条带，身体下部为白色。

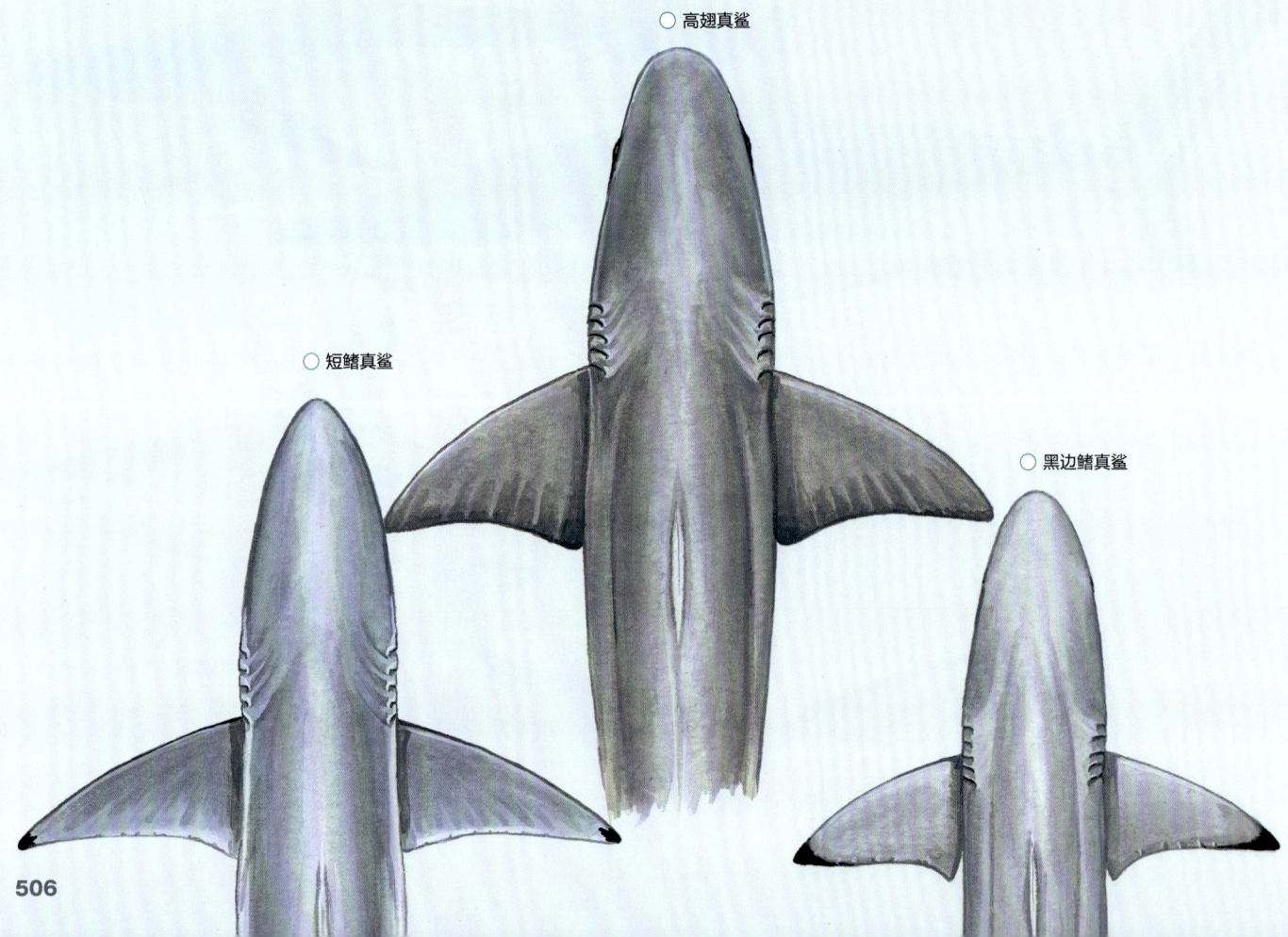

○ 高翅真鲨

○ 短鳍真鲨

○ 黑边鳍真鲨

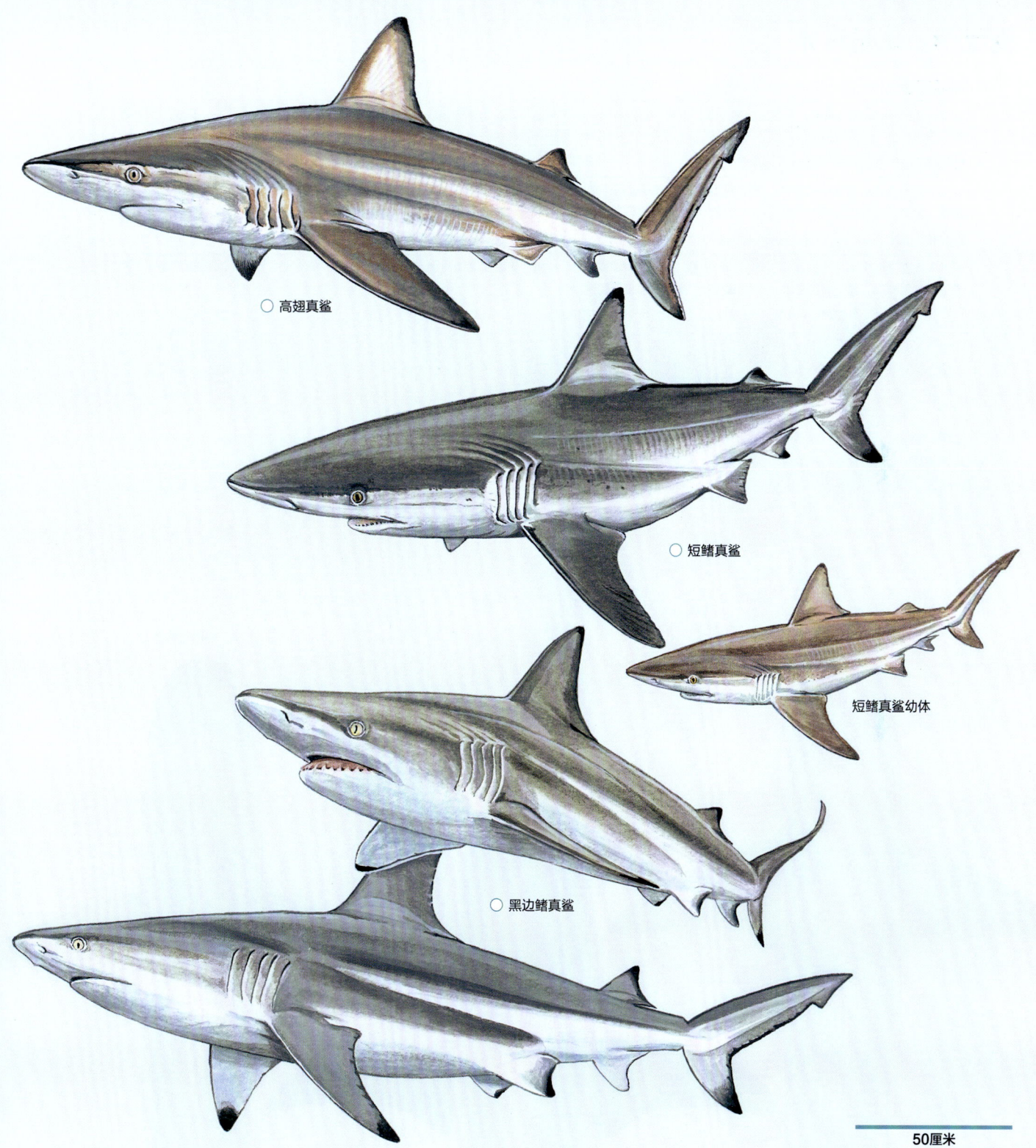

○ 高翅真鲨

○ 短鳍真鲨

短鳍真鲨幼体

○ 黑边鳍真鲨

50厘米

图版 70 真鲨科 Ⅶ

○ **短尾真鲨** *Carcharhinus brachyurus*　　　　　　　　　　　　　　　　　　　　　　　　　　第517页

分布于印度洋-太平洋海域、大西洋和地中海；近岸—水深145米。吻部宽而钝；无背鳍间纵嵴，胸鳍长，背鳍小而具较短的下角；身体上部为橄榄灰色至铜色，多数鳍具不明显的较暗的边缘和暗色尖端，体侧具明显的白色条带，身体下部为白色。

○ **佩氏真鲨** *Carcharhinus perezi*　　　　　　　　　　　　　　　　　　　　　　　　　　　　第531页

分布于西大西洋；水深0—378米。吻部钝圆；具背鳍间纵嵴，胸鳍大而窄，第一背鳍小，第二背鳍较大而具短的下角；体表为暗灰色或灰棕色，胸鳍、腹鳍、臀鳍和尾鳍上叶颜色灰暗，但无明显斑纹，体侧白色条带不明显，身体下部为白色。

○ **短吻柠檬鲨** *Negaprion brevirostris*　　　　　　　　　　　　　　　　　　　　　　　　　第551页

分布于大西洋和东太平洋；水深0—120米。吻部短；无背鳍间纵嵴，背鳍、胸鳍和腹鳍微微呈镰刀状，第一背鳍与第二背鳍基本等大；身体上部为较淡的黄棕色，鳍无深色斑纹，无体侧色带，身体下部颜色较浅。

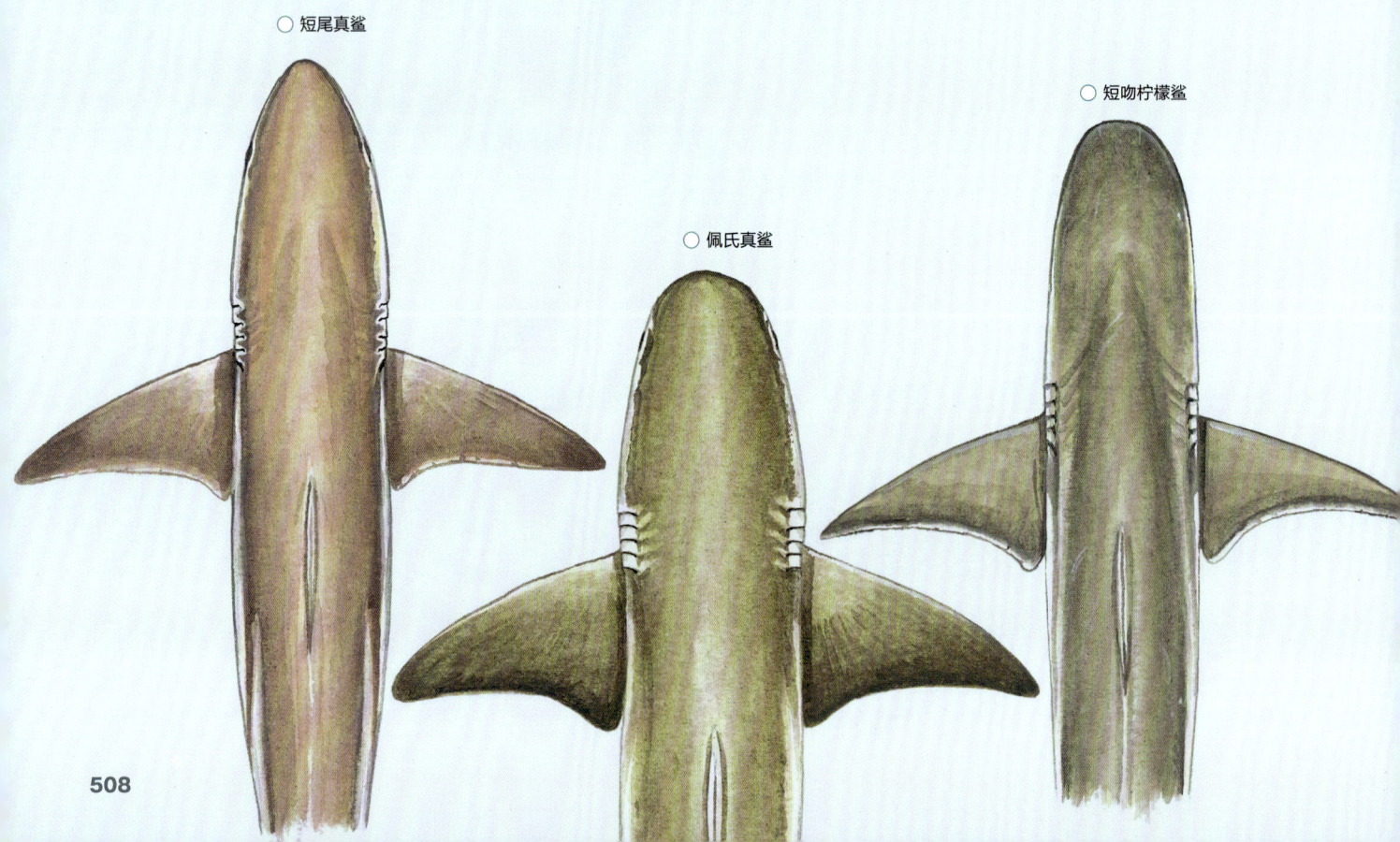

○ 短尾真鲨

○ 佩氏真鲨

○ 短吻柠檬鲨

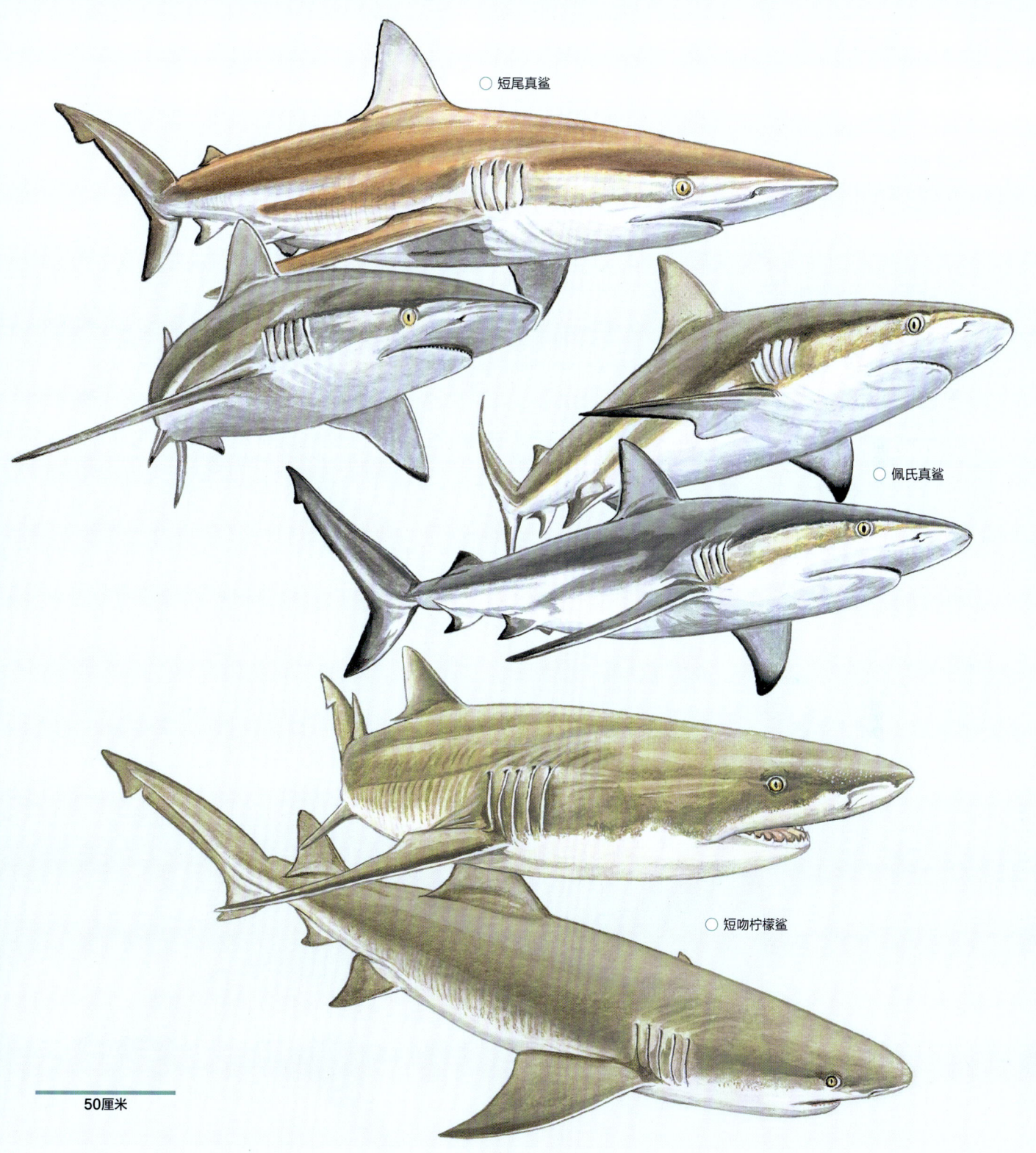

○ 短尾真鲨

○ 佩氏真鲨

○ 短吻柠檬鲨

50厘米

○ **黑吻真鲨** *Carcharhinus acronotus*　　　　　　　　　　　　　　　　　　　　　　　第512页

分布于西大西洋；水深3—100多米。吻部尖端为黑色，较圆而长度中等；无背鳍间纵嵴，胸鳍小，第一背鳍小，第二背鳍中等大，两背鳍均具较短的下角，第二背鳍起点约位于臀鳍起点上方，第二背鳍和尾鳍上叶末端为黑色。

○ **长孔真鲨** *Carcharhinus isodon*　　　　　　　　　　　　　　　　　　　　　　　　第524页

分布于西大西洋；水深0—20米。中等长度；眼较大，鳃裂很长；无背鳍间纵嵴，胸鳍较小，背鳍下角较短，第一背鳍小，第二背鳍中等大，起点位于臀鳍起点上方或略后方；身体上部为较深的蓝灰色，鳍无明显斑纹，体侧白色条带不明显，身体下部为白色。

○ **光齿真鲨** *Carcharhinus leiodon*　　　　　　　　　　　　　　　　　　　　　　　　第524页

分布于西北印度洋；水深0—40米。与似钝吻真鲨（*Carcharhinus amblyrhynchoides*）相似，但上颌齿边缘光滑，齿尖直立；吻部较短钝；眼较大，鳃裂长；无背鳍间纵嵴，胸鳍较小，背鳍较大，背鳍下角较短，各鳍具明显的黑色尖端。

○ **长吻真鲨** *Carcharhinus signatus*　　　　　　　　　　　　　　　　　　　　　　　第533页

分布于大西洋；水深0—600米。吻部尖长；眼较大，上唇褶短而不明显；胸鳍较小，具背鳍间纵嵴，第一背鳍小，具中等长度的下角，第二背鳍较低，下角较长，第一背鳍起点位于胸鳍上方；身体上部为灰棕色，鳍无明显斑纹，身体下部为白色。

○ **蒂氏真鲨** *Carcharhinus tilstoni*　　　　　　　　　　　　　　　　　　　　　　　第535页

分布于印度洋–太平洋海域中部；水深0—150米。与黑边鳍真鲨（*Carcharhinus limbatus*）相似；吻部长；眼较大；无背鳍间纵嵴，胸鳍大小中等，背鳍具较短的下角，第一背鳍大，第二背鳍中等大，第一背鳍起点大约位于胸鳍基终点上方；身体上部为灰色至铜色，各鳍具黑色尖端，腹鳍和臀鳍偶尔无黑色尖端，体侧色带颜色苍白，身体下部颜色苍白。

50厘米

○ 长吻真鲨

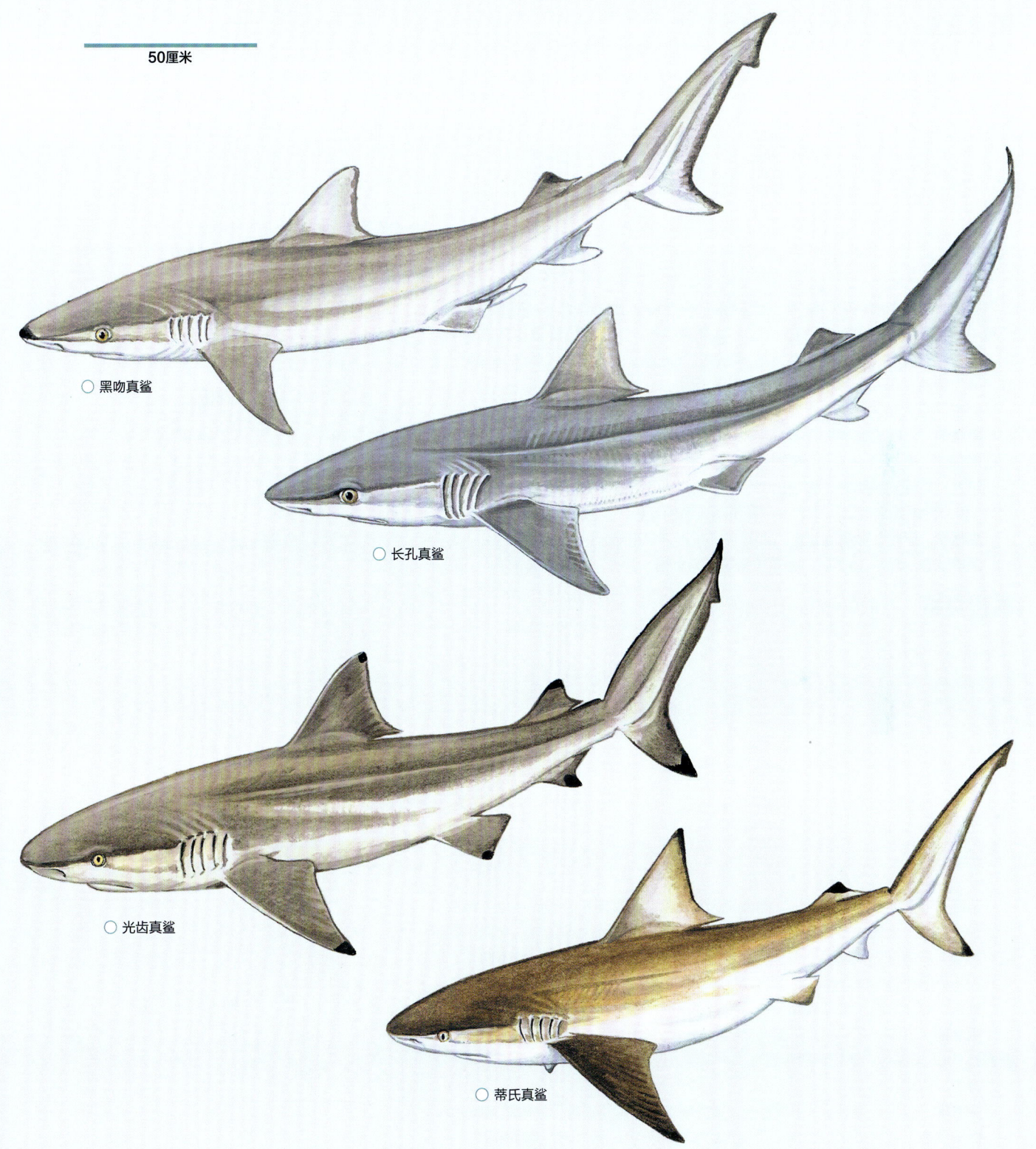

50厘米

○ 黑吻真鲨

○ 长孔真鲨

○ 光齿真鲨

○ 蒂氏真鲨

黑吻真鲨 *Carcharhinus acronotus*

FAO代码：**CCN**　　图版　第510页

齿
上：24—28颗
下：22—24颗

体长测量　出生体长：31—35厘米。
性成熟体长：雄性97—110厘米，雌性约101—120厘米。
最大体长：至少164厘米。

　　鉴定　吻部长度中等，较圆。上唇褶短而不明显。眼中等大小。鳃裂短。第一背鳍小，第二背鳍中等大（但仅为第一背鳍高度的一半），两背鳍均具较短的下角，第二背鳍起点约在臀鳍起点上方。无背鳍间纵嵴。胸鳍较小。体表为灰色，吻部尖端为黑色。第二背鳍和尾鳍上叶尖端为黑色。

　　分布　西大西洋：美国南部（弗吉尼亚）到巴西南部，包括加勒比海。

　　栖息地　沿海大陆架和岛屿陆架3—100多米处，主要栖息在沙质或贝壳质海床和珊瑚礁上方。

　　行为　当受到威胁时，表现出"弓背"的姿态（背部拱起，尾鳍下垂，头部抬起）。季节性短距离洄游。本种为一种小而无害的鲨鱼，常被其他更大的鲨鱼捕食。

　　生物学　胎生，卵黄囊胎盘，每胎1—6尾胎仔。每年繁殖，妊娠期为9—11个月。2—6.6岁达到性成熟，寿命10—19年；以小鱼为食。

　　保护状态　濒危（EN）。大量被捕获作为食物。饲养在公共水族馆。

高翅真鲨 *Carcharhinus altimus*

FAO代码：**CCA**　　图版　第506页

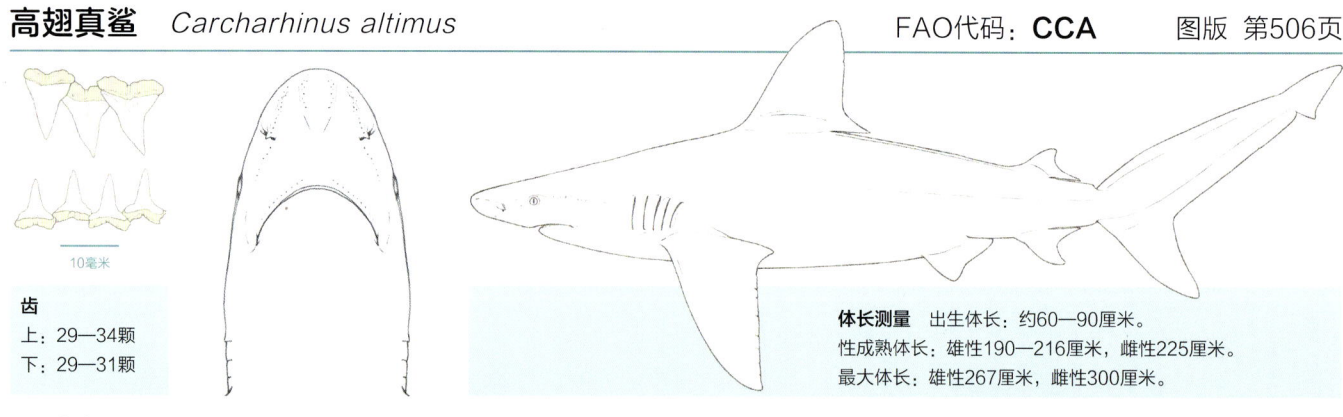

齿
上：29—34颗
下：29—31颗

体长测量　出生体长：约60—90厘米。
性成熟体长：雄性190—216厘米，雌性225厘米。
最大体长：雄性267厘米，雌性300厘米。

　　鉴定　体型粗壮而呈圆柱形。吻部又大又长且宽。鼻瓣长。齿高且呈三角形，上颌齿有锯齿；上唇褶短而不明显。眼相当大，呈圆形。鳃中等长度。大而直的背鳍和胸鳍。背鳍间纵嵴明显。身体上背部呈灰色（有时呈古铜色）。具不明显、微弱的白色体侧色带和暗色鳍尖（腹鳍除外）。体下方为白色。

　　分布　可能分布于全球大部分热带和温暖水域，但分布分散。

　　栖息地　近海，在深的大陆架及岛屿陆架边缘和大陆坡最上部，栖息范围从海面直到1000米深处。幼鱼栖息在浅水，水深达25米。

　　行为　未知。

　　生物学　胎生，每胎3—15尾胎仔。捕食硬骨鱼、其他鲨鱼、魟鱼和乌贼。

　　保护状态　近危（NT）。深海延绳钓的兼捕渔获物，偶尔还有海底拖网。

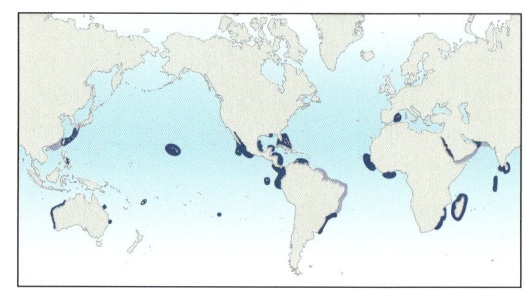

齿
上：26—30颗
下：24—30颗

体长测量　出生体长：63—81厘米。性成熟体长：雄性160—200厘米，雌性160—199厘米。最大体长：约300厘米。

鉴定　吻部长度中等，宽圆。上颌齿呈三角形。眼较圆。第一背鳍顶端窄圆或尖。具背鳍间纵嵴。第二背鳍小。胸鳍尖端狭窄。体表为暗灰色，有时具铜色光泽；体侧具较淡的白色条带。除黑色的第二背鳍外，各鳍均具鲜明的白色尖端和后缘。身体下部为白色。

分布　热带，印度洋和太平洋，分布范围广泛但分散。未经证实在西大西洋是否存在。

栖息地　大陆架、近海岛屿、珊瑚礁和近海浅滩；也存在于潟湖，接近珊瑚斜坡和近海，从海面到800米的深度。幼鱼生长在靠近海岸的浅水珊瑚礁中，随着它们的生长进入更深的水域。成体的分布范围更广，但并非远洋物种。

行为　活动范围从海床直到海面。本种经常被观察到追随船只，但不会在各个分布区域之间扩散。本种比直翅真鲨（*Carcharhinus galapagensis*）和黑边鳍

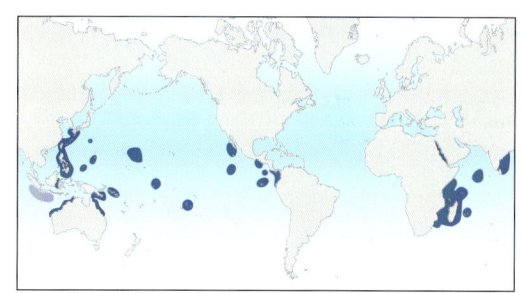

真鲨（*C. limbatus*）更具攻击性，并会压制后两者。成体常具许多伤疤，可能是与同类打斗所致。

生物学　胎生，具卵黄囊胎盘。每胎1—11尾胎仔，通常为5—6尾，在大约1年的妊娠期后在夏季出生。以各种中层水域和海底的鱼类为食，包括较小的鲨鱼、鹞鲼和章鱼。

保护状态　易危（VU）。本种体型较大，生长较慢，被广泛作为兼捕渔获物捕捞，或作为某些渔业活动的目标物种获取肉和鱼翅。据报道，一些地理位置偏远的白边鳍真鲨种群已被鱼翅渔业捕捞殆尽，但个体渔业利用本种绝大部分的身体部位，例如肝脏、颌骨和软骨。白边鳍真鲨对过度捕捞非常敏感，可能是由于它们在各个分布区域之间不进行扩散；因此，新个体不会迅速重新占领原种群已经消失的适宜栖息地。当这种粗壮的鲨鱼与潜水者狭路相逢时，常常表现出较大的攻击性。被饵食吸引聚集成群时，本种具有一定的潜在危险性；目前至少有一例已经证实的白边鳍真鲨无故攻击人类的事件。所以潜水者在水下遇到白边鳍真鲨时应多加小心。

白边鳍真鲨（*Carcharhinus albimarginatus*）

钝吻真鲨 *Carcharhinus amblyrhynchos*

FAO代码：**AML**　　图版 第500页

齿
上：27—30颗
下：26—29颗

5毫米

体长测量　出生体长：45—64厘米。
性成熟体长：雄性130—145厘米，雌性120—142厘米。
最大体长：265厘米，但很少超过180厘米。

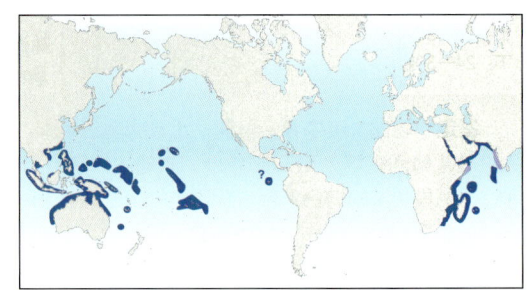

鉴定　吻部宽圆，长度中等。上颌齿较窄，边缘具锯齿。眼通常呈圆形。第一背鳍顶端窄圆或尖。无背鳍间纵嵴。第二背鳍小而高，下角较短，起点位于臀鳍起点上方。胸鳍较大，窄而呈镰刀状。身体上部为灰色，下部为白色。第一背鳍颜色朴素，或具不规则或明显的白色边缘；尾鳍具宽而明显的黑色后缘；其他各鳍具黑色尖端。

分布　常分布在印度洋和太平洋，在东太平洋不常见。

栖息地　大陆架与岛屿陆架及其周边远洋水域，沿岸开阔水域和近海，水深0—275米。在珊瑚礁附近很常见，通常出没于珊瑚斜坡附近的深水（包括岸礁），环礁口以及强劲海流附近的浅潟湖。偏好较小而低平的珊瑚岛的背风面。本种一般出现的深度比乌翅真鲨（*Carcharhinus melanopterus*）更大（后者一般出现在更浅的礁坪上），但当乌翅真鲨不在时，本种也会出现于浅水。幼体比成体偏好更浅的水域。

行为　本种为活跃而强壮的游泳者，社会性较强，白天在靠近礁口或潟湖的地方聚集成群，在晚上更活跃，群体散开。浅水育儿场中常有成群的亚成年个体。怀孕的雌性也常常在浅而温暖的水中聚集成大群。钝吻真鲨常常在海床附近巡游，但也会游到海面附近觅食，还会向远海方向游出数千米，再返回家域范围。一条在珊瑚海的偏远珊瑚礁被标记的个体往返了大堡礁1次，来回距离可达250千米。成群好奇的本种个体在较少有潜水活动的地区会游到离潜水者很近的地方，但随即会迅速逃开，并很少再次出现，但潜水者重复下潜时，它们可能还会在较远的地方窥伺。因此，我们可以用饵食吸引本种。当食物缺乏，而又被逼得无路可退时，本种会做出恐吓行为，试图吓退更大的捕食者。恐吓行为包括：后背弓起快速游动，头部抬高，胸鳍放低，头部和尾部大幅度摆动。此外，还包括水平方向的螺旋形和"8"字形游动。如果它认定的"威胁"没有离开，它会咬一口然后迅速逃走。

生物学　胎生，具卵黄囊胎盘，妊娠期12—14个月，每胎产1—6尾胎仔。性成熟年龄为6—11岁，寿命为15—25年，视地区而定。这一物种主要以海底的小型珊瑚礁硬骨鱼、头足类（鱿鱼和章鱼）和甲壳类为食。

保护状态　濒危（EN）。钝吻真鲨是印度洋–太平洋海域珊瑚礁中数量最丰富的鲨鱼种类之一（另外两种数量丰富的真鲨科物种为乌翅真鲨和灰三齿鲨 *Triaenodon obesus*）。本种曾经在清澈的热带沿岸水域和远洋环礁环境极为常见，但目前在许多地区它已经陷入了种群衰竭，原因包括过度和不受管理的渔业捕捞，狭窄的沿岸栖息地退化（源于气候变化、破坏性渔业活动和水质恶化），归家冲动与较低的繁殖力（每胎幼鱼数量少，性成熟时间晚）。本种的鱼翅也常常在国际贸易中小规模出现。钝吻真鲨在潜水旅游业中具有的价值要远大于在渔业捕捞中具有的价值。在帕劳，每年只有不到1万个潜水爱好者前来与鲨鱼共游，但一条鲨鱼每年产生的旅游业价值可高达18万美元，而其一生的旅游业价值更是高达190万美元。然而，本种仍然具有一定的攻击性（尤其是当区域内有鱼叉捕鱼活动时），当其被逼至死角，被潜水者激怒，或是被食物刺激到兴奋状态时，它有可能会咬人。尽管大多数潜水者在遭遇钝吻真鲨时可以全身而退，但这种动物必须被小心对待。西印度洋的钝吻真鲨种群有时被称为 *Carcharhinus wheeleri*。

钝吻真鲨（*Carcharhinus amblyrhynchos*）

似钝吻真鲨 *Carcharhinus amblyrhynchoides*

FAO代码：**CCY**　　图版 第502页

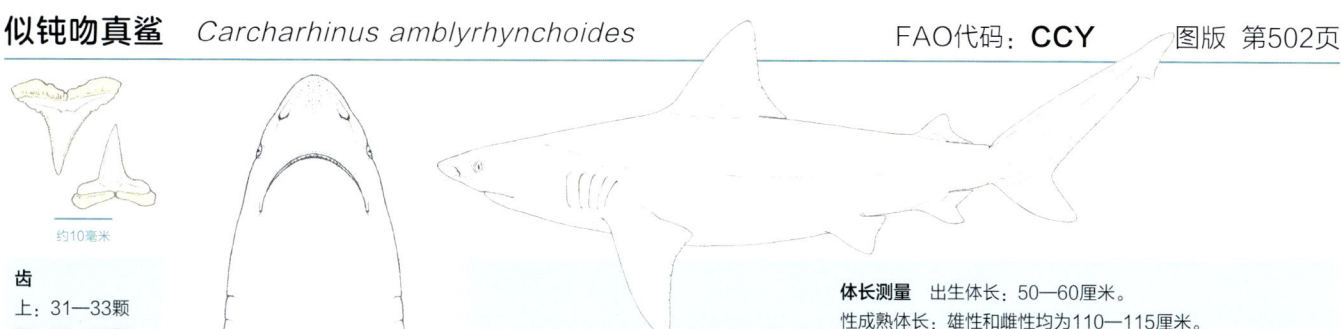

齿
上：31—33颗
下：29—33颗

约10毫米

体长测量　出生体长：50—60厘米。
性成熟体长：雄性和雌性均为110—115厘米。
最大体长：至少182厘米，可能243厘米。

鉴定　体型大而短粗的鲨鱼。吻部短而尖，呈楔状。眼较大。鳃裂长。第一背鳍大而呈三角形，第二背鳍小而高，起点位于臀鳍起点上方或前方，背鳍均具短的下角。无背鳍间纵嵴。胸鳍较大。体表为灰色，体侧白色条带明显。各鳍通常具黑色尖端。

分布　西印度洋到印度洋–太平洋海域中部：索马里到菲律宾和澳大利亚北部。

栖息地　大陆架和岛屿陆架的沿岸–开阔水域，水深0—75米。

行为　未知。

生物学　所知甚少。胎生，每胎1—9尾胎仔，平均3尾；9—10个月的妊娠期后分娩。可能主要捕食鱼类，还捕食头足类和甲壳类。

保护状态　全球种群均易危（VU），尤其是北印度洋种群。在整个分布范围内作为兼捕渔获物捕捞和上岸。

安汶真鲨 *Carcharhinus amboinensis*

FAO代码：**CCF**　　图版 第540页

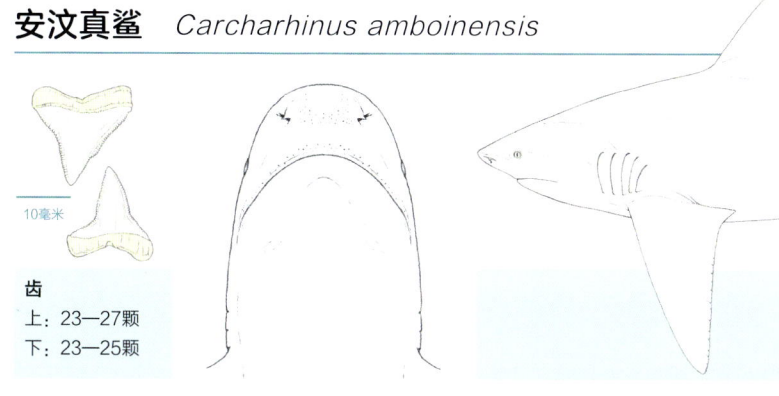

齿
上：23—27颗
下：23—25颗

10毫米

体长测量　出生体长：约60—72厘米。
性成熟体长：雄性约195—210厘米，雌性约198—223厘米。
最大体长：280厘米。

鉴定　体型大，头部大而宽厚；吻部短而宽钝；上颌齿较大，呈三角形，边缘呈锯齿状。眼较小。第一背鳍较高，竖直，呈三角形（第二背鳍高度的3倍）；两背鳍均具较短的下角。无背鳍间纵嵴。胸鳍大，具棱角。身体上部为灰色，下部为白色。各鳍尖端为灰色，但无鲜明的斑纹。

分布　西太平洋和印度洋：南非到澳大利亚。东大西洋：塞内加尔、冈比亚、塞拉利昂、科特迪瓦、加纳，可能还有尼日利亚。

栖息地　大陆架和岛屿陆架，靠近海岸线碎浪带的近海，水深0—100米。

行为　在低鳍真鲨（*Carcharhinus leucas*）存在的地方数量较少，可能存在竞争性排斥。

生物学　胎生，每胎6—13尾胎仔。妊娠期约为12个月，通常在春末或夏初出生。以底栖鱼类、甲壳类和软体动物为食。

保护状态　易危（VU）。常与低鳍真鲨混淆。在其分布范围内，鲨鱼渔业的强度正逐渐加大，在鱼翅贸易中也常可见本种的存在。

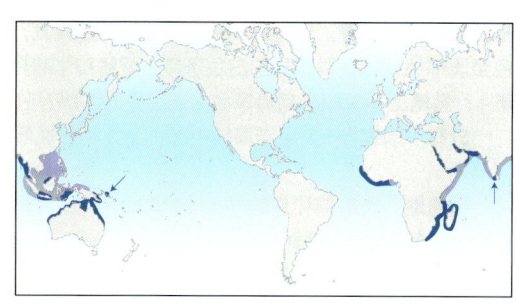

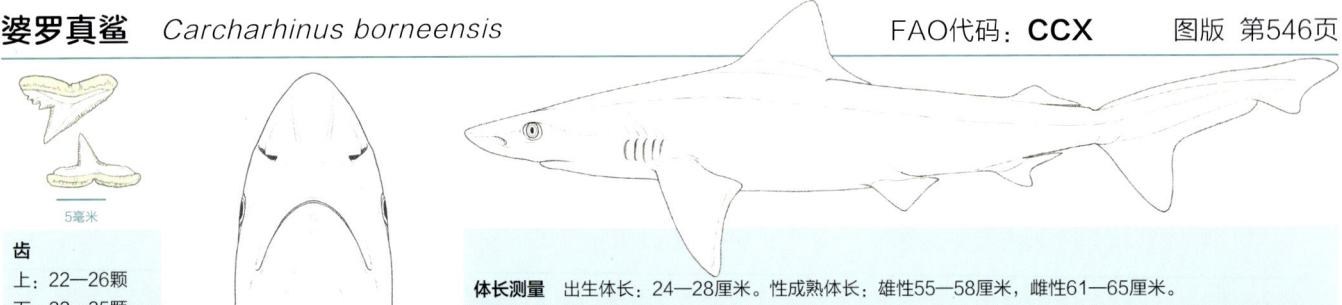

婆罗真鲨 *Carcharhinus borneensis* FAO代码：**CCX** 图版 第546页

齿
上：22—26颗
下：22—25颗

5毫米

体长测量　出生体长：24—28厘米。性成熟体长：雄性55—58厘米，雌性61—65厘米。
最大体长：至少65厘米。

　　鉴定　体型较小。吻部长而尖；嘴部大，嘴角具较大的小孔。眼大。背鳍较小，具较短的下角；第二背鳍起点位于臀鳍基底中部上方。无背鳍间纵嵴。胸鳍较小。身体上部为棕色，下部为白色。吻部尖端下方有黑斑；第二背鳍和尾鳍上叶尖端具暗色至黑色斑；胸鳍、腹鳍和臀鳍具不明显的白色边缘。

　　分布　印度洋-太平洋海域中部：仅确认来自加里曼丹岛西北部（马来西亚东部）和中国，可能还有印度尼西亚；来自爪哇和菲律宾的记录无法确认。它的分布范围现在可能更加狭窄。

　　栖息地　热带近海/沿海。较为罕见。

　　行为　未知。

　　生物学　胎生，具卵黄囊胎盘，每胎6尾胎仔。除此以外所知甚少。

　　保护状态　极危（CR）。自1937年以来曾长期销声匿迹，但近年来在加里曼丹岛的鱼市中有少量报道。

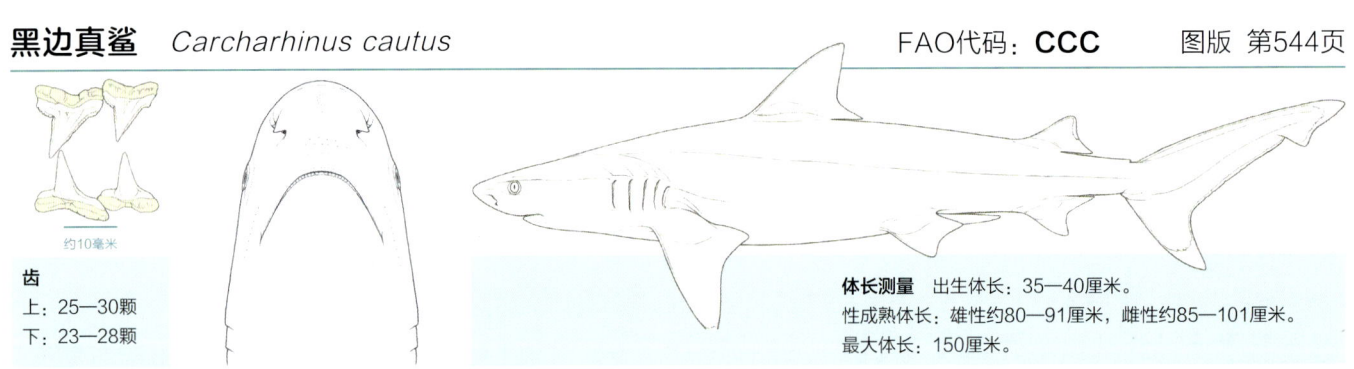

黑边真鲨 *Carcharhinus cautus* FAO代码：**CCC** 图版 第544页

齿
上：25—30颗
下：23—28颗

约10毫米

体长测量　出生体长：35—40厘米。
性成熟体长：雄性约80—91厘米，雌性约85—101厘米。
最大体长：150厘米。

　　鉴定　体型中等。吻部短而圆钝。前鼻瓣呈乳头状。唇褶较短。眼呈水平卵圆形。鳃裂长度中等。无背鳍间纵嵴。第二背鳍较大，具较短的下角。身体上部为灰色至浅棕色，体侧具明显的白色条带。背鳍和尾鳍具黑色边缘（第一背鳍无明显黑斑）；尾鳍上下叶和胸鳍具黑色尖端。身体下部为白色。

　　分布　印度洋-太平洋海域中部：澳大利亚北部到巴布亚新几内亚南部和所罗门群岛。

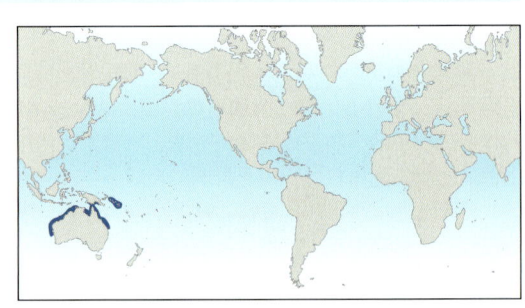

　　栖息地　大陆架和岛屿陆架上的较浅水域，珊瑚礁和河口，水深0—200米；可能出现在更深的水层中。

　　行为　据报道，当人们尝试靠近它并与它接触时，它会变得神经质和胆小。

　　生物学　胎生，每胎1—6尾胎仔（平均4尾），妊娠期8—11个月；一些热带地区可一年分娩2次。生殖周期为2年。性成熟年龄为雄性4岁，雌性5岁，寿命最长达12—16岁。捕食小型鱼类，较少捕食甲壳类和头足类。

　　保护状态　无危（LC）。在澳大利亚北部比较常见，这是一种生长相对较快的小型鲨鱼；澳大利亚的相关渔业管理较好。

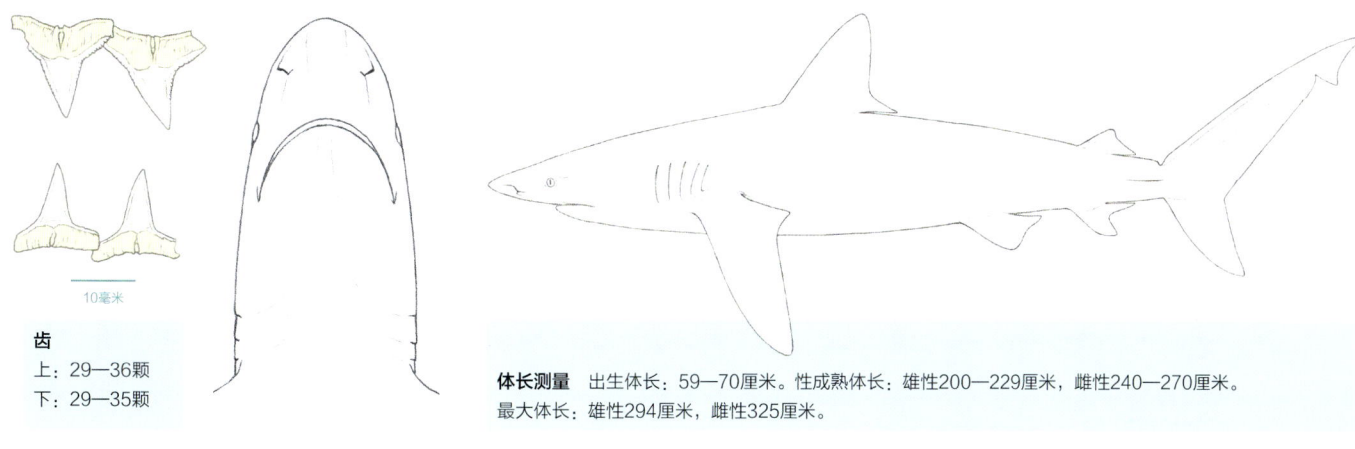

齿
上：29—36颗
下：29—35颗

体长测量　出生体长：59—70厘米。性成熟体长：雄性200—229厘米，雌性240—270厘米。最大体长：雄性294厘米，雌性325厘米。

别名　铜鲨。

鉴定　体型较大的鲨鱼，吻部宽，尖端钝。上颌齿齿尖狭窄，弯曲。背鳍具较短的下角，第一背鳍中等大小，第二背鳍小，相对较低，起点位于臀鳍起点上方或略后方。通常无背鳍间纵嵴。胸鳍长。身体上部为橄榄灰色至铜色，体侧具明显白色条带。多数鳍具不明显的暗色边缘和暗色至黑色的尖端，无鲜明斑纹。身体下部白色。

分布　印度洋、太平洋、大西洋和地中海的大部分暖温带水域。

栖息地　近岸至近海水深145米处。

行为　较为活跃，在部分分布区域中会进行季节性洄游，但邻近种群之间没有多少个体交换。大量个体冬季会追随沙丁鱼群离开南非夸祖鲁–纳塔尔省。近岸海

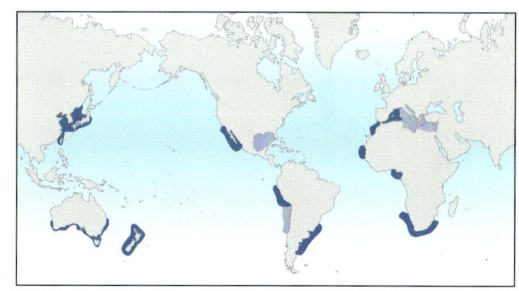

湾和沿岸水域中有本种的育儿场。

生物学　胎生，具卵黄囊胎盘。妊娠期12—16个月，两次妊娠之间可能有1年的休息期；每隔1年产下13—24尾胎仔。雄性约13—16岁达性成熟，雌性约16—20岁达性成熟，最大寿命约25—31岁。主要捕食硬骨鱼类、板鳃鱼类和头足类。

保护状态　易危（VU）。本种种群较为脆弱，主要原因包括生长速度慢，体型大，近岸栖息地不耐破坏，以及捕捞较为容易。本种被作为食用鱼捕捞，也被游钓爱好者所钓获。对游泳者和潜水者具一定危险性，在遭遇潜水者时可能具一定的攻击性。

在南非东海岸一年一度的沙丁鱼游来之际，短尾真鲨（*Carcharhinus brachyurus*）正在捕食沙丁鱼的鱼群饵团

译者注：原书图注有误，此图中鲨鱼为黑边鳍真鲨（*Carcharhinus limbatus*）

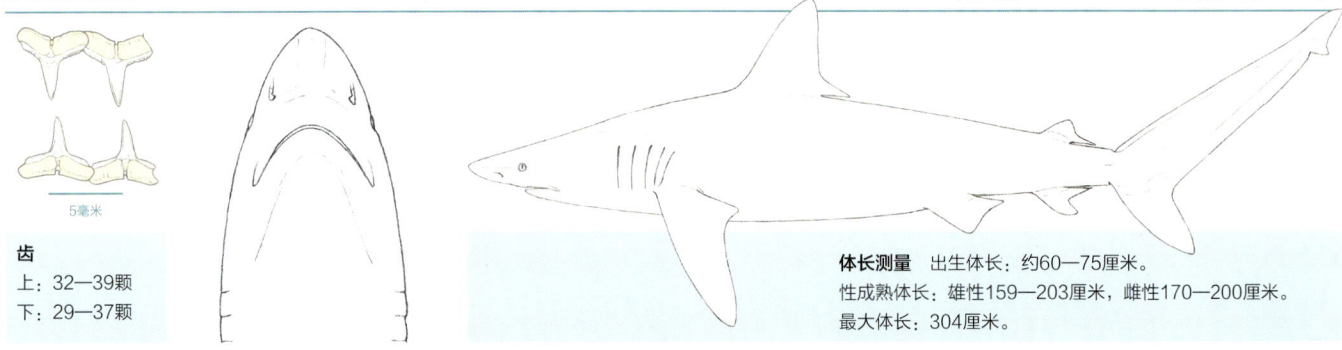

齿

上：32—39颗

下：29—37颗

体长测量　出生体长：约60—75厘米。

性成熟体长：雄性159—203厘米，雌性170—200厘米。

最大体长：304厘米。

鉴定　细长体型。吻部窄而尖长。前鼻瓣较短而不明显。牙齿小，齿尖较窄；唇褶明显（比其他真鲨属都要长）。眼小，呈圆形。鳃裂长。第一背鳍小，第二背鳍中等大；两背鳍均具较短的下角。无背鳍间纵嵴。胸鳍较小。体侧具不明显的白色条带。成体和亚成体（幼体除外）的胸鳍、第二背鳍、臀鳍和尾鳍下叶具明显的黑色尖端；腹鳍无黑色尖端。身体下部为白色。

分布　广泛分布于暖温带和热带大西洋、印度洋、太平洋和地中海。太平洋中部和东部无分布。

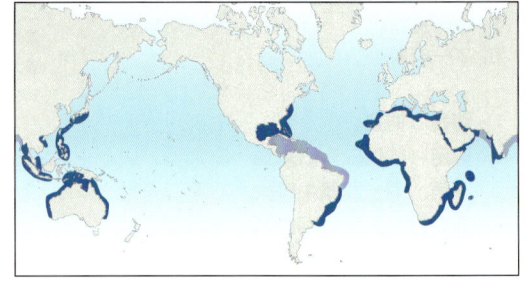

栖息地　大陆架和岛屿陆架上的近岸–开阔水域，靠近海滩的浅水（水深浅于30米），海湾及河口附近，从海面到海床最深至少200米。在离岸较远的开阔水域中不太见到。育儿场位于近岸极浅的水域中。

行为　非常活跃、偏好集群的鲨鱼，主要捕食鱼类，尤其是群游的鱼类，例如，本种常常跟随捕食洄游的鲭鱼群。英文俗名（spinner shark，"飞旋鲨鱼"）来自其不寻常的捕食行为：一条短鳍真鲨开始捕食时，会嘴巴大张着迅速向鱼群上方游去，沿身体长轴旋转游动，同时向各个方向狂咬一气，接着在这场"捕食冲锋"的结尾顺势跃出水面，在空中飞旋后落回海中。在这种奇特的空中行为中，一条鲨鱼跃出水面后，可在空中连翻3圈，然后背部首先接触水面，落回水中。本种

无疑会在鱼群出现时进入狂热捕食状态，但也会跟随拖网渔船捡食倾倒进海中的鱼类下脚料。短鳍真鲨在墨西哥湾具有很强的洄游性（在其他地区可能也有）：在春夏季节，它们向近岸方向洄游，进行捕食和繁殖活动，而在冬季向南方更深的水域洄游。本种存在一定的依据年龄和性别的分群活动行为；幼体比成体更偏好较低的水温。

生物学　胎生，具卵黄囊胎盘。每胎3—15尾胎仔（雌性体型越大，所产胎仔越多），妊娠期11—15个月；因此繁殖周期为2年。西北大西洋的短鳍真鲨幼体生长速度很快。性成熟年龄为雌性8—10岁（雄性更小），寿命最长达17—19岁，还可能更长。虽然本种主要捕食硬骨鱼，但也会捕食魟鱼和头足类。

保护状态　易危（VU）。较为常见，但本种的近岸栖息地在渔业压力和栖息地退化下较为脆弱。短鳍真鲨在商业捕鱼活动和娱乐性捕鱼活动中被作为目标物种捕捞，而在多目标物种的渔业中也比较重要，但由于与黑边鳍真鲨的混淆，其渔获上岸量可能被低估了。本种的肉价值较高（在美国被当作消费者更喜爱的黑边鳍真鲨销售），鱼翅会进入国际贸易。肝可用来提炼鱼肝油，皮可制革，在个体渔业中这两种利用方式尤其丰富。

一条短鳍真鲨（*Carcharhinus brevipinna*）在向鱼群发动捕食冲锋的末尾跃出海面

狐形真鲨 *Carcharhinus cerdale*

FAO代码：**CWZ**　　图版 第540页

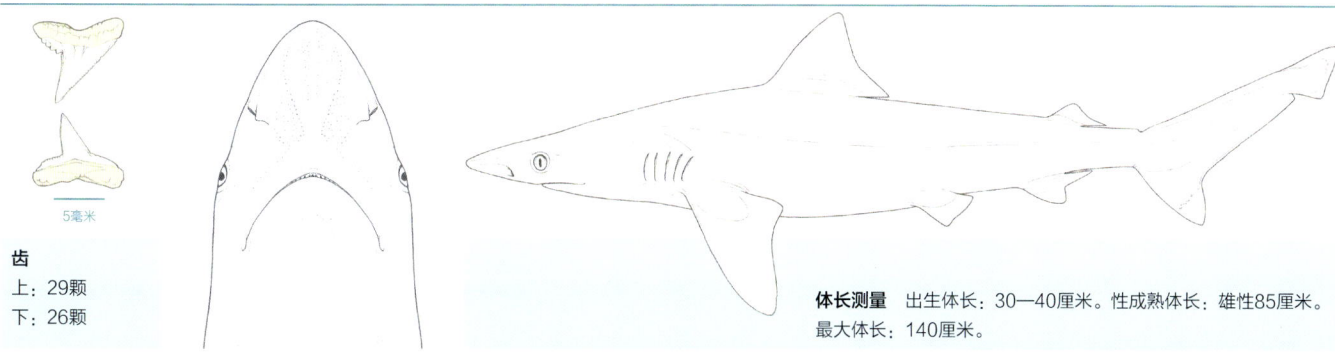

齿
上：29颗
下：26颗

5毫米

体长测量　出生体长：30—40厘米。性成熟体长：雄性85厘米。
最大体长：140厘米。

鉴定　与小尾真鲨（*Carcharhinus porosus*）非常相似。体型较小。吻部长而尖。唇褶较短。眼大，呈圆形。第一背鳍大，呈镰刀状。无背鳍间纵嵴。第二背鳍小（起点位于胸鳍基底中部上方）。胸鳍较小。臀鳍缺刻深。身体上部为灰色，体侧白色条带不明显。背鳍、胸鳍和尾鳍尖端常呈暗色或黑色，但不明显。身体下部颜色较浅。

分布　东太平洋：加利福尼亚湾到秘鲁，在沿海岛屿没有分布。

栖息地　大陆架浅海和河口，距泥质海床较近的水层，近岸到至少40米水深。

行为　未知。

生物学　胎生，但其他方面未知。可能捕食硬骨鱼、小型鲨鱼、螃蟹和虾。

保护状态　极危（CR）。个体渔业的刺网、延绳钓和工业拖网渔业在本种的全部近岸分布范围内作业。直到20世纪80年代都很常见，但墨西哥海域的种群约20年前枯竭。哥伦比亚拖网捕虾渔业中本物种的兼捕渔获量亦已大大减少。对人类无害。

科氏真鲨 *Carcharhinus coatesi*

FAO代码：**CWZ**　　图版 第544页

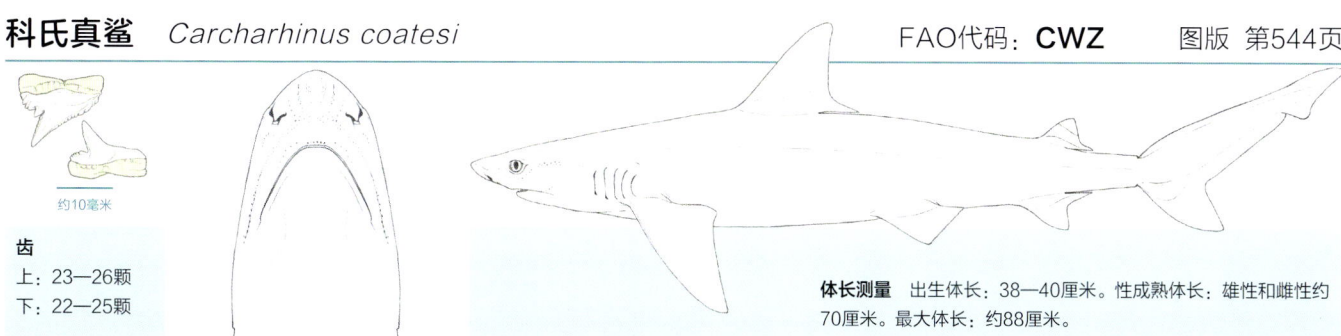

齿
上：23—26颗
下：22—25颗

约10毫米

体长测量　出生体长：38—40厘米。性成熟体长：雄性和雌性约70厘米。最大体长：约88厘米。

鉴定　体型小而细长的鲨鱼。吻部长度中等，窄而圆。牙齿倾斜，呈刃状，边缘具粗糙的锯齿。第一背鳍较高，微微呈镰刀状；起点位于胸鳍内角后方。具背鳍间纵嵴。身体上部为灰棕色，具青铜色调。第二背鳍具边界清晰的黑色尖端，不延伸至鳍基部；其他各鳍无深色斑纹。身体下部白色。

分布　印度洋—太平洋海域中部：澳大利亚北部，从鲨鱼湾（西澳大利亚）到弗雷泽岛（昆士兰）和巴布亚新几内亚。

栖息地　大陆架和岛屿陆架的近岸水域，从海岸线至约123米。

行为　尽管这种沿海鲨鱼很常见，但人们对它知之甚少。

生物学　胎生，每胎1—3尾胎仔（通常为2尾）。成熟时间可能为2年，最大寿命为6.5年。主要以硬骨鱼类为食，但也捕食头足类和甲壳类动物。

保护状态　无危（LC）。本种最近才从非常相似的西氏真鲨（*Carcharhinus sealei*）中拆分出来独立成种。

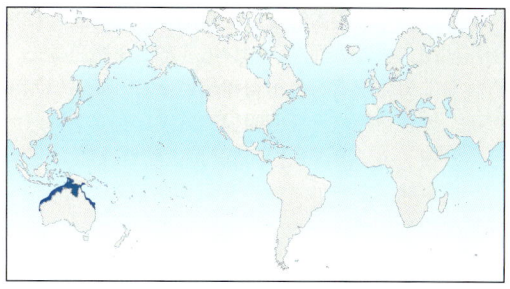

杜氏真鲨 *Carcharhinus dussumieri*

FAO代码：**CCD**　　图版　第540页

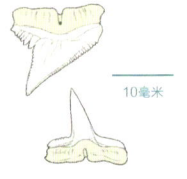

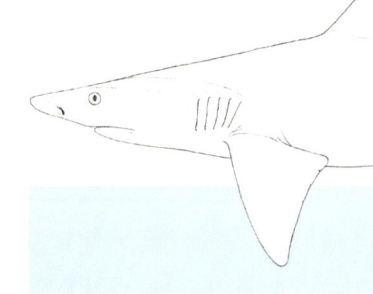

齿
上：24—31颗
下：22—32颗

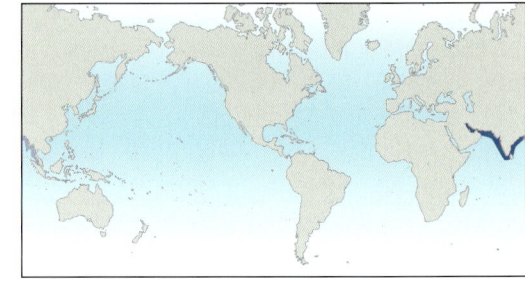

体长测量　出生体长：28—38厘米。性成熟体长：雄性65—70厘米，雌性70—75厘米。最大体长：约101厘米。

　　鉴定　体型较小的鲨鱼。吻部长度中等，较圆。鼻孔小，鼻孔间距宽。牙齿具锯齿状边缘，齿尖倾斜；上唇褶短而不明显。眼较大，水平椭圆形。第一背鳍小而呈三角形；两背鳍均具较短的下角。一般无背鳍间纵嵴。胸鳍小，呈半镰刀状。体表颜色为灰色至灰棕色，体侧具不明显的白色条带。仅在第二背鳍上具黑色或灰暗的斑点；其他各鳍具苍白的后缘。经常与爪哇真鲨（*Carcharhinus tjutjot*）混淆。

　　分布　北印度洋：至少从波斯湾到印度东海岸和斯里兰卡。由于经常与爪哇真鲨（*Carcharhinus tjutjot*）混淆，故暂时还不清楚本种的全部分布范围。

　　栖息地　热带，近岸，大陆架和岛屿陆架，水深0—100米。

　　行为　知之甚少。

　　生物学　胎生，卵黄囊胎盘，通常每胎2尾胎仔，特殊情况下可达4尾。以小鱼、头足类动物和甲壳类动物为食。

　　保护状态　濒危（EN）。在其大部分分布区域中，被捕捞作肉用，有时获取鱼翅。在过去的15年中，已经发现了较大的种群衰竭和区域性的灭绝。对人类无害。

昆士兰真鲨 *Carcharhinus fitzroyensis*

FAO代码：**CCZ**　　图版　第544页

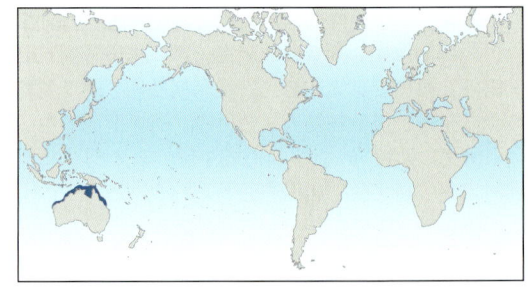

齿
上：28—30颗
下：26—30颗

体长测量　出生体长：约45—55厘米。性成熟体长：雄性约80—88厘米，雌性90—100厘米。最大体长：139厘米。

　　鉴定　体型较大的鲨鱼。吻部长，轮廓呈抛物线状。前鼻瓣呈叶状。牙齿窄；上唇褶短。眼较大而圆。鳃裂短。各鳍呈宽三角形。第一背鳍起点位于胸鳍内角上方；第二背鳍起点约位于臀鳍起点上方。无背鳍间纵嵴。身体上部颜色为铜色至灰棕色，体表和各鳍无任何明显的斑纹。身体下部颜色较浅。

　　分布　中印度洋-太平洋：澳大利亚北部。

　　栖息地　主要为近岸，从潮间带直到水深至少40米处。对新生幼鱼来说海湾是重要的育儿场。

　　行为　没有记录。

　　生物学　胎生，每胎1—7尾胎仔，妊娠期7—9个月，每年都可繁殖。雄性性成熟年龄为3—5岁，雌性5岁，寿命最长达13岁（雄性和雌性）。主要捕食小型鱼类，也捕食甲壳类。

　　保护状态　无危（LC）。体型较小，繁殖力相对较强，可以承受捕捞量较小的澳大利亚近岸刺网渔业。

镰状真鲨 *Carcharhinus falciformis*

FAO代码：**FAL**　　图版 第498页

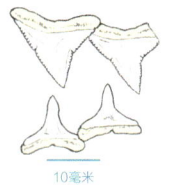

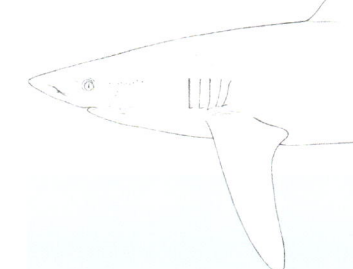

齿
上：29—37颗
下：27—37颗

体长测量　出生体长：约56—87厘米。性成熟体长：雄性约180—230厘米，雌性180—246厘米。主要差异在各大洋种群。最大体长：约350—371厘米。

鉴定　体型大而修长的鲨鱼。吻部较长，扁圆。颌部较小；上颌齿边缘具锯齿，齿尖倾斜。眼较大。第一背鳍位于胸鳍后方。背鳍间纵嵴狭窄。第二背鳍较低，内缘和下角极长。胸鳍长而窄。无尾柄侧突。本种英文俗名为"丝鲨"，这是因为它们的皮肤较光滑，紧密覆盖着小而互相重叠的盾鳞。身体上部为暗灰色至灰棕色或近黑色，体侧白色条带不明显。各鳍斑纹不明显，除第一背鳍外尖端颜色灰暗。身体下部为白色。

分布　全世界的热带海域。

栖息地　远洋海域的表层，从海面至水深至少500米。在靠近大陆架及岛屿陆架及深水珊瑚礁和海山上方的水深小于200米的海域最常见；也出现在开阔海域中，偶尔出现在近岸水深18米的水域。延绳钓渔业在近岸捕获的本种数量多于远海捕获量。

行为　活跃、迅捷、大胆、好奇心强而有时具攻击性的鲨鱼，具有多种有趣的行为。"弓背"行为（后背弓起，头部抬高，尾鳍低垂）可能是对距离过近的潜水者的警告。当聚集成群时，本种被观察到展现出"侧巡"行为（向同伴展示它们的侧面身体），张开上下颌做"打呵欠"状以及鼓动鳃裂。有时它们会突然向海面方向猛冲，在刚刚要触及海面之前调转方向向下潜入深水中。镰状真鲨有时会依据体型大小分群活动：幼鱼在大陆架边缘和大洋浅滩的育儿场中生活，或在海面漂浮物（包括金枪鱼围网渔业设置的集鱼器）下方聚集。亚成体和成体生活在更远的海域，一般跟随在金枪鱼群附近。被金枪鱼延绳钓渔业捕获的雄性数量是雌性的两倍。马尔代夫渔民相信镰状真鲨驱赶聚拢金枪鱼群，使金枪鱼更容易捕捉（所有鲨鱼在马尔代夫海域均受保护）。镰状真鲨还有可能与路氏双髻鲨混群，或跟随海洋哺乳动物。舟鰤幼鱼常在本种吻部前方乘压力波游动。

生物学　胎生，具卵黄囊胎盘。每胎2—18尾胎仔（平均5—10尾）；雌性生

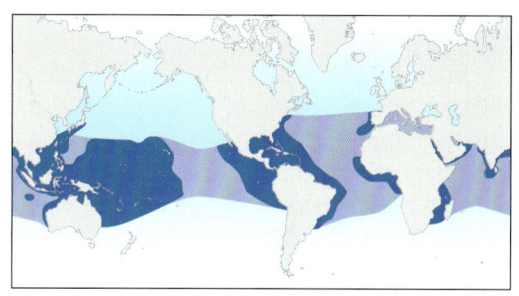

殖周期为2年，怀孕时不跟随金枪鱼群。在某些分布区域夏季分娩，但其他地区分娩无明显季节性。性成熟年龄5—15岁，随地区变化。寿命最长达36年，但少有大型成体被捕获。主要捕食鱼类，包括小型金枪鱼，也捕食头足类和远洋蟹类。

保护状态　易危（VU）。一些分布区域中种群数量已严重下降。混乱纠缠而悬垂着渔网的集鱼器杀死了大量的镰状真鲨幼体。研究者估算，印度洋的镰状真鲨只有29%的机会活到1岁，9%的机会活到2岁，3%的机会活到3岁，因为集鱼器造成的死亡率实在太高了。尽管经常被混淆成其他物种或被忽视，但镰状真鲨是鱼翅来源中仅次于大青鲨的捕捉和贸易量第二大的物种；每年有50万—150万条镰状真鲨的鱼翅进入国际贸易，这些镰状真鲨一般兼捕自远洋延绳钓渔业和围网渔业，或个体渔业。本种同样可作肉用。在几个远洋渔业中，禁止保留兼捕的镰状真鲨（参见第73页），而一些集鱼器管理规定也已出台，减少兼捕死亡率和"幽灵捕捞"现象（参见第58页）。本种已被列入CITES公约和CMS公约。另外，由于体型较大和富有攻击性的特点，本种被认为对人类具有潜在的危险性。但本种一般难以遇到，除非是靠近深水的远海珊瑚礁边缘，且尚未报道过本种对人类的严重伤害。镰状真鲨对红海的生态旅游具有重要价值，潜水者可在红海的远海珊瑚礁附近拍摄成年镰状真鲨。

镰状真鲨（*Carcharhinus falciformis*），古巴共和国，加勒比海

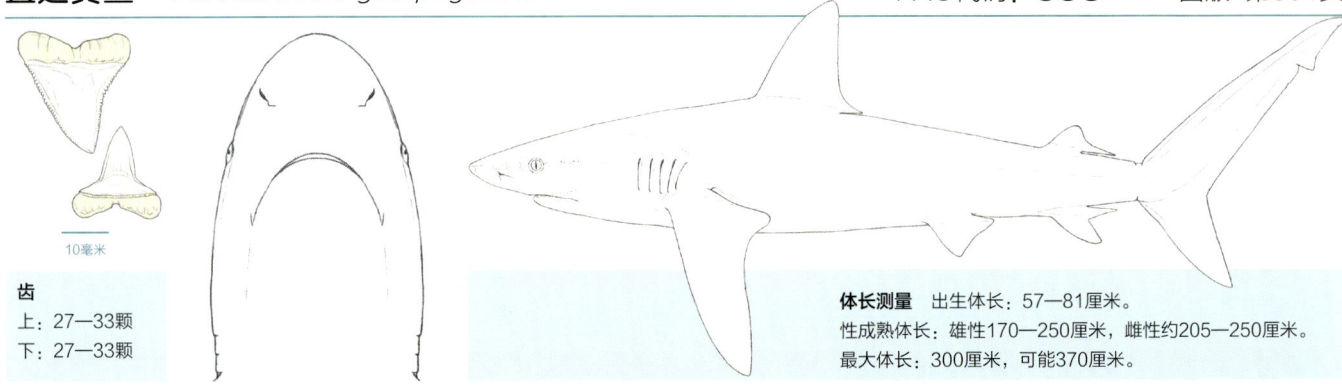

直翅真鲨 *Carcharhinus galapagensis*

齿
上：27—33颗
下：27—33颗

10毫米

体长测量　出生体长：57—81厘米。
性成熟体长：雄性170—250厘米，雌性约205—250厘米。
最大体长：300厘米，可能370厘米。

鉴定　体型大。吻部较长而宽圆。前鼻瓣低。牙齿较大，直立。眼较大。第一背鳍较大，具较短的下角；第一背鳍起点位于胸鳍内缘上方。背鳍间纵嵴较低。胸鳍较大，呈半镰刀状。身体上部为棕灰色，体侧具不明显的白色条带。各鳍无明显斑点，但各鳍尖端颜色灰暗（非黑色或白色）。身体下部为白色。

分布　世界性广布，分布区较分散，主要围绕暖温带和热带岛屿。

栖息地　本种主要栖息于远海岛屿、海山周围的珊瑚礁或岩石质海床上方，偶尔包括大陆架边缘。然而，本种实际上为一个生活在沿岸开阔水域的物种，并不具远洋习性，通常出现在近岸浅水中（水深1米）至离岸较远处（水深0—286米）。育儿场通常位于水深小于25米的区域，有时在极浅的水中，而成体出现在离岸更远的水域。直翅真鲨常常出现在海流强劲的地方。

行为　本种是在分布区域中数量较多、较为常见的鲨鱼，经常在距离海床几米的水层中游动，但也会游到水面捕食或探查水的扰动。它们经常聚集，但不会形成协同行动的鱼群。直翅真鲨好奇心强，有时具一定的攻击性，对潜水者会一边做出"弓背"行为（背部弓起，头部抬高，尾鳍和胸鳍放低），一边翻滚身体，随后可能会咬人。与其他真鲨互动时，直翅真鲨会压制黑边鳍真鲨，但服从同体型的白边鳍真鲨。

生物学　胎生，具卵黄囊胎盘，每胎4—16尾胎仔。它们的繁殖生活史尚未被详细研究，但雌性可能2—3年仅繁殖一次，冬春季节交配。在百慕大群岛，95%

被捕捞的直翅真鲨是新生幼体，表明此地是本种的育儿场。估测的性成熟年龄为雄性6—8岁，雌性6.5—9岁。本种在遗传学和形态学上都极其接近暗体真鲨（灰真鲨）（参考下方和第530页）；如果这两个物种的生活史也相近，那么前述的对直翅真鲨性成熟年龄的估计就过短，而这些鲨鱼的生活史也就明显更长，对过度捕捞的耐受力也就比此前设想的更低。直翅真鲨主要捕食底栖鱼类。

保护状态　无危（LC）。本种在开阔海域和岛屿与海山周边的水域很常见，在夏威夷周边是最常见的鲨鱼物种之一，且在太平洋的大部分种群都很稳定。在较大的远海海洋保护区中，本种的大片分布区域都受到保护。而在这些保护区之外的海域，它们经常被大量捕捞；中美洲和中大西洋的一些种群已经被人类消灭。由于本种好奇心强，且有时具攻击性，所以它们对潜水者来说有时是一种骚扰；直翅真鲨会袭击人类，并有一例杀人记载。最近的分子遗传学分析表明，直翅真鲨和暗体真鲨（灰真鲨）（第530页）几乎没有区别，而传统上这两个物种是靠各自的栖息地［直翅真鲨主要出现于岛屿周边，而暗体真鲨（灰真鲨）出现于大陆海岸］和尾前椎骨数量来区分的；而现在，这两种鲨鱼可能其实是同一物种的岛屿/大陆类型。

直翅真鲨（*Carcharhinus galapagensis*）

半齿真鲨 *Carcharhinus hemiodon*

FAO代码：**CCK**　　图版 第540页

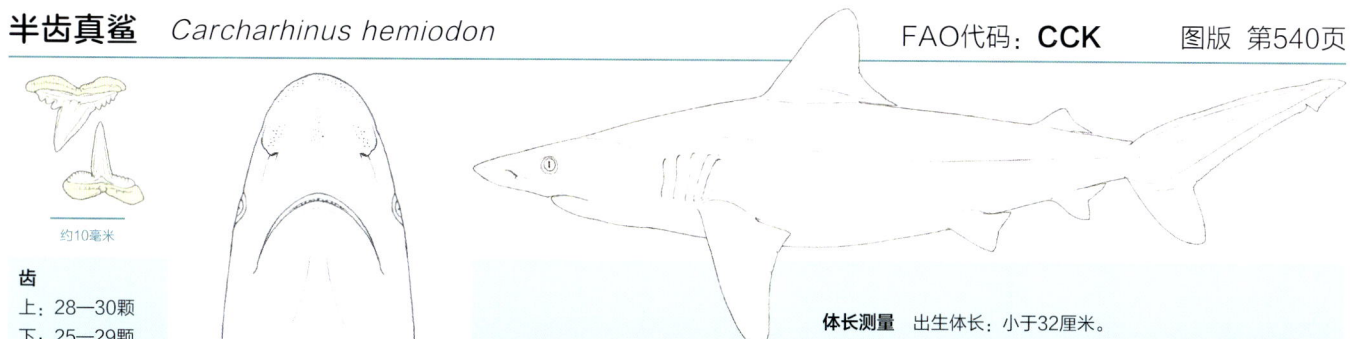

约10毫米

齿
上：28—30颗
下：25—29颗

体长测量　出生体长：小于32厘米。
最大体长：约102厘米。

鉴定　体型较小。吻部较长而尖。鼻孔较小，鼻孔间距宽。上唇褶短而不明显。眼较大。第一背鳍大，第二背鳍中等大，均具较短的下角。具背鳍间纵嵴。胸鳍小。无泄殖腔前纵嵴。身体上部为灰色，体侧具明显白色条带。胸鳍、第二背鳍和尾鳍下叶具黑色尖端。身体下部为白色。

分布　印度洋和太平洋：阿曼到印度东部，印度尼西亚，马来西亚，可能还包括中国。

栖息地　热带大陆架和岛屿陆架的近岸水域；水深10—150米。河口和淡水河流中的记录并未确认。

行为　未知。

生物学　几乎不为人知。

保护状态　极危（CR）。极其稀有，仅已知20个博物馆收藏的标本，采集自大量渔业活动的水域。最后一次活体记录为1979年。

休氏真鲨 *Carcharhinus humani*

FAO代码：**CWZ**　　图版 第540页

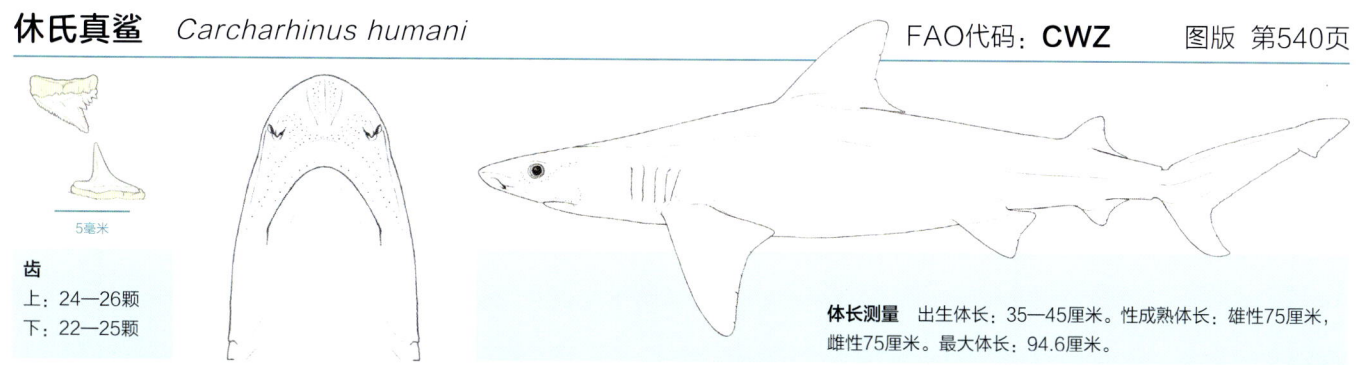

5毫米

齿
上：24—26颗
下：22—25颗

体长测量　出生体长：35—45厘米。性成熟体长：雄性75厘米，雌性75厘米。最大体长：94.6厘米。

鉴定　小而纤细的真鲨。吻部长而窄。第一背鳍中等高，起点位于胸鳍内角前方。背鳍间纵嵴不明显。第二背鳍高度低于第一背鳍高度的1/2，起点与臀鳍起点相对。身体上部为较苍白的灰色至棕色。第二背鳍从尖端向下1/3或2/3的部分为黑色，与底色分界鲜明，不延伸至躯干上部；其他各鳍大部分具白色外缘。身体下部为白色。

分布　西印度洋：科威特到索科特拉群岛，南部到南非的夸祖鲁-纳塔尔海岸；马达加斯加，塞舌尔，可能还有该地区的其他岛屿。

栖息地　沿岸分布，从沙滩边的海岸至约40米深水。一个个体发现于马达加斯加1260米深的海域的表层，但离浅海较近。

行为　在南非水域一年四季都很常见；除此之外是一个鲜为人知的物种。

生物学　胎生，每胎1—2尾胎仔。主要以硬骨鱼类、头足类和甲壳类动物为食。

保护状态　数据缺乏（DD）。这个鲜为人知的物种分布范围与近岸渔业的作业范围有很大重合，但种群发展趋势未知。

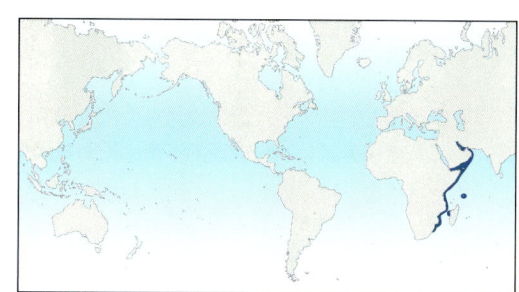

长孔真鲨 *Carcharhinus isodon*　　　　FAO代码：**CCO**　　图版 第510页

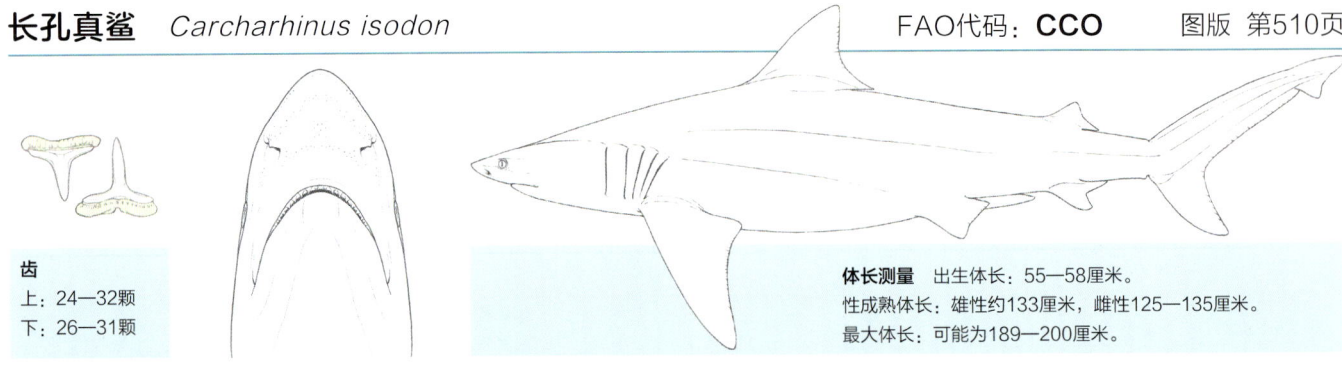

齿
上：24—32颗
下：26—31颗

体长测量　出生体长：55—58厘米。
性成熟体长：雄性约133厘米，雌性125—135厘米。
最大体长：可能为189—200厘米。

　　鉴定　吻部尖，长度中等。牙齿直立，边缘光滑或具不规则锯齿；上唇褶短而不明显。眼较大。鳃裂很长。第一背鳍小。第二背鳍中等大，起点位于臀鳍起点后部上方；两背鳍均具较短的下角。无背鳍间纵嵴。胸鳍小。身体上部为深蓝灰色；体侧具不明显的白色条带。鳍上无明显斑纹。身体下部为白色。
　　分布　西大西洋：美国（从北卡罗来纳州至墨西哥湾），巴西从圣保罗至圣卡塔琳娜州，圭亚那和特立尼达有零星记录。
　　栖息地　暖温带至热带的大陆架内缘，潮间带至水深约20米处。
　　行为　非常活跃。大型群体随水温的变化而季节性洄游。
　　生物学　胎生，卵黄囊胎盘。5月—6月分娩，每胎产1—6尾胎仔（平均2—4尾），繁殖周期为2年。成熟期约4年，最大寿命约8年。以小鱼和虾为食。
　　保护状态　近危（NT）。地域性常见，在整个分布范围内都可捕到。

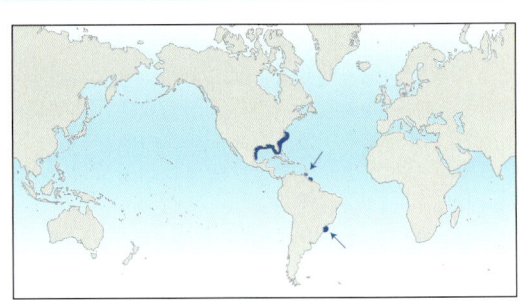

光齿真鲨 *Carcharhinus leiodon*　　　　FAO代码：**CCJ**　　图版 第510页

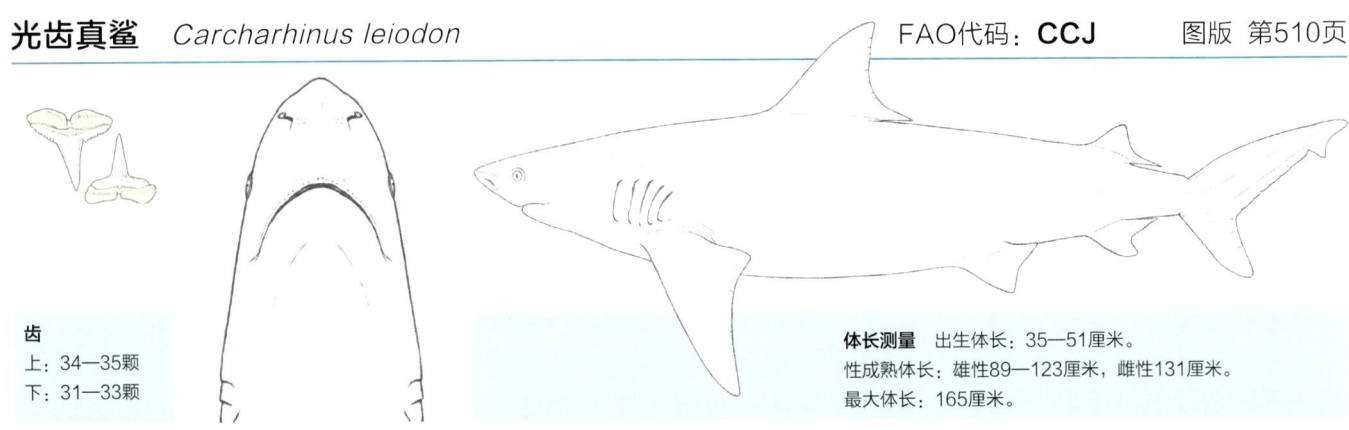

齿
上：34—35颗
下：31—33颗

体长测量　出生体长：35—51厘米。
性成熟体长：雄性89—123厘米，雌性131厘米。
最大体长：165厘米。

　　鉴定　吻部短钝。上颌齿齿尖直立，边缘光滑。眼较大。鳃裂长。第一背鳍较大，第二背鳍中等大，均具较短的下角。无背鳍间纵嵴。胸鳍较小。各鳍均具明显的黑色尖端。与似钝吻真鲨相似，后者上颌齿齿尖有锯齿，鱼鳍尖端黑斑不太明显。
　　分布　西北印度洋：亚丁湾至波斯湾。
　　栖息地　近岸至水深最大30—40米。水温19—30℃。
　　行为　未知。
　　生物学　胎生，每胎4—6尾胎仔。食谱包括小型硬骨鱼。
　　保护状态　濒危（EN）。本种于1985年首度被描述并命名，其模式标本采集自1902年，直到2009年才被鱼类学家采集到新的标本。

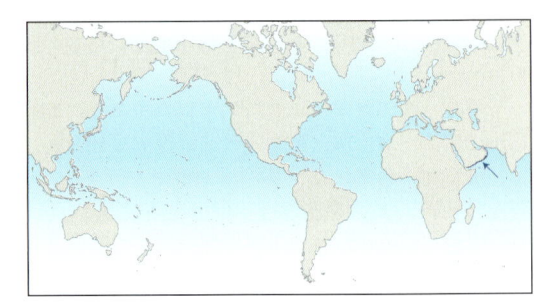

低鳍真鲨（公牛真鲨）*Carcharhinus leucas*　　　　FAO代码：**CCE**　　图版 第496页

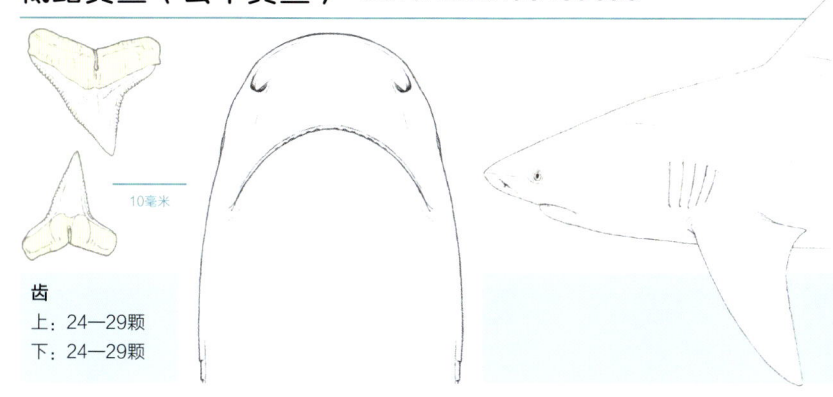

齿
上：24—29颗
下：24—29颗

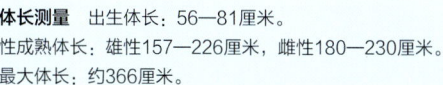

体长测量　出生体长：56—81厘米。
性成熟体长：雄性157—226厘米，雌性180—230厘米。
最大体长：约366厘米。

　　鉴定　体形硕大粗壮、头部宽阔的鲨鱼。吻部很短，宽阔钝圆。上颌齿呈三角形，边缘呈锯齿状；上唇褶很短。眼小。无喷水孔。第一背鳍宽阔，呈三角形（第一背鳍高度小于第二背鳍高度的3.2倍）；两背鳍均具较短的下角，无背鳍间纵嵴。胸鳍大，具棱角。尾柄侧突不明显。身体上部为灰色。鱼鳍尖端灰暗，但除幼体外不显著。身体下部为白色。

　　分布　全世界的热带和亚热带水域，偶尔也存在于淡水。

　　栖息地　通常出现在靠近海岸的高盐度潟湖，海湾，河口，岛屿间的水道，海岸运河，码头附近和海岸线附近；但也会出现在距河口数千千米的淡水河流（通常是非常浑浊的水体）和淡水湖泊中。本种也曾出现在离海岸较远的164米深处。很明显低鳍真鲨的新生幼体已经具备了广盐性，而亚成体则经常游入淡水。它们偏好26℃或更高的水温，并且会随着温度变化进行季节性洄游。例如，西大西洋的低鳍真鲨在夏季水温升高时沿着美国海岸向北洄游，而冬季水温降低时，它们向南方撤退，回到热带的越冬地。

　　行为　低鳍真鲨通常在水深小于20米的水域且离海床较近的水层中缓慢地巡游，每天平均游过5—6千米的距离，但在追逐和捕食猎物时非常敏捷而迅速。年轻个体可被观察到飞旋着跳出水面。它们的眼睛很小，因为在浑浊的水中觅食时，视力的用处不大。雌性通常有交配活动留下的疤痕，但雄性很少有打斗留下的疤痕。本种偏好近岸环境，而怀孕的雌性在河口分娩。近岸河口生境对低鳍真鲨的生存非常关键，但这种生境已受到各种人类活动的严重破坏。

　　本种偏好的分布区域，即近岸海域和淡水，意味着低鳍真鲨会与人类经常发生接触。这种分布特点，以及它们较大的体型、强大的颌骨、大得不成比例的牙齿、较广的食性和捕食大猎物的倾向，共同使低鳍真鲨成为世界上对人类最危险的三种鲨鱼之一，尤其是在浑浊的热带水域中。（其他两种，按有记录的袭击人类事件的数量计算，是噬人鲨和居氏鼬鲨，但由于低鳍真鲨相对不易辨别，这一物种的攻击事件数量可能被低估了，因此它有可能是世界上最危险的鲨鱼。）

　　生物学　胎生，具卵黄囊胎盘。每胎1—13尾胎仔，雌鱼通常在河口和河流中分娩，妊娠期长约10—12个月。它们在生命的最初五年里生长速度很快，平均每年15—20厘米，然后在6—10岁时放慢到每年10厘米，11—16岁时每年5—7厘米，15—20岁达到性成熟后，每年生长4—5厘米。寿命最大约32年，但可能长达50年。低鳍真鲨食性非常广泛，包括硬骨鱼类、板鳃软骨鱼、无脊椎动物、海龟、鸟类、海豚、鲸鱼尸体和陆生哺乳动物。除此之外，还会进食屠宰场下脚料和渔网中的死鱼及其他动物。但本种不如居氏鼬鲨那么频繁地吞食不能消化的垃圾。

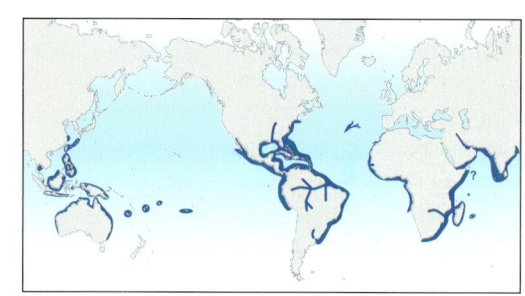

　　保护状态　易危（VU）。本种的近岸和河口栖息地极易受到人类活动的影响；一些种群已经受到了栖息地消失和破坏的影响。低鳍真鲨在其整个分布范围内都被作为兼捕渔获物捕捞，而被当作目标物种捕捞时，它们的种群数量会下降得飞快。本种主要通过延绳钓、钩钓和刺网等手段捕获，并可以新鲜个体、冰鲜或烟熏等形式利用。它们的皮可制革，鳍可作为鱼翅汤的原料。低鳍真鲨的肝还可用于提炼肝油和维生素（低鳍真鲨肝的维生素含量格外丰富）。本种因具有一些致命及非致命的咬伤记录而臭名昭著，被咬伤的人大部分是游泳者或在水中沐浴者。因此，大个体低鳍真鲨是防鲨网和鼓线的防范对象。当出现于清澈海域时，低鳍真鲨是潜水旅游业的明星物种。人们在接触清澈海域中的低鳍真鲨时基本不会发生危险。然而，人们在接触这种鲨鱼时仍需小心谨慎。低鳍真鲨是休闲垂钓者中意的目标鱼种，并且在水族馆中也可以很好地存活（有些个体在人工饲养环境下存活超过20年）。

齿
上：29—35颗
下：27—34颗

10毫米

体长测量　出生体长：38—72厘米。
性成熟体长：雄性135—180厘米，雌性120—190厘米。
最大体长：286厘米。

鉴定　体型较大而粗壮的鲨鱼。吻部尖长而窄。前鼻瓣低，呈三角形。上颌齿直立，齿尖窄；上唇褶短而不明显。眼较小。鳃裂长。第一背鳍高。无背鳍间纵嵴。身体上部为灰色至灰棕色，体侧具明显的白色条带；身体下部为白色。胸鳍、第二背鳍和尾鳍下叶尖端通常为黑色，有时腹鳍和臀鳍也为黑色（但臀鳍一般颜色朴素）。第一背鳍顶部和尾鳍上叶边缘通常为黑色，但有些成年个体不具黑色鳍尖。

分布　广泛分布于热带和亚热带水域。

栖息地　黑边鳍真鲨一般出现在大陆架和岛屿陆架，通常离海岸较近（河口，半咸水区，较浅的泥湾，咸水红树林沼泽，岛屿潟湖和珊瑚斜坡），至水深至少140米的离岸较远的水域。本种可以耐受较低盐度，但不能忍受纯淡水。

行为　经常依据年龄和性别分群；怀孕的雌性会进行季节性洄游。初夏本种个体最年幼时，集群最紧密，表明黑边鳍真鲨的幼体靠群体数量来防御捕食者（通常是更大的鲨鱼）。怀孕雌性进入更靠近海岸的水域中的育儿场分娩。本种为非常活跃而迅捷的游泳者，经常在靠近海面的地方集成大群。黑边鳍真鲨在追赶捕食鱼群时，常常会在捕食冲锋的末尾跃出海面，身体在空中围绕长轴旋转最多三圈，然后落回水中，但与短鳍真鲨相比，它们这样做的频率比较低。捕食活动通常在晨昏时段达到高峰。黑边鳍真鲨在遇到密度极高的食物资源时，会进入一种捕食狂热状态。体型较小的个体明显会因为好奇心接近潜水者，在他们身边一定的距离外绕圈子，但不会进一步接近。

生物学　胎生，具卵黄囊胎盘。每胎1—10尾胎仔（通常4—7尾），雌性在近岸育儿场中分娩，隔一年繁殖一次，妊娠期10—12个月。雌性仅一侧卵巢有功能，但两侧的子宫都能使用；每侧子宫各分成多个小室，每个小室内有一个胎仔。性成熟年龄为4—7岁，最大寿命达12年。主要捕食鱼类，也捕食头足类和甲壳类。最近的分子生物学分析表明，黑边鳍真鲨实际上可能是一个复合种，不同地域的种群在遗传学上具有显著差异。本种的牙齿化石可以追溯到早中新世。

保护状态　易危（VU）。本种的沿岸分布区已经受到了过度捕捞，并且被栖息地退化所影响。本种是一个重要的商业捕鱼和休闲渔业的目标物种，肉和鱼翅价值很高。本种可以鲜活个体、冰鲜或风干-盐腌的形式利用，皮可制革，肝油可提炼维生素（本种肝脏维生素含量较高），尸体可制鱼粉。黑边鳍真鲨是大西洋西北部鲨鱼渔业中最重要的物种之一，仅次于铅灰真鲨。但黑边鳍真鲨的肉质比铅灰真鲨更好，所以在美国，铅灰真鲨和一些其他种类的真鲨的肉通常也被贴上黑边鳍真鲨的标签来销售。本种极少有严重咬伤人类的事件发生。除非被食物刺激，本种不具潜在威胁性。对于潜水旅游业很重要。

截至本书出版前，美国和澳大利亚是仅有的两个对以黑边鳍真鲨为目标的渔业进行管理的国家。

黑边鳍真鲨（*Carcharhinus limbatus*）

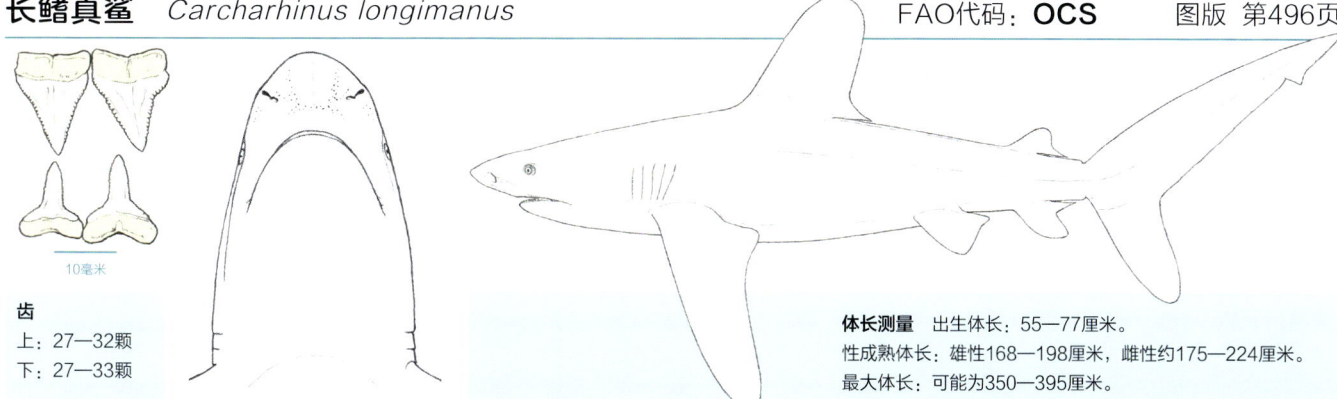

齿
上：27—32颗
下：27—33颗

体长测量　出生体长：55—77厘米。
性成熟体长：雄性168—198厘米，雌性约175—224厘米。
最大体长：可能为350—395厘米。

　　鉴定　体型大而粗壮的鲨鱼。吻部钝圆。上颌齿呈三角形。眼较小。第一背鳍大而圆。具背鳍间纵嵴。胸鳍大，呈圆桨状。尾柄侧突不明显。身体上部为灰色至棕色，身体下部为白色。第一背鳍和胸鳍末端明显为斑驳的白色；未成年个体的鱼鳍末端有时为黑色，尾柄具黑色斑块或鞍状斑纹。

　　分布　分布在全球范围内。曾经是最丰富的温带远洋鲨鱼。

　　栖息地　远洋表层（偶尔出现于近岸），距海岸极远的开阔海洋，从海面至水深1082米处，水温18—28℃。偶尔出现于远洋岛屿周边或极窄大陆架周围较浅的水中（37米）。

　　行为　在白天和傍晚均游动缓慢，但性情活跃，伸展着巨大的胸鳍在靠近海面的地方慢慢巡游。本种性情非常好奇，攻击性强，耐性强，尤其是与镰状真鲨竞争食物时，有时在探查潜水者时也会如此。按体型和性别分群的现象时有报道。

　　生物学　胎生，具卵黄囊胎盘，每胎1—15尾胎仔（雌性体型越大生产越多），妊娠期约一年。性成熟年龄随地域而变化，但通常为4—9年，寿命最长达11—25年。主要捕食远洋硬骨鱼和头足类，也捕食魟鱼、海鸟、海龟、海生腹足

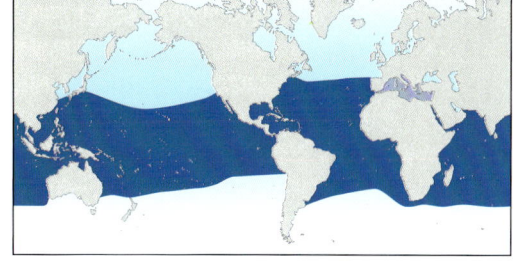

纲软体动物、甲壳类、海洋哺乳动物尸体和垃圾。

　　保护状态　极危（CR）。西北大西洋和中大西洋种群已减少了99%，中太平洋种群减少了90%，其他地区60%—70%。本种曾经是温带开阔海洋中最常见、分布最广泛的鲨鱼种类，但它们生性非常好奇，捕捉起来非常容易。除此之外，它们的繁殖力也很低。这些因素使它们在金枪鱼和剑鱼渔业的兼捕以及鱼翅渔业直接捕捉的压力下极度脆弱。长鳍真鲨那巨大的、极易辨认的鱼翅在国际贸易中价值很高（鱼翅商人称其为"琉球翅"）。尽管割鳍弃鲨已被明令禁止，且金枪鱼区域渔业管理组织在所有远洋渔业活动均禁止保留此种，但鱼翅贸易的需求仍然使本种有一定的渔业死亡率，并对本种的生存状况造成威胁。在2000年时，"琉球翅"在鱼翅拍卖中的比例仅占不到2%。2013年，长鳍真鲨被列入了濒危野生动植物种国际贸易公约（CITES）附录2中，要求本种贸易必须合法，并来自可持续的资源，并向CITES报备（参考第73页）。除了向CITES报备的合法贸易外，如今仍存在本种鱼翅的非法贸易。长鳍真鲨目前已极为罕见，但有袭击游泳者和船只的记录。

长鳍真鲨（*Carcharhinus longimanus*）

麦氏真鲨 *Carcharhinus macloti*　　　FAO代码：**CCM**　　图版 第546页

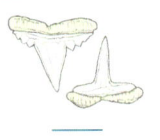 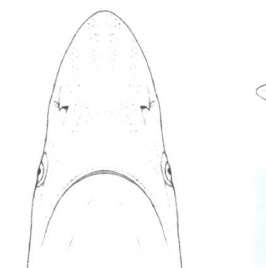 

5毫米

齿
上：29—32颗
下：26—29颗

体长测量　出生体长：40—50厘米。
性成熟体长：雄性约69—74厘米，雌性70—89厘米。
最大体长：110厘米。

　　鉴定　体型小而纤细的鲨鱼。吻部尖长；上颌齿齿尖倾斜，边缘光滑。眼较大。背鳍小（第二背鳍极低），下角极长。无背鳍间纵嵴。身体上部为灰色至灰棕色，体侧浅色条带不明显。各鳍边缘为浅色，但不明显。身体下部为白色。唯一吻软骨钙化的真鲨属物种（但其吻软骨在紧压之下亦会断裂）。

　　分布　印度洋和西太平洋，从坦桑尼亚到韩国和澳大利亚北部。

　　栖息地　大陆架和岛屿陆架，从近海浅滩到离岸200米深水域。

　　行为　会按性别的不同集成大群活动。

　　生物学　胎生，卵黄囊胎盘，每胎1—2尾胎仔（通常2尾），妊娠期长达一年。每次分娩后在下一次繁殖周期开始前需休息一年。年龄数据较少，但一个成年个体在被首次标记十年后重新捕获，在首次标记时它已经性成熟，表明本种寿命可达15—20年。主要捕食小型鱼类，也捕食头足类和甲壳类。

　　保护状态　近危（NT）。在整个分布范围内被捕捞，南亚地区捕捞强度最大，种群数量可能已经减少。

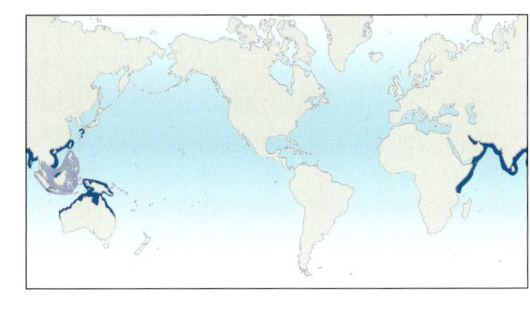

小尾真鲨 *Carcharhinus porosus*　　　FAO代码：**CCR**　　图版 第540页

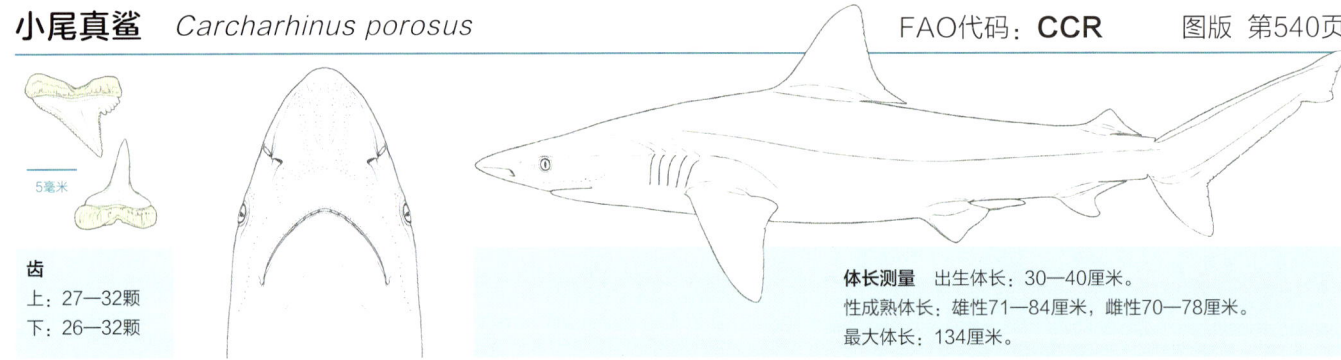

5毫米

齿
上：27—32颗
下：26—32颗

体长测量　出生体长：30—40厘米。
性成熟体长：雄性71—84厘米，雌性70—78厘米。
最大体长：134厘米。

　　鉴定　体型较小的鲨鱼。吻部长而尖。唇褶较短。眼大，呈圆形。第一背鳍大，呈镰刀状。无背鳍间纵嵴。第二背鳍小（起点位于臀鳍基底中部上方）。胸鳍较小。臀鳍缺刻深。身体上部为灰色，体侧白色条带不明显。胸鳍、背鳍和尾鳍尖端常为灰黑色，但不明显。身体下部颜色较浅。

　　分布　西大西洋：墨西哥湾北部到巴西南部，但不在加勒比海群岛附近。东太平洋：北美大陆海岸，墨西哥湾到秘鲁，不分布于近岸岛屿周边。

　　栖息地　较浅的大陆架和河口，距泥质海床较近的水层，近岸至水深至少84米处。

　　行为　未知。

　　生物学　胎生，卵黄囊胎盘，每胎2—9尾胎仔（平均6尾）。妊娠期约12个月。雄性和雌性的性成熟年龄约为6岁，最大寿命为12岁。吃硬骨鱼、小型鲨鱼、螃蟹和虾。

　　保护状态　极危（CR）。本种分布范围内存在高强度的个体渔业和商业捕捞，本种的渔获量已经大幅度减少。对人类无害。

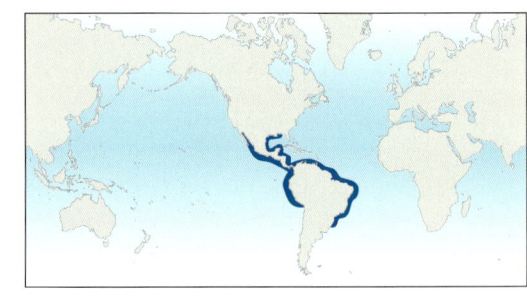

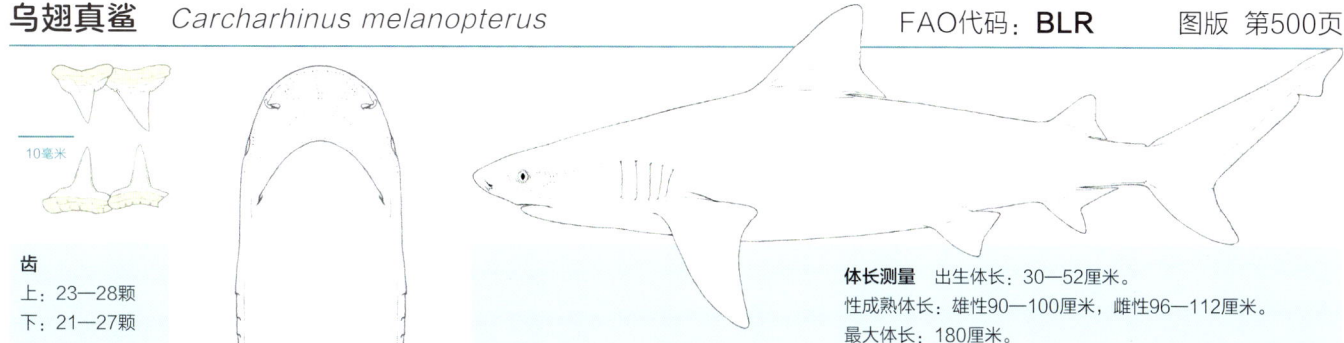

乌翅真鲨 *Carcharhinus melanopterus*   FAO代码：**BLR**   图版 第500页

齿
上：23—28颗
下：21—27颗

10毫米

体长测量 出生体长：30—52厘米。
性成熟体长：雄性90—100厘米，雌性96—112厘米。
最大体长：180厘米。

鉴定 体型中等的鲨鱼。吻部短而钝圆。牙齿齿尖窄。眼呈水平卵圆形。第一背鳍顶部圆。无背鳍间纵嵴。第二背鳍稍大，下角短。胸鳍窄，呈镰刀状。身体上部为灰棕色。各鳍尖端为鲜明的黑色，黑色斑块边缘还有白色衬托。身体下部为白色。

分布 西太平洋和印度洋，还有一些东地中海的记录（通过苏伊士运河从红海传入）。

栖息地 珊瑚礁和礁坪上方极浅的水中，也出现在珊瑚斜坡附近，水深0—100米，极少出现于离岸较远处或半咸水中。

行为 强壮而活跃，背鳍在很浅的水域会露出水面，独行或偶尔结小群。

生物学 胎生，卵黄囊胎盘，妊娠期8—16个月后，每胎产2—4尾胎仔（通常为4尾）。以小鱼和无脊椎动物为食。

保护状态 易危（VU）。曾经是印度洋–太平洋珊瑚礁极为常见的鲨鱼。在一些分布区域由于不受管理的工业化捕鱼、个体渔业和近岸渔业的兼捕，数量已经大量减少。珊瑚礁生态系统的退化可能也对本种的生存构成了威胁。在水族馆中常见且重要，数量较多的地区也作为潜水旅游观赏的物种。极其偶尔会咬伤游泳者或涉水者，但在遇到潜水者时非常谨慎。

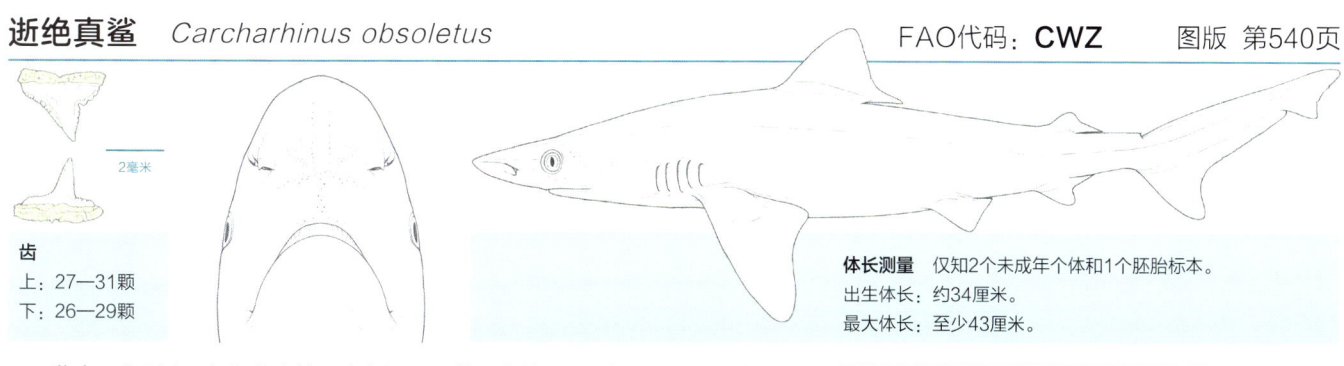

逝绝真鲨 *Carcharhinus obsoletus*   FAO代码：**CWZ**   图版 第540页

齿
上：27—31颗
下：26—29颗

2毫米

体长测量 仅知2个未成年个体和1个胚胎标本。
出生体长：约34厘米。
最大体长：至少43厘米。

鉴定 体型小而纤细的真鲨。吻部短圆。第一背鳍较小，起点位于胸鳍基部后方，胸鳍内缘上方；第二背鳍小而低，起点在臀鳍基底中部上方。无背鳍间纵嵴。身体上部为浅灰色，体侧和下部逐渐变浅。各鳍不具任何深或浅的斑纹、斑块或斑点（体色信息仅来源于已保存超过85年的标本）。

分布 印度洋–太平洋海域中部：已知中国南海、泰国湾、越南，以及加里曼丹岛的马来西亚部分。本种的全部分布范围尚不清楚。

栖息地 沿海近岸，但其他的未知。

行为 未知。

生物学 胎生，其他未知。

保护状态 极危（CR）（可能已经灭绝）。本种仅已知3个标本，1个发育晚期的胚胎和2个未成年雌性。最后的活体记录来自1934年，自那以后未有报道。

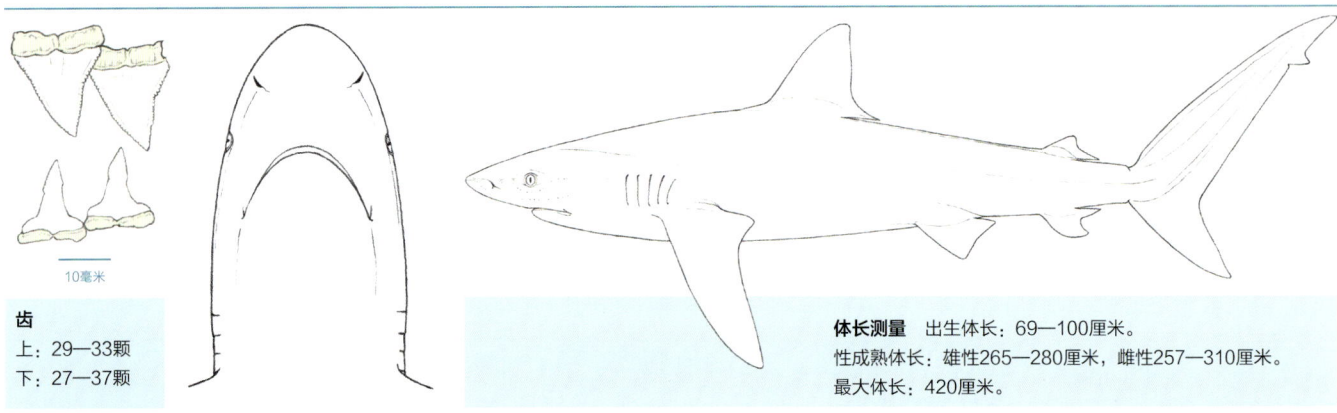

齿
上：29—33颗
下：27—37颗

体长测量　出生体长：69—100厘米。
性成熟体长：雄性265—280厘米，雌性257—310厘米。
最大体长：420厘米。

　　鉴定　体型较大的鲨鱼。吻部宽圆。前鼻瓣低，不发达。上颌齿呈三角形，边缘呈锯齿状。眼较大。第一背鳍大而呈镰刀形。背鳍间纵嵴低。胸鳍弯曲，大小中等。身体上部为灰色至铜色，体侧具不明显的白色条带。大部分鱼鳍尖端灰暗但颜色不鲜明。身体下部为白色。

　　分布　可能分布在全世界的热带和暖温带大陆架水域。

　　栖息地　大陆架和岛屿陆架，从海岸线至靠近大陆架的远洋海域，水深0—500米。本种会避开河口地带。经常跟随近海船只。

　　行为　灰真鲨具高度洄游性，会随水温变化而洄游；在温暖的夏季它们向纬度更高的亚热带和温带地区洄游，在冬季水温下降时撤回南方。成年雌性灰真鲨也会在夏季游向近岸分娩，然后马上回到离岸较远的海域（减少同类相食的风险）。新生幼鱼出生后在育儿场中聚集成群，形成很大的群体，也会成群捕食。当它们长得更大后，就迁到离岸更远的生境中。亚成体和成体可能会分别按性别分群，进行南—北方向和近岸—离岸方向的洄游。

　　生物学　胎生，具卵黄囊胎盘，每胎产2—18尾胎仔（胎仔数量随地域变化，但与雌性体型无关）。雌性繁殖周期为2—3年，每两年交配一次。雌性在约16—22个月的妊娠期后游至离岸繁殖。性成熟年龄随地域而变化，约17—24年，寿命最长达34—53年。硬骨鱼类是最主要的猎物，板鳃软骨鱼类和甲壳类其次，也捕食其他类群的动物。其他种类体型较大的鲨鱼会捕食幼年暗体真鲨（灰真鲨）。

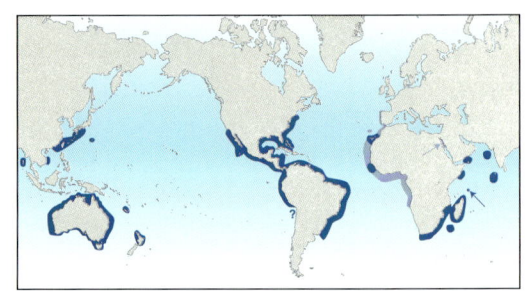

　　保护状态　濒危（EN）。本种为脊椎动物中对过度利用最脆弱的物种之一，因为它们的繁殖速度实在太过缓慢。且本种很难被管理和保护，因为它们通常与很多其他物种混在一起被捕获，且兼捕死亡率很高。在游钓体育渔业中，它同样也是极受欢迎的目标物种（在美国东海岸，娱乐性渔业造成了本种种群最初的减少）。尽管暗体真鲨（灰真鲨）在美国目前已经受到保护且未成年个体在逐渐增加，但成年个体的数量仍然在减少。在其分布区内的一些地方，暗体真鲨（灰真鲨）是生态潜水旅游的观察对象，但潜水者在遇到这种鲨鱼时需要十分小心，因为本种大个体具有一定攻击性，有攻击游泳者、冲浪者和潜水者的记录。幼年暗体真鲨（灰真鲨）可在水族馆中饲养。本种与直翅真鲨（参考第522页）亲缘关系最近，两种鲨鱼之间极难分辨，只有通过栖息地、内部解剖结构和细胞核DNA（参考第50页）才可以区分。较早的分子生物学研究指出这两种鲨鱼实际上可能是一个物种，直翅真鲨（*C. galapagensis*）是远离大陆的类型，而暗体真鲨（灰真鲨）（*C. obscurus*）则生活在岛屿、大陆架边缘和大陆坡上部附近。然而，现在这两种鲨鱼被认为确实是不同的物种，并没有杂交现象发生。

灰真鲨（*Carcharhinus obscurus*），南非东开普省的狂野海岸

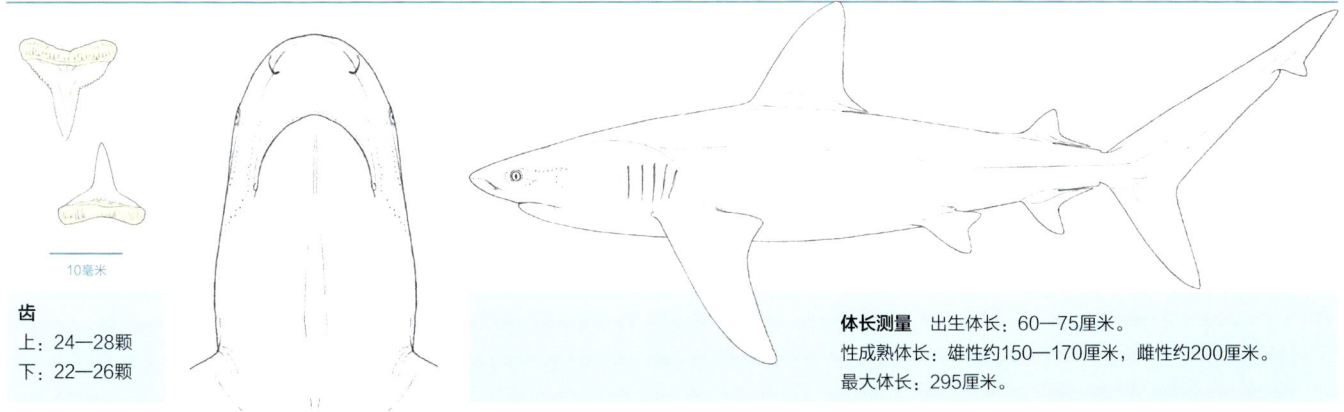

齿
上：24—28颗
下：22—26颗

10毫米

体长测量 出生体长：60—75厘米。
性成熟体长：雄性约150—170厘米，雌性约200厘米。
最大体长：295厘米。

鉴定 大型珊瑚礁鲨鱼。吻部短而钝圆。牙齿狭窄。第一背鳍较小，第二背鳍中等大小，下角较短。具背鳍间纵嵴。胸鳍大而窄。身体上背部深灰色或灰褐色，体侧面具不明显的白色条带。偶鳍、臀鳍和尾鳍下叶的背面呈暗褐色，但无明显斑纹特征。身体下方为白色。

分布 西大西洋：北卡罗来纳州（美国），贯穿加勒比海，向南至巴西。

栖息地 加勒比海最常见的珊瑚礁鲨鱼，栖息在外礁底部和珊瑚斜坡附近，栖息水深至少378米。栖息地在巴西为硬质海底（包括钙质藻类）和河流三角洲的泥质水底。

行为 研究不足。可静卧水底一动不动，用咽部将水泵入口咽腔和鳃部。在洞穴或开放环境中"睡觉"时，可以靠近近距离观察。

生物学 胎生，卵黄囊胎盘，每胎3—6尾胎仔，妊娠期1年，每2年繁殖一次。在巴西北海岸可能有一个育儿场。以硬骨鱼类为食。

保护状态 濒危（EN）。常见，被大量捕捞，供人类食用，皮革、油和鳍具商业价值，但对潜水旅游业的价值更大。潜水员经常在水下遇到，但不会发生意外；只在极少数情况下会袭击人（有些是在喂食过程中吸引鲨鱼游到潜水员身边时发生）。在一些大型水族馆中饲养，并可在那里成功产仔。

佩氏真鲨（*Carcharhinus perezi*），巴哈马群岛

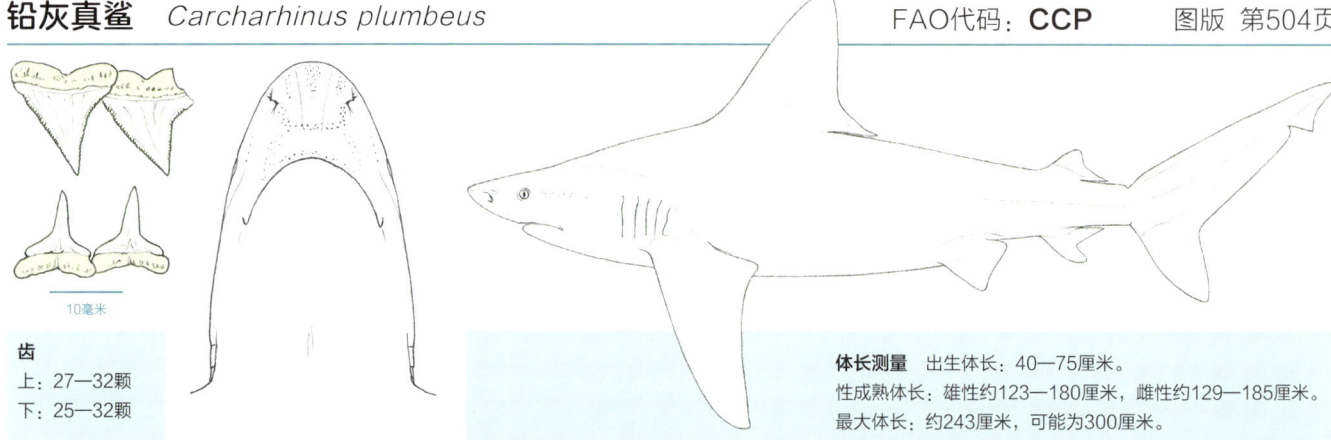

齿
上：27—32颗
下：25—32颗

体长测量　出生体长：40—75厘米。
性成熟体长：雄性约123—180厘米，雌性约129—185厘米。
最大体长：约243厘米，可能为300厘米。

鉴定　身体粗壮。吻部长度中等，较圆。上颌齿呈三角形，边缘呈锯齿状。第一背鳍极大而直立，起点位于胸鳍起点上方或稍前方。具背鳍间纵嵴。身体上部为灰棕色或铜色，体侧白色条带不明显。各鳍尖端和后缘通常灰暗，但无明显的斑纹。身体下部为白色。

分布　广泛分布于世界各地的热带和暖温带水域。

栖息地　常见于海湾、海港和河口，以及离岸较远的深水区和远洋浅滩。通常离海床较近，一般栖息水深为20—55米，全部水深范围为1—280米。

行为　铅灰真鲨在夜间捕食比白天稍活跃一些。有些种群会集成大群，随着水温变化而季节性洄游。幼体在浅水育儿场聚集成不区分性别的群体，在冬季向更温暖的水域洄游。成年个体与未成年个体分群活动（减少同类相食），除了春夏交配季节外，还常常按性别分群。在交配季节，雌性体表常有雄性咬出的伤痕。雄性追咬雌性，直到雌性肚皮向上游泳，随后雄性用两根鳍脚一起交配。同一胎幼鱼具有多个父系基因来源的现象在本种中也有发现。

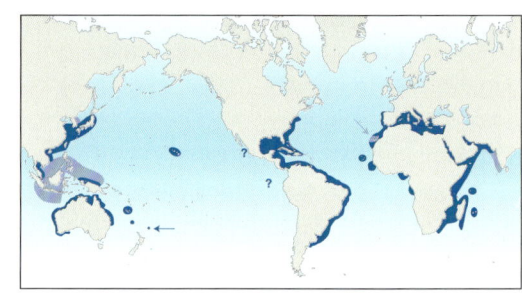

生物学　体型大，性成熟晚，繁殖力低的近岸鲨鱼。胎生，具卵黄囊胎盘。每胎胎仔数量和妊娠期长短随地域变化，每胎1—14尾胎仔（通常5—12尾），胎仔数量随雌鱼体型增大而增多，妊娠期8—12个月。雌性每2年至3年繁殖一次。性成熟年龄随地域变化，但雄性一般为8—14岁，雌性一般为7.5—16岁；寿命最长可达19—25年。铅灰真鲨是生长速度最慢、性成熟最晚的鲨鱼之一（这使其对过度捕捞非常敏感），但在人工饲养条件下，它的生长和性成熟都会加快。主要捕食小型底栖鱼类，也捕食一些软体动物和甲壳类。

保护状态　濒危（EN）。铅灰真鲨是近岸鲨鱼网和延绳钓渔业重要的目标物种，也是其大部分分布范围内的兼捕渔获物，但有大量捕捞都未记录在案。在西北大西洋，本种的肉和鱼翅价值极高，故已被严重过度捕捞。南非海岸的鲨鱼网对本种的捕获量已经衰减。本种曾经在国际鱼翅贸易中占2%—3%，但最近已降至0.25%；这个比重的下降主要是由于种群的衰竭和捕捞量的减少。本种在水族馆人工饲养时较易存活，并可以繁殖。

铅灰真鲨（*Carcharhinus plumbeus*），夏威夷

长吻真鲨 *Carcharhinus signatus*

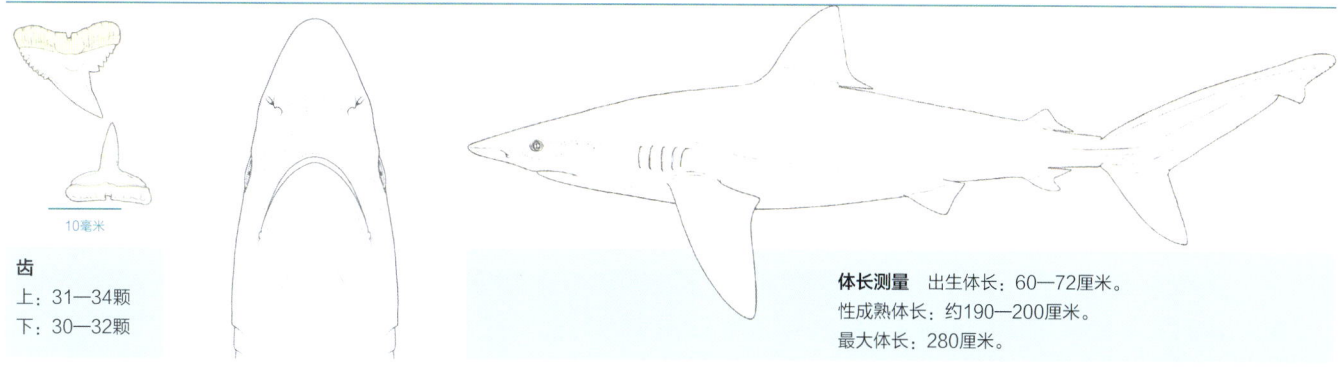

齿
上：31—34颗
下：30—32颗

体长测量　出生体长：60—72厘米。
性成熟体长：约190—200厘米。
最大体长：280厘米。

鉴定　体型细长的鲨鱼，吻部尖长。颌部小；上颌齿齿尖倾斜，边缘呈锯齿状；上唇褶短而不明显。眼较大。第一背鳍前缘位于胸鳍上方；两背鳍均较低，具延长的下角。具背鳍间纵嵴。胸鳍小。身体上部为灰棕色，身体下部为白色。鱼鳍无明显斑点或斑纹。

分布　大西洋：热带和暖温带海域。西大西洋从美国至阿根廷；东大西洋，非洲西部，从塞内加尔至纳米比亚。

栖息地　近岸较深的水域，半远洋，大陆架和岛屿陆架以及大陆坡上部。偏好50—100米水深，栖息水深范围为0—600米。

行为　活跃的群居鲨鱼，夜间垂直迁移到较浅的水域。可能随季节变化进行洄游。

生物学　胎生，卵黄囊胎盘，每胎4—18尾胎仔（通常12—18尾）。雄性的性成熟年龄约为8岁，雌性为10岁；最大寿命至少为17岁，可能为31岁。以小型、活跃的硬骨鱼类、鱿鱼和虾为食。

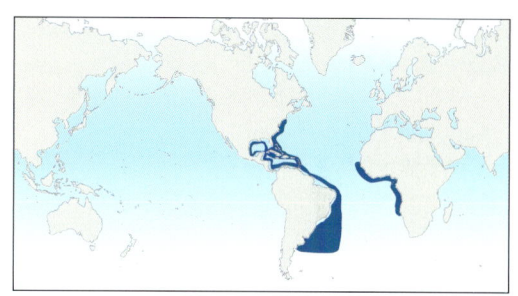

保护状态　濒危（EN）。以前在加勒比渔场很常见，目前种群已显著减少。对人无害。

长吻真鲨（*Carcharhinus signatus*），
巴西，普拉亚杜福尔特

西氏真鲨 *Carcharhinus sealei*

FAO代码：**CCI**　图版 第546页

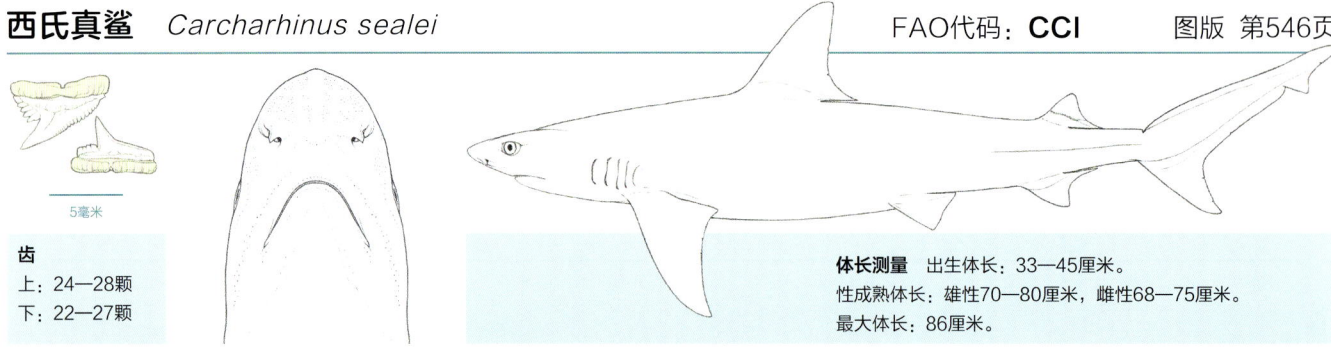

齿
上：24—28颗
下：22—27颗

体长测量 出生体长：33—45厘米。
性成熟体长：雄性70—80厘米，雌性68—75厘米。
最大体长：86厘米。

　　鉴定　细长的小型鲨鱼。吻部长而吻端圆。牙齿斜尖。眼睛大而呈椭圆形。没有背鳍间纵嵴或背鳍间纵嵴很低。身体上部为灰色或棕褐色，体侧面有不明显的浅色条纹，身体下部颜色较浅。第二背鳍上有明显的黑色或暗色鳍尖；其他鳍的后缘颜色较淡，无黑斑。

　　分布　印度洋–太平洋海域中部。过去西印度洋的记录现在证实为休氏真鲨（*Carcharhinus humani*）。

　　栖息地　近岸，大陆架和岛屿陆架，从海岸线和潮间带至水深40米。不出现于河口。

　　行为　未知。

　　生物学　胎生，具卵黄囊胎盘，妊娠约9个月，春季分娩，每胎1—2尾胎仔。生长迅速，1年左右达性成熟，最大寿命至少5年。吃小鱼、鱿鱼和对虾。

　　保护状态　易危（VU）。分布在渔业强度较大的近岸水域，在部分分布区域中种群数量已经减少。

沙拉真鲨 *Carcharhinus sorrah*

FAO代码：**CCQ**　图版 第544页

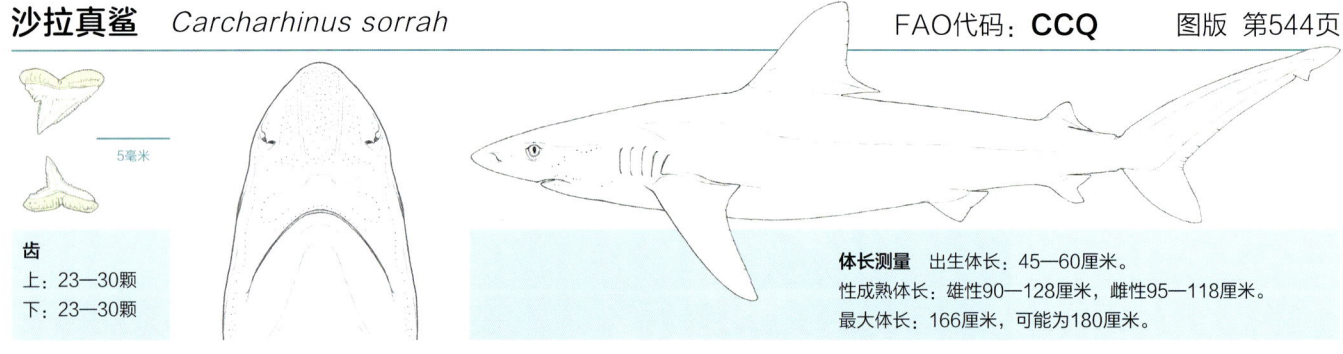

齿
上：23—30颗
下：23—30颗

体长测量 出生体长：45—60厘米。
性成熟体长：雄性90—128厘米，雌性95—118厘米。
最大体长：166厘米，可能为180厘米。

　　鉴定　体型小，纺锤形的鲨鱼。吻部长而圆。前鼻瓣长而窄，呈乳头状。牙齿边缘具锯齿，齿尖倾斜；唇褶短，不明显。眼大，呈圆形。鳃裂中等长。具背鳍间纵嵴。第二背鳍及尾鳍下叶低而长。身体上部为灰色，体侧白色条带明显。第一背鳍颜色朴素或具黑色边缘；胸鳍、第二背鳍和尾鳍下叶明显呈黑色。身体下部为白色。

　　分布　西太平洋和印度洋：南非到中国，澳大利亚北部和所罗门群岛。

　　栖息地　大陆架和岛屿陆架，珊瑚礁周围的浅水，通常为20—50米，深度范围为0—140米。

　　行为　幼体生活于浅海的育儿场内，成体则会前往更深的海域栖息。

　　生物学　胎生，卵黄囊胎盘，妊娠期10个月，每胎产1—8尾胎仔（平均3—6尾）。性成熟期约2—3年，最大寿命5—7年。以硬骨鱼和章鱼为食。

　　保护状态　近危（NT）。在部分分布区域中受到较大的捕捞压力，在鱼翅贸易中很常见，但本种的渔业活动不受管理。由于捕捞强度大，北印度洋种群列为易危（VU）。

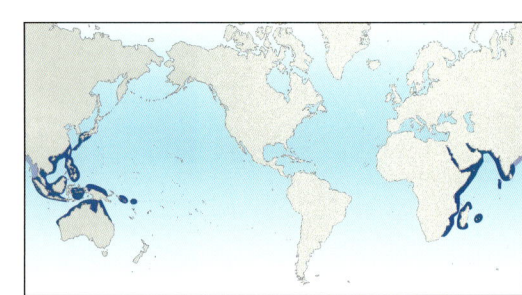

蒂氏真鲨 *Carcharhinus tilstoni*

FAO代码：**CCU**　　图版 第510页

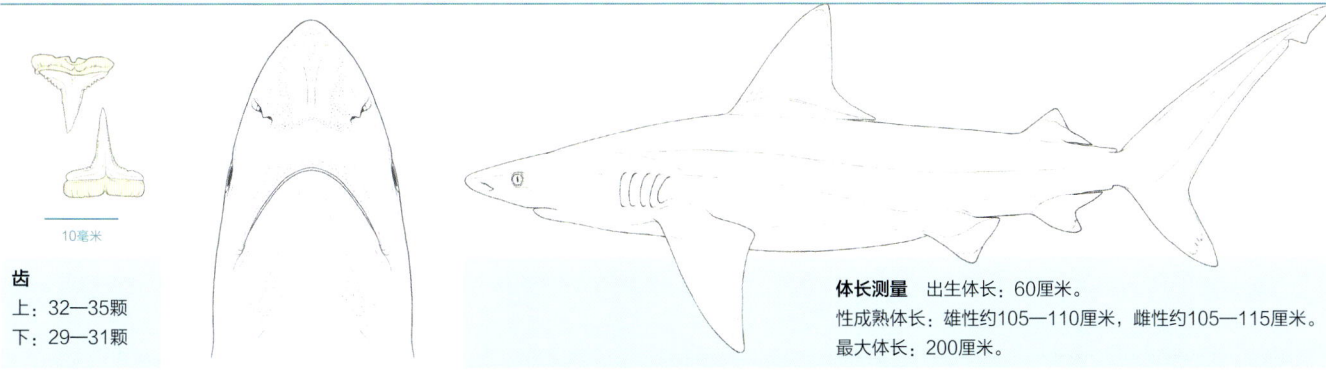

齿
上：32—35颗
下：29—31颗

体长测量　出生体长：60厘米。
性成熟体长：雄性约105—110厘米，雌性约105—115厘米。
最大体长：200厘米。

鉴定　体型中等的鲨鱼。吻部长。牙齿纤细，直立，边缘呈锯齿状。第一背鳍起点约位于胸鳍基终点上方。无背鳍间纵嵴。与黑边鳍真鲨（*Carcharhinus limbatus*）可通过椎骨数量相区别。身体上部为铜色至灰色，体侧色带苍白。各鳍尖端黑色（腹鳍和臀鳍可能颜色朴素）。身体下部颜色苍白。

分布　中印度洋−太平洋：热带澳大利亚。

栖息地　大陆架水域，近岸至水深150米，水层中部至靠近海面。

行为　通常聚集成大群。

生物学　胎生，经过10个月的妊娠期后在1月出生，每胎1—6尾胎仔（平均3尾）。性成熟期为3—4年，最大寿命为8—15年。以硬骨鱼类和头足类动物为食。

保护状态　无危（LC）。本种较快的生长速度、较早的性成熟和较高的繁殖力使其对渔业捕捞有较强的抵抗力。在管理之下，捕捞量已经减少。

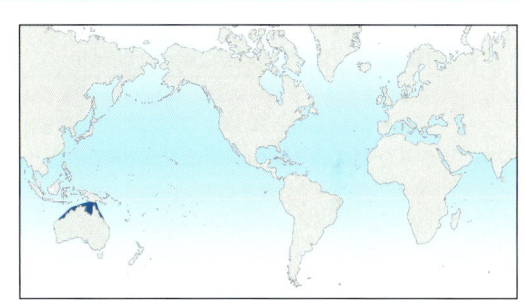

爪哇真鲨 *Carcharhinus tjutjot*

FAO代码：**CWZ**　　图版 第544页

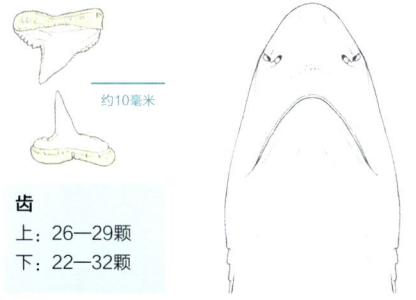

齿
上：26—29颗
下：22—32颗

体长测量　出生体长：34—38厘米。性成熟体长：雄性71—78厘米，雌性76—79厘米。
最大体长：雄性至少94厘米，雌性92厘米，一个不确定性别的标本长达115厘米。

鉴定　吻部长度中等，长而圆。鼻孔小，鼻孔间距宽。上唇褶短。眼较大，呈水平卵圆形。背鳍较低，下角短；成体背鳍不呈镰刀状。背鳍间纵嵴中等或较明显。胸鳍呈镰刀状。体色为灰色至浅棕色；从吻部到尾部，身体上部较暗的颜色和下部较浅的颜色分界明显。第二背鳍具黑斑；其他各鳍无斑纹，边缘颜色淡。

分布　西太平洋和中印度洋−太平洋：印度尼西亚到中国台湾地区；之前被误认为是杜氏真鲨（*Carcharhinus dussumieri*）。

栖息地　近岸，通常浅于100米的水域，但其他情况未知。

行为　知之甚少。

生物学　胎生，通常每胎2尾胎仔（极少数情况下会达到4尾）。无明显的繁殖季节；雌性全年均可分娩。主要捕食硬骨鱼类，较少捕食头足类和甲壳类。

保护状态　易危（VU）。在进入印尼和中国台湾地区的鱼市场的兼捕渔获物中较为常见。本种较浅的分布区域及较少的胎仔数量意味着逐渐提高的渔业捕捞压力会对其生存构成威胁。

真鲨科（Carcharhinidae）　**535**

图版 72　真鲨科IX – 露齿鲨属

○ **恒河露齿鲨** *Glyphis gangeticus* 第538页

分布于西太平洋和印度洋；水深0—50米。体型大，粗壮；吻部短而圆钝，眼极小；无背鳍间纵嵴，纵向的上尾鳍前凹，第一背鳍起点位于胸鳍基部后1/3部分的上方，第二背鳍高度为第一背鳍的一半，臀鳍缺刻深；身体上部为灰色，无明显斑纹，身体下部为白色。

○ **加氏露齿鲨** *Glyphis garricki* 第539页

分布于印度洋–太平洋海域中部；栖息于淡水、河口半咸水和邻近的海水中。体型大，细长；头部扁，吻部短而宽圆，眼极小；无背鳍间纵嵴，纵向的上尾鳍前凹，第一背鳍起点位于胸鳍基部的后1/3部分上方，第二背鳍较大，高度相当于第一背鳍的2/3，臀鳍缺刻深；身体上部为灰褐色，无明显斑纹，身体下部为白色。

○ **露齿鲨** *Glyphis glyphis* 第539页

分布于印度洋–太平洋海域中部；淡水河流，河口和邻近的沿岸海域。体型大而粗壮；吻部短而圆钝，眼极小；无背鳍间纵嵴，纵向的上尾鳍前凹，第一背鳍起点位于胸鳍基部后方之上，第二背鳍较大，高度为第一背鳍的3/5，臀鳍缺刻深；身体上部灰褐色，无明显斑纹或斑点，身体下部白色。

○ **剑吻鲨** *Isogomphodon oxyrhynchus* 第548页

分布于西大西洋；水深4—40米。体型中等；极易辨认的吻部尖长而扁平，眼极小，呈圆形，唇褶短而明显；无背鳍间纵嵴，胸鳍大而呈桨状，第一背鳍起点位于胸鳍上方，第二背鳍高度为第一背鳍的一半，臀鳍缺刻深；身体上部为均一的灰色至黄灰色，身体下部颜色较浅。

○ 恒河露齿鲨　　　　○ 加氏露齿鲨　　　　○ 露齿鲨　　　　○ 剑吻鲨

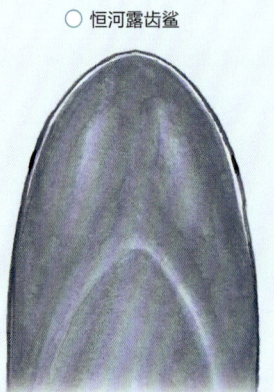 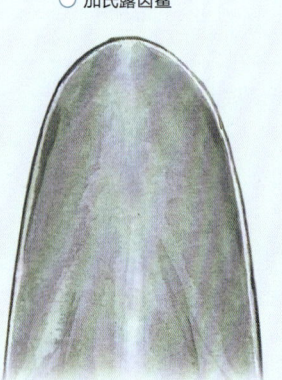 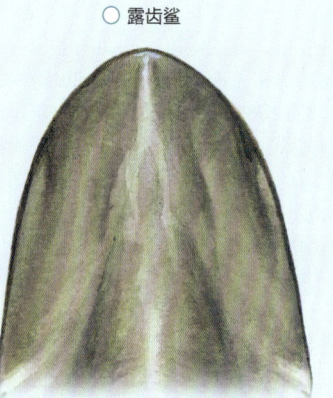 

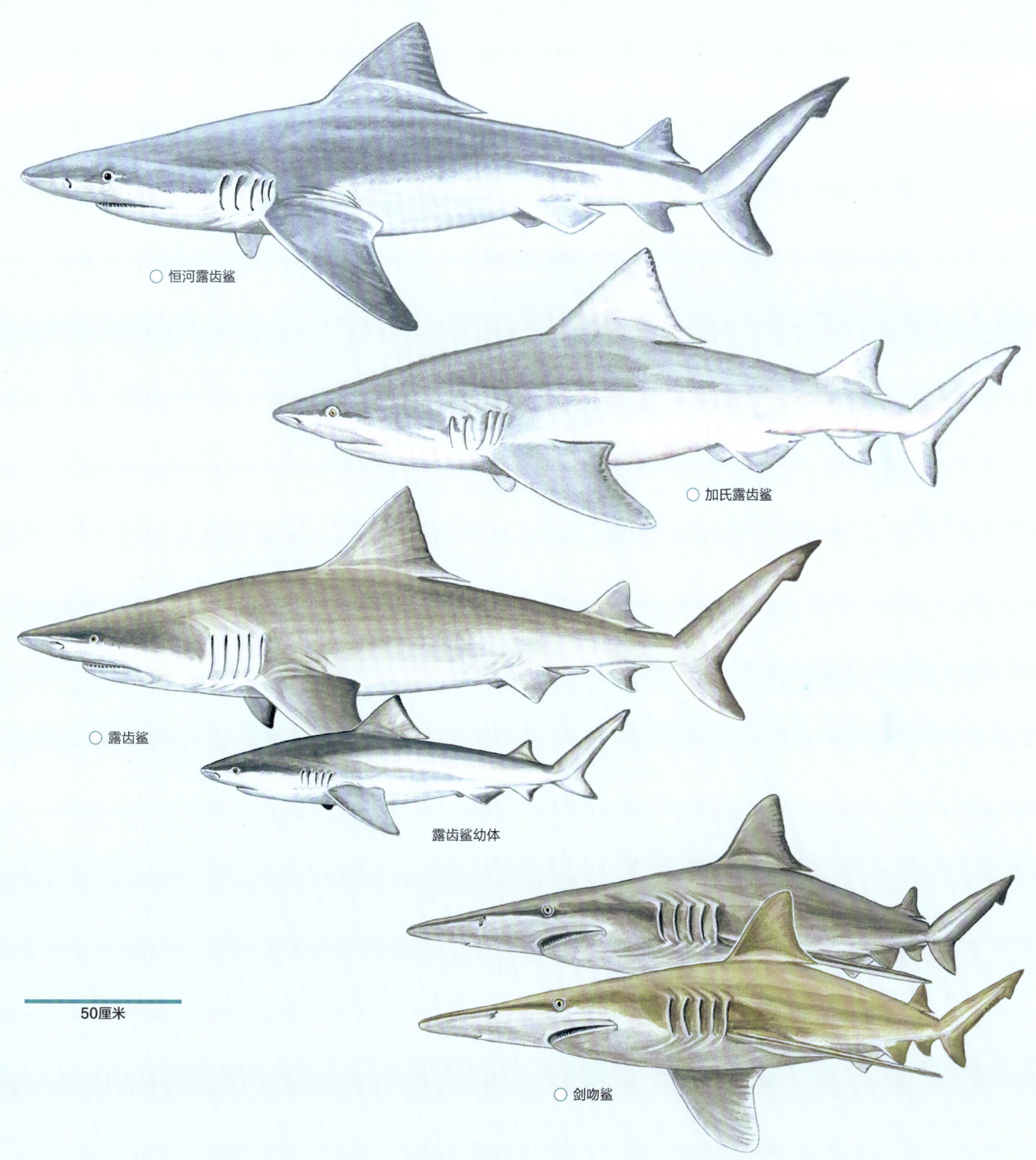

○ 恒河露齿鲨

○ 加氏露齿鲨

○ 露齿鲨

露齿鲨幼体

50厘米

○ 剑吻鲨

露齿鲨属（Glyphis）

露齿鲨属的鉴定

栖息在印度洋-西太平洋的"河鲨"露齿鲨属极为稀有，鲜为人知，难以鉴别。完整个体的标本和清晰图像、形态学测量、颌骨和牙齿，以及椎骨数量（见下表）对鉴定物种十分重要。本属仅有3个有效物种：恒河露齿鲨（*Glyphis gangeticus*）、露齿鲨（*Glyphis glyphis*）、加氏露齿鲨（*Glyphis garricki*）。过去曾有5个物种被命名，但基于新的分子生物学和形态学数据，其中2个被证实为恒河露齿鲨的同物异名。在加里曼丹岛的马来西亚部分和加里曼丹岛中部的河流中，还存在着未确认的露齿鲨属物种，有可能是露齿鲨属的新种，或是尚不为人知的恒河露齿鲨种群。

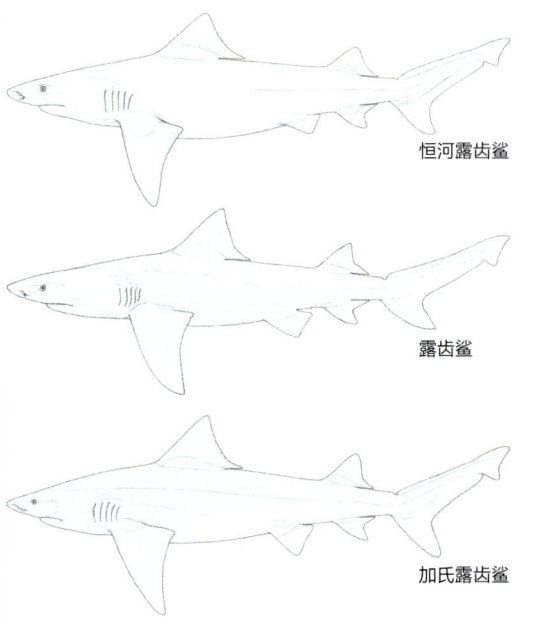

恒河露齿鲨

露齿鲨

加氏露齿鲨

物种	齿列	椎体数目			
		总计	尾前椎骨	单椎体 尾前椎骨	尾部椎骨
恒河露齿鲨	30—37颗/31—34颗	169颗	80颗	50颗	89颗
露齿鲨	可能 26—29颗/27—29颗 （巴布亚新几内亚）	213—222颗		69—73颗	90颗 （模式标本）
加氏露齿鲨	32—34颗/32—34颗	137—151颗	79—83颗	44—50颗	65—68颗

恒河露齿鲨 *Glyphis gangeticus*　　　　　　　FAO代码：**CGA**　　图版 第536页

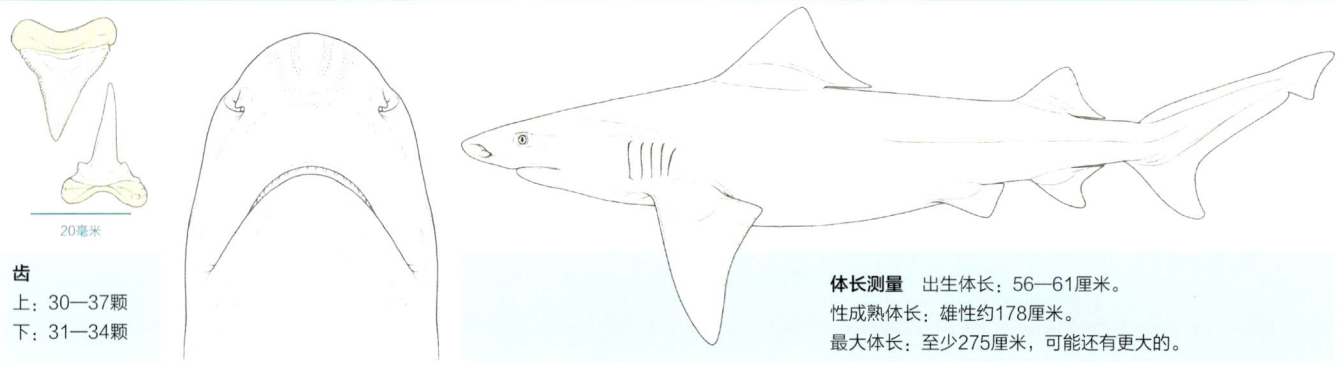

齿
上：30—37颗
下：31—34颗

20毫米

体长测量　出生体长：56—61厘米。
性成熟体长：雄性约178厘米。
最大体长：至少275厘米，可能还有更大的。

　　鉴定　体型大而粗壮的鲨鱼。吻部短而宽圆。上颌齿齿尖高而宽阔，呈三角形，边缘呈锯齿状；下颌齿最前面的一些牙齿具有较弱的锯齿状切割边缘以及齿冠基部较低的小齿尖。眼极小。第一背鳍起点位于胸鳍基部后1/3上方；第二背鳍高度为第一背鳍高度的一半。无背鳍间纵嵴。臀鳍后缘缺刻深。上尾鳍前凹为纵向。身体上部为灰色，下部为白色，无明显斑纹。

　　分布　西太平洋和北印度洋：巴基斯坦卡拉奇外的印度河，到孟加拉国、缅甸、泰国和加里曼丹岛。

　　栖息地　淡水河流，可能包括河口半咸水区及雨季盐度较低的河口外近岸海域，水深至50米。

　　行为　未知。

　　生物学　胎生，但其他的未知。

　　保护状态　极危（CR）。栖息地过度捕捞严重，退化严重。最初描述基于三个19世纪捕获的标本，但最近的几个新记录确认了本种仍然存在，并证实其分布要比之前认知中更加广泛。传闻中的袭人记录可能来源于被误认为是本种的低鳍真鲨。

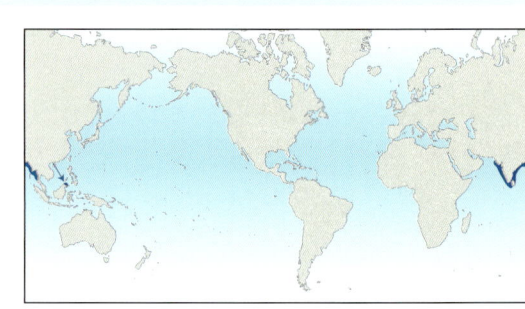

加氏露齿鲨 *Glyphis garricki*　　　　　　　　　　　　FAO代码：**RSK**　　图版 第536页

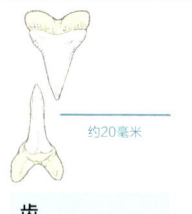 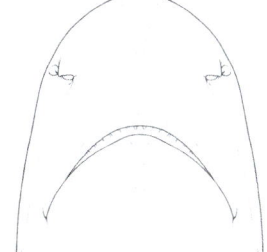 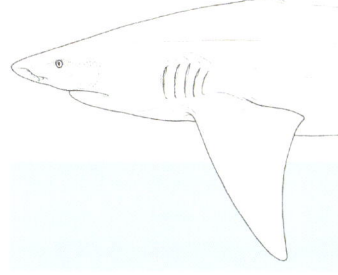 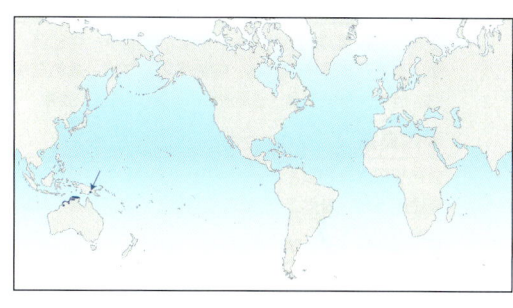

约20毫米

齿
上：32—34颗
下：32—34颗

体长测量　出生体长：50—65厘米。
性成熟体长：雄性约142厘米，雌性约177厘米。
最大体长：至少251厘米。

　　鉴定　体型大，细长，头部较扁的鲨鱼。吻部短而宽圆。上颌齿齿尖高而宽，呈三角形，边缘呈锯齿状；下颌齿最前面的牙齿具长钩状向外突出的齿尖，锯齿状切割面仅位于矛状齿尖边缘，无小齿尖。眼极小。第一背鳍起点位于胸鳍基部后1/3上方；第二背鳍为第一背鳍高度的2/3。无背鳍间纵嵴。臀鳍后缘缺刻深。上尾鳍前凹为纵向。身体上部为灰色，无明显的斑纹。各鳍边缘颜色灰暗。身体下部为白色。

　　分布　中印度洋–太平洋：澳大利亚北部，巴布亚新几内亚。

　　栖息地　浑浊的淡水河流，半咸水水域，以及河口附近的近岸海域。

　　行为　未知。

　　生物学　胎生，每胎至少9尾胎仔；可能在春季分娩。捕食其他板鳃软骨鱼，尤其是虹鱼，也捕食硬骨鱼。

　　保护状态　易危（VU）。非常稀有，种群极小且呈碎片化分布。会被个体渔业捕捞。环境DNA研究扩大了本种的已知分布范围。

露齿鲨 *Glyphis glyphis*　　　　　　　　　　　　FAO代码：**CGG**　　图版 第536页

 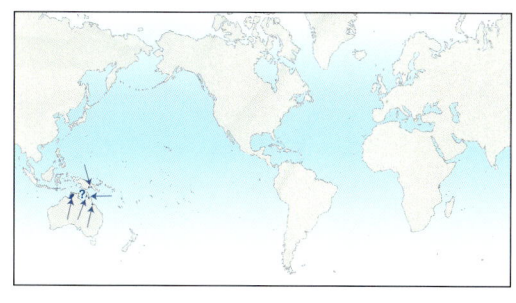

约20毫米

齿
上：26—29颗
下：27—29颗

体长测量　出生体长：约50—60厘米。
性成熟体长：雄性约228厘米，雌性约250厘米。
最大体长：至少260厘米。

　　鉴定　体型大而粗壮的鲨鱼。吻部短而宽圆。上颌齿高而宽，三角形的齿尖，边缘呈锯齿状；下颌齿最前面的一些牙齿具长钩状前伸的齿尖，边缘不呈锯齿状，或仅尖端两侧为锯齿状，无小齿尖。眼极小。第一背鳍起点位于胸鳍基部后方的上方；第二背鳍较大（约为第一背鳍高度的3/5）。无背鳍间纵嵴。臀鳍后缘缺刻深。上尾鳍前凹为纵向。身体上部为灰色，下部为白色，无明显斑纹。

　　分布　印度洋–太平洋海域中部：澳大利亚的奥德河（西澳大利亚）至文洛克河（昆士兰），以及巴布亚新几内亚南部。

　　栖息地　出现于浑浊的淡水河流，河口和河口附近的近岸海域。

　　行为　未知。

　　生物学　胎生，每胎6—7尾胎仔。在澳大利亚北部，从10月到12月，新生幼鱼在一些河流中很常见。以硬骨鱼类和甲壳类动物为食。

　　保护状态　易危（VU）。在长达一个世纪以上的时间里，对本种的了解仅来自1件博物馆藏标本，本种仅分布于北澳大利亚和巴布亚新几内亚的河流系统中。极度稀有。

○ **安汶真鲨** *Carcharhinus amboinensis*

分布于西太平洋、印度洋和东大西洋；水深0—100米。体型大；头部大而宽厚，吻部极短，宽钝，眼小，唇褶短；无背鳍间纵嵴，胸鳍大，具棱角，第一背鳍大而直立，呈三角形，第二背鳍高度小于第一背鳍高度的1/3，两背鳍均具较短的下角；身体上部为灰色，身体下部为白色，各鳍尖端颜色灰暗，但不明显。

○ **狐形真鲨** *Carcharhinus cerdale*

分布于东太平洋；水深0—40米。与小尾真鲨（*Carcharhinus porosus*）非常相似。体型小；吻部尖长，眼大而圆，唇褶短；无背鳍间纵嵴，第一背鳍大，呈镰刀形，第二背鳍小，起点位于臀鳍基部中间位置上方，胸鳍小，臀鳍缺刻深；身体上部为灰色，身体下部颜色较浅，体侧白色条带不明显，胸鳍、背鳍和尾鳍尖端常为灰色或黑色。

○ **杜氏真鲨** *Carcharhinus dussumieri*

分布于北印度洋；水深0—100米。体型小；吻部圆，长度中等，眼较大，呈卵圆形，上唇褶不明显；第一背鳍呈三角形，两背鳍均具较短的下角，通常不具背鳍间纵嵴，胸鳍呈半镰刀状；灰色至灰棕色，体侧浅色条带不明显，身体下部白色，第二背鳍具黑色或灰色斑点，其他各鳍后缘苍白。经常与爪哇真鲨（*Carcharhinus tjutjot*）混淆。

○ **半齿真鲨** *Carcharhinus hemiodon*

分布于印度洋和太平洋；水深10—150米。吻部尖，长度中等，眼较大，上唇褶短而不明显；具背鳍间纵嵴，胸鳍小，第一背鳍较大，两背鳍均具较短的下角；身体上部为灰色，胸鳍、第二背鳍和尾鳍尖端为黑色，体侧白色条带明显，身体下部为白色。

○ **休氏真鲨** *Carcharhinus humani*

分布于西印度洋；水深0—40米。体型小而细长；吻部长而窄圆；背鳍间纵嵴不明显，第一背鳍高度中等，起点位于胸鳍内角前方，第二背鳍高度低于第一背鳍的一半；体表为苍白的棕灰色，身体下部为白色，第二背鳍上部具黑色斑块，不延伸至身体，其他各鳍一般具白色边缘。

○ **逝绝真鲨** *Carcharhinus obsoletus*

分布于印度洋-太平洋海域中部。体型小而细长；吻部短圆；无背鳍间纵嵴，第一背鳍较小，起点位于胸鳍基部后方，第二背鳍较小而低，起点位于臀鳍基部中间位置的上方；浸制标本体表为浅灰色，体侧和身体下部较浅；各鳍无斑纹。

○ **小尾真鲨** *Carcharhinus porosus*

分布于西大西洋和东太平洋；水深0—84米。体型小；吻部尖长，眼大而圆，上唇褶短；无背鳍间纵嵴，胸鳍较小，第一背鳍大而呈镰刀状，第二背鳍小，起点位于臀鳍基部中间位置上方，臀鳍缺刻深；身体上部为灰色，下部颜色较浅，胸鳍和尾鳍尖端常为灰色，无明显色斑，体侧白色条带不明显。

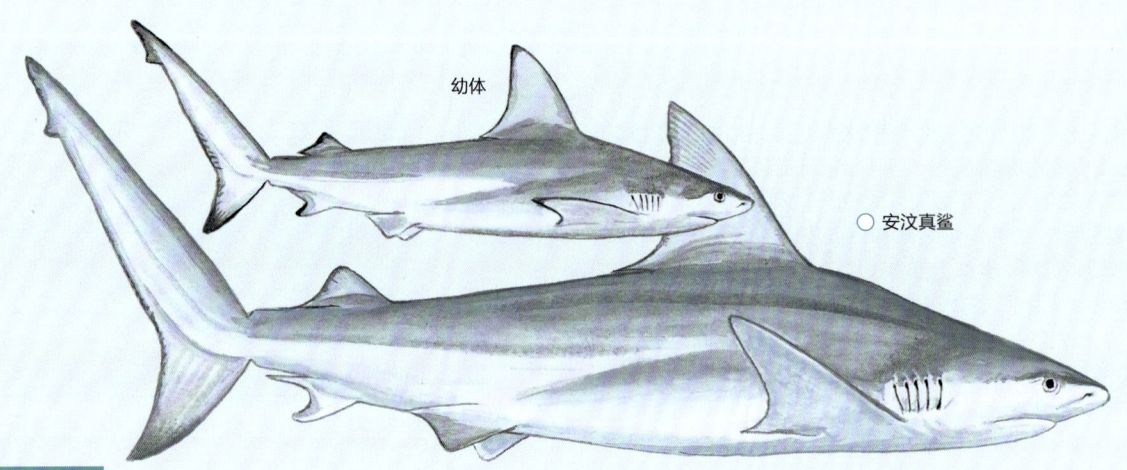

幼体

○ 安汶真鲨

50厘米

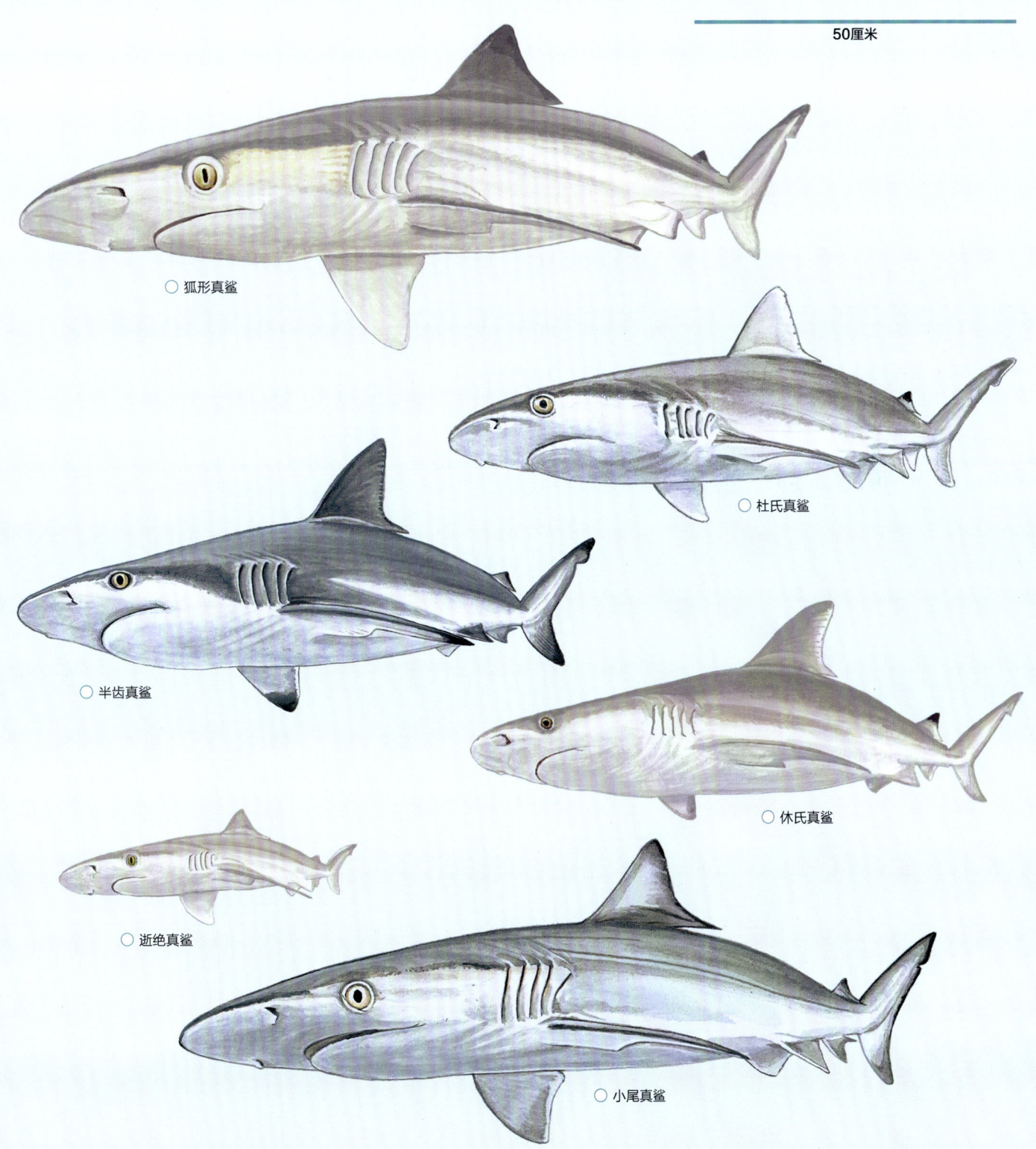

○ 狐形真鲨

○ 杜氏真鲨

○ 半齿真鲨

○ 休氏真鲨

○ 逝绝真鲨

○ 小尾真鲨

50厘米

○ **尖吻斜锯牙鲨** *Rhizoprionodon acutus*　　　　　　　　　　　　　　　　　　　　　　　　　　　第553页

分布于东大西洋、地中海和印度洋—西太平洋；水深1—200米。吻部长而窄，鼻孔小，鼻孔间距宽，眼大，分布范围内唯一一种具较长的上唇褶和下唇褶的真鲨；具背鳍间纵嵴，胸鳍小，第一背鳍起点位于胸鳍起点之后，第二背鳍小而低，位于更大的臀鳍后方；体表为铜色至灰色，大部分鳍尖端略苍白，未成年个体背鳍和尾鳍上叶末端为黑色，成体偶尔也如此，身体下部为白色。

○ **太平洋斜锯牙鲨** *Rhizoprionodon longurio*　　　　　　　　　　　　　　　　　　　　　　　　第554页

分布于东太平洋；水深0—27米。吻部长，鼻孔小而鼻间距宽，眼大，上唇褶与下唇褶较长；具背鳍间纵嵴，胸鳍小，第一背鳍起点通常位于胸鳍内角上方或稍前方，第二背鳍起点位于较大的臀鳍起点后方，泄殖腔前纵嵴较长；体表为灰色或灰棕色，胸鳍边缘浅，背鳍尖端为灰色，身体下部为白色。

○ **加勒比斜锯牙鲨** *Rhizoprionodon porosus*　　　　　　　　　　　　　　　　　　　　　　　　第555页

分布于西大西洋；水深1—500米。体型小；吻部长，眼较大，唇褶长；无背鳍间纵嵴，第一背鳍起点通常位于胸鳍内角上方或稍后方，第二背鳍较小，起点位于臀鳍基部中间上方；身体上部为棕色或灰棕色，身体下部为白色，胸鳍后缘为白色，背鳍和尾鳍后缘为黑色；体侧偶有白色斑点。

○ **大西洋斜锯牙鲨** *Rhizoprionodon terraenovae*　　　　　　　　　　　　　　　　　　　　　　第556页

分布于西北大西洋；水深0—280米。与加勒比斜锯牙鲨（*Rhizoprionodon porosus*）相似；体型小；吻部长，眼较大，上唇褶长；无背鳍间纵嵴，第一背鳍起点通常位于胸鳍内角上方或稍前方，第二背鳍小，起点位于臀鳍基部终点上方；身体上部为灰色至灰棕色，身体下部为白色，较大的标本体侧具白斑，胸鳍边缘为白色，背鳍尖端为灰色。

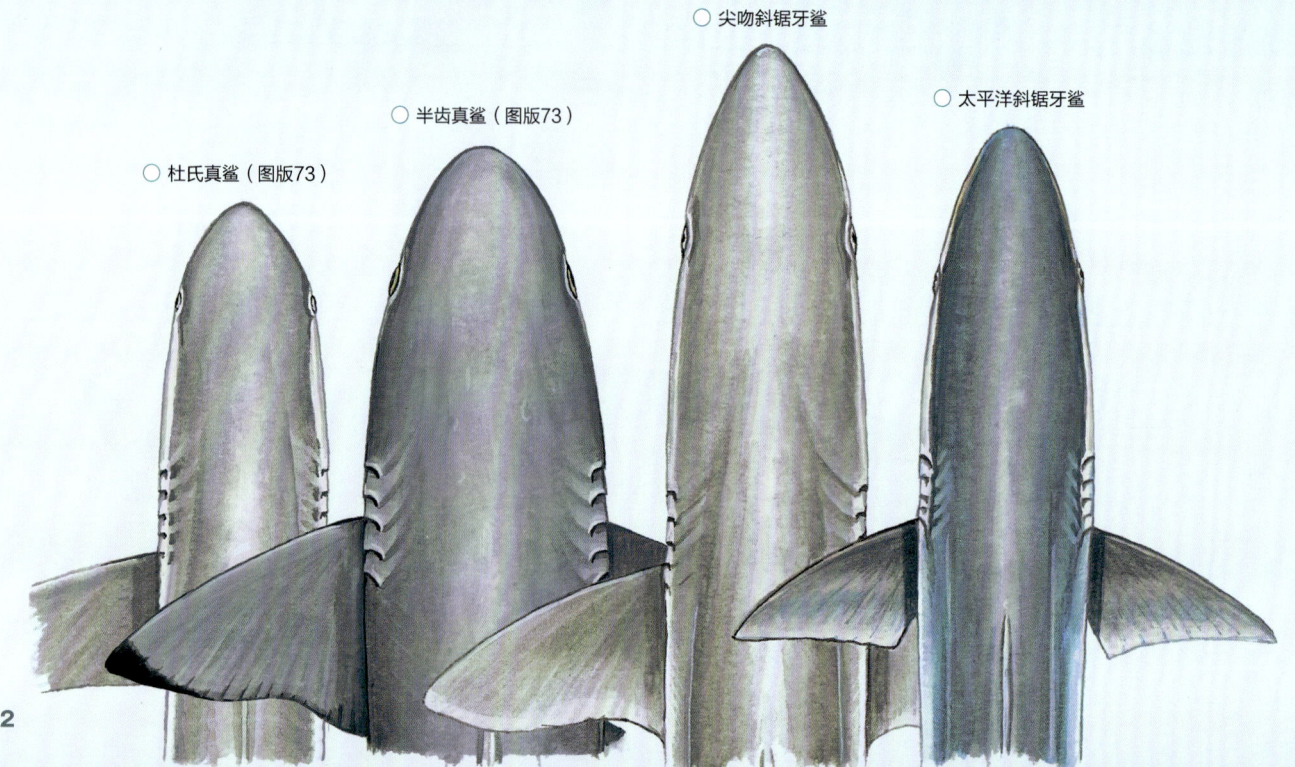

○ 杜氏真鲨（图版73）　　○ 半齿真鲨（图版73）　　○ 尖吻斜锯牙鲨　　○ 太平洋斜锯牙鲨

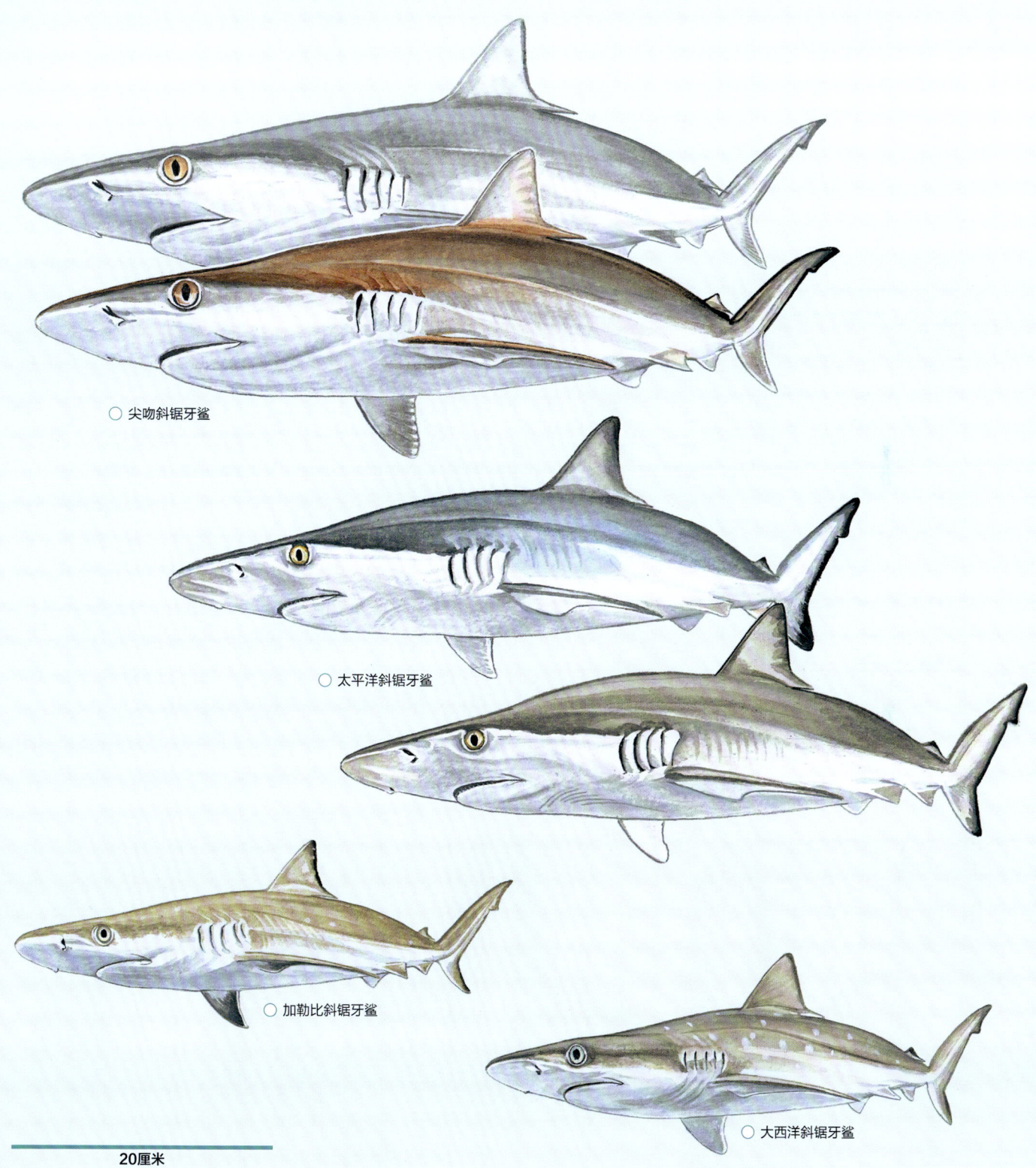

○ 尖吻斜锯牙鲨

○ 太平洋斜锯牙鲨

○ 加勒比斜锯牙鲨

○ 大西洋斜锯牙鲨

20厘米

○ **黑边真鲨** *Carcharhinus cautus*　

分布于印度洋–太平洋海域中部。水深0—200米。吻部短而圆钝，眼呈水平卵圆形，前鼻瓣乳头状，唇褶短；无背鳍间纵嵴，第二背鳍具较短的游离下角；体表为灰色至浅棕色，体侧白色条带明显，身体下部为白色，背鳍和尾鳍边缘为黑色，胸鳍尖端为黑色。

○ **科氏真鲨** *Carcharhinus coatesi*　

分布于印度洋–太平洋海域中部；水深0—123米。体型小；吻部长度中等，窄而圆；第一背鳍高度中等，呈轻微镰刀状，起点位于胸鳍内角之后；具背鳍间纵嵴；身体上部为灰棕色，身体下部为白色，第二背鳍上1/3黑色，边界分明，其他各鳍无明显色块。最近刚刚从西氏真鲨（*Carcharhinus sealei*）中分出。

○ **爪哇真鲨** *Carcharhinus tjutjot*　

分布于西太平洋和印度洋–太平洋海域中部；水深小于100米。吻部长度中等，较圆；鼻孔小，鼻孔间距宽；上唇褶短；眼较大，呈水平卵圆形；背鳍较低，下角较短；背鳍间纵嵴中等至较明显；胸鳍呈镰刀状；身体上部为灰色至浅棕色，第二背鳍具明显的黑色斑块；身体下部颜色较浅。

○ **昆士兰真鲨** *Carcharhinus fitzroyensis*　

分布于印度洋–太平洋海域中部；水深0—40米。吻部长，轮廓呈抛物线状，眼较圆，前鼻瓣叶状，唇褶短，鳃裂短；无背鳍间纵嵴，各鳍呈宽三角形，第一背鳍起点位于胸鳍内角上方，第二背鳍起点约位于臀鳍起点上方；体表为灰棕色至铜色，不具明显斑纹，身体下部颜色较浅。

○ **沙拉真鲨** *Carcharhinus sorrah*　

分布于西太平洋和印度洋；水深0—140米。吻部长圆，眼大而呈圆形，前鼻瓣长而窄，呈乳头状，唇褶短，不明显，鳃裂长度中等；具背鳍间纵嵴，第二背鳍极低而长；体表为中等灰色，体侧白色条带明显，身体下部为白色，胸鳍、第二背鳍和尾鳍下叶具大而明显的黑色尖端，第一背鳍颜色朴素或具黑色边缘。

○ **特氏宽鳍鲨** *Lamiopsis temmincki*　

分布于北印度洋；水深小于100米。吻部长度中等，与嘴同宽，上颌齿略呈心形，下颌齿边缘平滑，眼小而圆，前鼻瓣短，宽三角形，唇褶短，第五鳃裂长为第一鳃裂的一半；无背鳍间纵嵴，胸鳍极宽，呈三角形，臀鳍后缘平直；体表为浅灰色至褐色，无明显斑纹，身体下部颜色较浅。

○ **灰体宽鳍鲨** *Lamiopsis tephrodes*　

分布于印度洋–太平洋海域中部；水深小于100米。与特氏宽鳍鲨外表相似，但上颌齿呈三角形，下颌齿边缘呈锯齿状。

○ **窄吻鲨** *Nasolamia velox*　

分布于东太平洋；水深15—192米。吻部极长，呈圆锥形，眼大而圆，鼻孔很大，鼻孔间距短，唇褶极长；无背鳍间纵嵴，胸鳍中等宽，呈三角形，第一背鳍远比第二背鳍更大，臀鳍比第二背鳍稍大；体表为灰棕色至浅棕色，吻部上方具明显的镶白边的黑斑，身体下部颜色较浅。

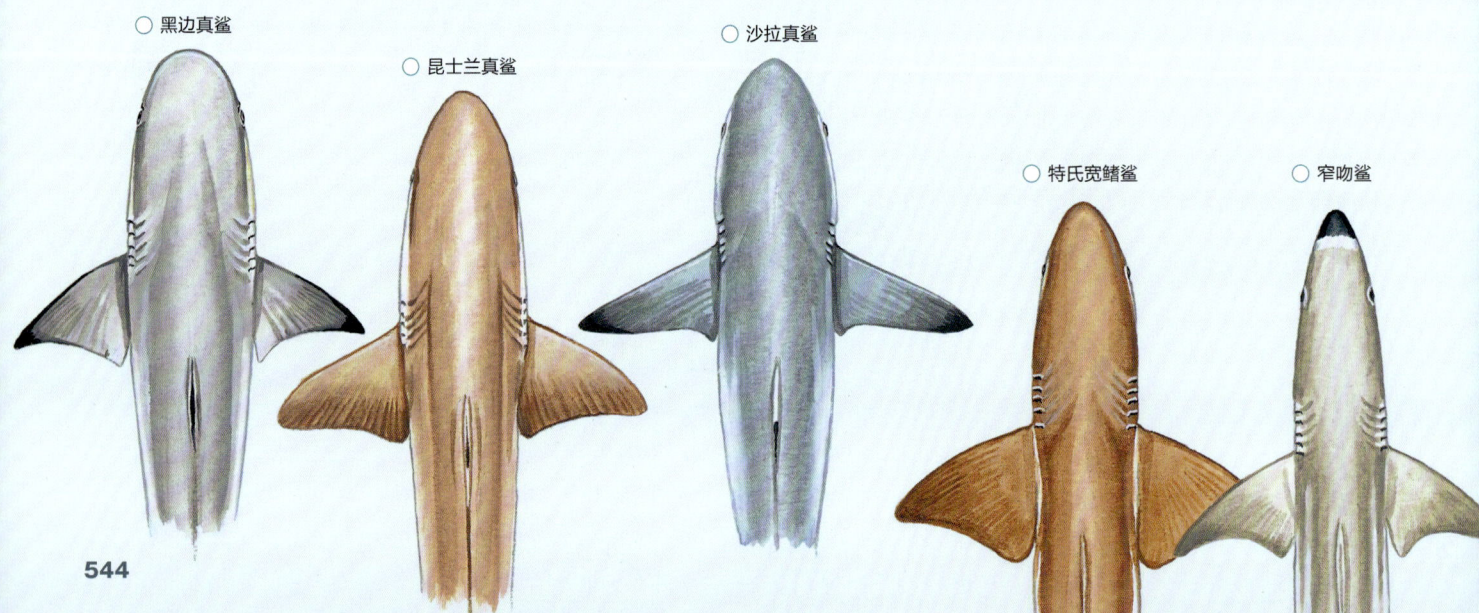

○ 黑边真鲨　○ 昆士兰真鲨　○ 沙拉真鲨　○ 特氏宽鳍鲨　○ 窄吻鲨

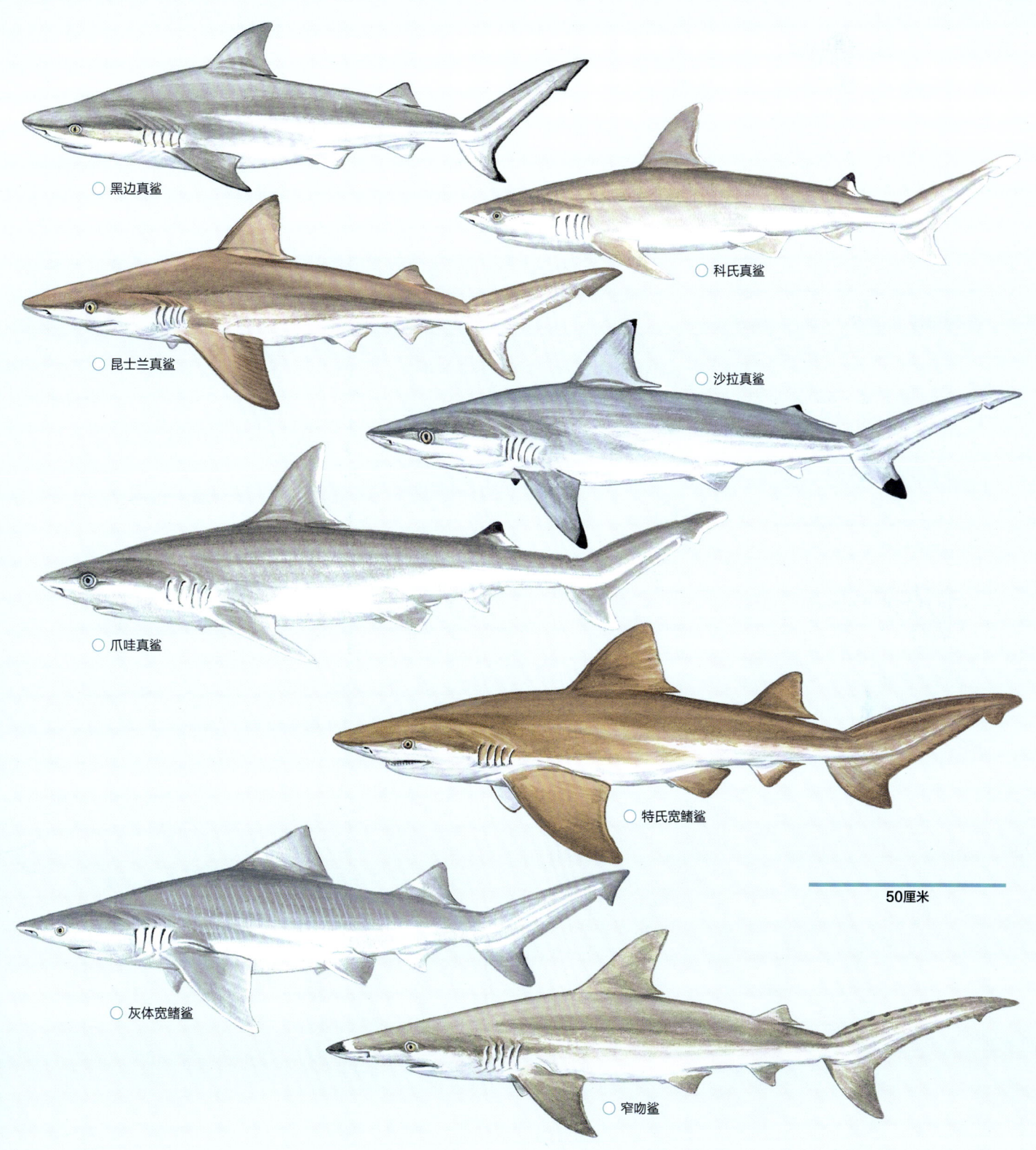

○ 黑边真鲨

○ 科氏真鲨

○ 昆士兰真鲨

○ 沙拉真鲨

○ 爪哇真鲨

○ 特氏宽鳍鲨

50厘米

○ 灰体宽鳍鲨

○ 窄吻鲨

○ **婆罗真鲨** *Carcharhinus borneensis*

分布于印度洋−太平洋海域中部；近岸水域。吻部尖长，眼大；无背鳍间纵嵴，胸鳍小，背鳍小而具较短的下角；体表为棕色，第二背鳍和尾鳍上叶尖端具暗色斑块，胸鳍、腹鳍和臀鳍边缘为浅色，吻部尖端下方具黑斑。

○ **麦氏真鲨** *Carcharhinus macloti*

分布于西太平洋和印度洋；水深0—200米。吻部尖长而硬，眼中等大；无背鳍间纵嵴，背鳍小，第二背鳍极低，具极长的下角；体表为灰色至灰棕色，各鳍具浅色边缘，体侧浅色条带不明显。

○ **西氏真鲨** *Carcharhinus sealei*

分布于印度洋−太平洋海域中部；水深0—40米。体型小，细长；吻部长圆。眼大，呈卵圆形；背鳍间纵嵴不存在或较低，胸鳍和第一背鳍小；体表为灰色或褐色，第二背鳍具明显的灰色至黑色尖端，其他各鳍具白色边缘，体侧条带颜色浅。

○ **隙眼鲨** *Loxodon macrorhinus*

分布于西太平洋和印度洋；水深7—120米。吻部长而窄，眼较大，后部有缺刻；背鳍间纵嵴不存在或退化，第一背鳍较第二背鳍大，第二背鳍位于臀鳍后方，下角长；体表为灰色至棕色，第一背鳍和尾鳍具黑色边缘，其他各鳍具浅色边缘。

○ **巴西斜锯牙鲨** *Rhizoprionodon lalandii*

分布于西大西洋；水深0—70米。吻部长，眼大，鼻孔间距宽，上唇褶与下唇褶长；第二背鳍小，起点位于臀鳍起点后方；体表为深灰色至灰棕色，身体下部颜色较浅，胸鳍和灰色背鳍具浅色边缘。

○ **短沟斜锯牙鲨** *Rhizoprionodon oligolinx*

分布于热带西太平洋和印度洋；水深0—36米。体型很小的鲨鱼；吻长，眼大，无喷水孔，鼻孔小，鼻孔间距宽，唇褶短；第二背鳍小，起点位于臀鳍起点后方，泄殖腔前纵嵴长；体表为灰色至铜色，鳍边缘为灰色但不明显。

○ **泰勒斜锯牙鲨** *Rhizoprionodon taylori*

分布于印度洋−太平洋海域中部；水深0—110米。与短沟斜锯牙鲨非常相似；背鳍和尾鳍具黑色边缘，尾鳍末端为黑色，其他各鳍具浅色边缘。

○ **宽尾斜齿鲨** *Scoliodon laticaudus*

分布于印度洋西部和北部；水深10—75米。极易辨认的剑状长吻，眼小；无背鳍间纵嵴，胸鳍短而宽，呈三角形，第一背鳍远大于第二背鳍；体表为铜灰色，无明显斑纹。

○ **大吻斜齿鲨** *Scoliodon macrorhynchos*

分布于西太平洋；沿岸。与宽尾斜齿鲨非常相似，主要区别是第二背鳍与臀鳍长度的比值更大。

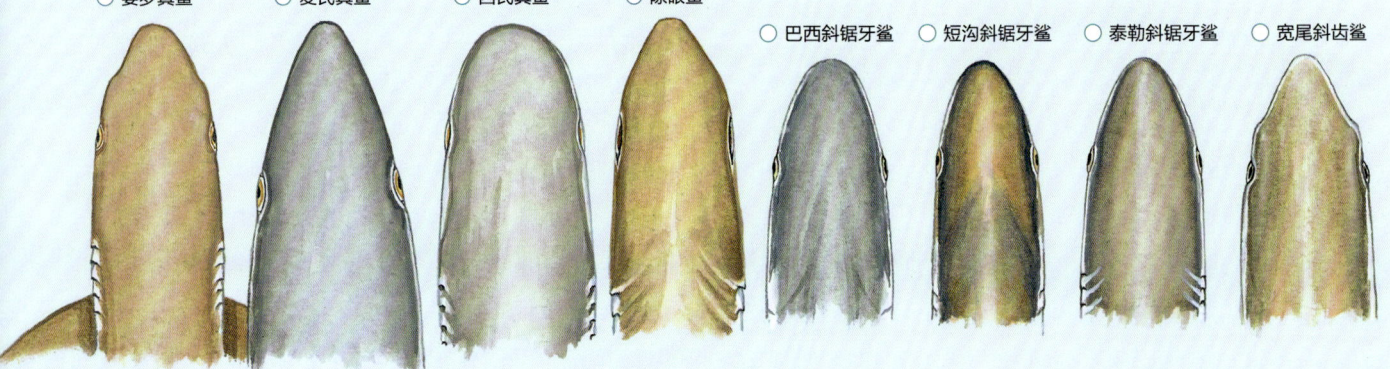

○ 婆罗真鲨　　○ 麦氏真鲨　　○ 西氏真鲨　　○ 隙眼鲨　　○ 巴西斜锯牙鲨　○ 短沟斜锯牙鲨　○ 泰勒斜锯牙鲨　○ 宽尾斜齿鲨

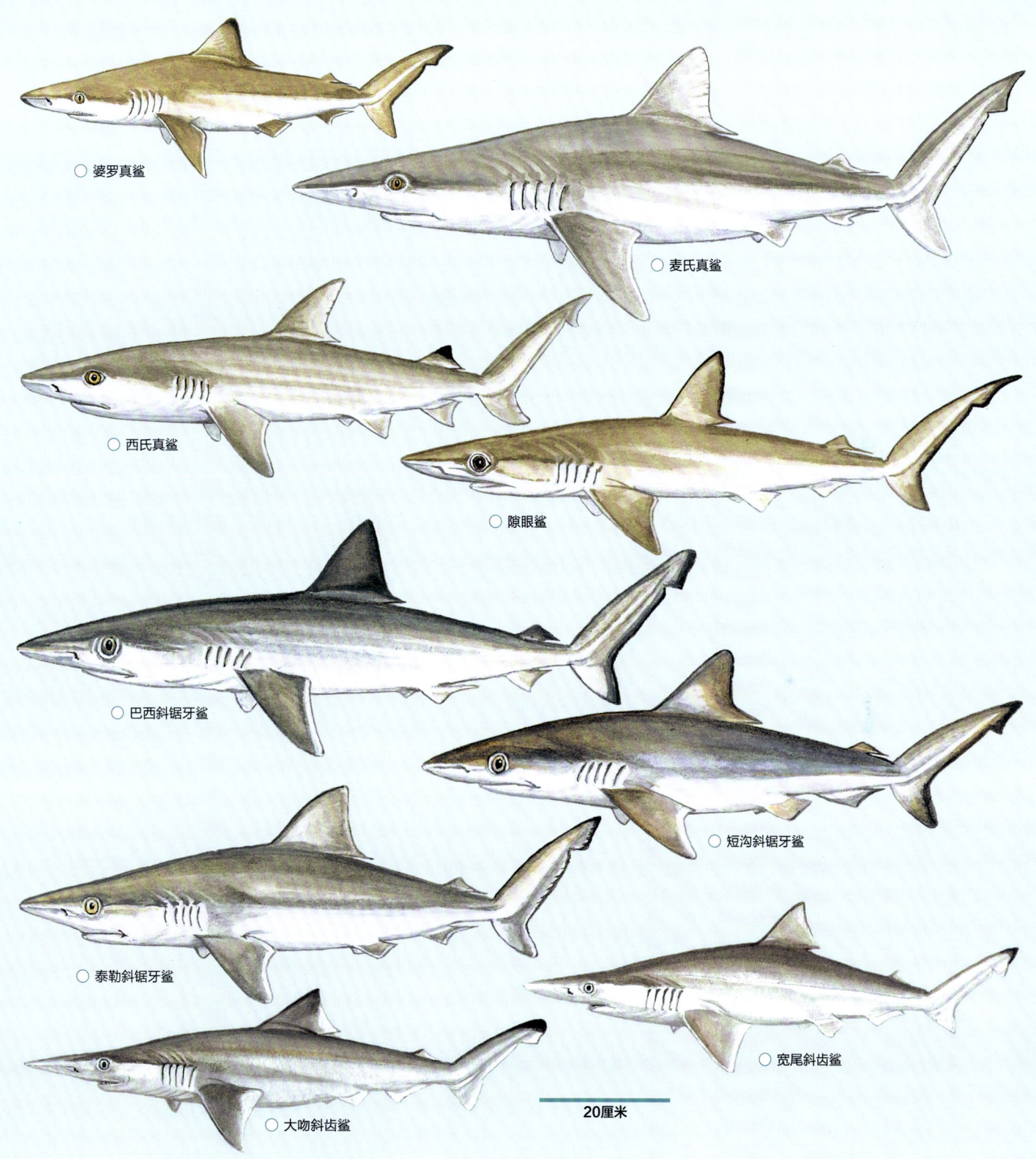

○ 婆罗真鲨

○ 麦氏真鲨

○ 西氏真鲨

○ 隙眼鲨

○ 巴西斜锯牙鲨

○ 短沟斜锯牙鲨

○ 泰勒斜锯牙鲨

○ 宽尾斜齿鲨

○ 大吻斜齿鲨

20厘米

剑吻鲨 *Isogomphodon oxyrhynchus*　　　　FAO代码：**CIO**　　图版 第536页

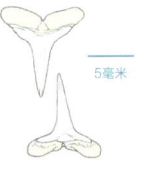

齿
上：53—60颗
下：51—56颗

体长测量　出生体长：38—43厘米。性成熟体长：雄性90—110厘米，雌性105—115厘米。最大体长：雄性144厘米，雌性160厘米，可能为200—244厘米。

鉴定　吻部极长，扁平而尖，极易辨认。上下颌牙齿小而尖；上颌齿边缘呈锯齿状；唇褶短而明显。眼小而圆。第一背鳍起点位于大而呈桨状的胸鳍上方。无背鳍间纵嵴。第二背鳍大小仅为第一背鳍的一半。臀鳍具缺刻。体表无斑纹，呈灰色或黄灰色，身体下部颜色较浅。

分布　西大西洋：南美洲，从委内瑞拉、特立尼达和多巴哥到巴西的亚马逊海岸。

栖息地　河口，红树林与浅滩，水深4—40米。

行为　旱季向近岸洄游，雨季向离岸较远的区域洄游（显然是因为不能忍受盐度的降低）。雌性比雄性生活在更深的水域。长吻和小眼睛可能是为了适应浑浊水域中的生活。

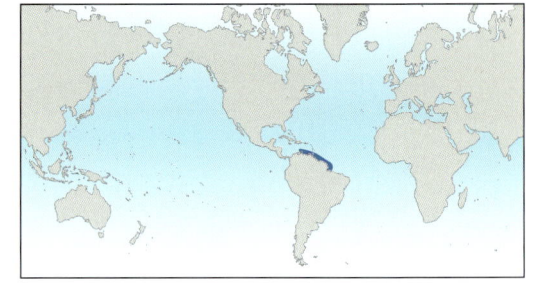

生物学　胎生，具卵黄囊胎盘，妊娠期1年左右，雨季分娩，每胎2—8尾胎仔。可能有2年的繁殖周期。性成熟年龄在5—7年之间，最大寿命为7—12岁。以成群的小鱼为食。

保护状态　极危（CR）。由于渔业兼捕和栖息地退化，种群数量急剧下降。

特氏宽鳍鲨 *Lamiopsis temmincki*　　　　FAO代码：**LMT**　　图版 第544页

齿
上：29—44颗
下：28—44颗

体长测量　出生体长：40—62厘米。
性成熟体长：雄性约114厘米，雌性150厘米。
最大体长：178厘米。

鉴定　体型小而粗壮的鲨鱼。吻部长度中等，吻长与嘴部宽相等。前鼻瓣短，呈宽三角形。上颌齿边缘呈锯齿状，齿尖呈宽三角形；下颌齿呈钩状，齿尖窄，边缘光滑。唇褶短。眼小而圆。第五鳃裂约为第一鳃裂长度的一半。第二背鳍与第一背鳍等大。无背鳍间纵嵴。胸鳍呈宽三角形。臀鳍后缘平直。上尾鳍前凹为纵向。身体上部为灰色或褐色，身体下部颜色较浅。无明显斑纹。

分布　北印度洋：散布于巴基斯坦至印度海域，孟加拉湾的记录尚待证实。

栖息地　近海大陆架，不到100米深的水域。

行为　未知。

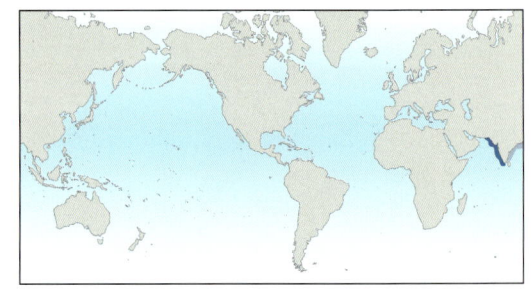

生物学　胎生，每胎4—8尾胎仔（通常为6尾），在雨季前出生。妊娠期可能为8个月。食性可能包括小型硬骨鱼类和无脊椎动物。

保护状态　濒危（EN）。非常稀有。在渔业活动中被捕捞，种群变化趋势未知。西太平洋的记录为近缘种灰体宽鳍鲨（*Lamiopsis tephrodes*）。

灰体宽鳍鲨 *Lamiopsis tephrodes* FAO代码：**RSK** 图版 第544页

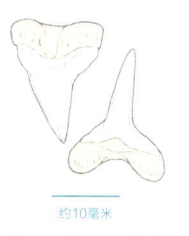

约10毫米

齿
上：33—40颗
下：34—40颗

体长测量　出生体长：40—60厘米。性成熟体长：雄性114—128厘米，雌性不超过130—145厘米。
最大体长：至少157厘米。

　　鉴定　体型小而粗壮的鲨鱼。与特氏宽鳍鲨（*Lamiopsis temmincki*）非常相似，但上颌齿呈三角形，下颌齿边缘呈锯齿状（特氏宽鳍鲨上颌齿更偏心形，下颌齿边缘光滑）。身体上部为深蓝灰色，身体下部颜色较浅。无明显斑纹。

　　分布　中印度洋–太平洋：印度尼西亚，东南亚，可能在中国南部也有分布。由于与特氏宽鳍鲨的混淆，确切的分布范围仍不清楚。

　　栖息地　近海大陆架，小于100米深的水域。

　　行为　未知。

　　生物学　胎生，每胎有4—8尾胎仔（通常是8尾），但由于与特氏宽鳍鲨的混淆，其他的知之甚少。可能以小型硬骨鱼类和无脊椎动物为食。

　　保护状态　濒危（EN）。会被某些渔业活动捕捞，但种群变化趋势未知。

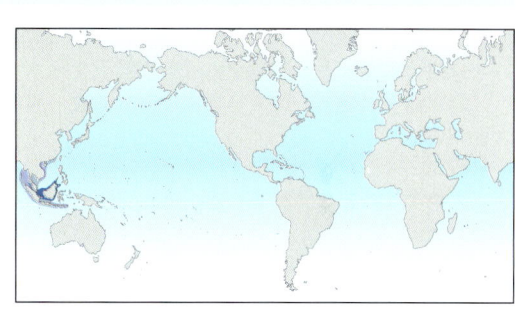

隙眼鲨 *Loxodon macrorhinus* FAO代码：**CLD** 图版 第546页

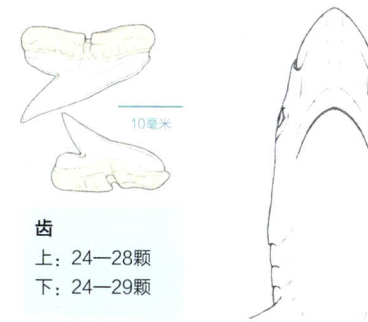

10毫米

齿
上：24—28颗
下：24—29颗

体长测量　出生体长：40—45厘米。性成熟体长：雄性62—73厘米，雌性68—79厘米。
最大体长：99厘米。

　　鉴定　体型小而极细长的鲨鱼。吻部长而窄。牙齿小，边缘光滑，齿尖倾斜；唇褶短。眼大，后部具缺刻。第二背鳍小而低，下角很长，位于臀鳍后方。背鳍间纵嵴无或退化。身体上部为灰色至棕色。各鳍具不明显的浅色后缘；第一背鳍和尾鳍具黑色边缘。身体下部为白色。

　　分布　西太平洋和印度洋。

　　栖息地　大陆架和岛屿陆架浅而清澈的水域，水深7—120米。

　　行为　未报道。

　　生物学　胎生，卵黄囊胎盘，每胎2—4尾胎仔。雄性性成熟年龄为1.4岁，雌性为1.9岁。吃小的硬骨鱼、虾和乌贼。

　　保护状态　近危（NT）。在渔业活动中经常被捕获。生长迅速的近岸种类，可以承受合理的渔业捕捞压力。

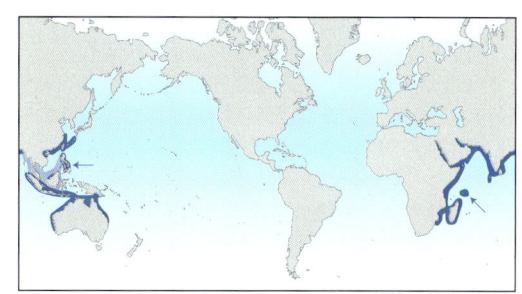

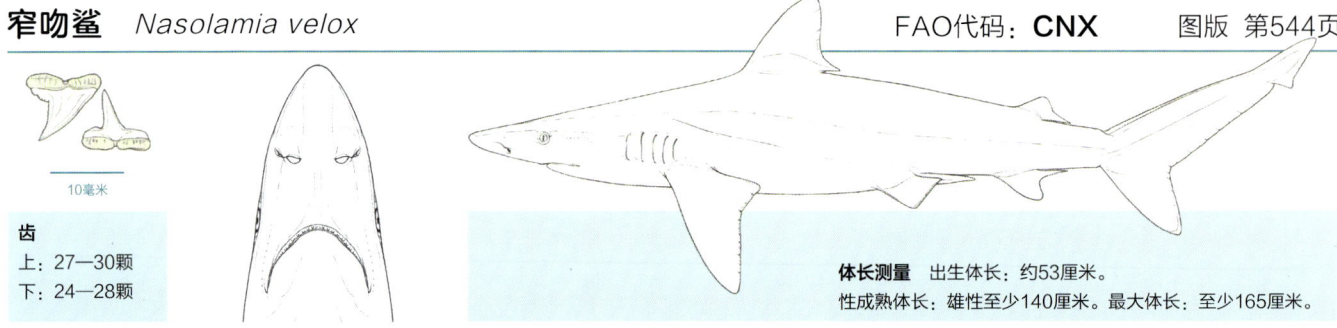

窄吻鲨 *Nasolamia velox*

FAO代码：**CNX**　　图版 第544页

齿
上：27—30颗
下：24—28颗

10毫米

体长测量　出生体长：约53厘米。
性成熟体长：雄性至少140厘米。最大体长：至少165厘米。

鉴定　体型纤细的鲨鱼。吻部极长，呈圆锥状。鼻孔极大，间距窄，鼻孔间距仅略大于鼻孔宽。唇褶极短。眼中等大，较圆。第一背鳍远大于第二背鳍。无背鳍间纵嵴。胸鳍宽度中等，呈三角形。臀鳍比第二背鳍稍大。身体上部为灰棕色至浅棕色，身体下部颜色较浅。吻部尖端背侧有一明显的镶白边的黑斑。

分布　东太平洋：美国南加州至秘鲁。

栖息地　大陆架，近岸及离岸较远的海域，通常水深15—24米或更浅，偶尔达到192米。

行为　未知。

生物学　胎生，卵黄囊胎盘，每胎5尾胎仔。以小型硬骨鱼类、头足类动物和螃蟹为食。

保护状态　濒危（EN）。被刺网/延绳钓和拖网渔业捕捞，作为食用鱼或制作鱼粉。但在曾经的分布范围内已非常罕见。

尖齿柠檬鲨 *Negaprion acutidens*

FAO代码：**NGA**　　图版 第502页

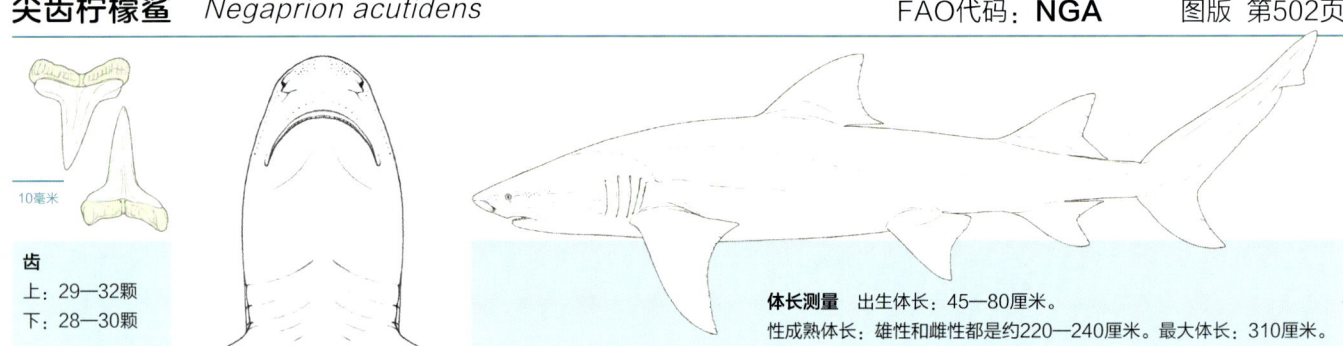

齿
上：29—32颗
下：28—30颗

10毫米

体长测量　出生体长：45—80厘米。
性成熟体长：雄性和雌性都是约220—240厘米。最大体长：310厘米。

鉴定　体型大而粗壮的鲨鱼。吻部宽钝。上下颌齿窄，齿尖边缘光滑。眼较小。鳃裂中等长。第二背鳍与第一背鳍基本等大。无背鳍间纵嵴。身体上部为黄色，下部白色。与短吻柠檬鲨（*Negaprion brevirostris*）非常相似，但背鳍、胸鳍和臀鳍通常更加呈镰刀状。

分布　热带印度洋和太平洋。分布广泛。

栖息地　近岸，海床上或靠近海床的水层，水深0—90米。偏好海湾，河口，较高的沙质海床，珊瑚礁外围和潟湖浑浊而平静的海域。幼年个体出现于极浅的礁坪，背鳍常伸出水面。

行为　游动迟缓，在靠近海床的水层缓慢巡游或趴在海床上休息。被食物刺激时可能游向海面探查。但与潜水者接触时显得害羞而不情愿。幼年个体好奇心更强。本种具较高的归家性，在西印度洋较少到潟湖或环礁外活动。

生物学　胎生，妊娠期10—11个月，每胎1—14尾胎仔（平均9尾）。似乎有2年的繁殖周期。以底栖硬骨鱼和魟鱼为食。

保护状态　濒危（EN）。除澳大利亚外，在分布范围内被大力捕捞。人工饲养条件下强健易存活。本种对潜水旅游业价值较高。对人类具有潜在危险，被挑衅的情况下具有攻击性。

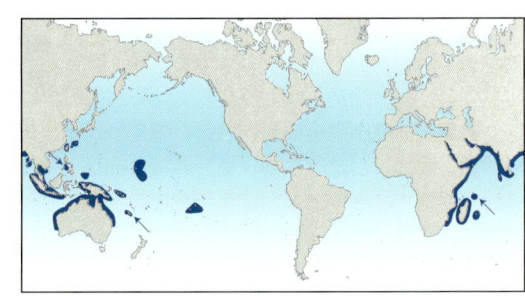

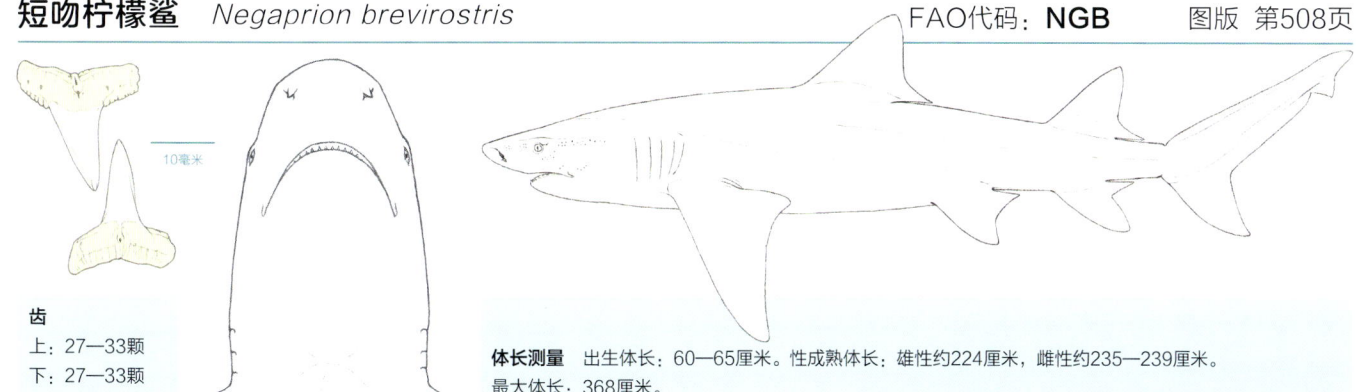

短吻柠檬鲨 *Negaprion brevirostris*

FAO代码：**NGB**　　图版 第508页

齿
上：27—33颗
下：27—33颗

体长测量 出生体长：60—65厘米。性成熟体长：雄性约224厘米，雌性约235—239厘米。
最大体长：368厘米。

鉴定 体型大而粗壮，吻部较短的鲨鱼。上下颌齿均较窄，齿尖边缘光滑。背鳍、胸鳍和腹鳍呈轻微镰刀状；各鳍镰刀状的程度通常不及尖齿柠檬鲨（*Negaprion acutidens*）。第二背鳍与第一背鳍基本等大。无背鳍间纵嵴。身体上部为浅黄棕色，身体下部颜色较浅。无明显斑纹。

分布 大西洋：广泛分布于大西洋东西两侧的热带海域。东太平洋：墨西哥到厄瓜多尔。

栖息地 栖息于近岸海域，从海面和潮间带到水深至少120米处。通常出没于珊瑚礁，红树林边缘，防波堤和码头附近，沙质或泥质海床上方，咸水潮沟，封闭内湾以及河口地带，本种适于低氧浅水环境，甚至可能向河流上游上溯一小段距离。

行为 短吻柠檬鲨通常单独活动，或基于性别或体型聚集成20条左右的松散小群体。本种在晨昏时段最为活跃。有人观察到过它们晚上在渔业码头周边聚集，白天返回到更深的水域。它们也可以趴在海床上休息。幼体具有较强的恋家性；它们的家域范围很小，并会在隐蔽的浅水育儿场停留数年，随着成长慢慢扩大活动范围。成体会进行远距离洄游，包括在冬季开始时游向更深的水域；有时出现于开阔海域的海面附近。成体仅在雌性准备分娩时来到浅水育儿场。虽然在野外和人工饲养环境下，短吻柠檬鲨的生态和行为学都已被大量研究，但它们的行为和生活史的

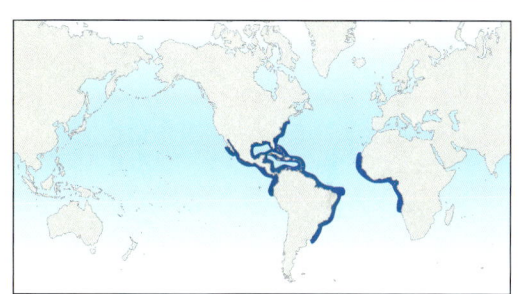

某些方面仍然成谜。遗传学研究显示本种会跨越极长的距离进行交配，一些在地理上被隔离的偏僻种群在不久前还与其他种群相联系。研究表明，怀孕雌性中，80%以上的雌性个体腹中的胚胎拥有不止一个父系基因来源（有一胎竟多达5个父本），表明短吻柠檬鲨会集群交配。

生物学 胎生，具卵黄囊胎盘。春季于浅水中交配。妊娠期长达10—12个月，夏季分娩，每胎4—17尾胎仔；雌性生产后可能会休息一年再进行下一次交配。短吻柠檬鲨生长较慢，11—13岁性成熟，寿命长达27—30年。它们主要捕食鱼类，也捕食甲壳类和软体动物。小个体会被大个体捕食，所以它们生命中最初的几年在隐蔽的浅水育儿场中度过。

保护状态 易危（VU）。尽管短吻柠檬鲨目前仍然分布广泛，相对常见，但它们的一些浅水育儿场已经受到了栖息地退化的影响。有证据表明，东太平洋和西大西洋的某些种群由于受到基本不受管理的个体渔业和商业捕鱼捕捞，用来获取鱼翅、肉和皮革，因而种群已经衰退。本种同样被娱乐性捕鱼活动所捕捞。它们在潜水旅游业中也有很高价值，通常较为温驯，但在被刺激时也可能表现出攻击性。本种在水族馆展示中也非常有名。

短吻柠檬鲨（*Negaprion brevirostris*）

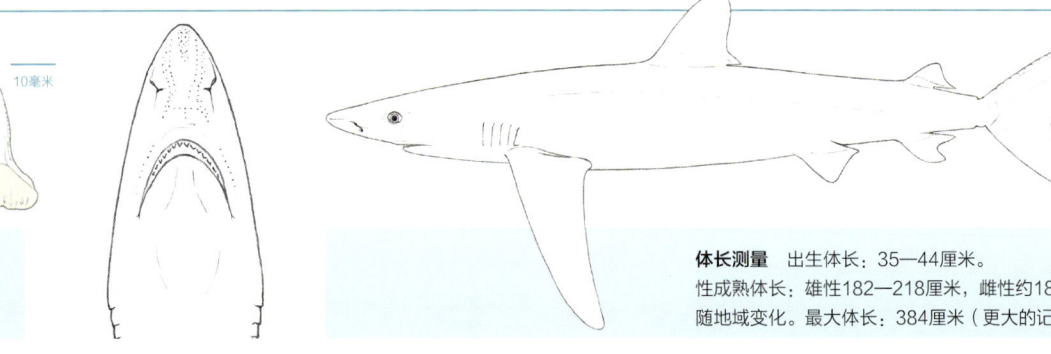

齿
上：24—31颗
下：24—34颗

体长测量　出生体长：35—44厘米。
性成熟体长：雄性182—218厘米，雌性约183—221厘米。
随地域变化。最大体长：384厘米（更大的记录还未经证实）。

鉴定　体型细长而优雅的鲨鱼。吻部呈长圆锥形。上颌齿弯曲，呈三角形，边缘呈锯齿状。眼大。无喷水孔。胸鳍长而窄，呈大镰刀状，位于第一背鳍之前。无背鳍间纵嵴。性成熟雌性常具被雄性咬伤的疤痕（交配疤痕）。背部为深蓝色，体侧浅蓝色，与白色腹部分界明显。

分布　全世界的温带和热带开阔洋面（温度7—25℃，偏好12—20℃，纬度60°N—50°S）。可能是分布最广的鲨鱼。

栖息地　生活于开阔大洋，通常位于比大陆架边缘更远的地方，水深0—1000米（温暖海域中分布更深）。通常循着跨越大洋的洋流洄游。偶尔在夜晚向近岸游动，尤其是远洋岛屿周边或是大陆架极窄的地方。育儿场离岸较远。

行为　通常在大洋表层缓慢巡游，背鳍和尾鳍尖端伸出水面，胸鳍平展。在黄昏和夜晚最活跃。聚集成大群（在种群数量尚丰富的地区）捕食成群的猎物或啃食动物尸体。有观察到本种啃咬漂浮的物体。已知会骚扰鱼叉捕鱼者。可能会绕着游泳者、船只和潜水者游动，然后上前撕咬。洄游性极强，活动模式复杂，与猎物数量和繁殖周期有关。会按年龄、性别和繁殖阶段分群：未成年个体、亚成体、性成熟个体和怀孕雌性各自分别活动，成年雄性和雌性短暂会面进行交配。季节性向纬度更高、猎物数量更多的远洋辐合带和边界区洄游。经常垂直潜入深海或温跃层，并频繁回到海面（可能是防止体温过低）。电子标签研究显示大西洋的大青鲨会反复跨越大西洋洄游，在强大的洋流中缓慢游动。太平洋的大青鲨会洄游最多9200千米。

生物学　胎生，具卵黄囊胎盘，每胎4—135尾胎仔（通常25—35尾），妊娠期9—12月，春夏季分娩。在欧洲海域，幼体停留在离岸较远的育儿场中直到长到130厘米长左右，随后与性别和体型相同的同类开始洄游。性成熟年龄为雄性4—6

年，雌性5—7年。性成熟雌性每年繁殖一次或隔一年繁殖一次。寿命长约20年。主要捕食较小的猎物，通常为鱿鱼和远洋鱼类，也包括无脊椎动物、底栖鱼类和小型鲨鱼，有时也捕食贴近海面的海鸟。

保护状态　近危（NT）。本种是世界上捕捞强度最大的鲨鱼。尽管本种的肉在市场上价值不高，但如果割鳍弃鲨的禁令未被执行，则规格大而珍贵的鱼翅会被保留，而割完鱼翅的鱼身则被抛回海中。在某些分布区域中，本种的捕获率已大大减少，目击频率也已大大降低（本种在地中海被列为极危CR），但目前仍缺乏足够的数据评估全世界范围内本种的种群衰减。基于2000年估测的大青鲨进入全球鱼翅贸易的数量（那一年全球鱼翅贸易中有17%的鱼翅是大青鲨），大青鲨的捕捞量达到了每年1000万条，主要是金枪鱼和剑鱼延绳钓渔业的兼捕渔获物。随着一些受保护物种的捕捞量减少，过去的15年里大青鲨的捕捞量翻了3倍，占全球鱼翅贸易的34%—64%。目前的捕捞死亡率已经超过了大青鲨所能承受的极限，尤其是在大西洋，延绳钓渔船和大青鲨出现在相同海域，有可能导致了大青鲨的种群衰退。大青鲨在温带地区的潜水旅游业中拥有越来越高的价值。本种具有潜在危险性，曾经有过几起致命的袭人事件，但这种危险性常常被淡化。

大青鲨（*Prionace glauca*）

尖吻斜锯牙鲨 *Rhizoprionodon acutus*　　　FAO代码：**RHA**　　　图版 第542页

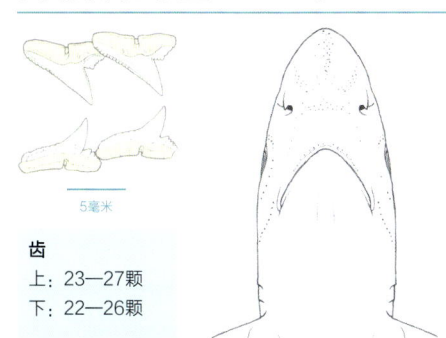

齿
上：23—27颗
下：22—26颗

体长测量　出生体长：25—40厘米。性成熟体长：雄性约68—75厘米，雌性约70—81厘米。随地域变化。最大体长：178厘米（通常小于110厘米）。

鉴定　体型较小。吻部长而窄。鼻孔小，间距宽。牙齿齿尖窄，呈较窄的三角形，边缘光滑；本种为分布范围内唯一一种具有较长的上唇褶和下唇褶的真鲨科鲨鱼。眼大。第二背鳍小而低，位于更大的臀鳍后方。身体上部为铜色至灰色。大部分鳍的尖端略苍白；未成年个体背鳍和尾鳍上叶尖端为黑色（有时成体也如此）。身体下部为白色。

分布　印度洋，西太平洋，东大西洋，地中海（意大利塔兰托湾）。

栖息地　大陆架，水层中部至海床附近，水深1—200米。通常位于沙质海滩附近水域，有时出现在河口。

行为　未知。

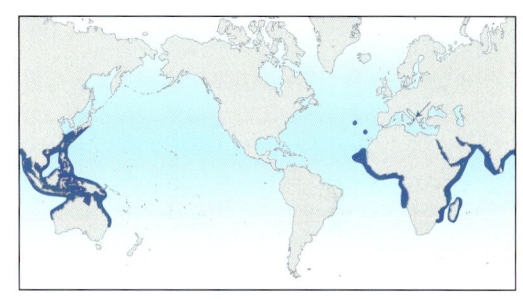

生物学　胎生，卵黄囊胎盘，每胎1—8尾胎仔（通常2—5尾），妊娠期约1年。性成熟年龄为2年，但在西非可能长达5—6年，最高寿命为8—9年。主要以硬骨鱼类为食。也会被更大的鲨鱼捕食。

保护状态　易危（VU）。捕捞强度大，但繁殖力强，常见且广布。

巴西斜锯牙鲨 *Rhizoprionodon lalandii*　　　FAO代码：**RHL**　　　图版 第546页

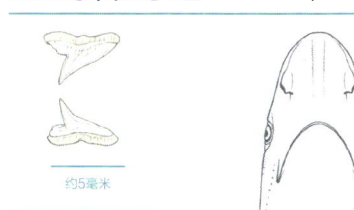

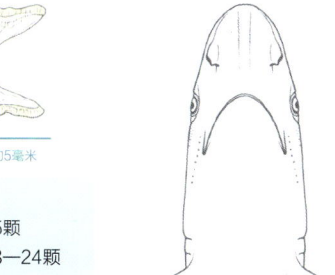

齿
上：25颗
下：23—24颗

体长测量　出生体长：33—34厘米。性成熟体长：雄性45—60厘米，雌性不超过54—65厘米。最大体长：雄性79厘米，雌性80—102厘米。

鉴定　吻部长。鼻孔小，间距宽。本种为分布范围内唯一具有较长的上唇褶和下唇褶的真鲨科物种，第二背鳍较小，起点位于臀鳍起点后方，泄殖腔纵嵴长，而当胸鳍向上折叠时，胸鳍尖端落在第一背鳍基部中点之前。身体上部为暗灰色或灰棕色，身体下部颜色较浅。胸鳍和背鳍为灰色，边缘颜色浅。

分布　西大西洋：巴拿马到巴西南部。

栖息地　浅海大陆架，水深0—70米，沙质或泥质海床，不常出现于潟湖和河口。

行为　未知。

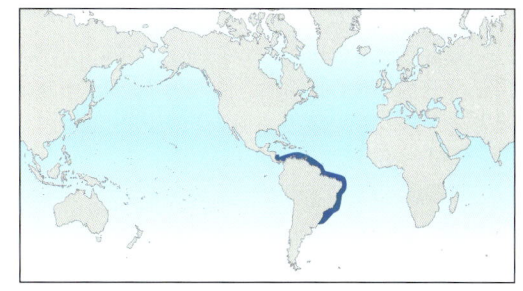

生物学　胎生，卵黄囊胎盘，每胎1—5尾胎仔。夏季交配，冬季在沿海地区繁殖。吃小的硬骨鱼、虾和鱿鱼。

保护状态　易危（VU）。本种全部分布区域内均有高强度，不受管理的渔业活动，上岸渔获量已显著减少。当地作为食用鱼。

太平洋斜锯牙鲨 *Rhizoprionodon longurio*　　　　FAO代码：**RHU**　　　图版 第542页

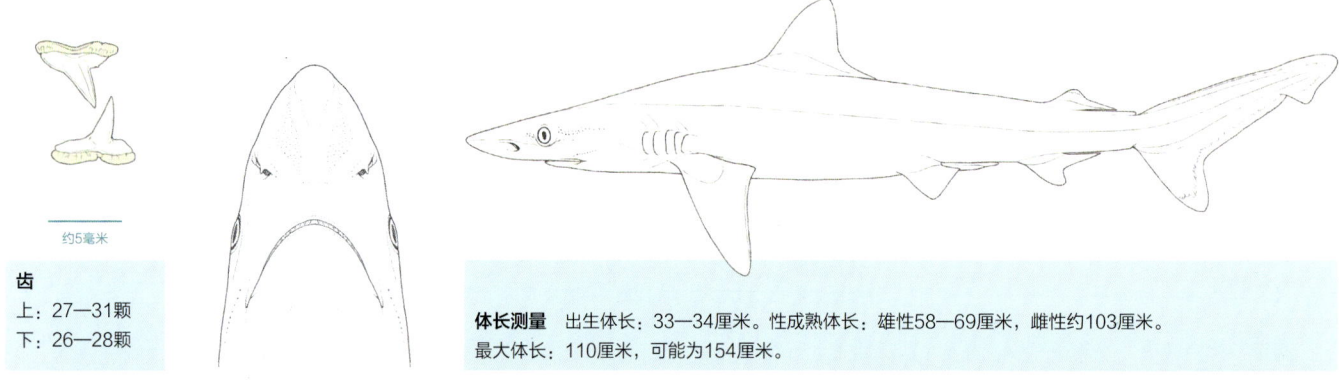

齿

上：27—31颗

下：26—28颗

约5毫米

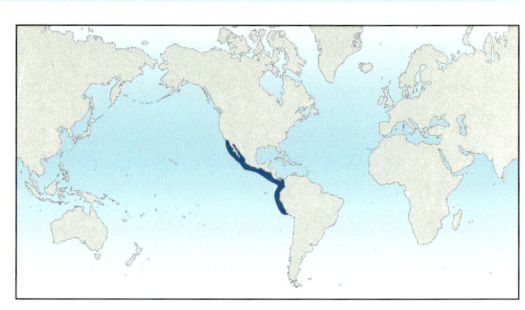

体长测量　出生体长：33—34厘米。性成熟体长：雄性58—69厘米，雌性约103厘米。最大体长：110厘米，可能为154厘米。

　　鉴定　东太平洋唯一具有长唇褶且第二背鳍起点位于臀鳍起点后的真鲨科物种。吻部长。鼻孔小，间距宽。眼大。无喷水孔。身体上部为灰色或灰棕色。胸鳍边缘颜色浅；背鳍尖端为灰色。身体下部为白色。

　　分布　东太平洋：加利福尼亚南部到秘鲁。

　　栖息地　大陆架浅海，从潮间带至水深至少27米。

　　行为　未知。

　　生物学　胎生，每胎2—5尾胎仔。主要以小型硬骨鱼类和甲壳类动物为食。

　　保护状态　易危（VU）。当地数量丰富，但分布范围内高强度的捕捞已经导致了种群衰减。

短沟斜锯牙鲨 *Rhizoprionodon oligolinx*　　　　FAO代码：**RHX**　　　图版 第546页

齿

上：23—25颗

下：21—24颗

约5毫米

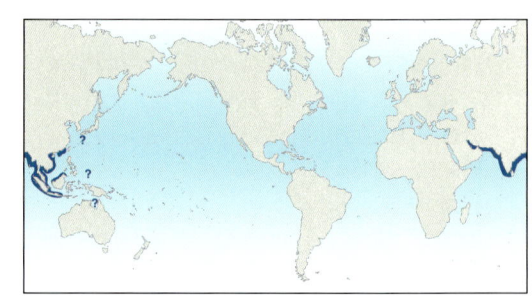

体长测量　出生体长：20—30厘米。性成熟体长：雄性29—38厘米，雌性32—41厘米。最大体长：88厘米。

　　鉴定　体型很小的鲨鱼。吻部长。鼻孔小，间距宽。上下颌均具小而倾斜且齿尖窄的牙齿；唇褶短。眼大。无喷水孔。第二背鳍起点位于臀鳍起点后方。身体上部为灰色或灰棕色至铜色，身体下部苍白。各鳍具不明显的灰色边缘。

　　分布　热带西太平洋和北印度洋。

　　栖息地　大陆架和岛屿陆架的浅海，近岸及离岸较远的水域，水深至少36米。

　　行为　未知。

　　生物学　胎生，卵黄囊胎盘，每胎3—5尾胎仔。以小的硬骨鱼类、头足类和甲壳类动物为食。

　　保护状态　近危（NT）。捕捞强度大，但繁殖力强，数量多。

加勒比斜锯牙鲨 *Rhizoprionodon porosus*

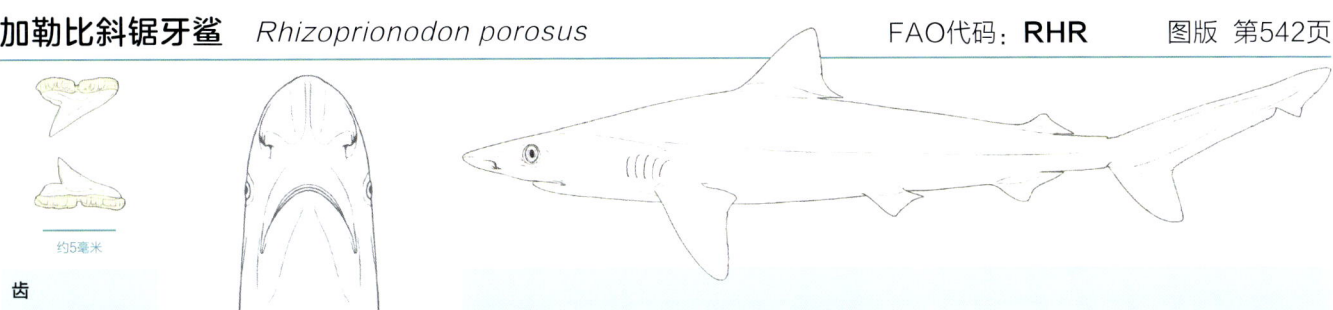

齿

上：24—27颗

下：24颗

体长测量　出生体长：31—39厘米。性成熟体长：雄性约60—70厘米，雌性约65—80厘米。最大体长：约110厘米。

鉴定　体型较小的鲨鱼。吻部长。鼻孔小而间距宽。牙齿边缘呈锯齿状；唇褶长。眼较大。无喷水孔。身体上部为灰色或灰棕色，身体下部为白色，胸鳍后缘为白色，背鳍和尾鳍后缘黑色；体侧偶有白斑。

分布　西大西洋：加勒比海和热带南美洲。

栖息地　通常栖息于大陆架和岛屿陆架的近岸水域，也出现于离岸较远的水域，水深达500米。

行为　未知。

生物学　胎生，卵黄囊胎盘，每胎2—8尾胎仔。妊娠期10—11个月，出生在巴西南部的春天或初夏。性成熟年龄约为2年，雄性最大寿命为5年，雌性最大寿命为8年。主要捕食小型硬骨鱼类，也捕食无脊椎动物。

保护状态　易危（VU）。

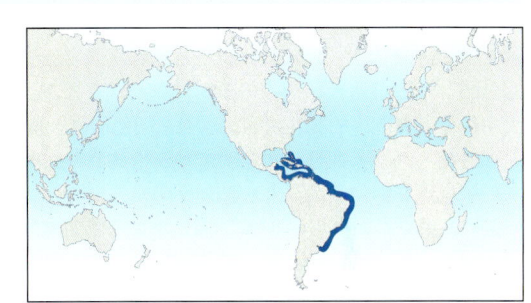

泰勒斜锯牙鲨 *Rhizoprionodon taylori*

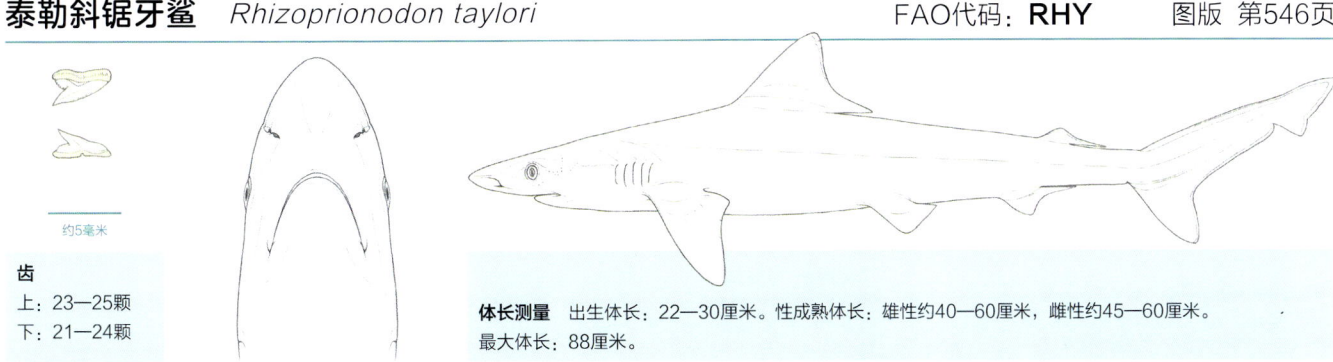

齿

上：23—25颗

下：21—24颗

体长测量　出生体长：22—30厘米。性成熟体长：雄性约40—60厘米，雌性约45—60厘米。最大体长：88厘米。

鉴定　体型较小的鲨鱼，与短沟斜锯牙鲨（*Rhizoprionodon oligolinx*）非常相似。身体上部为铜色至灰色，身体下部苍白。无明显斑纹，但背鳍和尾鳍边缘及尾鳍上叶尖端为黑色，其他各鳍边缘浅色。

分布　中印度洋-太平洋：热带澳大利亚北部和巴布亚新几内亚。

栖息地　热带大陆架沿岸，水深0—110米。

行为　未知。

生物学　胎生，卵黄囊胎盘，每胎1—10尾胎仔，妊娠期11—12个月，约1年性成熟，最大寿命为7年。主要以小鱼、头足类动物和甲壳类动物为食。

保护状态　无危（LC）。作为兼捕渔获物捕捞，但数量丰富，本种为繁殖力最强的鲨鱼之一，生长速度很快，出生一年后即性成熟，雌性每年繁殖。

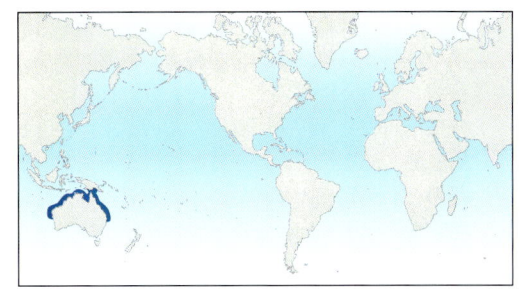

大西洋斜锯牙鲨 *Rhizoprionodon terraenovae*

FAO代码：**RHT**　　图版 第542页

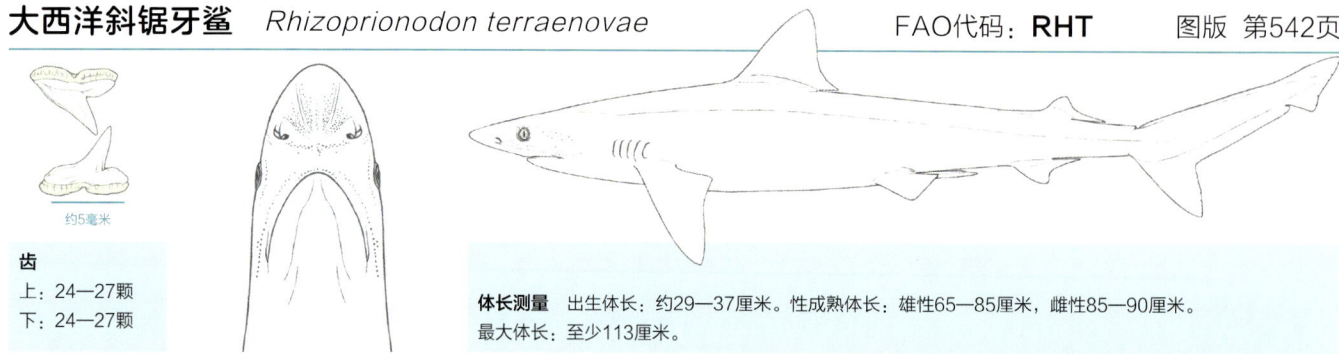

齿
上：24—27颗
下：24—27颗

体长测量　出生体长：约29—37厘米。性成熟体长：雄性65—85厘米，雌性85—90厘米。
最大体长：至少113厘米。

鉴定　与加勒比斜锯牙鲨（*Rhizoprionodon porosus*）非常相似。体型小。吻部长。上唇褶长。眼较大。第一背鳍起点通常位于胸鳍内角上方或稍前。无背鳍间纵嵴。第二背鳍小，起点位于臀鳍基部终点上方。身体上部为灰色至灰棕色，较大个体体侧具较小的浅色斑点。胸鳍具白色边缘。背鳍具暗色尖端，身体下部白色。

分布　西北大西洋：加拿大的新不伦瑞克，到墨西哥和洪都拉斯。

栖息地　栖息于沿岸，包括封闭内湾，港湾，咸水至半咸水河口，从潮间带至水深约280米，通常小于10米。通常靠近沙质海滩的沿岸碎浪带。

行为　在墨西哥湾内进行季节性洄游：冬季远离海岸，夏季靠近海岸。

生物学　胎生，卵黄囊胎盘，每胎1—7尾胎仔，（通常为4—6尾，随着雌性体型的增大而增加），妊娠10—11月后于春夏在近海出生。2.4—3.9性成熟，最大寿命为10年。主要以小型硬骨鱼类为食。

保护状态　无危（LC）。数量丰富，可以承受较大的捕捞强度。

宽尾斜齿鲨 *Scoliodon laticaudus*

FAO代码：**SLA**　　图版 第546页

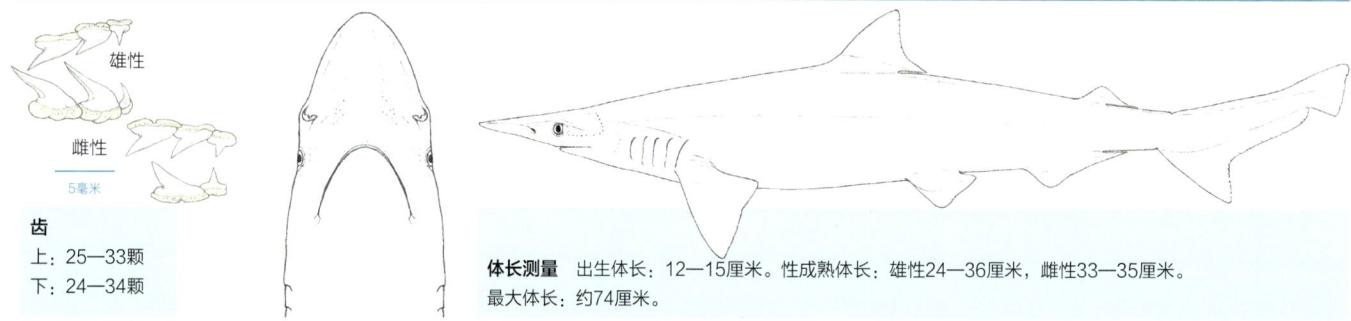

齿
上：25—33颗
下：24—34颗

体长测量　出生体长：12—15厘米。性成熟体长：雄性24—36厘米，雌性33—35厘米。
最大体长：约74厘米。

鉴定　体型小而粗壮的鲨鱼。极易辨认，吻部呈剑状，极长而扁。牙齿小，边缘光滑，呈刃状。眼小。第一背鳍下角位于腹鳍基部中点上方。无背鳍间纵嵴。第二背鳍小于第一背鳍，起点位于较大的臀鳍起点后。胸鳍短而宽，呈三角形。体表为铜灰色，无明显斑纹。

分布　北印度洋和西印度洋：孟加拉湾，印度到坦桑尼亚。

栖息地　近岸，多礁石水域和热带大河下游，水深10—75米。

行为　会聚集成大群。

生物学　胎生，胎盘呈柱状且有着较长的脐带（卵黄囊过小，无法给幼体提供足够营养）。全年可繁殖，每胎1—14尾胎仔。1—2年性成熟，寿命5—6年。捕食小型成群的硬骨鱼和底栖硬骨鱼，也捕食虾和乌贼。

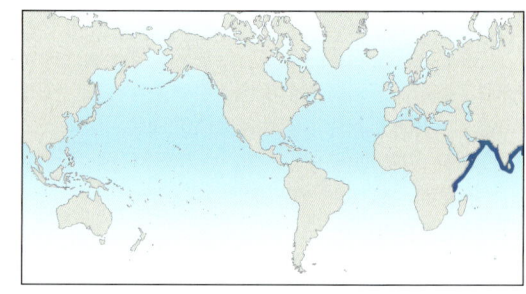

保护状态　近危（NT）。数量丰富但捕捞强度较大。过去与形态极相似的大吻斜齿鲨（*Scoliodon macrorhynchos*）混淆。

大吻斜齿鲨 *Scoliodon macrorhynchos*

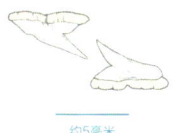
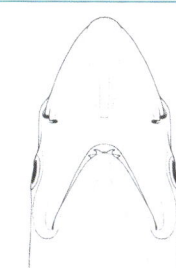

约5毫米

齿

上：25—28颗

下：23—28颗

体长测量　出生体长：12—15厘米。性成熟体长：雄性38厘米，雌性40厘米。
最大体长：约71厘米。

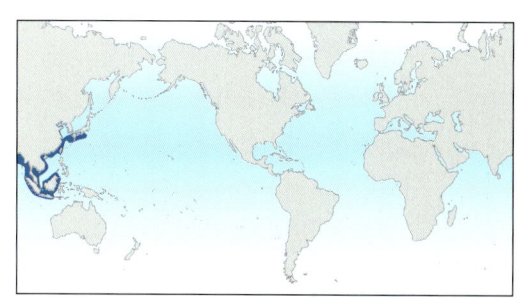

鉴定　体型小而粗壮的鲨鱼。与宽尾斜齿鲨非常相似，二者主要的形态学差别为大吻斜齿鲨第二背鳍与臀鳍长度的比值更大：大吻斜齿鲨第二背鳍长为全长的6%—9.1%，宽尾斜齿鲨为4.6%—6.2%。无背鳍间纵嵴。体表为铜灰色，无明显斑纹。

分布　西太平洋：印度尼西亚西部到日本。

栖息地　近岸，通常栖息于多礁石海域以及热带大河河口。

行为　会聚集成大群。

生物学　胎生，但由于与宽尾斜齿鲨的混淆，其他生活史特征未知。主要捕食小型硬骨鱼类、虾和乌贼。

保护状态　近危（NT）。数量多而常见，但在大部分分布范围内被工业拖网和个体渔业大量捕捞。曾与非常相似的宽尾斜齿鲨混淆。

灰三齿鲨 *Triaenodon obesus*

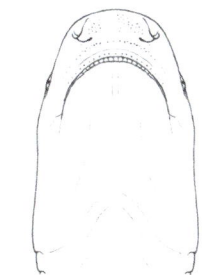

5毫米

齿

上：42—50颗

下：42—48颗

体长测量　出生体长：52—60厘米。性成熟体长：雄性104—116厘米，雌性105—122厘米。
最大体长：至少168厘米，很少有超过这个尺寸的，但据说可以达到约213厘米。

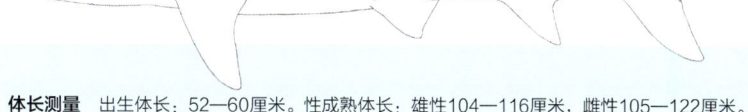

鉴定　体型小而细长的鲨鱼。吻极短而宽。眼呈卵圆形。第一背鳍位于胸鳍后方。无背鳍间纵嵴。第二背鳍基本与第一背鳍等大。身体上部为灰棕色，身体下部颜色较浅；体侧有时具散布的黑斑。第一背鳍和尾鳍上叶具鲜明的白色尖端。

分布　太平洋和印度洋。分布广泛。

栖息地　大陆架和岛屿阶地。通常栖息于海床附近的珊瑚礁裂缝和洞穴，以及珊瑚礁潟湖浅而清澈的水中，偏好水深8—40米但全部水深分布范围为1—330米。

行为　经常被观察到趴在海底、洞穴中、珊瑚岩架下以及沙质海床上休息。潮水平缓时及夜间更加活跃。可持续数月或数年占据同一片较小的家域范围。具社会性但不具领域性；可互相分享家域而不产生冲突。特化捕食藏在珊瑚礁裂缝和洞穴中的底栖猎物，借助气味和声音定位，有时成群捕食。可被鱼饵吸引或被潜水者用手喂食。几乎不具攻击性。

生物学　胎生，每胎1—5尾胎仔（一般2—3尾），妊娠期至少5个月。性成熟期为7—8年，寿命一般在19年以上，也可能长达25年。以硬骨鱼类和头足类动物为食。

保护状态　易危（VU）。在部分分布范围内出现了严重的种群衰退，在这些地区，本种被强度较大的工业捕鱼和小规模渔业捕捞，被保留以获取鱼翅、鱼肉和其他身体部分；在其他地区它们的数量仍然丰富。本种的一部分珊瑚礁栖息地已经受到了气候变化、不可持续的渔业捕捞以及水质污染的威胁。潜水旅游中本种具有较高价值，也可饲养于水族馆。

鼬鲨科（Galeocerdidae）

最近才从真鲨科中独立出来的科，仅1属1种。由于独特的形态学和生物学特征，鼬鲨此前也一直是真鲨科中的"异类"。根据分子生物学研究，鼬鲨科中唯一的物种居氏鼬鲨在遗传学上也与其他真鲨科成员不同。本科和属的细节特征将在下文物种特征中详述。

居氏鼬鲨 *Galeocerdo cuvier*　　　　　　　　FAO代码：**TIG**　　　图版　第496页

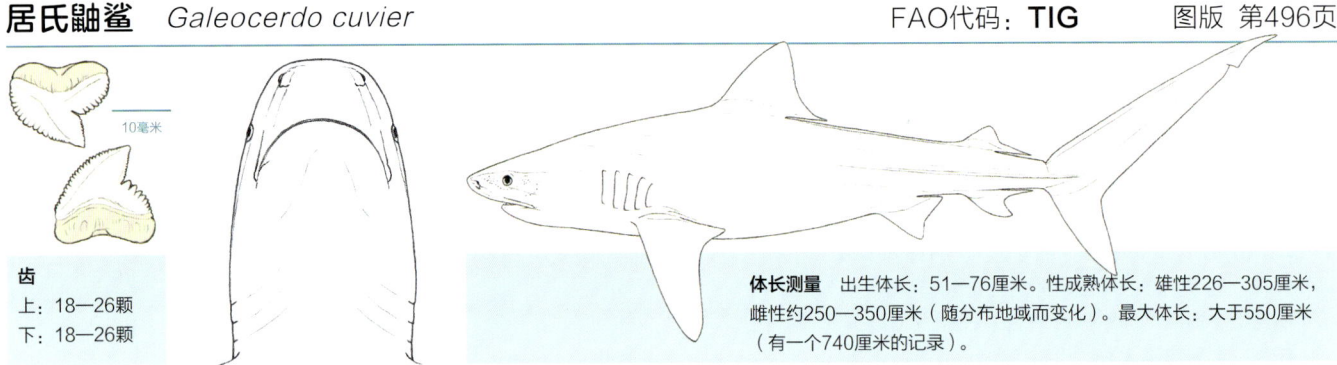

齿
上：18—26颗
下：18—26颗

体长测量　出生体长：51—76厘米。性成熟体长：雄性226—305厘米，雌性约250—350厘米（随分布地域而变化）。最大体长：大于550厘米（有一个740厘米的记录）。

鉴定　体型庞大。吻部宽而钝圆。嘴部宽阔，牙齿大，呈鸡冠形，边缘呈锯齿状；上唇褶极长。喷水孔大。第一背鳍下角较长，长度约为背鳍高度的一半。背鳍间纵嵴明显。尾柄侧突较低。身体上部为灰色，具暗灰色的垂直条纹和斑点；幼体条纹鲜明，成体淡褪。身体下部白色。

分布　在全世界的温带和热带海域。

栖息地　大陆架和岛屿陆架附近，从海平面和潮间带至1136米。发现于有大量淡水灌入的浑浊海域，包括河口和海港，以及水质清澈的珊瑚环礁和潟湖。本种会游过很长的距离探访各种不同的栖息地。

行为　居氏鼬鲨明显为夜行性，较大的个体夜晚游向近岸水域，白天返回更深的水中。较小的居氏鼬鲨个体在白天更活跃。本种为强壮的游泳者，经常进行难以预测的长距离移动。据推测，居氏鼬鲨之所以毫无规律地移动，且只在每片捕食场停留很短时间，是为了对当地的猎物进行偷袭；当一地的猎物变得警觉不易被捕捉时，居氏鼬鲨会迅速离开前往下一片觅食场。出于交配和分娩等目的，或是为了捕捉年幼脆弱的猎物，居氏鼬鲨会进行更有规律的洄游活动。例如，通常独居的居氏鼬鲨，会在距离夏威夷主要岛屿500英里（约805千米）的法国护卫舰浅滩聚集，捕食刚刚离巢学飞的信天翁雏鸟。长期的电子标签研究显示，虽然一些居氏鼬鲨拥有半永久的家域范围，覆盖约100千米长的海岸线，但另一些居氏鼬鲨会一年洄游数千千米。一条在西澳大利亚宁格罗海岸被标记的居氏鼬鲨，最终游到了北至印度尼西亚森巴岛的海域，随后南下至大澳大利亚湾，一年后又返回了宁格罗海岸。

生物学　与真鲨科的鲨鱼不同，居氏鼬鲨为卵胎生（不具卵黄囊胎盘）。居氏鼬鲨每胎产胎仔较多（10—82尾，平均26—33尾），春季至早夏分娩。春季交配（有时怀孕雌性在分娩前就已经再次交配），所以本种的妊娠期长达一年以上（15—16个月），每两年或更短时间繁殖一次。它们的生长速度较快；性成熟年龄随地域而变化，但都是4—13年之间；本种寿命至少为20—22年，但可能长达27—37年。本种被称为"海洋垃圾桶"，捕食硬骨鱼类、板鳃软骨鱼类（包括同类幼体）、海龟、海蛇、海鬣蜥、海鸟、海洋哺乳动物、水母、动物尸体，甚至会吞食无法消化的人类垃圾。

保护状态　近危（NT）。本种曾经是一种常见的大型鲨鱼，但被许多渔业活动作为目标物种或非目标物种捕捞；居氏鼬鲨的鱼翅在鱼翅贸易市场数量不多，但

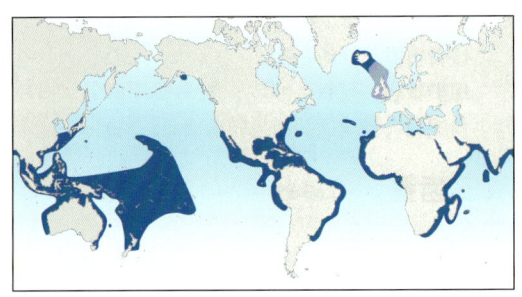

价值极高，且本种易于捕捉。它的肉质量不高，但具有优质的肝油和鱼皮。已报道有种群衰退，但成年个体减少可增加幼体的存活率。由于较大的捕捞强度和大个体的减少，居氏鼬鲨在北印度洋被评估为易危（VU）。本种具有潜在危险性；是鲨鱼控制计划的目标，且由于本种曾有过多起袭击杀死人类的记录，所以会成为事发地一些短期灭杀计划的目标；但当人们开展捕杀计划时，真正袭击人类的居氏鼬鲨个体往往已经逃之夭夭。居氏鼬鲨在与潜水者相遇时，并不会经常表现出攻击性，目前它对潜水旅游业很重要。

居氏鼬鲨（*Galeocerdo cuvier*）

双髻鲨科（Sphyrnidae）

一个较小的科，包含2属：丁字双髻鲨属（*Eusphyra*）、双髻鲨属（*Sphyrna*）。2个属共包含9个物种。丁字双髻鲨属包含1个非常独特的物种，双髻鲨属有8个已描述的物种。对组织样本的分子生物学分析显示双髻鲨属内有一个隐存种，但难以和路氏双髻鲨相区别。

鉴定 头部呈锤状，极易辨认。双髻鲨科独特的头部形状具有多种功能，一方面类似潜艇的水平舵，可增加机动性，另一方面可以增强感官能力，如加强立体视觉，提高其追踪气味和电信号的能力。

生物学 胎生，具卵黄囊胎盘。捕食硬骨鱼类、小型鲨鱼、魟鱼、头足类和无脊椎动物，但不捕食海洋哺乳动物及其他大型脊椎动物。

保护状态 发现于全世界的热带和暖温带海域，栖息于大陆架、岛屿陆架和海山上方或邻近海域，从海面到至少1043米，有时聚集成大群。以双髻鲨为目标或兼捕的渔业活动使许多种群走向衰减。双髻鲨鱼翅的价值尤其高（21世纪最初几年早期的鱼翅国际贸易中，双髻鲨科占可辨别的大型鲨鱼鱼翅的6%，在2014—2015年这个比例上升到了8%），且双髻鲨被鱼钩或渔网捕获时会很快死去，所以被兼捕的双髻鲨很难被放生。除了一个数据缺乏的物种，双髻鲨科所有物种均被IUCN红色名录判定为受威胁，56%的物种被判定为极危；本科灭绝的风险比其他任何鲨总目的科更高。由于对它们可能灭绝的考虑，路氏双髻鲨和其他两种相似的大

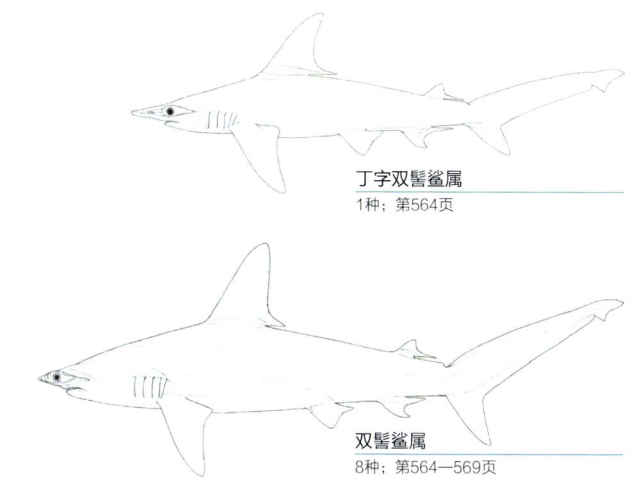

丁字双髻鲨属
1种；第564页

双髻鲨属
8种；第564—569页

型双髻鲨（无沟双髻鲨和锤头双髻鲨）被列入了濒危野生动植物种国际贸易公约（CITES）和保护野生动物迁徙物种公约（CMS）附录2。大型的双髻鲨在地中海受到保护，并且是某些远洋金枪鱼渔业中禁止捕捞的物种。最大的双髻鲨物种对潜水旅游业来说很重要。双髻鲨有时会咬潜水者和游泳者，但一般十分害羞，难以接近，攻击性不强。

锤头双髻鲨（*Sphyrna zygaena*），南下加利福尼亚，墨西哥（第569页）

○ **布氏丁字双髻鲨** *Eusphyra blochii*   第564页

分布于印度洋−太平洋海域；水深0—127米。头髻极宽而窄，眼间距等于体长的一半；第一背鳍起点位于胸鳍基部上方，比其他双髻鲨科更靠前，上尾鳍前凹纵向，不呈新月状。身体上部为棕色，下部为白色。

○ **长吻双髻鲨** *Sphyrna corona*   第564页

分布于东太平洋；水深0—100米。头髻呈棒槌状，宽度中等，前端呈弧形，头部前缘具中间凹陷和两侧凹陷，后缘平直，无鼻孔前沟，吻部长度中等，为头宽的2/5，嘴部小而弧度大；第一背鳍下角位于腹鳍基部末端上方，臀鳍后缘基本平直，上尾前凹呈横新月状；身体上部为灰色，下部为白色，白色延伸至头部后方。

○ **吉氏双髻鲨** *Sphyrna gilberti*   第565页

分布于西北大西洋；沿岸至水深至少100米。隐存种，外部形态与路氏双髻鲨（*Sphyrna lewini*）难以区分。最初通过分子生物学分析识别。

○ **短吻双髻鲨** *Sphyrna media*   第565页

分布于西大西洋和东太平洋；水深0—100米。头髻呈棒槌状，宽度中等，前缘呈弧形，头部前缘具较弱的中凹陷和侧凹陷，后缘平直，无鼻孔前沟，吻部长度中等，约为头宽的1/3，嘴部宽，呈弧形，大小中等；第一背鳍下角位于腹鳍基部末端上方，上尾前凹呈横新月状；身体上部为灰棕色，身体下部颜色较浅。

○ **窄头双髻鲨** *Sphyrna tiburo*   第568页

分布于西大西洋和东太平洋；水深0—90米。头髻形状独特，极窄，呈平滑的铲形，无凹陷，无鼻孔前沟，吻部长度中等，约为头宽的2/5，嘴部呈宽弧形；第一背鳍下角位于腹鳍起点前方，臀鳍后缘内凹，上尾鳍前凹横新月状；体表为灰色至灰棕色，常具斑点，身体下部颜色较浅。

○ **小眼双髻鲨** *Sphyrna tudes*   第569页

分布于西大西洋；水深5—80米。头髻宽，呈棒槌状，前缘呈弧形，中凹陷和侧凹陷深，后缘无凹陷，无鼻孔前沟，吻部短，吻长小于1/3头宽，嘴部中等大，呈宽弧形；第一背鳍下角位于腹鳍末端上方，臀鳍后缘中等凹陷，上尾鳍前凹呈横新月状；体表为灰棕色至金色，身体下部颜色较浅。

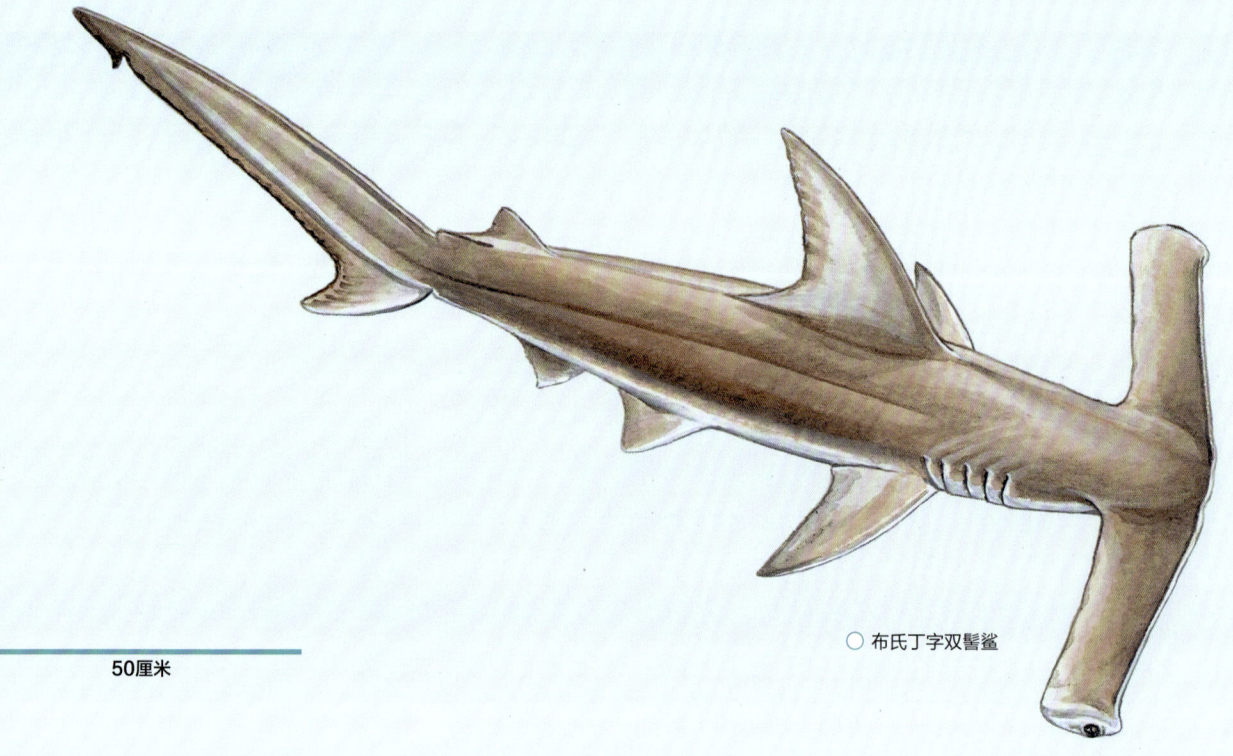

50厘米

○ 布氏丁字双髻鲨

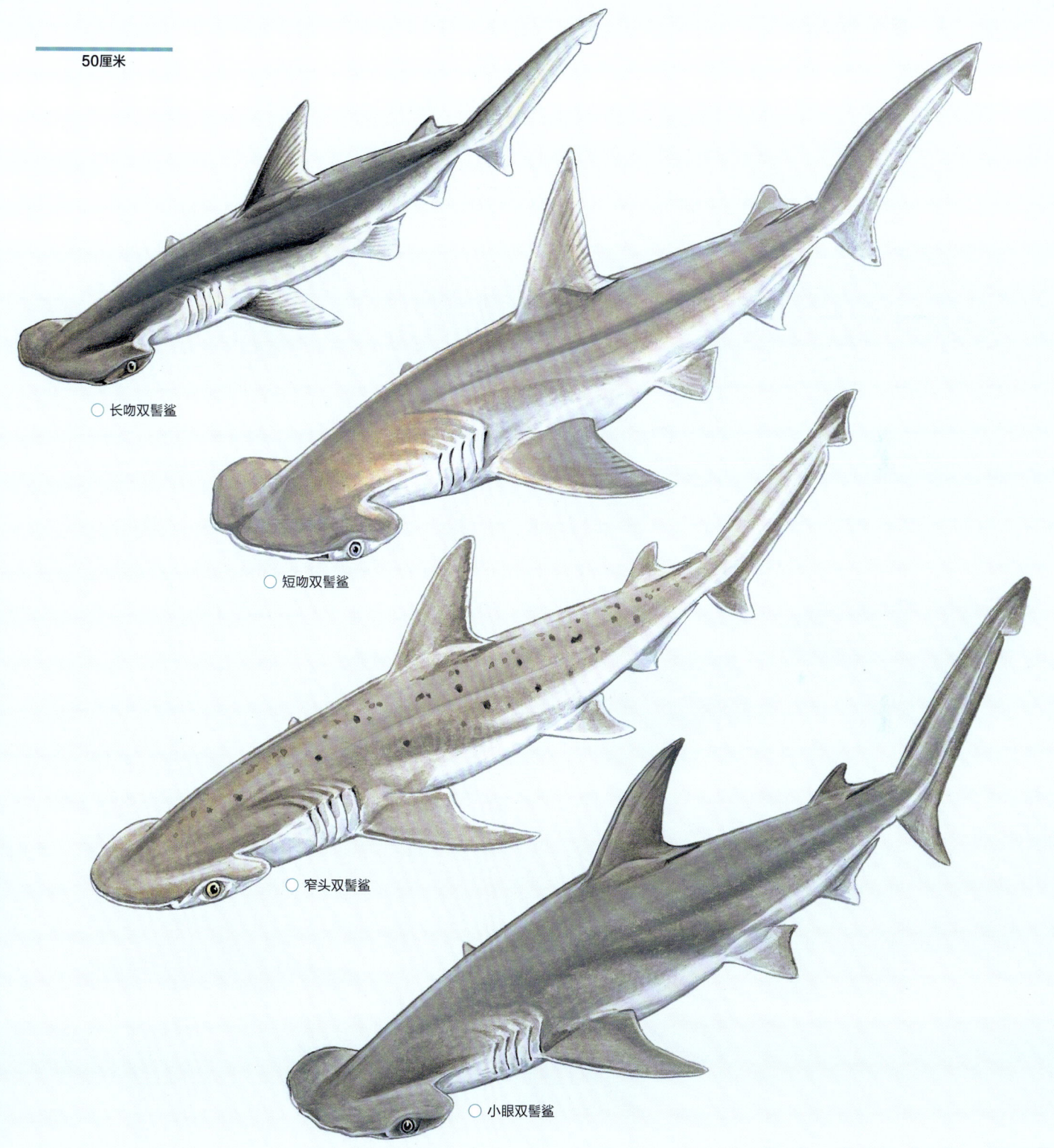

50厘米

○ 长吻双髻鲨

○ 短吻双髻鲨

○ 窄头双髻鲨

○ 小眼双髻鲨

○ **路氏双髻鲨** *Sphyrna lewini* 第566页

世界范围内广布；水深0—1043米。头髻宽而狭长，前缘呈弧形，头部前缘中凹陷和侧凹陷明显，鼻孔前沟发育良好，吻部短，约为头宽的1/5至1/3，嘴部呈宽弧形；第一背鳍高度中等，第二背鳍较低，高度低于臀鳍；上尾鳍前呈横新月状，身体上部为浅灰色或铜色，胸鳍尖端为暗灰色，尾鳍下叶具黑斑，身体下部为白色。西大西洋种群与吉氏双髻鲨（*Sphyrna gilberti*）在外部形态上难以区分。

○ **无沟双髻鲨** *Sphyrna mokarran* 第567页

世界范围内广布；水深0—300米。头髻宽而狭长，前缘几近平直，前缘中凹陷和侧凹陷明显，鼻孔前沟无或较弱，吻长小于1/3头宽，嘴部呈宽弧形；第一背鳍极高，呈镰刀状，第二背鳍高等于臀鳍高；上尾鳍前凹呈横新月状；身体上部为浅灰色或灰棕色，各鳍无斑纹，身体下部为白色。

○ **锤头双髻鲨** *Sphyrna zygaena* 第569页

世界范围内广布；水深0—200米。头髻宽而狭长，前缘呈弧形，前缘无中凹陷，但侧凹陷明显，鼻孔前沟发育良好，吻长等于1/5或小于1/3头宽，嘴部呈宽弧形；第一背鳍中等高，第二背鳍较低，小于臀鳍高；上尾鳍前凹呈横新月状；体表为橄榄灰色或深灰棕色，胸鳍尖端下方暗灰色，身体下部为白色。

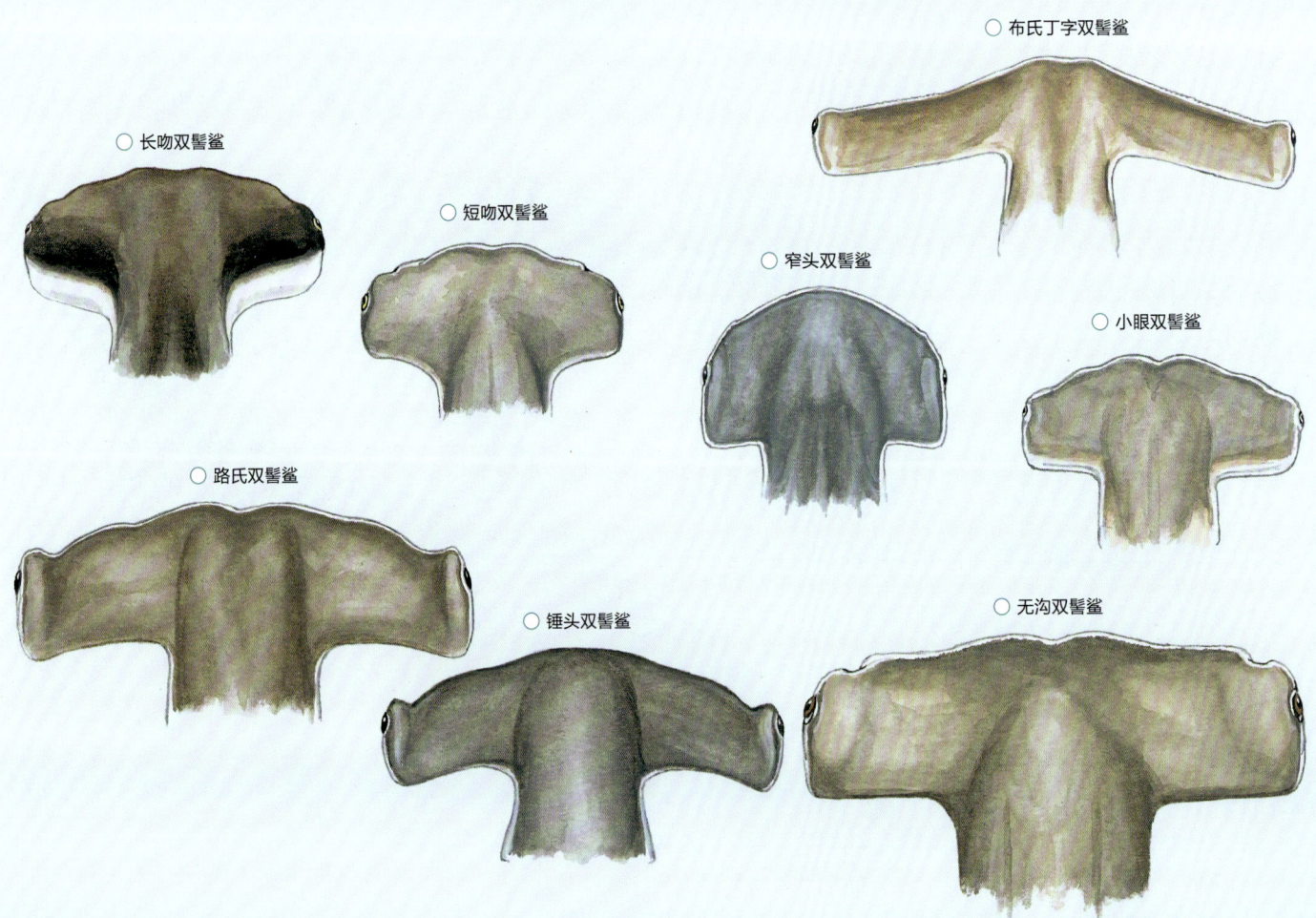

○ 布氏丁字双髻鲨

○ 长吻双髻鲨

○ 短吻双髻鲨

○ 窄头双髻鲨

○ 小眼双髻鲨

○ 路氏双髻鲨

○ 锤头双髻鲨

○ 无沟双髻鲨

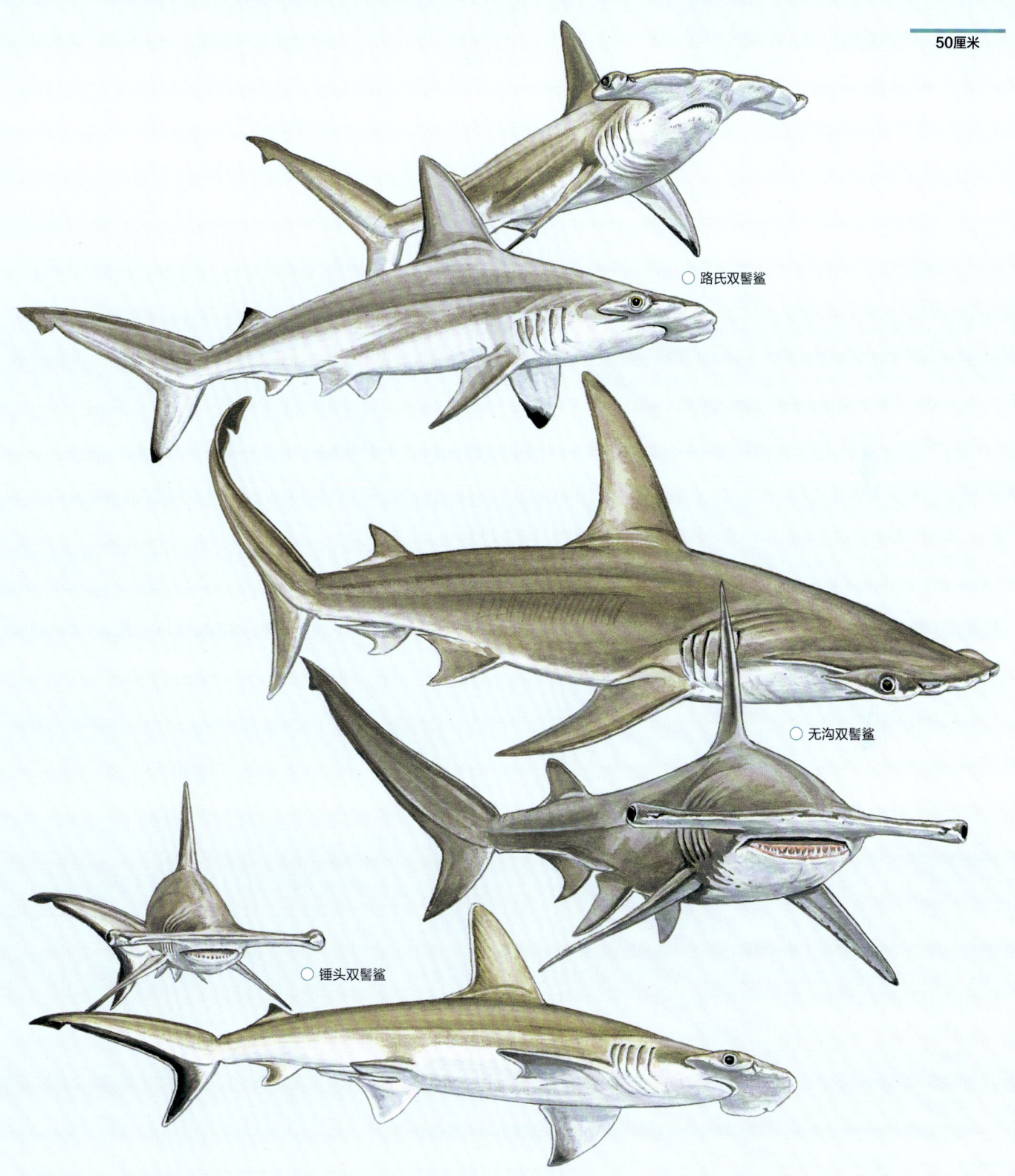

○ 路氏双髻鲨

○ 无沟双髻鲨

○ 锤头双髻鲨

布氏丁字双髻鲨 *Eusphyra blochii*　　　　FAO代码：**EUB**　　图版 第560页

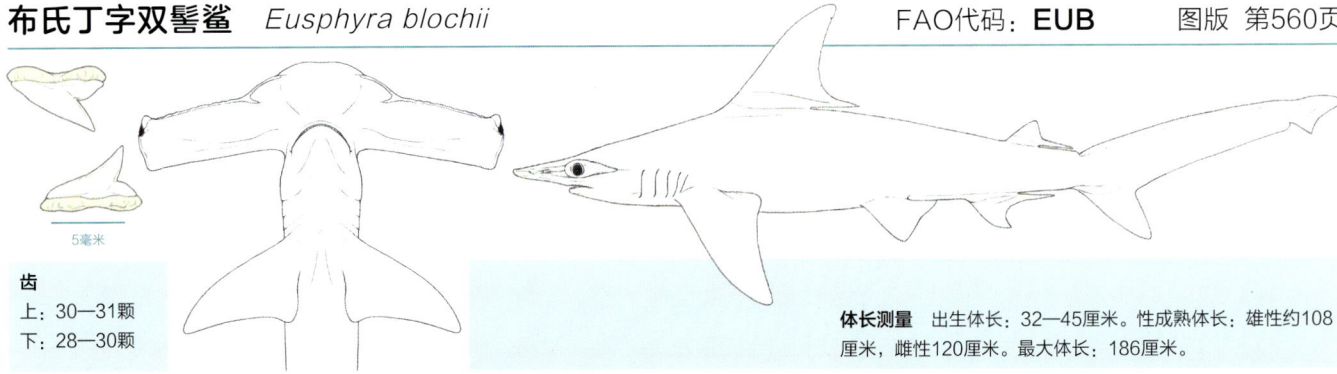

齿
上：30—31颗
下：28—30颗

体长测量　出生体长：32—45厘米。性成熟体长：雄性约108
厘米，雌性120厘米。最大体长：186厘米。

　　鉴定　体型中等，身体细长。头部极宽，呈翼状，头髻极宽而狭长，极易辨认；眼间距等于全长的一半。第一背鳍起点位于胸鳍基部上方，比其他双髻鲨科物种更靠前。上尾鳍前凹纵向，不呈新月状。身体上部为棕色，下部为白色。

　　分布　西太平洋和北印度洋：波斯湾到澳大利亚和中国。

　　栖息地　大陆架和岛屿陆架的浅水，水深至127米。

　　行为　据报道，怀孕的雌性会互相攻击。以小鱼为食，也以头足类和甲壳类动物为食。

　　生物学　胎生，卵黄囊胎盘，妊娠期8—11个月，每胎6—25尾胎仔（平均11尾）。雄性性成熟年龄为5.5岁，雌性性成熟年龄为7.2岁，最大寿命为21岁。

　　保护状态　濒危（EN）。除澳大利亚水域外，全部分布区域中本种均受到大量捕捞。在澳大利亚本种被评估为无危，因其在商业捕捞中的比重极小。目前尚无攻击人类的记录。

长吻双髻鲨 *Sphyrna corona*　　　　FAO代码：**SSN**　　图版 第560页

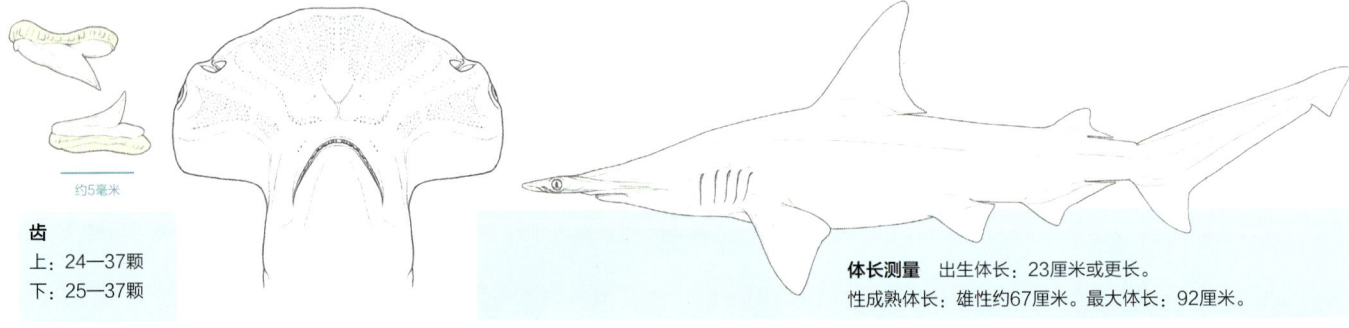

齿
上：24—37颗
下：25—37颗

体长测量　出生体长：23厘米或更长。
性成熟体长：雄性约67厘米。最大体长：92厘米。

　　鉴定　体型较小。头髻呈槌状，宽度中等，前缘呈弧形，具中凹陷和侧凹陷，后缘较平直；无鼻孔前沟；吻部较长，约为头宽的2/5。嘴部小，弧度较大。第一背鳍下角位于腹鳍基部末端上方。臀鳍后缘几近平直。上尾鳍前凹横新月状。身体上部为灰色。身体下部为白色，延伸至头部后方。

　　分布　东太平洋：加利福尼亚湾至秘鲁。

　　栖息地　大陆架，本种主要为一大陆沿岸种，水深0—100米。

　　行为　未知。

　　生物学　胎生的，每胎可能有2尾胎仔。

　　保护状态　极危（CR）。在其全部分布区域内被各种不受管理的商业捕鱼活动和个体渔业大量捕捞；曾经很稀有，但目前已全无记录。

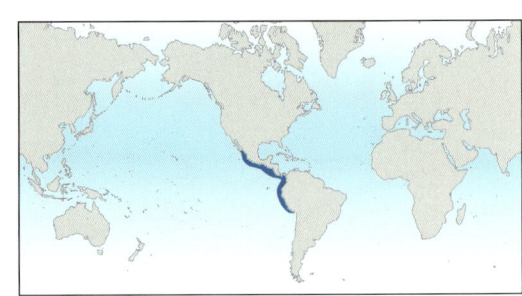

吉氏双髻鲨 *Sphyrna gilberti*

FAO代码：**SPN**　　图版 第560页

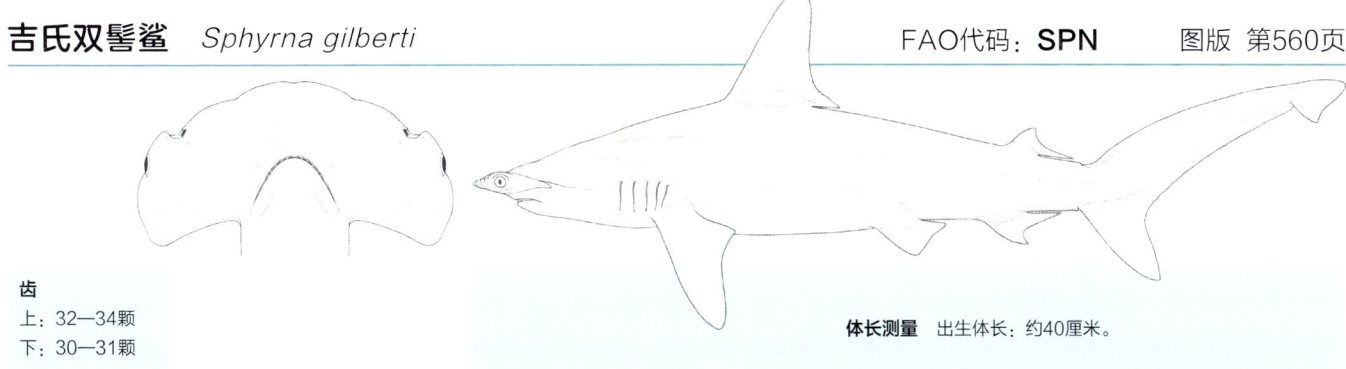

齿
上：32—34颗
下：30—31颗

体长测量　出生体长：约40厘米。

　　鉴定　体型较大的双髻鲨，外部形态上与路氏双髻鲨（*Sphyrna lewini*）难以区分（参考第566页）。仅有的形态学差异为：头长大于20%尾鳍前体长，尾前椎骨数不超过91枚。背部颜色为均一的灰色或棕色，腹部为白色，胸鳍腹面为白色至灰色，尾鳍下叶为灰色至黑色。分子生物学研究表明本种为路氏双髻鲨中的隐存种。

　　分布　西北大西洋：美国东南部，靠近南卡罗来纳州。巴拿马和巴西可能也有分布。

　　栖息地　由于此前与路氏双髻鲨的混淆，本种的栖息范围目前尚不清楚，但可能与路氏双髻鲨生境相似，从近岸至水深至少100米。

　　行为　未知。

　　生物学　胎生，但由于被误认为是路氏双髻鲨，所以其他的知之甚少。食物可能包括硬骨鱼类、头足类和甲壳类动物。

　　保护状态　数据缺乏（DD）。分布、深度范围和渔业活动影响未知。

短吻双髻鲨 *Sphyrna media*

FAO代码：**SPE**　　图版 第560页

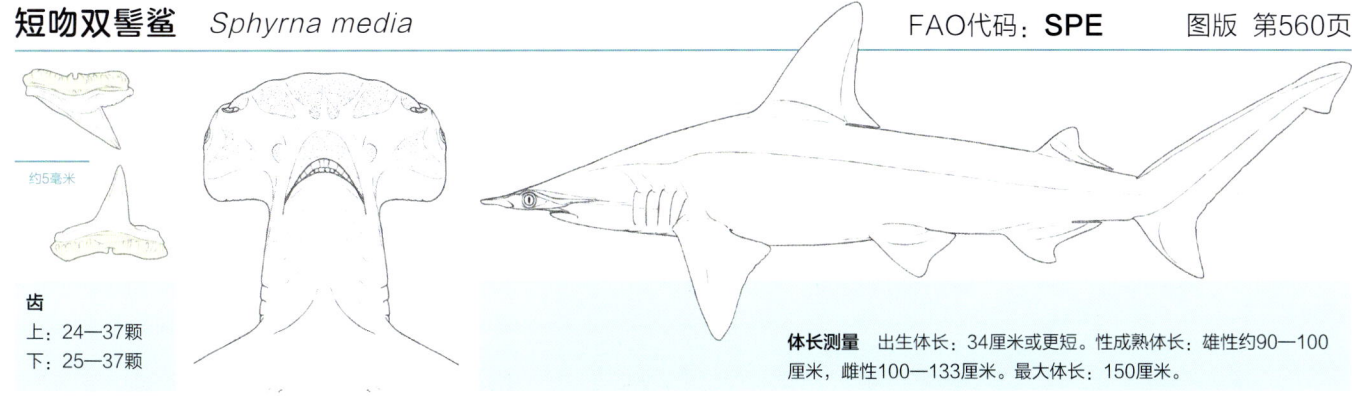

约5毫米

齿
上：24—37颗
下：25—37颗

体长测量　出生体长：34厘米或更短。性成熟体长：雄性约90—100厘米，雌性100—133厘米。最大体长：150厘米。

　　鉴定　体型较小。头髻呈槌状，中等宽，前缘呈弧形，中凹陷和侧凹陷不太明显，后缘平直；无鼻孔前沟；吻部较短，约为头宽的1/3。嘴部中等大，呈宽弧形。第一背鳍下角位于腹鳍基部末端上方。上尾鳍前凹呈横新月状。身体上部为灰棕色，下部颜色较浅。

　　分布　西大西洋：巴拿马到巴西南部。东太平洋：加利福尼亚湾到厄瓜多尔，也有可能是秘鲁北部。

　　栖息地　大陆架，0—100米。红树林可能是幼鱼的重要栖息地。

　　行为　未知。

　　生物学　一无所知。

　　保护状态　极危（CR）。这种小型双髻鲨在20世纪70年代数量较多且常见，但此后受到了不受管理的过度捕捞以及红树林生境消失及退化的影响。本种的分布范围已经缩减，最近的记录也较为分散少见。

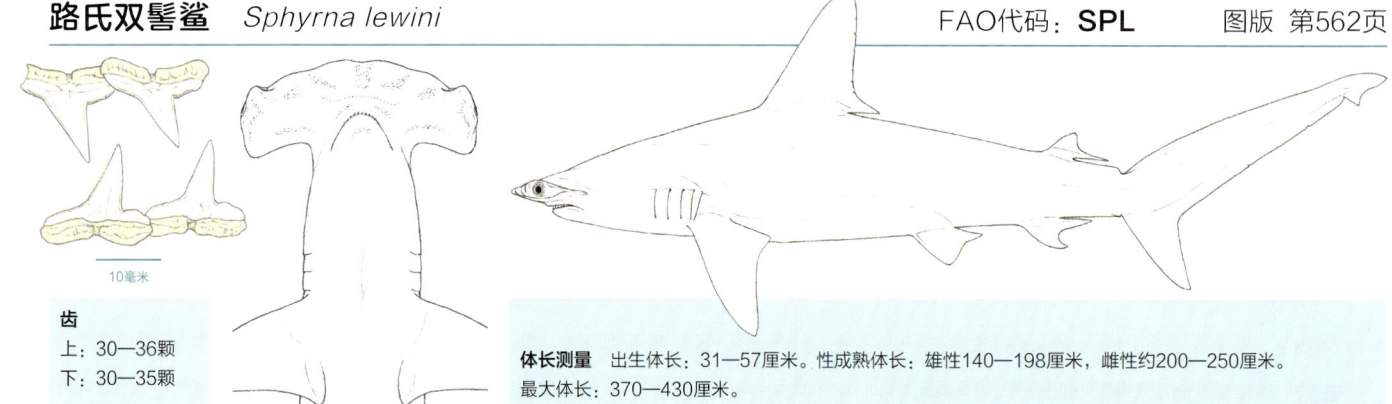

路氏双髻鲨 *Sphyrna lewini*

FAO代码：**SPL**　　图版 第562页

齿

上：30—36颗

下：30—35颗

10毫米

体长测量　出生体长：31—57厘米。性成熟体长：雄性140—198厘米，雌性约200—250厘米。最大体长：370—430厘米。

鉴定　体型大的鲨鱼。头髻宽而狭长，前缘呈弧形，前缘具一中凹陷和两个较小的侧凹陷。第一背鳍中等高度。身体上部为浅灰色或铜色，身体下部为白色。胸鳍尖端为黑色或灰色；尾鳍下叶具黑色斑块。路氏双髻鲨中的隐存种吉氏双髻鲨（*Sphyrna gilberti*）仅能从分子水平与前者相区别，且吉氏双髻鲨广泛分布于西大西洋。

分布　世界性广布，生活在暖温带和热带海域沿岸开阔水域，具有半远洋性的物种。不同地域的种群在遗传学上也有分别。

栖息地　大陆架和岛屿陆架上方及邻近的深水区，从海面至水深超过1043米，通常位于近岸以及封闭内湾和河口。未成年个体通常出现在沿岸浅海，亚成年个体出现于更深的海域，而成体在离岸更远的海域和海山附近聚集。夏季，路氏双髻鲨倾向于停留在温跃层下方的冷水中，在气温更低的月份生活在更靠近海面的水层。

行为　季节性洄游，具有集群性的鲨鱼。白天时大群路氏双髻鲨（主要是雌性）在海山和离岸较远的岛屿附近聚集，在夜晚则单独或聚成小群捕猎。被标记的雌性路氏双髻鲨在马尔佩洛岛、科科斯岛和加拉帕戈斯群岛之间规律地移动（部分岛屿的间距可达600—700千米之外），但会回到中美洲海岸同一个近岸浅水育儿场分娩。雌性一般不会扩散至其他地区，但雄性扩散距离要长得多。

生物学　胎生，雌性每胎分娩12—41尾胎仔，妊娠期8—12个月，随后是一

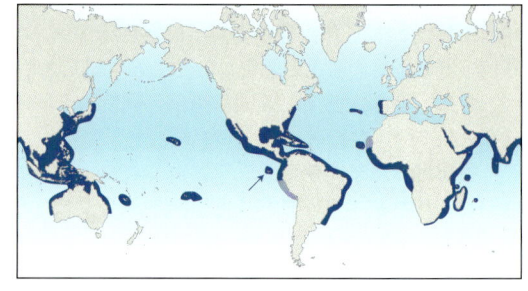

年的休息期。生长参数在各个种群之间不一致。在较冷的水域中，路氏双髻鲨较热带地区生长速度更慢，体型更小。雄性性成熟年龄为10岁，雌性为13—15岁，寿命最大可达35年。路氏双髻鲨捕食硬骨鱼类、鲨鱼、魟鱼和无脊椎动物；据报道，在一些路氏双髻鲨种群衰退的地区，它们猎物的体型有所增长。

保护状态　极危（CR）。在许多地区，包括离岸较远的地区和育儿场，这个曾经数量较多、广泛分布的物种都已被严重过度捕捞。在全球范围内，本种的种群数量已经衰退了超过80%。由于尺寸规格大，且角质鳍条极其细密，双髻鲨的鱼翅在国际鱼翅贸易中价值极高。路氏双髻鲨和锤头双髻鲨的鱼翅在2003年的某地鱼翅市场中合计占了4.4%的比重。到2014—2015年，路氏双髻鲨成为鱼翅贸易中数量第三多的鲨鱼物种，根据分子生物学分析，本种占贸易鱼翅的4%，除此之外，锤头双髻鲨还占了3.4%。路氏双髻鲨被列入了濒危野生动植物种国际贸易公约（CITES）和保护野生动物迁徙物种公约（CMS）附录2，在地中海水域受到保护，而在受养护大西洋金枪鱼国际委员会（ICCAT）和美洲热带金枪鱼委员会（IATTC）管理的东太平洋远洋渔业中，本种为禁捕种。聚集成大群的雌性在潜水旅游业中极受欢迎。

路氏双髻鲨（*Sphyrna lewini*）

无沟双髻鲨 *Sphyrna mokarran*

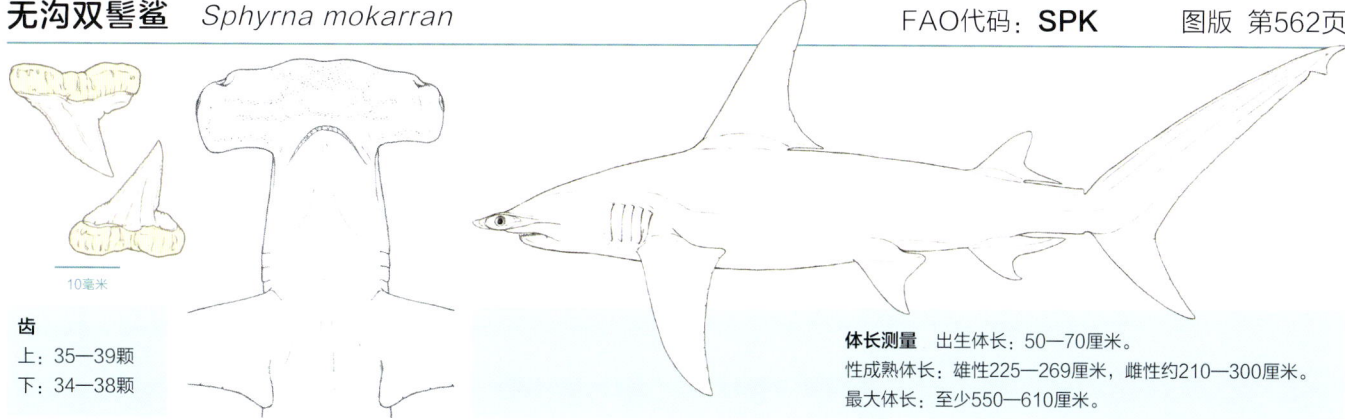

齿
上：35—39颗
下：34—38颗

体长测量 出生体长：50—70厘米。
性成熟体长：雄性225—269厘米，雌性约210—300厘米。
最大体长：至少550—610厘米。

鉴定 体型极大的双髻鲨，头髻宽大，前缘近乎平直，头部中央有一凹陷。第一背鳍极高且弯曲。第二背鳍和臀鳍较高，后缘凹入。身体上部为浅灰色或灰棕色。各鳍无斑纹。身体下部为白色。

分布 分布在世界范围内的热带海洋。

栖息地 沿岸的开阔水域和半远洋水域，大陆架上方，岛屿阶地，珊瑚环礁和珊瑚礁的水道与潟湖，近岸至离岸较远的水域，水深0—300米或更深。

行为 居无定所，季节性洄游。

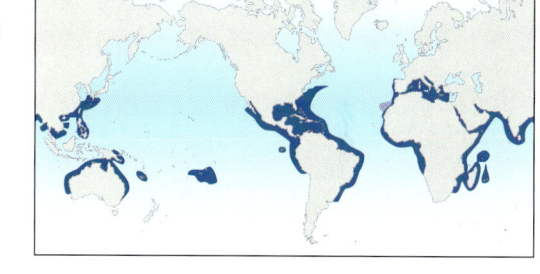

生物学 胎生，每胎6—42尾胎仔，妊娠期7—11个月。性成熟年龄随地域变化，但通常为5—6岁，雄性寿命最长达42年，雌性44年。猎物类型多样；尤其偏好捕食魟鱼和其他鳐总目软骨鱼、石斑鱼和海鱼。

保护状态 极危（CR）。数量一直不丰富，由于以其为目标的渔业和兼捕，本种已经经历了严重的种群衰退。2014—2015年间本种具有极高价值的鱼翅在贸易中所占比重相较于锤头双髻鲨和路氏双髻鲨小得多。在某些地区对潜水旅游业很重要。它可能偶尔会咬人。

无沟双髻鲨（*Sphyrna mokarran*）

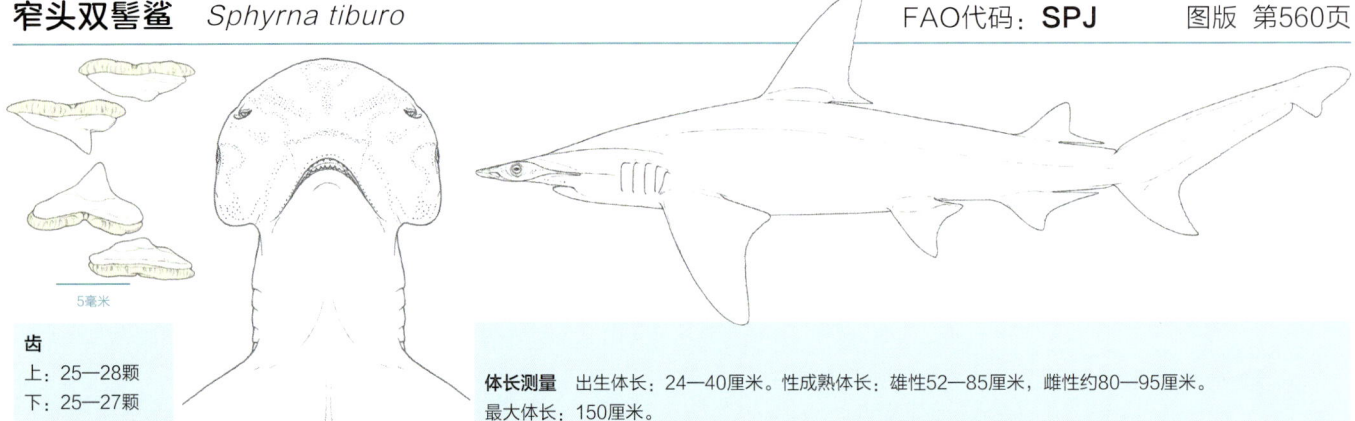

窄头双髻鲨 *Sphyrna tiburo*

齿
上：25—28颗
下：25—27颗

5毫米

体长测量　出生体长：24—40厘米。性成熟体长：雄性52—85厘米，雌性约80—95厘米。
最大体长：150厘米。

鉴定　小型鲨鱼。独特、非常狭窄、光滑、铲形的头髻。第一背鳍下角位于腹鳍起点前方。臀鳍后缘浅凹。体表上部呈灰色或灰褐色，通常有小黑点散布；腹部呈浅色。

分布　西大西洋：美国罗德岛至巴西。东太平洋：加利福尼亚南部到厄瓜多尔。

栖息地　大陆架和岛屿陆架，泥质和沙质海床上方，或珊瑚礁、河口、浅海湾和运河，水深0—90米（主要为10—25米）。怀孕的雌性在浅水中最常见。

行为　具洄游性和社会性。通常聚集成3—15条的小群，极少单独活动。行为研究充分且复杂。

生物学　胎生，每胎4—21尾胎仔。雄性和雌性的性成熟期因地区而异，但都在2—3岁左右；最大寿命为约8—12岁。主要吃甲壳类动物，也吃双壳类、章鱼和小鱼。本种是第一种被证实可进食并消化植物的鲨鱼。

保护状态　濒危（EN）。曾经数量丰富，但由于在其大部分分布范围内进行的强度较大的渔业活动，本种现在大西洋和太平洋中已极稀有或消失。仅在美国水域有较低的捕捞死亡率。在公共水族馆中有饲养展览。

窄头双髻鲨（*Sphyrna tiburo*）

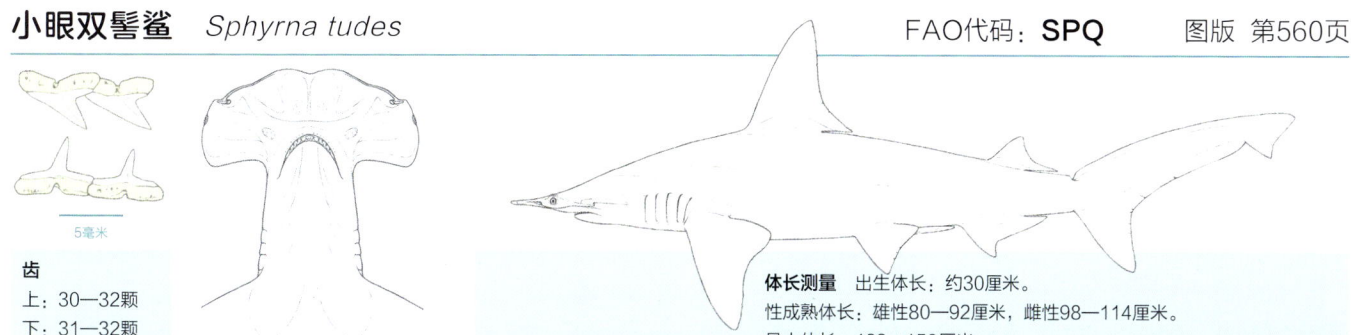

小眼双髻鲨　*Sphyrna tudes*

FAO代码：**SPQ**　　图版　第560页

齿
上：30—32颗
下：31—32颗

体长测量　出生体长：约30厘米。
性成熟体长：雄性80—92厘米，雌性98—114厘米。
最大体长：122—150厘米。

鉴定　头髻呈槌状，宽弧形，头部前缘具深凹陷，后缘平直；吻部短。嘴部较大，呈宽弧形。第一背鳍下角位于腹鳍基部末端上方。上尾鳍前凹呈横新月状。身体上部为灰棕色至金色，身体下部颜色较浅。

分布　西大西洋：委内瑞拉到巴西。来自地中海和西非的旧记录是基于路氏双髻鲨（*Sphyrna lewini*），而不是本物种。

栖息地　大陆架，水深80米或更深。

行为　育儿场位于较浅的泥质海湾中。

生物学　胎生，每胎5—19尾胎仔，妊娠期为10个月。捕食小型硬骨鱼、新生的路氏双髻鲨、小型甲壳类动物和鱿鱼。

保护状态　极危（CR）。在其分布范围内被不受管理的商业捕捞活动和个体渔业作为目标物种或兼捕渔获物，导致了严重的种群衰退和局域性灭绝。

锤头双髻鲨　*Sphyrna zygaena*

FAO代码：**SPZ**　　图版　第562页

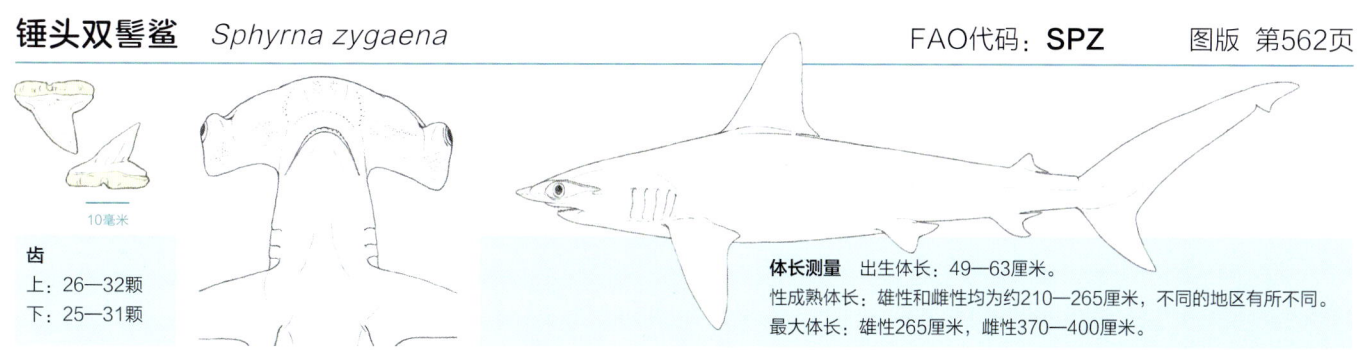

齿
上：26—32颗
下：25—31颗

体长测量　出生体长：49—63厘米。
性成熟体长：雄性和雌性均为约210—265厘米，不同的地区有所不同。
最大体长：雄性265厘米，雌性370—400厘米。

鉴定　体型较大的双髻鲨。头部前缘呈弧形，中间无凹陷。第一背鳍高度中等。第二背鳍较低，小于臀鳍高度的一半。身体上部为橄榄灰色或深灰棕色。胸鳍尖端腹面为暗灰色。身体下部为白色。

分布　世界范围内的热带和温带水域（可以忍受比其他双髻鲨更低的水温）。

栖息地　大陆架和岛屿陆架，近岸至离岸很远的水域，水深0—200米，可能达到500米。

行为　年幼个体（最长达1.5米）有时聚集成极大的鱼群进行洄游。

生物学　胎生，妊娠期10—11个月，每胎20—50尾胎仔。性成熟期约15年，最大寿命为24—25岁。本种是繁殖力最强的大型双髻鲨。以硬骨鱼、小型鲨鱼、鳐鱼和魟鱼为食。

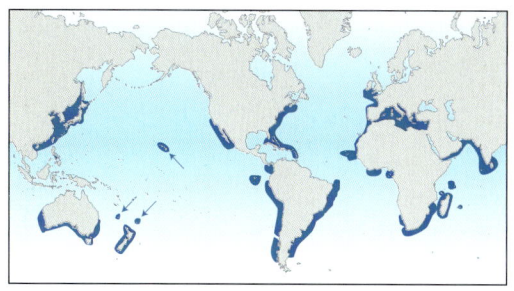

保护状态　易危（VU）。在其分布范围内是商业捕捞活动和个体渔业的目标物种或兼捕渔获物。除西北大西洋，澳大利亚和新西兰外，本种的渔业活动很大程度上不受管理。地中海种群受到保护；而在受养护大西洋金枪鱼国际委员会（ICCAT）和美洲热带金枪鱼委员会（IATTC）管理的远洋渔业中禁止保留。并列入濒危野生动植物种国际贸易公约（CITES）和保护野生动物迁徙物种公约（CMS）附录2。

附录1 大洋和海

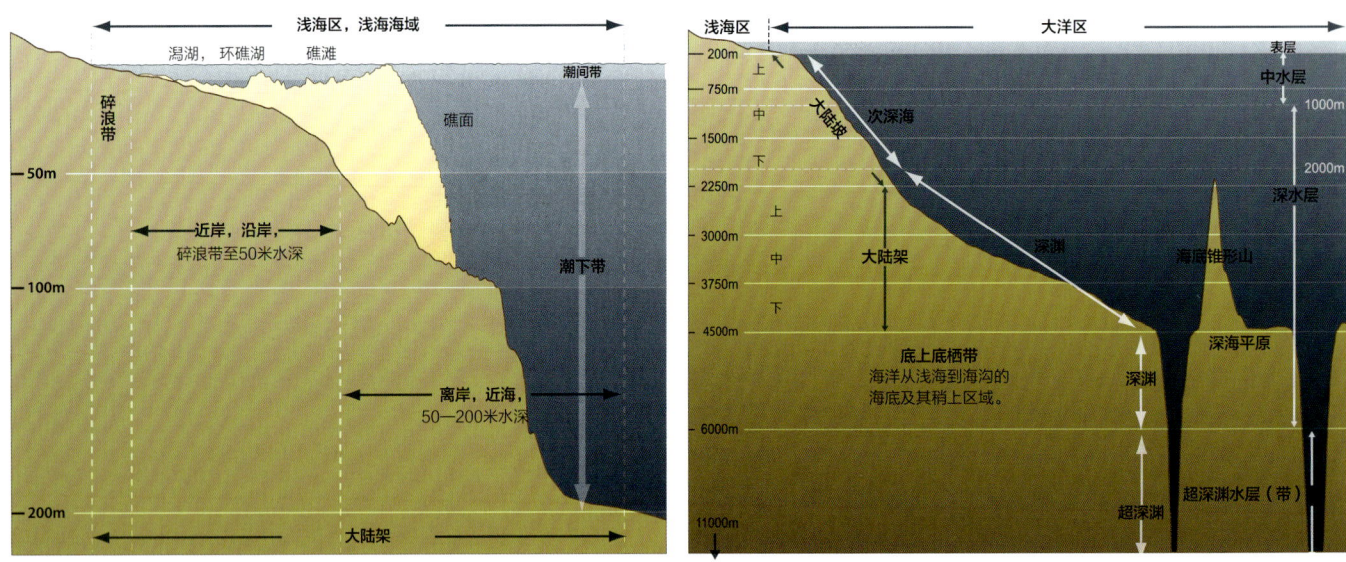

（上图）大陆架区，包括珊瑚礁区
（右图）海洋带

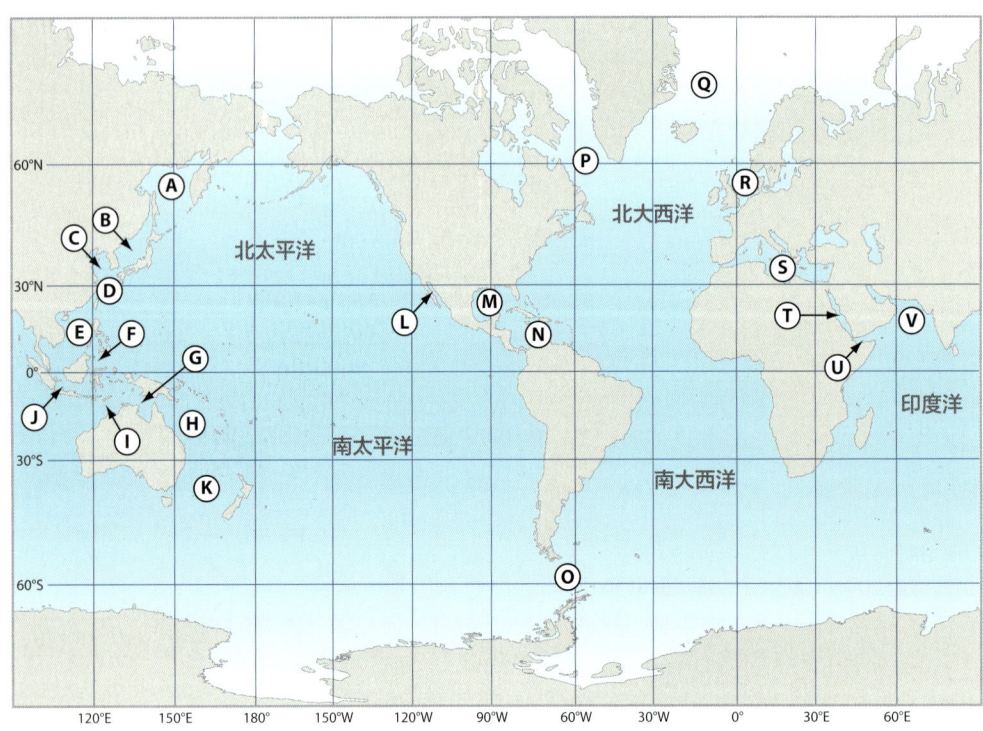

A 鄂霍次克海 158.3万平方千米；859米
B 日本海 97.8万平方千米；1752米
C 黄海 38万平方千米；44米
D 东海 124.9万平方千米；188米
E 南海 350万平方千米；1212米
F 西里伯斯海 28万平方千米；
G 阿拉弗拉海 65万平方千米；
H 珊瑚海 479.1万平方千米；2394米
I 帝汶海 61万平方千米；406米
J 爪哇海 31万平方千米；46米
K 塔斯曼海 230万平方千米；
L 加利福尼亚湾 16万平方千米；818米
M 墨西哥湾 160万平方千米；1615米
N 加勒比海 275.4万平方千米；2200米
O 斯科舍海 90万平方千米；3500米
P 拉布拉多海 84.1万平方千米；1898米
Q 格陵兰海 120.5万平方千米；1444米
R 北海 75万平方千米；95米
S 地中海 97万平方千米；1500米
T 红海 43.8万平方千米；490米
U 亚丁湾 53万平方千米；1800米
V 阿拉伯海 386.2万平方千米；4652米

本书涉及的较大水域；数字显示海域面积和平均水深

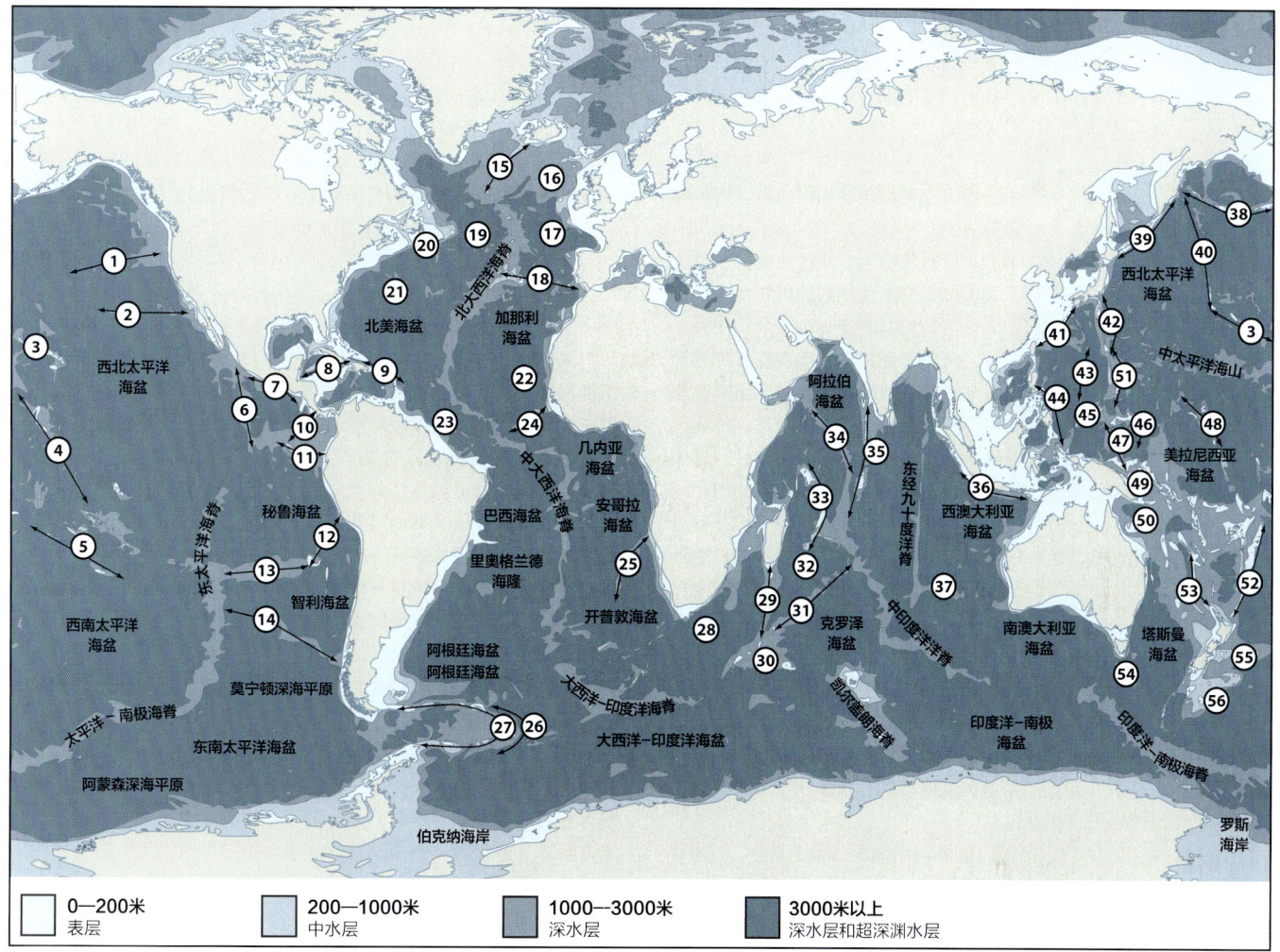

图例
| | 0—200米 表层 | | 200—1000米 中水层 | | 1000—3000米 深水层 | | 3000米以上 深水层和超深渊水层 |

1 门多西诺断裂带
2 默里断裂带—412米
3 夏威夷海脊
4 莱恩群岛
5 澳大利亚海脊
6 东太平洋海隆
7 中美海沟—6662米
8 开曼海沟—7536米
9 波多黎各海沟—8742米
10 科科斯海脊
11 卡内基海脊
12 纳斯卡海脊
13 萨尔-戈麦斯海脊
14 挑战者断裂带
15 雷克雅内斯海脊—550米
16 罗科尔海床

17 东北大西洋海盆—5943米
18 亚速尔-圣文森特角山脉
19 纽芬兰海盆—4685米
20 大浅滩—69米
21 百慕大海隆
22 佛得角海底高原
23 圭亚那海盆
24 塞拉利昂海隆
25 沃尔维斯海脊—24米
26 南桑威奇海沟—8325米
27 斯科舍海脊
28 阿古哈斯海底高原
29 马达加斯加海脊—18米
30 克罗泽海底高原
31 西南印度洋海脊
32 马达加斯加海盆—6400米

33 马斯卡林海山—8米
34 卡尔斯伯格海脊
35 马尔代夫海脊
36 爪哇海脊和海沟—7125米
37 西澳大利亚海脊
38 阿留申海沟—782米
39 千岛海沟—10542米
40 帝王海山链
41 琉球海沟—7181米
42 日本海沟—10374米
43 九州-帕劳海脊
44 菲律宾海沟—10497米
45 帕劳海沟—8054米
46 东加罗林海沟—7208米
47 新几内亚海隆
48 马绍尔群岛

49 新不列颠海沟—9140米
50 珊瑚海海盆
51 马里亚纳海沟—11022米
52 克马代克和汤加海沟—10047米
53 诺福克岛海脊和海槽
54 塔斯曼海底高原—770米
55 查塔姆海隆
56 新西兰海底高原

主要海洋物理特征

附录2 实地观察

许多读者会用这本书来识别他们在潜水或垂钓时见到的鲨鱼，而且他们可能主要会遇到相当常见和广泛分布的物种。即便如此，把你的观察记录下来也是值得的，因为人们甚至对一些分布最广的物种也缺乏科学知识。每一个人都可以提供重要的新信息，特别是如果他们所处的地区鲨鱼的研究很少。

在处理活体鲨鱼之前，请记住这些动物是生活在水中的。它们的内脏器官（肠道、肝脏等）周围没有陆生动物的肋骨和腹部肌肉那样的保护和支撑。因此，如果在没有良好腹部支撑（如用吊索）的情况下将它们从水中提起，它们极易受到损伤。尽可能多在船边的水中进行测量，不要把鲨鱼抱出来，并尽量确保测量完鲨鱼在良好的状态下被释放！如果鲨鱼已经有一段时间一动不动了，你可能需要花一些时间帮助鲨鱼让富氧的海水重新流过它的鳃部。轻轻地在水中推动或拉动鱼体(头朝前、自然地拉动)应该会对此有帮助。

关于安全处理鲨鱼的若干行为准则和良好实践指南可以在网上获得。这些守则和指南旨在最大限度地减少对渔获物和垂钓者的伤害。网址如：www.rac-spa.org/sites/default/files/doc_fish/gl_shark_ray_en.pdf，以及www.sharktrust.org/pages/faqs/category/angling-project。尤其是鱼市，是一些鲜为人知甚至完全不为人知的鲨鱼研究材料的最佳狩场。您可能需要起个大早，以便在鱼上岸、被切断和出售之前看到它们。建议您穿上事后可以清洗（或扔掉）的旧衣服和旧鞋子。不过，这样的寻鲨经历确实令人难忘。运气好的话，如果您对渔民或商贩的存货表现出浓厚的兴趣的话，他们会热情地提供帮助。

无论是来自水中的、在船边的鱼钩和绳索上活体鲨鱼，还是来自船上或岸上，或是死体标本，在可能的情况下，应记录以下信息：

1. 观察者或采集者的姓名和地址。
2. 采集日期、时间、地点、生境及水深（若有）。
3. 其他相关观察（如行为）。
4. 整个标本的照片，特别是如果它是一个不常见的记录或采集地点超出其通常的地理范围，请参照第581页的指导。
5. 测量。垂钓者喜欢记录重量，但是重量的变化取决于一年中的时期，比如生殖周期的不同阶段，体重变化会很大。科学家更喜欢记录长度，而不是体重。总长度应记录为点对点的直线距离，而不是测量身体上的曲线距离。尾鳍前长（从吻尖到尾部起点之间的长度）是另一个重要的测量值，比总长度更容易记录。其他有用的测量部位将在下文中图示说明。
6. 记录鱼体性别，雄性鲨鱼交接器鳍脚的照片可能对判断其成熟度很有参考价值，以及雌性鲨鱼是否有怀孕的迹象。
7. 如果标本已经死亡，则应取出完整上、下颚齿并晾干（贴上标签），或保留整个颌骨。后者应钉在木板上晾干，以防变形。如果可能，还可以保留并晾干鳍和脊椎骨。这对确

认难以鉴别的物种非常有用。还可以从干燥的组织中提取DNA进行科学研究。

8. 如果标本已经死亡且体型较小，而且显然不同寻常，那么保留整尾鲨鱼可能会有帮助。在短期内，冷冻是最简单的方法。从长远来看，有必要使用福尔马林或酒精来固定和保存。但是这些程序通常在博物馆中进行，因为很难安全地储存这些有毒和易燃的化学物质。更多信息，请参阅 Compagno（2001）www.fao.org/3/x9293e/x9293e.pdf。

请记住，本野外指南中所描述的许多物种，在未来的日子里很可能最终被证实是两个或多个非常相似的物种。近缘物种可以通过缜密的观察和测量、体型差异（它们的性成熟体长可能完全不同）、不同的栖息地和捕食猎物的种类、分布区域的不同（但有时会重叠）来加以区分。通常这些相似物种之间存在着方方面面的混淆，使得人们非常难以准确地了解每个物种的分布、栖息地、生活史和其他生物特征。良好的记录有助于克服这些问题。

鲨鱼的记录，特别是不常见的物种或在其通常分布区以外记录到的物种，应送交所在国的相关国家或州的博物馆或渔业部门。郡生物记录中心可能有兴趣接收英国的记录。特别是如果这是该国家或地区的首次记录，至少要附上一个该标本的高画质照片。但在寄送任何标本（尤其是大型标本）之前，请联系馆长并提供详细信息。虽然每个国家都需要本国的鱼类标本收藏作为参考，以帮助培训本国的渔业工作人员和研究人员，并供来访的科学家使用，同时应该不时提供新的标本，但是一些机构可能没有必要的设施来管理这些标本，并使其一直保持良好状态。在这种情况下，或者如果采集到的重要标本不止一尾，可能有必要将其同时或直接送往某个主要的国际鱼类标本保藏中心。

CDM 尾鳍背缘	**CPV** 尾鳍前腹缘
CPU 尾鳍上后腹缘	**CPL** 尾鳍下后腹缘
CFW 尾鳍叉宽	**CST** 尾鳍近端边缘
CSW 尾鳍近端宽	**CTR** 尾鳍末端边缘
CFL 尾鳍叉长	**CTL** 尾鳍端叶

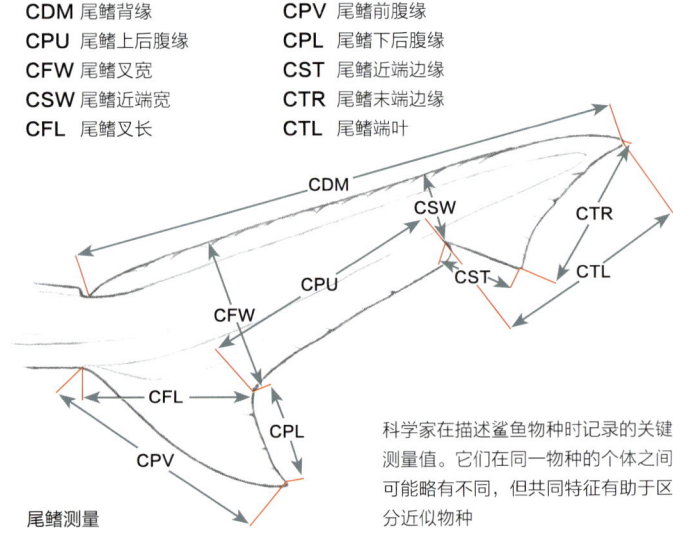

尾鳍测量

科学家在描述鲨鱼物种时记录的关键测量值。它们在同一物种的个体之间可能略有不同，但共同特征有助于区分近似物种

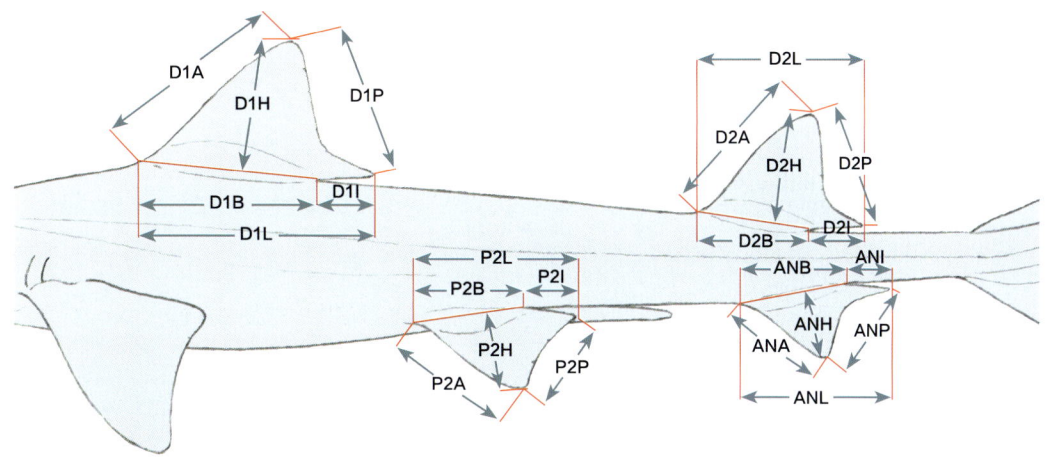

D1A 第一背鳍前缘		**D2A** 第二背鳍前缘		**P2A** 腹鳍前缘		**ANA** 臀鳍前缘	
D1P 第一背鳍后缘		**D2P** 第二背鳍后缘		**P2P** 腹鳍后缘		**ANP** 臀鳍后缘	
D1H 第一背鳍高		**D2H** 第二背鳍高		**P2H** 腹鳍高		**ANH** 臀鳍高	
D1B 第一背鳍基		**D2B** 第二背鳍基		**P2B** 腹鳍基部		**ANB** 臀鳍基	
D1I 第一背鳍内缘		**D2I** 第二背鳍内缘		**P2I** 腹鳍内缘		**ANI** 臀鳍内缘	
D1L 第一背鳍长		**D2L** 第二背鳍长		**P2L** 腹鳍长		**ANL** 臀鳍长	

背鳍、腹鳍和臀鳍的测量

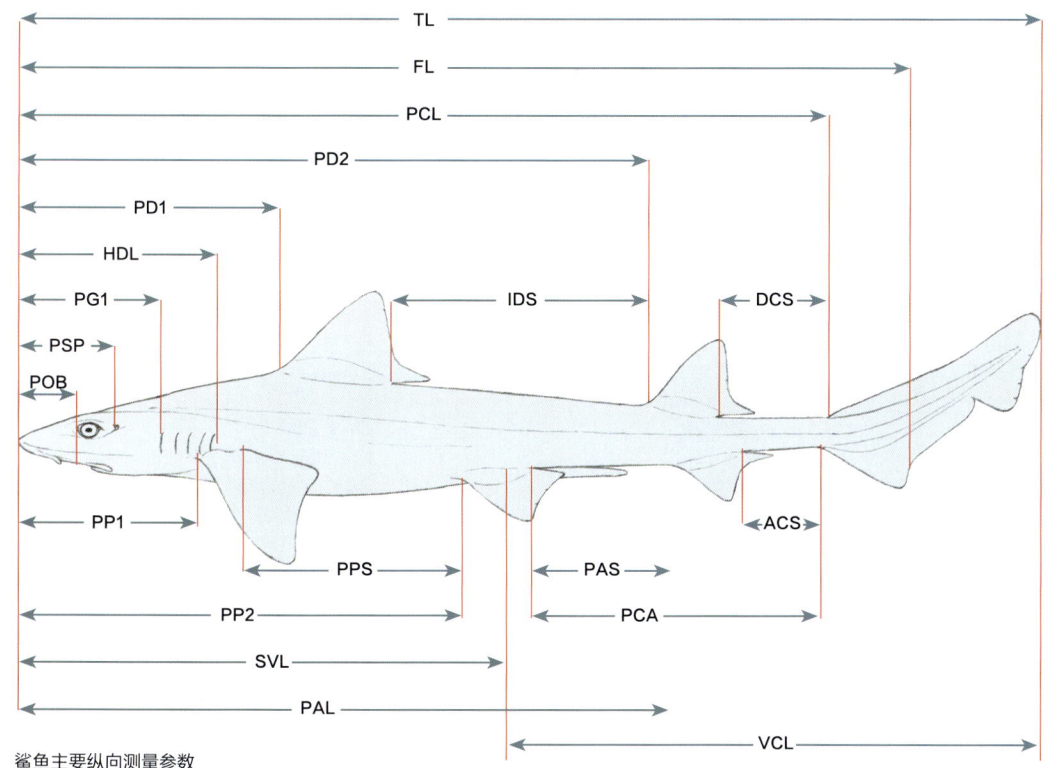

TL 全长
FL 叉长
PCL 尾鳍前长度
PD2 第二背鳍前长
PD1 第一背鳍前长
HDL 头长
PG1 第一鳃孔前头长
PSP 喷水孔前头长
POB 吻长
IDS 背鳍间距
DCS 背尾鳍间距（背鳍终点至尾鳍前凹窝之间距离）
PP1 胸鳍前长
PP2 腹鳍前长
SVL 泄殖腔前体长
PAL 臀鳍前长
PPS 胸腹鳍间距（胸鳍终点至腹鳍起点之间距离）
PAS 腹臀鳍间距（腹鳍终点至臀鳍起点之间距离）
ACS 臀鳍终点至尾鳍下叶起点
PCA 腹鳍终点至尾鳍下叶起点
VCL 泄殖腔至尾鳍后端长

鲨鱼主要纵向测量参数

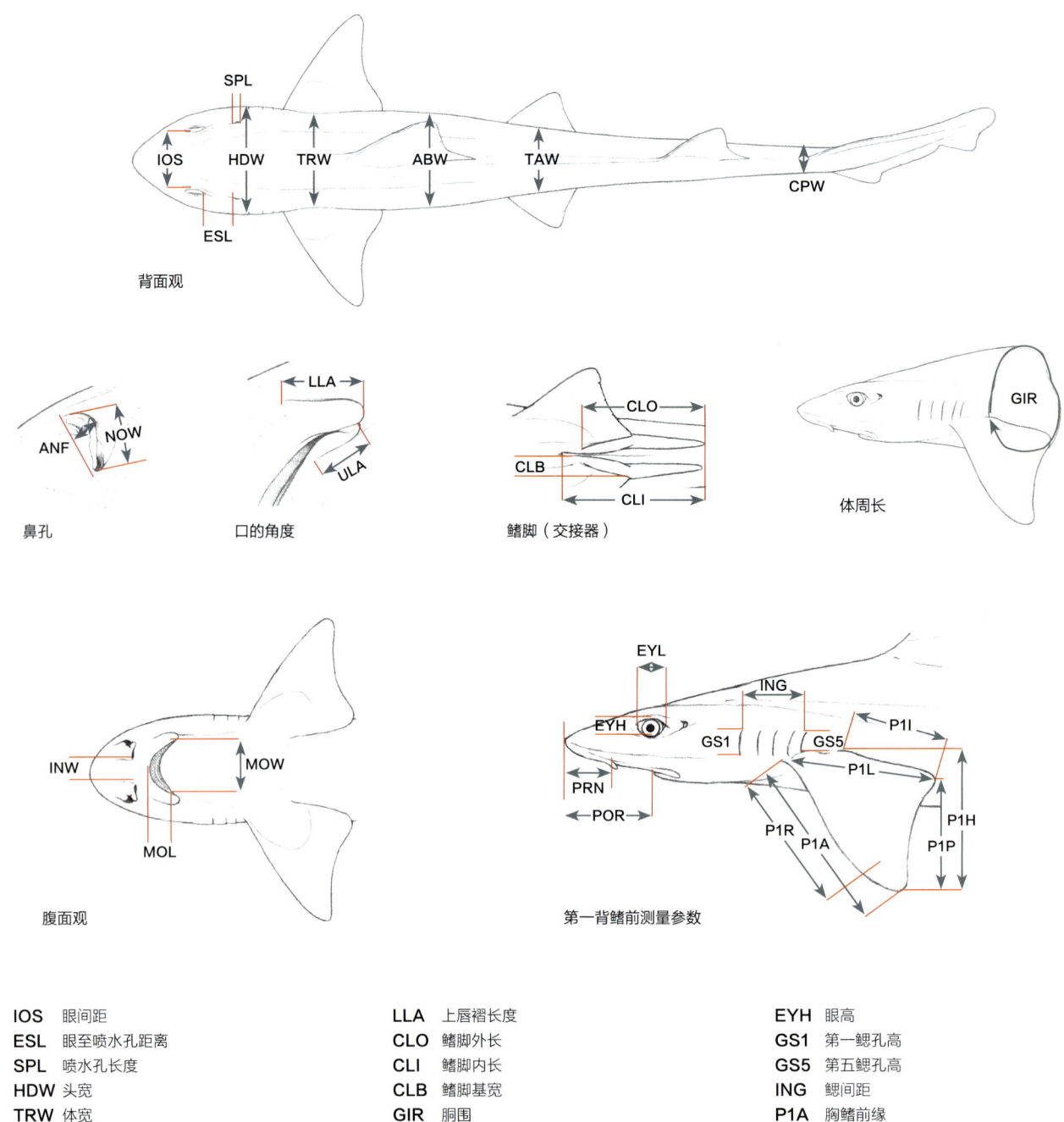

背面观

鼻孔　　　口的角度　　　鳍脚（交接器）　　　体周长

腹面观　　　第一背鳍前测量参数

IOS	眼间距	LLA	上唇褶长度	EYH	眼高
ESL	眼至喷水孔距离	CLO	鳍脚外长	GS1	第一鳃孔高
SPL	喷水孔长度	CLI	鳍脚内长	GS5	第五鳃孔高
HDW	头宽	CLB	鳍脚基宽	ING	鳃间距
TRW	体宽	GIR	胴围	P1A	胸鳍前缘
ABW	腹宽	INW	鼻间隔距离	P1R	辐状胸鳍长
TAW	尾宽	MOL	口长	P1I	胸鳍内缘
CPW	尾柄宽	MOW	口宽	P1P	胸鳍后缘
ANF	前鼻瓣长度	PRN	鼻前吻长	P1H	胸鳍高
NOW	鼻孔宽	POR	口前吻长	P1L	胸鳍长
ULA	下唇褶长度	EYL	眼径		

其他测量参数

标本拍照

如果可能的话，试着在标本旁边放一把尺子或其他比例尺；如果没有标尺可用，则使用其他物体来显示相对大小。一个手写的包括数字、日期、地点和其他相关的捕获信息的标签，也应该包括摄影师的名字。与标本颜色对比的纯色或中性背景是最优选择。

拍摄标本侧面、背面以及腹面的全长照片，如果可能的话，将鳍竖起并展开。添加特写细节，例如吻端到鳃孔或胸鳍起点的头部侧面和腹面视图、口鼻区域、有牙齿的颌、单个鳍的特写、背鳍间纵嵴及体表颜色标记或图案。牙齿的特写也很有帮助，尤其是对真鲨属鲨鱼的观察和鉴定。

侧面观，全长

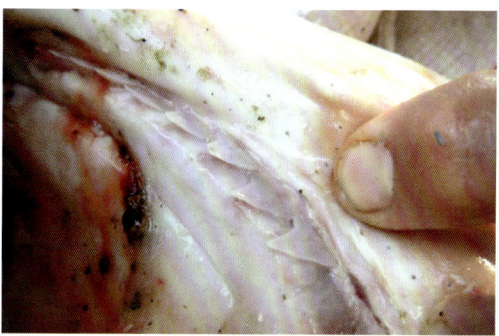

躯干鳍的标识

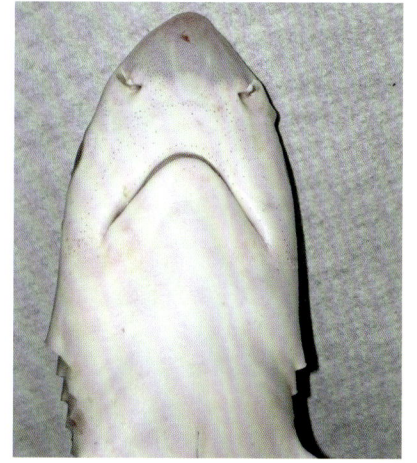

腹面观，头部至鳃孔

背面观，头部和胸鳍

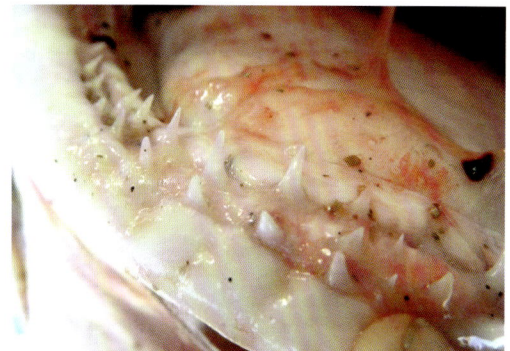

上下颌齿

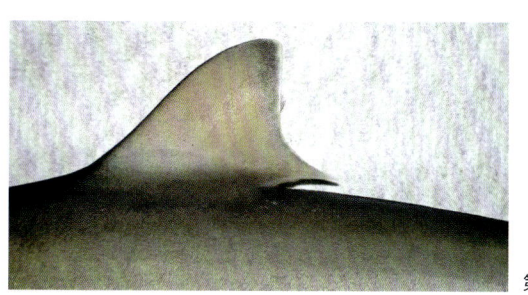

第一背鳍特写

附录3 鱼鳍（翅）鉴定

本指南涵盖了许多被列在各种区域和国际协议中鲨鱼的鱼鳍，括CITES附录2和在国际干翅贸易中常见的鲨鱼。它们是：鼠鲨、长鳍真鲨、路氏双髻鲨、无沟双髻鲨、锤头双髻鲨、大青鲨和尖吻鲭鲨。

主/次级翅片组

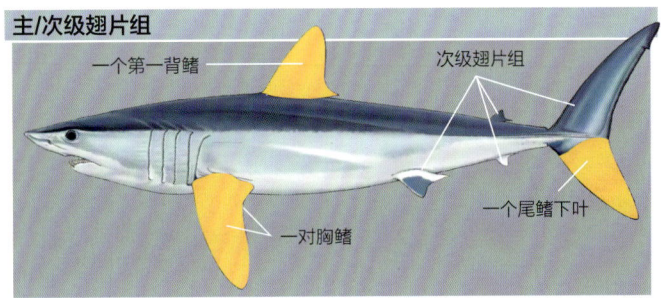

下面几页着重描述干燥未加工的第一背鳍，因为这些是贸易物种中最容易识别的。当使用这种方法来识别宽度小于20厘米的背鳍时，建议谨慎使用，以避免可能对非常小的鲨鱼样本进行错误识别。胸鳍的描述有助于确认识别。

本节描述了将上述七个物种的第一背鳍与贸易中的其他鲨鱼鳍区分开来的关键特征。根据这里详细描述的白色斑纹的特征，可以快速将鼠鲨和长鳍真鲨的第一背鳍识别到种水平。三种最大型的双髻鲨的第一背鳍是本属唯一在贸易中常见的，也可以通过描述其特征形状（鳍高远大于鳍宽）和颜色（暗棕色或浅灰色）这两个简单的观察测量值，将双髻鲨与所有其他大型鲨鱼快速区分开来。具体鉴定到双髻鲨物种，则需要检测背鳍和胸鳍组合或进行基因测试。此外还描述了大青鲨和尖吻鲭鲨鱼鳍的形状和特征。

如何使用本指南

步骤1： 区分第一背鳍与其他贸易中高价值的鳍，如胸鳍和尾鳍下叶（见下文）；

步骤2： 寻找第一个背鳍白色标记，并使用流程图来识别是鼠鲨还是长鳍真鲨，或排除掉许多具黑色鳍标记的物种；

步骤3： 做几个简单的测量（反面）来帮助识别双髻鲨的第一背鳍，其典型特征为背鳍高度远远大于背鳍宽度，且呈暗棕色或浅灰色；

步骤4： 检测大青鲨和尖吻鲭鲨的鳍。

第1步 区分第一背鳍、胸鳍和尾鳍下叶。

a. 检查鳍两侧的颜色

背鳍两面的颜色相同（见下面的两侧视图）。胸鳍上面（背侧）比下面（腹侧）颜色暗，见下文。

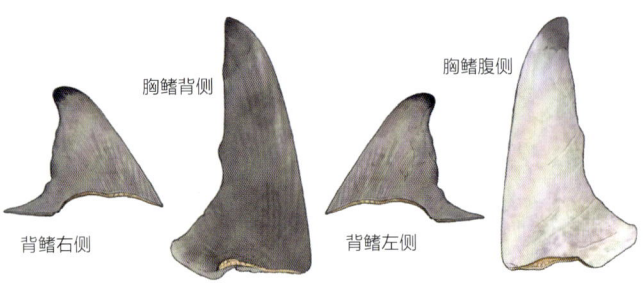

胸鳍背侧　　胸鳍腹侧

背鳍右侧　　　　背鳍左侧

b. 检查鳍基部

背鳍（D）有一排连续的、间距紧密的软骨块，几乎贯穿整个背鳍基部。当观察尾鳍下叶（LC1）基部的横截面时，通常只有黄色的"海绵状"物质，称为"角质鳍条"，这是尾鳍下叶的重要组成部分。在一些尾鳍下叶（LC2）中可能有少量软骨块，但它们通常间距较大，而且（或）只出现在鳍基部的一部分。从鲨鱼身上取下时，尾鳍下叶通常沿着整个基部被切割；相反，背鳍通常带有一个完整的下角。

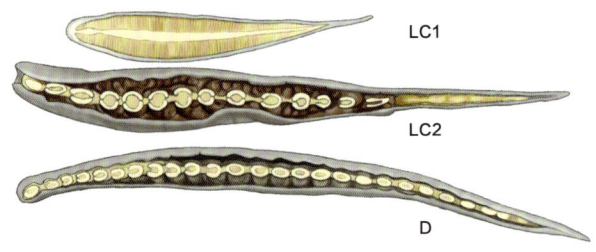

LC1

LC2

D

第2步 识别鼠鲨和长鳍真鲨的第一背鳍

下面流程图中的"停止检索"表示该鳍不是来自本指南所涵盖的物种。

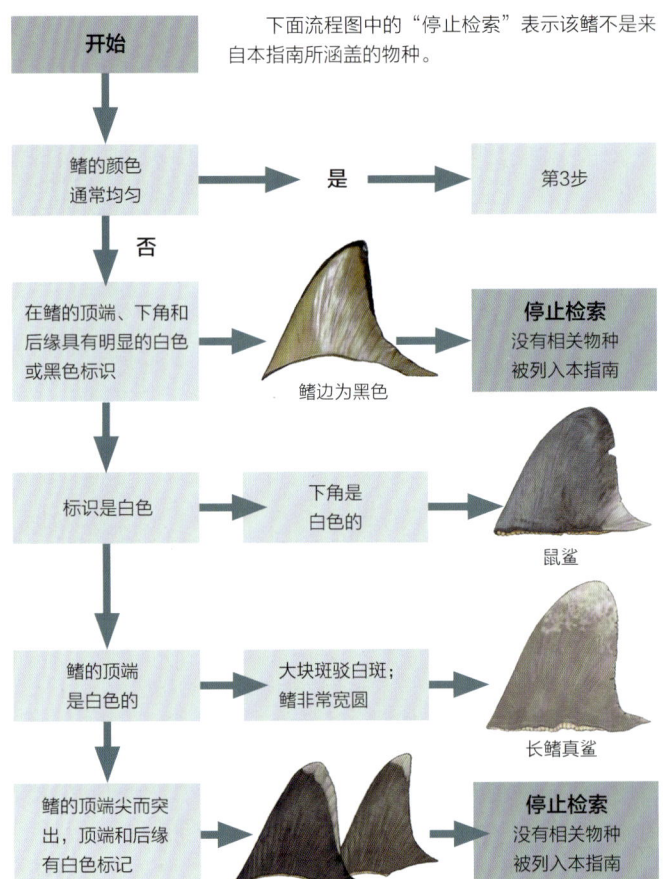

第3步 确定双髻鲨的第一背鳍

鳍的测量

1 用软尺测量鳍的起点到顶点（O—A）。

2 在O—A的中点处测量鳍宽（W）（例如，如果O—A是10厘米，则沿O—A在5厘米处测量）。

3 将O—A 除以 W：（O—A）/ W。

背鳍起点到顶点和鳍宽（从前缘到后缘测量）是用于物种鉴定的最有用的标尺，因为根据鳍高、鳍基和下角进行的测量通常变化太大，而且取决于鳍的切割方式和状况。

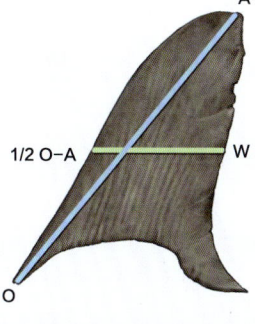

1/2 O—A — W

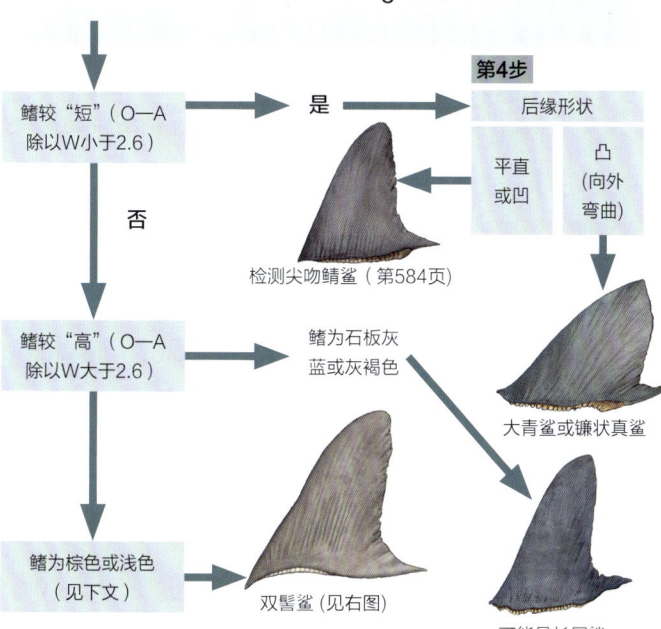

鳍较"短"（O—A 除以W小于2.6）

是 → **第4步** 后缘形状

平直或凹 | 凸（向外弯曲）

否

检测尖吻鲭鲨（第584页）

鳍较"高"（O—A 除以W大于2.6）

鳍为石板灰蓝或灰褐色

大青鲨或镰状真鲨

鳍为棕色或浅色（见下文）

双髻鲨（见右图）

可能是长尾鲨

区分双髻鲨背鳍和其他高鳍（尖吻鲭鲨和长尾鲨）

长尾鲨和双髻鲨的第一背鳍都非常高且细长，鲭鲨的第一背鳍稍短。长尾鲨和鲭鲨的鳍是石板灰色或深灰棕色。无沟双髻鲨的第一背鳍具有独特的内凹弯曲形状，颜色更浅。路氏双髻鲨和锤头双髻鲨的第一背鳍形状与长尾鲨背鳍相似，但颜色要浅得多，通常是浅棕色而不是灰色。尖吻鲭鲨的第一背鳍呈深灰棕色或石板灰色，前缘角度陡峭，质地光滑，下角较短。

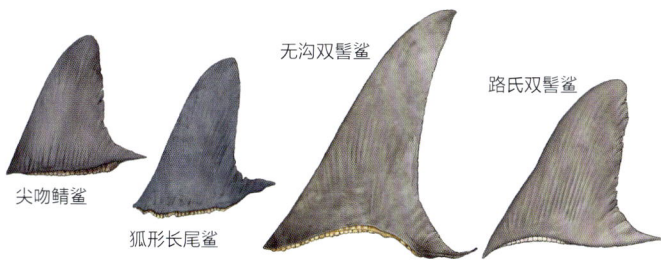

尖吻鲭鲨　　狐形长尾鲨　　无沟双髻鲨　　路氏双髻鲨

区分双髻鲨背鳍和其他高鳍（犁头鳐和黑边鳍真鲨）

背鳍又高又细，呈暗棕色或浅灰棕色，可能是三种双髻鲨中的一种：无沟双髻鲨、路氏双髻鲨或锤头双髻鲨。请参阅下一页描述。

犁头鳐或黑边鳍真鲨的背鳍也有可能很高。

在犁头鳐的第一背鳍中，软骨块并没有延伸至整个鳍基（图A）。而在双髻鲨中，这些软骨块几乎贯穿整个背鳍（图A）。犁头鳐的背鳍还呈现出光泽（图B），有些种类的背鳍还带有白色斑点，这与双髻鲨背鳍呈均匀的暗褐色是不同的。

一些黑边鳍真鲨第一背鳍显示出接近或略大于2.5的O—A/W测量值，它们的背鳍顶端通常（但并非总是）有一个黑点，并且鳍的外表带有光泽，不像双髻鲨背鳍那样有着暗淡表面（图C）。如果一条鲨鱼的鳍被组合起来并进行比较，相对短而宽的双髻鲨胸鳍，黑边鳍真鲨的胸鳍则更长、更细（图D）。

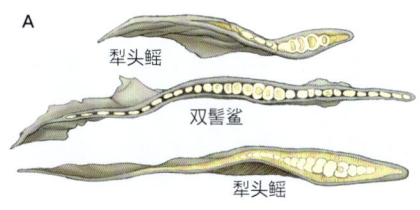

A　犁头鳐　双髻鲨　犁头鳐

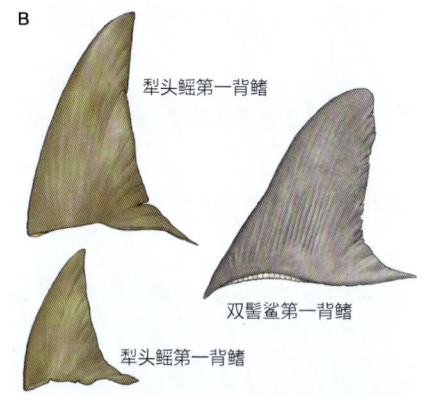

B　犁头鳐第一背鳍　双髻鲨第一背鳍　犁头鳐第一背鳍

C　黑边鳍真鲨　双髻鲨

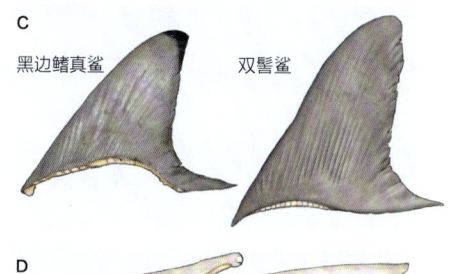

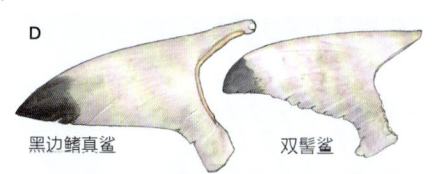

D　黑边鳍真鲨　双髻鲨

鼠鲨 *Lamna nasus* 　　　　第306和313页

第一背鳍： 深蓝色或黑色至深灰褐色，鳍顶端近圆形，在后缘底部下角处有白色斑块。

第一背鳍　　背面观（d）　腹面观（v）　胸鳍

胸鳍： 短，顶端近圆形；腹面从顶端到整个鳍的中部及沿着鳍前缘部分都呈暗色。

保护现状：《濒危野生动植物种国际贸易公约》附录2和其他国际和区域协定。

长鳍真鲨 Carcharhinus longimanus
第496和527页

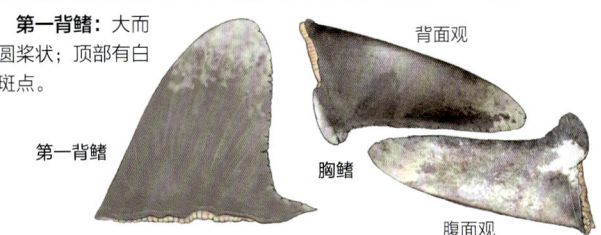

第一背鳍：大而呈圆桨状；顶部有白色斑点。

第一背鳍

背面观

胸鳍

腹面观

胸鳍：长，顶端宽圆；鳍背面在顶端有斑驳的白色，腹面则是典型的白色，但可以有斑驳的棕色。

- 在尾鳍（上叶和下叶）上也有斑驳的白色。
- 很小的幼鱼可能在背鳍、胸鳍和尾鳍上有斑驳的黑色

保护现状：《濒危野生动植物种国际贸易公约》附录2，在许多大西洋和太平洋远洋渔业中被禁止（第73页）。

路氏双髻鲨 Sphyrna lewini
第562和566页

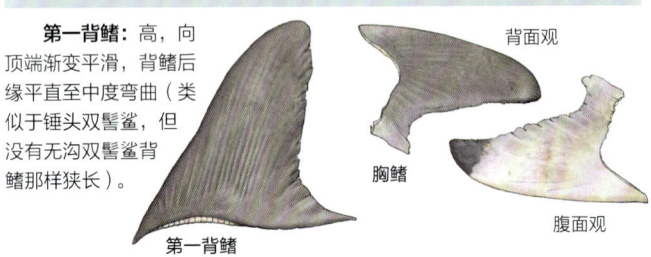

第一背鳍：高，向顶端渐变平滑，背鳍后缘平直至中度弯曲（类似于锤头双髻鲨，但没有无沟双髻鲨背鳍那样狭长）。

背面观

胸鳍

腹面观

第一背鳍

胸鳍：短而宽，腹面可见黑色鳍尖。

保护现状：《濒危野生动植物种国际贸易公约》（CITES）附录2，被一些国际和地区渔业协定禁止捕捞（第73页）。

锤头双髻鲨 Sphyrna zygaena
第562和569页

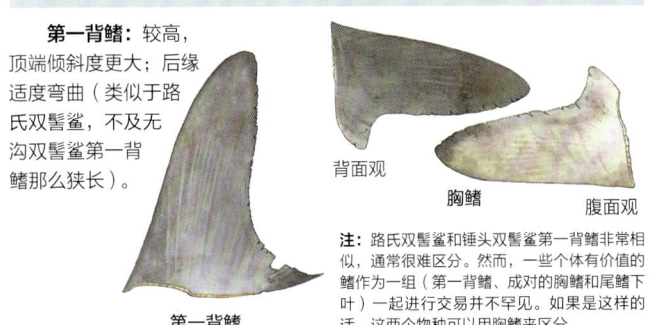

第一背鳍：较高，顶端倾斜度更大；后缘适度弯曲（类似于路氏双髻鲨，不及无沟双髻鲨第一背鳍那么狭长）。

背面观

胸鳍

腹面观

第一背鳍

注：路氏双髻鲨和锤头双髻鲨第一背鳍非常相似，通常很难区分。然而，一些个体有价值的鳍作为一组（第一背鳍、成对的胸鳍和尾鳍下叶）一起进行交易并不罕见。如果是这样的话，这两个物种可以用胸鳍来区分。

胸鳍：短而宽，腹面没有或仅有微弱的斑纹。

保护现状：《濒危物种公约》附录2和一些区域渔业协定中的禁捕鱼种（第73页）。

无沟双髻鲨 Sphyrna mokarran
第562和567页

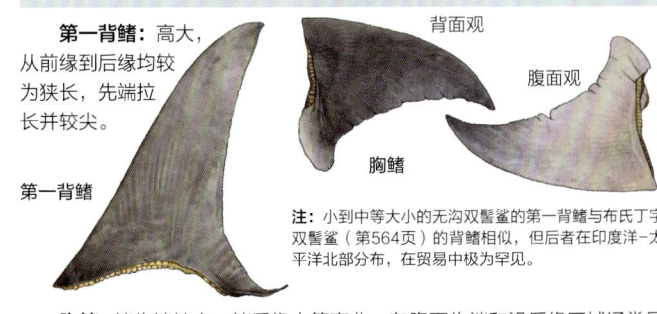

第一背鳍：高大，从前缘到后缘均较为狭长，先端拉长并较尖。

背面观

腹面观

胸鳍

第一背鳍

注：小到中等大小的无沟双髻鲨的第一背鳍与布氏丁字双髻鲨（第564页）的背鳍相似，但后者在印度洋－太平洋北部分布，在贸易中极为罕见。

胸鳍：鳍先端较尖，鳍后缘中等弯曲，在腹面先端和沿后缘区域通常呈暗色。

保护现状：《濒危野生动植物种国际贸易公约》附录2和一些区域渔业协定中被禁捕物种（第73页）。

大青鲨 Prionace glauca
第498和552页

第一背鳍：深海蓝色至灰褐色；鳍顶端近圆形，鳍后缘凸起，前缘略有弧度，下角中等大小。大青鲨与镰状真鲨的背鳍形状相似，但后者要短得多且为浅灰色，而且它的胸鳍要短得多。

背面观

胸鳍

第一背鳍

腹面观

胸鳍：背面暗灰蓝色或暗灰褐色，腹面白色，无其他颜色标识；从前到后缘狭长，皮肤下可见辐射状软骨。

保护现状：无渔获量限制（2020年）；鱼翅贸易中最多的物种（第73页）。

尖吻鲭鲨 Isurus oxyrinchu
第306和311页

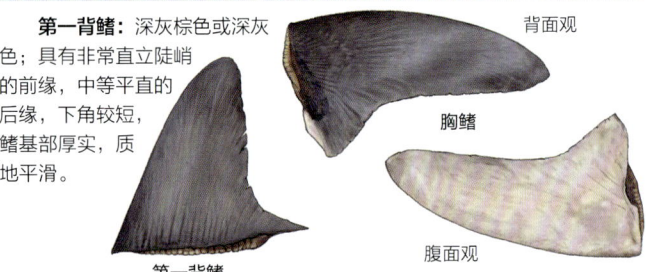

第一背鳍：深灰棕色或深灰色；具有非常直立陡峭的前缘，中等平直的后缘，下角较短，鳍基部厚实，质地平滑。

背面观

胸鳍

第一背鳍

腹面观

胸鳍：背侧表面暗灰褐色或深灰色，内角的边缘为白色；腹侧表面白色，无颜色标识；先端近圆形，从前缘到后缘中等短宽。

保护现状：《濒危野生动植物种国际贸易公约》附录2和一些区域渔业协定中的禁捕对象（第73页）。

鱼鳍（翅）鉴定部分的内容引用自出版于2013年的书籍《识别鱼翅：长鳍真鲨、鼠鲨和双髻鲨》（原书名为Identifying Shark Fins: Oceanic Whitetip, Porbeagle and Hammerheads）。对鲨鱼鳍感兴趣的读者可以自行进行扩展阅读。

附录4 颌齿形态鉴定

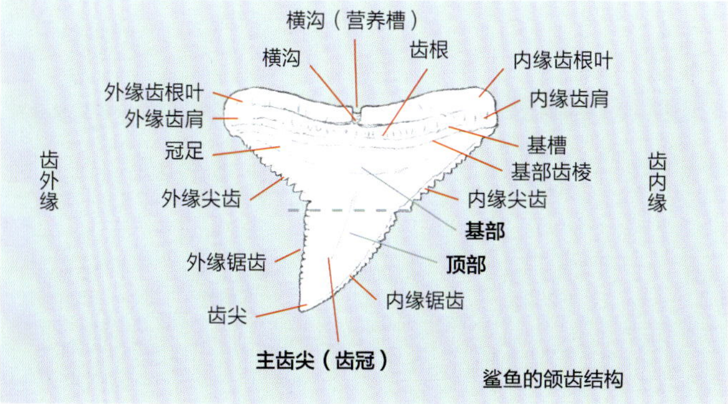

横沟（营养槽）
横沟
齿根
外缘齿根叶
内缘齿根叶
外缘齿肩
内缘齿肩
冠足
基槽
外缘尖齿
基部齿棱
内缘尖齿
齿外缘
齿内缘
外缘锯齿
基部
顶部
齿尖
内缘锯齿
主齿尖（齿冠）

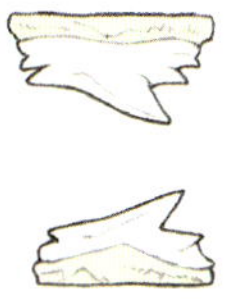

鲨鱼的颌齿结构

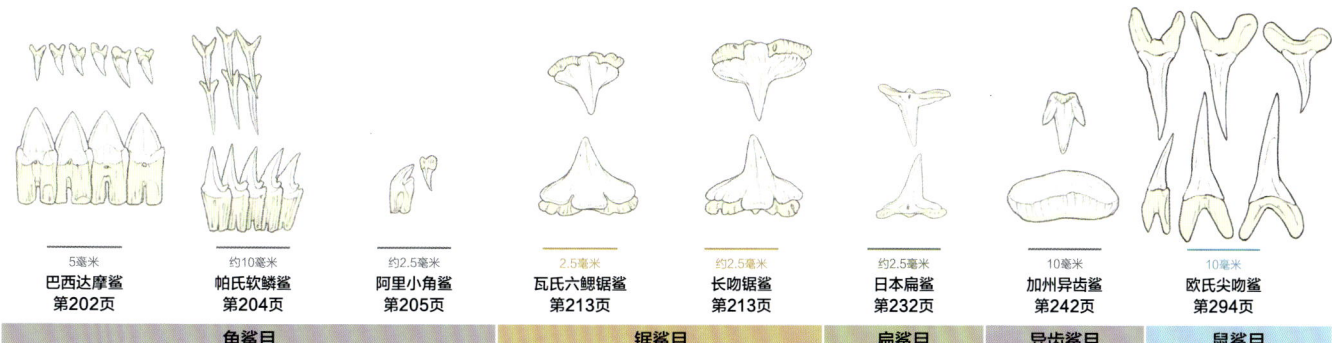

10毫米	10毫米	10毫米	10毫米
皱鳃鲨 第87页	中村氏六鳃鲨 第89页	扁头哈那鲨 第91页	棘鲨 第94页

| 六鳃鲨目 | | | 棘鲨目 |

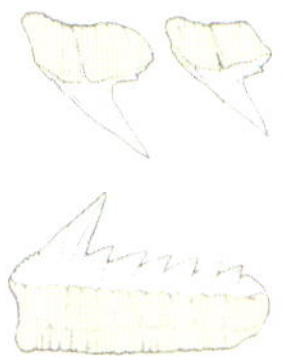

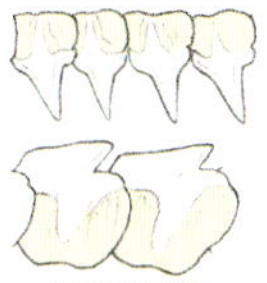

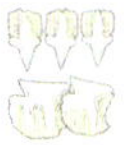

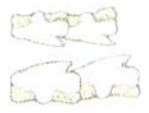 约5毫米	5毫米	约10毫米	约10毫米	约2.5毫米	约2.5毫米	约2.5毫米	约10毫米
卷盔鲨 第105页	白斑角鲨 第107页	颗粒刺鲨 第130页	糙皮田氏鲨 第136页	暗色短棘鲨 第151页	法氏霞鲨 第152页	南海乌鲨 第160页	壁谷氏蜂乌鲨 第176页

| 角鲨目 |

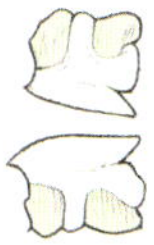

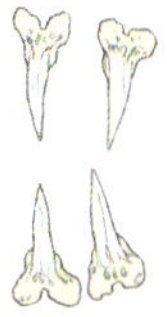

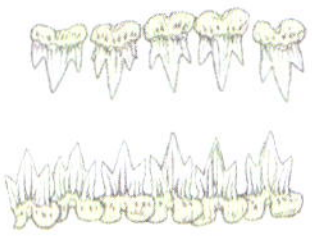

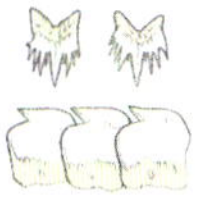

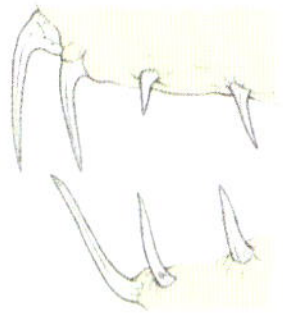

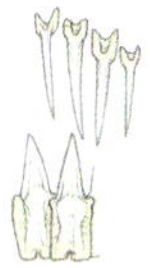

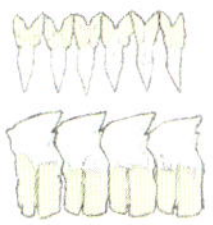 约10毫米	约10毫米	约10毫米	10毫米	10毫米	约5毫米	10毫米	约2.5毫米	约2.5毫米
腔鳞荆鲨 第183页	长吻绒鲨 第184页	白尾拟铠鲨 第184页	尖齿异鳞鲨 第187页	小头睡鲨 第189页	澳洲尖背角鲨 第194页	铠鲨 第200页	亮尾拟小鳍鲨 第200页	白边小鳍鲨 第201页

| 角鲨目 |

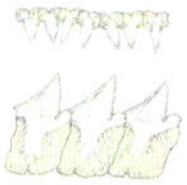

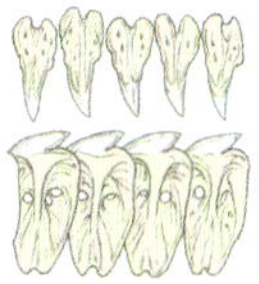

5毫米	约10毫米	约2.5毫米	2.5毫米	约2.5毫米	约2.5毫米	10毫米	10毫米
巴西达摩鲨 第202页	帕氏软鳞鲨 第204页	阿里小角鲨 第205页	瓦氏六鳃锯鲨 第213页	长吻锯鲨 第213页	日本扁鲨 第232页	加州异齿鲨 第242页	欧氏尖吻鲨 第294页

| 角鲨目 | | | 锯鲨目 | | 扁鲨目 | 异齿鲨目 | 鼠鲨目 |

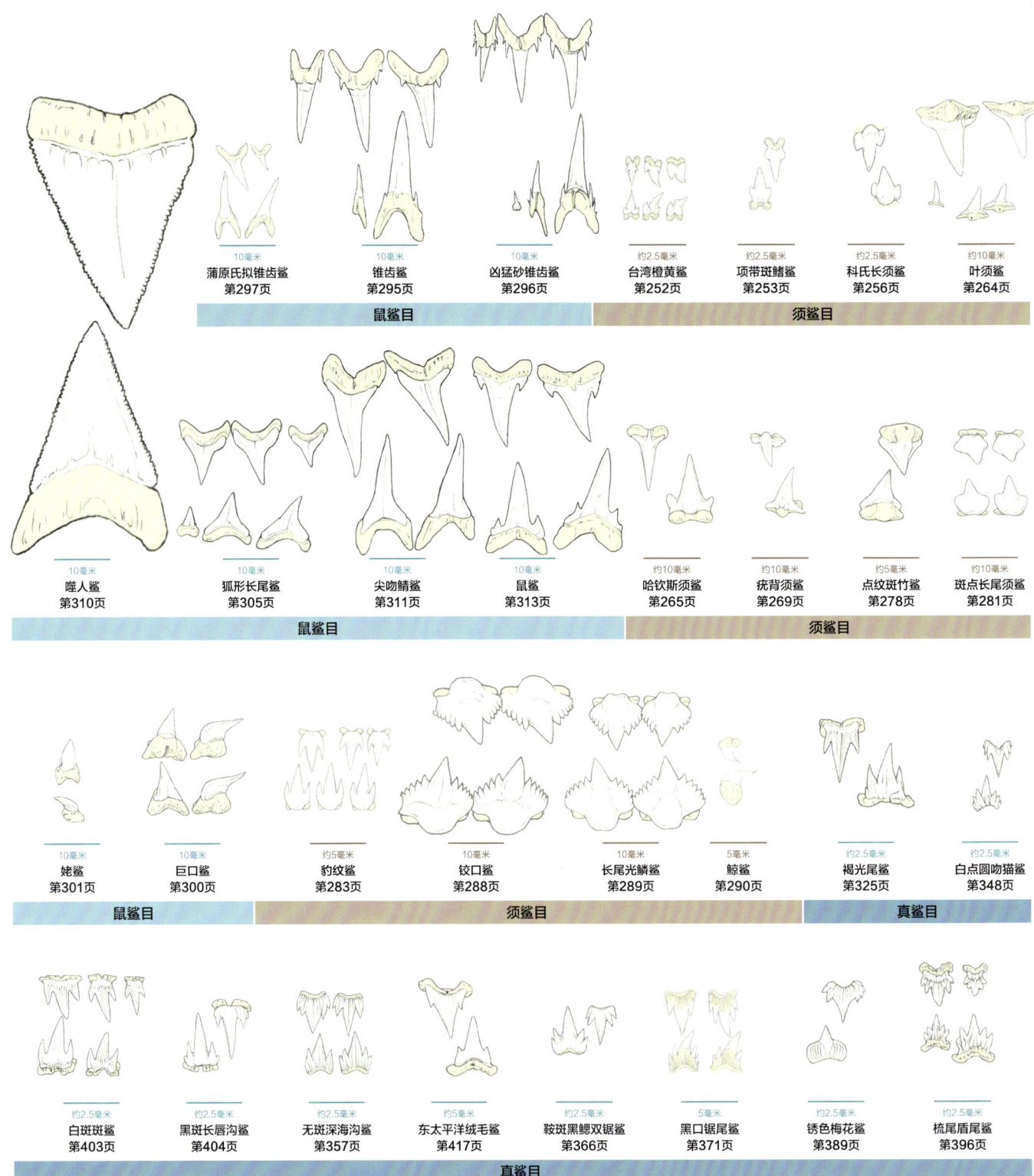

10毫米
蒲原氏拟锥齿鲨
第297页

10毫米
锥齿鲨
第295页

10毫米
凶猛砂氏锥齿鲨
第296页

约2.5毫米
台湾橙黄鲨
第252页

约2.5毫米
项带斑鳍鲨
第253页

约2.5毫米
科氏长须鲨
第256页

约10毫米
叶须鲨
第264页

鼠鲨目

须鲨目

10毫米
噬人鲨
第310页

10毫米
狐形长尾鲨
第305页

10毫米
尖吻鲭鲨
第311页

10毫米
鼠鲨
第313页

约10毫米
哈钦斯须鲨
第265页

约10毫米
疣背须鲨
第269页

约5毫米
点纹斑竹鲨
第278页

约10毫米
斑点长尾须鲨
第281页

鼠鲨目

须鲨目

10毫米
姥鲨
第301页

10毫米
巨口鲨
第300页

约5毫米
豹纹鲨
第283页

10毫米
铰口鲨
第288页

10毫米
长尾光鳞鲨
第289页

5毫米
鲸鲨
第290页

约2.5毫米
褐光尾鲨
第325页

约2.5毫米
白点圆吻猫鲨
第348页

鼠鲨目

须鲨目

真鲨目

约2.5毫米
白斑斑鲨
第403页

约2.5毫米
黑斑长唇沟鲨
第404页

约2.5毫米
无斑深海沟鲨
第357页

约5毫米
东太平洋绒毛鲨
第417页

约2.5毫米
鞍斑黑鳃双锯鲨
第366页

5毫米
黑口锯尾鲨
第371页

约2.5毫米
锈色梅花鲨
第389页

约2.5毫米
梳尾盾尾鲨
第396页

真鲨目

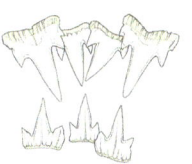

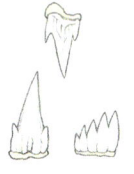
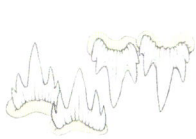
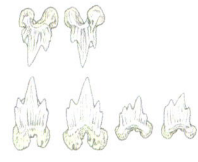

5毫米	约2.5毫米	约2.5毫米	约2.5毫米	约2.5毫米	2.5毫米	约2.5毫米
智利短唇沟鲨	网纹猫鲨	鞍斑前鲨	东非光唇鲨	狭身古林原鲨	小齿拟皱唇鲨	帕氏扁吻鲨
第422页	第434页	第440页	第441页	第444页	第446页	第445页

真鲨目

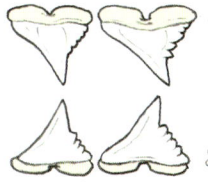

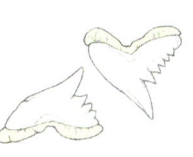
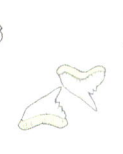

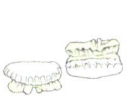
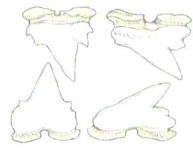

2.5毫米	5毫米	约2.5毫米	2.5毫米	2.5毫米	约2.5毫米	2.5毫米	约5毫米
史氏细须雅鲨	翅鲨	镰鳍半皱唇鲨	下盔鲨（黑鳍翅鲨）	长吻前鳍皱唇鲨	加勒比星鲨	奎氏长瓣鲨	半带皱唇鲨
第446页	第461页	第463页	第465页	第465页	第469页	第480页	第483页

真鲨目

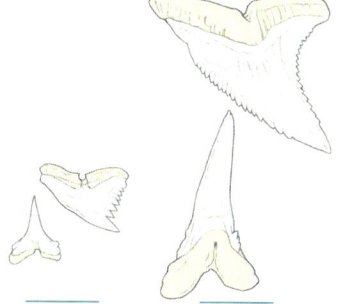
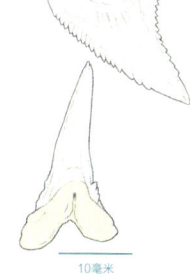
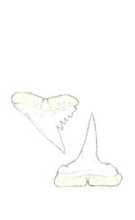
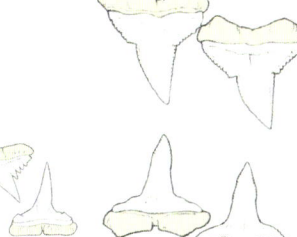
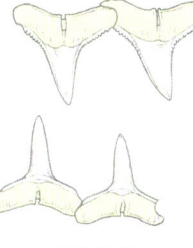
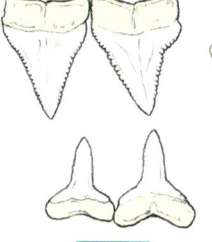
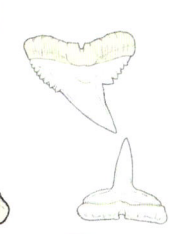

约2.5毫米	10毫米	约2.5毫米	10毫米	约10毫米	10毫米	10毫米
小口半沙条鲨	长半锯鲨	镰鳍副沙条鲨	白边鳍真鲨	黑边鳍真鲨	长鳍真鲨	长吻真鲨
第487页	第488页	第489页	第513页	第526页	第527页	第533页

真鲨目

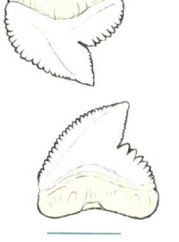
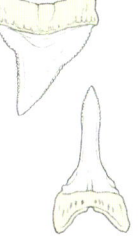
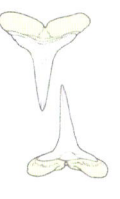
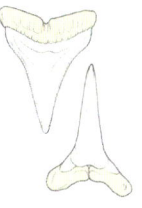
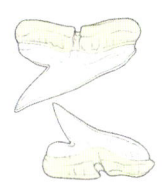

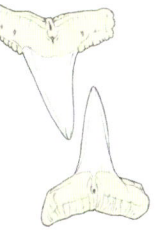

10毫米	约10毫米	5毫米	10毫米	10毫米	10毫米	10毫米
居氏鼬鲨	露齿鲨	剑吻鲨	特氏宽鳍鲨	隙眼鲨	窄吻鲨	短吻柠檬鲨
第558页	第539页	第548页	第548页	第549页	第550页	第551页

真鲨目

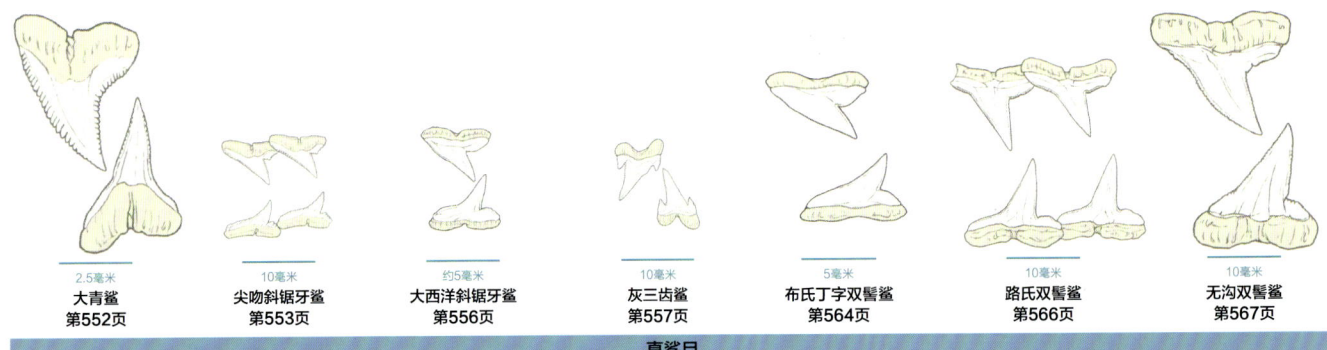

2.5毫米	10毫米	约5毫米	10毫米	5毫米	10毫米	10毫米
大青鲨	尖吻斜锯牙鲨	大西洋斜锯牙鲨	灰三齿鲨	布氏丁字双髻鲨	路氏双髻鲨	无沟双髻鲨
第552页	第553页	第556页	第557页	第564页	第566页	第567页

真鲨目

中文名索引

拉丁文学名索引